공조냉동기계
기사 필기

마용화 편저

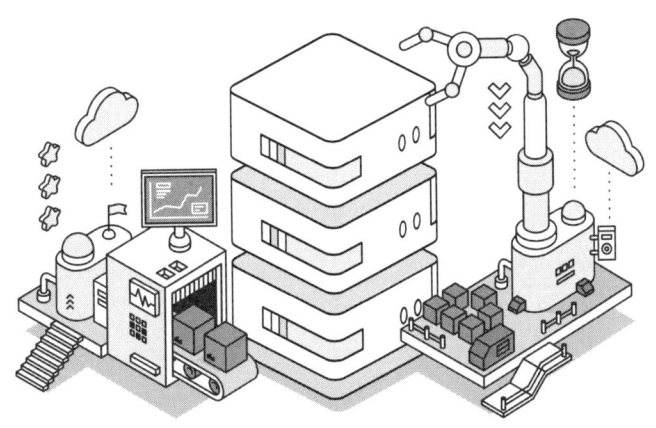

일진사

머리말

 공조냉동기술은 산업 분야에 따라 활용 범위와 응용 범위가 매우 다양할 뿐만 아니라, 취급하는 공조냉동기계의 종류, 규모 및 피냉각물의 종류도 다양하다. 또한 생활 수준의 향상으로 산업체에서부터 가정에 이르기까지 냉동기 및 공기조화 설비 수요가 큰 폭으로 증가하고 있다. 이에 따라 냉동과 공기조화에 관한 공학적인 이론을 바탕으로 공정, 기계 및 기술과 관련된 직무를 수행할 수 있는 전문적인 기술 인력에 대한 수요가 증가할 전망이다.

 이 책은 공조냉동기계기사 필기시험을 준비하는 수험생들의 실력 배양 및 합격에 도움이 되고자 새롭게 개정된 출제 기준을 적용하여 다음과 같은 특징으로 구성하였다.

첫째, 새로운 출제 기준에 따라 반드시 알아야 하는 핵심 이론을 과목(에너지관리/공조냉동설계/시운전 및 안전관리/유지보수공사관리)별로 이해하기 쉽도록 일목요연하게 정리하였다.
둘째, 지금까지 출제된 과년도 문제를 면밀히 검토하여 적중률 높은 출제 예상 문제를 실었으며, 각 문제마다 상세한 해설을 곁들여 이해를 도왔다.
셋째, 부록에는 최근에 시행된 기출문제를 철저히 분석하여 실제 시험과 유사한 CBT 실전문제를 수록하여 줌으로써 출제 경향을 파악할 수 있도록 하였다.

 끝으로 이 책으로 공조냉동기계기사 필기시험을 준비하는 수험생 여러분께 합격의 영광이 함께 하길 바라며, 이 책이 나오기까지 여러모로 도와주신 모든 분들과 도서 출판 **일진사** 직원 여러분께 깊은 감사를 드린다.

저자 씀

공조냉동기계기사 출제기준(필기)

직무분야	기계	자격종목	공조냉동기계기사	적용기간	2025. 1. 1 ~ 2029. 12. 31
○ 직무내용 : 산업 현장, 건축물의 실내 환경을 최적으로 조성하고, 냉동냉장설비 및 기타 공작물을 주어진 조건으로 유지하기 위해 공학적 이론을 바탕으로 공조냉동, 유틸리티 등 필요한 설비를 계획, 설계, 시공관리하는 직무이다.					
필기 검정방법	객관식 || 문제수	80	시험시간	2시간

필기 과목명	출제 문제수	주요 항목	세부 항목
에너지관리	20	1. 공기조화의 이론	(1) 공기조화의 기초 (2) 공기의 성질
		2. 공기조화 계획	(1) 공기조화 방식 (2) 공기조화 부하 (3) 난방 (4) 클린룸
		3. 공기조화설비	(1) 공조기기 (2) 열원기기 (3) 덕트 및 부속설비
		4. T.A.B	(1) T.A.B 계획 (2) T.A.B 수행
		5. 보일러설비 시운전	(1) 보일러설비 시운전
		6. 공조설비 시운전	(1) 공조설비 시운전
		7. 급배수설비 시운전	(1) 급배수설비 시운전
공조냉동설계	20	1. 냉동이론	(1) 냉동의 기초 및 원리 (2) 냉매선도와 냉동사이클
		2. 냉동장치의 구조	(1) 냉동장치 구성 기기
		3. 냉동장치의 응용과 안전관리	(1) 냉동장치의 응용 (2) 냉동장치 안전관리
		4. 냉동냉장부하	(1) 냉동냉장부하 계산
		5. 냉동설비 시운전	(1) 냉동설비 시운전
		6. 열역학의 기본사항	(1) 기본개념 (2) 용어와 단위계
		7. 순수물질의 성질	(1) 물질의 성질과 상태 (2) 이상기체
		8. 일과 열	(1) 일과 동력 (2) 열전달
		9. 열역학의 법칙	(1) 열역학 제 1법칙 (2) 열역학 제2법칙
		10. 각종 사이클	(1) 동력 사이클
		11. 열역학의 응용	(1) 열역학의 적용사례

필기 과목명	출제 문제수	주요 항목	세부 항목
시운전 및 안전관리	20	1. 교류회로	(1) 교류회로의 기초 (2) 3상 교류회로
		2. 전기기기	(1) 직류기 (2) 유도기 (3) 동기기 (4) 정류기
		3. 전기계측	(1) 전류, 전압, 저항의 측정 (2) 전력 및 전력량 측정 (3) 절연저항 측정
		4. 시퀀스제어	(1) 제어요소의 동작과 표현 (2) 불 대수의 기본정리 (3) 논리회로 (4) 무접점회로 (5) 유접점회로
		5. 제어기기 및 회로	(1) 제어의 개념 (2) 조작용 기기 (3) 검출용 기기 (4) 제어용 기기
		6. 설치검사	(1) 관련법규 파악
		7. 설치안전관리	(1) 안전관리 (2) 환경관리
		8. 운영안전관리	(1) 분야별 안전관리
		9. 제어밸브 점검관리	(1) 관련법규 파악
유지보수공사 관리	20	1. 배관재료 및 공작	(1) 배관재료 (2) 배관공작
		2. 배관관련설비	(1) 급수설비 (2) 급탕설비 (3) 배수통기설비 (4) 난방설비 (5) 공기조화설비 (6) 가스설비 (7) 냉동 및 냉장설비 (8) 압축공기설비
		3. 유지보수공사 및 검사 계획수립	(1) 유지보수공사 관리 (2) 냉동기 정비·세관작업 관리 (3) 보일러 정비·세관작업 관리 (4) 검사 관리
		4. 덕트설비 유지보수공사	(1) 덕트설비 유지보수공사 검토
		5. 냉동냉장설비 설계도면 작성	(1) 냉동냉장설비 설계도면 작성

차 례

1과목 ・・・ 에너지관리

제1장 공기조화
1. 개요 ·· 12
2. 공기의 성질 ······································ 16
3. 공기의 상태 ······································ 18
* 출제 예상 문제 ···································· 23

제2장 습공기 선도
1. 습공기 선도 ······································ 28
* 출제 예상 문제 ···································· 34

제3장 공기조화설비 방식
1. 공기조화설비의 분류 ···················· 39
2. 공기조화의 계획 ···························· 39
3. 조닝의 종류 ······································ 39
4. 공조 방식 ·· 40
5. 각종 공조 방식의 특징 및 종류 ····· 43
* 출제 예상 문제 ···································· 50

제4장 공조기기
1. 공조기의 구성 요소 ······················ 55
2. 공기 여과기(air filter) ················ 55
3. 공기 냉각코일 ································ 58
4. 에어 와셔(AW) ······························ 62
5. 가습장치(humidifier) ·················· 64

6. 감습장치 ·· 67
7. 전열교환기와 현열교환기 ············ 68
8. 송풍기(fan) ······································ 71
9. 펌프(pump) ······································ 75
10. 흡입구와 취출구 ···························· 80
11. 덕트(duct) ·· 85
* 출제 예상 문제 ···································· 91

제5장 공기조화의 부하 계산
1. 외기의 설계 조건 ·························· 99
2. 난방부하(heating load) ············ 100
3. 냉방부하(cooling load) ············ 103
* 출제 예상 문제 ·································· 108

제6장 측정 및 계측기기
1. 압력계 ·· 114
2. 온도계 ·· 116
3. 액면계 ·· 119
4. 유량계 ·· 121
* 출제 예상 문제 ·································· 125

제7장 난방
1. 개요 ·· 130
2. 보일러 설비 ···································· 131

필 기 과목명	출제 문제수	주요 항목	세부 항목
시운전 및 안전관리	20	1. 교류회로	(1) 교류회로의 기초 (2) 3상 교류회로
		2. 전기기기	(1) 직류기 (2) 유도기 (3) 동기기 (4) 정류기
		3. 전기계측	(1) 전류, 전압, 저항의 측정 (2) 전력 및 전력량 측정 (3) 절연저항 측정
		4. 시퀀스제어	(1) 제어요소의 동작과 표현 (2) 불 대수의 기본정리 (3) 논리회로 (4) 무접점회로 (5) 유접점회로
		5. 제어기기 및 회로	(1) 제어의 개념 (2) 조작용 기기 (3) 검출용 기기 (4) 제어용 기기
		6. 설치검사	(1) 관련법규 파악
		7. 설치안전관리	(1) 안전관리 (2) 환경관리
		8. 운영안전관리	(1) 분야별 안전관리
		9. 제어밸브 점검관리	(1) 관련법규 파악
유지보수공사 관리	20	1. 배관재료 및 공작	(1) 배관재료 (2) 배관공작
		2. 배관관련설비	(1) 급수설비 (2) 급탕설비 (3) 배수통기설비 (4) 난방설비 (5) 공기조화설비 (6) 가스설비 (7) 냉동 및 냉장설비 (8) 압축공기설비
		3. 유지보수공사 및 검사 계획수립	(1) 유지보수공사 관리 (2) 냉동기 정비·세관작업 관리 (3) 보일러 정비·세관작업 관리 (4) 검사 관리
		4. 덕트설비 유지보수공사	(1) 덕트설비 유지보수공사 검토
		5. 냉동냉장설비 설계도면 작성	(1) 냉동냉장설비 설계도면 작성

차 례

1과목 ··· 에너지관리

제1장 공기조화
1. 개요 ·· 12
2. 공기의 성질 ····························· 16
3. 공기의 상태 ····························· 18
• 출제 예상 문제 ························· 23

제2장 습공기 선도
1. 습공기 선도 ····························· 28
• 출제 예상 문제 ························· 34

제3장 공기조화설비 방식
1. 공기조화설비의 분류 ··············· 39
2. 공기조화의 계획 ······················ 39
3. 조닝의 종류 ····························· 39
4. 공조 방식 ································· 40
5. 각종 공조 방식의 특징 및 종류 ····· 43
• 출제 예상 문제 ························· 50

제4장 공조기기
1. 공조기의 구성 요소 ················· 55
2. 공기 여과기(air filter) ············ 55
3. 공기 냉각코일 ························· 58
4. 에어 와셔(AW) ························ 62
5. 가습장치(humidifier) ·············· 64

6. 감습장치 ·································· 67
7. 전열교환기와 현열교환기 ········ 68
8. 송풍기(fan) ····························· 71
9. 펌프(pump) ····························· 75
10. 흡입구와 취출구 ···················· 80
11. 덕트(duct) ····························· 85
• 출제 예상 문제 ························· 91

제5장 공기조화의 부하 계산
1. 외기의 설계 조건 ···················· 99
2. 난방부하(heating load) ········· 100
3. 냉방부하(cooling load) ········· 103
• 출제 예상 문제 ······················· 108

제6장 측정 및 계측기기
1. 압력계 ··································· 114
2. 온도계 ··································· 116
3. 액면계 ··································· 119
4. 유량계 ··································· 121
• 출제 예상 문제 ······················· 125

제7장 난방
1. 개요 ······································ 130
2. 보일러 설비 ··························· 131

3. 방열기 설비 ·············· 135
4. 증기난방 ················ 138
5. 온수난방 ················ 143
6. 복사난방 ················ 146
7. 온풍로난방 ·············· 148
8. 지역난방 ················ 149
• 출제 예상 문제 ············ 152

2과목 ··· 공조냉동설계

제1장 냉동 이론
1. 냉동의 방법 ·············· 162
2. 용어 및 단위 ············· 166
3. 열역학 기본사항 ·········· 171
4. 일반 증기 성질 ··········· 176
5. 전열 ···················· 178
6. 냉동 사이클과 냉동능력 ··· 184
7. 증기 선도 ················ 188
• 출제 예상 문제 ············ 198

제2장 냉매
1. 냉매의 정의 ·············· 207
2. 냉매에 필요한 조건 ······· 207
3. 암모니아(NH_3)의 특성 ·· 209
4. 프레온(Freon) 냉매의 특성 ···· 211
5. 냉매의 장치 내 영향 ······ 215
6. 냉매 누설 검지법 ········· 216
7. 프레온 가스 종류의 식별법 ···· 218
8. 기타 냉매 ················ 218
9. 브라인(brine) ············ 220
• 출제 예상 문제 ············ 223

제3장 압축기 및 냉동장치의 계산
1. 압축기 ·················· 229
2. 압축 냉동장치의 계산 ····· 251
• 출제 예상 문제 ············ 256

제4장 응축기 및 냉각탑
1. 응축기의 종류와 특징 ····· 261
2. 응축기 계산 ·············· 262
3. 수랭식 응축기 ············ 263
4. 응축기의 보안 관리 ······· 271
5. 냉각탑(cooling tower) ···· 272
• 출제 예상 문제 ············ 273

제5장 증발기
1. 증발기 ·················· 277
2. 제상(defrost) ············ 285
• 출제 예상 문제 ············ 291

제6장 팽창밸브
1. 팽창밸브(expansion valve) ···· 295
• 출제 예상 문제 ············ 303

제7장 제어기기

1. 전자밸브(solenoid valve) ········ 306
2. 압력자동 급수밸브 ················ 306
3. 증발압력 조정밸브 ················ 307
4. 흡입압력 조정밸브 ················ 308
5. 고압 차단 스위치 ················· 308
6. 저압 차단 스위치 ················· 309
7. 고저압 차단 스위치 ··············· 310
8. 유압 보호 스위치(OPS) ·········· 310
9. 온도 조절기(thermostat) ········· 311
10. 습도 스위치 ······················ 312
11. 단수 릴레이 ······················ 312
12. 안전밸브(safety valve) ·········· 313
13. 가용전(fusible plug) ············· 314
14. 파열판 ···························· 314
• 출제 예상 문제 ····················· 315

제8장 기타기기

1. 수액기(liquid receiver) ··········· 318
2. 유분리기 ··························· 319
3. 여과기(strainer or filter) ········· 320
4. 냉매 건조기(dryer) ··············· 321
5. 가스퍼지(불응축 가스 방출기) ···· 323
6. 열교환기(heat exchanger) ········ 324
7. 유회수장치 ························ 326
8. 유류(oil reservoir) ················ 327
9. 균압관 ····························· 327
10. 액분리기(liquid separator) ······· 328
11. 열교환기 겸용 액분리기 ········· 329
12. 액회수장치 ······················· 330
• 출제 예상 문제 ····················· 332

• 3과목 ••• 시운전 및 안전관리

제1장 기초 전기공학

1. 직류회로 ··························· 342
2. 정전기와 자기 ···················· 350
• 출제 예상 문제 ····················· 361

제2장 회로 이론

1. 교류회로의 기초 ·················· 371
2. 교류의 크기 ······················· 372
3. $R-L-C$ 합성회로 ················ 374
4. 교류의 계산 ······················· 381

5. 3상 교류 ··························· 382
• 출제 예상 문제 ····················· 387

제3장 전동기의 원리

1. 전동기의 원리 ···················· 393
2. 단상 유도 전동기 ················· 394
3. 3상 유도 전동기 ·················· 397
• 출제 예상 문제 ····················· 400

제4장 자동제어

1. 자동제어의 개념 ·················· 402

2. 자동제어공학에 필요한
   수학적 기법 ·············· 407
3. 물리계의 수학적 모델 및
   제어계의 특성 ·············· 419
4. 자동제어계의 과도응답 ·············· 420
5. 편차와 감도 및 제어계의
   평가지표 ·············· 421
• 출제 예상 문제 ·············· 427

4과목 ••• 유지보수공사관리

제1장 배관 재료
1. 가스 배관 재료의 구비 조건 ·········· 434
2. 금속 배관 ·············· 434
3. 비철 금속관 ·············· 440
4. 비금속관 ·············· 442
• 출제 예상 문제 ·············· 446

제2장 가스 배관의 보온재, 도료 및 패킹재
1. 보온재 ·············· 451
2. 도료(페인트) ·············· 455
3. 패킹(packing)재 ·············· 456
• 출제 예상 문제 ·············· 459

제3장 배관 이음 및 신축 이음
1. 신축 이음(expansion joint) ·········· 463
2. 배관 이음 ·············· 466
• 출제 예상 문제 ·············· 472

제4장 밸브 및 배관 지지
1. 밸브 ·············· 477
2. 배관 지지 ·············· 483
3. 스트레이너 ·············· 486
• 출제 예상 문제 ·············· 487

제5장 급수 및 배수설비
1. 급수설비 ·············· 493
2. 펌프 ·············· 495
3. 배수 및 통기설비 ·············· 497
• 출제 예상 문제 ·············· 500

제6장 공조 배관
1. 수배관의 설계(등압법) ·············· 508
2. 증기배관의 설계 ·············· 511
3. 수배관의 설계 ·············· 514
4. 급탕설비 ·············· 515
5. 증기배관 설비 ·············· 517
• 출제 예상 문제 ·············· 522

부록 ··· CBT 실전문제

- CBT 실전문제 (1) ·········· 530
- CBT 실전문제 (2) ·········· 545
- CBT 실진문제 (3) ·········· 559
- CBT 실전문제 (4) ·········· 573
- CBT 실전문제 (5) ·········· 586
- CBT 실전문제 (6) ·········· 601
- CBT 실전문제 (7) ·········· 615
- CBT 실전문제 (8) ·········· 629
- CBT 실전문제 (9) ·········· 644
- CBT 실전문제 (10) ·········· 659
- CBT 실전문제 (11) ·········· 673
- CBT 실전문제 (12) ·········· 687
- CBT 실전문제 (13) ·········· 700
- CBT 실전문제 (14) ·········· 715

PART 01 에너지관리

공기조화계통도 및
습공기 선도

- **제1장** 공기조화
- **제2장** 습공기 선도
- **제3장** 공기조화설비 방식
- **제4장** 공조기기
- **제5장** 공기조화의 부하 계산
- **제6장** 측정 및 계측기기
- **제7장** 난방

제1장 공기조화

1. 개요

(1) 공기조화의 정의

실내의 온도, 습도, 기류, 박테리아, 먼지, 냄새, 유독가스 등의 조건을 인체 및 물품에 가장 좋은 조건으로 유지하는 것이다.

(2) 공기조화의 4대 요소

① 공기의 냉각 및 가열
② 공기의 감습 및 가습
③ 기류 분포의 균일화
④ 공기의 청결도

구분	기준
공기 중에 섞여 있는 먼지량	공기 $1\,m^3$당 0.15 mg 이하
일산화탄소(CO)의 함유율	10 ppm 이하(1백만분의 10 이하 : 0.001 % 이하)
탄산가스(CO_2)의 함유율	1000 ppm 이하(1백만분의 1000 이하 : 0.1 % 이하)
상대습도	40 % 이상 70 % 이하
기류의 이동속도	0.5 m/s 이하
온도	① 17℃ 이상 28℃ 이하 ② 거실 온도를 외기 온도보다 낮게 유지할 경우에는 그 차가 현저하지 않게 할 것

(3) 공기조화 설비로 인한 효용도

① 작업상의 사고 감소
② 직무 능률 향상
③ 제품의 품질 향상

④ 개인 비용 절감 및 근무 의욕 향상

(4) 공기조화의 분류

실내의 인간을 대상으로 하는가 또는 산업제품을 대상으로 하는가에 따라 쾌감용 공조와 산업용 공조로 구분된다.

① **쾌감용 공조(cormfort air conditioning)** : 재실자들이 생산활동을 능률적으로 할 수 있는 환경을 만들어 주기 위한 공조로서 인간의 쾌감이나 보건 위생을 목적으로 한다(백화점, 극장, 호텔, 사무실, 주택, 병원 등).

② **산업용 공조(industrial air conditioning)** : 공장에서 생산되는 제품의 합리화, 유지관리, 보관 등의 만족에 필요한 공기조화로서 물품의 생산 저장을 목적으로 한다(제품 창고, 섬유, 인쇄, 제빵, 전산실, 제약 등).

(5) 공기조화설비의 구성

① **열(냉)원장치** : 증기, 온수를 위한 보일러, 냉각을 얻기 위한 냉동기, 냉각탑 등
② **공기조화기(AHU : Air Handling Unit)** : 공기여과기, 공기냉각기, 공기가열기, 송풍기 등
③ **열매체 운반장치** : 팬, 덕트, 배관, 펌프, 토출구, 흡입구 등
④ **자동제어장치** : 공조장치 운전 시 경제적 운전을 위한 각종 자동으로 제어되는 장치

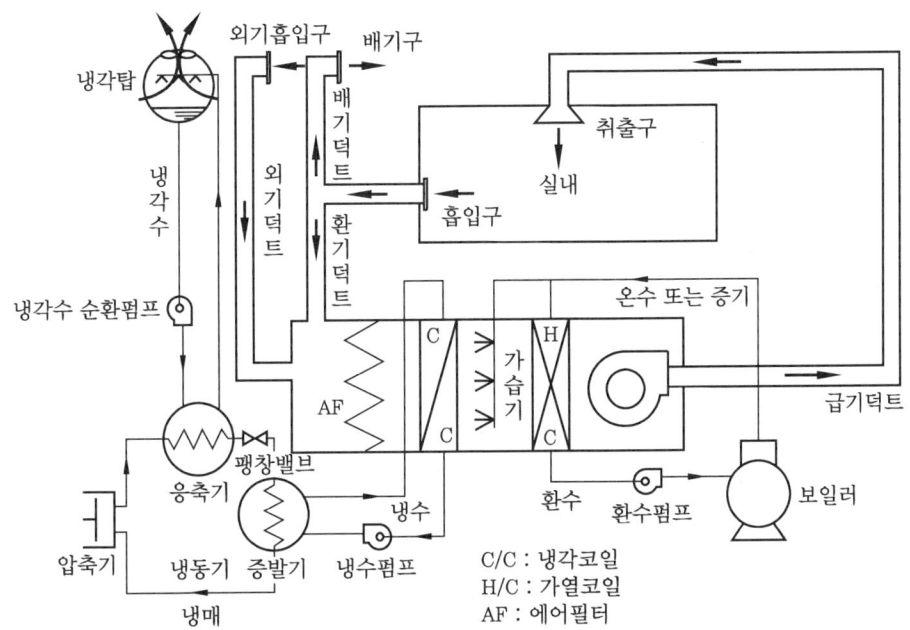

공기조화설비의 계통도

(6) 실내조건(기준온도)

건물 종류	여름		겨울	
	온도(℃)	습도(%)	온도(℃)	습도(%)
주택, 사무소, 병원, 학교	25~26	50~45	23~24.5	35~30
은행, 소매점, 백화점	25.5~27	50~45	22~23	35~30
극장, 교회, 레스토랑	25.5~27	60~50	22~23	40~35
공장	27~29.5	60~50	20~22	35~30

(7) 인체의 발생열량(q_m)

$$q_m = q_r + q_e + q_s \cdots$$

여기서, q_r : 복사열량, q_e : 증발열량, q_s : 체내열량

인체로부터의 방열량(kcal/h)

실내온도(℃)	정좌		경동작		보통작업		중노동	
	잠열	현열	잠열	현열	잠열	현열	잠열	현열
10	17.6	110.9	29.0	136.1	41.6	168.8	93.2	239.4
15	17.6	93.2	49.1	118.4	73.0	141.9	141.0	189.0
21	25.2	75.6	76.1	85.5	110.9	109.6	186.5	143.6
27	44.1	55.4	113.4	59.2	151.2	68.0	224.3	100.8

(8) 서한도

인체에 해가 되지 않는 오염물질의 농도

① CO_2 : 0.1 % ② CO : 10 ppm ③ 먼지 : 10 kg/m^3

④ 외기도입량 : $Q \geqq \dfrac{x}{C_a - C_o}$

여기서, Q : 외기도입량(m^3/h), C_a : 오염물질의 서한도(m^3/m^3)
C_o : 외기의 CO_2 함유량(m^3/m^3), x : 실내오염물질 발생량(m^3/h)

(9) 불쾌지수(UI : Uncomfort Index)

UI = 0.72(건구온도 + 습구온도) + 40.6 ⋯

습도	상태	습도	상태
86 이상	견디기 어려운 무더위	70 이상	일부 불쾌
80 이상	전원 불쾌	70 미만	쾌적
75 이상	반 이상 불쾌		

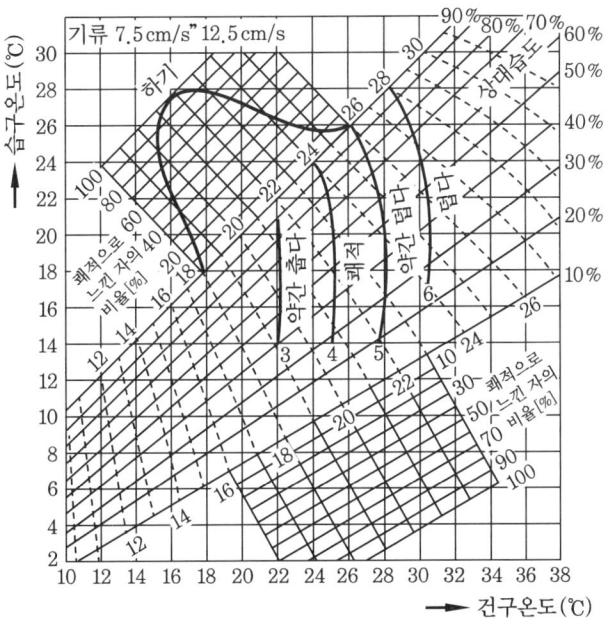

ASHRAE 쾌감선도

(10) 실효온도(ET : Effective Temperature, 유효온도, 감각온도, 실감온도)

습구온도 이외에 기류의 영향을 더한 온도로서 그 기준은 상대습도 100%, 즉 포화상태이며, 정지공기($V = 0.08 \sim 0.13$ m/s)의 실내상태를 말한다. 즉 온·습도의 쾌감과 동일한 쾌감을 얻을 수 있는 기류를 포함한 온도이다.

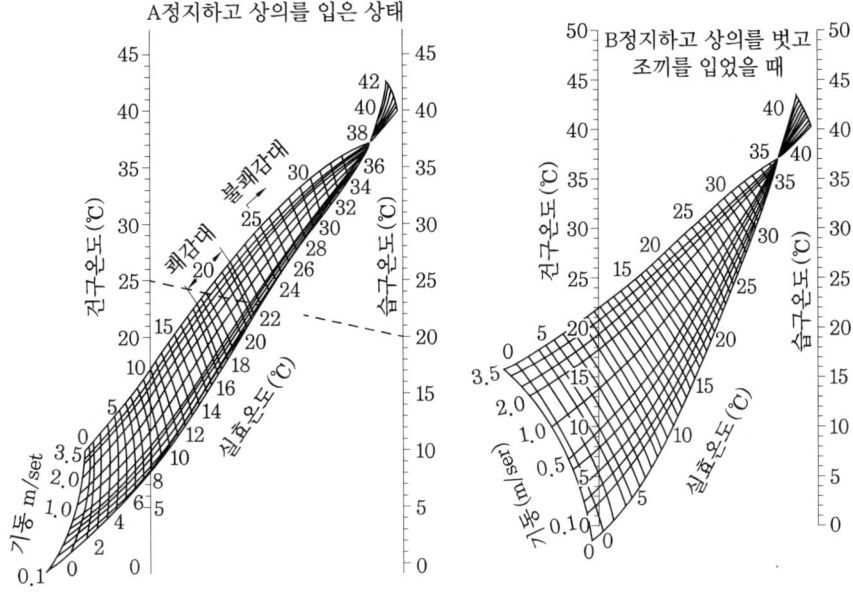

실효온도 선도

(11) 쾌적조건(풍속 V = 0.08~0.13 m/s)

① **여름철** : ET = 21±2℃, 상대습도 RH = 40~60 %
② **겨울철** : ET = 18±2℃, 상대습도 RH = 45~65 %
③ **기류**
　㈎ 난방 시 : 0.18~0.25 m/s
　㈏ 냉방 시 : 0.12~0.18 m/s

(12) 효과온도(OT : Operative Temperature)

건구온도계에 의하여 측정한 주위 벽면의 평균 복사온도(t_R)와 건구온도(t)의 평균값이며 기온, 기동(氣動), 주위 벽으로부터의 복사열 등의 종합 효과를 표시한 온도이다.

$$OT = \frac{t_R + t}{2}$$

OT는 인체가 느끼지 않을 정도의 미풍(V = 18 cm/s)일 때의 글로브 온도와 일치하며, 습도를 생각지 않으므로 고온에서는 적용될 수 없고 보통 착의 시 성인은 18.3℃ 이상, 노인·아이들은 21℃ 이상으로 된다.

2. 공기의 성질

2-1 건조공기(dry air)

수증기를 전혀 포함하지 않은 공기
① 기체 상수 R_a = 29.27 kg·m/kg·K
② 비중량 γ_a = 1.293 kg/m³(20℃일 때 : 1.2 kg/m³)
③ 비체적 V_a = 0.7733 m³/kg(20℃일 때 : 0.83 m³/kg)
④ 분자량 M_a = 28.964
⑤ 조성
　㈎ 질소(N_2) : 78.1 %
　㈏ 산소(O_2) : 20.93 %
　㈐ 아르곤(Ar) : 0.93 %
　㈑ 이산화탄소(CO_2) : 0.03 %
　㈒ 네온(Ne) : 1.8×10^{-3} %
　㈓ 헬륨(He) : 5.2×10^{-4} %

2-2 습공기(moist air)

건조공기와 수증기를 포함한 자연공기

습공기의 전압력$(P) = P_a(P_{N_2} + P_{O_2} + P_{Ar} + P_{CO_2}) + P_w$

$\therefore P = P_a + P_w$

여기서, P_w : 수증기의 분압력(kg/cm^2)
P : 습공기의 전압력(kg/cm^2)
P_a : 건조공기의 분압력(kg/cm^2)

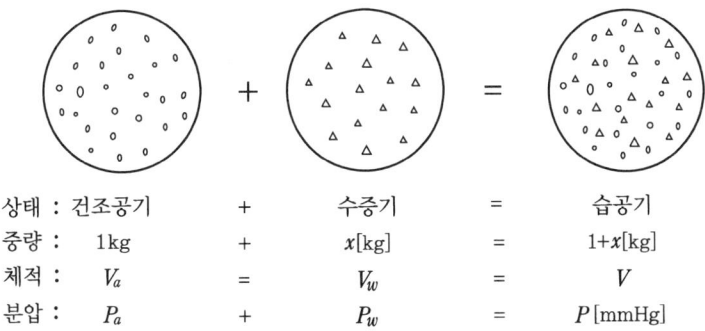

상태:	건조공기	+	수증기	=	습공기
중량:	1kg	+	x[kg]	=	1+x[kg]
체적:	V_a	=	V_w	=	V
분압:	P_a	+	P_w	=	P[mmHg]

2-3 포화습공기

공기온도에 따라 포함된 수증기량은 한계가 있는데 최대한도의 수증기를 포함한 공기를 포화공기라고 한다. 공기온도 상승 시 포화압력(P_s)도 상승하여 공기보다 많은 수증기를 함유할 수 있게 되며 온도가 내려가면 공기가 함유할 수 있는 수증기의 한도도 작아져 포화압력도 내려간다.

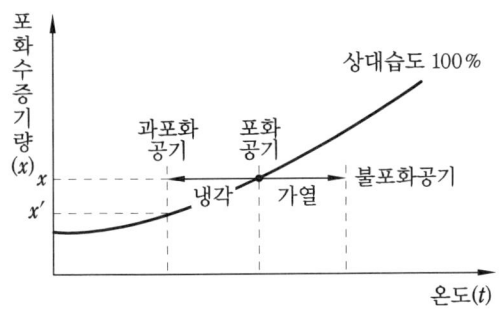
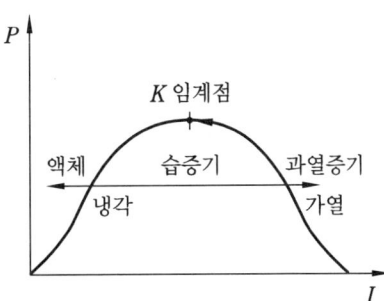

3. 공기의 상태

3-1 노점온도(Dewpoint Temperature : DT)

습공기 중에 포함되어 있는 수증기가 포화 수증기압 이상으로 되면 수증기는 유리되어 이슬로 된다. 즉 이슬이 맺히는 온도를 말하며 습공기의 수증기 분압과 동일한 분압을 갖는 포화습공기의 온도이며, 이 현상을 이용하여 공기 중의 수분을 제거할 수도 있다.

3-2 건구온도 및 습구온도

보통 온도계에서 지시하는 온도는 건구온도(Dry Bulb temperature : DB)이고, 물의 증발작용을 이용하여 물로 적신 거즈의 수막에서의 온도를 습구온도(Wet Bulb temperature : WB)라고 한다.

3-3 절대습도(Specific Humidity : SH) x[kg/kg′]

습공기 중에 포함되어 있는 수증기의 중량을 건조공기의 중량으로 나눈 값, 즉 건조공기 1 kg에 대한 수증기의 중량을 말한다. 절대습도는 가습·감습이 없이 냉각 가열만 할 경우에는 변하지 않는다.

$$x = \frac{\gamma_w}{\gamma_a} = \frac{\dfrac{P_w}{R_w T}}{\dfrac{P_a}{R_a T}} = \frac{\dfrac{P_w}{47.06}}{\dfrac{P-P_w}{29.27}} = 0.622 \frac{P_w}{P-P_w} = 0.622 \frac{\phi P_s}{P-\phi P_s}$$

여기서, x : 절대습도(kg/kg′)
  γ_a : 건조공기의 중량(kg)
  γ_w : 습공기 중에 함유된 수증기 중량(kg)
  P : 대기압(P_a+P_w)
  P_a : 건조공기 분압(mmHg)
  P_w : 수증기 분압(mmHg)
  R_a : 건조공기 가스정수(29.27 kg·m/kg·K)

R_w : 수증기 가스정수(47.06 kg·m/kg·K)
T : 습공기 절대온도(K)
P_s : 포화습공기의 수증기분압(mmHg)

3-4 상대습도(Relative Humidity : RH) ϕ [%]

수증기의 분압과 동일 온도의 포화습공기 수증기 분압의 비로서 $1\,\text{m}^3$의 습공기 중에 함유된 수분의 중량과 이와 동일한 $1\,\text{m}^3$ 포화습공기 중에 함유된 수분의 중량과의 비이다.

$$\phi = \frac{P_w}{P_s} \times 100\,\%$$

여기서, P_w : 습공기의 수증기 분압
P_s : 동일 온도의 포화습공기의 수증기 분압

$$\phi = \frac{\gamma_w}{\gamma_s} \times 100\,\%$$

여기서, r_w : 습공기 $1\,\text{m}^3$ 중에 함유된 수분의 중량
r_s : 포화습공기 $1\,\text{m}^3$ 중에 함유된 수분의 중량

※ $\phi = 0\,\%$는 건조공기이며 $\phi = 100\,\%$는 포화공기이다.

공기를 가열하면 상대습도는 낮아지고 냉각하면 상대습도는 높아진다.

$$x = 0.622 \frac{P_w}{P - P_w} = 0.622 \frac{\phi P_s}{P - \phi P_s} \text{ 에서 } \phi = \frac{Px}{(0.622 + x)P_s}$$

3-5 포화도(Saturation Degree : SD, 비교습도) Z [%]

포화습공기의 절대습도와 동일 온도의 습증기의 절대습도의 비

$$Z = \frac{X}{X_s} \times 100$$

여기서, X_s : 포화습공기 절대습도(kg/kg′)
X : 습공기 절대습도

$$Z = \frac{X}{X_s} = \frac{0.622 \dfrac{P_w}{P - P_w}}{0.6922 \dfrac{P_s}{P - P_s}} = \frac{P_w}{P} \cdot \frac{P - P_s}{P - P_w} = \phi \frac{P - P_s}{P - P_w}$$

3-6 비체적과 비중량

건조공기 $1\,\text{kg}'$당의 습공기 중의 수증기를 포함한 체적을 비체적(Specific Volume : SV), 습공기 $1\,\text{m}^3$에 포함되어 있는 수증기의 중량을 비중량이라 한다.

① 건조공기 $1\,\text{kg}$의 상태식 : $P_a V = R_a T$
② 수증기 $x[\text{kg}]$의 상태식 : $P_w V = x R_w T$
③ $P = P_a = P_w$에서 $(P_a = P_w) \cdot V = PV = (R_a + x R_w) \cdot T$

$$\therefore V = \frac{(R_a + x R_w)T}{P} = \frac{(29.27 + 47.06x) \cdot T}{P} = \frac{(0.622 + x)47.06 \cdot T}{P}$$

3-7 현열, 잠열, 습공기의 엔탈피

(1) 현열(sensible heat)

상태 변화가 없고 온도의 변화에만 주는 열에너지

$$\therefore q_s = G \cdot C \cdot (t_2 - t_1)$$

(2) 잠열(latent heat)

온도 변화가 없고 상태 변화에 사용되는 열에너지

예 0℃ 물의 증발잠열 : $597.3\,\text{kcal/kg}$, 100℃ 물의 증발잠열 : $539\,\text{kcal/kg}$

$$\therefore q_L = G \cdot \gamma$$

여기서, γ : 증발잠열(kcal/kg)

(3) 엔탈피(enthalpy, kcal/kg′ : i)

전열량 = 현열 + 잠열

$i = u + Apv$

$di = du + Apdv$

(4) 습공기의 엔탈피

① 건조공기의 현(감)열량(i_a) : 0℃의 건조공기를 0으로 한다.

$$i_a = G \cdot C \cdot \Delta t = C_p t = 0.24 t$$

여기서, C_p : 건조공기의 비열($0.24\,\text{kcal/kg} \cdot$ ℃)

② 수증기의 잠열량(i_w) : 0℃의 물을 0℃의 증기로 변환시킨다.

$$i_w = G \cdot \gamma_\gamma = \gamma + C_x \cdot t = 597.3 + 0.44t$$

여기서, C_x : 수증기의 정압비열(0.441 kcal/kg · ℃)

③ 습공기의 엔탈피(i) : 건조공기와 습공기가 갖고 있는 열량의 합이다.

$$i = i_a + i_w = 0.24t + (597.3 + 0.44t) [\text{kcal/kg}]$$

3-8 현열비(Sensible Heat Factor : SHF, 감열비)

전열량에 대한 현열량의 비로서 실내로 송출되는 공기의 상태를 나타낸다.

$$SHF = \frac{q_s}{q_s + q_L} = \frac{q_s}{q_r}$$

여기서, q_T : 전열량, q_s : 현열량, q_L : 잠열량

3-9 열평형 · 물질평형 · 열수분비

단열된 덕트 속에 공기를 통과시키면서 열량 q[kcal/h]와 수분 L[kg/h]을 가한다. 이때 공기의 통과량 G[kg/h], 입 · 출구의 엔탈피 i_1, i_2[kcal/kg], 입 · 출구의 절대습도 x_1, x_2[kg/kg'], 수분의 엔탈피 i_L[kcal/kg]이라고 하면

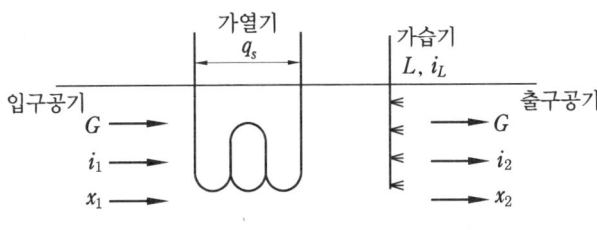

(1) 열평형(energy balance)

① 장치에 들어간 열 : $(Gi_1 + q_s + Li_L)$
② 나온 열 : Gi_2
③ 열평형식 : $Gi_1 + q_s + Li_L = Gi_2$ ……ⓐ

(2) 수분에 대한 물질평형(mass balance)

① 장치 내로 들어간 수분 : $Gx_1 + L$

② 나온 수분 : Gx_2

③ 물질평형식 : $Gx_1 + L = Gx_2$ ……ⓑ

(3) 열수분비(U)

수분량(절대습도)의 변화량에 따른 전열량의 변화량

$$U = \frac{di}{dx} \text{에서 ⓐ÷ⓑ}$$

$$U = \frac{i_2 - i_1}{x_2 - x_1} = \frac{q_s + Li_L}{L} = \frac{q_s}{L} + iL$$

$$\therefore U = \frac{q_s}{L} + iL$$

여기서, i_1, i_2 : 변화 전·후의 습공기 엔탈피(kcal/kg)

x_1, x_2 : 변화 전·후의 습공기 절대습도(kg/kg′)

q_s : 증감된 전열량(kcal/h), L : 증감된 전수분량(kg/h), i_L : 수분의 엔탈피

① 엔탈피의 변화가 없을 때

$$U = \frac{d_i}{d_x} = \frac{0}{d_x} = 0$$

② 수분량의 변화가 없을 때

$$U = \frac{d_i}{d_x} = \frac{d_i}{0} = \infty$$

여기서, q_s : 공기에 가해지거나 제거되는 현열량(kcal/h)

q_L : 공기에 가해지거나 제거되는 잠열량(kcal/h)

3-10 단열 포화온도(t_{As})

완전히 단열된 에어 와셔(air washer)를 이용하여 물을 순환 분무 시 공기를 포화시킬 때의 출구 공기의 온도를 말하며, 풍속 5 m/s 이상인 기류 속에 놓인 습구 온도계의 눈금은 단열 포화온도와 같게 된다.

$$t_{As} = \frac{i_s + i}{x_s - x}(t' \geq 0℃)$$

여기서, i_s : 온도 t'에서 포화공기의 엔탈피, i : 온도 t'에서 포화습공기의 엔탈피

x_s : 온도 t'에서 포화공기의 절대습도, x : 온도 t'에서 습공기의 절대습도

출제 예상 문제

1. 다음 중 공기의 조성에 대한 설명으로 틀린 것은?
① 질소는 대기의 최다 성분으로서 대기에 약 78 % 정도 존재한다.
② 산소는 무색 및 무취의 기체로서 대기에 약 21 % 정도 존재한다.
③ 이산화탄소는 무색 및 무취의 기체로서 대기에 약 0.035 % 정도 존재하지만 최근 증가하는 경향이 있다.
④ 아르곤은 무색 및 무취의 활성 기체로서 대기에 약 0.39 % 정도 존재한다.
[해설] 아르곤은 무색, 무취의 불활성 기체이며 대기 중에는 약 0.9 % 정도가 존재한다.

2. 우리의 생활주변에 있는 습공기의 성분비를 용적률로 옳게 나타낸 것은?
① 질소 : 78 %, 산소 : 21 %, 기타 : 1 %
② 질소 : 68 %, 산소 : 28 %, 기타 : 4 %
③ 질소 : 52 %, 산소 : 41 %, 기타 : 7 %
④ 질소 : 78 %, 산소 : 15 %, 기타 : 7 %
[해설] 공기의 조성은 체적비로 질소 78 %, 산소 21 %, 아르곤 및 기타 1 %이다.

3. 인체의 열감각에 영향을 미치는 요소로서 인체주변, 즉 환경적 요소에 해당하는 것은?
① 온도, 습도, 복사열, 기류속도
② 온도, 습도, 청정도, 기류속도
③ 온도, 습도, 기압, 복사열
④ 온도, 청정도, 복사열, 기류속도
[해설] 온도, 습도, 기류, 청정도는 공기조화 4요소에 해당되며 인체의 열감각에는 온도, 습도, 기류, 복사열이 포함된다.

4. 인위적으로 실내 또는 일정한 공간의 공기를 사용 목적에 적합하도록 공기조화하는 데 있어서 고려하지 않아도 되는 것은?
① 온도　　　　② 습도
③ 색도　　　　④ 기류
[해설] 공기조화의 3대 요소
㈎ 온도
㈏ 습도
㈐ 기류
㈑ 공기 청결도(4요소)

5. 대기의 절대습도가 일정할 때 하루 동안의 상대습도 변화를 설명한 것 중 올바른 것은?
① 절대습도가 일정하므로 상대습도의 변화는 없다.
② 낮에는 상대습도가 높아지고 밤에는 상대습도가 낮아진다.
③ 낮에는 상대습도가 낮아지고 밤에는 상대습도가 높아진다.
④ 낮에는 상대습도가 정해지면 하루 종일 그 상태로 일정하게 된다.
[해설] 절대습도가 일정한 상태에서 온도가 상승하게 되면 상대습도는 감소하게 되며 온도가 낮아지면 상대습도는 증가하게 된다. 즉, 낮에는 상대습도가 감소하며 밤에는 증가하게 된다.

6. 1기압, 100℃의 포화수 5 kg을 100℃의 건포화 증기로 만들기 위해서 약 몇

정답 1. ④　2. ①　3. ①　4. ③　5. ③　6. ①

kcal의 열량이 필요한가?

① 2695　　② 3500
③ 4750　　④ 5860

[해설] 100℃에서의 물의 증발잠열은 539 kcal/kg이므로 539 kcal/kg × 5 kg = 2695 kcal

7. 습공기의 수증기 분압을 P_V, 동일 온도의 포화 수증기압을 P_S라 할 때 다음 중 잘못된 것은?

① $\dfrac{P_S}{P_V} \times 100 =$ 상대습도

② $P_V < P_S$일 때 불포화습공기

③ $P_V = P_S$일 때 포화습공기

④ $P_V = 0$일 때 건공기

[해설] 상대습도 $= \dfrac{P_V}{P_S} \times 100$

8. 건구온도 30℃, 상대습도 60%인 습공기에 있어서 건공기의 분압은 약 얼마인가? (단, 대기압은 760 mmHg, 포화 수증기압은 27.65 mmHg이다.)

① 27.65 mmHg　　② 376 mmHg
③ 743 mmHg　　④ 700 mmHg

[해설] $0.6 = \dfrac{P_w}{27.65}$

∴ $P_w = 16.59$ mmHg ≒ 17 mmHg

여기서, P_w : 습공기의 수증기 분압

대기압 = 건공기 분압 + 수증기 분압

760 mmHg = 건공기 분압 + 17 mmHg

∴ 건공기 분압 = 743 mmHg

9. 어떤 장치에 비엔탈피 10 kcal/kg인 공기가 매 시간 500 kg씩 들어와서 비엔탈피 12 kcal/kg인 공기로 변화된다고 하면 이 장치에서 공급되는 열량은 몇 kcal/h인가? (단, 장치에서의 가습은 없는 것으로 한다.)

① 1000　　② 1500
③ 2000　　④ 2500

[해설] 500 kg/h × (12 − 10) kcal/kg
　　 = 1000 kcal/h

10. 냉각코일로 공기를 냉각하는 경우에 코일 표면온도가 공기의 노점온도보다 높으면 공기 중의 수분량 변화는?

① 변화가 없다.　　② 증가한다.
③ 감소한다.　　④ 불규칙이다.

[해설] 노점온도보다 높은 상태의 공기는 냉각이 되어도 절대습도는 변화가 없으므로 공기 중의 수분의 양은 불변이다.

11. 유효 온도차(상당 외기온도차)에 대한 설명 중 틀린 것은?

① 태양 일사량을 고려한 온도차이다.
② 계절, 시각 및 방위에 따라 변화한다.
③ 실내온도와는 무관하다.
④ 냉방 부하 시에 적용된다.

[해설] 상당 외기온도는 외기온도뿐만 아니라, 일사의 영향, 벽체의 구조에 따른 전열의 시간적 지연, 즉 흡수율을 고려한 것으로 상당 외기온도와 실내온도와의 차를 상당 외기온도차(Equivalent Temperature Difference : ETD)라 하며, 일반적으로 표로 만들어져 있다.

12. 공기조화에 대한 설명 중 맞지 않는 것은?

① 공기조화란 온도, 습도, 청정도 및 공기의 유동상태를 동시에 조정하는 것을 말한다.
② 겨울철의 공기조화에 있어서 사무실 실내조건은 건구온도 28℃, 상대습도 35% 정도가 일반적이다.
③ 전산실의 공기조화는 산업공조라고 할 수 있다.

정답 7. ①　8. ③　9. ①　10. ①　11. ③　12. ②

④ 상점, 학교, 호텔 등의 공기조화는 쾌적공조라고 한다.

[해설] 겨울철 실내온도는 18~22℃, 상대습도는 60%로 유지한다.

13. 유효온도(effective temperature)에 대한 설명 중 옳은 것은?
① 온도, 습도를 하나로 조합한 상태의 측정온도이다.
② 각기 다른 실내온도에서 습도 및 기류에 따라 실내 환경을 평가하는 척도로 사용된다.
③ 실내 환경요소가 인체에 미치는 영향을 같은 감각으로 얻을 수 있는 기류가 정지된 포화상태의 공기온도로 표시한다.
④ 유효온도 선도는 복사 영향을 무시하여 건구온도 대신에 글로브 온도계의 온도를 사용한다.

[해설] 유효온도는 실효온도라고도 하며 정지공기의 실내상태를 말한다. 온·습도의 쾌감과 동일한 쾌감을 얻을 수 있는 기류를 포함한 온도이다.

14. 단열된 용기에 물을 넣고, 건구온도와 상대습도가 일정한 실내에 방치해 두면 실내는 포화상태에 도달하게 된다. 이때 물의 온도는 결국 공기의 어떤 상태에 가까워지는 변화를 하는가?
① 건구온도 ② 습구온도
③ 노점온도 ④ 절대온도

[해설] 물과 공기의 온도가 유사하게 되는데 이를 습구온도라 한다.

15. 불쾌지수는 일반적인 열환경 평가지수가 아닌 불쾌감지수라고 할 수 있다. 기후에 따른 불쾌감을 표시하는 불쾌지수는 무엇만을 고려한 지수인가?
① 기온과 기류 ② 기온과 노점
③ 기온과 복사열 ④ 기온과 습도

[해설] 불쾌지수 = 0.72×(건구온도+습구온도)+40.6이므로 불쾌지수는 온도와 습도를 고려하여 만든 것이다.

16. 다음 설명 중 맞지 않는 것은?
① 공기조화란 온도, 습도 조정, 청정도, 실내 기류 등 항목을 만족시키는 처리 과정이다.
② 전자계산실의 공기조화는 산업공조이다.
③ 보건용 공조는 실내인원에 대한 쾌적환경을 만드는 것을 목적으로 한다.
④ 공조장치에 여유를 두어 여름에 외부 온도차를 크게 하여 실내를 시원하게 해준다.

[해설] 공조장치는 여름에 온도 및 습도, 기류 등을 고려하여 냉방하는 것으로 무작정 온도를 낮추어 냉방하는 것이 아니다.

17. 공기의 온도에 따른 밀도 특성을 이용한 방식으로 실내보다 낮은 온도의 신선공기를 해당구역에 공급함으로써 오염물질을 대류효과에 의해 실내 상부에 설치된 배기구를 통해 배출시켜 환기 목적을 달성하는 방식은?
① 기계식 환기법 ② 전반 환기법
③ 치환 환기법 ④ 국소 환기법

[해설] 치환 환기법에는 다음과 같은 방식이 있다.
(개) 저속 치환 환기법 : 실내의 발열원으로부터의 상승기류를 이용해서, 바닥면에 가까운 곳에 설치된 큰 급기구로부터 냉풍을 낮은 속도(0.5 m/s 이하)로 공급하고, 실내 전체에 상향 흐름을 형성해서 환기하는 방법
(내) 동향기류를 이용한 치환 환기법 : 속도와

정답 13. ③ 14. ② 15. ④ 16. ④ 17. ③

방향이 균일한 폭이 넓은 개구로부터의 흐름(동향기류)을 이용해서 실내의 오염된 공기를 치환하고자 하는 환기법

18. 그림과 같은 지면에 접해 있는 바닥 구조체의 열관류율 K[kcal/m² · h · ℃] 값은 약 얼마인가? (단, 내표면 열전달률 a_i = 8 kcal/m² · h · ℃, 외표면 열전달률 a_0 = 30 kcal/m² · h · ℃이다.)

구조	재료	두께 (m)	열전도율 (kcal/m·h·℃)
실내	① 테라조	0.03	1.55
	② 모르타르	0.02	1.2
	③ 콘크리트	0.15	1.4
	④ 잡석	0.2	1.6
	⑤ 지반	–	1.6

① 0.491　　② 0.632
③ 0.982　　④ 1.018

해설 K
$= \dfrac{1}{\left(\dfrac{1}{8} + \dfrac{0.03}{1.55} + \dfrac{0.02}{1.2} + \dfrac{0.15}{1.4} + \dfrac{0.2}{1.6} + \dfrac{1}{1.6}\right)}$
$= 0.982 \, \text{kcal/m}^2 \cdot \text{h} \cdot \text{℃}$

19. 대기압(760 mmHg)에서 온도 30℃, 상대습도 50 %인 습공기 내의 건공기의 분압(mmHg)은 약 얼마인가? (단, 수증기 포화압력은 31.84 mmHg이다.)

① 16　　② 32
③ 372　　④ 744

해설 상대습도$(\phi) = \dfrac{P_w}{P_s} \times 100$에서
$P_w = \dfrac{50 \times 31.84}{100} = 15.92 \, \text{mmHg}$
$P = P_w + P_s$에서
$P_s = 760 - 15.92 = 744.08 \, \text{mmHg}$

20. 압력 10 kgf/cm², 건조도 0.89인 습증기 100 kg을 일정 압력의 조건에서 300℃의 과열증기로 만드는 데 필요한 열량은 약 얼마인가? (단, 10 kgf/cm²에서 포화액의 엔탈피는 181.19 kcal/kg, 증발잠열은 482 kcal/kg, 300℃에서의 과열증기 엔탈피는 729 kcal/kg이다.)

① 8573 kcal　　② 11900 kcal
③ 61000 kcal　　④ 66950 kcal

해설 습증기 엔탈피
$= 181.19 \, \text{kcal/kg} + 0.89 \times 482 \, \text{kcal/kg}$
$= 610.17 \, \text{kcal/kg}$

과열증기의 열량
$= 100 \, \text{kg} \times (729 - 610.17) \, \text{kcal/kg}$
$= 11883 \, \text{kcal}$

21. 표준대기압(101.325 kPa)에서 25℃인 포화공기의 절대습도 X_s[kg/kg(DA)]는 약 얼마인가? (단, 25℃의 포화 수증기 분압 P_{ws} = 3.1660 kPa이다.)

① 0.0188　　② 0.0201
③ 0.6522　　④ 0.6543

해설 절대습도$(x) = \dfrac{0.622 \times 3.166}{(101.325 - 3.166)}$
$= 0.0201 \, \text{kg/kg}$

22. 습공기 100 kg이 있다. 이때 혼합되어 있는 수증기의 무게를 2 kg이라고 한다면 공기의 절대습도는 약 얼마인가?

① 0.02 kg/kg　　② 0.002 kg/kg
③ 0.2 kg/kg　　④ 0.0002 kg/kg

해설 절대습도는 단위체적의 습공기에 대하여 그 속에 포함되어 있는 수증기와의 중량비이다.
절대습도 $= \dfrac{2 \, \text{kg}}{100 \, \text{kg}} = 0.02 \, \text{kg/kg}'$

23. 쾌감의 지표로 나타내는 불쾌지수(UI)와 관계가 있는 공기의 상태량은?

정답　18. ③　19. ④　20. ②　21. ②　22. ①　23. ④

① 상대습도와 습구온도
② 현열비와 열수분비
③ 절대습도와 건구온도
④ 건구온도와 습구온도

[해설] 불쾌지수 = 0.72×(건구온도+습구온도) + 40.6

24. 대사량을 나타내는 단위로 쾌적상태에서의 안정 시 대사를 기준으로 하는 단위는?

① RMR ② clo
③ met ④ ET

[해설] met : 사람이 평온한 상태에서 의자에 앉아 안정을 취하고 있을 때의 대사량으로 인체 대사량이라 한다.

25. 다음 중 여름철 냉방에 가장 중요한 것은?

① 온도 변화 ② 압력 변화
③ 탄산가스량 변화 ④ 비체적 변화

[해설] 하절기에는 온도와 습도 조절이 중요하다.

26. 건물의 지하실, 대규모 조리장에 등에 적합한 기계환기법(강제급기+강제배기)은?

① 제1종 환기 ② 제2종 환기
③ 제3종 환기 ④ 제4종 환기

[해설]
• 제1종 환기법 : 강제급기와 강제배기
• 제2종 환기법 : 강제급기와 자연배기
• 제3종 환기법 : 자연급기와 강제배기

27. 식당의 주방이나 화장실과 같은 장소에 적합한 환기방식으로 자연급기와 기계배기로 조합된 환기방식은?

① 제1종 환기방식 ② 제2종 환기방식
③ 제3종 환기방식 ④ 제4종 환기방식

[해설]
• 1종 : 급기, 배기 팬을 다 설치한 방식이다.
• 2종 : 급기는 팬에 의하여 이루어지며 배기는 자연배기에 의존한다.
• 3종 : 배기는 팬에 의하여 이루어지나 급기는 자연급기에 의존한다.

28. 환기 및 배연설비에 관한 설명 중 틀린 것은?

① 환기란 실내공기의 정화, 발생열의 제거, 산소의 공급, 수증기 제거 등을 목적으로 한다.
② 환기는 급기 및 배기를 통하여 이루어진다.
③ 환기는 자연 환기방식과 기계 환기방식으로 구분할 수 있다.
④ 배연설비의 주목적은 화재 후기에 발생하는 연기만을 제거하기 위한 설비이다.

[해설] 배연설비는 건축물의 화재 시에 화재 발생원으로부터 피난 경로로 연기가 유입되는 것을 방지하는 설비로 방연벽, 배연구, 배연덕트, 배연기 등이 포함된다.

[정답] 24. ③ 25. ① 26. ① 27. ③ 28. ④

제2장 습공기 선도

1. 습공기 선도

절대습도(x)와 건구온도(t)와의 관계 선도가 각종 계산에 많이 사용된다.

1-1 공기 선도와 그 사용법

대기압(760 mmHg)하의 습공기의 성질을 선도로 표시하고 습구온도(WB), 노점온도(DP), 건구온도(DB), 절대습도(x), 포화도(z), 비체적(v), 엔탈피(i), 상대습도(RH) 등으로 구성되어 있으며 이들 중 2가지 이상이 결정되면 다른 값은 습공기 선도를 이용하여 구할 수 있다.

① $h-x$ 선도 : 엔탈피(h)와 절대습도(x)와의 관계를 사교 좌표로 그린 것
② $t-x$ 선도 : 건구온도(t)와 절대습도(x)와의 관계를 직각 좌표로 그린 것
③ $t-i$ 선도 : 건구온도(t)와 엔탈피(i)와의 관계를 직교 좌표로 그린 것

1-2 공기 선도의 상태변화와 계산

(1) 공기만을 가열, 냉각하는 경우

절대습도가 변하지 않고 온도만 변한다.

$$q_s = G(i_2 - i_1) = G \cdot C_p \cdot (t_2 - t_1)$$
$$= \frac{Q}{V}(i_2 - i_1) = \frac{Q}{V} \cdot C_p \cdot (t_2 - t_1)$$
$$= Q \cdot \gamma \cdot C_p(t_2 - t_1) = 0.288\, Q(t_2 - t_1)$$

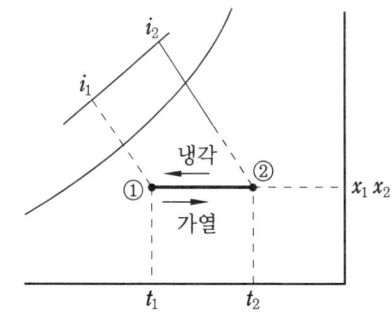

여기서, q_s : 감열량(kcal/h), G : 공기량(kg/h), Q : 공기량(m³/h)
V : 공기의 비체적(m³/kg), C_p : 정압비열(0.24 kcal/kg · ℃)
t : 건구온도(℃), i : 엔탈피(kcal/kg)

제 2 장 습공기 선도

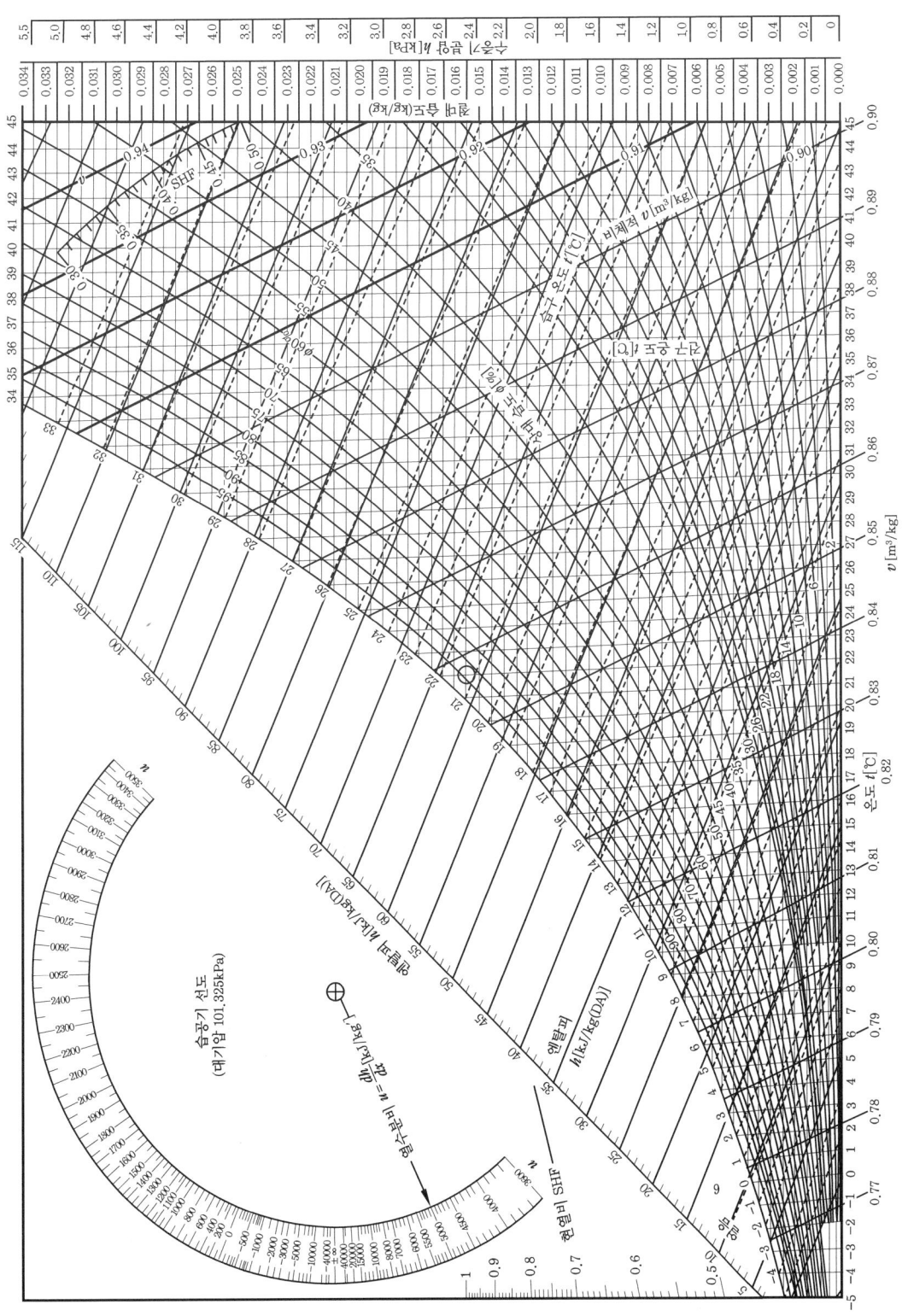

습공기 $h-x$ 선도

(2) 공기를 가습, 감습할 경우

① 가습량 $L = G(x_2 - x_1) = \dfrac{Q}{V}(x_2 - x_1)$

② 잠열량 $q_L = G(i_2 - i_1) = L \cdot \gamma_0$

$\qquad\qquad\quad = 715\,Q(x_2 - x_1) = 597.3 \cdot \gamma \cdot Q(x_2 - x_1)$

여기서, L : 가습량(kg/h)

$\qquad\quad \gamma_0$: 잠열(kcal/kg)

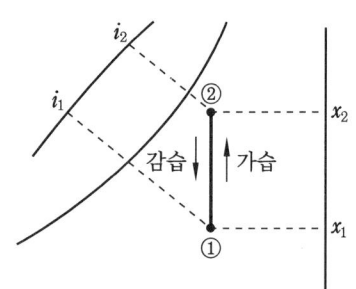

※ 에어 와셔(air washer) 이용법
- 수분무 가습기법
- 증기 가습기법

(3) 습공기를 단열 혼합한 경우

재순환 공기를 새로운 공기 또는 공기 가열기, 공기 냉각기, 공기 세정기 등으로 처리한 공기와 혼합하여 사용하는 경우의 변화 상태를 말한다.

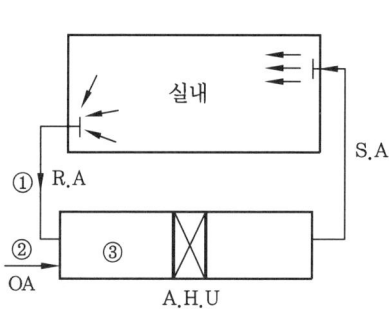 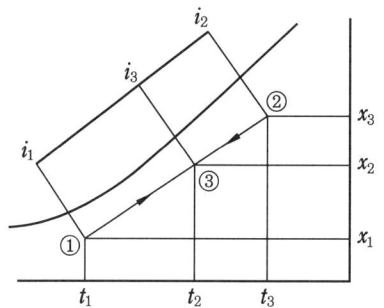

$$\therefore t_3(\text{혼합 온도}) = \dfrac{Q_1 t_1 + Q_2 t_2}{Q_1 \times Q_2}$$

$$\therefore x_3(\text{혼합 절대습도}) = \dfrac{Q_1 x_1 + Q_2 x_2}{Q_1 \times Q_2}$$

$$\therefore i_3(\text{혼합 엔탈피}) = \dfrac{Q_1 i_1 + Q_2 i_2}{Q_1 + Q_2}$$

여기서, Q_1 : 실내공기량(m³/h)

$\qquad\quad Q_2$: 외기량(m³/h)

$\qquad\quad$ 1 : 실내환기

$\qquad\quad$ 2 : 외기

$\qquad\quad$ 3 : 혼합공기

(4) 가열, 가습의 경우

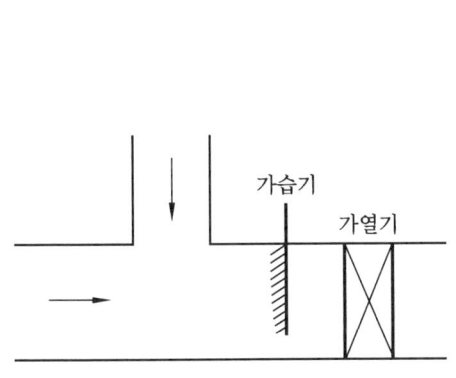
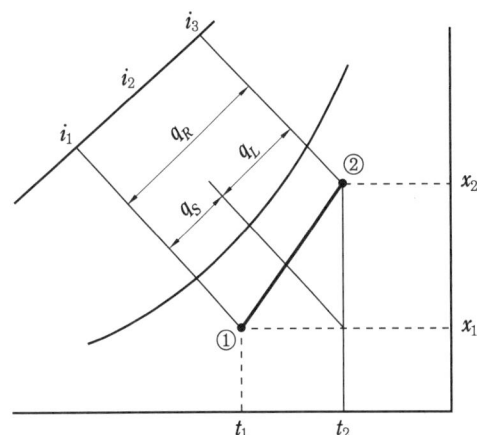

① $q_r = q_s + q_L = G(i_2 - i_1)$

② $L = G(x_2 - x_1)$

③ $SHF = \dfrac{q_s}{q_s + q_L} = \dfrac{q_s}{q_T}$

여기서, q_T : 전열량(kcal/h), G : 공기량(kcal/h)

q_s : 현열량(kcal/h), L : 가습량(kcal/h)

q_L : 전열량(kcal/h), SHF : 현열량

(5) 가습

① 장치내 순환수 분무가습(단열가습) 세정 : 에어 와셔에서 분무
② 에어 와셔 내에서 온수로 분무 가습
③ 소량의 물, 온수로 분무 가습
④ 증기로 분무 가습

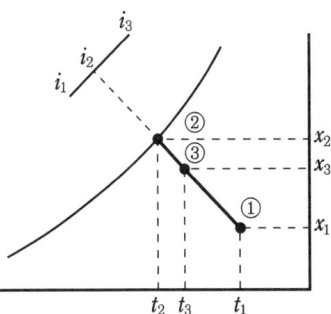

$$\text{에어 와셔의 효율}(\eta_{AW}) = \dfrac{x_1 - x_3}{x_1 - x_2} \times 100\,\%$$

※ **에어 와셔 이용법** : 수분무 가습기법, 증기 가습기법

(6) BF(Bypass Factor)

가열, 냉각 코일을 접촉하지 않고 그대로 통과되는 공기의 비율

$BF = 1 - CF$

여기서, CF(Contact factor) : 완전히 접촉한 공기 비율

① $BF = \dfrac{i_3 - i_2}{i_1 - i_2} = \dfrac{x_3 - x_2}{x_1 - x_2} = \dfrac{t_3 - t_2}{t_1 - t_2}$

② $CF = \dfrac{i_1 - i_3}{i_1 - i_2} = \dfrac{x_1 - x_3}{x_1 - x_2} = \dfrac{t_1 - t_3}{t_1 - t_2}$

코일의 열수가 증가하면 BF는 감소한다.

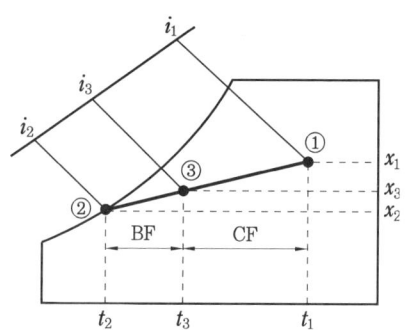

(7) 현열비(감열비 : SHF)

① $q_s = G \cdot C_p \cdot (t_2 - t_1) = 0.28\,Q(t_2 - t_1)$

② $q_L = G \cdot \gamma_0 (x_2 - x_1) = 715\,Q(x_2 - x_1)$

③ $SHF = \dfrac{q_s}{q_s + q_L} = \dfrac{q_s}{q_T} = \dfrac{G \cdot C_p \cdot (t_2 - t_1)}{G \cdot C_p \cdot (t_2 - t_1) + G \cdot \gamma_0 \cdot (x_2 - x_1)}$

$= \dfrac{C_p(t_2 - t_1)}{C_p(t_2 - t_1) + \gamma_0(x_2 - x_1)}$

1-3 실제장치에서의 상태변화

① 혼합가열 : $t_3 = \dfrac{t_1 Q_1 + t_2 Q_2}{Q_1 + Q_2}$

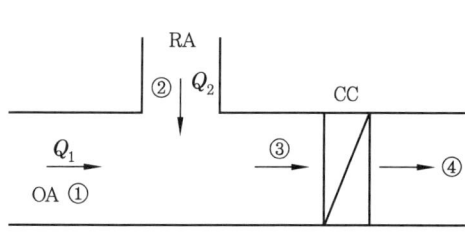
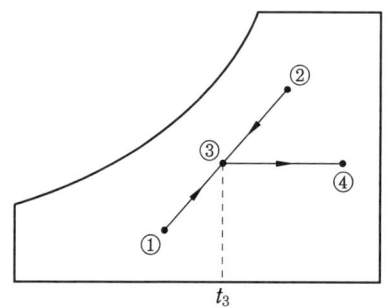

② 혼합 → 가습(온수 분무) → 가열(일부 바이패스)

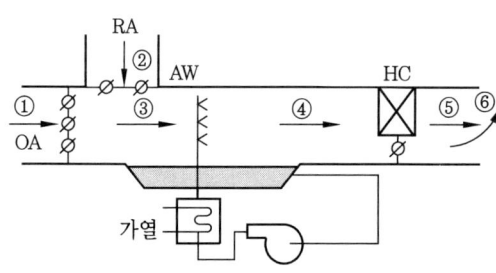
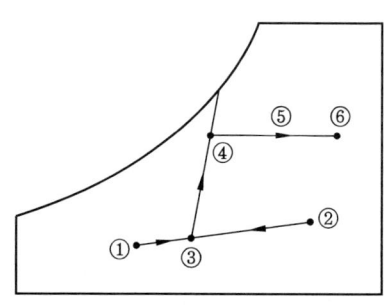

③ 혼합 → 예열 → 세정(순환수 분무) → 재열

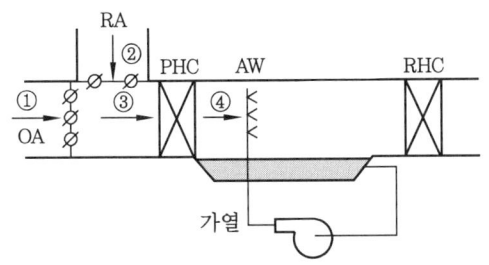
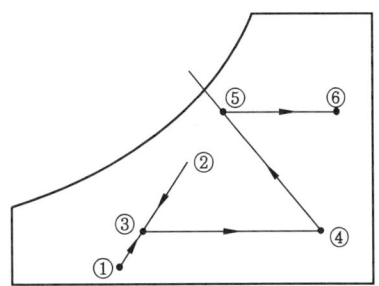

④ 외기예열 → 혼합 → 세정 → 재열

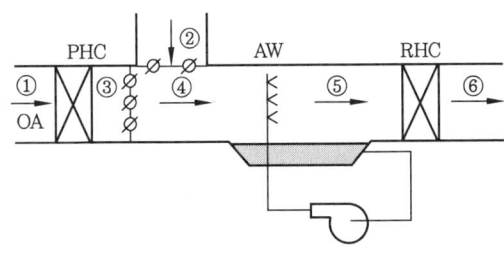
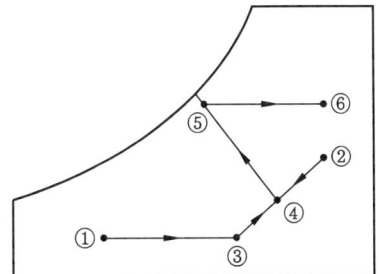

⑤ 외기예랭 → 혼합 → 냉각

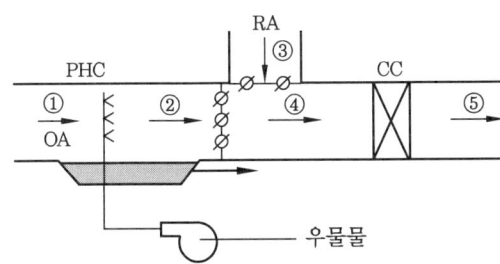
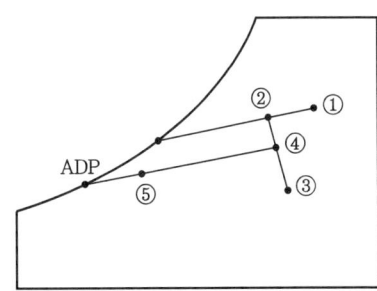

출제 예상 문제

1. 습공기선도($t-x$ 선도)상에서 알 수 없는 것은?
① 엔탈피 ② 습구온도
③ 풍속 ④ 상대습도

[해설] 습기 선도를 이용하여 엔탈피, 건구온도, 습구온도, 상대습도, 노점온도, 절대습도 등을 알 수 있다.

2. 다음 중 사용되는 공기 선도가 아닌 것은? (단, i : 엔탈피, x : 절대습도, t : 온도, p : 압력)
① $i-x$ 선도 ② $t-x$ 선도
③ $t-i$ 선도 ④ $p-i$ 선도

[해설] $p-i$ 선도는 몰리에르 선도로 냉동기 운전상태를 일목요연하게 나타내는 선도이다.

3. 다음 습공기 선도($h-x$ 선도)상에서 공기의 상태가 1에서 2로 변할 때 일어나는 현상이 아닌 것은?

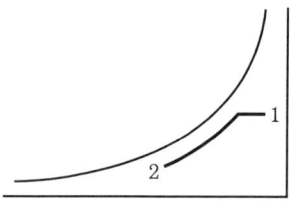

① 건구온도의 감소 ② 절대습도 감소
③ 습구온도 감소 ④ 상대습도 감소

[해설] 1→2 : 상대습도 100 % 선 쪽으로 이동하였으므로 상대습도는 증가한다.

4. 습공기선도상에서 ①의 공기가 온도가 높은 다량의 물과 접촉하여 가열, 가습되고 ③의 상태로 변화한 경우의 공기 선도로 다음 중 옳은 것은?

①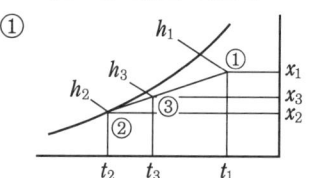

②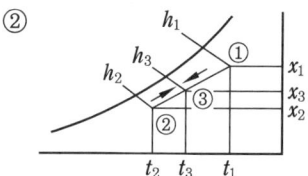

③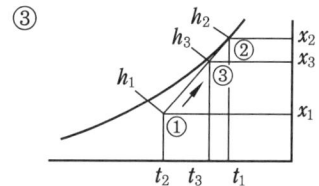

④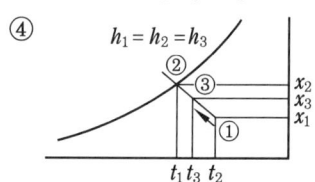

[해설] ①항은 냉각, 감습
②항은 외기와 환기의 혼합 과정
④항은 냉각, 가습 과정

5. 선도에서 습공기를 상태 1에서 2로 변화시킬 때 감열비(SHF)를 올바르게 나타낸 것은?

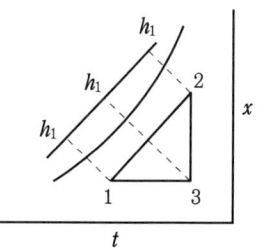

정답 1. ③ 2. ④ 3. ④ 4. ③ 5. ②

① $\dfrac{(h_2 - h_3)}{(h_2 - h_1)}$ ② $\dfrac{(h_3 - h_1)}{(h_2 - h_1)}$

③ $\dfrac{(h_3 - h_1)}{(h_2 - h_3)}$ ④ $\dfrac{(h_2 - h_1)}{(h_2 - h_3)}$

[해설] 감열비(현열비) = $\dfrac{감열}{(감열 + 잠열)}$

6. 엔탈피 변화가 없는 경우의 열수분비는 얼마인가?

① 0   ② 1
③ -1   ④ ∞

[해설] 열수분비(u) = $\dfrac{di}{dx}$에서 $di = 0$이면 열수분비는 0이 된다.

7. 다음 그림에 대한 설명 중 틀린 것은? (단, 하절기 공기조화 과정이다.)

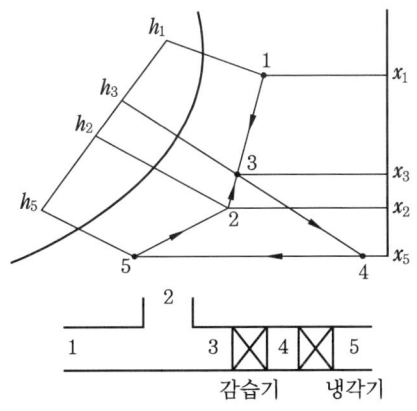

① 실내공기 1과 외기 2를 혼합하면 3이 된다.
② 3을 감습기에 통과시키면 엔탈피 변화 없이 감습된다.
③ 응축열로 인하여 습구온도 일정선상에서 온도가 상승하여 4에 이른다.
④ 5까지 냉각하여 취출하면 실내에서 취득열량을 얻어 2에 이른다.

[해설] 1은 외기상태를 표시하는 것이며 2는 환기되는 실내 공기를 표시하는 것으로 이들의 혼합점은 3이 된다.

8. 습공기 선도에서 상태점 A의 노점온도를 읽는 방법으로 맞는 것은?

① 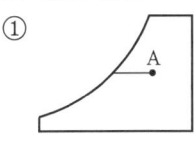   ②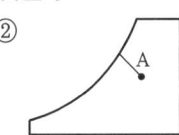

③ 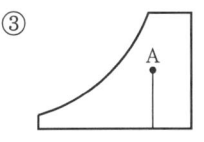   ④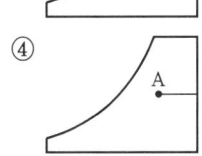

[해설] ②항은 습구온도, ③항은 건구온도, ④항은 절대습도를 읽는 방법이다.

9. 다음 습공기 선도($i-x$)에서 1→7의 변화를 맞게 설명한 것은?

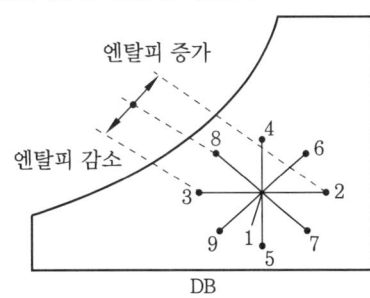

① 1→2 : 감온 감습
② 1→3 : 감온 가습
③ 1→7 : 가열 감습
④ 1→9 : 가열 가습

[해설] 1→2 : 가열
1→3 : 냉각
1→4 : 가습
1→5 : 감습
1→6 : 가열 가습
1→7 : 가열 감습
1→8 : 냉각 가습
1→9 : 냉각 감습

10. 그림과 같은 공조장치에서 냉방을 할

정답 6. ① 7. ① 8. ① 9. ③ 10. ④

경우 공조기 입구 A의 온도는 얼마인가?

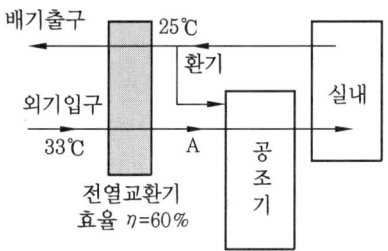

① 20.2℃ ② 24.2℃
③ 26.2℃ ④ 28.2℃

[해설] $33-(33-25) \times 0.6 = 28.2℃$

11. 어떤 단열된 공조기의 장치도가 다음 그림과 같을 때 수분비(U)를 구하는 식은? (단, i_1, i_2 : 입구 및 출구 엔탈피 (kcal/kg), x_1, x_2 : 입구 및 출구의 절대습도(kg/kg′), q_s : 가열량, L : 가습량 (kg/s), i_v : L의 엔탈피, G : 유량)

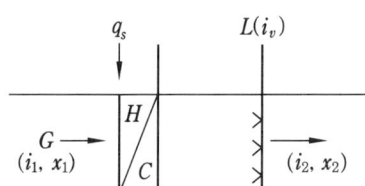

가열, 가습과정 장치도

① $U = \dfrac{q_s}{G} - i_v$

② $U = \dfrac{q_s}{L} - i_v$

③ $U = \dfrac{q_s}{L} + i_v$

④ $U = \dfrac{q_s}{G} + i_v$

[해설] 열수분비 = $\dfrac{엔탈피}{절대습도}$

12. 다음과 같은 습공기 선도상의 상태에서 외기부하를 나타내고 있는 것은?

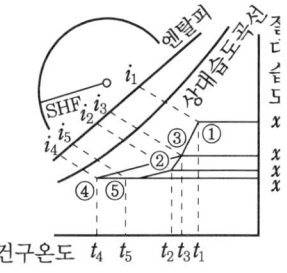

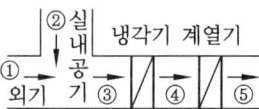

① $G(i_3 - i_4)$ ② $G(i_5 - i_4)$
③ $G(i_3 - i_2)$ ④ $G(i_2 - i_5)$

[해설] 환기부하 = $G(i_1 - i_3)$
외기부하 = $G(i_3 - i_2)$
냉각 코일 부하 = $G(i_3 - i_4)$
재열기 부하 = $G(i_5 - i_4)$

13. 다음 공기 선도상에서 난방 풍량이 25000 CMH일 경우 가열 코일의 열량 (kcal/h)은? (단, ①은 외기, ②는 실내 상태점을 나타내며, 공기의 비중량은 1.2 kg/m³이다.)

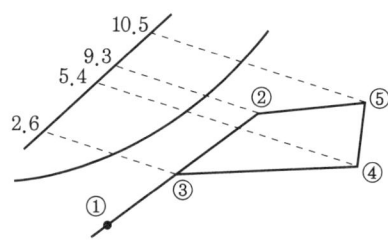

① 84000 ② 20160
③ 75000 ④ 30500

[해설] $Q = 25000 \text{ m}^3/\text{h} \times 1.2 \text{ kg/m}^3$
$\times (5.4 - 2.6) \text{kcal/kg} = 84000 \text{ kcal/h}$

14. 다음 습공기 선도는 어느 장치에 대응하는 것인가? (단, ①은 외기, ②는 환기, HC = 가열기, CC = 냉각기)

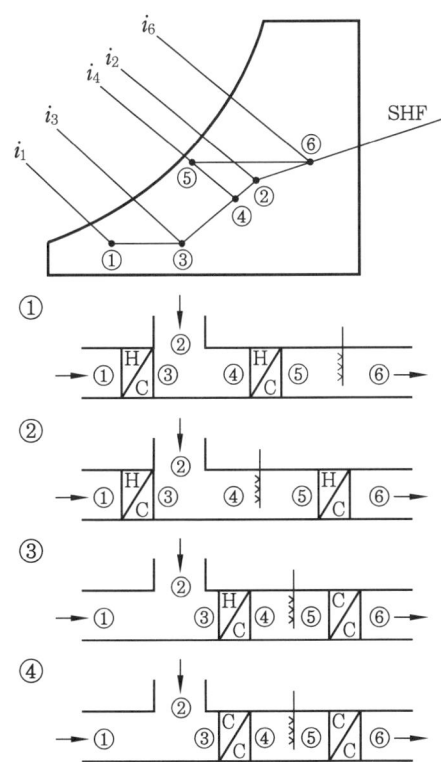

15. 다음 그림에 표시된 장치로써 공기조화를 행하는 경우 습공기 선도에서의 $\overrightarrow{④⑤}$와 ③④/③④′는 무엇을 나타내는가?

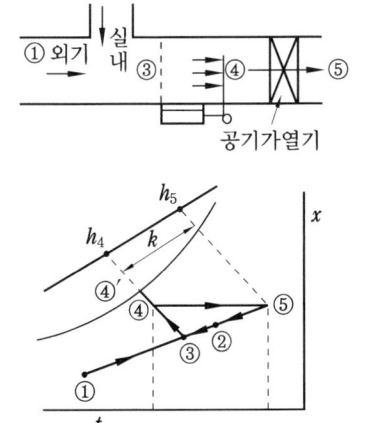

① $\overrightarrow{④⑤}$: 히터 가열량, ③④/③④′ : BF(Bypass Factor)

② $\overrightarrow{④⑤}$: 가습량, ③④/③④′ : BF(Bypass Factor)

③ $\overrightarrow{④⑤}$: 히터 가열량, ③④/③④′ : CF(Contact Factor)

④ $\overrightarrow{④⑤}$: 가습량, ③④/③④′ : CF(Contact Factor)

[해설] ① : 외기, ② : 환기, ③ : 혼합온도,
④ : 가습기 출구, ⑤ : 가열기 출구
①→③ : 환기부하
②→③ : 외기부하
③→④ : 냉각가습
④→⑤ : 히터 가열량
⑤→② : 실내부하
③④/③④′ : CF
④④′/③④′ : BF

16. 습공기의 상태변화에 관한 설명 중 옳지 않은 것은?

① 습공기를 가열하면 엔탈피가 증가한다.
② 습공기를 가열하면 상대습도는 감소한다.
③ 습공기를 냉각하면 비체적은 감소한다.
④ 습공기를 냉각하면 절대습도는 증가한다.

[해설] 습공기를 냉각하면 절대습도는 불변이며 상대습도는 증가하게 된다.

17. 다음은 감습 방법을 나타낸 것이다. 이들 중 공기조화에서 가장 일반적으로 쓰이고 있는 방법은?

① 압축 감습 ② 흡수식 감습
③ 흡착식 감습 ④ 냉각 감습

[해설] 냉각 시 수분은 노점온도 이하가 되면 감습이 된다.

18. 풍량 5000 kg/h의 공기(절대습도 0.002

정답 15. ③ 16. ④ 17. ④ 18. ③

kg/kg)를 온수 분무로 절대습도 0.00375 kg/kg까지 가습할 때의 분무 수량은 약 얼마인가? (단, 가습 효율은 60 %라 한다.)

① 5.25 kg/h ② 8.75 kg/h
③ 14.58 kg/h ④ 20.01 kg/h

[해설] $\dfrac{5000\,\text{kg/h} \times (0.00375 - 0.002)\,\text{kg/kg}}{0.6}$
= 14.58 kg/h

19. 풍량 10000 kg/h의 공기(절대습도 0.00300 kg/kg)를 온수 분무로 절대습도 0.00475 kg/kg까지 가습할 때의 분무 수량은 약 몇 kg/h인가? (단, 가습 효율은 30 %라 한다.)

① 58.3 ② 175.2
③ 212.7 ④ 525.3

[해설] $\dfrac{10000\,\text{kg/h} \times (0.00475 - 0.003)\,\text{kg/kg}}{0.3}$
= 58.3 kg/h

20. 다음 조건의 외기와 재순환공기를 혼합하려고 할 때 혼합공기의 건구온도는 약 얼마인가?

- 외기 34℃ DB, 1000 m³/h
- 재순환공기 26℃ DB, 2000 m³/h

① 31.3℃ ② 28.6℃
③ 18.6℃ ④ 10.3℃

[해설] 혼합온도 = $\dfrac{34 \times 1000 + 26 \times 2000}{1000 + 2000}$
= 28.67℃

21. 송풍량 600 m³/min을 공급하여 다음의 공기 선도와 같이 난방하는 실의 가습 열량(kcal/h)은 약 얼마인가? (단, 공기의 비중은 1.2 kg/m³, 비열은 0.24 kcal/kg·℃이다.)

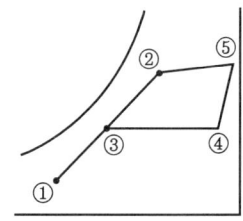

상태점	온도(℃)	엔탈피(kcal/kg)
①	0	0.5
②	20	9.0
③	15	8.0
④	28	10.0
⑤	29	13.0

① 31100 ② 86400
③ 129600 ④ 172800

[해설] 상기 선도에서 가습은 ④→⑤가 되므로
$L = 600\,\text{m}^3/\text{min} \times 60\,\text{min/h} \times 1.2\,\text{kg/m}^3$
$\times (13 - 10)\,\text{kcal/kg} = 129600\,\text{kcal/h}$

제3장 공기조화설비 방식

1. 공기조화설비의 분류

① **난방만을 위한 설비** : 직접 난방 방식
② **냉·난방을 위한 설비** : 공기조화 방식
③ **환기만을 행한 설비** : 공기조화 설비의 일부

2. 공기조화의 계획

① **공조 방식의 결정** : 설비비, 설비 스페이스, 운전비, 건물 구조, 조닝 등
② 각 존마다 덕트의 배치 계획과 공조기계실의 배치 계획을 세운다.
③ 보일러, 냉동기 등의 열원기기의 용량을 냉·난방부하의 계산값에서 결정한다.
   (가) 각 실의 취득열량, 손실열량을 계산하고 피크 시의 부하에 대해 공조용 풍량, 냉방부하, 난방부하가 구해진다.
   (나) 이것들의 부하에 따라 냉동기 보일러를 선택한다.
   (다) 각 존의 부하에 따라 공기조화기(냉각코일, 가열코일, 가습장치)를 설계한다.
   (라) 결정된 기기를 다시 기계실 내에 배치해 보고 기계실 치수를 결정한다.
   (마) 덕트 설계 시작, 팬의 필요압력, 풍량에 따라 팬이 결정된다.
   (바) 이상과 같은 기기를 도면상에 적용한다.

3. 조닝의 종류

  방향별 조닝, 사용별 조닝, 시간별 조닝, 층수별 조닝 등이 있으며 한 건물의 공기조화 설비 시 공조 열부하 특성이 실의 방향, 사용목적, 사용시간차 등에 의하여 다른 경우가 있으므로, 각 구역의 특성에 맞도록 별개의 덕트나 냉·온수관을 설비하여 구역의 조건에 적합하도록 구분된 구역을 존(zone)이라 하고, 그 구역마다 공조 방식을 정한 것을 조닝(zoning)이라 하며, 조닝을 하면 경제적인 운전을 기할 수 있다.

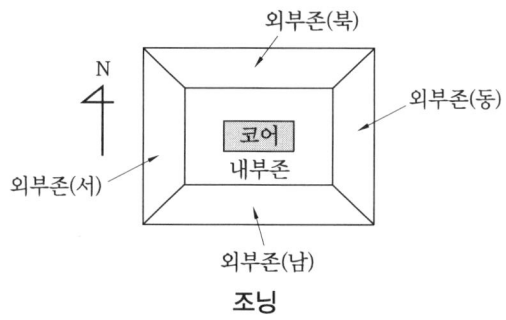

조닝

4. 공조 방식

(1) 중앙 공조

① 송풍량이 많으므로 실내공기의 오염이 적다.
② 공조기가 기계실에 집중되어 있으므로 관리·보수가 용이하다.
③ 대형 건물에 적합하며 리턴 팬을 설치하면 외기 냉방이 가능하다.
④ 덕트가 대형이고 개별식에 비해 덕트 스페이스가 크다.
⑤ 송풍동력이 크며 유닛 병용의 경우를 제외하고는 각 실마다의 조정이 곤란하다.

(2) 개별 제어

① 개별 제어가 가능하고 대량 생산하므로 설비비와 운전비가 싸다.
② 이동 및 보관, 자동조작이 가능하여 편리하다.
③ 여과기의 불완전으로 실내공기의 청정도가 나쁘고 소음이 크다.
④ 설치가 간단하나 대용량의 경우 공조기 수가 증가하므로 중앙식보다 설비비가 많이 들 수 있다.

(3) 열원의 종류에 의한 분류

① **전덕트 방식(전공기 방식)**
　(가) 단일 덕트 방식 : 정풍량식, 전풍량식, 변풍량식, 변풍량재열식
　(나) 2중 덕트 방식 : 정풍량식, 변풍량식, 멀티존 유닛식
　(다) 덕트 병용 패키지 공조 방식
　(라) 각층 유닛 방식

(마) 장점
- 중간 기동기의 외기 냉방이 가능하다.
- 공기의 청정도를 높이 요하는 곳에 적합하다(청정도가 높다).
- 공기만을 사용하므로 수도관 등이 없어서 누수, 부식에 의한 고장이 없다.
- 연면적 1000 m² 이하의 소규모 건물에 대해서는 공기-수 방식보다 간단하고 설비비가 저렴하다.

(바) 단점
- 대형 덕트가 필요하며 대형 공조실이 필요하다.
- 팬의 동력이 펌프에 비하여 크고 송풍열동력이 크게 된다.

(사) 적용
- 1000 m² 이하의 소규모 건축물
- 대공간의 극장이나 중규모 이상의 다층건물의 내부존
- 병원 수술실, 클린룸 등 공기 청정이 극히 요구되는 곳

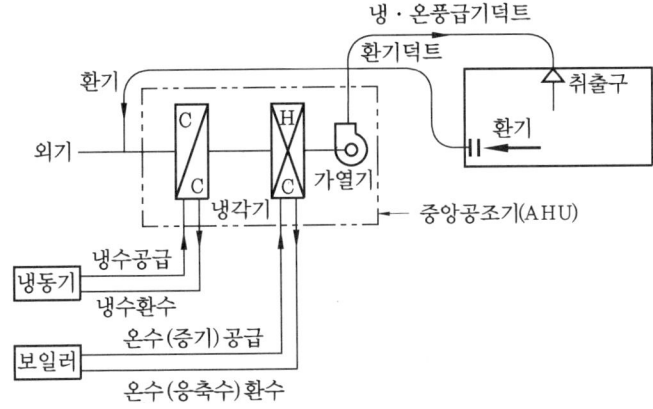

전공기 방식

② 공기-수 방식(덕트 배관식)

(가) 유닛 병용식 : 유인 유닛식, 외기 덕트 병용 팬코일 유닛식

(나) 복사 냉난방식

(다) 장점
- 전공기식에 비하여 공간을 적게 차지한다.
- 공기 방식보다 반송동력이 적게 들며 각 실의 온도 제어가 쉽다(수동 제어).
- 유닛 한 대로 소규모의 설비를 할 수 있다.

(라) 단점
- 실내공기의 청정도가 낮다(유닛 필터가 저성능이므로).
- 물을 사용하므로 누수 우려가 있고 외기 냉방이 곤란하다.
- 정기적으로 필터를 청소해야 한다.

(마) 적용 : 사무실 건축물, 호텔, 병원 등의 다실 건축물의 외부존용

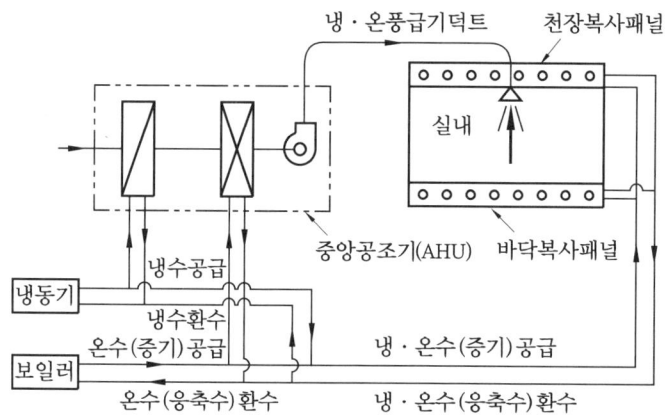

공기-수 방식(덕트 병용 복사 냉·난방)

③ **수방식(배관식) : 팬코일 유닛(fan coil unit)**
  ㈎ 덕트가 없으므로 덕트 스페이스는 필요하지 않으나 공기가 도입되지 않으므로 실내 공기의 오염의 우려가 있다.
  ㈏ 주위에 극간풍(틈새)이 있을 때는 외기 도입도 가능하다.
  ㈐ 각 실 제어가 가능하고 중규모 이상의 건축물에는 부적당하다.

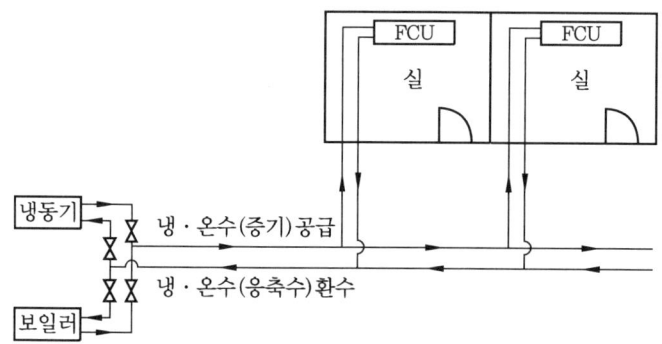

수방식(FCU : 팬코일 유닛)

④ **냉매 방식(개별식)**
  ㈎ 룸 쿨러(room cooler)
  ㈏ 패키지 공조기
  ㈐ 멀티 유닛형

구분	송풍기 동력	환기·청정도	공조실·덕트면적	외기 냉방	누수·부식	개별 제어
공기식	대	양호	대	양호	-	불가능
공기-수 방식	중	중	중	중	약간	가능
수방식	-	불량	소	불가능	많다.	양호

공조 방식의 분류

분류			명칭	
중앙 방식	전공기 방식	단일 덕트 방식	정풍량 방식	말단에 재열기가 없는 방식 말단에 재열기가 있는 방식
			변풍량 방식	재열기가 없는 방식 재열기가 있는 방식
		2중 덕트 방식	정풍량 2중 덕트 방식, 변풍량 2중 덕트 방식, 멀티존 유닛 방식, 덕트 병용의 패키지 방식, 각층 유닛 방식	
	공기-수 방식 (유닛 병용 방식)	덕트 병용 팬코일 유닛 방식, 유인 유닛 방식, 복사 냉·난방 방식		
	전수 방식	팬코일 유닛 방식		
개별 방식	냉매 방식	패키지 방식, 룸 쿨러 방식, 멀티 유닛 방식		

5. 각종 공조 방식의 특징 및 종류

(1) 단일 덕트 방식

열을 운반하는 매체가 공기뿐이므로 비열이 작고, 대량의 공기가 필요하므로 덕트 공간이 커야 한다.

- **고속덕트** : 풍속 15 m/s 이상(20~30 m/s), 전압력은 150~200 mmAq 정도이며 덕트 스페이스는 작으나 송풍력·전동기 출력이 증대하므로 설비비가 비싸고 소음이 크며 취출구에 소음상자를 부착하고, 고층 건물 등에 이용된다.
- **저속덕트** : 풍속 15 m/s 이하(8~15 m/s), 전압력은 50~75 mmAq 정도이며 다층 건축물, 극장 관람석 등에 이용된다.

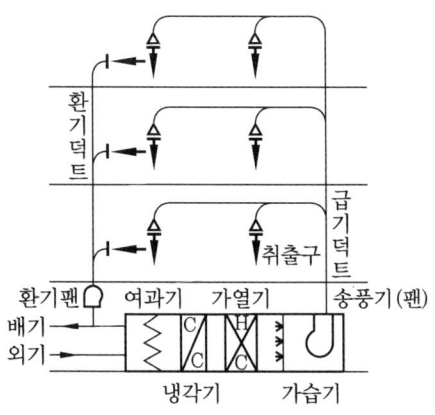

단일 덕트 방식(CAV 방식)

① **정풍량 방식**(Constant Air Volume : CAV)

(가) 각 실마다 부하 변동 때문에 온도차가 크고 연간 소비동력이 크다.
(나) 존의 수가 적을 때는 다른 방식에 비하여 설비비가 적다.
(다) 연면적 2000 m^2 이하의 소규모 건축물에 이용된다.
(라) 연면적 2000 m^2 이상의 다층 건물의 내부존 공조설비에 이용된다.

② **정풍량 재열 방식(말단재열기 설치)**

㈎ 설비비가 단일 덕트식보다는 많고 2중 덕트식보다는 적다.

㈏ 보수, 관리비가 증가하고 하절기에도 보일러 운전이 필요하다.

㈐ 운전비는 재열기의 재열손실에 해당되는 만큼 단일 덕트식보다 크다.

㈑ 급기 덕트 말단 부분에 말단재열기를 부착하여 설정값으로 유지한다.

㈒ 산업실험실, 연구실 등에 응용된다.

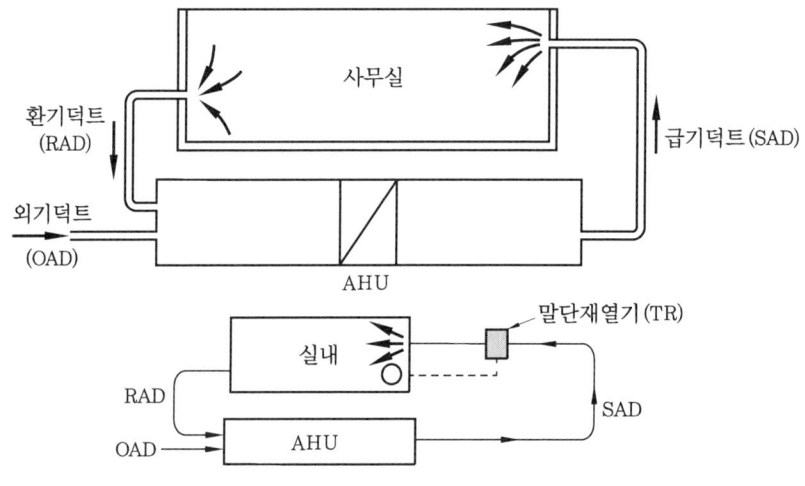

2중 덕트식(상)과 정풍량 재열 방식(하)

③ **변풍량 방식(Variable Air Volume : VAV)**

㈎ 실내 부하의 변화에 따라서 송풍량을 변경하여 각 실 제어가 가능하다.

㈏ 전공기 방식 중에서도 냉동기와 더불어 운전비가 큰 송풍기의 동력이 절약된다.

㈐ CAV보다 설치비가 많다.

㈑ 풍량 제어 기구는 허용 정압이 125~150 mmAq에서 정상으로 작동된다.

㈒ 실내 공기의 청정도를 요할 때 부적당하고 공조기 용량은 CAV의 80 % 정도로 한다.

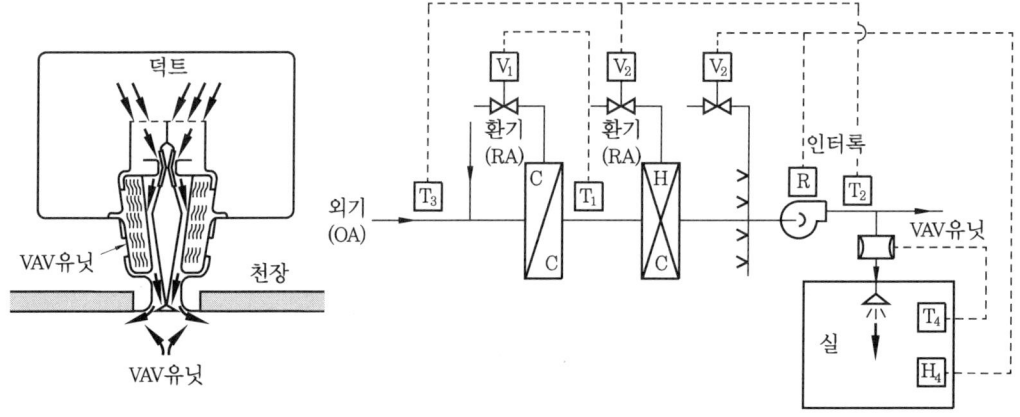

단일 덕트 변풍량 방식의 제어법

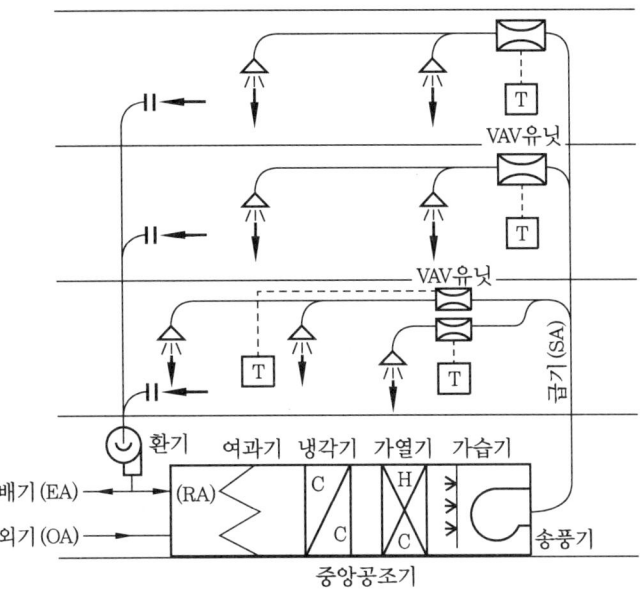

단일 덕트 변풍량 방식(VAV 방식)

(2) 2중 덕트 방식(double duct system)

온풍과 냉풍 2개의 덕트를 설비하여 각 실의 부하조건에 따라서 혼합 박스(mixing box)로 적당한 급기온도를 조정하여 토출시키는 방식이다.

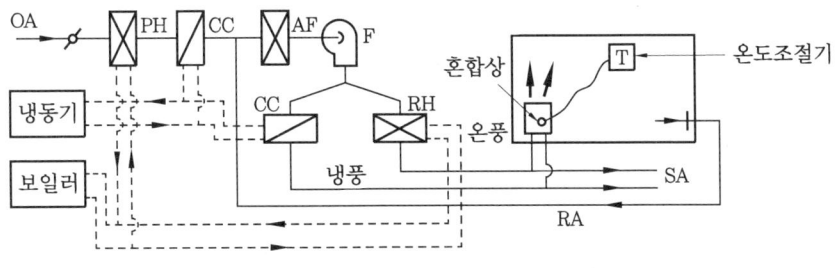

2중 덕트 방식

① 2중 덕트 정풍량식(Double Duct Constant Air Volume : DDCAV)

㈎ 송풍동력이 크고 냉동운전비도 크다.
㈏ 실내 부하에 따라 각 실 제어나 존 제어가 가능하다.
㈐ 단일 덕트식보다 덕트의 점유면적이 커서 고속덕트식을 채용한다.
㈑ 냉·난방을 동시에 할 수 있으므로 계절마다 냉·난방의 전환이 필요치 않다.
㈒ 실내 온도 유지를 위해 여름에도 보일러를 운전해야 한다.
㈓ 공기식이므로 실온 응답이 빠르고 유닛이 노출되지 않는다.
㈔ 습도의 완전한 조절이 곤란하고 혼합상자가 고가이다.

② 2중 덕트 변풍량 방식(Double Duct Variable Air Volume : DDVAV)
  ㈎ 실내의 온도 저하를 방지하기 위하여 VAV 유닛과 혼합상자를 조합하여 만든 방식이다.
  ㈏ 유닛이 고가이며 실내온도 조절이 정확한 곳에 사용한다.
  ㈐ 재열식 변풍량식보다 같은 기능면에서 동력 손실이 크다.
  ㈑ 설비비가 고가이며 사무실의 중역실, 전산실 등에 사용한다.

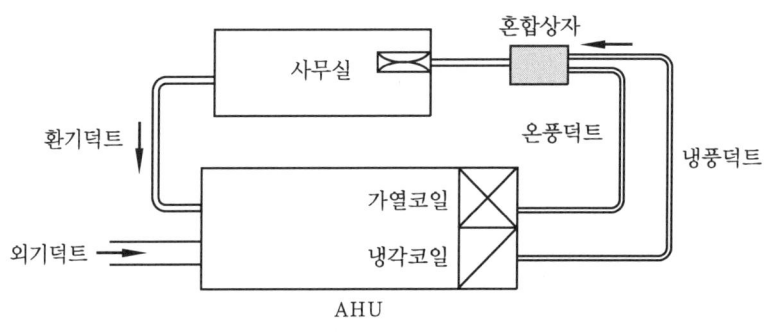

2중 덕트 변풍량 방식

③ 멀티존 유닛 방식(multi-zone unit system)
  ㈎ 1대의 공조기로 계열별 조닝한 것으로 온·냉풍을 각 실에 송출하는 방식이다.
  ㈏ 존 제어가 가능하고 대규모의 내부 존에 적합하다.
  ㈐ 냉동기 부하가 크고 부하변동이 심할 경우 각 실의 송풍 불균형이 발생할 수 있다.
  ㈑ 공조기의 대수를 감소시킬 수 있으므로 중소규모(2000 m^2 이하) 건물에 적합하다.
  ㈒ 송풍량의 변동을 방지하기 위하여 송풍덕트의 전 저항을 15 mmAq 이상으로 한다.

(3) 각층 유닛 방식(steep system)

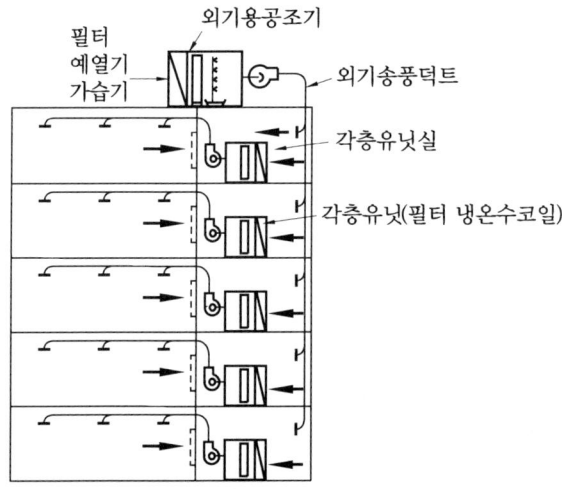

각층 유닛 방식

① 건물의 각 층 또는 각 층의 구역마다 공조기를 설치하는 방식이다.
② 방송국, 신문사, 백화점 등의 대형 건물에 사용한다.
③ 각 층마다 운전시간, 부하가 다른 경우에 사용하며 각 층별의 존 제어가 가능하다.
④ 송풍덕트가 짧게 되고 환기덕트가 필요치 않으므로 스페이스가 작아진다.
⑤ 공조기의 대수가 많으므로 설치비가 크며 소음 진동이 크고 보수가 어렵다.

(4) 유닛 병용 방식(공기-수 방식)

① 팬코일 유닛 방식(Fan Coil Unit system : FCU)

(가) 전동기 직경의 소형 송풍기, 냉·온수코일, 필터 등을 구비한 실내형 소형 공조기를 각 실에 설치하여 중앙기계실로부터 냉·온수를 공급하여 공조하는 방식이다.

(나) 전공기식에 비해 덕트면적이 작고 각 실 조절에 적합하다.

(다) 유닛이 실내에 분산 설치되므로 보수관리가 용이하고 수배관의 동파, 누수 우려가 있다.

(라) 열에너지의 50 % 정도를 물에 의존하므로 에너지 절감 효과가 있다(공기식과 비교 시).

(마) 청정도가 낮고 필터는 매월 1회 정도 세정, 교체해야 한다.

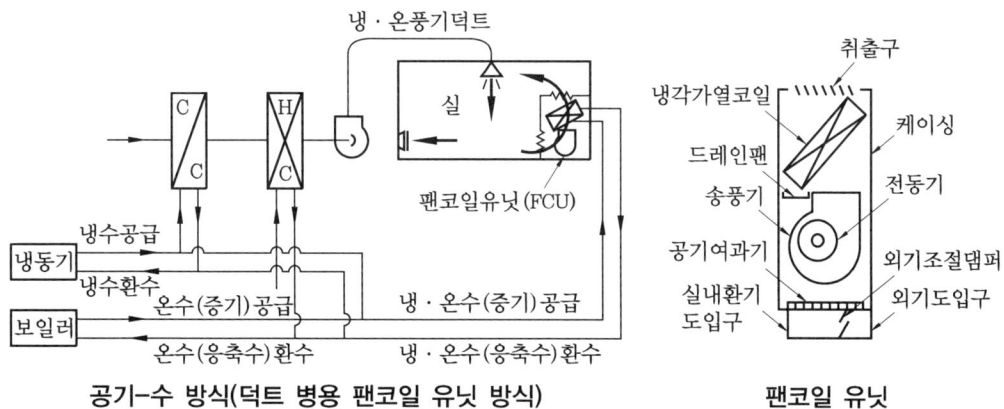

공기-수 방식(덕트 병용 팬코일 유닛 방식)　　　팬코일 유닛

② 유인 유닛 방식(Induction Unit system : IDU)

(가) 하부 노즐에서 취출되는 1차 공기로서 실내공기가 유인되어 코일을 통과하여 1차 공기와 합류하여 실내에 취출된다.

(나) 실내로부터 유인되는 공기를 2차 공기라고 하며 (1차 공기+2차 공기)를 합계 공기라 한다.

(다) 사무실, 호텔, 고층 건물에 적합하며 덕트면적도 절감된다.

(라) 유인비 $K = \dfrac{TA}{PA}$

　여기서, TA : 합계공기, PA : 1차 공기

(마) 유인비 K는 3~4이고 더블 코일일 때는 6~7 정도이다.

(바) FCU와 IDU의 관계
  ㉮ IDU는 전용 덕트 계통이 필요하다.
  ㉯ FCU는 IDU에 비해 소음이 적고 동일 능력일 때 싸다.
  ㉰ FCU는 내부에 팬이 있어서 보수가 필요하고 IDU는 수명이 길다.

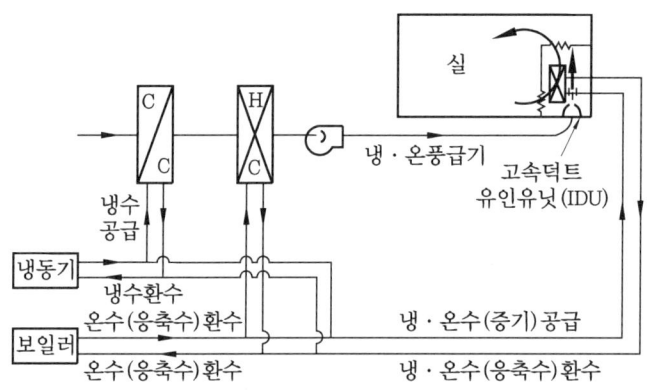

공기-수 방식(IDU)

③ 복사 냉·난방 방식(panel air system)
  ㉮ 건물이 바닥, 천장면의 구조체에 파이프 코일을 설치하여 여름에는 냉수, 겨울에는 온수를 통하여 냉·난방하는 방식이다.
  ㉯ 조명이나 일사가 많은 방에 효과적이고 천장이 높은 곳에 적합하다.
  ㉰ 복사열이므로 쾌감도가 좋고 실내에 유닛이 노출되지 않는다.
  ㉱ 실내 수배관이 필요하며 결로의 우려가 있다.
  ㉲ 설치비가 고가이고 중간기 냉동기의 운전이 필요하다.

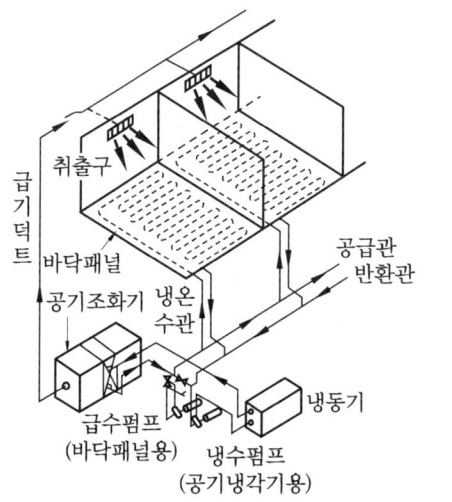

복사 냉·난방 방식

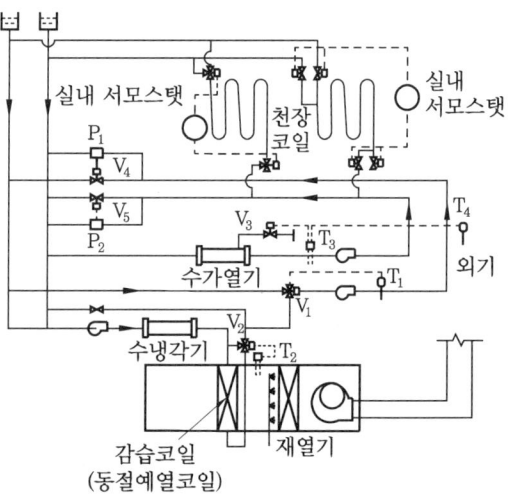

복사 냉·난방 방식 계통도

(5) 패키지 유닛 방식(개별 방식 : packaged air conditioner)

① 냉각코일에 냉매를 사용하여 환기와 급기를 덕트로 통하게 하는 방식이다.
② 패키지 유닛을 각 존마다 또는 각 층마다 설치 응용할 수 있다.
③ 설치가 간단하고 자동조작이 가능하다.
④ 상점, 레스토랑 등의 소규모 구조물에 적합하다.

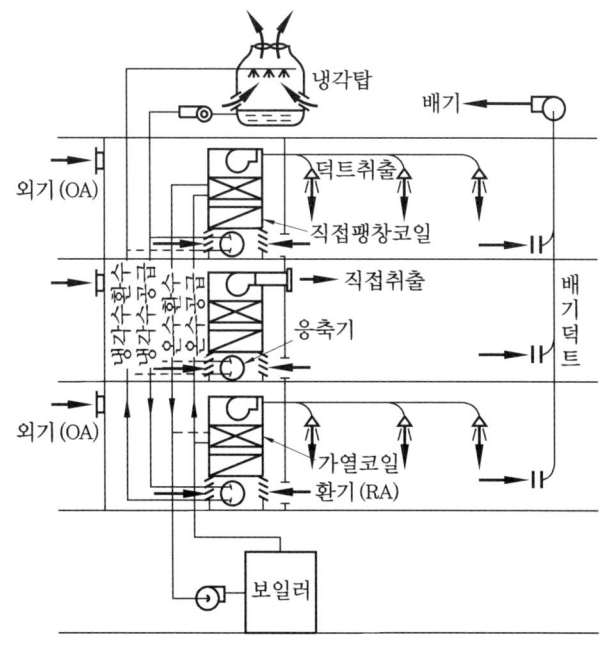

덕트 병용 패키지 방식

출제 예상 문제

1. 다음 중 개별식 공기조화 방식이 아닌 것은?
① 각층 유닛 방식
② 룸쿨러 방식
③ 패키지 방식
④ 멀티 유닛형 룸쿨러 방식
[해설] 개별 방식 : 패키지 방식, 룸 쿨러 방식, 멀티 유닛 방식

2. 다음 공조 방식 중 개별식에 속하는 것은 어느 것인가?
① 팬코일 유닛 방식
② 단일 덕트 방식
③ 2중 덕트 방식
④ 패키지 유닛 방식
[해설] 중앙 방식
　(개) 단일 덕트 방식
　　㉮ 정풍량 방식
　　㉯ 변풍량 방식
　(내) 2중 덕트 방식
　　㉮ 정풍량 2중 덕트 방식
　　㉯ 변풍량 2중 덕트 방식
　　㉰ 멀티존 유닛 방식
　　㉱ 덕트 병용 패키지 방식
　　㉲ 각층 유닛 방식
　(대) 공기·수 방식
　　㉮ 덕트 병용 팬코일 유닛 방식
　　㉯ 유인 유닛 방식
　　㉰ 복사 냉난방 방식
　(래) 수(물) 방식 : 팬코일 유닛 방식

3. 중앙식 공조 방식의 특징이 아닌 것은?
① 송풍량이 많으므로 실내공기의 오염이 적다.
② 리턴 팬을 설치하면 외기냉방이 가능하게 된다.
③ 소형건물에 적합하며 유리하다.
④ 덕트가 대형이고 개별식에 비해 설치 공간이 크다.
[해설] 중앙식 공조 방식은 빌딩 또는 대형 건물에 적합하다.

4. 공기조화 방식 중에서 덕트 방식이 아닌 것은?
① 팬코일 유닛 방식
② 멀티존 방식
③ 각층 유닛 방식
④ 유인 유닛 방식
[해설] 팬코일 유닛 방식은 수 방식으로 덕트를 사용하지 않는다.

5. 복사난방(패널히팅)의 특징을 설명한 것 중 맞지 않은 것은?
① 외기온도 변화에 따라 실내의 온도 및 습도 조절이 쉽다.
② 방열기가 불필요하므로 가구 배치가 용이하다.
③ 실내의 온도 분포가 균등하다.
④ 복사열에 의한 난방이므로 쾌감도가 크다.
[해설] 복사난방은 외기온도 변화에 따라 습도 조절이 어렵다.

6. 개별 공조 방식에 대한 내용 중 옳지 않은 것은?

[정답] 1. ① 2. ④ 3. ③ 4. ① 5. ① 6. ①

① 송풍량이 많으므로 실내 공기의 오염이 적다.
② 개별 제어가 가능하며 국소운전이 가능하여 에너지가 절약된다.
③ 유닛마다 냉동기를 갖추고 있어서 소음과 진동이 크다.
④ 외기냉방을 할 수 없다.

[해설] 개별 방식은 외기 도입이 어려워 실내 공기의 오염 우려가 큰 것이 단점이다.

7. 공기조화 설비에서 공기의 경로로 옳은 것은?
① 환기덕트 → 공조기 → 급기덕트 → 취출구
② 공조기 → 환기덕트 → 급기덕트 → 취출구
③ 냉각탑 → 공조기 → 냉동기 → 취출구
④ 공조기 → 냉동기 → 환기덕트 → 취출구

[해설] 공조기에는 에어필터, 냉수코일, 온수코일, 가습기, 송풍기 등이 포함되어 있으므로 환기덕트 → 공조기 → 급기덕트 → 취출구 → 실내로 순환이 된다.

8. 공기조화 방식에서 변풍량 단일 덕트 방식의 특징으로 틀린 것은?
① 변풍량 유닛을 실별 또는 존(zone)별로 배치함으로써 개별 제어 및 존 제어가 가능하다.
② 부하변동에 따라서 실내온도를 유지할 수 없으므로 열원설비용 에너지 낭비가 많다.
③ 송풍기의 풍량 제어를 할 수 있으므로 부분 부하 시 변동에너지 소비량을 경감시킬 수 있다.
④ 동시사용률을 고려하여 기기용량을 결정할 수 있다.

[해설] 변풍량 단일 덕트 방식은 단일 덕트 방식 중 송풍 온도가 일정한 공기 송풍량을 각 실 또는 각 존의 실내 부하 변동에 따라 공급량을 변화시키는 공기조화 방식으로 열손실은 2중 덕트 방식에 비해 적다.

9. 다음 공기조화기에 관한 설명 중 옳은 것은?
① 유닛 히터는 가열코일과 팬, 케이싱으로 구성된다.
② 유인 유닛은 팬만을 내장하고 있다.
③ 공기 세정기를 사용하는 경우에는 일리미네이터를 사용하지 않아도 좋다.
④ 팬코일 유닛은 팬과 코일 및 냉동기로 구성된다.

[해설] 유인 유닛 방식은 하부 노즐에서 취출되는 1차 공기로서 실내 공기가 유인되어 코일을 통과하여 1차 공기와 합류하여 실내에 취출된다. 공기 세정기에 부착된 일리미네이터는 물의 비산을 방지하며 팬코일 유닛은 공기 여과기, 송풍기, 코일 등으로 이루어져 있다.

10. 유인 유닛 방식에 관한 설명 중 틀린 것은?
① 유인비는 보통 3~4 정도로 한다.
② 호텔 연회장의 내부 존에 적합한 공조 방식이다.
③ 덕트 스페이스를 작게 할 수 있다.
④ 외기냉방의 효과가 작다.

[해설] 유인 유닛 방식은 하부 노즐에서 취출되는 1차 공기로서 실내 공기가 유인되어 코일을 통과하여 실내에 취출되는 것으로 유인비는 3~4이며 더블코일일 때는 6~7정도이다.

11. 공기조화 방식 중 유인 유닛 방식에 대한 설명으로 부적당한 것은?

정답 7. ① 8. ② 9. ① 10. ② 11. ②

① 다른 방식에 비해 덕트 스페이스가 적게 소요된다.
② 비교적 높은 운전비로서 개별실 제어가 불가능하다.
③ 각 유닛마다 수배관을 해야 하므로 누수의 염려가 있다.
④ 송풍량이 적어서 외기냉방 효과가 낮다.

[해설] 유인 유닛 방식(IDU)의 특징
 (가) 공기-물 방식이다.
 (나) 송풍기가 없다(압력차에 의한 유인작용 : 고속덕트).
 (다) 겨울철에는 잠열부하 처리가 가능하다.
 (라) 건코일을 사용하므로 드레인 배관이 필요 없다.
 (마) 팬코일 유닛 방식(FCU)에 비해 가격이 싸고 소음이 적으며 수명이 길다.

12. 공조 방식 중 각층 유닛 방식의 특징에 속하지 않는 것은?
① 송풍 덕트의 길이가 짧게 되고 설치가 용이하다.
② 사무실과 병원 등의 각층에 대하여 시간차 운전에 유리하다.
③ 각 층 슬래브의 관통 덕트가 없게 되므로 방재상 유리하다.
④ 각 층에 수배관을 하지 않으므로 누수의 염려가 없다.

[해설] 각층 유닛 방식은 각 층별로 수배관을 하여야 하며 이로 인하여 누수의 우려가 있다.

13. 가변풍량 방식(VAV)의 특징에 관한 설명으로 옳지 않은 것은?
① 시운전 시 토출구의 풍량 조정이 간단하다.
② 동시부하율을 고려하여 기기용량을 결정하게 되므로 설비용량을 적게 할 수 있다.
③ 부하변동에 대하여 제어응답이 빠르므로 거주성이 향상된다.
④ 덕트의 설계 시공이 복잡해진다.

[해설] VAV(변풍량 방식)의 특징
 (가) 실내 부하의 변화에 따라서 송풍량을 변경하여 각실 제어가 가능하다.
 (나) 전공기 방식 중에서도 냉동기와 더불어 운전비가 큰 송풍기의 동력이 절약된다.
 (다) 정풍량 방식(CAV)보다 설치비가 많다.
 (라) 풍량 제어기구는 허용 전압이 125~150 mmAq에서 정상으로 작동한다.

14. 공기조화 방식에 대한 설명 중 옳은 것은?
① 각층 유닛 방식은 대규모 건물이고 다층인 경우에 적합하다.
② 이중 덕트 방식은 에너지 절약적인 방식이다.
③ 팬코일 유닛 방식은 전공기식에 비해 덕트 면적이 크다.
④ 단일 덕트 방식에는 혼합상자를 사용한다.

[해설] 이중 덕트 방식은 덕트 스페이스가 크고 열손실이 많으므로 효율이 나쁘며 덕트 말단에 혼합상자를 설치해야 한다. 팬코일 유닛 방식은 물 방식으로 덕트 설치가 필요 없다.

15. 공조설비의 열원설비에서 냉각·가열을 위한 열매의 종류에 해당되지 않는 것은?
① 증기   ② 온수
③ 냉매   ④ 오일

[해설] 열매의 종류는 냉매, 냉수, 온수, 증기 등이 있으며 오일은 윤활제로 사용된다.

16. 단일 덕트 정풍량 방식의 장점 중에서

정답 12. ④ 13. ④ 14. ① 15. ④ 16. ①

옳지 않은 것은?
① 각 실의 실온을 개별적으로 제어할 수가 있다.
② 공조기가 기계실에 있으므로 운전, 보수가 용이하고, 진동, 소음의 전달 염려가 적다.
③ 외기의 도입이 용이하며 환기팬 등을 이용하면 외기냉방이 가능하며 전열교환기의 설치도 가능하다.
④ 존의 수가 적을 때는 설비비가 다른 방식에 비해서 적게 든다.

[해설] 단일 덕트 정풍량 방식
 (가) 각 실마다 부하변동 때문에 온도차가 크고 연간 소비동력이 크다.
 (나) 존(zone)의 수가 적을 때는 다른 방식에 비해 설비비가 적게 든다.
 (다) 각 실의 실내 온도를 개별적으로 제어하기가 곤란하다.

17. 단일 덕트 재열 방식의 특징으로 적합하지 않은 것은?
① 냉각기에 재열부하가 추가된다.
② 송풍공기량이 증가한다.
③ 실별 제어가 가능하다.
④ 현열비가 큰 장소에 적합하다.

[해설] 단일 덕트 재열 방식 : 재열기를 설치하여 각 존에서 필요한 만큼 냉풍을 재열해서 사용한다.
 (가) 장점
  ㉠ 부하 특성이 다른 다수의 실 및 존이 있는 건물에 적합하다.
  ㉡ 잠열부하가 많은 경우나 장마철 등의 공조에 적합하다.
  ㉢ 전공기 방식의 특성이 있다.
 (나) 단점
  ㉠ 재열기의 설비비 및 유지관리비가 필요하다.
  ㉡ 재열기의 설치 면적을 필요로 한다.
  ㉢ 여름에도 보일러 가동이 필수적이다.

18. 흡수식 냉온수기에 대한 설명이다. ( ) 안에 들어갈 명칭으로 가장 알맞은 용어는?

"흡수식 냉온수기는 여름철에는 (ⓐ)에서 나오는 냉수를 이용하여 냉방을 행하며 겨울철에는 (ⓑ)에서 나오는 열을 이용하여 온수를 생산하여 냉방과 난방을 동시에 해결할 수 있는 기기로서 현재 일반 건축물에서 많이 사용되고 있다."

① ⓐ 증발기, ⓑ 응축기
② ⓐ 재생기, ⓑ 증발기
③ ⓐ 증발기, ⓑ 재생기
④ ⓐ 발생기, ⓑ 방열기

[해설] 흡수식 냉·온수기의 경우 여름에는 증발기를 이용한 냉방을 하며, 겨울에는 난방을 목적으로 재생기(발생기)에서 방출되는 열을 사용한다.

19. 공기조화 방식에 있어 지구 환경 보존과 에너지 절약 추세에 따른 특수 열원 방식으로만 짝지어진 것은?
① 열회수 방식, 흡수식 냉동기+보일러 방식
② 흡수식 냉온수기 방식+보일러 방식
③ 열병합발전 방식, 축열 방식
④ 터보 냉동기, 축열 방식

[해설] • 열병합발전 방식 : 전기를 얻음과 동시에 주변에 온수를 제공하는 방식으로 에너지원은 기존의 발전소와 같이 화석연료를 사용한다. 이때 열이 많이 발생하고 이에 따라 냉각수가 사용되는데, 이 냉각수는 사용되면서 열을 받아 뜨거운 물이 되며 이 물을 주변에 온수로 제공하는 것이다.
• 축열 방식 : 물체의 온도 변화를 이용하여 열량을 저장하는 방식으로 현열축열에는 모래, 자갈, 쇄석, 콘크리트블록, 벽돌 등 고체의 토양이 이용되며 축열 물주머니는

물을 이용한 것이고, 지중 열교환 온실은 토양을 이용한 것이다.

20. 극간풍이 비교적 많고 재실 인원이 적은 실의 중앙 공조 방식으로 가장 경제적인 방식은?

① 변풍량 2중 덕트 방식
② 팬코일 유닛 방식
③ 정풍량 2중 덕트 방식
④ 정풍량 단일 덕트 방식

[해설] 팬코일 유닛 방식 : 송풍기·냉온수 코일·에어 필터 등을 하나의 캐비닛에 넣은 팬코일 유닛을 실내에 설치하고 코일에 냉·온수를 보내어 공조하는 방식으로 극간풍에 의한 외기 도입이 가능한 건물, 사무실 건물의 외부 존 등에 사용된다.

21. 2중 덕트 방식의 특징 중 옳지 않은 것은?

① 실내부하에 따라 개별제어가 가능하다.
② 2중 덕트이므로 덕트 스페이스는 적게 된다.
③ 실내습도의 완전한 제어가 어렵다.
④ 냉풍 및 온풍이 열매체이므로 실내온도 변화에 대한 응답이 빠르다.

[해설] 2중 덕트이므로 덕트 스페이스는 크게 되며 열 손실이 많다.

22. 냉풍 및 온풍을 각 실에서 자동적으로 혼합하여 공급하는 송풍 방식은?

① 멀티존 유닛 방식
② 유인 유닛 방식
③ 팬코일 유닛 방식
④ 2중 덕트 방식

[해설] 2중 덕트 방식은 냉풍과 온풍 덕트를 각각 설치한다.

23. 히트 펌프 방식(열원 대 열매)에 속하지 않는 것은?

① 공기-공기 방식
② 냉매-공기 방식
③ 물-물 방식
④ 물-공기 방식

[해설] 히트 펌프 방식에서 열원과 열매체는 주로 공기와 물을 사용한다.

제4장 공조기기

1. 공조기의 구성 요소

① 에어 필터(Air Filter) : AF
② 공기 예열기(Preheater) : PH
③ 공기 예랭기(Precooler) : PC
④ 공기 냉각 감습기(Air Cooler or Dehumidifier) : AC
⑤ 공기 가습기(Air Humidifier) : AH
⑥ 공기 재열기(Reheater) : RH
⑦ 송풍기(Fan) : F
⑧ 공기의 온·습도 변화 담당 기기
 (가) 공기 예열기 ─┐
 (나) 공기 재열기 ─┴ 공기 가열코일(HC : Heating Coil)
 (다) 공기 예랭기 ───┬ 에어 와셔(AW : Air Washer)
 (라) 공기 냉각 감습기 ─┴ 공기 냉각코일(CC : Cooling Coil)
 (마) 공기 가습기 ┌ AW 또는 가습팬(HP), 수분무(WS), 증기분무(SS)
 　　　　　　　 └ 공기 여과기(air filter)

2. 공기 여과기(air filter)

(1) 에어 필터의 성능

필터의 여과 효율 $\eta_f = \dfrac{C_1 - C_2}{C_1} \times 100\,\%$

여기서, C_1 : 필터 입구 공기 중의 먼지량
　　　　C_2 : 필터 출구 공기 중의 먼지량

(2) 효율 측정 방법

공기 중에 떠 있는 먼지 중에 담배 연기는 $0.06 \sim 0.5\mu$, 박테리아는 $0.22 \sim 1.0\mu$, 바이러스는 $0.015 \sim 0.22\mu$ 등이며 인체로 침입하는 먼지는 5μ 이하의 것들이므로 공기 여과가 필요하다.

① **중량법** : 필터에서 집진되는 먼지(큰 입자)의 중량으로 효율을 결정한다.
② **변색도법(비색법)** : 작은 입자를 대상으로 필터에서 포집된 공기를 각각 여과기에 통과시켜서 그 오염도를 광전관을 사용하여 측정한다.
③ **계수법(D.O.P)법** : 고성능 필터를 측정하는 방법으로 일정한 크기의 시험 입자(0.3μ)를 사용하여 먼지(진애) 계측기로 측정한다.

(3) 에어 필터의 종류

에어 필터의 종류 및 선정

제진 원리	보수 형식	제품명	적용 입도 (μ)	여과 효율 (%)	저항 (mmAq)	함진 농도	용도
청전식	자동 세정형 (자동 갱신형)	• 일렉트로 메틱 • 룰오트론	1~0.01	85~90 (비색법)	8.5 8~12	소	미립먼지(티끌)의 제거, 제약, 병원, 정밀기계 공업, 일반빌딩 공조 연속운전에 적당
	정기 세정형	• 클리네어 • 에어클리너 • 로프트필터	1~0.01	85~90 (비색법)	8	소	상기와 동일(단, 정기 세정 때문에 연속운전은 불가)
	여재 교환형	• 일렉트로 PL	3~0.1	6~70 (비색법)	3~20	소	상기와 동일(지나친 대용량에는 부적당)
	유닛 교환형	• 일렉트로 클린	3~0.1	70(0.4μ 평균비색법)	6	소	소용량의 룸필터, 주로 일반 주택
건성여과식	자동 갱신형	• 롤러메틱 • 오토에어 매트	1 이상 3 이상	85(중량법) 90(중량법)	8.5~12.5 5~20	대 중	일반빌딩, 각종 공장의 공조용, 인쇄공장의 잉크 미스트, 방직공장의 린터
	정기 세정형	• 오토롤 • 테프론 부직포 나일론 • 이베퍼라이 저스코프	3 이상 3 이상 3 이상	70~80(중량법) 70~80(중량법) 20~25(비색법)	2~17.7 2~17.7 2~10	중 중 중	일반빌딩 공조용, 전기 집진기의 프리필터 에어핸들링, 일반빌딩 공조용 에어핸들링
	여재 교환형	• PL에어필터	0.5 이상	95(중량법)	3~15	중	도장공정을 비롯해서 일반빌딩
		• 디프베드 • NS필터	1~0.01 1~0.01	85(비색법) 85(비색법)	3~25 3~25	소 소	지나친 대용량에는 부적당, 사진, 제약 기타 일반빌딩 공조용

점성여과식	유닛 교환형	• 드라이팩 • 에어로졸브	1~0.01	85~90(비색법)	3~25	소	
		• 에어솔류트 필터 • 글라스울	1~0.01 3 이상	99.9 이상(DOP) 80(중량법)	20~50 3~10	소 중	방사성 더스트의 제거 일반공조용
	자동 세정형	• 멀티패널 • 멀티듀티	3 이상	80(중량법)	7~11	대	일반빌딩 공조용, 여과식으로 변환 중 제철, 자동차공장용
	정기 세정형	• 메탄올필터 • HV필터 • 비니로크	5 이상 5 이상 3 이상	85(중량법) 70(중량법) 80(중량법)	5~10 3~6 4~60	대 대 중	일반외기의 청정용 차량용 공기청정 공조기, 일반빌딩용
	여재 교환형	• 글라스울	3 이상	80(중량법)	3~10		공조기, 일반빌딩용

각 실의 환경 조건

	대상실명	온도	습도	에어클리너	외기량
전산실	실내단독방식	18~27℃	30~70 %	건식필터	25~30 (m^3/h·인)
	병용방식(실내)	18~27℃	30~70 %		
	병용방식(바닥밑)	18℃ 이상	85 % 이내		
보관실	자기 TAPE 보관실	18~27℃	30~70 %	공기집진기 부직포	
	CARD SHEET 보관실	18~27℃	30~70 %		

(4) 고성능 필터(HEPA : High Efficiency Particulate Air Filter)

① Dop법에 의한 여과효율이 99.79 % 이상이며 여과재는 글라스파이버, 아스베스토스 파이버가 사용된다.
② 병원수술실, 방사선물질 취급소, 클린룸 등에 사용된다.
③ 공기저항이 25~200 mmAq 정도로 크므로 송풍설계에 유의해야 한다.

(5) 클린룸(clean room) 설비

① 공기 중의 부유먼지, 유해가스, 미생물 등의 오염물질까지도 극소로 만든 클린룸은 정밀측정실이나 반도체산업, 필름공업 등에서 응용되며 청정의 대상이 주로 부유먼지의 미립자인 경우를 공업용 클린룸(ICR : Industrial Clean Room)이라 한다.
② 클린룸은 분진의 미립자뿐만 아니라 세균, 곰팡이, 바이러스 등도 극히 제한시킨 무균실로서 수술실, 제약공장 등 특별한 공장, 유전공학 등에 적용되고 있으며 이를 바이오 클린룸(BCR : Bio Clean Room)이라 한다.
③ 클린룸의 등급을 나타내는 규격은 몇 가지 있으나 예로서 미연방규격에 의하여 그

림과 같이 1 ft³의 공기 체적 내에 있는 0.5μm 크기의 입자 수를 나타낸다. 예를 들어, class 100인 경우는 1 ft³의 체적 내에 0.2μm 크기의 미립자가 750개, 0.3μm 크기가 300개, 0.5μm 크기가 100개 있다는 뜻이다.

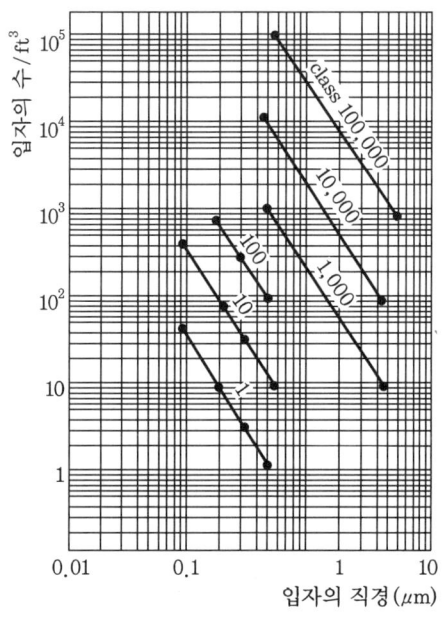

청정도의 class 조건

3. 공기 냉각코일

(1) 코일의 종류

① 공기 냉각코일
  (가) 냉수코일 : 관내에 냉수(5~10℃)를 통하는 것
  (나) 직접팽창코일(DX) : 관내에 냉매를 직접 팽창시켜서 그 증발열로써 공기를 냉각하는 것

② 공기 가열코일
  (가) 온수코일 : 관내에 온수(40~60℃)를 통과시켜서 공기 가열(냉·온수 코일)
  (나) 증기코일 : 증기의 응축잠열(100℃의 응축잠열 539 kcal/kg)을 이용하여 공기 가열 (증기압 0.1~2.0 atg)
  (다) 전열코일 : 코일 내에 니크롬선을 내장하여 공기 가열(마그네슘 사용)

(2) 냉수코일의 설계법

① 기류와 수류의 방향은 역류가 되게 하고 대수평균온도차(MTD)를 크게 한다.

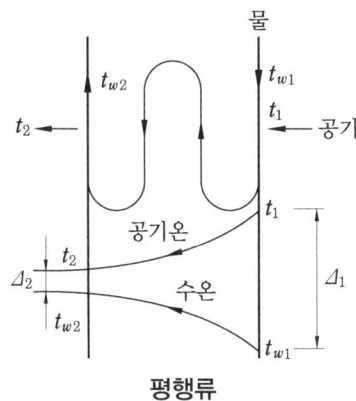
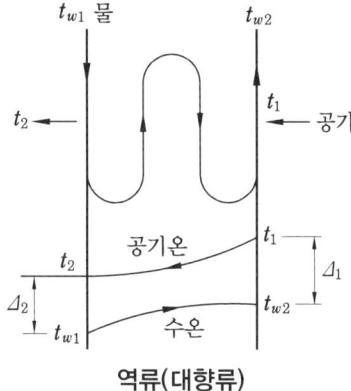

평행류   역류(대향류)

$$MTD = \frac{\Delta_1 - \Delta_2}{2.3\log\left(\dfrac{\Delta_1}{\Delta_2}\right)} \fallingdotseq \frac{\Delta_1 - \Delta_2}{\ln\left(\dfrac{\Delta_1}{\Delta_2}\right)}$$

- 역류 시 $\Delta_1 = t_1 - t_{w2}$, $\Delta_2 = t_2 - t_{w1}$
- 평행류 시 $\Delta_1 = t_1 - t_{w1}$, $\Delta_2 = t_2 - t_{w2}$

여기서, t_1 : 공기 입구온도, t_{w1} : 냉수 입구온도
        t_2 : 공기 출구온도, t_{w2} : 냉수 출구온도

② $t_2 + t_{w1} = 5$℃ 이상으로 하고 코일의 열수 4~8개가 많이 사용된다.
③ 코일 통과 풍속은 2~3 m/s가 경제적이며 코일에 부착한 수막을 유지하고자 할 때에는 2.3 m/s 이하의 풍속을 사용한다. 그 이상 시는 비상 방지를 위하여 일리미네이터를 설치한다.
④ 관내의 수속은 1 m/s 전후를 사용한다.
⑤ 수속이 너무 높으면 물의 저항이 증가해서 관내를 침식시킬 우려가 있으므로 2.2 m/s 이하로 한다.
⑥ **코일의 설치** : 관이 수평이 되도록 하고 수직으로 설치할 때는 핀(fin)의 면이 수평이 되어 핀의 표면에 고인 물 때문에 성능이 저하한다.
⑦ **냉수 코일의 계산식**
   (가) 코일의 열수(N)

$$N = \frac{q_s}{K \cdot A \cdot MTD \cdot C_{ws}}$$

여기서, q_s : 코일의 현열부하(kcal/h)
        MTD : 대수평균온도차(℃)
        A : 코일의 전면적(m^2)
        K : 코일의 열통과율(kcal/m$^2 \cdot$ h $\cdot$ ℃)
        C_{ws} : 습윤면 보정계수

(나) 코일 내의 순환수량 $L[\text{L/min}]$

$$L = \frac{q_T}{(t_{w2} - t_{w1}) \times 60}$$

$$q_T = G(i_1 - i_2)$$

여기서, q_T : 코일의 현열부하(kcal/h)
T_{w2} : 코일 출구의 물의 온도(℃)
T_{w1} : 코일 입구의 물의 온도(℃)
i_1, i_2 : 입출구 공기의 엔탈피(kcal/kg)

(다) 관내의 수속 $V_w[\text{m/s}]$

$$V_w = \frac{L}{A_p \cdot n \cdot \gamma \cdot 3600}$$

코일의 전면적 $A = \dfrac{Q}{3600\, V_f} = \dfrac{G}{4300\, V_f}$

여기서, L : 순환수량(kg/h), A_p : 관내의 단면적(m²)
n : 통로수, γ : 물의 비중량(kg/m³)
V_f : 전면 풍속(m/s), Q : 풍량(m³/h)
G : 풍량(kg/h)

(라) 직접팽창코일(DX 코일)의 설계
㉮ 냉매의 흐름은 공기류와 반대가 되도록 한다.
㉯ 적상 방지를 위하여 냉매의 증발온도는 3~5℃ 이상으로 한다.
㉰ 냉동기의 동력비를 작게 하기 위하여 코일의 열수를 늘려서 사용한다.
㉱ 건조 코일 시의 열수 결정

$$q_C = G(i_1 - i_2) = L(t_{w3} - t_{w2}) = K \cdot MTD \cdot S_{12}$$

여기서, K : 건코일 통과율(kcal/m²·h·℃)
S_{12} : 건코일의 표면적

$$\therefore N = \frac{q_C}{K \cdot A \cdot MTD \cdot a}$$

$$\therefore \frac{1}{K} = \frac{R}{\alpha_1} + \frac{1}{\alpha_0 \phi}$$

여기서, q_C : 코일에서 제거되는 열량(kcal/h) $= G(i_1 - i_2) = K \cdot A \cdot MTD$
a : 코일의 전면적(m²) 1열당의 표면적(m²)
$R : \dfrac{\text{외표면적}}{\text{내표면적}}$
α_1, α_0 : 코일 내외 표면의 열전달률(kcal/m²·h·℃)
ϕ : 핀(fin)의 효율

㉮ 습코일의 설계
  ⓐ 전면풍속 V_f를 사용
  ⓑ 열수를 가정하여 설계한다(CF표 참조).
  • 코일 평균 표면온도에 해당되는 엔탈피

$$CF = \frac{i_1 - i_2}{i_1 - i_c}$$

$$i_1 = i_c - \frac{i_1 - i_2}{\alpha_i \cdot A \cdot a \cdot N}$$

  • 냉매 증발온도$(t_r) = t_c = \frac{q_T \cdot R}{\alpha_1 \cdot A \cdot a \cdot N}$

여기서, t_c : 코일의 표면온도(℃)
  R : 내외표면적비
  A : 전면적(m^2)
  a : 표면적(m^2)
  α_1 : 코일 내면의 열전달률(kcal/m$^2 \cdot$ h $\cdot$ ℃) ≒ 1000~1500
  N : 열수
  q_T : 코일의 냉각부하

㉯ 온수코일의 설계
  ⓐ 풍속의 기준 : 2~3.5 m/s
  ⓑ 유량 온도 제어 : 2 way 밸브, 3 way 밸브 사용
  ⓒ 온수코일의 열수 $N = \frac{q_s}{K \cdot A \cdot MTD}$

$$q_s = G(i_2 - i_1) = G \cdot G_p(t_2 - t_1)$$
$$= L(t_{w2} - t_{w1}) = K \cdot A \cdot MTD$$

㉰ 냉온수 코일의 설계법

$$MTD = \frac{t_s}{K \cdot A}$$

$$q_s = 0.24 \cdot G(t_2 - t_1) = L(t_{w1} - t_{w2}) = L \cdot \Delta t_w$$

$$MTD = \frac{\Delta_1 - \Delta_2}{\ln\left(\frac{\Delta_1}{\Delta_2}\right)}$$

㉱ 증기코일의 설계
  ⓐ 온수코일과 동일 능력 시 열수를 적게 할 수 있다.
  ⓑ 사용 증기압력은 0.1~2.0 kg/cm^2 정도이다.

ⓒ 코일의 전면풍속은 3~5 m/s로 설정한다.

ⓓ 응축수의 처리를 위하여 $\frac{1}{50} \sim \frac{1}{100}$ 의 배관에 순구배를 붙인다.

ⓔ 증기코일의 열수(N) = $\dfrac{q_s}{K \cdot A \cdot a \cdot MTD}$

> **참고** 전열면적(S) 계산
> ① 직접팽창증기 코일일 때 $S = N \cdot a \cdot A$
> ② 냉온수 코일일 때 $S = N \cdot A$

⑧ **코일의 동결 방지**
   ㈎ 운전 정지 시 외기 댐퍼를 송풍기와 인터로크한다(송풍기 정지 시 외기 댐퍼 전폐).
   ㈏ 온수코일은 야간 운전 정지 시 순환펌프를 운전시켜 코일 내의 물을 유동시킨다.
   ㈐ 외기와 환기를 충분히 혼합하여야 한다.
   ㈑ 증기코일은 0.5 atg 이상의 증기를 사용하여 구배에 따른 응축수가 고이지 않도록 한다.
   ㈒ 운전 중에는 전열교환기를 사용하여 외기온도를 1℃ 이상으로 해서 도입한다.

4. 에어 와셔(Air Washer : AW) : 공기 세정기

에어 와셔는 앞부분에 세정실과 뒷부분에 일리미네이터가 있다. 이 기기는 통과 공기 중의 냉온수를 분무하여 공기 중의 먼지 등을 세정하고 공기의 냉각·감습 또는 가열·가습도 하며, 주로 습도 조절이 목적이라고 할 수 있는 방직공장 등에서는 냉각·감습기로도 사용된다.

(1) 에어 와셔의 종류

노즐형	횡형저속식	종래에 가장 일반적으로 사용되고 있으며, 전면풍속은 V_f = 2~3 m/s를 사용한다.
분무형	횡형고속식	V_f = 5~8 m/s를 사용하고, 단면적을 소형으로 한 것
	유닛형 고속식	Carrier Co.와 Luwa Co.의 제품이 유명하며, 풍속 10 m/s 전후를 사용한다. 공장생산형이고 천장에 매달아 사용할 때가 많다.
충전형	캐필러리형 역류형	글라스울의 필터형 유닛을 충전물로 사용한다. 길이는 1 m 이내이다. 공장생산형이며 유닛으로서 사용한다.

(2) 뱅크의 배열 방법

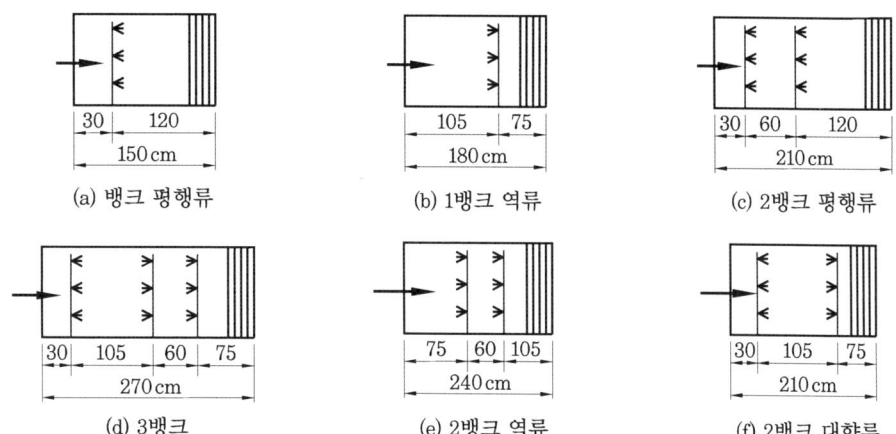

(3) 구조

① **분무 노즐(spray nozzle)**: 분무수를 세립화하여 공기와의 접촉을 크게 하기 위한 것으로 물은 1.5~2 atg 정도이며, 청동제의 캡을 풀어 소제할 수 있도록 되어 있다.
② **플러딩 노즐(flooding nozzle)**: 일리미네이터에 부착된 먼지를 세정한다.
③ **루버(louver)**: 공기 세정기 내의 공기 흐름을 정류함과 동시에 분무수의 비산 방지에 유리하다(다공판이나 루버 사용).
④ **일리미네이터(eliminator)**: 통과 공기 중의 수적의 비산수 방지 목적(4~6번 접은 아연, 철판, 염화비닐 코팅판 사용)

(4) 수공기비

① 수공기비 = $\dfrac{수량}{공기량} = \dfrac{L[\text{kg/h}]}{G[\text{kg/h}]}$

구분	L/G		L/min/1000 m³/h	
	1뱅크	2뱅크	1뱅크	2뱅크
가습	0.2~0.6	0.4~1.2	5~14	9~26
냉각 감습	0.4~1.0	0.8~2.2	7.21	16~43

※ 일반적으로 가장 많이 사용되는 것은 2뱅크
$L/G = 0.8~1.2(16~26 \text{ L/min/1000 m}^3/\text{h})$

② AW의 단면적(A_f)

$$A_f = \dfrac{Q}{3600 V_f} = \dfrac{G}{4300 V_f}$$

여기서, V_f: 풍속, G: 공기량(kg/h), Q: 공기량(m³/h)

(5) 에어 와셔의 성능 표시

① 냉각 감습 시의 전열 효율(엔탈피 효율, 작용 효율 : EF)

$$EF = \frac{i_1 - i_2}{i_1 - i_w}$$

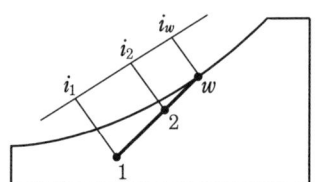

② 가습 시 전열 효율(EF′)

$$EF' = \frac{i_2 - i_1}{i_w - i_1}$$

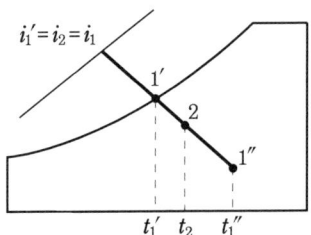

③ 단열 가습 시의 포화 효율(SF)

$$SF = \frac{t_1 - t_2}{t_1 - t_1''}$$

④ 분무수 출구온도

$$t_{w2} = t_{w1} + \frac{q_c}{L}$$

$$L = t_{w2} - t_{w1} = G(i_1 - i_2)$$

$$\therefore \frac{L}{G} = \frac{i_1 - i_2}{t_{w2} - t_{w1}}$$

여기서, q_c : 냉각부하열량(kcal/h), L : 분무수량(kg/h)

⑤ 분무실의 높이 $h = \dfrac{A}{분무실의\ 폭}$

5. 가습장치(humidifier)

① AW에 의한 단열가습방법
② AW 내의 온수를 분무하여 가습하는 방법
③ 소량의 물 또는 온수를 분무하는 방법
④ 수증기를 공기류 속에 분무하는 방법
⑤ 가습팬을 사용하여 증발하는 수증기를 이용하는 방법
⑥ 실내에 직접 분무하는 방법

  ㈎ 단열 가습용 AW : AW의 탱크의 물을 냉각, 가열도 하지 않고 순환시키면 단열 가습이 되며, 이때의 콘택트 팩터(CF) 및 포화 효율(η_s)은 다음과 같다.

$$CF = \frac{t_2 - t_1}{t_1 - t_1'}$$

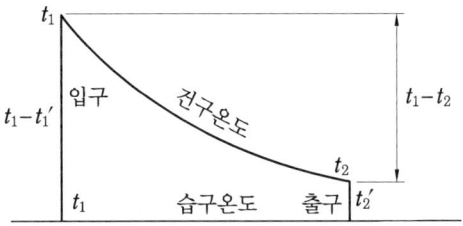

단열 포화 시의 포화 효율

뱅크수	1	1	1	2	2	2
방향	평행류	평행류	역류	평행류	대향류	역류
길이 l[m]	1.2	1.8	1.8	2.4~3.0	2.4~3.0	
포화 효율(η_s)	50~60	60~67	65~80	80~90	85~95	90~98

(나) 온수 분무의 AW

㉮ 전열효율 X를 사용하여 가습을 AW와 같이 설계한다.

㉯ $X = \dfrac{i_2 - i_1}{i_{w1} - i_1}$

$G(i_2 - i_1) = L(t_{w1} - t_{w2})$ 에서

$t_{w2} = t_{w1} - \left(\dfrac{G}{L}\right)(i_2 - i_1)$

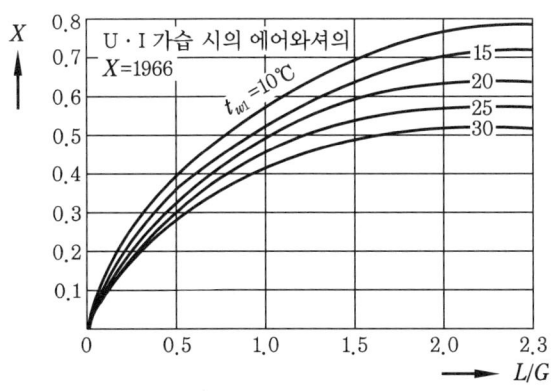

가습 시의 전열효율 X

(다) 소량의 물 또는 온수의 분무 시

㉮ 분무 오리피스의 지름 1 mm 이하의 소형에 사용하며 미세한 물방울을 형성하여 증발수량과 분무수량의 비를 가습효율 η_H라 하면, η_H는 30 % 전후라고 할 수 있다 (솔레노이드 밸브로 제어, 압력 부족 시 가압펌프로 펌프의 on-off를 휴미디스탯으로 한다).

㈋ 가습효율 $\eta_H = \dfrac{증발수량}{분무수량} = 30\,\%$ 전후

㈌ 가습량 $L = G(x_2 - x_1)$

㈍ 분무수량 $L' = \dfrac{L}{\eta_H}$ ($\eta_H = 30\,\%$ 유의)

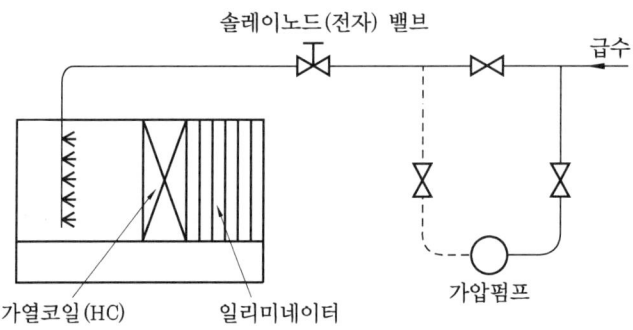

⑷ 수증기 분무의 경우

  ㈎ 가습효율이 $\eta_H = 100\,\%$에 가깝고 가장 가습효율이 좋으며, 자동제어의 응답도 빠르다.

  ㈏ 공조기에 증기관을 설치하여 증기를 분사시키며 증기압은 0.3 atg 이하로 분사 시의 분사소음을 고려한다.

  ㈐ 증기분사량 $G_s = \dfrac{q_H}{i_s}$ 이고, $q_H = G(i_2 - i_1)$

  여기서, i_s : 증기 엔탈피(641 kcal/kg), q_H : 가습열량

가는 구멍의 증기분출량(kg/h)

공지름(mm)	증기압력(atg)					
	0.05	0.10	0.20	0.30	0.50	1.00
0.5	0.032	0.046	0.064	0.08	0.10	0.13
1.0	0.12	0.17	0.24	0.29	0.37	0.50
2.0	0.52	0.73	1.02	1.24	1.59	2.12
3.0	1.16	1.64	2.30	2.80	3.57	4.77

⑸ 가습팬을 사용하는 경우

  ㈎ 가습팬 내부에 있는 온수 수면에서 발생하는 증기로 가습한다.

  ㈏ 증기를 발생시키기 위한 열원으로는 증기 전열기를 사용한다.

  ㈐ 수면의 면적이 작아서 가습효율이 나쁘고 자동응답이 느리며 소형 패키지에 사용한다.

  ㈑ 증발량 $L = (0.0178 + 0.0152\,V_a)(P_w - P)A_H$

  여기서, L : 가습량(kg/h), V_a : 공기의 풍속(m/s), A_H : 수면의 표면적(m^2)
  P_w : 수증기 압력(kPa), P : 포화증기 압력(kPa)

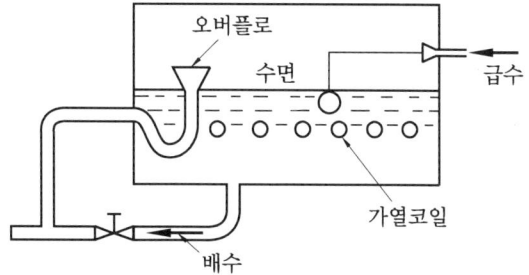

(바) 실내에 직접 가습하는 경우

㉮ 방적공장, 인쇄, 연초공장 등의 실내 요구 습도가 높고, 발열량도 커서 SHF도 높다.

㉯ 원심식 가습기는 분무 노즐에서 직접 가습하며 분무수의 증발 냉각의 효과 때문에 취출 온도차가 커서 송풍량으로 해결할 수 있다.

㉰ 증발량 $L_e = G(x_2 - x_4)$

㉱ 취출 공기량 $G = \dfrac{q_s}{0.24(t_5 - t_1)} = \dfrac{q_s - L_e \cdot \gamma}{0.24(t_2 - t_4)}$ ($\gamma = 597$ kcal/kg)

㉲ 열수분비 $U = \dfrac{q_s}{L_e + i_w}$, $SHF = \dfrac{q_s - \gamma L}{q_s + i_w L_e}$ (i_w : 분무수의 엔탈피)

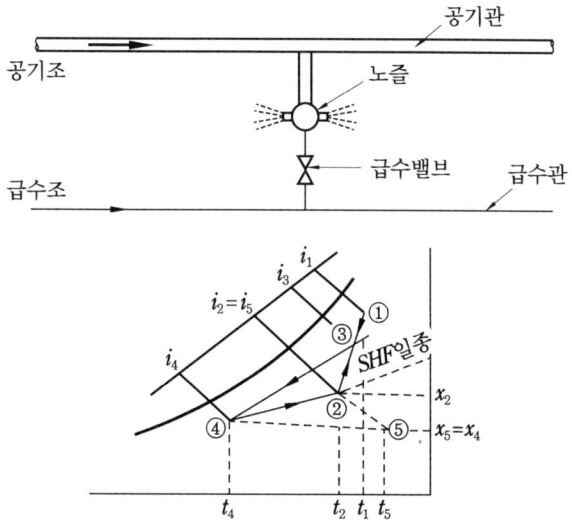

6. 감습장치

① **냉각 감습장치** : 냉각코일, 공기세정기를 이용한다.
② **압축 감습장치** : 공기를 압축하여 여분의 수분을 응축시키는 방법으로 동력이 많이 들기 때문에 사용하지 않는다.

③ **흡수식 감습장치** : 염화리튬, 트리에틸렌글리콜 등의 액체 흡수제를 이용한다.
④ **흡착식 감습장치** : 실리카겔, 활성알루미나 등의 반고체, 고체 흡수제를 사용하여 감습한다(극저습도용).

제습효율 $\eta_{deh} = \dfrac{B}{A} = \dfrac{\Delta x \cdot r}{i_1 - i_2}$

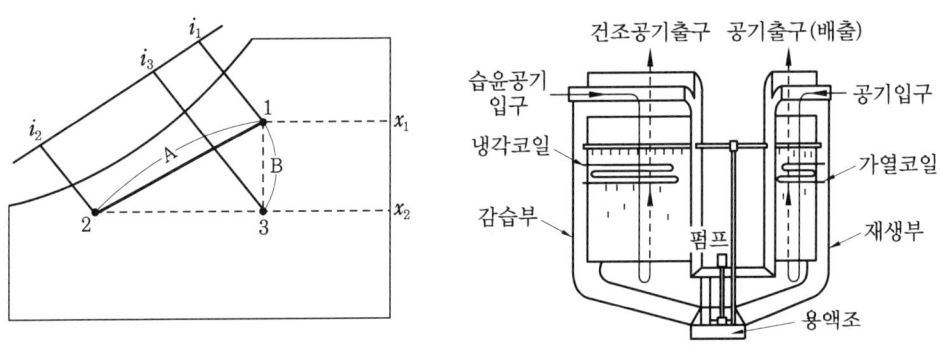

kathabar식 감습장치

7. 전열교환기와 현열교환기

(1) 전열교환기

회전식과 고정식이 있으며 석면 등으로 만든 얇은 판에 LiCl과 같은 흡수제를 침투시켜 현열과 동시에 잠열도 교환할 수 있는 구조이다.

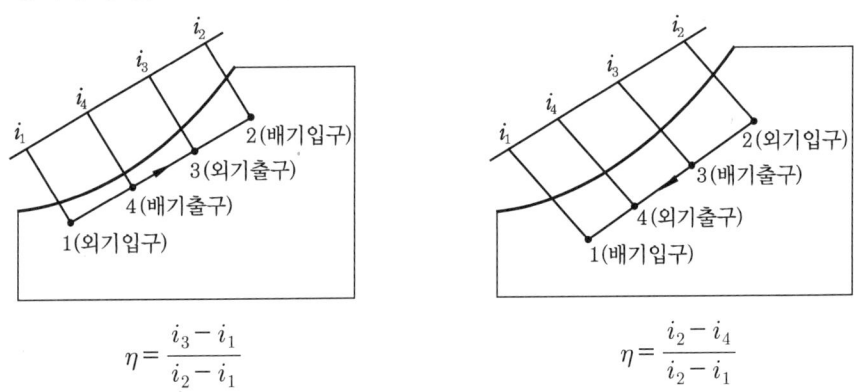

$$\eta = \dfrac{i_3 - i_1}{i_2 - i_1} \qquad\qquad \eta = \dfrac{i_2 - i_4}{i_2 - i_1}$$

① **회전식 전열교환기** : 벌집 모양의 로터 회전으로 외기와 배기의 온도·습도를 열교환 시킨다.
② **고정식 전열교환기** : Al판에 분말 흡습제를 도포하여 배기-외기-배기의 순으로 현열과 잠열은 교환되고, 배기의 오염물질이 도입외기에 전달되는 일이 적게 된다.

③ 전열교환기의 효율(엔탈피 효율)은 외기를 기준으로 한다.

(2) 현열교환기

산업용 공기조화용으로 연도배기가스의 열회수, 공업용 가열로의 열회수용과 원통다관식, 플레이트형, 스파이럴형 등이 있다.

$$\eta = \frac{t_2 - t_1}{t_3 - t_1}$$

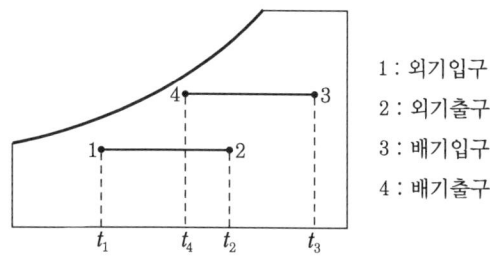

1 : 외기입구
2 : 외기출구
3 : 배기입구
4 : 배기출구

① 원통 다관식 열교환기

㈎ 동체(shell) 내에 다수의 관(tube)을 설치한 형식으로 가장 널리 사용되고 있으며 관내에 물을 통하고 관외의 증기로 가열하는 방식이다. 관내 물의 유속은 1.2 m/s 이하이고 관의 바깥지름은 2.4 mm의 동관이 많이 사용된다.

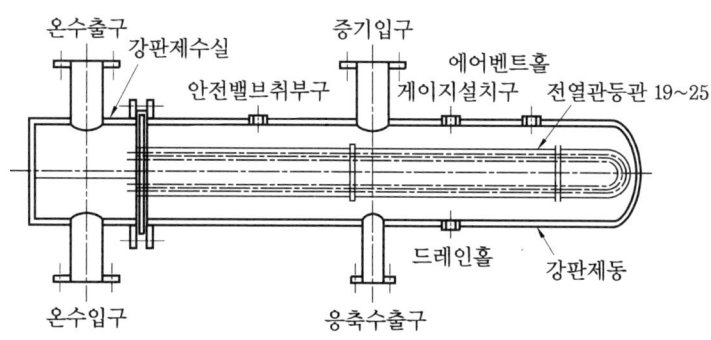

증기-수 열교환기

㈏ 유량이 적을 때는 패스의 수를 늘려서 관내의 유속을 올리도록 설계한다.

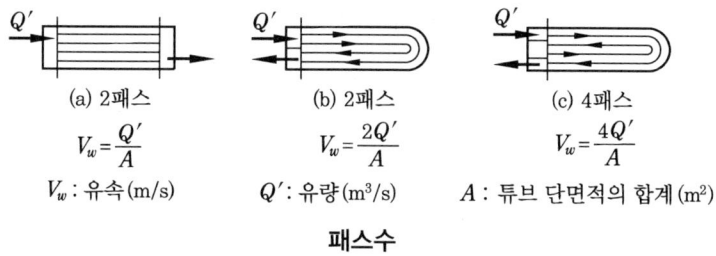

(a) 2패스 $V_w = \dfrac{Q'}{A}$

(b) 2패스 $V_w = \dfrac{2Q'}{A}$

(c) 4패스 $V_w = \dfrac{4Q'}{A}$

V_w : 유속(m/s) Q' : 유량(m³/s) A : 튜브 단면적의 합계(m²)

패스수

㈐ 설계법 : 수가열기(水加熱器)의 전면적 S는 다음 식으로 구한다.

$$q_t = K \cdot S \cdot MTD$$

$$MTD = \frac{\Delta_1 - \Delta_2}{\ln\dfrac{\Delta_1}{\Delta_2}}$$

$$\Delta_1 = t_s - t_{w2}, \quad \Delta_2 = t_2 - t_{w2}$$

$$q_t = L(t_{w1} - t_{w2})$$

여기서, S : 열교환기의 표면적(m^2), t_{w1}, t_{w2} : 코일의 출구·입구의 수온(℃)

q_t : 가열량(kcal/h), t_s : 증기온도(℃)

L : 수량(kg/h), K : 열관류율(kcal/m^2·h·℃)

수가열용 열교환기의 열관류율(K)

온도(℃)	수속(m/s)	0.1	0.2	0.5	1.0	2.0	2.5
동관	$t_m^* = 100℃$	1000	1300	1900	2400	2800	3000
	60	860	1200	1700	2200	2650	2800
	40	700	1000	1500	2000	2500	2600
강관	$t_m^* = 100℃$	860	1100	1500	1800	2050	2200
	60	750	1000	1350	1650	1950	2050
	40	600	850	1200	1500	1800	1950

㈜ $t_m = \dfrac{(t_{w1} + t_{w2} + \cdots)}{2}$

② **플레이트형 열교환기**

㈎ 태양열 이용 장치, 초고층 건물의 물-물 열교환기로 많이 사용된다.

㈏ 그림과 같이 냉수, 온수를 역류시켜서 열교환한다.

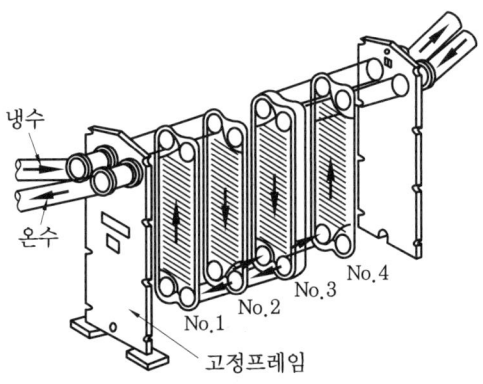

플레이트형 열교환기

㈐ 최고 내압이 20 atg, 내온은 40℃까지 제작, 또 물 대신 고압증기를 사용하는 경우도 있다.

(라) $\Delta_1 = t_{w1} - t_{c2}$

$\Delta_2 = t_{w2} - t_{c1}$

$\therefore \dfrac{1}{K} = \dfrac{1}{\alpha_1} = \dfrac{1}{\alpha_2}$

여기서, t_{w1}, t_{w2} : 온수 입구, 출구의 온도(℃)

t_{c1}, t_{c2} : 냉수 입구, 출구의 온도(℃)

α_1, α_2 : 가열수, 피가열수의 열전달률(kcal/m² · h · ℃)

③ **스파이럴형 열교환기** : 스테인리스의 강관을 이용하여 스파이럴상으로 감아서 그 단부를 용접하여 코일하고 개스킷을 사용하지 않는다.

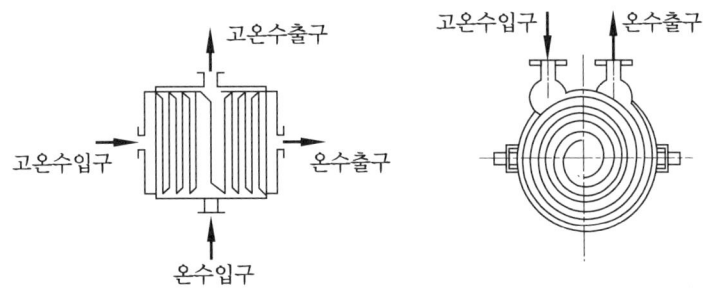

④ **수조 내 코일**

수조 내에 담근 코일의 전열량(kcal/m² · h) (물은 자연대류일 때)

종류 \ Δt[℃]	20	40	60	80	100	120
동관	230	770	1450	2650	3300	4400
청동관	200	660	1300	2200	2900	4000
철관	120	420	860	1500	2000	2800
연관	–	–	170	240	280	–

㈜ 본표는 스케일이 없는 상태이며, 스케일이 생겼을 때는 본표의 1/2, 수중의 고형물이 25 % 이상일 때는 1/3로 한다. Δt는 물의 온도차(℃)이다.

8. 송풍기(fan)

- **선풍기** : 대기압하에서 공기를 흡입하고 압력 상승은 0이다(대류작용에 의한 공기 유동)
- **팬(fan)** : 대기압하에서 공기를 흡입하고 압력 상승은 1000 mmAq 미만이다.
- **블로어(blower)** : 대기압하에서 공기를 흡입하고 압력 상승은 1000 mmAq 이상이다.

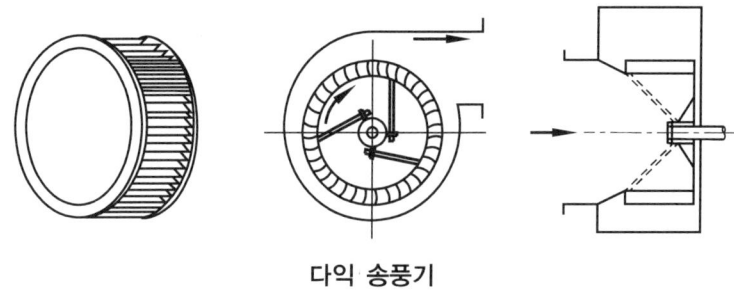

다익 송풍기

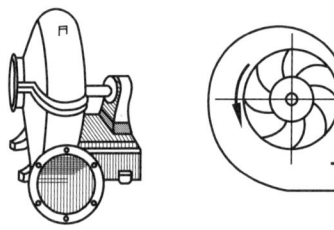

터보 송풍기

다익 송풍기의 번호 : No. = $\dfrac{\text{임펠러 지름(mm)}}{150}$

축류형 송풍기 번호 : No. = $\dfrac{\text{임펠러 지름(mm)}}{100}$

(1) 소요동력(공기동력)

$$H_{kW} = \dfrac{Q \times P_t}{102 \times 3600 \times \eta_t}[\text{kW}] = \dfrac{Q \times P_s}{102 \times 3600 \times \eta_s}[\text{kW}]$$

$$\therefore P_t = P_s + P_v$$

$$P_t = P_s + \left(\dfrac{V_p}{4.04}\right)^2$$

$$\therefore P_v = P_t - P_s = \dfrac{V_p^2 \gamma}{2g} = \left(\dfrac{V_p}{4.04}\right)^2$$

$$\therefore V_p = 4.04\sqrt{P_v}$$

여기서, Q : 풍량(m^3/h), P_t : 전압(mmAq)
P_s : 정압(mmAq), V_p : 토출풍속(m/s)
η_t : 전압효율, η_s : 정압효율
P_v : 동압(mmAq)

각종 송풍기의 특성

종류		원심송풍기						축류송풍기	
		다익 송풍기	리밋로드 송풍기	터보 송풍기	익형 송풍기	관류식 송풍기 (크로스 플로팬)	관류식 송풍기 (튜불러팬)	프로펠러팬	축류송풍기 (가이드베인 유, 무)
임펠러의 형태									
특성									
비교	치수	②	③	최대 ⑥	⑤	②	④	최소 ①	최소 ①
	효율	⑤	④	최고 ①	②	최저 ⑥	최저 ⑥	최저 ⑥ (고정익)	③
	소음	③	④	최소 ①	②	최소 ①	③	③	최대 ⑤
요항	풍량 (m^3/min)	10 ~2000	20 ~3200	60~900	60~300	3~20	20~50	10~50 (고정익)	15~ 1000
	정압 (mmH_2O)	10~125	10~150	125~250	125~250	0~8	10~50	0~6	0~55
효율(%)		45~60	50~65	75~85	70~85	40~50	40~50	40~50	50~60 (베인 무) 50~75 (베인 유)
비소음 (데시벨)		40	45	40	35	30	45	50	50
특징		풍량과 동력의 변화가 비교적 많다.	풍량 변화가 적고, 동력 변화도 최고 효율점 부근에서는 적다.	풍량의 변화가 비교적 많다. 동력의 변화도 많다.	터보 팬과 같다.	임펠러의 지름이 작아도 효율의 저하가 작다.	압력 상승이 크다. 압력 변화는 기복 없는 우하향 흐름의 손실이 크고, 효율도 나쁘다.	압력 상승이 작다. 압력 변화는 기복 없는 우하향	풍량, 동력 변화가 적다. 동압이 크다.
용도		저속덕트공조용, 각종 공조기용, 급·배기용	저속덕트공조용(중규모 이상), 공장용 환기(중규모 이상)	고속덕트 공조용	고속덕트 공조용	팬코일 유닛 에어커튼	옥상 환기팬	유닛쿨러, 유닛히터, 환기팬, 쿨링타워	국소통풍용, 쿨링타워용, 급배기용, 급속동결실용

(2) 송풍기의 상사법칙

송풍기의 상사법칙은 2대의 송풍기 형식이 기하학적으로 비슷하고, 임펠러 내의 유체의 흐름도 유체 역학적으로 서로 비슷하며, 2대의 송풍기 효율은 변함이 없다면 송풍기 크기나 회전수의 변화에 따라 펌프의 상사법칙과 같이 관계식이 성립한다. 단, 공기의 온도나 비중량의 변화는 없어야 한다.

① 풍량 $Q_2 = \left(\dfrac{N_2}{N_1}\right) \cdot \left(\dfrac{D_2}{D_1}\right)^3 \cdot Q_1$

② 정압 $P_{s2} = \left(\dfrac{N_2}{N_1}\right)^2 \cdot \left(\dfrac{D_2}{D_1}\right)^2 \cdot P_{s1}$

③ 동력 $L_2 = \left(\dfrac{N_2}{N_1}\right)^3 \cdot \left(\dfrac{D_2}{D_1}\right)^5 \cdot L_1$

여기서, D_1, D_2 : 익근차(임펠러)의 직경
N_1, N_2 : 회전수(rpm)
Q_1, Q_2 : 풍량
P_{s1}, P_{s2} : 정압
L_1, L_2 : 동력

임펠러의 작용에 의한 분류

종류	명칭	형상	날개수	비고
원심식 송풍기	다익 송풍기		40~64	편흡입과 양흡입이 있다.
	리밋로드 송풍기		6~12	
	플레이트 송풍기		6~12	
	터보 송풍기		12~24	편흡입
	에어휠 송풍기		6~16	
	프로펠러팬		2~8 24~40	배기용, 환기용, 쿨링타워용 기기조립형, 에어커튼용
	관류 송풍기		6~16	옥상배기용
축류식 송풍기	축류 송풍기 (가이드베인 없음)		4~12	
	축류 송풍기 (가이드베인 있음)		6~12	

9. 펌프(pump)

(1) 구조에 따른 분류

① **원심 펌프**(centrifugal pump) : 디퓨저 펌프, 벌류트 펌프
② **축류 펌프** : 피스톤 펌프
③ **왕복식 펌프** : 피스톤 펌프, 플런저 펌프
④ **회전 펌프** : 기어 펌프, 베인(깃) 펌프
⑤ **특수 펌프** : 마찰 펌프, 제트 펌프, 기포 펌프

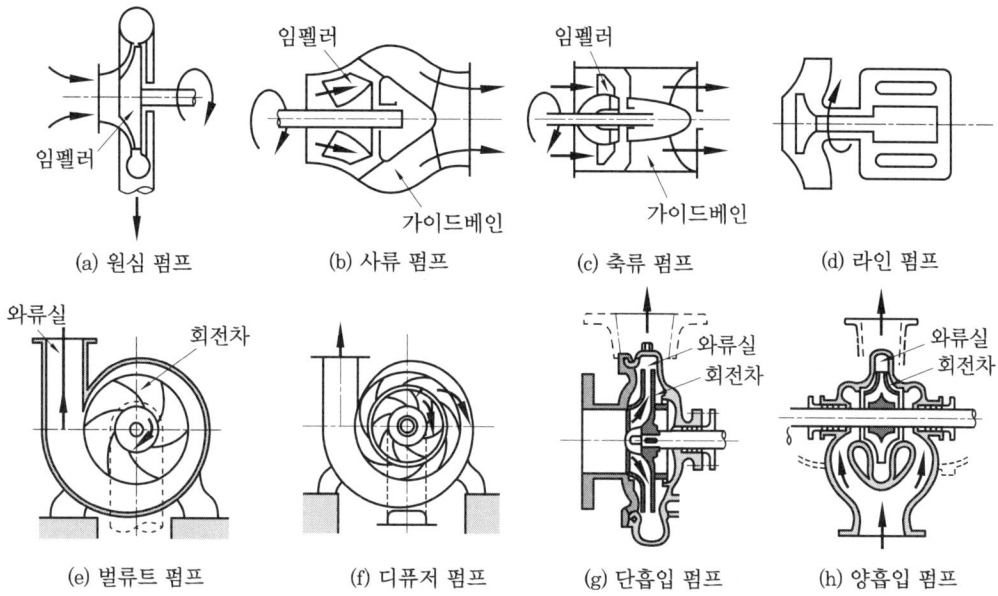

(2) 펌프의 양정(lift)

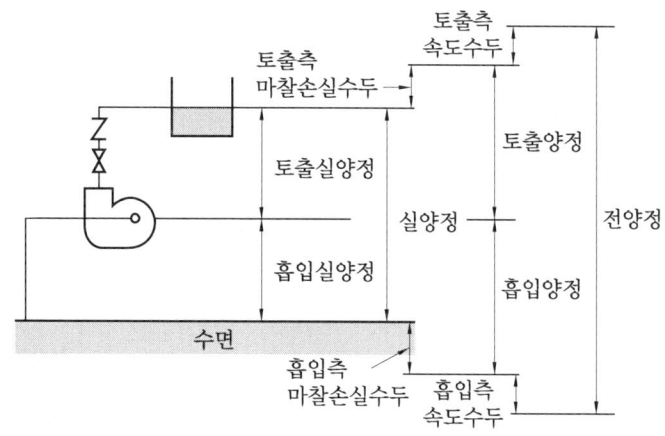

전양정 = 실양정 + 압력수두 + 속도수두 + 국부손실수두 + 배관마찰수두

여기서, 국부손실수두 : 밸브, 엘보, 응축기, 냉각탑 등의 기기 내의 손실수두

(3) 원심 펌프의 특성 곡선

① 원심펌프에서 양정(H), 회전수(N), 동력(L), 효율(η)의 관계를 그린 곡선

　(가) $H-Q$: 양정 곡선

　(나) $L-Q$: 축동력 곡선

　(다) $\eta-Q$: 효율 곡선

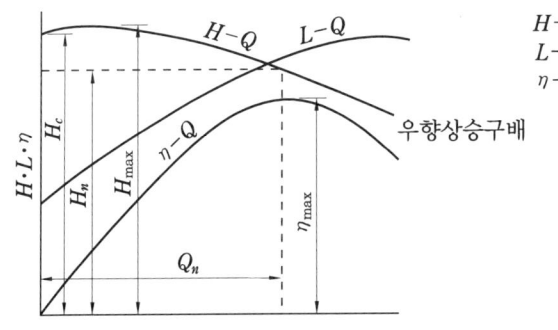

$n=$ 일정일 때의 특성 곡선

② 펌프의 손실

　(가) 수력손실

　　㉮ 유로 전체에 걸친 마찰(곡관, 부속품, 단면의 변화 등)

　　㉯ 회전차, 안내 날개, 와류실, 송출구 등의 와류에 의한 손실

　　㉰ 회전차의 입·출구의 충돌에 의한 손실

$$h_l = f \frac{l}{4R_h} \cdot \frac{V_2}{2g}$$

　여기서, R_h : 수력반경

　　　　　f : 관 마찰계수

　　　　　l : 관 길이

　(나) 누설손실

　　㉮ 회전차 입구부의 웨어링 부분

　　㉯ 축추력 평형장치부

　　㉰ 패킹 박스의 누설

　　㉱ 봉수용에 쓰이는 압력수 및 베어링부의 틈새 등의 누설

(4) 유효흡입양정(NPSH : Net Positive Suction Head)

이론적인 펌프의 흡입양정은 상온의 물인 경우 약 10 m이나(1기압 기준) 실제로는 흡입관 내의 손실, 임펠러 입구에서의 손실, 증기 발생 등으로 인해 6 m 정도이다. 또한 펌프

의 흡입 높이는 액비중에 반비례하여 휘발성 액체는 상당히 낮아진다.

① 펌프에서 얻어지는 NPSH [mH₂O]

$$NPSH = \frac{P}{\gamma} - \left(\frac{P_v}{\gamma} + H_{as} + H_{fs}\right)$$

여기서, P : 대기압(kg/m²)
　　　　P_v : 수온에 해당하는 포화증기압(kg/m²)
　　　　H_{as} : 흡입실양정(mH₂O)
　　　　γ : 물의 비중량(kg/m³)
　　　　H_{fs} : 흡입관의 마찰손실수두(mH₂O)

② 펌프가 필요로 하는(소요) NPSH [mH₂O]

$$NPSH' = \alpha H$$

여기서, α : Thoma의 계수 $\left(= \dfrac{NPSH}{H}\right)$
　　　　H : 펌프의 전양정(mH₂O)

(5) 펌프의 공동현상(cavitation)

흡입양정이 높거나 임펠러 입구의 원주속도가 고속인 경우 임펠러 입구에 국부적으로 고진공이 생겨 수중에 함유되어 있던 공기가 유리하거나 또는 물이 증발하여 작은 기포가 다수 발생하게 되는 현상으로, 이 기포가 물의 흐름과 함께 이동하여 고압부에 나오게 되면 압력작용이 갑자기 없어진다. 이와 같이 기포의 발생과 소멸이 반복되면 펌프의 소음, 진동이 생기고 임펠러 침식, 양수 불능이 된다.

① 현상

　㈎ 소음과 진동이 생긴다.
　㈏ 양정 곡선 및 효율 곡선의 저하를 가져온다.
　㈐ 베인(깃)에 대한 침식이 생긴다.

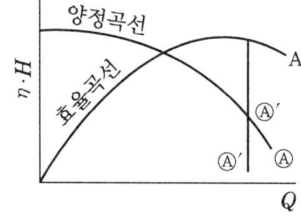

Ⓐ : 캐비테이션이 일어나지 않는 경우의 양정곡선
Ⓐ′ : 캐비테이션이 발생한 경우의 양정곡선

비교 회전도가 작은 원심 펌프(n_s = 230)

② 캐비테이션 방지법

　㈎ 펌프의 설치 위치를 낮춘다. 흡상인 경우 액면에 가깝게, 압입인 경우는 펌프 위치를 액면에서 가능한 한 낮게 한다. 이렇게 하면 유효 흡입 수두가 증가한다.

(나) 펌프 회전수를 작게 한다.
(다) 단흡입 펌프이면 양흡입으로 고친다.
(라) 흡입관 손실을 작게 한다.
(마) $NPSH = (1.3 \sim 1.4) NPSH'$로 한다.
  • 유량 부족 시 : 2대 이상 펌프를 병렬로 연결하여 사용한다.
  • 양정 부족 시 : 2대 이상 펌프를 직렬로 연결하여 사용한다.

(6) 수격작용(water hammering)

관 속을 충만하게 흐르고 있는 액체의 속도를 급격히 변화시키면 이 액체에 큰 압력 변화가 발생한다. 이러한 현상을 수격작용이라 한다.

① 방지책
(가) 관내의 유속을 낮게 한다(관경을 크게 한다).
(나) 펌프에 플라이 휠을 부착하여 펌프의 속도가 급격히 변화하는 것을 방지한다.
(다) 서지 펌프를 설치한다.
(라) 밸브를 펌프 송출구 가까이 설치하고 밸브를 적당히 제어한다.

(7) 서징(surging) 현상(맥동 현상)

펌프의 송출압력과 송출량이 주기적으로 변동 시 운전 상태가 변화하지 않는 한 그 시작된 변동이 지속되는 현상이며, 이 현상이 강할 때는 심한 진동과 서징 음향이 발생하여 운전 불능의 상태가 된다.

> **참고** 서징 현상의 발생 원인
> ① 펌프의 양정 곡선이 우향 상승 구배일 때
> ② 배관 중에 수조가 있거나 또는 기상 부분이 있을 때
> ③ 배출량을 조절하는 밸브가 ②항의 수조 또는 기상 부분의 후방에 있을 때

(8) 전효율(total efficiency) : $\eta = \eta_v \cdot \eta_m \cdot \eta_h$

① 체적효율 : $\eta_v = \dfrac{\text{펌프의 송출 유량}}{\text{회전차 속을 지나는 유량}} = \dfrac{Q}{Q + \Delta Q}$

② 기계효율 : $\eta_m = \dfrac{L - \Delta L}{L}$

③ 수력효율 : $\eta_h = \dfrac{H}{H_{th}} = \dfrac{H_{th} - \Delta H_h}{H_{th}}$

④ 원동기의 동력 : $L_d = k \cdot L$

여기서, η : 전효율, η_v : 체적효율, η_m : 기계효율, η_h : 수력효율
 ΔQ : 누설유량, ΔL : 축동력, L : 기계 손실동력
 H : 펌프의 실제 양정, H_{th} : 날개의 수가 유한인 경우의 이론 양정
 ΔH_h : 수력 손실, k : 경험계수(1.1~1.35)

(9) 수동력(이론동력 : L_w)

$$L_w = \frac{\gamma \cdot Q \cdot H}{75}[\text{PS}] \qquad L_w = \frac{\gamma \cdot Q \cdot H}{102}[\text{kW}]$$

$$L = \frac{L_w}{\eta} = \frac{수동력}{전효율} \qquad \eta = \frac{수동력}{축동력} = \frac{L_w}{L}$$

여기서, L_w : 수동력, Q : 유량(m³/s), H : 양정(m)
 γ : 비중량(kg/m³), L : 축동력(kW)

(10) 축동력(운전동력 : L)

$$L = \frac{L_w}{\eta} = \frac{수동력}{효율}[\text{kW}]$$

(11) 원동기 출력(P)

$$P = \frac{S(1+\alpha)}{\eta_t} = \frac{\gamma \cdot Q \cdot H(1+\alpha)}{102 \cdot \eta_p \cdot \eta_p}$$

$$P = \gamma \cdot h, \quad h = \frac{P}{\gamma}$$

베르누이의 방정식 $Z_1 + \frac{V_2}{2g} + \frac{P_1}{\gamma_1} = Z_2 + \frac{V_2}{2g} + \frac{P_2}{\gamma_2} + \Delta P$

여기서, α : 여유율(10~20 %), η_t : 전달효율(90~97 %), h : 손실수두

(12) 상사법칙

$$Q_2 = \left(\frac{N_2}{N_1}\right)Q_1, \quad H_2 = \left(\frac{N_2}{N_1}\right)^2 H_1, \quad P_2 = \left(\frac{N_2}{N_1}\right)^3 P_1$$

여기서, N_1, N_2 : 처음, 나중 회전수(rpm)
 H_1, H_2 : 처음, 나중 양정(m)
 Q_1, Q_2 : 처음, 나중 유량(m³/s)
 P_1, P_2 : 처음, 나중 동력(kW)

(13) 비교회전속도(비속도)

$$N_s = \frac{N \times \sqrt{Q}}{\left(\dfrac{H}{n}\right)}$$

여기서, N_s : 비속도, N : 회전수, Q : 유량, H : 양정, n : 단수

비교회전도의 범위

펌프	비교회전도(n_s)	적용 범위
고압 펌프(다단)	108~256	저유량, 고양정 보일러 급수 펌프
중압 펌프(다단)	108~318	양수 발전소용 펌프
저압 펌프(다단)	108~850	중유량, 중양정
혼류 펌프(다단)	465~1160	대유량, 소양정
사류 펌프(다단)	542~1160	대유량, 소양정
축류 펌프(다단)	850~4260	대유량, 매우 작은 양정

10. 흡입구와 취출구

인체가 드래프트를 느끼지 않게 하기 위하여 다음 표와 같이 설계한다.

방식	분류	종류	예	냉방 시 최고 취출 온도차(천장높이 2.7 m)
천장취출 (하향)	확산형 (ceiling diffuser)	원형	anemostat형, pan형 no draft형	11~14℃
		선상	천장 slot형, breeze line형, Tline형, troffer형	10~12℃
		각형	TCSX, TMDE, anemostat형	11~14℃
	축류형	nozzle	천장 nozzle, punkah louver	4~8℃
	다공 panel		전면천장취출, multivent 흡출구	4~8℃
	확산형 (wall diffuser)	각형	universal형	8~10℃
		반원형	anemostat형	10~12℃
측벽취출 (횡향)	축류형	nozzle 방향가변 nozzle	벽설치 nozzle louver	7~10℃ 7~10℃
	선상		slot형	7~10℃
	펀칭한 강판			4~6℃
상면 또는 창대취출구(상향)	확산형		slot형, universal형	7~10℃

천장 취출구로는 아네모스탯형, 팬형 등이 널리 쓰이고 모듈 방식을 채용하는 고급 사무소 건물에는 T라인이 쓰이며, 극장 등과 같이 천장이 높을 때는 천장 노즐 또는 아네모스탯 등을 일반적으로 사용한다. 벽설치형 취출구로는 유니버설형이 가장 많다.

각종 취출구 취출풍량의 적정값

취출구의 종류	상면적당의 풍량($m^3/m^2 \cdot h$)	천장높이 3 m 시의 최대환기횟수
그릴형	19~38	7
슬롯형	25~63	12
다공 패널	32~95	18
천장 디퓨저	32~160	30
전면 다공 천장	32~310	60

(1) 용어

① **종횡비**: 장변과 단변의 비(a/b)

② **자유면적**: 취출구 또는 흡입구 구멍면적의 합계

$$자유면적비 = \frac{자유면적}{전면적}$$

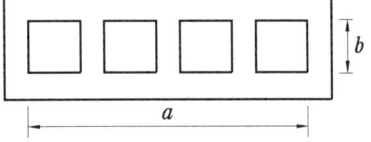

③ **전면적**(face area): $a \times b$

④ **도달거리**(throw): 취출구에서 0.25 m/s의 풍속이 되는 위치까지의 거리(보통 안목의 3/4로 한다.)

⑤ **강하도**(drop): 취출구에서 도달거리에 도달할 때까지 생긴 기류의 강하를 말한다.

⑥ **유인비**(entrainment ratio): 취출공기량에 대한 유인공기의 비를 말한다.

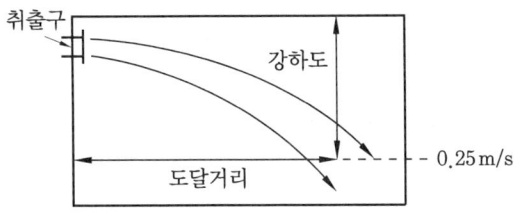

⑦ **취출온도차**: 취출공기와 실온과의 온도차

⑧ $A = \dfrac{Q_o}{3600 V_o} k$

여기서, Q_o: 취출공기량(m^3/h), k: 계수(0.8)
V_o: 취출속도(m/s), A: 취출덕트면적(m^2)

(2) 흡입구의 설계

① 흡입구 부근의 흡입기류 풍속은 흡입구로부터 멀어짐에 따라 급격하게 감소하므로

흡입구의 위치가 실내의 기류분포에 영향을 미치는 일이 거의 없다.
② 풍속이 클 경우 소음 문제가 있다.
③ 일반건물에서 설치위치가 낮은 흡입구의 흡입속도는 보통 2.0~3.0 m/s 정도이다.
④ 주택, 아파트, 호텔의 방 등의 흡입구 풍속은 일반적으로 1.5~2.0 m/s 정도이다.
⑤ 회의실 등 많은 사람들이 모이는 곳이나 끽연이 심한 실내에서는 연기 등이 실내 상부에 고이게 되므로 천장면에 전용의 흡입구를 설치한다.
⑥ 복도를 환기통로로 사용할 때는 문에 갤러리를 설치하거나 문의 하부를 3~5 cm 바닥면으로부터 떼어서(under-cut) 배기한다.
⑦ 실내의 말소리가 전달되지 않도록 하기 위해서는 흡입장치가 붙은 환기장치에 흡입구를 접속한다.

(3) 취출구의 설계

① 일반적인 취출풍속
  (가) 일반사무실 : 4~6 m/s
  (나) 주택, 아파트, 호텔의 룸 : 2.5~3.5 m/s
  (다) 백화점, 상점 : 7.5~10 m/s

② 취출기류는 풍량이 많을수록 또는 취출풍속이 빠를수록 실내공기의 유인비가 작게 되며, 도달거리가 길어져서 실내의 기류분포가 나빠지게 된다.
③ 거주역은 바닥에서 1.5~1.8 m로 본다.
④ **콜드 드래프트(cold draft)** : 동기에 창가를 따라 존재하게 되는 냉기가 취출기류에 의해 밀어내려져서 바닥면을 따라 거주역을 흘러 들어가는 것으로 흡입풍속이 빠른 경우나 흡입구 치수가 큰 경우 흡입구 부근의 거주자는 콜드 드래프트를 느끼게 되므로 주의해야 한다.
⑤ 하나의 실내에 다수의 취출구를 설치하는 경우에는 취출기류가 실내 전체를 완전하게 커버(cover)하고, 취출기류의 상호간섭에 의한 관대기류가 생기지 않도록 한다.

(4) 취출구 및 흡입구의 종류

① 취출구
  (가) 축류 취출구
    • 노즐형 취출구(천장형, 벽형)
    • 펑커루버(천장형, 벽형)
    • 베인격자취출형(천장형, 벽형)
    • 슬롯 취출구(천장형)
    • 다공판 취출구(천장형, 벽, 바닥형)

(나) 복류 취출구
  - 팬형 취출구(천장)
  - 아네모스탯형 취출구(천장)
② **흡입구** : 도어 그릴, 다공판, T라인형, 머시룸형, 루버

(5) 구조 및 특징

① 취출구(diffuser)

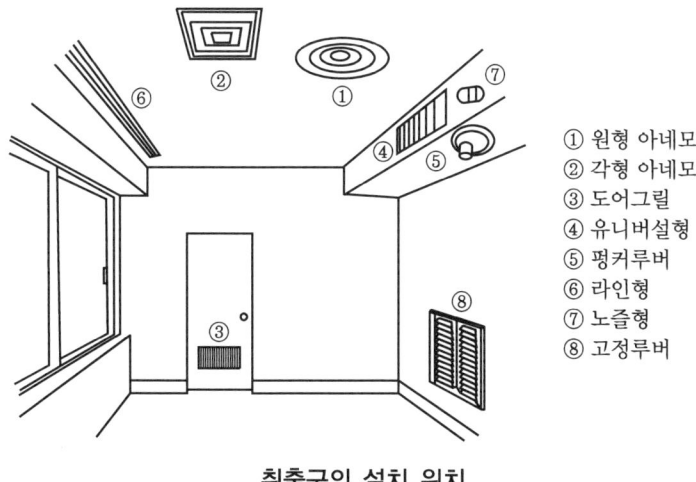

① 원형 아네모형
② 각형 아네모형
③ 도어그릴
④ 유니버설형
⑤ 펑커루버
⑥ 라인형
⑦ 노즐형
⑧ 고정루버

취출구의 설치 위치

(가) 노즐형(nozzle type) : 구조가 간단하고 도달거리가 크며 다른 형식에 비해 소음 발생이 적으므로 극장, 홀, 공장, 방송국 스튜디오 등에 널리 쓰이고 있다. 원형 덕트에 직각으로 설치하며 노즐의 길이를 지름의 2배 이상으로 하는 것이 좋다. 허용풍속은 5 m/s 정도이다.

(나) 펑커루버(punkah louver)형 : 원래 선반의 환기용으로 만들어진 것으로, 목을 움직일 수 있어 취출기류의 방향 조절이 가능하고, 댐퍼가 있어 풍량 조절도 가능하다. 풍량에 비해 공기저항이 크며 공장, 주방 등의 국소냉방(spot cooling)용이다.

(다) 베인격자형(universal type) : 가장 널리 사용되고 있는 취출구로 셔터가 없는 것을 그릴(grille)이라 하며, 셔터가 부착된 것을 레지스터(register)라고 한다. 가로날개는 H, 세로날개는 V, 셔터는 S로 표시한다(허용 풍속 5 m/s).

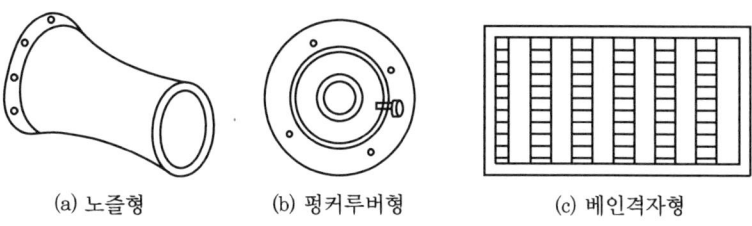

(a) 노즐형   (b) 펑커루버형   (c) 베인격자형

㈋ 슬롯형(slot type) : 아스펙트비가 큰 띠 모양의 취출구(길이 1 m 이상)로서 평면 분류형의 기류를 분출한다. 조명 기구와 조합한 더블 셸 타입(double shell type : 트로퍼형)과 천장 구성용 골재 2개를 그대로 취출구로 사용하는 T라인형 취출구가 있다. 외관이 아름다워 최근에 많이 사용하고 있다.

㈌ 다공판형(perforated plate type) : 확산 성능은 우수하나 소음이 크다(허용 풍속 3 m/s). 자유면적비가 작고 방향 조정이 안 되므로 공조용으로는 거의 사용하지 않으며, 취출풍속이 작은 온풍난방이나 환기설비에 사용된다. 국내에서는 전산실에서 많이 쓰이고 있다.

㈍ 팬형(pan type) : 구조는 간단하나 기류방향의 균등성을 얻기가 힘들다. 냉방 시에는 기류분포가 양호하나 난방 시에는 온풍이 천장면에만 체류하게 되어 실내 상하에 큰 온도차가 생긴다. 천장의 오염을 방지하기 위해 취출면을 천장높이로부터 5 m 이상 띄운다.

㈎ 아네모스탯형(anemostat type) : 다수의 원형 또는 각형의 콘(cone)을 덕트개구단에 붙여서 천장 부근의 실내공기를 유인하여 취출기류가 충분히 확산하게 된다. 취출구 중 가장 큰 유인 성능을 가지고 있으며, 취출기류 또는 유인된 실내공기 중의 먼지에 의한 취출구 주변의 오염(smuding)을 방지하기 위한 링(ring)이 부착되어 있으며 원형, 각형, 직사각형 등이 있다.

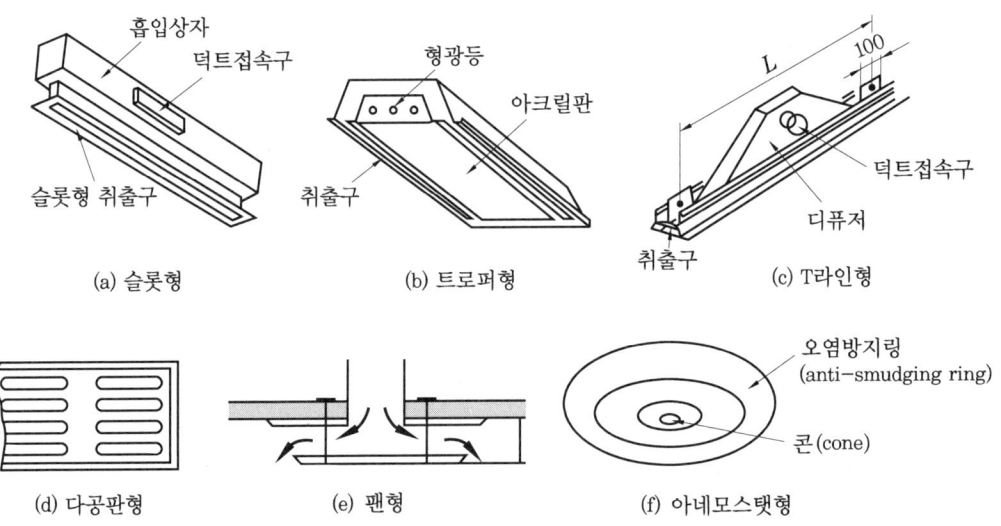

취출구의 허용 풍속

건물의 종류	허용 풍속(m/s)
방송국	1.5~2.5
개인 사무실	2.5~4.0
영화관	5.0~4.0
일반 사무소	5.0~6.25
상점	7.5~10.0

② 흡입구

　㈎ 도어 그릴(door grille)형 : 문짝의 하부에 부착되는 고정식 베인격자형의 흡입구를 도어 그릴이라 한다. 그릴을 통해 환기(return air)를 복도로 뽑아내고, 이 복도를 가로방향의 환기 덕트로 삼아 각실의 환기를 모아서 공기조화기로 돌아가게 함으로써 환기덕트를 절약할 수 있다.

　㈏ 루버(louver)형 : 큰 가로날개가 바깥쪽 아래로 경사지게 붙여져 고정되고 바깥 끝에는 눈이나 비의 침입을 방지하기 위해 물막이가 붙여져 있다. 정면으로부터는 날개에 가려서 안이 들여다보이지 않고, 벌레 등 곤충류의 침입을 방지하기 위해 철망이 붙여져 있다. 외기 도입구나 각층 유닛 방식에서 공조기실로의 환기구 등에 쓰인다.

　㈐ T라인형 : 천장 안을 리턴 체임버(return chamber)로 해서 직접 천장 안으로 흡입한다.

　㈑ 머시룸형(mushroom type) : 극장 등의 좌석 밑에 설치하는 형이며, 바닥의 먼지 등을 함께 흡입하게 되므로 이 흡입 공기를 재순환하여 사용하는 경우에는 바람직하지 않다.

(a) 도어 그릴형　　　　　(b) 루버형　　　　　(c) 머시룸형

> **참고** VAV 토출구
>
> 가변형 토출구(Variable Air Volume diffuser)로서 슬롯형의 토출구로 조명 기구와 일체로 제작, 토출 풍량을 서모스탯으로 자동적으로 댐퍼의 개도를 변화하여 행할 수 있다.

11. 덕트(duct)

송풍기와 연결하여 공기를 흐르게 하는 풍도를 말한다(공기송수관). 공조설비의 덕트는 주로 아연철판이 사용되나 덕트 내의 결로로 인한 부식의 염려로 스테인리스, 알루미늄, 염화비닐, 글라스울판, 강판 등이 사용된다.

(1) 덕트의 종류

　① **공조용 덕트** : 급기 덕트, 환기 덕트
　② **환기용 덕트** : 외기 취입 덕트, 외기 급기 덕트, 배기 덕트

③ 방화용 덕트 : 배연 덕트

(2) 덕트 내의 공기 흐름과 저항

① **베르누이 방정식** : 비압축성, 정상류의 유체가 단면이 일정치 않은 관내를 흐를 때 관내의 어떤 점에서도 위치수두, 속도수두, 압력수두의 합은 일정하다.

$$Z_1 + \frac{V_1^2}{2g} + \frac{P_1}{\gamma} = Z_2 + \frac{V_2^2}{2g} + \frac{P_2}{\gamma} + \Delta P$$

여기서, P : 압력(kg/m^2), V : 유속(m/s), Z : 높이(m), g : 중력가속도(m/s^2),

$\frac{P}{\gamma}$: 압력수두(mAq), $\frac{V^2}{2g}$: 속도수두(mAq)

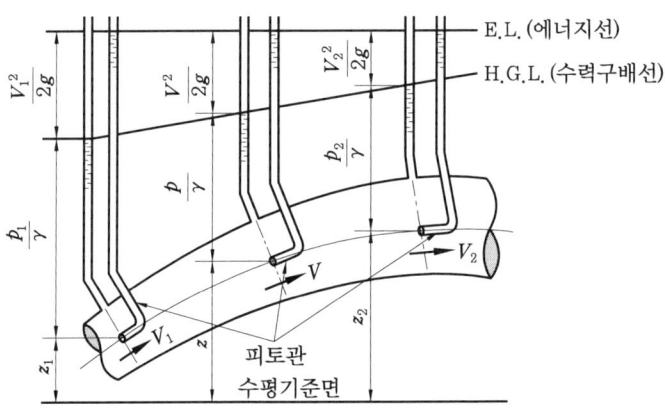

베르누이 방정식에서의 수두

② **직선 덕트의 마찰저항** ΔP[kg/m^2, mmH₂O]

$$\Delta P = \lambda \frac{l}{d} \cdot \frac{\gamma V^2}{2g} = \lambda \cdot \frac{l}{d} \cdot P_v$$

여기서, ΔP : 마찰저항(mmAq), λ : 마찰저항계수, d : 덕트의 지름
l : 덕트의 길이, γ : 공기의 비중량(1.2 kg/m^3), V : 평균풍속(m/s)
P_v : 덕트 내의 동압 $\left(= \frac{\gamma V^2}{2g}\right)$

(3) 정압재취득법(SPR : Static Pressure Regain)

상·하류의 공기 흐름 방향이 변할 때 동압은 감소하고 정압이 증가한다. 즉 덕트 내의 속도(동압)가 떨어지면 그 반대로 정압이 증가하는 현상이 일어난다.

$$\Delta P_s = R \left(\frac{V_1^2}{2g} r - \frac{V_2^2}{2g} r \right) = R \left(\frac{V_1}{4.04} \right)^2 - \left(\frac{V_2}{4.04} \right)^2$$

여기서, R : 정압재취득계수(0.75~0.9)

아스펙트비 : $d_e = 1.3\left\{\dfrac{(ab)^5}{(a+b)^2}\right\}^{\frac{1}{8}}$

여기서, a : 장변, b : 단변

> **참고** 덕트의 아스펙트비는 4 이하가 좋으며 8 이상은 좋지 않다(보통 3 : 2가 많이 상용됨).

(4) 덕트의 설계법

① 덕트의 설계 순서

(가) 송풍기, 토출구, 흡입구의 배치를 정하여 덕트 배치도를 그리고 필요한 송풍량을 결정한다.

송풍량 $Q = \dfrac{q_s}{0.28 \times \Delta t}$

여기서, Q : 송풍량(m^3/h)
q_s : 실내의 현열 부하(kcal/h)
Δt : 취출 온도차(℃)

(나) 송풍기 등 공조기기의 위치를 정하고 조닝 등과 덕트의 방식을 정한다.
(다) 각 취출구, 흡입구의 필요 중량, 종류, 크기 배치를 정한다(기류, 온·습도, 소음 등을 유의한다).
(라) 덕트의 설계도 작성(공기의 분배, 공조 방식 등)
(마) 덕트의 치수 결정(등속법, 등마찰손실법, 정압재취득 등)
※ 보통 공조에는 등마찰손실법 이용
(바) 전체 덕트의 정압손실을 합계하여 송풍기의 필요 정압을 구하고 선정한다.
※ 정압손실 = 취출구손실 + 취출구까지의 정압손실 + 외기 도입구(환기구),
외기 덕트(환기 덕트), AF, 코일의 손실 + 안전율(10 %)

② 덕트의 설계상 주의점

(가) 곡관부는 가능한 한 크게 구부린다(작게 구부리면 기류 분산 방지를 위하여 $R = 1.5$ 이내 시 가이드 베인(정류 날개)을 부착).

$\dfrac{R}{3} = 1.5 \sim 2.0$

여기서, R : 곡률 반경, a : 긴 변의 길이

(나) 덕트의 치수는 가능한 작게 한다(아스펙트비는 6 이하로 한다).
(다) 덕트의 확대부는 20° 이하로 한다.
(라) 덕트의 축소부는 45° 이하로 한다.
(마) 송풍기의 동력을 가능한 작게 하고 소음 진동 등을 작게 한다.

③ 덕트의 방식

(가) 멀티라이저식(multiriser type) : 소규모 건물의 저속식에 많이 사용되고 트렁크식과 병용되고 있으며, 지하층이나 옥상 등에 횡주관을 배치하고 다수의 지관을 입상, 입하시키는 방식이다.

(나) 트렁크식(trunk type) : 대규모 건물의 고속 덕트에 사용되는 방식으로 일반 건물의 환기덕트로 많이 사용되며, 하나 또는 몇 개의 입상주관에서 각 층으로 지관을 분기시키는 방식이다.

(다) 스팬드럴(spandrel)내 설치식 : 건물의 외주에 스팬드럴이 설치되는 경우에 횡주관을 그 속에 설치하는 방식이다.

고속식과 저속식의 비교

종목	고속식	저속식
주덕트의 풍속(m/s)	20~30	8~15
분기덕트 풍속(m/s)	10~12	4~6
송풍기 정압식(mmAq)	150~200	50~75
송풍기 동력(마력)	40	20~30
설비비	높다.	고속보다 낮다.
덕트 스페이스	소	대
조닝(공기 분배)	각 시로 분기 시 저속보다 유리하다.	단일의 경우 유리하다.
소음	소음박스(취출구)가 필요하다.	적다.

덕트의 용도

덕트의 용도	사용 장소
공조용 덕트	신선공기 취입덕트, 송기덕트, 재순환용 환기덕트, 배기덕트
일반 환기용 덕트	송기덕트, 배기덕트, 신선공기 취입덕트
국소 배기용 덕트	후드용, 취사 기타의 수증기 배출용, 가스 기타의 연소 후의 폐가스용, 화학약 취급용, 드래프트 체임버 등 아이스톱 취급용

④ 덕트의 치수 결정

(가) 등속법 : 덕트 내의 공기속도를 가정하고 이것과 공기량에서 덕트의 결정선도에 의하여 마찰저항, 원형덕트의 직경을 구한 다음 다시 덕트 만곡부 저항의 해당 길이 환산표에 의해 직사각형으로 환산한다. 등속법은 정압손실의 계산 등이 복잡하여 일반공조에서는 사용하지 않는다.

(나) 등마찰손실법(정압법) : 주덕트의 풍속과 풍량에서 1m당 마찰저항(압력강하)을 구하고 이 값과 각 덕트의 마찰저항이 똑같이 되도록 각 덕트의 치수를 정하는 방법이다.

㉮ 전덕트계의 단위길이당 압력손실이 일정하도록 관경을 결정한다.
㉯ 전덕트계의 전저항을 간단히 구할 수 있다.
㉰ 송풍기 출구의 유량을 알고 있을 때 덕트의 유속을 결정한다.
㉱ 분기에 의하여 덕트 내의 유량이 작게 되면 덕트 관경도 작게 되며, 이때 송풍기의 필요 정압을 구한다.
㉲ 덕트 말단에 갈수록 풍속이 늦어지므로 소음 처리가 쉽다.
㉳ 각 취출구의 압력이 다르므로 정확한 유량을 얻기 어렵다.

전저항(mmAq) = $R(l + l')$

여기서, R : 단위길이당 마찰손실(mmAq/m)
　　　　l : 직관 길이(m)
　　　　l' : 곡관, 부속품의 직관 상당길이(m)

㉴ 치수 결정 순서
　ⓐ 송풍량 결정
　ⓑ 팬(fan)에서 가장 가까운 부분의 풍속을 결정한다.
　ⓒ 마찰 손실 결정(급기덕트 : 0.1~0.12 mmAq/m, 환기덕트 : 0.08~0.1 mmAq/m)
　ⓓ 풍량과 마찰손실에 의해 원형 덕트의 지름을 도표에서 결정
　ⓔ 직사각형(각형) 덕트의 단변×긴변 치수를 표에서 결정
　ⓕ 아연 철판제 원형 덕트의 표준 상태(건구 20℃, 비중량 1.2 kg/m³)의 값이다.

(다) 저속덕트법 : 0.1 mmAq/m 가량으로 대유량의 경우에도 주덕트 풍속은 15 m/s 이하, 마찰저항은 0.3 mmAq/m 이하로 결정한다.

(라) 고속덕트법 : 주덕트 내의 풍속은 20~30 m/s이고 덕트속도를 2배로 하면 팬 동력은 8배 증가하여 소음이 높게 된다. 이 방법은 압력손실이 1 mmAq/m이고 송풍기 정압도 150~200 mmAq 정도이다.

⑤ **덕트의 구조 방법(저속식의 구조)** : 덕트 내의 풍속이 보통 15 m/s 이내의 범위이고 이를 초과 시 보강해야 하며 철판제 덕트는 아연도금 철판을 직사각형으로 접어 잇기로 제작한다. 길다란 방향의 이음새를 심(seam)이라 하고, 가로방향의 이음새 또는 접속부를 슬립(slip)이라 한다.

⑥ **댐퍼(damper)** : 덕트 내에 흐르는 통과 풍량의 조정 기구

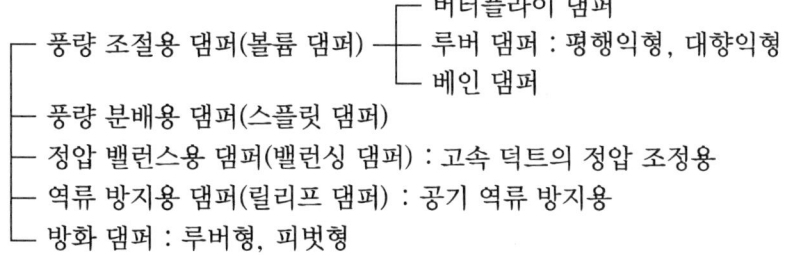

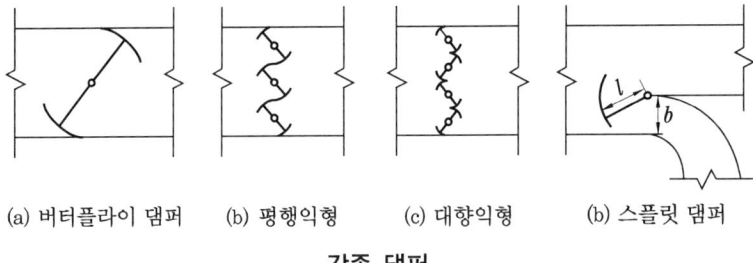

(a) 버터플라이 댐퍼　　(b) 평행익형　　(c) 대향익형　　(b) 스플릿 댐퍼

각종 댐퍼

⑺ 풍량 조절용 댐퍼(Volume Damper : VD) : 통과 풍량 조절, 폐쇄용으로 사용
　㉮ 버터플라이 댐퍼(butterfly damper) : 소형 덕트용
　㉯ 루버 댐퍼 : 대형 덕트, 공조기의 풍량 조절용(평행익형, 대향익형)
　㉰ 베인 댐퍼 : 송풍기의 흡입구 설치용
⑻ 풍량 분배용 댐퍼(스플릿 댐퍼) : 덕트의 분기부 설치형으로 싱글형과 더블형이 있다.

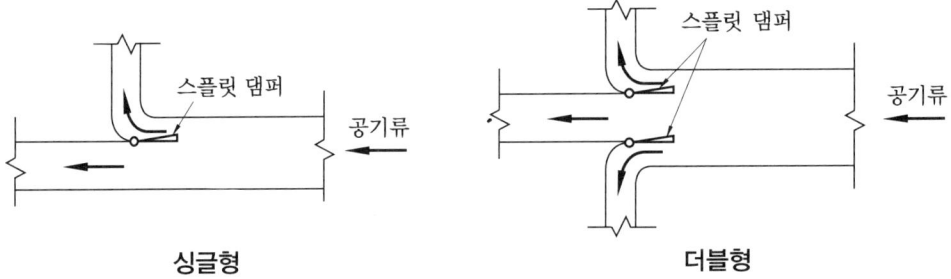

싱글형　　　　　　　　　　　　　　더블형

⑼ 방화 댐퍼 : 화재 발생 시 화염이 덕트 내에 침입하였을 때, 화재의 확산을 방지하기 위한 댐퍼로서 퓨즈가 용해되어(70℃ 이상 시) 방화구역의 확대를 방지하며 댐퍼와 방화구역 사이는 두께 1.5 mm의 강판을 사용한다.

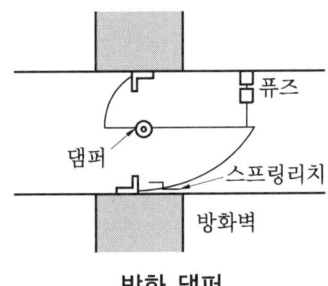

방화 댐퍼

출제 예상 문제

1. 여과기를 여과작용에 의해 분류할 때 해당되는 것이 아닌 것은?
① 충돌 점착식
② 자동 재생식
③ 건성 여과식
④ 활성탄 흡착식

[해설] 여과작용에 의한 분류 : 건성 여과식, 점성 여과식, 청전식, 활성탄 흡착식, 충돌 점착식 등이 있다.

2. 공기여과기(air filter)의 여과 효율을 측정하는 방법이 아닌 것은?
① 비색법 ② DOP법
③ 중량법 ④ 정전기법

[해설] 여과 효율 측정 방법에는 비색법(변색도법), DOP(계수)법, 중량법 등이 있다.

3. 열교환기로서 공기냉각기에는 냉수를 사용하는 냉수코일과 관내에서 냉매를 증발시키는 직접팽창코일이 사용되는데 직접팽창코일에서 냉매를 각 관에 균일하게 공급하기 위하여 무엇을 사용하는가?
① 온수 헤더
② 디스트리뷰터(distributor)
③ 냉수 헤더
④ 리버스 리턴(reverse return)

[해설] ②항은 냉매 분배기를 의미한다.

4. 다음 중 공기여과기(air filter) 효율 측정법이 아닌 것은 어느 것인가?
① 중량법
② 비색법(변색도법)
③ 계수법(DOP법)
④ HEPA 필터법

[해설] 효율 측정법
(개) 중량법 : 필터에서 집진되는 먼지의 중량으로 효율 결정
(내) 변색법(비색법) : 필터에서 포집되는 공기를 각각 여과기를 통과시켜 오염도를 광전관을 사용하여 측정
(대) 계수법(DOP) : 고성능 필터를 측정하는 방법으로 일정한 크기의 시험입자를 사용하여 먼지 계측기로 측정
※ 고성능 필터(HEPA) : 계수법(DOP)에 의한 여과 효율이 99.79 % 이상이며 글라스 파이버, 아스베스토스 파이버가 여과재로 사용되는 것으로 병원 수술실, 방사선물질 취급소, 클린룸 등에 사용된다.

5. 에어필터의 설치에 관한 설명으로 틀린 것은?
① 필터는 스페이스가 크므로 공조기 내부에 설치한다.
② 필터는 전풍량을 취급하도록 한다.
③ 롤형의 필터로 사용할 때는 필터 전면에 해체와 반출이 용이하도록 공간을 두어야 한다.
④ 병원용 필터를 설치할 때는 프리필터를 고성능필터 뒤에 설치한다.

[해설] 프리필터는 고성능 필터 앞에 설치한다.

6. HEPA 필터에 적합한 효율 측정법은?
① weight법 ② NBS법
③ dust spot법 ④ DOP법

정답 1. ② 2. ④ 3. ② 4. ④ 5. ④ 6. ④

[해설] 계수법(DOP법) : 고성능 필터를 측정하는 방법으로 일정한 크기의 시험입자(0.3 μ)를 사용하여 먼지 계측기로 측정한다.

7. 공기 중의 악취 제거를 위한 공기 정화 에어필터로 가장 적합한 것은?
① 유닛형 필터　② 롤형 필터
③ 활성탄 필터　④ 고성능 필터

[해설] 먼지 외의 각종 냄새의 원인을 제거하려면 활성탄 필터를 사용하여 흡착 분리한다.

8. 병원의 수술실, 반도체 공장의 정밀 부품 가공 조립실, 소위 클린 룸(clean room), 원자력 발전소의 배기가스 처리 공정 등에 사용하는 고성능 에어 필터는?
① BAG filter
② HEPA filter
③ ROLL filter
④ PRE filter

[해설] 고성능 필터(HEPA)는 공기저항이 25~200 mmAq 정도로 크므로 송풍기 설계 시 유의해야 한다. 여과재는 글라스 파이버, 아스베스토스 파이버가 사용되며 병원 수술실, 방사선물질 취급소, 클린룸 등에 사용된다.

9. 열교환기의 전열표면에 오염물질을 제거하는 방법으로 맞지 않는 것은?
① 화학적으로 전열면의 열 저항을 증가시키는 방법
② 외부의 필터를 사용하는 방법
③ 오염물질이 전열면에 쉽게 부착되지 않도록 구조적으로 유동을 조절하는 방법
④ 유체 내부에 화학물질을 첨가하여 오염물질의 석출 및 퇴적을 막는 방법

[해설] 화학적으로 오염물질을 제거하여 열 저항을 감소시켜야 한다.

10. 다음 중에서 공기조화기에 내장된 냉각 코일의 통과 풍속으로 가장 적당한 것은?
① 0.5~1 m/s　② 2~3 m/s
③ 4~5 m/s　④ 7~9 m/s

[해설] 코일 통과 풍속은 2~3 m/s가 경제적이며 코일 내의 수속은 1 m/s 전후로 사용된다.

11. 냉수 코일의 설계에 대한 설명으로 맞는 것은?(단, q_s : 코일의 냉각부하, k : 코일 전열계수, F_A : 코일의 정면면적, MTD : 대수평균온도차(℃), u : 젖은면계수이다.)
① 코일 내의 순환수량은 코일 출입구의 수온차가 약 5~9℃가 되도록 선정하고 입구 온도는 출구 공기 온도보다 3~5℃ 낮게 취한다.
② 관내의 수속은 3 m/s 내외가 되도록 한다.
③ 수량이 적어 관내의 수속이 늦게 될 때에는 더블서킷(double circuit)을 사용한다.
④ 코일의 열수 $N = \dfrac{q_s \times MTD}{M \times k \times F_A}$ 이다.

[해설] 냉수 코일 관내의 수속은 1 m/s 정도가 적당하며 수량이 많을 경우 더블서킷을 사용한다.

12. 공기냉각용 냉수 코일의 설계 시 주의사항 중 옳지 않은 것은?
① 코일을 통과하는 공기의 풍속은 2~3 m/s로 한다.
② 코일 내 물의 속도는 3 m/s 이상으로 한다.
③ 물과 공기의 흐름 방향은 역류가 되게 한다.
④ 코일의 설치는 관이 수평으로 놓이게 한다.

정답 7. ③　8. ②　9. ①　10. ②　11. ①　12. ②

[해설] 코일 내의 물의 속도는 1 m/s 전후가 적당하다.

13. 공기 세정기의 구조에서 앞부분에 세정실이 있고 물방울의 유출을 방지하기 위해 뒷부분에는 무엇을 설치하는가?
① 배수관 ② 유닛 히트
③ 유량조절밸브 ④ 일리미네이터

[해설] 일리미네이터는 쿨링타워, 증발식 응축기, 공기 세정기 등에 설치하는 것으로 물방울이 튀어나가는 것을 방지하는 역할을 한다.

14. 에어와셔를 통과하는 공기는 습공기 선도에서 어떠한 변화 과정인가?
① 가습 · 냉각 ② 과냉각
③ 건조 · 냉각 ④ 감습 · 과열

[해설] 에어와셔를 통과하면 가습 · 냉각이 되며 절대습도는 증가한다.

15. 에어와셔에 대한 내용으로 옳지 않은 것은?
① 세정실(spary chamber)은 일리미네이터 뒤에 있어 공기를 세정한다.
② 분무노즐(spray nozzle)은 스탠드 파이프에 부착되어 스프레이 헤더에 연결된다.
③ 플러딩 노즐(flooding nozzle)은 먼지를 세정한다.
④ 다공판 또는 루버(louver)는 기류를 정류해서 세정실 내를 통과시키기 위한 것이다.

[해설] 일리미네이터는 수분이 비산되는 것을 방지하는 역할을 하며 세정실의 경우 일리미네이터 앞에 설치해야 한다.

16. 다음 중 공기의 가습 방법으로 맞지 않는 것은?
① 에어와셔에 의해서 단열가습을 하는 방법
② 얼음을 분무하는 방법
③ 증기를 분무하는 방법
④ 가습팬에 의해 수증기를 사용하는 방법

[해설] 가습 방법
㈎ 에어와셔에 의한 단열가습방법
㈏ 에어와셔 내의 온수를 분무하여 가습하는 방법
㈐ 소량의 물 또는 온수를 분무하는 방법
㈑ 가습팬을 사용하여 증발하는 수증기를 이용하는 방법
㈒ 실내에 직접 분무하는 방법

17. 냉각 코일 또는 에어와셔의 용량으로 감당해야 할 부하에 포함되지 않는 것은?
① 실내취득열량
② 기기취득열량
③ 외기부하
④ 펌프, 배관부하

[해설] 펌프 및 배관부는 냉동기에 대한 부하에 포함된다.

18. 가습기의 종류에서 증기 취출 방식의 특징이 아닌 것은?
① 공기를 오염시키지 않는다.
② 응답성이 나빠 정밀한 습도 제어가 불가능하다.
③ 공기온도를 저하시키지 않는다.
④ 가습량 제어를 용이하게 할 수 있다.

[해설] 증기 가습의 경우 가장 가습효율이 좋고 자동제어의 응답속도도 빠르며 습도 제어가 용이하다.

19. 겨울철 창면을 따라 발생하는 콜드 드래프트(cold draft)의 원인으로 옳지 않

은 것은?
① 인체 주위의 기류속도가 클 때
② 주위 공기의 습도가 높을 때
③ 주위 벽면의 온도가 낮을 때
④ 창문의 틈새를 통한 극간풍이 많을 때

[해설] 창이나 벽면의 온도가 낮을 경우 유리창에 콜드 드래프트가 발생한다.

20. 가습장치에 대한 설명 중 옳은 것은?
① 증기 분무 방법은 제어의 응답성이 빠르다.
② 초음파 가습기는 다량의 가습에 적당하다.
③ 순환수 가습은 가열 및 가습 효과가 있다.
④ 온수 가습은 가열·감습이 된다.

[해설] 온수, 순환수의 가습은 냉각, 가습이 되며 증기 분무의 경우 가열, 가습이 되어 제어의 응답성이 빠르게 나타난다.

21. 원심송풍기의 풍량 제어 방법 중 소요동력이 가장 적은 방법은?
① 흡입구 베인 제어
② 스크롤 댐퍼 제어
③ 토출측 댐퍼 제어
④ 회전수 제어

[해설] 원심송풍기의 풍량 제어 방법에서 회전수 가감법은 소요동력 소비가 가장 적게 드나 회전속도가 감속되면 원심력을 제대로 받지 못해 능력을 발휘할 수 없어 현재는 거의 사용하지 않는다.

22. 모터로 고속회전반을 돌리고 그 힘으로 물을 빨아올려 회전반에 공급하면 얇은 수막이 형성되어 안개와 같이 비산된 후 공기를 가습하는 것은?

① 스크루식   ② 회전식
③ 원심식   ④ 분무식

[해설] 원심식 가습기는 분무 노즐에서 직접 가습하며 분무수의 증발 냉각의 효과 때문에 취출 온도차가 커서 소풍량으로 해결할 수 있다.

23. 같은 풍량, 정압을 갖는 송풍기에서 형번이 다르면 축마력, 출구 송풍속도 등이 다르다. 송풍기의 형번이 작은 것을 큰 것으로 바꿔 선정할 때 틀리게 설명된 것은?
① 회전수는 커진다.
② 모터 용량은 작아진다.
③ 출구 풍속은 작아진다.
④ 설비비는 증대한다.

[해설] 회전수와 임펠러의 직경은 서로 반비례 형태이다. 따라서 송풍기 형번이 커지는 것은 임펠러의 직경이 커지는 것이므로 회전수는 작아진다.

24. 원심송풍기 번호가 No2일 때 회전날개(깃)의 지름(mm)은 얼마인가?
① 150   ② 200
③ 250   ④ 300

[해설] 원심송풍기 번호
$= \dfrac{\text{임펠러 날개 지름}(mm)}{150}$ 이므로

임펠러 날개 지름 $= 2 \times 150 = 300\,mm$

25. 날개차 지름이 450 mm인 다익형 송풍기의 호칭(번)은?
① 1번   ② 2번
③ 3번   ④ 4번

[해설] 다익형 송풍기 번호
$= \dfrac{\text{날개 지름}(mm)}{150} = \dfrac{450}{150} = 3$

※ 축류형 송풍기 번호 $= \dfrac{\text{날개 지름}(mm)}{100}$

[정답] 20. ① 21. ④ 22. ③ 23. ① 24. ④ 25. ③

26. 일반적으로 고속 덕트와 저속 덕트는 주덕트 내에서 최대 풍속 몇 m/s를 경계로 하여 구별되는가?
① 5 m/s ② 10 m/s
③ 15 m/s ④ 30 m/s

[해설] • 고속 덕트 : 풍속 15 m/s 이상(20~30 m/s), 전압력은 150~200 mmAq 정도이며, 덕트 스페이스는 작으나 송풍력, 전동기 출력이 증대하므로 설비비가 비싸다. 소음이 크며, 취출구에는 소음상자를 부착하고 고층건물에 이용된다.
• 저속 덕트 : 풍속 15 m/s 이하(8~15 m/s), 전압력은 50~75 mmAq 정도이며 다층건축물, 극장관람석 등에 이용된다.

27. 덕트의 배치 방식에 관한 설명 중 틀린 것은?
① 간선 덕트 방식은 주덕트인 입상덕트로부터 각 층에서 분기되어 각 취출구로 취출관을 연결한다.
② 개별 덕트 방식은 주덕트에서 각개의 취출구로 각개의 덕트를 통해 분산하여 송풍하는 방식으로 각 실의 개별 제어성은 우수하다.
③ 환상 덕트 방식은 2개의 덕트 말단을 루프(loop) 상태로 연결함으로써 덕트 말단에 가까운 취출구에서 송풍량의 언밸런스가 발생될 수 있다.
④ 각개 입상 덕트 방식은 호텔, 오피스빌딩 등 공기·수방식인 덕트 병용 팬코일 유닛 방식이나 유인 유닛 방식 등에 사용된다.

[해설] 덕트 배치 방식에 따른 분류
㈎ 간선 덕트 방식 : 가장 간단하고 설비비가 싸며 덕트 스페이스가 작아도 된다.
㈏ 개별 덕트 방식 : 공기 취출구마다 덕트를 단독으로 설치하는 방식으로 풍량 조절이 용이하고 멀티존 방식에 주로 사용된다.
㈐ 환상 덕트 방식 : 덕트 끝을 연결하여 환상으로 만드는 형식이며, 말단 공기 취출구의 압력 조절이 용이하다.

28. 덕트 시공도 작성 시의 유의사항으로 옳지 않은 것은?
① 덕트의 경로는 될 수 있는 한 최장거리로 한다.
② 소음과 진동을 고려한다.
③ 댐퍼의 조작 및 점검이 가능한 위치에 있도록 한다.
④ 설치 시 작업공간을 확보한다.

[해설] 덕트 설계상의 주의점
㈎ 곡관부는 가능한 크게 구부린다.
㈏ 덕트의 치수는 가능한 작게 한다(아스펙트 비는 6 이하로 한다).
㈐ 덕트의 확대부는 20° 이하로 하고 축소부는 45° 이하로 한다.
㈑ 덕트의 경로는 최단거리로 한다.

29. 공장의 저속 덕트 방식에서 주덕트 내의 최적 풍속으로 가장 적당한 것은?
① 23~27 m/s ② 17~22 m/s
③ 13~16 m/s ④ 6~9 m/s

30. 덕트의 분기점에서 풍량을 조절하기 위하여 설치하는 댐퍼는?
① 방화 댐퍼 ② 스플릿 댐퍼
③ 볼륨 댐퍼 ④ 터닝 베인

[해설] 스플릿 댐퍼 : 풍량분배용 댐퍼로서 덕트의 분기부 설치형이다.

31. 다음 용어 설명 중 틀린 것은?
① 그릴(grill)은 취출구의 전면에 설치하는 면격자이다.

② 아스펙트(aspect)비는 짧은 변을 긴 변으로 나눈 값이다.
③ 셔터(shutter)는 취출구의 후부에 설치하는 풍량 조정용 또는 개폐용의 기구이다.
④ 드래프트(draft)는 인체에 닿아 불쾌감을 주게 되는 기류이다.

[해설] 아스펙트비 : 장변을 단변으로 나눈 값으로 6 이하일 때 사용한다.

32. 고속 덕트의 설계법에 관한 설명 중 틀린 것은?
① 송풍기 동력이 과대해진다.
② 동력비가 증가된다.
③ 공조용 덕트는 소음의 고려가 필요하지 않다.
④ 리턴 덕트와 공조기에서는 저속 방식과 같은 풍속으로 한다.

[해설] 고속 덕트의 경우에는 풍속이 15 m/s 이상으로 진동 및 소음이 심하게 발생한다.

33. 덕트의 소음 방지 대책에 해당되지 않는 것은?
① 덕트의 도중에 흡음재를 부착한다.
② 송풍기 출구 부근에 플리넘 체임버를 장치한다.
③ 댐퍼 흡출구에 흡음재를 부착한다.
④ 덕트를 여러 개로 분기시킨다.

[해설] 덕트를 여러 개로 분산하면 압력손실이 크므로 이를 보충하려면 공급압력이 높아져 소음이 오히려 가중될 우려가 있다.

34. 취출기류에 대한 설명이다. 틀린 것은?
① 거주영역에서 취출구의 최소 확산반경이 겹치면 편류현상이 발생한다.
② 취출구의 베인 각도를 확대시키면 소음이 감소한다.
③ 취출기류 방향을 냉방과 난방 시 다르게 조정해야 한다.
④ 취출기류의 강하 및 상승거리는 실내공기와의 온도차에 따라 변한다.

[해설] 취출기류는 풍량이 많을수록 또는 취출풍속이 빠를수록 실내공기의 유인비가 작게 되며 도달거리가 길어져서 실내의 기류분포가 나빠지게 된다. 특히 취출구의 베인 각도를 확대시키면 소음이 증가하게 된다.

35. 취출에 관한 용어 설명 중 옳은 것은?
① 내부유인이랑 취출구의 내부에 실내공기를 흡입해서 이것을 취출 1차 공기를 혼합해서 취출하는 작용이다.
② 강하도란 수평으로 취출된 공기가 어느 거리만큼 진행했을 때의 기류 중심선과 취출구 중심과의 수평거리이다.
③ 2차 공기란 취출구로부터 취출되는 공기를 말한다.
④ 도달거리란 수평으로 취출된 공기가 어느 거리만큼 진행했을 때의 기류 중심선과 취출구와의 수직거리이다.

[해설] • 강하도 : 취출구에서 도달거리에 도달할 때까지 생긴 기류의 강하
• 도달거리 : 취출구에서 0.25 m/s의 풍속이 되는 위치까지의 거리
• 2차 공기 : 취출구에서 분출되는 1차 공기에 의해 유인되는 공기

36. 덕트계 부속품의 기능을 설명한 것으로 옳지 않은 것은?
① 댐퍼 : 풍량을 조정하거나 덕트를 폐쇄하기 위해 설치된다.
② 플렉시블 커플링 : 송풍기와 덕트를 접속할 때 사용하며 진동이 전달되는 것을 방지한다.

정답 32. ③ 33. ④ 34. ② 35. ① 36. ④

③ 취출구 : 덕트로부터 공기를 실내로 공급한다.
④ 후드 : 실내로 광범위하게 공기를 공급한다.

해설 후드는 가스나 연기를 다량으로 배출하는 장치로 그 상부에 배기가스를 모으는 갓 모양의 장치이다.

37. 다음의 용어 설명 중 틀린 것은?
① 아스펙트비(apect ratio)란 장방형 취출구의 긴 변을 짧은 변으로 나눈 값이다.
② 취출구에서 취출된 공기를 1차 공기라고 한다.
③ 취출구에서 취출된 공기가 진행해서 취출기류의 중심선상의 풍속이 1.5 m/s로 된 위치까지의 수평거리를 도달거리라 한다.
④ 강하도(drop)란 수평으로 취출된 공기가 어떤 거리를 진행했을 때의 기류의 중심선과 취출구의 중심과의 거리를 말한다.

해설 도달거리 : 취출구에서 0.25 m/s의 풍속이 되는 위치까지의 거리

38. 다음 중 축류 취출구의 종류가 아닌 것은?
① 펑커 루버
② 베인격자 취출구
③ 슬롯 취출구
④ 팬형 취출구

해설 취출구 종류
㈎ 축류 : 노즐형(천장형, 벽형), 펑커루버(천장형, 벽형), 베인격자(천장형, 벽형), 슬롯(천장형), 다공판(천장형, 벽형, 바닥형)
㈏ 복류 : 팬형(천장형), 아네모스탯형(천장형)

39. 공조설비의 구성은 열원설비, 열운반장치, 공조기, 자동제어장치로 이루어진다. 이에 해당하는 장치로서 직접적인 관계가 없는 것은?
① 펌프   ② 덕트
③ 스프링클러   ④ 냉동기

해설 스프링클러는 화재 시 소화용수에 의해 화재를 진압하는 초기 소화설비이다.

40. 정압의 상승분을 다음 구간 덕트의 압력손실에 이용하도록 한 덕트 설계법으로 옳은 것은?
① 정압법   ② 등속법
③ 등온법   ④ 정압재취득법

해설 정압재취득법 : 덕트 설계 방법의 일종으로 주 덕트와 풍속과 풍량으로부터 1 m당 마찰저항을 구하고, 이 마찰저항값과 다른 각 덕트의 마찰저항이 동일하게 되도록 각 덕트의 치수를 결정하는 방법이다.

41. 열회수방식 중 공조설비의 에너지 절약 기법으로 많이 이용되고 있으며, 외기 도입량이 많고 운전시간이 긴 시설에서 효과가 큰 것은?
① 잠열교환기 방식
② 현열교환기 방식
③ 비열교환기 방식
④ 전열교환기 방식

해설 전열교환기 방식이란 실내에서 배기하는 열(온열·냉열)에 의하여 외기에서 들어오는 공기를 따뜻하게(또는 차갑게) 해주기 위한 열교환기 방식으로 감열과 잠열에 의하여 열교환이 이루어진다.

42. 실내의 사용 목적에 적합한 온도 및 습도 조건을 일정하게 하고 장치의 경제적인 운전을 위하여 각종 기기의 운전, 정

정답 37. ③ 38. ④ 39. ③ 40. ④ 41. ④ 42. ④

지, 냉온수의 유량 조절, 송풍량의 조절 등을 하는 자동제어장치에 직접적으로 해당되지 않는 것은?
① 전동 댐퍼
② 전자 2방 밸브
③ 휴미디스탯
④ 플로트리스 스위치

[해설] 플로트리스 스위치 : 액면 릴레이를 사용한 급수 제어 및 배수 제어에 사용한다.

43. 중앙 공조기의 전열교환기에서 어느 공기가 서로 열교환을 하는가?
① 환기와 급기
② 외기와 배기
③ 배기와 급기
④ 환기와 배기

[해설] 중앙 공조기의 전열교환기에서 열의 손실을 최소화하기 위하여 배기와 외기를 열교환한다.

44. 열교환기에 대한 설명 중 맞지 않는 것은?
① 전열교환기는 공기 대 공기 열교환기라고도 한다.
② 회전식과 고정식이 있다.
③ 현열과 잠열을 동시에 교환한다.
④ 외기 냉방 시에도 매우 효과적이다.

[해설] 전열교환기는 회전식과 고정식이 있으며 석면 등으로 만든 얇은 판에 LiCl과 같은 흡수제를 침투시켜 현열과 동시에 잠열도 교환할 수 있는 구조이다.

45. 스파이럴형 열교환기의 구조에 대한 설명으로 맞는 것은?
① 스테인리스 강판을 스파이럴상으로 감아서 용접으로써 수밀하고 개스킷을 사용한다.
② 수-수 형식에 사용되면 증기-수 형식에는 사용하지 않는다.
③ 형상, 중량이 플레이트식보다 크다.
④ 내압 10 atg, 내온 200℃까지 가능하다.

[해설] (개) 플레이트식 열교환기 : 유체의 통로 등을 고려하여 판이 조밀하게 배열되어 있으며, 열매와 유체는 그 판과 판 사이를 통과하면서 열을 교환한다. 세관 및 점검이 용이해 유료 면적이 적게 차지하며, 가장 효율적인 열교환 방식이다.

(내) 스파이럴형 열교환기 : 두 장의 전열판을 일정한 간격 상태에서 시계 태엽 모양으로 감아 오염저항 및 저유량에서 심한 난류 등이 발생되는 곳에서 사용한다. 열팽창이 심하게 발생하는 곳에서도 견딜 수 있고 이물질 등이 함유된 유체나 고점도를 가진 유체에 적합하며 보일러 열교환기나 냉동의 콘덴서로도 사용할 수 있다.

정답 43. ② 44. ④ 45. ③

제5장 공기조화의 부하 계산

1. 외기의 설계 조건

(1) 외기온도의 극치(t_s)에 의한 방법

① 난방 시 : t_o = 최저온도(t_D) + (5~8℃)
② 난방 시 : t_o = 최고온도(t_u) − 5.5℃
  여기서, t_o : 외기설계 건구온도

(2) 냉방 시의 월평균값(t_m), 난방 시의 연평균값(t_y)

$$t_o = t_m, \ t_o = t_y,$$
$$t_o = t_y + (4 \sim 6℃)$$

(3) 난방 시의 1, 2월 월평균값이 낮은 값(t_n)

$$t_o = t_n$$
$$t_o = t_n + (1 \sim 2℃)$$

(4) 외기설계 건구온도(t_o)

① 냉방 : $t_o = t_m + (0.3 \sim 0.4) \cdot (t_u - t_{m7})$
② 난방 : $t_o = t_n + 0.22 t_y + 0.7$
  $t_o = t_{n1} + (0.1 \sim 0.3) \cdot (t_D - t_{n1})$
  여기서, t_{m7} : 7월의 t_m값, t_{n1} : 1월의 t_n값

(5) 쾌감용 공조의 실내조건

① 유효온도(ET) : 여름(21.5℃), 겨울(19.5℃)
② 열충격이나 온도 쇼크 방지를 위하여 실외·실내 온도차는 5℃ 이내로 한다.
③ 실내 설계 온도
   (가) 여름 : DB 26℃, RH 50 %(주택 : 23~24℃)
   (나) 겨울 : DB 20℃, RH 50~60 %(주택 : 18℃)
④ 공조하지 않은 방의 실내온도
   (가) 여름 : 실내온도(t_i) + $\frac{2}{3}(t_o - t_i)$
   (나) 겨울 : $\frac{1}{2}(t_i + t_o)$

   여기서, t_i : 실내온도(℃), t_o : 실외온도(℃)
⑤ 냉·난방 시 유속
   (가) 난방 : 0.18~0.25 m/s
   (나) 냉방 : 0.12~0.18 m/s

2. 난방부하(heating load)

실내에서 실외로의 열손실이 많으므로 실내의 온·습도를 적절히 유지하기 위하여 손실량만큼의 열량을 실내에 보충해야 하고 가습 등도 필요하다.
이때의 현열(감열)손실 + 수분이 방열되는 잠열손실을 난방부하라 하고, 보통 현열량만을 계산하며, 잠열손실은 가습량으로 취급한다.

(1) 실내의 손실열량

┌ 전도에 의한 손실 : 벽체, 지붕, 천장, 바닥, 유리창, 문
├ 틈새(극간풍)에 의한 손실 : 문틈, 창문틈
├ 환기용 도입외기에 의한 손실
└ 덕트에서의 열손실

① **전도에 의한 열손실열량**(q_w) : 벽, 지붕, 천장, 바닥면, 유리창, 문 등의 구조체로부터의 온도차로 인한 열손실

$$q_w = K \cdot A \cdot (t_i - t_o) \cdot R_D$$

여기서, q_w : 손실열량(kcal/h)
K : 구조체의 열통과율(kcal/m² · h · ℃)
A : 전열 면적(m²)
t_i : 실내의 설계온도(℃)
t_o : 외기의 설계온도(℃)
R_D : 방위계수(일사, 풍량의 고려 계수)
　북·북서·서(1.2)
　북동·동·남서(1.1)
　남동·남(1.0)

※ 방위계수는 외기 접촉 부분에만 적용시킨다.

$$K = \frac{1}{R} = \frac{1}{\frac{1}{\alpha_i} + \Sigma \frac{1}{\lambda} + \frac{1}{C} + \frac{1}{\alpha_o}}$$

여기서, R : 열통과 저항(m² · h · ℃/kcal)
λ : 열전도율(kcal/m · h · ℃)
l : 재료의 두께
C : 공기층의 계수
α : 열전달계수(α_i : 실내, α_o : 실외)

② **틈새바람(극간풍)에 의한 열손실량(q_w)** : 겨울철에 문틈, 유리틈, 창문틈 등으로 외기가 침입하여 실내·외의 온·습도차를 발생시킨다. 사람의 출입이 빈번한 백화점 등이 대상이 된다.

$$q_I = q_{IS} + q_{IL}$$

$$q_{IS} = 0.24\,G_I(t_i - t_o) = 0.28\,Q_I(t_i - t_o)$$

$$q_{IL} = G_I(X_i - X_o)\gamma_0 = 715\,Q_I(X_i - X_o)$$

여기서, q_{IS} : 극간풍에 의한 현열손실량(kcal/h)
q_{IL} : 극간풍에 의한 잠열손실량(kcal/h)
G_I : 극간풍량(kg/h)
Q_I : 극간풍량(m³/h)
t_i, t_o : 실내·외 온도(℃)
X_i, X_o : 실내·외 절대습도(kg/kg′)
γ_0 : 0℃ 수증기의 증발잠열(597.3 kcal/kg)

$$q_I = 0.28\,Q_I(t_i - t_o) + 715\,Q_I(X_i - x_o)$$

㈎ 틈새 바람의 방지책
　㉮ 회전문 설치
　㉯ 2중문 설치(내측은 수동문)

㉰ 2중문의 중간에 강제 대류 컨벡터 설치

㉱ 에어커튼을 설치하여 극간풍의 침입을 방지한다.

(나) 극간풍량 계산법

㉮ 환기횟수법 : $Q_1 = n \cdot v = $ 환기횟수×실내체적(m^3)

㉯ 면적법 : 창면적 1 m^2당 침입 외기량×창면적(m^2)

㉰ crack(극간길이)법 : crack 1 m당 침입 외기량×crack 길이(m)

(2) 환기용 도입외기에 의한 열손실(외기부하 : q_F)

$$q_F = q_{FS} + q_{FL}$$

$$q_{FS} = 0.24 G_F(t_i - t_o) = 0.28 Q_F(t_i - t_o)$$

$$q_{FL} = G_F(X_i - X_o) = 715 Q_F(X_i - X_o)$$

여기서, q_{FS} : 외기의 현열 손실량(kcal/h)

q_{FL} : 외기의 잠열 손실량(kcal/h)

G_F : 도입외기량(kg/h)

Q_F : 도입외기량(m^3/h)

(3) 덕트에서의 손실열량(q_o)

조화된 공기가 난방이 되어 있지 않은 공간을 통과하는 급기덕트에서의 전열손실과 누설손실로서 실내 손실열량의 약 3~7 % 정도로 계산한다.

(4) 난방부하와 기기용량의 관계

① 보일러 용량

(가) 가열코일 용량(난방부하)

㉮ 송풍기 용량 : 실내 손실열량+덕트 손실열량

㉯ 외기부하

(나) 배관부하

② 송풍기의 취출공기량 Q

$$Q = \frac{q_s}{0.28(t_d - t_i)} \ [m^3/h]$$

여기서, q_s : 실내 손실 현열량+덕트 손실 현열량

t_d : 취출 공기온도(℃)

t_i : 실내 공기온도(℃)

3. 냉방부하(cooling load)

여름철의 실내 온·습도를 설계치로 유지하려면 외부로부터 실내로 침입하는 열량과 실내에서 발생되는 열량을 제거해야 한다.(현열부하)

또한 열과 같이 수반되는 수분을 제거해야 한다(잠열부하라 하고 이 현열부하 + 잠열부하 = 냉방부하라고 한다).

즉, 실내부하 = (온도차로 인한 전도열) ± (태양복사열) ± (내부발생열) + 침입외기열량) [+ : 냉방 시, - : 난방 시]

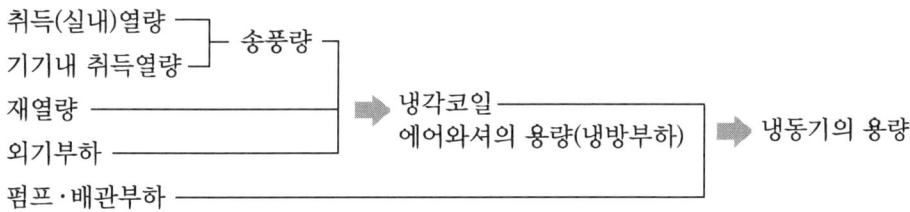

냉방부하와 기기 용량과의 관계

실내부하의 종류

구분	종류	내용	열의 종류
실내 취득열량	온도차에 의한 전도열	천장, 칸막이, 마루 등으로부터의 열량	현열
		지붕, 벽체로부터의 열량	현열
		유리창 등으로부터의 열량	현열
	태양 복사열	유리창 등으로부터의 열량	현열
		지붕, 벽으로부터의 열량	현열
	내부 발생열량	벽체의 축열 부하량	현열 + 잠열
		극간풍에 의한 열량	현열 + 잠열
		신체의 발생 열량	현열 + 잠열
		조명, 복사기(기구)로부터의 열량	현열
		증발기로부터의 발생열량	현열 + 잠열
장치 내의 취득열량		덕트, 송풍기로부터 취득열량	현열
외기부하		신선공기	현열 + 잠열
재열부하		재열기로부터의 취득열량	현열

> **참고** 실내부하의 종류
> ① 실내 취득열량
>   ㈎ 외부 침입열량
>   • 전도에 의한 침입열량 : 벽, 지붕, 바닥 등
>   • 극간풍에 의한 침입열량
>   • 유리창에서의 침입열량 : 전도, 대류, 복사
>   ㈏ 실내 발생열량
>   • 인체로부터의 발생열량
>   • 조명 기구의 발생열량
> ② 장치내 취득열량
>   ㈎ 송풍기에 의한 취득열량
>   ㈏ 덕트에서의 취득열량
> ③ 환기용 외기부하
> ④ 재열부하

(1) 실내의 취득열량

① **외부 침입열량** : 벽체로부터 침입된 열량(전도에 의한 열량 : q_w)

$$q_w = K \cdot A \cdot \Delta t_e$$

여기서, q_w : 취득열량(kcal/h)
Δt_e : 상당온도차(℃)
K : 열통과율(kcal/m² · h · ℃)
A : 벽의 전열면적(m²)

㈎ 상당온도차(Δt_e) : 외벽이나 지붕 등과 같이 일사를 많이 받고 열용량이 큰 구조체를 통과하는 열량 산출 시 외기온도나 일사량을 고려하여 정해진 근사치의 외기온도이다.

㈏ 실온과 외기온의 조건이 다를 때 상당 온도차의 보정치($\Delta t_e'$)

$$\Delta t_e' = t_e + (t_o' - t_o) - (t_i' - t_i)$$

여기서, $\Delta t_e'$: 수정상당온도차(℃), Δt_e : 상당온도차
t_o' : 실제 외기온도, t_o : 설계 외기온도
t_i' : 실제 실내온도, t_i : 설계 실내온도

② **유리면으로부터의 침입열량**

㈎ 유리면 내외의 온도차로 인한 전도 침입열량(전도열 : q_{GC})

㈏ 복사열의 일부가 유리면에 흡수되어 유리면을 가온하여 대류·복사에 의하여 실내로 침입하는 열량(대류열 : q_{GA})

㈐ 복사열로서 직접 유리를 통과하여 침입하는 열량(복사열 : q_{GR})

※ 위에서 ㈏, ㈐는 복사열로 계산된다.

$$q_G = q_T + q_R = L \cdot A(t_o - t_i) + k_1 \cdot k_2 \cdot A \cdot I_R$$

여기서, q_G : 유리면으로부터 침입하는 총열량
q_T : 유리면으로부터 침입하는 전열량
q_R : 유리면으로부터 침입하는 복사열량
K : 유리의 열통과율
A : 유리의 면적
t_o, t_i : 실외·실내의 온도
k_1, k_2 : 유리계수
I_R : 유리를 투과하는 복사열량

㈑ 복사열량(q_{GR})

$$q_{GR} = K_s \cdot I_g \cdot A \,[\text{kcal/h}]$$

여기서, K_s : 차폐계수
A : 유리면적
I_g : 유리의 일사량

㈒ 전도열량(q_{GC})

$$q_{GC} = K \cdot A \cdot (t_o - t_i)$$

㈓ 전도대류열량(q_{GA})

$$q_{GA} = I_{GC} A$$

여기서, q_{GA} : 전도+대류에 의한 열량(kcal/h)
I_{GC} : 창 면적당의 전도대류열량(kcal/m² · h)
A : 유리면적(m²)

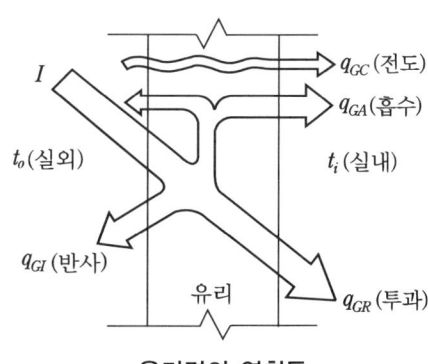

유리면의 열취득

㈔ 반사율$(r) = \dfrac{q_{GI}}{I}$, 흡수율$(\alpha) = \dfrac{q_{GA}}{I}$, 투과율$(\tau) = \dfrac{q_{GR}}{I}$

㈕ 축열에 의한 부하도 고려해야 한다.

$$q_{GR} = K_s \cdot I_g \cdot A \cdot \text{축열계수}$$

여기서, K_s : 차폐계수
I_g : 일사량(kcal/m² · h)
A : 유리면적(m²)
q_{GR} : 복사열량(kcal/h)

③ 극간풍에 의한 취득열량(q_I)

$$q_I = q_{IS} + q_{IL}$$

$$q_{IS} = 0.24\,G_I(t_o - t_i) = 0.28\,Q_I(t_o - t_i)$$

$$q_{IL} = G_I(X_o - X_i)\gamma_o = 715\,Q_I(X_o - X_i)$$

④ 실내발생열량

㈎ 인체발생열량(q_H) : 실내에 거주하고 있는 사람으로부터의 발열량은 실내의 조건, 작업내용, 연령, 성별 등에 따라 차이가 있으며, 체온은 현열부하로 호흡기류, 피부 등에 의한 수분 등은 잠열부하로 계산된다.

㉮ 인체의 발생현열량(q_{HS}) = 1인당 발생현열량×재실인원

㉯ 인체의 잠열량(q_{HL}) = 1인당 발생잠열량×재실인원

∴ $q_H = q_{HS} + q_{HL}$

㈏ 기구의 발생열량(q_E) : 실내에서 사용되고 있는 전기·증기 가스 등의 기기류에서 발생되는 발생열량으로 이들이 기계구동 후 열로 변하므로 부하계산에 꼭 고려되어야 한다.

※ 조명 기기의 발생열량
- 백열등 : 1 kW당 860 kcal/h
- 형광등 밸러스트 : 1 kW당 1000 kcal/h

$q_E = 0.86 k \cdot f \cdot W$

여기서, q_E : 조명 기구의 발생현열량(kcal/h)
f : 사용계수
W : 조명 기구의 출력(W)
백열등 : $k=1$, 형광등 : $k=1.2$

(2) 장치 내의 취득열량

① **송풍기에 의한 취득열량**(q_B) : 현열부하로 계산(공기가 송풍기 통과 시 에너지 변화로 인한 급기 온도를 높게 해주므로 열량이 발생한다), 실내 취득열량의 5~13 %

② **덕트에서의 취득열량**(q_D) : 급기덕트에 열의 침입 및 덕트의 누설 등을 고려하여 실내 부하에 가산해야 한다(실내 취득열량의 3~7 %).

※ ①과 ②의 합계 8~20 %를 실내 취득열량에 가산한다.

(3) 환기용 외기부하

외기를 송입하여 실온까지 냉각·감습하는 열량으로, 공조에서 기계 환기가 필요하다. 이를 위해 고온 다습의 외기를 도입하므로, 이로 인하여 실내의 온·습도가 상승하게 된다. 이를 조절하기 위한 냉각기에서 냉각 및 제습이 필요하게 된다.

$Q_F = q_{FL} + q_{FS}$

$q_{FS} = 0.24 G_F(t_o - t_i) = 0.28 Q_F(t_o - t_i)$

$q_{FL} = G_F(X_o - X_i) = 715 Q_F(X_o - X_i)$

여기서, q_{FS} : 외기 현열 취득량(kcal/h)
q_{FL} : 외기 잠열 취득량(kcal/h)
G_F : 도입 외기량(kg/h)
Q_F : 도입 외기량(m^3/h)

(4) 재열부하

송풍계통 중에 가열기를 설치하여 자동제어함으로써 송풍공기의 온도를 상승시켜 과랭을 방지한다.

$$q_R = 0.24\,G(t_2 - t_1) = 0.28\,Q(t_2 - t_1)$$

여기서, t_1, t_2 : 재열기 입구, 출구의 공기온도(℃)
G, Q : 송풍공기량(kg/h, m^3/h)

참고 송풍기의 열취득

① 송풍기 소요동력 : $q_B = 860 \times P$ [kW]

② 송풍기 취출공기량 : $Q = \dfrac{q_s}{0.28(t_i - t_d)} = \dfrac{q_s}{0.28\Delta t}$

③ 송풍기 정압 : $\Delta q = \dfrac{860 \cdot Q \cdot \Delta p}{102 \times 3600 \times \eta}$

$\therefore \dfrac{\Delta q}{q_s} = \dfrac{1.67}{100} \times \dfrac{\Delta p}{\Delta t}$

여기서, t_i : 실내공기 온도(℃)
t_d : 취출공기 온도(℃)
q_s : 실내 현열 취득량 + 장치 내의 취득 현열량
Δp : 송풍기 정압(mmAq)
η : 정압 효율

출제 예상 문제

1. 다음 냉방부하의 종류 중 현열만 존재하는 것은?
① 외기를 실내 온·습도로 냉각, 감습시키는 열량
② 유리를 통과하는 전도열
③ 문틈에서의 틈새바람
④ 인체에서의 발생열

[해설] 냉방부하에서 현열과 잠열 모두를 취하는 것은 인체부하, 극간풍(틈새바람) 부하, 외기부하 등이 있으며 나머지는 현열부하만 취급한다고 생각하면 된다.

2. 냉방부하 중 현열만 발생하는 것은?
① 외기부하 ② 조명부하
③ 인체발생부하 ④ 틈새바람부하

[해설] 극간풍(틈새바람), 인체, 외기부하는 현열과 잠열 모두 포함시켜야 한다.

3. 냉방 시 열의 종류와 설명이 틀린 것은?
① 인체의 발생열-현열, 잠열
② 틈새바람에 의한 열량-현열, 잠열
③ 외기 도입량-현열 잠열
④ 조명의 발생열-현열, 잠열

[해설] 틈새바람(극간풍), 인체, 외기 부하에는 현열과 잠열 모두가 해당되며 나머지 벽체, 유리창, 조명부하 등은 현열만 계산한다.

4. 다음 냉방부하 요소 중 잠열을 고려하지 않아도 되는 것은?
① 인체로부터의 발생열
② 커피포트로부터의 발생열
③ 유리를 통과하는 복사열
④ 틈새바람에 의한 취득열

[해설] 유리를 통과하는 복사열은 현열에 해당된다.

5. 실내 취득 냉방부하가 아닌 것은?
① 재열부하
② 벽체의 축열부하
③ 극간풍에 의한 부하
④ 유리창의 복사열에 의한 부하

[해설] 실내부하에는 벽체나 유리·극간풍·인체·기구 등이 있으며, 냉동장치 속에 있는 송풍기나 덕트의 영향이나 재열부하와 외기부하 등을 고려해야 한다. 습도가 높을 때 실내 공기를 냉각 감습한 상태에서 토출을 하면 공기온도가 낮아져 실내온도가 적정온도 이하로 낮아지므로 냉각 감습된 공기를 실내 현열비의 상태선에 도달할 때까지 가열하는 것을 재열이라 한다.

6. 다음 중 냉각코일을 결정하는 부하가 아닌 것은?
① 실내취득열량
② 외기부하
③ 극간풍부하
④ 펌프, 배관부하

[해설] 펌프, 배관부하는 기기에서 취득하는 열량에 해당된다.

7. 실내에 존재하는 습공기의 전열량에 대한 현열량의 비율을 나타낸 것은?
① 현열비(SHF)

정답 1. ②　2. ②　3. ④　4. ③　5. ①　6. ④　7. ①

② 잠열비
③ 바이패스비(BF)
④ 열수분비(U)

[해설] 현열비 = $\dfrac{현열량}{(현열량 + 잠열량)}$

8. 다음은 건물의 공조부하를 줄이기 위한 방법이다. 옳지 않은 것은?
① 실내의 조명기구 용량을 최소화한다.
② 외벽 등에 좋은 성능의 단열재를 삽입한다.
③ 유리창과 벽면의 면적비인 창면적비를 최대로 한다.
④ 창은 이중창으로 한다.

[해설] 창면적비를 작게 해야 공조부하를 감소시킬 수 있다.

9. 공기세정기에서 순환수 분무에 대한 설명 중 옳지 않은 것은? (단, 출구 수온은 입구 공기의 습구온도와 같다.)
① 단열변화
② 증발냉각
③ 습구온도 일정
④ 상대습도 일정

[해설] 순환수 분무에 의하여 상대습도는 증가하게 된다.

10. 다음 중 일사를 받는 벽의 전열 계산과 관계있는 것은?
① 대수 평균 온도차
② 벽면 양쪽 온도차
③ 상당 외기 온도차
④ 유효 온도차

[해설] 벽면의 온도차에 축열계수를 가산한 값이 상당 외기 온도차이며 일사를 받는 벽의 전열 계산에 응용된다.

11. 다음 중 냉방부하에서 잠열을 고려해야 하는 부하는 어느 것인가?
① 인체 발열량
② 벽체 등의 구조체를 통한 전열량
③ 형광등의 발열량
④ 유리의 온도차에 의한 전열량

[해설] 냉방부하에서의 현열 및 잠열 모두 이용하는 것은 인체부하, 극간풍 부하, 외기 부하 등 3종류가 있으며 이외의 모든 부하는 현열을 이용한다.

12. 외기냉방에 대한 설명으로 적당하지 않은 것은?
① 외기온도가 실내공기온도 이하로 되는 때에 적용한다.
② 냉동기를 가동하지 않아도 냉방을 할 수 있다.
③ 외기온도가 실내공기온도보다 높을 때에는 외기만을 급기한다.
④ 급기용 및 환기용 송풍기를 설치한다.

[해설] 외기와 실내공기를 혼합하여 급기한다.

13. 다음 중 일반적인 덕트의 설계 순서로 옳은 것은? (단, ㈎ 송풍량 결정, ㈏ 취출구 흡입구 위치 결정, ㈐ 덕트 경로 결정, ㈑ 덕트 치수 결정, ㈒ 송풍기 선정이다.)
① ㈎ → ㈏ → ㈐ → ㈑ → ㈒
② ㈎ → ㈐ → ㈑ → ㈏ → ㈒
③ ㈒ → ㈎ → ㈐ → ㈑ → ㈏
④ ㈑ → ㈎ → ㈏ → ㈐ → ㈒

[해설] 덕트 설계 순서 : 송풍량 결정 → 취출구, 취입구 위치 선정 → 경로 결정 → 치수 결정 → 송풍기 선정

14. 냉방부하 종류 중에 현열로만 이루어진 부하로 맞는 것은?

정답 8. ③ 9. ④ 10. ③ 11. ① 12. ③ 13. ① 14. ①

① 조명에서의 발생열
② 인체에서의 발생열
③ 문틈에서의 틈새바람
④ 실내기구에서의 발생열

[해설] 인체부하, 극간풍(틈새), 기구 부하 등은 현열과 잠열 모두 구하여야 한다.

15. 공작기계인 연삭기로부터 발생되는 분진을 작업장 밖으로 배출시키기 위한 덕트 설계법으로 적당한 것은?
① 등마찰 손실법 ② 등속법
③ 저압 재취득법 ④ 전압법

[해설] 등속법: 덕트 내의 공기속도를 가정하고 이것과 공기량에서 덕트의 결정선도에 의하여 마찰 저항, 원형 덕트의 직경을 구해 다시 덕트 만곡부 저항의 해당 길이 환산표에 의해 장방형으로 환산한다.

16. 난방부하계산에 있어서 설계 외기온도 선정 시 설계자가 고려해야 할 사항으로 맞지 않는 것은?
① 건물 구조체의 열용량
② 내부발열 부하의 양과 계산 반영 여부
③ 난방기간
④ 건물의 용도

[해설] 외기 설계는 건물의 용도와 무관한 것으로 건물 구조체의 열용량, 난방기간, 외기침투부하, 내부발열 부하 등을 고려하여 선정하여야 한다.

17. 냉수코일의 냉각부하 147000 kJ/h이고, 통과풍량은 10000 m³/h, 정면풍속 2 m/s 이다. 코일입구공기온도 38℃, 출구공기온도 15℃이며, 코일의 입구냉수온도 7℃, 출구냉수온도 12℃, 열관류율은 2346 kJ/m²·h·℃일 때 코일열수는 얼마인가? (단, 습면 보정계수는 1.33, 공기와 냉수의 열교환은 대향류 형식이다.)
① 2열 ② 3열
③ 5열 ④ 6열

[해설] 전열면적$(F) = \dfrac{10000\,\text{m}^3/\text{h}}{(2\,\text{m/s} \times 3600\,\text{s/h})}$
$= 1.388\,\text{m}^2$
$\Delta_1 = 38 - 12 = 26\,℃$
$\Delta_2 = 15 - 7 = 8\,℃$
$MTD = \dfrac{(26-8)}{\ln\left(\dfrac{26}{8}\right)} = 15.27\,℃$
$Q = K \times F \times MTD \times N \times C_{ws}$
여기서, N: 열수
C_{ws}: 습면 보정계수
$147000 = 2346 \times 1388 \times 15.27 \times 1.33 \times N$
∴ $N = 2.22 = 3$열

18. 실내의 용적이 20 m³인 사무실에 창문의 틈새로 인한 자연 환기횟수가 4회/h인 것으로 볼 때, 이 자연환기에 의하여 실내에 들어오는 열량(kcal/h)은 약 얼마인가? (단, 외기온도 30℃, 실온 25℃, 또한 외기 및 실온의 절대습도는 0.02 kg/kg, 0.015 kg/kg이다.)
① 116 ② 321
③ 402 ④ 556

[해설] 틈새바람(극간풍)은 현열과 잠열 모두를 계산하여야 한다.
Q_s(현열) $= 20\,\text{m}^3 \times 1.2\,\text{kg/m}^3 \times 4\,\text{회/h}$
$\times 0.24\,\text{kcal/kg}\cdot℃ \times (30-25)℃$
$= 115.2\,\text{kcal/h}$
Q_l(잠열) $= 20\,\text{m}^3 \times 1.2\,\text{kg/m}^3 \times 4\,\text{회/h}$
$\times 597.3\,\text{kcal/kg} \times (0.02-0.015)\,\text{kg/kg}$
$= 286.7\,\text{kcal/h}$
∴ $Q_s + Q_l = 115.2\,\text{kcal/h} + 286.7\,\text{kcal/h}$
$= 401.9\,\text{kcal/h}$

19. 어떤 방의 냉방부하 중 실내 현열부하가 45000 kcal/h, 실내잠열부하가 22000

[정답] 15. ② 16. ④ 17. ② 18. ③ 19. ③

kcal/h, 외기부하가 5800 kcal/h이고, 실온이 25℃, 50 %일 때 SHF는?

① 0.41　　② 0.51
③ 0.67　　④ 0.97

[해설] SHF(현열비) $= \dfrac{45000}{45000+22000} = 0.67$

20. 9 m×6 m×3 m의 강의실에 10명의 학생이 재실하고 있다. 1인당 CO_2 토출량이 15 L/h이면, 실내 CO_2량을 0.1 %로 유지시키는 데 필요한 환기량은 몇 m^3/h인가? (단, 외기의 CO_2량은 0.04 %로 한다.)

① 80 m^3/h　　② 120 m^3/h
③ 180 m^3/h　　④ 250 m^3/h

[해설] 환기량 $= \dfrac{0.015\,m^3/h \times 10명}{(0.001-0.0004)} = 250\,m^3/h$

21. 공기조화를 위한 사무실의 외기온도 −10℃, 실내온도 22℃일 때 면적 20 m^2를 통하여 손실되는 열량은 얼마인가? (단, 구조체의 열관류율은 2.1 kcal/m^2 · h · ℃이다.)

① 41 kcal/h　　② 504 kcal/h
③ 820 kcal/h　　④ 1344 kcal/h

[해설] $Q = 2.1\,kcal/m^2 \cdot h \cdot ℃ \times 20\,m^2 \times \{22℃ - (-10℃)\} = 1344\,kcal/h$

22. 공기조화를 하고자 하는 어떤 실의 냉방부하를 계산한 결과 현열부하 q_s = 3500 kcal/h, 잠열부하 q_L = 500 kcal/h였다. 이때 취출공기의 온도를 17℃, 실내기온을 26℃로 하면 취출풍량은 약 얼마인가? (단, 습공기의 정압비열 C_p = 0.24 kcal/kg · ℃이다.)

① 1341 kg/h　　② 1530 kg/h
③ 1620 kg/h　　④ 1851 kg/h

[해설] 취출풍량은 현열량으로 계산하면 되므로
$G = \dfrac{3500\,kcal/h}{0.24\,kcal/kg \cdot ℃ \times (26-17)℃} = 1620.37\,kg/h$

23. 외기온도가 −5℃이고, 실내 공급 공기온도를 18℃로 유지하는 히트 펌프가 있다. 실내 총 손실 열량이 50000 kcal/h일 때 외기로부터 침입되는 열량은 약 몇 kcal/h인가?

① 23255 kcal/h　　② 33500 kcal/h
③ 46047 kcal/h　　④ 5000 kcal/h

[해설] $E = \dfrac{291}{(291-268)} = 12.65$

$12.65 = \dfrac{50000}{(50000-x)}$

∴ $x = 46047.43\,kcal/h$

24. 외기온도 −5℃, 실내온도 20℃, 벽면적 20 m^2인 실내의 열손실량은 얼마인가? (단, 벽체의 열관류율 8 kcal/m^2 · h · ℃, 벽체 두께 20 cm, 방위계수는 1.2이다.)

① 4800 kcal/h　　② 4000 kcal/h
③ 3200 kcal/h　　④ 2400 kcal/h

[해설] $Q = K \times F \times \Delta t_m$
$= 8\,kcal/m^2 \cdot h \cdot ℃ \times 20\,m^2 \times \{20-(-5)\}℃ \times 1.2$
$= 4800\,kcal/h$

25. 습공기를 단열 가습하는 경우에 열수분비는 얼마인가?

① 0　　② 0.5
③ 1　　④ ∞

[해설] 열수분비는 절대습도 변화량에 따른 전열량의 변화량이다.

26. 통과풍량이 320 m^3/min일 때 표준 유닛형 에어필터(통과풍속 1.4 m/s, 통과면적 0.30 m^2)의 수는 약 몇 개인가? (단,

정답 20. ④　21. ④　22. ③　23. ③　24. ①　25. ①　26. ④

유효면적은 80 %이다.)

① 13개　　② 14개
③ 15개　　④ 16개

[해설] $\dfrac{320 \text{m}^3/\text{min}}{1.4 \text{m/s} \times 60 \text{s/min}} = 3.8 \text{m}^2$

$\dfrac{3.8 \text{m}^2}{0.3 \text{m}^2 \times 0.8} = 15.83$ 개

∴ 16개

27. 실내온도 20℃, 외기온도 5℃인 조건에서 내벽 열전달계수 5 kcal/m²·h·℃, 외벽 열전달계수 15 kcal/m²·h·℃, 열전도율 2 kcal/m·h·℃, 벽두께 10 cm인 벽에 의해 실내온도 20℃, 외기온도 5℃로 유지되고 있는 방이 있다. 이 벽체의 열저항(m²·h·℃/kcal)은 얼마인가?

① 0.32　　② 0.64
③ 1.6　　④ 3.1

[해설] 열저항은 열통과율의 역수이므로
$R = \dfrac{1}{5} + \dfrac{0.1}{2} + \dfrac{1}{15} = 0.32 \text{m}^2 \cdot \text{h} \cdot \text{℃/kcal}$

28. 어떤 방의 냉방 시 q_S = 50000 kcal/h, q_L = 20000 kcal/h이고 노출온도와 실내온도 차가 10℃일 때 취출풍량을 구하면 얼마인가? (단, 공기의 비열은 0.24 kcal/kg·℃, 비중량은 1.2 kg/m³이다.)

① 20833 kg/h　　② 17361 kg/h
③ 15321 kg/h　　④ 12135 kg/h

[해설] $q_S = G \times C_p \times \Delta t$ 에서

$G = \dfrac{50000 \text{kcal/h}}{0.24 \text{kcal/kg} \cdot \text{℃} \times 10\text{℃}}$
　 $= 20833.33 \text{kg/h}$

29. 어느 건물 서편의 유리면적이 40 m²이다. 안쪽에 크림색의 베네시언 블라인드를 설치한 유리면으로부터 오후 4시에 침입하는 열량은 약 몇 kcal/h인가? (단, 외기는 33℃, 실내는 27℃, 유리는 1중, 유리의 열통과율 K : 5.08 kcal/m²·h·℃, 유리창의 복사량 I_{gr} : 523 kcal/m²·h, 차폐계수 K_s : 0.56이다.)

① 12934　　② 12191
③ 11715　　④ 70291

[해설] $Q_1 = 5.08 \times 40 \times (33-27)$
　　　　$= 1219.2 \text{kcal/h}$
$Q_2 = 523 \times 40 \times 0.56 = 11715.2 \text{kcal/h}$
$Q = Q_1 + Q_2$
　$= 1219.2 \text{kcal/h} + 11715.2 \text{kcal/h}$
　$= 12934.4 \text{kcal/h}$

30. 송풍기의 법칙에서 회전속도가 일정하고 직경이 d, 동력이 L인 송풍기의 직경을 d_1로 크게 했을 때 동력 L_1을 나타낸 식은?

① $L_1 = \left(\dfrac{d_1}{d}\right)^2 L$　　② $L_1 = \left(\dfrac{d_1}{d}\right)^3 L$
③ $L_1 = \left(\dfrac{d_1}{d}\right)^4 L$　　④ $L_1 = \left(\dfrac{d_1}{d}\right)^5 L$

[해설] ①항은 양정, ②항은 유량, ④항은 동력에 대한 식이다.

31. 방직공장의 정방실에서 20 kW의 전동기로서 구동되는 정방기가 10대 있을 때 전력에 의하는 취득열량은 얼마인가? (단, 소요동력/정격출력 ϕ = 0.85, 가동률 ϕ = 0.9, 전동기 효율은 0.9이다.)

① 156200 kcal/h
② 146200 kcal/h
③ 166200 kcal/h
④ 176200 kcal/h

[해설] 20 kW/대 × 10대 × 860 kcal/h·kW
　　　× 0.9 × 0.85/0.9 = 146200 kcal/h

정답 27. ①　28. ①　29. ①　30. ④　31. ②

32. 난방부하가 3520 kcal/h인 사무실을 약 85~90℃ 정도의 온수를 이용하여 온수 난방을 하려고 한다. 온수 방열기의 필요 방열면적(m²)은 약 얼마인가?
① 5.4 ② 6.6 ③ 7.8 ④ 8.9

해설 온수 1 EDR = 450 kcal/m² · h
증기 1 EDR = 650 kcal/m² · h

온수 방열기 면적 = $\dfrac{3520\,\text{kcal/h}}{450\,\text{kcal/m}^2 \cdot \text{h}}$
= 7.8 m²

33. 난방부하가 13000 kcal/h인 사무실을 증기난방하고자 할 때 방열기의 소요방열면적은 약 몇 m²인가? (단, 방열기의 방열량은 표준방열량으로 한다.)
① 20 ② 21.7
③ 28.9 ④ 32.5

해설 • 증기 방열기의 표준 방열량
 : 650 kcal/m² · h
• 온수 방열기의 표준 방열량 : 450 kcal/m² · h
∴ 증기 소요 방열면적
= $\dfrac{13000\,\text{kcal/h}}{650\,\text{kcal/m}^2 \cdot \text{h}} = 20\,\text{m}^2$

34. 500 rpm으로 운전되는 송풍기가 풍량 300 m³/min, 전압 40 mmAq, 동력 3.5 kW의 성능을 나타내고 있다. 회전수를 550 rpm으로 상승시키면 동력은 약 몇 kW가 소요되는가?
① 3.5 kW ② 4.7 kW
③ 5.5 kW ④ 6.0 kW

해설 회전수 및 임펠러 직경 변화
(가) 풍량은 회전수에 비례하며 임펠러 직경 3제곱에 비례한다.
(나) 양정은 회전수 제곱에 비례하며 임펠러 직경 제곱에 비례한다.
(다) 동력은 회전수 3제곱에 비례하며 임펠러 직경 5제곱에 비례한다.

∴ $P = 3.5\,\text{kW} \times \left(\dfrac{550}{500}\right)^3 = 4.65\,\text{kW}$

35. 다음 구조체를 통한 손실 열량을 구하는 식에서 R_t는 무엇을 나타내는가? (단, H_t : 손실 열량, A : 면적, t_r, t_o : 실내외 온도)

$$H_1 = \dfrac{1}{R_t} \times A \times (t_r - t_o)\,[\text{kcal/h}]$$

① 열 관류율 ② 열통과 저항
③ 열전도 계수 ④ 열 복사율

해설 R_t는 열관류율(열통과율)의 역수로서 열통과저항을 표현한 것이다.

36. 두께 30 cm, 벽면의 면적이 30 m²인 벽돌벽이 있다. 내면의 온도가 20℃, 외면의 온도가 32℃일 때, 이 벽을 통한 전열량은 몇 kcal/h인가? (단, 벽돌의 열전도율 λ = 0.7 kcal/m · h · ℃이다.)
① 510 ② 620
③ 730 ④ 840

해설 $Q = \dfrac{0.7\,\text{kcal/m} \cdot \text{h} \cdot ℃}{0.3\,\text{m}}$
$\times 30\,\text{m}^2 \times (32 - 20)℃$
= 840 kcal/h

37. 코일의 통과풍량이 3000 m³/min이고, 통과 풍속이 2.5 m/s일 때 냉수코일의 유효정면 면적(m²)은 얼마인가?
① 20 ② 3.3
③ 0.33 ④ 0.28

해설 $A = \dfrac{3000\,\text{m}^3/\text{min}}{(2.5\,\text{m/s} \times 60)} = 20\,\text{m}^2$

정답 32. ③ 33. ① 34. ② 35. ② 36. ④ 37. ①

제6장 측정 및 계측기기

1. 압력계

- **1차 압력계** : 압력을 직접 유도하여 측정하는 구조로 액주계, 자유피스톤식 압력계 등이 있다.
- **2차 압력계** : 물질의 성질이 압력에 의해 변화되는 것을 측정하고 그 변화율로 압력을 측정한다. 부르동관 압력계, 다이어프램 압력계, 벨로스식 압력계, 전기 저항 압력계, 피에조 전기 압력계 등이 있다.

1-1 1차 압력계

(1) 액주계

U자관 내부에 물이나 수은을 넣은 다음 그 일단은 대기에 개방하고 타단을 측정하고자 하는 부분에 접속하여 압력을 측정한다.

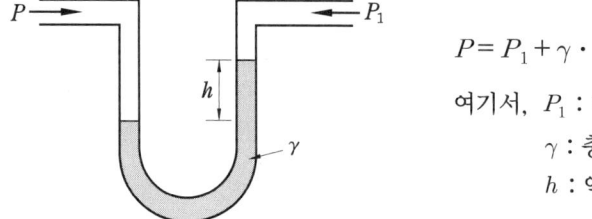

$P = P_1 + \gamma \cdot h$

여기서, P_1 : 대기압
γ : 충전액의 비중량(kg/cm^3)
h : 액주의 높이(cm)

(2) 자유 피스톤식 압력계

피스톤 위에 추를 올려 놓고 실린더 내의 액압과 균형을 이루면 게이지 압력(kg/cm^2) $= \dfrac{\text{추와 피스톤 무게(kg)}}{\text{실린더 단면적(cm}^2\text{)}}$ 으로 표시된다. 피스톤 게이지라고도 부르며 다른 압력계의 압력 교정 및 연구실용에 사용된다(측정 압력 : 2~400 kg/cm²).

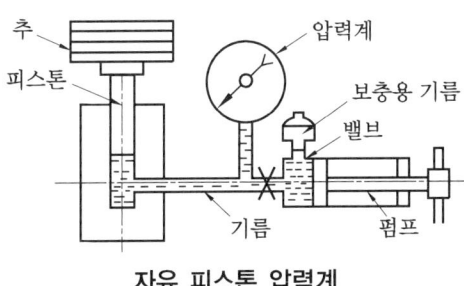

자유 피스톤 압력계

1-2 2차 압력계

(1) 부르동관(Bourdon tube)식 압력계

고압 장치에서 일반적으로 많이 쓰이는 압력계로서 금속의 탄성을 이용한 것이다. 단면이 원통 또는 타원형인 관의 일단을 고정하고 타단을 자유단으로 한 부르동관의 내부에 압력을 작용시키면 원형에 가까워지며 자유단이 이동한다. 이때의 변위는 거의 압력에 비례하므로 그 변위량이 압력으로 지시된다(측정 압력 : 0~3000 kg/cm²).

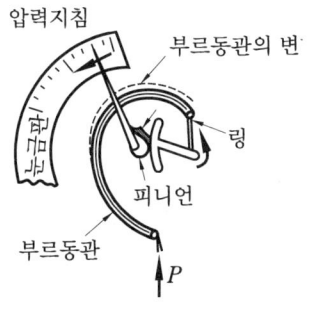

부르동관 압력계의 원리

> **참고** 부르동관의 재질
> • 고압용 : 특수강
> • 저압용 : 청동, 황동, 특수 청동

(2) 다이어프램(diaphragm)식 압력계

극히 미소한 압력을 측정하기 위한 압력계로서 얇은 박판을 이용하여 격실을 만들고 격실 내부에 미치는 압력에 따라 박판(다이어프램)이 변형될 때 그 크기를 측정하여 압력으로 나타낸다(측정 압력 : 20~5000 mmAq).

(3) 벨로스(bellows)식 압력계

얇은 금속판으로 만들어진 원통에 옆으로 주름이 생기게 만든 것을 벨로스라 하며 이 벨로스의 탄성을 이용하여 압력을 측정하는데, 통상 스프링과 조합시켜 사용한다(측정 압력 : 0.01~10 kg/cm²).

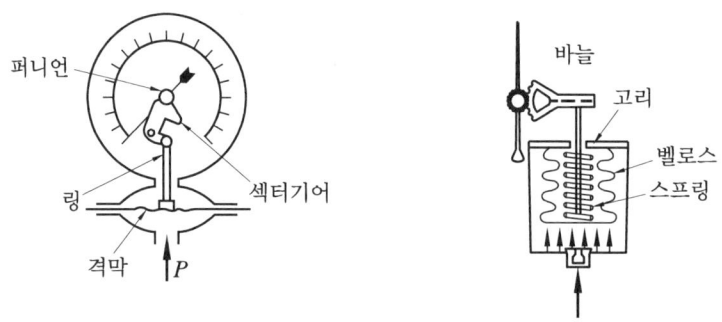

(4) 전기 저항 압력계 및 피에조(Piezo) 전기 압력계

어드밴스핀(Cu+Ni)과 같은 선에 압력을 가하면 선이 늘어나고 단면적이 감소하며 저항이 증가하는 원리를 이용하여 압력을 측정하는 전기 저항 압력계는 주로 초고압의 측정이나 특수한 목적에 이용된다. 수정이나 전기석, 로셸염 등의 결정체의 특수 방향에 압력을 가하면 그 표면에 전기가 일어나고 발생한 전기량은 압력에 비례하므로 전기적 변화를 측정하여 압력을 구하는 것이 피에조 전기 압력계이며 이와 같은 것은 가스의 폭발 등 급속한 압력 변화를 측정하는 데 유효하다.

2. 온도계

2-1 유리 온도계

(1) 수은 온도계

수은의 응고점은 -38.5℃이므로 온도가 낮은 곳에서는 알코올 온도계를 사용한다. -35~350℃까지 측정이 가능하며 유리관 내에 수은을 봉입한 구조이다.

[특징]
① 응답 속도가 빠르다.
② 팽창계수가 작다(1.8×10^{-4}℃).
③ 갱년 변화에 오차가 생긴다.

(2) 알코올 온도계

에틸알코올을 적색으로 착색하여 봉입한 구조로서 비점은 78℃이며 고온 측정에는 불가능하나 −100∼100℃까지는 가능하다.

2-2 압력식 온도계

(1) 액체 압력식

수은, 알코올 등을 사용하며 원격 측정이 가능하고 자동제어와 연결 사용이 가능하다.

(2) 기체 압력식

불활성 기체를 이용하여 원격 측정이 가능하고 측정온도는 −130∼500℃이다.

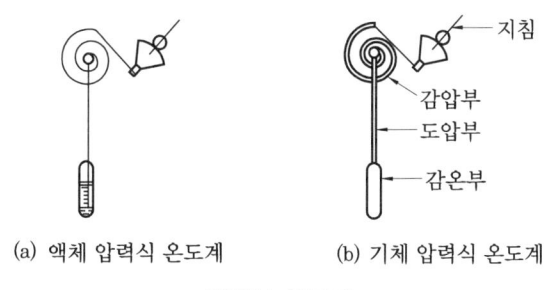

(a) 액체 압력식 온도계   (b) 기체 압력식 온도계

압력식 온도계

(3) 증기 압력식

감온부에 액체와 증기를 봉입하여 포화온도와 압력을 이용한 것으로 −30∼200℃이다.

2-3 바이메탈 온도계

열팽창계수가 다른 2종의 금속판을 접속하고 온도 변화에 의한 굴곡작용을 이용하여 측정한다(황동 + 니켈).
① 온도 변화에 대한 응답이 빠르다.
② 측정 온도 : −40∼500℃
③ 온도 조절 스위치로 사용한다.
④ 온도 자동 기록 장치에 사용된다.

2-4 전기 저항식 온도계

금속의 전기 저항은 온도에 따라 변하며 온도가 상승하면 저항치가 증가하는 원리를 이용한 것으로 온도 측정에 사용되는 금속선을 측온 저항체라 한다.

[특징]
① 원격 측정이 가능하다.
② 자동 제어, 자동 기록이 가능하다.
③ 정밀 측정용은 백금 측온 저항체가 쓰인다.
④ **측정 온도** : 백금(Pt) −200~500℃, 니켈(Ni) −50~300℃, 구리(Cu) 0~120℃

2-5 서미스터(thermistor) 온도계

온도 변화에 의해 저항치가 크게 변화하는 반도체로 Ni, Co, Mn, Fe, Cu 등의 금속 산화물을 혼합 압축 소결하여 만든 것이며 저항 온도계의 일종이다.

[특징]
① 온도계수가 크다.
② 응답 속도가 빠르다.
③ 감도가 크고 미소한 온도차의 측정이 가능하다.
④ 수분을 흡수하면 오차가 발생한다.
⑤ **측정 온도** : −100~300℃ 정도

2-6 열전대 온도계

자유 전자 밀도가 다른 2종의 금속선의 양단을 연결하여 양측(온접점, 냉접점)에 온도차를 주면 자유 전자의 이동으로 전위차가 발생하고 미소한 전류가 흐른다. 이때의 전위차를 기전력이라 하며 기전력을 밀리 볼트계에 지시시켜 온도를 측정하는데, 그 원리는 제베크(Seebeck) 효과라 하며 전자 냉동에도 이용된다.

※ **구성 요소** : 열전대, 보호관, 보상도선, 동도선, 지시계, 냉접점, 온접점

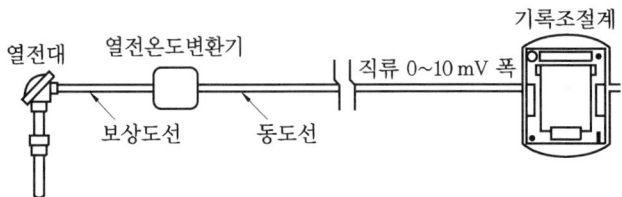

열전대 온도계의 구조

(1) 특징

① 전원이 필요 없다.
② 원격 측정이 가능하며 자동제어, 자동기록이 가능하다.
③ 선의 굵기에 따라 측정 범위가 변화한다.
④ 접촉식으로 고온을 측정한다.
⑤ 냉접점은 0℃로 유지하는 것이 가장 이상적이다.

(2) 열전대의 구비 조건

① 열 기전력이 크고 온도 상승에 따라 연속적으로 상승할 것
② 열 기전력의 특성이 안정되고 장기간 사용에도 변화가 적을 것
③ 내열성, 내식성이 크고 고온 중에서도 기계적 강도를 유지할 것
④ 재생도가 높고 동일 특성을 얻기 쉬우며 가공이 용이할 것
⑤ 전기 저항, 온도 계수, 열전도율이 작을 것
⑥ 시장성이 좋고, 가격이 저렴할 것

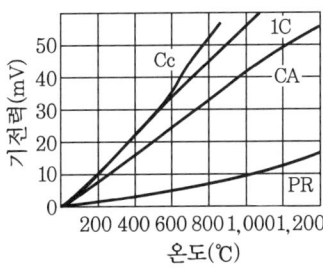

열전대의 기전력

3. 액면계

3-1 액면계의 역할

대형 용기나 저장탱크의 경우 내부의 액상이 얼마나 들어있는가 하는 용량 관리를 함으로써 과충전을 방지하고, 소모량을 알아 충전시기를 결정할 수 있다. 더욱이 액상은 온도 변화에 의해 팽창될 때 비압축성이므로 용기 내에 팽창공간이 없으면 용기를 파열시킨다. 특히, 가연성 액화가스의 경우 물보다도 열팽창이 현저하다. 따라서 액상의 가스는 항상 90 % 이하로 충전 유지하는 것이 절대적으로 요구된다.

3-2 액면계의 종류

① **봉상 유리 액면계** : 간단하고 값이 싸며, 설치가 부정확하고, 외력이나 변형으로 파괴되기 쉬우므로 고압가스용으로는 부적당하다.

② **클링커식 액면계** : 유리판과 금속판을 조합한 것이다. 유리판이 파손되었을 때 액의 유출을 최소한도로 하고, 보수가 쉽도록 비교적 짧은 액면계를 갈지(之)자로 교대로 배열하여 설치한다.

㈎ 투시식 액면계 : 양면에 유리판을 붙여 투시에 의해 직접 액면을 볼 수 있게 한 것이다.

㈏ 반사식 액면계 : 유리판 이면에 톱니 모양의 홈을 파서 가스에 접하는 부분은 난(亂) 반사되어 밝게 보이고, 액에 접하는 부분은 투과하고 액에 흡수되어 검게 보여 쉽게 식별하게 한 것이다.

③ **시창식 액면계** : 탱크나 용기에 직접 창을 내어 들여다 봄으로써 액면을 알 수 있게 한 것이다. 대변 수거 차량 탱크로리나 시판되는 소형 LP 용기에서 그 예를 찾을 수 있다.

※ 액면계의 수리·보수 및 안전관리상 상하 배관에는 각각 수동식과 자동식(수동·자동 겸용은 상하에 각각 하나씩)의 스톱 밸브를 설치하는 것이 필요하다.

④ **부자식(float : 플로트식) 액면계** : 부자(浮子)를 액면에 띄워 놓고 그 움직임을 외부에 전하여 액면을 안다. 과충전을 막기 위해 탱크 상부에 시창식 유리 액면계를 병용하는 것이 좋다. 소형에서는 스윙식 플로트 액면계를 쓰는데 LP 자동차의 LPG 용기 액면계가 그 대표적인 예이고, 석유곤로나 석유난로의 유량을 나타내는 지침도 이 스윙식 플로트 액면계의 좋은 예이다. 부자식 액면계는 장기간 사용 시 정도가 낮아지므로 1년에 한 번 정도 교정할 필요가 있다.

⑤ **마그네틱식 액면계** : 부자식 액면계를 개량한 것으로 비자성관의 부자실을 두어 부자가 상·하로 움직일 때 부자 상부의 자석에 의해 릴레이를 작동시켜 자동 액면 조절·과충전 방지 등 기능을 부여할 수 있다. 부식성의 액에도 사용이 가능하다.

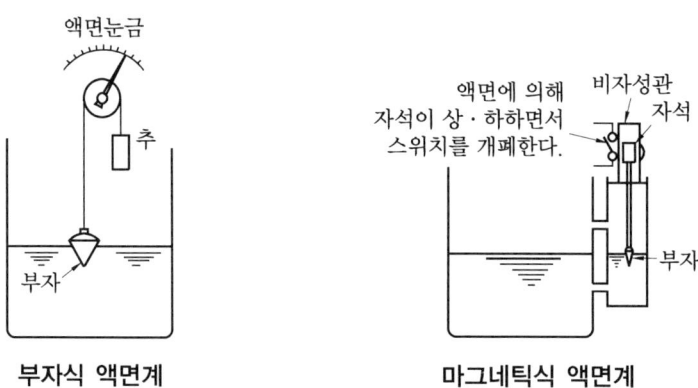

부자식 액면계   마그네틱식 액면계

⑥ **슬립 튜브(slip tube)식 액면계** : 대형 용기의 상부에 설치되어 튜브를 상·하로 움직여 가며 직접 유체를 유출시켜 확인한다. 액면계 튜브의 누설에 주의하고, 유출된 가스나 액에 접촉 시 동상의 우려가 있으므로 주의하며, 유출된 유체가 인화성이 있

거나 중독성이 있을 경우는 고정 튜브식이나 회전 튜브식(로터리식)과 마찬가지로 사용할 수 없다.
⑦ 회전 튜브식(rotary : 로터리식) 액면계 : 슬립 튜브식처럼 직접 유체를 유출시켜 보는 방식으로 활처럼 생긴 튜브가 대형 용기 동체의 옆에 설치되어 있다. 손잡이를 돌려 밸브를 열어가며 튜브의 끝에 액체가 닿아 액체가 방출되는가 기체가 닿아 기체가 방출되는가를 봐서 손잡이가 가리키는 눈금을 읽는다. 역시 누설이나 동상에 대해 주의를 요한다.
⑧ 정전용량식 액면계 : 축전기의 원리로써 액면에 접하고 있는 중심전극의 정전용량 변화로 액면을 측정한다.
⑨ 초음파식 액면계 : 기상부와 액상부에 초음파 발진기를 두고 초음파의 왕복시간을 측정하여, 이 시간을 비교함으로써 액 높이를 알 수 있다.
⑩ 차압식 액면계 : 초저온의 설비에 많이 쓰인다.
  (가) 햄프슨식 : 저장탱크 상부와 저부에서 끌어낸 압력을 U자관 압력계에 액주로 다이어 프램유를 넣어 차압으로 액면을 측정한다.
  (나) 벨로스식 : 역시 같은 방법으로 벨로스를 이용한 것이다.

4. 유량계

4-1 개요

(1) 유량계의 필요성
유체의 사용량을 계량한다는 목적 이외에 자동화되어 가는 최근의 고압화학 공업에서는 장치의 원활한 운전 조작을 위해 규정 조건의 범위 내에 들도록 유체의 양을 신속히 계량한다.

(2) 유량계의 종류
① 직접식 : 직접적으로 유량을 측정하는 방법으로 대체로 정밀도가 낮은 편이고, 주로 유체의 용적에 의하므로 압력 변동이 있는 가압 유체의 측정은 곤란하며, 숫자판을 돌리므로 적산 유량계라고도 한다. 습식 가스미터, 루츠형이나 오벌형, 격막식 가스미터 등이 있다.
② 간접식 : 간접적인 방법으로 유속을 알고 유량을 산출하는 속도헤드 측정의 피토관, 교축기구에 의해 차압을 측정하여 유속을 알아 유량을 산출하는 오리피스·벤투리 유량계와 그 외에도 기전력을 이용한 전자 유량계 또는 부자식의 로터미터 등이 있다.

4-2 각종 유량계

(1) 직접식 유량계

① **습식 가스미터** : 일정 용량의 원통 케이싱 안에 방사형의 격벽을 가진 회전 드럼이 있고, 60 % 정도 물이 채워져 있다. 중앙부에서 가스가 나와 드럼의 격벽 사이에 들어가 드럼이 회전하고, 이 회전을 숫자판에 전해 시간당의 가스량을 알 수 있다.

② **루츠형과 오벌형** : 구조가 간단하고 맥동유체에 대해서도 안정성이 있으나 유량계를 포함한 관로에 진동을 주는 결점이 있다. 회전수는 800 rpm 정도까지 사용된다.

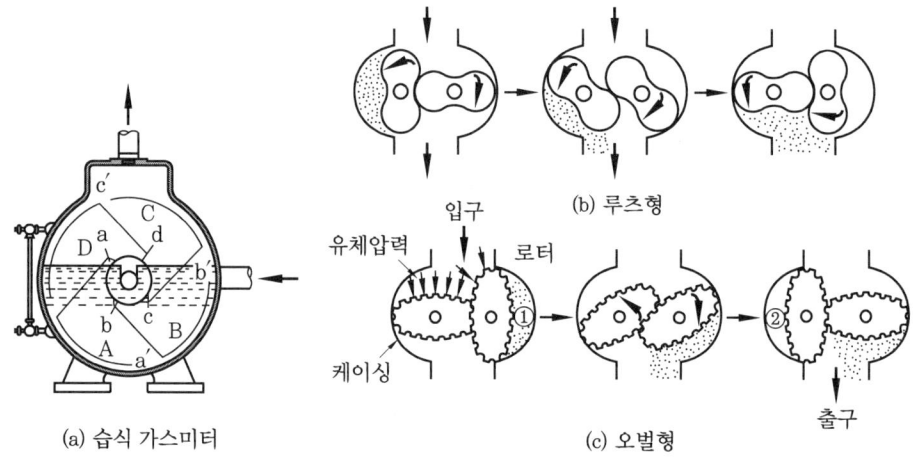

(a) 습식 가스미터 (b) 루츠형 (c) 오벌형

(2) 간접식 유량계

① **피토관(Pitot tube)** : 유체 중에 피토관을 삽입하여 유체 중 어느 점에서의 유속을 측정하여 유량을 알아낸다. 피토관의 끝 개구부에는 유체의 정압 및 속도에 대한 동압과의 합에 상당하는 전압을 받고, 바깥쪽 피토관에는 정압을 받으므로 전압과 정압의 차인 동압을 측정하여 유속을 구하고, 이 유속에 단면적을 곱해 유량을 구한다. 그러나 피토관은 흐름과 정반대로 평행하도록 부착하여야 하며, 피토관의 단면적은 관로 면적의 1 %보다 작아야 하고 피토관의 앞 관로는 관지름의 20배 이상의 직관부를 만들지 않으면 안 되고, 유속 5 m/s 이하의 경우는 곤란하다. 피토관의 사용 방법은 다소 어렵고, 오차를 낼 우려가 있다.

유속 $U = \sqrt{2g\left(\dfrac{\rho'}{\rho} - 1\right)H}$

여기서, U : 유속(m/s)
g : 중력가속도(9.8 m/s^2)
ρ' : U자관 속의 액밀도(kg/m^3)
ρ : 유체의 밀도(kg/m^3)
H : U자관의 압력차(m)

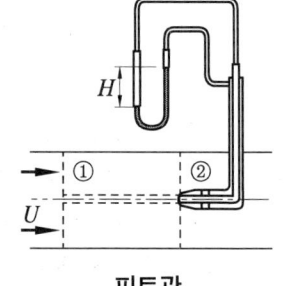

피토관

> **참고** 유량 산출
>
> $Q = Au$ 여기서, Q : 유량(m^3/s), A : 단면적(m^2), u : 유속(m/s)

② **오리피스(orifice) 유량계** : 유체가 흐르는 배관 관로 속에 교축판을 넣고 졸라 매어 교축판 앞뒤의 압력차를 측정하여 평균 유속을 알아 유량을 산출해 낸다. 오리피스 미터는 제작도 간단하며 액체나 가스에도 사용할 수 있으나, 정압손실이 큰 것이 결점이다.

유속 $U = \dfrac{C}{\sqrt{1-m^2}} \sqrt{2g\left(\dfrac{\rho'}{\rho} - 1\right)H}$

여기서, m : 개구비$\left(= \dfrac{d^2}{D^2}\right)$, g : 중력가속도(9.8 m/s^2), H : U자관의 압력차(m)

ρ' : U자관 속의 액밀도(kg/m^3), ρ : 유체의 밀도(kg/m^3)

C : 오리피스 상수로 $Re > 30000$의 경우에는 0.61에 가깝게 된다.

③ **벤투리(ventri) 유량계** : 오리피스의 교축판 대신에 압력손실을 줄이기 위한 원추파이프(테이퍼형의 파이프)를 사용한 것으로 유속 산출식도 오리피스와 같다. 그러나 값도 비싸고, 확대 원추관의 테이퍼를 작게 하기 위해 배관 길이가 길어지며 장소를 차지한다는 결점이 있다.

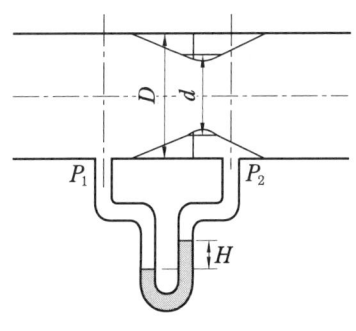
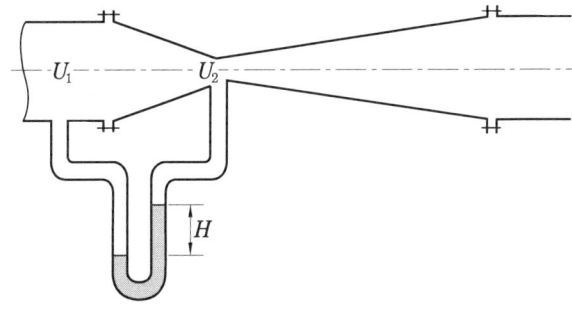

벤투리 유량계

유속 $U = C\sqrt{2g\left(\dfrac{\rho'}{\rho} - 1\right)H}$

여기서 식은 오리피스와 같고, C의 상수는 0.97~0.99를 쓴다.

④ **로터미터(rotameter)** : 면적가변형(面積可變型) 유량계로서 위가 굵은 테이퍼형의유리관에 부자가 들어 있어 유량이 많아짐에 따라 부자가 위로 뜬다. 즉, 부자는 부력과 중력의 평형 위치에 떠 있으므로 부자의 위치에 따라 유속을 알 수 있다. 레이놀즈 수가 작은 유체에도 안정하므로 고점도의 유체나 오리피스·벤투리에서는 측정이 불가능한 소유량의 측정도 가능하며 직접 눈금을 읽어 유량을 알 수 있다.

로터미터

⑤ 기타의 유량계

(가) 전자식 유량계 : 패러데이의 전자유도의 법칙을 이용하여 관로의 일부에 자계발생부를 두어 이 자장과 도전성 유체 사이에서 생긴 기전력을 측정하는 방법(기전력은 유체의 유속에 비례한다.)

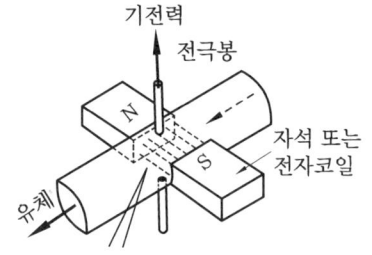

전자식 유량계

(나) 열선식 유량계 : 어느 점에서의 유속에 의한 가열체의 온도 변화를 측정하는 방법

(다) 초음파식 유량계 : 초음파의 전달시간은 초음파의 송수신 거리에 비례하고, 초음파의 음속과 유체의 유속의 합과 반비례하다는 원리를 이용한다(대구경에 적합한 방법).

(라) 와류 유량계 : 와류의 규칙성과 안정성을 이용한 방법으로 일명 델타미터라고도 하며, 도시가스에 많이 쓰인다. 이 외에도 기체 계량에 적합한 질량유량계가 있다.

(3) 고압용 유량계

① **압력 천평** : 링 밸런스형 유량계라고도 한다. 차압식 유량계에서는 고압일 경우 유리로 된 U자관 압력계(마노미터)가 파열되므로 U자관 압력계 대신에 금속제의 링(환상 원통)을 사용한 것이다. 링 내의 윗부분을 격벽으로 막아 아래에는 수은 등을 봉입시켜 고압·저압을 도입하면 압력차에 의해 봉입한 수은 등이 한쪽으로 치우치게 되어 링이 기울어진다. 이 링의 기울어진 정도에 의하여 연결된 지침으로 유량을 알 수 있다.

② 전기저항식 유량계

③ 부자식 유량계

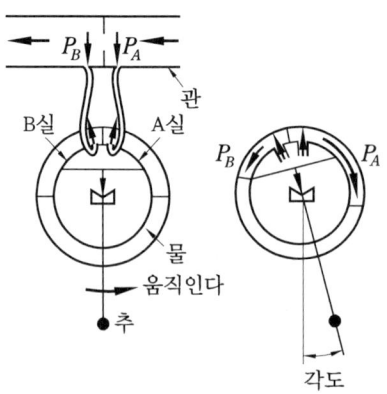

고압용 유량계

출제 예상 문제

1. 압력계의 눈금이 1.2 MPa을 나타내고 있으며, 대기압이 750 mmHg일 때 절대압력은 약 몇 kPa인가?
① 1000 ② 1100
③ 1200 ④ 1300

[해설] 절대압력 = 대기압 + 게이지압력
$$= \left(\frac{750}{760} \times 101.325\right) + 1.2 \times 10^3$$
$$= 1299.99 \text{ kPa}$$

2. 게이지압력이 720 mmHg일 때 절대압력은 몇 psia인가?
① 13.9 ② 15.9
③ 28.6 ④ 30.6

[해설] 절대압력 = 대기압 + 게이지압력
$$= 14.7 + \left(\frac{720}{760} \times 14.7\right) = 28.626 \text{ psia}$$

3. 액주식 압력계에 사용하는 액주가 갖추어야 할 조건으로 옳지 않은 것은?
① 순수한 액체일 것
② 온도에 대한 액의 밀도 변화가 작을 것
③ 모세관 현상이 클 것
④ 유독한 증기를 발생시키지 않을 것

[해설] 모세관 현상과 표면장력이 작을 것

4. 다음 중 편위법에 의한 계측 기기가 아닌 것은 어느 것인가?
① 스프링 저울
② 부르동관 압력계
③ 전류계
④ 화학 천칭

[해설] 편위법 : 측정량과 관계있는 다른 양으로 변환시켜 측정하는 방법으로 정도는 낮지만 측정이 간단하다. 부르동관 압력계, 스프링 저울, 전류계 등이 해당된다.

5. 부르동관 압력계에 대한 설명으로 옳은 것은?
① 일종의 탄성식 압력계이다.
② 여러 형태 중 직선형 부르동관이 주로 쓰인다.
③ 저압측정용으로 적합하다.
④ 10^{-3} mmHg 정도의 진공 측정에 쓰인다.

[해설] 부르동관 압력계
 ㈎ 탄성식 압력계이다.
 ㈏ 종류 : C자형, 스파이럴형, 헬리컬형, 버튼형(C자형이 일반적으로 사용된다.)
 ㈐ 3000 kgf/cm^2까지 고압을 측정할 수 있지만 정도는 좋지 않다.

6. 부르동관 압력계에 대한 설명으로 틀린 것은?
① 탄성을 이용한 1차 압력계로서 가장 많이 사용된다.
② 재질은 고압용에 니켈(Ni)강, 저압용에 황동, 인청동, 특수청동을 사용한다.
③ 높은 압력은 측정 가능하지만 정확도는 낮다.
④ 곡관에 압력을 가하면 곡률반지름이 변화되는 것을 이용한 것이다.

[해설] 부르동관 압력계는 2차 압력계이다.

7. 열전대 온도계의 일반적인 종류로서 옳

정답 1. ④ 2. ③ 3. ③ 4. ④ 5. ① 6. ① 7. ③

지 않은 것은 ?
① 구리-콘스탄탄
② 백금-백금로듐
③ 크로멜-콘스탄탄
④ 크로멜-알루멜

[해설] 열전대 온도계의 종류 및 측정 범위
　(가) 백금-백금로듐(P-R) : 0~1600℃
　(나) 크로멜-알루멜(C-A) : -20~1200℃
　(다) 철-콘스탄탄(I-C) : -20~800℃
　(라) 동-콘스탄탄(C-C) : -200~350℃

8. 다음 중 열전대와 비교한 백금 저항온도계의 장점에 대한 설명 중 틀린 것은 ?
① 큰 출력을 얻을 수 있다.
② 기준접점의 온도 보상이 필요 없다.
③ 측정 온도의 상한이 열전대보다 높다.
④ 경시변화가 적으며 안정적이다.

[해설] 온도 측정 범위
　(가) 백금 저항 온도계 : -200~500℃
　(나) 열전대(P-R) 온도계 : 0~1600℃

9. 다음 중 방사고온계에 적용되는 이론은 어느 것인가 ?
① 스테판-볼츠만 법칙
② 필터 효과
③ 윈-프랑크 법칙
④ 제베크 효과

[해설] 스테판-볼츠만 법칙 : 단위 표면적당 복사되는 에너지는 절대온도의 4제곱에 비례한다.

10. 온도 변화에 대한 응답이 빠르나 히스테리시스 오차가 발생될 수 있고, 온도 조절 스위치나 자동 기록 장치에 주로 사용되는 온도계는 어느 것인가 ?
① 열전대 온도계
② 압력식 온도계
③ 바이메탈식 온도계
④ 서미스터

[해설] 바이메탈 온도계 : 선팽창 계수가 다른 2종의 얇은 금속판을 결합시켜 온도 변화에 따라 굽히는 정도가 다른 점을 이용한 것으로 온도 조절 스위치나 자동 기록 장치에 사용된다.

11. 일반적으로 가장 낮은 온도를 측정할 수 있는 온도계는 ?
① 유리 온도계
② 압력 온도계
③ 색 온도계
④ 열전대 온도계

[해설] 온도계의 측정 범위
　(가) 유리 온도계(알코올 온도계) : -100~200℃
　(나) 압력 온도계(기체식) : -130~430℃
　(다) 색 온도계 : 600~2500℃
　(라) 열전대(C-C) 온도계 : -200~350℃

12. 2가지 다른 도체의 양 끝을 접합하고 두 접점을 다른 온도로 유지할 경우 회로에 생기는 기전력에 의해 열전류가 흐르는 현상을 무엇이라고 하는가 ?
① 제베크 효과
② 스테판-볼츠만 법칙
③ 존슨 효과
④ 스케일링 삼승근 법칙

[해설] 열전대 온도계의 측정 원리 : Seebeck 효과

13. 전기저항식 온도계에서 측온 저항체로 사용되지 않는 것은 ?
① Ni　　　　② Pt
③ Cu　　　　④ Fe

[해설] 측온 저항체의 종류 및 측정 온도
　(가) 백금(Pt) 측온 저항체 : -200~500℃
　(나) 니켈(Ni) 측온 저항체 : -50~150℃

정답 8. ③　9. ①　10. ③　11. ④　12. ①　13. ④

㈐ 동(Cu) 측온 저항체 : 0~120℃

14. 다음 중 바이메탈 온도계에 사용되는 변환 방식은?
① 기계적 변환   ② 광학적 변환
③ 유도적 변환   ④ 전기적 변환

[해설] 바이메탈 온도계 : 선팽창계수가 다른 2종의 금속을 결합시켜 온도 변화에 따라 굽히는 정도가 다른 점(기계적 변환)을 이용한 온도계이다.

15. 다음 중 유체에너지를 이용하는 유량계는?
① 터빈 유량계
② 전자기 유량계
③ 초음파 유량계
④ 열 유량계

[해설] 터빈 유량계 : 날개에 부딪치는 유체의 운동량으로 회전체를 회전시켜 운동량과 회전량의 변화량으로 가스 흐름양을 측정하는 계량기로 측정 범위가 넓고 압력손실이 적다.

16. 다음 중 용적식 유량계에 해당되지 않는 것은 어느 것인가?
① 루츠식
② 피스톤식
③ 오벌식
④ 로터리 피스톤식

[해설] 용적식 유량계의 종류에는 오벌 기어식, 루츠(roots)식, 로터리 피스톤식, 로터리 베인식, 회전 원판식, 습식 가스미터, 막식 가스미터 등이 있다.

17. 다음 중 용적식 유량계의 형태가 아닌 것은 어느 것인가?
① 오벌형 유량계
② 원판형 유량계
③ 피토관 유량계
④ 로터리 피스톤식 유량계

[해설] 피토관 유량계는 유속식 유량계이다.

18. 차압식 유량계의 조임(교축)기구 중 오리피스에 대한 설명으로 틀린 것은?
① 오리피스는 중앙에 둥근 구멍이 뚫린 한 장의 원판이며 가격이 싸고 제작, 검사가 용이하기 때문에 널리 이용되고 있다.
② 유체의 압력손실이 크다.
③ 고속 유체나 고형물을 포함한 유체의 유량 측정에 적합하다.
④ 차압의 취출 방법에는 코너탭, D·D/2 탭, 플랜지탭 등이 있다.

[해설] 고형물을 포함한 유체의 측정에는 부적합하다.

19. 다음 중 운동하는 유체의 에너지 법칙을 이용한 유량계는?
① 면적식   ② 용적식
③ 차압식   ④ 터빈식

[해설] 차압식 유량계 : 베르누이 정리를 이용하여 조리개 전후의 압력차를 측정하여 유량을 측정한다.

20. 오리피스 유량계의 측정 원리로 옳은 것은?
① 하겐-푸아죄유의 원리
② 패닝의 법칙
③ 아르키메데스의 원리
④ 베르누이의 원리

[해설] 문제 19번 해설 참조

21. 전압과 정압의 압력차를 이용하여 위

정답 14. ① 15. ① 16. ② 17. ③ 18. ③ 19. ③ 20. ④ 21. ①

치에 따른 국부유속을 측정하는 유량계는 어느 것인가?
① 피토관 ② 오리피스
③ 벤투리 ④ 플로노즐

[해설] 피토관(pitot tube)은 전압과 정압의 차이에 해당하는 동압을 이용하여 유속을 계산하고 이를 이용하여 유량을 측정(계산)한다.

22. 다음 중 오리피스, 플로노즐, 벤투리미터 유량계의 공통적인 특징에 해당하는 것은?
① 압력강하 측정
② 직접 계량
③ 초음속 유체만 유량 계측
④ 직관부 필요 없음

[해설] 차압식 유량계(조리개 기구식) : 관로 중에 조리개를 삽입해서 생기는 압력차를 측정하고 베르누이 방정식으로 유량을 계산하는 것이다.

23. 다음 중 전자 유량계의 원리는?
① 옴(Ohm's)의 법칙
② 베르누이(Bernoulli)의 법칙
③ 아르키메데스(Archimedes)의 원리
④ 패러데이(Faraday)의 전자유도법칙

[해설] 전자식 유량계는 패러데이의 전자유도법칙을 이용한 것으로 도전성 액체의 유량을 측정한다.

24. 다음 전자 유량계의 특징에 대한 설명 중 틀린 것은?
① 압력손실이 없다.
② 적절한 라이닝 재질을 선정하면 슬러리나 부식성 액체의 측정도 가능하다.
③ 미소한 측정전압에 대하여 고성능 증폭기가 필요하다.
④ 기체, 기름 등 도전성이 없는 유체의 측정에 적합하다.

[해설] 전자 유량계 원리 : 패러데이의 전자유도법칙(도전성 유체의 순간유량 측정)

25. 초음파 유량계에 대한 설명으로 옳지 않은 것은?
① 정확도가 아주 높은 편이다.
② 개방수로에는 적용되지 않는다.
③ 측정체가 유체와 접촉하지 않는다.
④ 고온, 고압, 부식성 유체에도 사용이 가능하다.

[해설] 초음파 유량계 : 초음파를 이용한 것으로 개방수로에서도 측정할 수 있다.

26. 압력계의 표준 압력계로서 다른 압력계의 교정용으로 사용되는 것은?
① 부르동관식 압력계
② 피스톤식 압력계
③ 단관식 압력계
④ 분동식 압력계

[해설] 압력 계측

1차 압력계	• 측정선으로 하는 압력과 평행하는 무게, 힘으로 직접 측정하는 것 • 종류 : 액주관(U자관) 압력계, 자유 피스톤식 압력계(분동식 압력계) 등
2차 압력계	• 물질의 성질이 압력에 의해 받는 변화를 측정하고 그 변화율에 의해 압력을 측정하는 것 • 종류 : 부르동관식 압력계, 단관식 압력계, 벨로스 압력계, 다이어프램 압력계, 전기저항 압력계, 피에조 압력계, 스트레인 게이지 등

27. 다음 중 탄성 압력계에 속하지 않는

[정답] 22. ① 23. ④ 24. ④ 25. ② 26. ④ 27. ①

것은?

① 부자식 압력계
② 다이어프램식 압력계
③ 벨로스식 압력계
④ 부르동관식 압력계

[해설] 탄성 압력계 : 부르동관식 압력계, 벨로스 압력계, 다이어프램 압력계, 스트레인 게이지 등
※ 부자식 압력계 : 액면의 양에 따라 부자(float)가 작동

28. 측정량과 크기가 거의 같은 미리 알고 있는 양의 분동을 준비하여 분동과 측정량의 차이로부터 측정량을 구하는 방법은?

① 영위법   ② 편위법
③ 치환법   ④ 보상법

[해설] • 영위법 : 측정량을 기준량에 평행시켜 계측기의 지시가 0위치에 나타날 때 기준량의 크기로 측정량을 구하는 방식
• 편위법 : 측정량을 그것과 비례한 지시의 변화량으로 바꾸어 그 변화량으로 측정량을 구하는 방식
• 치환법 : 측정량과 이미 알고 있는 양을 치환하여 전후 2회의 측정 결과로부터 측정량을 구하는 방식

29. 오리피스 유량계는 어떤 정리를 이용한 것인가?

① 토리첼리의 정리
② 프랭크의 정리
③ 보일-샤를의 정리
④ 베르누이의 정리

[해설] 베르누이의 정리 : 점성이 없는 비압축성 유체의 정상 흐름에서의 유체의 속도와 압력, 높이의 관계를 규정한 것으로 수로의 각 단면에 있어서의 속도수두, 위치수두, 압력수두의 합은 일정한 것이며, 이 원리는 오리피스 유량계에 적용된다.

30. 다음 중 공업량의 계측에 필요한 비접촉방식의 온도계는?

① 저항 온도계
② 열전 온도계
③ 방사 온도계
④ 서미스터 온도계

[해설] 방사 온도계는 피온 물체에서 나오는 전 방사를 렌즈 또는 반사경으로 모아 흡수체를 받는 것으로 이 흡수체의 상승온도를 열전대로 읽고 측온 물체의 반사경을 아는 것으로 비접촉방식의 온도계이다.

31. 측온 저항온도계에서 사용하는 금속 저항체가 아닌 것은?

① 백금   ② 니켈
③ 안티몬   ④ 구리

[해설] 측온 저항온도계는 백금, 구리, 니켈 등의 순금속을 사용한다.

32. 도전성 유체의 유속 또는 유량 측정에 가장 적합한 것은?

① 벤투리 유량계
② 전자 유량계
③ 오리피스 유량계
④ 와류 유량계

[해설] 전자식 유량계는 패러데이의 전자유도법칙을 이용하여 기전력을 측정하며 유량을 구한다.

정답 28. ④   29. ④   30. ③   31. ③   32. ②

제7장 난방

1. 개요

(1) 난방방식

① **개별 난방 방식**: 각 실에 열원설비(gas, 석탄, 석유, 전기, 난로, 온돌 등)를 설치하여 열의 대류, 복사 등을 이용한 난방법(주택, 사무실 등)

② **중앙 난방 방식(central heating system)**: 특정장소(기관실, 기계실)에서 보일러 등의 열원을 이용하여 증기, 온수 등을 열매체로 하여 난방하는 방식
   (가) 유지관리 용이
   (나) 위생, 방화 등이 양호하다.
   (다) 열효율이 좋으며 경제적이다.
   (라) 실내의 오염이 적고 쾌적하다.

(2) 분류

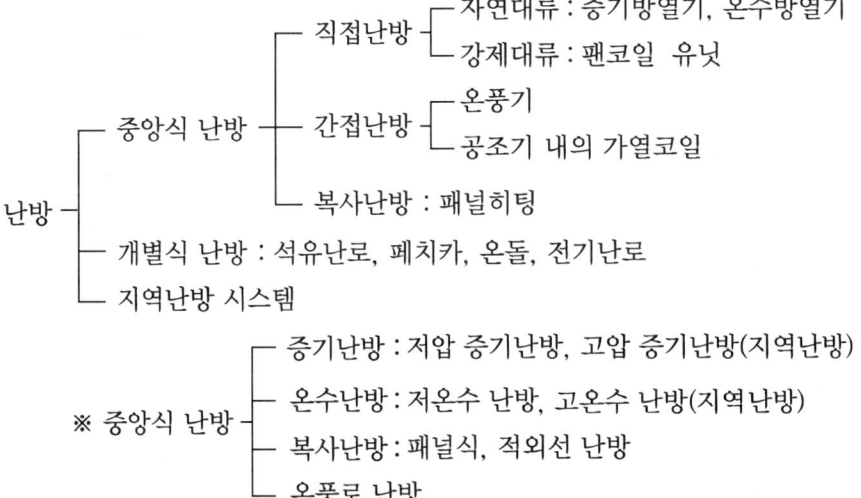

2. 보일러 설비

밀폐 용기에 물을 담아 가열하여 대기압 이상의 증기 또는 온수를 열사용처로 공급하는 장치이다.

(1) 보일러의 분류

① **원통형 보일러**
  ㈎ 내분식
    ㉮ 입형 보일러
    ㉯ 횡형 보일러 : 노통식, 연관식, 노통연관식(육용, 박용)
  ㈏ 외분식 : 횡형 보일러
② **수관 보일러**
  ㈎ 외분식
    ㉮ 자연순환식
    ㉯ 강제순환식 : 관류 보일러
③ **주철제 보일러** : 외분식-섹션 보일러(난방 전용)
④ **특수 보일러**

(2) 연소장치

① **내분식의 특징**
  ㈎ 설치장소가 작고 복사열의 흡수가 크다.
  ㈏ 완전연소가 곤란하고 연소실 크기의 제한을 받는다(보일러 본체의 제한).
  ㈐ 역화의 위험성이 우려된다.
② **외분식의 특징**
  ㈎ 설치장소가 크고 복사열의 흡수가 작다.
  ㈏ 완전연소 가능하고 저급 연료의 사용도 가능하다.
  ㈐ 연소 효율을 높일 수 있다.
  ※ **연소실의 온도 측정** : 열전식 온도계 사용
③ **고체 연료의 연소** : 화격자(스토커)에서 연소
④ **액체 연료의 연소** : 오일버너
  ㈎ 회전식 : 유소비량 10~600 L/h
  ㈏ 압력분무식 : 유소비량 5~70 L/h
  ㈐ 증발강제통풍식 : 유소비량 3~10 L/h

⑤ **오일탱크** : 7~10일 소비량의 저장(옥외, 지하에 설치)
⑥ **서비스 탱크** : 2~5시간
⑦ **예열기(preheater)** : 오일의 예열용(중유, 벙커C유), 2~5 kW의 전열히터 사용
⑧ **연돌** : 굴뚝의 설계는 윌리엄 켄트의 실험식에서

$$G \leq (147A - 27\sqrt{A})\sqrt{H}$$

여기서, G : 연료 소비량(kg/h)
A : 굴뚝의 최소 단면적(m^2)
H : 보일러 화상면에서 굴뚝의 선단까지 높이(m)
T : 외기 절대온도
t : 굴뚝 하부의 가스온도

⑨ **자동통풍력** : $P = 0.8H\left(\dfrac{353}{T} - \dfrac{367}{t}\right)$[mmAq]

(3) 보일러 부속장치

보일러의 안전하고 경제적인 운전과 효율 증대를 위하여 부착한 장치
① **지시장치** : 압력계, 수고계, 온도계, 유면계, 통풍계, 급유량계, 급수량계, CO_2 미터기
② **안전장치** : 유전자밸브, 화염검출기, 저수위경보기, 가용마개, 방폭문, 방출관, 안전면, 압력조절기, 팽창밸브(밸브)
③ **분출장치** : 분출관, 분출밸브, 분출콕
④ **급수장치** : 급수탱크, 급수펌프, 급수배관, 정지밸브, 역지밸브, 급수배관, 인젝터, 수량계
⑤ **송기장치** : 기·수분리기, 주증기관, 주증기밸브, 비수방지관, 증기헤더, 신축장치, 증기트랩, 감압밸브 등
⑥ **여열장치** : 과열기, 절탄기, 재열기, 공기예열기
⑦ **통풍장치** : 댐퍼, 연돌, 연도, 송풍기, 통풍계
⑧ **처리장치** : 집진장치, 재처리, 급수처리, 스트레이너 등
⑨ **유가열장치** : 전기식, 증기식, 온수식, 드레인밸브, 오일프리히터
⑩ **연소장치** : 화격자, 버너, 연소식, 연도, 연통

> **참고**
> • **절탄기** : 배기가스의 여열을 이용하여 보일러수(급수)를 예열한다.
> • **과열기** : 연소가스를 이용하여 포화증기를 고온의 과열증기로 만든다.

(4) 보일러 종류와 특성

① **주철제 보일러** : 난방용으로 대부분 사용

㈎ 온수의 경우 3 kg/cm² 이하, 증기는 1 kg/cm² 이하에서 사용하며 압축에 강하고 인장에는 약하다.
㈏ 보통 70~80 %의 효율이며 고압 대형에는 부적합하고 가장 저압용이다.
㈐ 주철을 사용하며 고온으로 인한 열팽창이 크므로 유의해야 한다.
㈑ 온수용은 1.5배(사용압력)의 수고계, 증기용은 1.5~3배의 압력계를 부착한다.
㈒ 조립, 분해 등이 편리하여 고압증기를 필요로 하지 않는 중·소규모의 건물에 적합하다.
㈓ 각 부분 섹션의 증감이 용이하다(운반, 반입, 설치 등이 용이).
㈔ 값이 싸고 내식성이 좋으며 수명도 길고 파열 시 재해가 적다.

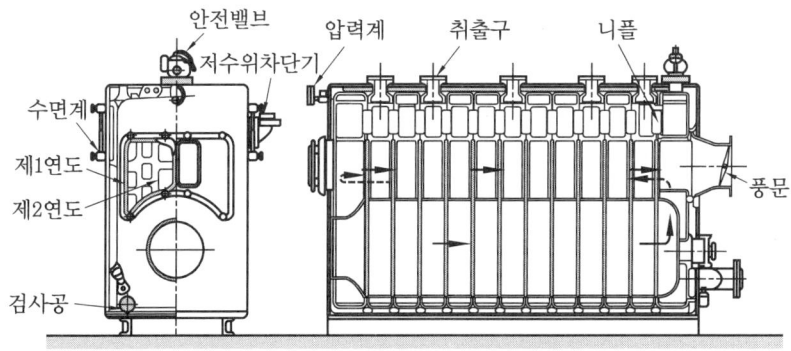

② 노통 연관 보일러
㈎ 형체가 작고 보유수량에 비하여 전열면적이 크다.
㈏ 증발량이 많고 증기 발생시간(25~40분)이 짧으며 열효율이 좋다(80~90 %).
㈐ 내분식이므로 열의 방산이 적다(열손실 적다). 고압, 대용량에는 부적합하여 패키지형으로 하기 쉽다.
㈑ 수관식에 비하여 가격이 싸고 구조가 복잡하며 스케일 부착이 크다.
㈒ 습증기 발생이 심하고 청소 보수가 곤란하다.
㈓ 역화의 위험이 있고 파열 시 재해가 크다.

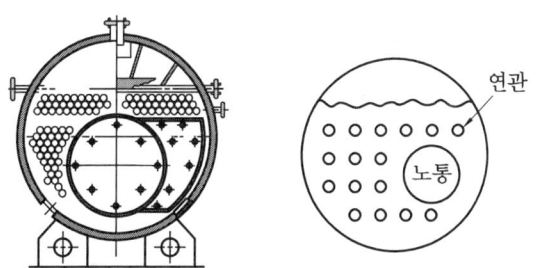

③ 수관식 보일러
㈎ 구조상 고압, 대용량에 적합하고 보유수량이 적기 때문에 중량이 가볍고 파열 시 재해가 적다.

(나) 전열면적이 적어 증기 증발량이 많고 증기 발생 소요시간이 매우 짧다.
(다) 외분식이므로 연소 상태가 좋고 효율이 좋으며 전열면적의 크기를 바꿀 수 있고 보일러 수의 순환이 빠르다.
(라) 부하변동에 대한 압력 변화가 크다(보유 수량이 적기 때문).
(마) 수위변동이 심하며(자동급수 필요) 구조가 복잡하여 청소·보수 등이 곤란하다.
(바) 스케일로 인한 수관의 과열이 쉬우므로 수관리(연수)가 철저해야 한다.

④ 관류 보일러
(가) 드럼이 없이 수관만으로 자유롭게 배치한 최고압·최대용량의 강제순환식 보일러
(나) 증기압이 높아질수록 드럼의 직경이 작아야 하므로 초임계 압력에 달하면 증기 드럼의 제작이 곤란하여 직경이 작은(20~30 mm) 관으로만 제작한다.
(다) 순환펌프에 의하여 관내로 순환된 물은 예열, 증발, 과열의 순서로 관류하면서 소요의 증기를 발생시킨다.
(라) 가동시간이 짧고 증발속도가 빠르며 스케일 처리(급수처리)에 유의해야 한다.
(마) 부하변동에 따른 압력 변화가 크므로 급수량, 연료량의 자동제어가 필요하다.
(바) 누수 등이 적고 효율(85 %)이 좋고 설비비와 소음 발생에 유의해야 한다.
(사) 수관 한 개당의 증발량은 15~20 t/h 정도이고 벤슨 보일러, 슐처 보일러가 여기에 속한다.

⑤ 보일러의 성능 계산
(가) 상당증발량(G_e : 환산증발량) : 실제증발량을 기준증발량으로 환산한 증발량(kg/h)

$$G_e = \frac{G(i_2 - i_1)}{539} \text{[kg/h]}$$

여기서, G : 실제증발량(kg/h)
i_2 : 발생증기의 엔탈피(kcal/h)
i_1 : 급수엔탈피(kcal/h)

(나) 보일러의 마력(BHP) : 급수온도 100°F(37.8℃)일 때 압력 70 PSIG(4.9 atg, 엔탈피 658 kcal/kg)의 증기 13.6 kg을 발생하는 능력

1 BHP = 13.6×(658−37.8) = 8434 kcal/h = 8434/539 = 15.65 kg/h

$$G_e = \text{BHP} \times 15.65, \quad \text{BHP} = \frac{G_e}{15.65}$$

$$\text{보일러 효율}(\eta_B) = \frac{G(i_s - i_w)}{G_f \cdot H_e} \qquad G_f = \frac{G(i_2 - i_1)}{\eta_B H_e}$$

여기서, G : 실제증발량(kg/h), i_s : 발생증기의 엔탈피(kcal/h)
i_w : 급수 엔탈피(kcal/h), G_f : 연료사용량(kg/h)
H_e : 연료의 저위발열량(kcal/h)

⑥ **보일러 부하**

$$q = q_1 + q_2 + q_3 + q_4$$

여기서, q_1 : 난방부하(kcal/h), q_2 : 급탕, 급기부하(1 L 60 kcal/h)
q_3 : 배관부하(q_1+q_2의 20 %로 계산)
q_4 : 예열부하($q_1+q_2+q_3$의 20~50 % 정도로 계산)

㈎ 정격출력 = $q_1 + q_2 + q_3 + q_4$

㈏ 상용출력 = $q_1 + q_2 + q_3$

㈐ 방열기출력 = $q_1 + q_2$

㈑ 보일러마력 = 전열면적 $0.929\ m^2$ = $13\ m^2 EDR$ = 증발량 $15.65\ kg/h$
= $15.65 \times 539 ≒ 8434\ kcal/h$

3. 방열기 설비

(1) 방열기의 종류

① **주형 방열기(column radiator)** : 2주형, 3주형, 3세주형, 5세주형의 4종류가 있고, 방열면적은 1절(section)당의 표면적으로 나타낸다.

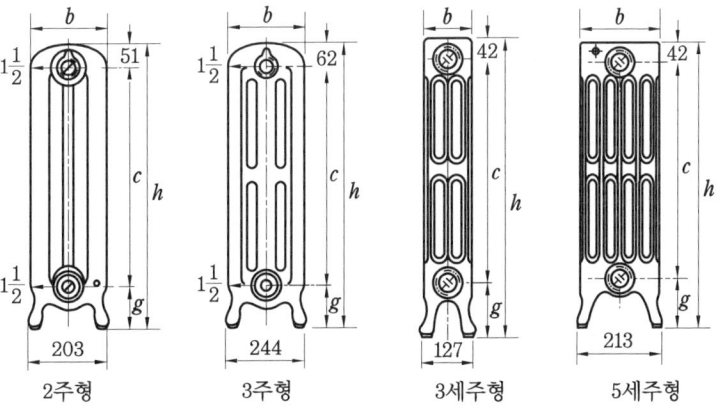

② **벽걸이 방열기** : 주철제로 가로형과 세로형의 2종이 있다.

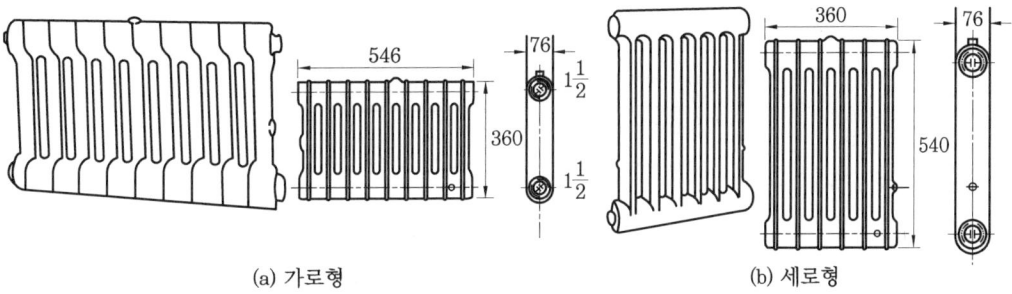

(a) 가로형   (b) 세로형

③ **길드 방열기**(gilled radiator) : 1 m 정도의 주철제 파이프에 방열면적을 증대시키기 위하여 열전도율이 좋은 금속 핀을 부착한 방열기로 1단, 2단, 3단형 등이 있다.

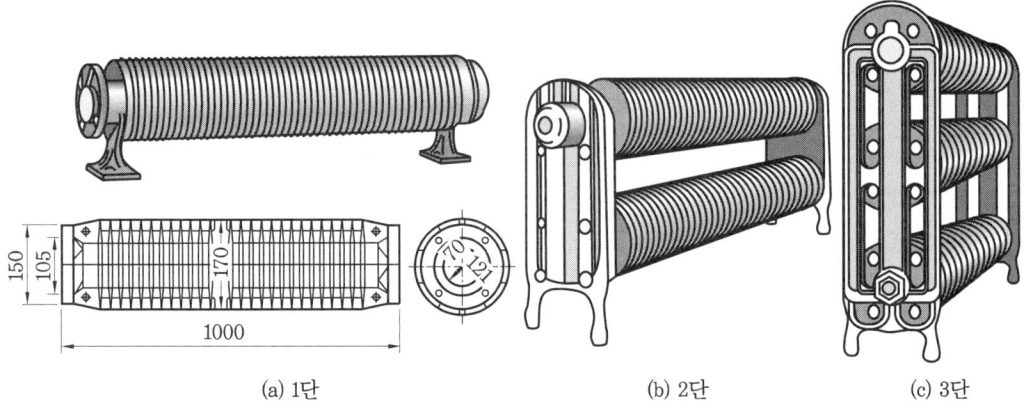

(a) 1단   (b) 2단   (c) 3단

④ **강판제 방열기** : 2주, 3주, 4주의 3종류가 있고, 외형은 주철제와 비슷하나 강판을 프레스로 성형하고 용접하여 제작하며 섹션 수의 증감이 불편하여 많이 사용되지 않는다.

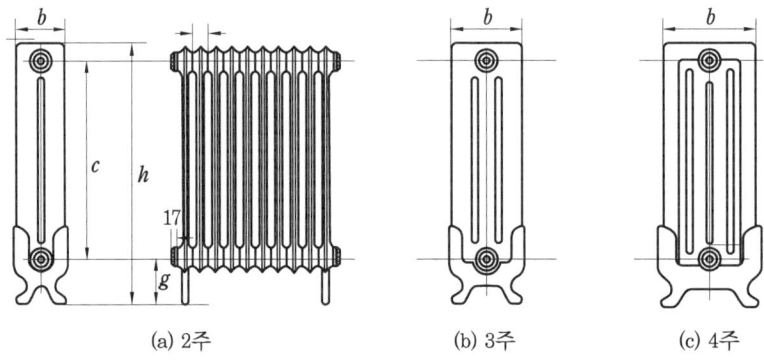

(a) 2주   (b) 3주   (c) 4주

⑤ **대류형 방열기** : 핀튜브형의 가열코일이 강판제의 케이스 속에서 대류작용으로 난방을 행한다. 콘벡터와 높이가 낮은 베이스보드 히터가 있다.

(2) 방열기의 호칭법

- 2주형 : Ⅱ
- 3주형 : Ⅲ
- 3세주형 : 3
- 5세주형 : 5
- 벽걸이형 : W
- 횡형 : H
- 종형 : V

절수 : 15
높이 : 650 mm
유입·유출 관경 : $\frac{1}{2}$ 인치

절수 : 3
벽걸이 세로형
유입·유출 관경 : $\frac{3}{4}$ 인치

(3) 설치 장소

열손실이 가장 큰 곳에 설치하며, 벽과의 거리는 50~60 mm 이격하여 설치한다.

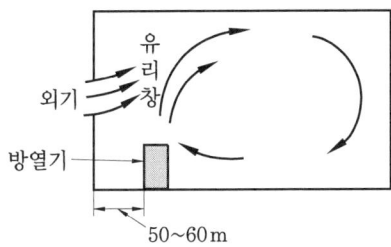

(4) 방열기에 대한 계산 관계

① **상당방열면적(Equivalent Direct Radiation : EDR)** : 방열기의 방열량은 형식, 열매의 종류, 재질, 표면상태, 온도, 설치 조건 등에 따라 다르다. 재질은 구리(동)가 가장 좋으며(열전도율 320 kcal/m·h·℃) 알루미늄, 주철 순이다.

※ 주형방열기 10섹션, 벽걸이 2섹션(증기 102℃, 온수 80℃)으로의 방열량으로 표준 방열 상태에서의 방열기 단위 면적당의 방열량을 말한다.

- 증기 : $1\,m^2$ EDR = 650 kcal/h → 1 EDR = 650 kcal/m^2·h
- 온수 : $1\,m^2$ EDR = 450 kcal/h → 1 EDR = 450 kcal/m^2·h

② **표준 방열량의 계산**

(가) 증기의 경우 : 증기온도 102℃(증기압 1.1 ata), 실온 18.5℃의 방열량

$$\therefore Q = K_r(t_s - t_i) = 8(102 - 18.5) ≒ 650\,kcal/m^2·h$$

여기서, K_r : 방열계수(kcal/m^2·h·℃), (증기 = 8, 온수 = 7.2)

t_s : 증기온도

t_i : 실내온도

(나) 온수의 경우 : 온수온도 80℃, 실내온도 18.5℃의 방열량

$$Q = K_r(t_m - t_i) = 7.2(80 - 18.5) ≒ 450\,kcal/m^2·h$$

여기서, t_m : 온수의 평균온도

K_r : 방열계수

t_i : 실내온도

③ **표준 방열량의 보정치**

$$Q' = \frac{Q}{C}$$

$$C = \left(\frac{102 - 18.5}{t_s - t_i}\right)^n$$

여기서, Q' : 실제의 방열량(kcal/m² · h)
Q : 표준 방열량(kcal/m² · h)
C : 보정치
n : 보정계수(주철강판제 = 1.3, 대류형 = 1.4, 관방열기 = 1.25)

④ **방열기의 절수(소요수)**

 (개) 증기 난방 시 방열기의 절수(section) $Z_s = \dfrac{H_L}{650 \cdot A}$

 여기서, H_L : 손실열량(kcal/h)
 A : 방열기 1쪽당의 방열면적(m²)

 (내) 온수의 경우 : $Z_w = \dfrac{H_L}{450A}$

 (대) 소요 방열면적 : $a = \dfrac{\text{그 실에 필요한 전 방열량}}{\text{방열기의 방열량}} = \dfrac{q_r}{Q_o} [\text{m}^2]$

 (래) $EDR = \dfrac{\text{방열기의 방열량}}{\text{표준 방열량}} = \dfrac{Q_o}{Q}$

⑤ **방열기 내의 응축수량(G_c)**

$$\therefore G_c = \dfrac{Q}{\gamma}$$

 여기서, Q : 방열기의 방열량(kcal/m² · h)
 γ : 증기의 응축잠열(kcal/kg)

4. 증기난방

(1) 증기난방의 장단점

① 장점

 (개) 열의 운반능력이 크고 유지비와 설비비가 싸다(온수의 20~30 % 절감).

 (내) 예열시간이 온수난방에 비하여 짧고, 증기순환이 빠르다.

 (대) 방열면적은 온수난방에 비하여 작게(증발열이 크므로) 할 수 있고, 관경이 가늘어도 된다.

 (래) 한랭지에서의 동결 우려가 적고 방열량이 크므로 방열기가 작아도 된다.

② 단점

 (개) 소음이 많고(스팀해머) 실내의 방열량 조정이 어렵다.

 (내) 방열기의 표면온도가 높아서 화상의 우려가 있고 먼지 등의 상승으로(위생상) 불쾌감이 있다.

㈐ 초기 통기 시 주관내 응축수의 배수기 열이 손실된다.
㈑ 중앙에서 계통별 용량 제어가 곤란하고 실내의 상·하 온도차가 크며 장치 수명도 짧다.

(2) 증기난방 방식의 분류

① **증기압력에 의한 분류**
   ㈎ 저압식 : $0.1 \sim 0.35 \, kg/cm^2 \cdot g$, 일반건물용, 주철제 방열기 사용, 고압식에 비하여 난방 쾌감도와 안전도는 좋다(관경이 크게 된다).
   ㈏ 고압식 : $1 \sim 3 \, kg/cm^2 \cdot g$, 공장용, 대건축물, 관방열기 사용, 누설이 있고 고온이므로 난방이 좋지 않다.
   ※ 원거리 수송 시 $3 \sim 5 \, kg/cm^2 \cdot g$, 지역 난방 시 $8 \sim 10 \, kg/cm^2 \cdot g$ 사용

② **배관 방식에 의한 분류**
   ㈎ 단관식 : 증기와 응축수가 동일 배관 내로 서로 역류하는 방식(공용으로 사용, 소형 건물, 증기트랩 불필요, 공기밸브 설치)
   ㈏ 복관식 : 증기공급관과 환수관을 각각 설치하는 방식(별개의 계통으로 사용, 대부분의 방식, 트랩 설치)

③ **증기 공급 방식에 따른 분류**
   ㈎ 상향 공급식 : 공급주관(증기)을 가장 낮은 방열기보다 낮은 곳에 설치하여 수직 브랜치관을 통하여 증기를 공급한다(입상관 설치 공급, up-feed system 방식).
   ㈏ 하향 공급식 : 최상층의 주증기관에서 입하관에 의한 증기 공급 방식

④ **응축수 환수 방식에 따른 분류**
   ㈎ 중력환수식 : 환수관은 약 1/100 정도의 선하향 구배로 되어 있어서 응축수의 무게에 의한 고·저차로 환수하는 방식이며, 방열기는 보일러의 수면보다 높게 하여야 하고, 대규모 장치 시에는 중력으로 응축수를 탱크까지 환수시킨 후 응축수 펌프를 사용하여 보일러에 환수시킨다.
   ㈏ 진공환수식 : 환수관의 말단에 진공펌프를 설치하여 장치 내의 공기를 제거하면서 펌프에 의해 보일러로 환수시키며, 환수관의 진공은 대략 $100 \sim 250 \, mmHg$ 정도이다 (증기순환이 빠르고, 환수관경이 작아도 되며 설치위치에 제한이 없고 공기밸브가 불필요하다).

⑤ **환수관의 배치에 따른 분류**
   ㈎ 건식 환수 방법 : 보일러의 수면보다 환수주관이 위에 있는 경우로서 환수주관의 증기 혼입에 의한 열손실을 방지하기 위하여 방열기와 관말에 트랩을 설치한다.
   ㈏ 습식 환수 방법 : 보일러의 수면보다 환수주관이 아래에 있는 경우로서 건식보다 관경이 작아도 되며 관말 트랩은 불필요하다.

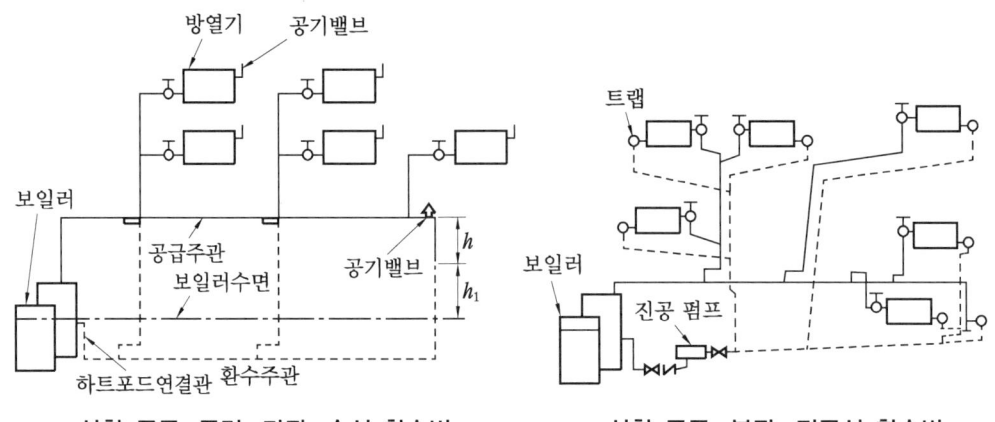

상향 공급, 중력, 단관, 습식 환수법   상향 공급, 복관, 진공식 환수법

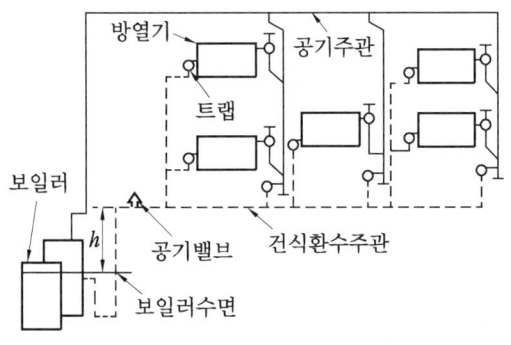

하향 공급, 중력, 복관, 건식 환수법

(3) 증기난방의 설계법

① 실내의 난방부하를 계산하여 상당방열면적(EDR)을 산출한다.

$$\therefore EDR = \frac{H}{q_o} = \frac{H_L}{650}$$

여기서, q_o : 방열기의 표준 방열량(kcal/m² · h)
H_L : 난방부하

② 배관 방식을 결정한다(상향공급, 하향공급 등).

③ 실내의 창 밑, 기타 열손실이 큰 곳에 방열기를 배치한다(단, 방열기 한 대의 방열면적은 10 m² 이하로 한다).

④ 각 배관 구간을 흐르는 증기량을 구한다.

$$\therefore G = \frac{650 \times EDR}{\gamma} = \frac{650 \times EDR}{539} \, [\text{kg/h}]$$

⑤ 응축수 펌프, 진공 펌프의 용량을 결정한다.

(개) 증기 배관의 마찰저항 손실(압력강하)

$$\therefore \Delta p_c = \lambda \cdot \frac{l}{d} \cdot \frac{v^2}{2g} \cdot \gamma$$

※ 국부저항 : $\Delta_{e1} = \xi \cdot \frac{v^2}{2g} \cdot \gamma$

(나) 증기관 내의 단위 마찰저항 손실(압력강하)

$$\therefore \Delta p_e{'} = \frac{100(P_b - P_r)}{l(1+k)} = \frac{100\Delta p_2}{2l} [\text{kg/cm}^2/100\text{ m}]$$

여기서, P_b : 보일러의 증기압력(kg/cm^2)

P_r : 방열기의 증기압력(kg/cm^2)

$P_b - P_r (= \Delta p_2)$: 증기관 내의 허용 전압력강하

중력단관식(0.02 kg/cm^2 이하)

중력복관식($0.04 \sim 0.08\text{ kg/cm}^2$ 이하)

진공환수식(0.35 kg/cm^2 이하)

l : 보일러에서 최원 방열기까지의 거리(m)

k : 국부저항의 직관전저항의 비율($0.5 \sim 1.0$)

> **참고** 마찰손실의 계산 시 배관길이 l은 증기난방의 경우 편도길이로 계산하고, 온수난방의 경우 왕복 길이로 계산한다.

⑥ EDR과 $\Delta p_e{'}$에 의하여 관경을 결정한다(표).

⑦ 관의 응축수 처리 방법, 신축 이음, 공기 배출 등을 결정하고 용량을 선정한다.

⑧ 보일러의 용량 결정 = 난방부하 + 급탕부하 + 배관부하 + 예열부하

⑨ 진공 펌프, 응축수 펌프의 용량과 설치 방법을 결정한다.

(개) 응축수 펌프(condensation pump)

㉮ 펌프의 용량(배관 및 방열기 내에 생기는 응축수량)

$$Q_c = G_c A \alpha \text{[L/min]}$$

여기서, G_c : 응축량($\text{kg/m}^2 \cdot \text{h}$)

A : 방열면적(m^2)

α : 여유율

㉯ 펌프의 양수량

$Q = 3Q_c \text{[L/min]}$

㉰ 수수탱크의 유효용량

$V = 2Q = 6Q_c \text{[L]}$

저압증기관의 관경

저압증기관의 용량										
관지름 (mm)	순구배·횡주관 및 하향급기 입관(복관식 및 단관식)						역구배 횡주관 및 상향급기 입관			
	R= 압력강하(kg/cm^2)						복관식		단관식	
	0.005	0.01	0.02	0.05	0.1	0.2	입관	횡주관	입관	횡주관
20	2.1	3.1	4.5	7.4	10.6	15.3	4.5	–	3.1	–
25	3.9	5.7	8.4	14	20	29	8.4	3.7	5.7	3.0
32	7.7	11.5	17	28	41	59	17.0	8.2	11.5	6.8
40	12	17.5	26	42	61	88	26	12	17.5	10.4
50	22	33	48	80	115	166	48	21	33	18
65	44	64	94	155	225	325	90	51	63	34
80	70	102	105	247	350	510	130	85	96	55
90	104	150	218	360	520	740	180	134	135	85
100	145	210	300	500	720	1,040	235	192	175	130
125	260	370	540	860	1,250	1,800	440	360		240
150	410	600	860	1,400	2,000	2,900	770	610		
200	850	1,240	1,800	2,900	4,100	5,900	1,700	1,340		
250	1,530	2,200	3,200	5,100	7,300	10,400	3,000	2,500		
300	3,450	3,500	5,000	8,100	11,500	17,000	4,800	4,000		

저압증기 환수관의 관경(횡주관)

저압증기의 환수관 용량(EDRm^2)										
압력강하 관지름 (mm)	R= 0.005		0.01		0.02		0.05		0.1	
	습식	건식	습식 및 진공식	건식	습식 및 진공식	건식	습식 및 진공식	건식	진공식	
20	22.3	–	31.6		44.5	–	69.6	–	99.4	
25	39	19.5	58.3	26.9	77	34.4	121	42.7	176	
32	67	42	93	54.8	130	70.5	209	88	297	
40	106	65	149	89	209	114	334	139	464	
50	223	149	316	195	436	246	696	297	975	
65	372	242	520	334	734	408	1,170	492	1,640	
80	585	446	826	594	1,190	724	1,860	910	2,650	
90	585	640	1226	825	1,760	1,024	2,780	1,300	3,900	
100	1,210	955	1,710	1,250	2,410	1,580	3,810	1,950	5,380	
125	2,140	–	2,970	–	4,270	–	6,600	–	9,300	
150	3,100	–	4,830	–	6,780	–	10,850	–	15,200	

저압증기 환수관의 관지름(입관)

관지름(mm)	압력 강하	저압증기의 환수관 용량(EDRm²)				건식
		진공식				
	R=0.01	0.02	0.05	0.1		
20	58.3	77	121	176		17.6
25	93	130	209	297		41.8
32	149	209	334	464		92
40	316	436	696	975		139
50	520	734	1,170	1,640		278
65	826	1,190	1,860	2,650		
80	1,225	1,760	2,780	3,900		
90	1,710	2,410	3,810	5,830		
100	2,970	4,270	6,600	9,300		
125	4,830	6,780	10,850	15,200		

방열기 지관 및 밸브류 관경

관지름(mm)	저압증기의 환수관 용량(EDRm²)					
	증기관		환수관			
	입관 및 방열기 밸브		중력식		진공식	
	단관식	복관식	입관	트랩	입관	트랩
15	1.3	2.0	12.5	7.5	37	15
20	3.1	4.5	18.0	15	65	30
25	5.7	8.4	42	24	110	48
32	11.5	17.0	-	-	-	-
40	17.5	26	-	-	-	-
50	33	48	-	-	-	-

5. 온수난방

(1) 온수난방의 장단점

① 장점

(가) 난방부하의 밸브 등에 따라서 온도 조절이 용이하다.

(나) 방열기의 표면온도가 증기난방보다 낮아서 실내공기의 상·하 온도차가 작고 쾌감도가 크다.

(다) 예열 시 시간이 걸리지만 잘 식지 않는다.

㈑ 배관 열손실이 적고 연료 소비량이 적다.
㈒ 소음이 적고 트랩 등이 불필요하며 방열기와 배관은 냉방용으로 가능하다.

② **단점**
㈎ 고층 건물에는 사용할 수 없다.
㈏ 공기 혼입 시 온수 순환이 어렵고 증기난방에 비해 설비비가 비싸다(20~30 %).
㈐ 동일 방열량에 대하여 방열면적이 커서 배관경이 커진다.

(2) 온수난방의 분류

① **고온수식(밀폐식)** : 밀폐식 팽창탱크(온수압력이 대기압 이상 유지)를 설치하고 방열기와 배관의 치수가 작아지며, 주철제 방열기를 사용할 수 없다(100~150℃).
② **저온수식(개방식)** : 개방형 팽창탱크를 설치하고 온수온도를 100℃ 이하로 제한한다.

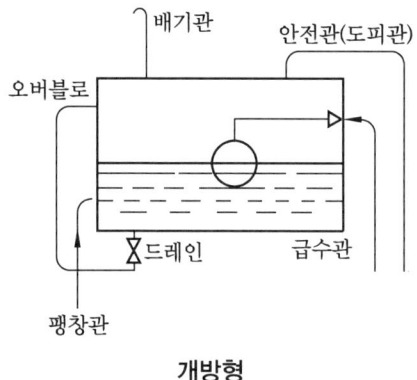

개방형

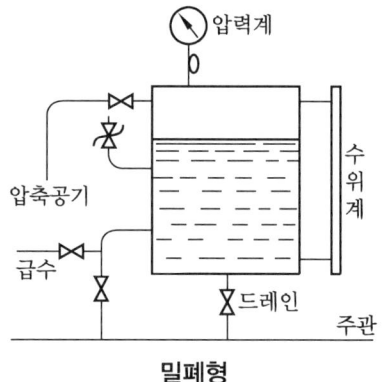

밀폐형

(3) 온수순환 방법에 의한 분류

① 중력순환식
② 강제순환식

(4) 팽창탱크

① **온수 팽창량의 계산** : 온도 상승에 의한 물의 체적 팽창량은

$$\Delta V = \left(\frac{1}{\varphi_f} - \frac{1}{\varphi_r} \right) V$$

여기서, ΔV : 온수 팽창량(L)
φ_r : 가열되기 시작할 때의 물의 밀도
φ_f : 가열된 온수 밀도(kg/L)
V : 난방장치에 함유된 전수량(L)

온수관의 관지름표

관지름 (mm)	15	20	25	32	40	50	65	80	100	125	150	200	250	300
압력강하 R [mmAq/m]	유량(kg/h)													
0.050	10.3	23.3	46.5	94	140	275	550	870	1,850	3,330	5,250	10,850	19,700	
0.070	12.5	28.4	56.5	115	174	335	665	1,070	2,250	4,000	6,300	13,150	23,850	
0.10	15.4	34.0	69.0	140	213	413	820	1,310	2,700	4,950	7,750	16,050	29,000	
0.15	19.6	44.0	87.0	177	270	520	1,030	1,660	3,450	6,250	9,750	20,250	36,250	
0.20	23.0	52.0	102	208	320	613	1,210	1,955	4,060	7,300	11,400	23,550	42,250	
0.30	29.0	66.0	130	265	400	770	1,620	2,450	5,100	9,250	14,400	29,500	53,000	
0.50	39.5	89.0	175	355	535	1,030	2,150	3,280	6,800	12,300	19,000	39,000	70,000	
0.70	47.5	107.5	211	435	650	1,250	2,450	3,950	8,250	14,800	23,000	47,000	84,000	
1.0	59	133	260	525	800	1,530	3,030	4,850	10,000	18,000	28,400	57,500	102,500	
1.5	74	166	328	665	1,010	1,900	3,800	6,100	12,500	22,600	34,900	71,500	128,000	
2.0	87	195	390	770	1,180	2,250	4,500	7,100	14,600	26,500	41,000	84,000	149,500	
3.0	110	243	480	975	1,470	2,820	5,550	8,850	18,150	33,000	50,500	104,500	186,000	245,000
4.0	129	285	565	1,140	1,725	3,300	6,500	10,500	21,300	38,600	59,000	121,500	217,000	343,500
5.0	145	325	635	1,290	1,950	3,750	7,400	11,750	24,100	38,600	66,500	137,500	245,000	388,500
7.5	182	406	800	1,620	2,450	4,700	9,250	14,700	30,000	43,600	82,500	170,500	303,500	481,500
10.0	213	476	940	1,900	2,870	5,470	10,760	17,160	35,000	54,500	96,500	199,500	352,500	560,000
20.0	314	697	1,375	2,800	4,200	7,975	15,750	24,900	50,900	63,500	141,000	288,500	510,000	
30.0	392	872	1,725	3,480	5,250	9,920	19,650	31,050	63,100	92,200	176,000	357,500		
50.0	516	1,150	2,280	4,600	6,930	13,150	25,900	40,900	83,000	115,000	231,000			
100.0	752	1,680	3,330	6,660	10,100	19,000	34,500	59,100	87,500	151,000				
200.0	1,100	2,450	4,800	9,700	14,600	27,700								
300.0	1,370	3,050	5,970	12,100										

② **팽창탱크의 용량**

㈎ 개방식 : 온수 팽창량의 2~2.5배로 한다.

$$팽창탱크 용량 \ V = \alpha \cdot \Delta V = \left(\frac{1}{\varphi_f}\right) - \left(\frac{1}{\varphi_f}\right) V$$

여기서, $\alpha = 2 \sim 2.5$

㈏ 밀폐식 : 공기층의 필요압력

$$H = h + h_t + \frac{1}{2}h_p + 2$$

여기서, H : 필요압력(게이지)에 상당하는 수두(mmAq)
 h : 탱크내 수면으로부터 배관계 가장 높은 곳까지의 수직거리(m)
 h_t : 필요온도에 대한 포화증기(게이지)에 상당하는 수두(mAq)
 h_p : 순환펌프의 양정(m)

$$밀폐탱크의 용적 \ V = \frac{\Delta V}{\dfrac{P_a}{P_a + 0.1h} - \dfrac{P_a}{P_t}}$$

여기서, V : 탱크내용적(L)
ΔV : 온수 팽창
P_a : 대기압 1.0 kg/cm^2
P_t : 최대 허용압력(절대)(kg/cm^{2}abs)
h : 탱크내 수면에서 배관계 가장 높은 곳까지의 수직높이(m)

또한 V를 장치내 전수량으로 하면 V/v의 값은 다음 표의 조건을 만족시켜야 한다.

층수	V/v
1층 건물	0.1 이상
2층 건물	0.13 이상
3층 건물	0.17 이상
4층 건물	0.23 이상

(5) 온수난방 배관 관경의 계산

① 직관의 저항손실 : $R = f \dfrac{\rho}{d} \cdot \dfrac{V^2}{2g}$

여기서, R : 관길이 1 m당의 마찰손실 수두(압력강하)(mmAq)
d : 관내경(m)
ρ : 유체의 밀도(kg/m^3)
V : 유속(m/s)
g : 중력가속도(9.8 m/s^2)
f : 마찰손실 계수

② 관경 결정 : $R = \dfrac{H}{l + l'}$

여기서, R : 배관의 압력손실(mmAq)
H : 이용될 수 있는 순환수두(mmAq)
l : 보일러에서부터 최장거리 방열기까지의 왕복배관 전길이(m)
l' : l의 도중에 있는 국부저항 상당관 길이(m)

6. 복사난방

(1) 특징

① 대류식에 비해 실내온도 분포가 균등하며 쾌감도가 높다(30~50℃의 온수관).
② 실내 이용면적이 넓어진다(방열기가 없으므로).
③ 같은 방열량에 대해서도 손실열량이 적다(온도가 비교적 낮으므로).

④ 대류식에 비해 공기의 대류가 적으므로 먼지 등의 상승이 없다(30~50 %의 대류열 이용)
⑤ 실내의 온도가 급변할 때 방열량 조절이 어렵다.
⑥ 시공, 수리가 복잡하고 대류난방에 비해 설비비가 비싸다.
⑦ 이상 발견이 어렵다.
⑧ 방열손실을 방지하기 위해 단열시공을 해야 하므로 시공비가 많이 든다.

(2) 패널코일의 설계

① 평균 복사온도(MRT) = $\dfrac{\Sigma t_s \cdot A}{\Sigma A}$

$$t_s = t_a - \dfrac{K \cdot \Delta t}{8.1}$$

여기서, t_s : 각 벽체의 표면온도(℃)
A : 각 벽체의 표면적(m^2)
t_a : 실내 공기온도(보통 16~20℃)
8.1 : 실내측 벽체 표면 흡열(전열)계수(kcal/$m^2 \cdot h \cdot$ ℃)
K : 벽체의 전열계수(kcal/$m^2 \cdot h \cdot$ ℃)
Δt : 실내외 온도차(℃) = $t_a - t_o$

② 가열 패널의 표면온도(t_s)

종류		패널 표면온도(℃)	
		보통	최고
바닥 패널		27	35
벽 패널	플라스터 다듬질	32	43
	철판(온수)	71	-
	철판(증기)	82	-
천장 패널(플라스터 다듬질)		40	54
전선 이설 패널		93	-

③ 파이프의 배치법

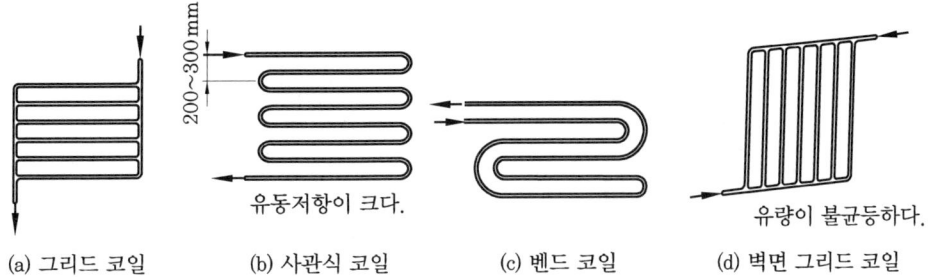

(a) 그리드 코일 (b) 사관식 코일 (c) 벤드 코일 (d) 벽면 그리드 코일

파이프 코일

7. 온풍로난방

(1) 분류

온풍난방 ┬ 직접식 : 열풍로
         └ 간접식 ┬ 유닛 히터 : 증기 가열식, 온수 가열식
                  └ 공기 가열코일 : 증기 가열식, 온수 가열식

(2) 열풍로

① **열풍로 난방의 특성**

㈎ 열효율이 높고 연료비가 적게 든다.

㈏ 설비비가 싸다.

㈐ 설치면적이 작다.

㈑ 설치가 쉽고 보수관리가 용이하다.

㈒ 집진은 물론 가습도 가능하다.

㈓ 열용량이 적고 예열기간이 짧다.

㈔ 예열부하가 적고 소형이다.

㈕ 자동운전이 가능하다.

② **설치 시 선정 조건**

㈎ 덕트 길이가 짧고 위치 선정이 쉬울 것

㈏ 굴뚝 위치는 될 수 있는 한 가까울 것

㈐ 열풍로의 전면(버너쪽)은 1.2~1.5 m, 후면(방폭문쪽)은 0.6 m 이상 비운다.

㈑ 통로를 충분히 할 수 있도록 배치할 것

㈒ 타기와 방폭문의 거리는 멀리할 것

㈓ 습기 및 먼지가 적은 곳을 선택할 것

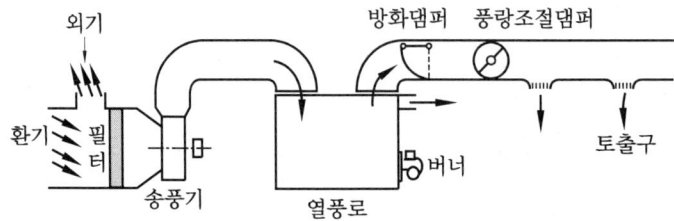

U형 열풍로 설비계통도(난방만의 경우)

(3) 설계법

① 난방실의 손실열량(H_L) : 난방부하 합계

② 열풍로의 풍량 계산

$$H_L = 1.2 Q C_p (t - t_r)$$

여기서, Q : 송풍 공기량(m³/h)
   C_p : 공기의 정압비열(0.24 kcal/kg · ℃)
   t : 송풍 공기 온도(℃)
   t_r : 실내 공기 온도(℃)
   1.2 : 표준 온도에서의 송풍 공기 비중량(kg/m³)

$$\therefore H_L = 1.2 \times 0.24 Q (t - t_r) \fallingdotseq 0.29 Q (t - t_r)$$

$$\therefore Q = \frac{H_L}{0.29 (t - t_r)}$$

③ 필요 가열량(H_T)의 계산

$$H_T = H_L + H_D + H_F + H_W$$

$$H_F = 1.2 Q_F (i_r - i_o)$$

여기서, H_L : 실내의 손실열량(난방부하)[kcal/h]
   H_D : 덕트, 기타에서의 손실열량
   H_F : 신선 외기부하(kcal/h)
   H_W : 예열부하 = $0.2(H_L + H_d + H_F)$[kcal/h]
   Q_F : 신설 외기량(m³/h)
   i_r, i_o : 실내외 공기의 엔탈피(kcal/kg)

④ 온기로의 가습량(L_H)[kg/h]

$$L_H = \frac{q_{FL}}{590}$$

여기서, q_{FL} : 외기 잠열부하(kcal/h)

8. 지역난방

광범위한 지역을 1개 또는 몇 개의 열원으로 나누어 난방하는 방식으로 열병합 발전시설과 함께 고온수 난방(100~180℃)에 쓰인다. 광범위하게 산재한 건물에 열을 운반하려면 고압증기나 고온고압수가 적당하다. 또, 토지의 높낮이 차가 있을 경우는 증기

난방을 채택하면 응축수 트랩이나 환수관이 복잡해지고, 감압장치도 필요하므로 고온수 난방을 채용한다. 고온수 난방 채용 시 온수 온도차를 50℃ 이상으로 설계하면 배관 구경을 증기의 경우보다 적게 할 수 있으며, 배관 내의 부식도 수질 처리에 의해 실용상 문제가 없다.

(1) 고온수 난방의 문제점

① 순환펌프의 용량이 커진다.
② 높은 건물에 공급이 곤란하다.
③ 유황분이 많은 저질유 사용 시 저온 부식의 위험이 있다.
④ 예열시간이 길어 연료 소비량이 크다.

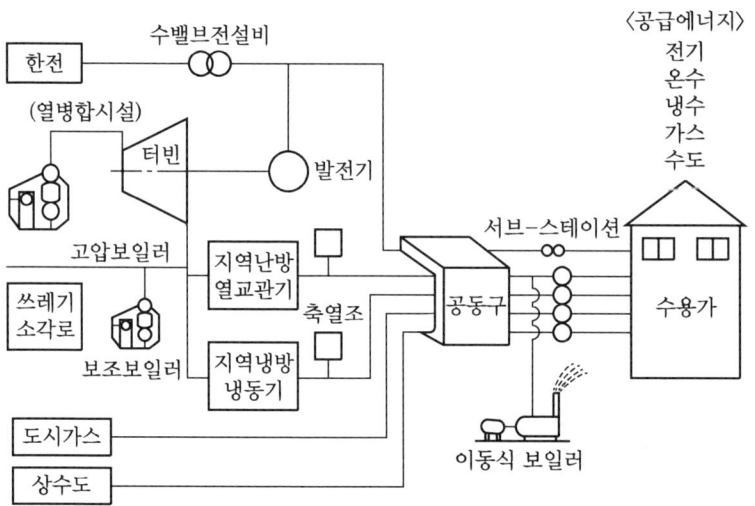

지역난방 계통도

(2) 열병합 발전

에너지 이용 효율을 높이기 위해 열과 전기를 동시에 생산하여 가정과 빌딩 등에 공급하는 방식이다.

기존난방과 지역난방의 효율(%) 비교

구분	기존난방	지역난방
난방	57	81
전기	35	85

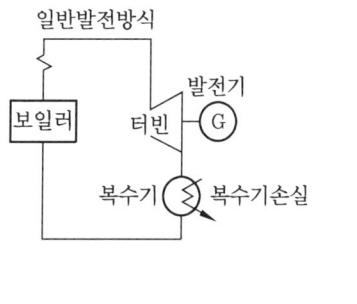
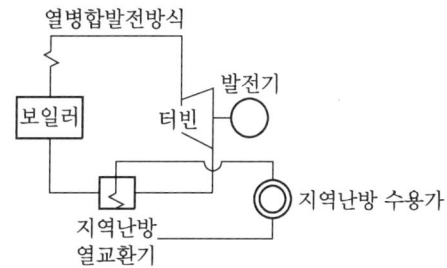
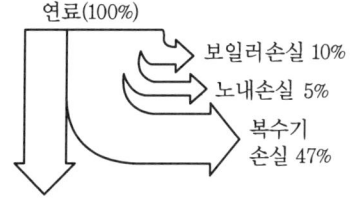

전력생산 38% 전력생산 27%
종합열효율 : 38% 종합열효율 : 85%
열소비율 : 2260~2500kcal/kWh 열소비율 : 900~1000kcal/kWh

에너지 이용 효율

고압증기와 고온수 방식의 비교

구분	고압증기	고온수
종기	주방·세척·기타의 급기가 용이	별도의 장치가 필요
높은 위치의 공급	고층건물에 직결하여 직접 공급 가능	보일러 압력이 너무 높아지므로 곤란
종열거리	수 km 이상은 압력강하가 크므로 곤란	10 km 정도까지는 용이함
배관 열손실	열손실이 많음	열손실이 적음
예열시간	짧다.	길다.
온도 제어	증기온도 제어가 곤란	온수온도 제어가 용이함
유지 관리	유지 및 관리사항이 많음	용이함
배관 부식	환수관의 부식이 큼	부식이 적음
열량의 측정	환수관의 환수량 측량으로 용이함	급열량의 계산이 어려움
배관 비용	적게 소요됨	많이 소요됨
배관 구배	구배를 필요로 함	구배를 필요로 하지 않음

출제 예상 문제

1. 주철제 보일러의 특징을 열거한 것이다. 틀린 것은?
① 섹션을 분할하여 반입하므로 현장 설치의 제한이 적다.
② 강제 보일러보다 내식성이 우수하며 수명이 길다.
③ 강제 보일러보다 급격한 온도 변화에 강하고 고압용으로 사용된다.
④ 섹션을 증가시켜 간단하게 출력을 증가시킬 수 있다.

[해설] 주철제 보일러의 특성
(가) 온수는 3 kg/cm² 이하, 증기는 1 kg/cm² 이하에서 사용하며 압축에 강하고 인장에는 약하다.
(나) 고압대형에는 부적합하고 고온으로 인한 열팽창이 크며 저압용이다.
(다) 온수용은 사용압력의 1.5배의 수고계, 증기용은 1.5~3배의 압력계를 부착한다.
(라) 분해, 조립이 편리하며 중, 소형의 건물에 적합하다.
(마) 각 부분 섹션 증감이 용이하므로 운반, 반입, 설치 등이 용이하다.
(바) 값이 싸고 내식성이 좋으며 수명이 길고 파열 시 재해가 적다.

2. 공조설비에 사용되는 보일러에 대한 설명으로 적당하지 않은 것은?
① 증기 보일러의 보급수는 연수장치로 처리할 필요가 있다.
② 보일러 효율은 연료가 보유하는 고위 발열량을 기준으로 하고, 보일러에서 발생한 열량과의 비를 나타낸 것이다.
③ 관류 보일러는 소요 압력의 증기를 비교적 짧은 시간에 발생시킬 수 있다.
④ 증기 보일러 및 수온이 120℃를 초과하는 온수 보일러에는 안전장치로서 본체에 안전밸브를 설치할 필요가 있다.

[해설] 보일러의 연소실에 공급된 연료가 완전 연소에 의해 발생하는 열량 중 급수로부터 어느 정도가 증기 또는 온수로 되고, 유효하게 사용되었는지를 나타내는 것으로서, $\eta = \left(\dfrac{Q_S}{Q_B}\right) \times 100\%$로 표시된다. 여기서, Q_S [kcal/h]는 보일러 본체, 절탄기, 과열기내 등에서 실제로 물에 흡수된 열량의 합이고 Q_B는 보일러에서 발생한 전열량, 즉 연료의 저발열량(kcal/kg)에 연료 소비량(kg/h)을 곱한 값이다.

3. 공조설비에서 사용되는 보일러에 대한 설명으로 적당하지 않은 것은?
① 보일러 효율은 연료의 고위 발열량을 사용하여 보일러에서 발생한 열량과 연료의 전발열량과의 비로 나타낸다.
② 관류 보일러는 소요 압력의 증기를 빠른 시간에 발생시킬 수 있다.
③ 증기 보일러로의 보급수는 연수시켜 공급하는 것이 좋다.
④ 증기 보일러와 120℃ 이상의 온수보일러의 본체에는 안전장치를 설치하여야 한다.

[해설] 보일러 효율은 연료의 저위 발열량(kcal/kg)을 사용한다.

4. 다음 중 노통 연관식 보일러의 장점이 아닌 것은?

정답 1. ③ 2. ② 3. ① 4. ④

① 비교적 고압의 대용량까지 제작이 가능하다.
② 효율이 높다.
③ 동일 용량의 수관식 보일러보다 가격이 싸다.
④ 부하변동에 따른 압력변동이 크다.

[해설] 노통 연관식 보일러의 특징
   (가) 형체가 작고 보유수량에 비해 전열면적이 크다.
   (나) 증발량이 많고 증기발생시간이 짧으며, 열효율이 좋다.
   (다) 내분식이므로 열손실이 적으며, 고압, 대용량에는 부적합하여 패키지형으로 하기 쉽다.
   (라) 수관식에 비해 가격이 싸고 구조가 복잡하여 스케일 부착이 크다.
   (마) 습증기 발생이 심하고 청소·보수가 곤란하며 역화의 위험이 있고 파열 시 재해가 크다.

5. 온수난방에 대한 설명으로 틀린 것은?
① 온수의 체적팽창을 고려하여 팽창탱크를 설치한다.
② 보일러가 정지하여도 실내온도의 급격한 강하가 적다.
③ 밀폐식일 경우 배관의 부식이 많아 수명이 짧다.
④ 방열기에 공급되는 온수 온도와 유량 조절이 용이하다.

[해설] 밀폐식의 경우 공기와의 접촉이 차단되어 있으므로 배관 부식이 개방형에 비해 적어 수명이 길어진다.

6. 다음은 온수난방 배관상의 주의사항을 나타낸 것이다. 틀린 것은?
① 보일러로부터 팽창수조 사이의 팽창관에는 필히 밸브를 부착한다.
② 방열기에는 반드시 공기빼기 밸브를 둔다.
③ 배관은 1/200~1/250 정도의 구배로 하고 가장 높은 곳에 배관 중의 공기가 모이게끔 한다.
④ 배관 도중의 구경이 다른 관과의 연결은 되도록 편심형을 사용하여 공기가 고이지 않도록 한다.

[해설] 팽창관에는 밸브를 부착하지 않는다.

7. 강제순환식 온수난방에서 개방형 팽창탱크를 설치하려고 할 때, 적당한 온수의 온도는?
① 100℃ 미만   ② 130℃ 미만
③ 150℃ 미만   ④ 170℃ 미만

[해설] 온수난방에서 고온수식(밀폐식)에서의 온수 온도는 100~150℃, 저온수식(개방식)에서의 온수온도는 100℃ 미만으로 제한되어 있다.

8. 다음 중 난방부하를 계산할 때 실내 손실열량으로 고려해야 하는 것은?
① 인체에서 발생하는 잠열
② 극간풍에 의한 잠열
③ 조명에서 발생하는 현열
④ 기기에서 발생하는 현열

[해설] 인체, 조명, 기기 발생 열량 등은 실내에 열을 공급해주므로 난방부하에서는 제외되며, 극간풍은 손실열량이 되므로 난방부하에 포함되어야 한다.

9. 온수 배관의 시공 시 주의사항으로 적합한 것은?
① 각 방열기에는 필요시만 공기 배출기를 부착한다.
② 배관 최저부에는 배수밸브를 하향구배로 설치한다.
③ 팽창관에는 안전을 위해 반드시 밸브를

정답 5. ③   6. ①   7. ①   8. ②   9. ②

설치한다.
④ 배관 도중에 관지름을 바꿀 때에는 편심 이음쇠를 사용하지 않는다.

[해설] 온수 배관 시공할 때에는 각 방열기마다 공기 배출기를 설치하여야 하며 팽창관에는 밸브 설치를 하지 않는다. 배관 도중 관경이 바뀔 때에는 편심 리듀서를 사용한다.

10. 다음 중 온수난방 설비용 기기가 아닌 것은?
① 릴리프 밸브   ② 순환펌프
③ 관말트랩   ④ 팽창탱크

[해설] 관말트랩은 증기난방에 사용한다.

11. 열을 공급하여야 할 구역이 넓고 또한 건물이 산재하여 옥외 배관이 긴 경우에 가장 적당한 난방방식은?
① 저압증기 난방   ② 온풍 난방
③ 고온수 난방   ④ 고압증기 난방

[해설] 옥외 배관이 긴 경우에는 외부로부터 많은 열을 빼앗기기 때문에 고온수 배관을 사용하는 것이 유리하다.

12. 다음 중 증기난방의 분류법에 해당되지 않는 것은?
① 응축수 환수법   ② 증기 공급법
③ 증기 압력   ④ 지역냉난방법

[해설] 증기난방 방식의 분류
 (가) 증기압력에 의한 분류(저압식, 고압식)
 (나) 배관방식에 의한 분류(단관식, 복관식)
 (다) 증기 공급 방식에 따른 분류(상향공급식, 하향공급식)
 (라) 응축수 환수 방식에 따른 분류(중력환수식, 진공환수식)
 (마) 환수관 배치에 따른 분류(건식환수방법, 습식환수방법)

13. 다음 중 증기 보일러의 상당(환산)증발량(G_e)은? (단, G_S는 실제증발, G_W는 보일러의 수량, h_1은 급수의 엔탈피, h_2는 발생증기의 엔탈피이다.)

① $G_e = \dfrac{G_S h_2 - G_S h_1}{539}$

② $G_e = \dfrac{G_W h_2 - G_S h_1}{539}$

③ $G_e = \dfrac{G_S h_2 - G_W h_1}{539}$

④ $G_e = \dfrac{G_S h_1 - G_W h_2}{539}$

[해설] 상당(환산)증발량은 실제증발량을 기준 증발량으로 환산한 증발량(kg/h)이다.

14. 증기 보일러에서 환산증발량에 관한 설명으로 옳은 것은?
① 대기압상태에서 100℃의 포화수를 100℃의 건포화증기로 증발시켜 상태변화시키는 경우의 증발량
② 대기압상태에서 37.8℃의 포화수를 100℃의 건포화증기로 증발시켜 상태변화시키는 경우의 증발량
③ 대기압상태에서 100℃의 포화수를 소요 증기로 증발시켜 상태변화시키는 경우의 증발량
④ 대기압상태에서 37.8℃의 포화수를 소요 증기로 증발시켜 상태변화시키는 경우의 증발량

[해설] 보일러의 증발 능력을 나타내는 방법으로 보일러에 있어서 실제의 증기증발량을 대기압에서 100℃의 물을 100℃의 건포화증기로 만드는 경우의 증발량으로 환산한 것으로 환산증발량 또는 상당증발량이라 한다.

15. 증기 사용압력이 가장 낮은 보일러는 어느 것인가?
① 노통 연관 보일러   ② 수관 보일러
③ 관류 보일러   ④ 입형 보일러

정답 10. ③ 11. ③ 12. ④ 13. ① 14. ① 15. ④

[해설] 관류 보일러는 드럼 없이 수관만으로 자유롭게 배치한 최고압·최대용량의 강제 순환식 보일러이며, 수관식 보일러는 보유수량이 적기 때문에 부하변동에 따라 압력변화가 크다. 노통 연관 보일러는 고압·대용량에는 부적합하여 패키지형으로 하기 쉬우며 증발량이 많고, 열효율이 좋다. 입형 보일러의 경우 주로 저압용(1 kg/cm² 이하)에 사용하고 있다.

16. 증기 난방배관에서 증기트랩을 사용하는 이유로서 가장 적당한 것은?
① 관내의 공기를 배출하기 위하여
② 배관의 신축을 흡수하기 위하여
③ 관내의 압력을 조절하기 위하여
④ 증기관에 발생된 응축수를 제거하기 위하여

[해설] 증기 난방배관에서 생성된 응축수가 계속 순환하면 수격작용을 일으키므로 증기 트랩에서 응축수를 제거하는 역할을 한다.

17. 증기난방 방식을 분류하는 방법이 아닌 것은?
① 사용 증기압력
② 증기 배관 방식
③ 증기 공급 방향
④ 사용 열매 종류

18. 진공환수식 증기난방에 대한 설명으로 틀린 것은?
① 중력환수식, 기계환수식보다 환수관경을 작게 할 수 있다.
② 방열량을 광범위하게 조정할 수 있다.
③ 환수관 도중 입상부를 만들 수 있다.
④ 증기의 순환이 다른 방식에 비해 느리다.

[해설] 진공환수방식은 증기 순환이 빠르고 환수관경이 작아도 되며 설치위치에 제한이 없고 공기 밸브가 불필요하다.

19. 다음 중 증기난방에 사용되는 기기가 아닌 것은?
① 팽창탱크
② 응축수 저장탱크
③ 공기 배출 밸브
④ 증기 트랩

[해설] 팽창탱크는 온수난방에 필요한 기기이다.

20. 온풍난방의 특징으로 틀린 것은?
① 연소장치, 송풍장치 등이 일체로 되어 있어 설치가 간단하다.
② 예열부하가 거의 없으므로 기동시간이 아주 짧다.
③ 토출 공기온도가 높으므로 쾌적도는 떨어진다.
④ 실내 층고가 높을 경우에는 상하의 온도차가 작다.

[해설] ④는 복사 냉·난방 방식의 경우 장점에 대한 설명이다.

21. 냉풍 및 온풍을 각 실에서 자동적으로 혼합하여 공급하는 송풍 방식은?
① 복사 냉난방 방식
② 유인 유닛 방식
③ 팬코일 유닛 방식
④ 2중 덕트 방식

[해설] 냉풍, 온풍의 2개 덕트를 사용하여 송풍하고 각 방에 설치된 공기 혼합 유닛(air mixing room unit)에 각각 유도하여 적당한 비율로 혼합해서 실내로 송풍한다.

22. 다음 난방 설비에 관한 설명 중 적당한 것은?
① 증기난방은 실내 상하 온도차가 작은 특징이 있다.
② 복사난방의 설비비는 온수나 증기난

정답 16. ④ 17. ④ 18. ④ 19. ① 20. ④ 21. ④ 22. ④

방에 비해 저렴하다.
③ 방열기 트랩은 증기의 유량을 조절하는 작용을 한다.
④ 온풍난방은 신속한 난방 효과를 얻을 수 있는 특징이 있다.

[해설] 실내 상하 온도차가 작은 것은 복사 난방의 특징이다. 증기난방은 열의 운반능력이 크며 예열시간이 온수난방에 비해 짧고 증기 순환이 빠르다.

23. 다음 난방 설비에 관한 설명 중 적당한 것은?
① 소규모 건물에서는 증기난방보다 온수난방이 흔히 사용된다.
② 증기난방은 실내 상하 온도차가 작아 유리하다.
③ 복사난방은 급격한 외기 온도의 변화에 대한 방열량 조절이 우수하다.
④ 온수난방은 온수의 증발잠열을 이용한 것이다.

[해설] 증기난방은 실내 상하 온도차가 크고, 복사난방은 외기 온도 변화에 대응이 어려우며 증발잠열을 이용하는 것은 증기난방에 해당된다.

24. 난방 방식 중 낮은 실온에서도 균등한 쾌적감을 얻을 수 있는 방식은?
① 복사난방   ② 대류난방
③ 증기난방   ④ 온풍로난방

[해설] 복사난방의 특징
  (가) 실내온도 분포가 균등하며 쾌감도가 높다.
  (나) 방열기가 없으므로 실내 이용 면적이 넓어진다.
  (다) 온도가 비교적 낮으므로 손실열량이 적다.
  (라) 실내온도가 급변할 때 방열량 조절이 어렵다.
  (마) 시공, 수리가 복잡하고 대류 난방에 비해 설비비가 비싸며 이상 발견이 어렵다.

25. 난방부하를 줄일 수 있는 요인이 아닌 것은?
① 극간풍에 의한 잠열
② 태양열에 의한 복사열
③ 인체의 발생열
④ 기계의 발생열

[해설] 난방부하에서 극간풍에 의한 부하는 현열부하에 해당된다.

26. 보일러의 과열기가 하는 역할은?
① 온수를 포화액으로 변화시킨다.
② 포화액을 과열증기로 만든다.
③ 습증기를 포화액으로 만든다.
④ 포화증기를 과열증기로 만든다.

[해설] 과열기는 수증기의 포화증기를 과열증기로 만드는 역할을 한다.

27. 다음 보일러 부속설비 중 안전장치가 아닌 것은?
① 안전밸브   ② 연소안전장치
③ 고저수위 경보장치 ④ 수고계

[해설] 수고계는 물의 높이를 알 수 있는 것으로 보일러의 부속기기이나 안전장치는 아니다.

28. 외분 연소실의 특징이 아닌 것은?
① 연소실의 크기를 자유롭게 할 수 있다.
② 연소실면의 온도가 높아 저질연료도 연소가 가능하다.
③ 복사열 흡수가 크다.
④ 설치 면적이 많이 차지한다.

[해설] 내분 연소실의 경우 복사열 흡수가 크게 나타난다.

29. 보일러 부속설비로서 연소실에서 연돌에 이르기까지 배치되는 순서로 맞는 것은?
① 과열기 → 절탄기 → 공기예열기

정답 23. ① 24. ① 25. ① 26. ④ 27. ④ 28. ③ 29. ①

② 절탄기 → 과열기 → 공기예열기
③ 과열기 → 공기예열기 → 절탄기
④ 공기예열기 → 절탄기 → 과열기

[해설] 여열장치 : 과열기, 절탄기, 재열기, 공기예열기
  (가) 절탄기 : 배기가스의 여열을 이용하여 급수를 예열한다.
  (나) 과열기 : 연소가스를 이용하여 포화증기를 고온의 과열증기로 만든다.

30. 다음과 같은 사무실에서 방열기 설치위치로 가장 적당한 것은?

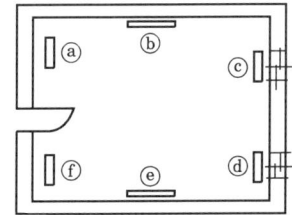

① ⓐ, ⓑ ② ⓑ, ⓔ
③ ⓒ, ⓓ ④ ⓓ, ⓕ

[해설] 방열기는 열손실이 가장 큰 창문 쪽에 설치하며, 벽과의 거리는 50~60 mm 이격하여야 한다.

31. 다음 중 강제 대류형 방열기에 속하는 것은?
① 주철제 방열기 ② 콘벡터
③ 베이스보드 히터 ④ 유닛 히터

[해설] 유닛 히터(unit heater) : 가열 장치와 송풍기로 된 난방 장치로서, 가열기로는 증기나 온수가 흐르는 가열관으로 전기 가열기 또는 가스 연소기 등이 사용된다.

32. 연도는 보일러와 굴뚝을 접속하는 부분이므로 연도의 설계 시에 고려해야 할 사항으로 적당하지 않은 것은?
① 가스유속을 적당한 값으로 해야 한다.
② 길이는 가능한 길게 한다.
③ 굴곡부가 적어지도록 배치한다.
④ 급격한 단면 변화는 피한다.

[해설] 모든 배관, 덕트 설계 시 직관, 최단거리를 원칙으로 하며 굴곡부 등은 가급적 적을수록 압력손실을 줄일 수 있다.

33. 보일러의 출력 표시로서 정격출력을 나타내는 것은?
① 난방부하 + 급탕부하 + 예열부하
② 난방부하 + 급탕부하 + 배관 열손실부하
③ 난방부하 + 배관 열손실부하 + 예열부하
④ 난방부하 + 급탕부하 + 배관 열손실부하 + 예열부하

[해설] • 정격출력 = 난방부하 + 급탕·급기부하 + 배관부하 + 예열부하
• 상용출력 = 난방부하 + 급탕·급기부하 + 배관부하
• 방열기 출력 = 난방부하 + 급탕·급기부하

34. 방열기의 설치위치로 적당한 곳은?
① 실내의 중앙부분
② 실내의 가장 높은 곳
③ 외기에 접하는 창문 반대쪽
④ 외기에 접하는 창문 아래쪽

[해설] 방열기는 외기와 접하는 곳이나 열손실이 큰 창문 아래에 설치하며 벽과 5~6 cm 거리를 두고 설치한다.

35. 다음 중 보일러의 안전장치가 아닌 것은 어느 것인가?
① 가용전 ② 방폭문
③ 안전밸브 ④ 수면분출밸브

[해설] 보일러 압력 이상 상승 시 가용전 또는 안전밸브, 릴리프 밸브 등이 작동하며 폭발 위험으로부터 안전하게 문은 방폭문으로 한다.

36. 덕트의 설계 시 덕트 치수 결정과 관계가 없는 것은?
① 공기의 온도(℃) ② 풍속(m/s)
③ 마찰손실(mmAq) ④ 풍량(m^3/h)

정답 30. ③ 31. ④ 32. ② 33. ④ 34. ④ 35. ④ 36. ①

[해설] 덕트 치수 결정 순서
  ㈎ 송풍량 결정
  ㈏ 팬에서 가장 가까운 부분의 풍속 결정
  ㈐ 마찰손실 결정(급기 덕트 0.1~0.12 mmAq/m, 환기덕트 0.08~0.1 mmAq/m)
  ㈑ 풍량과 마찰손실에 의하여 원형 덕트의 지름을 도표에서 결정
  ㈒ 장방형 덕트의 경우 단변×장변 치수를 표에서 결정

37. 특정한 곳에 열원을 두고 열 수송 및 분배망을 이용하여 한정된 지역으로 열매를 공급하는 난방법은?
① 간접난방법 ② 지역난방법
③ 단독난방법 ④ 개별난방법

[해설] 지역난방이란 전기와 열을 동시에 생산하는 열병합발전소, 쓰레기 소각장 등의 열생산 시설에서 만들어진 120℃ 이상의 중온수를 도로, 하천 등에 묻힌 이중보온관을 통해 아파트나 빌딩 등의 기계실로 공급하고 일괄적으로 온수와 급탕을 공급하여 난방을 할 수 있도록 하는 난방방식이다. 중온수란 100℃ 이상으로 가열된 물을 표현한다.

38. 심야전력을 이용하여 냉동기를 가동 후 주간 냉방에 이용하는 빙축열 시스템의 일반적인 구성장치로 옳은 것은?
① 축열조, 판형 열교환기, 냉동기, 냉각탑
② 펌프, 보일러, 냉동기, 증기축열조
③ 판형 열교환기, 증기 트랩, 냉동기, 냉각탑
④ 냉동기, 축열기, 브라인 펌프, 에어 프리히터

[해설] 빙축열 시스템의 주요 구성 기기
  ㈎ 저온 냉동기(brine chiller) : 심야시간에는 얼음을 얼리기 위하여 영하의 온도로 가동(제빙운전)되며 주간시간에는 일반냉동기와 동일한 상태(냉수운전)로 운전된다.
  ㈏ 냉각탑(cooling tower) : 냉동기 가동 시 고온의 냉매가스를 응축하기 위해 응축기에 일정한 온도의 냉각수를 공급하며 냉동기와 연동으로 운전된다.
  ㈐ 빙축열조(ice storage) : 낮시간에 필요한 냉방부하를 심야시간에 얼음의 형태로 저장하는 저장조로서 제빙방식에 따라 관외착빙형, 캡슐형, 빙박리형 등이 있고 그 용량과 특성에 따라 용적 및 형태가 다르다.
  ㈑ 교환기(heat exchanger) : 1차 냉열원의 브라인과 2차 냉방부하측의 냉수를 서로 열교환시켜 필요한 냉방열량을 공급하는 장치로서 대부분 전열 성능이 우수한 판형 열교환기를 사용한다.
  ㈒ 자동밸브(3-way V/V) : 냉방부하 조건에 따라 축열조에서 방출되는 브라인 또는 냉수유량을 자동으로 조절하여 부하측으로 공급되는 냉수온도를 일정하게 유지시켜 주는 역할을 하며, 축열운전과 방열운전 등 각각의 운전상태에 따라 빙축열 시스템의 운전을 자동 제어한다.

39. 덕트 설계 시 고려하지 않아도 되는 사항은?
① 덕트로부터의 소음
② 덕트로부터의 열손실
③ 공기의 흐름에 따른 마찰저항
④ 덕트 내를 흐르는 공기의 엔탈피

[해설] 덕트 설계상의 주의점
  ㈎ 곡관부는 가능한 크게 구부린다.
  ㈏ 덕트의 치수는 가능한 작게 한다(아이펙트비는 6 이하로 한다).
  ㈐ 덕트의 확대부는 20° 이하로 하고 축소부는 45° 이하로 한다.
  ㈑ 송풍기 동력은 가능한 작게 하고 소음·진동을 최소화한다.

40. 주로 덕트의 분기부에 설치하여 분기덕트 내의 풍량 분배용으로 사용되는 댐퍼는?
① 방화 댐퍼 ② 다익 댐퍼
③ 방연 댐퍼 ④ 스플릿 댐퍼

[해설] 댐퍼는 덕트 내에 흐르는 풍량을 조절하

정답 37. ② 38. ① 39. ④ 40. ④

는 기구이다.
   (가) 풍량 조절용 댐퍼 : 루버 댐퍼, 베인 댐퍼, 버터플라이 댐퍼
   (나) 풍량 분배용 댐퍼 : 스플릿 댐퍼
   (다) 정압 밸런스용 댐퍼 : 밸런싱 댐퍼
   (라) 역류 방지용 댐퍼 : 릴리프 댐퍼
   (마) 방화 댐퍼 : 루버형, 피벗형

41. 덕트의 설계법 중에서 모든 덕트 계통에서 동일한 단위마찰저항으로 하여 각부의 덕트 치수를 결정하는 방법은?
① 등속법   ② 정압법
③ 등분기법   ④ 등압재취득법

[해설] 정압법 : 덕트 설계 방법의 일종으로 주 덕트의 풍속과 풍량으로부터 1 m당 마찰저항을 구하고, 이 마찰저항 값과 다른 각 덕트의 마찰저항이 동일하게 되도록 각 덕트의 치수를 결정하는 방법이다.

42. 최근에 심야전력을 이용한 축열 시스템의 도입이 활발하다. 다음 중 수축열 시스템과 비교한 빙축열 시스템에 대한 설명으로 틀린 것은?
① 축열조 출구의 냉수온도를 낮출 수 있다.
② 냉동기의 동력이 다소 많아진다.
③ 냉동기의 능력이 다소 높아진다.
④ 축열조의 용량을 줄일 수 있다.

[해설] 빙축열의 장점
   (가) 잠열을 이용하므로 축열조 크기를 축소할 수 있다(수축열의 1/4~1/10).
   (나) 환수에 의한 온도 혼합, 즉 유용에너지의 감소가 거의 없다.
   (다) 열 손실도 1~3 %로 작아진다.
   (라) 펌프, 팬 등의 동력비가 감소한다.
   (마) 부하측 순환회로가 폐회로가 되므로 배관 부식 문제가 해결된다.
   (바) 축열조가 작으므로 전반적으로 가격이 낮아진다.

43. 다음 중 지역난방의 특징 설명으로 잘 못된 것은?
① 연료비는 절감되나 열효율이 낮고 인건비가 증가된다.
② 개별건물의 보일러실 및 굴뚝이 불필요하므로 건물 관리의 효용이 높다.
③ 설비의 합리화로 대기오염이 적다.
④ 대규모 열원기기를 이용하므로 에너지를 효율적으로 이용할 수 있다.

[해설] 지역난방의 특징
   (가) 경제성 : 중앙난방에 비해서 난방비가 저렴(40 % 수준)하고 보일러 수선유지비, 전문자격자가 필요 없다.
   (나) 안전성 : 열원이 온수이므로 안전하며 아파트 및 건물 내에는 가스보일러와 같은 자체 열 생산 시설이 전혀 없어 무재해, 무사고, 무공해이다.
   (다) 환경보호 : 선진국형 냉·난방 방식으로 단지 내 굴뚝이 없으므로 중앙난방에 비하여 48 %의 공해 감소 효과와 고성능 공해 방지 설비로 대기 오염물질을 획기적으로 줄일 수 있다.
   (라) 편리성 : 24시간 365일 연속난방으로 언제나 난방 및 급탕 사용이 가능하여 쾌적한 생활을 영위할 수 있다.

44. 높고 낮은 건물이 산재해 있는 광범위한 지역에 일괄하여 난방하고자 할 때 적당한 방법은?
① 복사난방   ② 지역난방
③ 개별난방   ④ 온풍난방

[해설] 광범위한 지역을 일괄하여 난방할 때 지역난방이 적합하다.

45. 자연형 태양열 난방 방식의 종류에 속하지 않는 것은?
① 직접 획득 방식   ② 부착 온실 방식
③ 공기 방식   ④ 축열벽 방식

[해설] 태양열 난방 방식으로는 직접 획득 방식, 축열벽 방식, 부착 온실 방식이 있다.

정답 41. ② 42. ③ 43. ① 44. ② 45. ③

PART 02 공조냉동설계

냉동사이클 및 $P-h$ 선도

- **제1장** 냉동 이론
- **제2장** 냉매
- **제3장** 압축기 및 냉동장치의 계산
- **제4장** 응축기 및 냉각탑
- **제5장** 증발기
- **제6장** 팽창밸브
- **제7장** 제어기기
- **제8장** 기타기기

제1장 냉동 이론

1. 냉동의 방법

냉동이란 열이 고온에서 저온으로 되는 원리를 이용하여 피냉각 물체로부터 열을 제거하여 줌으로서 냉장품(피냉각 물체)의 온도를 소정의 온도까지 저하시키거나 동결시켜 저온상태를 유지시키는 것이다.

1-1 자연적인 냉동 방법

(1) 고체의 융해잠열을 이용하는 방법

0℃ 얼음 1 kg이 0℃의 물로 융해될 때 333.54 kJ(79.68 kcal)의 열을 물체로부터 빼앗는다.

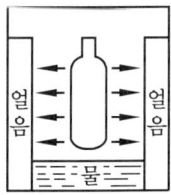

(2) 고체의 승화열을 이용하는 방법

대기압하에서 드라이아이스(고체 CO_2)의 승화온도는 −78.5℃이다. 이때 573.48 kJ/kg의 열을 흡수하고 가스의 비열은 0.84 kJ/kg·℃이므로 0℃까지는 78.5×0.84+573.48 = 639.42 kJ/kg의 열을 흡수한다.

$$\text{얼음과 냉각력을 비교하면 } \frac{639.42}{333.54} ≒ 1.9\text{배(중량)}$$

$$1.9 \times \frac{1.56}{0.9} ≒ 3.3\text{배(체적)}$$

(3) 액체의 증발열을 이용하는 방법

액체 질소는 −196℃에서 증발할 때 200.93 kJ/kg의 열을 흡수한다. −20℃까지 열을 흡수하는 것으로 하면 약 376.74 kJ/kg의 열을 흡수한다. 주로 급속 동결장치나 식품 수송 냉동차에 사용된다.

(4) 기한제를 이용하는 방법

눈 또는 얼음과 식염, 또는 염산과 같은 염류 및 산류와의 혼합에 의하여 매우 낮은 온도를 얻을 수 있다. 이 혼합제를 기한제 또는 한제라고 한다.

기한제

품명	혼합 중량 비율	온도 강하(℃)
눈 식염	2 1	-20
눈 희염산	8 5	-32
눈 염화칼슘	4 5	-40
눈 탄산칼륨	3 4	-45

1-2 기계적 냉동방법

자연적인 냉동 방법은 물질이 갖는 증발, 융해, 승화잠열을 이용하는데 반해 기계적 냉동 방법은 전력, 증기, 연료 등의 에너지를 사용하여 냉동을 연속적으로 행하는 방법으로 열을 직접 적용시키는 흡수식(흡착식)과 기계적 일을 소비하여 행하는 압축식이 있다.

(1) 증기 압축식 냉동기

액체가 증발할 때 필요한 증발열을 피냉각 물체로부터 빼앗아 냉동 목적을 달성하는 방법으로 일반적으로 NH_3, R-12, R-22 등이 사용되고 있다.

> **참고**
> - **냉동 사이클**: 냉동장치 내에서 증발, 응축을 연속적으로 하여 냉동작용을 하는 사이클을 말한다.
> - **냉매**: 냉동장치 내에서 열을 운반하는 작업유체를 말한다.

[증기 압축식 냉동기의 4대 요소의 역할]
① **압축기**: 증발기에서 증발한 저온 저압의 기체를 압축하여 고온 고압의 기체로 만들어 응축기로 보낸다. 즉, 압축기에서 기체의 체적을 줄여 분자 간의 거리를 가깝게 하여 응축기에서 조금만 열을 빼앗아도 쉽게 응축시킬 수 있게 한다. 이때 피스톤의 압축일이 열로 변하여 가스에 가해지므로 압축기를 나오는 가스의 온도는 높아진다

(압력 상승, 체적 감소, 온도 상승).
② **응축기** : 압축기에서 토출된 고온 고압의 냉매가스를 상온하의 물이나 공기로 냉각하여 응축시킴으로써 고온 고압의 액으로 만드는 과정이다(체적 감소, 압력 일정).
③ **팽창밸브** : 응축기에서 오는 고온 고압의 냉매액을 교축 팽창하여 저온 저압의 냉매액으로 만들어 증발기로 보낸다. 즉, 증발기에서 증발하기 쉽도록 압력과 온도를 내리는 과정이다. 또한 팽창밸브에서의 팽창은 단열 팽창이므로 엔탈피는 변하지 않는다(온도·압력 강하, 체적 증가).
④ **증발기** : 팽창밸브를 통과한 저온 저압의 냉매액이 피냉각 물체로부터 열을 흡수하여 저온 저압의 가스로 되어 압축기에 흡입된다. 이때 증발기 입출구의 온도차는 없고 피냉각 물체로부터 흡수한 열량만큼 엔탈피가 증가하게 되는데, 이 증가한 엔탈피를 냉동효과(냉동력)이라고 한다(압력·온도 일정, 체적 증가)

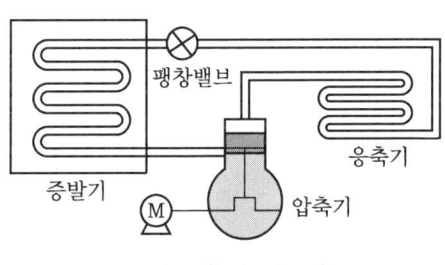

증기 압축식 냉동기

(2) 흡수식 냉동기

기계적 일을 사용하지 않고 열을 적용시켜 냉동하는 것으로 서로 잘 용해하는 두 물질을 사용한다. 즉, 저온에서 두 물질이 용해하고 고온에서 분리하는 것이다. 이때 열을 운반하는 것을 냉매라 하고 가스를 용해하는 물질을 흡수제라 한다.

발생기는 가스의 압축작용에 해당되고 흡수기는 흡입작용을 하게 되는 것으로 증기 압축식 냉동기의 압축기 역할을 한다. 발생기에서 나오는 증기 중 냉매와 흡수제를 분리하는 역할을 하는 것으로 애널라이저(analyzer)와 정류기가 있다.

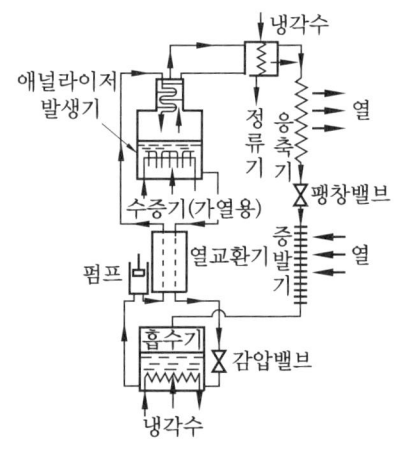

흡수식 냉동기

냉매	흡수제
NH_3	H_2O
H_2O	LiBr(리튬브로마이드)

(3) 공기 압축식 냉동기

공기를 압축해서 따뜻해진 공기를 상온에서 냉각하여 이 압축공기를 팽창시키면 공기가 냉각되므로 이 냉각공기를 이용하여 행하는 방법이다. 냉동능력에 비해 동력이 커지게 되므로 항공기와 같이 자연적으로 공기를 압축할 수 있는 경우를 제외하고는 일반적으로 사용되지 않는다. 사용 냉매는 공기이며 윤활유는 물을 사용한다.

(4) 증기 분사식 냉동기

증기 이젝터의 흡입력에 의하여 증발기 내의 압력을 낮추고 증발기 내의 압력이 낮아지면 물의 일부가 증발하여 물을 냉각시키므로 냉수를 얻을 수 있다. 냉매로서의 수증기는 독성이 없고 값이 저렴하며 증발열도 크므로 보통의 압축기로 처리가 곤란하여 압축기 대신 증기 이젝터를 사용한다. 사용 냉매는 물이며 사용 조건은 연중 계속 보일러를 사용하고(압력 0.3~1 MPa 정도) 폐증기를 쓸 수 있는 입지 조건이 갖추어져 있는 곳이어야 한다.

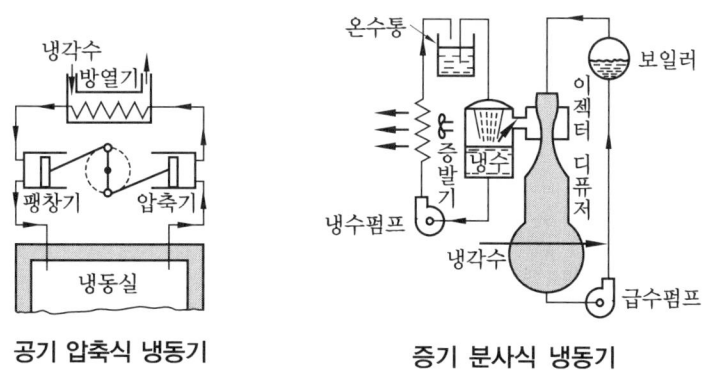

공기 압축식 냉동기   증기 분사식 냉동기

(5) 전자 냉동기(펠티어 효과를 이용한 냉동기)

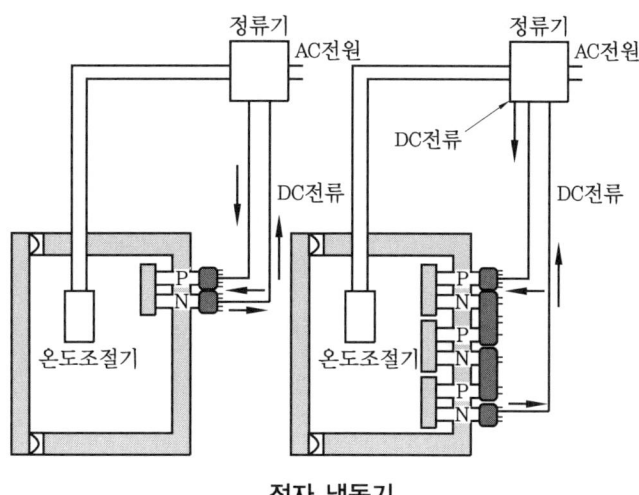

전자 냉동기

1834년 프랑스의 펠티어 비루제가 발견한 것으로 상이한 금속 2종을 결합하고 이곳에 전류가 흐르게 하면 한쪽에서는 열을 흡수하고 다른 한쪽에서는 열을 방출하는 현상이 일어나는 원리를 이용한 것이다. 1960년 미국의 General electric 회사에서 트랜지스터에 의한 전자 냉동장치로 큰 성공을 했으나 아직도 일반적으로 사용하지 않는다.

2. 용어 및 단위

2-1 압력

압력이란 단위 면적당 작용하는 힘을 말한다.

(1) 계기압력
대기압 상태를 0으로 기준해서 측정한 압력

(2) 절대압력
완전진공 상태를 0으로 기준하여 측정한 압력

(3) 대기압
지구상의 모든 물질은 대기압을 받고 있다. 즉, 공기의 압력을 말하는 것이다. 대기압 상태에서 진공된 유리관을 수은 그릇에 넣었을 때 수은이 76 cm 올라간다. 즉, 대기압이 작용했기 때문이다.

수은의 비중은 13.595 g/cm³이므로
$$76 \text{ cm} \times 13.595 \text{ g/cm}^3 = 1033.22 \text{ g/cm}^2 \cdot a = 1.0332 \text{ kg/cm}^2 \cdot a$$

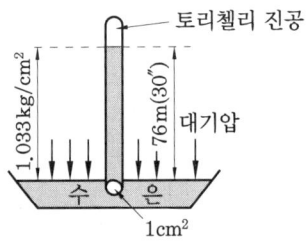

> **참고) 대기압**
>
> $1.0332 \text{ kg/cm}^2 \cdot a = 14.7 \text{ lb/in}^2 \cdot a = 10.332 \text{ mH}_2\text{O}$
> $= 10.332 \text{ mAq} = 1 \text{ atm} = 1\text{기압} = 76 \text{ cmHg} = 30 \text{ inHg}$
> $= 1.01325 \text{ bar} = 1013.25 \text{ mbar} = 101325 \text{ Pa}$
> $= 101325 \text{ N/m}^2 = 101.325 \text{ kPa} = 101.325 \text{ kN/m}^2$

2-2 진공도(cmHg vacuum)

$$76 : (76-h) = 1.033 : P$$

$$76P = 1.033(76-h)$$

$$P = 1.033 \frac{(76-h)}{76}$$

$$P = 1.033 \left(1 - \frac{h}{76}\right)$$

여기서, P : 절대압력(kg/cm²a)

h : 진공도(cm/Hg)

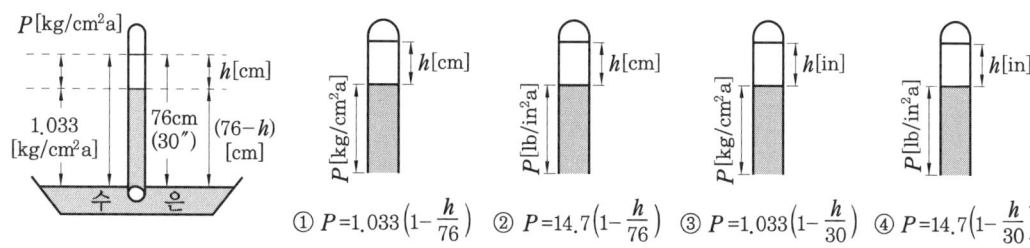

① $P = 1.033\left(1 - \dfrac{h}{76}\right)$ ② $P = 14.7\left(1 - \dfrac{h}{76}\right)$ ③ $P = 1.033\left(1 - \dfrac{h}{30}\right)$ ④ $P = 14.7\left(1 - \dfrac{h}{30}\right)$

2-3 압력계

(1) 복합 압력계(compound gauge)

진공부터 고압까지 측정할 수 있는 압력계

(2) 고압 압력계(high pressure gauge)

대기압 이상의 압력을 측정할 수 있는 압력계

부르동관

(3) 매니폴드 계기(manifold gauge)

복합 압력계와 고압 압력계가 같이 붙어 있는 압력계

> 참고) 보통 압력계의 부르동관 재료로는 황동을 많이 사용하나 NH_3에 사용하는 압력계는 부식하므로 연강으로 만든다.

2-4 온도와 열량

(1) 온도

① **섭씨온도** : 대기압하에서 물의 결빙점을 0℃, 비등점을 100℃로 하여 그 사이를 100 등분한 것으로서 ℃로 표시한다.

② **화씨온도** : 대기압하에서 물의 결빙점을 32°F, 비등점을 212°F로 하여 그 사이를 180 등분한 것으로서 °F로 표시한다.

$$℃ = \frac{5}{9}(°F - 32)$$

$$°F = \frac{9}{5}℃ + 32$$

③ **절대온도** : 열역학적으로 가상한 최저의 온도(-273℃, -460°F)를 0°로 기준하여 사용한 온도

  단위 : K = Kelvin, °R = Rankin

  K = 273 + ℃, °R = 460 + °F

  1 K = 1.8°R

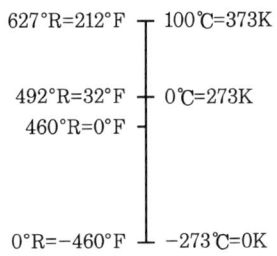

④ **건구온도** : 보통의 봉상온도계로 측정할 수 있는 온도
⑤ **습구온도** : 봉상온도계의 수은구 부분에 명주나 모슬린 등으로 감싸고 이를 물에 적셔 대기 중에서 증발시켜 측정한 온도, 공기 중의 수분이 많고 적음을 알 수 있다.
⑥ **노점온도** : 대기 중의 수증기가 응축하기 시작하는 온도

(2) 열량

- 1 kcal : 물 1 kg을 1℃ 높이는 필요한 열량
- 1 BTU : 물 1 lb를 1℉ 높이는데 필요한 열량
- 1 kcal = 3.968 BTU = 4.186 kJ
- 1 BTU = 0.252 kcal

① **열용량** : 어느 물질을 1℃ 올리는 데 필요한 열량

② **비열** : 어느 물질 1 kg을 1℃ 높이는 데 필요한 열량(단위 : kcal/kg·℃, kJ/kg·℃)
  예 물의 비열 : 1 kcal/kg·℃ = 4.186 kJ/kg·℃
  얼음의 비열 : 0.5 kcal/kg·℃ = 2.093 kJ/kg·℃
  수증기의 비열 : 0.441 kcal/kg·℃ = 1.846 kJ/kg·℃

③ **정압비열**(constant pressure specific heat) : 어느 기체의 압력을 일정하게 할 때 1 kg을 1℃ 높이는 데 필요한 열량을 의미하며, 기호로 C_P이다.

④ **정적비열**(constant volume specific heat) : 어느 기체의 체적을 일정하게 할 때 1 kg을 1℃ 높이는 데 필요한 열량을 의미하며, 기호로 C_V이다.

⑤ **비열비** : 정압비열(C_P)을 정적비열(C_V)로 나눈 값을 비열비라 한다.

> **참고** 비열비의 특성
> ① 정압비열은 항상 정적비열보다 크다. 즉, $\dfrac{C_P}{C_V} > 1$
> ② 비열비가 큰 물질(NH_3)은 압축 후 토출가스의 온도가 높아 유분리기에 분리된 윤활유는 탄화 또는 열화되므로 배유시키고 실린더 상부를 물로 냉각하는 워터 재킷(water jacket)을 설치한다. NH_3 냉동기는 반드시 워터 재킷이 있다.

2-5 물질의 상태

① 고체에서 액체로 변하는 데 가해 줄 열량 : 융해열
② 액체에서 고체로 변하는 데 제거해 줄 열량 : 응고열
③ 액체에서 기체로 변하는 데 가해 줄 열량 : 증발열
④ 기체에서 액체로 변하는 데 제거해 줄 열량 : 응축열
⑤ 고체에서 기체로 변하는 데 가해줄 열량 : 승화열

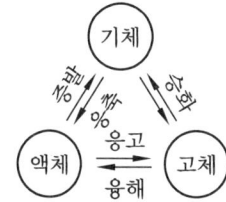

※ 물의 증발잠열
  수증기의 응축잠열 } 539 kcal/kg = 2256.25 kJ/kg

  얼음의 융해잠열
  물의 응고잠열 } 79.68 kcal/kg = 333.54 kJ/kg

2-6 감열과 잠열

(1) 감열(현열 : sensible heat)

상태의 변화 없이 온도가 변하는 데 필요한 열량

$$Q = GC\Delta t$$

여기서, Q : 열량(kJ)
G : 질량(kg)
C : 비열(kJ/kg·℃)
Δt : 온도차(℃)

(2) 잠열(latent heat)

온도의 변화 없이 상태가 변하는 데 필요한 열량

$$Q = G\gamma$$

여기서, Q : 열량(kJ)
G : 질량(kg)
γ : 잠열(kJ/kg)

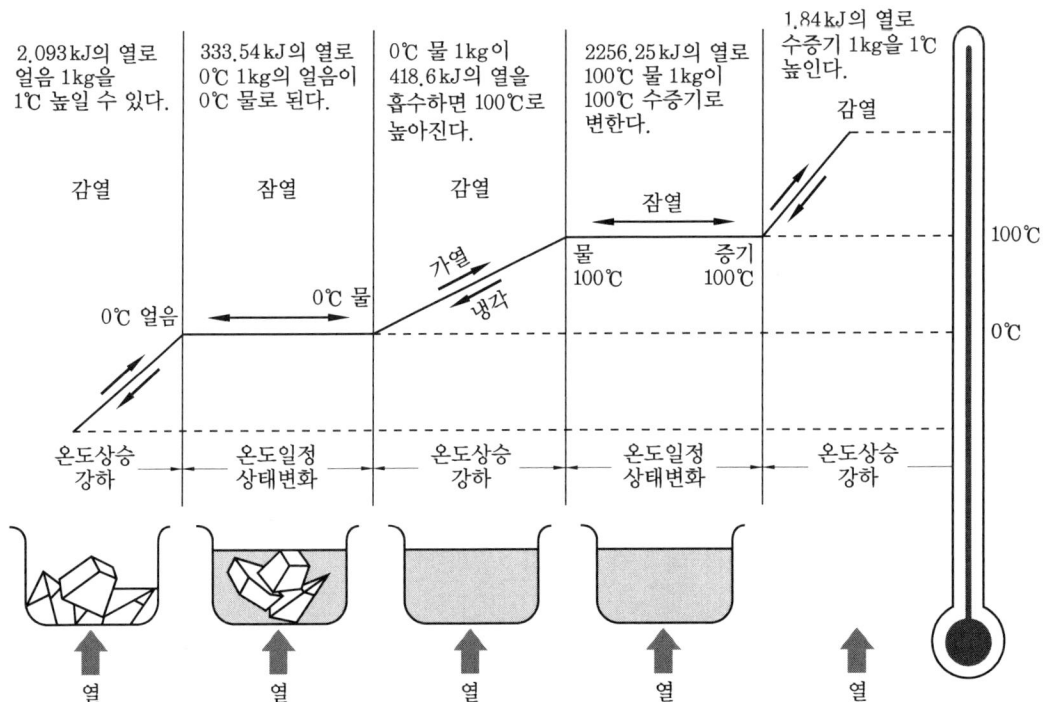

2-7 일과 동력

(1) 일

일 = 힘 × 힘이 작용하는 방향으로 움직인 거리(단위 : kg·m, lb·ft)

(2) 동력

동력 = $\dfrac{일}{시간}$ = $\dfrac{힘 \times 거리}{시간}$ = 힘 × 속도(단위 : kg·m/s, lb·ft/s)

1 HP(영국 마력) = 76 kg·m/s = 641 kcal/h = 2683.23 kJ/h
1 PS(국제 마력) = 75 kg·m/s = 632 kcal/h = 2645.55 kJ/h
1 kW = 102 kg·m/s = 860 kcal/h = 3599.96 kJ/h

> **참고** 열의 일당량 = 427 kg·m/kcal이므로 1 HP = (76×3600)/427 = 641 kcal/h,
> 1 PS = (75×3600)/427 = 632 kcal/h, 1 kW = (102×3600)/427 = 860 kcal/h

동력 환산표

kW	영국 마력	미터 마력	kg·m/s	kcal/h
1	1.34	1.36	102	860
0.746	1	1.014	76	642
0.736	0.986	1	75	632

3. 열역학 기본 사항

3-1 열역학 제1법칙

에너지 불멸의 법칙이라고도 하며 기계적 일이 열로 변하거나 열이 기계적 일로 변할 때 이들의 비는 일정하다. 여기서, 일을 W, 열량을 Q라 하면 $Q = AW$, $W = JQ$로 표시되며 A와 J는 일정한 비율을 갖는다.

일의 열당량 $A = \dfrac{1}{427}$ kcal/kg·m

열의 일당량 $J = 427$ kg·m/kcal → 427 kg·m의 일은 1 kcal의 열로 바꾸어지는 것을 의미한다.

3-2 열역학 제2법칙

열은 고온도의 물체로부터 저온도의 물체로 옮겨질 수 있지만 그 자체는 저온도의 물체로부터 고온도의 물체로 옮겨갈 수 없다. 일이 열로 바뀌는 것은 쉽지만 반대로 열이 일로 바뀌는 것은 열기관의 힘을 빌리지 않는 한 그리 쉬운 일이 아니다.

3-3 엔탈피(enthalpy)

① 액체나 기체가 갖는 단위 중량당의 열에너지를 엔탈피라고 하며 단위는 kcal/kg으로 표시한다. 물질은 그 자체가 그 물체 외부와는 관계없이 감열과 잠열로서 자체 내에 비축하고 있는 내부에너지와 외부에너지로부터의 압력 $p[\text{kg/cm}^2]$에 대하여 이와 동일한 압력으로 대항함으로써 체적 $V[\text{m}^3/\text{kg}]$를 유지하기 위한 외부에너지를 갖고 있다.
② 냉동 공학에서는 모든 냉매에 대하여 0℃의 포화액의 엔탈피를 100 kcal/kg으로 정하고 있으며 공기 조화에서는 0℃의 건조공기의 엔탈피를 0 kcal/kg으로 하여 기준을 삼고 있다.
③ 엔탈피 = 내부에너지 + 외부에너지

$$i = u + APV$$

여기서, i : 엔탈피(kcal/kg)
u : 내부에너지(kcal/kg)
A : 일의 열당량(kcal/kg · m)
P : 압력(kg/m^2)
V : 비체적(m^3/kg)

3-4 엔트로피(entropy)

① 일정한 온도하에서 단위 중량의 물체가 얻은 열량을 말한다(단위 : kJ/kg · K).
② 열량을 1 cal, 온도를 1 K로 했을 때의 양을 클라우시우스(Clausius)라 하고 열량을 1 J (약 0.24 cal), 온도를 1 K로 했을 때의 양을 온네스(Onnes)라 한다.
③ 0℃ 포화액의 엔트로피를 1로 하고 있다.

3-5 가스의 성질

(1) 보일의 법칙(Boyle's law)

기체의 온도를 일정하게 유지하면 그 기체의 압력과 체적(용적)은 서로 반비례한다.

$$PV = R_1(일정), \quad P_1V_1 = P_2V_2$$

여기서, P : 압력, V : 용적, R_1 : 기체에 관한 상수

(2) 샤를의 법칙(Charle's law)

기체의 압력을 일정하게 하면 그 기체의 용적과 절대온도는 서로 정비례한다.

$$\frac{V}{T} = R_2(일정), \quad \frac{V_1}{T_1} = \frac{V_2}{T_2}(P_1 = P_2), \quad \frac{P_1}{T_1} = \frac{P_2}{T_2}(V_1 = V_2)$$

여기서, V : 체적, T : 절대온도, R_2 : 기체에 관한 상수

(3) 보일-샤를의 법칙

기체의 체적은 압력에 반비례하고 절대온도에 비례한다.

$$\frac{PV}{T} = R_3(일정), \quad \frac{P_1V_1}{T_1} = \frac{P_2V_2}{T_2}$$

(4) 게이뤼삭의 법칙(Gay-Lussac's law)

압력이 일정하면 가스의 비체적은 온도의 변화에 비례하여 증감한다.

$$\frac{V_1}{V_2} = \frac{T_1}{T_2}$$

여기서, T_1 : 처음 온도, T_2 : 나중 온도
V_1 : 처음 비체적, V_2 : 나중 비체적

3-6 단열, 등온, 폴리트로픽 변화

(1) 단열변화

기체가 외부로부터 가열되거나 냉각되는 일 없이 팽창 또는 압축할 때의 변화를 단열변화라 하고 각각 단열팽창 또는 단열압축이라 한다.

$$PV^k = 일정$$

여기서, k : 단열지수(비열비) $= \dfrac{C_P}{C_V}$

(2) 등온변화

기체가 외부로부터 가열되거나 냉각되어 일정한 온도를 유지하면서 팽창 또는 압축할 때의 변화를 등온변화라 하며 각각 등온팽창, 등온압축이라 한다.

$$PV^n = 일정 (n=1)$$

(3) 폴리트로픽 변화(polytropic change)

단열변화와 등온변화의 중간적인 변화를 말하며 실제의 압축기에서는 폴리트로픽 압축을 하는데 계산의 편의상 단열압축으로 간주한다.

$$PV^n = 일정 \left(1 < n < \dfrac{C_P}{C_V}\right)$$

> **참고** 가스 압축 시 변화
> ① 압축에 소요되는 열량 : 단열압축 > 폴리트로픽 압축 > 등온압축
> ② 가스 온도 상승 : 단열압축 > 폴리트로픽 압축 > 등온압축

(4) 토출가스 온도

압축기에서 냉매 가스를 압축하면 점차 온도가 상승하게 되는데 이때 온도 상승 비율은 냉매 가스 종류에 따라 다르다. 즉, 단열압축했을 때 온도 상승은 다음 식으로 표시된다.

$$\dfrac{T_2}{T_1} = \left(\dfrac{P_2}{P_1}\right)^{\frac{k-1}{k}}$$

여기서, T_1 : 압축 전 가스 절대온도(K), T_2 : 압축 후 가스 절대온도(K)
P_1 : 압축 전 가스 절대압력(kg/cm^{2}a), P_2 : 압축 후 가스 절대압력(kg/cm^{2}a)

※ 위 식으로 보아 비열비와 압축비가 클수록 압축 후 토출가스 온도는 높아진다.

가스 종류	비열비(단열지수)
공기	1.41
암모니아	1.313
염화메틸	1.2
프레온 22	1.183
프레온 12	1.136

3-7 교축작용

유체가 밸브 기타 저항이 큰 곳을 통과할 때에 마찰이나 흐름의 흩어짐으로 인하여 흐름 방향으로 압력이 강하한다. 이와 같이 좁혀진 부분에 있어서의 압력강하를 교축이라 한다. 이러한 목적으로 사용하는 밸브를 교축밸브라 하고 냉동장치에서 증발기 입구에 설치하는 밸브를 팽창밸브라 한다.

※ 팽창밸브 통과 전후에 있어서의 냉매의 엔탈피는 변화가 없다.

3-8 비중 및 밀도

어떤 물질의 무게와 그 물질이 갖는 체적과 동일 체적의 물의 무게와의 비를 비중이라 한다. 그런데 4℃ 물 1L의 무게는 1kg이므로

$$\text{어떤 물질의 밀도(비중량)} = \frac{\text{물질의 무게(kg)}}{\text{물질의 체적(L)}}$$

$$\text{어떤 물질의 비중} = \frac{\text{어떤 물질 1L당 무게}}{4℃ \text{ 물 1L당 무게}}$$

따라서 밀도의 단위는 kg/L이나 비중은 단위가 없다.

(1) 고체의 비중

$$\frac{(\text{공기 중 고체의 무게})}{(\text{공기 중 고체의 무게})-(\text{물속에서의 고체 무게})}$$

(2) 액체의 비중

$$\frac{(\text{용기에 측정 액체를 넣었을 때 무게})-(\text{용기 무게})}{(\text{용기에 물을 넣었을 때 무게})-(\text{용기 무게})}$$

3-9 비체적

밀도(비중량 : 단위 체적당 중량으로 kg/m^3 또는 kg/L로 표시된다)의 역수, 즉 단위 중량당 체적이며 m^3/kg 또는 L/kg로 표시된다.

4. 일반 증기 성질

4-1 가열에 의한 상태 변화

액체를 실린더에 넣고 일정 압력 P_1의 상태에서 서서히 가열하면 그림 (a)와 같이 (가)→(나)→(다)로 변화한다. (가)는 전부 액체인 상태, (나)는 액체와 증기가 혼합된 상태, (다)는 전부 증기가 된 상태를 나타낸다. 이 변화를 온도-비체적 선도에 표시하면 그림 (b)와 같이 된다.

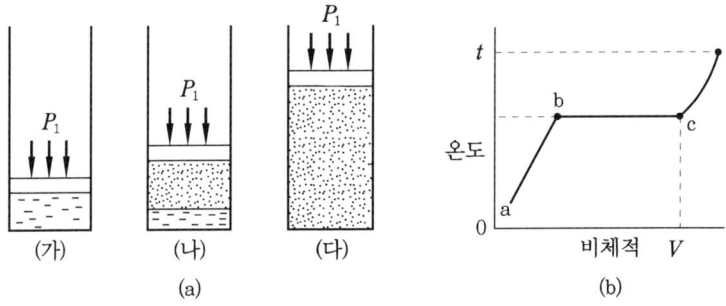

(1) 포화온도
어느 압력하에서 증발하기 시작하는 온도

(2) 포화액
어느 압력하에서 포화온도에 도달한 액

(3) 포화압력
액체가 포화액이 되었을 때의 압력

> **참고** 포화온도가 상승하면 이에 따른 포화압력이 상승하고 포화온도가 내려가면 포화압력도 내려간다.

(4) 액체열
어느 압력하에서 포화온도에 도달할 때까지 액체에 가해준 열량

(5) 건조포화증기
어느 일정 압력에서 액이 전혀 없이 완전 증기로 된 상태

(6) 건조포화증기선

건조포화증기의 점들을 이은 선

(7) 습포화증기

액과 증기가 같이 존재하는 상태

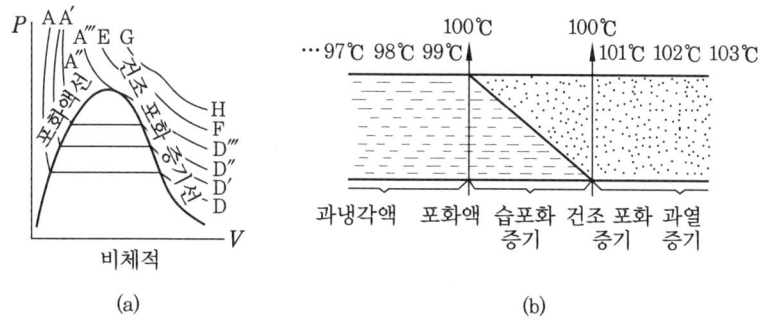

(8) 임계점

포화액 선과 건조포화증기선이 만난 점

(9) 건조도

습증기 구역에서는 액과 증기가 혼합되어 있는데 1 kg 중의 증기의 무게를 %로 나타낸 것으로 x로 나타낸다.

※ 포화액 $x=0$, 건조포화증기 $x=1$

(10) 임계 온도

일반적으로 기체를 어느 일정 온도 이하로 낮추어 두고 압력을 가하면 액체로 된다. 그러나 어떤 일정 온도보다 높은 온도에서는 아무리 압력을 높여도 그 기체는 액화되지 않는다. 이러한 온도를 그 기체의 임계 온도라 하며 임계 온도에 있어서 그 기체가 액체로 될 때의 압력을 그 기체의 임계 압력이라 한다.

(11) 불응축 가스(non condensible gas)

압력을 아무리 높여도 상용의 냉각수로써 냉각을 시켜서는 액화되지 않는 가스이다.
예 공기 임계 온도는 -141℃로서 상용의 냉각수로는 응축되지 않는 불응축 가스이므로 냉매로는 사용 불가, 탄산가스도 이론상으로는 응축하나 실제적으로는 불응축한다. 즉, 냉매의 임계 온도는 사용의 냉각수보다 훨씬 높아야 한다.

각종 물질의 임계점

물질	임계온도(℃)	임계압력(kg/cm²a)
물	374	225
암모니아	133	116
탄산가스	31	75
공기	-141	40.4
산소	-119	51
수소	-240	13.2
질소	-147	34.6
헬륨	-268	2.33

4-2 압축비

(1) 압축비

$$\frac{\text{고압측 절대압력}(kg/cm^2)}{\text{저압측 절대압력}(kg/cm^2)}$$

(2) 압축비가 증가하면 냉동 장치에 미치는 영향

① 토출 가스 온도 상승　② 윤활유 열화, 탄화
③ 실린더 과열　　　　　④ 피스톤 마모
⑤ 체적 효율 감소　　　　⑥ 압축 효율 감소
⑦ 기계 효율 감소　　　　⑧ 축수 하중 증대
⑨ 냉동 능력 감소　　　　⑩ 소요 동력 증대
⑪ 성적계수 저하

5. 전열

　전열이란 열의 이동(온도가 높은 곳에서 낮은 곳으로)을 말하는 것으로 전열량은 온도차에 비례하고 열저항에 반비례한다.

$$Q = \frac{\Delta t}{W}$$

여기서, W : 열 이동에 대한 저항(℃·h/kJ)
　　　　Δt : 온도차(℃)
　　　　Q : 전열량(kJ/h)

5-1 대류(convection)

유체가 온도에 의해 밀도차가 생겨 이 밀도차에 의해 유체가 이동하면서 열을 운반시키는 것을 말한다.

(1) 대류 현상의 보기

① 자연계에서 일어나는 바람은 대류의 영향으로 발생된다.
② 굴뚝은 공기의 대류를 잘 시켜 새로운 공기를 흡입 연소하여 생성된 연기를 굴뚝 밖으로 내보낸다.
③ 난로의 불 문을 열어두면 공기의 대류가 잘 되어 잘 탄다.
④ 냉장고 속의 윗부분에 증발기를 두어 찬 공기가 밑으로 내려오도록 하여 냉장고 안 전체가 저온이 되게 한다. 냉장고에서 증발기를 위에 설치한 것도 이 이유 때문이다.

(2) 대류의 방법

① **자연 대류** : 유체의 밀도 변화에 의하여 일어나는 대류
② **강제 대류** : 팬 펌프 또는 교반기 등 기계적인 방법으로 행하는 대류

5-2 복사(radiation)

고온의 물체는 복사선을 내고 자기 자신은 냉각된다. 이 복사선은 빛과 같이 전파의 일종으로 매질이 없는 진공 중에서도 전달된다. 이와 같은 것을 열의 복사라 한다.

> **참고** 검은색은 복사열을 잘 흡수하고 또한 복사열을 잘 방출한다. 가정용 냉장고는 이러한 이유 때문에 응축기를 검은색으로 한다.

5-3 열전도(conduction)

도체에서 도체로 열이 이동하는 것

$$Q = \frac{\lambda}{l} \cdot F \cdot \Delta t$$

여기서, Q : 한 시간 동안에 전해질 열량(kJ/h)
λ : 열전도율(kJ/m·h·℃)
F : 전열면적(m^2)
Δt : 온도차(℃)
l : 길이 또는 두께(m)

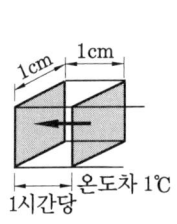

① **열전도 저항**

$$W_c = \frac{l}{\lambda F} [℃ \cdot h/kJ]$$

② **열전도율** : 한 변이 1 m인 정육면체에 4면을 완전히 열 절연하여 나머지 2면을 온도차 1℃로 유지할 때 한 시간에 양면을 흐르는 열량을 열전도율이라고 한다.

각종 재료의 열전도율

	재료	열전도율(kcal/m·h·℃)		재료	열전도율(kcal/m·h·℃)
금속 재료	강(탄소강)	31~46	건축 재료	목재(섬유와 직각)	0.1~0.2
	주철	45		목재(섬유와 평행)	0.3
	동	300~330		콘크리트	0.7~1.2
	알루미늄	190		유리	0.67~0.83
전열 재료	탄화코르크판	0.036~0.040		물	0.51
	글라스 파이버	0.032~0.046		얼음	2.0
	스티로폼	0.028		공기	0.02

냉각관에의 부착물

유막	0.10~0.13	이슬(두께 0.5~1.0 mm)	0.48
물때(scale)	0.3~1.0	상(霜)	0.1~0.4

5-4 열전달

유체와 고체 간의 열의 이동을 열전달이라고 한다.

$$Q = \alpha F \Delta t$$

여기서, Q : 1시간 동안에 전해진 열량(kJ/h)
α : 열전달률(kJ/m² · h · ℃)
F : 전열 면적(m²)
Δt : 온도차(℃)

① 액체가 기체보다 열전달률이 더 크다.
② 유체의 유속이 빠를수록 열전달률이 크다.
③ 열전달률 = 표면 전달률 = 경막계수

열전달 저항 $W_s = \dfrac{1}{\alpha F}$

열전달률

유체의 종류 · 상태	α[kcal/m² · h · ℃]	유체의 종류 · 상태	α[kcal/m² · h · ℃]
A 금속면과 유체		옥외벽	20
액체(정지)	70~300	C 응축면	
액체(유동)	200~5000	암모니아	5000
기체(정지)	2~30	R12	1600
기체(유동)	10~500	D 증발면	
B 건물벽과 공기		암모니아	6000
옥내벽	5~7	R12	1700

5-5 열통과

열이 유체 Ⅰ에서 Ⅱ로 이동되는 것을 열통과라 한다.

$$Q = KF\Delta t_m$$

여기서, Q : 1시간 동안에 통과한 열량(kJ/h)
K : 열통과율(kJ/m² · h · ℃)
F : 전열면적(m²)
Δt_m : 평균 온도차(℃)

열통과 저항 $W = \dfrac{1}{KF}$

※ 열통과율 = 전열계수 = 열관류율

산술 평균 온도차 $\Delta t_m = \dfrac{\Delta_1 + \Delta_2}{2}$

산술 평균 = 응축 온도 $- \dfrac{냉각수\ 입구\ 온도 + 출구\ 온도}{2}$

= 응축 온도 $-$ 냉각수 평균 온도

대수 평균 온도차$(MTD) = \dfrac{\Delta_1 - \Delta_2}{2.3 \log\left(\dfrac{\Delta_1}{\Delta_2}\right)}$

$= \dfrac{\Delta_1 - \Delta_2}{2.3(\log \Delta_1 - \log \Delta_2)} = \dfrac{\Delta_1 - \Delta_2}{\ln\left(\dfrac{\Delta_1}{\Delta_2}\right)}$

$\Delta_1 = 32 - 12 = 20℃$

$\Delta_2 = 25 - 7 = 18℃$

$MTD = \dfrac{20 - 18}{\ln \dfrac{20}{18}} = 18.98$

5-6 평판 전열벽

열통과 저항은 열전도 저항, 열전달 저항을 합한 것이 되므로

$W = W_{s1} + W_{c1} + W_{c2} + W_{c3} + \cdots\cdots + W_{s2}$

열전도 저항 $W_c = \dfrac{l}{\lambda F}$

열전달 저항 $W_s = \dfrac{1}{\alpha F}$ 이므로

$W = \dfrac{1}{\alpha_1 F} + \dfrac{l_1}{\lambda_1 F} + \dfrac{l_2}{\lambda_2 F} + \dfrac{l_3}{\lambda_3 F} + \cdots\cdots + \dfrac{1}{\alpha_2 F}$

$= \dfrac{1}{F}\left(\dfrac{1}{\alpha_1} + \dfrac{l_1}{\lambda_1} + \dfrac{l_2}{\lambda_2} + \dfrac{l_3}{\lambda_3} + \cdots\cdots + \dfrac{1}{\alpha_2}\right)$

열통과 저항 $W = \dfrac{1}{KF}$ 이므로 $K = \dfrac{1}{FW}$ 이다.

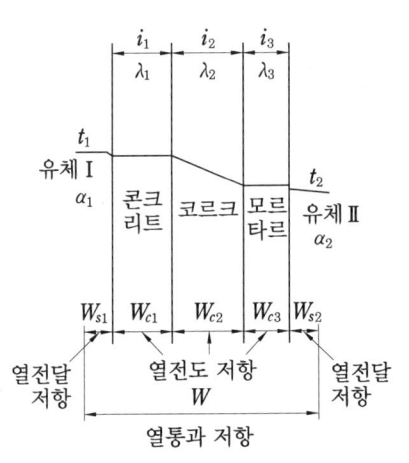

$$\therefore K = \cfrac{1}{F\left\{\cfrac{1}{F}\left(\cfrac{1}{\alpha_1} + \cfrac{l_1}{\lambda_1} + \cfrac{l_2}{\lambda_2} + \cfrac{l_3}{\lambda_3} + \cdots\cdots + \cfrac{1}{\alpha_2}\right)\right\}}$$

$$= \cfrac{1}{\cfrac{1}{\alpha_1} + \cfrac{l_1}{\lambda_1} + \cfrac{l_2}{\lambda_2} + \cfrac{l_3}{\lambda_3} + \cdots\cdots + \cfrac{1}{\alpha_2}}$$

5-7 핀 튜브(fin tube)의 전열

냉각관을 사이에 두고 두 유체가 전열을 이루고 있을 때 전열이 불량한 쪽에 전열면적을 넓혀주기 위하여 핀을 부착한 튜브를 핀 튜브라고 한다.

전열의 순서 : 공기＜프레온＜물＜암모니아

(1) 로 핀 튜브(low fin tube)

튜브 내로 전열이 양호한 유체가 흐르고 튜브 외로 전열이 불량한 유체가 흐르고 있을 때 전열이 불량한 튜브 외에 핀을 설치한 튜브를 말한다. 핀을 설치했을 때의 내외 면적비는 약 3.5：1이다(핀의 재료：동, 알루미늄, 브라스, 큐포로니켈 관제).

(2) 이너 핀 튜브(inner fin tube)

직접 팽창식(건식) 수냉각기에 있어서는 냉각관 내에 냉매 가스, 관외에 물이 통하게 되나 표면 전열이 나쁜 가스 측의 전열면적을 크게 하기 위하여 관 내측에 핀을 붙인 냉각관을 말한다. 이런 관을 사용함으로써 수냉각기의 크기를 비교적 소형화할 수 있고 효율을 높일 수 있다.

핀　　　　　　(a)　　　　　(b)　　　　　(c)

5-8 방열장치의 방습

수분이 방열재 중에 들어가면 방열작용이 현저히 떨어진다. 또한 방열재 부식 우려, 수분의 동결 및 융해에 의한 방열재를 파손시킬 우려가 있다. 그러므로 외벽과 방열 장치관을 충분히 방습하여 외부에서 수분이 침입하지 않도록 한다. 그러나 방열 장치의 내측은 방습하지 않는 편이 건조상태를 유지할 수 있어 오히려 더 나은 것으로 되어 있다.

(1) 방열재의 종류

유리솜, 스티로폼, 코르크, 톱밥, 탄산마그네슘, 우모 펠트, 규산칼슘 등 방열재 내의 온도가 외기의 노점 온도보다 낮으면 수분이 침입하여 방열재를 부식시키고, 방열 작용을 저해하게 되므로 경제적인 면을 고려하여 외벽 면에 결로를 방지할 수 있는 두께로 방열해야 한다. 대개 온도차 7~8°C에 대해 1″(25.4 mm)의 두께로 한다.

(2) 방열재의 조건

① 전열이 불량한 것(전열 저항이 클 것) ② 흡습성이 작을 것
③ 강도가 있을 것 ④ 불연성일 것
⑤ 부식성이 없을 것 ⑥ 시공이 용이할 것
⑦ 내구력이 있을 것 ⑧ 가격이 저렴하고 구입이 용이할 것

6. 냉동 사이클과 냉동능력

6-1 냉동 사이클

어느 일점에서 동작이 시작되어 일점까지 다시 오는 동작의 반복 상태를 사이클(주기)이라고 하며, 냉동기에서 행하여지는 사이클을 냉동 사이클이라고 한다.

6-2 카르노 사이클(Carnot cycle)

이상적인 열기관이 행하는 사이클로서 아래 그림과 같이 두 개의 등온선과 두 개의 단열선으로 이루어진다.

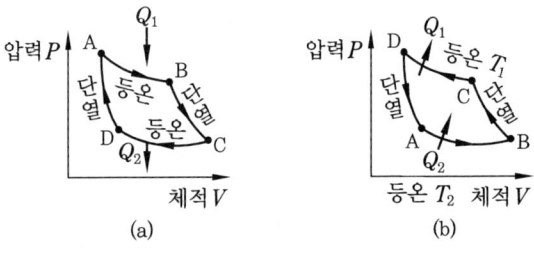
(a)　　　　　　(b)

6-3 역카르노 사이클

이 사이클은 두 개의 등온선과 두 개의 단열선으로 이루어지며 카르노 사이클의 역방향으로 이루어진다.

① b → c(단열압축) : 압축기에 해당한다. 이때 압축기에서 하는 일이 열로 바꾸어 그 양을 AW로 표시한다.
② c → d(등온압축) : 응축기에 해당한다. 이때는 고온이 T_1에서 Q_1의 열을 방출하여 냉매를 응축하게 된다.
③ d → a(단열팽창) : 팽창밸브에 해당한다. 이때는 단열팽창으로 외부에서 열을 받지 않고 외부로 열을 버리지도 않으므로 엔탈피는 변함없이 고온인 T_1에서 저온인 T_2로 온도와 압력을 낮추어 준다.
④ a → b(등온팽창) : 증발기에 해당한다. 이때는 저온인 T_2에서 Q_2의 열을 흡수하여 냉매가 증발한다.

6-4 성적계수

냉동기가 저 열원에서 열을 흡수하여 고 열원으로 열을 버리는 데는 일이 필요하며, 이 일을 직접적으로 하는 것이 압축기이다. 그러므로 압축기가 적은 일을 하여 많은 열을 발생시켰다면 그 냉동기의 성적계수는 좋다고 할 수 있다. 즉, 응축기의 방열량 = 증발기 흡수 열량 + 압축 일의 열량

$$Q_1 = Q_2 + AW$$

$$\therefore Q_2 = Q_1 - AW, \ AW = Q_1 - Q_2$$

$$성적계수 = \frac{증발기\ 흡수\ 열량}{압축\ 일의\ 열량}$$

① 이론 성적계수

$$\varepsilon = \frac{Q_2}{AW} = \frac{증발\ 열량}{압축\ 일의\ 열량} = \frac{Q_2}{Q_1 - Q_2} = \frac{T_2}{T_1 - T_2}$$

여기서, T_1 : 응축 절대 온도
T_2 : 증발 절대 온도

② 실제 성적계수

$$E = \frac{냉동능력}{실제\ 소요\ 마력} = \varepsilon \times \eta_c \times \eta_m$$

$$\text{압축 효율}(\eta_c) = \frac{\text{이론 마력}}{\text{실제 마력}}$$

$$\text{기계 효율}(\eta_m) = \frac{\text{실제 마력}}{\text{운전 소요 마력}}$$

6-5 냉동력(냉동효과, 냉동량)

냉매 1 kg이 증발기에서 흡수해 내는 열량으로 단위는 kJ/kg이다.
① 압력이 변하면 냉동효과도 변한다.
② 냉동효과 = 압축기 흡입 가스의 엔탈피 – 팽창밸브 직전의 엔탈피

냉매 \ 구분	–15℃의 증기 엔탈피	25℃의 엔탈피	냉동효과
NH_3	1661.84 kJ/kg	536.18 kJ/kg	1126.16 kJ/kg
R–12	566.45 kJ/kg	442.67 kJ/kg	123.78 kJ/kg
R–22	619.11 kJ/kg	450.83 kJ/kg	168.28 kJ/kg

6-6 냉동능력

단위 시간에 증발기에서 흡수하는 열량을 냉동능력이라 하며 단위는 kJ/h이다.

① **1냉동톤(1RT : Refrigeration Ton)** : 0℃ 물 1톤을 24시간 동안에 0℃ 얼음으로 만드는 데 제거해야 할 열량

   $Q = G \times \gamma$에서 $1000 \times 79.68 = 79680$ kcal/day = 3320 kcal/h

   ∴ 1RT = 3320 kcal/h = 13898 kJ/h

② **1 USRT** : 32°F의 물 1톤(2000 lb)을 24시간 동안에 32°F의 얼음으로 만드는 데 제거해야 할 열량

   $Q = G \times \gamma$에서 $G = 1000$ kg ≒ 2000 lb, $\gamma = 79.68$ kcal/kg = 144 BTU/lb

   ∴ 1 USRT = 2000×144

   = 288000 BTU/day = 12000 BTU/h

   = 3024 kcal/h = 12658.46 kJ/h

6-7 기준 냉동 사이클

냉동기 능력의 대소를 표시하기 위해서는 어느 일정한 기준이 필요한데 이 기준을 온도 조건에 의하여 정하며, 정해진 온도 조건에 의한 냉동 사이클을 기준 냉동 사이클이라고 한다.

① **증발 온도** : -15℃ 증발 포화 압력에 대응한 온도
② **응축 온도** : 30℃ 응축 포화 압력에 대응한 온도
③ **팽창밸브 직전 온도** : 25℃(과냉각도 : 5℃)
④ **압축기 흡입 가스** : -15℃ 건조포화증기

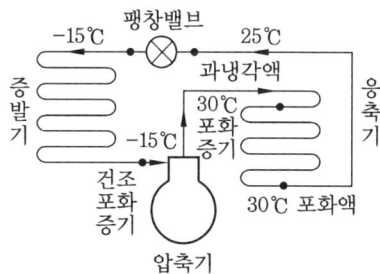

6-8 제빙톤

원료수 25℃ 1톤을 24시간 동안에 -9℃ 얼음으로 만드는 데 제거해야 할 열량(단, 제조과정의 열손실률을 20 %로 한다.)

① 원료수를 0℃까지 냉각하기 위한 열량

$$1000 \times 1 \times (25-0) = 25000 \text{ kcal}$$

② 0℃의 물을 0℃의 얼음으로 얼리기 위한 열량

$$1000 \times 79.68 = 79680 \text{ kcal}$$

③ 0℃의 얼음을 -9℃까지 냉각하기 위한 열량

$$1000 \times 0.5 \times [0-(-9)] = 4500 \text{ kcal}$$

∴ ①+②+③ = 109180 kcal

④ 제빙 과정 중의 열손실 ①, ②, ③ 합계의 20 %로 하면

$$109180 \times 0.2 = 21836 \text{ kcal}$$

∴ ①+②+③+④ = 131016 kcal

※ 이것을 냉동톤(RT)으로 환산하면 131016 ÷ 79680 = 1.65 RT

즉, 1제빙톤 = 1.65 RT

> **참고** 결빙시간(T)
>
> $$T = \frac{0.56 \times t^2}{-(t_b)}$$
>
> 여기서, t : 얼음의 두께(cm), t_b : 브라인 온도(℃)

제빙에 필요한 냉동능력 및 원수온도의 관계

원수온도(℃)	냉동톤	원수온도	한국냉동톤
5	1.44	25	1.65
10	1.52	30	1.72
15	1.56	35	1.78
20	1.62	40	1.84

7. 증기 선도

6-1 증기 선도의 종류

(1) P-V 선도

세로축에 절대 압력, 가로축에 용적을 잡아서 이들의 관계를 선도로 나타낸 것이며 열기관(증기 터빈)의 성적을 분석할 때 사용한다.

(2) T-S 선도

세로축에 절대 온도, 가로축에 엔트로피를 잡아서 이들의 관계를 선도로 나타낸 것이며 이 선도에서 곡선에 감싸인 면적은 외부의 일로 바뀐 열량을 나타낸다.

(3) i-S 선도

세로축에 엔탈피, 가로축에 엔트로피를 잡아서 이들의 관계를 선도로 나타낸 것이며 이 선도는 열 및 일이 선의 단면으로 나타나 계측이 용이한 이점이 있다.

(4) P-T 선도

세로축에 절대 압력, 가로축에 절대 온도를 잡아서 이들의 관계를 나타낸 선도이며 NH_3 수용액 농도 등에 있어서 특정한 목적에 사용되고 있다.

(5) P-i 선도

냉동에서는 모든 이론적 계산에 P-i 선도가 일반적으로 사용되는데, 세로축에 절대 압력, 가로축에 엔탈피를 잡아서 이들의 관계를 선도로 나타낸 것이며 P 대신 실제 도면상에는 $\log P$로 기입되고 있다.

이 선도는 일반적으로 몰리에르 선도(Mollier diagram)라고 하는데 열 및 물리적 변화의 전행정 기체 또는 액체의 상태를 간편하게 나타낸 것이다. 이 선도는 냉동 기계의 일을 분석하는 방법으로 매우 좋은 점을 지니고 있다.

7-2 P-i 선도(pressure-enthalpy Mollier diagram)

- 냉매 1kg 대한 작업과정을 선도로서 표시할 것
- 이론적 계산에서 많이 사용하며 냉매 순환량, 압축기 흡입량, 응축부하를 구할 수 있다.
- 세로축에 절대 압력을 대수 눈금으로 잡아주고 가로축에는 엔탈피가 표시된다.

> **참고** 몰리에르 선도의 이용
> - 냉동기의 크기 결정
> - 냉동능력 판단
> - 합리적이고 능률적인 운전의 필요
> - 전동기의 크기 결정
> - 냉동 장치의 운전 상태의 양부

(1) 몰리에르 선도의 각 성질과 구성

① **과냉각액 구역** : 동일 압력하에서 포화 온도 이하로 냉각된 액의 구역
② **과열증기 구역** : 건조포화증기를 더욱 가열하여 포화 온도 이상으로 상승시킨 구역
③ **습포화증기 구역** : 포화액이 동일 압력하에서 동일 온도의 증기와 공존할 때의 상태 구역
④ **포화액선** : 포화 온도 압력이 일치하는 비등 직전의 상태의 액선
⑤ **건조포화증기선** : 포화액이 증발하여 포화 온도의 가스로 전환한 상태의 선

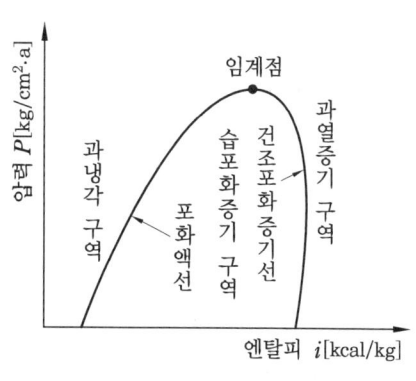

P-i 선도

(2) 몰리에르 선도상의 6대 구성 요소

① 등압선 $P[\text{kg/cm}^2 \cdot \text{a}]$

  (개) 가로축과 나란하며 절대 압력으로 표시되어 있다.

  (내) 등압 선상에서 절대 압력으로 표시되어 있다.

  (대) 응축 증발 압력을 알 수 있다.

  (라) 압축비를 구할 수 있다.

② 등엔탈피선 $i[\text{kcal/kg}]$

  (개) 세로축과 평행하며 가로축과 직교한다.

  (내) 이 선상의 엔탈피는 같다.

  (대) 냉매 1 kg에 대한 엔탈피를 구할 수 있다.

  (라) 냉동효과, 압축일량, 응축일량, 플래시가스량을 구할 수 있다.

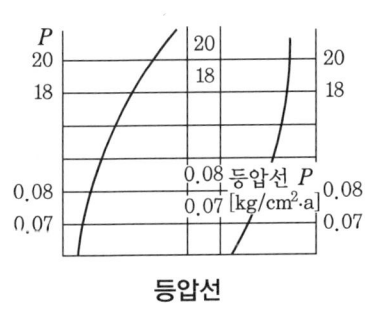
등압선

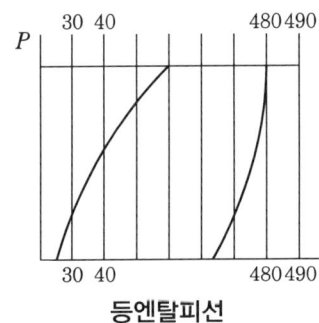
등엔탈피선

③ 등온선 $t[°C]$

  (개) 이 선상의 온도는 모두 같다.

  (내) 과냉각 구역에서는 등엔탈피선과 평행하며 과열증기 구역에서는 건조포화증기선 상에서 오른쪽으로 약간 구부린 다음 급히 하향한다.

  (대) 습증기 구역에서는 일반적으로 표시가 되어 있지 않고 포화액선, 건조포화증기선에 온도가 표시되어 있다.

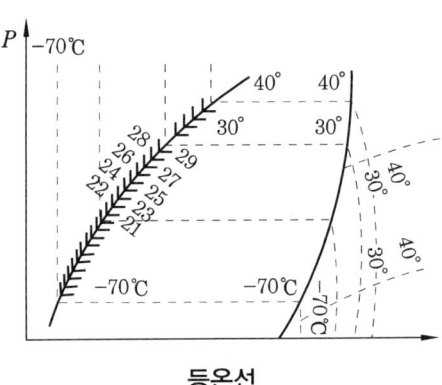
등온선

  (라) 토출 가스의 온도, 증발 온도, 응축 온도, 팽창밸브 직전의 냉매 온도를 알 수 있다.

④ 등비체적선 $V[\text{m}^3/\text{kg}]$

  (개) 습증기 구역과 과열증기 구역에서만 존재하는 선으로서 오른쪽으로 향하여 상향으로 그려져 있다.

  (내) 압축기로 흡입되는 냉매 1 kg의 체적을 구할 때 쓰인다.

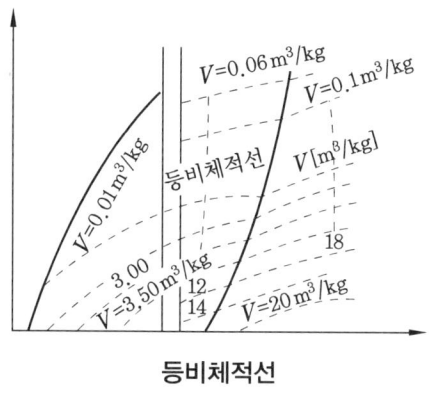

등비체적선

⑤ 등엔트로피선 $S[\text{kcal/kg} \cdot \text{K}]$
　㈎ 습증기 구역과 과열증기 구역에만 존재하며 엔트로피가 같은 점을 이은 선이다.
　㈏ 급경사를 이루고 상향한 곡선이다.
　㈐ 압축기는 단열압축이므로 등엔트로피선을 따라 압축된다.

⑥ 등건조도선 $X[\%]$
　㈎ 습증기 구역에만 존재하며 냉매 1 kg에 포함되고 있는 증기량을 나타낸다.
　㈏ 포화액의 건조도는 0이며 건조포화증기의 건조도는 1이다.

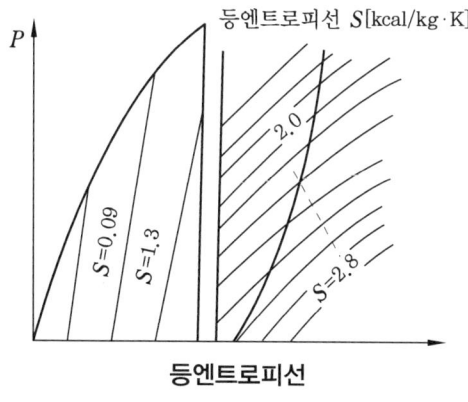
등엔트로피선

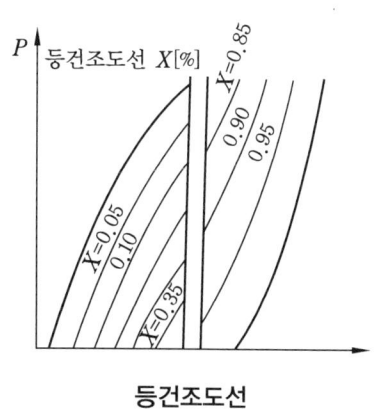
등건조도선

7-3 기준 냉동 사이클과 몰리에르 선도와의 비교

(1) 기준 냉동 사이클

① 증발 온도 : -15℃
② 응축 온도 : 30℃
③ 압축기 흡입 가스 : -15℃의 건조포화증기

④ 팽창밸브 직전 온도 : 25℃

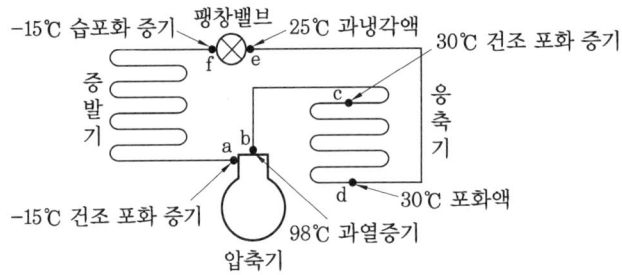

(2) 몰리에르 선도

① (a-b) 압축기 → 압축 과정

② (b-e) 응축기 $\begin{cases} (b-c) \to \text{과열제거 과정} \\ (c-d) \to \text{응축 과정} \\ (d-e) \to \text{과냉각 과정} \end{cases}$ 응축 과정

③ (e-f) 팽창밸브 → 팽창 과정

④ (f-a) 증발기 → 증발 과정

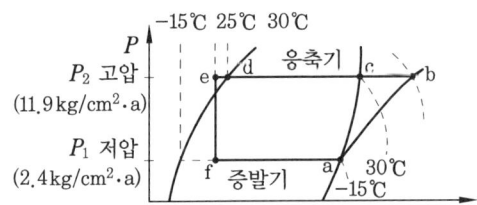

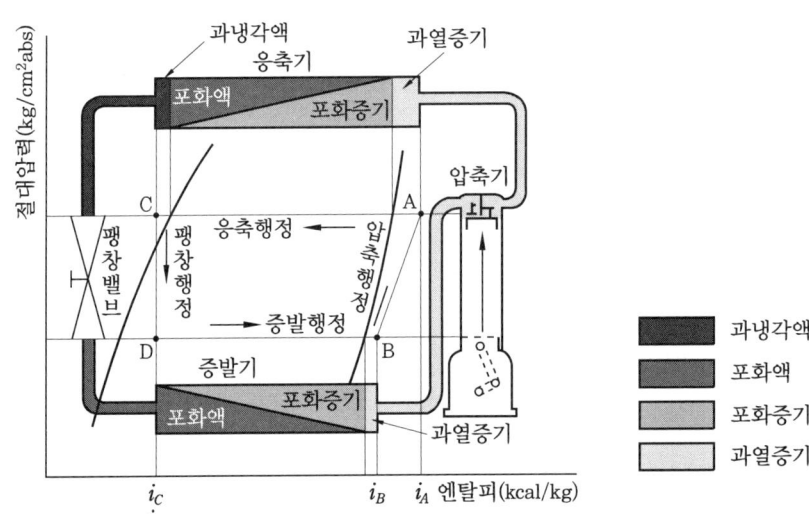

7-4 몰리에르 선도 상의 각부 작동 상태

(1) 압축 과정(a-b)

a점은 압축기 흡입 지점으로서 냉매의 상태는 P_2 증발 압력에 해당하는 건조포화증기이며 b점은 압축기 토출 지점으로서 압력 P_1 응축 압력에 해당하는 과열 증기이다. 즉, 저온, 저압의 건조포화증기가 압축기에서 압축됨으로써 고온, 고압의 과열 증기로 토출된다.

압축기를 통해서 나오는 가스가 피스톤에 가해진 일에 상당하는 열을 흡수하게 됨으로써 냉매의 엔탈피는 증가하는데 이 증가한 엔탈피($i_b - i_a$)는 AW(압축기 소요 동력)에 해당하는 일의 열당량으로 나타나게 된다.

[흡입 증기에 따른 압축 방식]

① a″ 과열압축(과열 증기 압축)
  (가) 압축기 흡입 가스가 과열 증기일 때
  (나) 프레온일 경우 과열압축 시 성적계수가 좋다(미국에서는 5℃ 과열 증기를 기준 냉동 사이클로 약속).

② a 건압축(건조포화증기 압축)
  (가) 압축기 흡입 가스가 건조포화증기일 때
  (나) 암모니아 건압축 시 성적계수가 좋다(실제로는 약간 습압축을 해준다).

③ a′ 습압축(습포화증기 압축)
  (가) 압축기 흡입 가스가 습포화증기일 때
  (나) 습압축(액압축)은 액 해머링의 위험이 있으므로 피해야 한다.

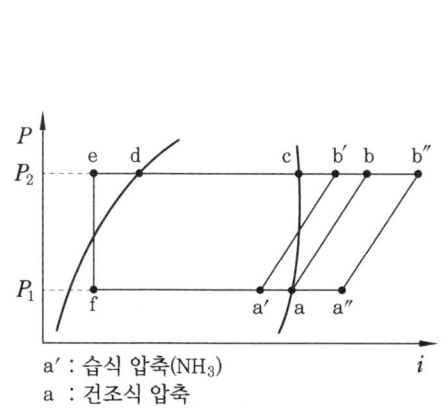

a′ : 습식 압축(NH₃)
a : 건조식 압축
a″ : 가열식 압축(R-12)

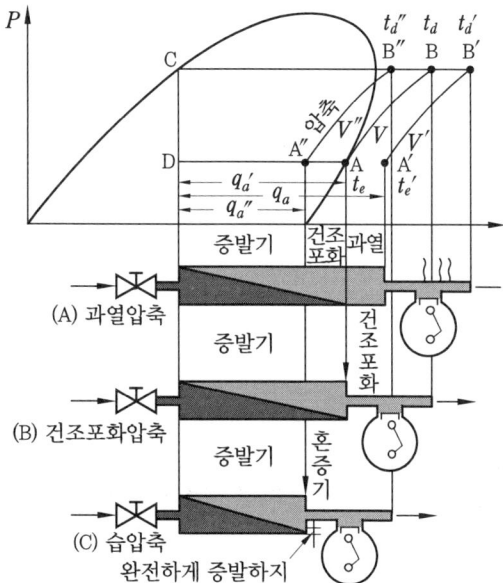

(A) 과열압축
(B) 건조포화압축
(C) 습압축
완전하게 증발하지 못한 액이 남아 있다.

(2) 응축 과정(b-e)

① **과열 제거 과정(b-c)** : 압축기에서 토출된 냉매 가스가 토출관을 통과하는 동안 외부로 열을 버려줌으로써 과열이 제거되어 건조 포화 증기가 되는 과정이다. 이때 냉매의 엔탈피는 감소하며 온도도 내려가게 되나 압력은 변화 없다.

② **응축 과정(c-d)** : 건조 포화 증기가 응축기에서 공기나 냉각수에 의하여 냉각되므로 응축 액화하여 포화액이 되는 과정이다. 이때 냉매 엔탈피는 감소하나 온도와 압력은 일정하다.

응축 방열량 $Q_1 = AW + q$, $Q_1 = i_b - i_e$

③ **과랭 과정(d-e)** : 응축기에서 응축 액화된 냉매액이 팽창밸브까지 가는 동안 냉각되게 됨으로써 포화액이 과냉각되는 과정이다.

(3) 팽창 과정(e-f)

압력 P_1에 해당하는 고온, 고압의 냉매가 팽창밸브에서 교축 팽창됨으로써 저온, 저압의 습포화증기가 된다. 팽창 과정은 이론상 단열팽창이므로 팽창밸브 직전 e점에서의 엔탈피나 직후 f점에서의 엔탈피는 동일하다.

- NH_3 : 14 %
- R-12 : 23 % } 플래시가스 발생
- R-22 : 22 %

※ 증발 잠열에 대한 액체의 비열이 클수록 플래시가스 발생량이 크다.

(4) 증발 과정(f-a)

팽창밸브에서 압력과 온도를 내린 저온 저압의 냉매가 피냉각 물질이나 목적하는 장소에서 열을 흡수하여 증발하는 과정이다. 이때 냉매의 엔탈피는 증가하나 압력과 온도는 일정하다.

① **냉동효과** : $q = i_a - i_e$

② **성적계수** : $\varepsilon = \dfrac{q}{AW} = \dfrac{i_a - i_e}{i_b - i_a}$

7-5 NH_3 기준 냉동 사이클

NH_3 기준 냉동 사이클을 $P-i$ 선도에 그리면 다음과 같은 값이 얻어진다.

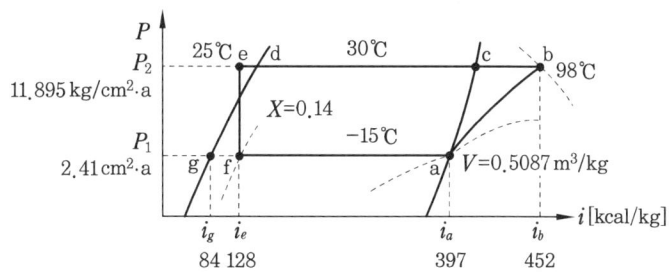

① 냉동효과 : $q = i_a - i_e = 397 - 128 = 269 \text{ kcal/kg}$

② 압축일의 열당량 : $AW = i_b - i_a = 452 - 397 = 55 \text{ kcal/kg}$

③ 응축기의 방열량 : $Q = AW + q(i_b - i_e) = 55 + 269(452 - 128) = 324 \text{ kcal/kg}$

④ 증발잠열 : $LH = i_a - i_g = 397 - 84 = 313 \text{ kcal/kg}$

⑤ 플래시가스 : $fg = LH - q = 313 - 269 = i_e - i_g = 128 - 84 = 44 \text{ kcal/kg}$

⑥ 건조도(X) = 0.14

⑦ 압축비 : $\dfrac{P_2}{P_1} = \dfrac{11.895}{2.41} = 4.93$

⑧ 성적계수 : $\varepsilon = \dfrac{q}{AW} = \dfrac{269}{55} = 4.89$

⑨ 1 RT당 냉매 순환량 : $G = \dfrac{RT}{q} = \dfrac{3320}{269} = 12.34 \text{ kg/h}$

⑩ 1 RT당 냉매 증기 비체적 : $V_g = G \times V_a = 12.34 \times 0.5087 = 6.28 \text{ m}^3/\text{h}$

⑪ 1 RT당 운전 소요 마력 : $H_{HP} = G \times AW[\text{kcal/h}] = \dfrac{12.34 \times 55}{632} = 1.07 \text{ HP}$

⑫ 1 RT당 운전 소요 동력 : $H_{kW} = G \times AW = \dfrac{12.34 \times 55}{860} = 0.79 \text{ kW}$

⑬ 1 RT당 응축기 방열량 : $Q \times G = 324 \times 12.34 = 3998.16 \text{ kcal/h}$

7-6 R-12 기준 냉동 사이클

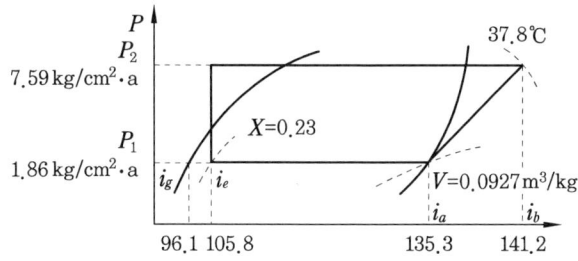

① 냉동효과 : $q = i_a - i_e = 135.3 - 15.8 = 29.5 \text{ kcal/kg}$

② 압축일의 열당량 : $AW = i_b - i_a = 141.2 - 135.3 = 5.9 \text{ kcal/kg}$

③ 응축기의 방열량 : $Q = AW + q(i_b - i_e) = 5.9 + 29.5(141.2 - 105.8) = 35.4 \text{ kcal/kg}$

④ 증발잠열 : $LH = i_a - i_g = 135.3 - 96.1 = 39.2 \text{ kcal/kg}$

⑤ 플래시가스 : $fg = LH - q = 39.2 - 29.5 = i_e - i_g = 105.8 - 96.1 = 9.7 \text{ kcal/kg}$

⑥ 건조도(X) = 0.23

⑦ 압축비 : $\dfrac{P_2}{P_1} = \dfrac{7.59}{1.86} = 4.08$

⑧ 성적계수 : $\varepsilon = \dfrac{q}{AW} = \dfrac{29.5}{5.9} = 5$

⑨ 1RT당 냉매 순환량 : $G = \dfrac{RT}{q} = \dfrac{3320}{29.5} = 112.6 \text{ kg/h}$

⑩ 1RT당 냉매 증기 비체적
$$V_g = G \times V_a = 112.6 \times 0.0927 = 10.44 \text{ m}^3/\text{h}$$

⑪ 1RT당 소요 마력
$$H_{HP} = G \times AW[\text{kcal/h}] = \dfrac{112.6 \times 5.9}{632} = 1.05 \text{ HP}$$

⑫ 1RT당 소요 동력
$$H_{kW} = G \times AW[\text{kcal/h}] = \dfrac{112.6 \times 5.9}{860} = 0.77 \text{ kW}$$

7-7 R-22 기준 냉동 사이클

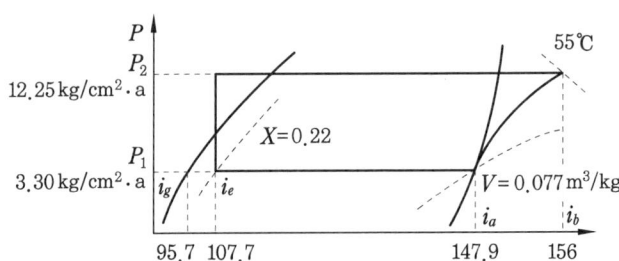

① 냉동효과 : $q = i_a - i_e = 147.9 - 107.7 = 40.2 \text{ kcal/kg}$

② 압축일의 열당량 : $AW = i_b - i_a = 156 - 147.9 = 8.1 \text{ kcal/kg}$

③ 응축기의 방열량 : $Q = AW + q(i_b - i_e) = 8.1 + 40.2(156 - 107.7) = 48.3$ kcal/kg

④ 증발잠열 : $LH = i_a - i_g = 147.9 - 95.7 = 52.2$ kcal/kg

⑤ 플래시가스 : $fg = LH - q = 52.2 - 40.2 = i_e - i_g = 107.7 - 95.7 = 12$ kcal/kg

⑥ 건조도(X) = 0.22

⑦ 압축비 : $\dfrac{P_2}{P_1} = \dfrac{12.25}{3.03} = 4.042$

⑧ 성적계수 : $\varepsilon = \dfrac{q}{AW} = \dfrac{40.2}{8.1} = 4.96$

⑨ 1 RT당 냉매 순환량 : $G = \dfrac{RT}{q} = \dfrac{3320}{40.2} = 82.6$ kg/h

⑩ 1 RT당 냉매 증기 비체적 : $V_g = G \times V_a = 82.6 \times 0.077 = 6.43$ m³/h

⑪ 1 RT당 운전 소요 마력 : $H_{HP} = G \times AW[\text{kcal/h}] = \dfrac{82.6 \times 8.1}{632} = 1.06$ HP

⑫ 1 RT당 운전 소요 동력 : $H_{kW} = G \times AW[\text{kcal/h}] = \dfrac{82.6 \times 8.1}{860} = 0.78$ kW

7-8 증발 온도 변화에 따른 상태

증발 온도의 변화에 따른 냉동 사이클 차이는 다음과 같다.

구분	−10℃	−20℃	−30℃
냉동력(kcal/kg) q	대	중	소
압축일의 열당량 AW	소	중	대
응축기의 발열량 Q	소	중	대
플래시가스 발생량	소	중	대
토출가스의 온도	소	중	대
성적계수	대	중	소
흡입가스의 비체적(m³/kg)	소	중	대
RT당 냉매 순환량(kg/h)	소	중	대
시간당 냉매 순환량(kg/h)	대	중	소
압축 소요 전류(A)	대	중	소
냉동능력당 소요 전력(kW/RT)	소	중	대
증발 잠열(kcal/kg)	소	중	대
응축기의 방열량(kcal/h)	대	중	소

출제 예상 문제

1. 냉동을 행하는 데 있어 냉동기를 사용하지 않고 드라이아이스(dry ice)를 이용하는 경우가 있는데, 이는 드라이아이스의 무엇을 이용한 것인가?
① 융해열 ② 증발열
③ 승화열 ④ 응축열

[해설] 승화열 : 고체↔기체로의 변화 시 필요한 열로 드라이아이스(고체 이산화탄소), 요오드, 나프탈렌, 장뇌 등이 해당된다.

2. 일정한 압력하에서 물체의 온도가 변화하지 않고 상태만 변화할 때, 이 열량을 무엇이라 하는가?
① 현열 ② 잠열
③ 생성열 ④ 폐열

[해설] • 잠열 : 온도 변화 없이 상태 변화에 필요한 열
• 감열(현열) : 상태 변화 없이 온도 변화에 필요한 열

3. 초저온 동결에 액체 질소를 사용할 때의 장점이라 할 수 없는 것은?
① 동결시간이 단축되어 연속작업이 가능하다.
② 급속 동결이 가능하므로 품질이 우수하다.
③ 동결건조가 일어나지 않는다.
④ 발생되는 질소 가스를 다시 사용할 수 있다.

[해설] 액체 질소의 경우 비등점이 −196℃ 이하이므로 급속 동결이 가능하며 동결시간 또한 단축이 되나 한 번 사용한 질소 가스는 대기 중으로 방출하여 재사용이 어렵다.

4. 열의 이동에 대한 설명으로 옳지 않은 것은?
① 고체 표면과 이에 접하는 유동 유체 간의 열이동을 열전달이라 한다.
② 자연계의 열이동은 비가역 현상이다.
③ 열역학 제1법칙에 따라 고온체에서 저온체로 이동한다.
④ 자연계의 열이동은 엔트로피가 증가하는 방향으로 흐른다.

[해설] "열은 높은 곳에서 낮은 곳으로 흐른다."는 것은 열역학 제2법칙에 해당한다.

5. 주위압력이 750 mmHg인 냉동기의 저압 gauge가 100 mmHgv를 나타내었다. 절대압력은 약 몇 kPa인가?
① 50 ② 730
③ 86.6 ④ 96

[해설] $(750-100) \times \dfrac{101.3}{760} = 86.64 \text{ kPa}$

6. 냉동기 중 공급 에너지원이 동일한 것끼리 짝지어진 것은?
① 흡수 냉동기, 기체 냉동기
② 증기분사 냉동기, 증기압축 냉동기
③ 기체 냉동기, 증기분사 냉동기
④ 증기분사 냉동기, 흡수 냉동기

[해설] 증기분사식 냉동기와 흡수식 냉동기는 냉매로 물을 사용하여 물의 증발잠열을 이용한다.

7. 스테판-볼츠만(Stefan-Boltzmann)의 법칙과 관계있는 열이동 현상은 무엇인가?

정답 1. ③ 2. ② 3. ④ 4. ③ 5. ③ 6. ④ 7. ③

① 열전도 ② 열대류
③ 열복사 ④ 열통과

해설 복사 전열량은 스테판-볼츠만(Stefan-Boltzmann)의 법칙을 적용한다.
$Q = \sigma \cdot A(T_1^4 - T_2^4)$

8. 이상 기체를 정압하에서 가열하면 체적과 온도의 변화는 어떻게 되는가?
① 체적 증가, 온도 상승
② 체적 일정, 온도 일정
③ 체적 증가, 온도 일정
④ 체적 일정, 온도 상승

해설 정압하에서 기체를 가열하면 샤를의 법칙을 적용하여 온도와 체적은 비례하므로 같이 상승하게 된다.

9. 이상적 냉동 사이클의 상태변화 순서를 표현한 것 중 옳은 것은?
① 단열팽창→단열압축→단열팽창→단열압축
② 단열압축→등온팽창→단열압축→등온압축
③ 단열팽창→등온팽창→단열압축→등온압축
④ 단열압축→등온팽창→등온압축→단열팽창

해설 냉동 사이클은 역카르노 사이클이므로 단열압축(압축기) → 등온압축(응축기) → 단열팽창(팽창밸브) → 등온팽창(증발기) 순으로 이루어진다.

10. 열원에 따른 열펌프의 종류가 잘못된 것은?
① 공기-공기 열펌프
② 잠열 이용 열펌프
③ 태양열 이용 열펌프
④ 물-공기 열펌프

해설 열펌프는 주로 공기와 물 등을 이용하는 것으로 현열을 이용한다.

11. 공기열원 열펌프 장치를 여름철에 냉방운전할 때 건구온도가 저하하면 일어나는 현상으로 올바른 것은?
① 응축압력이 상승하고, 장치의 소비전력이 증가한다.
② 응축압력이 상승하고, 장치의 소비전력이 감소한다.
③ 응축압력이 저하하고, 장치의 소비전력이 증가한다.
④ 응축압력이 저하하고, 장치의 소비전력이 감소한다.

해설 여름철에 외기 건구온도가 저하하게 되면 응축기에서의 열 교환이 원활해지므로 응축압력이 저하하게 되며 이로 인하여 소비전력 또한 감소하게 된다.

12. 증기분사식 냉동기에 대한 설명 중 옳지 않은 것은?
① 물의 증발잠열을 이용하여 냉동효과를 얻는다.
② 공급 열원은 증기이다.
③ -10℃ 정도의 냉각에 이용된다.
④ 증기를 고속으로 분출시켜, 증기를 증발기로부터 끌어올려 저압을 형성한다.

해설 증기분사식 냉동기는 물을 냉매로 사용하는 냉방용으로 영하로 내려가면 동결로 인하여 사용이 불가능하다.

13. 흡수식 냉동기의 특징 중 틀린 것은?
① 증기열원을 사용할 경우 전력수요가 적다.

정답 8. ① 9. ③ 10. ② 11. ④ 12. ③ 13. ④

② 소음 및 진동이 적다.
③ 자동제어가 용이하고 운전경비가 절감된다.
④ 증기압축식 냉동기에 비해 예랭 시간이 짧다.

[해설] 흡수식 냉동기는 증기압축식 냉동장치에 비해 압축기 대신 흡수기와 발생기를 사용함으로써 동력 소비 및 소음, 진동이 적으나 예랭 시간은 길며 냉방용으로 사용한다.

14. 냉동용 압축기를 냉동법의 원리에 의해 분류할 때, 저온에서 증발한 가스를 압축하여 고온으로 이동시키는 냉동법은 어느 것인가?

① 화학식 냉동법　　② 기계식 냉동법
③ 흡착식 냉동법　　④ 전자식 냉동법

[해설] 압축기를 이용하는 냉동기를 증기압축식 냉동기 또는 기계식 냉동법이라 한다. 이 방법은 냉동, 제빙, 냉방 등 다양하게 사용할 수 있는 것으로 가장 널리 이용되지만 전력 소비가 많은 것이 단점이다.

15. 냉동장치에서 일원 냉동 사이클과 이원 냉동 사이클과의 가장 큰 차이점은?

① 압축기의 대수
② 증발기의 수
③ 냉동장치 내의 냉매 종류
④ 중간냉각기의 유무

[해설] 이원 냉동 사이클은 저온측 냉동기와 고온측 냉동기 두 대를 사용하고 저온측에는 R-13, R-14, 에틸렌 등을 사용하며 고온측에는 R-12, R-22 냉매를 사용한다.

16. 냉동기에 사용되는 냉매는 일반적으로 비체적이 작은 것이 요구된다. 그러나 냉매의 비체적이 어느 정도 큰 것을 사용하는 냉동기는 어느 것인가?

① 회전식　　　　　② 흡수식
③ 왕복동식　　　　④ 터보(원심)식

[해설] 비체적은 단위 중량당 체적(m^3/kg)으로 원심식 압축기에서는 압축기의 원심력에 의하여 압축이 이루어지므로 냉매의 비체적이 다른 압축기에 비하여 큰 것이 요구된다.

17. 15℃의 물로부터 0℃의 얼음을 매시 50 kg을 만드는 냉동기의 냉동능력은 약 몇 냉동톤인가?

① 1.4냉동톤　　　② 2.2냉동톤
③ 3.1냉동톤　　　④ 4.3냉동톤

[해설] 15℃ 물 → 0℃ 물 → 0℃ 얼음

$$Q = 50 \text{ kg} \frac{(1 \text{kcal/kg} \cdot ℃ \times 15℃ + 79.85 \text{kcal/kg})}{3320}$$
$$= 1.42 \text{ RT}$$

18. 역카르노 사이클에서 $T-S$ 선도상 성적계수 ε를 구하는 식은 어느 것인가? (단, AW : 외부로부터 받은 일, Q_1 : 고온으로 배출하는 열량, Q_2 : 저온으로부터 받은 열량, T_1 : 고온, T_2 : 저온)

① $\varepsilon = \dfrac{AW}{Q_1}$　　② $\varepsilon = \dfrac{Q_1 - Q_2}{Q_2}$

③ $\varepsilon = \dfrac{T_1 - T_2}{T_1}$　　④ $\varepsilon = \dfrac{T_2}{T_1 - T_2}$

[해설] $\varepsilon = \dfrac{T_2}{(T_1 - T_2)} = \dfrac{Q_2}{(Q_1 - Q_2)}$

19. 열펌프의 특징에 대한 설명으로 틀린 것은?

① 성적계수가 1보다 작다.
② 하나의 장치로 난방 및 냉방으로 사용할 수 있다.
③ 증발온도가 높고 응축온도가 낮을수록 성적계수가 커진다.
④ 대기 오염이 없고 설치공간을 절약할 수 있다.

정답 14. ②　15. ③　16. ④　17. ①　18. ④　19. ①

[해설] 열효율이 1보다 작으며 성적계수는 대부분 1보다 크게 표시된다.

20. 냉장고 방열재의 두께가 200 mm이었는데, 냉동효과를 좋게 하기 위해서 300 mm로 보강시켰다. 이 경우 열손실은 약 몇 % 감소하는가? (단, 외기와 외벽면과의 사이에 열전달률은 20 kcal/m^2·h·℃, 창고 내 공기와 내벽면과의 사이에 열전달률은 10 kcal/m^2·h·℃, 방열재의 열전도율은 0.035 kcal/m·h·℃이다.)

① 30   ② 33
③ 38   ④ 40

[해설] $\dfrac{300\,\text{mm} - 200\,\text{mm}}{300\,\text{mm}} = 0.33 = 33\%$

21. 흡수식 냉동기에 적용하는 원리 중 잘못된 것은?
① 대기압의 물은 100℃에서 증발하지만, 높은 산과 같이 대기압이 1기압 이하인 곳은 100℃ 이하에서 증발한다.
② 냉매로 물을 사용할 때에는 흡수제로서 LiBr(리튬브로마이드)를 사용한다.
③ 흡수식 냉동기에서 물이 증발할 때에는 주위에서 기화열을 빼앗고 열을 빼앗기는 쪽은 냉각된다.
④ 흡수식 냉동기는 증발기, 흡수기, 재생기, 응축기, 압축기, 열교환기로 구성되어 있다.

[해설] 흡수식 냉동기에서는 압축기 대신에 흡수기와 열교환기, 발생기를 사용한다. 즉, 흡수식 냉동기에서는 압축기를 사용하지 않는다.

22. 흡수식 냉동장치에서의 흡수제 유동방향으로 적당하지 않은 것은?

① 흡수기 → 재생기 → 흡수기
② 흡수기 → 용액 열교환기 → 재생기 → 용액 열교환기 → 흡수기
③ 흡수기 → 고온 재생기 → 저온 재생기 → 흡수기
④ 흡수기 → 재생기 → 증발기 → 응축기 → 흡수기

[해설] 흡수제는 냉매를 용해하고 분리하는 것으로 흡수기와 열교환기, 재생기 등을 순환하며 증발기와 응축기는 냉매가 순환하게 된다.

23. 냉동 사이클에서 습압축으로 일어나는 현상이 아닌 것은?
① 응축잠열 감소
② 냉동능력 감소
③ 압축기의 체적 효율 감소
④ 성적계수 감소

[해설] 습압축이란 증발기에서 냉매액이 완전히 기화되지 않고 일부가 액상태로 압축기로 흡입되는 과정이며 냉동력의 감소로 냉동능력 및 성적계수가 저하된다.

24. 냉각수 입구 온도가 32℃, 출구 온도가 37℃, 냉각수량이 100 L/min인 수랭식 응축기가 있다. 압축기에 사용되는 동력이 8 kW라면 이 장치의 냉동능력은 약 몇 냉동톤인가?

① 7 RT   ② 8 RT
③ 9 RT   ④ 10 RT

[해설] 응축기 방열량(Q_1)
$= \dfrac{100\,\text{kg}}{60\,\text{s}} \times 4.18 \times (37-32) = 34.83\,\text{kW}$

$1\,\text{RT} = 3320\,\text{kcal/h}$

$= \dfrac{3320 \times 4.18}{3600} = 3.855\,\text{kW}$

냉동능력(Q_2) $= Q_1 - W = \dfrac{34.83 - 8}{3.855} = 6.96\,\text{RT}$

25. 카르노 사이클 기관이 0℃와 100℃ 사이에서 작용할 때와 400℃와 500℃ 사이에서 작용할 때와의 열효율을 비교하면 전자는 후자의 약 몇 배가 되겠는가?

① 1.2배　② 2배　③ 4배　④ 3배

[해설] $\eta_1 = \dfrac{(373-273)}{373} = 0.268$

$\eta_2 = \dfrac{(773-673)}{773} = 0.129$

$\dfrac{0.268}{0.129} = 2.08$

26. 흡수식 냉동기의 구성품 중 왕복동 냉동기의 압축기와 같은 역할을 하는 것은?

① 발생기　　　② 증발기
③ 응축기　　　④ 순환펌프

[해설] 흡수식 냉동기에서 흡수기와 발생기, 액펌프 등은 왕복동식 냉동기에서의 압축기 역할을 한다.

27. 다음 그림은 이상적인 냉동 사이클을 나타낸 것이다. 설명이 맞지 않는 것은?

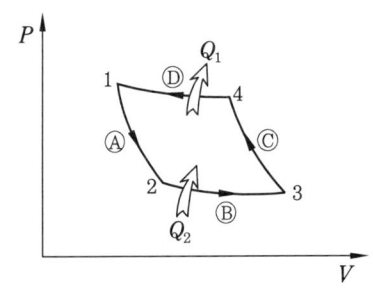

① Ⓐ 과정은 단열팽창이다.
② Ⓑ 과정은 등온압축이다.
③ Ⓒ 과정은 단열압축이다.
④ Ⓓ 과정은 등온압축이다.

[해설] Ⓑ 과정은 등온팽창으로 증발기에 해당된다.

28. 다음 그림과 같은 몰리에르(Mollier) 선

도상에서 압축냉동 사이클의 각 상태점에 있는 냉매의 상태 설명 중 틀린 것은?

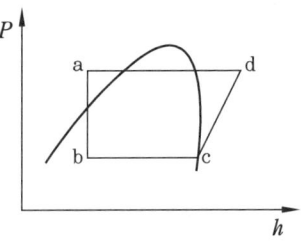

① a점의 냉매는 팽창밸브 직전의 과냉각된 냉매액
② b점은 감압되어 증발기에 들어가는 포화액
③ c점은 압축기에 흡입되는 건포화 증기
④ d점은 압축기에서 토출되는 과열 증기

[해설] b점은 교축(감압)되어 습증기상태로 증발기로 유입된다.

29. 다음과 같은 상태에서 운전되는 암모니아 냉동기에 있어서 압축기가 흡입하는 가스 $1\,m^3/h$의 냉동능력은 약 얼마인가?

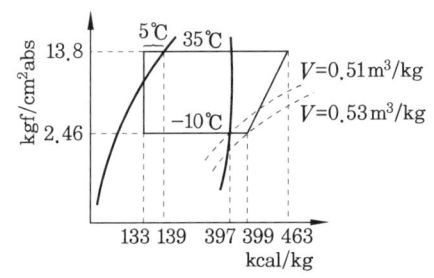

① 690 kcal/h　　② 502 kcal/h
③ 611 kcal/h　　④ 735 kcal/h

[해설] $(399-133)\,kcal/kg \times \dfrac{1}{0.53\,m^3/kg}$

$\times 1\,m^3/h = 501.88\,kcal/h$

30. 다음과 같은 1단 압축 1단 팽창 냉동 사이클에서 증발기 입구의 냉매 중 포화액의 유량이 13 kg/min일 때 증발기를 통과하는 전체 냉매 순환량은 약 얼마인가?

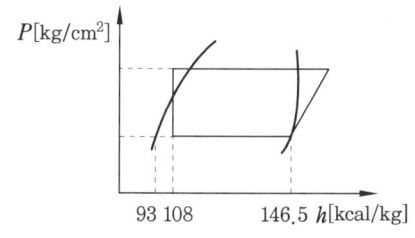

① 46.4 kg/min ② 28.6 kg/min
③ 18 kg/min ④ 16.4 kg/min

[해설] $\dfrac{(146.5-108)}{(146.5-93)} \times A = 13$

$A = 18.06$ kg/min

31. 그림과 같은 운전상태에서 운전되는 암모니아 냉동장치에서 피스톤의 배제량이 400 m³/h이고, 체적 효율이 0.80일 때 냉동능력은 얼마가 되는가?

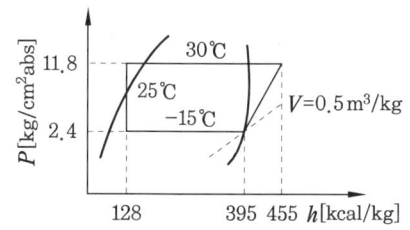

① 45.0 냉동톤 ② 51.5 냉동톤
③ 63.0 냉동톤 ④ 65.5 냉동톤

[해설] $RT = \dfrac{400 \times 0.8}{0.5} \times \dfrac{(395-128)}{3320}$
$= 51.46$ RT

32. 몰리에르($P-h$) 선도상에서 응축온도를 일정하게 하고, 증발온도를 저하시킬 때 발생하는 현상으로 잘못된 것은?

① 소요동력이 증대한다.
② 압축비가 감소한다.
③ 냉동능력이 감소한다.
④ 플래시가스 발생량이 증가한다.

[해설] 증발온도 저하로 압축비가 증대되므로 비열비가 큰 경우와 동일한 현상을 일으킨다.

33. 몰리에르 선도 내 등건조도선의 건조도 0.2는 무엇인가?

① 습증기 중의 건포화 증기 20 %(중량 비율)
② 습증기 중의 액체인 상태 20 %(중량 비율)
③ 건증기 중의 건포화 증기 20 %(중량 비율)
④ 건증기 중의 액체인 상태 20 %(중량 비율)

[해설] 몰리에르 선도는 냉매 1 kg에 대한 과정을 나타낸 것으로 건조도 0.2는 습증기 중의 건포화 증기가 중량 비율로 20 % 존재한다는 것을 의미한다.

34. 실제 냉동 사이클에서 냉매가 증발기를 나온 후 압축될 때까지 압축기의 흡입가스 변화는?

① 압력은 떨어지고 엔탈피는 증가한다.
② 압력과 엔탈피는 떨어진다.
③ 압력은 증가하고 엔탈피는 떨어진다.
④ 압력과 엔탈피는 증가한다.

[해설] 증발기에서 압축기로 흡입될 때까지 배관의 마찰저항과 부속기기의 저항에 의하여 압력은 감소하게 되며, 주변으로부터 지속적으로 열을 받아 엔탈피는 상승하게 된다.

35. 증발압력이 낮아졌을 때에 관한 설명 중 옳은 것은?

① 냉동능력이 증가한다.
② 압축기의 체적 효율이 증가한다.
③ 압축기의 토출가스 온도가 상승한다.
④ 냉매 순환량이 증가한다.

[해설] 증발압력이 낮아지면 압축비가 증가되어 소요동력이 증가하며 냉동능력은 감소하고 토출가스 온도는 상승하며 효율은 감소한다.

정답 31. ② 32. ② 33. ① 34. ① 35. ③

36. 응축온도가 30℃, 증발온도가 -15℃인 R-12 냉동기에서 이상적인 냉동 사이클 시 성적계수(COP_R)와 열 펌프(heat pump) 사이클 시 성적계수(COP_H)는 얼마인가?

① COP_R = 3.7, COP_h = 4.7
② COP_R = 4.7, COP_h = 5.7
③ COP_R = 5.7, COP_h = 6.7
④ COP_R = 6.7, COP_h = 7.7

[해설] $COP_R = \dfrac{258}{(303-258)} = 5.73$

$COP_h = \dfrac{303}{(303-258)} = 6.73$

37. 다음 그림에서 중간냉각기 냉매 순환량은 얼마인가? (단, 주냉동 사이클 순환 냉매량은 1 kg이고, 각 점의 엔탈피 값은 다음과 같다.)

i_1, i_2 = 110.6 kcal/kg
i_3 = 148.4 kcal/kg
i_4 = 152.4 kcal/kg
i_5 = 99.7 kcal/kg

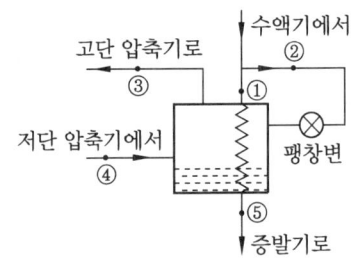

① 0.284 kg ② 0.394 kg
③ 0.493 kg ④ 0.582 kg

[해설] 중간냉각기 순환량(G_m)
$= \dfrac{1 \times \{(152.4-148.4) + (110.6-99.7)\}}{(148.4-110.6)}$
$= 0.394$ kg

38. 다음 중 2원 냉동 사이클에 대한 설명으로 옳은 것은?

① 팽창탱크는 저압측에 설치하는 안전장치이다.
② 고압측과 저압측에 사용하는 윤활유는 동일하다.
③ 일반적으로 저온측에 사용하는 냉매는 R-12, R-22, 프로판 등이다.
④ 일반적으로 고온측에 사용하는 냉매는 R-13, R-14 등이다.

[해설] 저압측에는 90번 오일을 사용하며 고압측에는 300번 오일을 사용한다. 저압측에는 R-13, 에틸렌, 프로필렌 등이 냉매로 사용되며 고압측에는 R-12, R-22 등이 사용된다.

39. 다음 이원 냉동장치에 대한 설명 중 틀린 것은?

① -70℃ 이하의 초저온을 얻기 위하여 사용한다.
② 팽창탱크는 고온측 증발기 출구에 부착한다.
③ 고온측 냉매로는 비등점이 높고 응축입력이 낮은 냉매를 사용한다.
④ 저온 응축기와 고온측 증발기를 조합한 것을 캐스케이드 콘덴서라고 한다.

[해설] 이원 냉동장치는 고온측 냉동기와 저온측 냉동기 두 대를 조합하여 사용하는 것으로 냉동실의 온도는 -70℃ 이하의 저온이며 냉동기 정지 또는 외기 침투로 인하여 초저온 냉매의 급격한 증발로 압력이 상승하면 배관 파열 등 피해의 우려가 있으므로 저온측 증발기에 팽창탱크를 연결하여 압력 상승을 방지한다.

40. 2원 냉동 사이클의 주요 장치와 거리가 먼 것은?

① 저온압축기 ② 고온압축기
③ 중간냉각기 ④ 팽창밸브

정답 36. ③ 37. ② 38. ① 39. ② 40. ③

[해설] 중간냉각기는 2단 압축장치에서 사용한다.

41. 다음과 같은 15 RT 암모니아 냉동장치의 압축기 운전 소요 동력(kW)은 약 얼마인가? (단, 압축기 압축 효율 $\eta_c = 0.7$, 기계 효율 $\eta_m = 0.9$), 1 RT = 3320 kcal/h 이다.)

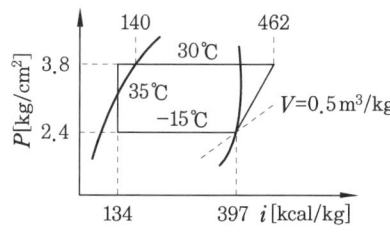

① 24.3 ② 22.7
③ 16.8 ④ 11.5

[해설] $kW = \dfrac{G \times AW}{860 \times \eta_c \times \eta_m}$

$= \dfrac{15 \times 3320}{(379 - 134)} \times \dfrac{(462 - 397)}{860 \times 0.7 \times 0.9}$

$= 22.7 \text{ kW}$

42. 다음과 같은 냉동 사이클 중 성적계수가 가장 큰 사이클은 어느 것인가?

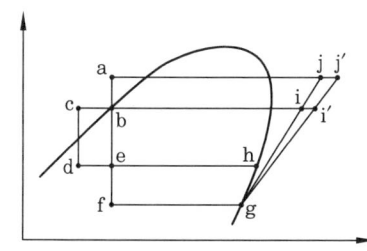

① b-e-h-i-b   ② c-d-h-i-c
③ b-f-g-i′-b ④ a-e-h-j-a

[해설] 고압은 낮을수록 저압은 높을수록 성적계수가 증가하게 된다.

43. 그림에서와 같이 어떤 사이클에서 응축온도만 변화하였을 때, 다음 중 틀린 것은? (단, 사이클 A : (A-B-C-D-A), 사이클 B : (A-B′-C′-D′-A), 사이클 C : (A-B″-C′-D″-A)

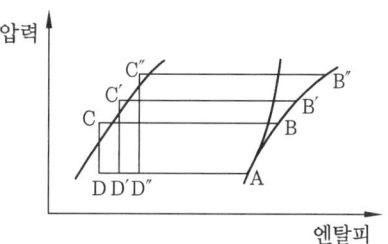

응축온도만 변했을 경우의 압력-엔탈피선도

① 압축비 : 사이클 C>사이클 B>사이클 A
② 압축일량 : 사이클 C>사이클 B>사이클 A
③ 냉동효과 : 사이클 C>사이클 B>사이클 A
④ 성적계수 : 사이클 C<사이클 B<사이클 A

[해설] 냉동효과 : 사이클 A>사이클 B>사이클 C

44. 2단 압축 1단 팽창식과 2단 압축 2단 팽창식을 동일 운전 조건하에서 비교한 설명 중 맞는 것은?

① 2단 팽창식의 경우가 조금 성적계수가 높다.
② 2단 팽창식의 경우가 운전이 용이하다.
③ 2단 팽창식은 중간냉각기를 필요로 하지 않는다.
④ 1단 팽창식의 팽창밸브는 1개가 좋다.

[해설] 2단 압축은 압축비가 6을 초과하는 경우에 채용하는 것이며 2단 팽창은 주 라인에 팽창밸브가 2개 들어가는 것으로 1단 팽창에 비하여 성적계수를 높게 유지할 수 있다.

45. 2단 압축 1단 팽창 냉동장치에서 각 점의 엔탈피는 다음의 P-h 선도와 같다고

할 때 중간냉각기 냉매 순환량(kg/h)은 얼마인가? (단, 냉동능력은 20 RT이다.)

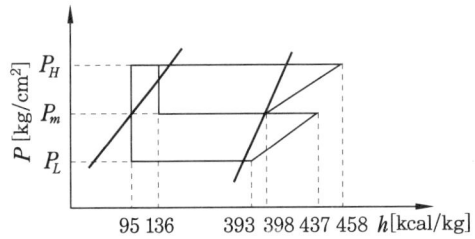

① 68.04　　　　② 85.89
③ 222.82　　　　④ 290.8

[해설] 저단 냉매 순환량

$G_1 = \dfrac{20 \times 3320}{(393-95)} = 222.82 \, \text{kg/h}$

중간냉각기 냉매 순환량

$= 222.82 \, \text{kg/h}$
$\times \dfrac{(437-398)\text{kcal/kg} + (136-95)\text{kcal/kg}}{(398-136)\text{kcal/kg}}$
$= 68.036 \, \text{kg/h}$

46. 다음 그림은 2단 압축 암모니아 사이클을 선도로 나타낸 것이다. 냉동능력 1 RT에 대해 저단 압축기 냉매 순환량(G)은 약 몇 kg/h인가?

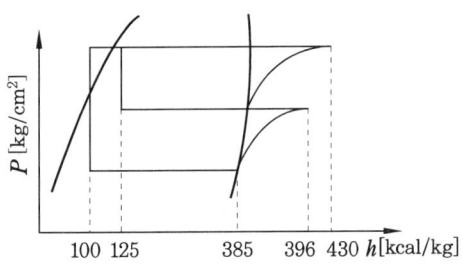

① 10.7 kg/h　　② 11.6 kg/h
③ 12.5 kg/h　　④ 13.2 kg/h

[해설] $G = \dfrac{Q}{L} = \dfrac{3320 \, \text{kcal/h}}{(385-100)\text{kcal/kg}}$
$= 11.64 \, \text{kg/h}$

47. 그림과 같이 2단 압축 1단 팽창을 하는 냉동 사이클이 R-22 냉매로 작동되고 있을 때 성적계수는 얼마인가? (단, 각 상태점의 엔탈피는 a : 95, c : 143, d : 154, e : 149, f : 158 kcal/kg이다.)

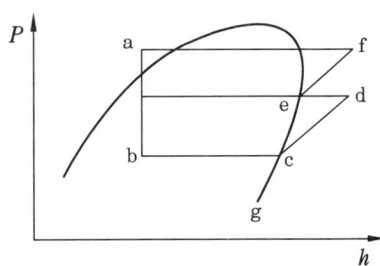

① 0.9　　　　② 1.4
③ 2.4　　　　④ 3.1

[해설] 이론적인 성적계수

$= \dfrac{\text{냉동효과}}{\text{저단 압축열량} + \text{고단 압축열량}}$

$= \dfrac{(143-95)}{(154-143)+(158-149)} = 2.4$

제2장 냉매

1. 냉매의 정의

냉동공간 또는 물질에서 열을 흡수하여 다른 공간이나 물질에 열을 운반하는 동작 유체, 즉 냉동장치를 순환하면서 열을 운반하는 작업 유체이다.

(1) 1차 냉매(직접 냉매)

냉동 시스템 내를 순환하여 열을 운반해 주는 매개체, 잠열 상태로 열을 운반한다(NH_3, R-12, R-22, R-500, CO_2, SO_2 등).

(2) 2차 냉매(brine)

냉동 시스템 밖을 순환하면서 감열의 상태로 열을 이동시킨다(NaCl, $CaCl_2$, $MgCl_2$, H_2O 등).

2. 냉매에 필요한 조건

(1) 물리적 조건

① 온도가 낮아도 대기압 이상의 압력에서 증발하고 또한 상온에서 비교적 저압에서 액화할 수 있을 것
   [대기압하에서 물질(냉매)의 증발온도]
   NH_3 : -33.3℃, R-12 : -29.8℃, R-22 : -40.8℃

② 임계온도가 높아 상온에서 반드시 액화할 것
   NH_3 : 133℃, R-12 : 111.5℃, R-22 : 96℃

③ 응고온도가 낮을 것
   NH_3 : -77.7℃, R-12 : -158.2℃, R-22 : -160℃

④ 증발잠열이 크고 증발잠열에 비해 액체의 비열이 작을 것(액체의 비열이 작으면 플래시가스의 발생량이 적어서 좋다.)

NH_3 : 313.5 kcal/kg(1.156)

R-12 : 39.2 kcal/kg(0.243)

R-22 : 522 kcal/kg(0.335)

⑤ 윤활유와 냉매가 작용하여 냉동작용에 영향을 주지 않을 것

유 + 냉매 : 증발온도 상승, 유점도 저하로 윤활 작용 저해

⑥ 점도가 작고 전열이 양호하며 표면장력이 작을 것

NH_3 : 전열 양호, R-12 : 전열 불량

⑦ 누설이 곤란하고 또한 누설 발견이 용이할 것

NH_3 : 누설의 발견이 쉽다.

프레온 : 누설 발견이 어렵다.

⑧ 비열비(C_p/C_v)가 작을 것

※ 비열비가 크면 토출가스의 온도 상승이 크다.

[기준 냉동 사이클에서 토출가스 온도]

NH_3 : 1.31(98℃), R-12 : 1.136(37.8℃), R-22 : 1.183(55℃)

⑨ 수분이 냉매 중에 혼입되어도 냉매의 작용에 지장이 없을 것

NH_3 : 잘 용해되므로 지장이 없다(수분 1%에 증발온도 0.5℃ 상승)

프레온 : 수분과 분리(팽창밸브 동결 현상), 산(HF, HCl)을 생성하여 장치를 부식시킨다.

⑩ 절연 내력이 크고 전기 절연물을 침식시키지 않을 것

질소를 1로 기준할 때

NH_3 : 0.83(밀폐형 사용 불가), R-12 : 2.4, R-22 : 1.3

⑪ 패킹 재료에 대하여 냉매가 영향을 미치지 않을 것

NH_3 : 아스베스토스 + 고무

프레온 : 특수고무(천연고무는 침식됨)

㈎ 패킹(packing) : 움직이는 부분의 누설 방지

㈏ 개스킷(gasket) : 움직이지 않는 부분의 누설 방지

⑫ 터보 냉동기의 경우에는 냉매가스의 비중량이 클 것

(2) 화학적 견지에서의 조건

① 화학적으로 결합이 양호하고 안정하며 분해하는 일이 없을 것

② 금속을 부식시키는 일이 없을 것

㈎ NH_3 : 동 및 동합금 부식

(나) 프레온 : 마그네슘 및 2 % 이상 알루미늄 합금 부식

(다) CH_3Cl(염화메틸, R-40) : Al·Mg·Zn 및 그 합금을 부식

③ 인화 폭발성이 없을 것

(3) 생물학적 견지에서의 조건

① 인체에 무해하고 누설하여도 냉장품을 손상시키지 않을 것

② 악취가 없을 것

(4) 경제적 견지에서의 조건

① 가격이 저렴할 것

② 동일 냉동 능력에 대하여 소요 동력이 적게 들 것

③ 동일 냉동 능력에 대하여 압축해야 할 가스의 체적이 작을 것

④ 자동 운전이 쉬울 것

3. 암모니아(NH_3)의 특성

(1) NH_3의 일반적 성질

① 가연성, 폭발성, 악취, 독성이 있다.

② 임계온도 : 133℃, 임계 압력 : 116.5 kg/cm^2·a

③ 대기압하의 증발 온도 : -33.3℃, 응고점 : -77.7℃(초저온에 부적합)

④ 기준 냉동 사이클에서 증발 압력 2.4 kg/cm^2·a, 응축 압력 11.895 kg/cm^2·a으로 압력이 높지 않아 배관에 난관이 없다.

⑤ **흡입 용적당 냉동 용량** : 529 $kcal/m^3$

⑥ 기준 냉동 사이클에서 냉동효과가 269 kcal/kg으로 매우 크고 이때의 비체적은 0.5087 m^3/kg이다. 냉동효과가 크기 때문에 다른 냉매보다 냉매 순환량이 적어도 되므로 배관이 가늘어도 된다.

⑦ 열저항이 작고 전열 효과는 냉매 중에서 가장 크다.

(가) 전열계수 $\begin{cases} 응축할\ 때 : 5000\ kcal/m^2·h·℃ \\ 증발할\ 때 : 3000\ kcal/m^2·h·℃ \end{cases}$

(나) NH_3는 전열이 양호하므로 튜브에 핀을 부착할 필요가 없다.

⑧ 비열비가 냉매 중에서 가장 크다.

㈎ 비열비가 커서 압축 후 토출가스의 온도가 높으므로 실린더를 물로 냉각시키기 위해 워터 재킷을 설치하고, 유분리기에서 분리된 윤활유는 열화되어 배유시킨다.
㈏ 토출가스의 온도가 높아 토출밸브에 카본이 부착되어 밸브의 능력을 저하시키는 때가 있다.
㈐ 토출가스의 온도가 높아 $-35℃$ 이하를 얻으려면 2단 압축을 한다.

(2) 금속에 대한 부식성

① 동 및 합금을 부식시키므로 동관을 사용하지 않는다.
　※ 특히 NH_3는 황동에 대하여 격심한 부식성이 있으나, 청동에 대한 부식성은 비교적 작으며 항상 유막으로 덮여 있는 베어링 메탈 등에는 사용할 수 있다.
② 수은과 폭발적으로 화합한다.
③ 에보나이트, 베이클라이트를 침식시킨다.
④ 패킹 재료는 천연고무나 아스베스토스를 사용한다.
⑤ 수분이 있으면 아연도 침식된다.

(3) 연소성 및 폭발성

① 공기 중에 15~28 % 혼입되면 폭발의 위험이 있다.
② 490℃에서 분해한다.
③ 인화점은 보통 850℃이나 철이 있으면 촉매작용으로 650℃가 된다.
④ 전구에는 글로브를 씌운다.
⑤ 냉동기 설치 후 누설 시험을 공기로 할 때는 시험 후 공기를 최대한 제거한다.

(4) 전기적 성질

절연 내력은 N을 1로 하였을 때 83 %이며, 절연 물질을 약화시키기 때문에 밀폐식 냉동기의 사용에 부적합하다.

(5) 독성

① SO_2 다음 가는 독성이 있다.
② 0.5~0.6 %에서 30분 정도 호흡하면 위험하다.

(6) 윤활유의 관계

① 윤활유에 잘 용해하지 않는다.
　※ 오일은 NH_3보다 무겁기 때문에 장치 중으로 넘어가면 응축기, 증발기 등의 하부에 고여 전열을 방해한다.
② 윤활유는 정기적으로 보충해준다.

③ 수분이 존재하면 에멀션 현상이 일어나 유분리기에서 유가 분리되지 않고 장치 내로 넘어가 고이게 된다.
④ 입형 저속에는 300번 냉동기유, 고속 다기통에는 150번을 사용한다.

(7) 수분과의 관계

① 수분과 잘 용해하며 냉동장치 내에 수분이 1% 혼합하게 되면 증발온도가 0.5℃씩 상승한다.
  ※ 냉동장치에 수분이 혼입되면 증발압력은 저하하고 증발온도는 상승한다.
② 수분이 침투되면 금속의 부식을 촉진한다.

4. 프레온(Freon) 냉매의 특성

4-1 프레온 냉매의 구성 및 호칭법

(1) 구성

탄화수소(CH_4, C_2H_6)와 할로겐 원소(F, Cl)의 화합물로서 구성되어 있다. CH_4와 C_2H_6에서 H 대신 할로겐 원소인 Cl과 F를 치환하여 조합된다.

① R-bc(십자리 냉매 : 메탄계 냉매)
  • R-12 : CCl_2F_2
  • R-22 : $CHClF_2$
② R-abc(백자리 냉매 : 에탄계 냉매)
  • R-113 : $C_2Cl_3F_3$
  • R-114 : $C_2Cl_3F_4$

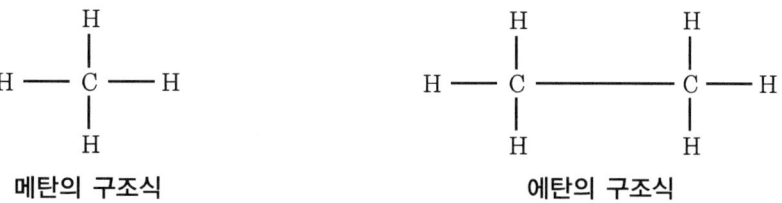

메탄의 구조식   에탄의 구조식

(2) 호칭법
• 1의 자리수 : F(F의 수)

- 10의 자리수 : H(H의 수+1), 10의 자리수-1 = H의 수
- 100의 자리수 : C(C의 수-1)

4-2 프레온 냉매의 성질

(1) 화학적 성질

① 열에 대한 안정성
  (가) 열에 대하여 일반적으로 안정하고 800℃ 화염에 접촉하게 되면 포스겐 가스(phosgen gas)라는 독가스가 발생한다.
  (나) 금속이 촉매 작용을 하면 200~300℃에서 분리된다.
  (다) 허용 최고 토출가스 온도는 130~150℃이다.

② 산화 · 독성 · 취기
  (가) 불연성 · 비폭발성이다.
  (나) 독성이 없다.
    ※ 통풍이 나쁜 곳에서 다량 누설되었을 때 실내에 장시간 있게 되면 질식한다.
  (다) 취기 : 염소가 많은 것은 약간 에테르 냄새가 난다.

③ 가수분해 · 금속 · 기타 재료에 대한 작용
  (가) 강이 촉매로 존재하게 되면 가수분해가 일어나 산(HF, HCl)을 생성하여 금속을 부식시킨다. 보통의 상태에서는 부식이 없다.
  (나) 마그네슘 및 마그네슘을 2% 이상 함유하는 알루미늄 합금을 부식시킨다.
  (다) 강, 주물, 동, 아연, 주석, 알루미늄 및 이들 합금의 기계 구성용 금속 재료의 선택은 자유이다.
  (라) 천연고무 수지를 용해한다(인조고무 사용).

냉매의 가수분해율

냉매명	g/J year
염화메틸(CH_3Cl)	110
이염화메탄(CH_2Cl_2)	55
R-113	40
R-11	28
R-12	10
R-21	9
R-114	3

(2) 물리적 및 열역학적 성질

① 비등점의 범위가 넓다.
　㈎ 비등점이 낮은 냉매는 저온용에 사용(고압 냉매)
　　• R-12(-29.8℃)
　　• R-22(-40.8℃)
　　• R-13(81.5℃)
　㈏ 비등점이 높은 냉매는 고온용에 사용(저압 냉매)
　　• R-113(47.6℃)
　　• R-11(23.6℃)
　　• R-21(8.9℃)
　　• R-114(3.6℃)
　㈐ 냉동에서의 온도 구분
　　• 고온 : 10~0℃
　　• 저온 : -20~-60℃
　　• 중온 : 0~-20℃
　　• 초저온 : -60℃ 이하
　※ 비열비가 NH_3에 비하여 작다. 토출가스의 온도가 비교적 낮으므로 실린더를 공랭으로 한다(R-22에서는 수랭식도 있다).

② 기름에 용해된다.
　㈎ R-11, R-12, R-21, R-113 : 기름에 잘 용해된다.
　　R-13, R-22, R-114 : 기름에 용해가 잘 안 되며 저온 분리성이 있다.
　㈏ 임계 용해온도 : 기름의 온도가 낮으면 냉매가 잘 용해되지만 어느 한계 이하로 낮추면 오히려 기름 중에 용해되어 있는 냉매가 기름과 분리된다. 이 한계 온도를 임계 용해온도라 한다.

③ 전열이 불량하기 때문에 전열면적을 넓혀주기 위하여 핀 튜브를 사용한다.

※ 기름에 냉매 용해 시의 장·단점

[장점]
　㈎ 냉동장치의 각부에 윤활이 잘 된다.
　㈏ 초저온용에서 기름의 응고도가 낮아진다.
　㈐ 기름의 회수가 용이하다.

[단점]
　㈎ 기름 회수가 쉽도록 배관 시 주의한다(만액식은 유회수 장치 필요).
　㈏ 기름의 점도가 낮아진다.
　㈐ 증발압력이 낮아진다.

④ 수분의 용해도는 극히 작다.

※ 팽창밸브 직전에 드라이어(건조기) 설치 : 수분이 함유되면
  ㈎ 산을 생성하여 장치 부식
  ㈏ 전기 절연물 파괴
  ㈐ 팽창밸브 등의 빙결 현상
  ㈑ 동부착 현상 촉진
  ㈒ 슬러지(sludge) 형성
⑤ 절연 내력이 크고 전기 절연물을 침식시키지 않으므로 밀폐형 냉동기에 사용할 수 있다.
[Freon 냉매의 3대 특성]
  ㈎ 가연성, 폭발성, 독성이 없다.
  ㈏ 절연 내력이 크다.
  ㈐ 선택 범위가 크다.

(3) 현재 일반적으로 사용되고 있는 프레온

① R-11(CCl_3F) 카렌 No.2 : 비등점 23.7℃, 터보 냉동기에 사용(air conditioning)
② R-12(CCl_2F_2) : 비등점 -29.8℃, 소형에서 대형 100 RT까지 다양하게 사용(냉동능력 : NH_3의 60 %)
③ R-13($CClF_3$) : 비등점 -81.5℃, 2원 냉동 방식에 의하여 -100℃까지의 초저온용
④ R-21($CHCl_2F$) : 비등전 8.9℃, 크레인 조정실의 냉방장치
⑤ R-22($CHClF_2$) : 비등점 -40.8℃, 창문형 에어컨 및 저온용의 왕복동식에 사용
⑥ R-113($C_2Cl_3F_3$) : 비등점 47.6℃, 터보 냉동기 100 RT 이하의 소용량 밀폐형
⑦ R-114($C_2Cl_2F_4$) : 비등점 3.6℃, 크레인 조정실의 냉방용, 회전식 압축기(소형 냉장고용)

> **참고) 냉매 및 고압가스 용기의 색깔 표시**
> • 수소 : 주황   • 아세틸렌 : 황색   • 이산화탄소 : 청색   • 암모니아 : 백색
> • 염소 : 갈색   • 산소 : 녹색   • 프레온 및 기타 : 회색

(4) 혼합 냉매

① **혼합 냉매** : 2종의 냉매를 혼합했을 때 그 혼합 비율이 특정 비율이 아니면 액상 기상의 비율이 다르게 되고 냉동 장치 중에도 2종의 냉매의 특성을 갖게 된다.
② **공불 혼합 냉매** : 2종의 냉매를 어떤 특정 비율로 혼합하면 각각 냉매의 특성과는 다른 단일 냉매의 특성을 나타내게 되며 액상 또는 기상에서의 혼합 비율이 공히 같은 것을 말한다.
  ㈎ R-500(혼합 비율은 중량 단위로 표시)
    • 카렌 No.7

- R-12 : 73.8 %, R-152 : 26.2 %
- 능력은 R-12의 20 % 증가
- 대기압하의 증발온도 : -33.3℃

(나) R-501
- R-12 : 25 %, R-22 : 75 %
- 대기압하의 증발온도 : -41℃

(다) R-502
- R-22 : 50 %, R-115 : 50 %
- 대기압하의 증발온도 : -45.6℃
- 토출가스 온도가 낮고 밀도가 크므로 순환량이 많아 저온용에 많이 사용된다.

> **참고** 혼합 냉매의 예
> - R-22를 쓰는 냉동장치에서 기름 회수를 용이하게 하기 위하여 기름과 용해를 잘하는 R-12를 25 % 정도 섞어 사용한다(냉동능력에는 별 지장 없음).
> - R-12를 쓰는 냉동장치에서 능력이 모자랄 경우 R-22를 20 % 정도 첨가 사용하면 능력을 약 30 % 정도 증대시킬 수 있다. 단, R-22는 R-12보다 압력이 높기 때문에 압축기, 응축기 등을 R-22용 내압 시험에 합격한 것으로 교체하지 않으면 안 된다. 또한 패킹 재료에 대한 부식 정도가 심하기 때문에 패킹 재료도 R-22용으로 교환해 줄 필요가 있다. 또한 팽창밸브도 교체해야 하므로 일반적으로 혼합 냉매를 자주 사용하지 않는다.

일반적으로 많이 사용되는 프레온 냉매의 비점

종류	비점	종류	비점
R-11	23.8℃	R-22	-40.8℃
R-12	-29.8℃	R-113	47.6℃
R-13	-81.5℃	R-114	3.6℃
R-14	-128℃	R-500	-33.3℃
R-21	8.9℃	R-502	-45.6℃

5. 냉매의 장치 내 영향

(1) 에멀션 현상(emulsion : 유탁액 현상)

NH_3용 냉동장치 중에 수분이 함유되면 NH_3와 작용하여 NH_4OH를 생성하게 되며 이 NH_4OH는 기름을 미립자로 분리시키고 기름이 우윳빛으로 변색되는 현상으로서 유분리기에서 기름이 분리되지 않고 응축기, 증발기 등으로 흘러들어가는 예가 있다.

(2) 코퍼 플레이팅 현상(copper plating : 동부착 현상)

프레온 냉동기 중에서 수분과 프레온이 작용하여 산이 생성되고 나아가 침입한 공기 중의 산소와 화합하여 동에 반응한 다음 압축기 각 부분의 금속 표면(메탈 부분)에 동을 도금하는 현상으로서 장치 내 수분이 많을 때 수소 원자가 많은 냉매일수록 왁스분이 많은 오일을 사용할 때 온도가 높은 부분일수록 잘 일어난다. 이 현상은 R-12보다 R-22에서 잘 일어나며, R-22보다 염화메틸에서 더 잘 일어난다.

(3) 오일 포밍(oil foaming) 현상

프레온 냉동기에서 압축기 정지 시 크랭크 케이스 내의 오일 중에 용해되어 있던 프레온 냉매가 압축기 기동 시 크랭크 케이스 내의 압력이 급격히 낮아지므로 오일과 냉매가 급격히 분리된다. 이 때문에 유면이 약동하며 윤활유가 거품이 일어나는 현상으로서, 오일 포밍이 급격히 일어나면 피스톤 상부로 다량의 오일이 올라가 오일을 압축하게 되는데 이때 이상음이 나는 것을 오일 해머링(oil hammering)이라고 한다. 오일 해머링이 일어나면 압축기의 파손 우려가 있을 뿐 아니라 압축기 오일이 장치 중으로 넘어가 압축기의 유량이 부족하게 되므로 운전이 불능케 될 우려가 많다.

(4) 오일 포밍(oil foaming)의 방지책

크랭크 케이스(crank case) 내에 오일 히터(oil heater)를 설치하여 기동 30분~2시간 전에 예열하여 오일과 냉매를 분리시킨 뒤에 압축기를 가동시키면 오일 포밍이 방지된다. 특히 터보 냉동기에서는 무정전 상태로 항상 크랭크 케이스 내의 유온을 60~80℃ 정도 유지시켜 줌으로써 오일 포밍으로 인한 악영향을 방지한다.

6. 냉매 누설 검지법

(1) NH_3의 누설 검지

① 취기로서 알 수 있다.
② 붉은 리트머스 시험지가 청색으로 변한다.
③ 유황초에 불을 붙여 누설 개소에 대면 흰 연기가 난다.
④ 페놀프탈레인지를 물에 적셔 누설 개소에 대면 홍색으로 변한다.
⑤ 물 또는 브라인에 NH_3가 누설할 때는 물이나 브라인을 조금 떠서 네슬러 용액을 투입하면 소량 누설 시에는 황색, 다량 누설 시에는 자색으로 변한다.
⑥ 시료를 떠서 (⑤와 같은 경우) 불 위에 올려 놓은 후 ①~④의 방법으로 검지할 수도 있다.

(2) 프레온의 누설 검지

① 비눗물(네카로 비누)로서 기포의 발생 유무 확인

② 할라이드 토치 사용(연료 : 아세틸렌, 알코올, 프로판, 부탄)

　㈎ 누설이 없을 시 : 청색

　㈏ 소량 누설 시 : 녹색

　㈐ 다량 누설 시 : 자색

　㈑ 과량 누설 시 : 꺼진다.

[할라이드 토치 사용 시 주의사항]
- 알코올은 양질의 것을 사용할 것
- 점화 초기에 또는 알코올 증기압이 낮아 점화하기 힘들 때, 또는 불꽃이 약해 꺼지기 쉬울 때 밸브를 전개함과 동시에 공기 도입관 끝을 손으로 눌러 공기량을 감소시킨다.
- 불꽃이 황백색이 되는 것은 공기 도입관이 막힌 것이므로 청소한다.
- 처음에 불꽃이 적은 편이 민감하게 검지할 수 있으므로 밸브를 조여서 사용한다.
- 때때로 공기 도입관의 끝에 귀를 대고 공기가 흡입되는 작은 소리를 확인한다.
- 냉매 누설은 간헐적인 경우가 있고 또한 불꽃 반응까지 다소의 시간 지연이 있으므로 세밀히 검사한다.
- 일정한 순서에 따라 검사한다.
- 노즐이 막힐 염려가 있으므로 주의하고 누설 작업 시 환기에 주의한다.
- 대량으로 누설이 있을 때는 환기가 필요하다.
- 검지기를 너무 기울이지 말아야 한다.

③ 전자누설 탐지기(할로겐 리크 디텍터)

보통 : $\dfrac{1}{200}$ OZ/year, 특수 : $\dfrac{1}{2000}$ OZ/year

[사용 시 주의사항]
- 사용 중에 약 800℃로 가열되므로 폭발성 또는 가열성 가스가 있는 곳에서는 사용하지 말 것
- 정격 전압을 사용할 것(전압이 1볼트 변동하면 감도가 10 % 정도 저하한다.)
- 필라멘트가 가열되고 있을 때 흡입 모터가 정지되면 필라멘트가 단선될 우려가 있으므로 검지기에 전원을 공급한 후에는 흡입 모터의 작동을 확인해야 한다.
- 누설 가스 흡입구 속의 금속 필터는 장기간 사용 후에 용제로 깨끗이 청소하여 먼지나 이물질이 없게 한다.

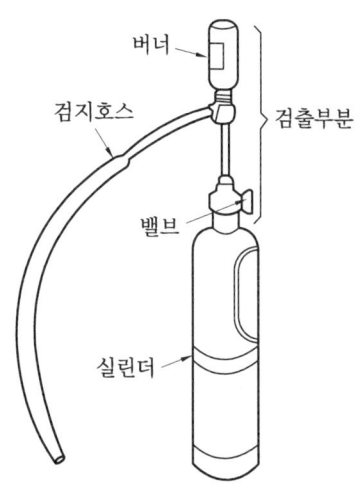

할라이드 토치

7. 프레온 가스 종류의 식별법

① 냉동장치의 충전 밸브 또는 용기 밸브에서 주의하면서 시료를 바로 증발해서 없어지지 않을 정도의 양만큼 액상인 채로 채취하여 유리용기에 받는다.
② 측정 범위가 넓고 정확한 온도계를 사용하여 온도계가 유리에 접촉하지 않도록 주의하면서 비점을 측정하여 냉매의 종류를 구별한다. 오일 등이 혼입되어 비점이 다소 다르게 나오는 경우가 있으나 각 냉매의 비점차는 충분히 크므로 식별에 착오가 생기지 않는다.

NH_3와 Freon의 비교

주요사항 \ 냉매	암모니아	프레온
사용 금속	주철	동, 동합금, 주철
분해 온도	490℃	800℃에 접촉하면 포스겐이란 독가스 발생
패킹 재료	고무 및 아스베스토스	인조고무
금속에 대한 부식성	동 및 동합금	마그네슘을 2% 이상 함유하는 알루미늄 합금
전열 작용	전열이 양호하다.	전열이 나쁘다.
전기적 성질	전기 절연물의 질을 약화시킨다.	전기 절연물의 질을 약화시키지 않는다.
독성	아황산가스 다음으로 강하다.	독성이 거의 없다.
윤활유와의 관계	분리(유분리기에 존재)	용해(유분리기가 있는 경우도, 없는 경우도 있다)
수분과의 관계	용해(제습기 무)	분리(제습기 유)
취기성	취기가 있다.	거의 취기가 없다.
토출가스	냉매 중에 가장 높다. (워터 재킷 유)	과히 높지 않다. (워터 재킷 무)
기름과의 비중	기름보다 가볍다.	기름보다 무겁다.

8. 기타 냉매

① 공기
② 물
③ 탄산가스(CO_2)
④ 아황산가스(SO_2)

⑤ 탄화수소군 냉매(CH$_4$, C$_2$H$_6$, C$_3$H$_8$, C$_4$H$_{10}$, C$_2$H$_4$)
⑥ 메틸클로라이드(CH$_3$Cl)

주요 냉매표

냉매명	암모니아	R-11	R-12	R-21	R-22	R-113	R-114	R-500	프로판	메틸클로라이드	탄산가스
화학식	NH$_3$	CCl$_3$F	CCl$_2$F$_2$	CHCl$_2$F	CHClF$_2$	C$_2$Cl$_3$F$_3$	C$_2$Cl$_2$F$_4$	CCl$_2$F$_2$ / C$_2$H$_4$F$_2$	C$_3$H$_8$	CH$_3$Cl	CO$_2$
분자식	17.03	137.4	120.9	162.9	86.5	187.4	170.9	97.29	44.06	50.48	44.0
비등점(℃)	-33.3	23.6	-29.8	8.89	-40.8	47.6	3.6	-33.3	-42.3	-23.8	-78.5
응고점(℃)	-77.7	-111.1	-158.2	-135	-160	-35	-93.9	-159	-189.9	-97.8	-78.5
임계온도(℃)	133	198	111.5	178.5	96	214.1	145.7	-	94.4	143	31
임계압력 (kg/cm^{2}abs)	116.5	44.7	40.9	52.7	50.3	34.8	33.33	44.4	46.5	68.1	75.3
-15℃에서의 증발압력 (kg/cm^{2}abs)	2.41	0.21	1.86	0.367	3.025	0.0689	0.476	2.13	2.94	1.49	23.34
30℃에서의 응축압력 (kg/cm^{2}abs)	11.9	1.30	7.59	2.19	12.27	0.552	2.58	8.73	10.91	6.66	23.34
응축온도 30℃ 증발온도 -15℃에서의 압축비	4.94	6.19	4.08	5.95	4.06	8.02	5.42	4.10	3.71	4.48	314
-15℃에서의 증발잠열(kcal/kg)	313.5	45.8	38.6	60.80	51.9	39.2	34.4	46.7	94.56	100.4	-
기준 냉동 사이클에 있어서의 냉동력(kcal/kg)	269	38.6	29.6	50.9	40.2	30.9	25.1	34	70.7	85.4	37.9
1한국 냉동톤당의 냉매 순환량(kg/h)	12.34	86.1	112.3	65.2	82.7	107.4	132.1	98	47	38.9	87.6
-15℃에서의 포화증기의 비체적 (m^3/kg)	0.509	0.766	0.0927	0.57	0.078	1.69	0.264	0.095	0.155	0.279	0.0166
25℃에서의 포화액의 비체적(L/kg)	1.66	0.679	0.764	0.733	0.838	0.64	0.688	0.86	2.025	1.10	-
압축기 토출 가스의 온도(℃)	98	44.4	37.8	61.1	55.0	30.0	30.0	41.0	36.1	77.8	66.1
1한국 냉동톤에 대한 이론 피스톤 압축량(m^3/h·RT)	6.28	65.9	10.8	37.2	6.42	171.4	34.8	9.25	7.27	10.8	1.46
이론 소요 마력 (HP/t)	1.08	0.99	1.10	1.01	1.06	1.02	1.055	1.12	1.80	1.047	1.661
성적계수	4.8	5.23	4.7	5.13	4.87	5.09	4.90	4.6	4.8	5.32	3.16

냉매의 특성표(냉매 용도)

냉매 종별	냉매 명칭	화학 기호	사용범위온도	냉동기 종류	용도
가장 보편적으로 사용되는 냉매	암모니아	NH_3	중, 저	왕복식 및 흡수식	제빙, 냉장, 화학공업, 기타 일반
	R-11	CCl_3F	고	터보식	냉방용
	R-12	CCl_2F_2	고, 중, 저	왕복식, 터보식	냉장, 냉방, 화학 공업용, 기타 일반
	R-22	$CHClF_2$	고, 중, 저, 초저	왕복식	냉장, 냉방, 화학 공업용, 기타 일반
	R-113	$C_2Cl_3F_3$	고	터보식	냉방용
	R-500	$CCl_2F_2(78.8\%)$ $CH_3-CHF_2(26.2\%)$	고, 중	왕복식	냉방, 냉장용
특수 용도에 사용되는 냉매	R-13	$CClF_3$	초저	왕복식	저온 화학공업용, 저온 연구용
	R-114	$C_2Cl_2F_4$	중, 고	왕복식, 로터리식, 터보식	특수냉방용, 화학공업용, 소형 냉동기용
	에탄	C_2H_6	초저	왕복식	저온 화학공업용, 저온 연구용
	에틸렌	C_2H_4	초저	왕복식	저온 화학공업용, 저온 연구용
	프로판	C_3H_8	저, 초저	왕복식	저온 화학공업용, 저온 연구용

9. 브라인(brine)

(1) 브라인 냉동 사이클

① 냉동 시스템 밖을 순환하면서 간접적으로 열을 운반하는 매개체이다.
② 감열에 의하여 열을 운반시키므로 다량이 필요하다.
③ 배관의 부식 및 동결에 유의해야 한다.
④ 대표적으로 NaCl, $CaCl_2$, $MgCl_2$가 있다.

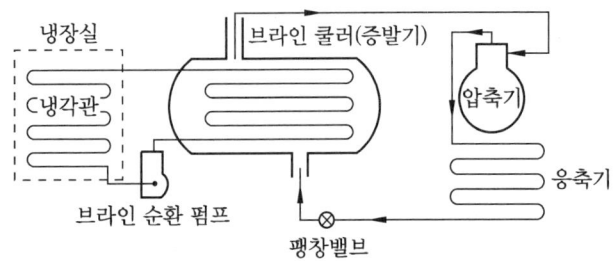

(2) 브라인의 구비 조건

① 부식성이 없을 것
② 열용량이 클 것
③ 구입이 용이하고 가격이 쌀 것
④ 응고점이 낮을 것
⑤ 점성이 작을 것(순환펌프의 소요 동력이 작다)
⑥ 열전도율이 좋을 것
⑦ 누설하여도 냉장품에 손상이 없을 것
⑧ 고약한 냄새 및 쓴맛이 없고 독성이 없을 것

(3) 브라인의 종류

무기질 브라인	유기질 브라인
탄소 C를 포함하지 않는다.	탄소 C를 포함한다.
부식력이 크다.	부식력이 작다.
전열 불량	전열 양호
가격이 싸다.	가격이 비싸다.
$NaCl$, $CaCl_2$, $MgCl_2$, H_2O	알코올, 에틸렌글리콜, R-11

[무기질 브라인]
① **염화칼슘($CaCl_2$) 수용액**

  (가) 공업용으로 많이 쓰인다.
  (나) 공정점 : -55℃, 비중 : 1.2~1.24, Be′ : 24~28°
  (다) 대부분 제빙용으로 많이 사용된다.
  (라) 흡습성이 강하고 누설되어 식품에 닿으면 떫은 맛이 나기 때문에 식품 저장용으로는 적합하지 않다.

> **참고** 공정점
> A, B 두 물질을 용해시키면 농도가 짙어질수록 응고 온도가 낮아지는데, 어느 일정한 농도 이상이 되면 다시 응고 온도가 높아진다. 이 응고하는 최저 온도를 공정점이라 한다.

② **염화나트륨(NaCl) 수용액**

  (가) 주로 식품 냉동에 사용한다.
  (나) 가격이 저렴하다.
  (다) 공정점 : -21℃, 비중 : 1.15~1.18, Be′ : 19~22°
  (라) 금속의 부식력이 모든 브라인 중에도 가장 크다.

③ 염화마그네슘(MgCl₂) 수용액
㈎ CaCl₂가 부족할 때 사용되었으나 현재 거의 사용되지 않는다.
㈏ 공정점 : -33.6℃
㈐ 강에 대한 부식성은 NaCl보다 작으나 CaCl₂보다 약간 높다.
  ※ 부식성 : $NaCl > MgCl_2 > CaCl_2$

> **참고** Be′(보메도) : 보메계에 의하여 측정한 공업상의 단위
> - 물보다 가벼운 액체 : $d = \dfrac{144.3}{144.3 + Be'}$, $Be' = \dfrac{144.3}{d} - 144.3$
> - 물보다 무거운 액체 : $d = \dfrac{144.3}{144.3 - Be'}$, $Be' = 144.3 - \dfrac{144.3}{d}$

[유기질 브라인]
① **에틸렌글리콜** : 부식성이 무기질 브라인보다 작으며 소형 기계에 사용된다.
② **프로필렌글리콜** : 부식성이 작고 독성이 없으며 냉동식품 동결용에 사용된다.
③ 메틸렌클로라이드
④ R-11

(4) 브라인의 금속 부식성
① 중성은 부식성이 작으나 산성, 알칼리성으로 갈수록 부식성이 증가한다.
② 배관은 모두 금속이므로 약알칼리성이 약산성보다 좋다(금속은 산에 약하다).
③ 브라인은 대개 pH 7.5~8.2로 유지한다.
④ NH₃가 브라인 중에 누설되면 알칼리성이 강해져 국부적으로 부식이 일어난다.
⑤ 브라인의 부식 방지 처리
  ㈎ CaCl₂ 수용액 : 브라인 1 L에 대하여 중크롬산소다($Na_2Cr_2O_7$) 1.6 g씩 첨가하고, 중크롬산소다 100 g마다 가성소다(NaOH) 27 g씩 첨가한다.
  ㈏ NaCl 수용액 : 브라인 1 L에 대하여 중크롬산소다 3.2 g씩 첨가하고, 중크롬산소다 100 g마다 가성소다 27 g씩 첨가한다.

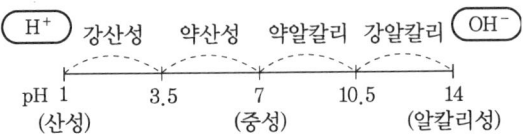

출제 예상 문제

1. 다음 중 냉매의 구비조건으로 틀린 것은?
① 전기저항이 클 것
② 불활성이고 부식성이 없을 것
③ 응축압력이 가급적 낮을 것
④ 증기의 비체적이 클 것
[해설] 냉매의 구비조건
  ㈎ 저온에서 증발압력이 대기압보다 높고, 상온에서는 응축압력이 낮을 것
  ㈏ 냉동능력에 비해 소요 동력이 작을 것
  ㈐ 증발잠열이 크고 액체의 비열이 작을 것
  ㈑ 임계온도가 높고 응고온도가 낮을 것
  ㈒ 동일한 냉동능력을 내는 경우에 냉매 가스의 비체적이 작을 것
  ㈓ 화학적으로 안정하고, 냉매 증기가 압축열에 의해 분해되지 않을 것
  ㈔ 액상 및 기상의 점도는 낮고, 열전도도는 높을 것
  ㈕ 전기저항이 크고, 절연파괴를 일으키지 않을 것
  ㈖ 인화성 및 폭발성이 없고, 인체에 무해하며, 자극성이 없을 것

2. 암모니아(NH_3) 냉매의 특성 중 잘못된 것은?
① 기준증발온도(-15℃)와 기준응축온도(30℃)에서 포화압력이 별로 높지 않으므로 냉동기 제작 및 배관에 큰 어려움이 없다.
② 암모니아수는 철 및 강을 부식시키므로 냉동기와 배관재료로 강관을 사용할 수 없다.
③ 리트머스 시험지와 반응하면 청색을 띠고, 유황 불꽃과 반응하여 흰 연기를 발생시킨다.
④ 오존파괴계수(ODP)와 지구온난화계수(GWP)가 각각 0이므로 누설에 의해 환경을 오염시킬 위험이 없다.
[해설] 암모니아는 동 및 동합금을 부식시키므로 강관을 사용하여야 한다.

3. 냉매의 구비조건 중 맞는 것은?
① 활성이며 부식성이 없을 것
② 전기저항이 작을 것
③ 점성이 크고 유동저항이 클 것
④ 열전달률이 양호할 것
[해설] 냉매의 구비조건
  ㈎ 증발잠열이 크고 액체의 비열이 작을 것
  ㈏ 점도가 작고 전열이 양호할 것
  ㈐ 절연내력이 크고 전기 절연물을 침식시키지 않을 것
  ㈑ 수분이 침입하여도 냉매의 작용에 지장이 적을 것
  ㈒ 누설이 곤란하고 누설 시 발견이 용이할 것

4. H_2O-LiBr 흡수식 냉동기에 대한 설명 중 틀린 것은?
① 냉매는 물(H_2O), 흡수제는 LiBr를 사용한다.
② 냉매 순환과정은 발생기 → 응축기 → 증발기 → 흡수기로 되어 있다.
③ 소형보다는 대용량 공기조화용으로 많이 사용한다.
④ 흡수제는 가능한 농도가 낮고, 고온이어야 한다.

정답 1. ④ 2. ② 3. ④ 4. ④

[해설] 흡수제는 가능한 농도가 높아야 하며 온도가 낮아야 흡수력이 증가하게 된다.

5. 흡수식 냉동기의 냉매와 흡수제 조합으로 올바른 것은?
① 물(냉매)-프레온(흡수제)
② 암모니아(냉매)-물(흡수제)
③ 메틸아민(냉매)-황산(흡수제)
④ 물(냉매)-디메틸에테르(흡수제)

[해설] 흡수식 냉동기의 냉매와 흡수제의 관계

냉매	암모니아	물
흡수제	물	리튬브로마이드

6. 흡수식 냉동기에서 냉동 시스템을 구성하는 기기들 중 냉각수가 필요한 기기의 구성으로 올바른 것은?
① 재생기와 증발기
② 흡수기와 응축기
③ 재생기와 응축기
④ 증발기와 흡수기

[해설] 흡수기와 응축기는 냉각수가 필요하며 재생기는 냉매와 흡수제를 분리시키기 위하여 온수가 필요하다.

7. 흡수식 냉동기의 용량 제어 방법으로 옳지 않은 것은?
① 흡수식 공급 흡수제 조절
② 재생기 공급 용액량 조절
③ 재생기 공급 증기 조절
④ 응축수량 조절

[해설] 흡수식 냉동기의 용량 제어 방법
(가) 냉각수량 제어법
(나) 바이패스 제어법
(다) 가열증기 제어법
(라) 온수 유량 제어법
(마) 흡입액 순환량 제어법

8. 물(H_2O)-리튬브로마이드(LiBr) 흡수식 냉동기 설명 중 잘못된 것은?
① 특수 처리한 순수한 물을 냉매로 사용한다.
② 열교환기의 저항 등으로 인해 보통 7℃ 전후의 냉수를 얻도록 설계되어 있다.
③ LiBr 수용액은 성질이 소금물과 유사하여 농도가 진하고 온도가 낮을수록 냉매 증기를 잘 흡수한다.
④ 묽게 된 흡수액(희용액)을 연속적으로 사용할 수 있도록 하는 장치가 압축기이다.

[해설] 흡수기에서 증발기에서 증발된 냉매(물)를 흡수하여 묽은 용액이 되며 발생기에서는 물을 흡수제와 분리시켜 흡수액의 농도를 진하게 만들어 주는 역할을 한다.

9. 흡수식 냉동장치에 대한 설명으로 적당하지 않은 것은?
① 초기 운전 시 정격 성능을 발휘할 때까지의 도달 속도가 느리다.
② 대기압 이하에서 작동하므로 취급에 위험성이 완화된다.
③ 용액의 부식성이 크므로 기밀성 관리와 부식 억제제의 보충에 엄격한 주의가 필요하다.
④ 야간에 열을 저장하였다가 주간의 부하에 대응할 수 있다.

[해설] ④항은 축열조에 대한 설명이다.

10. 일반적으로 냉방 시스템에 물을 냉매로 사용하는 냉동방식은?
① 터보식   ② 흡수식
③ 진공식   ④ 증기압축식

[해설] 물을 냉매로 사용할 경우 흡수제는 리튬브로마이드를 사용한다.

정답 5. ② 6. ② 7. ① 8. ④ 9. ④ 10. ②

11. H₂O-LiBr 흡수식 냉동기에서 냉매의 순환과정을 올바르게 표시한 것은? (단, ㉮ 냉각기(증발기), ㉯ 흡수기, ㉰ 응축기, ㉱ 발생기이다.)
① ㉱→㉰→㉮→㉯
② ㉱→㉮→㉰→㉯
③ ㉰→㉱→㉮→㉯
④ ㉰→㉯→㉱→㉮

[해설] 흡수식 냉동기의 냉매 순환과정 : 증발기 → 액펌프 → 열교환기 → 흡수기 → 발생기 → 응축기 → 증발기

12. 중간 냉각기의 역할을 설명한 것이다. 틀린 것은?
① 저압 압축 토출가스의 과열도를 낮춘다.
② 증발기에 공급되는 액을 냉각시켜 엔탈피를 적게 하여 냉동효과를 증대시킨다.
③ 고압 압축기 흡입가스 중의 액을 분리시켜 리퀴드백을 방지한다.
④ 저·고압 압축기가 작용함으로써 동력을 증대시킨다.

[해설] 중간 냉각기는 2단 압축기에서 사용하는 것으로 역할은 다음과 같다.
㈎ 부스터에서 토출된 가스의 과열도를 제거하여 고단 압축기 소요 동력을 감소시킨다.
㈏ 고온 고압의 냉매에 과냉각도를 주어 팽창변 통과 시 플래시가스 발생량을 감소시켜 냉동능력을 증대시킨다.
㈐ 고단 압축기로 액 흡입을 방지한다.

13. 흡수식 냉동기의 재생기로 들어가는 용액의 농도를 ξ_1, 발생기에서 나오는 용액의 농도를 ξ_2라고 할 때 용액순환비 a를 나타내는 식으로 적당한 것은?

① $a = \dfrac{\xi_1}{\xi_1 - \xi_2}$ ② $a = \dfrac{\xi_2}{\xi_1 - \xi_2}$

③ $a = \dfrac{\xi_1}{\xi_2 - \xi_1}$ ④ $a = \dfrac{\xi_2}{\xi_2 - \xi_1}$

[해설] 발생기는 냉매와 흡수제를 분리하는 곳으로 재생기라고도 한다.

용액순환비 = $\dfrac{\text{출구 농도}}{(\text{출구 농도} - \text{입구 농도})}$

14. 압축식 냉동기와 흡수식 냉동기에 대한 설명 중 잘못된 것은?
① 증기를 저렴하게 얻을 수 있는 장소에서는 흡수식 냉동기가 경제적으로 유리하다.
② 흡수식 냉동기에 비해 압축식 냉동기의 열효율이 높다.
③ 냉매 압축 방식은 압축식에서는 기계적 에너지, 흡수식은 화학적 에너지를 이용한다.
④ 동일한 냉동능력을 갖기 위해서 흡수식은 압축식에 비해 냉동장치가 커진다.

[해설] 흡수식 냉동기는 냉매와 흡수제의 용해와 분리를 이용하는 것으로 열에너지를 이용한다.

15. 냉동 사이클의 냉매 상태 변화와 관계가 없는 것은?
① 등엔트로피 변화
② 등압 변화
③ 등엔탈피 변화
④ 등적 변화

[해설] 냉동 사이클에서 상태 변화
• 등압 변화 : 증발과정, 응축과정
• 등엔탈피 변화 : 팽창과정
• 등엔트로피 변화 : 압축과정

16. 냉매와 브라인에 관한 설명 중 틀린 것은?

정답 **11.** ① **12.** ④ **13.** ④ **14.** ③ **15.** ④ **16.** ①

① 프레온 냉매에서 동부착 현상은 수소 원자가 작을수록 크다.
② 유기 브라인은 무기 브라인에 비해 금속을 부식시키는 경향이 작다.
③ 염화칼슘 브라인에 의한 부식을 방지하기 위해 방식제를 첨가한다.
④ 프레온 냉매와 냉동기유의 용해 정도는 온도가 낮을수록 많아진다.

[해설] 동부착 현상은 냉매 중에 수소 원자가 많을수록, 장치 내에 수분이 많을수록, 오일 중에 왁스 성분이 많을수록 심하게 일어난다.

17. 다음 냉매 중 비등점이 가장 낮은 것은?
① R-717　　　② R-14
③ R-500　　　④ R-502

[해설] 냉매의 비등점
R-717, R-500 : -33.3℃,
R-502 : -38℃, R-14 : -128℃

18. 다음 냉매 중 가연성이 있는 냉매는?
① R-717　　　② R-744
③ R-718　　　④ R-502

[해설] R-700 단위는 무기질 냉매 표시이며 뒤의 두 자리수는 냉매의 분자량 표시이다.
R-717 : 암모니아
R-744 : 이산화탄소
R-718 : 물
R-502 : 공비혼합냉매
암모니아는 가연성(폭발범위 : 15~28 %), 독성(25 ppm) 가스이다.

19. 암모니아 냉매를 사용하고 있는 과일 보관용 냉장창고에서 암모니아가 누설되었을 때 보관물품의 손상을 방지하기 위한 해결 방법으로 옳지 않은 것은?

① SO_2로 중화시킨다.
② CO_2로 중화시킨다.
③ 환기시킨다.
④ 물로 씻는다.

[해설] 암모니아 누설 시 물로 흡수시키는 것이 좋으며 환기 시에는 공기보다 가벼우므로 천장 가까이의 문을 열어 환기시킨다. 이산화탄소로 중화시키며 아황산가스와 만나면 황산암모늄을 형성하여 독성의 물질이 되기 때문에 피하여야 한다.

20. 프레온(freon)계 냉매 중 R-22와 R-115의 혼합 냉매는?
① R-717　　　② R-744
③ R-500　　　④ R-502

[해설] R-500 = R-12 + R-152
R-501 = R-13 + R-23
R-502 = R-115 + R-22
R-503 = R-13 + R-23

21. 프레온 냉동장치에서 압축기 흡입배관과 응축기 출구배관을 접촉시켜 열교환시킬 때가 있다. 이때 장치에 미치는 영향으로 옳은 것은?
① 압축기 운전 소요 동력이 다소 증가한다.
② 냉동효과가 증가한다.
③ 액백(liquid back)이 일어난다.
④ 성적계수가 다소 감소한다.

[해설] 열교환기는 주로 프레온 냉동장치에서 사용하며 압축기 흡입배관과 응축기 출구배관을 열교환시키면
 ㈎ 저온 저압의 가스에 과열도를 주어 냉동효과를 증대시킨다.
 ㈏ 고온, 고압의 액에 과냉각도를 주어 성적계수를 향상시킨다.
 ㈐ 압축기로 리퀴드 백을 방지한다.

22. 암모니아 냉동기의 배관재료로서 부적절한 것은 어느 것인가?

① 배관용 탄소강 강관
② 동합금관
③ 압력배관용 탄소강 강관
④ 스테인리스 강관

[해설] 암모니아는 동 및 동합금을 부식시키므로 동합금관은 사용하지 못한다.

23. 암모니아 냉매의 누설검지에 대한 설명으로 잘못된 것은?

① 냄새로써 알 수 있다.
② 리트머스 시험지가 청색으로 변한다.
③ 페놀프탈레인 시험지가 적색으로 변한다.
④ 할로겐 누설검지기를 사용한다.

[해설] 암모니아 냉매 누설검지법
(가) 냄새로 알 수 있다(악취).
(나) 유황초, 유황 걸레 등과 접촉 시 흰 연기가 발생한다.
(다) 리트머스 시험지를 사용한다(적색→청색).
(라) 페놀프탈렌지를 사용한다(백색→홍색).
(마) 브라인에 누설 시 네슬러 시약을 사용한다(미색(정상) → 황색(약간) → 갈색(다량)).
※ 할라이드 토치와 할로겐 원소 누설검지기는 프레온 누설에 사용한다.

24. 암모니아를 냉매로 사용하는 냉동설비에서 시운전에 사용하면 안되는 기체는 어느 것인가?

① 이산화탄소　② 산소
③ 질소　　　　④ 일반공기

[해설] 암모니아가스는 가연성가스(폭발범위 : 15~28 %)로 지연성가스인 산소와 반응하면 폭발범위가 15~79 %로 급격히 증가하여 폭발의 우려가 커지므로 반드시 질소 등 불연성가스로 시운전을 하여야 한다.

25. 다음 설명 중 옳은 것은?

① 메틸렌클로라이드, 프로필렌글리콜, 염화칼슘 용액은 유기질 브라인이다.
② 브라인은 잠열 및 현열 형태로 열을 운반한다.
③ 프로필렌글리콜은 부식성이 적고 독성이 없어 냉동식품의 동결용으로 사용된다.
④ 식염수의 공정점은 염화칼슘의 공정점보다 낮다.

[해설] 브라인은 pH 7.5~8.2의 약알카리성으로 유지하고 유기질 브라인은 부식성이 거의 없으며 무기질 브라인에는 염화칼슘, 염화마그네슘, 염화칼슘 등이 있다.

26. 염화칼슘 브라인에 대한 설명 중 옳은 것은?

① 냉동 작용은 브라인의 잠열을 이용하는 것이다.
② 강관에 대한 부식도는 염화나트륨 브라인보다 일반적으로 부식성이 크다.
③ 공기 중에 장시간 방치하여 두어도 금속에 대한 부식성이 없다.
④ 가장 일반적인 브라인으로 제빙, 냉장 및 공업용으로 이용된다.

[해설] 염화칼슘 브라인은 공정점 −55℃(비중 1.2~1.24)로서 주로 제빙용, 냉동용으로 많이 사용하며 감열(현열) 상태로 열을 운반한다.

27. 무기질 브라인이 아닌 것은?

① $CaCl_2$　　② CH_3OH
③ $MgCl_2$　　④ $NaCl$

[해설] 무기질 브라인은 탄소가 함유되지 않은 것으로 염화나트륨($NaCl$), 염화마그네슘($MaCl_2$), 염화칼슘($CaCl_2$) 등이 있다.

정답　22. ②　23. ④　24. ②　25. ③　26. ④　27. ②

28. 압축 냉동 사이클에서 응축온도가 일정할 때 증발온도가 낮아지면 일어나는 현상 중 틀린 것은?
① 압축일의 열당량 증가
② 압축기 토출가스 온도 상승
③ 성적계수 감소
④ 냉매 순환량 증가

[해설] 증발온도가 낮아지면 압축비가 증가하게 되고 냉매 순환량이 감소하게 되며 성적계수가 저하하게 된다.

29. 유량 100 L/min의 물을 15℃에서 5℃로 냉각하는 수 냉각기가 있다. 이 냉동장치의 냉동효과(냉매단위 질량당)가 40 kcal/kg일 경우 냉매 순환량은 얼마인가?
① 25 kg/h   ② 1000 kg/h
③ 1500 kg/h ④ 500 kg/h

[해설] 냉동능력 = 100 L/min × 60 min/h
× 1 kcal/kg·℃ × (15−5)℃ = 60000 kcal/h
냉동능력 = 냉동효과 × 냉매 순환량
60000 kcal/h = 40 kcal/kg × G
∴ G = 1500 kg/h

30. 다음 중간 압력에 대한 설명 중 맞는 것은? (단, 저압 압축기, 고압 압축기 모두 건조 포화증기가 흡입 압축되는 정상 운전을 하는 것으로 고려한다.)
① 중간 압력을 저압에 가까이 하면 성적계수는 커진다.
② 중간 압력을 고압에 가까이 하면 성적계수는 커진다.
③ 중간 압력이 낮을수록 냉동효과는 커진다.
④ 중간 압력이 낮을수록 고압 압축기 일량이 적어진다.

[해설] 중간 압력이 낮아지면 압축비 또한 낮아져 고온, 고압액에 과냉각도를 많이 줄 수 있으므로 플래시가스 발생량이 감소하여 냉동효과가 증가하게 된다.

제3장 압축기 및 냉동장치의 계산

1. 압축기

증발기에서 흡수한 저온 저압의 냉매 가스를 압축하여 압력을 올려줌으로써 분자 간의 거리를 가깝게 하여 온도를 상승시켜 상온하에서도 응축액화할 수 있게 한다. 즉, 저열원에서 냉매가 증발하면서 얻은 열을 고열원 응축기로 보내는 역할을 한다.

1-1 구조상의 분류

(1) 개방형(open type)

① **직결 구동** : 전동기의 축과 압축기의 축이 직접 연결되어 동력 전달(모터 rpm = 압축기 rpm)

② **벨트 구동** : 전동기와 압축기 간에 V벨트로 연결되어 동력 전달(모터 rpm ≠ 압축기 rpm)

(2) 밀폐형(hermetic type)

모터와 압축기가 한 하우징 내에 있어 외부와 밀폐된 형

※ 소형 냉동기의 밀폐형 분류

① **반밀폐형**
  (가) 고저압측에 서비스 밸브가 붙어 있으며 이곳으로 가스를 충전, 회수할 수 있다.
  (나) 분해 점검 수리가 가능하다.

② **전밀폐형**
  (가) 고저압 어느 한쪽에만 서비스 밸브가 붙어 있으며 주로 저압측에 부착되어 수리 후 냉매 충전에 많이 사용된다.
  (나) 모터는 상부, 압축기는 하부에 있다.

(다) 수리 시는 케이스를 쪼개야만 한다.

③ 완전 밀폐형
(가) 서비스 밸브가 없고 니플(nipple)로 냉매 충전
(나) 내부 파악 곤란, 수리 시 쪼개서 수리
(다) 주로 소형 가정용 냉장고 window type aircon 등에 사용한다. 단, 밀폐형은 전부 프레온을 사용한다.

(3) 개방형과 밀폐형의 장단점

① 개방형
[장점]
(가) 풀리(pully) 크기에 따라 회전수를 임의로 할 수 있어 냉동 용량을 임의로 설정할 수 있다.
(나) 압축기 각부가 볼트로 조립되어 분해 수리가 가능하다.
(다) 압축용 전동기 이외의 구동원에 의해 구동할 수 있다.
(라) 압축기와 구동원의 별도 수리가 가능하다.

[단점]
(가) 크랭크 축이 외부로 관통되어 누설의 염려가 있다.
(나) 소음의 발생이 심하다.
(다) 외형이 커져 좁은 장소에 설치가 곤란하다.
(라) 대량 생산 시 밀폐형보다 비싸다.

② 밀폐형
[장점]
(가) 냉매의 누설이 없다.
(나) 소음이 작다.
(다) 소형이며 경량으로 된다.
(라) 과부하 운전이 가능하다.
(마) 대량 생산 시 개방형에 비해 저렴하다.

[단점]
(가) 전동기가 직결이기 때문에 회전 속도를 임의로 조정할 수 없고 50 c/s로 전원 주파수가 감소되면 능력이 약 20 % 감소된다.
(나) 증발 온도가 낮고 냉매 순환량이 적은 조건에서는 흡입 가스 과열에 따라 권선 온도가 상승되는 우려가 있다.
(다) 전동기 외에 구동원을 사용할 수 없어 전원이 없는 곳에서는 사용할 수 없다.
(라) 분해 수리가 곤란하다.
(마) 회전수 변경으로 능력 제어가 곤란하다.

1-2 압축 방식에 따른 분류

(1) 왕복동식(reciprocating type)

피스톤의 왕복 운동으로 가스를 압축하는 방식
① 단동식 : 1회전에 1회 압축(상승 시 압축, 하강 시 흡입)
② 복동식 : 1회전에 2회 압축(상승 하강 시 흡입 압축)

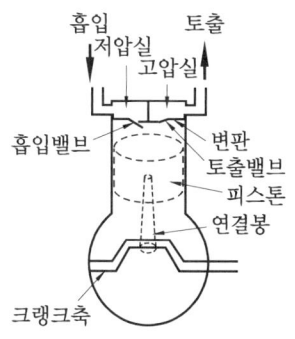

(2) 원심식(centrifugal type)

터보 압축기라 하며 임펠러(impeller)의 고속 회전에 의한 원심력으로 가스를 압축하는 방식으로 대용량의 공기 조화용으로 많이 사용되며, 보통 10000~12000 rpm이 있다.

① 터보 냉동기의 장점
  (가) 저압 냉매를 사용하므로 위험성이 적고 용량에 비해 소형이다.
  (나) 흡입밸브 및 토출밸브가 없고 마찰부가 적어 고장이 적다.
  (다) 진동이 적어 기초 공사가 용이하다.

② 터보 냉동기의 단점
  (가) 고속 회전이므로 증속기가 필요하다.
  (나) 1단으로 고압축비를 얻을 수 없다.
  (다) 저온용이나 소용량에 부적합하다.

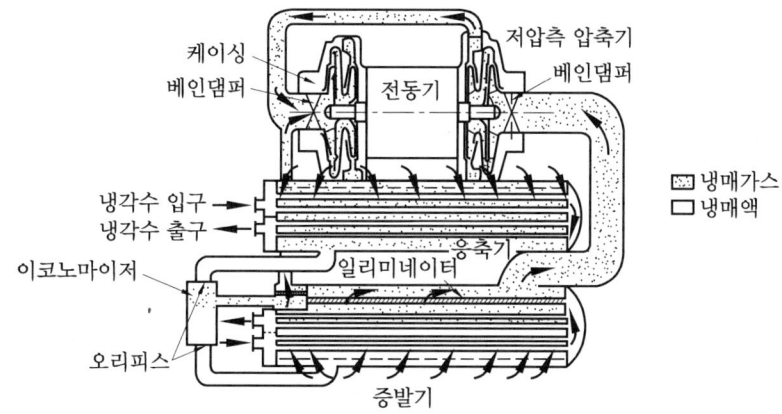

(3) 회전식(rotary type)

① 회전자(rotor)의 회전에 의해 가스를 압축(주로 소형)시킨다.
② 오일 쿨러가 있다.

③ 압축기가 완전한 회전수에 달하기 전에는 블레이드는 원심력이 작아져 실린더에 꼭 밀착할 수 없고 가동 시에는 압축이 행해지지 않으므로 전력 소비가 적게 든다.

④ 일반적으로 1000 rpm 이상에서 블레이드가 정확히 실린더벽에 밀착된다. 보통 가정용 냉장고는 1725 rpm, 상업용 압축기는 약 1000~1800 rpm에서 운전되고 있다.

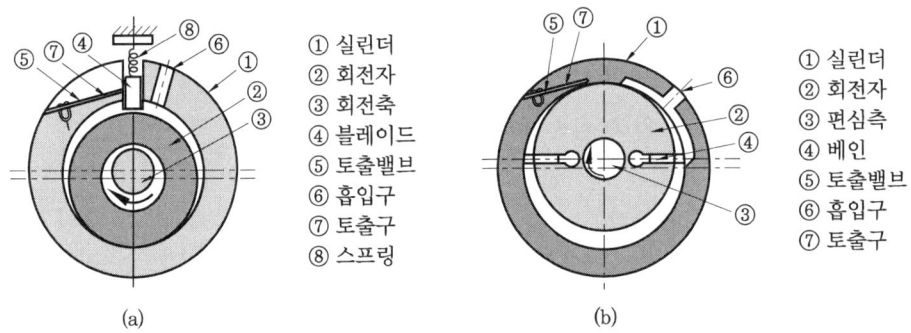

(4) 스크루식(screw type)

2개의 맞물린 나사 형상의 로터 회전으로 가스를 압축하는 것이므로 구동할 때는 정해진 회전방향이 있다.

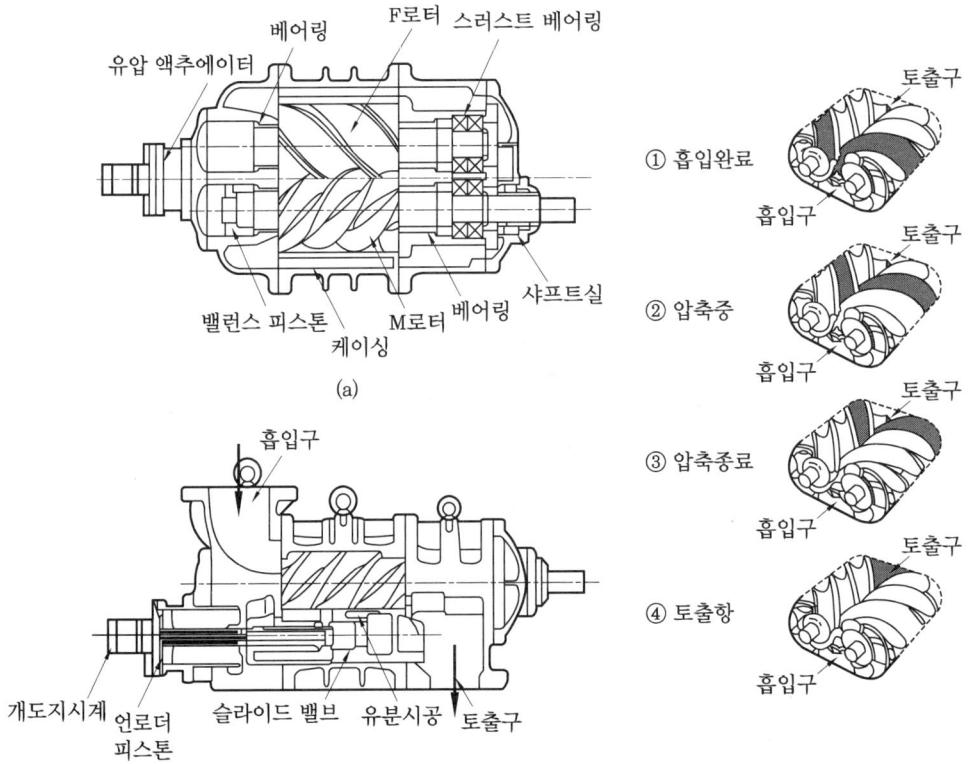

① 스크루 압축기의 장점
　㈎ 토출가스 온도가 낮아 윤활유 열화 및 탄화가 적다.
　㈏ 용량에 비해 소형이다.
　㈐ 흡입밸브 및 토출밸브 등이 없으므로 마찰, 마모 부분이 적다.

② 스크루 압축기의 단점
　㈎ 윤활유가 많이 든다(오일과 냉매 가스를 같이 압축).
　㈏ 고속 회전이므로 소음이 크고 음향에 의한 고장 발견이 어렵다.
　㈐ 전력 소비가 크고 가격이 비싸다.
　㈑ 용량 제어 시 효율 저하가 크다.

1-3 실린더 배열에 의한 분류

- 입형 압축기(vertical compressor)
- 횡형 압축기(horizontal compressor)
- V형, W형, VV형, 성형(星型)

(1) 암모니아 입형 압축기

① 톱클리어런스가 1 mm 정도이다.
② **안전두** : 실린더 상부에 이물질 및 액 해머 시 압축기 파손을 방지하기 위하여 정상 압력보다 3 kg/cm² 높으면 작동하여 안전을 도모한다.
③ 실린더를 일반적으로 물로 냉각시키기 위하여 워터 재킷을 설치한다.
④ 회전수는 일반적으로 250~400 rpm의 저속이다.
⑤ 피스톤 행정이 길어지게 되면 더블 트렁크형(double trunk type)이 채용된다.
※ 피스톤 행정에 의해서 구별하면 플러그형, 싱글 트렁크형, 더블 트렁크형이 있다.

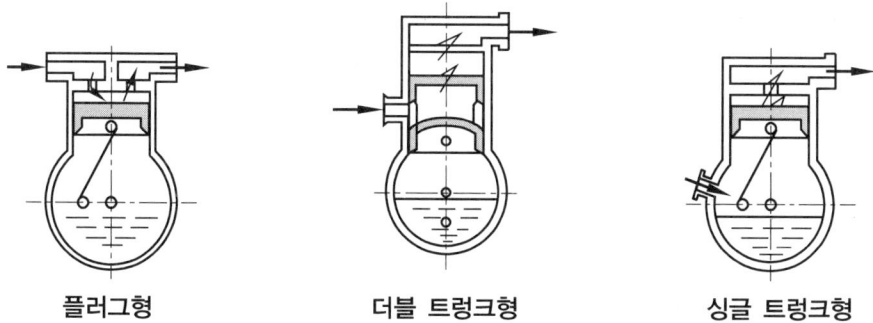

플러그형　　　　　더블 트렁크형　　　　　싱글 트렁크형

㈎ 플러그 타입(plug type)
- 가정용에 많이 쓰인다.
- 위에서 흡입하여 위로 배출한다.
- 실린더 헤드는 고압실과 저압실로 나뉘어진다.
- 흡입밸브와 토출밸브가 밸브 플레이트에 존재한다.
- 보통 소형 50 mm 이하에서는 피스톤 링이 필요하다.
- 냉매가 크랭크 내로 들어가지 않기 때문에 오일 포밍이 일어나지 않는다.
- 피스톤에는 흡입밸브가 없어서 작고, 가볍게 만들 수 있다.
- 흡입가스 과열로 토출가스 온도가 높고 충격에 약하며 마모 소요 동력이 작다.

㈏ 트렁크 타입(trunk type, double type)
- NH_3용에 많이 쓰인다(고속 다기통).
- 옆에서 흡입하여 위로 배출한다.
- 실린더 헤드는 고압실로만 되어 있다.
- 흡입밸브는 피스톤 상부에 토출밸브는 밸브 플레이트에 부착한다.
- 피스톤이 무겁다.
- 체적 효율이 좋다.
- 과열이 적기 때문에 효율이 좋다.
- 관성력이 크기 때문에 충격을 받는다.

㈐ 오픈 타입(open type, single type)
- 밑에서 흡입하여 위로 배출한다.
- 실린더 헤드는 고압실로만 되어 있다.
- 흡입밸브는 피스톤 상부에 토출밸브는 밸브 플레이트에 부착한다.
- 오일 포밍 현상의 우려가 있다.
- 피스톤이 조금 길어야 한다.
- 체적 효율이 좋다.
- 피스톤이 크기 때문에 관성이 크고 충격이 심하다.

(2) 횡형 압축기(horizontal compressor)

① 주로 NH_3용
② 복동식
③ 200 rpm의 최대 속도
④ 안전두가 없다.
⑤ 톱클리어런스가 3 mm 정도이다.
⑥ 축봉 장치 → 축상형

⑦ 지금은 거의 제작되지 않는다.

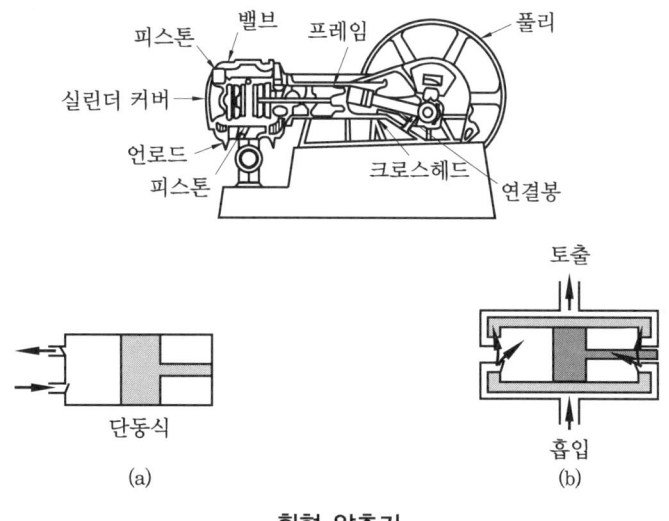

횡형 압축기

(3) 고속 다기통 압축기(high speed multi-cylinder compressor)

① **회전수** : 400, 700, 1500, 1800, 3500 rpm
② **배열** : V형, VV형, W형, 성형
③ **특징**
 ㈎ 대개 4, 6, 8, 12, 16기통이다(동적 밸런스를 잡기 위해서 짝수 사용).
 ㈏ 700~2000 rpm(특수용 3500 rpm 정도)
 ㈐ 고속이므로 능력에 비해 기체가 적고 가벼워 설치 면적이 적게 든다.
 ㈑ 기통수가 많으므로 동적 정적 밸런스가 양호하며 진동이 적으므로 기초 공사가 쉽다.
 ㈒ 각 부품의 교환이 가능하다.
 ㈓ 용량 제어가 다른 압축기에 비해 용이하여 자동 제어 및 자동 운전이 가능하다.
 ㈔ 실린더 지름(D)이 행정(L)보다 크거나 같다(고속 $D \geq L$, 저속 $D \leq L$).
 ㈕ 다기통이고 고속이므로 실린더 지름이 작아도 된다.
 ㈖ 실린더가 본체와 분리되어 크랭크 내에 실린더 라이너를 끼워 넣을 수 있는 것이 특징이다.
 ㈗ 기동 시 무부하로 기동이 가능하고 입형 저속 쌍기통에 비해 더욱 세밀한 용량 제어를 행할 수 있어 경제적인 운전이 가능하다.
 ㈘ 일반적으로 고속이고 실린더 상부의 톱클리어런스가 커서 체적 효율이 작으므로 냉동능력이 감퇴되고 저압측을 고진공으로 할 수 없다. 기계적인 음향으로 고장 발견이 곤란하다.

※ 고진공으로 만들기 힘든 이유 : 피스톤의 속도가 빠르며 톱클리어런스가 비교적 크고 흡입밸브 등의 저항이 크므로 체적 효율이 나쁘기 때문이다.

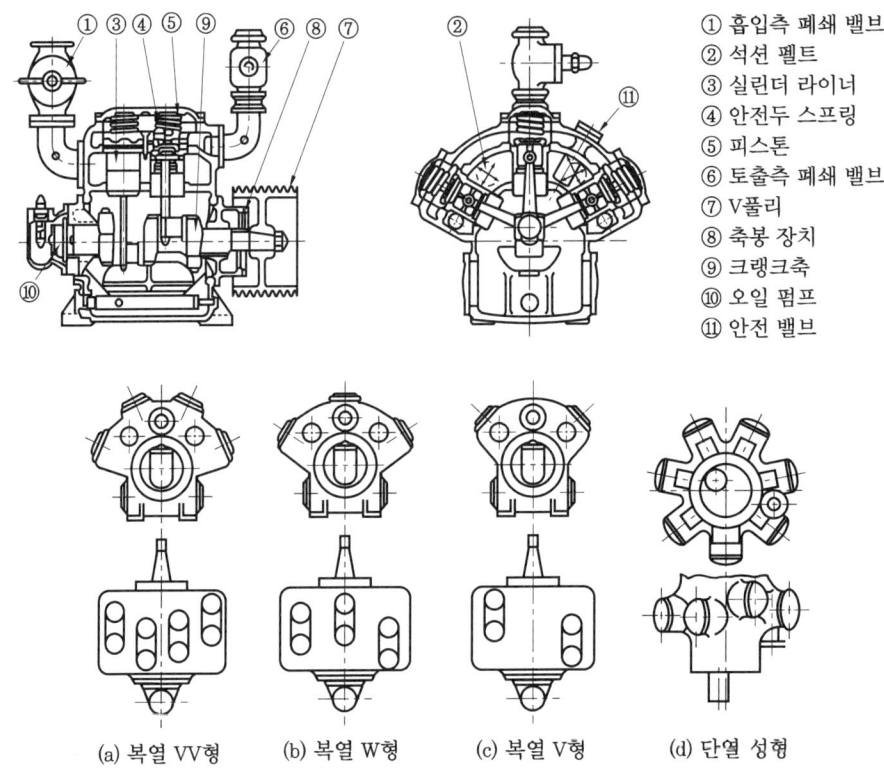

① 흡입측 폐쇄 밸브
② 석션 펠트
③ 실린더 라이너
④ 안전두 스프링
⑤ 피스톤
⑥ 토출측 폐쇄 밸브
⑦ V풀리
⑧ 축봉 장치
⑨ 크랭크축
⑩ 오일 펌프
⑪ 안전 밸브

(a) 복열 VV형   (b) 복열 W형   (c) 복열 V형   (d) 단열 성형

고속 다기통 압축기

[고속 다기통 설계 시 주의할 점]
- 압축기 흡입밸브, 토출밸브
- 축봉 장치
- 윤활 장치
- 부하 조정 장치

1-4 왕복동 압축기의 부품

(1) 실린더 및 본체(cylinder & body)

① **입형 저속** : 실린더와 본체가 동체
② **고속 다기통** : 실린더와 본체는 별개로 되어 있으며, 실린더를 본체에서 분리 가능하다.

③ 실린더와 본체는 특히 주물로 되어 있다(고급 주물).
④ **실린더 지름** : 입형 최대(300 mm), 고속 최대(180 mm)
⑤ **간극** : 실린더와 피스톤의 간격

　㈎ 저속 : 최대 실린더 지름의 $\frac{0.1}{1000} \sim \frac{1}{1000}$ mm 정도

　㈏ 고속 : 최대 실린더 지름의 $\frac{0.8}{1000}$ mm 정도

　※ $\frac{2}{1000}$ mm 정도이면 보링할 필요가 있다.

⑥ **실린더 연마 방법**
　㈎ 호닝(honing) 작업 : 원통형의 내면을 다듬질하는 작업
　㈏ 보링(boring) 작업 : 원통의 내면을 광택나게 하는 작업
　㈐ 피니싱(finishing) 작업 : 공작물 가공에 있어서 최종적인 연마 작업

(2) 피스톤(piston)

압축기의 실린더 내부에서 상하 또는 좌우 운동을 함으로써 가스를 압축하여 압력을 높여주는 역할을 하는 부분품이다.

(3) 피스톤 핀(pistion pin)

피스톤과 연결봉을 연결하는 쇠막대이다.
① **고정식** : NH_3
② **플로팅식** : 프레온

(4) 피스톤 링(piston ring)

① 흡입 시 오일을 긁어주고 압축 시 냉매의 누설을 방지한다.
② 강쇠로 제작되어 빼낼 때 부러지기 쉽다.
③ **플러그형 피스톤과 싱글 트렁크형 피스톤**
　㈎ 상부 : 압축링(2~3개)
　㈏ 하부 : 오일링(2개)
④ **더블 트렁크형 피스톤**
　㈎ 상부 : 압축링(3~4개)
　㈏ 하부 : 오일링(2개)
⑤ **링과 피스톤 사이(간극)** : 0.03 m/m(0.05~0.09 m/m)

⑥ 링의 절단 : 링 조립 시 절단 부분이 나란히 되지 않도록 주의할 것

[피스톤 링 조립 시 주의사항]
- 접합부가 나란하지 않게 할 것
- 링 접합 부근의 각인이 피스톤 상부를 향하도록 할 것
- 휘어지지 않도록 하고 자유롭고 가볍게 움직이는지 확인할 것

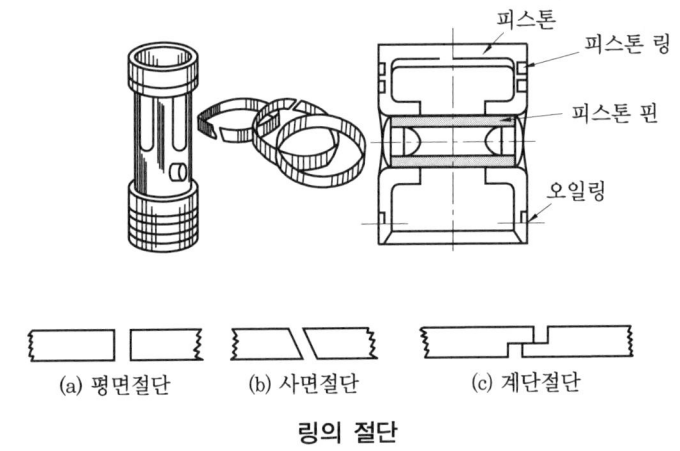

링의 절단

(5) 연결봉(connection rod)

① 피스톤(piston)과 크랭크 샤프트(crank shaft)를 연결하는 역할

② 분할형 연결봉

　(가) 대단측이 2개로 분리되어 있어서 볼트와 너트로 조여져 결합된다.

　(나) 피스톤 행정이 큰 대형에서 주로 사용된다.

　(다) 연결된 크랭크 샤프트는 주로 크랭크형이다.

③ 일체형 연결봉

　(가) 대단부와 소단부가 분리되어 있지 않다.

　(나) 주로 소형에 사용된다.

　(다) 연결되는 크랭크 샤프트는 편심형 샤프트이다.

구분 \ 냉매	NH_3	Freon
소단측	연청동, 인청동, 특수 주철	연청동
대단측	백색 합금	연청동

※ 청동 : Cu + Sn
　황동 : Cu + Zn
　백색 합금 : Sn + Pb + Cu + Sb

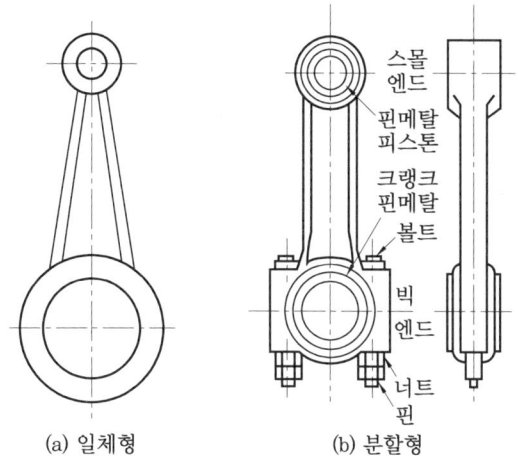

(a) 일체형   (b) 분할형

(6) 크랭크 샤프트

① 전동기의 동력을 전달받아 압축 작용을 할 수 있도록 왕복 운동을 일으키기 위한 부분품으로 크랭크 케이스 내에 존재한다.

② **종류**

㈎ 크랭크형
- 축심 자체가 휘어져 있다.
- 주로 피스톤 행정이 큰 대형에 사용한다.
- 분할형 연결봉을 사용한다.

㈏ 편심형
- 축심이 휘어져 있지 않다.
- 피스톤 행정이 짧을 때 사용한다.
- 일체형 연결봉을 사용한다.

㈐ 스카치 요크형
- 가정용에 쓰인다.
- 재료 : 주강, 주철, 포금(gunmetal)
- 주축수메탈 : 백색 합금

크랭크형

편심형

※ 진동을 방지하기 위해서 크랭크 샤프트에 붙인 덧쇠를 평형추(balance weight)라 한다.

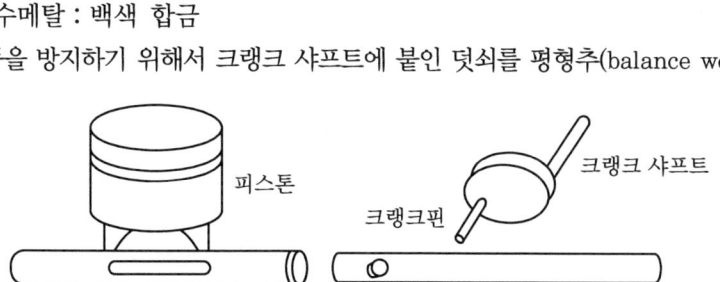

(a) 고정자   (b) 유동자

스카치 요크형

(7) 크랭크 케이스(crank case)

① 고급 주철로 제작된다.
② 크랭크 케이스 내는 크랭크 샤프트와 윤활유가 들어 있고 외부에서는 유면을 관찰할 수 있는 유면계가 들어 있다.
③ 유면계에 보이는 유면계의 높이는 정지 시 2/3, 운전 시 1/2이 적당하다.
④ 크랭크 케이스 내의 압력은 저압과 동일(단, rotary compressor는 고압)

(8) 밸브(valve)

① 고압과 저압 사이로 냉매 가스의 자유 이동을 방지하는 역할을 한다.
② 밸브는 흡입밸브, 토출밸브로 나누어진다.
③ 밸브는 밸브판, 밸브 받침, 밸브 스프링으로 되어 있다.
④ **밸브의 구비 조건**
　(가) 가스가 흐를 때 유동 저항이 적을 것
　(나) 밸브의 개폐가 확실할 것
　(다) 밸브가 닫혔을 때 누설이 없을 것
　(라) 고온에서 변질되지 말 것
　(마) 마모와 파손에 강할 것
　(바) 흠이 없을 것

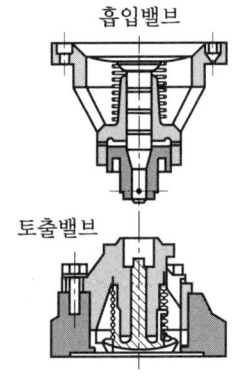

⑤ **밸브의 종류**
　(가) 포핏 밸브(poppet valve)
　(나) 플레이트 밸브(plate valve)
　(다) 리드 밸브(reed valve)
⑥ **포핏 밸브(poppet valve)**
　(가) 주로 대형 입형 저속 NH_3용
　(나) 중량이 무거우므로 개폐가 확실하나 고속 다기통에서는 사용할 수 없다.
　(다) 리프트(lift : 밸브가 뜨는 거리) 3 m/m 정도, 가스 통과 속도 40 m/s
　(라) 흡입밸브 정지 시 스프링에 의해 열려 있다.
　(마) 고장이 거의 없으나 충격이 심하므로 방지해 주어야 한다.
　(바) 가스의 누설이 없고 압축비가 큰 경우 체적 효율이 양호하다.
⑦ **플레이트 밸브(plate valve)**
　(가) 원상(윤상 : 輪狀)으로 된 판이며 여러 개의 스프링으로 밸브 시트(valve seat)에 올려 있다.
　(나) 작용이 경쾌하고 주로 고속용에 많이 쓰인다.
　(다) 가스 통과 속도 : R-12(30~40 m/s), NH_3(80~100 m/s)

㈔ 양정(lift) : 대(3 m/m), 중(2 m/m), 소(1 m/m)
㈕ 두께는 보통 1 m/m 정도
㈖ 모양은 흡입밸브나 토출밸브 같으나 토출밸브가 조금 작다.
※ 링 플레이트 밸브(ring plate valve : 고속 다기통용)

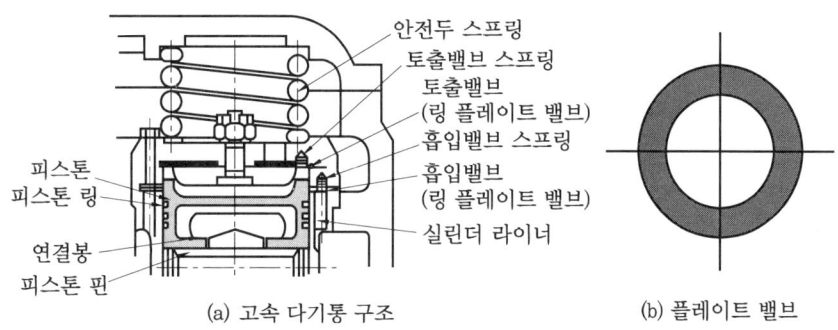

(a) 고속 다기통 구조   (b) 플레이트 밸브

⑧ 리드 밸브
㈎ 주로 소형인 가정용 냉장고에 많이 쓰이는 프레온용이다.
㈏ 중량이 가볍고 밸브의 작용이 경쾌하다.
㈐ 양정(lift)은 1 m/m 이하로 해준다.
㈑ 자체 탄성을 이용해서 개폐한다.
㈒ 흡입밸브, 토출밸브가 하나의 밸브판에 부착된다.
㈓ 밸브를 보호해 주는 보호판이 부착되어 있다.

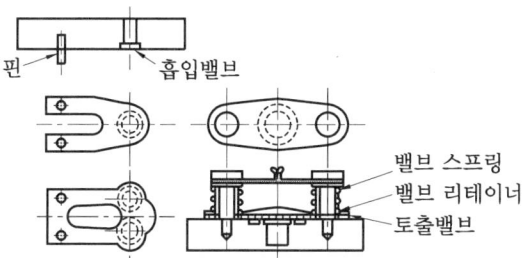

(9) 축봉 장치(shaft seal system)

개방형 압축기에서 냉매 누설 및 공기 침입 방지의 역할을 한다.
① 패킹(packing)의 종류
㈎ 소프트 패킹(soft packing) : 고무+목면
㈏ 금속 패킹(metallic packing) : 배빗(babbit)+흑연
㈐ 반금속 패킹(semimetallic packing) : 배빗+고무+목면
※ 배빗(babbit) : 안티몬+주석+납+구리

② 소프트 패킹
   (가) Amazone spinal 패킹이라고 한다.
   (나) 유연하므로 가스 누설 방지에 적합하며, 스톱 밸브(stop valve)에도 사용된다.
   (다) 수명이 짧고 600 rpm 이하에서 사용된다.
   (라) 프레온 냉매에 사용 불가
③ 축상형 축봉 장치(stuffing box type)

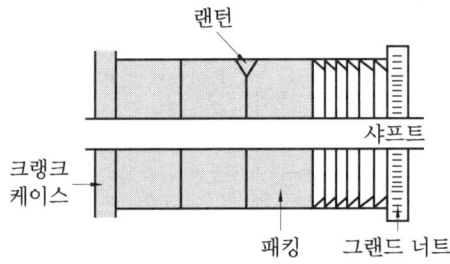

④ 기계적 축봉 장치(mechanical shaft seal) : 일반적으로 고속 다기통이나 회전수 600 rpm이 넘는 입형 압축기

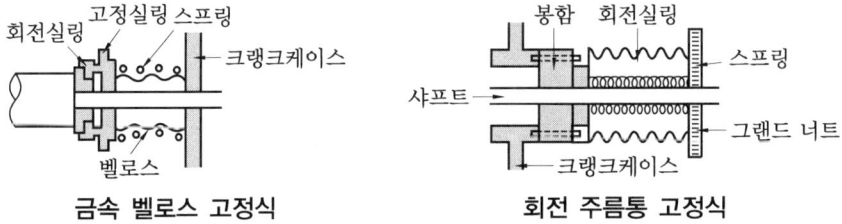

금속 벨로스 고정식　　　　　**회전 주름통 고정식**

   (가) 금속 벨로스 사용 : 프레온　　(나) 고무 벨로스 사용 : NH_3

1-5 윤활유

(1) 윤활유의 구비 조건

① 응고점이 낮고 인화점이 높을 것
② 점도가 알맞고 변질되지 않을 것
③ 수분이 포함되지 않으며 불순물이 없고 전기적인 절연 내력이 클 것
④ 저온에서 왁스(wax) 성분이 분리되지 않고 냉매 가스 흡수가 적을 것
⑤ 냉매 가스가 흡수하여도 용적 증가가 적을 것
⑥ 장기 휴지 중 방청 능력이 있고 오일 포밍에 소포성이 있을 것
⑦ 항유화성이 있을 것

(2) 냉동기의 규격

① **유동점** : 유가 유동하는 최저 온도(응고 온도보다 25℃ 높은 온도)
② 절연파괴전압이 높은 것일수록 수분 함량이 적다.
③ **인화점** : 기름을 공기 중에서 가열하여 온도를 상승시키면 작은 불꽃을 갖다 댈 때 일시에 인화될 정도로 가연성 증기가 발생하게 된다. 이때의 온도를 말한다.

냉동기의 규격

항목 \ 종류	1호	특2호	2호	특3호	3호
통칭	90 냉동기유	150 냉장고유	150 냉동기유	300 전기냉장고유	300 냉동기유
인화점(℃)	145 이상	155 이상	155 이상	165 이상	165 이상
동점도 30℃	16~26	32~42	32~42	69~79	69~79
lest 50℃	9.0 이상	13.5 이상	13.5 이상	22.0 이상	22.0 이상
유동점(℃)	-35 이하	-27.5 이하	-27.5 이하	-22.5 이하	-22.5 이하
절연파괴전압 (kV)	-	25 이상	-	25 이상	-
부식시험	합격	합격	합격	합격	합격

(3) 윤활유의 점도 측정

① **점도 측정기** : 세이볼트(Say bolt), 레드우드(Redwood), 엥글러(Engler) 비스코미터 (viscometer)
② 100°F의 정온하에서 관의 구경 0.125 cm, 관장 1.725 cm의 좁은 관을 45° 경사지게 하고 오일 60 cc가 흘러 내리는 데 걸리는 시간(초)을 말한다.

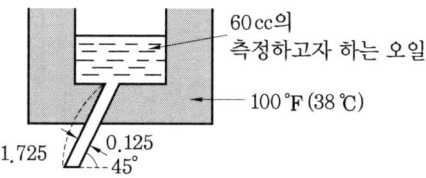

③ 새 기름으로 교환한 직후에는 점도가 높으므로 히터로 40℃ 이상 가열하여 운전해야 한다.
④ 나프탈렌계의 기름은 파라핀계의 것보다 냉매를 잘 흡수한다.
⑤ 프레온 냉동기에서는 오일 탱크의 유온이 40~60℃가 되도록 냉각기를 조절한다.
⑥ **윤활유 열화** : 기름을 장시간 운전하면 산화되어 색깔이 붉게 되는데 이것은 기름 중에 유기산 중합물, 에스테르 및 금속이 부식되어 기름 중에 섞여 흐려지게 되는

현상이다.
⑦ 냉동기유의 인화점은 180~200℃이다.

(4) 윤활 방식

① **비말 급유식(소형)** : 피스톤 행정이 짧은 소형에서 사용하는 방법으로 크랭크 샤프트의 밸런스 웨이트(balance weight) 또는 오일 스크레이퍼(oil scraper)를 설치하여 회전 시 오일을 튀겨 올려줌으로써 급유하는 방식(오일 충진량 정확 요함)

② **강제 급유 방법(대형)**
  (가) 기어 펌프(gear pump)에서 오일을 압축하여 얻은 압력으로 급유시키는 방법(외기어식과 내기어식이 있다.)
  (나) 입형 저속, 고속 다기통에 사용

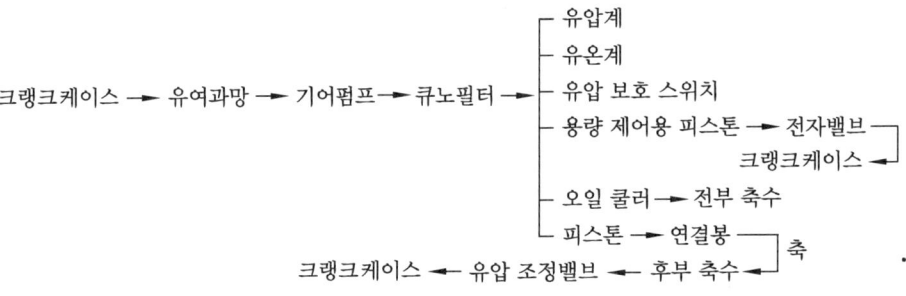

유순환 계통

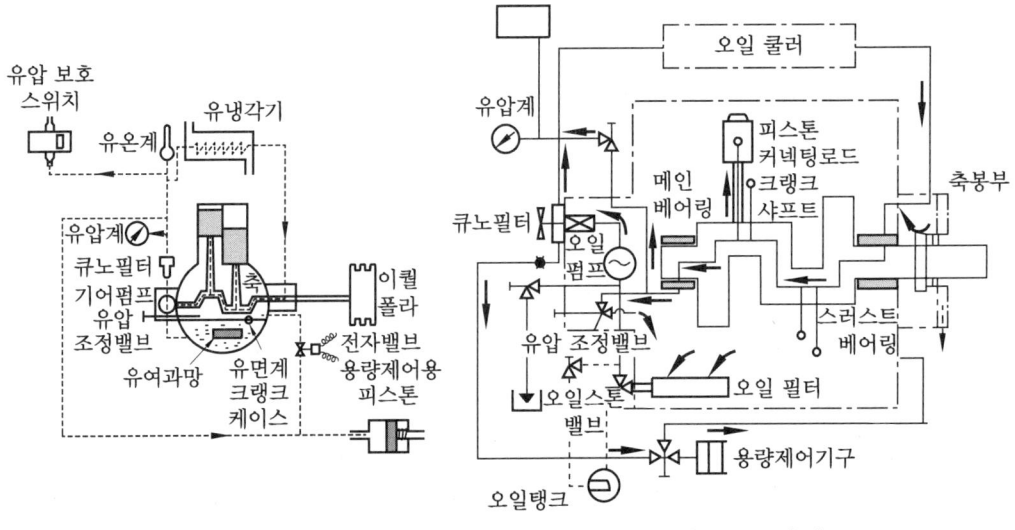

유순환 계통도(Ⅰ)   유순환 계통도(Ⅱ)

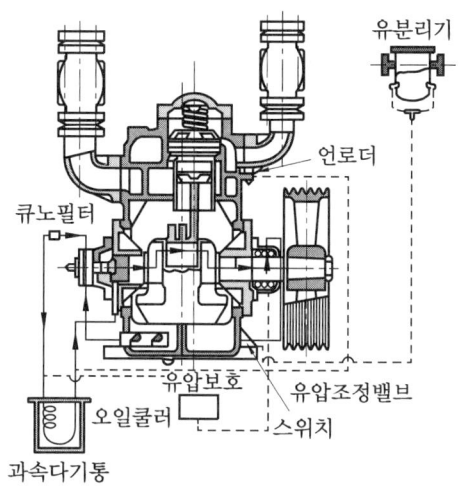

유순환 계통도(Ⅲ)

(5) 유압

① 유압 압력계 지시 압력 = 유압(기어 펌프에서 얻은 유압) + 저압

② 순수 유압 = 유압계 지시 압력 - 저압

③ 유압이 상승하는 원인

　㈎ 유압계 불량　　　　　　　㈏ 유순환 회로가 막혔을 때
　㈐ 유압 조정 밸브 불량　　　 ㈑ 유온이 낮다.
　㈒ 오일의 과충전

④ 유압이 낮아지는 원인

　㈎ 유압계 불량　　　　　　　㈏ 유온이 높을 때
　㈐ 송유량 부족　　　　　　　㈑ 오일 중에 냉매 혼입
　㈒ 유압 조정 밸브 불량　　　 ㈓ 유여과망이 막혔을 때
　㈔ 기어 펌프 고장

⑤ 적정 유압

　㈎ 입형 저속 = 저압 + 0.5~1.5 kg/cm^2　　㈏ 고속 다기통 = 저압 + 1.5~3 kg/cm^2
　㈐ 터보 = 저압 + 6~7 kg/cm^2　　　　　　㈑ 소형 = 저압 + 0.5 kg/cm^2
　㈒ 스크루 = 고압 + 2~3 kg/cm^2

⑥ 오일 충진 및 보충

　㈎ 소형 : 오일 인젝터로 급유하거나 압축기를 분리하여 급유한다.
　㈏ 중형(오일 플러그가 있을 때) : 크랭크 케이스 내를 대기압으로 유지한 후 압축기를 정지시키고 오일 플러그를 통해 급유한다.
　㈐ 대형(오일 충전 밸브가 있을 때)
　　• 오일 충전 밸브와 오일 통을 호스로 연결한다.

- 오일 충전 밸브를 약간 열어 호스 내의 공기를 제거한다.
- 저압측 흡입밸브를 닫고 압축기를 운전하여 600 mmHg까지 압력을 내린 다음 압축기를 정지시키고 토출밸브를 닫는다.
- 오일 충전 밸브를 열면 압력차에 의해서 오일은 자동적으로 충진된다. 적당한 양을 충진한 다음 오일 차지 밸브를 잠그고 압축기를 정상 운전시킨다.
- 일정 시간 운전 후 압축기를 정지시키고 일정 시간이 지난 후 유면계를 봐서 적당량보다 적을 경우 같은 방법으로 충진한다.

(라) 대형(기어 펌프가 있을 때)
- 오일 충전 밸브와 오일 통을 호스로 연결한다.
- 오일 충전 밸브를 열어 호스 내의 공기를 제거한다.
- 오일 스톱 밸브를 닫고 오일 통에서 기어 펌프로 충전한다.
- 유면계를 보아 규정량이 충전되면 오일 충전 밸브를 닫고 오일 스톱 밸브를 열어 정상 운전한다.
- 호스와 오일통을 제거한다.

(6) 기어 펌프(gear pump)

① 플런저식 펌프(planger type pump) : 피스톤식
② 로터리 펌프(rotary pump type)
③ 기어 펌프 : 외기어식, 내기어식

> **참고** 강제 급유식에서 기어 펌프를 주로 사용하는 이유
> - 구조가 간단하다.
> - 수명이 길다.
> - 항상 일정 유압을 얻을 수 있다.
> - 용량에 비해 소형이다.
> - 맥동이 작용하지 않는다.

(7) 용량 제어

① 목적(이점)
  (가) 경제적 운전을 함으로써 전력의 낭비를 막을 수 있다.
  (나) 일정한 온도를 얻을 수 있다.
  (다) 무부하 기동을 할 수 있다.
  (라) 압축기 보호

② 방법
  (가) 회전수 가감
  (나) 클리어런스 포켓(clearance pocket)에 의한 방법
  (다) 바이패스(by-pass)에 의한 방법
  (라) 일부 실린더를 놀리는 방법
  (마) 모터 정지(예 가정용 냉장고)

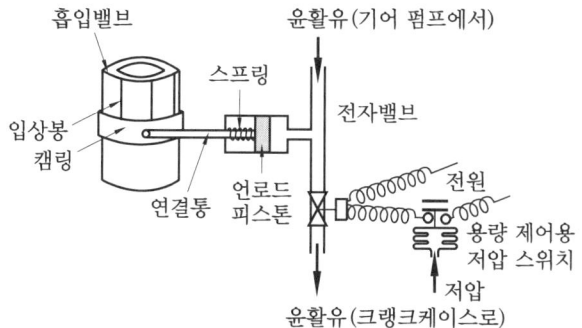

용량 제어장치(일부 실린더를 놀리는 방법)

③ **터보 냉동기의 용량 제어**

 ㈎ 흡입 가이드 베인 조절   ㈏ 흡입 댐퍼 조절
 ㈐ 냉각수 교축 제어   ㈑ 속도 조절
 ㈒ 바이패스 제어

 ※ 부하(load) 상태에서 무부하(unload) 상태로 : 증발온도(압력) 저하→용량 제어용 저압 스위치 접점 연결→전자밸브 열림→윤활유가 크랭크케이스로 빠짐→스프링에 의해 언로드 피스톤이 우측으로 이동→연결봉도 우측으로 이동→캠링이 우로 회전→입상봉이 들려 흡입밸브를 밀어 올림으로 무부하 상태가 됨

 ※ 무부하(unload) 상태에서 부하(load) 상태로 : 증발온도(압력) 상승→용량 제어용 저압 스위치 접점 차단→전자밸브 닫힘→윤활유가 크랭크케이스로 빠지지 못함→윤활유가 언로드 피스톤을 밀어 좌로 이동→연결봉도 좌측으로 이동→캠링이 좌로 회전→입상봉이 홈으로 떨어져 흡입밸브가 정상 위치에 놓이고 부하 상태가 됨

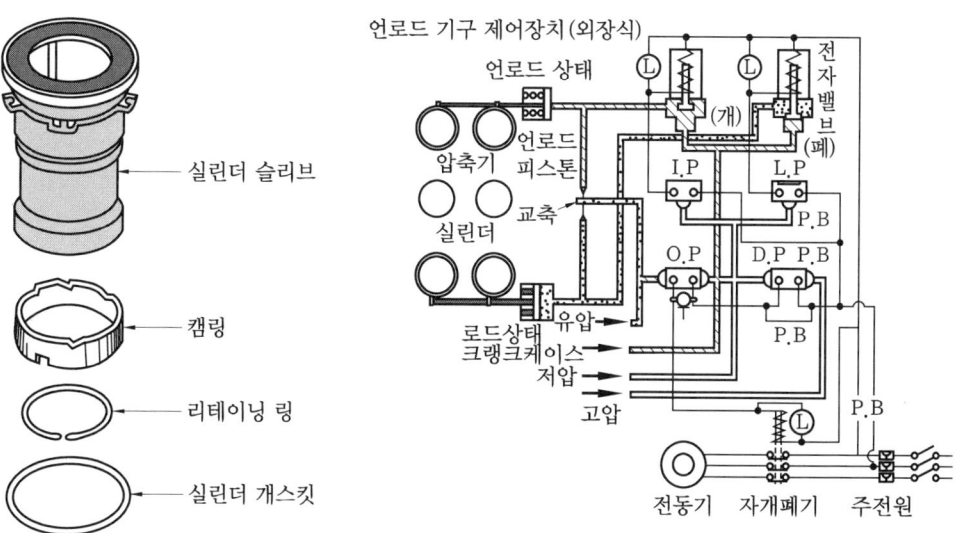

터보 냉동기의 용량 제어

1-6 운전 준비

① 압축기 유면 점검(전동기는 베어링의 유면 확인)
② 냉매량 확인
③ 응축기, 유냉각기의 냉각수 출입구 밸브를 연다.
④ 압축기의 흡입측 및 토출측 스톱 밸브를 전개한다. 단, 액흡입의 우려가 있을 경우 흡입측 스톱 밸브는 닫아둔다.
⑤ 압축기를 서너 번 손으로 돌려 자유롭게 도는가 확인한다.
⑥ 밸브 개폐 상황을 확인한다.
⑦ 액관 중의 전자밸브 작동을 확인한다.
⑧ 벨트의 상황(장력)을 점검한다.
⑨ 전기 결선, 조작 회로를 점검하고 절연 저항을 측정해 둔다.
⑩ 냉각수 펌프를 운전하여 응축기 및 실린더 재킷의 통수를 확인한다.
⑪ 각 전동기에 대해 수초 간격으로 2~3회 전동기를 발전시켜 기동 상태(전류와 전압), 회전 방향을 확인해 둔다.
⑫ 프레온 냉동기의 경우는 오일 히터에 통전한다(기동 30분~1시간 전).

1-7 운전 개시

원칙 : 어떤 것이나 처음 시동할 때는 무부하(공회전)시키기 위하여 노력하여야 한다.

(1) manifold valve형 시동법

① B.V를 연다.
② S.V를 열었다 닫는다.
③ 모터를 가동한다.
④ D.V를 열면서 B.V를 닫는다.
⑤ S.V를 서서히 연다.
⑥ 압력계를 보면서 이상음을 확인하고 흡입밸브를 조작한다.

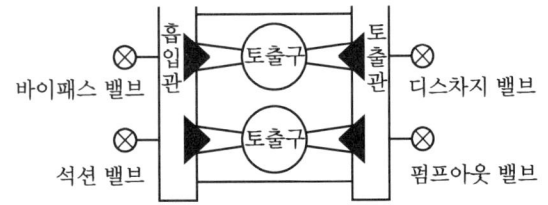

참고
• ③→④에서 압축기의 회전이 정규가 된 다음 D.V를 열어야 한다.
• ④에서 특히 주의해야 할 점은 순서를 반대로 하면 안 된다.
• D.V와 P.V를 열어 가동시키는 방법도 있다.

※ 펌프 아웃(pump out)
  (가) 모터 정지
  (나) 응축기 출구(수액기 입구) 닫음
  (다) 토출밸브와 B.V를 열어 고저압이 동일하게 되면
  (라) D.V를 닫는다.
  (마) 모터 기동
  (바) P.V를 서서히 연다.
  (사) 응축기 압력이 진공이 되면 모터를 정지시킨다.
  (아) 응축기 입구 밸브를 닫고 고장난 부분을 수리한다.

(2) single valve형 시동법

  ① D.V과 S.V를 닫는다.
  ② 모터 기동
  ③ D.V를 완전 개방한다.
  ④ S.V를 서서히 연다.

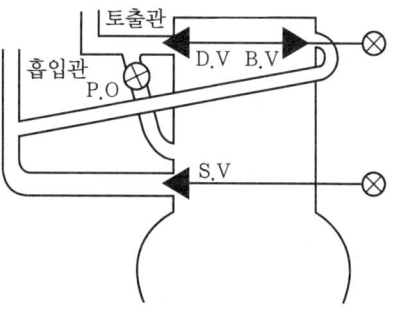

  ※ 펌프 아웃(pump out)
  (가) D.V와 S.V를 닫는다.
  (나) P.O 밸브를 연다.
  (다) 모터 기동
  (라) 응축기가 진공이 되면 모터를 정지시킨다.
  (마) 응축기 입출구 밸브를 닫고 수리한다.

(3) by-pass(cross valve)형 시동법

  ① 고압측 바이패스에 의한 시동
    (가) 1밸브를 연다.
    (나) 3밸브를 연다.
    (다) 모터 기동
    (라) 3밸브를 닫는다.
    (마) 2밸브를 서서히 연다.

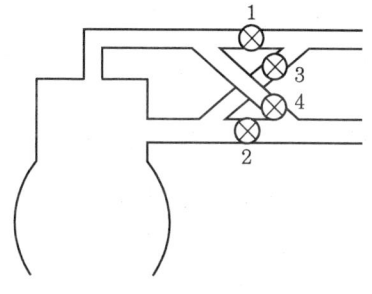

  ② 저압측 바이패스에 의한 시동
    (가) 4밸브를 연다.
    (나) 모터 기동
    (다) 1밸브를 연다.
    (라) 4밸브를 닫는다.
    (마) 2밸브를 서서히 연다.

※ 펌프 아웃(pump out)

 ㈎ 1밸브를 닫는다.

 ㈏ 2밸브를 닫는다.

 ㈐ 3밸브를 연다.

 ㈑ 4밸브를 연다.

 ㈒ 모터 기동

 ㈓ 응축기 압력이 진공이 되면 모터를 정지시킨다.

 ㈔ 응축기 입구 밸브를 닫고 수리 부분을 수리한다.

(4) full by-pass 시동법

① 5밸브를 연다.

② 2밸브를 열었다 닫는다.

③ 모터 기동

④ 1밸브를 연다.

⑤ 5밸브를 닫는다.

⑥ 2밸브를 서서히 연다.

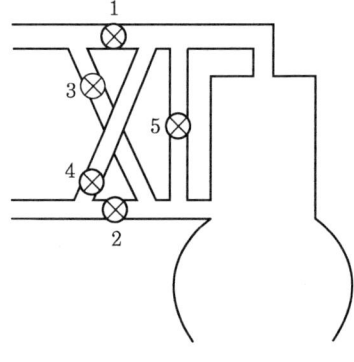

※ 펌프 아웃(pump out)

 ㈎ 1밸브를 닫는다.

 ㈏ 2밸브를 닫는다.

 ㈐ 3밸브를 연다.

 ㈑ 4밸브를 연다.

 ㈒ 5밸브를 닫는다.

 ㈓ 모터를 기동한다.

 ㈔ 응축기 압력이 $0.1\,kg/cm^2$ 정도가 되면 모터를 정지시킨다.

 ㈕ 응축기 입구 밸브를 닫고 수리 부분을 수리한다.

(5) 고속 다기통 시동법

부하 경감 장치가 되어 있으므로

① 토출밸브를 연다.

② 모터를 기동한다.

③ 흡입밸브를 서서히 연다.

(6) 운전 중의 주의사항

① 액을 흡입하지 않도록 한다(NH_3는 약간 습압축).

② 흡입 가스가 과열되지 않게 한다(Freon은 5℃ 과열압축).

③ 압력계, 전류계 지시에 주의한다.
④ **토출 압력(계기)** : $\frac{1}{4}$ × 냉각수 입구온도 + 6보다 높을 때는 정상운전이 아니다.
⑤ 윤활유 상태를 확인한다.

(7) 정전 시의 조치

① 냉동기의 주전원 스위치를 차단한다.
② 수액기의 출구 밸브를 닫는다(팽창밸브 직전을 닫아도 되나 두 밸브를 동시에 닫으면 액봉현상이 일어난다).
③ 흡입밸브를 닫는다.
④ 모터가 정지하면 토출밸브를 닫는다.
⑤ 냉각수 공급을 중단한다.

(8) 장기 정지

펌프 다운(pump down)시켜야 한다.
① 수액기 출구 밸브를 닫는다.
② 팽창밸브를 닫는다.
③ 저압이 $0.1\,\mathrm{kg/cm^2}$ 정도에서 흡입밸브를 닫는다.
④ 전동기 스위치를 끊고 모터가 완전히 정지하면 토출밸브를 닫는다.
⑤ 응축기, 워터 재킷의 냉각수 출입구 온도가 같으면 멈춤밸브를 닫는다.
⑥ 운동부 급유 정지(축수부 그랜드를 약간 조인다.)
⑦ 크랭크 축의 그랜드 너트를 조인다.

> **참고** 단기 정지
> 흡입밸브를 닫고, 모터가 정지하면 토출밸브를 닫는다.

2. 압축 냉동장치의 계산

2-1 냉동 효과

$$q = iA - iE$$

여기서, q : 냉동 효과(kcal/kg)
iA : 증발기를 나오는 냉매 증기의 엔탈피(kcal/kg)
iE : 팽창밸브 직전 온도에 있어서의 액냉매 엔탈피(kcal/kg)

2-2 냉매 순환량

$$G = \frac{Q}{q}$$

여기서, G : 냉매 순환량(kg/h)
 q : 냉동 효과(kcal/kg)
 Q : 냉동 능력(kcal/h)

$$G = \frac{V}{V_a} \times \eta_v$$

여기서, V : 이론적 피스톤 압출량(m^3/h)
 η_v : 체적 효율
 V_a : 압축기 흡입 가스의 비체적(m^3/kg)

2-3 냉매 증기의 체적

$$V = G \times V_a$$

여기서, V : 압축기 흡입 가스의 체적(m^3/h)
 V_a : 압축기 흡입 가스의 비체적(m^3/kg)
 G : 냉매 순환량(kg/h)

$$V = \frac{Q_1 V_a}{q}$$

여기서, Q_1 : 냉동 능력(kJ/h), q : 냉동 효과(kJ/kg)

2-4 피스톤 압출량

(1) 왕복동 압축기 피스톤 압출량

$$V = \frac{\pi}{4} \cdot D^2 \cdot L \cdot N \cdot r \cdot 60$$

여기서, V : 시간당 피스톤 압출량(m^3/h)
 D : 피스톤의 직경(m)
 L : 피스톤의 행정(m)
 r : 분당 회전속도(rpm)
 N : 기통수

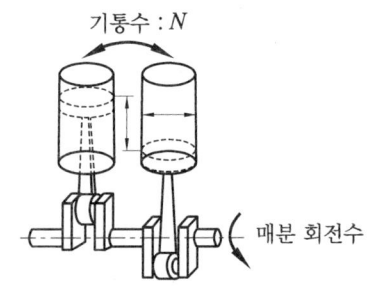

(2) 회전식 압축기 피스톤 압출량

$$V = 60 \times 0.785 \times (D^2 - d^2) \cdot t \cdot n$$

여기서, D : 기통경(m)
d : 회전 피스톤 외경(m)
t : 기통의 두께(m)
n : 회전수

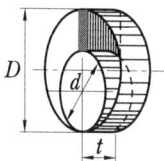

2-5 체적 효율

$$\eta_v = \frac{V_g}{V_a}$$

여기서, V_g : 실제적 피스톤 압출량
V_a : 이론적 피스톤 압출량

$V_g < V_a$ 이므로 ∴ $\eta_v < 1$

압축기 1개의 기통체적	체적 효율
5000 cm³ 이하의 것	0.75
5000 cm³ 이상의 것	0.8

① 간극(clearance)에 의한 영향

㈎ 톱클리어런스(top clearance) : 실린더의 두부와 피스톤이 상사점에 이르렀을 때 상사점과 실린더 두부와의 공간을 말하며, 이는 실린더에 이물질이나 액이 유입되었을 때에 실린더를 보호하는 역할을 한다.
- NH_3 대형 압축기 : 0.7~1.0 mm
- R-12 소형 압축기 : 0.2~0.5 mm

㈏ 사이드 클리어런스(side clearance) : 피스톤 옆면과 실리더 내벽 사이

> **참고** 재팽창 체적
> 톱클리어런스(top clearance)에 의한 실린더 내의 고압 가스가 흡입압력 이하까지 내려가야만 실린더 내 저압 가스가 들어오게 된다. 이때 고압 가스가 흡입압력까지 압력이 저하하는 경우 늘어난 체적을 재팽창 체적이라 한다.

② 밸브 또는 피스톤 링의 누설
③ 실린더 벽·피스톤·밸브 등이 가열하게 되면 잔류열에 의한 체적 팽창
④ 회전수가 빠르게 되면 통로 저항이 크기 때문에 체적 효율 감소(가스의 교착 현상)

[예제] 1. 기통경 300 mm, 행정 300 mm, 회전수 400 rpm의 입형 저속 쌍기통 압축기의 시간당 이론적 및 실제적 압출량을 계산하여라. (단, 체적 효율 : 0.8)

[해설] 이론 피스톤 압출량(V_a) = $\dfrac{3.14}{4} \times 0.3^2 \times 0.3 \times 2 \times 400 \times 60 = 1017.36 \text{ m}^3/\text{h}$

실제 피스톤 압출량(V) = $V_a \times \eta_v = 1017.36 \times 0.8 = 813.888 \text{ m}^3/\text{h}$

[예제] 2. 기준 냉동 사이클로서 운전되는 R-22 냉동기의 냉동 능력이 20 RT일 때 냉매 순환량, 압축기 흡입 가스의 체적을 구하여라. (단, 체적 효율 : 0.8, 냉동 효과 : 40.2 kcal/kg, 비체적 : 0.078 m³/kg)

[해설] $G = \dfrac{Q}{q} = \dfrac{20 \times 3320}{40.2} ≒ 1651.7 \text{ kg/h}$

$V_a = \dfrac{V_g}{\eta_v} = \dfrac{G \times V}{\eta_v} = \dfrac{1651.7 \times 0.078}{0.8} = 161 \text{ m}^3/\text{h}$

2-6 냉동 능력

① $R = \dfrac{60\, V \times \eta_v \times (i_a - i_e)}{3320\, V_a}$

여기서, R : 냉동톤, V_a : 압축기 흡입 가스의 비체적(m³/kg)
V : 분당 피스톤 압출량(m³/min), η_v : 체적 효율
i_a : 압축기 흡입 가스의 엔탈피(kcal/kg), Q : 냉동 능력(kcal/h)
i_e : 팽창밸브 직전액의 엔탈피(kcal/kg)

$G = \dfrac{60\, V \times \eta_v}{V_a}$

$Q = G \times q$

$q = i_a - i_e$

$Q = \dfrac{60\, V \times \eta_v \times (i_a - i_e)}{V_a}$

② $R = \dfrac{V}{C}$

여기서, V : 시간당 피스톤 압출량(m³/h), C : 1 RT 피스톤 압출량(상수)

$C = \dfrac{3320\, V_a}{(i_a - i_e)\eta_v}$

※ V[m³/h]로 계산한 체적이 다음과 같을 때 냉동 능력을 1 RT라 한다. 즉, $R = \dfrac{V}{C}$ 식에서 C의 값에 해당한다.

냉매 가스의 종류	C	
	압축기 기통 1개의 부피가 5000 cm³ 이상의 것	압축기 기통 1개의 부피가 5000 cm³ 이하의 것
암모니아	8.4	7.9
R-12	13.9	13.1
염화메틸	14.5	13.6
R-22	8.5	7.9
아황산가스	22.1	20.7

③ $R = CV\eta_v$

여기서, V : 분당 피스톤 압출량(m³/min), C : 상수, η_v : 체적 효율

$$C = \frac{60(i_a - i_e)}{3320 V_a}$$

2-7 압축일

① $Ni = \dfrac{G \times (i_b - i_a)}{632}$ ② $Ni_a = \dfrac{G \times (i_b - i_a)}{632 \times \eta_c}$ ③ $N_s = \dfrac{G \times (i_b - i_a)}{632 \times \eta_c \times \eta_m}$

여기서, Ni : 이론 지시 마력(PS), i_b : 토출 가스 엔탈피(kcal/kg)
i_a : 흡입 가스 엔탈피(kcal/kg), Ni_a : 실제 지시 마력(PS)
N_s : 운전 소요 마력(PS), G : 냉매 순환량
η_c : 압축 효율, η_m : 기계 효율

2-8 압축 효율(η_c)

$$\eta_c = \frac{이론\ 지시\ 마력}{실제\ 도시\ 마력} = \frac{Ni}{Ni_a}$$

2-9 기계 효율(η_m)

$$\eta_m = \frac{실제\ 도시\ 마력}{운전\ 소요\ 마력} = \frac{Ni_a}{N_s}$$

출제 예상 문제

1. 암모니아 입형 저속 압축기에 많이 사용되는 포핏 밸브에 관한 설명으로 틀린 것은?
① 구조가 튼튼하고 파손되는 일이 적다.
② 회전수가 높아지면 밸브의 관성 때문에 개폐가 자유롭지 못하다.
③ 흡입밸브는 피스톤 상부 스프링으로 가볍게 지지되어 있다.
④ 중량이 가벼워 밸브 개폐가 불확실하다.
[해설] 포핏 밸브는 중량이 무거우며 밸브 개폐는 확실하게 작동한다.

2. 고속 다기통 압축기의 단점에 대한 설명으로 옳지 않은 것은?
① 윤활유의 소비량이 많다.
② 토출가스의 온도와 윤활유 온도가 높다.
③ 압축비의 증가에 따른 체적 효율의 저하가 크다.
④ 수리가 복잡하며 부품은 호환성이 없다.
[해설] 고속 다기통은 각 부품의 호환성이 있으며 동적·정적 밸런스가 양호하다.

3. 다음 중 회전식 압축기에 대한 설명으로 틀린 것은?
① 소형으로 설치면적이 작다.
② 진동과 소음이 적다.
③ 용량 제어를 자유롭게 할 수 있다.
④ 흡입밸브가 없다.
[해설] 회전식 압축기는 회전자의 회전에 의하여 압축하는 방식으로 주로 소형 냉동기에 이용되고 흡입, 토출밸브가 없으며 토출측 역지밸브(check valve)가 토출밸브 역할을 한다.

4. 회전식 압축기에 관한 설명 중 옳지 않은 것은?
① 압축이 연속적이다.
② 소형 경량화가 가능하여 설치면적이 작다.
③ 진동이 작다.
④ 왕복동식 압축기보다 구조가 복잡하다.
[해설] 왕복동 압축기는 부속도 많고 장치가 다른 압축기에 비해 매우 복잡하다.

5. 흡입, 압축, 토출의 3행정으로 구성되며, 밸브와 피스톤이 없어 장시간의 연속운전에 유리하고 소형으로 큰 냉동능력을 발휘하기 때문에 대형 냉동공장에 적합한 압축기는?
① 왕복식 압축기
② 스크루 압축기
③ 회전식 압축기
④ 원심 압축기
[해설] 스크루 압축기는 암수 치형이 맞물려 돌아가는 것으로 냉매와 오일을 같이 압축하며 진동은 적으나 소음이 큰 것이 단점이다.

6. 스크루(screw) 압축기의 특징을 설명한 것으로 틀린 것은?
① 동일 용량의 왕복동식 압축기에 비해 부품의 수가 적고 수명이 길다.
② 10∼100 % 사이의 무단계 용량 제어가

정답   1. ④   2. ④   3. ③   4. ④   5. ②   6. ④

되므로 자동운전에 적합하다.
③ 다른 압축기에 비해 오일 해머의 발생이 적다.
④ 소형 경량이긴 하나 진동이 많으므로 견고한 기초가 필요하다.

[해설] 스크루 압축기(screw compressor : 나사 압축기) 특징
㈎ 토출가스 온도가 낮아 윤활유 열화·탄화의 우려가 거의 없다.
㈏ 용량에 비하여 소형이다.
㈐ 흡입밸브 및 토출밸브의 마찰·마모 부분이 적다.
㈑ 냉매와 오일을 같이 압축하므로 윤활유 소비량이 많다.
㈒ 고속회전이므로 소음이 크나 암수 치형이 맞물려 회전하기 때문에 진동은 적다.
㈓ 용량 제어 시 효율 저하가 크고 전력 소비가 많다.

7. 다음 중 스크루 압축기에 관한 설명으로 틀린 것은?
① 흡입밸브와 피스톤을 사용하지 않아 장시간의 연속운전이 가능하다.
② 압축기의 행정은 흡입, 압축, 토출행정의 3행정이다.
③ 회전수가 3500 rpm 정도의 고속회전임에도 소음이 적으며, 유지보수에 특별한 기술이 없어도 된다.
④ 10~100 %의 무단계 용량 제어가 가능하다.

[해설] 암수 치형이 맞물려 돌아가므로 진동은 적으나 소음은 크게 발생하여 반드시 방음 장치를 하여야 한다.

8. 압축기의 피스톤 링이 현저하게 마모되면 압축기의 작용은 어떻게 되는지 다음 보기에서 옳은 것만 고른 것은?

─〈보 기〉─
㈎ 냉동능력이 감소한다.
㈏ 실린더 내에 기름이 올라가는 양이 많아진다.
㈐ 단위 냉동능력당의 동력 소비가 적게 된다.
㈑ 체적 효율은 변화가 없다.

① ㈎, ㈐   ② ㈎, ㈏
③ ㈏, ㈑   ④ ㈐, ㈑

[해설] 피스톤 링이 마모되면 압축이 제대로 되지 않아 피스톤 압출량 감소로 인하여 냉동능력이 감소하며, 또 오일이 피스톤 상부로 올라가 오일 해머링의 원인이 되기도 한다.

9. 압축기 톱클리어런스가 클 경우에 대한 설명으로 틀린 것은?
① 냉동능력이 감소한다.
② 토출가스 온도가 저하한다.
③ 체적 효율이 저하하다.
④ 압축기가 과열된다.

[해설] 톱클리어런스(통극 체적)가 크면 토출가스 온도가 상승한다.

10. 용량 제어가 불가능한 압축기는?
① 스크루 압축기
② 고속 다기통 압축기
③ 로터리 압축기
④ 터보 압축기

[해설] 로터리 압축기는 회전식 압축기로 로터의 회전에 의해 압축이 되는 형식이며 용량 제어가 불가능하다.

11. 체적 효율 감소에 영향을 미치는 요소가 아닌 것은?
① 클리어런스(clearance)가 작음
② 흡입·토출밸브 누설
③ 실린더 피스톤 과열
④ 회전속도가 빨라질 경우

[해설] 클리어런스가 작으면 체적 효율이 증가한다.

12. 피스톤 압출량이 320 m³/h인 압축기가 다음과 같은 조건으로 단열 압축 운전되고 있을 때 토출가스의 엔탈피는 446.8 kcal/kg이었다. 이 압축기의 소요동력(kW)은 약 얼마인가?

조건	
흡입증기의 엔탈피	400 kcal/kg
흡입증기의 비체적	0.38 m³/kg
체적 효율	0.72
기계 효율	0.90
압축 효율	0.80

① 32.9 ② 37.4
③ 45.8 ④ 48.6

[해설] H_{kW}
$= \dfrac{320\,\text{m}^3/\text{h} \times 0.72 \times (446.8-400)\,\text{kcal/kg}}{0.38\,\text{m}^3/\text{kg} \times 860 \times 0.9 \times 0.8}$
$= 45.826 \text{ kW}$

13. 실린더 직경 80 mm, 행정 50 mm, 실린더 수 6개, 회전수 1750 rpm인 왕복동식 압축기의 피스톤 압출량은 약 얼마인가?

① 158 m³/h ② 168 m³/h
③ 178 m³/h ④ 188 m³/h

[해설] $V = \dfrac{\pi}{4} \times (0.08\,\text{m}^2) \times 0.05\,\text{m} \times 6 \times 1750 \times 60 = 158.33\,\text{m}^3/\text{h}$

14. 왕복동식 압축기의 회전수를 n[rpm], 피스톤의 행정을 S[m]라 하면 피스톤의 평균속도 V_s[m/s]를 나타내는 식은?

① $\dfrac{\pi \cdot S \cdot n}{60}$ ② $\dfrac{S \cdot n}{60}$

③ $\dfrac{S \cdot n}{30}$ ④ $\dfrac{S \cdot n}{120}$

[해설] 실린더의 상사점과 하사점 사이의 거리를 행정(S)이라 하며 1회전하면 $2S$가 된다.
피스톤의 평균속도 $= \dfrac{2S \times n}{60} = \dfrac{S \times n}{30}$

15. 다음 설명 중 (　)에 적당한 것은?

압축기의 토출밸브가 누설하면 실린더가 과열되고, 토출가스 온도가 높아지며, 냉동능력이 (　)진다.

① 낮았다가 높아 ② 낮아
③ 일정해 ④ 높아

[해설] 토출밸브에서의 누설은 압축된 가스의 역류되고 다시 압축되는 과정의 반복으로 토출가스 온도는 상승하게 되며 이로 인하여 실린더 과열, 피스톤 마모, 냉동능력 감소 등 비열비가 높은 상태와 동일한 영향을 미친다.

16. 응축압력 및 증발압력이 일정할 때 압축기의 흡입증기 과열도가 크게 된 경우의 설명 중 옳은 것은?

① 증발기의 냉동효과는 증대한다.
② 냉매 순환량이 증대한다.
③ 압축기의 토출가스 온도가 상승한다.
④ 압축기의 체적 효율은 변하지 않는다.

[해설] 흡입가스가 과열되면 토출가스 온도가 상승하게 된다.

17. 압축기 과열의 원인으로 가장 적합한 것은?

① 냉각수 과대
② 수온 저하
③ 냉매 과충전
④ 압축기 흡입밸브 누설

[해설] 냉각수 과대 및 수온 저하는 응축압력 저하로 압축기 과열을 방지하며 냉매 과충

전의 경우 압축기로 리퀴드백 우려가 있다. 흡입밸브의 누설은 압축된 가스가 토출되지 못하고 재흡입되므로 결국 압축기 과열의 원인이 된다.

18. 냉동장치 중 압축기의 토출압력이 너무 높은 경우의 원인으로 옳지 않은 것은?
① 공기가 냉매 계통에 흡입하였다.
② 냉매 충전량이 부족하다.
③ 냉각수 온도가 높거나 유량이 부족하다.
④ 응축기내 냉매배관 및 전열핀이 오염되었다.

[해설] 냉매 충전량이 부족한 경우 토출가스 온도가 높아지며 토출압력은 변함이 없거나 낮아진다.

19. 압축기의 용량 제어 방법 중 왕복동 압축기와 관계가 없는 것은?
① 바이패스법
② 회전수 가감법
③ 흡입 베인 조절법
④ 클리어런스 증가법

[해설] 터보 냉동기에서 용량 제어 방법으로 베인 조정법, 댐퍼 조정법, 회전수 가감법 등이 있다.

20. 냉동장치를 운전하는 중 압축기의 패킹, 배관의 이음쇠 등에서 공기가 침입했을 때의 설명으로 옳은 것은?
① 모터의 암페어(ampere)에는 변화가 없다.
② 압축기 토출압력은 정상운전의 경우에 비하여 높아진다.
③ 공기가 존재함으로 인하여 고압압력이 상승하는 한도가 대기압까지이다.
④ 토출가스 온도가 낮아진다.

[해설] 공기는 불응축 가스로 장치에 침입하면 냉매의 압력에 불응축 가스 압력이 더해지므로 장치 압력이 높아져 동력 소비가 증가한다.

21. 증기 압축식 냉동 사이클에서 증발온도를 일정하게 유지시키고 응축온도를 상승시킬 때 나타나는 현상이 아닌 것은?
① 소요동력 증가
② 플래시가스 발생량 감소
③ 성적계수 감소
④ 토출가스 온도 상승

[해설] 응축온도가 상승하면 압축비가 증대되며 플래시가스 발생도 많아진다.

22. 1대의 압축기로 증발온도를 −30℃ 이하의 저온도로 만들 경우 일어나는 현상이 아닌 것은?
① 압축기 체적 효율의 감소
② 압축기 토출증기의 온도 상승
③ 압축기 행정체적의 증가
④ 냉동능력당의 소요동력 증대

[해설] 증발온도가 낮아지면 증발압력 또한 낮아지므로 압축비 증대로 소요동력이 증대되며 효율이 감소하게 된다. 행정체적의 증가와는 무관하다.

23. 용량 조절장치가 있는 프레온 냉동장치에서 무부하(unload) 운전 시 냉동유 반송을 위한 압축기의 흡입관 배관 방법은?
① 압축기를 증발기 밑에 설치한다.
② 2중 수직 상승관을 사용한다.
③ 수평관에 트랩을 설치한다.
④ 흡입관을 가능한 길게 배관한다.

[해설] 2중 입상관은 프레온 소형장치에서 유회수를 주목적으로 설치한다.

정답 18. ② 19. ③ 20. ② 21. ② 22. ③ 23. ②

24. 냉동기유가 갖추어야 할 조건으로 알맞지 않은 것은?
① 응고점이 낮고, 인화점이 높아야 한다.
② 냉매와 잘 반응하지 않아야 한다.
③ 산화되기 쉬운 성질을 가져야 된다.
④ 수분, 산분을 포함하지 않아야 된다.

[해설] 냉동기유의 조건
 (개) 응고점이 낮고 인화점이 높을 것
 (내) 점도가 적당하고 변질되지 말 것
 (대) 수분이 포함되지 않아야 하며 불순물이 없고 절연내력이 클 것
 (래) 저온에서 왁스가 분리되지 않고 냉매가스 흡수가 적어야 한다.
 (매) 항유화성이 있을 것
 (배) 오일 포밍에 대한 소포성이 있을 것

25. 다음 중 냉동기유의 구비조건으로 옳지 않은 것은?
① 점도가 적당할 것
② 응고점이 높고 인화점이 낮을 것
③ 항유화성이 있을 것
④ 수분 및 산류 등의 불순물이 적을 것

[해설] 응고점이 낮아야 오일이 얼지 않고 인화점이 높아야 압축 시 발생하는 열에 의하여 불이 붙지 않는다.

26. 냉동장치의 윤활 목적에 해당되지 않는 것은?
① 마모 방지
② 부식 방지
③ 냉매 누설 방지
④ 동력손실 증대

[해설] 냉동장치의 윤활유 사용 목적은 크게 4가지로 대별한다.
 (개) 발열 제거
 (내) 누설 방지
 (대) 마모 방지
 (래) 패킹재료 보호

정답 24. ③ 25. ② 26. ④

제4장 응축기 및 냉각탑

1. 응축기의 종류와 특징

응축기는 압축기에서 토출된 냉매 가스를 상온하에서 물이나 공기를 사용하여 열을 제거함으로써 응축 액화시키는 역할을 한다.

1-1 종류

① 입형 셸 앤드 튜브식 응축기(vertical shell and tube condenser)
② 횡형 셸 앤드 튜브식 응축기(horizontal shell and tube condenser)
③ 셸 앤드 코일식 응축기(shell & coil condenser)
④ 7통로식 응축기(7pass condenser)
⑤ 2중관식 응축기(double tube condenser)
⑥ 대기식 응축기(atmospheric condenser)
⑦ 증발식 응축기(evaporative condenser)
⑧ 서브머지드 코일식 응축기
⑨ 공랭 응축기(air cooled condenser)

1-2 냉각 방식에 의한 분류

① **수랭식** : 수량 수질이 좋은 곳에서 사용(대형)
② **공랭식** : 냉각수가 없는 곳
③ **증발식** : 냉각수가 부족한 곳

2. 응축기 계산

① 응축 부하는 냉동 능력과 소비 동력과의 합이며 다음과 같다.

$$Q_1 = Q_2 + AWH$$

여기서, Q_1 : 응축 부하(kcal/h)
Q_2 : 냉동 능력(kcal/h)
AWH : 압축기 소비 동력의 열당량(kcal/h)

② 상기 공식은 소요 동력 계산에도 응용된다.

$$AWH = Q_1 - Q_2$$

$$\frac{AWH}{632} = \text{HP}$$

$$\frac{AWH}{860} = \text{kW}$$

③ 응축 부하는 다음 식으로도 계산된다.

$$Q_1 = C \times Q_2$$

여기서, Q_1 : 응축 부하(kcal/h)
Q_2 : 냉동 능력(kcal/h)
C : 정수(고온용 : 1.2, 저온용 : 1.3)

④ 응축 부하는 응축기를 순환하는 냉각 수량과 온도차로 계산된다.

$$Q_1 = W \times C \times (t_2 - t_1)$$

여기서, Q_1 : 응축 부하(kcal/h)
C : 냉각수 비열(kcal/kg·℃) $\begin{cases} \text{원료수 : 1} \\ \text{해수 : 1.03} \end{cases}$
W : 냉각 수량(L/min)
t_1 : 냉각수 입구 온도(℃)
t_2 : 냉각수 출구 온도(℃)

⑤ 상기 공식은 냉각수 소요량을 계산하는 데 응용된다.

$$W = \frac{Q_1}{C \times (t_2 - t_1)}$$

⑥ 응축 부하는 응축기 냉각관의 전열 계수 및 전열 면적으로 계산된다.

$$Q_1 = KF\Delta t_m$$

여기서, Q_1 : 응축 부하(kcal/h), F : 전열 면적(m^2)
K : 전열 계수(kcal/m^2·h·℃)
Δt_m : 평균 온도차(℃) = (응축 온도 − 냉각수 평균 온도)

⑦ 상기 공식은 응축기 냉각관 길이 및 전열 면적을 계산한다.

$$F = \frac{Q_1}{K \Delta t_m}$$

$$L = \frac{F}{\pi D}$$

$$F = \pi D L$$

여기서, L : 냉각관 길이(m), D : 냉각관 직경(m)

3. 수랭식 응축기

3-1 입형 셸 앤드 튜브식 응축기

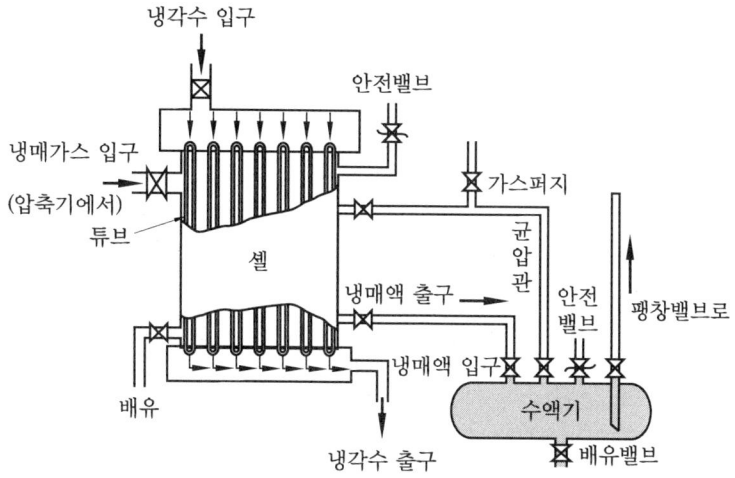

입형 셸 앤드 튜브식 응축기

(1) 특징

① 셸 내에는 냉매, 튜브에는 냉각수가 흐른다.
② 응축기 상부와 수액기 상부에 균압관이 있다.
③ 수실에 스월(swirl)이 부착되어 있어 관벽을 따라 흐르도록 되어 있다.
④ 주로 대형 NH_3 냉동기에 사용된다.
⑤ 입·출구 온도차는 일반적으로 3~4℃이다.

⑥ 물이 많이 소비된다(냉각수량 : 20 L/min·RT).
⑦ **전열계수** : 750 kcal/m²·h·℃(수량 2″관당, 약 12 L/min)
⑧ **냉각면적** : 1.2 m²/RT

(2) 장점

① 설치 면적이 적게 든다.
② 옥외에 설치가 가능하다.
③ 냉각관 청소가 용이하다.
④ 전열이 양호하다.
⑤ 과부하에 잘 견딘다.

(3) 단점

① 냉각수가 많이 든다.
② 냉각관이 부식되기 쉽다.
③ 냉매액이 과냉액이 잘 안 된다(냉매와 냉각수가 병행하므로).

3-2 횡형 셸 앤드 튜브식 응축기

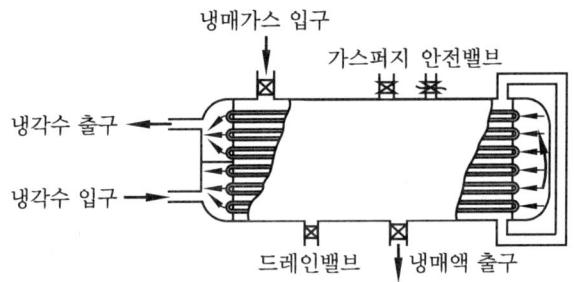

횡형 셸 앤드 튜브식 응축기

(1) 특징

① 셸 내에는 냉매 가스, 튜브 내에는 냉각수가 흐른다.
② 수액기를 겸하고 있어 별도의 수액기가 필요 없다.
③ 입구·출구에 각각의 수실이 있으며 판으로 막혀 있다.
④ 냉각수 출입구 온도차는 일반적으로 6~8℃이다.
⑤ 일반적으로 쿨링타워를 함께 사용한다.
⑥ NH_3, 프레온 대중소형에 모두 사용된다.

(2) 장점

① 냉각수가 적게 든다(증발식 응축기 다음 12 L/min·RT).
② 설치 장소가 적게 든다.
③ 전열이 양호하다(900 kcal/m^2·h·℃).

(3) 단점

① 냉각관 청소가 곤란하다(쿨민, 염산 등 약품으로 청소).
② 과부하에 견디지 못한다.
③ 냉각관 부식이 잘 된다.

(4) 설치 장소

수량이 그렇게 충분치 않고 수질이 좋은 곳, 설치 장소가 작은 경우

3-3 7통로식 응축기

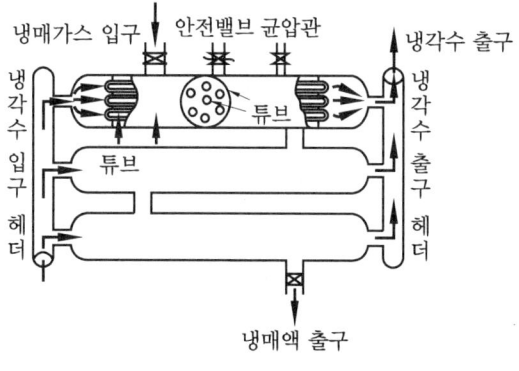

7통로식 응축기

(1) 특징

① 셸 내로 냉매, 튜브 내로 냉각수가 흐른다.
② 튜브 패스 7이다.
③ NH_3 냉동기에 주로 쓰인다.
④ 능력에 따라 조합시켜 쓸 수 있다.
⑤ 전열이 가장 양호하다(1000 kcal/m^2·h·℃, 수속 1.3 m/s).

(2) 장점

① 설치 면적이 작아도 된다.

② 냉각 수량이 적게 든다(12 L/mim·RT).
③ 전열이 양호하다.
④ 능력에 따라 조합시켜 사용한다.

(3) 단점

① 냉각관 청소가 곤란하다.
② 구조가 복잡하고 설치비가 비싸다.
③ 대용량에는 부적합하다.
④ 부식이 잘 된다.

(4) 설치 장소

용량이 비교적 크고 장소가 부족한 곳, 수량이 부족한 경우

3-4 2중관식 응축기

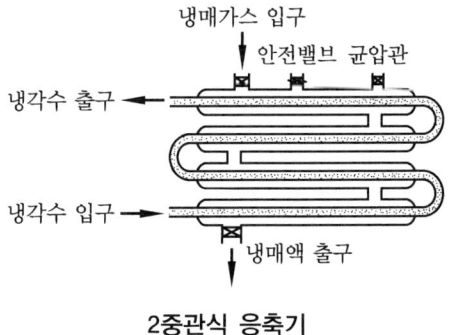

2중관식 응축기

(1) 특징

① NH_3, 프레온 중 비교적 소형(CO_2 사용가)에 사용한다.
② 수평 냉각관에 냉각수, 외측관에 냉매가스가 역류한다.

(2) 장점

① 전열이 양호하다(900 kcal/m²·h·℃)
② 냉각 수량이 적게 든다(12 L/min·RT).
③ 설치 면적이 작아도 된다.
④ 벽면을 이용하여 설치 가능하다.

⑤ 역류형이므로 차가운 액 냉매를 얻을 수 있다.

(3) 단점

① 청소가 곤란하다.
② 1대로서 대용량 제작이 불가능하다.
③ 부식 발견이 곤란하다.

(4) 설치 장소

수량이 불충분하고 수질이 양호한 곳, 설치 장소가 작은 곳

3-5 대기식 응축기

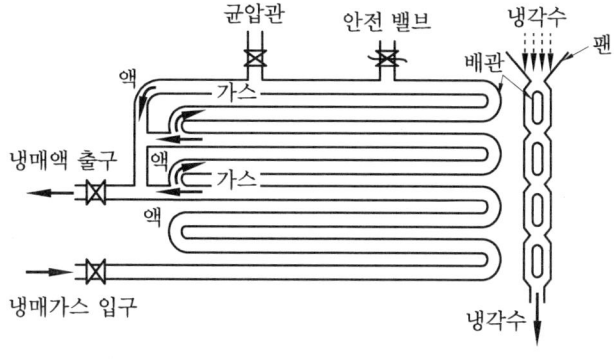

대기식 응축기

(1) 특징

① 대기식 블리더 형은 응축된 액을 중간에서 뽑아낸다.
② 냉각수가 관 표면을 따라 흐르도록 셀은 상부에 부착시킨다.
③ 겨울에는 공랭식으로 사용할 수 있다.
④ 냉각수는 일반적으로 지하수를 사용한다.
⑤ 주로 NH_3 냉동기에 사용한다.

(2) 장점

① 냉각관 청소가 용이하다.
② 대용량에 사용할 수 있다.
③ 일부의 증발에 의해서도 냉각된다($600 \, kcal/m^2 \cdot h \cdot ℃$).

(3) 단점

① 냉각관 부식이 쉽다.
② 장소가 커야 된다.
③ 제작비가 비싸다.
④ 냉각수 소요량은 입형 다음(15 L/min·RT)이다.

(4) 설치 장소

① 수질이 나쁜 곳
② 해수를 사용하는 곳
③ 수량이 적은 곳

3-6 증발식 응축기

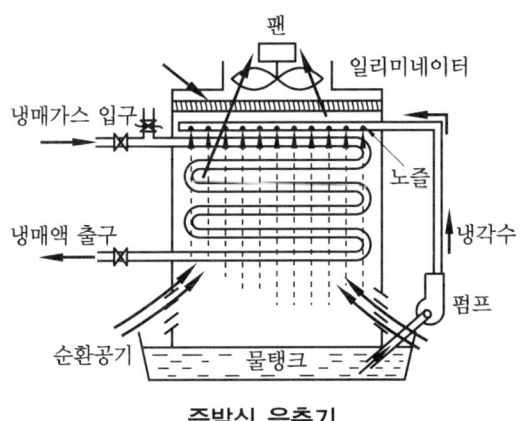

증발식 응축기

(1) 특징

① 냉각수의 증발에 의해 냉매 가스가 응축한다.
② 상부의 살수 수온과 하부의 물 탱크 수온이 같다.
③ 팬, 노즐, 냉각수 펌프 등 부속 설비가 많다.
④ 겨울에는 공랭식으로 사용할 수 있다.
⑤ 외기 습구 온도에 의해 능력이 좌우된다.
⑥ 냉매 압력 강하가 크다.

(2) 장점

① 냉각 수량이 수랭식 응축기 중 가장 적게 든다.

② 냉각탑을 별도로 사용하지 않아도 된다.
③ 증발식 응축기 냉각수 탱크 내에 수액기를 넣어 과냉각을 시키는데 있다.

(3) 단점

① 구조가 복잡하다.
② 압력 강하가 크므로 배관에 주의를 요한다.
③ 송풍기 순환 펌프 등이 필요하다(관의 길이 또는 습구 온도 차이 때문에).

> **참고**
> • 일리미네이터(eliminator) : 관에 분무되는 냉각수 일부가 공기와 같이 외부로 비산되는 것을 방지한다.
> • 소비 수량은 1%의 증발로 충분하나 실제로 비산 수량 및 탱크 내의 물의 증발로 인한 불순물의 농축으로 5~10%의 수량이 소비된다.
> • 물의 증발열은 약 580 kcal/kg이다(30℃에서).

3-7 공랭식 응축기

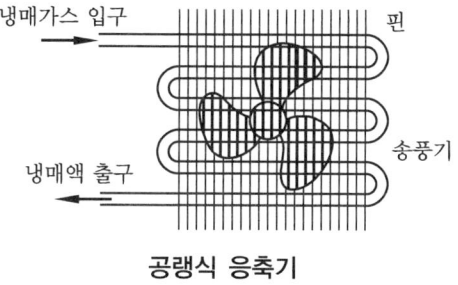

공랭식 응축기

(1) 특징

① 프레온용이며 대개 소량에서 사용된다.
② 관내에 고압 냉매 증기를 통과시키고 외부에는 축류 송풍기, 다익 송풍기를 사용하여 3 m/s 정도의 바람을 보내 관내의 냉매 증기를 응축시킨다.
③ R-21, 114와 같이 고온에 있어서 포화 압력이 낮은 것에 적격이다.
④ 냉매와 공기의 온도차는 15℃로 한다. 외기 온도 30~35℃에서 응축 온도 45~50℃ 이다(저압 냉매에 적합).

(2) 장점

냉각수, 냉각수용 배관 및 배수 시설이 불필요하다.

(3) 단점

공기는 냉각 작용이 불량하므로 응축 온도가 높아지고 응축기 형상이 커진다(20 kcal/ $m^2 \cdot h \cdot ℃$).

3-8 수랭 응축기의 세관

(1) 화학적인 세관법

① 냉매 배관 내부에 유막이 끼었을 때 R-11로 제거한다.
② 물때 등의 청소 시는 염산(10~20 %)의 묽은 용액으로 씻고 다시 인산(10~20 %)으로 씻은 다음 맑은 물로 씻어낸다.
③ 쿨민 세관법 : 쿨민은 염산이나 인산에 비하여 부식은 거의 무시해 버릴 정도이며 효과적이나 값이 비싸다.
  (가) 청관제(탈청제) : 쿨민 A.S.C(7~10 %)를 첨가하여 순환시킨다.
  (나) 방청제 : 세관 작업이 끝난 뒤 냉각수나 냉수에 쿨민 RC_1을 2 % 정도 첨가하여 사용하며 물때가 끼는 것을 방지한다.

> **참고** 냉동 장치의 순환 냉각 수량(Q) 계산법
> ① 파이프내 : $Q = \dfrac{\pi D^2}{4} \times L \times N$
> ② 냉각탑 : Q = 가로×세로×물 깊이

④ 정치법
  (가) 응축기 냉각수 입출구관 접속을 풀고 호스를 접속한다(이때 냉각수용 압력 스위치 등은 떼어내고 캡을 씌운다).
  (나) 호스를 들어올려 고정하고 세정액 액면이 응축기보다 1 m 이상이 되도록 액을 채워서 소요 시간(10~15시간) 방치한다.
  (다) 소요 시간 방치 후 세정액을 방출하고 20분 이상 수세하여 세정액이 잔류하지 않도록 한다.

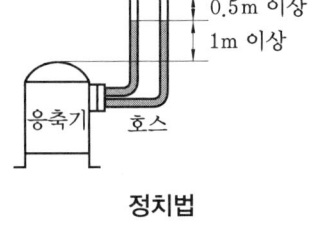

정치법

⑤ 순환법
  (가) 세제 순환 펌프, 응축기, 탱크에 호스를 접속 연결한다.
  (나) 세정액을 탱크에 넣어 펌프를 운전하여 순환 세정한다.

㈐ 일정 시간 경과 후 세정액 방출 후 20분간 수세한다. 쿨링타워를 갖는 냉동 장치는 쿨링타워 수조에 세정액을 넣고 냉각수 펌프를 가동 세정하는 방법도 있다.

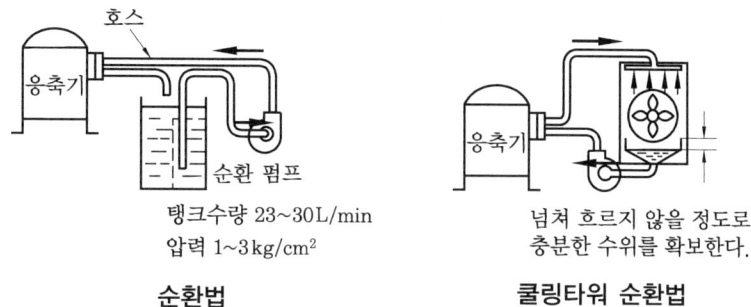

순환법 **쿨링타워 순환법**

(2) 기계적인 세관법

파이프에 와이어 브러시를 꽂고 250 pound water gun으로 쓴다. 이 조작을 수회 반복하면서 스케일을 제거한다.

4. 응축기의 보안 관리

응축 압력이 높아지는 원인은 주로 운전 중 냉매가 냉각 유체(물 또는 공기)로 열을 버리지 못하기 때문이며 대형 냉동기에서는 보통 냉각수 펌프를 두 대 설치하여 유사시에 대치 사용되고 있다.

(1) 응축 압력이 높을 때 영향

① 냉동 능력 감소 ② 압축 소요 동력 증대
③ 압축비 증가 ④ 체적 효율 감소
⑤ 마찰·마모 증대 ⑥ 기계 효율·압축 효율 감소
⑦ 성적계수 저하 ⑧ 토출가스 온도 상승(실린더 과열 및 오일 탄화)

(2) 응축 압력이 높아지는 원인

① 불응축 가스 혼입 ② 냉각면의 부족
③ 부하 증대 ④ 냉매 과충전
⑤ 냉각 수온 상승 ⑥ 냉각 수량 부족(공랭식의 경우 공기 순환 부족)
⑦ 냉각면의 불결(냉각관의 물때나 오일이 묻어 있거나 잔류할 때)

(3) 응축 압력이 높을 때의 대책

① 가스 퍼지를 점검하고 공기를 완전하게 배출시킨다.
② 수질이 나쁜 경우에는 빠른 시기에 냉각관 청소를 한다.
③ 설계 수량을 검토하고 막힌 곳이 없는가 조사 후 수리한다.
④ 설계 계산을 검토하여 냉각 면적을 추가한다.

5. 냉각탑(cooling tower)

① 응축기에서 냉매를 응축시키고 온도가 높은 냉각수를 다시 사용하고자 냉각시키는 역할을 한다.
② 수원이 풍부하지 못하거나 냉각수를 절약하고자 할 때 사용한다.
③ 증발식 응축기와 같은 원리이다.
④ 외기 습구 온도에 영향을 많이 받는다.
⑤ 물의 증발열을 이용하여 냉각한다.
⑥ 물의 회수율은 95 %이다.
⑦ 증발식 응축기에서는 냉각탑이 필요 없다.

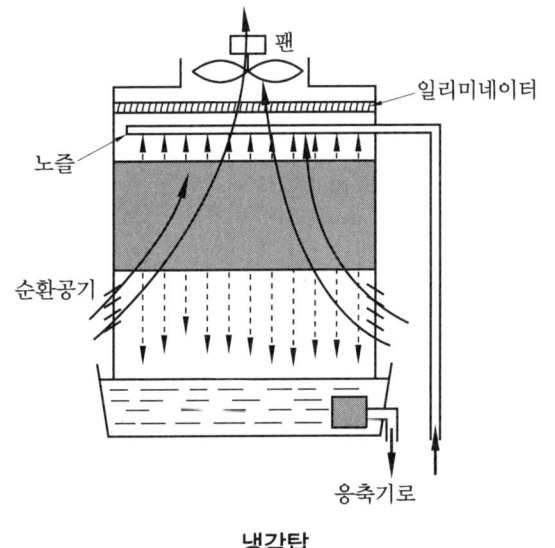

냉각탑

> **참고) 냉각탑**
> - 쿨링레인지(cooling range) = 냉각수 입구 온도 - 출구 온도
>   어프로치(approach) = 냉각수 출구 온도 - 외기 습구 온도
> - 냉각탑의 출구 온도는 대기의 습구 온도보다 낮아지는 일이 없다. 일반적으로 냉각탑 입구관이 출구관보다 크다.
> - 물의 냉각 작용에서는 물과 공기 간의 온도차와 물 자신의 증발에 의한 잠열을 이용하여 냉매 냉각관을 없애 버리고 공기와 물만 냉각시켜 수랭식 응축기에 보내서 간접적으로 냉매를 응축시킬 때가 있다.
> - 쿨링타워 능력(kcal/h) = 순환 수량(L/min) × 쿨링 레인지 × 60
> - 1냉각톤 : 쿨링타워에서 능력을 표시할 때 냉각톤이란 말을 쓰는데 1냉각톤은 3900 kcal/h를 말한다. 즉, 냉동 능력 1 RT(3320 kcal/h)에서 응축기 방열량(쿨링타워 냉각 열량)은 약 3900 kcal/h 정도 된다는 것을 의미한다.

출제 예상 문제

1. 응축기에 관한 설명 중 옳은 것은?
① 횡형 셸 앤튜브식 응축기의 관내 수속은 5 m/s가 적당하다.
② 공랭식 응축기는 기온의 변동에 따라 응축능력이 변하지 않는다.
③ 입형 셸 튜브식 응축기는 운전 중에 냉각관의 청소를 할 수 있다.
④ 주로 물의 감열로서 냉각하는 것이 증발식 응축기이다.
[해설] 횡형 응축기의 수속은 1 m/s 정도가 좋고 수속이 너무 크면 관의 부식이 크게 되며 공랭식은 외기 온도 변화에 크게 영향을 받는다. 증발식 응축기는 물의 증발잠열에 의하여 응축이 이루어진다.

2. 다음 응축기 중 열통과율이 가장 작은 형식은?
① 7통로식 응축기
② 입형 셸 튜브식 응축기
③ 공랭식 응축기
④ 2중관식 응축기
[해설] 열통과율은 7통로식 응축기(1000 kcal/m²·h·℃)가 가장 좋으며 2중관식 및 횡형 응축기(900 kcal/m²·h·℃), 입형 셸 앤드 튜브식 응축기(750 kcal/m²·h·℃), 증발식 응축기(300 kcal/m²·h·℃) 순이며 공랭식은 계절별로 다르므로 가장 전열이 나쁘다.

3. 나선상의 관에 냉매를 통과시키고, 그 나선관을 원형 또는 구형의 수조에 담그고, 물을 순환시켜서 냉각하는 방식의 응축기는?
① 대기식 응축기
② 이중관식 응축기
③ 지수식 응축기
④ 증발식 응축기
[해설] 지수(漬水)식 응축기(Submerged condenser)
(가) 나선 모양의 관에 냉매증기를 통과시키고 이 나선관을 원형 또는 구형의 수조에 넣어 냉매를 응축시키는 것으로, 셸코일식 응축기라고도 한다.
(나) 구조가 간단하여 제작이 용이하지만 점검과 손질이 곤란하다.
(다) 고압에 잘 견디고 가격이 싸지만 다량의 냉각수가 필요하고 전열효과도 나빠 현재는 거의 사용하지 않는다.

4. 다음 중 증발식 응축기에 관한 설명으로 옳은 것은?
① 외기의 습구온도 영향을 많이 받는다.
② 외부 공기가 깨끗한 곳에서는 일리미네이터(eliminator)를 설치할 필요가 없다.
③ 공급수의 양은 물의 증발량과 일리미네이터에서 배제하는 양을 가산한 양으로 충분하다.
④ 냉각 작용은 물을 살포하는 것만으로 한다.
[해설] 증발식 응축기의 특징
(가) 냉각수의 증발에 의하여 냉매가스를 응축시킨다.
(나) 상부의 살수 수온과 하부의 물탱크 수온이 같다.
(다) 외기 습구온도에 의해 능력이 좌우된다.
(라) 냉각수 일부의 비산을 방지하기 위하여 일리미네이터를 설치하여야 한다.
(마) 수랭식 응축기 중에 냉각수 소비량이

[정답] 1. ③ 2. ③ 3. ③ 4. ①

가장 적게 드나 구조가 복잡하다.
㈐ 냉각탑을 별도로 사용하지 않아도 된다.

5. 응축기에서 냉매가스의 열이 제거되는 방법은?
① 대류와 전도　② 증발과 복사
③ 승화와 휘발　④ 복사와 액화
[해설] 응축기에서는 전도와 대류에 의하여 열을 제거한다.

6. 다음 증발식 응축기에 대한 설명 중 옳은 것은?
① 냉각수의 감열(현열)로 냉매가스를 응축시킨다.
② 외기의 습구온도가 높아야 응축능력이 증가한다.
③ 응축온도가 낮아야 응축능력이 증가한다.
④ 냉각탑과 응축기의 기능을 하나로 합한 것이다.
[해설] 증발식 응축기는 외기 습도의 영향을 받으며 냉각수의 증발잠열에 의하여 냉매가 응축된다. 즉, 외기 습도가 낮으면 물의 증발이 많이 이루어지므로 응축능력이 증가하고 응축온도가 높아야 쉽게 응축된다.

7. 증발식 응축기의 보급수량의 결정 요인과 관계가 없는 것은?
① 냉각수 상·하부의 온도차
② 냉각할 때 소비한 증발수량
③ 탱크 내의 불순물의 농도를 증가시키지 않기 위한 보급수량
④ 냉각공기와 함께 외부로 비산되는 소비수량
[해설] 증발식 응축기 냉각수 소비 형태
㈎ 증발

㈏ 비산
㈐ 드레인

8. 냉각탑(cooling tower)에 관한 설명 중 맞는 것은?
① 오염된 공기를 깨끗하게 하며 동시에 공기를 냉각하는 장치이다.
② 냉매를 통과시켜 공기를 냉각시키는 장치이다.
③ 찬 우물물을 냉각시켜 공기를 냉각하는 장치이다.
④ 냉동기의 냉각수가 흡수한 열을 외기에 방사하고 온도가 내려간 물을 재순환시키는 장치이다.
[해설] 냉각탑은 냉각수가 응축기에서 냉매로부터 흡수한 열량을 방출하는 역할을 한다.

9. 냉동시스템 운전 중 냉각탑 수조내 물의 온도가 갑자기 상승하는 원인으로 틀린 것은?
① 수동 급수밸브가 열려 있다.
② 팬 또는 전동기가 고장이다.
③ 공기 흡입구 및 흡출구에 장애물이 붙었다.
④ 물의 분무가 불균등하다.
[해설] 수동 급수밸브가 열리면 냉각수 공급으로 냉각탑 수조 내의 물의 온도는 내려가게 된다.

10. 냉동기, 열기관, 발전소, 화학 플랜트 등에서의 뜨거운 배수를 주위의 공기와 직접 열교환시켜 냉각시키는 방식의 냉각탑은?
① 밀폐식 냉각탑　② 증발식 냉각탑
③ 원심식 냉각탑　④ 개방식 냉각탑
[해설] 주변의 공기와 열교환하여 냉각하는 냉각탑은 개방식 냉각탑이다.

[정답] 5. ①　6. ④　7. ①　8. ④　9. ①　10. ④

11. 불응축 가스가 냉동기에 미치는 영향에 대한 설명으로 틀린 것은?
① 토출가스 온도의 상승
② 응축압력의 상승
③ 체적 효율의 증대
④ 소요동력의 증대

[해설] 불응축 가스가 존재하게 되면 응축압력이 상승하게 되며 압축기의 토출압력 또한 높아지게 된다. 즉, 압축비의 증대로 체적 효율은 감소하게 되고 동력 소비는 증대된다.

12. 불응축 가스를 제거하는 역할을 하는 장치는?
① 중간냉각기 ② 가스퍼저
③ 제상장치 ④ 여과기

[해설] 가스퍼저는 응축기와 수액기 상부에 모인 불응축 가스를 방출하는 부속기기이다.

13. 다음 조건을 갖는 수랭식 응축기의 전열 면적은 약 얼마인가? (단, 응축기 입구의 냉매가스의 엔탈피는 450 kcal/kg, 응축기 출구의 냉매액의 엔탈피는 150 kcal/kg, 냉매 순환량은 100 kg/h, 응축온도는 40℃, 냉각수 평균온도는 33℃, 응축기의 열관류율은 800 kcal/m²·h·℃이다.)
① 3.86 m² ② 4.56 m²
③ 5.36 m² ④ 6.76 m²

[해설] $Q = K \times F \times \Delta t_m$ 에서
$(450 - 150) \text{kcal/kg} \times 100 \text{ kg/h}$
$= 800 \text{ kcal/m}^2 \cdot \text{h} \cdot ℃ \times F[\text{m}^2] \times (40℃ - 33℃)$
$\therefore F = 5.36 \text{ m}^3$

14. 응축기에서 두께 3 mm의 냉각관에 두께 0.1 mm의 물때와 0.02 mm의 유막이 있다. 열전도도는 냉각관 40 kcal/m·h·℃, 물때 0.8 kcal/m·h·℃, 유막 0.1 kcal/m·h·℃이고 열전달률은 냉매측 2500 kcal/m²·h·℃, 냉각수측 1500 kcal/m²·h·℃일 때 열통과율은 약 얼마인가?
① 681.8 kcal/m²·h·℃
② 618.7 kcal/m²·h·℃
③ 714.7 kcal/m²·h·℃
④ 741.8 kcal/m²·h·℃

[해설] 열통과율(k)
$$= \frac{1}{\frac{1}{2500} + \frac{0.003}{40} + \frac{0.0001}{0.8} + \frac{0.00002}{0.1} + \frac{1}{1500}}$$
$= 681.8 \text{ kcal/m}^2 \cdot \text{h} \cdot ℃$

15. 냉동기에서 성적계수가 6.84일 때 증발온도가 −15℃이다. 이때 응축온도는 몇 ℃인가?
① 17.5 ② 20.7
③ 22.7 ④ 25.5

[해설] $COP = \dfrac{T_2}{T_1 - T_2}$
$T_2 = 273 + (-15) = 258 \text{ K}$
$6.84 = \dfrac{258}{T_1 - 258}$
$\therefore T_1 = 295.71 \text{ K} = 22.7℃$

16. 냉동사이클에서 응축온도 상승에 의한 영향과 가장 거리가 먼 것은?
① COP 감소
② 압축기 토출가스 온도 상승
③ 압축비 증가
④ 압축기 흡입가스 압력 상승

[해설] 응축온도가 상승하면 응축압력 상승으로 압축비가 증대하며 흡입압력과는 관계가 없다.

17. 외기 습구온도에 영향을 받는 것은?
① 증발식 응축기

정답 11. ③ 12. ② 13. ③ 14. ① 15. ③ 16. ④ 17. ①

② 대기식 응축기
③ 입형 앤드 튜브식 응축기
④ 7통로식 응축기

[해설] 증발식 응축기는 물의 증발잠열에 의하여 냉각수의 온도를 낮추므로 외기 습구온도에 영향을 받는다.

18. 다음 설명 중 틀린 것은?

① 응축기의 역할은 저온, 저압의 냉매증기를 냉각하여 액화시키는 것이다.
② 응축기의 용량은 응축기에서 방출하는 열량에 의해 결정된다.
③ 응축기의 열 부하는 냉동능력과 압축기 소요 일의 열당량을 합한 값과 같다.
④ 응축기 내에서의 냉매상태는 과열영역, 포화영역, 액체영역 등으로 구분할 수 있다.

[해설] 응축기는 고온, 고압의 기체 냉매를 고온, 고압의 액체 냉매로 만드는 역할을 한다.

19. 다음 냉동장치에 이용되는 응축기에 관한 설명 중 틀린 것은?

① 증발식 응축기는 주로 물의 증발로 인해 냉각하므로 잠열을 이용하는 방식이다.
② 이중관식 응축기는 좁은 공간에서도 설치가 가능하므로 설치면적이 작고, 또 냉각수량도 적기 때문에 과냉각냉매를 얻을 수 있는 장점이 있다.
③ 입형 셸 튜브 응축기는 설치면적이 작고 전열이 양호하며 운전 중에도 냉각관의 청소가 가능하다.
④ 공랭식 응축기에서의 능력 변동 요소는 공기의 습구온도이다.

[해설] 공랭식 응축기는 건구온도 변화에 의하여 능력이 좌우된다.

[정답] 18. ① 19. ④

제5장 증발기

1. 증발기

증발기란 저온, 저압의 냉매가 피냉각 물체로부터 열을 흡수하여 저온, 저압의 가스로 되는 부분이다. 즉, 실질적으로 냉동의 목적을 달성하는 곳이다.

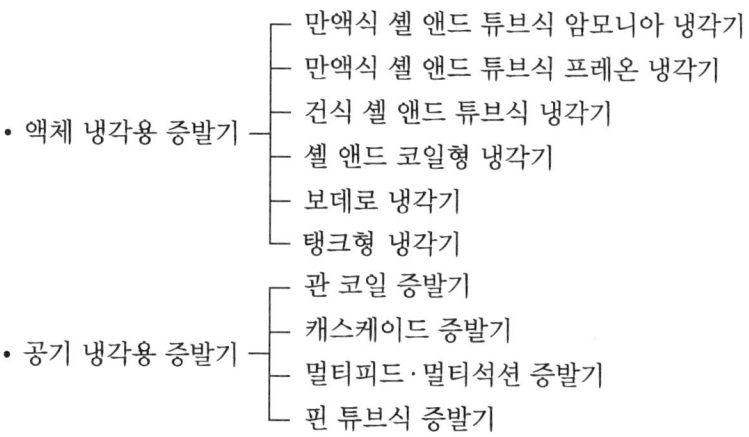

1-1 액 냉매 공급에 따른 분류

(1) 건식 증발기

① 증발기 내의 냉매액 25 %, 가스 75 %
② 액분리기가 필요 없다(단, 핫 가스 제상(hot gas defrost)이 되는 경우에는 설치한다).
③ 가스가 많으므로 전열이 불량하다.
④ 유회수가 용이하다.
⑤ 주로 공기 냉각용(직접 팽창식, 냉장식 에어컨 등)에 사용한다.

⑥ 프레온 건식은 상부에서 하부로 냉매 공급, 암모니아 건식은 하부에서 상부로 냉매 공급
⑦ 냉매량이 적어도 된다.
⑧ 유회수장치가 불필요하다.

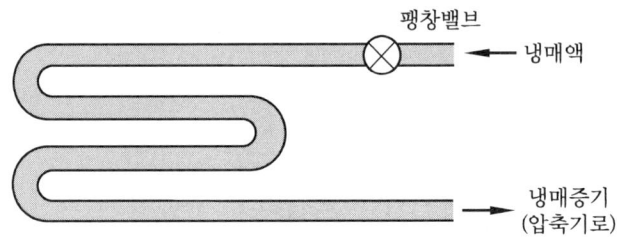

(2) 반만액식 증발기

습식 증발기라고도 하며 액 50 %, 가스 50 %가 증발기 내에 존재한다. 냉매량이 건식에 비해 많고 전열효과는 건식에 비해 양호하지만 만액식에는 미치지 못한다. 냉매는 아래에서 위로 공급한다.

(3) 만액식 증발기

① 증발기 내에 액 75 %, 가스 25 %가 존재한다.
② 증발기가 액 중에 잠겨 있어 전열이 양호하다.
③ 건식에 비해 냉매량이 많이 든다.
④ 액체 냉각용에 사용한다.
⑤ 냉각 코일의 효율이 좋다.
⑥ 증발기 내에 오일이 고일 염려가 있으므로 프레온일 경우 유회수장치가 필요하다.
⑦ 암모니아에서는 반드시 액분리기를 설치해야 하며, 이때 증발기보다 상부에 설치하고 크기는 증발기 용량의 20 % 정도이다.
⑧ **작동** : 팽창밸브 통과 시 발생한 플래시가스와 증발기를 나온 가스는 즉시 압축기로 흡입되고 액만 증발기로 들어간다.

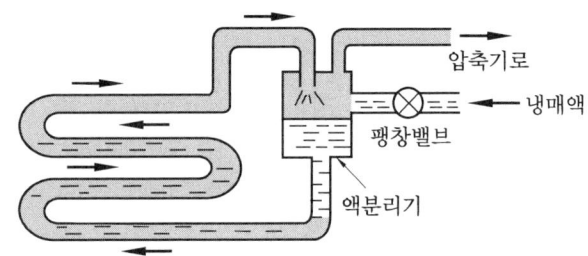

(4) 액순환식 증발기

액펌프를 사용하여 증발기에서 증발하는 액체량의 4~6배의 액을 강제 순환시킨다.
① 증발기 출구에 액 80 %, 가스 20 %가 존재한다.
② 증발기 코일 내에 오일이 고일 염려가 없다.
③ 냉매량이 많이 들며 액 펌프, 저압 수액기 등 설비가 복잡하다.
④ 대용량이며 저온이나 급속동결, 냉장 등에 쓰인다.
⑤ 증발기가 여러 대라도 팽창밸브는 하나로도 된다(고압 수액기는 하나이므로).
⑥ 액펌프식 냉각 방식의 이점
   ㈎ 리퀴드 백이 완전 방지된다.
   ㈏ 제상의 자동화가 가능하다.
   ㈐ 증발기에 오일이 고이지 않으므로 열통과율이 저하되지 않는다.
   ㈑ 증발기의 열통과율이 다른 형의 증발기보다 양호하다.
⑦ 액펌프 설치상의 주의점
   ㈎ 액펌프보다 저압 수액기가 위에 위치해야 한다.
   ㈏ 흡입배관의 저항을 작게 하기 위하여 관경이 굵은 것을 사용한다.
   ㈐ 여과기는 가능한 한 넣지 않는다.
   ㈑ 흡입배관 중 녹·먼지가 들어가지 않게 한다.
   ㈒ 저압 수액기의 하부에서 먼지를 흡입하지 않게 한다.
⑧ 액 유입부의 배관길이는 이물질의 침입 방지를 위해 2.5~5 cm 이상 높게 해준다.

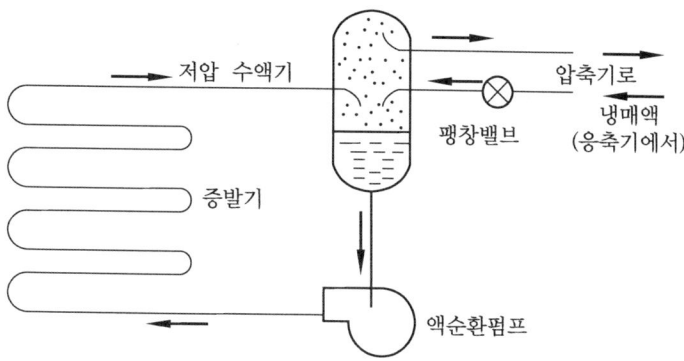

1-2 용도에 따른 분류

(1) 만액식 셸 앤드 튜브식 암모니아 냉각기
① 주로 공업용 브라인 냉각장치에 사용한다.

② 셸 내에 냉매, 튜브 내에 브라인이 존재한다.
③ 증발기의 냉매측에서 열전달률을 좋게 하려면
   ㈎ 관이 액 냉매에 접촉하거나 잠겨 있을 것
   ㈏ 관경이 작을 것(전열만 고려 시)
   ㈐ 관면이 거칠거나 핀이 부착되어 있을 것
   ㈑ 관 간격이 작을 것
   ㈒ 평균 온도차가 클 것
   ㈓ 오일이 존재하지 않을 것

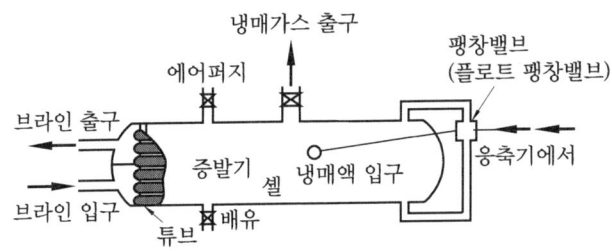

④ 관경이 작으면 저항이 커져 압력강하가 크므로 체적 효율 감소, 흡입압력 저하, 토출 가스 온도 상승 등 여러 가지 악영향을 미치나 전열면만 생각할 때는 관경이 작은 것이 좋다.

(2) 만액식 셸 앤드 튜브식 프레온 냉각기

① 공기조화장치 및 일반화학공업의 액체 냉각 목적으로 이용된다.
② 냉매측의 열전달률이 낮으므로 핀 튜브를 사용한다.
③ 냉각액의 동결에 주의한다(증발압력 조정밸브, TC, 단수릴레이 설치).
④ 셸 내에 냉매, 튜브 내에 브라인이 존재한다.
⑤ 열교환기를 설치하여 액 냉매의 과랭 및 리퀴드 백을 방지한다.
⑥ 유회수장치가 필요하다.

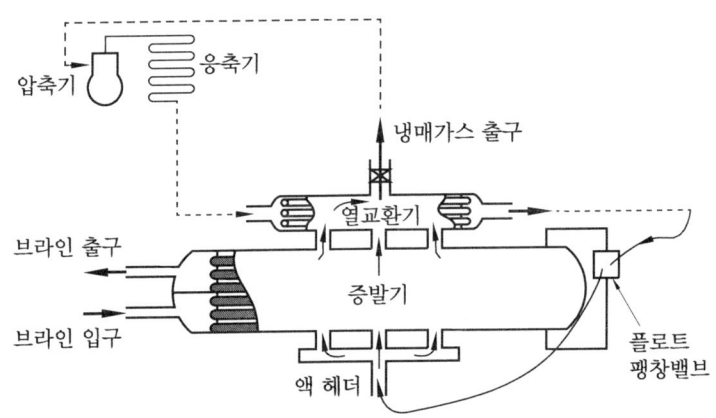

(3) 건식 셸 앤드 튜브식 냉각기

① 셸에 브라인(냉수), 튜브에 냉매가 존재한다.
② 프레온용이며, 2~250 RT까지 사용한다.
③ 공조용 칠링 유닛(chilling unit)에 적합하다.
④ 이너 핀 튜브(inner finned tube)를 사용한다.
⑤ 오일이 장치에 고이는 일이 없으므로 유회수장치가 필요 없고 또한 유분리기를 필요로 하지 않는다.
⑥ 만액식에 비해 냉매량이 적게 든다(RT당 2~3 kg).
⑦ 냉매 제어에 온도식 자동 팽창밸브가 사용되고 구조가 간단하다.
⑧ 물 또는 액체가 관외로 흐르게 되므로 동파 우려가 적다.

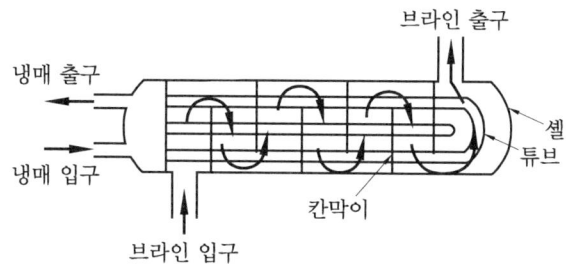

(4) 보데로 냉각기

① 구조는 대기식 응축기와 같은 구조이다.
② 습식 팽창형이다.
③ 액체가 동결하여도 장치에 대한 위험성이 적다.
④ 물이나 우유의 냉각에 사용된다.
⑤ 냉각관 청소가 쉬우므로 위생적이다.
⑥ 서지 드럼(surge drum)과 저압 플로트 밸브에 사용된다.

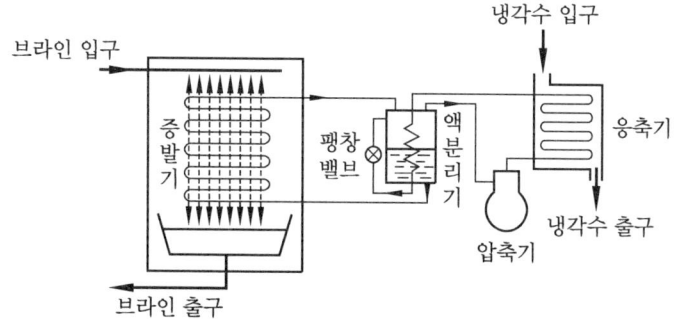

(5) 탱크형 냉각기(헤링본식 증발기)

① 주로 암모니아용이며, 제빙에 사용한다.
② 만액식이다.
③ 전열률이 양호하다.
④ 브라인 교반기가 있다.
⑤ **냉각관 주위 유속** : 0.3~0.75 m/s

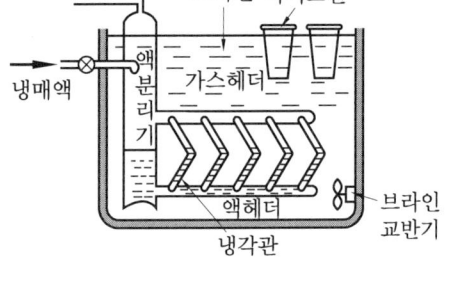

(6) 관 코일 증발기

① 냉각관에는 나관(bare tube)이 사용된다.
② 표면적이 작기 때문에 관이 길어지는 경향이 있다.
③ 프레온용일 때 대형에는 강관, 소형에는 동관을 사용한다.
④ 냉장고, 쇼케이스 등에 사용한다.
⑤ 전열이 양호하지 못하다.

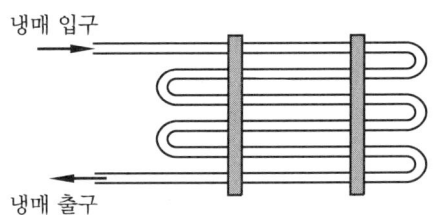

(7) 캐스케이드 증발기

① 액냉매를 공급하고 가스를 분리하는 형식이다.
② 공기 동결식의 동결 선반에 사용한다.
③ 액 헤더 : 2, 4, 6, 가스 헤더 : 1, 3, 5

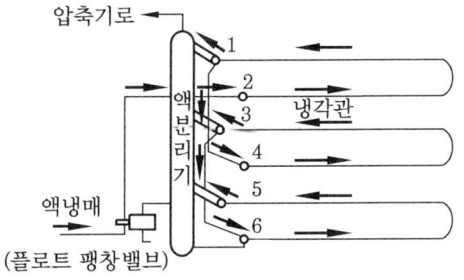

(8) 핀 튜브식 냉각기

주로 프레온용으로 건식을 채용하고 있으며 소형 냉장고, 냉장용 진열장, 공기조화 등에 광범위하게 사용된다. 3/8″~3/4″의 동관에 동 또는 알루미늄 판재의 핀을 부착하여 만든 것으로 핀을 이용한 강제 대류형이며 공기 냉각용으로 사용된다. 핀의 간격은 0℃ 이하의 저온용에서는 서리 문제로 인치당 3~4개, 0℃ 이상의 장치에서는 서리가 없으므로 12~14개의 핀을 부착한다.

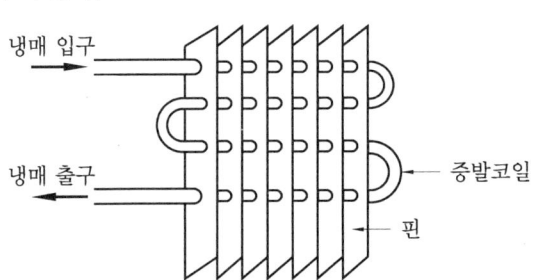

(9) 멀티피드 · 멀티석션 증발기

① 캐스케이드 증발기의 변형이다.
② 공기 동결식의 동결 선반에 사용한다.
③ 캐스케이드보다 많이 사용한다.

(10) CA 냉장고

청과물을 냉장·저장하는 데 있어 보다 좋은 저장성을 확보하기 위하여 냉장고 내의 공기를 치환하는데 산소를 3~5 % 감소시키고 탄산가스를 3~5 % 증가시켜 줌으로써 냉장고 내의 청과물의 호흡작용을 억제하면서 냉장하는 냉장고를 CA 냉장고(Controlled Atmosphere storage system)라 한다.

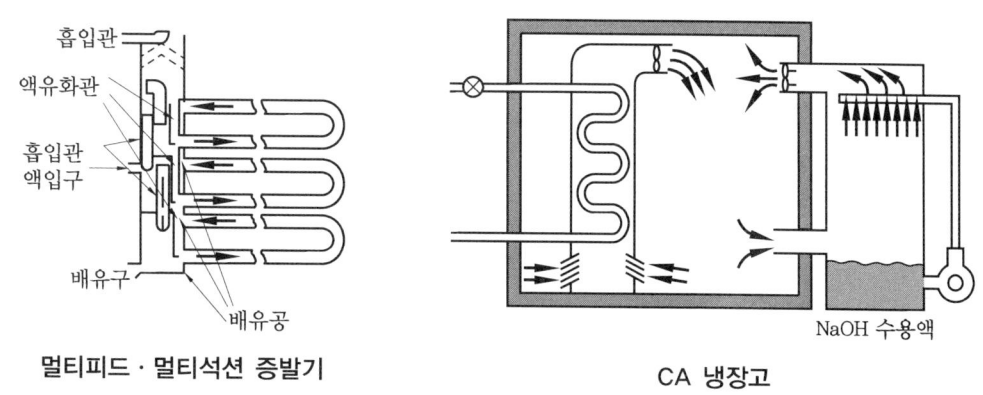

멀티피드 · 멀티석션 증발기   CA 냉장고

1-3 직접 팽창식과 브라인식

(1) 직접 팽창식(direct expansion system)

냉각해야 할 장소 중의 냉각관 내에 직접 냉매를 흐르게 하여 냉각하여야 할 물체 장소와 직접 접촉시켜 냉매의 증발잠열을 흡수 냉각하는 방식으로 잠열 형태로 열을 제거한다. 이는 증발기가 냉동·냉장실과 동일하다.

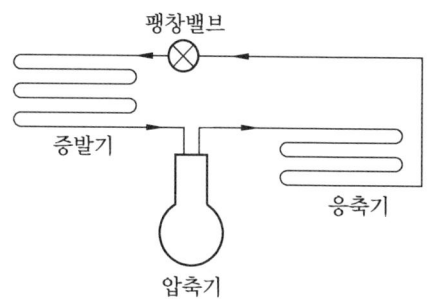

(2) 브라인식(indirect system)

간접 냉동 방식이라고 하며 냉매의 증발에 의하여 냉각된 물 또는 브라인을 순환시켜 냉동 목적 물체 또는 공기를 냉각하는 방식으로 감열(현열) 형태로 열을 제거한다. 이 방식은 증발기와 냉장·냉동실이 분리되어 있다.

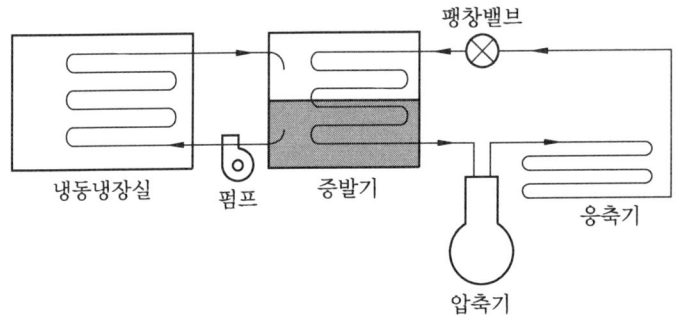

(3) 직접 팽창식과 브라인식의 장단점

① 직접 팽창식

(가) 장점
- 동일한 냉장고 온도 유지에 대하여 냉매의 증발온도가 높다.
- 시설이 간단하다.

(나) 단점
- 냉매의 누설에 의한 냉장품의 손상 우려가 있다.
- 여러 개의 냉장실을 동시에 운영할 때 팽창밸브의 수가 많다.
- 능률적인 냉동기 운전이 곤란하다.
- 압축기 정지와 동시에 냉장실 온도가 상승한다.

② 간접 팽창식

(가) 장점
- 냉매의 누설에 의한 냉장품의 손상 우려가 없다.
- 냉장실이 여러 개일 때도 능률적인 운전이 가능하다.
- 운전이 정지되더라도 온도 상승이 느리다.

(나) 단점
- 동일한 냉장고 온도 유지에 대하여 냉매의 증발온도가 낮다.
- 구조가 복잡해진다.
- 동력소비가 크다.

(4) 직접 팽창식과 브라인식의 비교(동일한 실온을 얻는 경우)

구분	직접 팽창식	브라인식
냉매의 증발온도	고	저
소요동력	소	대
설비의 복잡성	간단	복잡
냉매 순환량	소	대
냉동능력(RT)	소	대
냉매 충진량	대	소

2. 제상(defrost)

증발기 코일에 서리가 부착되면 전열 불량이 되므로 이 서리를 제거하는 것을 제상이라 한다. 제상 장치는 주로 공기 냉각용에 많으며 제상 시간은 **빠를수록 좋다**.

제상의 시기는 핀 튜브 코일 : 10~15 mm, 벽 코일 : 15~20 mm, 헤어 핀 코일 : 25~30 mm일 때이다.

> **참고** 제상 과다 시 냉동장치에 미치는 영향
> - 온도식 자동 팽창밸브(T.E.V)를 사용할 경우 : 증발압력 저하, 흡입압력 저하, 토출가스 온도 상승, 냉장실 온도 상승, 시간당 소요전류 감소, RT당 소요동력 증가
> - 수동 팽창밸브를 사용할 경우 : 증발압력 저하, 액 압축 우려, 토출가스 온도 저하, 냉장실 온도 상승

2-1 고압가스 제상

- 고온의 냉매가스를 증발기에 보내서 그 응축잠열을 이용하여 제상하는 방법이다.
- 용해한 서리가 물받이나 배수관 중에서 재동결하지 않도록 가열해야 하며 이를 위하여 토출가스나 전열히터를 이용하는 일이 있으나 벽코일식이나 상치식에서는 온수살포제상을 병행하여 대량의 물과 같이 흘러내리게 하는 방법이 일반적으로 쓰인다.
- 비교적 용이하게 설비되고 운전도 경제적이며 제상에 소요되는 시간도 짧으므로 많이 채용되나 자동화는 약간 복잡하다.
- 건식 증발기와 같이 증발기 내에 냉매 공급량이 적은 것은 증발기에서 응축된 액을 가동되고 있는 다른 증발기로 보내는 방식이 쓰인다.

(1) 증발기 1대인 경우의 고압가스 제상

① 정상 운전 중 밸브 B, D, F가 열려 있는 상태에서 압축기를 정지시킨다.
② 밸브 B, D, F를 닫고 A를 연다.
③ 응축기 고온, 고압의 냉매가 E.P.R을 거쳐 증발기로 간다.
※ 여기서, E.P.R(Evaporator Pressure Regulating) 밸브는 응축기의 압력이 너무 내려가 동결되지 않도록 압력을 제어한다.
④ 밸브 E를 열어 압력차로 수액기의 액을 응축기로 이동시킨다.
⑤ 밸브 E를 닫고 밸브 C를 열어 압축기를 작동시켜 수액기를 진공상태로 한다.
⑥ 응축기의 액은 냉각수에서 열을 얻어 증발하여 E.P.R을 거쳐 증발기에서 제상을 하고 응축 액화하여 수액기로 회수된다.
⑦ 밸브 A, C를 닫고 B, D를 열어 정상 운전한다.

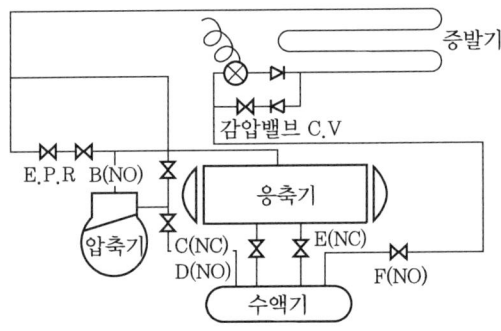

(2) 응축액을 액분리기에 회수하여 처리하는 방법의 제상

① 수액기 출구밸브 ⓓ를 닫아 액관 중에 냉매를 회수한 다음 ⓐ를 닫아 증발기 내의 냉매 가스를 압축기로 흡입시킨다.
② 고압가스 유입밸브 ⓑ, ⓒ를 서서히 열면 증발기 내로 고압가스가 유입되어 증발기는 제상이 되며 고압가스는 응축 액화한다.
③ 제상이 끝나면 고압가스 밸브 ⓑ, ⓒ를 닫고 수액기 출구밸브 및 팽창밸브 ⓐ를 열면 정상 작동을 하게 된다.
④ 이때 증발기에서 제상을 시키고 응축된 고압액 냉매는 액분리기에서 분리되어 고압측 수액기로 액회수장치를 통하여 회수된다.

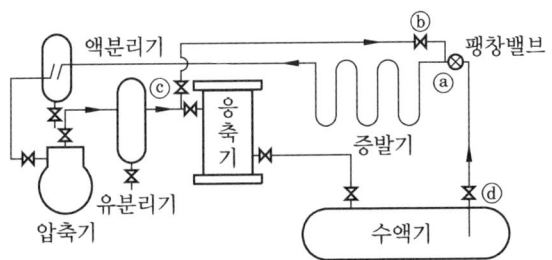

(3) 증발기 2대인 경우의 고압가스 제상

제1증발실 제상법(제2증발실은 정상가동)
① EV_1을 닫는다. ② C_1을 닫는다.
③ A를 닫는다. ④ B_1을 연다.
⑤ 제상되어 압력이 높아지면 D_1을 열어 제상 시 응축된 액을 제2증발기로 공급한다.
⑥ 완전 제상이 되면 정상적으로 B_1, D_1을 닫고 A, C_1, EV_1을 열어 정상가동에 들어간다.

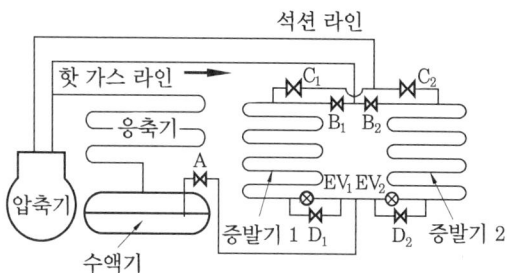

2-2 액 냉매를 제상용 수액기에 받는 제상장치

① 팽창밸브 ⓐ 및 증발기 출구밸브 ⓑ를 닫는다.
② 고압가스 유입밸브 ⓒ 및 ⓓ를 연다.
③ ⓖ를 열었다 닫는다.
④ ⓔ, ⓕ를 열면 제상 시 응축된 액 냉매가 제상용 수액기에 유입된다.
⑤ 제상이 끝나면 ⓒ, ⓓ, ⓔ, ⓕ를 닫는다.
⑥ ⓐ, ⓑ를 열어 증발기가 냉각운전에 들어가게 한다.
⑦ ⓗ를 열어 제상용 수액기 내에 고압가스를 도입하고(밸브 ⓙ는 열린 상태), ⓘ를 열면 제상 수액기 중의 액이 액관을 통하여 각 증발기에 보내진다.
⑧ 액이 전부 없어지면 ⓗ, ⓘ를 닫는다.

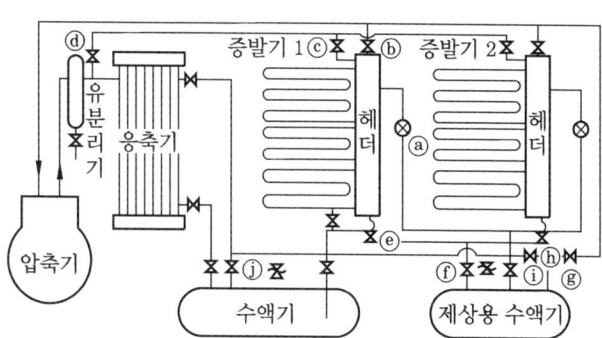

2-3 소형 냉동장치의 제상

소형 냉동장치에서 고압가스를 증발기에 유입시키면 점차 액화 냉매가 증발기에 고이게 되어 압축 가스량이 적어지게 되며, 또한 증발기에 고인 액화 냉매가 압축기에 흡입될 우려가 있기 때문에 다음과 같은 방법이 쓰이고 있다.

고압가스가 증발기에 들어가는 도중에 오리피스(소공)를 설치하여 가스압을 저하시켜서 증발기에서 응축하지 않고 감열에 의해 제상을 지키는 방법이다.

① 제상 시간이 되면 타이머에 의해 전자밸브가 열려 고압가스가 소공을 통하여 증발기로 유입하여 제상한다.
② 제상 시간이 끝나면 타이머에 의해 전자밸브가 닫히고 정상 운전에 들어간다.

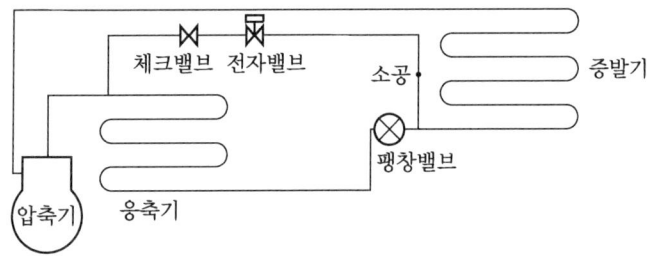

2-4 재증발기를 이용한 제상 방법

(1) 정상 운전 시

흡입관 전자밸브 C 및 액관 전자밸브 B가 열려 있으며, 증발기 팬은 가동되고, 재증발기 팬은 정지되어 있다.

(2) 제상 시

① 제상용 타이머(timer)를 작동하여 고압가스 전자밸브 A를 열고 흡입관 전자밸브 C 및 액관 전자밸브 B를 닫고 제상 사이클에 들어간다.
② 이와 동시에 증발기 팬은 정지되고, 재증발기 팬은 가동되어 증발기에서 액화한 냉매는 재증발기에서 증발하여 압축기에 흡입된다.
③ 제상이 끝나면 타이머에 의해 고압가스 전자밸브 A가 닫히고 흡입관 전자밸브 C 및 액관 전자밸브 B는 다시 열리는 동시에 증발기 팬은 가동되고, 재증발기 팬은 정지되어 정상 운전에 들어간다.

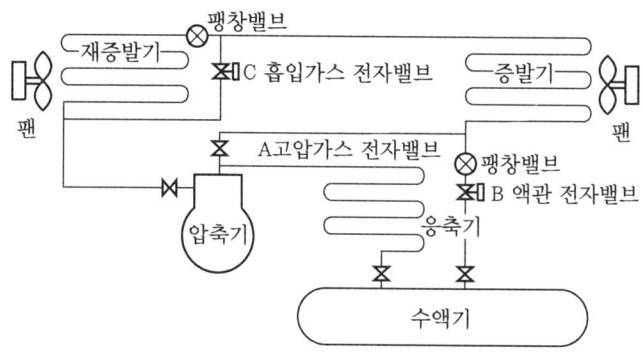

2-5 서모 뱅크를 이용한 제상

(1) 정상 운전 시

압축기의 토출가스를 응축기에 보내는 도중 서모 뱅크를 통과시켜 서모 뱅크에 채워진 물을 가열해 두었다가 제상 시 이 물의 열로 액화 냉매를 재증발시킨다.

(2) 제상 시

① 고압가스 전자밸브 A를 통전하고 흡입관 전자밸브 B를 닫아 제상 사이클에 들어간다.
② 이때 증발기에서 액화한 냉매는 서모 뱅크에서 가열되어 있는 물에 의해 증발되어 압축기에 흡입된다.
③ 제상이 끝나면 고압가스 전자밸브 A를 닫고 흡입관 전자밸브 B를 통전하여 정상 운전에 들어간다.

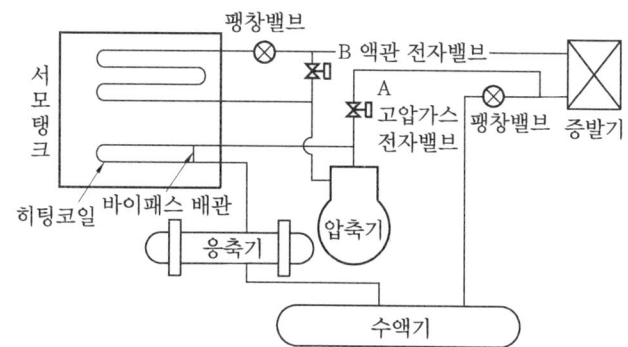

2-6 온수 브라인 제상

① 브라인 코일 냉각의 경우에 쓰인다.
② 순환 중인 브라인을 온브라인으로 교체한다(20℃ 이상).
③ 조작이 간단하고 효과적이나 온브라인 탱크를 필요로 하고 설비비가 크며 열손실도 많다.

2-7 온수 살포 제상

① 증발기 팬 모터 및 냉동기 정지 후 공기의 출입구를 차단한다.
② 냉동실은 −18℃ 이상에서 효과적이다.
③ 10~25℃의 물을 뿌려서 제상한다(1 m^3당 130 L/min).
④ 급배수관은 물이 잔류하여 동결하는 일이 없도록 하향구배하고, 외부의 따뜻하고 습한 공기가 침입하지 않도록 트랩을 사용한다.

2-8 전열 제상

① 증발기에 히터를 설치하여 제상한다.
② 자동제어가 용이하고 소형에 많이 쓰인다.
③ 동력이 많이 든다(열손실이 크다).

2-9 브라인 분무 제상

① 브라인 또는 부동액을 냉각기 표면에 분무하여 제상한다.
② 연속분무를 계속하면 실내에 브라인의 비말이 날려서 해로울 때 사용한다.
③ 염의 보급, 농축기 설치, 부식의 문제점이 있다.

출제 예상 문제

1. 다음 사항은 증발기의 구조와 작용에 관한 설명이다. 이 중 옳은 것은?
① 동일 운전상태에서는 만액식 증발기가 건식 증발기보다 열통과율이 나쁘다.
② 만액식 증발기에서 부하가 커지면 냉매 순환량이 작아진다.
③ 건식 증발기는 주로 온도식 팽창밸브와 모세관을 팽창밸브로 사용한다.
④ 증발기의 냉각능력은 전열면적이 작을수록 증가한다.
[해설] 건식 증발기는 증발기 내의 액과 가스의 비율이 25 : 75로 냉매량이 적기 때문에 모세관이나 온도식 자동팽창밸브를 이용한다.

2. 냉매액 강제순환식 증발기에 대한 설명 중 틀린 것은?
① 냉매액이 충분한 속도로 순환되므로 다른 증발기에 비해 전열이 좋다.
② 일반적으로 설비가 복잡하며 대용량의 저온냉장실이나 급속 동결장치에 사용한다.
③ 강제순환식이므로 증발기에 오일이 고일 염려가 적고 배관 저항에 의한 압력강하도 보강된다.
④ 냉매액의 의한 리퀴드 백(liquid back)의 발생이 적으며 저압 수액기와 액펌프의 위치에 제한이 없다.
[해설] 강제순환식 증발기의 경우 액펌프를 저압 수액기보다 하단에 설치해야 공동 현상을 방지할 수 있으며 저압 수액기에서 액을 분리하여 압축기로 리퀴드 백을 방지할 수 있다.

3. 동일한 냉동실 온도 조건으로 냉동설비를 할 경우 브라인식과 비교한 직접 팽창식의 설명으로 옳지 않은 것은?
① 냉매의 증발온도가 낮다.
② 냉매 소비량(충전량)이 많다.
③ 소요동력이 적다.
④ 설비가 간단하다.
[해설] 직접 팽창식은 냉매와 피냉각물체가 직접 열교환하는 것으로 브라인식에 비하여 증발온도가 높고 열효율이 좋은 장점이 있으나 일정 이상의 부하 변동 시 대응이 곤란한 단점이 있다.

4. 다음 내용은 브라인에 대한 설명이다. 틀린 것은?
① 브라인은 농도가 진하게 될수록 부식성이 크다.
② 염화칼슘 브라인은 동결점이 매우 낮으며 부식성도 비교적 적다.
③ 염화나트륨 브라인은 염화칼슘 브라인에 비해 동결온도는 아주 높고 금속 재료에 대한 부식성도 크다.
④ 브라인에 대한 부식 방지를 위해서는 밀폐순환식을 채용하여 공기에 접촉하지 않게 해야 한다.
[해설] 브라인(간접 냉매)은 감열에 의하여 열을 운반하는 냉매로 브라인의 농도보다는 pH 값에 의하여 부식성 정도가 달라지는데 일반적으로 브라인의 pH는 7.5~8.2 정도가 적당하다.

5. 증발압력이 낮아졌을 때에 관한 설명 중

정답 1. ③ 2. ④ 3. ① 4. ① 5. ③

옳은 것은?
① 냉동능력이 증가한다.
② 압축기의 체적 효율이 증가한다.
③ 압축기의 토출가스 온도가 상승한다.
④ 냉매 순환량이 증가한다.

[해설] 증발압력이 낮아지면 압축비 증대로 토출가스 온도가 상승하게 된다.

6. 다음은 증발기에 관한 내용이다. 잘못 설명된 것은?
① 냉매는 증발기 속에서 습증기가 건포화증기로 변한다.
② 건식 증발기는 유회수가 용이하다.
③ 만액식 증발기는 리퀴드백을 방지하기 위해 액분리기를 설치한다.
④ 액순환식 증발기는 액펌프나 저압 수액기가 필요 없으므로 소형 냉동기에 유리하다.

[해설] 액순환식 증발기는 액펌프나 저압 수액기에 의하여 강제순환되는 방식으로 급속 동결을 요하는 장치에 많이 이용되고 있다.

7. 50 RT의 브라인 쿨러에서 입구온도 −15℃일 때 브라인의 유량은 0.5 m³/min이라면 출구의 온도는 약 몇 ℃인가? (단, 브라인의 비중은 1.27, 비열은 0.66 kcal/kg·℃, 1 RT는 3320 kcal/h이다.)
① −20.3℃　　② −21.6℃
③ −11℃　　　④ −18.3℃

[해설] 50 × 3320 kcal/h
= 500 L/min × 60 min/h × 1.27 kg/L
　× 0.66 kcal/kg·℃ × {(−15) − t}
∴ t = −21.6℃

8. 어떤 냉장고의 증발기가 냉매와 공기의 평균 온도차가 8℃로 운전되고 있다. 이때 증발기의 열통과율이 20 kcal/m²·h·℃

라고 하면 1냉동톤당 증발기의 소요 외표면적은 몇 m²인가?
① 15.03　　② 17.83
③ 20.75　　④ 23.42

[해설] $Q = K \times F \times \Delta t_m$

$F = \dfrac{Q}{K \times \Delta t_m} = \dfrac{3320\,\text{kcal/h}}{20\,\text{kcal/m}^2 \cdot \text{h} \cdot \text{℃} \times 8\text{℃}}$

$= 20.75\,\text{m}^2$

9. 제빙장치에서 두께가 29 cm인 얼음을 만드는 데 48시간이 걸렸다. 이때의 브라인 온도는 약 몇 ℃인가?
① 0℃　　　② −10℃
③ −20℃　　④ −30℃

[해설] $T = \dfrac{0.56 \times t^2}{-t_b}$

여기서, T : 결빙시간
　　　　t : 얼음의 두께
　　　　t_b : 브라인 온도

$48 = \dfrac{0.56 \times 29^2}{-t_b}$

∴ $t_b = -9.8℃ ≒ -10℃$

10. 제빙에 필요한 시간을 구하는 식으로 $\tau = (0.53 \sim 0.6)\dfrac{a^2}{-b}$과 같은 식이 사용된다. 이 식에서 a와 b가 의미하는 것은?
① a : 결빙두께, b : 브라인온도
② a : 브라인온도, b : 결빙두께
③ a : 결빙두께, b : 브라인유량
④ a : 브라인유량, b : 결빙두께

[해설] a : 얼음의 두께(cm)
　　　b : 브라인 온도(℃)
상수는 통상 0.56을 많이 사용한다.

11. 제빙장치에서 158 m³ 빙관을 사용하여 만든 얼음의 중량은 약 얼마인가?
① 약 145 kg　　② 약 175 kg

[정답] 6. ④　7. ②　8. ③　9. ②　10. ①　11. ①

③ 약 225 kg ④ 약 275 kg

[해설] 순수한 물이 0℃에서 얼게 되면 체적은 약 9 % 증가하게 된다. 그러므로 물로 변하면 (158/1.09) = 145 kg이다.

12. 제빙능력은 원료수 온도 및 브라인 온도 등의 조건에 따라서 다르다. 다음 중 제빙에 필요한 냉동능력을 구하는 데 필요한 항목으로 거리가 먼 것은?
① 온도 t_w[℃]의 제빙용 원수를 0℃까지 냉각하는데 필요한 열량
② 물의 동결 잠열에 대한 열량(79.68 kcal/kg)
③ 제빙장치 내의 발생열과 제빙용 원수의 수질 상태
④ 브라인 온도 t_1[℃] 부근까지 얼음을 냉각하는 데 필요한 열량

[해설] 제빙용 원수의 수질 상태는 얼음의 식용 또는 식품 저장용과 관계있고 냉동능력과는 무관하다.

13. 다음 중 얼음 제조 설비가 아닌 것은 어느 것인가?
① 팩 아이스 머신(pack ice machine)
② 칩 아이스 머신(chip ice machine)
③ 드라이 아이스(dry ice)
④ 튜브 아이스 머신(tube ice machine)

[해설] 소형빙의 제조 장치 종류
　(가) 팩 아이스 머신(pack ice machine)
　(나) 플레이크 아이스 머신(flake ice machine)
　(다) 튜브 아이스 머신(tube ice machine)
　(라) 칩 아이스 머신(chip ice machine)
　(마) 플레이트 아이스 머신(plate ice machine)

14. 냉동장치의 제상에 대한 설명 중 맞는 것은?
① 제상은 증발기의 성능 저하를 막기 위해 행해진다.
② 증발기에 착상이 심해지면 냉매 증발 압력은 높아진다.
③ 살수식 제상 장치에 사용되는 일반적인 수온은 50~80℃로 한다.
④ 핫가스 제상이라 함은 뜨거운 수증기를 이용하는 것이다.

[해설] 제상은 증발기 코일 표면에 부착하는 서리를 제거하여 증발기 성능을 향상시키는 것으로 대부분 고압가스 제상을 행한다. 온수 살포 제상의 경우 온수의 온도는 20℃ 정도이며 수증기를 이용하는 제상은 행하지 않는다.

15. 증발기의 착상이 냉동장치에 미치는 영향에 대한 설명 중 틀린 것은?
① 냉동능력 저하에 따른 냉장(동) 실내 온도 상승
② 증발온도 및 증발압력의 상승
③ 냉동능력당 소요동력의 증대
④ 액압축 가능성의 증대

[해설] 착상은 증발기에 서리가 부착하게 되는 현상으로 냉매와 피냉각체의 열교환이 저해되므로 증발압력이 낮아지게 된다.

16. 고온가스 제상(hot gas defrost) 방식에 대하여 설명한 것이다. 관계가 먼 것은?
① 압축기의 고온 고압가스를 이용한다.
② 소형 냉동장치에 사용하면 언제라도 정상 운전을 할 수 있다.
③ 비교적 설비하기가 용이하다.
④ 제상 소요시간이 비교적 짧다.

[해설] 고온가스 제상(hot gas defrost)은 고온의 가스를 증발기로 보내 응축잠열을 이용하여 제상하는 방법으로 비교적 용이하게 설비를 할 수 있으며 제상 소요시간도 짧으므로 경제적 운전이 가능하나 제상 시 응축된 액

[정답] 12. ③　13. ③　14. ①　15. ②　16. ②

을 다른 증발기로 보내야 하므로 정상 운전까지는 시간을 요한다.

17. 일반적으로 사용되고 있는 제상 방법이라고 할 수 없는 것은?
① 핫 가스에 의한 방법
② 전기가열기에 의한 방법
③ 운전 정지에 의한 방법
④ 액 냉매 분사에 의한 방법
[해설] ①, ②, ③항 이외에 온수 살포에 의한 방법, 브라인 분무에 의한 제상 등이 있다.

18. 냉동고내 유지온도에 따라 저압압력이 낮아지는 원인이 아닌 것은?
① 고내 공기가 냉각되므로 증발기에 서리가 두껍게 부착한다.
② 냉매가 장치에 과충전되어 있다.
③ 냉장고의 부하가 작다.
④ 냉매 액관 중에 플래시가스(flash gas)가 발생하고 있다.
[해설] 냉매 충전량이 부족하게 되면 냉매 순환량 또한 감소하게 되어 저압은 낮아지게 된다.

19. 다음 빙축열 방식에 대한 설명 중 틀린 것은?
① 제빙을 위한 냉동기 운전은 냉수 취출을 위한 운전보다 증발온도가 낮기 때문에 성능계수(COP)가 높아 20~30 % 소비동력이 감소한다.
② 냉매의 종류는 프레온 냉매를 직접 제빙부에 공급하는 직접팽창식과 냉동기에서 냉각된 브라인을 제빙부에 공급하는 브라인 방식으로 나눈다.
③ 제빙 방식은 축열조 내측 또는 외측에 얼음을 생성시키는 정적 제빙 방식과 축열조 외부에서 제빙하고 그 얼음을 축열조에 옮겨 축열하는 동적 제빙 방식으로 나눈다.
④ 빙축열조 축열용량 = 냉동기 능력 × 야간 축열 운전시간이 된다. 여기에 제빙 온도 등을 고려하여 기기를 선정한다.
[해설] 증발온도는 높게 유지하고 응축온도는 낮게 유지하는 것이 성적계수가 양호해진다.
빙축열의 장점
㈎ 잠열을 이용하므로 축열조 크기를 축소할 수 있다(수축열의 1/4~1/10).
㈏ 환수에 의한 온도 혼합, 즉 유용에너지의 감소가 거의 없다.
㈐ 열손실도 1~3 %로 작아진다.
㈑ 펌프, 팬 등의 동력비가 감소한다.
㈒ 부하측 순환회로가 폐회로가 되므로 배관 부식 문제가 해결된다.
㈓ 축열조가 작으므로 전반적으로 가격이 낮아진다.

20. 빙축열 방식이 수축열 방식에 비해 유리하다고 할 수 없는 것은?
① 축열조를 소형화할 수 있다.
② 낮은 온도를 이용할 수 있다.
③ 난방 시의 축열대응에도 적합하다.
④ 축열조의 설치장소가 자유롭다.
[해설] 빙축열은 공기와 얼음을 열교환시켜 냉방하는 것으로 난방과는 관계가 없다.

정답 17. ④ 18. ② 19. ① 20. ③

제6장 팽창밸브

1. 팽창밸브(expansion valve)

팽창밸브는 냉동 사이클에 있어서 가장 기본적인 제어기기이다. 그 목적은 고온, 고압의 액냉매를 교축작용(throttling)에 의하여 저온, 저압의 상태로 팽창시키고 동시에 증발기 부하에 따라 적정한 냉매 공급량을 유지할 수 있도록 조절하는 데 있다.

보통 팽창밸브의 호칭능력은 다음을 기준 상태로 표시하고 있다.

① **프레온 12(R-12)의 경우**
   (가) 흡입가스 온도 : 5℃
   (나) 고저압 압력차 : 4 kg/cm²

② **프레온 22(R-22)의 경우**
   (가) 흡입가스 온도 : 5℃
   (나) 고저압 압력차 : 7 kg/cm²

이러한 기준 상태 이외의 상태에 있어서의 능력(C_2)을 구하는 경우에는 다음 식에 의한다.

$$C_2 = \frac{C_1}{\left(\dfrac{P_1}{P_2}\right)^{0.5}}$$

여기서, C_1 : 기준 상태에서의 능력(냉동톤)
P_1 : 기준 상태에서의 고저압차(kg/cm²)
P_2 : 상태 변환 시의 고저압차(kg/cm²)

1-1 수동 팽창밸브

① 주로 암모니아 건식 증발기에 사용된다.
② 온도식 자동 팽창밸브를 사용하는 증발기 또는 저압측 부자밸브를 사용하는 만액식

증발기에서 고장 시를 대비하여 바이패스 팽창밸브로 사용한다.
③ 플로트 스위치와 전자밸브를 결합시킨 정액면 유량 제어장치의 팽창밸브로도 사용된다.
④ 일반적으로 스톱밸브와 동일한 형태이나 유량 침수쪽 밸브의 변화가 더욱 세밀하여 미량이라도 조절할 수 있으며, 일반적으로 1/4회전 이상은 돌리지 않는다.
⑤ 팽창밸브 개도에 따른 장치에 미치는 영향
  (가) 팽창밸브의 개도가 클 때
   - 저압 상승
   - 증발온도 상승
   - 리퀴드 백 우려
   - 심할 경우 액해머에 의해 압축기 파손 우려
  (나) 팽창밸브의 개도가 작을 때
   - 저압 저하
   - 증발온도 저하
   - 흡입가스 과열
   - 냉장 실온 상승
   - 능력당 소요동력 증대

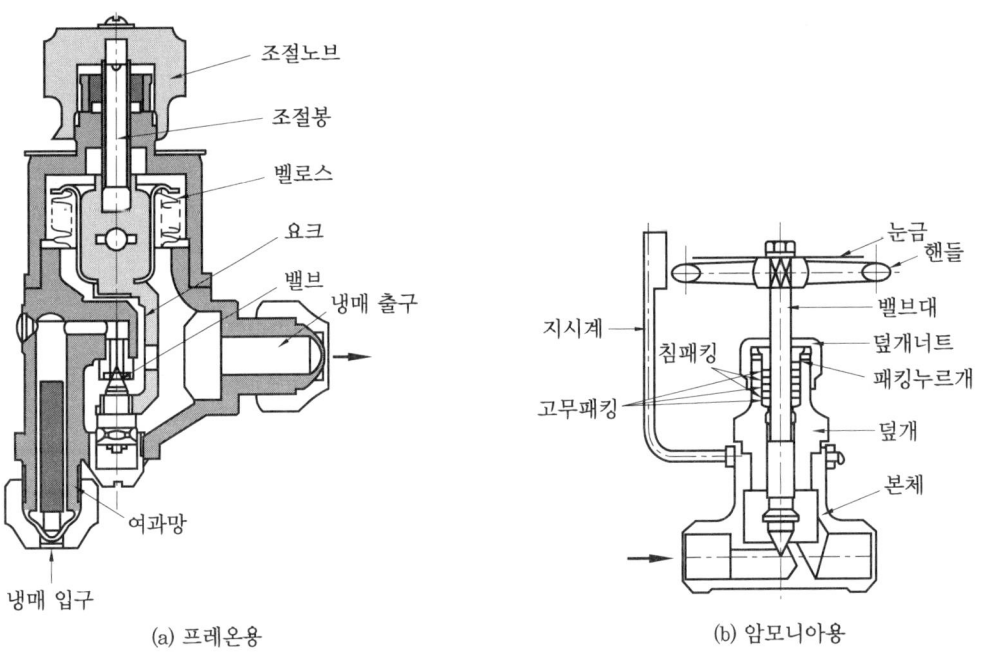

수동 팽창밸브

1-2 모세관

① 가정용 소형 냉동기와 창문형 에어컨에 사용한다(R-12).
② 건조기와 스트레이너가 반드시 필요하다.

③ 냉동기 정지 시 고저압이 밸런스되므로 기동 시 기동부하가 적게 든다.
④ 냉매 충전량이 정확해야 하며 냉매 가스도 적당한 비체적을 가져야 한다.
⑤ 모세관의 압력강하의 정도는 직경의 제곱에 반비례하고, 길이에 비례한다.
⑥ 내경 0.8~1.3 mm의 모세관을 사용한다.
⑦ 길이가 같을 때는 굵기가 가늘수록, 굵기가 같을 때는 길이가 길수록 압력강하는 크다.

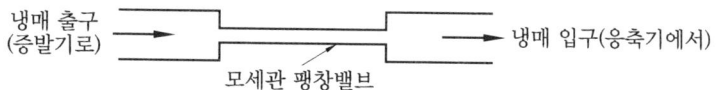

1-3 정압식 자동 팽창밸브

냉동장치 운전 초기에 밸브의 조정 압력(스프링 압력)보다 증발기 내 압력이 높으면 밸브는 닫혀 있다가 압축기가 시동되어 증발기 압력이 스프링 압력보다 낮아지면 밸브가 열리게 된다. 증발압력이 일정 이하로 내려가게 되면 밸브가 열려 냉매를 많이 공급하고 증발압력이 일정 이상 상승하면 밸브가 닫혀 냉매 공급량을 줄인다. 따라서 부하에 따른 유량 제어가 불가능하다.
① 증발기 내의 압력을 일정하게 유지시킨다.
② 냉동부하의 변동이 작을 때 또는 냉수 브라인 등의 동결방지용으로 사용된다.
③ 부하 증대에 따른 유량 제어가 불가능하다.

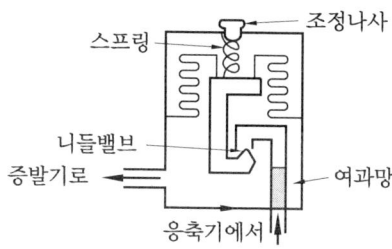

1-4 온도식 자동 팽창밸브

① 2개의 벨로스를 갖는 디트로이트(Detroit)형과 다이어프램형의 2가지가 있다.
② 주로 프레온 건식 증발기에 사용한다.
③ 증발기 출구 냉매의 과열도를 일정하게 한다.
④ 부하 변동에 따른 유량 제어가 가능하다.

⑤ 내부 균압형과 외부 균압형이 있다.

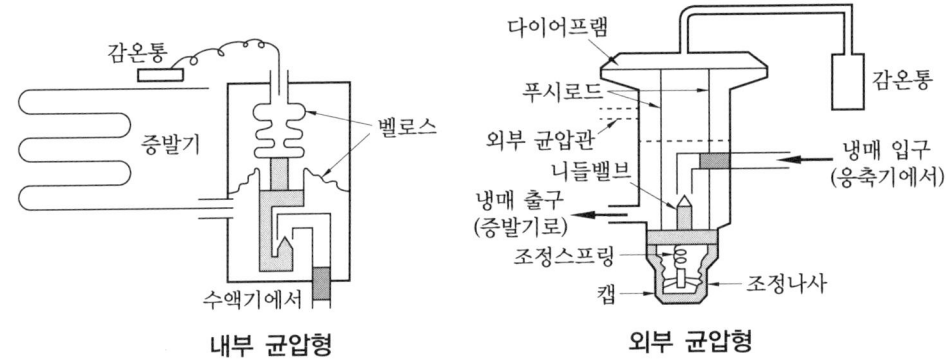

⑥ 과열도
  ㈎ 부하 변동이 작은 곳 : 3℃
  ㈏ 부하 변동이 큰 곳 : 7℃
  ㈐ 일반적인 부하 변동 : 5℃
⑦ 코일 내의 압력강하($0.14\,kg/cm^2$ 이상)가 있을 때 : 외부 균압형 사용, 코일 내의 압력강하($0.14\,kg/cm^2$ 미만)가 없을 때 : 내부 균압형 사용
⑧ 다이어프램 상부에는 감온통의 압력이 하부에는 조정스프링의 압력과 증발기 입구 압력이 걸려 있다.
⑨ 외부 균압관 : 증발기 코일 내에 압력강하($0.14\,kg/cm^2$ 이상)가 있으면 감온통 부분의 포화온도는 증발기 입구의 포화온도보다 항상 낮다. 따라서 팽창밸브를 정상으로 조정해도 팽창밸브는 적게 열리게 된다. 그러면 냉매량이 적게 공급되어 냉동능력이 감소되므로 외부 균압관을 설치하여 강하된 압력을 다이어프램 하부에 걸리게 함으로써 코일에서 발생하는 압력강하의 영향을 없애준다.
⑩ 팽창밸브 직전에 전자밸브를 설치하여 압축기 정지 시 계속 증발기 내로 유입되는 것을 방지한다.
⑪ 감온통 내의 냉매 충전
  ㈎ 가스 충전
    • 충전된 가스는 장치 내의 냉매와 동일하다.
    • 가스 충전 시 충전된 가스는 감온통 내의 온도가 일정 온도 이상이 되면 과열만 될 뿐, 압력 상승이 별로 없기 때문에 감온통 내의 최고 압력을 한정시킨다. 그러므로 증발압력을 일정 압력 이상이 되지 않게 한정시킬 수 있으며 과열도는 일정한 상태 이상은 조정이 불가능하다.
    • 감온통의 부착 위치는 항상 밸브 본체보다 온도가 낮은 곳이어야 한다(응축액화 방지).

(나) 액 충전
- 밸브 본체의 온도와 관계없이 여하한 경우에도 액이 감온통 내에 남아 있도록 충분히 충전한다.
- 부하 변동이 크더라도 과열도가 일정하게 유지된다.
- 기동 시 부하가 장시간 걸리는 것이 단점이다(압축기 정지 시 흡입관이 과열되어 밸브가 열리기 때문에).

(다) 액 크로스 충전
- 충전되는 냉매는 장치 내 사용 냉매와 다르다.
- 저온용에 적합하다.

⑫ 온도식 자동 팽창밸브의 설치

(가) 밸브 본체
- 증발기 가까운 곳에 설치한다.
- 냉매 분배기 가까운 곳에 설치한다.
- 가스 충전 팽창밸브일 때는 감온통 설치위치보다 따뜻한 곳에 설치한다.

(나) 감온통의 설치
- 증발기 출구 압축기 흡입관에 설치한다.
- 강관일 때는 알루미늄칠을 하여 녹을 방지한다.
- 흡입관 외경이 (7/8)″ 이하일 경우 : 흡입관 상부
  흡입관 외경이 (7/8)″ 이상일 경우 : 수평보다 45° 하부에 부착한다.
- 외기의 영향을 받을 때는 보온해 준다.
- 감온도를 증가시키기 위해 감온통 포켓을 설치한다.
- 여하한 경우에도 트랩에 설치하는 것은 피한다.
- 감온통 충전구가 상부로 향하게 한다.

(다) 외부 균압관의 설치
- 증발기 출구의 감온통 부착 위치 뒤에 설치한다.
- 항상 흡입관 상부에 연결한다.

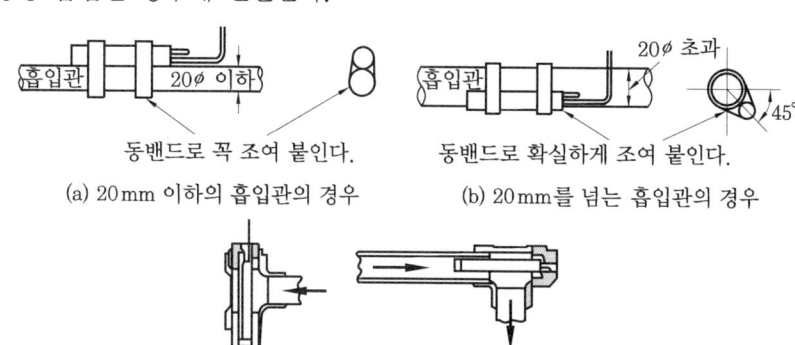

(a) 20 mm 이하의 흡입관의 경우   (b) 20 mm를 넘는 흡입관의 경우

(c) 감온통을 흡입관에 투입하는 방법

⑬ **냉매 분배기(distributor)** : 팽창밸브에서 증발기로 보낼 경우에 각 계통의 증발기에 균등량의 냉매를 흐르게 하는 데 사용된다.

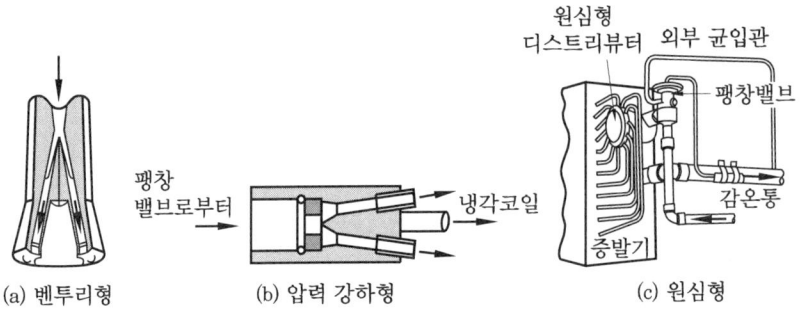

(a) 벤투리형   (b) 압력 강하형   (c) 원심형

1-5 파일럿 밸브 부 온도식 자동 팽창밸브

증발부하가 증대하면 감온통이 열을 받아 감온통 내의 가스가 팽창하여 파일럿 밸브 격막에 압력이 가해져 밸브가 열린다. 그러면 고압이 주팽창밸브의 피스톤을 눌러 주팽창밸브의 시트도 열린다.

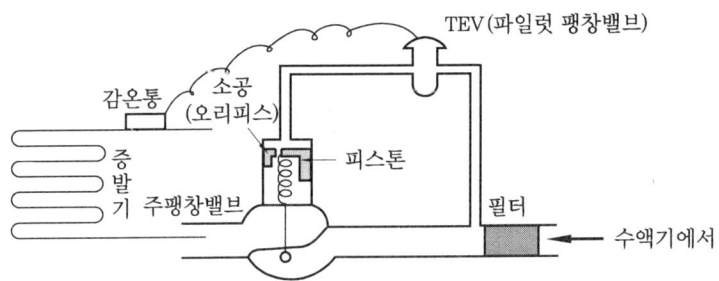

① 냉동능력 100~270 RT의 대용량에서 사용한다.
② 온도식 자동 팽창밸브의 단독 용량에는 한계가 있어 대용량이 되면 액관이 굵어지게 되므로 이 팽창밸브를 사용한다.
③ 파일럿 밸브의 개도와 비례해서 주팽창밸브가 열린다.

1-6 고압측 플로트 밸브

① 고압측 액면에 의해 작동한다.
② 부하의 변동과 관계없이 작동하므로 만액식 증발기에 사용한다.

③ 고압측 플로트 밸브를 사용했을 때 액분리기는 증발기의 25 %의 용량을 가지게 하여 리퀴드 백의 염려를 없애야 한다.
④ 응축기에서 유입되는 냉매가 플로트실에 들어가고 액면이 일정량보다 많아지면 플로트가 떠서 밸브를 개방하므로 증발기로 액이 공급되게 한다.
⑤ 밸브는 항상 액냉매 중에 잠겨 있다.
⑥ 터보 냉동기에서 주로 사용된다.
⑦ 플로트실 상부에 불응축 가스가 고이면 압력이 높아져 플로트가 뜨지 못한다. 그러면 냉매가 혼입되지 않아 증발기에 냉매 부족 현상을 초래한다. 그러나 플로트실에서 에어 퍼지(air purge) 해낼 수 없으므로 에어 퍼지 벤트(air purge vent)를 설치하여 고압측에서 퍼지(purge)하도록 한다.

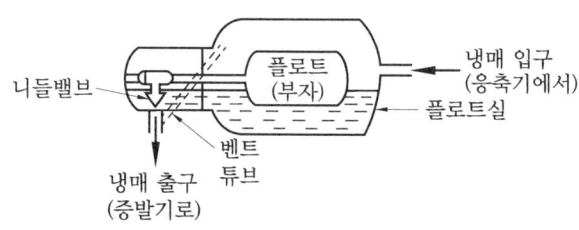

1-7 저압측 플로트 밸브

① 부하 변동에 따라 유량을 제어할 수 있다.
② 저압측에 의하여 증발기의 액면을 일정하게 유지한다.
③ 암모니아(만액식), 프레온 냉동장치에 사용한다.
④ 플로트를 직접 증발기에 띄우는 방법과 플로트실을 따로 설치해 주는 경우가 있다.
⑤ 냉매 레벨은 셸의 경우 2/3가 적당하다.
⑥ 대형에서는 파일럿 플로트 밸브가 쓰인다.
⑦ 저압 플로트 밸브의 단독 용량에는 한계가 있으므로 파일럿 플로트 밸브를 사용한다.

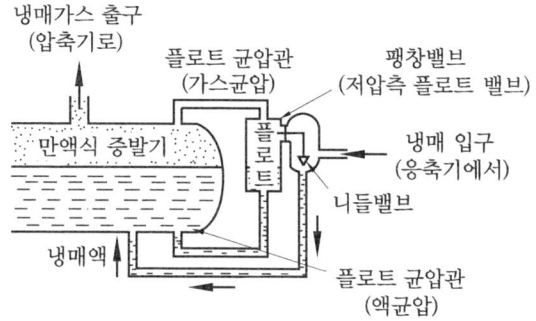

1-8 온도식 액면 제어밸브

① 15 W 정도의 히터를 감온통에 감아 액면이 내려가면 팽창밸브가 열려 액이 공급된다.
② 액이 감온통에 접속하면 감온통 속의 냉매가 냉각되어 팽창밸브가 닫힌다.

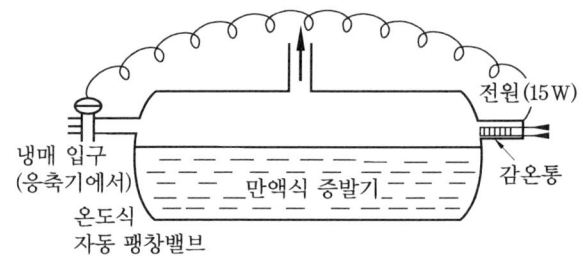

1-9 플로트 스위치

① 액면에 의해 전원이 이어지고 전자밸브가 열리게 장치한 스위치이다.
② 액 회수장치, 고단 압축에서 중간 냉각기의 전자밸브 개폐 등에 사용된다.

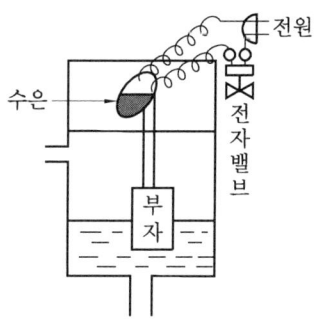

출제 예상 문제

1. 다음 중 모세관의 압력강하가 가장 큰 경우는?
① 직경이 가늘고 길수록
② 직경이 가늘고 짧을수록
③ 직경이 굵고 짧을수록
④ 직경이 굵고 길수록
해설 모세관은 관경이 0.8~1.3 mm 정도이며 관경이 가늘수록 길이가 길수록 압력강하가 증가한다.

2. 모세관의 용도 및 특징에 관한 설명 중 틀린 것은?
① 부하 변동에 따른 유량 조절이 불가능하다.
② 구조가 간단하나 기동 시 경부하 기동이 어렵다.
③ 수분이나 이물질에 의해 동결, 폐쇄의 우려가 있다.
④ 고압측에 수액기를 설치할 수 없다.
해설 냉동기 정지 시 모세관은 고저압이 밸런스가 되어 기동 시 경(무)부하 운전이 가능하다.

3. 온도식 자동 팽창밸브에 관한 설명이 잘못된 것은?
① 주로 프레온 냉동기에 사용한다.
② 온도식 자동 팽창밸브의 작동 불량 원인은 감온통이 토출관에 너무 밀착되어 있기 때문이다.
③ 부하 변동에 따라 냉매유량의 제어가 가능하다.
④ 내부 균압형과 외부 균압형이 있다.
해설 온도식 자동 팽창밸브의 감온통은 흡입관에 밀착시켜 설치한다.

4. 온도식 자동 팽창밸브의 감온통 설치 방법으로 잘못된 것은?
① 증발기 출구측 압축기로 흡입되는 곳에 설치할 것
② 흡입 관경이 20 A 이하인 경우에는 관 상부에 설치할 것
③ 외기의 영향을 받을 경우는 보온해 주거나 감온통 포켓을 설치할 것
④ 압축기 흡입관에 트랩이 있는 경우에는 트랩 부분에 부착할 것
해설 온도식 자동 팽창밸브의 감온통은 흡입 관경이 20 mm 이하인 경우 흡입관 상부에, 20 mm 이상인 경우 수평부분보다 45° 하부에 설치하며 흡입관에 트랩이 설치되어 있으면 트랩 전에 설치해야 정확히 감지할 수 있다.

5. 온도식 팽창밸브(thermostatic expansion valve)에 있어서 과열도란 무엇인가?
① 고압측 압력이 너무 높아져서 액냉매의 온도가 충분히 낮아지지 못할 때 정상 시와의 온도차
② 팽창밸브가 너무 오랫동안 작용하면 밸브 시트가 뜨겁게 되어 오동작할 때 정상 시와의 온도차
③ 흡입관 내의 냉매가스 온도와 증발기 내의 포화온도와의 온도차
④ 압축기와 증발기 속의 온도보다 1℃ 정

정답 1. ① 2. ② 3. ② 4. ④ 5. ③

도 높게 설정되어 있는 온도와의 온도차
[해설] 과열도란 압축기 흡입가스가 건조포화증기가 열을 받아 과열증기가 된 상태로 흡입가스 온도와 증발온도 차이를 말한다.

6. 다음 팽창밸브에 관한 설명 중에서 맞는 것은?
① 정압식 팽창밸브는 큰 용량에만 사용된다.
② 온도식 자동 팽창밸브는 감온통이 고온을 받으면 냉매의 유량이 증가된다.
③ 모세관은 대형 냉장고 또는 수랭식 콘덴싱 유닛 등에만 적용되고, 소형에는 적용되지 않는다.
④ 수동식 팽창밸브에는 플로트식이 있다.
[해설] 정압식 팽창밸브는 부하 변동에 따라 유량 제어가 불가능하고 증발기 내의 압력을 일정하게 유지시키며 냉수 또는 브라인 동결방지용으로 사용한다. 모세관의 경우에는 부하 변동에 따라 유량 제어가 불가능하므로 주로 소형 냉장고 등에 사용된다. 플로트(float)식은 부하 변동에 대응하여 유량 제어가 가능하며 대용량의 자동식 팽창밸브에 해당된다.

7. 냉동장치 운전 중 팽창밸브의 열림이 적을 때 발생하는 현상이 아닌 것은?
① 증발압력은 저하한다.
② 순환 냉매량은 감소한다.
③ 압축비는 감소한다.
④ 체적 효율은 저하한다.
[해설] 팽창밸브의 열림이 적을 경우 증발압력 저하로 인하여 압축비가 증가하게 되며 플래시가스 발생의 증가로 냉매 순환량이 감소하게 된다.

8. 다음 중 팽창밸브에 대한 설명으로 틀린 것은?
① 냉동부하 변동에 의해 증발기에 공급되는 냉매량을 제어한다.
② 고압측과 저압측 간의 일정 압력 차를 유지시킨다.
③ 밸브의 교축 작용 시 플래시가스가 발생한다.
④ 증발기 크기, 냉매의 종류에 따라 밸브를 달리할 필요가 없다.
[해설] 냉매의 종류와 증발기 용량에 따라 팽창밸브의 종류를 선정해야 한다.

9. 팽창밸브에 사용하는 감온통의 배관상 설치 위치에 대한 설명이 잘못된 것은?
① 증발기 출구측 흡입관의 수평부에 설치한다.
② 흡입관 관경이 20 mm 이상일 때는 중심부 수평에서 45° 상부에 설치한다.
③ 흡입관 관경이 20 mm 이하일 때는 배관 상부에 설치한다.
④ 트랩부분에는 설치하지 않는다.
[해설] 흡입관경이 20 mm 이하인 경우 흡입관 상부에, 20 mm 초과하는 경우 수평부분보다 45° 하부에 부착해야 한다.

10. 냉동장치의 전자식 팽창밸브에 대한 설명 중 틀린 것은?
① 응축압력 변화에 따른 영향을 받지 않는다.
② 응축기 출구 과냉각의 변화를 보상할 수 있다.
③ 높은 과열도를 유지하여 시스템의 효율을 높일 수 있다.
④ 센서를 사용하여 감지하고 제어함으로써 설치 위치 선정이 용이하다.

정답 6. ② 7. ③ 8. ④ 9. ② 10. ③

[해설] 전자식 팽창밸브는 높은 과열도를 유지하면 시스템 효율 자체가 저하하게 되므로 과열도는 너무 높지 않게 유지해야 한다.

11. 냉매 교축 후의 상태가 아닌 것은?
① 온도는 강하한다.
② 압력은 강하한다.
③ 엔탈피는 일정 불변이다.
④ 엔트로피는 감소한다.
[해설] 팽창밸브에서 냉매의 교축작용이 일어나는 것으로, 이때 압력과 온도는 강하하나 엔탈피는 단열변화로 간주하므로 불변이 되며 엔트로피는 증가하게 된다.

12. 증발기 내의 압력에 의해 작동하는 팽창밸브는?
① 정압식 자동 팽창밸브
② 열전식 팽창밸브
③ 모세관
④ 수동식 팽창밸브
[해설] 정압식 자동 팽창밸브 : 증발기 내에서의 증발압력을 일정하게 유지시켜 증발온도를 일정하게 유지하는 방식

13. 팽창밸브 중에서 과열도를 검출하여 냉매 유량을 제어하는 것은?
① 정압식 자동 팽창밸브
② 수동 팽창밸브
③ 온도식 자동 팽창밸브
④ 모세관
[해설] 온도식 자동 팽창밸브(TEV)는 흡입 배관에 감온통을 설치하여 과열도를 일정하게 유지하게 해주는 프레온 소형장치에서 주로 사용한다.

정답 11. ④   12. ①   13. ③

제7장 제어기기

1. 전자밸브(solenoid valve)

① 전자석을 이용하여 밸브의 개폐를 전원에서 on, off시킨다.
② 냉동장치 중 어느 곳이나 설치가 가능하다.
③ 밸브를 개폐시키는 역할은 할 수 있으나 부하에 따른 유량 조절은 불가능하다.
④ 설치 위치는 냉매의 흐름 방향과 전자밸브에 있는 화살표 방향과 일치시킨다.
⑤ 전자밸브 직전에는 될 수 있는 한 스트레이너를 설치하고 가용 전압에 주의한다.
⑥ 반드시 전자코일을 상부로 설치한다.
⑦ 소용량에서는 직동식 전자밸브를 설치하고 대용량에서는 파일럿 작동식 전자밸브를 설치한다.
⑧ 파일럿 작동식 전자밸브가 열리는 데 필요한 압력차는 $0.2\,kg/cm^2$ 정도이다.

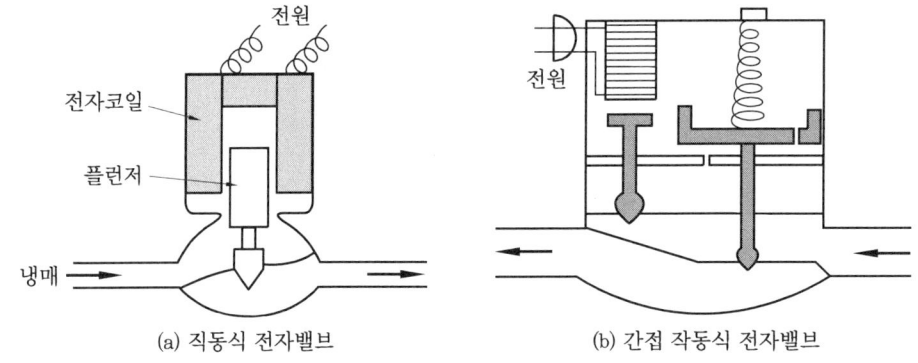

(a) 직동식 전자밸브   (b) 간접 작동식 전자밸브

2. 압력자동 급수밸브
(water regulating valve : 절수밸브)

① 압력 절수밸브와 감온통식 절수밸브가 있다.

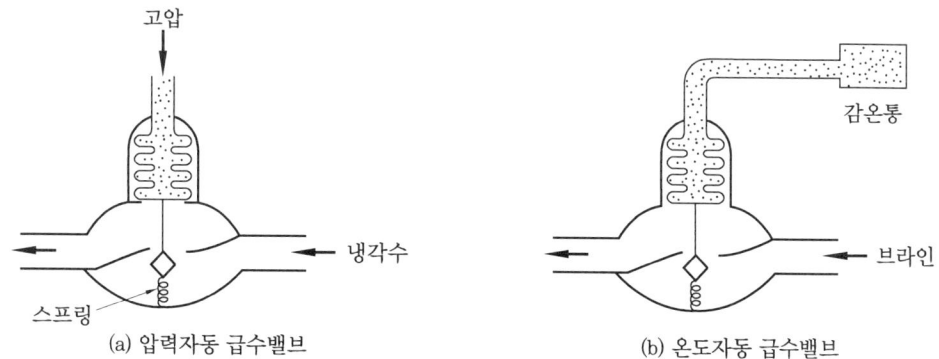

(a) 압력자동 급수밸브 (b) 온도자동 급수밸브

② **설치 위치** : 응축기 냉각수 입구
③ **작동 개요** : 압축기 토출압력의 변화에 의하여 응축기로 공급하는 냉각수량을 증감시킨다. 항상 응축압력을 일정하게 유지시켜 주며 압축기 정지와 동시에 냉각수 공급을 중단시킨다. 압축기 토출압력이 높아지면 벨로스가 줄어들면서 밸브봉을 밀어낸다. 따라서 밸브가 열리게 되고 냉각수는 응축기로 다량 넘어가게 되며 토출압력이 낮아지면 벨로스가 스프링 압력에 의해 늘어나게 되고 밸브는 닫혀 항상 응축압력을 일정하게 해준다.

3. 증발압력 조정밸브
(Evaporator Pressure Regulator : EPR)

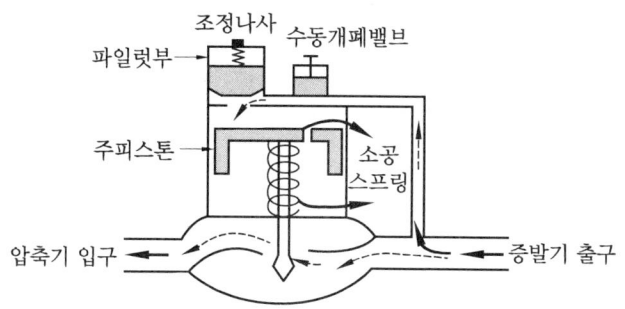

① 증발압력이 일정 이하가 되는 것을 방지한다.
② 압축기 흡입관에 설치하며 밸브 입구의 압력에 의해서 작동한다.
③ 냉수 브라인의 동결 방지용으로 사용한다.
④ 고압가스 제상 시 응축기의 압력 제어로 응축기 냉각수의 동결 방지에도 사용한다.
⑤ 한 대의 압축기로 유지온도가 다른 여러 대의 증발기를 사용할 경우 증발압력이 높은 곳에 EPR을 설치하고 제일 낮은 곳에는 체크밸브를 설치한다.

⑥ 냉장실온이 소정 온도 이하가 되면 좋지 않은 경우에 설치한다.
⑦ 냉장실 내가 과도하게 제습되는 것을 방지할 때 사용한다.

4. 흡입압력 조정밸브
(Suction Pressure Regulator : SPR)

① 흡입압력이 일정 이상이 되는 것을 방지한다.
② 흡입관에 설치하며 밸브 출구의 압력에 의해 작동한다.
③ 흡입압력의 변동이 많은 경우에 사용한다.
④ 저전압에서 높은 흡입력으로 기동 시 사용한다.
⑤ 고압가스 제상으로 흡입압력이 높을 때 사용한다.
⑥ 흡입압력이 과도하게 높아 리퀴드 백이 일어날 경우에 사용한다.

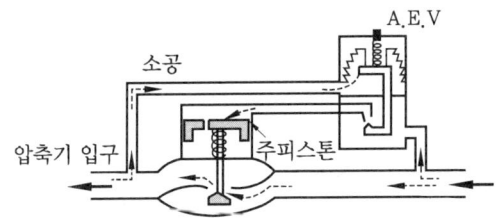

⑦ 작동 개요
  ㈎ 벨로스 하부에 흡입압력이 유도된다.
  ㈏ 흡입압력이 상부의 스프링 압력보다 낮아지면 밸브시트가 열린다.
  ㈐ 흡입압력이 피스톤 상부까지 유도된다.
  ㈑ 압력차에 의해 피스톤이 하향으로 움직여 밸브가 열린다.
  ㈒ 흡입압력이 일정 압력보다 높을 때 밸브시트가 닫혀 흡입압력이 피스톤 상부에 작용하게 되므로 밸브가 닫힌다.

5. 고압 차단 스위치
(high pressure cut out switch)

① 응축압력이 일정 압력 이상이 되면 작동하여 압축기용 전동기의 접점을 차단하므로 압축기를 정지시킨다.

② 압축기 안전장치의 일종이다.
③ 작동압력(cut out)은 통상적으로 정상고압 + 4 kg/cm^{2}이다.
④ 고압 차단 스위치는 차압(differential)이 없는 것이 많으며, 리셋 버튼이 있어 수동 복귀형이다.
⑤ **인출위치** : 압축기 1대일 경우 토출밸브와 체크밸브 사이, 압축기가 여러 대일 경우 공통 토출가스 헤더에 설치한다.

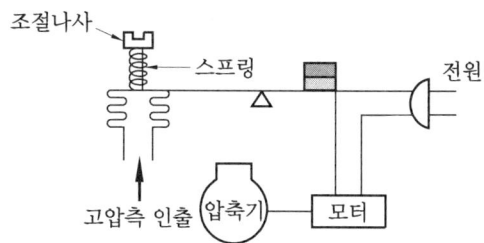

6. 저압 차단 스위치(low pressure cut out switch)

① **압축기 정지용** : 저압이 일정 이하가 되면 접점이 차단 압축기를 정지시킨다.

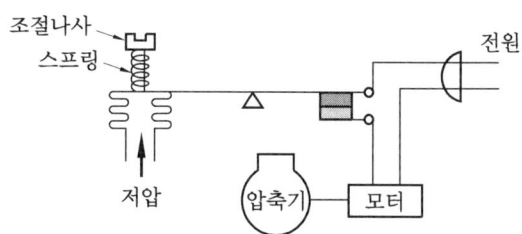

② **언로더용** : 저압이 일정 이하가 되면 접점이 붙어 언로더용 전자밸브가 작동하여 언로더 상태로 된다. 일종의 용량 제어장치이며 압축기 보호장치이다.

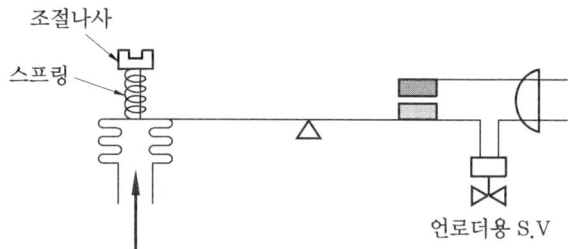

③ 압축기 정지용 LPS의 차압이 너무 작으면 압축기 발정이 심하고 너무 크면 정지시간이 길어져 소정의 냉동목적을 달성하기 힘들게 된다.
④ cut in, cut out형과 차압형 두 가지가 있다.

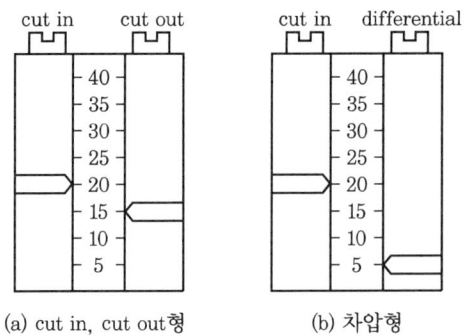

(a) cut in, cut out형   (b) 차압형

7. 고저압 차단 스위치
(dual pressure cut out switch)

① 고압이 일정 이상으로 되거나 저압이 일정 이하로 되면 압축기용 모터를 정지시킨다.
② 고압 차단 스위치와 저압 차단 스위치가 그림과 같이 내장되어 있다.
③ 고압과 저압이 정상일 때는 전류가 5→A→4→2→B→1로 흐른다.
④ 고압이 높아지면 B가 떨어지고 C가 붙음으로 전류는 5→A→4→2→C→3으로 흘러서 경보기가 작동한다.
⑤ 저압이 낮아지면 A가 떨어진다.

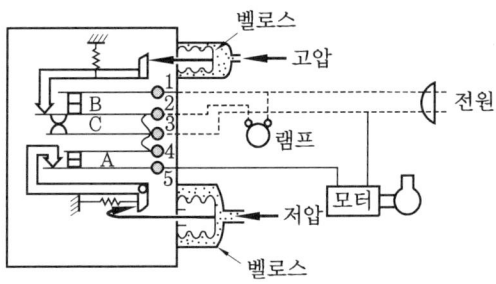

8. 유압 보호 스위치(OPS)

① 20 HP 이상의 강제 윤활방식을 채택하는 압축기에서 유압이 일정 압력 이하가 되어 일정 시간(60~90초)이 지나면 작동하여 전기적인 접점을 차단시키므로 압축기를 정지시켜 윤활 불량에 의한 압축기 소손을 방지한다.
② OPS가 작동하여 압축기가 정지한 후 재기동시킬 경우는 리셋 버튼을 눌러주어야 하는 수동 복귀형이다.

③ 바이메탈식과 가스통식이 있다.

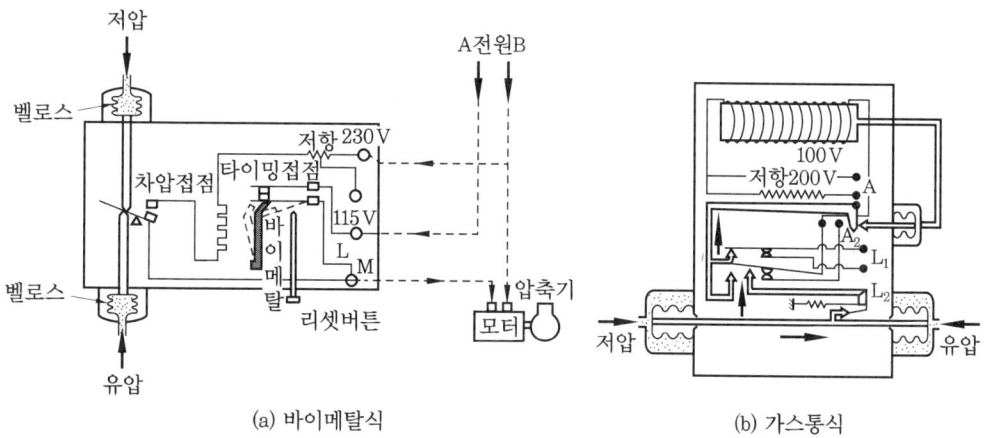

(a) 바이메탈식   (b) 가스통식

㈎ 유압이 정상일 때 A전류는 A→L→타이밍 접점→M→모터로 흐른다.
㈏ 유압이 일정 이하로 낮아지면 차압 접점이 붙어서 A전류가 A→L→타이밍 접점→M→차압 접점→히터로 흘러 히터에 열이 발생하고 60~90초 후 바이메탈이 점선과 같이 구부러져 타이밍 접점이 떨어지므로 모터가 정지한다.

9. 온도 조절기(thermostat)

① **역할** : 온도의 변화를 검출하여 전기적인 접점을 on, off시킨다.
② **바이메탈식** : 온도 변화를 바이메탈이 검지하여 그의 반곡작용으로 전기적인 접점을 on, off시킨다.

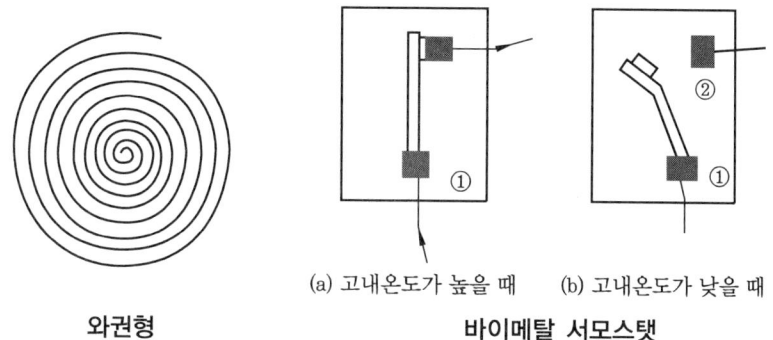

　　　　　　　　　(a) 고내온도가 높을 때　(b) 고내온도가 낮을 때
와권형　　　　　　　　**바이메탈 서모스탯**

㈎ 와권형 : 룸 서모스탯(room thermostat)으로 많이 사용하며, 보통 수은 스위치와 겸용으로 사용한다.
㈏ 원판형 : 원판 전체가 바이메탈로 되어 디스크의 반곡작용으로 접점을 개폐시키는 것이며 바이메탈에 전류가 흐른다.
㈐ 평판형 : 온도 조절기로는 드문 예이나 모터 권선 조온기로 사용한다.

③ **증기압력식** : 가장 일반적으로 많이 사용하는 방법으로 감온통을 온도 진출단에 접합하여 감온통 내의 가스의 팽창수축작용을 이용하여 전기적인 접점을 개폐시킨다.

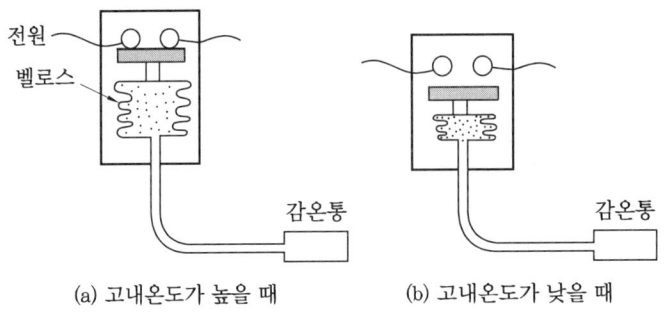

증기압력식 서모스탯

④ **전기저항식** : 온도 변화에 따라 전기적인 저항이 증감하는 성질을 이용하여 전기적인 접점을 개폐시킨다. 주로 정밀한 온도 제어를 요하는 공기조화장치에 사용한다.

10. 습도 스위치

① 공기 중에 함유된 습도의 다소에 따라 신축하는 모발이나 나일론 리본에 의하여 전기 접점을 개폐시키는 스위치이다. 주로 공조장치에 사용되고 측정 가능 범위는 상대습도 20~96 % 정도이며, 절대습도 2 % 정도이다.
② 설치 시 특별한 온도 조건이나 부식성이 많은 곳을 피하고 평균온도를 검출할 수 있는 곳에서 바닥으로부터 1.5 m 정도 위치에 설치한다.

11. 단수 릴레이(water breaking relay)

① **역할** : 냉동장치의 브라인 쿨러나 수냉각기에서 브라인이나 냉수의 유량이 감수되거나 단수되었을 때 동파의 위험이 있게 되고 또 수랭 응축기에서 냉각수 유량이 단수 또는 감수되면 이상 고압 원인이 되므로 이를 방지하기 위해 설치한다.
② **설치 위치** : 냉수 또는 브라인 배관 입구

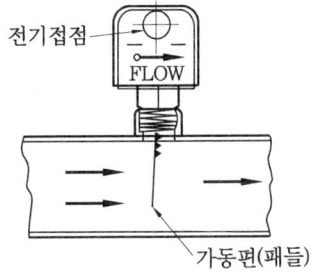

③ 종류
    ㈎ 플로(flow) 스위치
    ㈏ 차압 스위치
④ 설치 시 주의사항
    ㈎ 스위치의 화살표 방향과 유체 흐름 방향을 일치시킨다.
    ㈏ 가동편이 흐름에 직각으로 설치되어야 한다.
⑤ 최고 압력 7 kg/cm^2, 최고 온도 150℃

12. 안전밸브(safety valve)

① **역할** : 압축기 및 압력용기에 이상 고압이 발생하였을 때 작동하여 가스를 대기나 저압측으로 방출하므로 이상 고압에 의한 위해를 방지한다.
② **종류** : 대기 방출형, 압축기 내장형, 저압부 방출형
③ **안전밸브 구경**
    ㈎ 압축기 안전밸브

$$d_1 = C_1\sqrt{V}$$

여기서, d_1 : 압축기 안전밸브 구경(mm)
        V : 피스톤 압출량(m^3/h)
        C_1 : 정수
            NH$_3$: 0.9, R-500 : 1.5
            R-12 : 1.5, R-502 : 1.9
            R-22 : 1.6, R-114 : 1.4

    ㈏ 압력용기 안전밸브

$$d_2 = C_2\sqrt{DL}$$

여기서, d_2 : 압력용기 안전밸브 구경(mm)
        D : 압력용기 외경(m)
        L : 압력용기 길이(m)
        C_2 : 정수

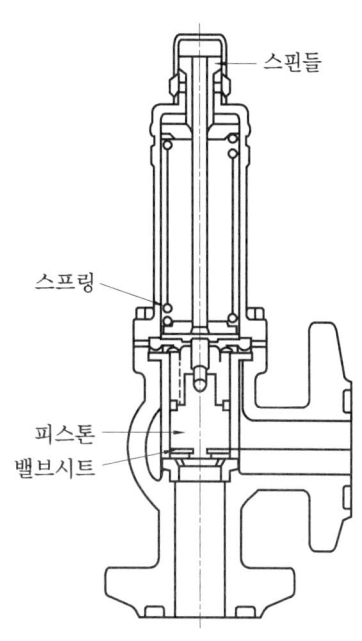

스프링식 안전밸브

냉매 종류	저압부	고압부	냉매 종류	저압부	고압부
NH$_3$	8	11	R-500	9	11
R-12	9	11	R-502	8	11
R-22	8	11	R-114	19	19

13. 가용전(fusible plug)

프레온용 수액기나 냉매용기에 설치하여 불의의 사고(화재) 시 수액기나 용기 등이 폭발하는 것을 방지한다.
① **구성 요소** : Cd(카드뮴), Bi(비스무트), Pb(납), Sn(주석), Sb(안티몬)
② **용융 온도** : 75℃ 이하(68~75℃)
③ **설치 위치** : 토출가스의 영향을 직접적으로 받지 않는 곳으로 응축기나 수액기 상부에 설치한다.
④ 가용전 구경은 최소 안전밸브 구경의 $\frac{1}{2}$ 이상일 것
⑤ 암모니아 냉매에는 가용전이 침식당하므로 사용하지 않는다.

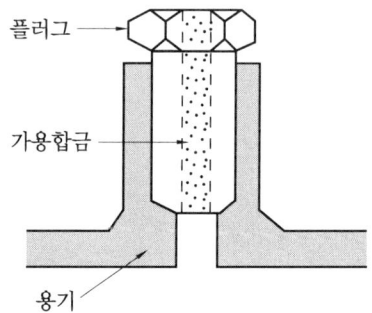

14. 파열판

① **역할** : 터보 냉동기 저압부의 안전장치로 이상 고압 시 작동하여 냉매를 분출한다.
② **파열판 선정 시 주의사항**
　(가) 정상운전 압력과 파열압력
　(나) 정상운전 온도
　(다) 정압인가, 맥동압인가
　(라) 냉매의 종류
　(마) 대기압 이상인가, 진공압인가
　(바) 구경의 크기

출제 예상 문제

1. 응축기와 팽창밸브 사이에 설치되는 기기 순서는?
① 응축기 → 사이트 글라스 → 제습기 → 전자밸브 → 팽창밸브
② 응축기 → 제습기 → 사이트 글라스 → 전자밸브 → 팽창밸브
③ 응축기 → 전자밸브 → 제습기 → 사이트 글라스 → 팽창밸브
④ 응축기 → 제습기 → 전자밸브 → 사이트 글라스 → 팽창밸브

[해설] 냉매 봉입량의 과충전을 방지하기 위해 냉매 액관 중 사이트 글라스를 설치한다.

2. 증발압력 조정밸브에 대한 설명 중 틀린 것은?
① 증발기 내 냉매의 증발압력을 일정 압력 이상이 되게 한다.
② 증발기 내의 압력을 일정 압력 이하가 되지 않게 한다.
③ 밸브 입구의 압력으로 작동한다.
④ 1대의 압축기로 증발온도가 다른 여러 대의 증발기를 유지할 때 설치한다.

[해설] 증발압력 조정밸브는 증발기에서 압축기에 이르는 흡입배관에 설치한다. 증발압력 조정밸브는 증발기 내의 증발압력이 소정의 압력 이하가 되는 것을 방지한다.

3. 흡입압력 조정밸브에 관한 사항 중 옳은 것은?
① 냉각부하가 감소하여도 흡입압력이 일정 압력보다 저하하지 않도록 흡입관에 부착한다.
② 증발압력 조정밸브와 같은 것이며 증발기 가까이 설치하면 EPR이라 한다.
③ 흡입압력이 저하하면 열리기 시작하고 상승하면 닫히기 시작하여 압축기용 전동기의 과부하를 방지하는 데 사용한다.
④ 고압가스 제상과는 관계없다.

[해설] 흡입압력 조정밸브는 증발기와 압축기의 흡입관 도중에 설치하여 압축기의 흡입압력이 소정 압력 이상으로 운전되지 않도록 조절하는 것이다.

4. 다음 중 흡입압력 조정밸브에 대한 설명으로 틀린 것은?
① 저전압에서 높은 압력으로 운전될 때 사용된다.
② 흡입압력이 일정 압력 이하가 되는 것을 방지한다.
③ 급격한 부하의 증대로 인하여 리퀴드 백의 우려가 있을 때 설치한다.
④ 고압가스 제상장치가 있으면 설치한다.

[해설] 문제 3번 해설 참조

5. 증발압력 조정밸브(EPR)는 밸브의 어느 압력에 의해 작동하는가?
① 어느 압력이라도 관계없다.
② 밸브 중간 압력
③ 밸브 출구측 압력
④ 밸브 입구측 압력

[해설] 흡입압력 조정밸브는 밸브 출구 압력에 의해 작동한다.

정답 1. ①　2. ①　3. ③　4. ②　5. ④

6. 다음 중 가용전의 역할은 어느 것인가?
① 토출가스 과열에 의한 압축기 파손 방지
② 과열로 인한 이상 고압에 따른 응축기 파손 방지
③ 유분리에서 이상 과열에 의한 윤활유 열화 방지
④ 증발기에서 냉매가 증발하는 온도의 상승 방지

[해설] 가용전은 고압 상승 시 응축기 파손을 막는 안전장치의 일종으로 주로 프레온용 응축기, 수액기에 안전밸브 대신 사용하며 용융온도는 75℃ 이하로 되어 있다.

7. 가용전의 구성요소가 아닌 것은?
① Sn(주석)   ② Cd(카드뮴)
③ Bi(비스무트)   ④ Cu(구리)

[해설] 가용전은 냉매액과 증기가 공존하고 있는 부분에 설치하여 불의사고 시 일정한 온도에서 녹아 고압가스를 외기로 방출함으로써 이상 고압에 의한 장치 폭발을 방지한다.

8. 파열판이 주로 사용되는 곳은?
① 터보 냉동기 저압측
② 고속다기통 크랭크 케이스
③ 암모니아 만액식 증발기
④ 프레온 냉동기 저압측

[해설] 터보 냉동기는 운전 중 또는 정지 중에도 냉매가 저압측에 모여 있다.

9. 냉동장치 설치 후 제일 먼저 행하여야 하는 시험은?
① 내압시험   ② 기밀시험
③ 진공방치시험   ④ 냉각시험

[해설] 냉동장치 시험 순서 : 내압 → 기밀 → 누설 → 진공방치 → 충전 → 냉각 → 방열 → 해방 순이나 설치 후 제일 먼저 행하는 시험은 누설시험이다. 누설시험이 없으면 진공시험으로 한다.

10. 안전설비를 하기 위하여 냉동배관 이외의 부분에 행하는 시험 중 옳은 것은?
① 냉동기 제작상 내압시험을 하지 않아도 된다.
② 기밀시험에 합격하여 내압시험을 생략해도 된다.
③ 프레온에서 내압시험 시 물을 사용하지 않는 것은 건조가 곤란하기 때문이다.
④ 내압시험 시 사용되는 가스는 공기, 질소 등이다.

[해설] 내압시험은 압축기, 압력용기, 밸브 등 냉동장치의 배관을 제외한 구성기기의 개별적인 것에 대하여 실시하는 시험으로 피시험품에 액체(물, 작동유 등)를 채우고 공기를 완전하게 배제한 다음, 액압을 서서히 가하면서 피시험품의 각부에 이상이 없는 것을 확인하는 것이다.

11. 냉동장치에 열교환기를 설치하는 주요 이유로서 아래 사항 중 맞는 것은?
① 흡입가스를 냉각시켜 실린더의 소손을 방지한다.
② 압축기로 냉매액의 흡입을 방지한다.
③ 액을 냉각시켜 그 중에 포함되어 있는 수분을 동결 제거한다.
④ 고압 응축액을 과냉각시켜 냉동능력을 감소시킨다.

[해설] 열교환기를 설치함으로써 냉매액을 과냉시켜 냉동능력을 증대시키고 흡입가스에 과열도를 주어 성적계수를 증대시키며 리퀴드 백도 방지한다.

12. 냉동장치에 사용되는 자동제어기기에 관한 사항 중 옳은 것은?
① 전자밸브는 전류를 많이 흐르게 하면 흐르는 냉매량도 많게 할 수 있다.
② 유압 보호 스위치는 유압이 내려간 경

정답 6. ② 7. ④ 8. ① 9. ③ 10. ③ 11. ② 12. ③

우 유압을 올리기 위한 스위치이다.
③ 고압 스위치는 토출압력이 이상 고압이 되었을 때 작동한다.
④ 냉장고 등의 온도 조절용 T.C는 온도가 일정 이상 올라간 것을 내려주기 위한 장치이다.

[해설] 전자밸브는 전류가 통하면 밸브를 열어주며 전류가 통하지 않으면 밸브를 닫는 단순한 밸브 개폐만 하고 유압 보호 스위치는 유압이 일정 이하가 되면 모터를 정지시킨다.

13. 절수밸브를 사용하는 경우는?
① 냉각수 펌프로서 왕복동 펌프 사용
② 수압이 낮을 때
③ 냉각수 분배 균등
④ 일반적인 대형 에어컨디셔너

[해설] 절수밸브는 응축부하 변동에 따라 냉각수량을 조절한다.

14. 다음은 전자밸브의 응용에 대한 설명이다. 틀린 것은?
① 냉동기의 용량 조절 장치에 사용한다.
② 리퀴드 백 및 액관 조정 장치용으로 사용된다.
③ 냉동기의 온도 조절용으로 사용된다.
④ 프레온 만액식 유회수 장치에 사용된다.

[해설] 온도 조절은 T.C에 의해 작동된다.

15. 전자밸브를 작동시키는 것은?
① 흐르는 전류에 의한 자기작용이다.
② 철심인 영구자석의 힘이다.
③ 흐르는 냉매의 압력이다.
④ 전자밸브 내의 소형전동기 작용이다.

[해설] 전자밸브는 전기가 통하면 열리고, 안 통하면 닫히는 밸브 개폐만 한다.

16. 냉동장치 설치 공사 후에 시행하는 시험에 대해 다음 설명 중 틀린 것은?
① 진공방치시험은 누설을 시험하기 위해 행한다.
② 진공 건조작업은 진공펌프로써 행한다.
③ 누설시험은 상용압력의 0.8배의 압력으로 행한다.
④ 프레온 냉동장치의 누설시험에는 탄산가스를 사용할 수 있다.

[해설] 내압시험 압력은 최소 누설시험 압력의 $\frac{15}{8}$배 이상, 기밀시험 압력은 최소 누설시험 압력의 $\frac{5}{4}$배 이상으로 한다.

17. 다음은 안전장치에 대한 설명이다. 맞는 것은?
① 안전장치에서 가장 많이 사용되는 것은 중추식이다.
② 안전밸브 전에는 스톱밸브를 설치하지 않아도 된다.
③ 안전밸브의 수리 시 스톱밸브는 닫아둔다.
④ 안전밸브의 스톱밸브는 항상 닫아 둔다.

[해설] 안전밸브는 스프링식 안전밸브가 가장 많이 사용되며 안전밸브 전의 스톱밸브는 수리 시 이외에는 항상 열어둔다.

18. 고압 차단 스위치가 하는 역할은?
① 이상 고압이 되었을 때 주회로를 차단하여 압축기를 정지시킨다.
② 증발기 내의 이상 고압을 방지하기 위한 것이다.
③ 응축기의 고압 상승을 방지하여 냉각수 펌프의 모터를 차단, 정지시킨다.
④ 수액기 내부의 이상 고압 상승을 방지하기 위하여 설치된 안전장치이다.

[해설] ③ 단수 릴레이에 대한 설명이다.

정답 13. ③ 14. ③ 15. ① 16. ③ 17. ③ 18. ①

제8장 기타기기

1. 수액기(liquid receiver)

① 응축기에서 응축한 액을 일시 저장하여 증발기 내의 소요 냉매량을 팽창밸브로 공급한다.
② 수액기가 2기 이상이며 직경이 서로 다를 때는 수액기의 상단을 일치시킨다(액봉으로 인한 피해를 받지 않기 위하여).
③ 액면계의 파손을 방지하기 위하여 금속제 커버를 만들게 되어 있으며 수액기와 접속되는 앵글밸브는 볼 타입(ball type) 앵글밸브가 있다.
④ 균압관은 충분히 굵은 것을 사용해야 하며 균압관에 에어 퍼지를 설치한다.

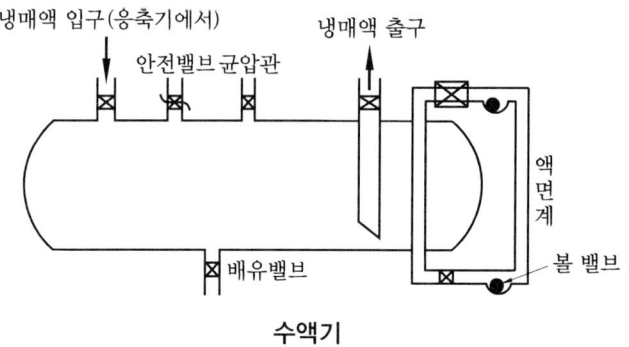

수액기

(1) 수액기 설치 시 주의사항

① 수액기에 직사광선을 쬐이지 말 것
② 수액기에 액을 3/4 이상 만액시키지 말 것
③ 화기를 엄금할 것
④ 안전밸브의 원밸브를 항상 열어둘 것(작동 중)
⑤ 균압관의 크기가 작지 않을 것
⑥ 용접 계수 부분에는 배관이나 기타기기를 접속하지 말 것

⑦ 인접한 용접부의 상호 거리가 판 두께의 10배 이상 떨어져 있을 것

> **참고** ① 액면은 부하에 따라 변한다.
> ② 수액기나 응축기 안전밸브의 작동 압력은 압축기 안전밸브와 같으나 운전 중 작동하는 일은 거의 없다.
> ③ 안전밸브는 불의의 사고(화재)에 대비하여 설치한다.
> ④ 안전밸브 대신 가용전을 사용하기도 한다(Freon).
>   (가) 가용전 : 주석(Sn), 카드뮴(Cd), 비스무트(Bi) = 창연, 납(Pb), 안티몬(Sb)
>   (나) 용융 온도 : 75℃ 이하에서 용융될 것
>   (다) 최소 구경 : 안전밸브 구경의 1/2 이상
>   (라) 설치 위치 : 압축기 토출가스의 영향을 받지 않는 곳
> ⑤ 수액기의 위치 : 응축기보다 낮은 곳에 설치해야 한다.

(2) 수액기 동판과 경판 두께의 관계

(R : 곡률 반경, D : 수액기 직경)
① $R = D$ 일 때 : 경판과 동판의 두께를 같게 한다.
② $R > D$ 일 때 : 경판을 동판의 두께보다 두껍게 해준다.
③ $R < D$ 일 때 : 경판을 동판의 두께보다 얇게 해준다.

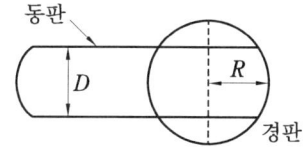

2. 유분리기

① 유분리기 종류는 원심 분리형, 가스 충돌형, 자연 낙하형의 3종류가 있다.
② 압축기에서 토출가스에 섞여 나가는 윤활유가 응축기 및 증발기에 들어가 전열을 나쁘게 하는 것을 방지하기 위해서 응축기와 압축기 사이에 설치한다.
③ NH_3는 응축기 가까이에, 프레온은 압축기 가까이에 설치한다. 즉, 냉매 가스가 응축이 안 되고 윤활유가 쉽게 분리될 수 있는 곳에 설치한다(NH_3는 압축기와 응축기의 1/4 위치, 프레온은 3/4 위치).
④ NH_3는 윤활유가 탄화하므로 배유시키지만 프레온 냉동기에서는 윤활유가 탄화하지 않으므로 크랭크 케이스 내로 반유시킨다.
⑤ NH_3 유분리기에서 분리된 윤활유는 일단 유류에 저장하여 NH_3 가스는 흡입관으로 보내고 윤활유는 배유시킨다.

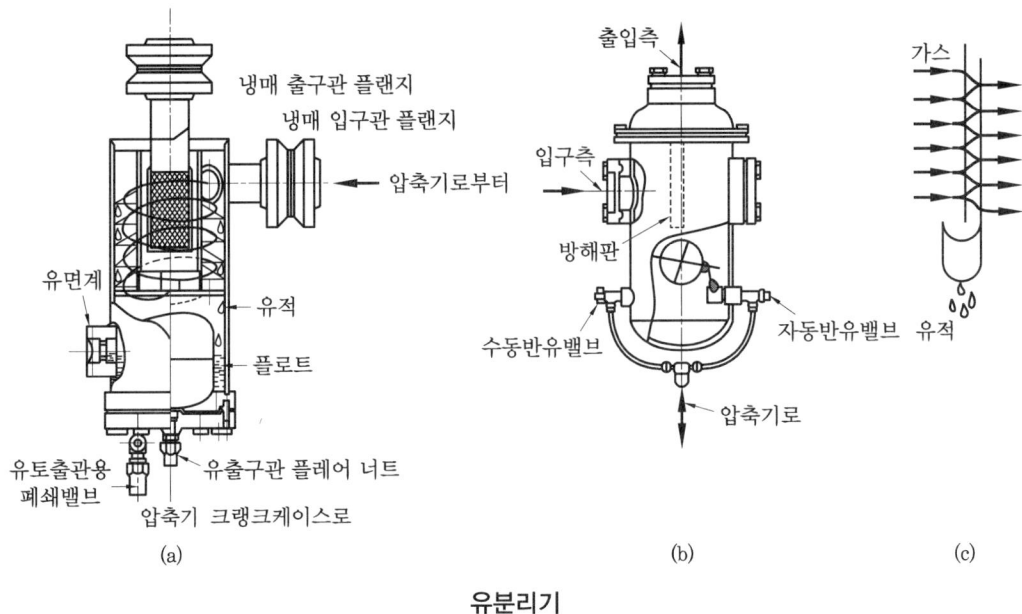

유분리기

(1) 유분리 방법

① 원통 내에 선회판을 붙여 가스에 회전 운동을 줌으로써 오일 미립자를 원심 분리시킨다.
② 용기 내에 가스를 도입하여 방해판에 의해서 방향을 변화시키고 이때 충돌에 의하여 기름 방울이 판에 부착하는 작용을 이용하여 분리시킨다.
③ 토출가스를 비교적 큰 용기 내로 도입해서 가스의 속도를 늦게 하여 비교적 무거운 기름 방울을 분리시킨다.

(2) 프레온 냉동기에서 유분리기를 부착하는 예

① 만액식 증발기를 사용하는 경우
② 상당히 다량의 기름이 토출가스에 혼입되는 것으로 생각되는 경우
③ 토출가스 배관이 길어지는 경우
④ 증발온도가 낮은 경우

3. 여과기(strainer or filter)

(1) 설치 목적

① 냉매나 윤활유 중에 이물질이 혼입되어 제어밸브를 폐쇄하는 것을 방지한다.
② 압축기의 밸브, 축수, 피스톤 등을 소손하는 원인이 되므로 설치한다.

(2) 형태

여과기의 형태에는 Y형과 L형이 있다.

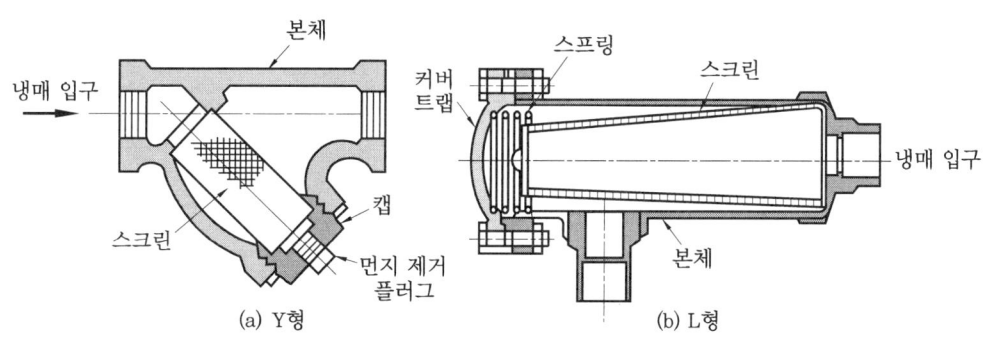

여과기의 형태

(3) 규격

① 메시(mesh) : 1인치당 들어 있는 구멍 수
② 액관 : 80~100 mesh
③ 가스관 : 40~100 mesh
④ 여과기는 냉매의 유통 저항을 작게 하기 위하여 충분한 것으로 선정한다.

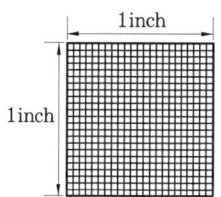

> **참고** 장치 내에 여과기가 부착되는 곳
> ① 흡입측　　　　　　　　② 팽창밸브 직전
> ③ 액관　　　　　　　　　④ 크랭크 케이스내 오일 입구
> ⑤ 오일 펌프 후 퀴노 필터　⑥ 드라이어 내부

4. 냉매 건조기(dryer)

(1) 설치 목적 및 설치 위치

① 설치 목적 : 프레온 냉동 장치에서 수분 침입 시 미치는 악영향을 제거해 주기 위해 팽창밸브 직전의 액관에 설치한다.

② 설치 위치

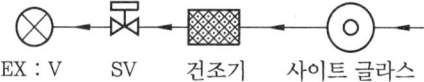

(2) 건조기의 종류

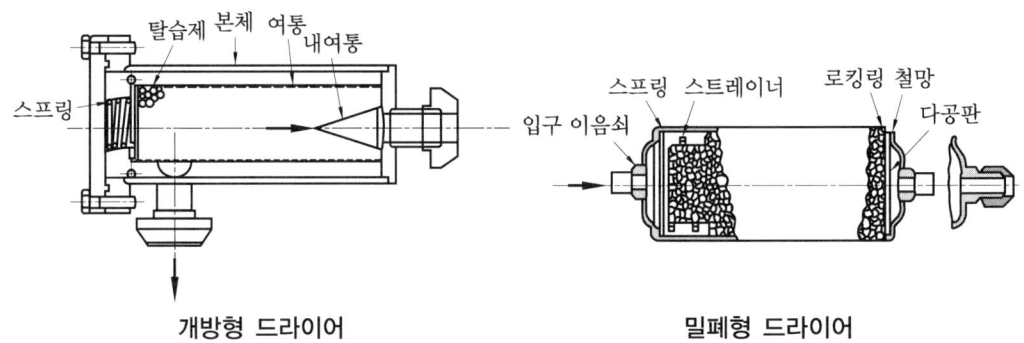

개방형 드라이어   밀폐형 드라이어

건조제의 종류와 성상

성분		실리카겔 ($SiO_2 n H_2O$)	알루미나겔 ($Al_2O_3 n H_2O$)	S/V 소바비드 (규소의 일종)	몰레큘러시브스 합성제올라이트
외관	흡착 전	무색 반투명 가스질	백색	반투명 구상	미립 결정체
	흡착 후				
독성, 연소성, 위험성		없음	없음	없음	없음
미각		무미, 무취	무미, 무취	무미, 무취	무미, 무취
건조강도 (공기 중의 성분)		A형 0.3 mg/L B형은 A형보다 약함	실리카겔과 같음	실리카겔과 같음	실리카겔보다 큼
포화흡온량		A형 약 40 % B형 약 80 %	실리카겔보다 적음	실리카겔과 대략 같음	실리카겔보다 많음
건조제 충진 용기		용기의 재질에 제한 없음	실리카겔과 같음	실리카겔과 같음	실리카겔과 같음
재생		약 150~200℃로 1~2시간 가열하여 재생 후 성질의 변화 없음	대체적으로 실리카겔과 같음	200℃로 8시간 내에 재생할 것	가열에 의해 재생 용이 약 200~250℃
수명		반영구적	반영구적	반영구적	반영구적
잘못하여 제품과 섞은 경우		제품과 작용치 않음(분리 가능)	실리카겔과 같음	실리카겔과 같음	실리카겔과 같음

㈜ 소형 냉동기에는 일반적으로 실리카겔이 사용되며 대형에는 알루미나가 사용된다. 건조제가 수분을 많이 흡수하면 작은 분말로 변하여 팽창밸브 직전의 여과망을 막아 버리는 경향이 있다.

(3) 수분 침입의 원인

① 외기의 침입
② 공기에 의한 압력 시험 후 진공 불충분 시

③ 냉매나 윤활유 충전 시 부주의
④ 정비상의 부주의(제작 시 R-12의 경우 0.0025 % 이하의 수분 허용)
⑤ 개방형의 경우 극도의 진공 운전
⑥ 수분이 섞인 냉매나 오일 충전 시

(4) 수분 침입의 영향

① 프레온
　(가) 팽창밸브 동결　　　　(나) 장치 부식
　(다) 흡입 압력 저하　　　　(라) 동부착 현상
　(마) 유의 유화

② NH_3
　(가) 장치 부식　　　　　　(나) 유탁액 현상
　(다) 증발온도 상승　　　　(라) 흡입 압력 저하

5. 가스퍼지(불응축 가스 방출기)

냉동장치 내에 불응축 가스가 침입했을 때 이를 제거하는 장치이다.

(1) 냉동장치 내 불응축 가스 침입 원인

① 진공 운전 시 배관 또는 축봉부의 누설로 인한 공기의 침입
② 오일이나 냉매 충전 시 부주의
③ 오일의 화학적 분해
④ 냉매 충진 전에 장치 내를 완전히 진공시키지 않아 잔류해 있는 경우
⑤ 정비 수리상의 부주의
⑥ 밀폐형에서 모터 소손 시 연기

(2) 불응축 가스 혼입 영향

① 응축기 열교환 악화　　② 응축 압력 상승
③ 토출가스 온도 상승　　④ 윤활유 열화
⑤ 실린더 과열　　　　　⑥ 피스톤 마모
⑦ 축수 하중 증대　　　　⑧ 냉동 능력 감소
⑨ 소요 동력 증대　　　　⑩ 공기 중의 산소로 인한 산화 작용 촉진
⑪ 공기량이 많으면 폭발 우려

(3) 불응축 가스가 모이는 곳

① 응축기 상부
② 수액기 상부

(4) 가스퍼지장치가 없는 냉동장치의 불응축 가스 혼입 여부 확인법

① 압축기를 정지시킨다.
② 응축기 입출구 멈춤밸브를 닫는다.
③ 냉각수를 계속 통수시켜 냉매 가스를 완전히 응축시키고 냉각수 입출구 온도가 같아지게 한다.
④ 고압 계기에 나타난 압력을 보고 냉각수 온도에 대응하는 포화 압력보다 높으면 불응축 가스가 존재하는 것이다.

(5) 수동식 가스퍼지

① 압축기를 정지시킨다.
② 응축기 입출구 멈춤밸브를 닫는다.
③ 약 30분간 냉각수를 통수시켜 냉매를 완전히 응축시킨다.
④ 에어퍼지 밸브를 서서히 열고 공기 배출 후 닫는다.
⑤ 응축기 입출구 밸브를 열고 정상 운전한다.
   ※ NH_3는 물탱크에 방출하고, 프레온은 대기 중에 방출한다.

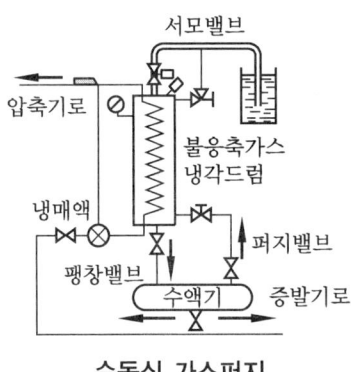

수동식 가스퍼지

6. 열교환기(heat exchanger)

(1) 설치 목적

① 플래시가스 발생 억제(응축기 가까이)

② 리퀴드 백 방지(증발기 가까이)
③ 만액식 증발기에서 유회수 장치
④ 프레온에서 냉동 효과 증대, 성적계수 향상

(2) 설치해야 할 경우

① R-12나 R-500을 사용하는 증발 온도 -15℃ 전후에서 효과가 크다.
② 액관이 현저히 입상할 경우
③ 액관이 보온함이 없이 통과하는 경우
④ 만액식 증발기 유회수 장치에 사용

[플래시가스 발생 원인]

㈎ 압력 강하에 의한 경우
  • 액관이 현저히 입상할 경우
  • 액관 또는 전자밸브, 역지밸브 등의 크기가 작을 때
  • 액관 중 스트레이너, 드라이어 등이 막혔을 때
㈏ 가열에 의한 경우
  • 액관이 보온 없이 고온부를 통과할 때
  • 수액기가 직사광선을 받을 때
  • 응축 온도가 지나치게 낮을 때
  • 수액기 냉매 온도가 주위보다 낮을 때

[플래시가스의 영향]

㈎ 팽창밸브의 능력이 감퇴되어 증발기 내로 유입되는 실제적 냉매액 감소
㈏ 냉동 능력 감소   ㈐ 냉장실 온도 상승
㈑ 흡입 가스 과열   ㈒ 토출 가스 온도 상승
㈓ 실린더 과열   ㈔ 오일 탄화 또는 열화
㈕ 증발 압력 저하

(3) 열교환기의 종류

① **용접식 열교환기** : 소형에서 주로 사용하며 증발기 출구의 가스관과 모세관(팽창밸브)을 용접하여 열교환시키는 것
② **2중관식 열교환기** : 가는 튜브와 굵은 튜브와의 2중관에서 액 냉매를 내측관에 관 사이로 가스를 흘려서 열교환된다(R-22에서 주로 사용).
③ **셸 앤드 튜브식 열교환기**
  ㈎ 셸 내로는 가스가 흐른다.
  ㈏ 튜브 내로는 액이 흐른다.

(다) 대형 프레온 냉동 장치에 주로 이용된다.

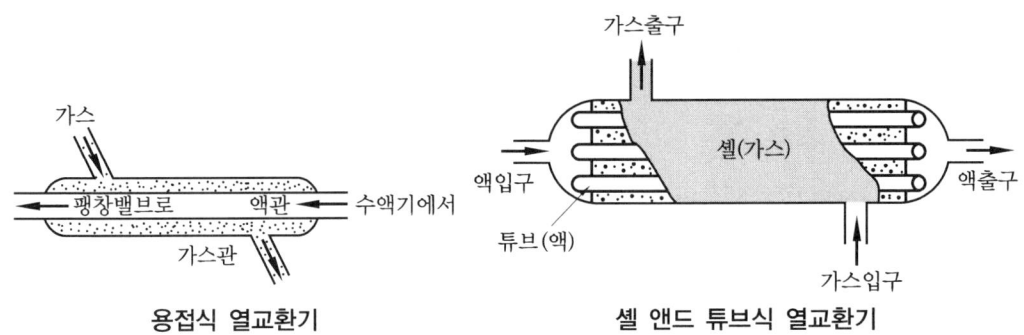

용접식 열교환기　　　　셸 앤드 튜브식 열교환기

7. 유회수장치

(1) 소형

증발기에 접속된 회수관을 통하여 냉매와 기름의 혼합액을 뽑아서 액체 냉매는 유분리기에서 히터에 의해 가열되어 증발하고 오일만을 소량씩 압축기에 회수한다.

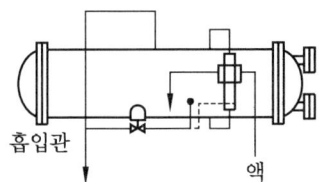

(2) 대형

증발기에서 추출한 냉매와 오일의 혼합액을 열교환기에 의해 액은 증발시켜 압축기로 보내고 오일만을 소량씩 압축기 크랭크케이스로 회수한다.

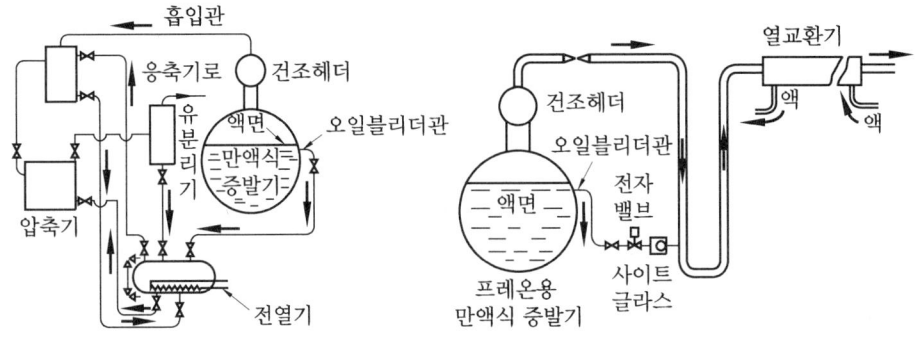

대형 냉동기의 유회수장치

8. 유류(oil reservoir)

 암모니아 냉동장치의 유분리기, 응축기, 수액기등에서 고인 유를 정기적으로 밖으로 뽑아낼 때 용기에서 직접 오일 드레인 밸브를 통하여 밖으로 빼내면 용기 내가 고압이므로 위험하고 냉매로 인하여 인체에 위해 염려가 많다.

 그러므로 우선 유류를 뽑고 저압측 연락관을 열어 유중에 섞여 있는 냉매를 저압측으로 보낸 다음 유면계를 보면서 뽑아낸다(겨울에는 더운물로 유류를 가열하여 NH_3를 되도록 빨리 돌려보낸다).

[작동순서]
① ⓐ와 ⓑ 밸브를 연다.
② 유류기내 오일을 유입시킨 다음 ⓐ와 ⓑ 밸브를 닫는다.
③ ⓒ와 ⓓ 밸브를 열어 유류기내 압력을 저압으로 한 다음 ⓒ와 ⓓ를 닫는다.
④ ⓔ 밸브를 서서히 열어 배유시킨다.

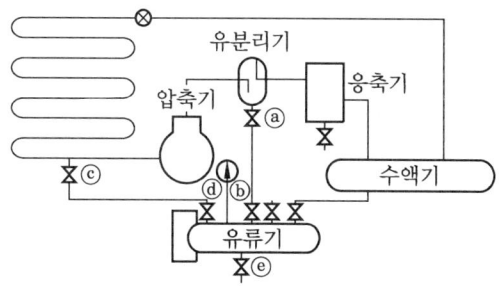

9. 균압관

(1) 설치 목적

 수액기를 설치한 실내의 온도가 응축기 설치 부분의 온도보다 높을 때 또는 냉각수의 온도가 너무 낮을 때 수액기의 압력이 높아지는 일이 있다.
 이러한 때 다음 그림과 같이 응축기 상부와 수액기 상부를 연결한 가는 관을 설치한다. 이것을 균압관이라 하며 응축기와 수액기의 압력을 균일하게 해주므로 응축기와 수액기의 압력차로 인해 응축기에 액이 고여 전열 면적이 작아져 응축능력을 저해하는 일이 없어지게 하는 데 목적이 있다.

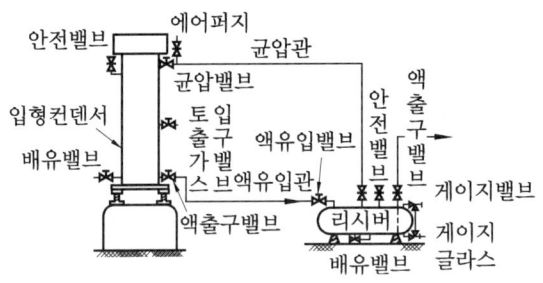

균압관 설치

(2) 균압관의 종류

① 응축기와 수액기 사이의 균압관, 응축기와 응축기 사이의 균압관, 수액기와 수액기 사이의 균압관
② 저압 가스 균압관($0.14\,kg/cm^2$ 이상의 압력 강하일 때 설치)
③ 오일 레벨 균압관
④ 플로트 균압관
⑤ 크랭크케이스 균압관

10. 액분리기(liquid separator)

[액분리기 작용]
① 증발기에서 흡입되는 액립을 분리시켜 액압축을 방지하여 압축기를 보호한다.
② 액분리기는 어큐뮬레이터(accumulator), 석션 트랩(suction trap) 또는 서지 드럼(surge drum)이라고도 한다.
③ 유분리기와 그 구조가 비슷하다.

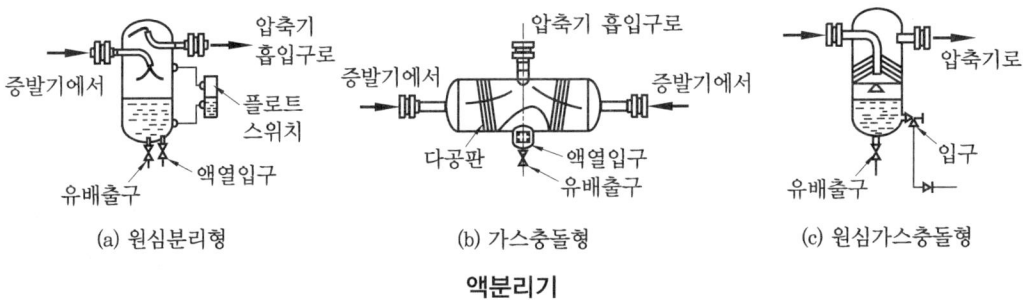

(a) 원심분리형 (b) 가스충돌형 (c) 원심가스충돌형

액분리기

④ 열교환기의 구조로 된 것은 플래시가스를 분리하여 줌으로써 냉각 코일의 효율을

증대시킨다.
⑤ 기동식 증발기 내의 액이 교란되는 것을 방지한다.
⑥ 가스 속도 : 1 m/s
⑦ 만액식에서 모든 액분리기는 증발기보다 상부에 설치한다.

11. 열교환기 겸용 액분리기

(1) 중력 급액식 액분리기

① 액 냉매는 익스팬션 밸브에 의해 액분리기로 보내진다.
② 액은 중력에 의해 역지밸브를 통하여 증발기로 간다.
③ 증발기에서 증발을 끝낸 냉매 가스가 팽창밸브 통과 시 발생된 플래시가스는 즉시 압축기로 회수된다.
④ 증발기 출구와 입구를 겸한다.
⑤ 액 압축을 방지하고 동시에 냉각 코일의 효율을 증대시킨다.

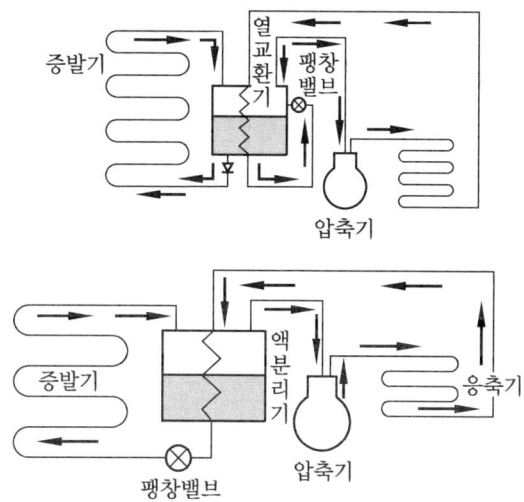

(2) 압력 급액식 액분리기

① 냉매액은 열교환 과정을 거쳐 팽창밸브를 통하여 증발기로 들어간다.
② 액분리기 안의 냉매액은 팽창밸브로 가는 냉매액을 과랭시키고 자신은 열을 받아 증발하여 압축기로 흡입된다.
③ 주로 제빙에 사용된다.

12. 액회수장치

액회수장치란 액분리기에서 분리된 액이 압축기로 흡입되지 않도록 수액기나 액관 또는 증발기로 보내는 장치를 말한다. 여기서는 수액기로 보내는 방법만 다루기로 한다.

(1) 액회수 방법

① 고압 수액기로 보내는 방법
② 고압 액관으로 보내는 방법
③ 증발기로 재순환시키는 방법
④ 열교환기를 이용하여 증발시켜 압축기로 회수하는 방법
⑤ 액 펌프를 이용하는 방법

(2) 액회수장치(수동식)

① 운전 중에 A밸브는 열려 있어 액분리기에서 분리된 액냉매가 들어와 액류기로 고인다.
② 액류기에 적당량의 액냉매가 고이면 A밸브를 닫고 B밸브를 열면 액류기내 액냉매는 수액기에 회수된다.
③ 액냉매가 완전히 수액기로 회수되면 B밸브를 닫고 A밸브를 다시 열면 액분리기 내 액냉매는 다시 액류기로 들어가 고인다.

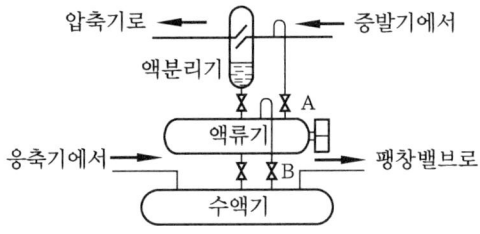

(3) 액회수장치(자동식)

압축기 가까이 흡입관에 설치하여 분리된 액을 고압측의 수액기로 회수하는 장치로 단순히 액 압축을 방지하는 것이 목적이다.

[작동상황]

① 냉동장치가 정상 운전을 행하고 있을 때는 전자밸브 SV_2가 열려 있고 SV_1이 닫혀 있으며 액받이는 저압이 되어 있어 액분리기 내에 고인 액은 액받이로 흘러내린다.

② 액받이는 액이 일정 레벨에 달하면 부자 스위치가 작동하여 AUX를 통전시키며 따라서 B접점이 떨어지고 A접점이 붙어 T에 통전됨과 동시에 SV_1에 통전되어 액받이가 저압에서 고압으로 된다.
③ 이 때문에 역지밸브 CV_1이 닫히고 CV_2가 열려 액받이 내의 액은 중력에 의해 수액기에 회수된다.
④ 사전에 액회수에 필요한 시간이 T에 조정되어 있기 때문에 일정 시간 반송된 다음 T의 B접점이 닫혀 AUX로의 전원이 차단된다.
⑤ AUX의 A접점이 떨어지고 B접점이 붙어 녹색등이 점등됨과 동시에 정상 운전에 들어간다.

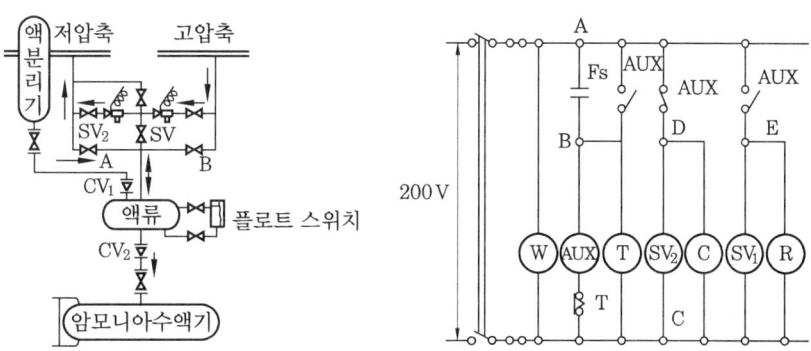

출제 예상 문제

1. 냉동장치의 액분리기에 대한 설명 중 맞는 것으로만 짝지어진 것은?

> ㉮ 증발기와 압축기 흡입측 배관 사이에 설치한다.
> ㉯ 기동 시 증발기 내의 액이 교란되는 것을 방지한다.
> ㉰ 냉동부하의 변동이 심한 장치에는 사용하지 않는다.
> ㉱ 냉매액이 증발기로 유입되는 것을 방지하기 위해 사용한다.

① ㉮, ㉯　　② ㉰, ㉱
③ ㉮, ㉰　　④ ㉯, ㉰

[해설] 액분리기는 증발기와 압축기 사이에 설치하여 증발기에서 급격한 부하 변동 등에 의해 압축기로 액이 들어가는 것을 방지하는 역할을 한다.

2. 다음 중 액분리기에 대하여 기술할 때 옳은 것은?

① 액분리기는 R-22의 냉동장치에서 액을 반드시 건조기로 되돌리는 일을 한다.
② 액분리기는 흡입관 중의 가스와 액을 분리하여 액 압축을 방지시킨다.
③ 액분리기는 압축기에서 액과 가스를 분리하는 것이다.
④ 액분리기는 암모니아의 냉동장치에는 사용하지 않는다.

[해설] 액분리기에서 분리된 냉매 액은 증발기로 되돌리는 방법과 수액기로 회수하는 방법, 열교환기를 이용하여 압축기로 회수하는 방법 등이 있다.

3. 냉동장치에서 액압축이 일어나기 쉬운 조건이 아닌 것은?

① 팽창밸브의 개도가 과소할 때
② 냉동부하의 급격한 변동이 있을 때
③ 운전 정지 시에 액관의 밸브를 닫지 않을 때
④ 흡입관의 도중에 트랩 등 윤활유나 액냉매가 고이기 쉬운 부분이 있을 때

4. 암모니아 장치에 유분리기를 설치하려 한다. 유분리기를 어느 위치에 설치하면 작용이 양호한가?

① 증발기와 압축기 사이에서 증발기 가까운 쪽
② 증발기와 압축기 사이에서 압축기 가까운 쪽
③ 압축기와 응축기 사이에서 응축기 가까운 쪽
④ 압축기와 응축기 사이에서 압축기 가까운 쪽

[해설] 암모니아는 윤활유와 분리되는 성질이 있기 때문에 가급적 점도가 강한 응축기 가까운 쪽에 유분리기를 설치하여야 한다.

5. 다음 중 유분리기를 반드시 사용하지 않아도 되는 경우는?

① 만액식 증발기를 사용하는 경우
② 토출가스 배관이나 장치 전체의 배관이 길어지는 경우
③ 증발온도가 낮은 경우
④ HFC계 냉매를 사용하는 소형 냉동장치의 경우

정답 1. ①　2. ②　3. ①　4. ③　5. ④

[해설] • CFC : 특정 프레온(염소를 포함하여 오존층 파괴의 정도가 높은 화합물)
• HCFC : 지정프레온(염소를 가지고 있지만 수소를 포함하고 있어 오존 파괴가 작은 화합물)
• HFC : 대체프레온(염소를 가지고 있지 않고 수소를 포함한 물질로 오존 파괴 우려가 없는 화합물)

6. 전자밸브(solenoid valve) 설치 시 주의 사항이 아닌 것은?
① 코일 부분이 상부로 오도록 수직으로 설치한다.
② 전자밸브 직전에 스트레이너를 장치한다.
③ 배관 시 전자밸브에 부당한 하중이 걸리지 않아야 한다.
④ 전자밸브 본체의 유체 방향성에 무관하게 설치한다.
[해설] 유체의 흐름 방향과 밸브의 화살표 방향이 일치되게 설치하여야 한다.

7. 냉동장치의 고압부에 대한 안전장치가 아닌 것은?
① 안전밸브
② 고압 압력 스위치
③ 가용전
④ 방폭문
[해설] 안전밸브와 고압 압력 스위치는 압축기 안전장치이며 토출지변 직전에 설치한다. 가용전은 주변의 화재 등으로 온도가 상승한 경우 작동하는 것으로 주로 토출가스 영향을 직접적으로 받지 않는 응축기 또는 수액기 상부에 설치한다. 카드뮴, 비스무트, 안티몬, 주석, 납 등이 주성분이며 작동온도 65~75℃에서 용융한다.

8. 다음 중 고압 차단 스위치가 하는 역할은 어느 것인가?
① 유압의 이상고압을 자동으로 감소시킨다.
② 수액기 내의 이상고압을 자동으로 감소시킨다.
③ 증발기 내의 이상고압을 자동으로 감소시킨다.
④ 압력이 이상고압이 되었을 때 압축기를 정지시킨다.
[해설] 고압 차단 스위치(HPS)는 토출밸브와 토출지변 사이에 설치하여 토출압력이 이상 상승하면 작동하여 압축기를 정지시키는 역할을 한다.

9. 냉동장치에서 디스트리뷰터의 역할로서 옳은 것은?
① 냉매의 분배
② 흡입가스의 과열 방지
③ 증발온도의 저하 방지
④ 플래시가스의 발생 방지
[해설] 디스트리뷰터는 냉매 분배기라 하며, 여러 대의 증발기로 냉매 공급을 균등하게 하는 역할을 한다.

10. 안전밸브의 점검사항이 아닌 것은?
① 분출 전개압력
② 가스 분출 파이프의 지름
③ 분출 정지압력
④ 안전밸브의 누설
[해설] 안전밸브의 점검사항
  ㈎ 분출 전개압력
  ㈏ 분출 정지압력
  ㈐ 안전밸브 누설검사

11. 냉동장치에서 압력용기의 안전장치로 사용되는 가용전 및 파열판의 설명으로 옳

정답 6. ④ 7. ④ 8. ④ 9. ① 10. ② 11. ①

지 않은 것은?
① 파열판은 내압시험 압력 이상의 압력으로 한다.
② 응축기에 부착하는 가용전의 용융온도는 보통 75℃ 이하로 한다.
③ 안전밸브와 파열판을 부착한 경우 파열판의 파열압력은 안전밸브의 작동 압력 이상으로 해도 좋다.
④ 파열판은 터보 냉동기에 주로 사용된다.

[해설] 파열판은 터보 냉동기에서 냉동기 운전 중이나 정지 중에 냉매가 주로 저압측에 모여 있으므로 저압측의 안전장치로 쓰인다. 정상 운전압력과 파열압력을 고려하여 사용해야 하며 내압시험과는 무관하다. 가용전은 프레온 냉동기의 고압측 안전장치로 주로 토출가스의 영향을 직접적으로 받지 않는 응축기나 수액기 상부에 설치한다. 카드뮴, 비스무트, 안티몬, 주석, 납 등이 주성분이며 용융온도는 68~75℃ 정도이다.

12. 냉동장치에 부착하는 안전장치에 관한 설명이 맞는 것은?
① 안전밸브는 압축기의 헤드나 고압측 수액기 등에 설치한다.
② 안전밸브의 압력이 높은 만큼 가스의 분사량이 증가하므로 규정보다는 높은 압력으로 지정하는 것이 안전하다.
③ 압축기가 1대일 때 고압 차단 장치는 흡입 밸브에 부착한다.
④ 유압 보호 스위치는 압축기에서 유압이 일정 압력 이상이 되었을 때 압축기를 정지시킨다.

[해설] 압축기 안전장치
- 안전두 : 정상고압 + 3 kg/cm^{2}로서 고 · 저압 사이의 격벽에 설치하며 주로 액 압축 시 작동한다.
- 고압 차단 스위치(HPS) : 정상고압 + 4 kg/cm^{2}로서 토출밸브와 토출지변 사이에 설치하며 이상 고압 시 압축기를 정지시킨다.
- 안전밸브 : 정상고압 + 5 kg/cm^{2}로서 토출밸브와 토출지변 사이에 설치하며 이상 고압 시 냉매 일부를 방출하여 일정한 고압을 유지시킨다.
- 유압 보호 스위치(OPS) : 유압이 일정 이하가 되면 압축기를 정지시킨다.

13. 프레온 냉동장치의 배관공사 중에 수분이 장치 내에 잔류했을 경우 이 수분에 의한 문제점으로 옳지 않은 것은?
① 프레온 냉매와 수분은 거의 융합되지 않으므로 냉동장치 내가 0℃ 이하가 되면 수분은 빙결한다.
② 수분은 냉동장치 내에서 철재 재료 등을 부식시킨다.
③ 증발기 전열 기능을 저하시키고, 흡입관 내 냉매 흐름을 방해한다.
④ 프레온 냉매와 수분은 화합 반응하여 알칼리를 생성시킨다.

[해설] 장치에 수분이 침투하면 미치는 영향
(가) 프레온
- 팽창변 동결 · 폐쇄
- 산(HF, HCl)을 생성하여 장치 부식 촉진
- 동부착현상 유발
(나) 암모니아 : 수분 1% 함유함에 따라 증발온도 0.5℃ 상승
※ 프레온장치에서는 응축기나 수액기 출구에 건조기(dryer)를 설치하여야 하며 암모니아 장치는 배관상의 압력손실을 이유로 사용하지 않는다.

14. 증기 압축식 냉동장치의 운전 중에 리퀴드 해머가 발생되고 있을 때 나타나는 현상 중 옳은 것은?
① 흡입압력이 현저하게 저하한다.
② 토출관이 뜨거워진다.
③ 압축기에 서리가 생긴다.
④ 압축기의 토출압력이 낮아진다.

정답 12. ① 13. ④ 14. ③

[해설] 리퀴드 해머 : 비압축성인 액체가 압축기로 흡입되어 압축되는 현상으로, 이때 진동 및 소음이 격심하게 발생되며 토출측 압력계가 심하게 떨리면서 토출관에 서리가 생긴다.

15. 냉매 배관 내에 플래시가스(flash gas)가 발생했을 때 운전상태가 아닌 것은?
① 팽창밸브의 능력 부족 현상
② 냉매 부족과 같은 현상
③ 팽창밸브 직전의 액 냉매의 온도 상승 현상
④ 액관 중의 기포 발생

[해설] 플래시가스 발생은 배관 내의 온도 상승 또는 압력손실에 의한 것으로 이때 냉매의 온도 변화는 없는 상태이다.

16. 프레온 냉동장치에서 가용전에 관한 설명 중 옳지 않은 것은?
① 가용전의 용융온도는 75℃ 이하로 되어 있다.
② 가용전은 Sn(주석), Cd(카드뮴), Bi(비스무트) 등의 합금이다.
③ 온도 상승에 따른 이상 고압으로부터 응축기 파손을 방지한다.
④ 가용전의 구경은 안전밸브 최소구경의 1/2 이하이어야 한다.

[해설] 가용전의 구경은 안전밸브 최소구경의 1/2 이상이어야 한다.

17. 자동제어의 목적이 아닌 것은?
① 냉동장치 운전상태의 안정을 도모한다.
② 냉동장치의 안전을 유지한다.
③ 경제적인 운전을 꾀한다.
④ 냉동장치의 냉매 소비를 절감한다.

[해설] 자동제어는 제어 대상을 일정한 목표값 범위에 수용하도록 상황 변화에 따라 요구되는 수정을 하면서 자동적으로 조절하는 것으로 장치의 안전 및 경제적인 운전을 할 수 있다.

18. 프레온 냉매의 경우 흡입배관에 이중 입상관을 설치하는 목적으로 적합한 것은?
① 오일의 회수를 용이하게 하기 위하여
② 흡입가스의 과열을 방지하기 위하여
③ 냉매액의 흡입을 방지하기 위하여
④ 흡입관에서의 압력강하를 줄이기 위하여

[해설] 평상시에는 가는 관으로 냉매가 흡입되고 굵은 관은 오일에 의하여 폐쇄되어 있다가 증발기 과부하로 흡입가스가 증대되면 굵은 관의 오일이 밀려 올라가 통로가 열리게 되는 현상이 일어날 때 오일 회수를 목적으로 프레온 소형장치에 이중 입상관을 설치한다.

19. 냉장고내 유지온도에 따라 저압압력이 낮아지는 원인이 아닌 것은?
① 냉장고내 공기가 냉각되므로 증발기에 서리가 두껍게 부착한다.
② 냉매가 장치에 과충전되어 있다.
③ 냉장고의 부하가 작다.
④ 냉매 액관 중에 플래시가스(flash gas)가 발생하고 있다.

[해설] 냉매 과충전은 액백 현상이 일어날 우려가 있으며 저압저하 원인과는 관계가 없다.

20. 냉동장치의 제어기기에 관한 설명 중 올바르게 서술한 것은?
① 만액식 증발기에 저압측 플로트식 팽창밸브를 설치하여 증발온도를 거의 일정하게 제어할 수 있다.
② 냉장고용 냉동장치에서 겨울철에 응축온도가 낮아지면 팽창밸브 전후의 압력

정답 15. ③ 16. ④ 17. ④ 18. ① 19. ② 20. ④

차가 커지기 때문에 팽창밸브가 작동하지 않는다.
③ 일반적인 증발압력조정밸브는 증발기 입구측에 설치하여 냉매의 유량을 조절하고 증발기내 냉매의 압력을 일정하게 유지하는 조정밸브이다.
④ R-22를 냉매로 하는 냉방기에서 증발기 출구의 과열도가 커지면 감온통 내의 가스압력이 높아져 온도식 자동팽창밸브가 닫힌다.

[해설] 저압측 플로트식 팽창밸브는 증발기 부하변동에 따라 유량을 공급하므로 흡입가스 온도를 일정하게 유지하며 응축온도가 낮아지면 고·저압 압력 차이가 작아져 냉매가 순환되지 않는다. 증발압력조정밸브는 증발기 출구측에 설치한다.

21. 냉동장치 제어에 관한 설명 중 올바른 것은?

① 온도식 자동팽창밸브는 증발기 입구의 냉매가스온도가 일정한 과열도로 유지되도록 냉매유량을 조절하는 팽창밸브이다.
② 증발온도가 다른 2대의 증발기를 1대의 압축기로 운전할 때 증발압력 조정밸브는 증발온도가 높은 쪽의 증발기 출구측에 설치한다.
③ 흡입압력 조정밸브는 증발기 입구측에 설치하여 기동 시 과부하 등으로 인해 압축기용 전동기가 손상되기 쉬운 것을 방지한다.
④ 저압측 플로트식 팽창밸브는 주로 건식 증발기의 액면 높이에 따라 냉매의 유량을 조절하는 것이다.

[해설] 온도식 자동팽창밸브는 증발기 출구에서의 과열도를 일정하게 유지하며 흡입압력 조정밸브는 압축기 흡입측에 설치하여 흡입압력이 일정 이상이 되는 것을 방지한다. 저압측 플로트 밸브는 주로 만액식 증발기에 사용하며 액면의 높이에 따라 유량 제어가 된다.

22. 냉동장치의 운전에 관한 다음 설명 중 맞는 것은?

① 압축기에 액백(liquid back) 현상이 일어나면 토출가스 온도가 내려가고 구동 전동기의 전류계 지시값이 변동된다.
② 수액기 내에 냉매액을 충만시키면 증발기에서 열부하 감소에 대응하기 쉽다.
③ 냉매 충전량이 부족하면 증발압력이 높게 되어 냉동능력이 저하한다.
④ 냉동부하에 비해 과대한 용량의 압축기를 사용하면 저압이 높게 되고, 장치의 성적계수는 상승한다.

[해설] 수액기에 냉매액이 만액되면 안전공간이 없어 위험하므로 액은 85 % 정도 충만하면 되며 냉매 충전량이 부족하면 흡입가스 과열로 토출가스 상승의 원인이 된다. 압축기 용량이 과대하면 증발기에서 증발하지 못한 냉매액을 흡입하여 액백의 원인이 된다.

23. 다음은 냉동장치에 사용되는 자동제어 기기에 대하여 설명한 것이다. 이 중 옳은 것은?

① 고압 차단 스위치는 토출압력이 이상 저압이 되었을 때 작동하는 스위치이다.
② 온도 조절 스위치는 냉장고 등의 온도가 일정 범위가 되도록 작용하는 스위치이다.
③ 저압 차단 스위치(정지용)는 냉동기의 고압측 압력이 너무 저하하였을 때 차단하는 스위치이다.

[정답] 21. ② 22. ① 23. ②

④ 유압 보호 스위치는 유압이 올라간 경우에 유압을 내리기 위한 스위치이다.

[해설] • 고압 차단 스위치(HPS) : 정상고압 + 4 kg/cm²로서 토출밸브와 토출지변 사이에 설치하며 이상 고압 시 압축기를 정지시킨다.
• 저압 차단 스위치(LPS) : 흡입지변과 흡입밸브 사이에 설치하며 저압(흡입압력)이 규정 압력보다 낮아지면 압축기를 정지시킨다.
• 유압 보호 스위치(OPS) : 유압이 일정 이하가 되면 압축기를 정지시킨다.

24. 냉동장치가 정상적으로 운전되고 있을 때 옳은 설명은?
① 팽창밸브 직후의 온도는 직전의 온도보다 높다.
② 크랭크 케이스 내의 유온은 증발온도보다 낮다.
③ 수액기 내의 액온은 응축온도보다 높다.
④ 응축기의 냉각수 출구온도는 응축온도보다 낮다.

[해설] 팽창밸브에서 압력과 온도를 동시에 낮추기 때문에 팽창밸브 직전의 온도가 높으며 유온은 암모니아의 경우 비열비가 크기 때문에 윤활유 열화, 탄화를 막기 위하여 40℃ 이하로, 프레온인 경우 오일 포밍을 방지하기 위하여 30℃ 이상으로 유지한다. 수액기와 응축기의 액의 온도는 동일하다. 냉각수온과 응축온도는 통상 10℃ 정도 차이가 이상적이며 응축온도가 높아야 한다.

25. 다음 냉동기기에 관한 설명 중 옳은 것은?
① 온도 자동 팽창밸브는 증발기의 온도를 일정하게 유지 제어한다.
② 흡입압력 조정밸브는 압축기의 흡입압력이 설정값 이상이 되지 않도록 제어한다.
③ 전자밸브를 설치할 경우 흐름 방향을 생각할 필요는 없다.
④ 고압측 플로트(float) 밸브는 냉매액의 속도로써 제어한다.

[해설] 온도 자동 팽창밸브는 흡입가스 과열도를 일정하게 유지하여 작동하는 프레온 소형장치에 주로 이용한다. 전자밸브는 흐름 방향(화살표)에 유의하여 설치하며 고압측 플로트 밸브는 고압측 액면의 양에 따라 작동한다.

26. 냉동장치의 운전에 관한 일반사항 중 옳지 못한 것은?
① 펌프 다운 시 저압측 압력은 대기압 정도로 한다.
② 압축기 가동 전에 냉각수 펌프를 기동시킨다.
③ 장시간 정지시키는 경우에는 재가동을 위하여 배관 및 기기에 압력을 걸어둔 상태로 둔다.
④ 장시간 정지 후 시동 시에는 누설 여부를 점검한 후에 기동시킨다.

[해설] 냉동기를 장시간 정지시키는 경우 배관 내의 압력은 대기압 정도로 유지하고 나머지 냉매는 수액기 등에 저장해야 한다.

27. 다음 중 신재생에너지라고 할 수 없는 것은?
① 지열에너지   ② 태양열에너지
③ 풍력에너지   ④ 원자력에너지

[해설] 신재생에너지는 다음과 같이 신에너지와 재생에너지로 분류할 수 있다.
• 신에너지 : 연료전지, 가스화, 수소
• 재생에너지 : 태양, 바이오, 풍력, 수력, 해양, 폐기물, 지열 등
㈎ 태양

정답 24. ④ 25. ② 26. ③ 27. ④

㉮ 태양열 : 태양의 열에너지를 집열, 저장, 변환하여 에너지원으로 이용하는 설비
㉯ 태양광 : 태양의 빛에너지를 직접 전기에너지로 변환하거나 채광에 이용하는 설비
㉰ 바이오 : 생물유기체를 변환하여 바이오 에탄올, 바이오 가스 및 바이오 디젤 등의 에너지원을 생산하는 설비
㉱ 풍력 : 바람의 에너지를 동력으로 변환하여 발전 등에 이용
㉲ 수력 : 물의 유도에너지를 이용하여 발전을 하는 설비
㉳ 연료전지 : 천연가스, 메탄올 등의 연료와 공기를 전기화학반응에 의해 전기 또는 열로 직접 변환하는 설비
㉴ 석탄 : 석탄 연소에서 나오는 화력으로 증기를 발생시켜 증기 터빈을 돌리고 이로 인하여 발전기를 운전하는 설비
㉵ 지열 : 지하의 열을 이용하여 냉·난방 또는 전기로 변환하는 설비
㉶ 해양 : 해양의 조수, 파도, 해류, 온도차 등을 이용한 발전 설비
㉷ 폐기물 : 폐기물을 열분해, 고형화 등의 처리를 통하여 연료화 및 에너지를 생산하는 설비
㉸ 수소 : 물이나 그 밖의 연료로부터 에너지원인 수소를 제조, 저장하여 이용하는 설비

28. 축열시스템의 방식에 대한 설명 중 잘못된 것은?

① 수축열 방식 : 열용량이 큰 물을 축열제로 이용하는 방식
② 빙축열 방식 : 냉열을 얼음에 저장하여 작은 체적에 효율적으로 냉열을 저장하는 방식
③ 잠열축열 방식 : 물질의 융해 및 응고 시 상 변화에 따른 잠열을 이용하는 방식
④ 토양축열 방식 : 심해의 해수온도 및 해양의 축열성을 이용하는 방식

[해설] 토양축열 방식 : 온실 자체의 태양열 집열 기능을 이용하여 낮 동안 승온된 공기를 열교환시켜 땅속에 축열하였다가 온도가 내려간 밤에 방열시켜 난방하는 방식을 말한다. 시설비가 많이 들고 공기순환팬 운전에 전력 소모가 많다. 점질토가 적합하며 파이프 내에 물의 침입이 없어야 한다(시스템 구성 : 송풍팬, 송풍피트). 열교환 내에 축적되는 열을 토양에 일시적으로 저장, 야간에 필요할 때 열을 난방에 이용하는 방법을 말한다.

29. 축열시스템에 대한 설명으로 잘못된 것은?

① 열흐름에 관해서는 모두 축열장치를 경유하는 전력축열과 일부 열을 축열장치를 경유하는 부분축열이 있다.
② 열의 공급방법은 축열장치 단독으로 공급하는 방법과 축열장치와 열원장치에서 동시에 공급하는 방법이 있다.
③ 축열 시간은 일반적으로 야간에 축열, 주간에 방열하는 1일 사이클을 많이 사용한다.
④ 수축열 시스템이란 냉열을 얼음에 저장하는 방법으로 작은 체적에 효율적으로 냉열을 저장하는 방법이다.

[해설] ④항은 빙축열에 대한 설명이다.

30. 수축열 방식의 축열재 구비 조건으로 잘못된 것은?

① 단위체적당 축열량이 적을 것
② 가격이 저렴할 것
③ 화학적으로 안정할 것
④ 열의 출입이 용이할 것

[해설] 단위 체적당 축열량이 커야 능력이 증대된다.

정답 28. ④ 29. ④ 30. ①

31. 빙축열 설비의 특징이 아닌 것은?
① 축열조의 크기를 소형화할 수 있다.
② 값싼 심야전력을 사용하므로 운전비용이 절감된다.
③ 자동화 설비에 의한 최적화 운전으로 시스템의 운전 효율이 높다.
④ 제빙을 위한 냉동기 운전은 냉수 취출을 위한 운전보다 증발온도가 낮기 때문에 소비동력은 감소한다.

[해설] ④ 냉수 취출을 위한 운전보다 증발온도가 낮기 때문에 소비동력은 증가하나 심야전력을 이용하므로 운전비용이 감소한다.

32. 최근 에너지를 효율적으로 사용하자는 측면에서 빙축열 시스템이 보급되고 있다. 빙축열 시스템의 분류에 대한 조합으로 적당하지 않은 것은?
① 정적형-관외착빙형
② 정적형-빙박리형
③ 동적형-리퀴드아이스형
④ 동적형-과냉각아이스형

[해설] 빙축열 시스템의 분류
  (가) 정적 제빙형 : 관외착빙형(완전동결형, 직접 접촉형), 관내착빙형, 캡슐형
  (나) 동적 제빙형 : 빙박리형(ice harvest), 액체식 빙생성형(slurry type)

33. 냉동장치에서 공기가 들어 있음을 무엇을 보고 알 수 있는가?
① 응축기에서 소리가 난다.
② 응축기 온도가 떨어진다.
③ 토출온도가 높다.
④ 증발압력이 낮아진다.

[해설] 공기는 불응축 가스이며 냉동장치에 존재하면 공기의 분압만큼 압력이 상승하게 되어 토출가스 온도가 상승하게 되며 소요 동력이 증대된다.

34. 다음 중 방열재로 사용되는 재료가 아닌 것은?
① 메틸클로라이드
② 폴리스티렌
③ 폴리우레탄
④ 글라스 울

[해설] 메틸클로라이드(CH_3Cl)는 R-40으로 프레온 냉매이다.

PART 03

시운전 및 안전관리

시운전 및 안전관리

제1장	기초 전기공학
제2장	회로 이론
제3장	전동기의 원리
제4장	자동제어

제1장 기초 전기공학

1. 직류회로

1-1 전기의 본질

(1) 전기와 물질

모든 물질은 마찰을 가할 때 다소간에 서로 끌어당기는 성질을 가진다는 것이 실험에 의해 관찰되었으며, 그 성질은 본질적으로 전기적 힘에 기인하는 것으로서 이것은 물체가 전기(electricity)를 띠게 되기 때문인 것이다.

이와 같이 마찰에 의해 발생되는 전기를 마찰전기라 하며, 물체가 전기를 띠는 현상을 대전(electrificatian)이라 하고, 물체가 띨 수 있는 정전기의 기본적 양을 전하(electric charge)라 하며 다음과 같은 특성이 있다.

① 발생한 전하 사이에는 인력(흡인력)과 척력(반발력)의 상반되는 두 성질이 있으며, 전하에는 정부 두 종류가 있어 같은 종류의 전하에는 반발력, 다른 종류의 전하에는 인력이 작용한다.

② 물질은 원자로 구성되며 원자핵과 전자로 구성되어 있다. 원자핵은 양전기를, 전자는 음전기를 띠어 보유 시는 양 또는 음으로 대전하게 된다.

③ 금속에서는 전자들 중의 일부는 핵의 구속에서 벗어나 자유로이 움직이는 전자가 있으며, 이를 자유 전자라 한다.

   (가) 전자의 질량은 9.10955×10^{-31} kg이며 양성자는 1.67261×10^{-27} kg으로 전자의 약 1840배가 된다.

   (나) 전기의 발생은 물질이 여분의 양전기나 음전기를 가지게 된 것을 말하며, 물질은 양에서 음으로 대전된다.

   (다) 물질에 대전된 전기를 전하라 하며, 전하가 가지고 있는 양을 전기량이라 한다. 전기량의 단위는 쿨롱(C)이며, 1개의 전자는 1.6019×10^{-19} C의 음의 전기를 갖는다.

1-2 전기 회로의 기본법칙

도체의 전위가 등전위일 경우 전하는 움직이지 않으나 도체 중에 기전력이 가해져 전위차가 생기면 전하가 이동하게 되며 이러한 전하의 이동이 전류를 형성하게 된다.

(1) 전류와 전압 및 저항

① 전하의 이동은 전류를 형성하며 전류는 주어진 점을 통과하는 전하의 시간적 변화율이다.

$$I = \frac{dQ}{dt}$$

여기서, I : 전류(A, ampere)
   Q : 전하(전기량)
   t : 시간(s)

전류의 단위는 A(암페어)를 사용하며, 1A는 도선의 단면을 1초 동안 1C의 전하가 이동하는 전류의 세기이다. 전자의 전하량 e는 1.6×10^{-19} C이므로 1초 동안 6.25×10^{18}개의 전자들이 같은 방향으로 이동할 때 전류의 세기는 1A이다.

$$1\,A = \frac{1C}{1s} = \frac{1.6 \times 10^{-19} C \times 6.25 \times 10^{18}}{1s}$$

② 임의의 두 점 간의 전위차를 전압이라 하며, 단위전하를 이동시킬 때 해야 할 일로 표시된다. 즉, 양극은 음극보다 전위가 높게 되어 있어서 전위가 높은 곳에서 낮은 곳으로 흐르는 것이다.

$$V = \frac{W}{Q}$$

여기서, V : 전압(V, volt)
   W : 일(J)
   Q : 전기량(C)

1V의 전압(전위차)으로 1C의 전기량을 이동시켜 1J의 일을 할 수 있다.

> **참고** 전류를 연속적으로 흐르게 하는 원동력을 기전력이라고 한다.

(2) 저항

금속들은 많은 자유 전자를 갖고 있으며 이들 각 자유 전자가 도체 내를 이동할 때 저항이 생기는데, 이 저항을 비저항(resistivity)이라 하고, ρ로 표시한다.

$$R = \rho \frac{L}{A}$$

저항의 단위로는 ohm을 쓰며, Ω의 기호를 사용한다.
도체에 큰 전류를 흘려주기 위해서는 큰 전위차를 필요로 하게 된다.

$$V = IR$$

여기서, V : 전압(V)
R : 저항(Ω)
I : 전류(A)

ρ는 비례 상수로 물질의 종류에 따라 달라지며 비저항이라고 한다. 비저항값인 ρ는 길이가 1 m, 단면적인 1 m²인 물질이 가지는 전기저항으로 단위는 Ω·m를 사용한다. 이것은 물질이 가지는 고유 저항으로 비저항이 클수록 부도체에 가까운 물질이고, 대부분의 금속은 온도 증가 시 저항값도 증가한다.

여러 가지 물질의 비저항(20℃)

물질	비저항(Ω·m)	물질	비저항(Ω·m)
은	1.6×10^{-8}	게르마늄	0.46
구리	1.7×10^{-8}	실리콘	640
알루미늄	2.8×10^{-8}	유리	$10^{10} \sim 10^{14}$
텅스텐	5.5×10^{-8}	에보나이트	$10^{13} \sim 10^{15}$
철	10×10^{-8}	고무	$(1 \sim 5) \times 10^{13}$
니크롬	1.1×10^{-6}	황	10^{15}

(3) 전기저항의 연결

우리가 사용하는 전기 기구의 내부에는 여러 개의 저항들이 복잡하게 연결되어 있다. 그러나 이들은 기본적으로 직렬연결과 병렬연결로 되어 있으며, 이러한 저항들이 내는 효과와 같은 하나의 저항을 합성저항 또는 등가저항이라고 한다.

① **직렬연결** : 여러 개의 저항이 전지와 다음 그림과 같이 일렬로 연결되어 회로에 흐르는 전류의 통로가 하나일 때 직렬연결되었다고 말한다.

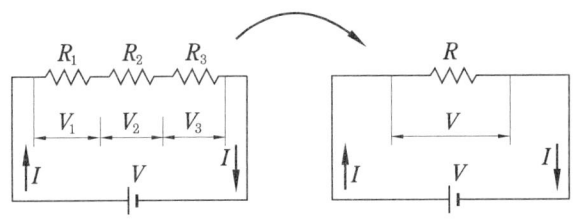

직렬연결

저항의 직렬연결 시 전류값은 같다.

$$R = R_1 + R_2 + R_3 + \cdots$$

② **병렬연결** : 여러 개의 저항들이 다음 그림과 같이 연결되어 있어 각 저항마다 서로 다른 통로를 만들어 줄 때 병렬연결되었다고 말한다.

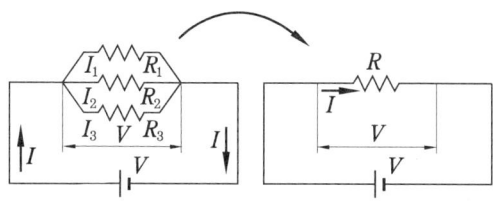

병렬연결

병렬연결된 경우에 각 저항에 걸린 전압은 같다.

$$\frac{1}{R} = \frac{1}{R_1} + \frac{1}{R_2} + \frac{1}{R_3} + \cdots$$

전압, 전류, 저항 등에 쓰이는 보조 단위

기호	읽는 법	배수	기호	읽는 법	배수
T	테라(tera)	10^{12}	c	센티(centi)	10^{-2}
G	기가(giga)	10^{9}	m	밀리(milli)	10^{-3}
M	메가(mega)	10^{6}	μ	마이크로(micro)	10^{-6}
k	킬로(kilo)	10^{3}	n	나노(nano)	10^{-9}
h	헥토(hecto)	10^{2}	p	피코(pico)	10^{-12}
D	데카(deca)	10^{1}	f	펨토(femto)	10^{-15}
d	데시(deci)	10^{-1}	a	아토(atto)	10^{-18}

(4) 키르히호프 법칙

① **키르히호프의 제1법칙(전류 법칙)** : 회로의 임의의 접합점으로 유출입하는 전류의 대수적 총합은 0이다. 즉, 접속점으로 유출입하는 전류의 대수합은 0이다.

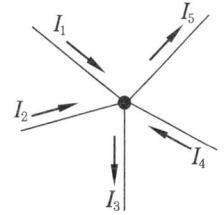

유입하는 전류의 합 = 유출하는 전류의 합

$I_1 + I_2 + I_4 = I_3 + I_5$

② **키르히호프의 제2법칙(전압 법칙)** : 임의의 폐회로를 따라서 1회전하며 취한 전압 대수의 합은 그 폐회로의 저항에 생기는 전압강하의 대수합과 같다.

기전력 대수합 = 전압강하의 대수합

> **참고** 키르히호프의 제1법칙은 어느 순간에서도 각 접합점에서 성립하며, 키르히호프의 제2법칙 역시 어느 순간에서도 폐회로에서 성립한다.

- **제1법칙** : 접합점 b에서 $I_1 + I_3 = I_2$
- **제2법칙** : 폐회로 badb에서 $E_1 - I_1R_1 + I_3R_3 = 0$

　　　　　폐회로 bdcb에서 $-I_3R_3 - I_2R_2 - E_2 = 0$

$$I_1 = \frac{E_1(R_2+R_3) - E_2R_3}{R_1R_2 + R_2R_3 + R_1R_3}$$

$$I_2 = \frac{E_1R_3 - E_2(R_1+R_3)}{R_1R_2 + R_2R_3 + R_1R_3}$$

$$I_3 = \frac{R_1R_2 + E_2R_1}{R_1R_2 + R_2R_3 + R_1R_3}$$

키르히호프의 법칙

(5) 전압 분배 법칙

여러 개의 전기소자들이 있을 때 모든 소자에 동일한 전류가 흐르도록 연결된 회로를 직렬회로라 한다. 이 직렬회로에서 어떤 임의의 저항이나 결합된 직렬저항 양단에 나타난 전압은 그 저항과 회로 양단자간 전압의 곱을 회로의 등가합성 저항으로 나눈 값과 같다.

$$R_T = R_1 + R_2 + \cdots + R_N$$

$$V = IR_T$$

$$I = \frac{V}{R_T} = \frac{V_x}{R_x}$$

$$V_x = \frac{R_x V}{R_T}$$

(6) 전류 분배 법칙

회로 내의 각 저항기에 동일한 전압이 걸려 있으면 병렬회로라고 한다. 입력전류 I는 V/R_x와 같으며 $V = I_x R_x$이므로

$$I = \frac{V}{R_T} = \frac{I_x R_x}{R_T}$$

　여기서, R_T : 병렬회로의 등가합성 저항

　　　　　I_x : R_x의 병렬회로를 통과하는 전류

$$I_x = \frac{R_T}{R_x} I$$

이 식은 전류 분배 법칙의 일반형이며 어떤 병렬회로를 흐르는 전류는 병렬회로의 전체 등가 합성저항을 결정해야 할 전류가 흐르는 회로의 저항으로 나눈 값과 입력 전류와의 곱이다.

(7) 내부저항과 단자전압

$$V = E - I_r, \quad E = IR + I_r$$

$$I = \frac{E}{R+r}$$

여기서, E : 기전력, R : 저항
r : 내부저항, V : 단자전압

① **직렬연결** : $I = \dfrac{nE}{R+nr}$ ② **병렬연결** : $I = \dfrac{E}{R+\dfrac{r}{n}}$

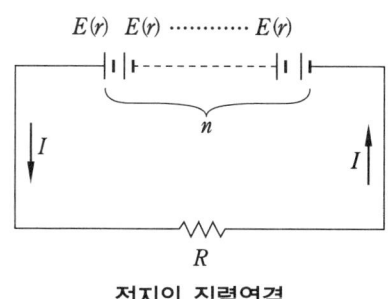

전지의 직렬연결

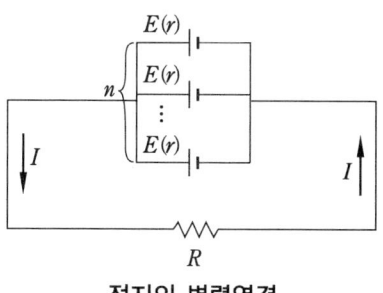

전지의 병렬연결

1-3 전력과 열량

(1) 전력과 전력량

① **전력** : 단위시간 동안에 전기 에너지를 말하며, 단위는 W(watt)이다.

$$P = \frac{W}{t} = \frac{VQ}{t} = VI = I^2 R = \frac{V^2}{R}$$

여기서, P : 전력(W), W : 일(J)
t : 시간(s), Q : 전기량(C)
I : 전류(A), V : 전압(V)
R : 저항(Ω)

※ 1 HP = 0.746 kW

② **전력량(Wh, kWh) : 전력×시간**

$$W = Pt = VIt [J]$$

$$1 \text{ kWh} = 1000 \text{ Wh} = 3600000 \text{ Ws} = 3.6 \times 10^6 \text{ J}$$

$$1 \text{ kWh} = \frac{3.6 \times 10^6 \text{ J}}{4.186 \times 10^3} = 860 \text{ kcal}$$

※ 1 cal = 4.186 J, 1 J = 0.24 cal

③ **전력 측정** : 전력계는 전압계와 전류계를 조합한 것과 같은 계기이다. 단자는 공통단자, 전류단자, 전압단자 등 3단자가 있다.

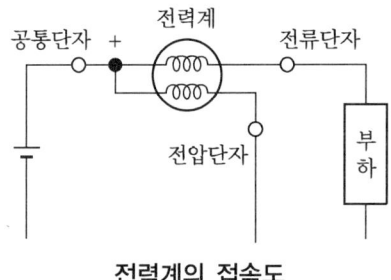

전력계의 접속도

(2) 줄(Joule)의 열

1 A의 전류가 $R[\Omega]$ 안을 t초 동안 흐르게 되면 $I^2Rt[J]$의 전기 에너지, 즉 전력량이 소비되어 그 저항에 $I^2Rt[J]$의 열이 발생한다. 이 열을 줄의 열이라고 한다.

$$H = 0.24\,W = 0.24\,Pt = 0.24\,I^2Rt\,[\text{cal}]$$

여기서, H : 열량(cal), W : 일량(J), P : 전력(W), t : 시간(s)

(3) 제베크 효과(Seebeck effect)

두 종류의 금속을 접속하고 두 접속점에 온도차를 두면 기전력이 발생된다. 이 기전력을 열기전력, 전류를 열전류, 이런 장치를 열전쌍이라고 한다. 이 제베크효과를 이용하여 열전대 온도계에 사용된다(열전대 온도계 : PR, CA, IC, CC).

(4) 도체의 저항과 저항률

① 도체의 저항은 길이에 비례하고, 단면적에 반비례한다.

$$R = \rho \frac{l}{A} [\Omega]$$

여기서, R : 저항(Ω), ρ : 고유 저항($\Omega \cdot$m), l : 길이(m), A : 단면적(m^2)

② ρ(로)는 고유 저항 또는 저항률이라고 하며 $1\,\mathrm{m}^3$ 입방체 양단의 저항값으로 나타내고, 단위는 $\Omega \cdot \mathrm{m}$이다.

도체의 전기저항

재료	철	백금	알루미늄	연동	은
$\rho[\Omega \cdot \mathrm{m}]$	10.0×10^{-8}	10.5×10^{-8}	2.62×10^{-8}	1.7241×10^{-8}	1.62×10^{-8}

③ 도전율(conductivity) σ : 고유 저항의 역수

$$\sigma = \frac{1}{\rho}\,[\mathrm{S/m}]\,(\mathrm{S} : \text{지멘스} = \frac{1}{\Omega})$$

(5) 저항온도계수

물질의 저항은 온도에 따라 달라진다. 저항의 온도가 1℃ 올라가는 경우에 본래의 저항값에 대한 저항의 증가 비율을 저항온도계수라고 한다. 필라멘트는 소등 시 저항은 약 $10\,\Omega$이나 점등 시 $2500\,\Omega$ 이상이 되어 이때의 저항은 약 $100\,\Omega$이 된다. 필라멘트는 온도가 올라가면 저항값이 증가한다.

$$R_T = R_t\{1 + \alpha_t(T-t)\}\,[\Omega]$$

여기서, R_T : 온도 상승 시 $T[℃]$에서의 저항
R_t : $t[℃]$에서의 처음 저항
α_t : 온도계수
$T-t$: 온도차, t : 처음 온도, T : 상승 후 온도

> **참고** 금속은 온도가 상승하면 저항이 증가하지만 반도체나 전해액은 저항이 감소한다.

(6) 배율기(multiplier)

전압계의 측정 범위를 넓히기 위해 전압계에 직렬로 접속하는 저항을 말한다.

$$V_o = I(R_m + R) = \frac{V}{R}(R_m + R) = V\left(\frac{R_m}{R} + 1\right)$$

여기서, R : 전압계 내부저항
R_m : 배율기 저항
V_o : 피측정 전압
V : 전압계 지시전압

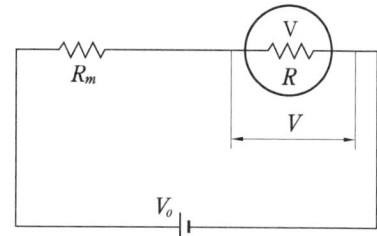

여기서, $\left(\dfrac{R_m}{R} + 1\right)$을 배율기의 배율이라고 한다.

(7) 분류기(shunt)

전류계의 측정 범위를 넓히기 위해 전류계에 병렬로 접속하는 저항을 말한다.

$$IR = I_s R_s = (I_o - I)R_s$$

$$IR + IR_s = I_o R_s$$

$$I_o = \left(\frac{R}{R_s} + 1\right)I$$

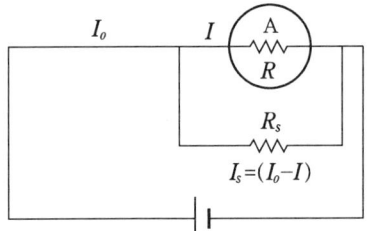

여기서, $\left(\dfrac{R}{R_s} + 1\right)$ 을 분류기의 배율이라고 한다.

(8) 휘트스톤 브리지(Wheatstone bridge)

G가 평형이면

$$A \cdot B = C \cdot D$$

$$\frac{A}{D} = \frac{C}{B}$$

$$B = \frac{D}{A} \cdot C$$

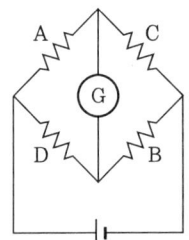

2. 정전기와 자기

2-1 콘덴서와 정전용량

(1) 정전기 발생

① **대전** : 물체가 마찰로 인해 전기를 띠는 것을 말하며, 대전에 의해 얻은 전기의 양을 전하라고 한다. 1 A란 1초 동안에 1 C의 전하가 통과할 때의 전류로 정하고 있다.

② **정전력** : 같은 부호의 전하끼리는 서로 반발하고, 다른 부호의 전하 사이에는 흡입하는 힘

(2) 쿨롱의 법칙

$$F = k\frac{q_1 q_2}{r^2}$$

여기서, q_1, q_2 : 전하량(C)
F : 전기력(N)
r : 거리(m)
k : 쿨롱의 비례상수(진공 : 9×10^9 N·m²/C²)

> **참고** 도선에 흐르는 전류의 세기가 1A일 때 도선의 한 단면을 1초 동안 통과한 전하량을 1C이라 한다.

$$E = \frac{F}{q} \text{[N/C]}$$

여기서, E : 전기장의 세기

$$E = \frac{F}{q_1} = k\frac{q_1 q_2}{q_1 r^2} = \frac{kq_2}{r^2}$$

가장 작은 전하는 전자이며, 1.6×10^{-19} C이다.

$$V = V_2 - V_1 = \frac{W}{q} \text{[J/C]} \text{(1 C의 전하를 옮기는 데 1 J의 일이 소요된다.)}$$

(3) 콘덴서(축전기)

① **콘덴서(축전기) 전기용량** : 두 금속판 사이에 단위전압(1 V)을 걸어주었을 때 저장되는 전하량

$$V = Ed$$

$$Q = CV = It$$

여기서, E : 전기장의 세기, d : 전극 사이의 거리
C : 축전기의 전기용량, V : 전압
I : 전류(A), Q : 전하량
t : 시간

1 V의 전압을 걸었을 때 1 C의 전하가 저장되는 전기용량을 1 F(패럿)이라 한다.

$$1\text{F} = \frac{1\text{C}}{1\text{V}}$$

$$1\text{F} = 10^6 \mu\text{F} = 10^{12}\text{pF}$$

② 평행판 축전기의 전기용량은 금속판의 넓이 A에 비례하고, 두 금속판 사이의 간격 d에 반비례한다.

$$C = \varepsilon \frac{A}{d}$$

ε는 두 금속판 사이에 있는 유전체(절연체)의 종류에 따라 달라지는 상수로 물질의 유전율이라고 하며, 진공에서의 유전율 ε_o는 8.85×10^{-12} F/m이다.

③ **정전에너지** : 콘덴서(축전기)에 저장되어 있는 에너지

$$W = \frac{1}{2}VQ = \frac{1}{2}V \times CV = \frac{1}{2}CV^2 [J]$$

여기서, W : 전기에너지(J), V : 전위차(V)
Q : 전기량(C), C : 정전용량(F)

> **참고** **콘덴서의 용량을 크게 하는 방법**
> ① 유전체에 유전율이 큰 물질을 사용한다(세라믹 콘덴서).
> ② 도체판(극판)의 면적을 크게 한다. 유전체(종이, 폴리에스테르)와 극판(알루미늄박)을 교차로 중복되게 감아서 원통상으로 만든다.
> ③ 도체판(극판) 간의 거리를 짧게 한다(알루미늄 전해 콘덴서).

(4) 콘덴서의 접속법

① **병렬접속** : 각 콘덴서의 극판 간에는 어느 것이나 $V[V]$의 전압이 공급된다. 따라서, 전기량 $Q_1 = C_1 V$, $Q_2 = C_2 V$이다. 그러므로 콘덴서 전체 전기량 $Q = Q_1 + Q_2 = C_1 V + C_2 V$이다.

따라서, 합성 정전용량 C는 $C = \dfrac{Q}{V} = C_1 + C_2$가 된다.

$$\therefore C = C_1 + C_2 + C_3 \cdots + C_n$$

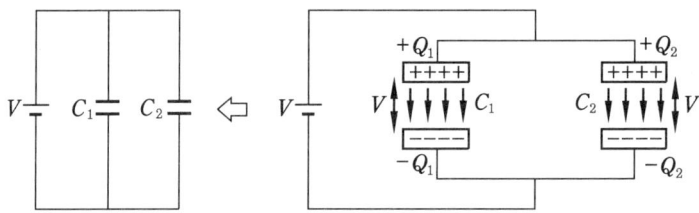

② **직렬접속** : 직렬로 접속하면 양단전극 A와 D에 각각 $+Q[C]$와 $-Q[C]$의 전하가 충전된다. 즉, B에는 $-Q[C]$, C에는 $+Q[C]$가 정전 유도작용에 의해 유도되므로 각 콘덴서 C_1, C_2에는 동일한 전기량이 충전되게 된다. 따라서 각 콘덴서의 단자전압 V_1, V_2는 $V_1 = \dfrac{Q}{C_1}[V]$, $V_2 = \dfrac{Q}{C_2}[V]$가 된다.

그러므로 공급전압 $V = V_1 + V_2 = \dfrac{Q}{C_1} + \dfrac{Q}{C_2} = Q\left(\dfrac{1}{C_1} + \dfrac{1}{C_2}\right)$이 된다.

따라서, 합성 정전용량 C는

$$C = \dfrac{Q}{V} = \dfrac{1}{\dfrac{1}{C_1} + \dfrac{1}{C_2}}$$ 이 된다.

$$\therefore C = \cfrac{1}{\cfrac{1}{C_1} + \cfrac{1}{C_2} + \cfrac{1}{C_3} + \cdots + \cfrac{1}{C_n}}, \quad \cfrac{1}{C} = \cfrac{1}{C_1} + \cfrac{1}{C_2} + \cfrac{1}{C_3} + \cdots + \cfrac{1}{C_n}$$

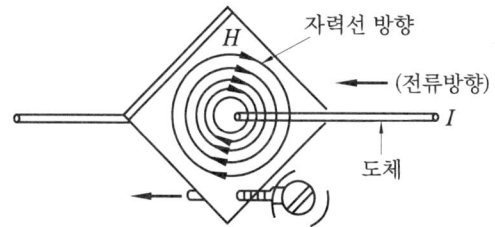

2-2 자기

(1) 자기회로

① **전류에 의한 자기장** : 도체에 전류를 흐르게 하면 그 주위에 동심원상으로 자계가 발생한다. 이 전류와 발생한 자계와의 사이에 암페어의 오른손 법칙에 성립된다. 그림과 같이 오른나사의 진행방향을 전류방향으로 하면 나사의 회전방향이 자기장의 방향이 된다(암페어의 오른나사 법칙).

② **암페어의 주회로 법칙**

㈎ 자계의 세기 $H[\text{A/m}]$와 전류 $I[\text{A}]$와 도체에서의 거리 l과의 법칙

$$Hl = I$$

$$H = \frac{I}{l} = \frac{I}{2\pi r} \, [\text{A/m}]$$

즉, 자계에 따라서 한 바퀴 돌아간 거리에 자계를 곱셈한 값 Hl은 이 자계를 만든 전류값 I와 같다.

㈏ 옆 그림과 같이 N개의 도체에서 각각 전류가 흐를 때 자계의 세기는 다음과 같다.

$$Hl = N \cdot I \qquad H = \frac{N \cdot I}{l}$$

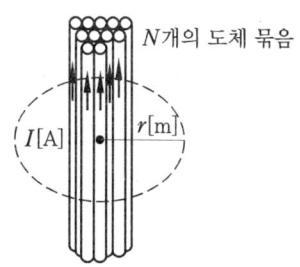

$$H \cdot 2\pi r = N \cdot I$$

$$\therefore H = \frac{N \cdot I}{2\pi r} [\text{A/m}]$$

③ **자장의 세기** : 자장 안에 있는 어떤 점에 +1 Wb의 자극을 둘 때 이 자극이 작용하는 힘으로 그 점의 자장의 세기를 나타낸다. 즉 세기 m[Wb]의 자극에서 r[m]의 거리에 있는 진공 중의 자장의 세기 H는

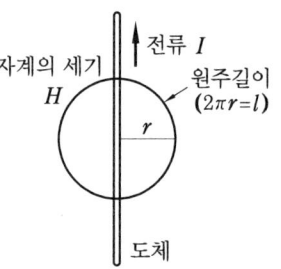

$$H = \frac{1}{4\pi\mu_o\mu_s} \times \frac{m}{r^2} = 6.33 \times 10^4 \times \frac{m}{\mu_s r^2} [\text{AT/m}]$$

$$F = 6.33 \times 10^4 \frac{m_1 m_2}{r^2}$$

$$F = mH [\text{N}]$$

여기서, F : 힘, 자기력(N)
   m : 자장 중에 있는 자극의 세기(Wb)
   H : 자계의 세기(AT/m)

④ **기자력과 자기저항**

 (가) 기자력 : 자속을 만드는 원동력

$$F = NI$$

여기서, F : 기자력(AT)
   N : 권수(T)
   I : 전류(A)

 (나) 자기저항

$$R = \frac{NI}{\phi} [\text{AT/Wb}], \quad R = \frac{l}{\mu A}$$

여기서, R : 자기저항(AT/Wb)
   l : 자로의 길이(m)
   ϕ : 자속(Wb)
   μ : 철심의 투자율(H/m)
   A : 철심의 단면적(m^2)

 (다) 투자율

$$\mu = \mu_o \cdot \mu_s = 4\pi \times 10^7 \mu_s$$

여기서, μ_s : 비투자율

$$\phi = \frac{F}{R} = \frac{NI}{\frac{l}{\mu A}}$$

자기회로와 전기회로의 비교

자기회로	전기회로
기자력 : $F = NI$[AT]	기전력 : E[V]
자속 : ϕ[Wb]	전류 : I[Ω]
자기저항 : R[AT/Wb]	전기저항 : R[Ω]
자기저항률 : $\dfrac{1}{\mu}$	고유저항 : ρ
투자율 : μ[H/m]	도전율 : δ
자위강하 : $\phi R = Hl$[AT]	저압강하 : IR

⑤ **자속밀도(B)** : 철심 단면의 단위넓이 $1\,\text{cm}^2$에 생기는 자속의 양을 말한다.

$$B = \frac{\phi}{A}\,[\text{Wb/m}^2]$$

$$\phi = \frac{NI}{\dfrac{l}{\mu A}} = \frac{\mu A NI}{l}\,[\text{Wb}]$$

$$B = \frac{\phi}{A} = \frac{\dfrac{\mu A NI}{l}}{A} = \frac{\mu NI}{l}\,[\text{Wb/m}^2]$$

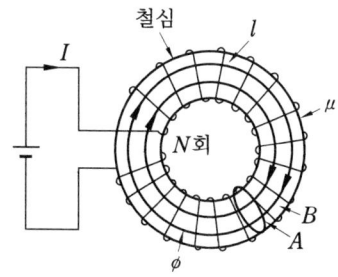

여기서, B : 자속밀도(Wb/m²)
 A : 단면적(m²)
 ϕ : 자속(Wb)
 N : 권수
 I : 전류(A)
 l : 자속길이(m)
 μ : 투자율

⑥ **자속밀도와 자장의 세기와의 관계**

$$B = \frac{\mu NI}{l}\,[\text{Wb/m}^2]$$

$$H = \frac{NI}{l}\,[\text{AT/m}]$$

$$\therefore\ B = \mu \cdot H\,[\text{Wb/m}^2]$$

(2) 전자유도

① 코일과 자속이 쇄교할 때 자속이 변화하거나 코일이 운동하게 되면 코일에 기전력이 생긴다. 이 현상을 전자유도라 한다. 이 기전력의 크기는 쇄교하는 자속의 시간적인

변화의 비율에 비례한다. 이를 전자유도에 관한 패러데이 법칙이라고 한다.

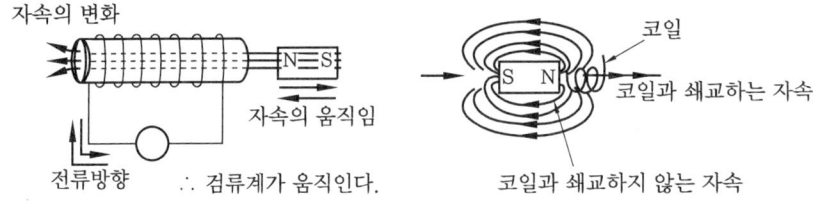

$$\therefore e = k\frac{\Delta\phi}{\Delta t} = N\frac{\Delta\phi}{\Delta t}$$

여기서, e : 기전력
$\Delta\phi$: 쇄교 자속의 변화량(Wb)
Δt : 시간의 변화량
k : 비례상수
N : 코일 감은 횟수

② **렌츠의 법칙** : 코일은 이것을 관통하는 자속이 변화하게 되면 그의 자속의 변화를 방해하려는 방향으로 자속을 발생시키는 유도기전력이 생긴다. 자속의 증가를 방해하는 방향(파선의 화살표)으로 자속이 생기도록 기전력이 유도된다.

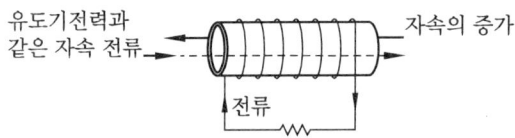

③ **플레밍의 오른손 법칙** : 도체가 자계 안을 움직일 때 기전력의 방향은 플레밍의 오른손 법칙으로 쉽게 알 수 있다. 오른손의 엄지, 검지, 중지를 서로 직각이 되게 벌리게 하면 엄지는 도체의 운동 방향, 검지는 자속의 방향, 중지는 기전력의 방향과 일치한다.

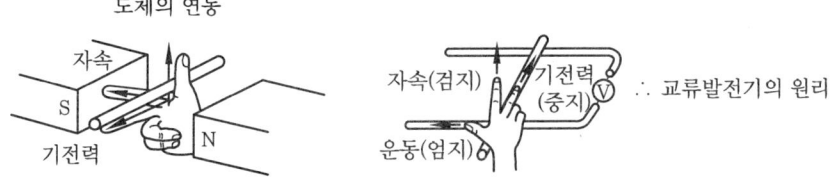

④ **상호유도작용** : 접근해 있는 2개의 코일 중 하나의 코일에 흐르는 전류가 변화하면 다른 코일에 기전력이 유도된다. 코일 A에 흐르는 전류 I_A가 Δt초 동안에 ΔI_A 정도만 변화하면 코일 B에 유도된 기전력(e_B)은 다음 식과 같다.

$$e_B = -M\frac{\Delta I_A}{\Delta t}$$

이 식 중의 M을 상호 인덕턴스라고 하며, 단위는 헨리(H)이다.

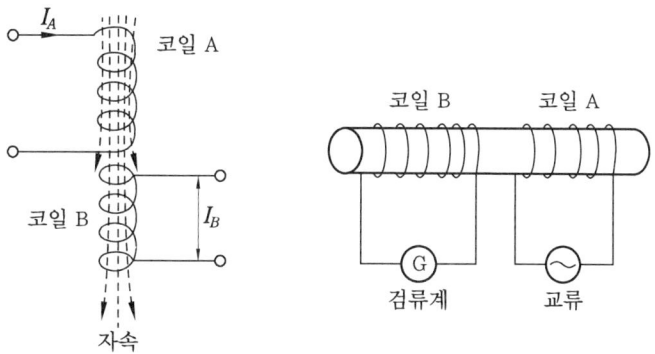

코일 A에 전류를 흐르게 하면 자석이 되고, 이때 전류를 변화시키면 코일 B에 쇄교하는 자속수도 변화되며 코일 B에 기전력이 유도된다.

⑤ **자기유도작용** : 코일에 흐르는 전류가 변화하면 코일 자신의 쇄교수가 변화하기 때문에 코일에 기전력이 유도된다. 이 작용을 자기유도작용이라고 하며, 유도된 기전력을 자기유도 기전력이라고 한다. 코일에 흐르는 전류가 Δt초 동안에 ΔI[A] 정도만 변화하게 되면 코일에 유도된 자기유도 기전력 e는 다음과 같다.

$$e = -L \frac{\Delta I}{\Delta t}$$

여기서 L을 자기 인덕턴스라고 하며, 단위는 헨리(H)이다.

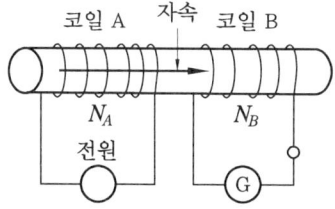

코일 A에 전류가 흘러서 생긴 자속은 코일 B와 쇄교하는 동시에 코일 A 자신에도 쇄교하고 있다. 이로 인해 코일 A에는 기전력이 유도된다.

⑥ **저장에너지** : 자기 인덕턴스(L)에 저장된 에너지(W)

$$W = \frac{1}{2} L I^2$$

여기서, L : 자기 인덕턴스(H)
I : 전류(A)

(3) 전자력

① 자계 내에서 도체에 전류를 흐르게 하면 전자력 F가 도체에 작용한다.

$F = BIl\sin\theta \text{[N]}$

여기서, F : 전자력(N)
B : 자속밀도(Wb/m^2)
I : 도체에 흐르는 전류(A)
l : 도체의 유효길이(m)
θ : 자계와 도체가 이루는 각(°)

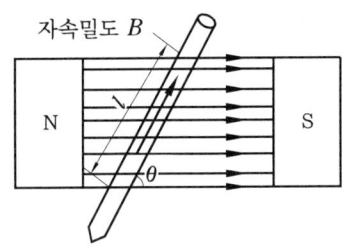

② **4각형 코일에 작용하는 토크** : 그림과 같은 자계 안에 4각 코일 a, b, c, d를 두고 전류 I[A]를 흐르게 한 경우

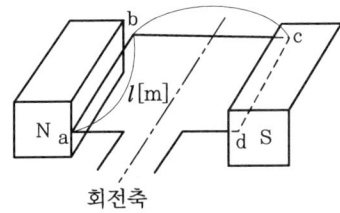

㈎ 코일 $\overline{ab}$에 작용하는 전자력의 방향은 아래 방향이며, 크기 $F_1 = BIl$[N]이 된다.
㈏ 코일 $\overline{cd}$에 작용하는 전자력의 방향은 위 방향이고, $F_2 = BIl$[N]이 된다.
㈐ F_1과 F_2는 크기가 같고 방향은 반대가 된다.
㈑ 전 토크 $T = BIA$[N·m]

$\therefore T = BIAN$[N·m]

여기서, T : 토크(N·m)
B : 자속밀도(Wb/m^2)
I : 전류(A)
A : 면적(m^2)
N : 권수

③ **플레밍의 왼손 법칙** : 자계 안에 둔 도체에 전류가 흐를 때 도체에 작용하는 전자력의 방향에 관한 법칙으로 검지를 자계의 방향으로 하고 중지를 전류의 방향으로 하면 엄지의 방향이 전자력의 방향이 된다.

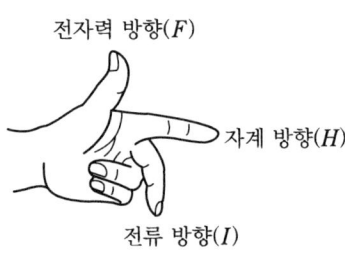

(4) 히스테리시스 곡선

자기포화 곡선($B-H$ 곡선)에서 같은 자화력 H에 대해 자속밀도 B가 클수록 강한 자석이 된다.

$$투자율(\mu) = \frac{B}{H} [\text{H/m, Wb/Am}]$$

(5) 변압기의 원리

변압기는 앞에서 배운 바 있는 2개의 코일 사이에 작용하는 상호유도작용을 이용하여 전압을 바꾸는 것으로 그 중요 부분은 그림과 같이 자속의 통로가 될 철심과 이것에 감겨진 2개의 권선(코일) P, S로 되어 있다. 권선 P에 교류전압 V_1[V]를 가하면 교류전류 I_o[A]가 흘러서 철심에 교번자속 ϕ가 발생하고, ϕ에 의한 전자유도에 의하여 P에 V_1과 거의 같은 유도 기전력 E_1[V]이 발생한다. 동시에 S에 유도 기전력 E_2[V]가 발생하며, 이것이 S의 단자 전압 V_2[V]가 된다.

변압기에서는 전원을 접속하는 쪽의 권선 P를 1차 권선, 부하를 접속하는 쪽의 권선 S를 2차 권선이라 한다.

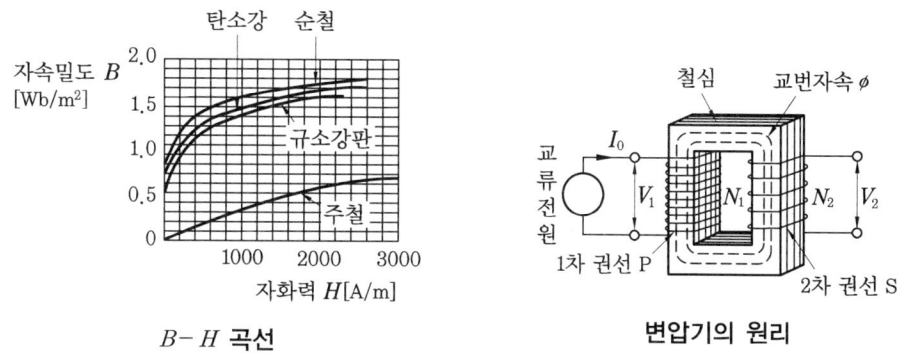

$B-H$ 곡선   변압기의 원리

① **변압비** : 변압기의 1차, 2차 권선의 권수를 N_1, N_2라고 하면 1차, 2차 전압 V_1, V_2 사이에는 다음과 같은 관계가 성립된다.

$$\frac{V_1}{V_2} \fallingdotseq \frac{E_1}{E_2} = \frac{N_1}{N_2} = a$$

이 식에서 a는 변압비 또는 권수비라고 한다.

따라서 변압기는 1차 전압이 일정하여도 권수비만 적당히 선택하면 필요로 하는 크기의 2차 전압을 쉽게 얻을 수 있다.

② **변류비** : 그림과 같이 변압기의 2차측에 부하를 접촉하면 2차 권선에 전류 I_2(2차 부하전류, 2차 전류)가 흘러 이에 대응하여 1차 권선에도 1차 전압 V_1에 의하여 흐

르는 여자전류 I_o 이외에 전류 I_1'(1차 부하전류)가 흐른다. 1차 전류 I_1은 I_1'와 I_o의 합이 되나 I_o는 I_1'에 비하여 매우 작으므로 I_1은 I_1'와 거의 같은 것으로 생각하면 된다.

따라서 1차, 2차의 권선의 권수를 N_1, N_2라고 하면 1차 전류 I_1, I_2 사이에는 다음 식이 성립된다.

$$\frac{I_1}{I_2} \fallingdotseq \frac{I_1'}{I_2} = \frac{N_2}{N_1} = \frac{1}{a}$$

이 식에서 $\frac{1}{a}$을 변류비라고 하며 권수비에 반비례한다.

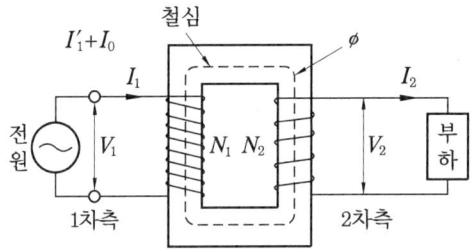

변압기의 부하 시의 원리

③ 변압기의 성질

(가) 정격 : 전기기기에는 그것을 적절하고 안전하게 사용하기 위하여 사용전압, 주파수 등이 지정되어 있으며 전류, 출력 등이 정해져 있다. 이것을 성격이라 하며 각기 정격 전압, 정격전류, 정격출력(또는 정격용량)이라 부른다. 더구나 역률이 지정되는 경우도 있다. 기기의 정격은 명판에 명기하여 기기에 부착하도록 되어 있다. 변압기의 정격용량은 정격주파수일 때 정격 2차 전압과 정격 2차 전류의 곱으로 표시되며, 단위는 볼트 암페어(VA)를 사용한다.

(나) 손실 : 어떠한 기기라도 주어진 입력엔진의 전부가 출력되는 것은 아니고 그 일부가 기기 내부에서 자연소모된다. 이것을 손실이라 하며 거의 전부가 열로 발산되고 있다. 변압기의 주된 손실에는 다음과 같은 것이 있다.

㉮ 철손 : 철심 내에서 발생하는 맴돌이 전류손, 히스테리시스손으로 거의 일정하다.

㉯ 저항손 : 부하전류에 의한 1차, 2차 권선(동선)이 갖고 있는 저항에 의한 손실로서 거의 전류의 제곱에 비례한다.

(다) 효율 : 입력(유효전력)에 대한 출력(유효전력)의 비율을 효율이라 하며, 변압기에서는 다음 식으로 표시한다.

$$효율\ \eta = \frac{출력}{입력} \times 100 = \frac{출력}{출력 + 철손 + 저항손} \times 100\ \%$$

출제 예상 문제

1. 24 C의 전기량이 이동하여 144 J의 일을 한 경우에 기전력은 몇 V나 되는가?
① 6 V   ② 4 V
③ 2 V   ④ 8 V

해설 $W = V \cdot Q$
일(J) = 기전력(V) × 전기량(C)
$V = \dfrac{W}{Q} = \dfrac{144}{24} = 6\text{V}$

2. 저항값이 같은 두 개의 도선을 병렬로 연결한 경우 합성저항은 얼마인가?
① 한 도선저항의 2배
② 한 도선저항의 2/3배
③ 한 도선저항과 같다.
④ 한 도선저항의 1/2배

해설 $R_1 = R_2 = R$이면 병렬 합성저항
$R_T = \dfrac{R_1 \cdot R_2}{R_1 + R_2} = \dfrac{R^2}{2R} = \dfrac{R}{2}$

3. 전류 I, 시간 t, 전기량을 Q라고 할 때 전기량은?
① $Q = \dfrac{I}{t}$ ② $Q = It$
③ $Q = \dfrac{t}{I}$ ④ $Q = \dfrac{1}{It}$

해설 $I = \dfrac{Q}{t}$에서 $Q = It$

4. 그림에서 a, b 간의 합성저항 정전용량으로 바른 것은?

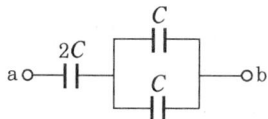

① $4C$ ② $3C$
③ $2C$ ④ C

해설 콘덴서의 직·병렬연결로서
$\dfrac{1}{\dfrac{1}{2C}+\dfrac{1}{2C}} = \dfrac{2C \times 2C}{2C+2C} = C$

콘덴서의 직렬연결은 저항의 병렬연결과 같고, 콘덴서의 병렬연결은 직렬연결과 같다.

5. 다음 그림 중에서 I_1[A]은 몇 A인가?

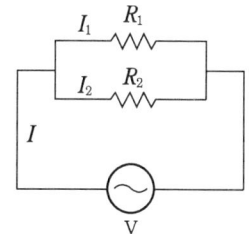

① $\dfrac{R_2}{R_1+R_2} \cdot I$ ② $\dfrac{R_1}{R_1+R_2} \cdot I$
③ $\dfrac{R_1+R_2}{R_2} \cdot I$ ④ $I + I_2$

해설 전류 분배 법칙 : 분로전류는 저항에 반비례로 흐른다.
$I_1 = \dfrac{R_2}{R_1+R_2} \cdot I, \ I_2 = \dfrac{R_1}{R_1+R_2} \cdot I$

6. 다음 회로에서 2 Ω에 흐르는 전류 I_1은 몇 A인가?

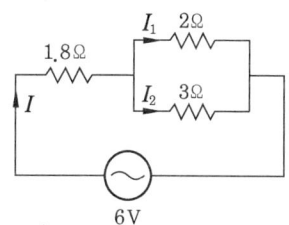

정답 1. ① 2. ④ 3. ② 4. ④ 5. ① 6. ②

① 0.8 ② 1.2
③ 1.8 ④ 2

[해설] 합성저항 $= 1.8 + \dfrac{2 \times 3}{2+3} = 3\,\Omega$

전전류 $I = \dfrac{V}{R} = \dfrac{6}{3} = 2\,A$

$I_1 = \dfrac{R_2}{R_1+R_2} \cdot I = \dfrac{3}{2+3} \cdot 2 = 1.2\,A$

7. 다음과 같은 회로에서 저항 R의 값을 E, V, r로 나타낸 것 중 맞는 것은?

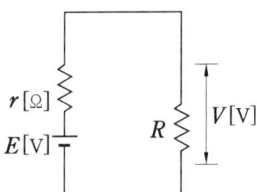

① $\dfrac{E-V}{V} \cdot r\,[\Omega]$

② $\dfrac{E}{E-V} \cdot r\,[\Omega]$

③ $\dfrac{V}{E-V} \cdot r\,[\Omega]$

④ $\dfrac{E-V}{E} \cdot r\,[\Omega]$

[해설] $I = \dfrac{E}{r+R} = \dfrac{V}{R} = \dfrac{E-V}{r}$

$R = \dfrac{V}{E-V} \cdot r\,[\Omega]$

8. 접합점의 온도를 달리하여 전기가 흐르는 현상은?

① 펠티어 효과   ② 제베크 효과
③ 전자 효과   ④ 줄·톰슨 효과

[해설] (가) 줄·톰슨 효과 : 유체를 단열 교축 팽창시키면 압력과 온도가 동시에 강하된다.
(나) 제베크 효과 : 도체에 전류를 흐르게 하면 열이 발생하고 열을 가하면 전류가 흐른다.
(다) 펠티어 효과 : 종류가 다른 2종의 금속을 접속하여 전류를 흐르게 하면 한 접합점은 열을 흡수하고 다른 접합점은 열을 방출한다.

9. 기전력 E, 내부저항 r인 전지 n개를 직렬로 연결하면 기전력과 내부 저항은 어떻게 되는가?

① nE, $\dfrac{r}{N}$ ② $\dfrac{E}{N}$, nr

③ nE, nr ④ $\dfrac{E}{n}$, $\dfrac{r}{n}$

[해설] 직렬은 $E_0 = nE$, $r_0 = nr$

병렬은 $E_0 = E$, $r_0 = \dfrac{r}{n}$

10. 지름이 0.6 mm, 고유저항 $100\,\mu[\Omega cm]$인 니크롬선 10 m로 된 200 V용 전열기의 전력은 몇 kW인가?

① 2.26 kW   ② 1.13 kW
③ 0.73 kW   ④ 0.57 kW

[해설] $R = \rho \dfrac{l}{A} = 100 \times \dfrac{1000}{\dfrac{\pi}{4} \times 0.06^2} \times 10^{-6}$

$= 35.3857\,\Omega$

$P = VA = I^2 R = \dfrac{V^2}{R} = \dfrac{200^2}{35.3857}$

$= 1130.4\,W = 1.13\,kW$

11. 5분 동안에 600 C의 전기량이 이동했다면 전류의 크기는 몇 A인가?

① 150   ② 100
③ 50   ④ 2

[해설] $I = \dfrac{Q}{t} = \dfrac{600}{5 \times 60} = 2\,A$

12. 같은 저항 6개를 병렬로 접속하여 120 V 전원에 접속한 결과 30 A 전류가 흘렀다. 저항 1개의 저항값은 몇 Ω인가?

정답 7. ③ 8. ② 9. ③ 10. ② 11. ④ 12. ④

① 18 ② 20
③ 22 ④ 24

[해설] 합성저항 $R = \dfrac{120}{30} = 4\,\Omega$

한 개 저항을 r이라 하면 $R = \dfrac{r}{n}$

$r = R \cdot n = 4 \times 6 = 24\,\Omega$

13. 그림과 같은 브리지의 평형 조건은?

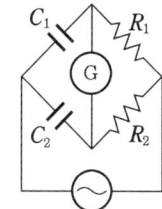

① $\dfrac{1}{C_1 C_2} = R_1 R_2$ ② $C_1 C_2 = R_1 R_2$

③ $C_1 R_2 = C_2 R_1$ ④ $C_1 R_1 = C_2 R_2$

[해설] 평형 조건 : $R_1 \times \dfrac{1}{C_2} = R_2 \times \dfrac{1}{C_1}$

∴ $C_1 R_1 = C_2 R_2$

14. 다음 회로에서 전압 E를 나타내는 식으로 옳은 것은? (단, $V_1 > V_2$)

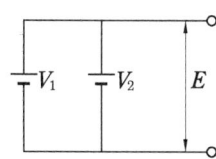

① $E = V_1$ ② $E = V_1 + V_2$

③ $E = V_2$ ④ $E = V_1 - V_2$

[해설] 키르히호프 제2법칙 적용
$E = V_1 - V_2$

15. 30 Ω의 저항으로 △결선 회로를 만든 다음 다시 Y회로로 변환하는 경우에 한 변의 저항은 얼마인가?

① 10 Ω ② 15 Ω

③ 30 Ω ④ 45 Ω

[해설] $R_Y = \dfrac{1}{3} R_\Delta = \dfrac{1}{3} \times 30 = 10\,\Omega$

16. 그림에서 A-B 접속점 사이의 컨덕턴스는 몇 ℧인가?

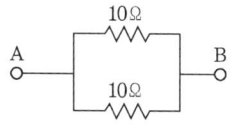

① 0.1 ℧ ② 0.2 ℧

③ 0.3 ℧ ④ 0.4 ℧

[해설] 합성저항 $R = \dfrac{10}{2} = 5\,\Omega$ (Ω : 옴)

컨덕턴스 $G = \dfrac{1}{R} = \dfrac{1}{5} = 0.2\,℧$ (℧ : 모)

17. 코일의 기자력은 전류를 I, 권수를 N, 코일의 길이를 l이라고 하면 다음 중 어느 식으로 표시되는가?

① NI ② $N^2 I$

③ $\dfrac{NI}{l}$ ④ $\left(\dfrac{I}{l}\right)^2 N$

18. 다음 회로에서 전류 I는 몇 A인가?

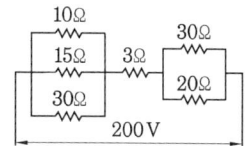

① 10 A ② 8 A

③ 6 A ④ 4 A

[해설] 합성저항 R

$= \dfrac{1}{\dfrac{1}{10} + \dfrac{1}{15} + \dfrac{1}{30}} + 3 + \dfrac{30 \times 20}{30 + 20}$

$= 20\,\Omega$

$I = \dfrac{V}{R} = \dfrac{200}{20} = 10\,\text{A}$

19. 다음의 회로에서 전압 100 V를 가하였을 때 10 Ω의 저항에 흐르는 전류는 몇 A인가?

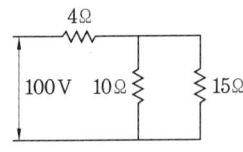

① 2 A　　② 4 A
③ 6 A　　④ 8 A

[해설] 합성저항 $R = 4 + \dfrac{15 \times 10}{15 + 10} = 10\ \Omega$

전전류 $I_0 = \dfrac{V}{R} = \dfrac{100}{10} = 10\ \text{A}$

전류 분배 법칙을 적용하면

$I_{10} = \dfrac{R_{15}}{R_{10} + R_{15}} \cdot I_0 = \dfrac{15}{10 + 15} \times 10 = 6\ \text{A}$

20. 용량 750 W의 전열기에서 전열기의 길이를 5 % 작게 하면 소비전력은 몇 W인가?

① 580 W　　② 790 W
③ 750 W　　④ 830 W

[해설] $P = \dfrac{V^2}{R}$ 에서 전력은 저항에 반비례하고, 저항 R은 길이에 비례하여 감소한다.

$P_2 = 750 \times \dfrac{100}{95} = 790\ \text{W}$

21. 10 μF의 콘덴서에 200 V의 전압을 인가했을 때 콘덴서에 축적되는 전하량(C)은 얼마인가?

① 2×10^{-3} C　　② 2×10^{-4} C
③ 2×10^{-5} C　　④ 2×10^{-6} C

[해설] $Q = E \cdot C = 200 \times 10 \times 10^{-6}$
$\qquad = 2 \times 10^{-3}$ C

22. 어떤 부하에 흐르는 전류와 전압강하를 측정하려고 한다. 이때 전류계와 전압계의 접속방법은?

① Ⓐ, Ⓥ에 모두 부하에 직렬접속한다.
② Ⓐ, Ⓥ를 모두 부하에 병렬접속한다.
③ Ⓐ는 부하에 직렬, Ⓥ는 부하에 병렬로 접속한다.
④ Ⓐ는 부하에 병렬, Ⓥ는 부하에 직렬로 접속한다.

[해설]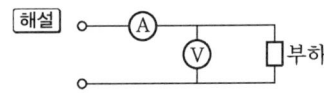

23. 다음 회로의 합성용량(C_0)은?

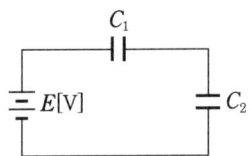

① $C_0 = C_1 + C_2$
② $C_0 = C_2 + C_1$
③ $C_0 = \dfrac{C_1 + C_2}{C_1 \cdot C_2}$
④ $C_0 = \dfrac{C_1 \cdot C_2}{C_1 + C_2}$

[해설] 축전기의 직렬접속 계산법은 저항의 병렬접속 계산법과 같다.

24. 다음 콘덴서의 합성용량은?

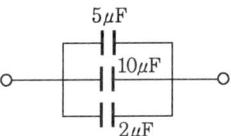

① 10 μF　　② 8.5 μF
③ 0.06 μF　　④ 17 μF

[해설] 축전기의 병렬접속 계산법은 저항의 직렬접속 계산법과 같다.
$C_0 = C_1 + C_2 + C_3 = 5 + 10 + 2 = 17\ \mu\text{F}$

[정답] 19. ③　20. ②　21. ①　22. ③　23. ④　24. ④

25. 다음의 Δ회로를 등가 Y로 변환할 때 각 변의 저항은 몇 Ω인가?

① 3.3, 5, 10
② 1, 2, 3
③ 5, 8, 7
④ 3, $\frac{10}{3}$, $\frac{5}{3}$

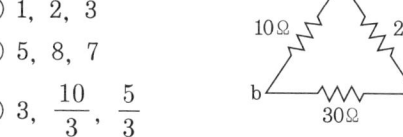

[해설] Δ→Y로 변환

$R_a = \frac{10 \times 20}{10+20+30} = 3.33\ \Omega$

$R_b = \frac{10 \times 30}{10+20+30} = 5\ \Omega$

$R_c = \frac{20 \times 30}{10+20+30} = 10\ \Omega$

26. 그림에서 a, b회로의 저항은 c, d회로 저항의 몇 배나 되는가?

① 2배
② 3배
③ 4배
④ 5배

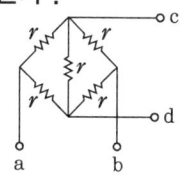

[해설] a, b 저항 $R_1 = \frac{2r \times 2r}{2r+2r} = r$

c, d 저항 R_2
$= \frac{2r \times r \times 2r}{2r \times r + 2r \times 2r + 2r \times r} = \frac{4r^3}{8r^2} = \frac{r}{2}$

∴ $\frac{R_1}{R_2} = \frac{r}{\frac{r}{2}} = 2$

27. 다음은 휘트스톤 브리지의 회로도이다. BC 사이에 전류가 흐르지 않을 때 x값은 얼마 정도인가?

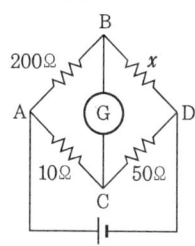

① 100 Ω
② 200 Ω
③ 250 Ω
④ 1000 Ω

[해설] $200 \times 50 = 10x$
∴ $x = 1000\ \Omega$

28. 출력이 3.7 kW인 전동기의 효율이 85 %이다. 이 전동기의 손실은 몇 W인가?

① 555 W
② 3145 W
③ 653 W
④ 4352 W

[해설] $\eta = \frac{출력}{입력} = \frac{(입력-손실)}{입력}$

입력 $= \frac{출력}{\eta} = \frac{3700}{0.85} = 4353\ W$

손실 = 입력 − 출력 = 4353 − 3700 = 653 W

29. M.K.S 단위계에서 고유저항의 단위는?

① Ω·cm
② Ω·mm²/m
③ μΩ·cm
④ Ω·m

30. 다음의 그림에서 브리지가 평형이 되기 위한 C_x의 값을 구하면? (단, $P=5$ Ω, $Q=10$ Ω, $C=100$ pF이다)

① 200 pF
② 300 pF
③ 400 pF
④ 500 pF

[해설] $C_x \cdot P = C \cdot Q$

$C_x = \frac{C \cdot Q}{P} = \frac{100 \times 10}{5} = 200\ pF$

31. 그림과 같은 회로에서 15 Ω의 저항에 흐르는 전류는 몇 A인가?

정답 25. ① 26. ① 27. ④ 28. ③ 29. ④ 30. ① 31. ②

① 1.5 A
② 2.5 A
③ 15 A
④ 25 A

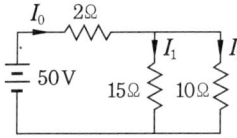

[해설] 합성저항$(R) = 2 + \dfrac{10 \times 15}{10 + 15} = 8\,\Omega$

전전류$(I) = \dfrac{V}{R} = \dfrac{50}{8} = 6.25\,\text{A}$

전류 분배 법칙을 적용하면

$I_1 = \dfrac{R_2}{R_1 + R_2} \cdot I$

$= \dfrac{10}{15 + 10} \times 6.25 = 2.5\,\text{A}$

32. 열효율 80 %, 500 W의 온수기로 20℃의 물 1 kg을 5분간 가열할 때 물의 최종 온도는 몇 ℃인가?

① 30℃ ② 48.67℃
③ 57.6℃ ④ 65℃

[해설] 입열량 $= 0.5\,\text{kW} \times 860\,\text{kcal/kW}$
$\times \dfrac{5}{60} \times 0.8 = 28.67\,\text{kcal}$

$\Delta T = \dfrac{Q}{GC} = \dfrac{28.67}{1 \times 1} = 28.67\,℃$

$\therefore 20 + 28.67 = 48.67\,℃$

33. 5 A의 전류가 1시간 동안 흘렀을 때의 전기량은 몇 C인가?

① 300 C ② 3600 C
③ 9000 C ④ 18000 C

[해설] $Q = It = 5 \times 3600 = 18000\,\text{C}$

34. 100 V의 전위차로 5 A의 전류가 3분 동안 흘렀다고 할 때 이 전기가 한 일은 몇 J인가?

① 4500 J ② 9000 J
③ 45000 J ④ 90000 J

[해설] $W = EQ = EIt = 100 \times 5 \times 3 \times 60$
$= 90000\,\text{J}$

35. 그림에서 전류 I는 몇 A인가?

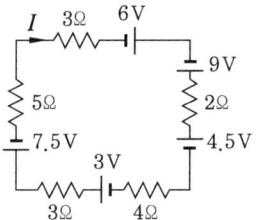

① 0.35 A ② 6 A
③ 17 A ④ 23 A

[해설] 키르히호프 제2법칙을 적용하면
기전력 대수의 합 = 전압강하 대수의 합
$6 + 9 - 4.5 + 3 - 7.5 = I(3 + 2 + 4 + 3 + 5)$
$I = \dfrac{6}{17} = 0.35\,\text{A}$

36. 정전콘덴서의 전위차와 축적된 에너지와의 관계식을 나타내는 곡선으로 옳은 것은?

① 타원 ② 직선
③ 포물선 ④ 쌍곡선

37. 다음 회로에서 검류계에 전류가 흐르지 않을 때 성립되는 식 중 틀린 것은?

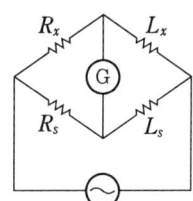

① $L_x = \dfrac{R_x}{R_s} \cdot L_s$

② $L_s = \dfrac{R_s}{R_x} \cdot L_x$

③ $R_x = \dfrac{L_x}{L_s} \cdot R_s$

④ $R_s = \dfrac{L_x}{L_s} \cdot R_x$

[해설] $R_x L_s = R_s L_x$

정답 32. ② 33. ④ 34. ④ 35. ① 36. ③ 37. ④

38. 다음의 휘트스톤 브리지가 평형 상태일 때 흐르는 전류는 몇 A인가?

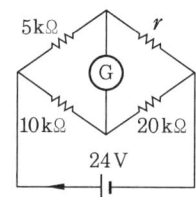

① 0.4 mA ② 1.3 mA
③ 2.4 mA ④ 3.2 mA

[해설] r을 구하면
$10 \times r = 5 \times 20$,
$r = \dfrac{5 \times 20}{10} = 10 \text{ k}\Omega$

전체 저항$(R) = \dfrac{15 \times 30}{15 + 30} = 10 \text{ k}\Omega$

$I = \dfrac{V}{R} = \dfrac{24}{10000} = 0.0024 \text{ A} = 2.4 \text{ mA}$

39. 그림과 같은 회로에서 V_1은 몇 V인가?

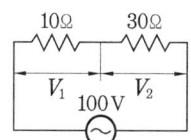

① 10 V ② 25 V
③ 50 V ④ 75 V

[해설] 전압 분배 법칙
$V_1 = \dfrac{R_1}{R_1 + R_2} \cdot V = \dfrac{10}{10 + 30} \cdot 100 = 25 \text{ V}$

40. 1 μF과 2 μF인 두 개의 콘덴서가 직렬로 연결된 양단에 150 V의 전압이 가해졌을 때 1 μF의 콘덴서에 걸리는 전압은?

① 50 V ② 100 V
③ 150 V ④ 200 V

[해설] $V_1 = \dfrac{C_2}{C_1 + C_2} \cdot V$
$= \dfrac{2}{1 + 2} \times 150 = 100 \text{ V}$

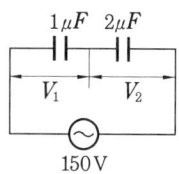

41. 다음 회로의 합성저항은 몇 Ω인가?

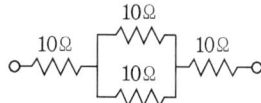

① 25 Ω ② 20 Ω
③ 15 Ω ④ 10 Ω

[해설] $R = 10 + \dfrac{10 \times 10}{10 + 10} + 10 = 25 \Omega$

42. 전원 100 V에 $R_1 = 5\,\Omega$과 $R_2 = 15\,\Omega$의 두 전열선을 직렬로 연결한 경우 옳은 것은?

① R_2는 R_1의 3배의 열을 발생시킨다.
② R_1은 R_2의 3배의 전류가 흐른다.
③ R_1은 R_2의 3배의 전력을 소비한다.
④ R_1과 R_2에 걸리는 전압은 같다.

[해설] ① $H = 0.24 I^2 Rt$ [cal] → 열은 저항에 비례$(R_1 < R_2)$
② 전류는 직렬연결에서는 같다.
③ $P = I^2 R$ [W] → 전력은 저항에 비례$(R_1 < R_2)$
④ 전압 분배 법칙
$V_1 = \dfrac{R_1}{R_1 + R_2} \cdot V (V_1 < V_2)$

43. 1개의 저항값이 100 Ω인 저항 4개를 접속하여 얻을 수 있는 가장 작은 저항값은 얼마인가?

① 20 Ω ② 25 Ω
③ 30 Ω ④ 35 Ω

[해설] 병렬접속일 때 저항값은 가장 작다.

[정답] 38. ③ 39. ② 40. ② 41. ① 42. ① 43. ②

$R_0 = \dfrac{R}{n} = \dfrac{100}{4} = 25\,\Omega$

직렬접속일 때 $R_0 = nR$

44. 다음의 회로에서 저항 R은 몇 Ω인가?

① 1
② 2
③ 3
④ 4

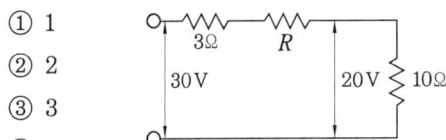

[해설] $I = \dfrac{V}{R} = \dfrac{20}{10} = 2\,A$

$V_1 = 3 \times 2 = 6\,V$

$V_R = 30 - 20 - 6 = 4\,V$

$R = \dfrac{V}{I} = \dfrac{4}{2} = 2\,\Omega$

45. J/s와 같은 단위는 어느 것인가?

① V
② W·s
③ cal
④ W

[해설] $1\,W = 1\,J/s$

46. 2 ℧의 컨덕턴스에 50 V의 전압을 가한 경우에 흐르는 전류는 몇 A인가?

① 100
② 150
③ 200
④ 250

[해설] $I = \dfrac{1}{R}V = GV = 2 \times 50 = 100\,A$

47. 코일의 저항이 2 Ω이 되도록 지름 1.0 mm의 연동선으로 전자속을 만들려고 한다. 코일의 길이는 대략 몇 m로 하여야 하는가?(단, 연동선의 고유저항은 1.72×10^{-8} $\Omega \cdot m$이다.)

① 71
② 81
③ 91
④ 101

[해설] $R = \rho \dfrac{l}{A}$에서

$l = \dfrac{RA}{\rho} = \dfrac{2 \times \dfrac{\pi}{4} \times 0.001^2}{1.72 \times 10^{-8}} \fallingdotseq 91\,m$

48. 다음 회로에서 4 Ω에 소비되는 전력은 몇 W인가?

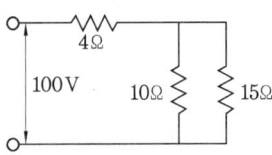

① 100
② 200
③ 300
④ 400

[해설] 합성저항 $(R) = 4 + \dfrac{10 \times 15}{10 + 15} = 10\,\Omega$

$I = \dfrac{V}{R} = \dfrac{100}{10} = 10\,A$

$P = I^2 R = 10^2 \cdot 4 = 400\,W$

49. 코일의 감긴 수와 전류의 곱을 무엇이라고 하는가?

① 기자력
② 기전력
③ 전자력
④ 역률

50. 동선의 길이를 2배, 반지름을 1/2배로 할 때 저항은?

① 2배
② 4배
③ 8배
④ 16배

[해설] $R_1 = \rho \dfrac{l}{A} = \rho \dfrac{l}{\pi r^2}$

$R_2 = \rho \dfrac{2l}{\pi \left(\dfrac{1}{2}r\right)^2} = 8R_1$

51. R인 저항 n개가 직렬연결일 때의 합성저항은 R인 저항 n개가 병렬연결일 때의 합성저항의 몇 배가 되는가?

① n배
② n^2배
③ $\dfrac{1}{n^2}$배
④ $\dfrac{1}{n}$배

[해설] 직렬 합성저항 $R_t = nR$

병렬 합성저항 $R_t = \dfrac{R}{n}$

$\therefore \dfrac{nR}{\dfrac{R}{n}} = n^2$

정답 44. ② 45. ④ 46. ① 47. ③ 48. ④ 49. ① 50. ③ 51. ②

52. 100 V, 1 kW의 니크롬선을 3/4의 길이로 줄여 사용하게 될 때 소비전력은 몇 kW가 되는가?

① 0.75 kW ② 1.33 kW
③ 1.25 kW ④ 1 kW

[해설] $P = \dfrac{V^2}{R}$, $R_1 = \dfrac{V^2}{P} = \dfrac{100^2}{1000} = 10\ \Omega$

$R_2 = R_1 \dfrac{3}{4} = 10 \times \dfrac{3}{4} = 7.5\ \Omega$

$P = \dfrac{V^2}{R_2} = \dfrac{100^2}{7.5} ≒ 1.33\ \text{kW}$

53. 다음 그림과 같은 회로망에서 전류를 계산하는 데 옳게 표시한 식은?

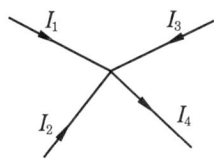

① $I_1 + I_2 + I_3 + I_4 = 0$
② $I_1 + I_2 + I_3 - I_4 = 0$
③ $I_1 + I_2 = I_3 + I_4$
④ $I_1 + I_3 = I_2 + I_4$

[해설] 키르히호프의 제1법칙 $\sum I = 0$
∴ $I_1 + I_2 + I_3 = I_4$, $I_1 + I_2 + I_3 - I_4 = 0$

54. 100 V로 500 W의 전력을 소비하는 전열기가 있다. 이 전열기를 80 V로 사용하면 소비전력은 얼마인가?

① 280 W ② 320 W
③ 400 W ④ 540 W

[해설] $P = VI$, $I = \dfrac{P}{V} = \dfrac{500}{100} = 5\ \text{A}$
$P = VI = 80 \times 5 = 400\ \text{W}$

55. "임의의 폐회로에서 유입하는 전류와 유출하는 전류의 대수합은 0이다."라는 법칙은 어느 것인가?

① 쿨롱의 법칙
② 옴의 법칙
③ 패러데이의 법칙
④ 키르히호프의 법칙

56. 4 Ω의 동선이 온도가 20℃에서 80℃로 상승하였을 때 저항은 몇 Ω이 되는가? (단, 동선의 저항 온도 계수 $\alpha = 0.00393$이다.)

① 3.05 Ω ② 4.05 Ω
③ 4.94 Ω ④ 5.94 Ω

[해설] $R_T = R_t\{1 + \alpha(T - t)\}$
$= 4\{1 + 0.00393(80 - 20)\} = 4.94\ \Omega$

57. "회로망 중의 임의의 폐회로를 따라 취한 각 회로의 전압강하의 대수합은 그 폐회로 내에 통과하는 기전력의 대수합과 같다."라고 규정하는 법칙은?

① 키르히호프의 제2법칙
② 쿨롱의 법칙
③ 키르히호프의 제1법칙
④ 패러데이의 법칙

[해설] 키르히호프의 제2법칙
$\sum E = \sum IR$

58. 그림과 같이 콘덴서 3 F과 2 F이 직렬로 접속된 회로에 전압 20 V를 가하였을 때 3 F 콘덴서 단자의 전압 V_1은?

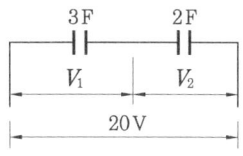

① 5 ② 6
③ 7 ④ 8

[해설] $V_1 = V \times \dfrac{C_2}{C_1 + C_2} = 20 \times \dfrac{2}{3 + 2} = 8\ \text{V}$

[정답] 52. ② 53. ② 54. ③ 55. ④ 56. ③ 57. ① 58. ④

59. 저항값이 일정한 저항부하에 인가전압을 3배로 하면 소비전력은 몇 배가 되는가?

① 1/3배 ② 3배
③ 6배   ④ 9배

[해설] $P = \dfrac{E^2}{R}$ 에서 전력은 전압의 제곱에 비례하므로 $3^2 = 9$

60. 다음 그림과 같은 회로에서 저항 R_2에 흐르는 전류 I_2의 값은?

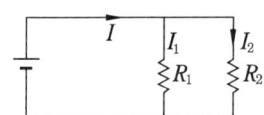

① $\dfrac{R_1+R_2}{R_1} \cdot I$ ② $\dfrac{R_2}{R_1+R_2} \cdot I$

③ $\dfrac{R_1+R_2}{R_1} \cdot I$ ④ $\dfrac{R_1}{R_1+R_2} \cdot I$

[해설] 전류 분배 법칙 : $I_2 = I \times \dfrac{R_1}{R_1+R_2}$

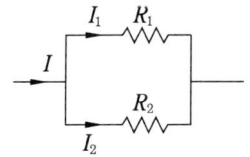

61. 그림에서 C_x가 몇 pF인 경우에 이 브리지가 평형 상태가 되는가?

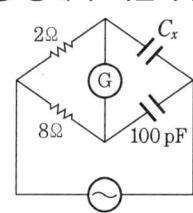

① 300   ② 400
③ 500   ④ 600

[해설] $2\,\Omega \cdot C_x = 8\,\Omega \cdot 100\,\text{pF}$

∴ $C_x = \dfrac{8\,\Omega}{2\,\Omega} \cdot 100\,\text{pF} = 400\,\text{pF}$

62. 회로 내의 전류 I_1은?

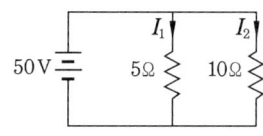

① 2.5 A   ② 7.5 A
③ 5 A   ④ 10 A

[해설] 전류 분배 법칙

$I_1 = I \times \dfrac{R_2}{R_1+R_2} = 15 \times \dfrac{10}{5+10} = 10\,\text{A}$

$I = \dfrac{V}{R} = \dfrac{50}{\dfrac{5 \times 10}{5+10}} = 15\,\text{A}$

[정답] 59. ④ 60. ④ 61. ② 62. ④

제2장 회로 이론

1. 교류회로의 기초

시간의 변화에 따라 크기와 방향이 주기적으로 변화하는 전압과 전류를 교류라고 한다.

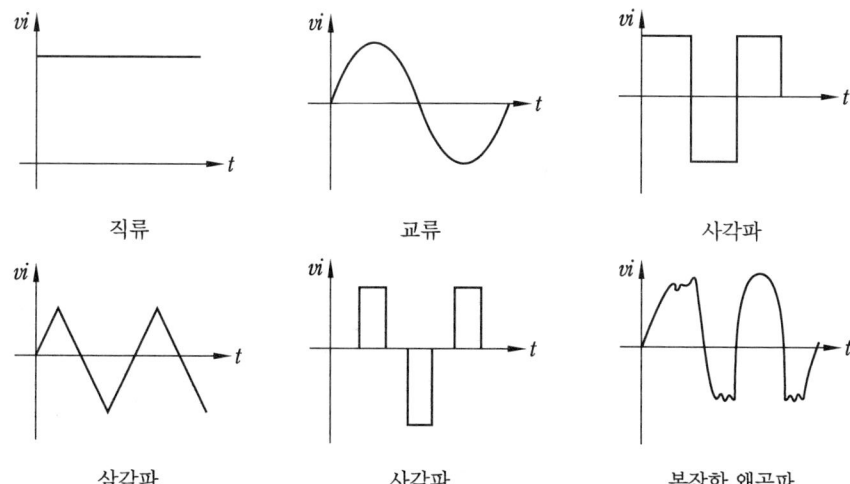

(1) 주기(T)

1 사이클(cycle)을 만드는 데 요하는 시간(단위 : s)

$$\omega T = 2\pi$$

(2) 주파수(f)

단위시간(1초)에 동일한 변화를 반복하는 횟수(단위 : Hz)

$$f = 60\,\text{Hz} : 상용주파수 \left(T = \frac{1}{60} 초 \right)$$

$$f = \frac{1}{T}[\text{Hz}]$$

$$T = \frac{1}{f}[\text{s}]$$

(3) 각속도(각주파수, ω)

1초 동안에 회전한 각도(단위 : rad/s)

전기각 $2\pi[\text{rad}] = 1$주기 $= 360°$

$\omega T = 2\pi$

$\therefore \omega = \dfrac{2\pi}{T} = 2\pi f[\text{rad/s}]$

2. 교류의 크기

(1) 순싯값

시간의 변화 순간의 값

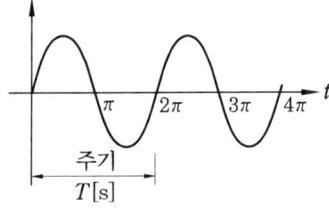 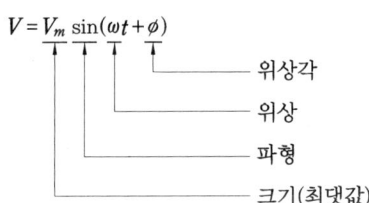

> **참고** 위상차와 순싯값
>
>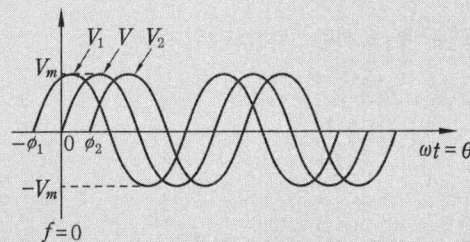
>
> $V = V_m \cdot \sin(\omega t + \phi)$
> $V_1 = V_m \cdot \sin(\omega t + \phi_1)$: ϕ_1 만큼 앞섬
> $V_2 = V_m \cdot \sin(\omega t - \phi_2)$: ϕ_2 만큼 뒤짐

(2) 최댓값(V_m, I_m)

순싯값 중의 가장 큰 값

(3) 평균값(V_a)

순싯값의 반주기에 대한 평균값

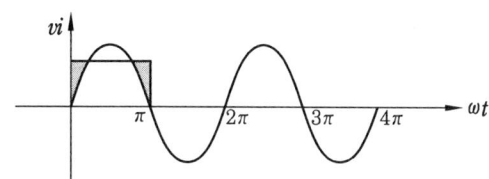

정현파 $V_a = \dfrac{1}{\pi}\displaystyle\int_0^\pi V_m \sin\omega t\, d\omega t = \dfrac{V_m}{\pi}[-\cos\omega t]_0^\pi$

$\qquad = \dfrac{V_m}{\pi}[1-(-1)] = \dfrac{2V_m}{\pi}$ [V]

$\therefore\ V_a = \dfrac{2V_m}{\pi}$ [V], $I_a = \dfrac{2}{\pi}I_{\max}$

(4) 실횻값(V_{rms})

교류의 크기를 이것과 동일한 일을 행하는 직류의 크기로 환산한 값

① 정현파

$V = \sqrt{\dfrac{1}{T}\displaystyle\int_\pi^0 V^2 dt} = \sqrt{\dfrac{1}{\frac{\pi}{2}}\displaystyle\int_0^{\frac{\pi}{2}} V_m^2 \sin^2\omega t\, d\omega t} = \sqrt{\dfrac{2V_m^2}{\pi}\left(\dfrac{1-\cos\omega t}{2}\right)_0^{\frac{\pi}{2}}}$

$I = \dfrac{1}{\sqrt{2}}$, $V = \dfrac{V_{\max}}{\sqrt{2}}$

② 실횻값 = $\sqrt{\text{순싯값 제곱의 평균값}}$

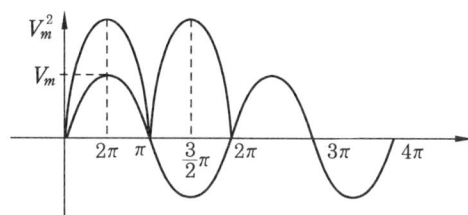

> 참고 파고율 = $\dfrac{\text{최댓값}}{\text{실횻값}}$, 파형률 = $\dfrac{\text{실횻값}}{\text{평균값}}$

3. R-L-C 합성회로

3-1 회로소자

(1) R 소자(저항 : Resistor) : 옴의 법칙 만족

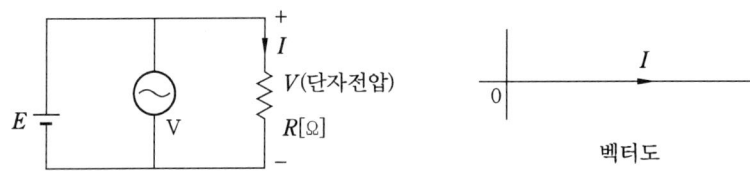

벡터도

① V와 I의 위상이 같다.

② $V = IR$, $I = \dfrac{V}{R}$, $R = \dfrac{V}{I}$

③ $V = V_m \sin\omega t$

$i = \dfrac{V}{R} = \dfrac{V_m}{r} \sin\omega t$

(2) L 소자(인덕터 : 코일)

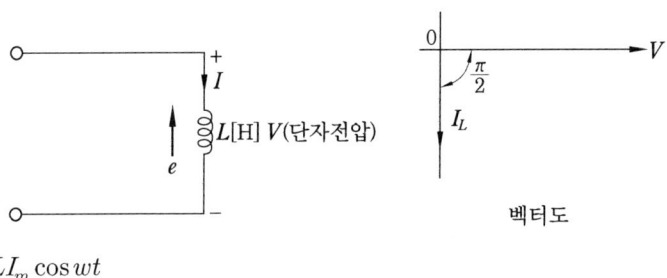

벡터도

$e = \omega L I_m \cos wt$

$i = I_m \sin\omega t$

$\therefore X_L = j\omega L$

① V가 I보다 $\dfrac{\pi}{2}$만큼 앞선다(I가 V보다 $\dfrac{\pi}{2}$만큼 뒤진다).

② $R = \dfrac{V}{I} = \omega L = 2\pi f L = X_L$(유도성 리액턴스)

③ $I_L = \dfrac{V}{X_L}$

④ $V_L = L\dfrac{di}{dt} = n\dfrac{\Delta\phi}{\Delta t}$

(3) C 소자(콘덴서)

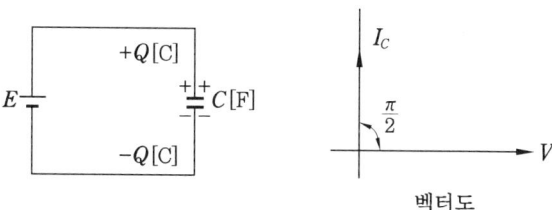

$$V = V_m \sin\omega t$$

$$i = \omega C V_m \cos\omega t$$

$$\therefore X_C = \frac{1}{j\omega C} = -jX_C$$

① I가 V보다 $\frac{2}{\pi}$만큼 앞선다(V가 I보다 $\frac{2}{\pi}$만큼 뒤진다).

② $R = \dfrac{V}{I} = \dfrac{1}{\omega C} = \dfrac{1}{2\pi f C} = X_C$(용량성 리액턴스)

③ $I_C = \dfrac{V}{X_C} = \dfrac{V}{\dfrac{1}{\omega C}} = \omega C V$

3-2 직렬회로

(1) $R-L$ 직렬회로

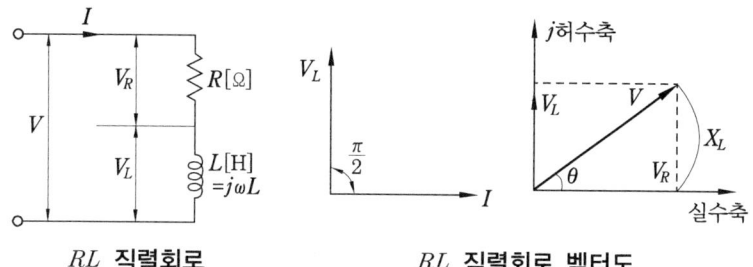

① $V_R = RI$ (V_R과 I는 동상)

② $V_L = X_L I = \omega L I = 2\pi f L I$ (V_L은 I보다 $\dfrac{\pi}{2}$만큼 앞선다.)

③ $\dot{V} = \dot{V_R} + \dot{V_L}$

$$V = \sqrt{V_R^2 + V_L^2} = \sqrt{R^2 + X_L^2} \cdot I = Z \cdot I \text{[V]}$$

④ $I = \dfrac{V}{Z} = \dfrac{V}{\sqrt{R^2 + X_L^2}} = \dfrac{V}{\sqrt{R^2 + (\omega L)^2}}$

⑤ $Z(임피던스) = \sqrt{R^2 + X_L^2} = \sqrt{R^2 + (\omega L)^2} = \sqrt{R^2 + (2\pi f L)^2}$

⑥ V와 T의 위상차

$$\theta = \tan^{-1} \dfrac{\omega L}{R} \, [\text{rad}]$$

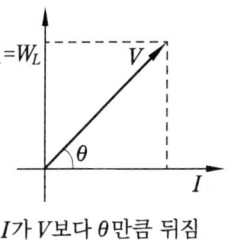

I가 V보다 θ만큼 뒤짐

(2) $R-C$ 직렬회로

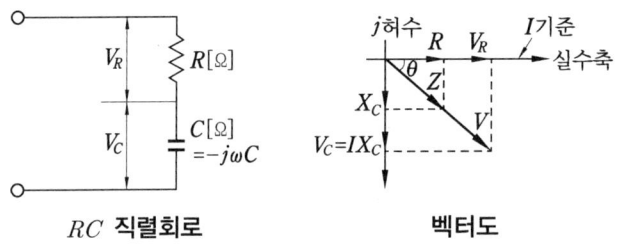

RC 직렬회로 　　　 벡터도

① $V_R = RI\,[\text{V}]$

② $V_C = \dfrac{1}{\omega C} \cdot I = \dfrac{1}{2\pi f C} \cdot I$ (V_C는 I보다 $\dfrac{\pi}{2}$만큼 위상이 뒤진다.)

③ $V = \sqrt{V_R^2 + V_C^2} = \sqrt{R^2 + \left(\dfrac{1}{\omega C}\right)^2} \cdot I = Z \cdot I\,[\text{V}]$

④ $I = \dfrac{V}{Z} = \dfrac{V}{\sqrt{R^2 + \left(\dfrac{1}{\omega C}\right)^2}}$

⑤ $Z(임피던스) = \sqrt{R^2 + \left(\dfrac{1}{\omega C}\right)^2} = \sqrt{R^2 \left(\dfrac{1}{2\pi f C}\right)^2}$

⑥ V와 T의 위상차

$$\theta = \tan^{-1} \dfrac{\dfrac{1}{\omega C}}{R} = \dfrac{1}{\omega CR}$$

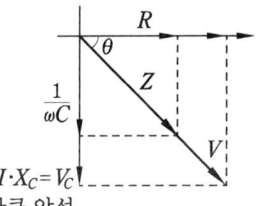

:I가 V보다 θ만큼 앞섬

(3) $R-L-C$ 직렬회로

① $X_L > X_C$: 유도성(I가 V보다 위상이 뒤진다.)

㈎ $V = \sqrt{V_R^2 + (V_L - V_C)^2} = I \cdot \sqrt{R^2 + \left(\omega L - \dfrac{1}{\omega C}\right)^2}$

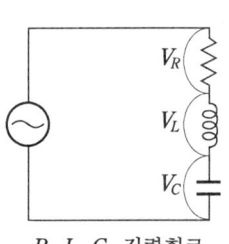

$R-L-C$ 직렬회로

(나) 합성 임피던스$(Z) = \sqrt{R^2 + \left(\omega L - \dfrac{1}{\omega C}\right)^2}$

(다) 역률(지상역률)

$$Q = \tan^{-1}\dfrac{X_L - X_C}{R} = \left(\dfrac{\omega L - \dfrac{1}{\omega C}}{R}\right)$$

$$Q = \tan^{-1}\dfrac{V_L - V_C}{V_R}$$

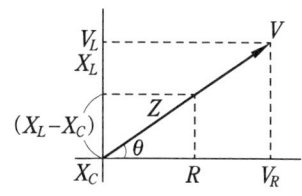

② $X_L < X_C$: 용량성(I가 V보다 위상이 앞선다.)

(가) $V = \sqrt{V_R^2 + (V_C - L_L)^2} = I\sqrt{R^2 + \left(\dfrac{1}{\omega C} - \omega L\right)^2}$

(나) 합성 임피던스$(Z) = \sqrt{R^2 + (X_C - X_L)^2} = \sqrt{R^2 + \left(\dfrac{1}{\omega C} - \omega L\right)^2}$

(다) 역률(진상역률)

$$Q = \tan^{-1}\dfrac{\left(\dfrac{1}{\omega C} - \omega L\right)}{R}$$

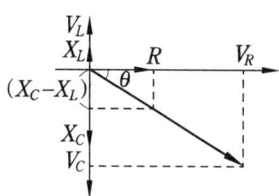

③ $X_L = X_C$: 허수부가 0(zero)

위 조건이 공진 조건이다. 공진에서는 Z가 최소이므로 I_R이 최대가 된다. 이를 직렬 공진이라고 한다.

$$2\pi f_R = \omega_R = \dfrac{1}{\sqrt{LC}}$$

공진 주파수 $f_R = \dfrac{1}{2\pi\sqrt{LC}}$

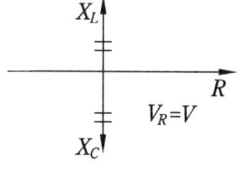

벡터도

3-3 병렬회로

(1) $R-L$ 병렬회로

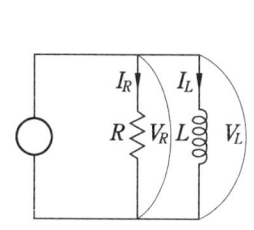
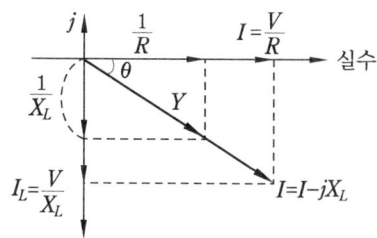

① $I_R = \dfrac{V}{R}$ (I_R은 V와 동상)

$I_L = \dfrac{V}{\omega L}$ (I_L은 V보다 $\dfrac{\pi}{2}$만큼 뒤진다.)

② $I = \sqrt{I_R^2 + I_L^2} = V\sqrt{\left(\dfrac{1}{R}\right)^2 + \left(\dfrac{1}{\omega L}\right)^2}$ [A] $= V \cdot Y$

③ 임피던스(Z)

$$Z = \dfrac{1}{\sqrt{\left(\dfrac{1}{R}\right)^2 + \left(\dfrac{1}{\omega L}\right)^2}} = \dfrac{1}{\sqrt{R^2 + \omega^2 L^2}}\,[\Omega]$$

④ 어드미턴스(Y)

$$Y = \sqrt{\left(\dfrac{1}{R}\right)^2 + \left(\dfrac{1}{XL}\right)^2} = \sqrt{\left(\dfrac{1}{R}\right)^2 + \left(\dfrac{1}{\omega L}\right)^2}$$

⑤ 위상차

$$\theta = \tan^{-1}\dfrac{R}{X_L}$$

(2) $R-C$ 병렬회로

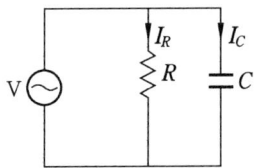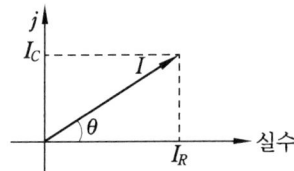

① $I_R = \dfrac{V}{R}$

$I_C = \omega CV$

② $I = \sqrt{I_R^2 + I_C^2} = V\sqrt{\left(\dfrac{1}{R}\right)^2 + (\omega C)^2} = V \cdot Y$ [A]

③ 임피던스(Z)

$$Z = \dfrac{1}{\sqrt{\left(\dfrac{1}{R}\right)^2 + (X_C)^2}} = \dfrac{R \cdot X_C}{\sqrt{R^2 + X_C^2}}$$

$$Y = \sqrt{\left(\dfrac{1}{R}\right)^2 + \left(\dfrac{1}{X_C}\right)^2} = \sqrt{\left(\dfrac{1}{R}\right)^2 + (\omega C)^2}$$

④ 어드미턴스(Y)

$$Y = \sqrt{\left(\frac{1}{R}\right)^2 + (\omega C)^2}$$

⑤ 위상차

$$\theta = \tan^{-1} = \frac{\frac{1}{X_C}}{\frac{1}{R}} = \frac{R}{X_C} = \omega CR$$

(3) $R-L-C$ 병렬회로

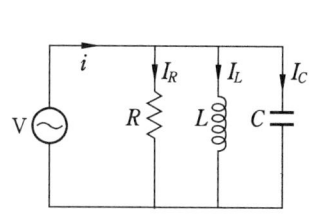
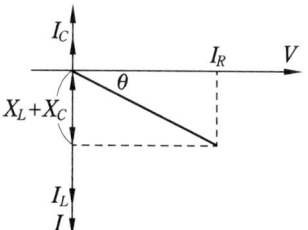

① $I_R = \dfrac{V}{R}$ (I_R은 V와 동상)

$I_L = \dfrac{V}{X_L}$ (I_L은 V보다 $\dfrac{\pi}{2}$ 뒤진다.)

$I_C = \dfrac{V}{X_C}$ (I_C는 V보다 $\dfrac{\pi}{2}$ 앞선다.)

② $I = \sqrt{I_R^2 + (I_L - I_C)^2} = V\sqrt{\left(\dfrac{1}{R}\right)^2 + \left(\dfrac{1}{X_L} - \dfrac{1}{X_C}\right)^2}$ [A]

③ $Z = \dfrac{1}{\sqrt{\left(\dfrac{1}{R}\right)^2 + \left(\dfrac{1}{X}\right)^2}}$

④ $Q = \tan^{-1} \dfrac{\dfrac{1}{X_L} - \dfrac{1}{X_C}}{\dfrac{1}{R}}$

⑤ $\dfrac{1}{X_L} > \dfrac{1}{X_C}$ → I는 V보다 ϕ만큼 뒤진다(유도성).

$\dfrac{1}{X_L} < \dfrac{1}{X_C}$ → I는 V보다 ϕ만큼 앞선다(용량성).

직렬회로의 임피던스

회로	임피던스 $|Z|[\Omega]$	전류의 위상각 $\theta[\text{rad}]$
$R-L$ 직렬회로	$\sqrt{R^2+(\omega L)^2}$	$\tan^{-1}\dfrac{\omega L}{R}$ I는 V보다 뒤진다.
$R-C$ 직렬회로	$\sqrt{R^2+\left(\dfrac{1}{\omega C}\right)^2}$	$\tan^{-1}\dfrac{X_C}{R}=\dfrac{1}{\omega CR}$ I는 V보다 앞선다.
$R-L-C$ 직렬회로	$\sqrt{R^2+\left(\omega L-\dfrac{1}{\omega C}\right)^2}$	$\tan^{-1}\dfrac{\omega L-\dfrac{1}{\omega C}}{R}$ $\omega L>\dfrac{1}{\omega C}\rightarrow$ 지상(유도성) $\omega L<\dfrac{1}{\omega C}\rightarrow$ 진상(용량성) $\omega L=\dfrac{1}{\omega C}\rightarrow$ 동상(직렬 공진)

병렬회로의 어드미턴스

회로	어드미턴스 $|Y|[\Omega]$	전류의 위상각 $\theta[\text{rad}]$
$R-L$ 병렬회로	$\sqrt{\left(\dfrac{1}{R}\right)^2+\left(\dfrac{1}{\omega L}\right)^2}$	$\tan^{-1}\dfrac{R}{\omega L}$ I는 V보다 뒤진다.
$R-C$ 병렬회로	$\sqrt{\left(\dfrac{1}{R}\right)^2+(\omega L)^2}$	$\tan^{-1}\dfrac{R}{\dfrac{1}{\omega C}}=\tan^{-1}\omega CR$ I는 V보다 앞선다.
$R-L-C$ 병렬회로	$\sqrt{\left(\dfrac{1}{R}\right)^2+\left(\omega C-\dfrac{1}{\omega L}\right)^2}$	$\tan^{-1}\dfrac{\omega C-\dfrac{1}{\omega L}}{R}$ $\omega C>\dfrac{1}{\omega L}\rightarrow$ 진상(용량성) $\omega C<\dfrac{1}{\omega L}\rightarrow$ 지상(유도성) $\omega C=\dfrac{1}{\omega L}\rightarrow$ 동상(직렬 공진)

4. 교류의 계산

4-1 전력과 역률

(1) 유효전력 P[W]

$$P = VI\cos\theta = I^2R = \frac{V^2}{R}$$

※ $Q^2 = P^2 + S^2$

(피상전력)^2 = (유효전력)^2 + (무효전력)^2

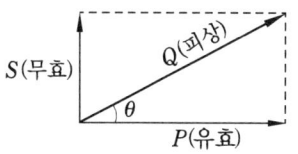

(2) 피상전력 Q[VA]

$$Q = VI$$

(3) 무효전력 S[Var]

$$S = VI\sin\theta$$

(4) 역률($\cos\theta$)

$$\cos\theta = \frac{\text{유효전력}}{\text{피상전력}}$$

(5) 무효율($\sin\theta$)

$$\sin\theta = \frac{\text{무효전력}}{\text{피상전력}}$$

(6) 전부하 전류

① 단상 = $\dfrac{\text{용량 } P[\text{W}]}{\text{전압 } V[\text{V}] \times \text{효율 } \eta[\%] \times \text{역률}(\%)}$

② 3상 = $\dfrac{\text{용량 } P[\text{W}]}{\sqrt{3} \times \text{전압 } V[\text{V}] \times \text{효율 } \eta[\%] \times \text{역률}(\%)}$

4-2 교류 브리지와 맥스웰 브리지

(1) 교류 브리지

브리지가 평형상태가 되기 위해서는 점 c의 전위와 점 d의 전위가 같아야 하므로 다음 식이 성립된다.

$$I_1 Z_1 = I_2 Z_3, \quad I_1 Z_4 = I_2 Z_2$$

$$\therefore Z_1 \cdot Z_2 = Z_3 \cdot Z_4 \text{(브리지의 평형 조건)}$$

$$\frac{Z_1}{Z_3} = \frac{Z_4}{Z_2}$$

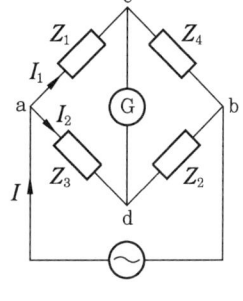

교류 브리지

(2) 맥스웰 브리지

① $R_1 R_s = R_2 R_x$ 에서 $R_x = \dfrac{R_1}{R_2} \cdot R_s$

② $R_1 L_s = R_2 L_x$ 에서 $L_x = \dfrac{R_1}{R_2} \cdot L_s$

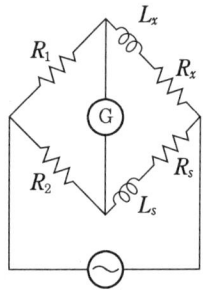

맥스웰 브리지

5. 3상 교류

5-1 3상 교류의 표시

3조의 교류 전원을 조합한 방식을 말하며, 특히 크기가 같고 서로 $\dfrac{2}{3}\pi$[rad]씩 위상이 다르게 되는 3가지의 단상 교류가 동시에 존재하는 교류를 대칭 3상 교류라고 한다.

$$V_a = \frac{V_m}{\sqrt{2}} \sin \omega t$$

$$V_b = \frac{V_m}{\sqrt{2}} \sin\left(\omega t - \frac{2}{3}\pi\right)$$

$$V_c = \frac{V_m}{\sqrt{2}} \sin\left(\omega t - \frac{4}{3}\pi\right)$$

※ 상순은 a, b, c이다. $V_a + V_b + V_c = 0$

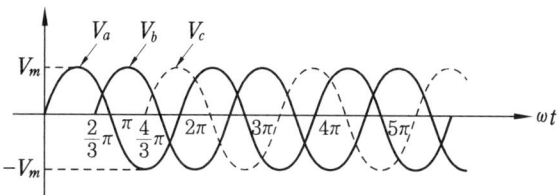

5-2 3상 교류의 벡터의 합

대칭 3상 교류전압 V_a, V_b, V_c의 각 순싯값의 합은 반드시 0이 된다.

순싯값 표시	벡터 표시
$V_a = \dfrac{V_m}{\sqrt{2}} \sin\omega t$	$\dot{V}_a = V \angle 0$
$V_b = \dfrac{V_m}{\sqrt{2}} \sin\left(\omega t - \dfrac{2}{3}\pi\right)$	$\dot{V}_b = V \angle \dfrac{2}{3}\pi$
$V_c = \dfrac{V_m}{\sqrt{2}} \sin\left(\omega t - \dfrac{4}{3}\pi\right)$	$\dot{V}_c = V \angle \dfrac{4}{3}\pi$

V_a, V_b, V_c의 벡터도를 그리면 크기는 같고 방향이 각각 $\dfrac{2}{3}\pi$[rad]인 그림이 된다.

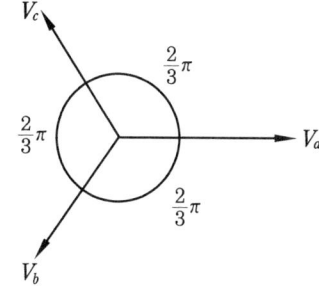

여기서 $\dot{V}_b$와 $\dot{V}_c$의 합을 구하면 $\dot{V}_a$와 크기가 같고 방향이 반대인 벡터가 된다. 따라서 $\dot{V}_a + \dot{V}_b + \dot{V}_c = 0$이 된다.

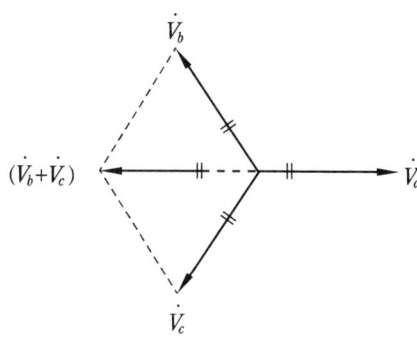

5-3 3상 기전력의 결선

(1) Y 결선(성형 결선)

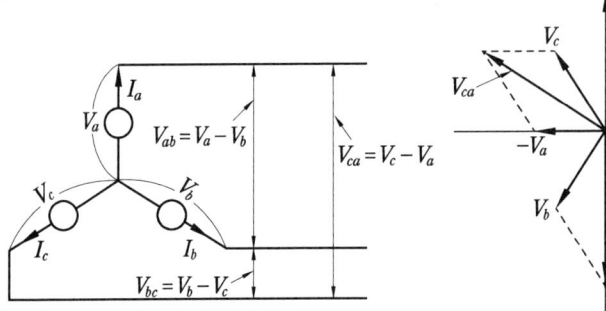

① 3상 전압 : $V_p = V_a + V_b + V_c = 0$

$|V_a| = |V_b| = |V_c|$

② 3상 전류 : $I_p = I_a + I_b + I_c = 0$

$|I_a| = |I_b| = |I_c|$

③ 선간전압(V_l) : $|V_{ab}| = |V_{bc}| = |V_{ca}|$

$$V_{ab} = V_a + (-V_b)$$

$$V_{ab} = \sqrt{V_a^2 + V_b^2 + 2V_aV_b\cos 60°}$$

$$V_l = \sqrt{V_p^2 + V_p^2 + V_p^2} = \sqrt{3V_p^2}$$

$$V_l = \sqrt{3}\,V_p \angle 30°$$

④ 선전류(I_l) = 상전류(I_p)

> **참고** Y 결선
> $I_l = I_p$, $V_l = \sqrt{3}\,V_p \angle 30°$

(2) △결선(환상 결선)

① 점 a에서 KCL을 적용하면 $I_a = I_l + I_c$, $I_l = I_a - I_c$, $I_l = I_a + (-I_c)$

② 점 b에서 KCL을 적용하면 $I_b = I_l + I_a$, $I_l = I_b - I_a$

③ 점 c에서 KCL을 적용하면 $I_c = I_l + I_b$, $I_l = I_c - I_b$

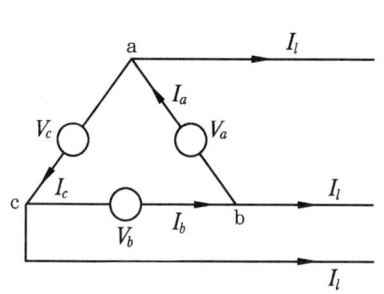
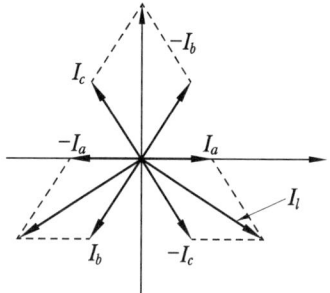

> **참고** △결선
> $V_l = V_p$, $I_l = \sqrt{3}\, I_p \angle 30°$

(3) △ → Y로 변환

$$R_a = \frac{R_1 \cdot R_2}{R_1 + R_2 + R_3} \qquad R_b = \frac{R_2 \cdot R_3}{R_1 + R_2 + R_3} \qquad R_c = \frac{R_3 \cdot R_1}{R_1 + R_2 + R_3}$$

(4) Y → △로 변환

$$R_1 = \frac{R_a R_c + R_c R_b + R_b R_a}{R_b}$$

$$R_2 = \frac{R_a R_c + R_c R_b + R_b R_a}{R_c}$$

$$R_3 = \frac{R_a R_c + R_c R_b + R_b R_a}{R_a}$$

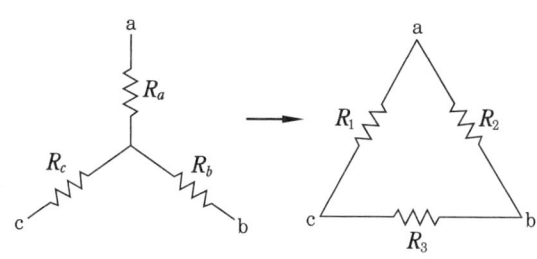

> 참고 ① Y 결선
>
> $I_l = I_p$
>
> $I_l = \dfrac{\frac{E}{\sqrt{3}}}{Z}$
>
> $I_p = \dfrac{V_p}{|Z|} = \dfrac{\frac{E}{\sqrt{3}}}{|Z|} = \dfrac{E}{\sqrt{3}\,Z}$
>
> ② Δ 결선
>
> $V_l = V_p = E$
>
> $I_p = \dfrac{E}{|Z|}$
>
> $I_l = \sqrt{3}\, I_p = \dfrac{\sqrt{3}\,E}{Z}$

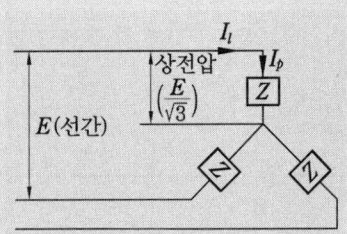
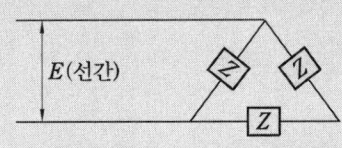

(5) 3상의 전력

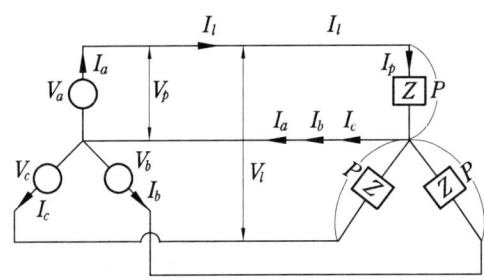

① 유효전력

$$P_Y = 3P = 3V_p I_p \cos\theta = 3I_p^2 R\,[\text{W}] \qquad P_\Delta = 3P = 3V_p I_p \cos\theta = 3I_p^2 R\,[\text{W}]$$

② 무효전력

$$P_Y = 3P_r = 3V_p I_p \sin\theta = 3I_p^2 X\,[\text{Var}] \qquad P_\Delta = 3P_a = 3V_p I_p \sin\theta = 3I_p^2 X\,[\text{Var}]$$

③ 피상전력

$$P_Y = 3P_a = 3V_p I_p = 3I_p^2 Z\,[\text{VA}] \qquad P_\Delta = 3P_a = 3V_p I_p = 3I_p^2 Z\,[\text{VA}]$$

> 참고 유효전력 $P_Y = \sqrt{3}\, V_l I_l \cos\theta\,[\text{W}]$
>
> 무효전력 $P_Y = \sqrt{3}\, V_l I_l \sin\theta\,[\text{Var}]$
>
> 피상전력 $P_Y = \sqrt{3}\, V_l I_l\,[\text{VA}]$

출제 예상 문제

1. 주파수가 60 Hz인 교류의 주기는 몇 s나 되겠는가?

① 167 s ② 1.67 s
③ 0.167 s ④ 0.0167 s

[해설] $T = \dfrac{1}{f} = \dfrac{1}{60} = 0.01666 ≒ 0.0167$ s

2. 저항과 유도 리액턴스가 직렬로 접속된 회로(각각 8 Ω, 6 Ω)에 100 V의 전압을 가하면 몇 A의 전류가 흐르는가?

① 0.1 A ② 1 A
③ 10 A ④ 100 A

[해설] 임피던스 크기 Z
$= \sqrt{R^2 + X_L^2} = \sqrt{8^2 + 6^2} = 10$ Ω
∴ $I = \dfrac{100}{10} = 10$ A

3. 8 Ω의 저항과 6 Ω의 리액턴스가 직렬로 접속된 회로의 역률(%)은?

① 40 % ② 60 %
③ 80 % ④ 100 %

[해설] 역률 $\cos\theta = \dfrac{R}{Z} = \dfrac{R}{\sqrt{R^2 + X_L^2}}$
$= \dfrac{8}{\sqrt{8^2 + 6^2}} = 0.8$

4. 교류전압 200 V, 소비전력 4 kW, 역률 0.8의 단상부하가 있다. 이 부하의 등가저항은 몇 Ω인가?

① 5.6 Ω ② 6.4 Ω
③ 7.2 Ω ④ 8.4 Ω

[해설] $I = \dfrac{W}{V \cdot \cos\theta} = \dfrac{4000}{200 \times 0.8} = 25$ A

$P = I^2 R$, $R = \dfrac{P}{I^2} = \dfrac{4000}{25^2} = 6.4$ Ω

5. 60 Hz, 6극인 교류 발전기의 회전수는 얼마인가?

① 3600 rpm ② 1800 rpm
③ 1500 rpm ④ 1200 rpm

[해설] 회전수
$N_s = \dfrac{120f}{P} = \dfrac{120 \times 60}{6} = 1200$ rpm
※ $N = N_s \times (1 - s)$
여기서, N : 실제 회전수
N_s : 동기 회전수
s : 슬립

6. 피상전력이 100 kVA, 유효전력이 80 kW일 때의 역률은?

① 1 ② 0.9
③ 0.8 ④ 0.6

[해설] $\cos\theta = \dfrac{P}{Q} = \dfrac{80000}{100000} = 0.8$

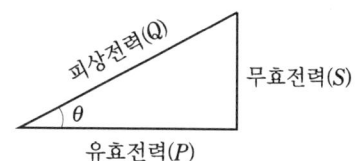

7. 역률이 70 %인 부하에 교류전압 3상 220 V를 가해서 전류 5 A가 흘렀다. 이때 이 부하의 전력을 구하면?

① 2.3 kW ② 1.33 kW
③ 1.1 kW ④ 2.7 kW

[정답] 1. ④ 2. ③ 3. ③ 4. ② 5. ④ 6. ③ 7. ②

[해설] $P = \sqrt{3}\, V_l I_l \cos\theta = \sqrt{3} \times 220 \times 5 \times 0.7$
$= 1333.6\,\text{W} = 1.332\,\text{kW}$
※ 문제에서 선간전압, 상전압의 구분이 없으면 선간으로 해석한다.

8. $V = 156\sin(337t - 30°)$ 되는 사인파 전압의 주파수(Hz)는?

① 50 Hz ② 60 Hz
③ 70 Hz ④ 75 Hz

[해설] $V = \underset{\text{최댓값}}{156}\ \underset{\text{파형}}{\sin}\ (\underset{\text{전기각}}{377t} - \underset{\substack{\text{위상}\\(\text{변화각})}}{30°})$

$\omega = 2\pi f$
$f = \dfrac{\omega}{2\pi} = \dfrac{377}{2 \times 3.14} = 60\,\text{Hz}$

9. 정격출력 0.75 kW인 3상 유도 전동기의 전류는 얼마인가? (단, 역률은 87 %, 효율은 81 %, 전압은 220 V이다.)

① 3.80 A ② 2.97 A
③ 3.08 A ④ 2.79 A

[해설] 3상 회로에서 전류(I)
$= \dfrac{W}{\sqrt{3} \cdot V \cdot \cos\theta \cdot \text{효율}}$
$= \dfrac{750}{\sqrt{3} \times 220 \times 0.87 \times 0.81} = 2.79\,\text{A}$

10. 그림과 같은 파형의 평균값은 얼마인가?

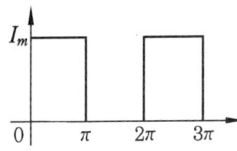

① $\dfrac{I_m}{2}$ ② I_m
③ $2I_m$ ④ $\dfrac{I_m}{4}$

[해설] 평균값 구하는 방법
㈎ 주기를 구한다.
㈏ 주기까지의 면적을 구한다.
㈐ 면적을 주기로 나눈다.
$I_a = \dfrac{\pi \cdot I_m}{2\pi} = \dfrac{I_m}{2}$

11. 전류에 의한 자계의 방향을 결정하는 법칙은?

① 렌츠의 법칙
② 플레밍의 오른손 법칙
③ 플레밍의 왼손 법칙
④ 암페어의 오른나사 법칙

12. 저항 8 Ω과 유도 리액턴스 6 Ω이 직렬로 된 회로의 역률은?

① 0.6 ② 0.8
③ 0.9 ④ 1

[해설] $\cos\theta = \dfrac{R}{Z} = \dfrac{8}{\sqrt{8^2+6^2}} = \dfrac{8}{10} = 0.8$

13. 교류회로에서의 $P = EI\sin\theta$를 설명한 것으로 옳은 것은?

① 유효전력을 나타낸다.
② 전력의 순싯값을 나타낸다.
③ 피상전력을 나타낸다.
④ 무효전력을 나타낸다.

14. 역률 80 % 부하에 유효전력이 80 kW이면 무효전력은 얼마나 되는가?

① 40 kVar ② 60 kVar
③ 80 kVar ④ 100 kVar

[해설] $\cos\theta = \sqrt{1-\cos^2\theta} = \sqrt{1-(0.8)^2}$
$= 0.6$
유효전력(P) = 피상전력(Q) × $\cos\theta$ [kW]
무효전력(S) = 피상전력(Q) × $\sin\theta$ [kVar]

정답 8. ② 9. ④ 10. ① 11. ③ 12. ② 13. ④ 14. ②

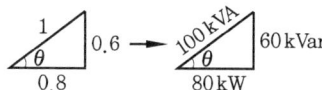

15. P극 교류 발전기에서 주파수 f[Hz]인 t[s] 사이의 각속도(rad/s)는 얼마가 되는가?

① $\dfrac{2\pi}{T}$ ② $2\pi T$

③ $\dfrac{2\pi}{P}$ ④ $2\pi P$

[해설] 각속도 $= \dfrac{각도(rad)}{시간(s)} = \dfrac{2\pi}{T}$
$= 2\pi f$[rad/s]

16. 정현파 교류의 순싯값이 $e = 141.4 \sin 377t$[V]인 경우의 실횻값(V)은?

① 100 ② 110
③ 141.4 ④ 200

[해설] 실횻값 $= \dfrac{V_m}{\sqrt{2}} = \dfrac{141.4}{\sqrt{2}} = 100$ V

※ 정현파의 실횻값 $= \dfrac{최댓값}{\sqrt{2}}$

17. $e_1 = E_{m1}\sin(\omega t + \phi_1)$과 $e_2 = E_{m2}\sin(\omega t + \phi_2)$인 두 정현파 교류가 동상이 될 수 있는 조건은?

① $\phi_1 = \phi_2$ ② $\phi_1 > \phi_2$
③ $\phi_1 < \phi_2$ ④ $\phi_1 \neq \phi_2$

[해설] 위상이 같으면 동상이다.
$e = \underset{최댓값}{E_m} \underset{파형 변화각}{\sin} (\underset{}{\omega t} + \underset{위상}{\theta})$

18. 용량 리액턴스 6 Ω, 저항 8 Ω이 직렬로 접속된 회로에 10 A의 전류가 흐른다. 이때 가해준 단자 전압은 몇 V인가?

① 0.1 V ② 1 V
③ 10 V ④ 100 V

[해설] 임피던스 $Z = \sqrt{R^2 + X_c^2}$
$= \sqrt{8^2 + 6^2} = 10$ Ω
$E = IZ = 10 \times 10 = 100$ V

19. $R-L-C$의 직렬회로에 있어 직렬 공진의 경우 전압과 전류의 위상 관계를 옳게 나타낸 것은?

① 전압이 전류보다 90° 앞선다.
② 전압과 전류는 동상이다.
③ 전압이 전류보다 90° 늦는다.
④ 전류가 전압보다 90° 앞선다.

[해설] 공진인 경우에는 저항만의 회로와 같다.

20. $R-L$ 직렬회로에서 전압과 전류의 위상각은?

① $\theta = \tan^{-1}\dfrac{\omega L}{R}$

② $\theta = \tan^{-1}\omega LR$

③ $\theta = \tan^{-1}\dfrac{R}{\omega L}$

④ $\theta = \tan^{-1}\dfrac{R}{\sqrt{R^2 + \omega^2 L^2}}$

21. $R-C$ 직렬회로에서 전압과 전류의 위상각은?

① $\theta = \tan^{-1}\dfrac{\omega C}{R}$

② $\theta = \tan^{-1}\dfrac{R}{\omega C}$

③ $\theta = \tan^{-1}\dfrac{1}{\omega CR}$

④ $\theta = \tan^{-1}\omega CR$

[해설] $\theta = \tan^{-1}\dfrac{X_C}{R} = \tan^{-1}\dfrac{1}{\omega CR}$

[정답] 15. ① 16. ① 17. ① 18. ④ 19. ② 20. ① 21. ③

22. 3상 유도 전동기 출력이 0.75 kW, 전압 200 V, 역률 87 %, 효율 81 %일 때 전동기에 유입되는 전류는?

① 2.5 A ② 2.8 A
③ 3.1 A ④ 3.5 A

[해설] 3상 전류 I
$$= \frac{W}{\sqrt{3} \cdot V \cdot \cos\theta \cdot \eta}$$
$$= \frac{750}{\sqrt{3} \times 200 \times 0.87 \times 0.81} = 3.1 \text{ A}$$

23. 3상 교류회로에서 부하상의 임피던스가 $60+j80[\Omega]$인 △결선 회로에 100 V의 전압을 가할 때 선전류(A)는?

① 1 ② $\sqrt{3}$
③ 3 ④ $\frac{1}{\sqrt{3}}$

[해설] 상전류 $I_p = \frac{E}{Z} = \frac{100}{\sqrt{60^2+80^2}} = 1$ A

선전류 $I_l = \sqrt{3} I_p = \sqrt{3}$ A

24. 5 μF의 콘덴서에 60 Hz, 100 V의 교류전압을 가하면 전압과 전류의 위상 관계는?

① 동위상이다.
② 전압이 90° 뒤진다.
③ 전압이 90° 앞선다.
④ 전류가 90° 뒤진다.

[해설] L 소자 : I가 V보다 $\frac{\pi}{2}$만큼 뒤진다.

C 소자 : I가 V보다 $\frac{\pi}{2}$만큼 앞선다.

25. 자극수 P, 회전수 N인 발전기에서 발생하는 교류 주파수로서 옳은 것은?

① $\frac{PN}{2}$ ② $\frac{PN}{120}$
③ $\frac{PN}{60}$ ④ $\frac{180}{PN}$

[해설] 주파수 $f = \frac{P}{2} \cdot \frac{N}{60}$[Hz]

26. 역률 0.8, 50 kVA의 단상 유도부하에 콘덴서를 병렬로 접속하여 합성 역률 100 %로 하고자 한다. 부하의 단자 전압이 10 kV, 50 Hz일 때 콘덴서 용량은 얼마로 해야 하는가?

① 0.955 pF ② 0.955 μF
③ 9.55 pF ④ 9.55 μF

[해설] 유도부하의 무효전력
$P_L = EI = 50$ kVA
$P_L = EI\sin\theta = EI\sqrt{1-\cos^2\theta}$
$= 50 \times 0.6 = 30$ kVar

또한 콘덴서에 의한 무효전력 P_C는
$$P_C = \frac{E^2}{X_C} = \frac{E^2}{\frac{1}{2\pi fC}} = 2\pi fCE^2 \text{이다.}$$

따라서, 역률 100 %로 하려면
$P_L = P_C$이라야 하므로
$P_L = 30 \times 10^3$, $P_C = 2\pi fCE^2$이므로
$30 \times 10^3 = 2\pi fCE^2$

$$\therefore C = \frac{30 \times 10^3}{2\pi fE^2} = \frac{30 \times 10^3}{2\pi \times 50(10 \times 10^3)^2}$$
$$= \frac{3}{\pi} \times 10^{-6} = 0.955 \text{ μF}$$

27. 평형 3상 Y결선의 상전압 E_p와 선간 전압 E_l과의 관계식으로 옳은 것은?

① $E_l = E_p$ ② $E_p = \sqrt{3} E_l$
③ $E_l = \sqrt{3} E_p$ ④ $E_p = 3 E_l$

28. 평형 3상 △결선의 상전류 I_p와의 관계식으로 옳은 것은?

[정답] 22. ③ 23. ② 24. ② 25. ② 26. ② 27. ③ 28. ③

① $I_l = I_p$ ② $I_p = \sqrt{3} I_l$
③ $I_l = \sqrt{3} I_p$ ④ $I_p = 3E_l$

29. 다음 중 R, X_L 직렬회로의 역률을 나타내는 식은?

① $\dfrac{R}{\sqrt{R^2 + X_L^2}}$ ② $\dfrac{X_L}{\sqrt{R^2 + X_L^2}}$

③ $\dfrac{\sqrt{R^2 + X_L^2}}{R}$ ④ $\dfrac{\sqrt{R^2 + X_L^2}}{X_L}$

[해설] $\theta = \tan^{-1} \dfrac{X_L}{R} = \tan^{-1} \dfrac{\omega L}{R}$

30. 피상전력이 P_a[kVA], 무효전력이 P_r [kVar] 되는 회로의 유효전력(kW)은?

① $\sqrt{P_a^2 + P_r^2}$ ② $\sqrt{P_a^2 - P_r^2}$
③ $\sqrt{P_a + P_r}$ ④ $\sqrt{P_a - P_r}$

31. 회전수가 1800 rpm인 발전기가 60 Hz의 교류를 발생하고 있다. 이때 1 Hz의 기하학적인 회전각은 얼마가 되는가?

① 2π ② π ③ $\dfrac{\pi}{2}$ ④ 0

[해설] $f = \dfrac{P}{2} \times \dfrac{N}{60}$ 에서

$P = \dfrac{120f}{N} = \dfrac{120 \times 60}{1800} = 4$극(전기 rad)

= 기하 rad $\times \dfrac{P}{2}$ 이고, 1 Hz의 전기각은

2π 이므로 기하학적인 회전각은

$2\pi \times \dfrac{2}{P} = \dfrac{4\pi}{4} = \pi$[rad]

32. $R - L - C$ 직렬회로에서 전류가 전압보다 위상이 앞서기 위해서는 다음 중 어떤 조건이 만족되어야 하는가?

① $X_L = X_C$ ② $X_L > X_C$
③ $X_L < X_C$ ④ $X_L = \dfrac{1}{X_C}$

33. 3상 유도 전동기의 출력이 5 HP, 전압이 200 V, 효율 90 %, 역률 85 %일 때 이 전동기에 유입되는 전류(A)는?

① 6 ② 8 ③ 10 ④ 14

[해설] FLA = $\dfrac{5 \times \dfrac{75}{102} \times 10^3}{\sqrt{3} \times 200 \times 0.9 \times 0.85} \fallingdotseq 14$ A

34. $R - L - C$ 직렬회로의 합성 임피던스 (Ω)는?

① $R + \omega L + \dfrac{1}{\omega C}$

② $\sqrt{R^2 + \omega^2 L^2 + \dfrac{1}{\omega^2 C^2}}$

③ $\sqrt{R^2 + \left(\omega L + \dfrac{1}{\omega C}\right)^2}$

④ $\sqrt{R^2 + \left(\omega L - \dfrac{1}{\omega C}\right)^2}$

35. 2H의 코일에 10 A의 전류가 흐를 때 축적되는 에너지(J)는?

① 20 J ② 60 J
③ 100 J ④ 140 J

[해설] 축적되는 에너지 = $\dfrac{1}{2} L I^2$

$= \dfrac{1}{2} \times 2 \times 10^2 = 100$ J

36. 저항 3 Ω과 유도 리액턴스 4 Ω이 직렬 접속된 회로에 50 Hz, 100 V의 전압을 가했을 때 20 A의 전류가 흘렀다면 이 회로의 인덕턴스(L)은 몇 mH인가?

① 0.0127 mH ② 0.127 mH
③ 1.27 mH ④ 12.7 mH

[정답] 29. ① 30. ② 31. ② 32. ③ 33. ④ 34. ④ 35. ③ 36. ④

[해설] $X = 2\pi fL$에 의해
$$L = \frac{X}{2\pi f} = \frac{4}{2\pi \times 50} = 12.7 \times 10^{-3}\,\text{H}$$
$$= 12.7\,\text{mH}$$

37. $R-C$ 직렬회로의 합성 임피던스의 크기를 옳게 나타낸 것은?

① $\sqrt{R^2 + 2\pi f^2 C^2}$
② $\sqrt{R^2 + (\omega C)^2}$
③ $\sqrt{R^2 + \left(\dfrac{1}{\omega C}\right)^2}$
④ $\sqrt{R^2 + (2\pi f^2 C)^2}$

38. 저항 20 Ω과 용량 리액턴스 15 Ω이 병렬로 된 회로의 위상각은 대략 얼마인가?

① 37°   ② 53°
③ 60°   ④ 90°

[해설] $\theta = \tan^{-1}\dfrac{R}{X_C} = \tan^{-1}\dfrac{20}{15}$
$\qquad = \tan^{-1} 1.333 \fallingdotseq 53°$

39. 저항(R) - 인덕턴스(L)만의 직렬회로의 합성 임피던스의 크기를 옳게 나타낸 것은?

① $\dfrac{1}{\sqrt{R^2 + 2\pi f^2 L^2}}$
② $\sqrt{R^2 + 2\pi f^2 L^2}$
③ $\sqrt{R^2 + \omega^2 L^2}$
④ $R + \omega L$

40. 출력이 3 kW인 전동기의 효율이 80 %이다. 이 전동기의 손실은 몇 W인가?

① 375
② 750
③ 1200
④ 2400

[해설] 효율 = $\dfrac{\text{출력}}{\text{출력} + \text{손실}}$
$0.8 = \dfrac{3}{3+x}$
$\therefore x = 0.75\,\text{kW} = 750\,\text{W}$

정답 37. ③   38. ②   39. ③   40. ②

제3장 전동기의 원리

1. 전동기의 원리

(1) 플레밍의 왼손 법칙

자계 안에 둔 도체에 전류가 흐를 때 도체에 작용하는 전자력의 방향에 관한 법칙으로 왼손의 검지를 자계방향으로 하고 중지를 전류방향으로 하면 엄지의 방향이 전자력의 방향이 된다.

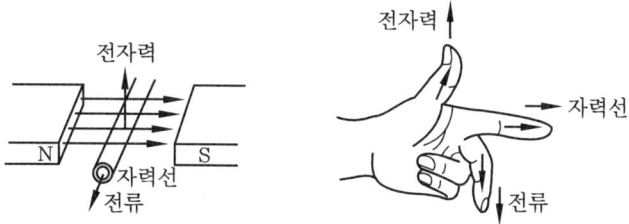

(2) 플레밍의 오른손 법칙

도체가 자계 안을 움직일 때 기전력의 방향은 플레밍의 오른손 법칙으로 쉽게 알 수 있다. 오른손의 엄지, 검지, 중지를 서로 직각이 되게 벌리게 하면 엄지는 도체의 운동방향, 검지는 자속의 방향, 중지는 기전력의 방향과 일치한다.

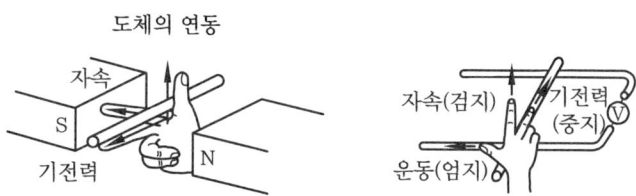

(3) 아라고의 원판

구리 원판을 가운데 끼워서 자석을 놓고 이 자석을 좌우로 움직이면 원판도 그에 따라 같은 방향으로 회전한다. 구리가 비자성체임에도 이 현상이 일어나는 것은 전자유도 작용에 의한 것이다. 아라고의 원판은 유도 전동기의 원리가 된다.

유도 전동기에서는 자석을 움직이는 대신에 교류전류에 의한 회전자계를 만들어서 회전자를 돌리고 있는 것이다.

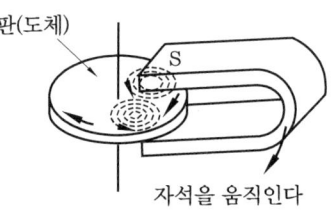

(4) 회전방향

유도기의 회전방향은 120°의 위상차가 있으므로 고정자의 세 단자 중에서 두 단자만을 바꾸면 회전방향이 반대로 된다.

(5) 동기속도(N_s : rpm)

회전자계가 돌아가는 속도는 전류의 변화 정도, 즉 주파수와 전자석의 N, S극에 따라 결정된다.

$$N_s = \frac{주파수}{\frac{극수}{2}} \times 60 = \frac{120 \times 주파수}{극수}$$

$$\therefore N_s = \frac{120f}{P}$$

여기서, f : 주파수, p : 극수

> **참고** 슬립(slip)
> 전동기의 회전속도는 동기의 속도보다 약간 늦다. 그 늦는 비율을 슬립이라고 한다.
> $$N = N_s(1-S) \qquad S = \frac{N_s - N}{N_s}$$
> 여기서, N_s : 동기속도, N : 전동기의 실제 속도, S : 슬립

2. 단상 유도 전동기

2-1 특성

회전자는 3상 유도 전동기와 같은 농형이지만, 고정자가 단상권선으로 되어 있기 때문에 회전자기장이 발생하지 않는다. 또한 단상 그대로는 기동 토크가 생기지 않아 기동할 수 없다.

2-2 단상 유도 전동기 기동

(1) 콘덴서 기동형

기동권선에 저항 R 대신 콘덴서를 접속하면 기동 토크가 크고 역률이 좋다. 또 기동 후에는 콘덴서로 역률 개선도 할 수 있다.

(2) 셰이딩 코일형

고저항 단락권선인 셰이딩 코일을 홈에 삽입시키는 방법이다. 이 방법은 회전방향을 바꿀 수 없고 기동 토크가 작으며 소출력의 전동기에만 사용한다.

(3) 반발 기동형

직류 전동기와 같은 권선 및 정류자가 있다. 전기각이 180° 떨어져 정유자와 접촉하고 있는 2개의 브러시를 굵은 도선으로 단락한다. 또한 반발 기동형은 기동 토크가 크므로 부하를 걸어 둔 채로 기동할 수 있다.

(4) 반발 유도형

회전자동형 권선과 반발 전동기의 회전자 권선이 다함께 감겨져 있고 운전 중에도 이들 두 권선이 그대로 활동하므로 유도 전동기와 반발 전동기의 특성을 그대로 유지한다. 또한 기동 토크가 크고, 회전수가 부하에 따라 변한다.

2-3 각종 단상 유도 전동기의 비교

종류	부속장치	기동 토크(%)	기동 전류(%)	통용마력(HP)	용도
분상 기동	원심력 개폐기	125~150	500~600	1/20~1/4	펌프, 연삭기
콘덴서 기동	콘덴서, 원심력 개폐기	300 이상	400~500	1/10~1/2	농사용 펌프, 냉장고
반발 기동	정류차, 단락 장치	400~500	300~400	1/8~1	농사용 펌프
콘덴서 전동기	운전용 콘덴서	40~100	400~500	극소~1/4	펌프, 세탁기, 재봉틀
셰이딩 코일형		40~90		극소~1	선풍기, 소형 송풍기

2-4 릴레이(relay)

전기적인 접점을 자동적으로 작동시키는 기기로서 단상 모터에서 기동권선에 전류를 자동적으로 개폐시키는 역할을 한다. 즉, 모터에는 C, R, S선이 있어서 시동 시에는 S선을 R선에 대어 모터가 시동한 후에 S선을 R선으로부터 떼어내 주는 일을 한다.

종류 ┬ 개폐용 ┬ 전자식 ┬ 전류형 릴레이
　　 │　　　 │　　　 └ 전압형 릴레이
　　 │　　　 └ 전열식 릴레이
　　 └ 안전장치용(Lock Out Relay & Over Load Relay) : 압축기 모터 보호용으로, 기동기나 접촉기 코일과 병렬로 연결한다.

(1) 전류형 릴레이

주로 1/16~1 HP까지의 소형 전동기에 많이 사용된다(코일이 굵다).

① 원리 : 시동 시 모터에 공급되는 기동전류에 의해 릴레이의 코일에 자기가 생겨 접점이 연결된 추를 위로 들어올려 L과 S의 접점을 연결시켜 줌으로써 전류가 많이 흘러 모터를 작동시킨다. 회전이 시작되어 운전속도가 75 % 정도에 달하면 전류가 적게 흘러 릴레이 코일에 자기가 약해져 접점이 다시 떨어지게 되어 주권선에만 전류가 흘러 모터가 정상 작동하게 된다.

② 작동 접점 : 평상시-Open, 기동 시-Close, 운전 시-Open

(2) 전압형 릴레이

주로 1/4~3 HP까지의 전동기에 이용된다.

① 원리 : 시동 시 연결된 접점을 모터 작동 후 기동권선에서 발생되는 역기전압에 의해 릴레이의 전자코일에 공급되어 기동권선에 공급되는 전원을 차단한다.

② 작동 접점 : 평상시-Close, 기동 시-Close, 운전 시-Open

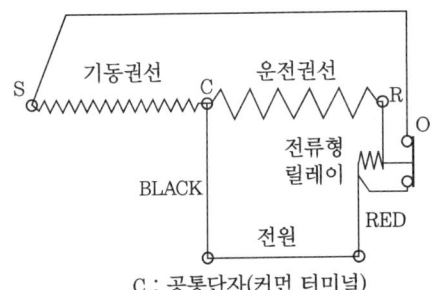

C : 공통단자(커먼 터미널)
R : 운전권선 단자(러닝 터미널)

전류형 릴레이

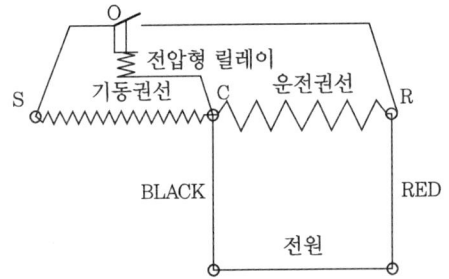

S : 기동권선 단자(스타팅 터미널)
O : 기동릴레이 접점

전압형 릴레이

3. 3상 유도 전동기

중형 이상의 산업용으로 속도제어를 필요로 하는 곳에 많이 사용되며, 3φ 모터의 90 % 상의 전동기로 6극 모터이다.

3-1 3상 유도 전동기의 종류

(1) 권선형 전동기

① 단상에서 반발 유도 전동기와 같은 형식이다.
② 10 kW 이상의 중형으로 농형에서 할 수 없는 기동, 속도 제어가 우수하다.
③ 회전자, 고정자 권선과 같은 3φ 권선으로 감고 있다.
④ 큰 기동 토크를 요하는 대형 압축기, 터보에 적합하다.

(2) 농형 전동기

① 단상에서 축전기, 유도 전동기와 같은 형식이다.
② 10 kW~100 kW의 범위에 사용된다.
③ 3.7 kW 이하의 소용량 전동기이다.

3-2 기동 방법

(1) 전전압 기동(직입 기동 : line start)

전동기에 직접 정격 전압을 가하여 기동시키는 방식이며, 기동 방식 중 가장 조작이 간단하고 경제적인 방식이다.

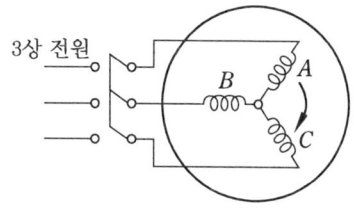

(2) Y-△ 기동(star-delta 기동)

보통 15~40 kW 이하의 농형 전동기에 널리 쓰이고 있으며, 전동기 3φ 권선의 각 상양단의 U, V, W 및 X, Y, Z의 6개의 단자를 뽑아 놓고 기동 시에 고정자 권선을 Y결선하고 충분히 가속된 다음 운전 시에는 △결선으로 전환하는 방식이다. 전전압 기동 방식에 비해 기동전류가 1/3 정도이다.

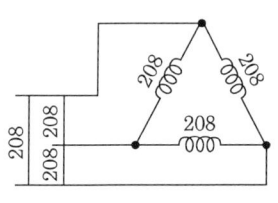
델타결선 전동기의 각 상에는
전원 전압이 직접 걸린다.

△결선

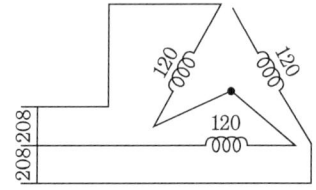
델타결선 전동기를 스타결선으로 하면 전원 전압의
약 58%가 각 상에 걸리게 된다.

Y결선

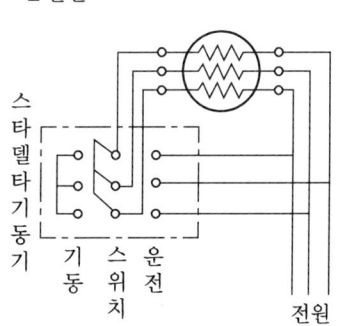

△결선 $\begin{cases} E=E_e \\ I=\dfrac{1}{\sqrt{3}}I \end{cases}$

Y결선 $\begin{cases} E=\dfrac{1}{\sqrt{3}} \\ I=I_l \end{cases}$

(3) 기동보상기(starting compensator) 기동

전원과 전동기 간에 기동보상기를 접속하여 기동하는 방식으로, 약 15 kW 정도 이상의 전동기에서 기동전류를 제한하고자 할 때나 고압의 농형 전동기에 사용된다.

기동보상기는 일종의 단권변압기로 보통 2차측에 50 %, 65 %, 80 % 전압의 3종의 Tap이 설치되고 있으며, 기동 시에는 기동보상기에 의해 감압된 전압을 전동기 단자에 인가하고 가속 후에 기동보상기를 떼어내어 전동기 단자에 전전압을 인가하는 방식이다.

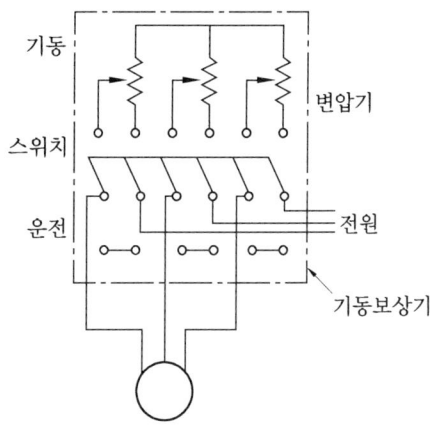

기동보상기 기동

(4) 저항기 기동(2차 저항 삽입 기동법)

37 kW 이상 대형의 권선형 전동기에 쓰이는 방법이다. 슬립 링(slip ring)을 거쳐 회전자 권선에 외부저항을 접속하고 기동전류를 누르면서 서서히 저항을 감소해 나가면서 필요한 토크를 내어 기동 완료하는 방식이다. 전부하 토크로 기동하는 경우의 기동전류는 110~125 % 정도이며, 또한 기동 중의 손실은 외부저항으로 방출하기 때문에 전동기로의 영향이 적고 기동, 정지를 빈번히 반복하는 경우 또는 전원용량이 적은 경우의 기동에 적합하다.

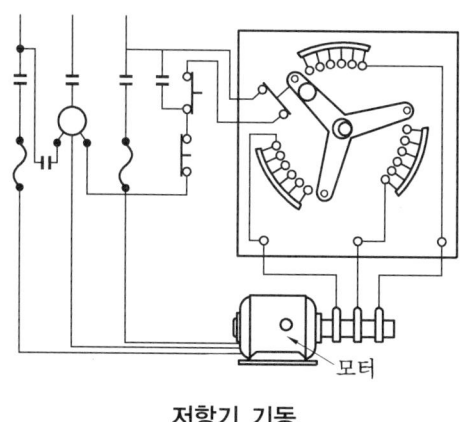

저항기 기동

(5) 유도 전동기의 속도 제어 방법

① 2차 저항 조절(슬립 제어)
② 주파수 변화
③ 극수 변화
④ 2차 여자법(권선형)

출제 예상 문제

1. 6극에서 60 Hz의 주파수를 얻으려면 동기 발전기의 회전수는 몇 rpm인가?
① 800 ② 1000
③ 1200 ④ 1500

[해설] $N_s = \dfrac{120f}{P} = \dfrac{120 \times 60}{6} = 1200 \, \text{rpm}$

2. 전기자를 고정자로 하고 계자를 회전자로 한 동기기는?
① 회전 전기자형 ② 고주파 발전기
③ 회전 계자형   ④ 유도자형

[해설] 회전 계자형은 전기자를 고정시키고 자극을 회전시키는 동기기이고, 회전 전기자형은 자극을 고정시키고, 전기자를 회전시키는 동기기이다.

3. 60 Hz의 전원에 접속된 4극 3상 유도 전동기에서 슬립이 0.004일 때의 회전속도(rpm)는 얼마인가?
① 1800 ② 1728
③ 1700 ④ 1642

[해설] $N_s = \dfrac{120f}{P} = \dfrac{120 \times 60}{4} = 1800 \, \text{rpm}$
$N = N_s(1-s) = 1800(1-0.04) = 1728 \, \text{rpm}$

4. 회전자 바깥지름이 2 m, 50 Hz, 12극인 동기발전기의 주변 속도를 구하면?
① 20 m/s   ② 30 m/s
③ 50 m/s   ④ 100 m/s

[해설] $N_s = \dfrac{120f}{P} = \dfrac{120 \times 50}{12} = 500 \, \text{rpm}$
$V = \pi D \dfrac{N_s}{60} = 3 \times 2 \times \dfrac{500}{60} = 50 \, \text{m/s}$

5. 6극 동기기가 1회전하였을 때 전기각은 몇 rad인가?
① π ② 2π
③ 3π ④ 6π

[해설] 2극당 $360°(2\pi[\text{rad}])$이므로
$\dfrac{P}{2} \times 2\pi = 6\pi[\text{rad}]$
∴ 전기각 = 기하각 × $\dfrac{P}{2}$

6. 동기기의 전기자 권선법이라고 볼 수 없는 것은?
① 파권   ② 단절권
③ 이종권   ④ 분포권

[해설] 주로 중권, 분포권, 단절권이 쓰이며 파권은 쓰지 않는다.

7. 그림은 콘덴서 전동기의 접속도이다. 여기서 C_R의 역할은 무엇인가?

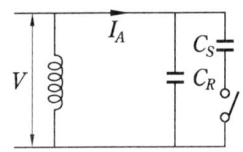

① 기동용 콘덴서
② 역률개선용 콘덴서
③ 진상용 콘덴서
④ 지상용 콘덴서

[해설] • C_R : 역률개선용 콘덴서(리액턴스의 영향을 콘덴서로 개선함)
• C_s : 기동용 콘덴서

8. 접지(earth)에 관해 설명한 것 중 틀린

[정답] 1. ③ 2. ③ 3. ② 4. ③ 5. ④ 6. ① 7. ② 8. ③

것은?
① 전로 또는 전로 이외의 금속 부분을 보완할 목적으로 땅에 접속하는 것이다.
② 감전, 누전에 의한 사고 방지를 위한 것이 목적이다.
③ 접지할 경우는 전동기의 절연 불량이 되어도 접지선에만 전류가 흐르고 인체에는 완전 절연된다.
④ 접지선의 색상은 자색으로 사용한다.
[해설] 절연 불량이면 인체에도 전류가 흐른다.

9. 동기 전동기의 토크는 공급 전압의 몇 제곱에 비례하는가?
① 1 ② 2
③ 3 ④ 4
[해설] 동기 전동기의 토크는 공급 전압에 정비례한다.

10. 기동 토크가 가장 작은 전동기는 어느 것인가?
① 단상 유도 전동기
② 교류 분권 전류자 전동기
③ 직류 분권 전동기
④ 동기 전동기
[해설] 동기 전동기는 기동 토크가 0으로 원동기가 필요하며 부하에 관계없이 일정 속도로 운전한다.

11. 역률이 가장 좋은 단상 전동기는 다음 중 어느 것인가?
① 분상 기동형 ② 반발 유도형
③ 콘덴서 기동형 ④ 셰이딩 코일형
[해설] 역률은 전체 입력되는 전력 중에 실제로 일을 하는 전력의 비를 말하며, 콘덴서는 부하에 무효전력을 공급하기 위해 설치하는 것으로 역률 제어용으로 사용한다.

12. 단상 유도 전동기의 기동 방법 중 기동 토크가 가장 큰 것은 어느 것인가?
① 분상 기동형 ② 반발 기동형
③ 콘덴서 기동형 ④ 셰이딩 코일형
[해설] 단상 유도 전동기의 기동 토크
㈎ 분상 기동형 : 125~150 %
㈏ 반발 기동형 : 400~500 %
㈐ 콘덴서 기동형 : 300 % 이상
㈑ 셰이딩 코일형 : 40~90 %

13. 기동보상기를 사용하는 기동법에서 기동 시에는 전전압의 몇 % 정도 걸어주는가?
① 20~30 ② 30~50
③ 50~70 ④ 70~80

14. △결선된 부하를 Y결선으로 바꾸면 소비전력은 몇 배가 되는가? (단, 선간전압은 일정하다.)
① $\dfrac{1}{2}$배 ② $\dfrac{1}{3}$배
③ 2배 ④ 3배
[해설] △결선 소비전력(P)
$= 3I^2R = 3\left(\dfrac{V}{R}\right)^2 R = \dfrac{3V^2}{R}$
Y결선 소비전력(P)
$= 3I^2R = 3\left(\dfrac{V}{\sqrt{3}\,R}\right)^2 R = \dfrac{V^2}{R}$
따라서 Y결선 소비전력은 △결선 소비전력의 $\dfrac{1}{3}$배가 된다.

제4장 자동제어

1. 자동제어의 개념

1-1 자동제어

자동제어란 어떤 대상물이 요구하는 바와 같이 동작되도록 필요한 조작을 가해주는 것을 말한다. 기본적인 제어계는 그림과 같이 간단한 블록 선도(block diagram)로 나타낼 수 있다. 이 계의 목적은 입력 e에 의해서 출력 C를 제어하는 것이다.

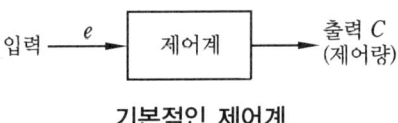

기본적인 제어계

출력을 입력측에 되돌리는 것을 귀환(feedback)이라고 하는데 귀환이 없을 때, 즉 출력이 입력에 전혀 영향을 주지 않는 계통을 개회로 제어계라고 하며, 귀환이 있는 제어계를 폐회로 제어계라고 한다.

개회로 제어계의 예를 들면 가정용 난로의 경우 만약 난로가 스위치의 개폐시간을 조절할 수 있는 시간 조절 기능만을 갖는다면 주어진 시간 후에는 실내온도가 기준치보다 높거나 낮거나 상관없이 난로는 꺼지게 된다.

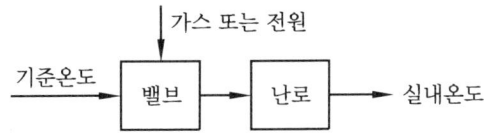

시간 조절기만 있는 가정용 난로 제어계

따라서 실내온도는 외부온도의 영향을 크게 받는다. 이런 종류의 제어는 부정확하고 신빙성이 없게 된다.

폐회로 제어계의 예를 들면 가정용 난로의 경우 주위 온도와 비교하여 온도를 제어할 수 있다. 다음 그림은 가정용 난로의 폐회로 제어계를 나타낸다. 이 경우는 실내온도를 우리가 원하는 방향으로 제어가 가능하다. 실내온도와 기준온도를 비교하여 온도차가 있을 때마다 밸브를 개폐하므로 외부온도의 영향을 적게 받아 정확성과 신뢰성이 있다.

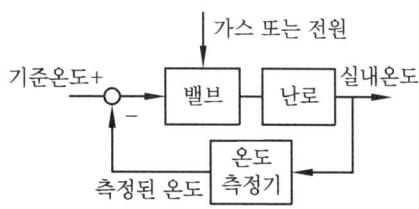

가정용 난로의 폐회로 제어계

> **참고) 자동제어계의 이점**
> ① 인간의 단점 : 힘과 연속성, 단조로운 작업
> ② 자동제어계를 생산공정 및 기계장치 등에 적용 시 이점
>   • 생산속도를 증가시킨다.   • 제품 품질의 균일화
>   • 노동력 감소   • 생산설비 수명 증가
>   • 노동 조건 향상

1-2 자동제어계의 용어

① **목표치(command)** : 외부에서 주어지며 피드백 제어계에 속하지 않는 신호이다. 정치제어의 경우에는 설정치(set point)라고도 한다.

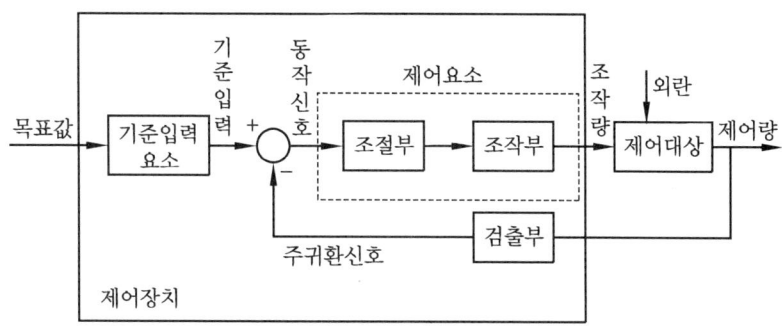

폐루프 제어계의 기본 블록 선도

② **기준입력요소(reference input element)** : 목표치에 비례하는 기준입력신호를 발생하는 요소로서 설정부라고도 한다.
③ **기준입력(reference input)** : 제어계를 동작시키는 기준으로서 직접 폐루프에 가해지는 입력이며, 목표치와 비례 관계를 갖는다.
④ **주귀환신호(primary feedback signal)** : 제어량을 목표치와 비교하여 동작신호를 얻

기 위해 귀환되는 신호로서 제어량과 함수 관계가 있다.
⑤ **동작신호**(actuating signal) : 기준입력과 주귀환신호와의 차로서 제어동작을 일으키는 신호이며, 편차라고도 한다(목표치와 제어량의 차).
⑥ **제어요소**(control element) : 동작신호를 조작량으로 변환시키는 요소이다. 조절부와 조작부로 이루어진다.
⑦ **조작량**(manipulated variable) : 제어장치가 제어대상에 가하는 제어신호로서 제어장치의 출력인 동시에 제어대상에의 입력이다.
⑧ **제어대상**(controlled system, controlled process) : 스스로 제어활동을 하지 않는 출력발생장치로서 제어계에서 직접 제어를 받는 장치이다.
⑨ **외란**(disturbance) : 제어량의 값을 변화시키려 하는 외부로부터의 바람직하지 않은 신호이다(유출량, 목표치 변경).
⑩ **제어량**(controlled variable) : 제어를 받는 제어계의 출력량으로서 제어대상에 속하는 양이다.
⑪ **귀환요소**(feedback element) : 제어량을 검출하여 주귀환신호를 만드는 요소로서 검출부(detecting means)라고도 한다.
⑫ **제어편차**(controlled deviation) : 목표치−제어량으로 정의되는 것으로 이 신호가 그대로 동작신호로 되기도 한다.
⑬ **비교부**(comparator) : 목표치와 제어량에서 인출한 신호를 서로 비교해서 제어동작을 일으키는 데 필요한 정보를 가진 신호를 만들어 내는 부분이다.
⑭ **제어장치**(controller) : 제어대상의 작동을 조절하는 장치로 기준입력요소, 제어요소, 귀환요소가 이에 속한다(제어대상 이외의 부분).
⑮ **조절부** : 기준입력(input)과 검출부출력(output)을 합하여 제어계가 소요의 작용을 하는 데 필요한 신호를 조작부로 보낸다(동작신호를 만드는 부분).
⑯ **조작부** : 조절부로부터의 신호를 조작량으로 변화하여 제어대상에 작용한다.
⑰ **검출부** : 압력, 온도, 유량 등의 제어량을 측정 신호로 나타낸다.

> **참고** 보일러 온도를 300℃로 일정하게 유지할 경우
> ① 300℃ : 목표치, 중유 공급량 : 조작량
> ② 온도 : 제어량
> ③ 보일러 : 제어대상

1-3 자동제어계의 분류

자동제어공학은 응용되는 분야가 전기공학뿐만 아니라 기계공학, 화학공학, 우주항공공학, 선박공학, 경영학 등 다양하다.

(1) 제어량의 성질에 따른 분류

① **프로세스 제어**(process control) : 온도, 유량, 압력, 액위, 농도, pH, 효율 등의 공업 프로세스의 상태량을 제어량으로 하는 제어이다.

② **서보 기구**(servo mechanism) : 물체의 위치, 방위, 자세 등의 기계적 변위를 제어량으로 해서 목표치의 임의의 변화에 추종하도록 구성된 제어계를 말한다.

③ **자동조정**(automatic regulation) : 위의 두 개의 어떤 것에도 속하지 않는 것으로서 전동기의 자동속도 제어와 같은 소위 전기기기의 제어, 전압 제어(AVC, AVR), 주파수 제어(AFC), 속도 제어(ASR), 장력 제어 등이 있다. 이들을 합해서 자동조정이라 부르는 습성이 되어 있는데 일반적으로 에너지의 변환부, 전송부, 신호의 변환부, 변송부의 자동제어조정 등을 말하는 경우가 많다.

(2) 목표치의 성질에 따른 분류

① **정치 제어** : 목표치가 일정한 제어를 말한다. 예를 들면 온도를 일정하게 한다든가 속도를 일정하게 한다든가 하는 경우이다. 프로세스 제어나 자동조정에서는 이 정치 제어방식이 특히 많다.

② **추치 제어** : 목표치가 임의의 변화를 하는 제어를 말하며, 서보 기구가 이것에 해당된다. 이와 같이 구성된 제어계를 서보계라 부르기도 한다.

③ **프로그램 제어** : 목표치가 처음에 정해진 변화를 하는 경우를 말한다. 열처리로의 온도제어 공작기계에 있어서 자동공작 등이 이것에 해당한다.

(3) 제어동작의 연속성에 의한 분류

① **연속 데이터 제어**(continuous-data control) : 계통의 모든 부분의 신호가 연속적인 시간 변수의 함수로 표시되는 제어이다.

② **불연속 데이터 제어**(discrete-data control) : 계통의 제어신호가 펄스열(pulse-train)이나 디지털 코드(digital code)인 제어이다. 특히 디지털 코드인 경우는 디지털 컴퓨터의 많은 이점을 이용할 수 있다.

③ **개폐형**(on-off type) : 조작량이 두 개의 정한 값의 어느 것인가를 가지는 것이다. 이것은 2위치 동작이라고 하며, 구조가 간단하고 값이 싸기 때문에 많이 쓰인다.

(4) 조절의 동작에 의한 분류

① **불연속 동작** : 2위치 동작, 다위치 동작

② **연속 동작**

 ㈎ 비례동작(P) : 잔류편차가 있다.

$$G(s) = \frac{Y(s)}{X(s)} = K(\text{이득상수})$$

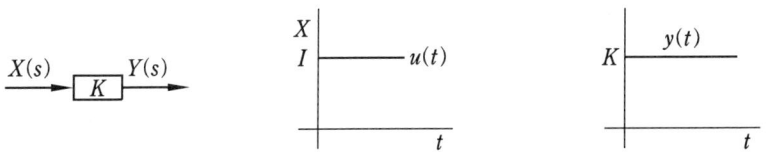

예 전위차계, 전자증폭관 지렛대

(나) 미분요소(D)

$$G(s) = Ks$$

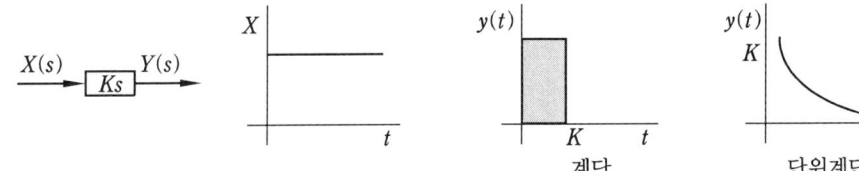

(다) 적분요소(I) : 편차 제거 시 적용

$$G(s) = \frac{K}{s}$$

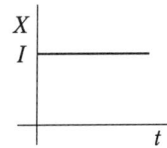 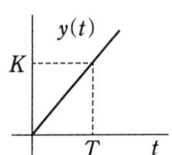

(라) 1차 지연요소

$$G(s) = \frac{K}{Ts+1}$$

여기서, T : 시정수

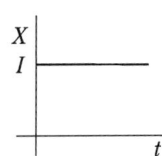 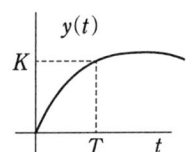

(마) 2차 지연요소

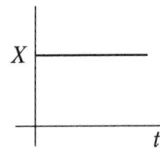 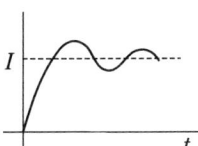

(바) 비례 적분(PI) : 계단변화에 대하여 잔류편차가 없으며 간헐 현상이 있다.
(사) 비례 적분 미분(PID) : 뒤진 앞선 회로와 특성이 같으며 정상편차, 응답, 속응성이 최적이다.

2. 자동제어공학에 필요한 수학적 기법

2-1 시퀀스 제어

(1) 접점의 도시 기호

명칭	그림 기호 a 접점	그림 기호 b 접점	적요
접점(일반) 또는 수동 조작	(a) (b)	(a) (b)	• a 접점 : 평시에 열려 있는 접점(NO) • b 접점 : 평시에 닫혀 있는 접점(NC) • c 접점 : 전환 접점
수동 조작 자동 복귀 접점	(a) (b)	(a) (b)	손을 떼면 복귀하는 접점이며, 누름형, 당김형, 비틈형으로 공통이고, 버튼 스위치, 조작 스위치 등의 접점에 사용된다.
기계적 접점	(a) (b)	(a) (b)	리밋 스위치 같이 접점의 개폐가 전기적 이외의 원인에 의하여 이루어지는 것에 사용된다.
조작 스위치 잔류 접점	(a) (b)	(a) (b)	
전기 접점 또는 보조 스위치 접점	(a) (b)	(a) (b)	
한시 동작 순시 복귀 접점	(a) (b)	(a) (b)	특히 한시 접점이라는 것을 표시할 필요가 있는 경우에 사용한다.
한시 복귀 접점	(a) (b)	(a) (b)	
수동 복귀 접점	(a) (b)	(a) (b)	인위적으로 복귀시키는 것인데, 전자식으로 복귀시키는 것도 포함한다. 예 수동 복귀의 열전계전기 접점, 전자복귀식 벨계전기 접점 등
전자 접촉기 접점	(a) (b)	(a) (b)	잘못이 생길 염려가 없을 때는 계전 접점 또는 보조 스위치 접점과 똑같은 그림 기호를 사용해도 된다.
제어기 접점 (드럼형 또는 캡형)			그림은 하나의 접점을 가리킨다.

㈜ 한시 동작 순시 복귀 a 접점 : 전원 투입 시 설정시간 경과 후에 동작하여 닫히고 전원 제거 시 순간적으로 복귀한다.

① **a 접점** : 열려 있는 접점(arbeit contact, make contact)
② **b 접점** : 닫혀 있는 접점(break contact)
③ **c 접점** : 전환 접점(change-over contact)

(2) 논리 시퀀스 회로

① **논리적 회로(AND gate)** : 2개의 입력 A와 B 모두가 '1'일 때만 출력이 '1'이 되는 회로로서 논리식은 $X = A \cdot B$이다.

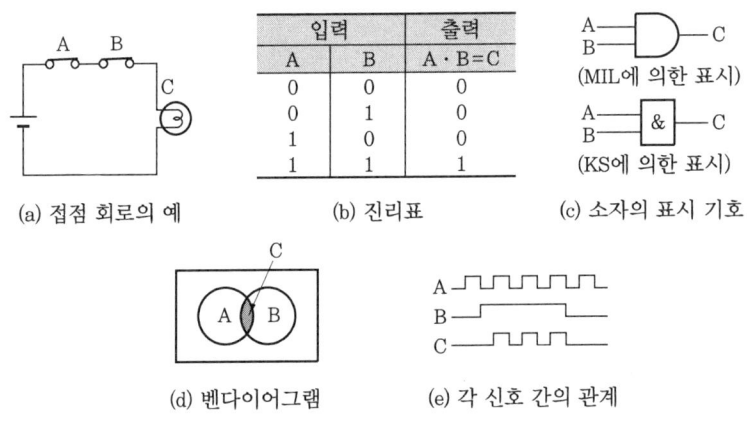

AND 회로

② **논리합 회로(OR gate)** : 입력 A 또는 B의 어느 한쪽이든가, 양자 모두가 '1'일 때 출력이 '1'이 되는 회로로서 논리식은 $X = A + B$이다.

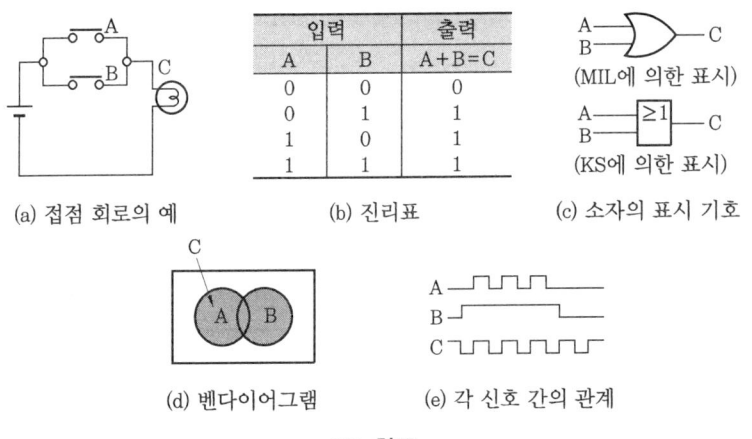

OR 회로

③ **논리부정 회로(NOT gate)** : 입력이 '0'일 때 출력은 '1', 입력이 '1'일 때 출력은 '0'이 되는 회로로서 입력신호에 대하여 부정(NOT)의 출력이 나오는 것이다. 논리식은

$X = \overline{A}$ 이다.

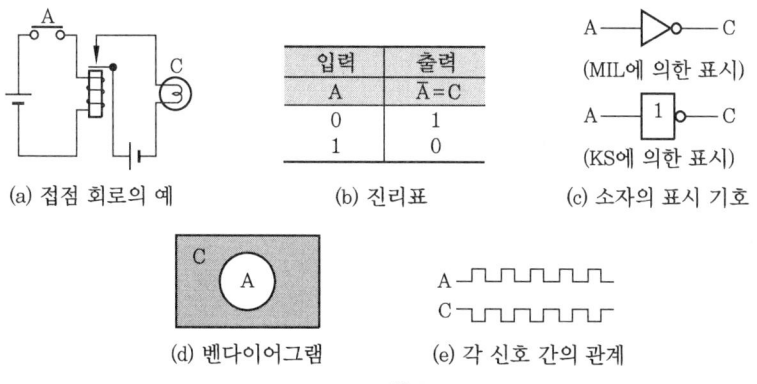

NOT 회로

④ **NAND 회로(NAND gate)** : AND 회로에 NOT 회로를 접속한 AND-NOT 회로로서 논리식은 $X = \overline{A \cdot B}$ 이다.

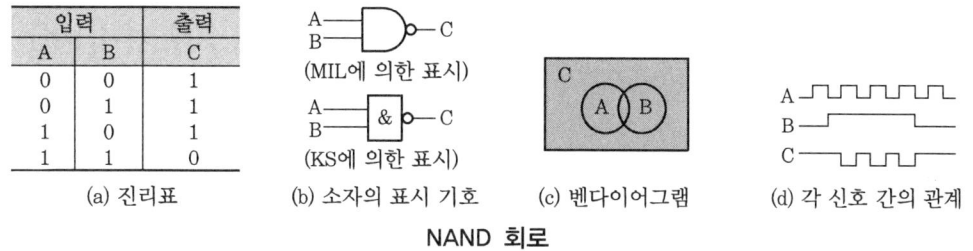

NAND 회로

⑤ **NOR 회로(NOR gate)** : OR 회로에 NOT 회로를 접속한 OR-NOT 회로로서 논리식은 $X = \overline{A + B}$ 이다.

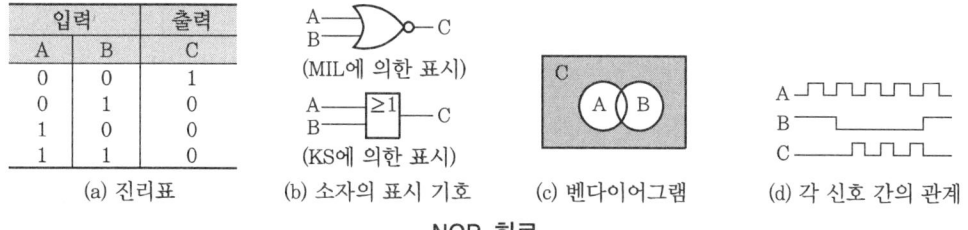

NOR 회로

⑥ **배타적 논리합 회로(Exclusive-OR 회로)** : 입력 A, B가 서로 같지 않을 때만 출력이 '1'이 되는 회로로서 A, B가 모두 '1'이어서는 안 된다는 의미가 있다. 논리식은 $X = \overline{A} \cdot B + A \cdot \overline{B} = A \oplus B$ 이다.

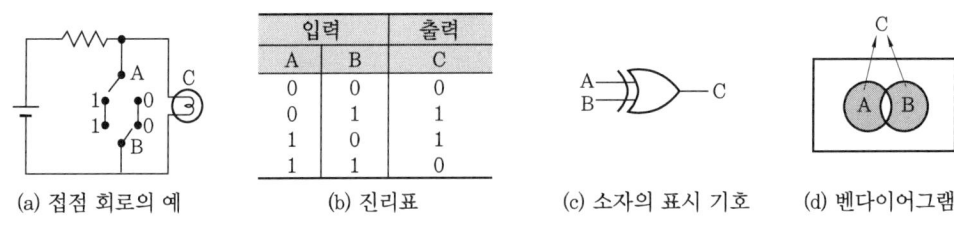

(a) 접점 회로의 예　　(b) 진리표　　(c) 소자의 표시 기호　　(d) 벤다이어그램

EX-OR 회로

⑦ X-NOR 회로 : $C = \overline{A \oplus B}$

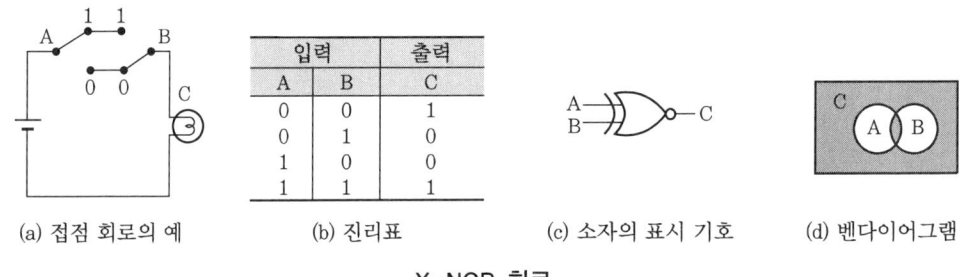

(a) 접점 회로의 예　　(b) 진리표　　(c) 소자의 표시 기호　　(d) 벤다이어그램

X-NOR 회로

⑧ 한시 회로

　(개) 한시 동작 회로 : 입력신호가 '0'에서 '1'로 변화할 때에만 출력신호의 변화가 뒤지는 회로

　(내) 한시 복귀 회로 : 입력신호가 '1'에서 '0'으로 변화할 때에만 출력신호의 변화가 뒤지는 회로

　(대) 뒤진 회로 : 어느 때나 출력신호의 변화가 뒤지는 회로

(3) 응용 회로

① **자기유지 회로(memory holding circuit)** : 회로상태에서 전기를 연결하면 릴레이에 전자석이 발생되어 접점을 연결시키므로 계속적인 전류가 흐르는 회로

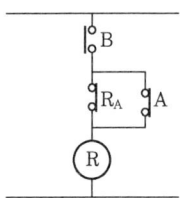

② **인터록(interlock)** : 2대 이상의 기기를 운전하는 경우에 그 운전 순서를 결정하거나 동시기동을 피하거나 일정한 조건이 충전되지 않았을 때는 다음 기기가 운전되지 않도록 할 필요가 있는 경우에 사용하는 전기적 회로

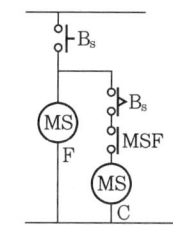
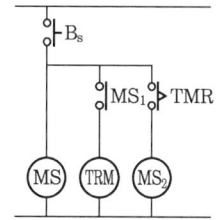

(a) 팬모터가 운전되지 않으면 　　(b) 모터 두 대를 운전하는 경우
　　압축기가 운전되지 않는 회로 　　　　동시에 기동되지 않도록 한 회로

> **참고** 시퀀스 제어 기호
> ① STP : 정지용 스위치(stop)
> ② F-ST : 정회전용 기동스위치(forward-start)
> ③ R-ST : 역회전용 기동스위치(reverse-start)
> ④ F-MC : 정회전용 전자 접촉기(forward-electro magnetic contactor)
> ⑤ R-MC : 역회전용 전자 접촉기
> ⑥ THR(✳) : 열동형 과전류 계전기(thermal relay)
> ⑦ MCB(molded case circuit-breaker) : 배선용 차단기
> ⑧ Ⓜ : 전동기(motor)

③ 논리 공식

(가) 교환의 법칙 : $A \cdot B = B + A$, $A \cdot B = B \cdot A$

(나) 결합의 법칙 : $(A+B)+C = A+(B+C)$, $(A \cdot B) \cdot C = A \cdot (B \cdot C)$

(다) 분배의 법칙 : $A \cdot (B+C) = A \cdot B + A \cdot C$, $A + (B \cdot C) = (A+B) \cdot (A+C)$

(라) 동일의 법칙 : $A + A = A$, $A \cdot A = A$

(마) 부정의 법칙 : $(A) = \overline{A}$, $(\overline{\overline{A}}) = A$

(바) 흡수의 법칙 : $A + A \cdot B = A$, $A \cdot (A+B) = A$

(사) 공리 : $0 + A = A$, $1 \cdot A = A$, $1 + A = 1$, $0 \cdot A = 0$

접점 회로		논리도	논리 공식
A A 직렬	A	AND A,A → A	$A \cdot A = A$
A 병렬 A	A	OR A,A → A	$A + A = A$
A Ā 직렬	0	AND A,Ā → 0	$A \cdot \overline{A} = 0$
A 병렬 Ā	1	OR A,Ā → 1	$A + \overline{A} = 1$
A(A,B)	A	B,A → A	$A(A+B) = A$
A,(A,B) 병렬	A	B,A → A	$A \cdot B + A = A$

2-2 라플라스(Laplace) 변환

(1) 개요

자동제어계의 각 요소는 그 자체가 서로 연관된 공학 요소의 한 조를 구성하는 공학시스템으로 이러한 요소는 제어계의 수학적 모형을 만들도록 결합되어야 한다. 즉 요소나 계가 하나의 평형조건에서 다른 평형조건으로 갈 때 움직이는 방법을 수학적 모형으로 표시해야 하며 시간에 대한 역학 함수이어야 하고 일반적으로 독립 변수를 가진 시간에 대한 미분방정식이다.

$$\frac{계출력}{계입력} = \frac{\theta_O(t)}{\theta_I(t)} = f(D)$$

여기서 $f(D)$를 계의 전달함수라 한다.

$$\Sigma F = Ma = \left(\frac{W}{g}\right)D^2 X, \quad F_I - F_S = \frac{W}{g}D^2 X$$

여기서 $F_S = kx$ 이므로

$$\frac{W}{g}D^2 x + kx = F_I$$

$$\left(\frac{W}{g}D^2 + k\right)x = F_I$$

$$\frac{x}{F_I} = \frac{1}{\frac{W}{g}D^2 + k} = \frac{\frac{1}{k}}{\frac{W}{gk}D^2 + 1} \quad : \text{전달함수}$$

(2) 제어계의 해석기법

① **시간 영역 해석법** : 시간의 변화에 따른 시스템의 입·출력 및 제어계의 상태 변수의 변화를 해석하는 것으로 컴퓨터를 이용한 실시간 제어로서 매우 유용한 기법이다.

② **주파수 영역 해석법** : 입력 신호와 주파수 변환에 따른 시스템의 출력 특성의 변화를 해석하는 것으로 전달 함수를 이용하여 해석이 간편하고 안정도 해석 등에 유용한 기법이다.

(3) 라플라스 변환의 장점

주파수 영역 해석법을 위해 필수적인 라플라스 변환법은 다음과 같은 두 가지의 장점을 갖고 있다.
① 제차 방정식의 해와 특수적분해가 한 번의 연산으로 얻어진다.
② 라플라스 변환에 의하여 미분 방정식이 s의 대수방정식으로 바뀐다. 이 대수 방정식에 간단한 대수연산법을 적용함으로써 s 영역에서의 해가 구해지고 역라플라스 변환에 의하여 최종해가 얻어진다.

(4) 라플라스 변환의 정의

① **라플라스 변환** : 어떤 시간 함수 $f(t)$가 있을 때, 이 함수에 e^{-st}을 곱하고 시간 t에 대하여 0에서 ∞까지 적분한 것을 시간 함수 $f(t)$의 라플라스 변환식이라 하며, $\mathcal{L}f(t)$ 또는 $F(s)$로 표시하고 다음과 같이 나타낸다.

$$F(s) = \mathcal{L}f(t) = \int_0^\infty f(t)e^{-st}dt$$

여기서 복소 변수 $s = \sigma + j\omega$이고 라플라스 연산자(Laplace operator)라고 하며, 적분 구간이 0에서 ∞까지이므로 일방적 라플라스 변환(one-sided Laplace transform)이라고 한다. 복소 변수의 ω는 각주파수로 $\omega = 2\pi f$[rad/s]로 정의된다.

② **역라플라스 변환** : 라플라스 변환 $F(s)$로부터 $f(t)$를 얻는 연산을 역라플라스 변환이라 하며 다음과 같이 나타낸다.

$$f(t) = \mathcal{L}^{-1}[F(s)] = \frac{1}{2\pi j}\int_{c-j\infty}^{c+j\infty} F(s)e^{st}ds$$

여기서 c는 $F(s)$의 모든 특이점들의 실수부보다 큰 실상수이다. 역라플라스 변환 적분은 s평면에서 구해야 되는 선적분을 나타내며 대개의 경우 라플라스 변환표를 이용하여 역라플라스 변환을 구한다.

(5) 전달함수 구하는 방법

① 입력·출력 방정식을 세운다.
② 양변을 라플라스 변환한다.
　　초기값 : 0, 최종값 : 무한대
③ 전달함수 $G(s) = \dfrac{출력}{입력}$ 를 구한다.

　　전달함수 분모차수(s)가 $\begin{cases} 1차식일 때 \rightarrow 1차 지연요소 \\ 2차식일 때 \rightarrow 2차 지연요소 \end{cases}$

④ 전달함수를 시간함수로 전개하면 미분방정식 해가 된다.

(6) 기본 함수들의 라플라스 변환 및 파형

$f(t)$	$F(s)$	파형	$f(t)$	$F(s)$	파형
$\delta(t)$ (임펄스함수)	1		$\sinh at$	$\dfrac{a}{s^2-a^2}$	
$u(t)$ (계단함수)	$\dfrac{1}{s}$		$\cosh at$	$\dfrac{s}{s^2-a^2}$	
$r(t)$ (램프함수)	$\dfrac{1}{s^2}$		$t^n e^{-at}$	$\dfrac{n!}{(s+a)^{n+1}}$	
e^{-at} (지수함수)	$\dfrac{1}{s+\alpha}$		$e^{-at}\sin\omega t$	$\dfrac{\omega}{(s+a)^2+\omega^2}$	
$\sin\omega t$ (정현함수)	$\dfrac{\omega}{s^2+\omega^2}$		$e^{-at}\cos\omega t$	$\dfrac{(s+a)}{(s+a)^2+\omega^2}$	
$\cos\omega t$ (여현함수)	$\dfrac{s}{s^2+\omega^2}$		–	–	–

라플라스 변환에 관한 여러 가지 정리

선형 정리	$\mathcal{L}\left[af_1(t)\pm bf_2(t)\right]=aF_1(s)\pm bF_2(s)$
상사 정리	$\mathcal{L}\left[f\left(\dfrac{t}{a}\right)\right]=af(as)$
시간 추이 정리	$\mathcal{L}\left[f(t-a)\right]=e^{-as}F(s)$
복소 추이 정리	$\mathcal{L}\left[e^{\pm at}f(t)\right]=F(s\mp a)$
미분 정리	$\mathcal{L}\left[f'(t)\right]=sF(s)-f(0_+)$ $\mathcal{L}\left[f''(t)\right]=s^2F(s)-sf(0_+)-f'(0_+)$ $\mathcal{L}\left[f^n(t)\right]=s^nF(s)-\sum_{k=1}^{n}s^{n-k}f^{(k-1)}(0_-)$
적분 정리	$\mathcal{L}\left[\int f(t)dt\right]=\dfrac{1}{s}F(s)+\dfrac{1}{s}f^{(-1)}(0_-)$ $\mathcal{L}\left[\int f^{(-2)}(t)dt\right]=\dfrac{1}{s^2}F(s)+\dfrac{1}{s^2}f^{(-1)}(0_+)+\dfrac{1}{s}f^{(-2)}(0_+)$ $\mathcal{L}\left[\int f^{(-n)}(t)\right]=\dfrac{1}{s^n}F(s)+\sum_{k=1}^{n}\dfrac{f^{(-k)(0_-)}}{s^{n-k+1}}$

복소 미분 정리	$\mathcal{L}\left[t^n f(t)\right] = (-1)^n \dfrac{d^n}{ds^n} F(s)$
복소 적분 정리	$\mathcal{L}\left[\dfrac{f(t)}{t}\right] = \displaystyle\int_s^\infty F(s)ds$
초기값 정리	$\displaystyle\lim_{t\to 0}(t) = \lim_{s\to\infty} s \cdot F(s)$
최종값 정리	$\displaystyle\lim_{t\to\infty}(t) = \lim_{s\to 0} s \cdot F(s)$
주기 함수	$\mathcal{L} f_1(t) = F_1(s) \dfrac{1}{1 - e^{-Ts}}$
상승 정리	$\mathcal{L}\left[\displaystyle\int_0^t f_1(t-\tau)f_2(\tau)d\tau\right] = F_1(s)F_2(s)$
복소 상승 정리	$\mathcal{L}\left[f_1(t)f_2(t)\right] = \dfrac{1}{2\pi j}\displaystyle\int_{r-j\infty}^{r+j\infty} F_1(s-\lambda)F_2(\lambda)d\lambda$

2-3 블록 선도

입력신호 $\gamma(t)$에 대하여 출력신호 $c(t)$를 발생하는 요소의 전달함수 $G(s)$는 $\gamma(t)$와 $c(t)$의 라플라스 변환을 각각 $R(s)$, $C(s)$라 하면 $G_0(s) = \dfrac{C(s)}{R(s)}$와 같이 표시되고 보통 그림과 같이 블록(block) 선도로 표시한다.

위의 식에서 출력은 $C(s) = G_0(s)R(s)$로 표시된다.

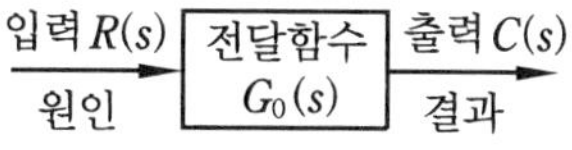

블록 선도 표현

(1) 직렬 결합(cascade)

전달함수에 대한 정의로부터

$Z(s) = G_1(s) Y(s)$

$X(s) = G_2(s)Z(s) = G_1(s)G_2(s) Y(s)$

$Z(s)$를 소거한 것이 되어 $G(s) = G_1(s)G_2(s)$로 된다.

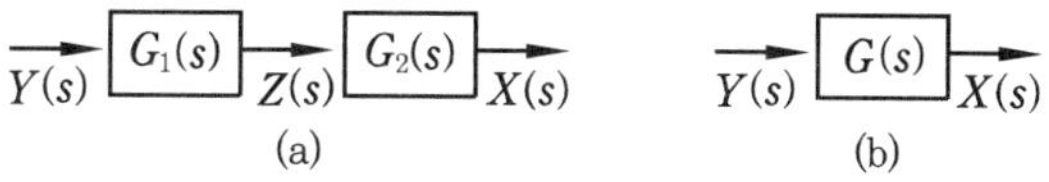

직렬 접속

(2) 병렬 통합

그림과 같이 병렬로 접속된 계를 생각하며,
$$Z_1(s) = G_1(s)Y(s), \ Z_2(s) = G_2(s)Y(s)$$
$$X(s) = Z_1(s) + Z_2(s)$$

여기서 $X(s) = G_1(s)Y(s) + G_2(s)Y(s) = [G_1(s) + G_2(s)]Y(s)$

$Z_1(s)$, $Z_2(s)$는 소거되어 새롭게 $G(s) = G_1(s) + G_2(s)$로 된다.

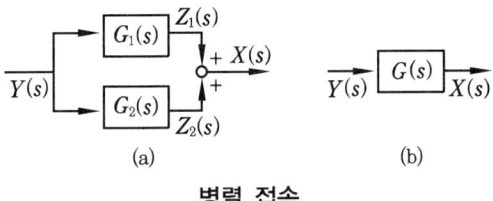

병렬 접속

(3) 피드백 접속

그림과 같은 피드백 접속에서는
$$X(s) = G_1(s)E(s), \ B(s) = G_2(s)X(s), \ E(s) = R(s) - B(s)$$

따라서 $X(s) = G_1(s)[R(s) - B(s)] = G_1(s)[R(s) - G_2(s)X(s)]$

$$X(s) = \frac{G_1(s)}{1 + G_1(s)G_2(s)} \cdot R(s)$$

여기서 $G(s) = \dfrac{G_1(s)}{1 + G_1(s)G_2(s)}$ 로 된다.

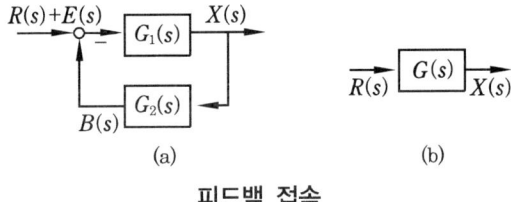

피드백 접속

2-4 신호 흐름 선도

제어계의 변수들 사이의 관계를 브랜치(branch)라고 부르는 방향을 가진 선으로 표시하고 계의 관계되는 변수, 즉 신호를 노드(node)라 부르는 작은 원으로 표시하여 제어계의 신호의 흐름을 나타내는 선도를 신호 흐름 선도라 한다.

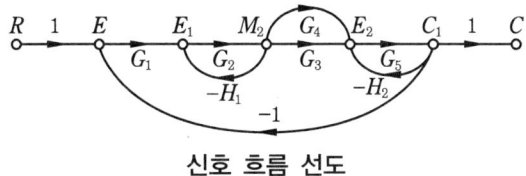

신호 흐름 선도

- **소스 노드**(source node, independent node, input node) : 독립변수를 나타내며, 오직 밖으로 나가는 브랜치만을 갖는 노드이다. 위 그림에서 노드 R이다.
- **싱크 노드**(sink node, dependent node, output node) : 종속변수를 나타내며, 오직 안으로 들어오는 브랜치만을 갖는 노드이다. 위 그림에서 노드 C이다.
- **혼합 노드**(mixed node, general node) : 들어오는 브랜치와 나가는 브랜치가 혼합된 노드이다. 위 그림에서 E, E_1, M_2, E_2, C_1 등이다.
- **경로**(path) : 화살표가 동일한 방향인 연속적인 일련의 브랜치들의 연결상태이다. 위 그림에서 G_1, G_2, G_3, G_5 및 G_1, G_2, G_4, G_5이다.
- **전향경로**(forward Path) : 소스에서 시작하여 싱크에서 끝나며 도중에 어떤 노드도 두 번 이상 거치지 않는 경로를 말한다.
- **경로이득**(path gain) : 경로를 잇는 브랜치들에 관련된 이득(gain)들의 곱이다.
- **루프**(loop) : 닫힌 경로이며 어느 노드도 두 번 이상 거치지 않는다.

(1) 기본적인 신호 흐름 선도

① 가합점

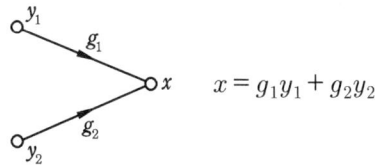

$x = g_1 y_1 + g_2 y_2$

② 인출점

$x_1 = g_1 y$
$x_2 = g_2 y$

③ 직렬 접속

$x = g_1 g_2 y$

④ 귀환 접속

$x = \dfrac{g_1 g_2}{1 - g_2 g_3} y$

블록 선도와 신호 흐름 선도의 대응 관계

구분	블록 선도	신호 흐름 선도
신호	$R(s) \rightarrow$	$R(s)$ ○
시스템 요소	$R(s) \rightarrow \boxed{G(s)} \rightarrow C(s)$	$R(s)$ ○—$G(s)$→○ $C(s)$
가합점 $C(s) = R(s) \pm B(s)$	$R(s) \rightarrow \oplus \rightarrow C(s)$, $B(s) \uparrow \pm$	$R(s)$ ○—1—○ $C(s)$, $B(s)$ ○—± 1
인출점 $R(s) = B(s) = C(s)$	$R(s) \rightarrow \bullet \rightarrow C(s)$, $\rightarrow B(s)$	$R(s)$ ○—1—○ $C(s)$, —1—○ $B(s)$
종속 접속	$R(s) \rightarrow \boxed{G_1(s)} \xrightarrow{B(s)} \boxed{G_2(s)} \rightarrow C(s)$	$R(s)$ —$G_1(s)$→○—$G_2(s)$→ $C(s)$, $B(s)$
병렬 접속	$R(s) \rightarrow \boxed{G_1(s)}, \boxed{G_2(s)} \rightarrow \oplus \rightarrow C(s)$	$R(s)$ —1—○—$G_1(s)$—○—1— $C(s)$, —$G_2(s)$—
피드백 루프	$R(s) \rightarrow \oplus \rightarrow \boxed{G(s)} \rightarrow C(s)$, $\boxed{H(s)}$	$R(s)$ —1—○—$G(s)$—○—1— $C(s)$, $\pm H(s)$

(2) 메이슨(Mason)의 정리

출력과 입력과의 비, 즉 계통의 이득 또는 전달함수 G는 다음의 메이슨의 정리에 의하여 구할 수 있다.

$$G = \frac{\sum_K G_K \Delta_K}{\Delta}$$

$$\Delta = 1 - \sum_n L_{n1} + \sum_n L_{n2} - \sum_n L_{n3} + \cdots\cdots + (-1)^n \sum_n L_{nn}$$

여기서, L_{n1} : 개개의 폐루프 이득의 곱의 합
L_{n2} : 2개의 서로 접하지 않는 루프의 가능한 모든 조합의 이득의 곱의 합
L_{n3} : 3개의 서로 접하지 않는 루프의 가능한 모든 조합의 이득의 곱의 합
L_{nn} : n개의 서로 접하지 않는 루프의 가능한 모든 조합의 이득의 곱의 합
G_K : K번째의 전향경로의 이득
Δ_K : K번째의 전향경로와 접하지 않는 부분에 대한 Δ의 값

3. 물리계의 수학적 모델 및 제어계의 특성

3-1 물리계의 수학적 모델

제어계의 해석과 설계에 있어서 가장 중요한 일 중 하나가 계의 수학적인 모델을 만드는 것이다. 지금까지 우리는 선형계의 수학적인 모델을 생각해 왔으나 실제로 대부분의 물리계는 어느 정도 비선형적인 특성을 가지고 있다.

따라서 계의 동작특성과 범위가 선형적인 가정을 할 수 있는 경우 선형적 수학적 모델을 이용할 수 있다.

3-2 각종 요소의 전달함수

초기값을 0으로 하였을 때 출력신호의 라플라스 변환과 입력신호의 라플라스 변환과의 비를 전달함수라 한다. 입력신호 $x(t)$, 출력신호 $y(t)$일 때 전달함수 $G(s)$는

$$G(s) = \frac{\mathcal{L}[y(t)]}{\mathcal{L}[x(t)]} = \frac{Y(s)}{X(s)}$$

가 된다.

(1) 비례 요소

입력신호 $x(t)$, 출력신호 $y(t)$의 관계가 $y(t) = Kx(t)$로 표시되는 요소로 전달함수는 $G(s) = \frac{Y(s)}{X(s)} = K$가 된다. 여기서 K를 비례감도 또는 이득정수라 한다.

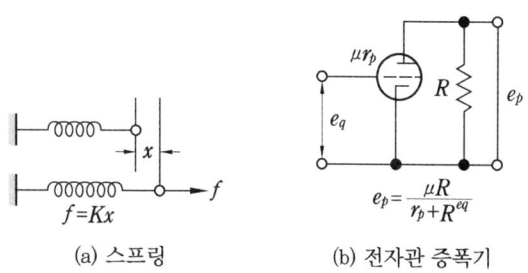

(a) 스프링   (b) 전자관 증폭기

비례 요소의 보기

(2) 적분 요소

입출력 간의 관계식이 $y(t) = K\int x(t)dt$로 표시되는 요소를 적분 요소라 하며, 전달함수는 $G(s) = \dfrac{Y(s)}{X(s)} = \dfrac{K}{s}$가 된다.

$$V = \frac{1}{C}\int i\,dt$$

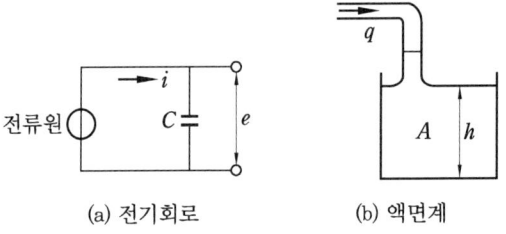

(a) 전기회로   (b) 액면계

적분 요소의 보기

(3) 미분 요소

입출력 간의 관계식이 $y(t) = K\dfrac{d}{dt}x(t)$로 표시되는 요소를 미분 요소라 하며, 전달함수는 $G(s) = \dfrac{Y(s)}{X(s)} = K(s)$가 된다. 미분 요소의 보기로는 미분회로, 레이드 자이로스코프 등이 있다.

(4) 각 요소의 전달함수 정리

① P 동작 : $G(s) = K_p$

② PI 동작 : $G(s) = K_p\left(1 + \dfrac{1}{TS}\right)$

③ PD 동작 : $G(s) = K_p(1 + TS)$

④ PID 동작 : $G(s) = K_p\left(1 + \dfrac{1}{TS} + TS\right)$

4. 자동제어계의 과도응답

4-1 특성 방정식

폐회로 전달함수는 $\dfrac{G(s)}{R(s)} = \dfrac{G(s)}{1 + G(s)H(s)}$

폐회로 전달함수의 분모 $1+G(s)H(s)$는 자동제어계 해석에 극히 중요한 요소가 된다. 분모를 0으로 놓은 식 $1+G(s)H(s)=0$을 선형 자동제어계의 특성 방정식이라 한다.

특성 방정식의 정의 실근, 즉 s평면의 우반평면에 있는 지수항의 응답은 시간과 함께 단조증가한다. 이러한 계는 불안정하다.

그러나 음의 실부를 갖는 허근에 대한 과도항의 응답은 진동하면서 시간과 함께 감소가 가능하다. 그러므로 자동제어계가 안정하려면 특성 방정식의 근이 s평면 좌반부에 존재해야 된다.

5. 편차와 감도 및 제어계의 평가지표

5-1 편차의 개념

일반적으로 제어계는 정상 편차, 감도, 속응도, 안정도 등에 의해 그 특성이 평가된다. 정확도는 피드백 제어계에서 안정도 다음가는 중요한 특성으로 제어계의 설계 시에는 예측되는 입력에 대하여 편차를 최소로 하여 정확도를 높이도록 하여야 한다.

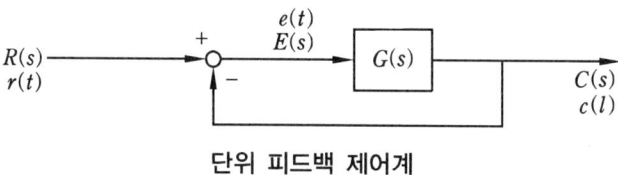

단위 피드백 제어계

그림의 단위 피드백 제어계에서 $E(s)$는

$$E(s) = R(s) - C(s) = R(s) - \frac{G(s)}{1+G(s)}R(s) = \frac{1}{1+G(s)}R(s)$$

따라서 편차 $e(t)$는 $e(t) = \mathcal{L}^{-1}\left[\frac{1}{1+G(s)}R(s)\right]$

$t=0$에서의 초기편차는 $e(0) = \lim_{s \to \infty} s\left[\frac{R(s)}{1+G(s)}\right]$

$t=\infty$에서의 정상편차는 $e(\infty) = \lim_{s \to \infty} s\left[\frac{R(s)}{1+G(s)}\right]$

5-2 정상 편차

(1) 정상위치 편차

단위 피드백 제어계에서 단위 계단 입력이 가해진 경우의 정상 편차를 정상위치 편차(steady state position error)라고 하며, 다음 식과 같이 표시된다.

$$e_{ssp} = \lim_{s \to 0} \frac{s \cdot \frac{1}{s}}{1 + G(s)} = \frac{1}{1 + \lim_{s \to 0} G(s)} = \frac{1}{1 + K_p}$$

여기서 $K_p = \lim_{s \to 0} G(s)$ 이며, K_p를 위치 편차 상수라고 한다.

(2) 정상속도 편차

단위 피드백 제어계에 단위 램프 입력이 가해진 경우의 정상 편차를 정상속도 편차라고 하며, 다음 식과 같이 표현된다.

$$e_{ssv} = \lim_{s \to 0} \frac{s}{1 + G(s)} \cdot \frac{1}{s^2} = \lim_{s \to 0} \frac{1}{s + sG(s)} = \lim_{s \to 0} \frac{1}{sG(s)} = \frac{1}{K_v}$$

여기서 $K_v = \lim_{s \to 0} sG(s)$ 이며, K_v를 속도 편차 상수라 한다.

(3) 정상가속도 편차

단위 피드백 제어계에 포물선 입력이 가해진 경우의 정상 편차를 정상가속도 편차라고 하며, 정상가속도 편차 e_{ssa}는 다음 식과 같다.

$$e_{ssa} = \lim_{s \to 0} \frac{s}{1 + G(s)} \cdot \frac{1}{s^3} = \lim_{s \to 0} \frac{1}{s^2 + s^2 G(s)} = \lim_{s \to 0} \frac{1}{s^2 G(s)} = \frac{1}{K_a}$$

여기서 $K_a = \lim_{s \to 0} s^2 G(s)$ 이며, K_a를 가속도 편차 상수라 한다.

5-3 제어계의 안정도

제어계의 해석과 설계에 있어서 가장 중요한 것은 제어계의 안정도(system stability)이다. 제어계의 안정도란 시스템의 입력, 초기값 또는 제어계 매개 변수의 변화에 따라 제어계 출력이 크게 변하지 않는 것을 의미하며 제어계의 안정과 불안정만을 판정하는 절대 안정도(absolute stability)와 제어계의 안정 상태의 정도, 즉 불안정한 상태에서 얼마나 가까이 있는가를 다루는 상대 안정도(relative stability)로 구분한다.

(1) 안정도 판별법

제어계의 안정도를 판별하는 방법은 다음과 같이 두 가지로 나눌 수 있다.

① 직접 근을 구하는 방식
    ㈎ 고전적 해법
    ㈏ 근궤적법

② 안정된 제어계 파라미터의 영역을 결정하는 방법
    ㈎ 루드-후르비츠(Routh-Hurwitz) 안정도 판별법
    ㈏ 나이퀴스트(Nyquist) 안정도 판별법
    ㈐ 보드(Bode) 선도 안정도 판별법
    ㈑ 니콜스(Nichols) 선도 안정도 판별법

(2) Routh-Hurwitz 안정도 판별법

Maxwell과 Vishnegradsky가 처음으로 동적 시스템의 안정도에 관한 문제를 고찰하기 시작하였으며, 1800년 말에 A. Hurwitz와 E. J. Routh는 각각 특성 방정식에서 계수의 크기와 부호로부터 제어계의 절대 안정도를 판별하는 대수적인 방법으로 특성 방정식의 근을 구하지 않고도 특성 방정식의 근 중에서 몇 개의 근이 불안정 영역인 s 평면 우반부에 있는가를 살펴보고 제어계의 안정 또는 불안정을 판별하였다. 이와 같은 절대 안정도 판별 방법이 Routh-Hurwitz 안정도 판별법이다.

(3) 근궤적법

제어 시스템을 해석하기 위해서는 시스템의 안정성을 판별함에 있어서 절대 안정도뿐만 아니라 상대 안정도가 필요할 경우가 있다.

Routh-Hurwitz 안정도 판별법은 절대 안정도를 판별하고, 근궤적법은 상대 안정도를 판별하는 방법이다. 폐루프 제어 시스템의 상대 안정도와 과도 응답은 s 평면상에서의 특성 방정식의 매개 변수가 변화함에 따라 근의 위치가 변화하는 근의 궤적을 구하는 도해적인 방법을 근궤적법이라 한다.

(4) Nyquist 안정도 판별법

Routh-Hurwitz법과 근궤적법은 특성 방정식의 근의 위치를 결정하는 방법인 반면, Nyquist 판별법은 준도식적 방법으로 루프 전달함수 $G(s)H(s)$의 주파수 영역의 성질을 검토하여 폐루프 제어 시스템의 안정성을 판별하는 방법이다.

루프 전달함수 $G(s)H(s)$를 갖는 되먹임 제어계에 있어서 두 종류의 안정성을 정의할 수 있다.

① **개루프 안정성** : 루프 전달함수 $G(s)H(s)$의 극점들이 모두 s평면의 좌반부에 존재할 때 이런 시스템을 개루프 안정이라 한다.
② **폐루프 안정성** : 폐루프 전달함수 $M(s)$의 극점 또는 특성 방정식 $\Delta(s)$의 근들이 모두 s평면의 좌반부에 존재할 때 이런 시스템을 폐루프 안정이라 한다.

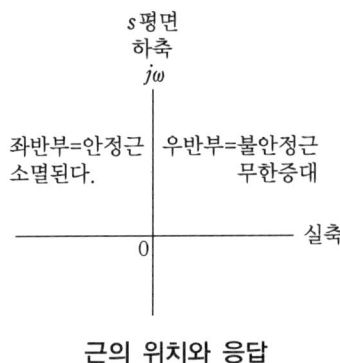

근의 위치와 응답

(가) 안정근
 ㉮ 허근은 시간과 함께 감소 소멸된다.
 ㉯ 허축에 가장 가까운 근은 대표근이다.
 ㉰ 대표근은 공액복소근으로 소멸시간이 길다.
(나) 불안정근
 ㉮ 허근은 시간과 함께 진동하면서 무한히 증대한다.
 ㉯ 실근은 단조증가한다.

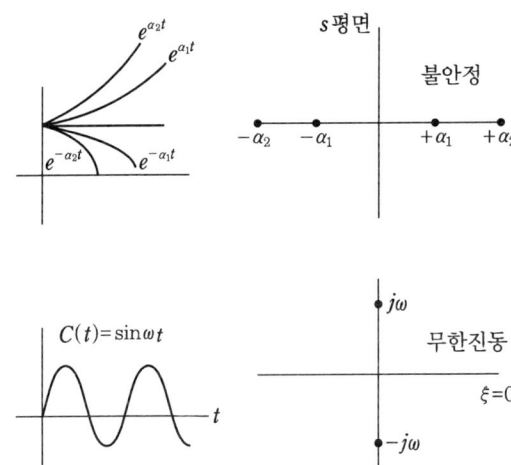

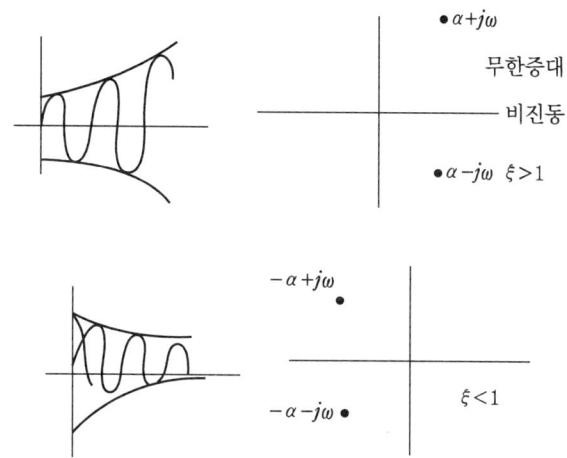

5-4 PLC(Programmable Logic Controller)

IC 등 반도체 기술의 발전에 의하여 시퀀스 제어가 유접점 릴레이 방식에서 무접점의 로직(logic) 방식으로 변하면서 더욱 간소화되어 PLC(Programmable Logic Controller) 및 컴퓨터에 의한 제어로 발전되었다.

이것은 각 산업 분야에서 제품이 다양화되고, 소량 다품종을 생산하지 않으면 안 될 실정에서 자동 기계의 가공 순서 변경이나 생산 라인의 변경이 있을 경우 유접점의 릴레이반에서는 제어 회로의 변경이나 조립에서 배선의 수정 등을 하지 않으면 안 되지만 PLC에서는 프로그램의 변경만으로 수정이 가능한 커다란 장점이 있다.

(1) PLC의 특징

PLC란 종래에 사용하던 제어반 내의 보조 릴레이, 컨트롤 릴레이, 타이머, 카운터 등의 기능을 대체하고자 만들어진 전자 응용 기기이며, 제어 대상의 시퀀스를 합리적으로 기획하고 제어반의 소형화, 내부 제어 회로 변경의 신속성 및 제어 회로 상호간 배선 작업의 프로그램화로 경제성 및 신뢰성에서 획기적인 제어 장치라고 할 수 있다.

이러한 PLC에 대한 장점을 들어 보면 다음과 같다.

① 동작 실행에 대한 내용 변경을 프로그램에 의하여 쉽게 바꿀수 있으며 배선 작업이나 부품 교체 작업이 없게 된다.
② 프로그램된 내용을 필요할 때 간단히 확인할 수 있으므로 체계적인 고장 진단과 점검이 용이하다.
③ 릴레이 반에 비하여 신뢰성이 높고 고속 동작이 가능하다.
④ 제어 기능량에 비하여 설치 면적이 대폭 적어지며 전기 소모량도 대단히 적어진다.

(2) 프로그램 방식

PLC는 컴퓨터와는 달리 기계를 취급하는 사람이나 전기의 시퀀스에 익숙한 사람이 사용하므로 이 사람들이 알기 쉬운 말, 즉 프로그래밍 언어가 여러 가지 고안되어 있다.

따라서 제어 순서를 프로그램하는 방식에도 여러 가지 종류가 있고 각 PLC 제작 회사마다 다르지만 기본적으로 4가지 방식이 있다.

① 유접점 기호에 의한 방식(그림 (a) 참조)
② 논리 연산에 의한 방식(그림 (b) 참조)
③ 흐름도에 의한 방식(그림 (c) 참조)
④ 공정 보진에 의한 방식(그림 (d) 참조)

유접점에 의한 릴레이 시퀀스에 친숙했기 때문에 PLC 각 제작 회사들은 유접점 기호에 의한 래더도(ladder diagram) 방식에 역점을 두고 있다.

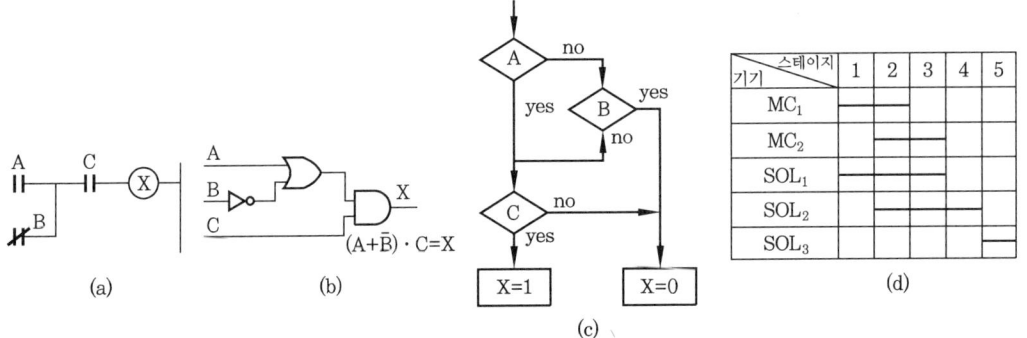

프로그램 방식

출제 예상 문제

1. 주관의 압력을 바꾸어 low limit 조절기를 제어계에 삽입·분리하는 경우에 사용되는 릴레이는?
  ① 변환 릴레이 ② 2위치 릴레이
  ③ 선택 릴레이 ④ 평균 릴레이

2. 다음은 프로세스의 특성에 관한 것이다. 옳지 않은 것은?
  ① 시간적 지연(dead time)은 될수록 적게 하는 것이 바람직하다.
  ② 응답에 의한 시간 지연은 프로세스에서 용량을 갖는 것에 대해서는 전부 생략될 수 있다.
  ③ 시정수는 전달 지연 시간의 36.2%에 도달할 때까지의 시간으로서 나타낸다.
  ④ 프로세스의 동 특성은 타임 래그(time lag)에 의해 결정된다.
  [해설] 제어량의 평형점은 무한시간 후에 평형되므로 전달 지연을 나타내는 데는 변화 시작점부터 평형점에 도달할 때까지 변화의 63.2%에 도달할 때까지의 시간으로서 전달 지연의 크기를 나타내며, 이것을 시정수(time constant)라 한다.

3. 다음 그림과 같은 제어계에서 입력 R, 출력을 C라 할 때 전달함수의 값은?

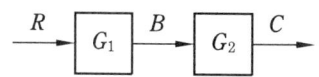

  ① $G_1 - G_2$ ② $G_1 + G_2$
  ③ G_1 / G_2 ④ $G_1 \cdot G_2$
  [해설] $B = RG_1 \cdots$ ①, $C = BG_2 \cdots$ ②
  식 ②를 식 ①에 대입하면,
  $C = RG_1 \cdot G_2$
  $\therefore\ C/R = G_1 \cdot G_2$

4. 다음 그림과 같은 접점회로의 논리식은 어느 것인가?

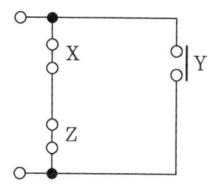

  ① $X \cdot Y \cdot Z$ ② $X + Y + Z$
  ③ $X \cdot Z + Y$ ④ $(X + Z) \cdot Y$
  [해설] X와 Z는 직렬이므로 AND 회로이고 X, Z와 Y는 병렬이므로 OR 회로이다. 그러므로 $X \cdot Z + Y$가 된다.

5. 다음 중 서미스터(thermistor)가 사용되지 않는 곳은?
  ① 온도-조절식 전기회로 조절
  ② 압력 조절
  ③ 온도 측정
  ④ 모터권선의 온도가 위험지점까지 상승할 경우 모터에 직결된 전력 차단

6. 다음은 각 제어동작의 변화과정을 나타낸 것이다. 옳지 않은 것은?

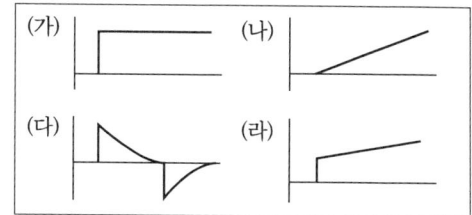

정답 1. ① 2. ③ 3. ④ 4. ③ 5. ② 6. ②

① 그림 (가)는 비례동작이다.
② 그림 (나)는 미분동작이다.
③ 그림 (다)는 미분동작이다.
④ 그림 (라)는 비례적분동작이다.
[해설] (가)는 비례, (나)는 적분, (다)는 미분, (라)는 비례+적분동작이다.

7. 다음의 전자 릴레이 회로는?

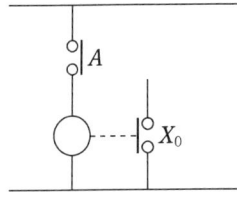

① AND 회로   ② NOR 회로
③ OR 회로   ④ NOT 회로
[해설] NOT 회로(논리부정 회로)
논리식 : $X = \overline{A}$

8. 다음 그림에서 논리기호로 표시된 것을 식으로 표시한 것으로 옳은 것은?

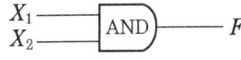

① $F = \overline{X_1} + \overline{X_2}$
② $F = X_1 \cdot X_2$
③ $F = X_1 \cdot X_2 + X_1 \cdot X_2$
④ $F = X_1 \cdot X_2$
[해설] 2개의 입력 X_1과 X_2가 모두 1일 때만 출력 F가 1이 되는 회로이다.

9. 출력 오차의 변화속도에 비례하여 조작량을 가감하는 제어로서 옳은 것은?
① 단순도 제어
② 비례 reset 제어
③ rate 제어
④ on-off 제어

10. 기동스위치를 누르기만 하면 자동적으로 일정 시간(대기시간) 후에 일정 시간(동작시간)만 동작을 하고 자동적으로 정지하는 제어 방법을 자동정지 시동, 정시정지 제어라 말하며, 냉동기의 자동제상에 많이 이용된다. 아래 그림은 그 회로도를 나타낸 것이다. (1), (2), (3)의 접점에는 어떤 릴레이를 사용해야 하는가?

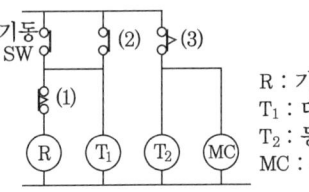

R : 기동용 보조릴레이
T_1 : 대기시간 타이머
T_2 : 동작시간 타이머
MC : 전자접촉기

① (1) R, (2) T_1, (3) T_2
② (1) T_2, (2) R, (3) T_1
③ (1) T_1, (2) R, (3) T_2
④ (1) T_2, (2) T_1, (3) R

11. 다음 그림은 히터와 쿨러를 설치하고 실내온도를 일정하게 유지하기 위한 온도 릴레이로써 그 온도를 검출하여 온도 제어를 할 때의 도면이다. 이 회로를 설명한 것 중 옳은 것은?

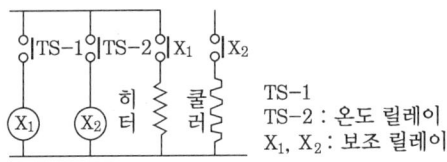

TS-1
TS-2 : 온도 릴레이
X_1, X_2 : 보조 릴레이

① 현재 회로 동작상태는 냉각운전 중이다.
② TS-1은 상한 온도 릴레이이다.
③ TS-2의 설정온도는 TS-1보다 높게 설정한다.
④ TS-2는 설정치보다 온도가 낮을 때 ON된다.
[해설] TS-1은 하한 온도 릴레이이다.

12. 다음은 제어동작과 용도를 기술한 것이다. 옳지 않은 것은?

정답 7. ④ 8. ④ 9. ③ 10. ② 11. ③ 12. ③

① 비례 P 동작은 온수, 열풍 발생기 등의 제어에 잘 사용되며 비교적 제어 정도가 낮다.
② 적분 I 동작은 압력, 유량의 상태 등 응답 속도가 빨라야 하는 것에 적합하다.
③ 비례적분 PI 동작은 응답이 늦은 반면에 정확해야 하는 압력, 유량 제어에 전류 차압을 좋게 하는 경우 또는 외란이 적은 경우의 제어에 쓰인다.
④ PID 동작은 비교적 응답 속도가 늦고 정밀한 제어를 요구하는 경우에 사용된다.

[해설] ③ 비례적분 PI 동작은 비교적 응답이 빠른 열풍로의 온도 제어, 압력, 유량 제어에 전류 차압을 좋게 하는 경우에 쓰인다.

13. 유도 전동기의 1차 전압 변화에 의한 속도 제어에서 SCR을 사용하는 경우 변화시키는 것은?
① 주파수
② 토크
③ 전압의 최댓값
④ 위상각

14. 다음과 같은 계전기 접점회로의 논리식은?

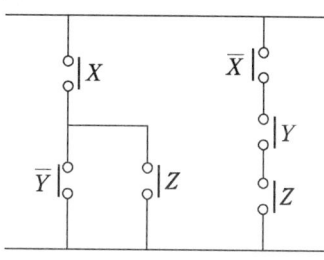

① $(X+\overline{Y}+Z) \cdot (\overline{X}+Y+Z)$
② $X \cdot (\overline{Y}+Z) + \overline{X} \cdot Y \cdot Z$
③ $(X+\overline{Y} \cdot Z) \cdot (\overline{X}+Y+Z)$
④ $(X \cdot \overline{Y}+Z) \cdot \overline{X} \cdot Y \cdot Z$

[해설] AND 회로(논리적 회로) : $X = A \cdot B$
OR 회로(논리합 회로) : $X = A+B$
NOT 회로(논리부정 회로) : $X = \overline{A}$

15. 정동작에 대한 설명으로 옳은 것은?
① 출력과 제어량이 목표치보다 클 경우 증가하는 방향으로 움직이는 것
② 출력과 제어량이 목표치보다 클 경우 감소하는 방향으로 움직이는 것
③ I 동작에 의한 출력 변화와 P 동작에 의한 출력 변화가 동일한 것
④ 목표치와 제어량이 편차를 감소시키는 방향으로 움직이는 것

16. 다음 중 보일러 자동제어 장치의 피드백(feedback) 제어에 해당되지 않는 것은?
① 급수량 제어
② 온도 제어
③ 공기량 제어
④ 연소량

17. 다음 기호 중 자동 복귀형 a접점 스위치는?

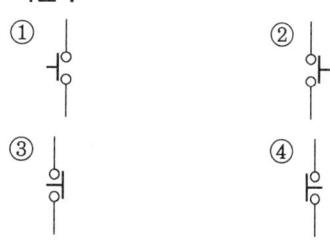

[해설] ④ : 자동 복귀형 b접점

18. 공기조화용 전자식 자동제어의 이점이 아닌 것은?
① 고정도이고 제어계의 추종성이 높다.
② 기기나 제어회로가 비교적 간단하다.
③ 제어장치 조작의 중앙 집중화가 용이하다.
④ 보상제어나 조합제어가 용이하다.

[해설] 전자식의 회로는 복잡하다.

19. $\overline{A}\,\overline{B}\,\overline{C}+\overline{A}\,\overline{B}\,C+\overline{A}\,B\,C+\overline{A}\,B\,\overline{C}$ 를 간략화시켰을 때 논리기호로 표시하면?

① ─▷○─ $X = \overline{C}$
② ─▷○─ $X = \overline{B}$
③ ─▷○─ $X = \overline{A}$
④ ─⊐D─ $X = \overline{A}+\overline{B}$

[해설] $X = \overline{A}\,\overline{B}\,\overline{C}+\overline{A}\,\overline{B}\,C+\overline{A}\,B\,C+\overline{A}\,B\,\overline{C}$
$= \overline{A}(\overline{B}\cdot\overline{C}+\overline{B}\cdot C+B\cdot C+B\cdot\overline{C})$
$= \overline{A}\{\overline{B}(\overline{C}+C)+B\cdot(C+\overline{C})\}$
$= \overline{A}(\overline{B}+B) = \overline{A}$

20. 그림과 같은 계전기 접점회로의 논리식은?

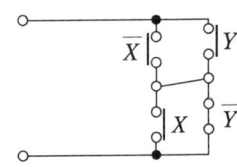

① $X\cdot Y + \overline{X}\cdot\overline{Y}$
② $X\cdot Y + X\cdot\overline{Y}$
③ $(\overline{X}+Y)\cdot(X+\overline{Y})$
④ $(\overline{X}+Y)\cdot(X+Y)$

[해설] X와 Y는 병렬이므로 OR회로,
$X+Y$, X와 $\overline{Y}$는 병렬이므로 OR 회로,
$\overline{X}Y$ 이것들과의 합이 직렬이므로
$(\overline{X}+Y)(X+\overline{Y})$

21. 다음 중 계전기의 전자 코일의 기호가 아닌 것은?

① ─┤├─   ② ─◇◇◇─
③ ─◯◯◯─ ④ ─◯─

[해설] ①은 전자 접촉기 a접점이다.

22. 출력 f가 계전기 X, Y의 접점의 함수로서 다음 식으로 표시될 때 이 논리식에 대응하는 논리 게이트는?

$$f = X + \overline{X}\,\overline{Y}$$

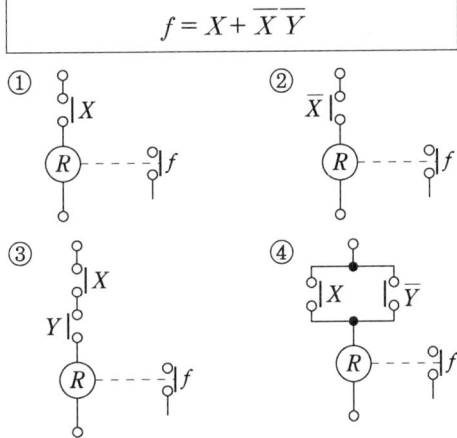

[해설] $f = X + \overline{X}\,\overline{Y} = X + X\overline{Y} + \overline{X}\,\overline{Y}$
$= X + \overline{Y}(X+\overline{X}) = X + \overline{Y}$

23. 피드백(feedback) 제어계에서 입력 신호와 제어량이 같을 때 없어도 되는 것은 어느 것인가?

① feedback 요소   ② 증폭부
③ 조작부   ④ 비교부

24. 다음 그림과 같은 블록 선도에서 등가 합성 전달함수는?

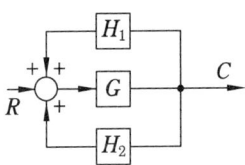

① $\dfrac{G}{1-H_1-H_2}$

② $\dfrac{G}{1-H_1G-H_2G}$

③ $\dfrac{1}{1-H_1\cdot H_2G}$

[정답] 19. ③   20. ③   21. ①   22. ④   23. ①   24. ②

④ $\dfrac{H_1G - H_2G}{1-G}$

[해설] $C = (R + CH_1 + CH_2)G$
$C = RG + CH_1G + CH_2G$
$C(1 - H_1G - H_2G) = RG$
$\therefore \dfrac{C}{R} = \dfrac{G}{1 - H_1G - H_2G}$

25. 논리식 $A \cdot (A+B)$를 간단히 하면?

① A ② B
③ $A \cdot B$ ④ $A + B$

[해설] $A \cdot (A+B) = A \cdot A + A \cdot B$
$= A + A \cdot B$
$= A \cdot (1 + B) = A$

26. 논리식 $\overline{A} \cdot \overline{B} + \overline{A} \cdot B + AB$를 간단히 하면?

① $\overline{A \cdot B}$ ② $\overline{A} \cdot B$
③ $\overline{A} + B$ ④ $\overline{A} + \overline{B}$

[해설] $\overline{A} \cdot \overline{B} + \overline{A} \cdot B + AB$
$= \overline{A}(\overline{B} + B) + A \cdot B$
$= \overline{A} + A \cdot B = (\overline{A} + A) \cdot (\overline{A} + B)$
$= \overline{A} + B$

27. 다음 그림과 같은 블록 선도에서 등가 합성 전달함수는?

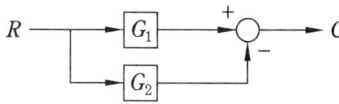

① $G_1 + G_2$ ② $G_1 - G_2$
③ G_1 / G_2 ④ $G_1 \cdot G_2$

28. 다음 관계식 중 틀린 것은?

① $\mathcal{L}[f(t) \pm g(t)] = F(s) \pm G(s)$
② $\mathcal{L}\left[\dfrac{d}{dt}f(t)\right] = sF(s) - f(O_+)$
③ $\mathcal{L}[tf(t)] = -\dfrac{d}{ds}F(s)$
④ $\mathcal{L}\left[\displaystyle\int_0^t f_1(t-\tau) \cdot f_2(\tau)d\tau\right] = e^{-s}\tau F_1(s)$

[해설] 상승 정리에 의해
$\mathcal{L}\left[\displaystyle\int_0^t f_1(t-\tau) \cdot f_2(\tau)d\tau\right] = F_1(s) \cdot F_2(s)$

29. 다음 회로 중 AND 논리회로를 나타낸 것은?

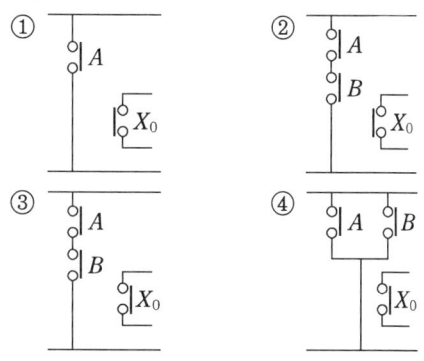

[해설] ① NOT 회로
② NAND 회로
③ AND 회로
④ OR 회로

30. 다음 중 논리회로의 불 대수식을 간략화하는 데 사용되는 규칙으로 옳지 않은 것은?

① $A + 1 = 1$ ② $A \cdot A = A$
③ $A + A = A$ ④ $\overline{A} = A$

[해설] $\overline{A}$는 부정, A는 긍정이므로 반대의 뜻이 된다.

31. 다음의 회로도에서 입력 A = 0, B = 1일 때 출력 C, S로 알맞은 것은? (단, C : 자리올림(Carry), S : 합(Sum))

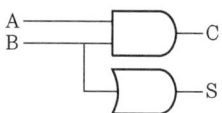

① C = 0, S = 0   ② C = 0, S = 1
③ C = 1, S = 0   ④ C = 1, S = 1

[해설] C는 AND회로(직렬)이므로 A = 0, B = 1은 출력 '0'이고 S는 OR회로(병렬)이므로 A = 0, B = 1은 출력 '1'로 표기된다.

32. 그림과 같이 입력이 A와 B인 회로도에서 출력 Y는?

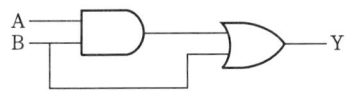

① A · B   ② (A · B) · B
③ (A + B) · B   ④ (A · B) + B

[해설] A와 B는 AND(직렬)회로이며 A, B와 B는 OR(병렬)회로이다.

33. 보일러 온도를 80℃로 유지시키기 위하여 기름의 공급량을 변화시킬 때 조작량에 속하는 것은?

① 80℃   ② 온도
③ 기름 공급량   ④ 보일러

[해설] 조작량 → 기름 공급량, 조절부 → 온도

34. 다음 시퀀스 회로를 논리식으로 나타낸 것은?

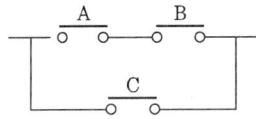

① A · B · C   ② (A · B) + C
③ A · (B + C)   ④ (A + B) + C

[해설] A와 B는 직렬연결이며 C와는 병렬연결이므로 (A · B) + C로 표기된다.

35. 입력신호가 '0'이면 출력은 '1', 입력신호가 '1'이면 출력이 '0'이 되는 논리 회로는?

① AND 회로   ② NOT 회로
③ OR 회로   ④ NAND 회로

[해설] 입력신호가 '0'일 때 출력은 '1', 입력신호가 '1'일 때 출력은 '0'이면 논리 부정이므로 NOT 회로가 된다.

36. 다음의 논리회로와 등가인 것은?

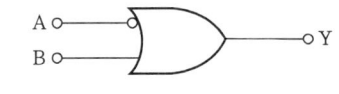

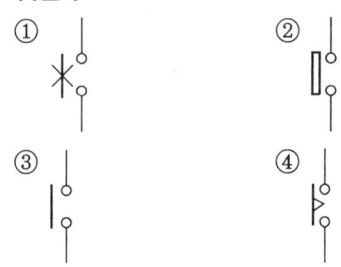

37. 다음 심벌 중 수동복귀 접점을 나타낸 것은?

① ② ③ ④

[해설] ① 수동복귀 접점
② 수동조작 자동복귀 접점
③ 계전기
④ 한시동작

정답 32. ④ 33. ③ 34. ② 35. ② 36. ③ 37. ①

PART 04 유지보수공사 관리

유지보수공사관리

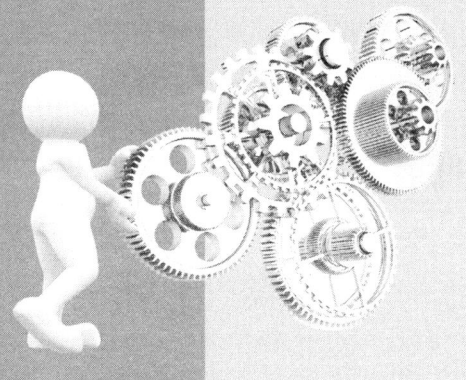

제1장   배관 재료
제2장   가스 배관의 보온재, 도료 및 패킹재
제3장   배관 이음 및 신축 이음
제4장   밸브 및 배관 지지
제5장   급수 및 배수설비
제6장   공조 배관

제1장 배관 재료

1. 가스 배관 재료의 구비 조건

① 관 내의 유체 흐름이 원활할 것
② 내부의 가스압이나 외부로부터의 하중이나 충격에 견딜 수 있는 충분한 강도가 있을 것
③ 토양이나 지하수 등에 대한 내식성이 있을 것
④ 관의 접합이 용이하고 가스의 누설 방지가 될 수 있을 것
⑤ 절단 가공이 용이할 것

2. 금속 배관

2-1 강관

(1) 강관의 특징

① 연관이나 주철관보다 가볍고 인장강도가 크다.
② 충격에 강하고 굴요성이 풍부하다.
③ 관의 접합이 비교적 쉽다.
④ 주철관보다 내식성이 작고 사용연한이 비교적 짧다.
⑤ 조인트 제작이 곤란하므로 종류는 적은 편이다.

(2) 강관의 종류

① 용도상 분류
  ㈎ 유체 수송용

(나) 열교환용 : 보일러, 냉동기 등의 강관
(다) 구조용 : 기계, 건축 등의 구조

② 재질상 분류
(가) 탄소강 강관
(나) 합금강 강관
(다) 스테인리스 강관

③ 제조법상 분류
(가) 이음매 없는 관
  ㉮ 만네스만식 : 저탄소강의 원형 단면 빌렛을 가열 천공
  ㉯ 에르하르트식 : 사각의 강편을 가열 후 둥근 형에 넣고 회전축으로 압축
  ※ 보통 열간 가공이나 정밀도가 요구되는 것은 냉간 가공
(나) 용접관
  ㉮ 전기저항 용접관
  ㉯ 단접관 : 소형(ϕ3~10 mm)은 맞대기 단접, ϕ30~750 mm는 겹치기 단접
  ㉰ 아크 용접관 : 서브머지드 아크 용접으로 제조
  ㉱ 가스 용접관 : ϕ50 mm 이하의 가는 관

④ 표시방법
(가) 제조방법 표시기호

-E	전기저항 용접관	-E-C	냉간 완성 전기저항 용접관
-B	단접관	-B-C	냉간 완성 단접관
-A	아크 용접관	-A-C	냉간 완성 아크 용접관
-S-H	열간 가공 이음매 없는 관	-S-C	냉간 완성 이음매 없는 관

(나) 치수표시 : 호칭지름(A 또는 B)×두께 번호
※ 강관의 호칭지름은 내경을 밀리미터(mm) 또는 인치(inch)로 나타내며 A, B로 나타낸다.

⑤ 강관의 종류별 특징
(가) 배관용 탄소강 강관(기호 : SPP) : 일명 가스관이라 하며 350℃ 이하에서 사용압력이 1 MPa 이하의 증기, 공기, 물, 기름, 가스 등의 유체수송 배관용으로 사용된다. 관길이는 KS 규격에서 6 m 이상으로 규정되어 있으며 제조법은 이음매 없는 관, 단접관, 전기저항 용접관 등이 있다.

종류	기호	구분	비고	화학성분(%)	특징
배관용 탄소강관	SPP	흑관 백관	아연 도금을 하지 않는 관 아연 도금한 관	P 0.04 이하, S 0.04 이하	배관에 방청도장만 한 것 내식성 주기 위해 아연 도금한 것

(나) 압력 배관용 탄소강 강관(기호 : SPPS) : 350℃ 이하의 온도에서 압력 1 MPa 이상, 10 MPa 이하의 압력 범위에 있는 보일러 증기관, 수압관, 유압관 등의 각종 압력 배관에 사용되며 이음매 없이 제조하거나 전기저항 용접으로 제조한다. 관의 호칭법은 외경 및 호칭 두께(스케줄 번호)로 나타낸다. 스케줄 번호는 SCH 10, 20, 30, 40, 60, 80 등이 있으며 스케줄 번호가 커질수록 외경이 같은 것이라도 관의 두께는 두꺼워지며 중량 및 수압시험 압력도 커진다.

$$스케줄 번호(SCH) = 10 \times \frac{P}{S}$$

$$관두께(t) = \left(10 \times \frac{P}{S} \times \frac{D}{1750}\right) + 2.54$$

여기서, P : 사용압력(kg/cm^2), S : 허용응력(kg/mm^2), D : 관외경(mm)

※ 허용응력 = $\frac{인장강도}{안전율}$

(다) 고압 배관용 탄소강 강관(기호 SPPH) : 350℃ 이하에서 압력 10 MPa 이상의 고압에 사용되는 탄소 강관으로 사용압력이 특히 높은 암모니아 합성용 배관, 내연기관의 연료 분사관 및 화학 공업 등에서 고압 유체 수송에 사용한다. 350℃ 이상에서는 크리프 강도가 문제되므로 합금강을 써야 하며, 강질이 좋은 킬드 강괴로 이음매 없이 제조한다. 스케줄 번호는 SCH 80, 100, 120, 140, 160 등이 있으며 관의 두께가 다른 강관보다 두껍다.

㉮ 크리프(creep) 현상 : 금속 재료를 고온에서 장시간 외력을 가하면 시간의 경과에 따라 변형이 점차 증가하는 현상
㉯ 킬드강 : 노내에서 페로 실리콘(Fe-Si), 알루미늄으로 충분히 탈산시킨 강으로 내부에 기포나 편석이 없는 고급 강괴

(라) 고온 배관용 탄소강 강관(기호 : SPHT) : 크리프 강도가 문제되는 350℃ 이상, 450℃ 이하의 고온에 사용되며 과열 증기관 등에 쓰인다. 킬드강을 사용하여 이음매 없이 제조하거나 전기저항 용접관으로 제조하며 2, 3, 4종의 3종류가 있다. 4종은 이음매 없이 제조하고 열간 다듬질 이외의 전기저항 용접관은 풀림 처리한다.

종류	기호	화학성분(%)						인장강도 (kg/mm^2)	항복점내력 (kg/mm^2)
		C	Si	Mn	P	S	Cu		
2종	SPHT 38	0.25 이하	0.10~0.35	0.30~0.90	0.035 이하	0.035 이하	0.20 이하	38 이상	22 이상
3종	SPHT 42	0.30 이하	0.10~0.35	0.30~1.00	0.035 이하	0.035 이하	0.20 이하	42 이상	25 이상
4종	SPHT 49	0.33 이하	0.10~0.35	0.30~1.00	0.035 이하	0.035 이하	0.20 이하	49 이상	28 이상

(마) 저온 배관용 탄소강 강관(기호 : SPLT) : 저온에서 일반 탄소 강관은 저온 취성이 있

으므로 석유 화학 등의 각종 화학 공업, LPG 탱크용 배관, 냉동기 배관 등의 0℃ 이하의 배관은 저온 배관용 강관을 쓴다.
- 1종(C 0.25 %의 킬드강) : −50℃까지 사용
- 2종(3.5 %의 Ni강) : −100℃까지 사용
- 3종(9 %의 Ni강) : −196℃까지 사용

※ 1종은 이음매 없이 제조하거나 또는 전기저항 용접으로 제조하고, 2종 및 3종은 이음매 없이 제조한다.

> **참고** 저온 취성(여림, 메짐)
> 재료의 온도가 낮아지면 강도, 경도는 증가하나 연신율이나 충격에 대한 저항치가 감소하여 저온에서 여리고 약하게 되는 현상으로 저온 취성이 없는 금속은 Cu, Pb, Al, Na 등이 있다.

(바) 배관용 아크 용접 탄소강 강관(기호 : SPW) : 비교적 압력이 낮은 물, 증기, 기름, 가스, 공기 등의 수송용으로 가스관 및 수도관에 적합하며 −15~350℃ 정도까지 사용한다. 강판 또는 띠강을 프레스, 롤러로 둥글게 가공한 다음 이음매를 자동 서브머지드 아크 용접법에 의한 스파이럴 심 용접에 의해 제조하며 관 1개 길이는 6 m가 원칙이다.

> **참고** 사용 조건
> ① 물, 가스 유체 수송 : 15 kg/cm² 이하
> ② 도시가스 : 10 kg/cm² 이하
> ③ 수도용 : 15 kg/cm²

(사) 배관용 합금강 강관(기호 : SPA) : 고온, 고압하의 배관으로 증기관, 석유 정제 시의 고온, 고압의 배관에 사용하며 탄소강보다 고온강도나 내식성이 강하다. 또 Cr의 함유량이 많을수록 내산, 내식성이 강하다.

(아) 배관용 스테인리스 강관(기호 : STS) : 급수, 급탕, 배수, 냉·온수배관 등의 내식용, 내열용, 고온용 배관에 쓰이며 저온용에도 쓸 수 있다. 자동 아크 용접 또는 전기저항 용접으로 제조하고, 관 1개의 길이는 4 m를 원칙으로 하며 내식성을 필요로 하는 화학공장의 배관에 많이 사용된다.

(자) 수도용 아연도금 강관(기호 : SPPW) : 정수두 100 m 이하의 수도 급수관으로 대개 지하에 매설되어 사용하며 배관용 탄소 강관의 배관보다 내식성과 내구성을 높이기 위해서 아연도금 부착량을 배관용 탄소 강관 배관보다 많게 한 것이다. 배관용 탄소 강관을 나사 절삭 전에 아연도금하여 방청처리를 한다.

(차) 보일러 열교환기용 스테인리스 강관(기호 : STS×TB) : 보일러의 과열관, 화학, 석유 공업 등의 열교환기, 가열로 등에 사용된다. 관 종류는 15종이 있으며 이음매 없이 제조하거나 자동 아크 용접, 전기저항 용접으로 제조한다.

(카) 특수 강관
  ㉠ 모르타르 라이닝 강관 : 지하 매설용 등의 강관에 내식성을 주기 위해 강관의 내면

에 모르타르를 얇게 바르고 외면에 역청질의 아스팔트를 라이닝하여 방식처리한 것이다. 이 도료는 화학적으로 안정되고 내산, 내알칼리성은 양호하지만 대기 중에 노출 시에는 빛에 의해서 산화하는 결점이 있다. 크기는 75~300 A까지 있다.

㉱ 경질 염화비닐 강관 : 강관의 내·외면에 염화비닐 피막을 입힌 것으로서 염화비닐의 내식, 내약품성과 강관의 강도를 겸비한 내식성이 큰 강관이다. 화학공업 부식성 유체의 수송용에 적합하나 내압성 및 내열성이 적어 압력, 온도 등의 조건에 제약을 받는다. 크기는 15~350 A 정도이다.

㉲ 폴리에틸렌 피복 강관 : 강관 외면에 에틸렌의 중합체인 폴리에틸렌을 고무, 아스팔트 및 수지를 주성분으로 하여 만든 접착제로 피복한 것으로 가스, 기름 등을 수송하는 지중 매설관에 사용한다. 피복의 원관은 주로 호칭지름 15~2000 A의 것은 배관용 탄소 강관이나 압력 배관용 탄소 강관, 배관용 아크 용접 탄소 강관이 쓰인다.

㉳ 알루미늄 도금 강관 : 강관 표면에 알루미늄을 도금시킨 관으로 내열, 내유화성이 좋고 열교환기, 응축기, 미관을 필요로 하는 구조용 관에 쓰인다.

각종 배관의 사용범위 및 특징

사용 온도 (℃)			
	배관용 합금강 강관(SPA) ① 재질 : Cr, Mo을 첨가한 합금강으로 Cr의 함유량이 많을수록 고온강도와 내식성 증가 ② 용도 : 고온의 석유정제 배관, 증기관 ③ 관호칭 : 호칭지름×스케줄 번호(SCH)		
450℃	고온배관용 탄소 강관(SPHT) ① 사용 : 크리프 강도 문제 시 되는 350~450℃ ② 용도 : 고온의 과열증기관 ③ 관호칭 : 호칭지름×스케줄 번호(SCH)		
350℃	배관용 탄소 강관(SPP) ① 사용 : 350℃ 이하에서 1 MPa 이하 ② 용도 : 저압의 증기, 공기, 물, 가스, 기름의 유체 수송용 배관 ③ 종류 • 흑관 : 방청 도장한 것 • 백관 : 부식 방지를 위해 아연 도금 배관용 아크 용접 탄소 강관(SPW) ① 사용 • 1 MPa 이하의 도시가스 수송용 • 1.5 MPa 이하의 물, 가스, 수도용 ② 저압의 물, 증기, 기름, 가스, 공기 등의 수송용	압력 배관용 탄소 강관(SPPS) ① 사용 : 350℃ 이하에서 10 MPa 이하 ② 용도 : 보일러 증기관, 수압관, 증기관 사용 ③ 종류 : 2종류(SPPS 38, SPPS 42) ④ 관호칭 : 호칭지름×스케줄 번호(SCH) ※ SPPS 38에서 38은 최저 인장강도(38 kg/mm^2)	고압 배관용 탄소 강관(SPPH) ① 사용 : 350℃ 이하에서 10 MPa 이상 ② 용도 : NH$_3$ 합성용 배관, 내연 기관의 연료분사관, 화학공업의 고압 유체 수송용 ③ 종류 : 3종류(SPPH 38, SPPH 42, SPPH 49) ④ 관호칭 : 호칭지름(A 또는 B×스케줄 번호(SCH))

			저온 배관용 탄소 강관 (SPLT)	배관용 스테인리스 강관 (STS)
-15℃	SPLT 1종	재질 : 탄소 0.25 %의 킬드강 (-50℃까지 사용)	① 용도 : 각종 화학공업, LPG 탱크용 배관, 냉동기 배관 등의 저온용에 사용 ② 관호칭 : 호칭지름×스케줄 번호(SCH)	① 사용 : 고온, 저온(-100℃ 이하) 및 내식, 내열용 ② 용도 : 내식성이 필요한 화학공장 ③ 관호칭 : 호칭지름×스케줄 번호(SCH)
-50℃	SPLT 2종	재질 : 3.5 % Ni강 (-100℃까지 사용)		
-100℃	SPLT 3종	재질 : 9 % Ni강 (-196℃까지 사용)		

1-2 주철관

주철관은 내식성, 내마모성 및 내압성이 강하므로 관용에서는 수도관, 급수 및 배수관과 케이블 매설관에 쓰이며 특히 관재에서는 내식성이 요구되는 곳에 쓰인다.

(1) 주철관의 분류

① 용도상
  ㈎ 수도용 주철관   ㈏ 배수용 주철관
  ㈐ 가스용 주철관   ㈑ 광산용 주철관

② 재질상
  ㈎ 일반 보통 주철관
  ㈏ 고급 주철관
  ㈐ 구상흑연 주철관

(2) 주철관의 종류별 특징

① **수도용 수직형 주철관** : 수직으로 주조한 것으로 소켓관과 플랜지관의 2종류가 있으며, 보통압관(최대 사용 정수두 75 m 이하 : A), 저압관(최대 사용 정수두 45 m 이하 : LA)이 있다.

② **수도용 원심력 사형 주철관** : 원심 주조법으로 제조하여 재질이 균일하고 강도가 커서 수직형 주철관보다 관 두께가 얇다. 관은 고압관(최대 사용 정수두 100 m 이하 : B), 보통압관(75 m : A), 저압관(45 m : LA)이 있다.

③ **수도용 원심력 금형 주철관** : 수랭식 금형을 회전시켜 원심 주조한 것으로 고압관과 보통압관이 있다.

④ **원심력 모르타르 라이닝 주철관** : 관 내면에 4~17 mm 정도의 시멘트 모르타르를 원

심력으로 밀착·양생시켜 수질에 따른 부식을 방지하기 위한 것으로 취급 시 큰 하중과 충격에 유의해야 한다.
⑤ **배수용 주철관** : 대형 건물 내의 오수 배관용으로 내압이 거의 없어 일반 주철관보다 두께가 얇으며, 관두께에 따라 1종과 2종의 2종류가 있고, 직관 1종은 ⊘, 2종은 ⊘, 이형관은 ⊗로 표시한다.
⑥ **덕타일(ductile) 주철관** : 용융 주철에 Mg나 Ca을 첨가하여 흑연을 구상화시킨 것으로 인성과 연성이 크고 내식, 내마멸성이 보통 주철에 비해 크며, 산과 알칼리에 강하고 기계적 성질이 우수하여 관 무게를 경감할 수 있다. 최대 사용 정수두는 100 m 이하이다.

3. 비철 금속관

3-1 동관

(1) 특징

① 내식성이 좋다(상온의 공기에서는 녹슬지 않으나 수분 및 CO_2에 의해 청록색의 녹이 생긴다).
② 알칼리(가성소다, 가성칼리)에는 내식성이 크나 산성(초산, 황산 등)에는 심하게 부식되며 암모니아류에도 부식된다.
③ 굴곡성, 전기·열전도성이 대단히 양호하다.
④ 납·강관보다 가볍고, 운반 취급이 용이하다.
⑤ 가공이 쉽고 저온 시 취성을 갖지 않는다.
⑥ 외부 충격에 약하고, 값이 비싸다.
⑦ 고온 시 강도가 떨어지나 저온 취성이 없어 저온 사용이 가능하다.
⑧ 0.8 MPa 이하, 200℃ 이하의 열교환기 등에 좋다.

(2) 종류

① **인탈산 이음매 없는 동관(DCuP)** : 산소 함유량이 많은 전기동을 인(P)으로 탈산처리한 것으로서 냉간인발 또는 850℃로 가열하여 수압 압출기에 의한 압출을 제조한다.
  ㈎ 종류
    ㉮ 1종 : 전기 냉장고, 급수관 등에 사용
    ㉯ 2종 : 가솔린관, 송유관, 온수관 등에 사용

(나) 특징
⑦ 수소 취성이 없으므로 수소 용접 가공에 적합하다.
④ 전·연성 및 열전도율이 좋다.
② 터프 피치 이음매 없는 동관(TCuP)
(가) 제조 : 산화·환원에 의해 전련한 동괴를 냉간인발로 제조한다.
(나) 용도 : 열교환기 및 압력배관, 급수, 급유관, 냉매관, 전기 부품 등에 사용
(다) 특징 : 전기 및 열전도성이 크고 전연성 및 내식성이 좋다.
③ **무산소 이음매 없는 동관** : 구리 순도 99.96 % 이상인 거의 순동으로 전기 및 열전도성이 우수하며 전연성이 우수하고 용접성과 내식성이 좋으므로 전기, 화학공업용에 적합하다.
④ **단동관** : 구리에 아연(Zn)을 10~15 % 함유시킨 것
⑤ **규소 청동관** : 청동(Cu + Sn)에 규소(Si)를 2.5~3.5 % 함유시킨 것
⑥ **니켈 동 합금관** : Cu + Ni(63 + 70 %)의 합금에 특수 원소를 첨가한 것으로 복수기, 가열기 및 냉각관 등에 사용한다.

3-2 연관

연관은 배관 중 가장 오래 전부터 급수관에 사용되어 왔으며 현재는 수도의 인입분기관, 기구배수관, 급수, 배수, 가스 설비 등에 널리 사용된다(상온에서 압축 제관기로 제조).

(1) 특징

① 재질이 연하고 전연성이 풍부하여 상온 가공이 용이하다.
② 해수 및 천연수에 접촉 시 관 표면에 불활성 탄산 피막의 형성으로 납의 용해 및 부식이 방지된다.
③ 내식성이 크다(산에는 강하나 알칼리에는 약하다).
④ 강도가 작고 중량이 무거워(비중 11.37) 가로 배관 시에는 휘어지기 쉽다.
⑤ 콘크리트 속에 매설 시 시멘트에서 유리된 석회석이 침식되므로 방식 처리 후에 매설한다.

(2) 종류

① **수도용 연관**
(가) 정수도 75 m 이하의 급수에 사용한다.

(나) 종류
  ㉮ 1종 : Pb 99.9 % 이상
  ㉯ 2종, 3종 : Sb, Sn, Cu 등의 합금 연관으로 강도, 내구력이 순연관보다 우수하므로 관두께가 얇고 무게가 가볍다.
  ㉰ 내경 10~50 mm 이하의 가는 수도 인입관에 사용한다.
  ㉱ 10, 30, 20, 25, 30, 40, 50 mm의 7종이 있다.
  ㉲ 관은 압출 제관기로 제조한다.

② 배수용 연관
  ㉮ 상온에서 굽힘, 넓힘 가공이 용이하며 세면기 트랩, 배수관 통기 및 화장실 변기, 배수관 등의 접속관에 사용한다.
  ㉯ 협소한 장소에서 복잡한 굽힘 가공 필요시에 널리 사용한다.
  ㉰ 배수관이므로 유체 압력이 낮아 관 두께가 얇은 순연관이다.

③ 일반 공업용 연관 : 압출 제관기에 의해서 제조하고 5종류가 있으며, 가스관용의 3종은 수두 600 mm 이상의 가압 시험에서 누설 등이 있어서는 안 된다.
  ※ 1종 : 화학공업용(PbP1), 2종 : 일반용(PbP2), 3종 : 가스용(PbP3)
     4종 : 통신용(PbP4), 5종 : 통신용(PbP5)

4. 비금속관

4-1 경질 염화비닐관(PVC : Polyvinyl Chloride)

(1) 특징

① 장점
  (가) 내산성·내알칼리성이 우수하다.
  (나) 관 내·외면이 매끈하여 관 내 마찰손실이 적고 물때의 부착이 없으므로 유량이 크다.
  (다) 굴곡, 접합, 용접 등의 배관 가공이 용이하다.
  (라) 열에 대한 불량도체이다(철의 1/350).
  (마) 난연성이며 가볍다(비중 : 1.43, 철의 1/5, 알루미늄의 1/2, 납의 1/8).
  (바) 강인하다(인장강도 : 20℃에서 580 kg/cm^2, 납의 3배, 철의 1/3).
  (사) 전기 절연성이 크다.

② 단점
  ㈎ 저온 및 고온에서의 강도가 약하다(취화온도 −18℃, 연화온도 70~80℃, 사용온도 −10~60℃).
  ㈏ 충격 강도가 작고 외상을 받으면 강도가 현저히 저하된다(시공 시 상처가 생기지 않도록 하고 5℃ 이하에서 특히 취급에 주의한다).
  ㈐ 열 팽창률이 크다(강관의 7~8배). 온도 변화가 심한 곳은 직관 10~20 m마다 신축 이음을 설치한다.

(2) 종류

① **수도용** : 정수두 75 m 이하에 사용하는 수도용으로 압출 성형기 등으로 제조하며 종류는 직관, TS관, 편수 칼라관의 3종류가 있다.
② **일반관** : 온천, 해수 수송관, 농업 약제 살포 등에서 30℃에서 8 kg/cm^2 이하에 사용한다.
③ **얇은 관** : 두께가 얇아 건축물의 배수·통기 전선관에서 30℃에서 4 kg/cm^2 이하에 사용한다.

4-2 폴리에틸렌관

① 가볍다(비중 0.9~0.93으로 비닐관의 2/3 정도).
② 유연성이 풍부하다(작은 지름의 관은 코일 모양으로 감아서 운반 가능).
③ 내열성과 보온성이 염화비닐관보다 우수하다.
④ 내충격성과 내한성이 우수하다(−60℃에서도 취화 안 됨).
⑤ 시공이 용이하고 경제적이다.
⑥ 내약품성이 강하다.
⑦ 유연성이 있어 내충격성은 크나 외상을 받기 쉽다.
⑧ 인장강도는 비닐관의 1/5 정도로 작다.
⑨ 유백색 관은 장기간 햇볕에 쪼이면 노화된다.

4-3 원심력 철근 콘크리트관

재질이 치밀하여 가스관으로는 사용하지 않고 배수관 등으로 사용한다(흄관이라고 한다).

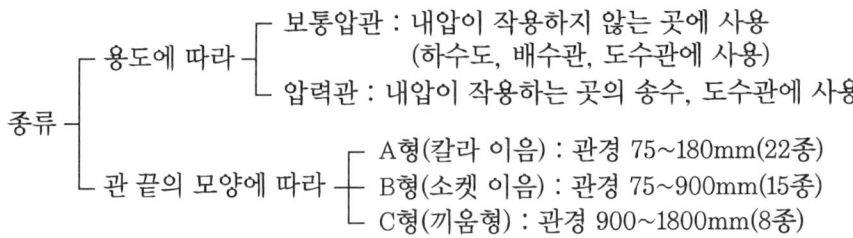

4-4 석면 시멘트관(에터니트관)

석면과 포틀랜드 시멘트를 중량비 1 : 5로 혼합하여 이것을 물로 반죽한 뒤 얇게 펴서 소요관경의 심관 둘레에 말아 붙이면서 롤러로 가압하여 성형한 뒤에 심관을 뺀 다음 수중에서 시멘트를 경화하고 다시 대기 중에서 양생하여 경화시킨다. 전 양생기간은 60일을 표준으로 한다.

(1) 특징
① 금속관에 비해서 내식성이 우수하며 특히 내알칼리성이 우수하다.
② 재질이 치밀하여 강도가 강하다.
③ 탄성이 작아 수격작용이 있는 곳은 사용이 곤란하다.
④ 고압에 견딜 수 있다.

(2) 용도
수도관, 가스관, 배수관, 전람관, 도수관에 사용한다.

(3) 종류(수도용)
① 1종 : 사용 정수두 75 m 이하(수압시험 28 kg/cm^2)
② 2종 : 사용 정수두 75 m 이하(수압시험 22 kg/cm^2)
③ 3종 : 사용 정수두 45 m 이하(수압시험 18 kg/cm^2)
④ 4종 : 사용 정수두 45 m 이하(수압시험 13 kg/cm^2)

4-5 도관

점토를 주원료로 구워서 만든 것으로 외압이나 진동 등으로 파손되어 누설될 우려가 있으므로 배수관 정도에나 이용된다.

① 다른 관에 비해서 외압에 약하다.
② 시멘트로 접합함으로써 완전치 못하면 진동과 외부 충격으로 파손이 쉽다.
③ 관 길이가 짧아 접합부가 많으므로 오수 배관에는 부적당하고 빗물 배수관으로 많이 사용한다.

4-6 플렉시블관(가요성관)

강, 동, 동합금, 알루미늄 등의 박판을 S자형으로 굽혀 나선형으로 조합하여 기밀화시킨 것으로 이음부에 고무나 석면 등의 패킹을 넣어 만든다.
① 굴요성이 풍부하다.
② 사용 압력이 높으면 2중 구조로 만들어 1.5 MPa의 압력에 견딘다.
③ 저압증기, 공기, 물, 기름 수송용 또는 신축 이음으로 사용되며 크기는 안지름으로 한다.

4-7 고무호스

강하고 질긴 천을 넣은 고무관으로 굴곡이 자유로워서 운반 취급이 용이하고, 압축공기·산소·수소·아세틸렌이나 LP가스 등에 쓰인다.

출제 예상 문제

1. 강관의 표시기호 중 상수도용 도복장 강관은?
① STWW ② SPPW
③ SPPH ④ SPHT

[해설] 상수도용 도복장 강관은 관 외면을 폴리에틸렌 피복하고 관 내면은 shot 혹은 sand로 강관 표면의 기름, 녹, 이물질 등을 제거하고, 소정의 배합비로 희석된 도료주제와 경화제를 airless spray 방식으로 내면에 에폭시를 도포한 고품질의 수도용 피복강관이며 STWW로 표시한다.

2. 압력 배관용 탄소강 강관의 기호는?
① SPP ② SPPS
③ SPPH ④ STBH

[해설] 강관의 명칭과 기호
(가) 배관용 탄소강 강관 : SPP
(나) 압력 배관용 탄소강 강관 : SPPS
(다) 고압 배관용 탄소강 강관 : SPPH
(라) 보일러 열교환기용 강관 : STBH

3. 저온 열교환기용 강관의 KS 기호로 맞는 것은?
① STBH ② STHA
③ SPLT ④ STLT

[해설] 열교환기용 강관은 ST로 나열되므로 저온 열교환기용 강관은 STLT로 나타내며 저온 배관용 탄소강 강관의 경우 SPLT로 표기된다.

4. 고압 배관용 탄소 강관에 대한 설명으로 틀린 것은?
① $100\,\mathrm{kgf/cm^2}$ 이상에 사용하는 고압용 강관이다.
② KS 규격기호로 SPPH라고 표시한다.
③ 치수는 호칭지름×호칭두께(Sch No)×바깥지름으로 표시하며, 림드강을 사용하여 만든다.
④ 350℃ 이하에서 내연기관용 연료분사관, 화학공업의 고압배관용으로 사용된다.

[해설] 치수는 호칭지름×호칭두께 또는 바깥지름×두께로 표시한다.

5. 스케줄 번호(Sch No)에 의해 관의 살두께를 나타내는 강관이 아닌 것은?
① 배관용 탄소 강관(SPP)
② 압력배관용 탄소 강관(SPPS)
③ 고압배관용 탄소 강관(SPPH)
④ 고온배관용 탄소 강관(SPHT)

[해설] 스케줄 번호 $= 10 \times \dfrac{P}{S}$
여기서, P : 사용압력$(\mathrm{kg/cm^2})$
S : 허용응력$(\mathrm{kg/mm^2})$
※ 배관용 탄소 강관은 스케줄 번호 표시를 하지 않는다.

6. 암모니아 냉동기의 배관에 사용할 수 없는 관은?
① 배관용 탄소강 강관
② 스테인리스관
③ 저온 배관용 강관
④ 황동관

[해설] 암모니아는 동 및 동합금을 부식시키므로 주로 강관을 사용한다.

7. 배관 및 수도용 동관의 표준 치수에서 호칭지름은 관의 어느 지름을 기준으로

정답 1. ① 2. ② 3. ④ 4. ③ 5. ① 6. ④ 7. ④

하는가?
① 유효지름　　② 안지름
③ 중간지름　　④ 바깥지름

[해설] 배관 및 수도용 동관의 경우 호칭지름은 관의 바깥지름을 기준으로 한다.

8. 원심력 철근콘크리트관에 대한 설명으로 옳지 않은 것은?
① 흄(hume)관이라고 한다.
② 보통압관과 압력관 2종류가 있다.
③ A형 이음재 형상은 칼라이음쇠를 말한다.
④ B형 이음재 형상은 삽입이음쇠를 말한다.

[해설] 원심력 철근콘크리트의 관 끝 모양에 따라
A : 칼라 이음(관경 75~1800 mm)
B : 소켓 이음(관경 75~900 mm)
C : 끼움형(관경 900~1800 mm)

9. 배관 재료를 선정할 때 고려해야 할 사항으로 가장 관계가 적은 것은?
① 사용압력　　② 유체의 온도
③ 부식성　　　④ 유체의 비열

[해설] 비열은 물질 1 kg을 1℃ 높이는 데 필요한 열량으로 유체의 온도 상승에 필요한 것이며 배관 재료와는 무관하다.

10. 고온고압용 관 재료의 구비 조건 중 틀린 것은?
① 유체에 대한 내식성이 클 것
② 고온에서 기계적 강도를 유지할 것
③ 가공이 용이하고 값이 쌀 것
④ 크리프 강도가 작을 것

[해설] 장시간의 하중으로 재료가 계속적으로 서서히 소성변형을 일으키는 것을 크리프라고 하며, 파단되는 순간의 최대 하중을 크리프강도라고 한다. 배관에서는 크리프 강도가 커야 소성변형을 막을 수가 있다.

11. 냉매가 메틸클로라이드(CH_3Cl)인 경우 사용해서는 안 되는 배관 재료는?
① 알루미늄 합금관
② 탈산 동관
③ 탄소강 강관
④ 스테인리스 강관

[해설] 메틸클로라이드는 R-40으로 프레온계 냉매에 해당된다. 프레온은 마그네슘 또는 마그네슘을 2 % 이상 함유한 알루미늄 합금을 부식시키므로 사용해서는 안 된다.

12. 공기조화설비 배관에 관한 설명으로 틀린 것은?
① 진동·소음이 건물 구조체에 전달될 우려가 있는 곳은 방진지지를 한다.
② 배관은 관의 신축을 고려하여 시공한다.
③ 엘리베이터 샤프트 내에는 유체를 통과시킬 목적으로 배관을 하지 않는다.
④ 증기관이나 응축수관의 배관에 설치하는 글로브 밸브는 밸브 축을 수직으로 한다.

[해설] 밸브 축을 수직으로 하는 것은 슬루스 밸브이다.

13. 다음 동관 중 가장 높은 압력에서 사용되는 관은?
① K형　　② L형
③ M형　　④ N형

[해설] 동관의 높은 압력에 사용하는 순서
K > L > M > N

14. 다음 중 열전도율이 가장 큰 관은?
① 강관　　② 알루미늄관
③ 동관　　④ 연관

[해설] 동관은 열전도율이 좋아 주로 열교환기에 이용된다.

15. 강관의 나사 접합 시 주의사항으로 틀린 것은?
① 파이프 커터보다는 쇠톱으로 관을 절단하는 것이 좋다.
② 나사부의 길이는 필요 이상으로 길게 하지 않는다.
③ 나사 절삭 후 연결부속은 순서적으로 접합하여 필요 개소에 분해 가능한 유니언 등을 설치한다.
④ 연결부속을 나사부에 끼우기 전에 마를 충분히 감아 주는 게 좋다.
[해설] 마(麻)는 누설 방지용으로 사용하나 장시간 사용 시 부식 등으로 누설 우려가 있으므로 주로 테플론을 감아서 사용한다.

16. 펌프 주위의 배관 시 주의할 사항을 설명한 것으로 틀린 것은?
① 흡입관의 수평배관은 펌프를 향해 위로 올라가도록 설계한다.
② 토출부에 설치한 체크 밸브는 서징 현상 방지를 위해 펌프에서 먼 곳에 설치한다.
③ 흡입구(풋 밸브)는 동수위면에서 관경의 2배 이상 물속으로 들어가게 한다.
④ 흡입관의 길이는 되도록 짧게 하는 것이 좋다.
[해설] 서징 현상은 펌프 토출측에서 발생하므로 이를 방지하기 위하여 체크 밸브를 펌프 토출측 가까이에 설치해야 한다.

17. 직관에서 분기관을 성형 시 사용하는 동관용 공구는?
① tube bender
② flaring tool set
③ sizing tool
④ extractors

[해설] ① : 90° 또는 180°로 구부릴 때 사용한다.
② : 동관의 압축 접합용에 사용한다
③ : 동관의 끝부분을 원으로 정형한다.

18. 같은 지름의 관을 직선으로 연결할 때 사용하는 배관 이음쇠가 아닌 것은?
① 소켓(socket)   ② 유니언(union)
③ 벤드(bend)   ④ 플랜지(flange)
[해설] 벤드는 유체의 흐름이 완만한 곡선을 이루는 곳에 사용한다.

19. 다음 중 경질 염화비닐관의 설명으로 틀린 것은?
① 열팽창률이 크다.
② 관내 마찰손실이 작다.
③ 산, 알칼리 등에 대해 내식성이 작다.
④ 고온 또는 저온의 장소에 부적당하다.
[해설] 경질 염화비닐(PVC)관은 산, 알칼리에 강하나 열에 약하다.

20. 배관 지지의 구조와 위치를 정하는 데 있어서 고려해야 할 사항 중 가장 중요한 것은?
① 중량과 지지간격   ② 유속 및 온도
③ 압력과 유속   ④ 배출구
[해설] 배관의 중량과 지지간격에 따라 구조와 위치를 결정하여야 한다.

21. 동일 송풍기에서 임펠러의 지름을 2배로 했을 경우 특성 변화의 법칙에 대해 옳은 것은?
① 풍량은 크기비의 2제곱에 비례한다.
② 정압은 크기비의 3제곱에 비례한다.
③ 동력은 크기비의 5제곱에 비례한다.
④ 회전수 변화에만 특성 변화가 있다.
[해설] 회전수 및 임펠러 직경 변화
 ㈎ 풍량은 회전수에 비례하며 임펠러 직경

제1장 배관 재료 **449**

(나) 양정은 회전수 2제곱에 비례하며 임펠러 직경 2제곱에 비례한다.
(다) 동력은 회전수 3제곱에 비례하며 임펠러 직경 5제곱에 비례한다.

22. 분기관을 만들 때 사용되는 배관 부속품은?
① 유니언(union)
② 엘보(elbow)
③ 티(tee)
④ 플랜지(flange)

[해설] 분기관에는 티(T), 와이(Y) 등이 사용된다.

23. 체크 밸브를 나타내는 것은?

[해설] ① 체크 밸브, ② 슬루스 밸브, ③ 글로브 밸브, ④ 앵글 밸브

24. 안전 밸브의 그림 기호로 맞는 것은?

[해설] ③항이 스프링식 안전 밸브를 표기한 것이다.

25. 다음 도시기호의 이음은?

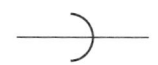

① 나사식 이음
② 용접식 이음
③ 소켓식 이음
④ 플랜지식 이음

[해설]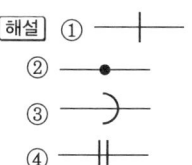

26. 압력계를 설치하지 않아도 되는 곳은?
① 감압밸브 입구측과 출구측
② 펌프 출구측
③ 냉각탑 입구측과 출구측
④ 증기헤더 출구측

[해설] 냉각탑은 외부의 공기를 유입하여 열교환한 다음 방출하는 것으로 항상 대기압 상태이다. 그러므로 냉각탑에는 압력계를 설치하지 않아도 된다.

27. 캐비테이션(cavitation) 현상의 발생 조건이 아닌 것은?
① 흡입양정이 지나치게 클 경우
② 흡입관의 저항이 증대될 경우
③ 날개차의 모양이 적당하지 않을 경우
④ 관로 내의 온도가 감소될 경우

[해설] 공동 현상의 방지 대책
(가) 유효흡입양정(NPSH)을 고려하여 배관 길이를 정한다.
(나) 펌프의 설치위치를 낮추고 펌프의 회전수를 줄인다.
(다) 양흡입 펌프를 사용하거나 펌프를 액중에 잠기게 한다.
(라) 흡입관경을 크게 하거나 여과기 등을 주기적으로 청소한다.
(마) 물올림장치를 설치하여 항상 펌프 내에 액이 충만하게 한다.

28. 다음 배관 중 보온 및 보랭을 필요로 하는 곳은?
① 방열기 주위 배관

정답 22. ③ 23. ① 24. ③ 25. ③ 26. ③ 27. ④ 28. ④

② 각종 탱크류의 오버 플로관
③ 환기용 덕트
④ 냉·온수 배관

[해설] 냉수 배관은 보랭, 온수 배관은 보온을 필요로 한다.

29. 주철관의 소켓 이음 시 코킹 작업을 하는 주목적으로 가장 적합한 것은?
① 누수 방지
② 경도 증가
③ 인장강도 증가
④ 내진성 증가

[해설] 코킹 작업 : 보일러나 물탱크 등과 같은 압력 용기에 사용하는 리벳 구조에서 강재 사이의 틈을 완전히 제거하기 위하여 판이 겹치는 가장자리나 판을 맞댄 부분을 특수한 코킹 정으로 두들겨 틈새를 메워서 수밀하게 하는 것

30. 배관 계통 중 펌프에서의 공동 현상(cavitation)을 방지하기 위한 대책에 해당되지 않는 것은?
① 펌프의 설치 위치를 낮춘다.
② 회전수를 줄인다.
③ 양흡입을 단흡입으로 바꾼다.
④ 굴곡부를 적게 하여 흡입관의 마찰 손실 수두를 작게 한다.

[해설] 공동 현상을 방지하기 위하여 양흡입 펌프를 사용하는 것이 좋다.

31. 배관 재료의 선정 시 필요 기준과 거리가 먼 것은?
① 유체의 성질에 적합할 것
② 내마모성이 클 것
③ 내구성이 있을 것
④ 신축성이 우수할 것

[해설] 배관 재료의 선정 시 고려 사항
(가) 관내 유체의 화학적 성질
(나) 유량 및 유속
(다) 최고 사용 온도 및 최고 사용 압력
(라) 마찰저항 또는 열팽창
(마) 시공의 난이성
(바) 내용 연수

32. 사용 압력이 40 kg/cm²인 관의 허용응력이 5 kg/mm²일 때의 스케줄 번호는?
① 120
② 60
③ 160
④ 80

[해설] 스케줄 번호 $= 10 \times \dfrac{40}{5} = 80$

33. 다음은 주철관의 일반적인 사항이다. 내용이 옳지 않은 것은?
① 주철관은 지하 매설관 또는 오수 배관에 적합하다.
② 주철관은 인성이 풍부하여 나사 이음과 용접 이음에 적합하다.
③ 주철관은 수도, 배수, 가스용으로 사용된다.
④ 주철관의 제조 방법에는 수직법과 원심력법이 있다.

[해설] 주철관은 취성이 크며 이음법에는 소켓, 메커니컬, 빅토릭, 플랜지 접합이 있다.

[정답] 29. ① 30. ③ 31. ④ 32. ④ 33. ②

제2장 가스 배관의 보온재, 도료 및 패킹재

1. 보온재

물체의 보온성은 주로 내부의 거품이나 기류층의 상태와 양 등에 의하여 달라지며 화학 성분과는 거의 관계없다. 보온 효과와 내열도에 따라 저온용(100℃ 이하), 중온용(100~400℃), 고온용(400℃ 이상)으로 나눈다.

1-1 보온재의 구비 조건

① 열전도율이 작을 것
② 부피 비중이 작을 것
③ 사용 온도에 있어서 내구성이 있고 변질되지 말 것
④ 다공성이며 기공이 균일할 것
⑤ 필요한 기계적 강도가 있고 시공성이 좋을 것
⑥ 흡수성이나 흡습성이 없을 것(정지된 공기는 열전도율이 30℃에서, 0.0231 kcal/m·h·℃로서 극히 작으나 물은 열전도율이 30℃에서 0.518 kcal/m·h·℃로 크므로 보온재에 수분의 흡습 시 보온 효과가 현저히 저하되므로 방습 가공에 유의한다.

1-2 내화, 단열, 보온재의 구분

구분		내용
내화물		SK(제겔콘) 26(1580℃) 이상 견디는 인조 또는 천연물
내화단열재		단열 효과가 있으면서 SK 10(1300℃) 이상 견디는 물질
단열재		850~1300℃ 사이에 견디며 단열 효과를 내는 것
보온재	무기질	500~800℃ 사이에 견디는 것
	유기질	100~500℃ 사이에 견디는 것
보랭재		100℃ 이하에서 냉온 유지에 사용하는 것

1-3 보온재 선정 시 고려할 사항

① 열전도율　　　　　　　　　　② 안전 사용 온도
③ 부식성　　　　　　　　　　　④ 시공의 난이성
⑤ 기계적 강도(충격, 진동, 압축 강도)　⑥ 연소성(불연성일 것)
⑦ 가격 및 내용 연수

1-4 보온재의 종류

- **유기질 및 무기질 보온재** : 재질 자체에 다공질의 독립 기포를 형성시켜서 미세한 공백층에 의하여 열전도를 지연시킨다.
- **금속질 보온재** : 공백 및 복사열에 대한 금속의 반사 특성을 이용한다.

(1) 유기질 보온재

① **펠트(felt)**
　㈎ 동물성 섬유 : 양모, 우모, 마모 등
　※ 우모 펠트 : 펠트 모양으로 제조되어 곡면 시공이 용이하므로 주로 방로 피복용에 사용된다.
　㈏ 식물성 섬유 : 삼베, 면 등
　㈐ 광물성 섬유 : 석면, 암면, 광재면 등
　※ 이들 섬유질을 사용 또는 혼용한 것이며 아스팔트로 방습 가공한 것은 $-60℃$ 정도까지의 보랭에 사용이 가능하다.
　㈑ 안전 사용 온도 : $100℃$
　㈒ 열전도율 : $0.042 \sim 0.045 \, kcal/m \cdot h \cdot ℃$

② **코르크(cork)** : 액체, 기체의 침투를 방지하는 작용이 있으므로 보온, 보랭재로서 우수하며 탄화 코르크는 금형으로 압축하여 $300℃$로 가열, 단단하게 고착시켜 내부까지 흑갈색으로 탄화되어 있다. 판상, 입상, 원통으로 가공되며 탄력성이 크고 경량이나 취성이 크고 굽힘성(가요성)이 없어 곡면 시공 시 균열 우려가 크다.
　㈎ 용도 : 냉수, 냉매 배관, 냉각기, 펌프 등의 보랭용에 사용한다.
　㈏ 안전 사용 온도 : $130℃$, 열전도율 : $0.04 \sim 0.045 \, kcal/m \cdot h \cdot ℃$

③ **기포성 수지(plastic form)** : 합성수지 또는 고무를 재료로 하여 다공질 제품으로 제조한 것으로 열전도율이 극히 작고($0.03 \, kcal/m \cdot h \cdot ℃$), 가벼우며, 흡습성이 작다. 굽힘성은 풍부하고 난연성이며, 보온·보랭성이 좋다.

> **참고** 안전 사용 온도
> - 고무 : -50~50℃
> - 폴리우레탄 : -200~130℃
> - 비닐 폼 : -50~70℃
> - 염화비닐(PVC) : -200~60℃
> - 경질우레탄 폼 : -180~100℃

(2) 저온용 무기질 보온재

① **석면(천연 광물 섬유)** : 아스베스토질 섬유로 되어 있고 400℃ 이하의 관, 탱크, 노벽 등에 사용되며 사용 중 갈라지지 않아 선반 등과 같이 진동이 심한 장치에 많이 사용한다.

② **암면(인조 광물 섬유, rock wool)** : 안산암(andesite), 현무암(besalt) 등에 석회석을 섞어서 용해시켜 섬유 상태로 제조하여 합성수지 접착제를 써서 띠 모양, 판 모양 또는 반원통 모양으로 되어 있다(열전도율 : 0.04~0.05 kcal/m·h·℃).

[특징]
㈎ 가격이 싸나 석면보다 굳고 거칠어서 부스러지기 쉽다.
㈏ 400℃ 이하의 관, 덕트, 탱크 등의 보온재로 사용한다.
㈐ 보랭용은 방습을 위해서 아스팔트 가공을 한다.
㈑ 식물성의 접착제를 사용한 것은 습기에 약하므로 방수에 주의한다.

③ **규조토** : 광물질의 잔해 퇴적물로서 1.5 % 이상의 석면이나 토막을 혼합하여 만든다. 고순도는 순백색이며 부드러우나 일반적으로 사용되는 것은 불순물 때문에 황색 또는 회녹색이다(회녹색은 황산 함유에 따라 금속을 부식시키는 일이 있다).
㈎ 열전도율 : 0.08~0.095 kcal/m·h·℃
㈏ 단열 효과가 작아 두껍게 시공한다.
㈐ 500℃ 이하의 관, 탱크, 노벽의 보온재로 사용한다.

④ **탄산 마그네슘** : 염기성 탄산 마그네슘 85 %에 석면을 15 % 내외로 배합한 크링크 보온재(물로 갠 보온재)로서 보통 85 % 마그네시아 보온재라 부른다.

[특징]
㈎ 매우 가벼우며 열전도율이 가장 작다.
㈏ 300~320℃에서 열분해하므로 이 온도 이상은 사용을 못한다.
㈐ 방습 가공한 것은 옥외 배관 또는 습기가 많은 지하 덕트 내의 배관에 적합하다.
㈑ 250℃ 이하의 관, 탱크 등의 보랭에 적합하다.

⑤ **유리 섬유(glass wool)** : 유리를 용해하여 압축 공기나 증기로 가압하거나 또는 원심력을 이용하여 섬유질 상태로 가공한 것으로 열전도율은 0.03~0.05 kcal/m·h·℃이며, 사용 온도는 판상·통상·띠상은 300℃, 블랭킷은 350℃까지 사용한다.

[종류]

㉮ 펠트로 된 것

㉯ 접착제를 가하여 판상 혹은 통상으로 성형한 것

㉰ 층상으로 된 유리면의 편면에 종이나 포를 붙여 대상으로 만든 것

㉱ 블랭킷(접착제를 사용하지 않고 판상으로 한 것)

⑥ **다포 유리 보온재** : 미세한 유리 분말에 발포제를 가하여 가열 용융시켜 발포와 동시에 경화 용착시켜서 제조한다. 기계적 강도가 크며 사용 온도는 300℃까지이다(열전도율 : 0.05~0.06 kcal/m·h·℃).

⑦ **슬래그울** : 용광로의 슬래그를 용해하여 압축 공기 등을 이용하여 섬유상으로 제조한 것

(3) 고온용 무기질 보온재

① **펄라이트** : 진주암, 흑석 등을 소성한 뒤 팽창시켜서 다공질로 하여 접착제와 3~15 %의 석면 등 무기질 섬유를 배합하여 판상, 통상으로 성형한 것이다. 가볍고 흡습성이 작으며 열전도율도 작고 내열도가 높으며 안전 사용 온도는 650℃이다.

② **규산칼슘 보온재** : 규조토에 소석회와 3~15 %의 석면을 가하여 성형하고 수증기 처리를 하여 경화시킨 것으로 가볍고 기계적 강도도 크고, 내열성·내수성이 크며 끓는 물속에서도 붕괴되지 않는다.

㉮ 열전도율 : 0.05~0.065 kcal/m·h·℃

㉯ 최고 사용 온도 : 30~650℃(1호 650℃, 2호 1000℃)

③ **세라믹 파이버(ceramic fiber)** : 용융석영을 방사하여 만든 실리카울이나 고석회질 규산유리로 만든 석영을 산처리하여 고규산으로 만든 것으로 융점이 높고 내약품성이 우수하며 보통 유리 섬유와 같은 형상을 하고 있다.

㉮ 열전도율 : 0.035~0.06 kcal/m·h·℃

㉯ 최저 안전 사용 온도 : 1200~1300℃(단시간의 경우 1500~1600℃)

④ 보온 효율$(\eta) = \left(\dfrac{Q_1 - Q_2}{Q_1}\right) \times 100$

여기서, Q_1 : 나면의 방산 열량
Q_2 : 보온면의 방산 열량

> **참고** 보온 시 방산 열량(Q)
>
> $Q = \lambda \dfrac{\Delta t}{b}$
>
> 여기서, λ : 보온재 열전도율(kcal/m·h·℃)
> Δt : 표준판 내외 온도차(℃)
> b : 표준판의 두께(m)

2. 도료(페인트)

안료(착색제)를 적당한 액체 성분의 접착제로 녹이거나 개어서 제조하며 재료의 부식을 방지하고 외관을 아름답게 하기 위하여 사용하나 특수한 목적의 방수, 방화, 발광, 전기 절연 등을 목적으로 사용하기도 한다.

- 조성에 따라
  - 페인트 : 안료를 액체의 접착제로 갠 것으로 불투명체이다.
  - 바니시
    - 정 바니시 : 식물성 수지 또는 합성수지를 그대로 용제에 녹인 것
    - 유성 바니시 : 정 바니스의 건성유를 가열하여 유합한 것을 용제에 녹인 것

- 접착제에 따라
  - 수성 페인트 : 물을 사용
  - 유성 페인트 : 기름을 사용
  - 에나멜 : 바니스를 사용

(1) 광명단 도료

연단을 아마인유(linseed oil)로 조합하여 만든 것으로 예부터 녹 방지용으로 널리 사용되어 왔으며 밀착력이 강하고 도막도 단단하여 풍화 작용에 강해서 다른 착색 도료의 밑칠(under coating, 초벌)용으로 우수하다.

(2) 산화철 도료

산화 제2철을 보일유나 아마인유와 합한 것으로 도막은 부드럽지만 방청 효과는 불량하다. 값이 싸므로 중요하지 않는 부분에 예부터 사용되어 왔다.

(3) 조합 페인트

보일유에 안료를 가하여 직접 페인팅이 가능하게 한 페인트로 용제에 녹여서 쓰지 않고 그대로 사용하므로 수공이 필요 없으며 각각의 용도에 적합하게 완성되어 있다. 내열성이 나쁘므로 증기의 배관이나 방열기에는 사용하지 않는다.

(4) 알루미늄 도료(은 페인트)

알루미늄 분말을 유성 바니시에 섞은 도료로 방청 효과가 우수하나 밑칠로 사용한 뒤 유성 페인트를 칠하면 더욱 효과적이다. 열의 반사나 발산이 양호하여 방열기 등의 외부에 도장한다. 수분이나 습기에 강하며 내열성(400~500℃)이 우수하다.

(5) 타르 및 아스팔트

파이프 외면과 물과의 사이에 내식성의 도막을 형성하여 물과의 접촉 방지를 위해 사용한다. 땅속에 매설하는 배관에 사용 시 용해하기 쉽고 노출 배관에 사용 시는 온도 변화 때문에 도막에 균열이 생기거나 떨어지는 결점이 있다. 철판 등에 도장할 때는 130℃ 정도에서 굽거나 주트(jute, 황마) 등을 병용하면 좋다. 종류는 콜타르, 니스, 아스팔트가 있다.

(6) 합성수지 도료

증기관, 보일러, 압축기 등의 도장용으로써 사용된다.

① **풍건성 도료** : 상온으로 도막을 건조시키는 자연 건조성 도료
   (가) 프탈산계 : 5℃ 이하에서는 건조가 매우 느리다.
   (나) 염화비닐계 : 내약품성, 내유성, 내산성이 우수하고 금속 방식 도료로 적당하나 부착력, 내열성이 나쁘다.

② **베이킹 도료(소부 도료)** : 열을 가해 굽는 도료
   (가) 멜라민계 : 내열(150~200℃)성, 내유성, 내수성이 좋다.
   (나) 실리콘계 : 내열성(200~350℃)이 좋다.

(7) 고농도 아연 도료

최근 많이 사용되는 방청 도료로서 페인팅 후에 핀 홀 등에 수분의 접촉 시에 아연이 철 대신 부식되어 철의 부식을 방식하는 전신작용을 행하는 것이 특징이다.

3. 패킹(packing)재

패킹은 관이음, 회전부의 접촉면 등 접합부의 누설을 방지하기 위하여 사용하는 것으로 일반적으로 개스킷(gasket)이라 한다.

(1) 패킹 선정 시 고려할 사항

① **관내 유체의 물리적 사항** : 유체의 압력, 온도, 밀도, 점도 등
② **관내 유체의 화학적 성질** : 유체의 부식성, 용해도, 휘발성, 인화성 등
③ **기계적 성질** : 교환의 난이, 내진성, 내압성 등

(2) 재질에 따른 패킹의 종류

① 고무류   ② 식물성 섬유   ③ 동물성 섬유
④ 광물성 섬유   ⑤ 합성수지류   ⑥ 금속류

(3) 용도별 패킹의 종류

① 플랜지 패킹
② 나사 패킹
③ 글랜드 패킹

(4) 플랜지 패킹

플랜지에 사용하는 패킹을 보통 개스킷이라 하며, 두 플랜지 사이에 끼워져 체결 볼트의 조이는 힘에 의해서 압축되어 플랜지면에 밀착하여 새는 것을 방지하는데 약간의 탄성을 가지고 있어야 조임 볼트가 늘어났을 때 내부 유체의 누설을 방지할 수 있다.

① **고무 패킹**
　(가) 천연 고무
　　㉮ 내산성 및 내알칼리성은 크나 내열성과 내유성이 약하므로 기름, 증기, 온수, 냉매 배관에 사용하지 못한다.
　　㉯ 탄성은 좋지만 흡수성이 없다.
　　㉰ -55℃에서 경화 변질하며 100℃ 이상의 고온 배관용으로 사용 불가능하므로 주로 급수, 배수, 공기의 밀폐용으로 사용된다.
　　㉱ 강도 필요 시에는 천을 넣은 고무 또는 금속망을 섞은 개스킷을 사용한다.
　(나) 네오프렌(neoprene)
　　㉮ 물, 공기, 기름, 냉매 배관에 사용하며 내열도가 -46~121℃인 합성 고무이다.
　　㉯ 성질은 천연 고무와 유사하며 내열성, 내유성, 내산성, 내후성이 풍부하고 인장이나 마모 등의 기계적 성질이 우수하다.
　　㉰ 일반 석유계 용제에 대한 저항이 크다.

② **파이버(fiber)** : 식물성, 동물성, 광물성 섬유질이 있다.
　(가) 식물성 섬유
　　㉮ 피질 섬유 제품(오일 시트 패킹) : 한지를 겹쳐 일정한 두께로 제조한 것이며 유지(oilpaper)라고도 한다. 내유성은 있으나 내열성이 적으며 펌프나 기어 박스 등에 사용한다.
　　㉯ 목질 섬유 제품(발카 나이즈드) : 약간 붉은 빛을 가지는 경질의 얇은 판을 펀칭(punchinng)하여 제조하는 나무 패킹으로 충진제의 선택에 따라 내유성을 줄 수 있기 때문에 유류 배관 등에 사용한다.
　(나) 동물성 섬유
　　㉮ 가죽 : 동물의 생피를 화학 처리를 통해 수분이나 불순물을 제거한 것으로 다공성이어서 관내 유체가 통과하므로 유지류, 고무, 합성수지 등을 충진하여 압축해서 주로 사용한다. 강인성 등의 기계적 성질이 좋으나 내열도 및 내약품성이 나쁘다. 물, 증기, 기름, 공기, 냉매 배관에 사용한다.

㉯ 펠트 : 가죽보다 거칠고 강인하며 압축성이 풍부하고 약산성에는 견디나 알칼리에 용해된다. 내유성이 있으므로 유류 배관에 주로 사용된다.

(다) 광물성 섬유

㉮ 석면 : 천연 광물 섬유로서 섬유가 가늘고 치밀하며 강인하다. 내열도가 450℃이므로 고온 고압의 증기, 온수, 기름 배관에 사용된다. 주로 석면에 천연 고무나 합성 고무를 섞어 판상으로 하여 사용하는 슈퍼히터(super heat) 석면을 쓴다.

㉯ 규석, 규산 알루미늄 : 1000~1200℃의 고온까지도 사용 가능하다.

③ **합성수지 패킹** : 합성수지 중 가장 우수한 테플론은 기름에도 침해되지 않고 내열성도 −260~260℃이다. 판 그대로 사용하기도 하나 탄성이 부족하므로 석면, 고무, 웨이브형 금속판과 함께 사용한다.

④ **금속 패킹** : 주로 동, 황동, 납 등의 연금속을 많이 사용하거나 연강, 알루미늄, 모넬메탈, 스테인리스강 등도 쓴다. 금속 패킹은 탄성이 작아 팽창, 수축, 진동 등으로 조금 풀리면 누설이 되기 쉽다. 단면의 형성에 따라 벨로스형과 메탈링형이 있다.

(5) 나사용 패킹

배관의 나사 이음부 누설 방지에 사용된다.

① **페인트** : 광명단을 혼합하여 사용하며 고온의 오일 배관을 제외하고 모든 배관에 사용 가능하다.

② **액상 합성수지** : 화학 약품에 강하고 내유성이 크다. 내열도는 −30~130℃이며 증기, 기름, 화공 약품 등의 배관에 사용한다.

③ **일산화연(lifharge)** : 납을 산화시킨 것으로서 빨리 굳어지기 때문에 페인트에 소량의 일산화연을 타서 사용하며 냉매 배관이 많이 사용된다.

(6) 그랜드 패킹

밸브, 펌프 등의 회전부(grand)에 사용되는 패킹이다.

① **석면 각형 패킹** : 석면사를 각형으로 짠 것으로 흑연과 윤활유를 침투시킨 것이며, 내열, 내산성이 있으므로 대형 밸브의 글랜드에 사용한다.

② **석면 얀(yarn)** : 석면사를 꼬아서 만든 것으로 소형 밸브, 수면계의 콕 이외의 소형 글랜드에 사용한다.

③ **아마존 패킹** : 면포와 내열 고무 콤파운드(compound)를 가공 및 성형한 것으로 압축기의 글랜드 등에 사용한다.

④ **몰드 패킹** : 석면, 흑연, 수지 등을 배합 성형한 것으로 밸브, 펌프 등의 글랜드에 사용된다.

출제 예상 문제

1. 광물, 동물, 식물 섬유 및 이것들을 혼합한 피복 재료로 곡면의 시공에 매우 편리하고 방로 보랭용으로 사용되는 것은?
① 펠트
② 탄산 마그네슘
③ 암면
④ 탄화 코르크

해설 아스팔트 방습 피복한 것은 -60℃까지 보랭용에 가능하다.

2. 무기질 보온 재료가 아닌 것은?
① 규조토
② 글라스울
③ 코르크
④ 탄산 마그네슘

해설 코르크는 유기질 보온재이다.

3. 다음 중 유기질 보온재는?
① 탄산 마그네슘   ② 석면
③ 규조토   ④ 펠트

해설 • 무기질 : 석면, 암면, 규조토, 탄산 마그네슘, 글라스울, 다포유리 보온재, 슬래그울, 펄라이트, 규산칼슘, 세라믹 파이버
• 유기질 : 펠트, 코르크, 기포성 수지

4. 금형으로 압축하여 300℃ 정도로 가열시켜 내부까지 흑갈색으로 탄화시킨 보온재는 어느 것인가?
① 스티로폼
② 석면
③ 기포성 수지
④ 탄화 코르크

해설 탄화 코르크는 탄성이 크고 경량이나 취성이 크고 가소성이 없어 곡면 시공 시 균열 우려가 크다. 안전 사용 온도는 130℃이며 냉수, 냉매 배관, 냉각기, 펌프 등의 보랭용에 사용한다.

5. 다음 설명에 해당하는 보온재는 어느 것인가?

> (가) 입상, 판상, 원통상으로 가공되어 있는 피복 재료료 부서지기 쉽고 가소성이 적으며 시공면에 균열이 생기는 결점이 있다.
> (나) 보통 냉수, 냉매 배관, 냉각기, 펌프 등의 보랭용에 사용한다.

① 펠트   ② 탄화 코르크
③ 암면   ④ 규조토

해설 탄화 코르크는 흑갈색이며 금형으로 압축하여 단단하나 부서지기 쉽다.

6. 다음은 규조토에 대하여 설명한 것이다. 틀린 것은 어느 것인가?
① 양질 원토는 순백색이지만 불순물을 함유하는 것은 엷은 황갈색을 하고 있다.
② 회녹색의 규조토는 철관 등을 부식시킬 염려가 있다.
③ 다른 보온재에 비해 단열 효과가 좋으므로 얇게 시공하여도 된다.
④ 노벽 등의 보온재에 쓰는 석면을 섞은 규조토는 500℃ 이하까지 사용된다.

해설 단열 효과가 작아 다소 두껍게 시공한다.

7. 급수 배관에 이슬이 발생하는 것을 방

정답 1. ① 2. ③ 3. ④ 4. ④ 5. ② 6. ③ 7. ①

지하는 방로 피복이 불필요한 곳은?
① 콘크리트 바닥 속의 배관
② 옥외 노출 배관
③ 욕조벽중 배관
④ 옥내 노출 배관

[해설] 배관의 표면 온도가 대기 중의 노점 온도 이하 시 공기 중의 수분이 응축 결로하여 보온 효율 저하, 보온재 파손, 배관의 부식, 강도 저하를 초래한다.

8. 코르크에 대한 설명 중 잘못된 것은?
① 무기질 보온재 중의 하나이다.
② 액체, 기체의 침투를 방지하는 작용이 있어 보온·보랭의 효과가 좋다.
③ 재질이 여리고 굽힘성이 없어 곡면에 사용하면 균열이 생기기 쉽다.
④ 냉수, 냉매 배관, 펌프 등의 보랭용에 사용된다.

[해설] 문제 3번 해설 참조

9. 열전도율이 극히 낮고 경량이며 흡수성은 좋지 않으나 굽힘성이 풍부한 유기질 보온재는?
① 코르크   ② 펠트
③ 규조토   ④ 기포성 수지

[해설] 합성수지나 고무를 재질로 하여 다공질로 제조한 것으로 난연성이며 보온·보랭성이 있다.

10. 400℃ 이하의 탱크, 노벽, 등의 보온재로 사용되며 진동이 있는 장치의 보온재로 적당한 것은?
① 탄산 마그네슘   ② 규조토
③ 석면   ④ 탄화 코르크

[해설] 석면은 사용 중 갈라지지 않으므로 진동이 심한 장치에 사용한다.

11. 다음은 피복 재료에 관한 설명이다. 틀린 것은?
① 우모 펠트는 곡면 시공에 매우 편리하다.
② 탄산 마그네슘은 250℃ 이하의 파이프 보랭용으로 사용한다.
③ 석면 대용품으로 근래 많이 사용되는 것은 슬래그울, 글라스울이다.
④ 광명단은 밀착력이 강한 유기질 보온재이다.

[해설] 광명단은 풍화에 강해서 방청 도료로 사용된다.

12. 섬유가 거칠고 부스러지기 쉬우며 보랭용으로 쓸 때에는 방습을 위해 아스팔트 가공을 해야 하는 보온재는?
① 규조토   ② 석면
③ 암면   ④ 탄산 마그네슘

[해설] 암면은 인조 광물 섬유로서 암석질에 석회석을 섞어 용해하여 섬유상으로 가공한 것으로 400℃ 이하의 관, 덕트, 탱크의 보온재로 사용한다.

13. 탄산 마그네슘 보온재에 관한 설명 중 틀린 것은?
① 열전도율이 극히 작다.
② 300~320℃에서 열분해한다.
③ 습기가 많은 옥외 배관에 적합하다.
④ 석면 85%, 염기성 탄산 마그네슘 15%를 섞은 보온재이다.

[해설] 매우 가볍고 250℃ 이하의 관, 탱크 등의 보랭용에 적합하며 염기성 탄산 마그네슘 85%, 석면 15%를 배합시킨 것이다.

14. 다음은 석면 보온재에 관한 설명이다. 틀리게 설명된 것은?

정답 8. ① 9. ④ 10. ③ 11. ④ 12. ③ 13. ④ 14. ②

① 800℃에서는 강도와 보온성을 잃게 된다.
② 진동이 생기면 갈라지기 쉬우므로 탱크 노벽의 보온에 적합하다.
③ 400℃ 이하의 보온 재료로 적합하다.
④ 아스베스토질 섬유로 되어 있다.

[해설] 선박 등과 같은 진동이 심한 장치에 적합하며, 400℃ 이상에서는 탈수 분해하고 석면 및 접착제의 종류에 따라 사용 온도가 다르나 보통 400℃ 이하에 사용한다.

15. 보온재로서의 구비 조건으로 적합하지 않은 것은?
① 열전도율이 작아야 한다.
② 부피 비중이 커야 한다.
③ 안전 사용 온도가 높을수록 좋다.
④ 흡수성이나 흡습성이 없어야 한다.

[해설] 부피 비중이 작고 가벼워야 하며 내구성 및 다공성이 있어야 하고 기공이 균일하며 시공성이 좋아야 한다.

16. 다음 중 고온용 보온재는 어느 것인가?
① 세라믹 파이버   ② 다포 유리
③ 석면   ④ 규조토

[해설] 고온용 무기질 보온재에는 펄라이트, 규산칼슘, 세라믹 파이버 등이 있다.

17. 다음 보온재 중 저온용으로 사용되는 것은?
① 규산칼슘   ② 석면
③ 폴리스티렌 폼   ④ 규조토

[해설] 내열도에 따른 보온재의 분류
- 저온용 : 100℃ 이하(코르크, 펠트, 기포성 수지 등)
- 중온용 : 100~400℃(탄산 마그네슘, 석면, 암면 등)
- 고온용 : 400℃ 이상(규산칼슘, 펄라이트 등)

18. 우수한 방청 도료로서 예부터 사용되고 있으며 내수성, 흡습성이 풍부한 도료는?
① 광명단   ② 합성수지
③ 타르   ④ 아스팔트

[해설] 광명단은 연단이라고도 하며 밀착력이 강하고 도막이 단단하기 때문에 풍화에 강해서 다른 도료의 밑칠용(초벌용)에 우수하다.

19. 합성수지 도료와 관계되는 것이 아닌 것은?
① 증기관, 보일러, 압축기 등의 도장용
② 내열성
③ 내유성
④ 초벌용

[해설] ㈎ 풍건성 도료(자연 건조성 도료)
- 프탈산계 : 건조가 늦다(5℃ 이하).
- 염화비닐계 : 내유성, 내산성이 좋으나 부착력, 내열성이 나쁘다.

㈏ 베이킹 도료(소부 도료)
- 멜라민계 : 내열성(150~200℃), 내유성, 내산성이 크다.
- 실리콘계 : 내열성(200~350℃) 우수

20. 주로 매설관에 많이 사용되며 단독보다는 주트 등과 같이 사용되는 재료는?
① 광명단
② 고농도 아연
③ 아스팔트
④ 알루미늄 페인트

[해설] 아스팔트는 배관 외면에 도장하여 수분과의 접촉을 방지시켜 내식성을 주기 위해 사용되며 매설관에 사용 시 용해 우려가 있다. 철관 등에 도장 시에는 130℃로 굽거나 주트(황마) 등을 병용한다.

21. 일반적으로 은분이라고도 하며 내열, 내구성이 우수한 재료로 사용되는 도료는?

정답 15. ② 16. ① 17. ③ 18. ① 19. ④ 20. ③ 21. ②

① 고농도 아연
② 알루미늄과 페인트
③ 합성수지
④ 바니스

[해설] 알루미늄 분말을 유성 바니스에 섞은 것으로 방청 효과가 우수하고 열반사나 발산이 양호하므로 방열기 외면에 쓰며 내열성(400~500℃)이 우수하다.

22. 내열 및 소부 도료로 내열성이 크며 내열도는 200~350℃ 정도까지 사용할 수 있는 도료는?
① 멜라민계 도료
② 실리콘 도료
③ 프탈산계 도료
④ 염화비닐계 도료

[해설] 멜라민계는 150~200℃ 정도까지 견딘다.

23. 다음 도료 중 가장 고온용에 사용하는 것은?
① 타르 및 아스팔트
② 실리콘 도료
③ 멜라민계 도료
④ 알루미늄 도료

[해설] 알루미늄 도료는 수분이나 습기에 강하고 내열성은 400~500℃이다.

24. 다음 중 플랜지 패킹이 아닌 것은?
① 네오프렌 ② 테플론
③ 천연고무 ④ 일산화연

[해설] ㈎ 플랜지 패킹
- 고무 : 천연고무, 네오프렌
- 파이버 : 식물성, 동물성, 광물성 섬유
- 합성수지 : 테플론

㈏ 나사 패킹 : 페인트, 액상 합성수지, 일산화연

㈐ 그랜드 패킹 : 석면 각형 패킹, 석면 얀 패킹, 아마존 패킹, 몰드 패킹

25. 다음은 테플론에 대한 설명이다. 잘못된 것은?
① 내열 범위는 -260~+260℃이며, 내열 범위가 넓다.
② 약품이나 기름에 침해된다.
③ 합성수지 제품의 패킹재이다.
④ 탄성이 부족하다.

[해설] 테플론은 합성수지 중 가장 우수하며 기름에도 침해되지 않는다. 탄성이 부족하므로 석면, 고무, 웨이브형 금속판과 함께 사용한다.

정답 22. ② 23. ④ 24. ④ 25. ②

제3장 배관 이음 및 신축 이음

1. 신축 이음(expansion joint)

관은 온도 변화에 따라 길이가 변화하여 열 응력이 생기므로 배관계에서의 열 팽창을 흡수하여 완충 역할을 하기 위한 것이다.

1-1 배관계에서의 응력 발생 요인

① 열 팽창에 의한 응력
② 냉간 가공에 의한 가공 경화에 따른 응력
③ 내부 유체 압력에 의한 응력
④ 용접에 따른 열 응력
⑤ 배관 및 피복재의 중력에 의한 응력
⑥ 배관 내의 유체 무게에 의한 응력
⑦ 배관 부속물 및 밸브, 플랜지에 의한 응력

1-2 배관계에서의 진동 발생 요인

① 펌프, 압축기의 구동에 의한 진동
② 배관 내 유체의 압력 변동에 따른 유속 변화
③ 안전밸브의 분출에 의한 진동
④ 파이프 굽힘에 의한 힘의 영향에 의한 진동

1-3 신축량 및 열 응력의 계산

(1) 열팽창량

$$\lambda = l \times \alpha \times \Delta t$$

여기서, λ : 신축량(mm), α : 열팽창률(1/℃)
l : 전 길이(mm), Δt : 온도차(℃)

(2) 열팽창 순서

알루미늄 > 황동 > 연강 > 경강 > 구리

(3) 열응력

$$\sigma = E \times \alpha \times \Delta t$$

여기서, σ : 열응력(kg/mm^2)
α : 열팽창률(1/℃)
E : 영률(세로 탄성 계수, kg/mm^2)
Δt : 온도차(℃)

1-4 신축 이음의 종류 및 특성

(1) 루프형(loop type) 신축 이음(신축 곡관)

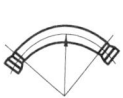  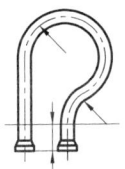 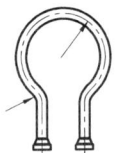

(a) 90° 곡관　　(b) 신축 리턴 벤드　　(c) 편심 벤드　　(d) 양쪽 굴곡
　(1/4벤드)　　　　　　　　　　　　　　　　　　　　　신축 리턴 벤드

 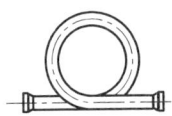 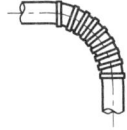 

(e) 편심 벤드　　(f) 원형 곡관　　(g) 리브식 벤드　　(h) 한쪽 편심 U 벤드
　　　　　　　　　(원벤드)

루프형 신축 이음

강관 또는 동관을 굽혀서 루프상의 곡관을 만들어 그 휨에 의해서 신축을 흡수하는 방식이다.

① 설치 장소를 많이 차지하고 신축 흡수 시에 응력이 생긴다.
② 재료의 피로를 일으키지 않아 고장이 잦다.
③ 고압에 견디므로 고온, 고압 증기의 옥외 배관에 많이 쓰인다.
④ 배관 곡률 반지름은 관지름의 6배 이상이 이상적이다.
⑤ 배관에 주름을 주어 구부릴 경우에는 관지름의 2~3배도 가능하다.

> **참고** 신축 흡수량 및 강도 순서
> 루프형 > 슬리브형 > 벨로스형

(2) 슬리브형(sleeve type) 신축 이음

이음 본체와 슬리브 파이프로 구성되며 최고 압력 $10\,kg/cm^2$ 정도의 저압 증기배관 또는 온도 변화가 심한 물, 기름, 증기 등의 배관에 사용하며 과열 증기 배관에는 부적합하다.

① 설치 장소를 적게 차지한다.
② 신축 흡수 시 응력 발생이 없지만 곡관 부분이 있으면 비틀림으로 인한 파손 우려가 있다.
③ 장기간 사용 시 패킹의 마모로 유체의 누설 우려가 있다.
④ 단식과 복식이 있다.
⑤ **신축 가능량** : 50~300 mm

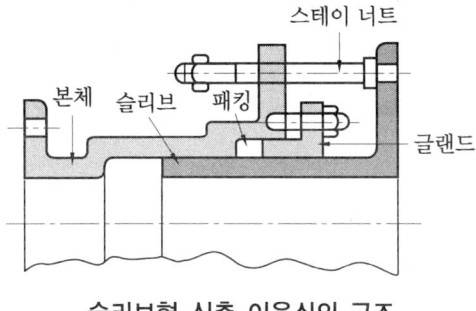

슬리브형 신축 이음쇠의 구조

(3) 벨로스형(bellows type) 신축 이음

온도 변화에 의한 관의 신축을 벨로스(파형 주름관)의 신축 변형에 의해서 흡수시키는 방식으로 팩리스(packless) 신축 이음이라고도 한다.

① 설치 장소가 작고, 신축에 따른 응력 발생이 없다.
② 누설이 없다.

③ 부식 및 벨로스의 피로에 따른 파손 우려 때문에 벨로스는 스테인리스강 또는 청동으로 제조된다.

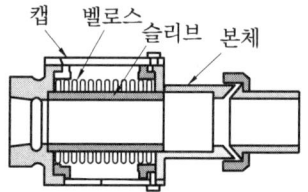

벨로스형 신축 이음쇠의 구조

(4) 스위블형(swivel type) 신축 이음

스윙 조인트 또는 지웰 이음이라고도 하며, 온수 또는 저압 증기의 분기점을 2개 이상의 엘보로 연결하여 관의 신축 시에 비틀림을 일으켜 신축을 흡수하여 온수 급탕 배관에 주로 사용한다.

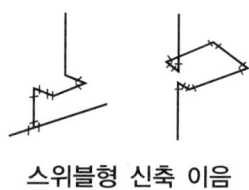

스위블형 신축 이음

① 이음부의 나사 회전을 이용하므로 큰 신축의 흡수 시는 누설 우려가 있다.
② 배관 곡부에서 유체의 압력 손실이 있다.
③ 직관 길이 30 m당 만곡부는 1.5 m가 필요하다.

2. 배관 이음

관 이음의 설계 시 내부 유체의 누설을 막기 위한 조건
① 접합부의 접합면은 매끈하게 다듬질하며 깨끗이 한다.
② 접합부의 조임은 반드시 순수하게 누르는 힘만 작용하게 한다.
③ 접촉면의 면적은 가급적 작게 한다.

2-1 강관의 접합법

강관의 접합에는 주로 나사 접합이 사용되나 대구경관은 플랜지 접합, 용접 접합 등도 많이 사용된다.

(1) 나사 이음(screw joint)

관 끝부분에 관용 테이퍼 나사(테이퍼 1/16, 나사산 각도 55°)를 내고 나사 이음의 관 이음쇠를 사용하여 접합하는 방식이다.

[관의 실제 길이 산출]
① 90° 엘보 2개 사용 시 관 실제 길이 산출

$$L = l + 2(A - a)$$

여기서, L : 배관 중심 간의 길이
   l : 관 길이
   A : 이음쇠의 중심에서 끝면까지의 거리
   a : 나사가 물리는 최소 길이

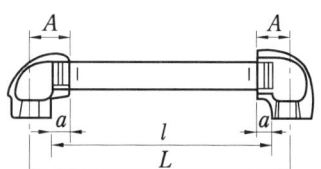

② 곡관의 길이 산출

$$l = 2\pi R \times \frac{\theta}{360}$$

$$L = l + (l_1 - R) + (l_2 - R) - 2(A - a)$$

여기서, l_1, l_2 : 직선 부분의 길이
   l : 곡관 부분의 길이
   L : 절단할 관 전체의 길이
   θ : 구부림 각도

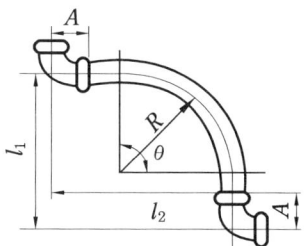

유효 나사부의 길이

관지름	10	15	20	25	32	40	50	65	80	90	100	125	150
나사가 물리는 최소 길이(a)	9	11	13	15	17	19	20	23	25	26	28	30	33

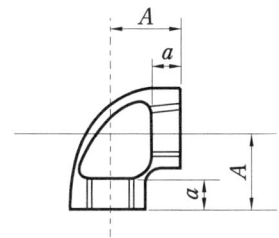 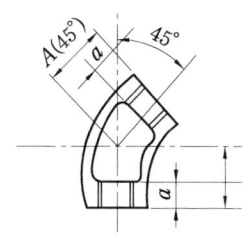

엘보의 여유 치수

호칭지름	중심에서 단면까지의 거리(mm)		90° 엘보	45° 엘보
	$A(90°)$	$A(45°)$	$A-a$[mm]	$A-a$[mm]
15	27	21	16	10
20	32	25	19	12
25	38	29	23	14
32	46	34	29	17
30	48	37	30	19
50	57	42	37	22

(2) 용접 이음

용접부를 적당히 가공한 후에 전기 또는 가스 용접하여 접합하는 방식이다.

① 용접 이음의 특징

㈎ 접합부의 강도가 크다.

㈏ 누설될 우려가 적다.

㈐ 관내면이 단면 변화가 없이 균일하여 유체의 와류나 난류가 없고 손실 수두도 적다.

㈑ 돌기부가 없어 보온 피복 시공이 용이하다.

㈒ 접합에 시간이 적게 들고 접합 비용이 적다.

㈓ 부속을 사용하지 않으므로 중량이 비교적 가볍다.

㈔ 시설의 유지 및 보수비가 절감된다.

② 종류

㈎ 이음 방법에 따라

㉠ 맞대기 용접 : 접합 시에 보조물을 사용하지 않고 양쪽관의 끝을 V형(그루브)으로 테이퍼지게 깎아서 용접한다.

㉡ 슬리브 용접 : 배관을 하기 전의 한쪽의 관에 관경의 1.2~1.7배 정도가 되는 슬리브를 끼우고 용접을 한 후에 나머지 관을 끼운 뒤 용접을 하는 방식

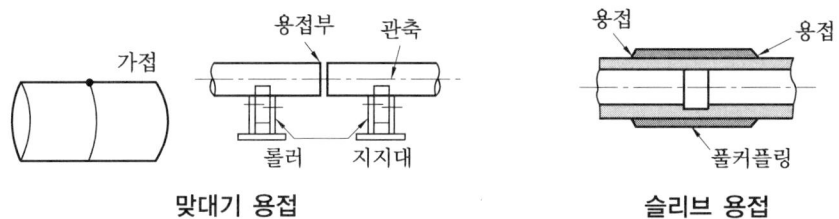

맞대기 용접　　　　　슬리브 용접

㈏ 가열 열원에 따라

㉠ 전기 용접 : 관경이 크고 두꺼운 관의 이음에 사용하고, 용접 이음 속도가 빠르며 용접 후에 변형이 작다. 아크 용접을 이용하므로 모재 가열 온도를 높게 할 수 있다.

㉡ 가스 용접 : 관경이 작고 두께가 얇은 관의 이음에 사용하며 용접 후 변형이 많다. 주로 산소, 아세틸렌 용접을 사용하며 가열량을 자유롭게 조절할 수가 있다.

(3) 플랜지 접합

관 끝에 플랜지를 달고 플랜지와 플랜지 사이에 패킹을 끼운 다음 볼트로 죄어서 접합하는 방식으로서 볼트, 너트를 죌 때는 균일하게 대칭으로 조인다. 볼트의 길이는 조인 후 나사산이 1~2산 남게 하며 관을 여러 줄로 나란히 배관할 때에는 플랜지의 고정 부분이 서로 어긋나게 하는 것이 좋다. 플랜지 이음은 주로 기계 수리, 점검 등 배관을 분해할 필요가 있을 때나 구경이 큰 관의 접속에 사용된다.

① 나사식
② 반피스톤식
③ **용접식** : 플랜지 용접 시는 먼저 한 곳을 가접한 뒤에 플랜지면과 직각이 되는 직각 정규(지그)를 사용하여 직각을 맞춘 후 3~4개소를 가용접 후에 전체 용접을 실시한다. 사용압력 $5\,kg/cm^2$, $10\,kg/cm^2$의 것이 많다.

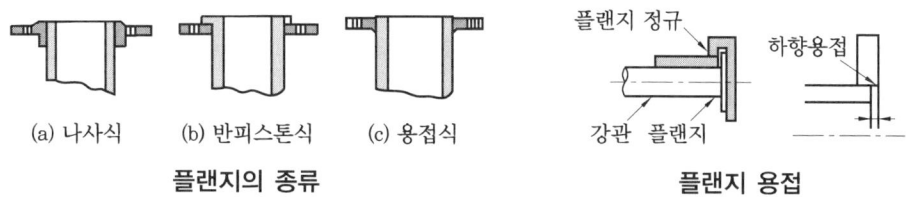

플랜지의 종류   플랜지 용접

2-2 동관의 접합법

(1) 납땜 접합

- **경납땜** : 강도가 필요한 접합에서 사용하며 은납, 황동납이 있으나 주로 은납을 사용한다.
- **연납땜** : 플라스턴(Sn+Pb의 합금)을 많이 사용한다.

① 동관과 동관의 접합

  ㈎ 수 파이프(male pipe)의 선단을 사이징 툴(sizing tool)로 둥글게 하고 암 파이프는 확관기(expander)로 파이프를 확관시킨다. 접합부의 간격은 0.1 mm 정도로 하고 접합부의 길이는 파이프 지름의 1.5배 정도로 한다.

  ㈏ 접합면을 잘 닦은 후 페이스트(paste)나 크림 플라스턴(cream plastan)을 발라 암 파이프에 삽입하여 가볍게 접합한다. 토치 램프로 접합부 주변을 균일하게 가열하여 납땜이나 와이어 플라스턴을 사용하여 접합한다.

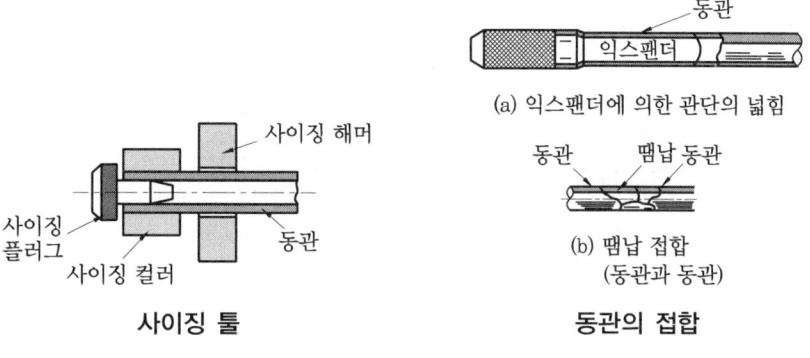

사이징 툴   동관의 접합

② **동관과 이음쇠의 접합**: 관을 절단한 후 줄을 사용해서 버(burr) 및 절단면을 직각으로 매끈하게 가공한 뒤에 관 끝에 사이징 툴을 때려 박아 관 끝 접합부의 모양을 진원으로 교정한다. 나머지 작업은 동관과 동관의 접합 (내)와 동일하게 한다.

(2) 플레어 접합(flare joint, 압축 접합)

동관의 끝부분을 나팔 모양으로 넓혀서 플레어 너트(압축 이음쇠)로 체결하는 방법으로 관지름 20 mm 이하의 동관 배관 시 기계의 점검, 보수 기타 분해할 필요가 있는 곳에 일반적으로 플레어 접합을 많이 사용한다.

① **방법**
  (개) 튜브 커터로 동관을 절단한 다음 리머로 동관 내면을 다듬질 후에 다시 줄로 절단 단면을 매끈하게 다듬질한다.
  (내) 동관에 플레어 너트를 끼운 뒤 고정구(블록)에 물리고 요크로 동관을 나팔 모양으로 넓힌다.
  (대) 플레어 너트와 이음부의 나사를 체결시킨다.

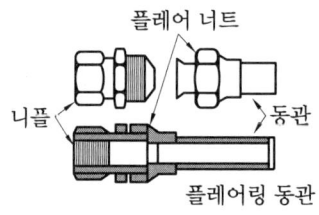

플레어 접합

(3) 플랜지 접합

플랜지와 동관을 땜접합하거나 플랜지에 동관을 끼우고 동관을 확관시켜 접합한 뒤 두 플랜지를 맞추어 그 사이에 패킹을 넣고 볼트로 조여서 접합시키는 방식이다.

① **끼움형, 홈형**: 냉매 배관 등에 사용한다.
② **유압 플랜지**: 플랜지를 관에 끼우고 동관을 넓혀서 그 사이에 패킹을 넣어 볼트를 조인 것으로 내압성이 있다.

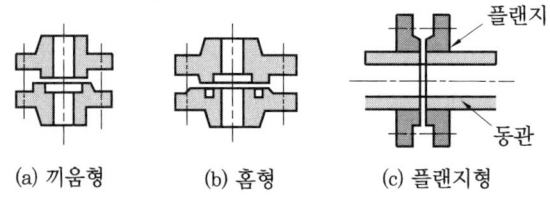

(a) 끼움형   (b) 홈형   (c) 플랜지형

동관용 플랜지

(4) 용접 접합

동관과 동관을 직접 수소 용접 등을 이용하여 접합하는 방식으로 냉매 배관, 복사난방의 바닥 매입 온수관 등에 사용되며, 이음쇠를 사용하지 않는 방식이다.

(5) 지관(branch, 분기관)의 접합

분기관을 주관에 접속 시 이음쇠 없이 분기관의 끝을 덮개 모양으로 넓혀 주관의 외면에 밀착시킨 후에 은납땜으로 접합하는 방식으로 본관은 분기관의 내경보다 1~2 mm 크게 구멍을 뚫는다. $20\,kg/cm^2$ 정도의 압력에도 견딜 수 있다.

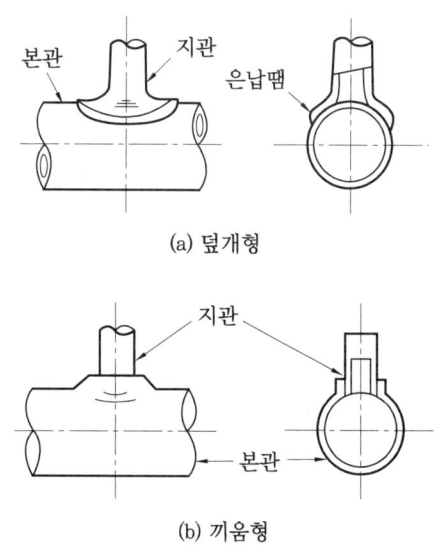

지관의 접합

출제 예상 문제

1. 신축곡관이라고 통용되는 신축 이음은?
① 스위블형 ② 벨로스형
③ 슬리브형 ④ 루프형

[해설] 루프이음은 주로 고압배관에 사용하는 것으로 원형 벤드, U형 벤드의 종류가 있으며 이를 신축곡관이라 한다.

2. 열팽창에 의한 배관의 신축이 방열기에 영향을 주지 않도록 방열기 주변에 설치하는 신축 이음쇠는?
① 신축곡관
② 스위블 조인트
③ 슬리브형 신축 이음
④ 벨로스형 신축 이음

[해설] 스위블형 신축 이음
(가) 이음부의 나사 회전을 이용하므로 큰 신축의 흡수 시 누설 우려가 있다.
(나) 배관 곡부에서 유체의 압력 손실이 있다.
(다) 비틀림에 의하여 신축을 흡수하므로 엘보가 2개 이상 필요하며 주로 방열기 주변에 설치한다.

3. 급탕배관에서 슬리브(sleeve)를 사용하는 목적은?
① 보온 효과 증대
② 배관의 신축 및 보수
③ 배관 부식 방지
④ 배관의 고정

[해설] 슬리브 신축 이음
(가) 설치 장소를 적게 차지한다.
(나) 신축 흡수 시 응력 발생이 없지만 곡관 부분이 있으면 비틀림으로 인한 파손 우려가 있다.

4. 다음 중 슬리브형 신축 이음쇠의 특징이 아닌 것은?
① 신축흡수량이 크며, 신축으로 인한 응력은 따르지 않는다.
② 설치공간이 루프형에 비해 크다.
③ 곡선배관 부분이 있는 경우 비틀림이 생겨 파손의 원인이 된다.
④ 장기간 사용 시 패킹의 마모로 인해 누설될 우려가 있다.

[해설] 루프형 신축 이음은 주로 고압관에 사용하며 U형 벤드, 원형 벤드로 되어 있으므로 설치면적이 다른 신축 이음에 비하여 큰 편이다.

5. 다음 중 신축 이음쇠의 종류에 해당되지 않는 것은?
① 벨로스형 ② 플랜지형
③ 루프형   ④ 슬리브형

[해설] 신축 이음의 종류 : 루프, 슬리브, 벨로스, 스위블, 상온 스프링 등

6. 다음 중 방열기 주변의 신축 이음으로 적당한 것은?
① 스위블 이음
② 미끄럼 신축 이음
③ 루프형 신축 이음
④ 벨로스식 신축 이음

7. 두 개의 90° 엘보의 직관길이 l = 262 mm인 관이 그림처럼 연결되어 있다. L = 300 mm이고 관 규격이 20 A이며 엘보의

[정답] 1. ④ 2. ② 3. ② 4. ② 5. ② 6. ① 7. ②

중심에서 단면까지의 길이 $A = 32$ mm일 때 물린 부분 B의 길이는 몇 mm인가?

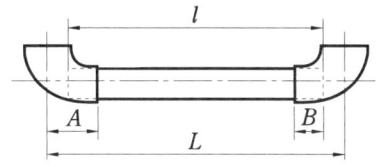

① 12　　　　② 13
③ 14　　　　④ 15

[해설] $L = l + 2(A - B)$에서
　　　$300 = 262 + 2(32 - B)$
　　　$B = 13$ mm

8. 아래 그림과 같이 호칭직경 20 A인 강관을 2개의 45° 엘보를 사용하여 연결하였다면 강관의 실제 소요길이는 얼마인가? (단, 엘보에 삽입되는 나사부의 길이는 10 mm이고, 엘보의 중심에서 끝단면까지의 길이는 25 mm이다.)

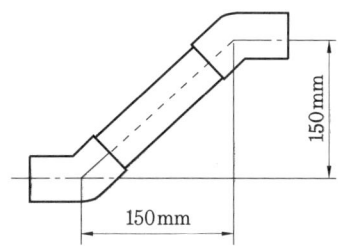

① 212.1 mm　　　② 200.3 mm
③ 170.3 mm　　　④ 182.1 mm

[해설] $L = l - 2(A - a)$에서
　　　$l = \sqrt{150^2 + 150^2} = 212.13$ mm
　　　$A = 25$ mm, $a = 10$ mm
　　　$L = 212.13 - 2(25 - 10) = 182.1$ mm

9. 호칭지름 20 A의 강관을 곡률 반지름 200 mm로 120°의 각도로 구부릴 때 강관의 곡선길이는 약 몇 mm인가?

① 390　　　　② 405
③ 419　　　　④ 487

[해설] $L = 2 \times \pi \times r \times \dfrac{\theta}{360}$
　　　$= 2 \times \pi \times 200 \times \dfrac{120}{360} = 418.67$ mm

10. 관경 300 mm, 배관길이 500 mm의 중압 가스 수송관에서 A, B점의 게이지 압력이 3 kgf/cm², 2 kgf/cm²인 경우 가스 유량은 약 얼마인가? (단, 가스 비중 0.64, 유량계수 52.31로 한다.)

① 10238 m³/h　　② 20583 m³/h
③ 38138 m³/h　　④ 40153 m³/h

[해설] $Q = K \times \sqrt{\dfrac{D^5 \times (P_1^2 - P_2^2)}{S \cdot L}}$
　　　$= 52.31 \times \sqrt{\dfrac{30^5 \times (4^2 - 3^2)}{0.64 \times 500}}$
　　　$= 38138$ m³/h

11. 다음 중 관의 지지 금속 설치 시공 시 고려해야 할 사항이 아닌 것은?

① 관의 신축
② 배관 구배의 조절
③ 배관 중량
④ 관내 수용 물질

[해설] 배관 지지에는 배관의 중량이 가장 중요하며 관의 신축 또는 구배 등을 고려해야 한다.

12. 동관의 이음에서 기계의 분해, 점검, 보수를 고려하여 사용하는 이음법은?

① 납땜 이음　　　② 플라스턴 이음
③ 플레어 이음　　④ 소켓 이음

[해설] 플레어 이음은 플레어 너트를 사용하여 관을 연결하기 때문에 분해·점검·보수가 용이하다.

13. 열팽창에 의한 배관의 이동을 구속 또

는 제한하기 위해 사용되는 관 지지장치는 무엇인가?
① 행어(hanger)
② 서포트(support)
③ 브레이스(brace)
④ 리스트레인트(restraint)

[해설] ① 행어 : 배관의 하중을 위에서 걸어 당겨서 받치는 것
② 서포트 : 아래에서 위로 떠받치는 것
③ 브레이스 : 기기의 진동을 억제하는 데 사용
④ 리스트레인트 : 열팽창에 따른 배관의 측면 이동을 제한하는 데 사용

14. 강관의 나사 이음 시 관을 절단한 후 관 단면의 안쪽에 생기는 거스러미를 제거할 때 사용하는 공구는?
① 파이프 바이스   ② 파이프 리머
③ 파이프 렌치   ④ 파이프 커터

[해설] ① 파이프 바이스 : 작업 시 파이프를 고정 지지하는 공구이다.
② 파이프 리머 : 관의 절단면 거스러미를 제거해주는 공구이다.
③ 파이프 렌치 : 관을 설치할 때 관의 나사를 돌리는 공구이며 지름 100 mm 이하의 관을 연결할 때 사용한다.
④ 파이프 커터 : 강관을 자를 때 사용하는 공구이다.

15. 강관 접합법에 해당되지 않는 것은?
① 나사 접합   ② 플랜지 접합
③ 용접 접합   ④ 몰코 접합

[해설] 몰코 접합은 배관용 스테인리스 강관의 압착식 접합 방법으로 일반 강관의 접합 종류와는 다른 방식이다.

16. 배관용 패킹 재료 선정 시 고려해야 할 사항으로 거리가 먼 것은?

① 유체의 압력
② 재료의 부식성
③ 진동의 유무
④ 시트(seat)면의 형상

[해설] 배관용 패킹 재료의 선정 시 유체의 압력, 부식성, 진동의 유무 등을 고려하지만 시트면의 형상은 밸브 등에 사용할 때 고려해야 한다.

17. 스테인리스강 커플링과 고무링만으로 이음할 수 있는 방법으로 쉽게 이음할 수 있고, 시공이 간편하며, 경제성이 있어 건물의 배수관 등에 많이 사용되는 주철관 이음은?
① 기계식 이음   ② 노 허브 이음
③ 빅토릭 이음   ④ 플랜지 이음

[해설] 노 허브 이음은 커플링을 연결 부위에 체결하는 방식으로 작업이 빠르고 분해, 조립이 쉬워서 많이 사용한다.

18. 지름 20 mm 이하의 동관을 이음할 때나 기계의 점검, 보수 등으로 관을 떼어내기 쉽게 하기 위한 동관의 이음 방법은?
① 슬리브 이음   ② 플레어 이음
③ 사이징 이음   ④ 플라스턴 이음

[해설] 지름 20 mm 이하의 동관에는 플레어 이음을 한다.

19. 배관된 관의 수리, 교체에 편리한 이음 방법은?
① 용접 이음   ② 신축 이음
③ 플랜지 이음   ④ 스위블 이음

[해설] 플랜지 이음은 주로 배관의 수리, 교체 등을 필요로 하는 곳에 사용한다.

20. 강관의 이음법에 속하지 않는 것은?
① 나사 이음   ② 플랜지 이음

[정답] 14. ② 15. ④ 16. ④ 17. ② 18. ② 19. ③ 20. ④

③ 용접 이음   ④ 코킹 이음

[해설] 코킹 이음(틈새 다지기)은 주철관 소켓 이음에서 주로 사용한다.

21. 배관에서 지름이 다른 관을 연결할 때 사용하는 것은?
① 유니언   ② 니플
③ 부싱   ④ 소켓

[해설] 유니언, 니플, 소켓은 동일 관경을 연결하는 데 사용하며 부싱, 리듀서는 서로 다른 관경을 연결하는 데 사용한다.

22. 증기배관의 수평 환수관에서 관경을 축소할 때 사용하는 이음쇠로 가장 적합한 것은?
① 소켓   ② 부싱
③ 동심 리듀서   ④ 편심 리듀서

[해설] 편심 리듀서는 관경이 축소할 때 압력 손실을 최소화할 수 있는 장점이 있다.

23. 복사난방에서 패널(panel) 코일의 배관 방식이 아닌 것은?
① 그리드코일식
② 리버스리턴식
③ 벤드코일식
④ 벽면그리드코일식

[해설] 리버스리턴 방식은 공기 조화 유닛을 여러 대 배열하여 설치하는 경우에 온수 또는 냉수를 공급하는 배관 방식의 반환관의 한 형식으로 배관 원근 거리의 차에 의한 유량의 극단적인 치우침을 적게 하는 배관 방식이다.

24. 증기난방을 응축수 환수법에 의해 분류하였을 때 그 종류가 아닌 것은?
① 기계 환수식
② 하트포드 환수식
③ 중력 환수식
④ 진공 환수식

[해설] 하트포드는 보일러 안전수위 유지가 목적이다.

25. 급탕 배관에서 보통 직관의 길이 몇 m 마다 1개의 신축 이음을 설치할 필요가 있는가?
① 5   ② 10
③ 20   ④ 30

[해설] 배관의 신축 이음은 30 m마다 설치해야 한다.

26. 배관 관련 설비 중 공기조화설비의 구성요소가 아닌 것은?
① 열원장치   ② 공기조화기
③ 환기장치   ④ 트랩장치

[해설] 공기조화기의 구성요소 : 에어필터 → 공기 냉각기 → 공기 가열기 → 가습기 → 송풍기

27. 온수온도 90℃의 온수난방 배관의 보온재로 부적합한 것은?
① 규산칼슘   ② 펄라이트
③ 암면   ④ 경질폼러버

[해설] 안전 사용온도
㈎ 규산칼슘, 펄라이트 : 650℃
㈏ 암면 : 400℃
㈐ 경질폼러버 : 40℃

28. 다음 배관의 부식에 관한 사항이다. 옳은 것은?
① 온수온도가 낮아짐에 따라 부식의 정도는 심하게 된다.
② 온수의 유속이 늦어질수록 부식의 정도는 심하다.
③ 동일한 금속의 배관은 매설 환경에 따

[정답] 21. ③   22. ④   23. ②   24. ②   25. ④   26. ④   27. ④   28. ④

른 이온화 정도의 차이가 없다.
④ 흙 속에 매설된 배관은 흙속의 수분, 공기, 박테리아 등의 함유량에 따라 부식성이 다르다.

[해설] 온수의 온도가 증가함에 따라, 유속이 빠를수록 배관에 대한 부식 속도는 증가하게 된다.

29. 배관에서 금속의 산화부식 방지법 중 칼로라이징(calorizing)법이란?
① 크롬을 분말상태로 배관 외부에 가열하여 침투시키는 방법
② 규소를 분말상태로 배관 외부에 가열하여 침투시키는 방법
③ 알루미늄을 분말상태로 배관 외부에 침투시키는 방법
④ 구리를 분말상태로 배관 외부에 침투시키는 방법

[해설] 칼로라이징 : 확산침투도금법의 일종으로, 알루미늄을 피복하는 방법

30. 도시가스 입상배관의 관지름이 20 mm일 때 움직이지 않도록 몇 m마다 고정장치를 부착해야 하는가?
① 1 m ② 2 m
③ 3 m ④ 4 m

[해설] 도시가스 배관 고정장치
(가) 관경 13 mm 미만 : 1 m
(나) 관경 13 mm 이상, 33 mm 미만 : 2 m
(다) 관경 33 mm 이상 : 3 m

31. 진공환수식 증기난방 설비에서 흡상이음(lift fitting) 시 1단의 흡상높이로 적당한 것은?
① 1.5 m 이내 ② 2.5 m 이내
③ 3.5 m 이내 ④ 4.5 m 이내

[해설] 흡상이음은 리프트 이음이라고도 하며 환수관을 방열기보다 위쪽으로 배관할 때나 진공 펌프를 환수 주관보다 높은 위치에 설치할 때 이용하는 것으로, 진공환수식의 난방장치에서 진공 펌프 앞에 설치하는 이음이며 1단의 흡상높이는 1.5 m 이내로 한다.

[정답] 29. ③ 30. ② 31. ①

제4장 밸브 및 배관 지지

1. 밸브

1-1 밸브의 개요

밸브는 밸브 본체(밸브 시트, 밸브판)와 밸브실과 밸브봉 3부분으로 구성되는 것으로서 유체의 유량 조절 및 유체의 단속과 유체의 방향 전환 등에 사용된다.

1-2 밸브의 종류별 특징

(1) 글로브 밸브(globe valve)

옥형밸브 또는 구형밸브라 하고, 밸브의 형상이 둥글게 되어 있으며, 유체의 흐름이 S자 모형으로 되므로 유체의 흐름 저항은 크나 밸브의 리프트(양정)는 작아 개폐가 용이하기 때문에 유량 조절에 적합하고 소형 경량이며 가격이 싸다.

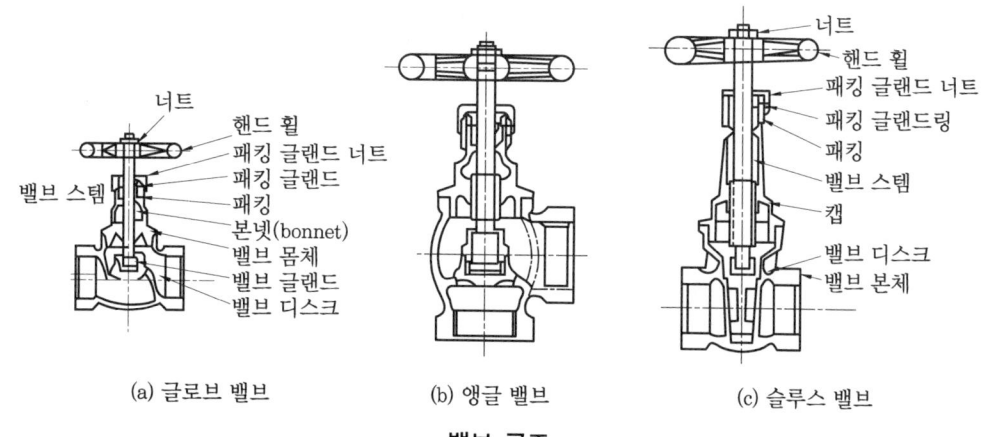

(a) 글로브 밸브 (b) 앵글 밸브 (c) 슬루스 밸브

밸브 구조

밸브 디스크 형상에 따라 평면형, 원뿔형, 반구형, 부분원형이 있다.
① **구경 50 A 이하** : 청동(포금)제 나사 이음형
② **구경 65 A 이상**
   ㈎ 밸브, 밸브시트 : 포금
   ㈏ 본체 : 주철제 플랜지형
③ **앵글 밸브** : 유체 흐름을 직각으로 바꿀 때 사용(입구와 출구가 직각인 것)
④ **Y형 글로브 밸브** : 저항을 줄이기 위해 밸브통을 중심선에 45~60° 경사시킨 것, 즉 유로가 예각으로 되어 있는 밸브
⑤ **니들 밸브** : 유량 제어에 쓰이는 15~16 mm의 원뿔 모양의 침으로 극히 유량이 적거나 고압일 때 유량을 조금씩 가감하는 데 사용

(2) 슬루스 밸브(sluice valve, gate valve)

슬루스 밸브는 현재 많이 사용되는 밸브로 밸브 본체가 밸브 시트 안을 상하함으로써 개폐하는 방식으로서 밸브를 완전히 열면 밸브 본체 속은 지름과 같은 단면적이 되므로 유체 저항이 적어 마찰 손실이 매우 적다. 양정이 커서 개폐에 시간이 걸리며, 밸브를 반 정도 열어 사용하면 와류가 생겨 유체의 저항이 커지고 밸브 마모 우려가 크므로 유량 조절에는 부적합하며 가격이 비싸다. 특히, 증기 배관의 횡주관에서 드레인이 고이는 곳은 슬루스 밸브가 적당하다.

① **비상승식** : 밸브 본체를 상하시키기 위한 밸브 스템의 나사가 밸브실 내에 있는 방식의 속나사식으로서 밸브 본체만 상하로 움직이며 밸브 시스템은 회전만 하고 상하로 움직이지 않는다. 65 A 이상의 큰 지름에 많이 쓰며 설치 장소를 적게 차지하나 개폐 정도를 알 수 없으므로 개폐지시기가 필요하다.
② **상승식** : 밸브 스템의 나사가 밸브실 외에 있는 바깥 나사식으로 밸브 핸들을 회전 시에 밸브 본체와 밸브 스템이 함께 상하로 움직이는 방식으로 50 A 이하에서 주로 쓰며, 밸브 스템의 상하로 개폐를 쉽게 할 수 있기 때문에 고온 고압용에 널리 쓰나 장소를 많이 차지한다.
※ 디스크의 구조에 따라 웨지 게이트 밸브, 패럴렐 슬라이드 밸브, 더블 디스크 게이트 밸브 등으로 나눈다.

(3) 콕(cock)

구멍이 뚫린 원추를 1/4(90°) 회전함에 따라 유로가 개폐되어 유체의 흐름을 차단 또는 조절하는 밸브로 플러그 밸브라고도 한다.
① 개폐가 빠르다.
② 물, 기름, 공기의 급속 개폐에 사용된다.

③ 유로의 면적과 관 단면적이 같고, 일직선이 되므로 유체 저항이 작다.
④ 구조는 간단하나 기밀성이 나쁘고, 고압 대유량에는 부적당하다.
⑤ 2방, 3방, 4방 콕 등이 있다.

(a) 삼방 콕   (b) 사방 콕   (c) 핸들 콕

콕의 종류

(4) 버터플라이 밸브(butterfly valve)

나비형 밸브로 원통형의 몸체 속에서 밸브 스템을 축으로 하여 원판이 회전함으로써 개폐를 행하는 것으로 사용 압력, 온도에 대한 제한이 많고 개폐가 어렵다. 전개 시 저항이 작고 유량 조절이 용이하며 저압의 죔 밸브로 사용된다.

(5) 다이어프램 밸브(diaphragm valve)

밸브 몸통의 중앙에 원호 모양의 위어를 가지며, 내열성, 내약품성의 다이어프램을 밸브 시트에 밀착하여 개폐하는 밸브로 화학 약품의 차단 등에 사용되며, 유체 저항이 작다.

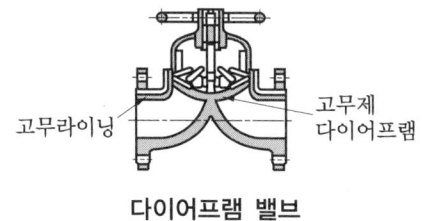

다이어프램 밸브

(6) 체크 밸브(check valve)

유체의 흐름이 한쪽으로 흐르게 하고, 역류하면 자동적으로 배압에 의하여 밸브체가 닫히며 스윙식(swing type)과 리프트식(lift type)이 있다.

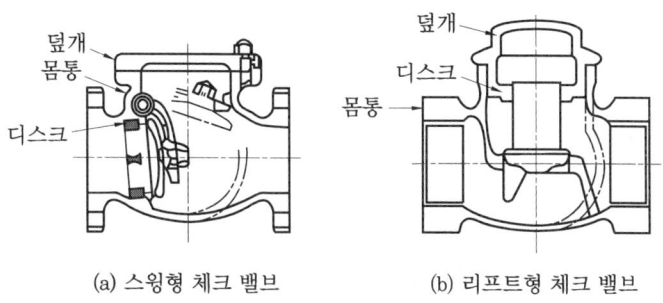

(a) 스윙형 체크 밸브   (b) 리프트형 체크 밸브

체크 밸브

① **스윙형 체크 밸브** : 핀을 축으로 하여 회전됨으로써 개폐되므로 유체에 대한 마찰 저항이 리프트형보다 작고 수평, 수직 어느 배관에도 사용할 수 있다.

② **리프트형 체크 밸브** : 유체의 압력으로 밸브가 수직으로 상하하면서 개폐되며 리프트는 밸브 지름의 1/4 정도이고, 유체의 흐름에 대한 마찰 저항이 크며 수평 배관에만 사용된다.

이 외에 리프트형 체크 밸브 내에 날개가 달려 충격을 완화시키는 스모렌 스키형이 있다. 10~50 A의 것은 청동제 나사 이음식이고, 50~200 A의 것은 주강 또는 주철제 플랜지형이다.

(7) 볼 탭(ball tap)

탱크의 액면 상승 또는 저하에 따라 볼(플로트)의 부력에 의해 자동적으로 밸브가 개폐되는 밸브이다. 소형의 볼은 동판 또는 플라스틱제이며, 대구경은 복식으로 플랜지 달림으로 되어 있다.

(8) 볼 밸브(ball valve)

마개가 공 모양이고 콕과 유사한 밸브로서 콕의 플러그를 볼로 바꾸고 또한 볼과 테플론링이 항상 긴밀한 접촉을 유지하므로 시트면의 손상이 적다. 고온에는 부적당하므로 주로 화학공장이나 석유공장 등에서 상온의 유체에 많이 사용된다.

(9) 감압 밸브(reducing valve)

자동 압력 조정 밸브로서 고압 배관과 저압 배관 사이에 설치하여 증기 사용량이나 고압측의 압력 변동에 관계없이 밸브의 개폐를 자동으로 조절함으로써 저압측 압력을 항상 일정하게 유지하는 역할을 한다. 고저압의 압력비는 2 : 1 이내로 하며 고압이 $7 \, kg/cm^2$ 이상이고, 고저압의 차가 2 : 1 이상이면 증기 유속이 커 소음이 생기고 고장의 원인이 되므로 감압 밸브를 직렬로 연결한 2단 감압법을 사용한다. 밸브 작동 방법에 따라 벨로스형, 다이어프램형, 피스톤형이 있다.

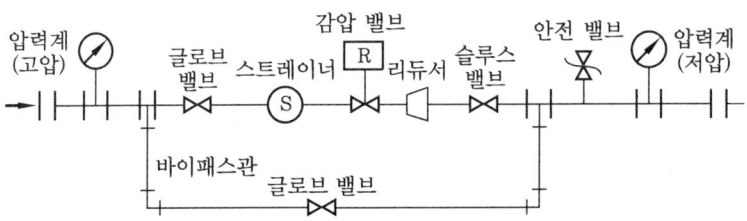

(10) 온도 조정 밸브

열교환기 및 중유 가열기 등에 사용하며, 감온부의 검지 온도에 따라 감온부 내 액의 팽창, 수축에 따른 압력으로 벨로스 및 다이어프램이 작동하여 밸브를 개폐하고 기기 속으로 유입되는 기체(증기), 액체(온·냉수) 유량을 조절함으로써 기기 내의 유체 온도를 조정한다.

(11) 안전 밸브(safety valve)

고압의 압력 용기나 배관 등에 설치하여 내부의 압력이 일정 압력에 도달하면 내부의 유체를 자동적으로 방출하여 설비나 배관 내에 압력을 항상 일정 압력 이하로 유지하는 밸브이다.

① **스프링식** : 스프링을 조절 너트로 조여서 밸브를 밸브 시트에 누르는 방식으로 작동이 확실하며, 조절이 간편하다.
  (가) 리프트(양정)에 따라
    ㉮ 저양정식 : 밸브의 양정이 밸브 시트 지름의 1/40 이상, 1/15 미만
    ㉯ 고양정식 : 밸브의 양정이 밸브 시트 지름의 1/15 이상, 1/7 미만
    ㉰ 전양정식 : 밸브의 양정이 밸브 시트 지름의 1/7 이상으로서 고압에서 취출량이 많을 때 사용한다.
    ㉱ 전량식 : 밸브 시트 지름이 목부 지름의 1.15배
  (나) 분출 양식에 따라
    ㉮ 단식 : 입구 1, 출구 1
    ㉯ 복식 : 입구 2, 출구 1
    ㉰ 2중식 : 입구 1, 출구 2

> **참고** 압력에 대응하는 스프링의 장력
> $$T = \frac{\pi}{4} \times D^2 \times P$$
> 여기서, T : 조정 장력(kg)
> D : 밸브 시트 직경(cm)
> P : 분출 압력(kg/cm^2)

② **추식(중추식)** : 밸브 위에 추를 올려놓아 내부 압력과 균형을 이루는 방식으로서 고압에 부적당하고 하중 조절이 곤란하므로 거의 사용하지 않으며, 추의 재질은 주철제 원판이다.

③ **지렛대식(lever safety valve)** : 압력은 추의 중량 가감과 추의 좌우 이동으로 조정한다. 안전 밸브에 가해지는 전압이 600 kg 이상일 때는 사용 못하고 추식과 지렛대식은 이동하는 압력 용기 등에서는 누설되므로 사용이 불가능하다.

$$W = \frac{\pi}{4} \times D^2 \times P \times \frac{l}{L}$$

여기서, W : 추의 중량(kg)
　　　　D : 밸브 시트 직경(cm)
　　　　P : 분출 압력(kg/cm^2)
　　　　L : 지지점과 추 간의 거리(cm)
　　　　l : 지지점과 밸브 간의 거리(cm)

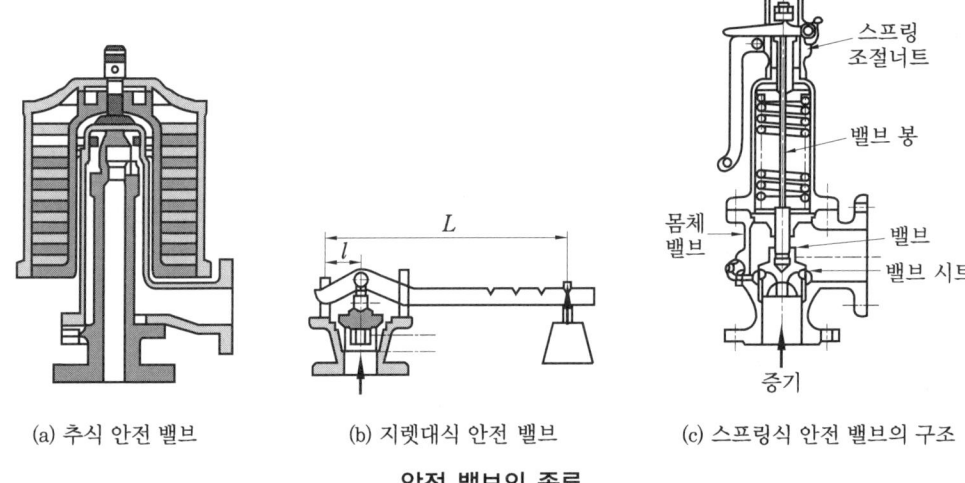

(a) 추식 안전 밸브　　(b) 지렛대식 안전 밸브　　(c) 스프링식 안전 밸브의 구조

안전 밸브의 종류

(12) 릴리프 밸브(relief valve, 도피 밸브)

주로 액체의 압력이 상승하는 경우에 사용되고 액체의 압력이 조정 압력 이상 되면 자동적으로 열려 소정의 액을 방출하는 밸브로 안전 밸브의 일종이다.

(13) 전자 밸브(solenoid valve)

홀딩 코일에 전류가 흐르면 자장이 형성되므로(여자), 플런저가 흡인력에 의해 전개가 되고 전류가 차단되면 홀딩 코일이 무여자가 되므로 밸브와 플런저의 무게에 따라 닫힌다.
① **직동식** : 소유량 관에 사용
② **파일럿식** : 대구경의 관에서 밸브 작동 전류 소모를 감소시키기 위해서 사용한다.

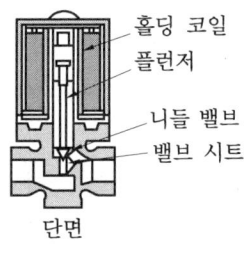

전자 밸브

③ 설치 시 주의사항
  ㈎ 전자 밸브 전에 여과기를 설치하고 고장 시를 대비하여 바이패스 배관을 설치할 것
  ㈏ 반드시 밸브 시트 코일이 상부에 오도록 수직으로 설치하며, 유체 흐름 방향과 화살표시 방향을 일치시킬 것
  ㈐ 배관과 전자 밸브를 용접 접합 시에는 홀딩 코일을 풀어내고 물수건으로 전자 밸브를 싸서 냉각을 충분히 하면서 용접한 뒤에 다시 홀딩 코일을 결속한다.

2. 배관 지지

2-1 배관 지지의 개요

배관의 길이, 중량, 신축, 유체의 이동에서 발생하는 진동에 따른 관로 중의 기기의 성능 저하 방지를 위해서 앵글, 평강, 연강, 환봉 등을 이용하여 지지한다.

[사용 목적에 따른 분류]
- 행어 및 서포트 : 배관의 중량을 지지하는 데 사용한다.
- 리스트레인트 : 열팽창에 따른 배관의 측면 이동을 제한하는 데 사용한다.
- 브레이스 : 기기의 진동을 억제하는 데 사용한다.

2-2 배관 지지 장치의 종류

(1) 행어(hanger)

배관의 하중을 위에서 걸어당겨서 받치는 것

① **리지드 행어(rigid hanger)** : I빔(beam)에 턴버클을 연결하여 파이프를 달아 올리는 것이며, 수직 방향 변위가 없는 곳에 사용한다.

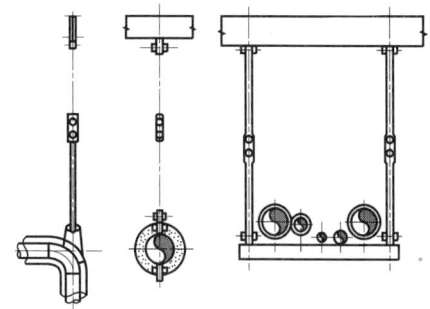

리지드 행어

② **스프링 행어**(spring hanger) : 턴버클 대신에 스프링을 사용한 것이다.
③ **콘스턴트 행어**(constant hanger) : 배관 상하 이동을 허용하면서 관의 지지력을 일정하게 한 것이다.

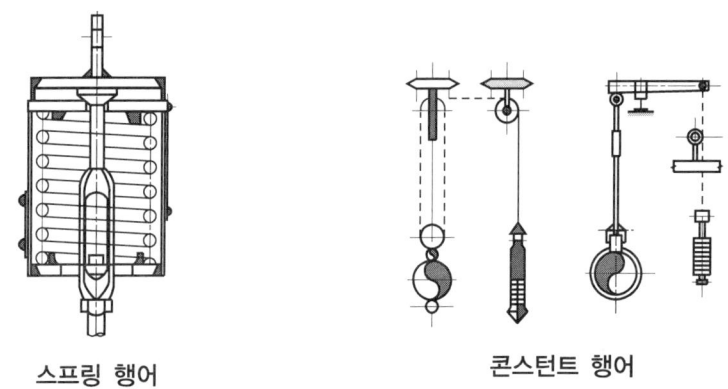

스프링 행어 　　　　　 콘스턴트 행어

(2) **서포트**(support)

아래에서 위로 떠받치는 것

① **파이프 슈**(pipe shoe) : 파이프로 직접 접속하는 지지대로서 배관의 수평 및 곡관부의 지지에 사용한다.
② **리지드 서포트**(rigid support) : 큰 빔 등으로 만든 배관 지지대
③ **롤러 서포트** : 관의 축방향 이동을 자유롭게 하기 위해 배관을 롤러로 지지한 것
④ **스프링 서포트** : 스프링 작용으로 파이프의 하중 변화에 따라 상하 이동을 다소 허용한 것이다.

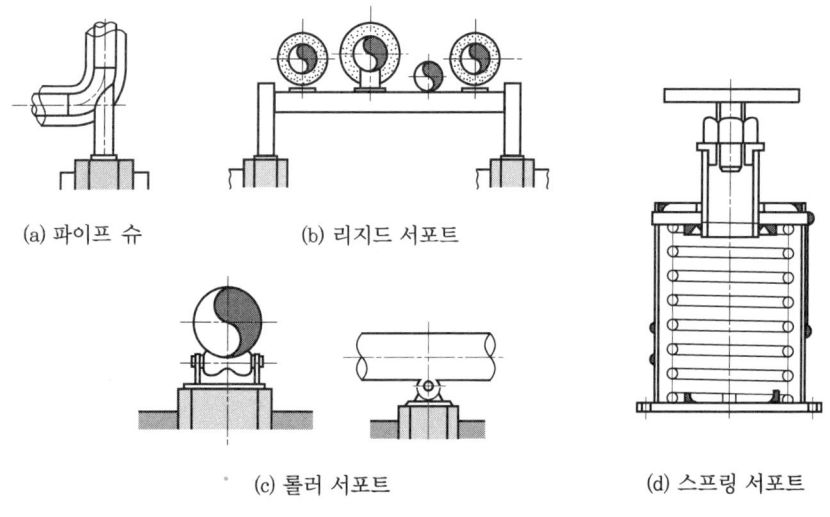

(a) 파이프 슈　　(b) 리지드 서포트

(c) 롤러 서포트　　(d) 스프링 서포트

서포트의 종류

(3) 리스트레인트(restraint)

열팽창에 의한 배관의 측면 이동을 제한하는 것으로 앵커, 스톱, 가이드 세 종류가 있다.

① **앵커**(anchor) : 배관 지지점에서의 이동 및 회전을 방지하기 위해 지지점 위치에 완전히 고정하는 것

② **스톱**(stop) : 배관의 일정한 방향으로 이동과 회전만 구속하고 다른 방향으로 자유롭게 이동하는 것이다.

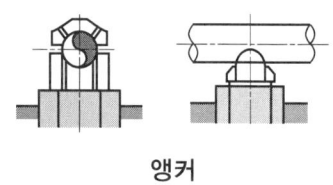

앵커

③ **가이드**(guide) : 배관의 회전을 제한하기 위해 사용해 왔으나 근래에는 배관계의 축 방향의 이동을 허용하는 안내 역할을 하며, 축과 직각 방향으로의 이동을 구속하는데 사용된다.

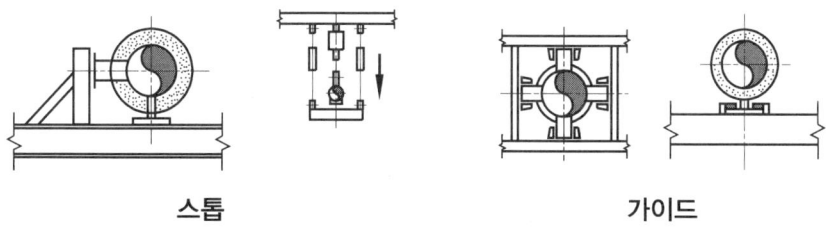

스톱   가이드

(4) 브레이스(brace)

펌프, 압축기 등에서 발생하는 기계의 진동, 압축가스에 의한 서징, 밸브의 급격한 개폐에서 발생하는 수격 작용, 지진 등에서 발생하는 진동을 억제하는 데 사용하며 진동을 완화하는 방진기와 충격을 완화하는 완충기가 있다. 방진기와 완충기는 스프링식과 유압식이 있다.

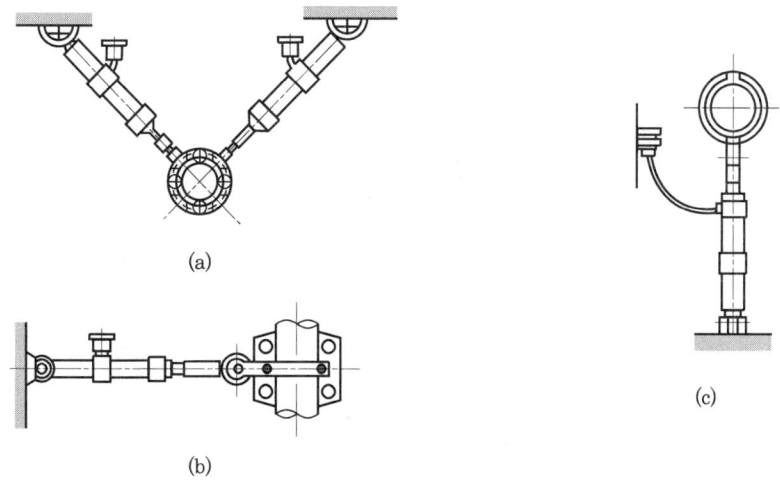

방진기의 장치 형태

인서트는 배관 지지 금속을 장치하기 위하여 미리 천장, 바닥, 벽 등에 매립하여 두는 것으로 자재 인서트와 고정 인서트가 있다.

(a) 자재 인서트   (b) 고정 인서트

인서트의 종류

3. 스트레이너

증기, 물, 기름 등의 배관에 설치되는 밸브, 펌프, 트랩 등의 기기 앞에 설치하여 관내의 불순물을 제거하기 위해서 사용한다. 형상에 따라 Y형, U형, V형이 있다.

(1) Y형 스트레이너

45° 경사진 Y형의 본체 속에 원통형 금속망을 넣은 것으로 망의 안쪽에서 바깥쪽으로 흐르게 하여 유체의 저항을 작게 하고 아랫부분에 플러그를 설치하여 불순물을 제거하게 되어 있다. 금속망의 개구면적은 호칭 지름 단면적의 3배 정도이고, 망의 교환이 용이하다.

(2) U형 스트레이너

주철제의 본체 안에 여과망을 설치한 둥근 통을 수직으로 넣은 것으로 유체는 망의 안쪽에서 바깥쪽으로 흐른다. 유체의 흐름이 직각방향으로 바뀌므로 Y형에 비해 유체의 저항은 크나 보수 점검이 용이하다. 주로 오일 스트레이너에 사용된다.

(3) V형 스트레이너

주철제의 본체 속에 금속 여과망을 V자형으로 넣은 것으로서 구조상 유체는 본체 속을 직선으로 흐르므로 Y형, U형보다 유체의 저항이 작으며 여과망의 교환, 점검이 용이하다.

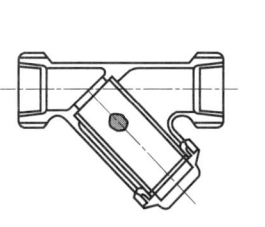 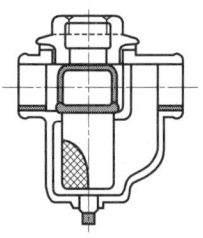 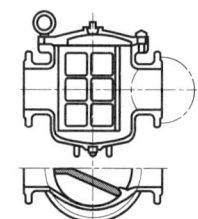

(a) Y형 스트레이너   (b) U형 스트레이너   (c) V형 스트레이너

스트레이너의 종류

출제 예상 문제

1. 냉동용 그림 기호 중 게이트 밸브를 표시한 것은?

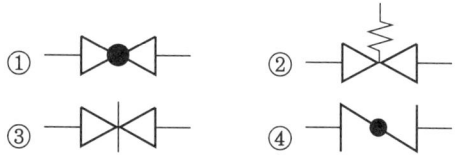

[해설] ① 글로브 밸브
② 스프링식 안전 밸브
④ 버터플라이 밸브

2. 다음 그림 기호가 나타내는 밸브는?

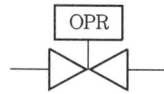

① 증발압력 조정 밸브
② 유압 조정 밸브
③ 용량 조정 밸브
④ 흡입압력 조정 밸브

[해설] • 증발압력 조정 밸브 : EPR
• 흡입압력 조정 밸브 : SPR

3. 열교환기 입구에 설치하여 탱크 내의 온도에 따라 밸브를 개폐하며, 열매의 유입량을 조절하여 탱크 내의 온도를 설정범위로 유지시키는 밸브는?

① 감압 밸브   ② 플랩 밸브
③ 바이패스 밸브 ④ 온도 조절 밸브

[해설] 온도 조절 밸브 : 온수 탱크, 열교환기, 중유 가열기 등의 가열용 유체 공급관에 부착된 것으로, 조절부에 삽입하고 일정한 온도 이상이 되면 밸브를 작동시켜 가열용 유체의 유입을 조절하여 피가열체의 온도를 일정하게 유지시킨다.

4. 유체의 입구와 출구 방향이 직각으로 되어 있어 유체의 흐름 방향을 90° 변환시키는 밸브는?

① 앵글 밸브
② 게이트 밸브
③ 체크 밸브
④ 볼 밸브

[해설] 90° 변환에는 앵글 밸브를 사용한다.

5. 역지 밸브(check valve)에 대한 기술이다. 틀린 것은?

① 관내 유체의 흐름을 일정한 방향으로 유지하기 위하여 사용한다.
② 스윙형, 리프트형, 풋형 등이 있다.
③ 구조에 따라 수평관, 수직관에 사용할 수 있다.
④ 필요할 때 수동으로 개폐하여야 한다.

[해설] 스윙형은 수평, 수직 배관 모두에 사용 가능하고 리프트형은 수평 배관에 사용해야 하며 수동 개폐는 해서는 안 된다.

6. 체크 밸브에 대한 설명으로 옳은 것은?

① 스윙형, 리프트형, 풋형 등이 있다.
② 리프트형은 배관의 수직부에 한하여 사용한다.
③ 스윙형은 수평 배관에만 사용한다.
④ 유량 조절용으로 적합하다.

[해설] 체크 밸브는 역류 방지 밸브로서 스윙형은 수평, 수직 배관에 모두 사용하며 리프트형은 수평 배관에만 사용한다. 체크 밸브는 단순히 밸브 개폐만 하는 것으로 유량 제어는 할 수 없다.

정답 1. ③ 2. ② 3. ④ 4. ① 5. ④ 6. ①

7. 냉동장치의 액순환 펌프의 토출측 배관에 설치되는 밸브는?
① 게이트 밸브　② 콕
③ 글로브 밸브　④ 체크 밸브

[해설] 액순환 펌프식 증발기의 경우 저압 수액기에서 송출된 냉매 액을 펌프에 의하여 증발기로 강제 순환시키는 방식으로 펌프 토출측에서 역류되는 것을 방지하기 위하여 역류방지 밸브를 설치해야 한다.

8. 관 연결용 부속을 사용처별로 구분하여 나열하였다. 잘못된 것은?
① 관 끝을 막을 때 : 리듀서, 부싱, 캡
② 배관의 방향을 바꿀 때 : 엘보, 벤드
③ 관을 도중에서 분기할 때 : 티, 와이, 크로스
④ 동경관을 직선 연결할 때 : 소켓, 유니언, 니플

[해설] • 관 끝을 막을 때 : 캡, 플러그
• 다른 관경을 이을 때 : 리듀서, 부싱, 이경 소켓

9. 환수관의 누설로 인해 보일러가 안전수위 이하의 상태에서 연소되는 것을 방지할 수 있는 배관법은?
① 리프트 이음　② 하트포드 이음
③ 바이패스 이음　④ 스위블 이음

[해설] 하트포드 배관법 : 환수관의 일부가 파손된 경우에 보일러수가 유출해서 안전수위 이하가 되어 보일러가 빈 상태로 되는 것을 방지하기 위한 것으로 증기관과 환수관을 접속한 밸런스관에 급수관을 접속한다. 이 접속법은 증기압과 환수압과의 균형을 취해 줄 뿐 아니라 환수주관 안에 침전된 찌꺼기를 보일러에 유입시키지 않는 특징도 있으며, 환수구를 연결한 환수 헤더에 역지 밸브를 써서 접속하는 것보다 신뢰도가 높다.

10. 관의 종류와 이음 방법 연결이 잘못된 것은?
① 강관-나사 이음
② 동관-압축 이음
③ 주철관-칼라 이음
④ 스테인리스강관-몰코 이음

[해설] 주철관-메커니컬 조인트

11. 고무링과 가단 주철제의 칼라를 죄어서 이음하는 방법은?
① 플랜지 접합　② 빅토릭 접합
③ 기계적 접합　④ 동관 접합

[해설] 빅토릭 접합 : 고무링과 금속제 칼라를 사용하여 접합하는 것으로 관지름이 350 mm 이하이면 2분, 400 mm 이상이면 4분 동안 조여준다. 압력의 상승 시 기밀이 더욱 유지된다.

12. 배관 지지 장치에서 수직방향 변위가 없는 곳에 사용되는 행어는 어느 것인가?
① 리지드 행어　② 콘스턴트 행어
③ 가이드 행어　④ 스프링 행어

[해설] 행어의 종류
(가) 리지드 행어 : I빔에 턴버클을 연결하여 파이프를 달아 올리는 것이며, 수직방향 변위가 없는 곳에 사용한다.
(나) 스프링 행어 : 턴버클 대신에 스프링을 사용한 것이다.
(다) 콘스턴트 행어 : 배관 상하 이동을 허용하면서 관의 지지력을 일정하게 한 것이다.

13. 동관 이음의 종류가 아닌 것은?
① 납땜 이음　② 용접 이음
③ 나사 이음　④ 압축 이음

[해설] 나사 이음은 강관에 사용한다.

14. 다음 중 폴리에틸렌관의 접합법이 아닌

정답　7. ④　8. ①　9. ②　10. ③　11. ②　12. ①　13. ③　14. ③

것은?

① 나사 접합   ② 인서트 접합
③ 소켓 접합   ④ 용착 접합

[해설] 소켓 접합은 강관이나 주철관 접합에 사용한다.

15. 배수트랩의 구비 조건으로서 옳지 않은 것은?

① 트랩 내면이 거칠고 오물 부착으로 유해 가스 유입이 어려울 것
② 배수 자체의 유수에 의하여 배수로를 세정할 것
③ 봉수가 항상 유지될 수 있는 구조일 것
④ 재질은 내식 및 내구성이 있을 것

[해설] 배수트랩의 구비 조건
 ㈎ 봉수가 확실하게 유지될 수 있을 것
 ㈏ 구조가 간단하며 평활한 내면을 이루고 오물이 체류하지 않을 것
 ㈐ 유수에 의해 배수로 내면을 세정할 수 있는 자기 세정을 할 것
 ㈑ 청소를 할 수 있는 구조일 것
 ㈒ 재질은 내식 및 내구성이 있을 것

16. 배수관에서 발생한 해로운 하수가스의 실내 침입을 방지하기 위해 배수트랩을 설치한다. 배수트랩의 종류가 아닌 것은?

① 드럼 트랩   ② 디스크 트랩
③ 하우스 트랩 ④ 벨 트랩

[해설] 배수트랩의 종류
 ㈎ 드럼 트랩 : 주방싱크의 배수용 트랩으로 다량의 물을 고이게 하므로 봉수가 잘 파괴되지 않으며 자정작용이 없어 침전물이 고이기 쉽다.
 ㈏ P 트랩 : 세면기, 소변기 등에 사용하는 것으로 가장 많이 사용하는 트랩이며 벽체 내의 배수입관에 연결하여 사용하고 S트랩보다 안전하다.
 ㈐ S 트랩 : 세면기, 대·소변기에 부착하여 바닥 밑에 배수 횡지관에 접속하여 사용하며 사이펀 작용을 일으키기 쉬워 봉수가 쉽게 파괴된다.
 ㈑ U 트랩 : 배수 횡주관 도중에 설치하여 공공 하수관에서의 하수가스의 역류 방지용으로 사용하며 가옥 트랩 또는 메인 트랩이라고 한다.
 ㈒ 벨 트랩 : 플로어 트랩이라고도 하며 화장실, 샤워실 등의 바닥 배수용으로 사용한다.

17. 다음 중 순환식 덕트의 장점이 아닌 것은?

① 실내의 온·습도가 균일하다.
② 실내의 청정도가 좋고 소음이 적다.
③ 덕트가 차지하는 스페이스가 작다.
④ 유지관리가 용이하다.

[해설] 덕트의 순환식과 국부 순환식의 비교
 ㈎ 순환식
  ㉮ 장점
   • 실내의 온·습도가 균일하다.
   • 실내의 청정도가 좋고 소음이 적다.
   • 유지관리가 용이하다.
   • 설치가 간단하다.
  ㉯ 단점
   • 덕트가 차지하는 스페이스가 크다.
   • 공사용 재료가 많아진다.
   • 건축적인 수습이 좋지 않다.
 ㈏ 국부 순환식
  ㉮ 장점
   • 실내 습도가 균일하다.
   • 덕트 재료가 적고 깨끗하다.
   • 설치공사가 건축 구조에 알맞다.
   • 입상 덕트가 작고 깨끗하다.
  ㉯ 단점
   • 유지관리가 용이하지 않다.
   • 배관과 전기공사가 복잡하다.
   • 2차 조화기의 위치 선정이 불확실하다.

18. 옥내 파이프가 옥외 파이프로 연결되어

[정답] 15. ① 16. ② 17. ③ 18. ①

있을 때 옥외 파이프에서 발생한 유취, 유해가스가 옥내 파이프로 역류하는 것을 방지하는 것은?
① 배수트랩　　　② 신축조인트
③ 팽창밸브　　　④ 턴버클

[해설] 배수관 내의 악취, 유독가스 등이 실내로 침투하는 것을 방지하기 위하여 배수계통의 일부를 봉수하는 것을 배수트랩이라 한다.

19. 배관의 보온재를 선택할 때 고려해야 할 점이 아닌 것은 어느 것인가?
① 불연성일 것
② 열전도율이 클 것
③ 물리적, 화학적 강도가 클 것
④ 흡수성이 작을 것

[해설] 보온재 구비 조건
(가) 열전도율이 작아야 하며 경량일 것
(나) 내습·내열성이 있을 것
(다) 사용온도 범위가 클 것
(라) 내압성이 있어야 하며 시공이 쉬울 것
(마) 구입이 용이할 것
(바) 경제적일 것

20. 다음 장치 중 일반적으로 보온, 보랭이 필요한 것은?
① 방열기 주변배관
② 공조기용의 냉각수 배관
③ 환기용 덕트
④ 급탕배관

[해설] 급탕배관은 보일러에서 가열되어 온도가 높아진 배관으로 보온, 보랭을 하여 공급하여야 한다.

21. 보온 시공 시 외피의 마무리재로서 옥외 노출부에 사용되는 재료로서 가장 적당한 것은?
① 면포　　　　　② 비닐 테이프
③ 방수 마포　　　④ 아연 철판

[해설] 방식아연(보호아연)을 사용하면 배관 또는 외피의 부식을 방지할 수 있다.

22. 사용 가능 온도가 가장 높은 보온재는?
① 암면　　　　　② 글라스울
③ 경질우레탄 폼　④ 루핑

[해설] 사용 가능 온도
① 암면 : 400℃ 이하
② 글라스울 : 300~350℃
③ 경질우레탄 폼 : 150℃
④ 루핑 : -10~60℃

23. 보온재의 선정 조건으로 적당하지 않은 것은?
① 열전도율이 작아야 한다.
② 안전 사용 온도에 적합해야 한다.
③ 물리적·화학적 강도가 커야 한다.
④ 흡수성이 작고, 부피와 비중이 커야 한다.

[해설] 보온재는 내습성이 좋아야 하며 부피와 비중은 작아야 시공이 용이하다.

24. 다음 중 보온재의 사용 온도 범위로 옳지 않은 것은?
① 규산칼슘 : 650℃ 이하
② 우모펠트 : 100℃ 이하
③ 탄화 코르크 : 200℃ 이상
④ 탄산 마그네슘 : 250℃ 이하

[해설] 탄화 코르크는 300℃ 이하의 온도에서 사용해야 한다.

25. 다음 중 무기질 보온재가 아닌 것은?
① 유리면　　　　② 암면
③ 규조토　　　　④ 코르크

[해설] 코르크는 유기질 보온재에 해당된다.

정답 19. ②　20. ④　21. ④　22. ①　23. ④　24. ③　25. ④

26. 유기질 보온재가 아닌 것은?
① 펠트
② 코르크
③ 기포성 수지
④ 탄산마그네슘

해설 무기질 보온재: 탄산마그네슘, 암면, 석면, 규조토, 글라스 울 등

27. 열을 잘 반사하고 내열성이 있고 난방용 방열기 등의 외면에 도장하는 도료로 맞는 것은?
① 산화철 도료   ② 광명단 도료
③ 알루미늄 도료 ④ 합성수지 도료

해설 알루미늄 도료: 열의 반사와 내기후성이 우수하며 옥외 도장이나 녹 방지용으로 쓰이는 페인트로 도장 후에는 은색으로 마무리한다.

28. 냉장설비의 단열방식에 있어서 내부 단열방식이 적합하지 않은 곳은?
① 사용조건이 서로 다른 냉장실이 필요한 냉장실
② 단층 건물 또는 저 층수 냉장실
③ 층별로 구획된 냉장실
④ 각층 각실이 구조체로 구획되고 구조체의 안쪽에 맞추어 단열 시공되는 냉장실

해설 층별로 구획된 냉장실의 경우 외부 단열방식을 채택해야 한다.

29. 기계급기와 자연배기에 의한 환기방식으로 주로 클린룸과 수술실 등에서 주로 적용하는 환기법은?
① 1종 환기법   ② 2종 환기법
③ 3종 환기법   ④ 4종 환기법

해설 환기법의 종류
㈎ 제1종 환기법: 급기 팬에 의하여 강제 급기와 배기 팬에 의하여 강제 배기가 된다.
㈏ 제2종 환기법: 급기 팬에 의하여 강제 급기가 되며 자연 배기에 의한다.
㈐ 제3종 환기법: 자연 급기에 의하며 배기 팬에 의하여 강제 배기가 된다.

30. 가스 배관 경로 선정 시 고려하여야 할 내용으로 적당하지 않은 것은?
① 최단거리로 할 것
② 구부러지거나 오르내림을 적게 할 것
③ 가능한 은폐매설을 할 것
④ 가능한 옥외에 설치할 것

해설 가스 배관의 경우 항상 노출 시공을 원칙으로 한다.

31. 합성수지류 패킹 중 테플론(teflon)의 내열범위로 옳은 것은?
① -30~140℃   ② -100~260℃
③ -260~260℃   ④ -40~120℃

해설 테플론은 불소와 탄소의 강력한 화학적 결합으로 인해 매우 안정된 화합물을 형성함으로써 화학적 비활성 및 내열성, 비점착성, 우수한 절연 안정성, 안정 사용온도 (-260~260℃), 낮은 마찰계수 등의 특성이 있다.

32. 급수관의 길이가 15 m, 내경이 40 mm일 때 관내 유수속도가 2 m/s라면 이때의 마찰손실수두는? (단, 마찰손실계수 λ = 0.04이다.)
① 1.5 m   ② 3.06 m
③ 6.08 m   ④ 6.12 m

해설 마찰손실수두(H)
$$= \lambda \times \frac{l}{d} \times \frac{V^2}{2g}$$
$$= 0.04 \times \frac{15\,\text{m}}{0.04\,\text{m}} \times \frac{(2\,\text{m/s})^2}{2 \times 9.8\,\text{m/s}^2} = 3.06\,\text{m}$$

정답 26. ④ 27. ③ 28. ③ 29. ② 30. ③ 31. ③ 32. ②

33. 베이퍼로크 현상은 액의 끓음에 의한 동요를 말한다. 이를 방지하는 방지법이 아닌 것은?

① 실린더 라이너의 외부를 가열한다.
② 흡입배관을 크게 하고 단열 처리한다.
③ 펌프의 설치위치를 낮춘다.
④ 흡입관로를 깨끗이 청소한다.

[해설] 유압이나 연료 회로 내에서 과도한 사용이나 과열 또는 부품과 오일의 불량으로, 해당 기구의 회로 내에 부분적인 증발로 기포가 발생하여 압력의 전달, 연료의 공급이 중단되거나 불량인 상태를 말한다.

34. 배관 용접 작업 중 다음과 같은 결함을 무엇이라고 하는가?

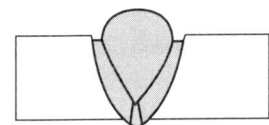

① 용입불량　② 언더컷
③ 오버랩　　④ 피트

[해설] 용접 이음 부분이 제대로 융착되지 않은 상태이므로 이런 현상을 언더컷이라 한다.

35. 다음 그림과 같은 방열기 표시 중 "5"의 의미는?

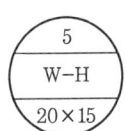

① 방열기의 섹션 수
② 방열기 사용 압력
③ 방열기의 종별과 형
④ 유입관의 관경

[해설] 방열기 표시
 5 : 방열기 절수(섹션 수)
 W : 방열기 종류
 H : 방열기 형태
 20 : 유입관의 직경
 15 : 유출관의 직경

36. 옥상 급수탱크의 부속장치는 다음 중 어느 것인가?

① 압력 스위치
② 압력계
③ 안전 밸브
④ 오버플로관

[해설] 옥상 급수탱크의 경우에는 대기압상태이므로 압력계, 압력 스위치, 안전 밸브는 밀폐식 탱크에 필요하다.

37. 급수배관 시공 시 공공수도 직결배관에 대해서는 몇 kgf/cm² 의 수압시험을 하는가?

① 17.5　② 15.5
③ 13.5　④ 11.5

[해설] 수압시험
(가) 공공수도 직결배관 : 17.5 kgf/cm²
(나) 탱크 및 급수관 : 10.5 kgf/cm²

제5장 급수 및 배수설비

1. 급수설비

① 급수설비에 의한 분류
  (가) 직결식 급수법
  (나) 옥상 탱크식 급수법
  (다) 압력 탱크식 급수법

② 물의 흐름에 의한 분류
  (가) 상향식 급수법
  (나) 하향식 급수법
  (다) 상·하향 병용식 급수법

1-1 직결(직접)식 급수법

우물이나 상수도에 직접 공급하여 급수하는 방식

(1) 우물 직결식

우물에 펌프를 설치하여 물을 수동 또는 전동으로 끌어올려 급수하는 방식

(2) 수도 직결식

수도 본관의 수압을 이용하여 급수하는 방식으로 주택 및 소규모 건물에 사용한다.

(3) 특징

① 설비비가 적게 든다.
② 대규모 건물에서는 급수가 곤란하다.

③ 최고층 급수 코크의 압력은 0.3~0.5 kg/cm² 이상이어야 한다.

> **참고** 수도관의 최저 필요 수압 계산식
> $P \geqq P_1 + P_2 + P_3$
> 여기서, P : 수도 본관에서의 최저 필요 수압(kg/cm²)
> P_1 : 수도 본관에서 최고 높이에 해당하는 수전까지의 수압(kg/cm²)
> P_2 : 최원거리의 수전까지 관내 마찰 손실(kg/cm²)
> P_3 : 수전에서 필요한 수압(kg/cm²)
> (보통 밸브류 0.3 kg/cm², 플러시 밸브 0.7 kg/cm²)

1-2 옥상(고가) 탱크식 급수법

옥상 또는 높은 곳에 설치한 물탱크에 물을 퍼올려 하향 급수하는 방식이며, 수도 본관의 수압으로 급수가 불가능할 때 사용된다.

(1) 옥상 탱크

① **용량** : 1일 최대 사용 수량의 1~2시간 분
② **설치 높이** : 급수전일 때는 0.3 kg/cm², 플러시 밸브는 0.7 kg/cm² 이상의 수압을 줄 수 있는 높이
③ **오버플로관** : 탱크 내의 일정 수위 유지를 위해서 물을 배출시키는 관으로 보통 양수관의 2배 정도 구경을 쓴다.

(2) 지하 저수조(수조 탱크 : reciver tank)

지하에 철근 콘크리트를 이용하여 설치하며, 옥상 고가 수조의 1.5~2배 크기로 한다.

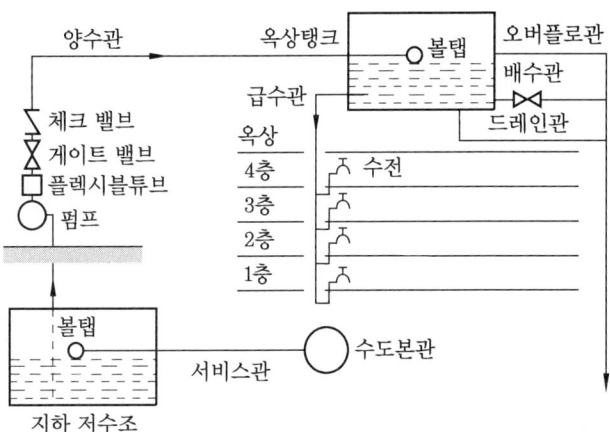

① **펌프 용량** : 시간당 최대 급수량의 2배 정도 크기를 채용한다.
② **급수 순서** : 수도 본관→ 저수조→ 양수관→ 옥상 탱크→ 급수관→ 수전

(3) 장점

① 공급 수압이 항상 일정하다.
② 단수 시 탱크 내에 보유수량이 있어 급수에 지장이 적다.
③ 본관의 과잉 수압에 따른 밸브나 배관 부속품의 손상을 방지할 수 있다.
④ 고층 및 대규모 빌딩에 급수 가능하다.

1-3 압력 탱크식 급수법

옥상 등에 고가 탱크의 설치가 불가능한 경우에 지상에 밀폐된 탱크를 설치하여 물을 압입시킴으로써 탱크 내의 공기가 압축(약 $0.3\,kg/cm^2$ 이상)되어 이 압축 공기에 의해 급수되는 방식이다.

[특징]
① 기밀성이 좋고 고압에 견뎌야 하므로 제작비가 비싸다.
② 급수 압력이 불균일하다.
③ 고양정의 펌프가 필요하다.
④ 탱크 내 저수량(최대 사용량의 20분 정도 용량)이 적어 정전 시 단수의 우려가 크다.
⑤ 취급이 곤란하고 고장이 많다.
⑥ **압력 탱크 필요 기기** : 압력계, 수면계, 안전 밸브, 배수 밸브, 압력 스위치

2. 펌프

2-1 왕복 펌프

(1) 특징

① 유체의 흐름에 맥동이 있다.
② 송수량이 적다.

③ 고양정용에 쓰인다.
④ 수량 조절이 곤란하다.

(2) 종류

① **워싱톤(washington) 펌프** : 보일러의 증기에 의하여 피스톤을 왕복시켜 급수를 행하는 것으로 소용량의 고압 보일러에 사용된다.
② **플런저(plunger) 펌프** : 전동기를 이용한 플런저의 왕복으로 급수하며, 물이나 기타 액체의 고압용 펌프에 이용된다.
③ **피스톤(piston) 펌프** : 피스톤의 왕복운동으로 급수하는 방식으로 일반 우물용에 사용된다.

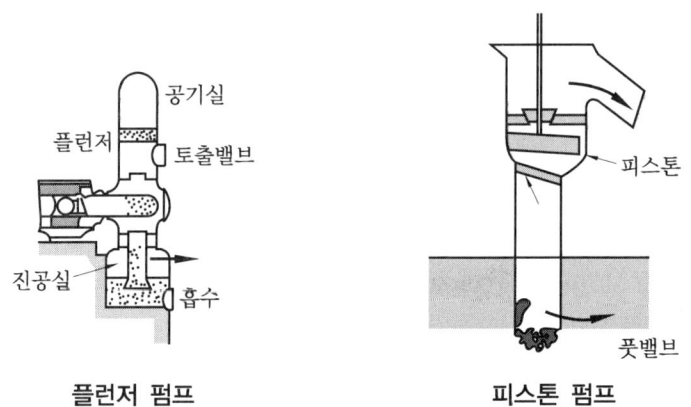

플런저 펌프   피스톤 펌프

2-2 회전식 펌프

임펠러의 회전에 따라 생기는 원심력을 이용하여 급수하는 펌프로서 기동 시 프라이밍(priming)이 되지 않으면 급수가 곤란하다.

(1) 터빈 펌프

임펠러 주위에 가이드 베인(guide vane)이 있어 물의 속도 에너지를 압력으로 변화시키므로 20 m 이상의 고양정용에 쓰인다.

(2) 벌류트 펌프

가이드 베인이 없으므로 전양정 20 m 이하의 저양정용에 사용된다.

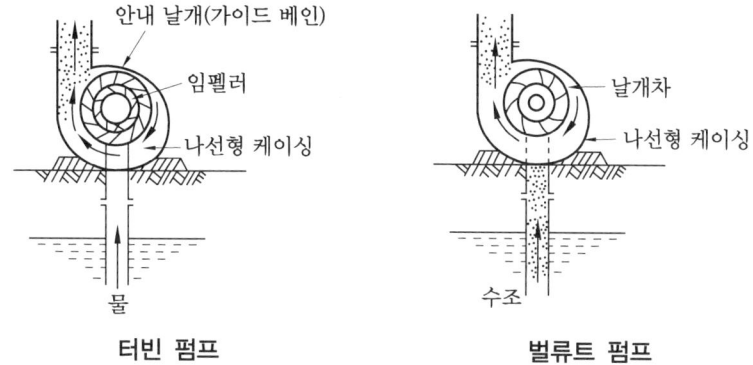

터빈 펌프 벌류트 펌프

(3) 웨스코 펌프

가정 우물용에 주로 쓰인다.

2-3 심정(deep well, 깊은 우물용) 펌프

7 m 이상의 깊은 우물에 사용되는 펌프로서 보어 홀 펌프, 수중 모터 펌프, 제트 펌프 등이 있다.

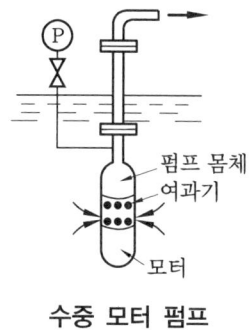

수중 모터 펌프

3. 배수 및 통기설비

3-1 배수설비

건물 내부에 사용되는 각종 위생기구에서 나오는 폐수를 배출하는 설비를 말한다.

3-2 통기설비

배수 트랩의 봉수를 보호하여 배수관에서 발생하는 유취, 유해가스의 옥내 침입을 방지하기 위한 설비를 말한다.

3-3 배수 트랩

배수관 속의 배수는 항상 만수 상태에서 흐르지 않으며, 흐르는 시간도 짧아 배수관에서 발생한 유해가스가 배수관을 통해 실내로 침입하므로 이의 방지를 위해서 배수관 도중에 트랩을 설치한다.

트랩에는 물이 채워져 봉수가 되며, 봉수 깊이는 보통 5~10 cm 정도이다. 사이펀 작용이나 역압 작용에 의해서 봉수가 파괴될 우려가 있으므로 봉수의 보호를 위해서 트랩 가까이에 통기관을 세운다.

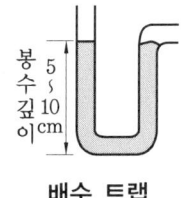

배수 트랩

(1) 종류

① 관 트랩
  ㈎ P 및 S 트랩 : 세면기나 대소변기의 위생도기용
  ㈏ U(메인) 트랩 : 옥내 배수 수평주관에 설치하고 가스의 역류를 방지한다.

② 상자 트랩 : 그리스, 가솔린, 벨, 드럼 트랩 등이 있다.

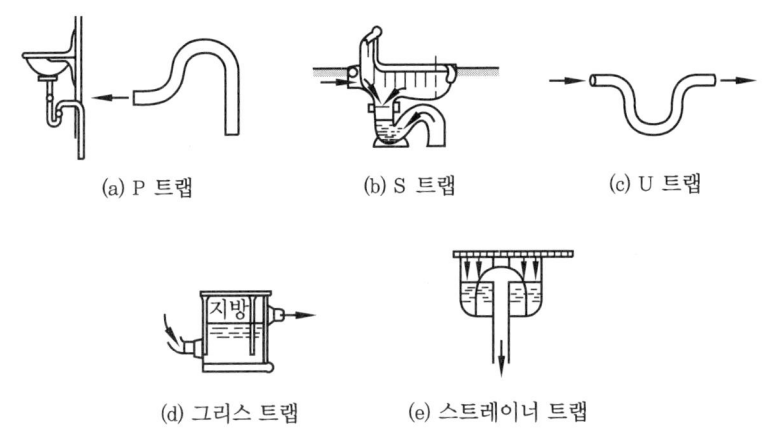

(a) P 트랩   (b) S 트랩   (c) U 트랩

(d) 그리스 트랩   (e) 스트레이너 트랩

트랩의 종류

(2) 구비 조건

① 구조가 간단할 것
② 봉수가 유실되지 않는 구조일 것
③ 내식성이 클 것
④ 트랩 자신이 세정 작용을 할 수 있을 것

3-4 통기 배관 방식

(1) 단관식(1관식)

2~3층 정도의 소규모 건물에서 사용하며, 최고층의 기구 배수관의 접촉점에서 위쪽의 세로관을 통기관으로 사용한다.

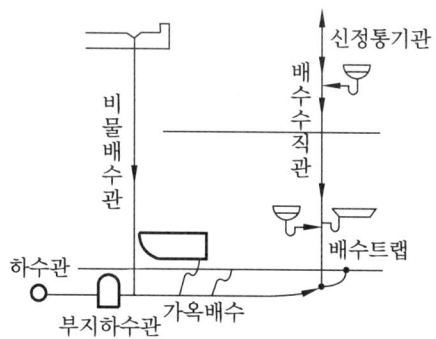

1관식 배관법

(2) 복관식(2관식)

기구 수가 많고 트랩의 봉수가 없어질 기회가 많은 고층건물에 사용한다.
① **각개(개별) 통기식** : 각 기구마다 통기관을 취출하는 방식
② **루프(회로) 통기식** : 몇 개의 기구를 모아 하나의 통기관을 통기 세로 주관에 연결한다. 기구 수는 8개 이내로 한다.
③ **환상 통기식** : 회로 통기식 중 통기 수평지관을 통기주관에 연결하지 않고 신정 통기관에 연결하는 방식으로 최고층의 경우에 많이 사용한다.

> **참고** 신정 통기관
> 최고층의 기구 배수관 접속점에서 입상관을 연장하여 건물 밖으로 뽑아내는 방식으로 단관식에서 많이 사용한다.

출제 예상 문제

1. 우리나라 상수도 원수의 기준에서 수질검사를 위한 원수 채취 기준으로 맞는 것은?
① 상온의 일반 기상 상태하에서 5일 이상의 간격으로 2회 채취한 물
② 상온의 일반 기상 상태하에서 5일 이상의 간격으로 3회 채취한 물
③ 상온의 일반 기상 상태하에서 7일 이상의 간격으로 2회 채취한 물
④ 상온의 일반 기상 상태하에서 7일 이상의 간격으로 3회 채취한 물

2. 다음 중 보기에서 설명하는 급수 공급 방식은?

〈보 기〉
㉮ 고가탱크를 필요로 하지 않는다.
㉯ 일정수압으로 급수할 수 있다.
㉰ 자동제어 설비에 비용이 든다.

① 부스터 방식
② 층별식 급수 조닝 방식
③ 고가수조 방식
④ 압력수조 방식

[해설] 부스터 방식 : 건물 내 지하 저수조에 부스터 펌프를 설치한 후 각 세대에 직접 급수하는 방식이다. 고가수조가 필요 없기 때문에 청결한 급수가 가능하며 일정한 압력으로 급수가 가능한 장점이 있다. 그러나 부스터 펌프의 고장 시 급수가 불가능하다.

3. 급탕 배관 시 주의사항으로 옳지 않은 것은?
① 구배는 중력순환식인 경우 $\frac{1}{150}$, 강제순환식에서는 $\frac{1}{200}$로 한다.
② 배관의 굽힘 부분에는 스위블 이음으로 접합한다.
③ 상향 배관인 경우 급탕관은 하향구배로 한다.
④ 플랜지에 사용되는 패킹은 내열성 재료를 사용한다.

[해설] 급탕관의 경우 상향구배로 해야 한다.

4. 급탕배관과 온수난방배관에 사용하는 팽창탱크에 관한 설명이다. 적합하지 않은 것은?
① 고온수난방에는 밀폐형 팽창탱크를 사용한다.
② 물의 체적 변화에 대응하기 위한 것이다.
③ 팽창탱크를 통한 열손실은 고려하지 않아도 좋다.
④ 안전밸브의 역할을 겸한다.

[해설] 팽창탱크 설치 목적
㉮ 운전 중 장치 내의 온도 상승으로 생기는 물의 체적 팽창과 그의 압력을 흡수한다.
㉯ 운전 중 장치 내를 소정의 압력으로 유지하여 온수온도를 일정하게 유지한다.
㉰ 팽창된 물의 배출을 방지하여 장치의 열손실을 방지한다.
㉱ 장치 휴지 중에도 배관계를 일정 압력 이상으로 유지하여 물의 누수 등으로 발생하는 공기의 침입을 방지한다.
㉲ 개방식 팽창탱크에 있어서는 장치 내의 공기를 배출하는 공기배출구로 이용되고, 온수 보일러의 도피관으로도 이용된다.
㉳ 팽창탱크에는 팽창관 외 오버플로관, 안전밸브, 물 보급장치 등을 갖추고 있다.

정답 1. ④ 2. ① 3. ③ 4. ③

5. 급탕 배관에서 설치되는 팽창관의 설치 위치로 적당한 것은?

① 순환펌프와 가열장치 사이
② 급탕관과 환수관 사이
③ 가열장치와 고가탱크 사이
④ 반탕관과 순환펌프 사이

[해설] 팽창관
㈎ 온수 순환 배관에 이상 압력 상승 시 그 압력을 흡수하는 역할을 한다.
㈏ 안전밸브 역할을 하며, 보일러 내의 증기나 공기를 배출시킨다.
㈐ 팽창관의 도중에는 절대로 밸브를 설치하지 않아야 한다.
㈑ 가열기와 고가탱크 사이에 설치하며 급탕수직주관을 연장하여 팽창탱크에 개방한다.

6. 급수 방식 중 대규모의 급수 수요에 대응이 용이하고 단수 시에도 일정량의 급수를 계속할 수 있으며 거의 일정한 압력으로 항상 급수되는 방식은?

① 양수 펌프식
② 수도 직결식
③ 고가 탱크식
④ 압력 탱크식

[해설] 고가 탱크식은 수압이 부족하여 직결 급수 방식이 어려운 조건일 경우 또는 대규모의 급수 수요에 대응하기 위하여 채택할 수 있는 방식이다.

7. 급수에 사용되는 물은 탄산칼슘의 함유량에 따라 연수와 경수로 구분된다. 경수 사용 시 발생될 수 있는 현상으로 틀린 것은?

① 비누 거품의 발생이 좋다.
② 보일러용수로 사용 시 내면에 관석이 많이 발생한다.
③ 전열효율이 저하하고 과열의 원인이 된다.
④ 보일러의 수명이 단축된다.

[해설] 경수는 칼슘이나 마그네슘이 다량 함유된 경도가 높은 물로서 전열면에 스케일이 부착되므로 보일러 물로는 부적당하며 세탁용으로도 비누의 거품 효과를 떨어뜨려 나쁘다.

8. 온수난방 배관 설치 시 주의사항으로 틀린 것은?

① 온수 방열기마다 수동식 에어벤트를 설치한다.
② 수평배관에서 관경을 바꿀 때에는 편심리듀서를 사용한다.
③ 팽창관에는 스톱 밸브를 부착하여 긴급 시 차단하도록 한다.
④ 수리나 난방 휴지 시 배수를 위한 드레인 밸브를 설치한다.

[해설] 팽창관은 온수 보일러나 저탕조 등에 안전 장치로 사용하는 배관으로서 온수의 체적팽창을 높은 곳에 있는 팽창탱크로 되돌리는 작용을 하며 여기에는 밸브를 설치하지 않는다.

9. 개별식(국소식) 급탕 방식의 특징으로 틀린 것은?

① 배관설비 거리가 짧고 배관 중 열손실이 적다.
② 급탕장소가 많은 경우 시설비가 싸다.
③ 수시로 급탕하여 사용할 수 있다.
④ 건물의 완성 후에도 급탕장소의 증설이 비교적 쉽다.

[해설] 급탕장소가 많은 경우 각각 설치해야 하므로 설치비가 비싸다.

10. 온수난방 설비의 온수배관 시공법에 관한 설명 중 잘못된 것은?

① 수평배관에서 관의 지름을 바꿀 때에

[정답] 5. ③　6. ③　7. ①　8. ③　9. ②　10. ④

는 편심리듀서를 사용한다.
② 배관 재료는 내열성을 고려한다.
③ 공기가 고일 염려가 있는 곳에는 공기 배출을 고려한다.
④ 팽창관에는 슬루스 밸브를 설치한다.

[해설] 온수난방에서 팽창관의 경우 밸브를 설치하지 않는다.

11. 급탕설비에 관한 설명으로 틀린 것은?
① 중앙식 급탕설비에서의 급탕온도는 일반적으로 60℃를 기준으로 한다.
② 증기취입식 기수혼합 가열장치에는 소음을 줄이기 위하여 사이렌서를 설치한다.
③ 배관과 보일러 또는 저장탱크와의 접속에는 역류방지기를 설치한다.
④ 리버스리턴 배관은 배관내 마찰손실 수두를 줄이기 위한 방식이다.

[해설] 리버스리턴 배관은 역귀환 방식으로 각 방열기의 급탕배관＋환수배관의 길이를 동등하게 하여 공급유량을 동일하게 하기 위함이다.

12. 급수배관에서 공기실의 설치 목적으로 가장 적당한 것은?
① 유량 조절   ② 유속 조절
③ 부식 방지   ④ 수격작용 방지

[해설] 급수배관에 공기가 존재하게 되면 유체의 흐름을 방해하고 소음 및 진동을 유발하므로 에어벤트를 설치하여 공기를 제거함으로써 수격작용을 방지할 수 있다.

13. 급탕설비 배관에 대한 설명 중 옳지 않은 것은?
① 순환방식은 중력식과 강제식이 있다.
② 배관의 구배는 중력순환식의 경우 $\frac{1}{150}$, 강제순환식의 경우 $\frac{1}{200}$ 정도이다.
③ 신축 이음쇠의 설치는 강관은 20 m, 동관은 30 m마다 1개씩 설치한다.
④ 급탕량은 사용 인원이나 사용 가구에 의해 구한다.

[해설] 강관 지지간격

호칭 지름(A)	20 이하	25~40	50~80	100~150	200 이상
최대 간격(m)	1.8	2.0	3.0	4.0	5.0

동관 지지간격

호칭 지름(A)	20 이하	25~40	50~80	100~150	200 이상
최대 간격(m)	1.0	1.5	2.0	2.5	3.0

※ 신축 이음
 강관 : 30 m, 동관 : 20 m

14. 급수관에서 수격현상이 일어나는 원인은 다음 중 어느 것인가?
① 직선 배관일 때
② 관경이 확대되었을 때
③ 관내 유수가 급정지할 때
④ 다른 관과 분기가 있을 때

[해설] 수격작용이란 급수관 내의 유속이 급격히 변하여 소음, 진동을 유발시키는 현상으로 방지책으로 관경을 크게 하고 유속을 줄이며 공기실 또는 수격방지기를 설치한다.

15. 급탕의 온도는 사용온도에 따라 각각 다르나 계산을 위하여 기준온도로 환산하여 급탕의 양을 표시하고 있다. 이때 환산의 온도로 맞는 것은?
① 40℃   ② 50℃
③ 60℃   ④ 70℃

[해설] 보일러에서 열을 받아 온도가 높아져 공급되는 배관을 급탕배관이라 하며 환산온도는 60℃를 기준으로 한다.

16. 급수배관에서 워터해머 방지 또는 경감시키는 방법으로 옳지 않은 것은?
① 급격히 개폐되는 밸브의 사용을 제한한다.
② 피스톤형, 벨로스형, 다이어프램형 등의 워터해머 흡수기를 설치한다.
③ 관내의 유속을 1.5~2 m/s 정도로 제한한다.
④ 배관은 가능한 구부러지게 한다.
[해설] 배관은 가급적 직선으로 설치해야 하며 구부러지게 되면 압력손실이 커져 결국 워터해머가 증가하게 된다.

17. 온수난방에서 상당 방열면적 200 m²이고, 한 시간의 최대 급탕량이 700 L/h일 때 보일러 크기(출력)는 몇 kcal/h인가? (단, 배관손실 부하는 총부하의 20 %로 하며, 급탕 공급 온도차는 60℃로 한다.)
① 132000   ② 158400
③ 180000   ④ 90000
[해설] (200 m²×450 kcal/h·m² + 700 L/h ×1 kg/L×1 kcal/kg·℃×60℃)×1.2
= 158400 kcal/h

18. 급탕설비에서 급탕온도가 70℃, 복귀탕 온도가 60℃일 때 온수 순환 펌프의 수량(L/min)은 얼마인가? (단, 배관계의 총손실 열량은 3000 kcal/h로 한다.)
① 50 L/min   ② 5 L/min
③ 45 L/min   ④ 4.5 L/min
[해설] $\dfrac{3000 \text{ kcal/h}}{(1 \text{ kcal/kg}\cdot\text{℃}\times 10\text{℃}\times 60\text{ min/h})}$
= 5 kg/min

19. 일반적인 급탕부하의 계산에서 1시간의 최대 급탕량이 2000 L일 때 급탕부하 (kcal/h)는 얼마인가? (단, 급탕온도는 60℃를 기준으로 한다.)
① 2000   ② 72000
③ 120000   ④ 240000
[해설] Q = 2000 L/h×1 kg/L×1 kcal/kg·℃×60℃
= 120000 kcal/h

20. 급탕량이 300 kg/h이고 급탕온도 80℃, 급수온도 20℃, 중유의 발열량이 10000 kcal/kg, 가열기의 효율이 60 %일 때 연료 소모량은 얼마인가?
① 2 kg/h   ② 2.5 kg/h
③ 3 kg/h   ④ 3.5 kg/h
[해설] 300 kg/h×1 kcal/kg·℃×(80−20)℃
= 10000 kcal/kg×0.6×A[kg/h]
∴ A = 3 kg/h

21. 급탕 속도가 1 m/s이고 순환량이 8 m³/h일 때 급탕 주관의 관경은 약 얼마인가?
① 36.3 mm   ② 40.5 mm
③ 53.2 mm   ④ 75.7 mm
[해설] $D = \sqrt{\dfrac{4\times 8}{\pi \times 3600}}$
= 0.05319 m = 53.19 mm

22. 급탕온도를 85℃(밀도 0.96876 kg/L), 복귀탕 온도를 70℃(밀도 0.97781 kg/L)로 할 때 자연 순환수두는 얼마인가? (단, 가열기에서 최고위 급탕 전까지의 높이는 10 m로 한다.)
① 70.5 mmAq   ② 80.5 mmAq
③ 90.5 mmAq   ④ 100.5 mmAq
[해설] 0.97781 kg/m³×10³×10 m
− 0.96876 kg/m³×10³×10 m = 90.5 kg/m²
90.5 kg/m² = 90.5 mmAq
(1 kg/m² = 1 mmAq)

정답 16. ④ 17. ② 18. ② 19. ③ 20. ③ 21. ③ 22. ③

23. 배수관 설치기준에 대한 내용 중 틀린 것은?

① 배수관의 최소 관경은 20 mm 이상으로 한다.
② 지중에 매설하는 배수관의 관경은 50 mm 이상이 좋다.
③ 배수관은 배수의 유하방향(流下方向)으로 관경을 축소해서는 안 된다.
④ 기구배수관의 관경은 이것에 접속하는 위생 기구의 트랩 구경 이상으로 한다.

[해설] 배수관경은 최소 32 mm 이상으로 유지해야 한다.

24. 배수 배관의 시공상 주의점으로 틀린 것은?

① 배수를 가능한 빨리 옥외하수관으로 유출할 수 있을 것
② 옥외 하수관에서 하수가스나 벌레 등이 건물 안으로 침입하는 것을 방지할 것
③ 배수관 및 통기관은 내구성이 풍부할 것
④ 한랭지에서는 배수, 통기관 모두 피복을 하지 않을 것

[해설] 한랭지에서는 배수관이 얼지 않도록 반드시 피복해야 한다.

25. 배수관의 시공 방법에 대한 설명으로 틀린 것은?

① 연관의 굴곡부에 다른 배수지관을 접속해서는 안 된다.
② 오버플로관은 트랩의 유입구측에 연결해서는 안 된다.
③ 우수 수직관에 배수관을 연결해서는 안 된다.
④ 냉장 상자에서의 배수를 일반 배수관에 연결해서는 안 된다.

[해설] 오버플로관은 트랩의 유입구측에 연결해야 한다.

26. 배수관에서 자정 작용을 위해 필요한 최소 유속으로 적당한 것은?

① 0.1 m/s ② 0.2 m/s
③ 0.4 m/s ④ 0.6 m/s

[해설] 배수관은 배수의 흐름에 의하여 자정 작용이 일어나도록 설계해야 하며 일반 배수에서 자정 작용을 위해 필요한 최소 유속은 0.6 m/s로 권장하고 있다.

27. 배수관의 관경 결정에서 기구배수 부하단위의 기준이 되는 것은?

① 세면기 배수량   ② 대변기 배수량
③ 소변기 배수량   ④ 싱크대 배수량

[해설] 배수관경은 관계통에 접속하는 위생 기구류(세면기)의 최대 배수유량을 기준으로 하여 결정한다.

28. 배수설비의 종류에서 요리실, 욕조, 세척 싱크와 세면기 등에서 배출되는 물을 배수하는 설비의 명칭으로 맞는 것은?

① 오수 설비
② 잡배수 설비
③ 빗물배수 설비
④ 특수배수 설비

[해설] 배수의 종류
(가) 오수 : 수세식 화장실에서 배수되는 물 중 오물을 포함하고 있는 대·소변기, 비데, 변기 소독기 등에서의 배수를 말한다.
(나) 잡배수 : 세면기, 싱크대, 욕조 등에서 나오는 일반 배수를 말한다.
(다) 우수배수 : 옥상이나 마당에 떨어지는 빗물의 배수를 말한다.
(라) 특수배수 : 공장폐수 등과 같이 유해한 물질이나 병원균, 방사능 물질 등을 포함한 물의 배수를 말한다.

[정답] 23. ① 24. ④ 25. ② 26. ④ 27. ① 28. ②

29. 다음 중 각개 통기관의 최소관경으로 옳은 것은?
① 32 mm ② 40 mm
③ 50 mm ④ 60 mm

[해설] 통기관의 종류
㈎ 각개 통기관
  ㉮ 위생기구마다 통기관을 세우는 것으로 가장 이상적인 통기 방법이다.
  ㉯ 각개 통기관은 접속되는 배수관 구경의 1/2 이상으로 한다.
  ㉰ 관경 : 최소 32 mm 이상
㈏ 루프 통기관
  ㉮ 2개 이상의 트랩을 보호하기 위하여 최상류에 있는 위생기구 배수관을 그 배수 수평지관과 연결하는 하류의 수평지관에서 접속시켜 통기 수직관으로 연결하는 통기관이다.
  ㉯ 기구 수는 8개까지, 통기관 길이는 7.5 m 이내이어야 한다.
  ㉰ 관경 : 최소 40 mm 이상, 배수 수평관 또는 통기 수직관의 1/2 이상
㈐ 신정 통기관
  ㉮ 최상층의 수평지관이 배수 수직관에 연결된 지점에서 위쪽으로 동일 관경의 배수 수직관을 그대로 연장하여 대기 중에 개방하는 통기관이다.
  ㉯ 대기 중 개방 부분은 먼지, 눈, 기타 이물질에 의하여 폐쇄되지 않도록 철망 등으로 방호해야 한다.
㈑ 도피 통기관
  ㉮ 환상 통기 배관에서 통기를 촉진시키기 위해서 설치한 통기관이다.
  ㉯ 관경 : 최소 32 mm 이상, 배수 수평관의 1/2 이상
㈒ 결합 통기관
  ㉮ 고층 건물의 경우 배수 수직관과 통기 수직관을 접속하는 통기관이다.
  ㉯ 5개 층마다 설치하여 배수 수직관의 통기를 촉진한다.
  ㉰ 통기 수직관과 같은 관경으로 하되, 최소 관경은 50 mm 이상으로 한다.
㈓ 습식 통기관(습윤 통기관) : 최상류기구의 회로 통기관에 연결하여 통기와 배수의 역할을 겸하는 통기관이다.

30. 배수설비에서 통기관을 사용하는 가장 중요한 목적은?
① 유해가스 제거를 위하여
② 트랩의 봉수를 보호하기 위하여
③ 급수의 역류를 방지하기 위하여
④ 공기의 흐름을 방지하기 위하여

[해설] 통기관의 설치 목적
㈎ 배수용 트랩의 봉수를 보호한다(사이펀 작용, 분출작용).
㈏ 관내의 압력을 일정하게 유지한다.
㈐ 악취를 실외로 배출한다.
㈑ 배수의 흐름을 원활하게 한다.

31. 배수트랩의 봉수 파괴 원인 중 트랩 출구 수직배관부에 머리카락이나 실 등이 걸려서 봉수가 파괴되는 현상은?
① 사이펀작용
② 모세관작용
③ 흡인작용
④ 토출작용

[해설] 모세관작용은 액체의 표면장력에 의한 간극이나 세공 관내에서 액체가 움직이는 현상이며 배수트랩 출구에서 머리카락 또는 실 등에 의하여 고인 물이 빠져 나가는 현상으로 이는 배수트랩의 봉수 파괴의 원인에 해당된다.

32. 사이펀 작용이나 부압으로부터 트랩의 봉수를 보호하기 위하여 설치하는 것은?
① 통기관
② 볼밸브
③ 공기실
④ 오리피스

[정답] 29. ① 30. ② 31. ② 32. ①

[해설] 통기관 : 통기에 사용하는 관이며 보통 배수관에 장착하고 대기에 개방하여 배수관 내부의 배수와 공기의 교환을 쉽게 하고 배수의 흐름을 원활하게 한다.

33. 통기관을 접속하여도 장시간 위생기기를 사용하지 않을 때 봉수 파괴가 될 수 있는 원인으로 가장 적당한 것은?

① 자기 사이펀 작용
② 흡인작용
③ 분출작용
④ 증발작용

[해설] 장시간 사용하지 않았을 때 봉수가 파괴되는 것은 봉수 액의 지속적인 증발로 봉수액의 공급이 이루어지지 않기 때문이다.

34. 대·소변기 및 이와 유사한 용도를 갖는 기구로부터 배출되는 물과 이것을 함유하는 배수를 무엇이라 하는가?

① 우수
② 오수
③ 잡배수
④ 특수배수

[해설] 문제 28번 해설 참조

35. 냉각탑 주위 배관 시 유의사항 중 틀린 것은?

① 2대 이상의 개방형 냉각탑을 병렬로 연결할 때 냉각탑의 수위를 동일하게 한다.
② 개방형 냉각탑은 냉각탑의 수위가 펌프와 응축기보다 낮은 곳에 설치한다.
③ 냉각탑을 동절기에 운전할 때는 동결방지를 고려한다.
④ 냉각수 출입구측 배관은 방진이음을 설치하여 냉각탑의 진동이 배관에 전달되지 않도록 한다.

[해설] 냉각탑 수위가 응축기나 펌프보다 높은 곳에 설치해야 한다.

36. 하트포드(Hartford) 배관법과 관계없는 것은?

① 보일러 내의 안전 저수면보다 높은 위치에 환수관을 접속한다.
② 저압증기 난방에서 보일러 주변의 배관에 사용한다.
③ 보일러 내의 수면이 안전수위 이하로 내려가기 쉽다.
④ 환수주관에 침적된 찌꺼기를 보일러에 유입시키지 않는다.

[해설] 하트포드 배관법 : 환수관의 일부가 파손된 경우에 보일러수가 유출해서 안전수위 이하가 되어 보일러가 빈 상태로 되는 것을 방지하기 위한 것으로 배관의 접속은 증기관과 환수관을 접속한 밸런스관에 급수관을 접속한다. 이 접속법은 증기압과 환수압과의 균형을 취해줄 뿐 아니라 환수주관 안에 침전된 찌꺼기를 보일러에 유입시키지 않는 특징도 있으며, 환수구를 연결한 환수 헤더에 역지 밸브를 써서 접속하는 것보다 신뢰도가 높다.

37. 냉·온수 배관법 중 역환수(reverse return) 방식에 대한 특징이 아닌 것은?

① 유량 밸런스를 잡기 어렵다.
② 배관 스페이스가 많이 필요하다.
③ 배관계의 마찰저항이 거의 균등해진다.
④ 공급관과 환수관의 길이를 거의 같게 하는 배관 방식이다.

[해설] 역환수방식은 공기 조화 유닛을 여러 대 배열하여 설치하는 경우에 온수 또는 냉수를 공급하는 배관 방식의 반환관의 한 형식으로 배관 원근 거리의 차에 의한 유량의 극단적인 치우침을 적게 하는 배관 방식이다.

정답 33. ④ 34. ② 35. ② 36. ③ 37. ①

38. 다음 냉각탑 설치에 관한 설명 중 틀린 것은?

① 바람에 의한 물방울의 비산에 주의한다.
② 냉각탑은 통풍이 잘되는 곳에 설치한다.
③ 고열배기의 영향을 받지 않는 곳에 설치한다.
④ 탑에서 배출되는 공기가 다시 탑 안으로 흡입되도록 설치한다.

[해설] 냉각탑에서 배출하는 공기는 엔탈피가 증가되어 있으므로 대기로 방출해야 하며 다른 외기의 신선한 공기가 냉각탑으로 유입되어야 한다.

39. 공기조화설비에서 에어와셔(air washer)의 플러딩 노즐이 하는 역할은?

① 공기 중에 포함된 수분을 제거한다.
② 입구공기의 난류를 정류로 만든다.
③ 일리미네이터에 부착된 먼지를 제거한다.
④ 출구에 섞여 나가는 비산수를 제거한다.

[해설] 플러딩 노즐의 일리미네이터에 부착된 먼지 등 이물질을 제거하여 세척하는 역할을 한다.

정답 38. ④ 39. ③

제6장 공조 배관

1. 수배관의 설계(등압법)

1-1 수량(L/min)의 결정

(1) 증발기의 냉수량(L)

$$\therefore L = \frac{RT \times 3024}{60 \times \Delta t}$$

$L = 10 \times RT$(RT당 10 LPM)

$\therefore \Delta t = 5℃$(기기 입·출구의 온도차)

> **참고** 열교환기의 수량(G)
>
> $$G = \frac{q}{\Delta t \cdot C}[\text{kg/h}] = \frac{q}{60 \times \Delta t \times C}[\text{kg/min}]$$
>
> $$Q = \frac{q}{60 \cdot C \cdot \gamma \cdot \Delta t}[\text{m}^3/\text{min}]$$
>
> 여기서, C : 물의 비열(1 kcal/kg·℃)
> γ : 물의 비중량(1000 kg/m³ = 1 kg/L)

(2) 응축기의 냉각수량

$$L = \frac{RT \times 3024 \times c}{60 \times \Delta t} = 13 \times RT \text{(RT당 13 LPM → 냉각탑의 수량)}$$

여기서, c : 방열계수(1.3)

(3) 흡수식 냉동기의 냉각수량(LPM)

① 단일 효용 흡수식 냉동기의 경우

$\Delta t = 8\,℃, \ c = 2.5$

$\therefore \ L = 20 \times RT$

② 2중 효용 흡수식 냉동기의 경우

$\Delta t = 6.3, \ c = 2$

$\therefore \ L = 16 \times RT$

(4) 온수 보일러의 온수량

$$L = \frac{H_B}{60 \times \Delta t}$$

여기서, H_B : 보일러의 용량(kcal/h)

(5) 냉각코일의 냉수량

$$L = \frac{H_c}{60 \times \Delta t} = \frac{H_c}{300}$$

여기서, H_c : 코일의 냉각능력(kcal/h)
Δt : 코일의 입·출구 온도차(5℃)

(6) 온수방열기의 온수량

$$L = \frac{EDR \times 450}{60 \times \Delta t}$$

여기서, Δt : 방열기 입·출구 온도차(11℃)
EDR : 상당방열면적(온수 : 450 kcal/m² · h, 증기 : 650 kcal/m² · h)

$\therefore \ L = 0.7\,EDR$

> **참고** 냉동기의 응축기에 공급되는 냉각수량(Q)
>
> $$Q = \frac{q_e \times \alpha}{60 \times \Delta t \times c \times \gamma}\,[\text{L/min}]$$
>
> 여기서, q_e : 냉동기의 용량(kcal/h)
> Δt : 온도차(℃)
> α : 계수

① 터보, 왕복동 냉동기가 냉각탑과 조합 시 : $\Delta t = 5\,℃, \ \alpha = 1.3$
② 터보, 왕복동 냉동기가 지하수로 냉각 시 : $\Delta t = 8\,℃, \ \alpha = 1.25$
③ 흡수식과 냉각탑의 조합 시 : $\Delta t = 6.3\,℃, \ \alpha = 2$

1-2 유속(m/s)의 결정

(1) 기준

① 펌프의 토출관 : 2.4~3.6 m/s
② 입상관 : 0.9~3.0 m/s
③ 펌프의 흡입관 : 1.2~2.1 m/s
④ 일반배관 : 1.5~3.0 m/s
⑤ 드레인 : 1.2~2.1 m/s

(2) 유속이 빠른 경우

① 관경과 설치비가 작아진다.
② 마찰손실과 펌프의 양정이 증대된다.
③ 운전비가 증대되고 소음이 발생한다.
④ 배관 내면의 침식이 증대한다.

(3) 유속이 느릴 경우

① 설치비가 증대된다.
② 혼입공기를 밀어낼 수 없다(최저 0.6 m/s).

1-3 마찰손실

유속 수온도, 배관내경, 배관내면의 조도, 배관길이 등에 영향을 받는다.

(1) 직관부의 마찰손실

$$\Delta p = p_1 - p_2 = \lambda \frac{l}{d} \frac{v^2}{2g} \gamma$$

손실수두 $h[\text{mAq}]$는 $\Delta p = \gamma \cdot h$에서

$$\therefore h = \frac{\Delta p}{\gamma} = \lambda \frac{l}{d} \frac{v^2}{2g}$$

여기서, Δp : 마찰손실(mAq)
l : 관길이(m)
d : 내경(m)
v : 유속(m/s)
γ : 비중량(kg/m³)

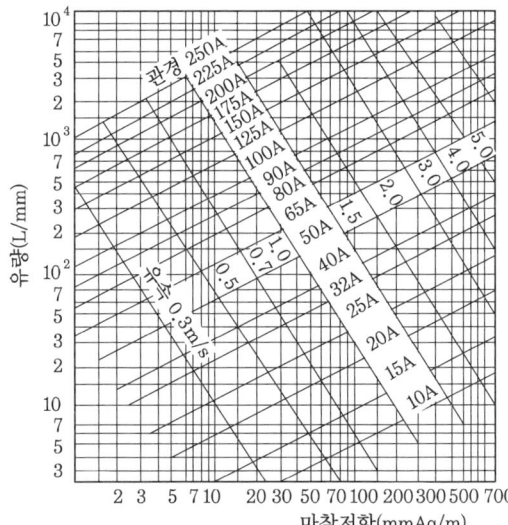

(2) 국부마찰손실

국부저항, 밸브, 이음쇠 등의 부분마찰

$$\Delta p' = \xi \frac{v^2}{2g} \gamma$$

여기서, ξ : 국부저항 계수

(3) 배관 전체의 마찰손실

(직관길이 + 상당장) × 단위 길이당 마찰손실

2. 증기배관의 설계

2-1 증기배관 관경 결정 요소

① 증기와 환수의 유량
② 증기속도
③ 배관의 길이
④ 초기 증기압력과 허용압력 강하
⑤ 증기와 환수의 흐름 방향

2-2 증기배관 관련 계산

(1) 증기량(kg/h)

① 방열기, 가열코일, 열교환기의 증기량(kg/h)

$$G_x = \frac{Q}{i_2 - i_1}$$

여기서, G_x : 필요 증기량(kg/h)
i_1, i_2 : 출입구의 증기 엔탈피(kcal/kg)

② 흡수식 냉동기(발생기)의 증기량
  (가) 단일 효용 흡수식 냉동기의 증기량 : $X[\text{kg/h}] = 8.5 \times RT$
  (나) 2중 효용 흡수식 냉동기의 증기량 : $X[\text{kg/h}] = 5.5 \times RT$

(2) 증기압력과 허용압력 강하

① 증기관의 전압력 강하 = 초기 압력 $\frac{1}{2} \times \frac{1}{3}$ 이하

② 저압 2관식 증기관의 전압력 강하 = 초기 압력 $\times \frac{1}{4}$ 이하

③ 압력 강하는 증기의 속도가 지나치게 빠르지 않도록 결정한다.

④ 증기관의 전압력 강하 = 배관 전체의 상당장 × 단위 길이당 압력 강하
  = 배관의 직관부 × 2

> **참고) 펌프 양정의 계산**
> ① 개략 계산법
>   ∴ $H = H_a + H_e + L(1+k)R$
>   여기서, H : 전양정(mAq)
> H_a : 실양정(mAq)
> H_e : 기기의 손실수두(mAq)
> L : 배관의 길이(m)
> k : 직관길이에 대한 국부저항 상당장의 비율(주택, 소규모 건물 : 1.0~1.5, 사무소 건물 : 0.5~1.0)
> R : 배관 1m당의 마찰손실수두(mAq/m)
> ② 간략법 : 국부저항의 상당길이 L'[m]와 배관길이를 합산하여 등마찰 손실법으로 계산
>   ∴ $H = H_a + H_e + (L+L')R$

(3) 증기량의 계산

① 방열기의 필요 증기량 G_1 [kg/h]

$$G_i = \frac{q}{i_2 - i_1} = \frac{650 \times EDR}{i_2 - i_1}$$

여기서, q : 방열기의 용량(kcal/h), EDR : 상당방열 면적(m²)
i_2 : 증기의 엔탈피(kcal/kg), i_1 : 환수의 엔탈피(kcal/kg)
※ 증기방열기의 1 EDR = 650 kcal/m² · h

② 가열코일의 필요 증기량 G_2 [kg/h]

$$G_2 = \frac{0.24 \times G \times \Delta t}{(i_2 - i_1)} = \frac{0.29 \times Q \times \Delta t}{(i_2 - i_1)}$$

$$= \frac{G \times \Delta i}{i_2 - i_1} = \frac{1.2 - Q \times \Delta i}{i_2 - i_1}$$

여기서, G, Q : 풍량(kg/h, m³/h)
Δt : 코일 통과의 공기 온도차(℃)
Δi : 코일을 통과하는 공기의 엔탈피 차(kcal/kg)

i_2, i_1 : 증기, 환수의 엔탈피(kcal/kg)

③ 열교환기(물-증기)의 필요 증기량 G_3[kg/h]

$$G_3 = \frac{60 \times L \times \Delta t_w \times C}{i_2 - i_1}$$

여기서, L : 수량(kg/min)
　　　　Δt_w : 열교환기를 통과하는 물의 온도차(℃)
　　　　C : 물의 비열(1 kcal/kg · ℃)

④ 가습기의 필요 증기량 G_4[kg/h]

$$G_4 = G(x_2 - x_1) = 1.2 \times Q(x_2 - x_1)$$

여기서, G, Q : 풍량(kg/h, m³/h)
　　　　x_2, x_1 : 가습기 입·추구의 절대습도(kg/kg')

$$Q = G \cdot C \cdot \Delta t, \quad G = \frac{Q}{C \cdot \Delta t} \text{[kg/h]}$$

(4) 증기관의 허용압력 강하의 계산

증기관 100 m 길이당의 압력 강하를 R[kg/cm²/100 m]이라 하면

$$R = \frac{P_B - P_R}{\frac{1}{100}(1+k)} = \frac{100 \times \Delta P}{L(1+k)} \quad \text{또는}$$

$$R = \frac{100 \times \Delta P}{L + L'} = \frac{100 \times \Delta P}{2L}$$

여기서, R : 증기관의 단위 길이당 압력 강하(kg/cm²/100 m)
　　　　$\Delta P = P_B - P_R$: 보일러와 방열기 간의 증기 압력차(kg/cm² · g)
　　　　L : 보일러에서 가장 멀리 있는 방열기까지의 거리(m)
　　　　L' : 국부저항의 상당길이(m)
　　　　k : 계수(대규모 설비 = 0.5, 소규모 설비 : 1.0)
　　　　$2L = L + L'$ (보통 $2L ≒ L + L'$)

(5) 고압증기관(1 kg/cm² · g 이상)의 허용압력 강하 계산

허용압력 강하를 R[kg/cm²/100 m]이라 하면

$$R = \frac{100 \times \Delta P}{L(1+k)} \quad \text{또는} \quad R = \frac{100 \times \Delta P}{L + L'}$$

여기서, ΔP : 전압력 강하(kg/cm²)
　　　　$L(1+k)$, $L + L'$: 배관의 상당길이(m)

3. 수배관의 설계

3-1 분류

(1) 회로 방식에 따른 분류

① 개방 회로(open type)
  (개) 배관의 부식이 밀폐형보다 크고, 배관경도 밀폐형보다 크다.
  (내) 환수관의 사이펀 현상, 소음, 진동 등에 주의해야 한다.
  (대) 순환펌프 양정에 물 탱크에서 배관 최고 부분까지의 정수두 가산

② 밀폐 회로(close type)
  (개) 수류가 안정된다.
  (내) 팽창탱크(expansion tank)를 설치해야 한다.

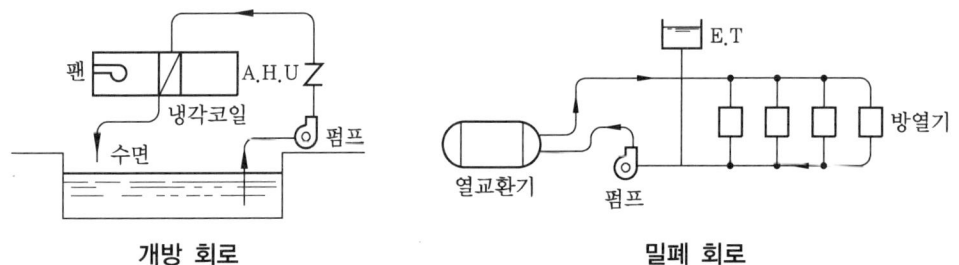

개방 회로   밀폐 회로

③ 리버스 리턴 회로(reverse return type)
  (개) 각 방열기의 수량이 양호하다.
  (내) 배관이 복잡하고 설비비가 비싸다.
  (대) 온수의 유량 분배가 균일하다.

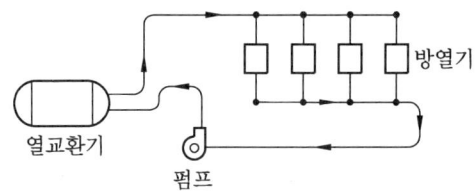

(2) 제어 방식에 따른 분류

① 정유량 방식(3방 밸브 사용)
  (개) 제어 주위가 복잡하고 부분 부하 시 운전 동력비가 크다.
  (내) 부하가 변하여도 수량이 일정하고 장치 전체의 운전이 안정된다.

㈐ 난방에서는 온수용에만 사용된다.
㈑ 변유량 방식보다 제어 범위의 폭이 넓다(←3방 밸브 사용←바이패스에 의한 혼합비 제어).

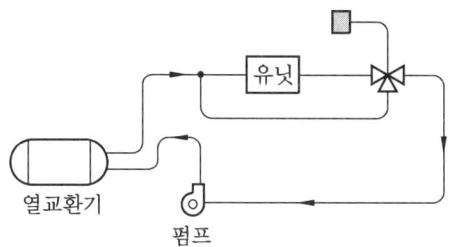

② 변유량 방식(2방 밸브 사용)
㈎ 바이패스(by-pass) 밸브가 필요하고 장치의 순환수량이 변한다.
㈏ 부분 부하 시 제어성이 크다.
㈐ 부하 변화에 따라 펌프의 대수 제어나 회전수 제어 또는 2방 밸브, 3방 제어 밸브 등의 제어 방법이 있다.

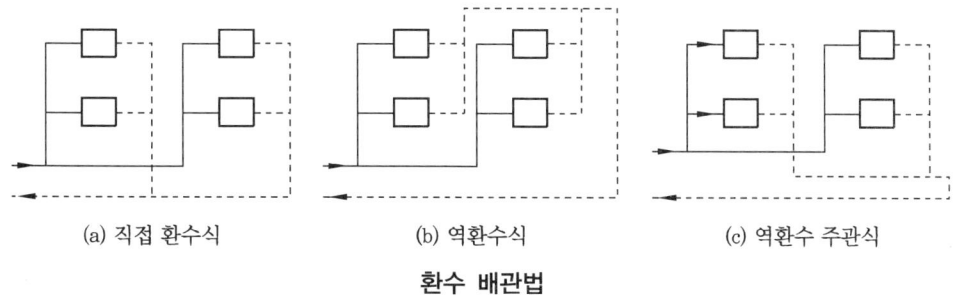

(a) 직접 환수식   (b) 역환수식   (c) 역환수 주관식

환수 배관법

㈑ 난방 시 온수, 증기 모두 사용 가능하고, 펌프의 토출압력 제어가 용이하다.
㈒ 전 시스템 또는 존별, 기기별의 개별 제어도 가능하다.

4. 급탕설비

70~80℃ 정도의 탕을 만들어서 부엌의 싱크대, 욕조, 세탁장 등에 온수를 공급하기 위한 설비로서 보일러, 저탕조, 급수관 등으로 구성되어 있다.

(1) 개별식 급탕법(소규모 주택용)

① 기구 근처에 소형 온수 가열기를 설치하여 온수 사용(가스, 전기, 증기 등의 열원 이용)
② 열손실이 적고 시공이 간편하다.

③ 온수의 온도 조절이 용이하고 순간 탕비기, 저장형 탕비기가 있다.

(2) 중앙식 급탕법(대규모 급탕용)

① 보일러실 등의 일정 장소에 탕비기를 설치하고 사용처에 배관을 통해 급탕한다.
② 연료비가 저렴하고 급탕설비가 대규모이므로 열효율이 좋다.
③ 관리가 편리하다.

(3) 직접 가열식(소규모 건축물)

온수보일러 → 저탕조 → 급탕

(4) 간접 가열식(대규모 건축물)

저탕조 내(가열코일 설치) → 증기, 열탕(코일 내에 통과) → 급탕

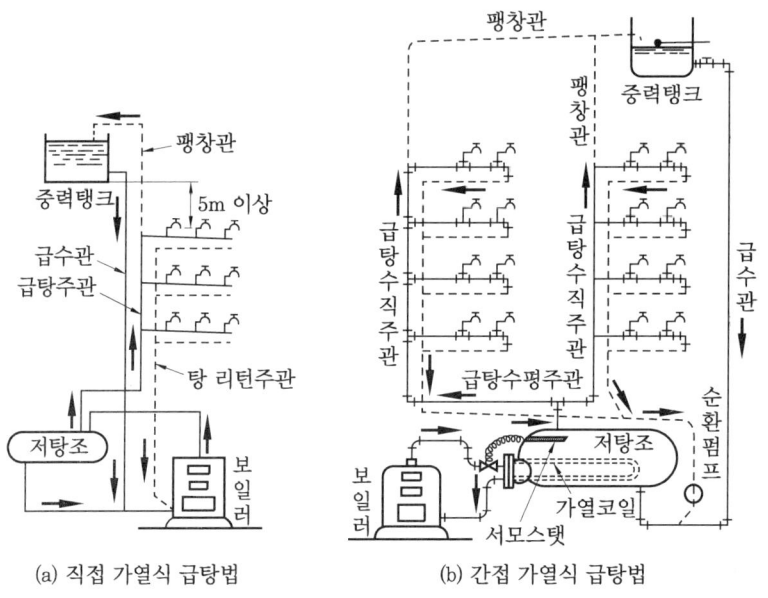

(a) 직접 가열식 급탕법   (b) 간접 가열식 급탕법

가열 방식에 따른 급탕 분류

(5) 기수 혼합법(병원, 공장)

증기(열원) → 저탕조 내에 증기 공급 → 증기와 물을 혼합 → 급탕(열효율 100%, 소음방지 때문에 스팀 사일런서 설치)

> **참고** 사일런서
> F형 : 일반용(욕탕), S형 : 병원(소독용)

(6) 시공 시의 주의사항

① 급수관보다 부식이 심하므로 수리, 보수를 위해 노출배관한다.
② 게이트 밸브를 사용하고, 보수 점검을 위하여 분기개소 또는 필요개소에 밸브를 설치한다.
③ 마찰저항 방지책으로 Y자관, 벤드관 등을 사용한다.

(7) 배관의 구배

① 중력순환식 : $\frac{1}{150}$, 강제순환식 : $\frac{1}{200}$ 의 구배를 둔다.
② 상향 공급식은 급탕관을 끝올림 구배, 복귀관을 끝내림 구배로 한다.
③ 하향 공급식은 급탕관, 복귀관 모두 끝내림 구배로 한다.
④ 배관의 곡부는 스위블 이음
⑤ 벽 관통부는 강제 슬리브 이음
⑥ 신축 이음부는 루프 또는 슬리브를 사용하며, 강관의 경우 30 m마다 1개씩 설치한다.

5. 증기배관 설비

① 배관의 개수에 따라서 단관식과 복관식으로 분류한다.

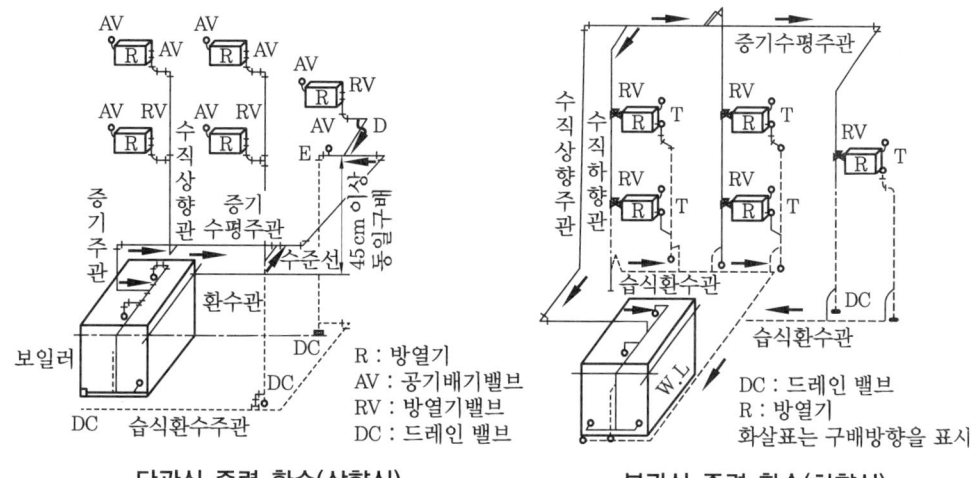

단관식 중력 환수(상향식)   복관식 중력 환수(하향식)

② 급기 방향에 따라서 상향 급기 방식과 하향 급기 방식으로 분류한다.

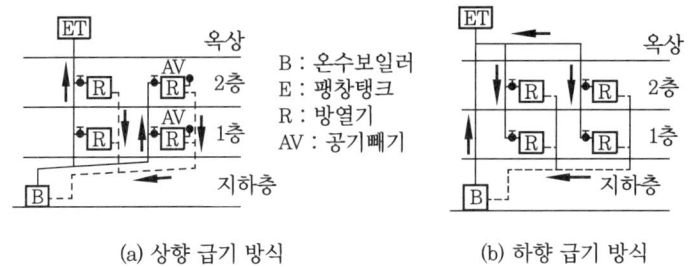

(a) 상향 급기 방식   (b) 하향 급기 방식

증기 공급법

③ 응축수 환수에 따라서 중력식과 기계식으로 분류한다.

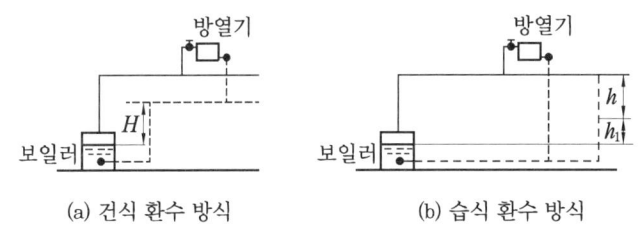

(a) 건식 환수 방식   (b) 습식 환수 방식

중력 환수 방식

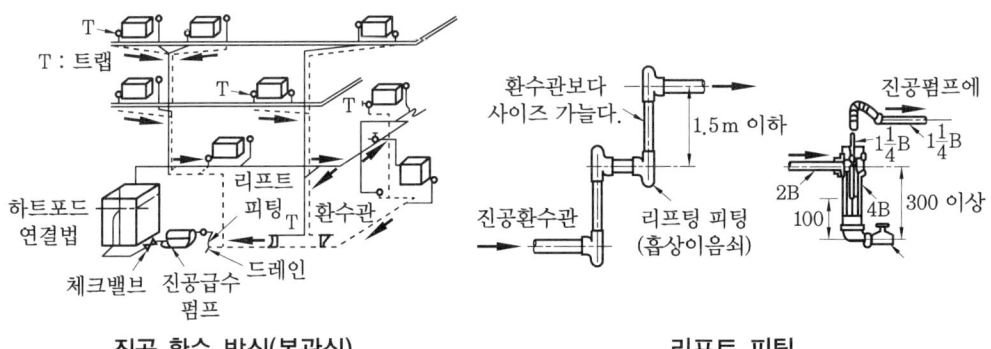

진공 환수 방식(복관식)   리프트 피팅

④ 환수관의 위치에 따라서 건식과 습식으로 분류한다.

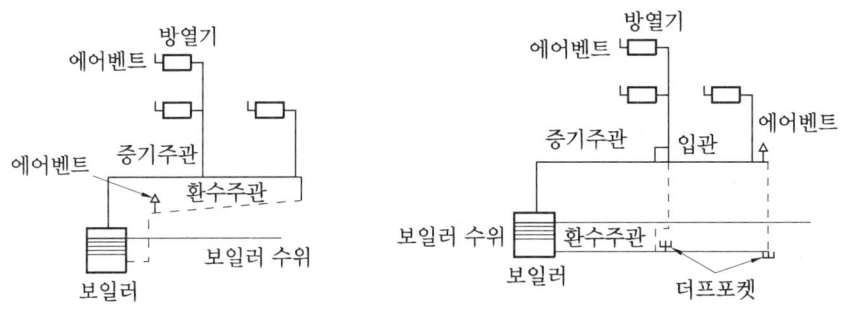

단관식 상향 급기, 중력 건식 환수   단관식 상향 급기, 중력 습식 환수

⑤ 증기배관의 시공

(가) 배관 구배

㉮ 단관 중력 환수식은 모두 끝내림 구배로 한다(하향식 : $\frac{1}{100} \sim \frac{1}{200}$, 상향식 : $\frac{1}{50} \sim \frac{1}{100}$).

㉯ 복관 중력 환수식의 건식 환수관 : $\frac{1}{200}$ 의 끝내림 구배

㉰ 진공 환수식의 증기 주관 : $\frac{1}{200} \sim \frac{1}{300}$ 의 끝내림 구배

(나) 수격 작용(water hammer)의 방지책

㉮ 주로 펌프가 정지하여 체크 밸브가 급폐쇄됨으로써 발생하며, 모든 배관계통에서 관의 파손 원인이 되고 배관의 진동, 충격음 등으로 소음과 진동 문제를 일으킨다.

㉯ 급수관에서의 수격 현상은 급폐쇄형 수전(one touch식 급수전)을 사용할 때 심하다.

㉰ 방지책
- 배관에는 적당한 구배를 두고 드레인이 고이지 않는 배관을 설비한다.
- 스프링형 체크 밸브(스모렌스키형 밸브)를 설치한다.
- 유속을 낮게 하고 서지 탱크를 설치한다.
- 공기실(air chamber)을 설치하고 자동압력 조정밸브를 설치한다.

⑥ 리프트 피팅(lift fitting) : 진공급수펌프에 의한 환수 시 환수를 낮은 곳에서 높은 곳으로 리프트 업(lift up)할 수 있다(가급적 사용 지양 : 배관저항이 크므로).

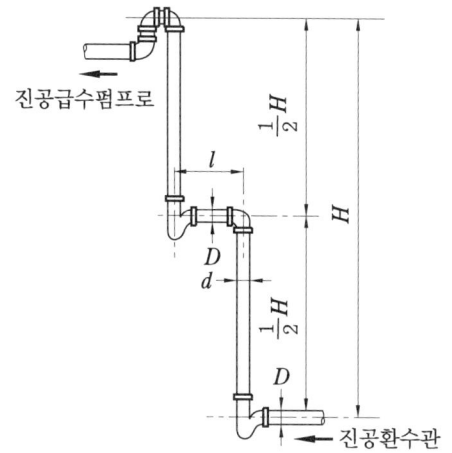

H : 2.4 m 이하로 한다. 2.4 m 이상인 경우에는 3단 이상의 리프트를 사용한다.
$d : \frac{1}{2}D$ 로 한다.

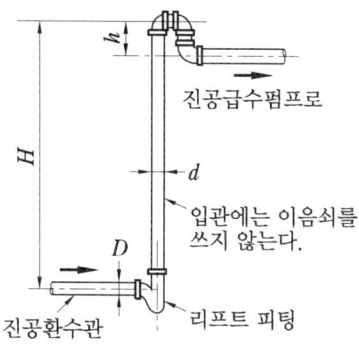

H : 1.5 m 이하로 한다.
$d : \frac{1}{2}D$ 로 한다.
h : 되도록 짧게 한다.
1단 리프트
(표준 리프트 피팅을 사용한 경우)

⑦ 온수 난방 설비
  ㈎ 일반 주택용으로 많이 사용되는 설비 방식이다.

분류 기준	종류
온수 온도	① 보통 온수식 : 보통 85~90℃의 온수 사용(개방식 팽창탱크) ② 고온수식 : 보통 100℃ 이상의 고온수 사용(밀폐식 팽창탱크)
온수 순환 방법	① 중력순환식 : 중력 작용에 의한 자연순환 ② 강제순환식 : 펌프 등의 기계력에 의한 강제순환
배관 방법	① 단관식 : 송탕관과 복귀탕관이 동일 배관 ② 복관식 : 송탕관과 복귀탕관이 서로 다른 배관
온수 공급 방법	① 상향 공급식 : 송탕주관을 최하층에 배관(수직관을 상향 분기) ② 하향 공급식 : 송탕주관을 최상층에 배관(수직관을 하향 분기)

  ㈏ 중력순환식 온수 난방법 : 온수의 온도가 내려가면 무거워지는 것을 이용하여 자연순환시키는데 보일러는 최하위의 방열기보다 낮은 곳에 설치한다.
  ㈐ 강제순환식 온수 난방법 : 펌프 등으로 온수를 강제로 순환시키는 난방법

⑧ 급수 방식
  ㈎ 수도 직결 방식
    ㉠ 상수의 공급압에 의하여 급수하는 방식의 수도압력(P)은 다음 식을 만족해야 한다.
      $P \geqq P_1 + P_2 + P_3$
    여기서, P_1 : 기구소요압력
         P_2 : 배관손실수두
         P_3 : 최상부 수전까지의 상당압력
    ㉡ 특징
      • 양수 펌프가 필요하지 않고 수질의 오염이 적다.
      • 설비비가 싸고 동력이 필요 없으므로 정전 시 단수되지 않는다.
      • 고가수조실이 필요하지 않다.
      • 유지관리가 용이하나 단수 시 급수가 불가능하다.
      • 수도본관압에 따라 급수압력이 변화한다.
  ㈏ 고가수조 방식
    ㉠ 수수조에서 고가수조에 양수하여 하향 급수한다.
      $P \geqq P_1 + P_2$
    여기서, P : 고가수조 저수면의 높이
         P_1 : 수전 최고 소요압력
         P_2 : 고가수조에서 수전까지의 마찰손실수두
    ㉡ 특징
      • 단수 시에도 수수조, 고가수조의 물을 이용할 수 있다.

- 급수압력이 일정하고 정전 시에도 발전기를 설치하면 급수가 가능하다.
- 지하수수조, 고가수조실이 필요하므로 면적을 확보해야 한다.
- 수질오염의 가능성이 높다(수시로 청소).
- 설비비가 비싸고 건축의 구조적, 미관적 문제가 수반된다.

(다) 압력수조 방식
  ㉮ 수수조에서 압력수조에 압입하여 압력수조의 압력으로 급수한다.
  ㉯ 특징
   - 단수 시 수수조에 남은 물을 이용한다.
   - 정전 시에도 발전기를 설치하면 급수가 가능하다.
   - 가정용과 같이 소규모일 때는 설비비가 저렴하다.
   - 고가수조실의 면적이 필요하지 않다.
   - 수조 출구측에 압력 조절밸브가 없을 경우에는 압력 변동이 심하다.
   - 펌프의 작동횟수가 많아서 고장이 많고 동력비가 높다.

(라) 펌프 직송 방식
  ㉮ 수수조에서 직송 펌프에 의하여 고가수조 없이 급수한다.
  ㉯ 특징
   - 펌프의 유량, 압력 제어에 의하므로 압력 변동폭이 작다.
   - 단수 시 수수조에 남아 있는 물을 이용할 수 있다.
   - 정전 시에도 발전기를 설치한 경우에는 급수가 가능하다.
   - 수질오염성이 적다.
   - 고가수조실이 불필요하다.
   - 설비비가 높다.
   - 펌프의 제어 시퀀스가 복잡하여 고장 시 대처하기가 어렵다.
  ㉰ 운전 방식
   - 정속 운전(펌프의 대수 제어)
   - 변속 운전(펌프의 회전수 제어)
   - 가변속 전동기
   - 정속 전동기 + 전자 이음
   - 정속 전동기 + 유체 이음
   - 정속 전동기 + 변속 커플링
  ㉱ 검지 방식
   - 압력검지식
   - 토출압 일정 제어
   - 말단압 일정 제어
   - 유량검지식
   - 수위검지식

출제 예상 문제

1. 다음 중 증기난방에서 고압식인 경우 증기 압력은?
① 0.15~0.35 kgf/cm² 미만
② 0.35~0.72 kgf/cm² 미만
③ 0.72~1 kgf/cm² 미만
④ 1 kgf/cm² 이상

[해설] 증기난방에서 고압식 : 1 kgf/cm² 이상, 저압식 : 0.15~0.35 kgf/cm²이다.

2. 온수난방 배관에서 리버스 리턴(reverse return) 방식을 채택하는 이유는?
① 온수의 유량 분배를 균일하게 하기 위하여
② 배관의 길이를 짧게 하기 위하여
③ 배관의 신축을 흡수하기 위하여
④ 온수가 식지 않도록 하기 위하여

[해설] 리버스 리턴 배관은 역귀환 방식으로 각 방열기의 급탕배관+환수배관의 길이를 동등하게 하여 공급유량을 동일하게 하기 위함이다.

3. 배관 내 마찰 저항에 의한 압력 손실의 설명으로 옳은 것은?
① 관의 유속에 비례한다.
② 관 내경의 2승에 비례한다.
③ 관 내경의 5승에 비례한다.
④ 관의 길이에 비례한다.

[해설] 배관 내의 마찰 저항은 유속의 제곱에 비례하며, 관 길이에는 비례, 관경에는 반비례한다.

4. 하나의 장치에서 4방밸브를 조작하여 냉·난방 어느 쪽도 사용할 수 있는 공기조화용 펌프는?
① 냉각 펌프   ② 히트 펌프
③ 원심 펌프   ④ 왕복 펌프

[해설] 겨울에는 난방, 여름에는 냉방으로 사용하기 위하여 4방밸브를 사용하여 조절할 수 있는 것을 열펌프라 한다. 특히 열펌프는 열을 낮은 곳에서 흡수하여 높은 곳으로 이동시킨다.

5. 팽창탱크 주위 배관에 관한 설명으로 틀린 것은?
① 개방식 팽창탱크는 시스템의 최상부보다 1m 이상 높게 설치한다.
② 팽창탱크의 급수에는 전동밸브 또는 볼밸브를 이용한다.
③ 오버플로관 및 배수관은 간접배수로 한다.
④ 팽창관에는 팽창량을 조절할 수 있도록 밸브를 설치한다.

[해설] 팽창관에는 밸브를 설치하지 않는다.

6. 동일한 특성을 갖는 원심 펌프를 병렬로 연결 운전 시 증가하는 것은? (단, 배관의 마찰 저항은 무시한다.)
① 효율   ② 양정
③ 유량   ④ 회전수

[해설] • 병렬 연결 : 양정은 일정, 유량은 증가
• 직렬 연결 : 양정은 증가, 유량은 일정

7. 다음 중 방열기 주위 배관 설명으로 옳지 않은 것은?

정답 1. ④ 2. ① 3. ④ 4. ② 5. ④ 6. ③ 7. ④

① 방열기 주위는 스위블 이음으로 배관한다.
② 공급관은 앞쪽 올림의 역구배로 한다.
③ 환수관은 앞쪽 내림의 순구배로 한다.
④ 구배를 취할 수 없거나 수평주관이 2.5 m 이상일 때는 한 치수 작은 지름으로 한다.
[해설] ④항의 경우 한 치수 큰 지름으로 해야 한다.

8. 펌프 주위의 배관 시 주의할 사항을 설명한 것으로 틀린 것은?
① 흡입관의 수평배관은 펌프를 향해 위로 올라가도록 설계한다.
② 토출부에 설치한 체크 밸브는 서징현상 방지를 위해 펌프에서 먼 곳에 설치한다.
③ 흡입구(풋밸브)는 동수위면에서 관경의 2배 이상 물속으로 들어가게 한다.
④ 흡입관의 길이는 되도록 짧게 하는 것이 좋다.
[해설] 펌프 토출측에 설치한 체크 밸브는 서징현상을 방지하기 위하여 가급적 펌프 가까이에 설치해야 한다.

9. 배수 배관에서 관경이 100 A 이상인 경우 청소구를 몇 m마다 설치하는가?
① 30   ② 50
③ 70   ④ 90
[해설] 수평관의 관경이 100 mm 이하인 경우 직진거리 15 m 이내마다, 100 mm 이상인 경우 직진거리 30 m 이내마다 설치한다.

10. 복사난방 배관에서 코일의 구배로 옳은 것은?
① 상향식 : 올림구배, 하향식 : 올림구배
② 상향식 : 내림구배, 하향식 : 올림구배
③ 상향식 : 내림구배, 하향식 : 내림구배
④ 상향식 : 올림구배, 하향식 : 내림구배
[해설] 복사난방에서 상향식은 올림구배, 하향식은 내림구배를 해야 한다.

11. 리프트 피팅(lift fittings)과 관계없는 것은?
① 받아올리는 높이는 1.5 m 이내
② 방열기보다 높은 곳에 환수관을 설치
③ 환수주관보다 높은 곳에 진공 펌프를 설치
④ 리프트관은 환수주관보다 한 치수 큰 관을 사용
[해설] 리프트 피팅 : 진공급수펌프에 의한 환수 시 환수를 낮은 곳에서 높은 곳으로 리프트 업(lift up) 할 수 있으며 1단의 높이는 1.5 m 이내로 해야 한다. 배관 저항이 크므로 가급적 사용을 금한다.

12. 지역난방의 특징에 대하여 잘못 설명한 것은?
① 대규모 열원기기를 이용한 에너지의 효율적 이용이 가능하다.
② 대기 오염물질이 증가한다.
③ 도시의 방재수준 향상이 가능하다.
④ 사용자에게는 화재에 대한 우려가 적다.
[해설] 지역난방은 에너지 효율이 양호하여 완전연소 등으로 대기오염을 최소화할 수 있는 장점이 있다.

13. 암모니아 냉동설비의 배관으로 사용하지 못하는 것은?
① 배관용 탄소강 강관
② 이음매 없는 동관
③ 저온 배관용 강관
④ 배관용 스테인리스 강관

정답 8. ② 9. ① 10. ④ 11. ④ 12. ② 13. ②

[해설] 암모니아는 동 및 동합금을 부식시키므로 강관을 주로 사용한다.

14. 냉동장치의 냉매 배관에 관한 설명으로 틀린 것은?
① 사용하는 배관 재료와 관 두께는 냉매의 종류, 사용 온도 및 압력에 적합한 것을 사용한다.
② 압축기와 응축기가 동일 선상에 있는 경우의 수평관은 $\frac{1}{50}$의 올림 구배로 한다.
③ 토출관 및 흡입 가스관은 냉매에 혼합되어 순환되는 냉동기의 기름이 계통 내에 체류하는 일이 없이 압축기에 돌아오도록 한다.
④ 배관의 진동을 방지하고 적당한 간격으로 적합한 지지용 받침대를 설치한다.
[해설] 압축기와 응축기가 동일 선상에 있을 경우 하향 구배로 해야 한다.

15. 다음 중 냉매액관 시공 시의 유의점이 아닌 것은?
① 액관의 마찰손실압력을 $0.2\,kg/cm^2$ 이하로 제한한다.
② 액관 내의 유속은 $0.5 \sim 1.5\,m/s$ 정도로 한다.
③ 액관 배관은 가능한 길게 한다.
④ 2대 이상의 증발기를 사용하는 경우, 액관에서 발생한 증발가스는 균등하게 분배되도록 배관한다.
[해설] 액 배관이 길면 길수록 압력손실이 증가하여 플래시가스 발생량이 증가하게 되기 때문에 가급적 배관 길이는 짧게 하는 것이 좋다.

16. 냉동설비에서 응축기의 냉각용수를 다시 냉각시키는 장치를 무엇이라 하는가?
① 냉각탑   ② 냉동실
③ 증발기   ④ 팽창탱크
[해설] 냉각탑(cooling tower)은 응축기에서 냉매와 열교환하여 온도가 상승된 냉각수를 온도를 낮추어 재사용할 수 있도록 하는 기기이다.

17. 2원 냉동장치의 구성기기 중 수액기의 설치 위치는?
① 증발기와 압축기 사이
② 압축기와 응축기 사이
③ 응축기와 팽창밸브 사이
④ 팽창밸브와 증발기 사이
[해설] 수액기는 액을 일시 저장하는 곳으로 응축기와 팽창밸브 사이에 설치한다.

18. 냉동기 용량 제어의 목적이 아닌 것은?
① 부하 변동에 대응한 용량 제어로 경제적인 운전을 한다.
② 고내온도를 일정하게 할 수 있다.
③ 중부하 기동으로 기동이 용이하다.
④ 압축기를 보호하여 수명을 연장한다.
[해설] 냉동기 용량 제어는 경(무)부하 기동을 하는 것을 원칙으로 한다.

19. 소형, 경량으로 설치면적이 작고 효율이 좋으므로 가장 많이 사용되고 있는 냉각탑은?
① 대기식 냉각탑
② 대향류식 냉각탑
③ 직교류식 냉각탑
④ 밀폐식 냉각탑
[해설] 대향류식 냉각탑
 (가) 설치면적의 최소화 및 경량화
 (나) 수질관리가 용이
 (다) 운전에 따른 소음의 최소화

정답 14. ② 15. ③ 16. ① 17. ③ 18. ③ 19. ②

20. 도시가스 배관을 매설하는 경우이다. 틀린 것은?
① 배관을 철도부지에 매설하는 경우에는 배관의 외면으로부터 궤도 중심까지 거리는 4 m 이상일 것
② 배관을 철도부지에 매설하는 경우에는 배관의 외면으로부터 철도부지 경계까지 거리는 0.6 m 이상일 것
③ 배관을 철도부지에 매설하는 경우에는 지표면으로부터 배관의 외면까지의 깊이는 1.2 m 이상으로 할 것
④ 배관을 산에 매설하는 경우에는 지표면으로부터 배관의 외면까지의 깊이는 1 m 이상으로 할 것

[해설] 도시가스 배관의 설치
  (가) 지하 매설 : 건축물 1.5 m, 타 시설물 0.3 m, 산·들 1 m, 기타 1.2 m
  (나) 시가지 도로노면 : 배관 외면 1.5 m, 방호구조물내 1.2 m
  (다) 시가지 외 도로노면 : 배관 외면 1.2 m
  (라) 철도부지 매설 : 궤도 중심과 4 m, 철도부지 경계와 1 m
  (마) 배관을 철도와 병행하여 매설하는 경우 50 m 간격으로 표지판을 설치할 것
  (바) 철도부지에 매설 시 거리를 유지하지 않아도 되는 경우
    ㉮ 열차 하중을 고려한 경우
    ㉯ 방호구조물로 방호한 경우
    ㉰ 열차 하중의 영향을 받지 않은 경우

21. 가스 배관 시공상의 주의사항으로 잘못된 것은?
① 건축물의 벽을 관통하는 부분의 배관에는 보호관 및 부식방지 피복을 한다.
② 건물 내의 배관은 외부에 노출시켜 시공한다.
③ 지하에 매설하는 배관은 기계적 이음 또는 나사 이음을 원칙으로 하고 가능한 용접시공을 피한다.
④ 배관의 경로와 위치는 안전성, 시공성, 장래의 계획 등을 고려하여 정한다.

[해설] 지하 매설일 경우 용접 이음을, 지상 배관일 경우 기계 이음 또는 나사 이음을 한다.

22. 가스 배관 내의 유량이 2배로 증가하면 압력손실은 어떻게 되는가?
① 압력손실은 2배로 된다.
② 압력손실은 4배로 된다.
③ 압력손실은 8배로 된다.
④ 압력손실은 16배로 된다.

[해설] 저압 가스 배관의 유량

$$Q = K\sqrt{\frac{D^5 \cdot H}{S \cdot L}}$$

여기서, Q : 저압배관의 유량(m^3/h)
  K : 가스 상수
  D : 관의 지름(m)
  H : 허용압력손실(mmH_2O)
  S : 가스 비중
  L : 관 길이(m)

23. 냉매 배관 시 주의사항으로 옳지 않은 것은?
① 배관의 굽힘 반지름은 작게 한다.
② 불응축 가스의 침입이 없어야 한다.
③ 냉매에 의한 관의 부식이 없어야 한다.
④ 냉매 압력에 충분히 견디는 강도를 가져야 한다.

[해설] 배관의 굽힘 반지름을 크게 해야 유체 흐름에 대하여 압력손실을 최소화할 수 있다. 굴곡부의 반지름이 작게 되면 압력손실이 커진다.

24. 도시가스 배관에 관한 설명이다. 틀린 것은?

① 상수도관, 하수도관 등이 매설된 도로에서는 이들의 최하부에 매설한다.
② 배관 외부에 사용가스명칭, 최고사용압력, 흐름방향 등을 표시하고 지상배관은 황색으로 표시한다.
③ 배관 접합은 나사를 원칙으로 하며 나사가 곤란한 경우는 기계적 접합 또는 용접 접합을 한다.
④ 건물 내의 배관은 외부에 노출시켜 시공하며 동관이나 스테인리스관 등 이음매 없는 관은 매몰하여 설치할 수 있다.

[해설] 도시가스 배관의 접합은 용접 또는 이와 동등 이상의 강도를 가지는 접합을 원칙으로 하며 용접 후 용접 부위는 비파괴 검사를 하여 누설 여부를 명확히 검사해야 한다.

25. 도시가스에서 고압이라 함은 얼마 이상의 압력을 뜻하는가?

① 0.1 MPa 이상
② 1 MPa 이상
③ 10 MPa 이상
④ 100 MPa 이상

[해설] 도시가스에서 압력에 따른 분류
㉮ 고압이라 함은 1 MPa 이상의 압력(게이지압력을 말한다. 이하 같다)을 말한다. 다만, 액체상태의 액화가스의 경우에는 이를 고압으로 본다.
㉯ 중압이라 함은 0.1 MPa 이상 1 MPa 미만의 압력을 말한다. 다만, 액화가스가 기화되고 다른 물질과 혼합되지 아니한 경우에는 0.01 MPa 이상 0.2 MPa 미만의 압력을 말한다.
㉰ 저압이라 함은 0.1 MPa 미만의 압력을 말한다. 다만, 액화가스가 기화되고 다른 물질과 혼합되지 아니한 경우에는 0.01 MPa 미만의 압력을 말한다.

26. 도시가스 제조사업소의 부지 경계에서 정압기(整壓器)까지 이르는 배관을 말하는 것은?

① 본관
② 내관
③ 공급관
④ 사용관

[해설] ㉮ 본관 : 도시가스 제조사업소의 부지 경계에서 정압기까지 이르는 배관
㉯ 공급관 : 정압기에서 토지 경계에 이르기까지의 배관
㉰ 내관 : 토지 경계에서 연소기에 이르기까지의 배관

27. 도시가스의 제조소 및 공급소 밖의 배관 표시 기준에 관한 내용으로 틀린 것은?

① 가스배관을 지상에 설치할 경우에는 배관의 표면색상을 황색으로 표시한다.
② 최고사용압력이 중압인 가스배관을 매설할 경우에는 황색으로 표시한다.
③ 배관을 지하에 매설하는 경우에는 그 배관이 매설되어 있음을 명확하게 알 수 있도록 표시한다.
④ 배관의 외부에 사용가스명, 최고사용압력 및 가스의 흐름방향을 표시하여야 한다. 다만, 지하에 매설하는 경우에는 흐름방향을 표시하지 아니할 수 있다.

[해설] 최고사용압력이 중압(0.1 MPa 이상 1 MPa 미만)인 가스배관을 매설할 경우 적색으로 표시한다.

28. 다음 중 1시간당 최대 급탕량 Q_h [L/h]를 구하는 식은? (단, F : 기구 1개의 1회당 급탕량, P : 기구의 사용 횟수(회/h), A : 기구 동시 사용률(%)이다.)

① $Q_h = F \times P \times A$
② $Q_h = \left(\dfrac{F}{P}\right) \times A$
③ $Q_h = \dfrac{F \times P}{A}$
④ $Q_h = F + \left(\dfrac{P}{A}\right)$

정답 25. ② 26. ① 27. ② 28. ①

해설 시간당 최대 급탕량은 1시간 동안 사용할 수 있는 최대의 양이므로 $Q_h = F \times P \times A$가 된다.

29. 가스 누설 시 쉽게 발견할 수 있도록 부취제를 첨가한다. 부취제의 종류에 따른 냄새 특성이 잘못된 것은?

① TBM : 양파 썩는 냄새
② THT : 석탄가스 냄새
③ DMS : 마늘 냄새
④ MES : 계란 썩는 냄새

해설 DMS, MES, EM 등은 누설 시 마늘 냄새가 난다.

30. 가스 배관을 실내에 설치할 때의 기준으로 틀린 것은?

① 배관은 환기가 잘 되는 곳으로 노출하여 시공할 것
② 배관은 환기가 잘되지 아니하는 천정·벽·공동구 등에는 설치하지 아니할 것
③ 배관의 이음부와 전기 계량기와는 60 cm 이상 거리를 유지할 것
④ 배관 이음부와 단열조치를 하지 않은 굴뚝과의 거리는 5 cm 이상의 거리를 유지할 것

해설 ④항은 30 cm 이상 이격

31. 가스 배관 시공에 대한 설명으로 틀린 것은?

① 건물 내 배관은 안전을 고려하여 벽, 바닥 등에 매설하여 시공한다.
② 건축물의 벽을 관통하는 부분의 배관에는 보호관 및 부식방지 피복을 한다.
③ 배관의 경로와 위치는 장래의 계획, 다른 설비와의 조화 등을 고려하여 정한다.
④ 부식의 우려가 있는 장소에 배관하는 경우에는 방식, 절연조치를 한다.

해설 가스 배관은 항상 직선, 최단거리, 옥외, 노출 시공을 원칙으로 한다.

32. 도시가스 내 부취제의 액체 주입식 부취설비가 아닌 것은?

① 펌프 주입 방식
② 적하 주입 방식
③ 미터연결 바이패스 방식
④ 워크식 주입 방식

해설 도시가스는 무색·무미·무취이므로 누설 시 발견하기 어려우므로 부취제를 혼입시켜 누설 시 냄새로 쉽게 확인할 수 있다. 부취제는 일상 생활취와 전혀 다른 냄새로 공기 중에 $\frac{1}{1000}$ 상태로도 감지할 수 있어야 한다.

정답 29. ④ 30. ④ 31. ① 32. ④

부록

CBT 실전문제

CBT 실전문제 (1)

제1과목   **에너지관리**

1. 유인 유닛 방식에 관한 설명으로 틀린 것은?
① 각 실 제어를 쉽게 할 수 있다.
② 유닛에는 가동 부분이 없어 수명이 길다.
③ 덕트 스페이스를 작게 할 수 있다.
④ 송풍량이 비교적 커 외기 냉방 효과가 크다.

[해설] 유인 유닛 방식은 동력이 불필요하며 팬 등 회전 부분이 없어 동력비가 절감된다.

2. 덕트 내의 풍속이 8 m/s이고 정압이 200 Pa일 때 전압은?(단, 공기 밀도는 1.2 kg/m³이다.)
① 219.3 Pa   ② 218.4 Pa
③ 239.3 Pa   ④ 238.4 Pa

[해설] 동압 ≒ $\dfrac{(8\,\text{m/s})^2}{(2\times 9.8\,\text{m/s}^2)} \times 1.2\,\text{kg/m}^3$
$= 3.92\,\text{kg/m}^2 \times \dfrac{101325\,\text{Pa}}{10332\,\text{kg/m}^2}$
$= 38.44\,\text{Pa}$
전압 = 정압 + 동압
= 200 Pa + 38.44 Pa = 238.44 Pa

3. 다음 중 전공기 방식이 아닌 것은?
① 이중 덕트 방식
② 단일 덕트 방식
③ 멀티존 유닛 방식
④ 유인 유닛 방식

[해설] 유인 유닛 방식은 공기-수 방식이다.

4. 습공기 상태 변화에 관한 설명으로 틀린 것은?
① 습공기를 냉각하면 건구온도와 습구온도가 감소한다.
② 습공기를 냉각·가습하면 상대습도와 절대습도가 증가한다.
③ 습공기를 등온감습하면 노점온도와 비체적이 감소한다.
④ 습공기를 가열하면 습구온도와 상대습도가 증가한다.

[해설] 습공기를 가열하면 습구온도가 상승하나 반면 상대습도는 감소한다.

5. 온수난방에서 온수의 순환방식과 가장 거리가 먼 것은?
① 중력순환 방식   ② 강제순환 방식
③ 역귀환 방식   ④ 진공환수 방식

[해설] 진공환수 방식은 증기난방에서 사용한다.

6. 공기 정화를 위해 설치한 프리필터 효율을 η_p, 메인필터 효율을 η_m이라 할 때 종합효율을 바르게 나타낸 것은?
① $\eta_T = 1-(1-\eta_p)(1-\eta_m)$
② $\eta_T = 1-(1-\eta_p)/(1-\eta_m)$
③ $\eta_T = 1-(1-\eta_p)\cdot n_m$
④ $\eta_T = 1-\eta_p \cdot (1-\eta_m)$

7. 정풍량 단일 덕트 방식에 관한 설명으로 옳은 것은?
① 실내부하가 감소될 경우에 송풍량을 줄여도 실내공기의 오염이 적다.
② 가변풍량 방식에 비하여 송풍기 동력이

정답   1. ④   2. ④   3. ④   4. ④   5. ④   6. ①   7. ②

커져서 에너지 소비가 증대한다.
③ 각 실이나 존의 부하 변동이 서로 다른 건물에서도 온·습도의 불균형이 생기지 않는다.
④ 송풍량과 환기량을 크게 계획할 수 없으며, 외기 도입이 어려워 외기 냉방을 할 수 없다.

[해설] 정풍량 단일 덕트 방식은 공조기 사이에 단일 덕트로 일정 풍량을 송풍하고 부하 변동에 따라 급기온도 및 습도를 가변시켜 제어하는 방식으로 변풍량방식보다 에너지소비가 커지고 동력 또한 증가하게 된다.

8. 다음 중 정압의 상승분을 다음 구간 덕트의 압력손실에 이용하도록 한 덕트 설계법은?
① 정압법
② 등속법
③ 등온법
④ 정압 재취득법

[해설] 정압 재취득법은 덕트 내의 분기점이나 배출구에 풍속 감소에 따른 정압 재취득에 의한 상승 정압을 다음의 손실 압력에 충당하여 전 계통의 정압이 똑같이 되도록 하여 일정한 공기 분배를 얻도록 설계하는 방법이다.

9. 아래 습공기 선도에 나타난 과정과 일치하는 장치도는?

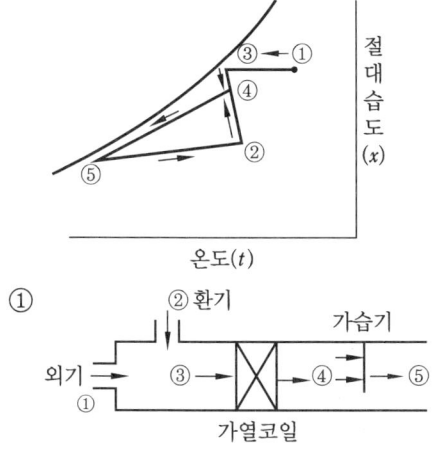

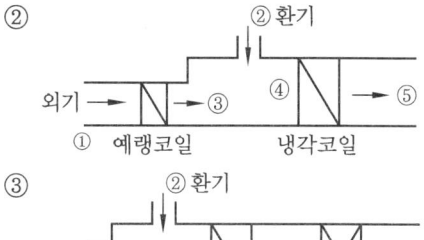

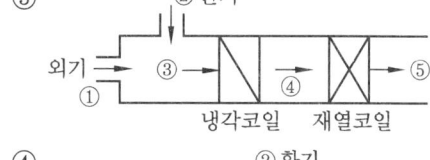

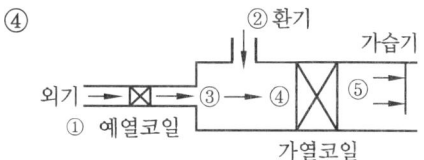

10. 보일러의 집진장치 중 사이클론 집진기에 대한 설명으로 옳은 것은?
① 연료유에 적정량의 물을 첨가하여 연소시킴으로써 완전연소를 촉진시키는 방법
② 배기가스에 분무수를 접촉시켜 공해물질을 흡수, 용해, 응축작용에 의해 제거하는 방법
③ 연소가스에 고압의 직류전기를 방전하여 가스를 이온화시켜 가스 중 미립자를 집진시키는 방법
④ 배기가스를 동심원통의 접선방향으로 선회시켜 입자를 원심력에 의해 분리배출하는 방법

[해설] 사이클론 집진기는 먼지를 포함한 공기에서 선회 운동을 주어 입자의 원심력을 이용해서 분진 입자를 분리하는 장치이다.

11. 송풍기의 회전수가 1500 rpm인 송풍기의 압력이 300 Pa이다. 송풍기 회전수를 2000 rpm으로 변경할 경우 송풍기 압력은 얼마인가?
① 423.3 Pa
② 533.3 Pa
③ 623.5 Pa
④ 713.3 Pa

[해설] 상사의 법칙에 의하여 풍량은 회전수에 비례, 양정은 회전수 2제곱에 비례, 동력은 회전수 3제곱에 비례한다.

$$P = 300\,\text{Pa} \times \left(\frac{2000}{1500}\right)^2 = 533.33\,\text{Pa}$$

12. 환기 종류와 방법에 대한 연결로 틀린 것은?

① 제1종 환기 : 급기팬(급기기)과 배기팬(배기기)의 조합
② 제2종 환기 : 급기팬(급기기)과 강제배기팬(배기기)의 조합
③ 제3종 환기 : 자연급기와 배기팬(배기기)의 조합
④ 자연환기(중력환기) : 자연급기와 자연배기의 조합

[해설] 환기법
(1) 제1종 환기 : 기계급기 + 기계배기
(2) 제2종 환기 : 기계급기 + 자연배기
(3) 제3종 환기 : 자연급기 + 기계배기
(4) 제4종 환기 : 자연급기 + 자연배기

13. 공조 방식 중 냉매 방식이 아닌 것은?

① 패키지 방식
② 팬코일 유닛 방식
③ 룸 쿨러 방식
④ 멀티 유닛 방식

[해설] 팬 코일 유닛 방식은 수(물) 방식이다.

14. 두께 20 mm, 열전도율 40 W/m · K인 강판의 전달되는 두 면의 온도가 각각 200℃, 50℃일 때 전열면 1 m²당 전달되는 열량은?

① 125 kW
② 200 kW
③ 300 kW
④ 420 kW

[해설] $q = \dfrac{40\,\text{W/m}\cdot\text{K}}{0.02\,\text{m}} \times \dfrac{(200-50)\,\text{K}}{1000}$
$= 300\,\text{kW}$

15. 온수의 물을 에어와셔 내에서 분무시킬 때 공기의 상태 변화는?

① 절대습도 강하
② 건구온도 상승
③ 건구온도 강하
④ 습구온도 일정

[해설] 에어와셔에서 증기를 분무시키면 건구온도 및 절대습도가 증가하나 온수를 분무하면 절대습도는 증가하나 건구온도는 강하하게 된다.

16. 보일러의 수위를 제어하는 주된 목적으로 가장 적절한 것은?

① 보일러의 급수장치가 동결되지 않도록 하기 위하여
② 보일러의 연료공급이 잘 이루어지도록 하기 위하여
③ 보일러가 과열로 인해 손상되지 않도록 하기 위하여
④ 보일러에서의 출력을 부하에 따라 조절하기 위하여

[해설] 보일러 수위가 일정 이하가 되면 과열로 인하여 보일러 소손을 일으킬 우려가 있으므로 수위가 일정 이하가 되는 것을 방지하여야 한다.

17. 온수난방에 대한 설명으로 틀린 것은?

① 온수의 체적팽창을 고려하여 팽창탱크를 설치한다.
② 보일러가 정지하여도 실내온도의 급격한 강하가 적다.
③ 밀폐식일 경우 배관의 부식이 많아 수명이 짧다.
④ 방열기에 공급되는 온수 온도와 유량 조절이 용이하다.

[해설] 밀폐식의 경우 공기와의 접촉이 적으므로 부식을 방지하여 수명이 증가하게 된다.

정답 12. ② 13. ② 14. ③ 15. ③ 16. ③ 17. ③

18. 온도 32℃, 상대습도가 60 %인 습공기 150 kg과 온도 15℃, 상대습도 80 %인 습공기 50 kg를 혼합했을 때 혼합공기의 상태를 나타낸 것으로 옳은 것은?

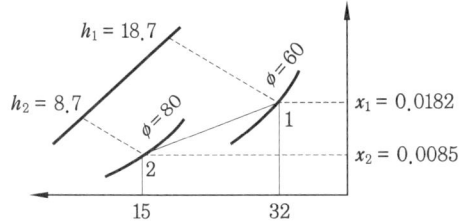

① 온도 20.15℃, 절대습도 0.0158인 공기
② 온도 20.15℃, 절대습도 0.0134인 공기
③ 온도 27.75℃, 절대습도 0.0134인 공기
④ 온도 27.75℃, 절대습도 0.0158인 공기

[해설] 혼합공기 온도 = $\dfrac{(32 \times 150 + 15 \times 50)}{(150 + 50)}$
$= 27.75$℃

혼합 절대습도
$\dfrac{(0.0182 \times 150 + 0.0085 \times 50)}{(150 + 50)}$
$= 0.0158 \text{ kg/kg}'$

19. 공기냉각용 냉수코일의 설계 시 주의 사항으로 틀린 것은?

① 코일을 통과하는 공기의 풍속은 2~3 m/s로 한다.
② 코일 내 물의 속도는 5 m/s 이상으로 한다.
③ 물과 공기의 흐름방향은 역류가 되게 한다.
④ 코일의 설치는 관이 수평으로 놓이게 한다.

[해설] 코일 내의 수속은 부식 방지를 위해 1 m/s 내외 정도로 한다.

20. 습공기의 습도 표시 방법에 대한 설명으로 틀린 것은?

① 절대습도는 건공기 중에 포함된 수증 기량을 나타낸다.
② 수증기분압은 절대습도에 반비례 관계가 있다.
③ 상대습도는 습공기의 수증기 분압과 포화공기의 수증기 분압과의 비로 나타낸다.
④ 비교습도는 습공기의 절대습도와 포화공기의 절대습도와의 비로 나타낸다.

[해설] 절대습도는 습공기에 포함되어 있는 수분과 건조공기와의 중량비(kg/kg)이며 수증기 분압과 절대습도는 비례하게 된다.

제2과목 공조냉동설계

21. 다음 중 신재생 에너지와 가장 거리가 먼 것은?

① 지열 에너지   ② 태양 에너지
③ 풍력 에너지   ④ 원자력 에너지

[해설] 신재생 에너지는 기존의 화석 연료를 재활용하거나 태양 에너지, 지열 에너지, 해양 에너지, 풍력 에너지, 바이오 에너지 등과 같이 재생 가능한 에너지를 변환시켜 이용하는 에너지를 말한다.

22. 전자밸브(solenoid valve) 설치 시 주의사항으로 틀린 것은?

① 코일 부분이 상부로 오도록 수직으로 설치한다.
② 전자밸브 직전에 스트레이너를 장치한다.
③ 배관 시 전자밸브에 과대한 하중이 걸리지 않아야 한다.
④ 전자밸브 본체의 유체 방향성에 무관하게 설치한다.

[해설] 전자밸브의 화살표는 유체의 흐름 방향과 동일하게 설치해야 한다.

23. 냉동창고에 있어서 기둥, 바닥, 벽 등의 철근 콘크리트 구조체 외벽에 단열시공을 하는 외부단열 방식에 대한 설명으로 틀린 것은?

① 시공이 용이하다.
② 단열의 내구성이 좋다.
③ 창고 내 벽면에서의 온도 차가 거의 없어 온도가 균열한 벽면을 이룬다.
④ 각층 각실이 구조체로 구획되고 구조체의 내측에 맞추어 각각 단열을 시공하는 방식이다.

[해설] ④ 내측 → 외측

24. 냉각관의 열관류율이 500 W/m² · ℃이고, 대수평균온도차가 10℃일 때, 100 kW의 냉동부하를 처리할 수 있는 냉각관의 면적은?

① 5 m² ② 15 m²
③ 20 m² ④ 40 m²

[해설] $100 \text{ kW} = 0.5 \text{ kW/m}^2 \cdot ℃ \times A \times 10℃$
∴ $A = 20 \text{ m}^2$

25. 열펌프의 특징에 관한 설명으로 틀린 것은?

① 성적계수가 1보다 작다.
② 하나의 장치로 난방 및 냉방으로 사용할 수 있다.
③ 대기오염이 적고 설치공간을 절약할 수 있다.
④ 증발온도가 높고 응축온도가 낮을수록 성적계수가 커진다.

[해설] 열펌프의 성적계수는 통상 1보다 크다.

26. 다음 카르노 사이클의 $P-V$ 선도를 $T-S$ 선도로 바르게 나타낸 것은?

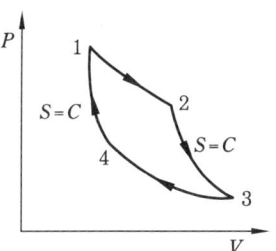

①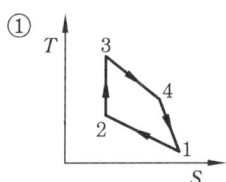

②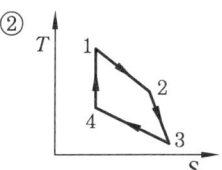

③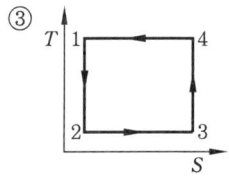

④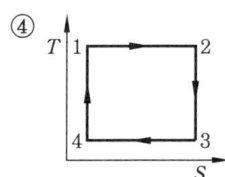

[해설] 1→2 : 등온팽창(온도 불변)
2→3 : 단열팽창(엔트로피 불변)
3→4 : 등온압축(온도 불변)
4→1 : 단열압축(엔트로피 불변)

27. 냉동장치에서 증발온도를 일정하게 하고 응축온도를 높일 때 나타나는 현상으로 옳은 것은?

① 성적계수 증가
② 압축일량 감소
③ 토출가스 온도 감소
④ 플래시가스 발생량 증가

정답 23. ④ 24. ③ 25. ① 26. ④ 27. ④

[해설] 증발온도가 일정한 상태에서 응축온도가 높게 되면 결국 압축비가 증가하게 되므로 토출가스 온도 상승, 냉동효과 감소, 압축일량 증가, 성적계수 저하 등 악영향을 일으킨다.

28. 식품의 평균 초온이 0℃일 때 이것을 동결하여 온도중심점을 −15℃까지 내리는데 걸리는 시간을 나타내는 것은?
① 유효동결시간
② 유효냉각시간
③ 공칭동결시간
④ 시간상수

29. 압축기의 구조와 작용에 대한 설명으로 옳은 것은?
① 다기통 압축기의 실린더 상부에 안전두(safety head)가 있으면 액압축이 일어나도 실린더 내 압력의 과도한 상승을 막기 때문에 어떠한 액압축에도 압축기를 보호한다.
② 입형 암모니아 압축기는 실린더를 워터재킷에 의해 냉각하고 있는 것이 보통이다.
③ 압축기를 방진고무로 지지할 경우 시동 및 정지 때 진동이 적어 접속 연결배관에는 플렉시블 튜브 등을 설치할 필요가 없다.
④ 압축기를 용적식과 원심식으로 분류하면 왕복동 압축기는 용적식이고 스크루 압축기는 원심식이다.

[해설] 안전두는 액압축을 방지하기 위해 설치된 것은 맞지만 일시적 효과를 얻을 수 있지 다량의 액압축 시 대응이 불가능하며 압축기 진동을 흡수하기 위하여 흡입, 토출배관에 플렉시블 튜브를 설치해야 한다. 터보 냉동기는 원심식, 스크루 압축기는 용적식에 해당된다.

30. 시간당 2000 kg의 30℃ 물을 −10℃의 얼음으로 만드는 능력을 가진 냉동장치가 있다. 조건이 아래와 같을 때, 이 냉동장치 압축기의 소요동력은? (단, 열손실은 무시한다.)

응축기 냉각수	입구온도	32℃
	출구온도	37℃
	유량	60 m³/h
물의 비열		1 kcal/kg·℃
얼음	응고잠열	80 kcal/kg
	비열	0.5 kcal/kg·℃

① 71 kW
② 76 kW
③ 78 kW
④ 81 kW

[해설] $AW = Q_1 - Q_2$
$Q_1 = 60000 \text{ L/h} \times 1 \text{ kg/L} \times 1 \text{ kcal/kg·℃}$
$\times (37-32)℃ = 300000 \text{ kcal/h}$
$Q_2 = 2000 \text{ kg} \times (1 \text{ kcal/kg·℃} \times 30$
$+ 80 \text{ kcal/kg} + 0.5 \text{ kcal/kg·℃} \times 10℃)$
$= 230000 \text{ kcal/h}$
$AW = \dfrac{(300000 - 230000)\text{kcal/h}}{860 \text{kcal/h·kW}}$
$= 81.39 \text{ kW}$

31. 냉매의 구비 조건으로 틀린 것은?
① 임계온도가 낮을 것
② 응고점이 낮을 것
③ 액체비열이 작을 것
④ 비열비가 작을 것

[해설] 냉매의 구비 조건
(1) 온도가 낮아도 대기압 이상의 압력에서 증발하고 상온에서는 비교적 저압에서 액화할 것
(2) 동일한 냉동능력에 대하여 소요동력이 작을 것
(3) 임계온도가 높고 응고온도가 낮을 것
(4) 증발열이 크고 액체의 비열이 작으며 증발열에 대한 액체 비열의 비율이 작을 것

정답 28. ③ 29. ② 30. ④ 31. ①

(5) 같은 냉동능력에 대해 냉매가스의 용적이 작을 것
(6) 화학적으로 결합이 양호하여 냉매가스가 압축열에 의하여 분해되더라도 냉매가스가 아닌 다른 가스를 발생하지 않을 것
(7) 점성도가 작고 열전도율이 좋을 것
(8) 인화성·폭발성이 없으며 인체에 해롭지 않고 악취가 나지 않을 것
(9) 누설을 발견하기 쉽고 경제적일 것

32. 팽창밸브 중에서 과열도를 검출하여 냉매유량을 제어하는 것은?

① 정압식 자동팽창밸브
② 수동팽창밸브
③ 온도식 자동팽창밸브
④ 모세관

[해설] 흡입가스의 과열도(통상 5°)를 유지하며 운전하는 것은 온도식 자동팽창밸브(TEV)이다.

33. R-22를 사용하려는 냉동장치에 R-134a를 사용하려 할 때, 다음 장치의 운전 시 유의사항으로 틀린 것은?

① 냉매의 능력이 변하므로 전동기 용량이 충분한지 확인한다.
② 응축기, 증발기 용량이 충분한지 확인한다.
③ 개스킷, 실 등의 패킹 선정에 유의해야 한다.
④ 동일 탄화수소계 냉매이므로 그대로 운전할 수 있다.

[해설] 냉매가 변화가 있을 때는 용량에 맞는지 여부를 확인해야 한다.

34. 흡수식 냉동장치에 관한 설명으로 틀린 것은?

① 흡수식 냉동장치는 냉매가스가 용매에 용해하는 비율이 온도, 압력에 따라 현저하게 다른 것을 이용한 것이다.
② 흡수식 냉동장치는 기계압축식과 마찬가지로 증발기와 응축기를 가지고 있다.
③ 흡수식 냉동장치는 기계적인 일 대신에 열에너지를 사용하는 것이다.
④ 흡수식 냉동장치는 흡수기, 압축기, 응축기 및 증발기인 4개의 열교환기로 구성되어 있다.

[해설] 흡수식 냉동기에서는 압축기 대신 발생기(재생기)를 사용한다.

35. 펠티에(Feltier) 효과를 이용하는 냉동방법에 대한 설명으로 틀린 것은?

① 펠티에 효과를 냉동에 이용한 것이 전자냉동 또는 열전기식 냉동법이다.
② 펠티에 효과를 이용하는 냉동법의 실용화에 어려운 점이 많았으나 반도체 기술이 발달하면서 실용화되었다.
③ 이 냉동 방법을 이용한 것으로는 휴대용 냉장고, 가정용 특수냉장고, 물 냉각기, 핵 잠수함 내의 냉난방장치이다.
④ 증기 압축식 냉동장치와 마찬가지로 압축기, 응축기, 증발기 등을 이용한 것이다.

[해설] 펠티에 효과를 이용한 냉동기를 전자냉동기라고 하며 압축기 대신 반도체를 이용한 것이다.

36. 증발압력이 너무 낮은 원인으로 가장 거리가 먼 것은?

① 냉매가 과다하다.
② 팽창밸브가 너무 조여 있다.
③ 팽창밸브에 스케일이 쌓여 빙결하고 있다.
④ 증발압력 조절밸브의 조정이 불량하다.

[해설] 냉매가 과다한 것은 액백의 원인이 되며 증발압력 저하와는 무관하다.

37. 가로 및 세로가 각 2 m이고, 두께가 20 cm, 열전도율이 0.2 W/m·℃인 벽체로부터의 열통과량은 50 W이었다. 한쪽 벽면의 온도가 30℃일 때 반대쪽 벽면의 온도는?

① 87.5℃ ② 62.5℃
③ 50.5℃ ④ 42.5℃

[해설] $50\,W = \dfrac{0.2\,W/m\cdot℃}{0.2\,m} \times 2\,m \times 2\,m \times (T-30)℃$

∴ $T = 42.5℃$

38. 냉각수의 입구온도는 30℃, 냉각수량 1000 L/min이고, 응축기의 전열면적이 8 m², 총괄열전달계수 6000 kcal/m²·h·℃일 때 대수평균온도차를 6.5℃로 하면 냉각수 출구온도는?

① 26.7℃ ② 30.9℃
③ 32.6℃ ④ 35.2℃

[해설] $1000\,L/min \times 1\,kg/L \times 60\,min/h$
$\times 1\,kcal/kg\cdot℃ \times (T-30)℃$
$= 6000\,kcal/m^2 \cdot h \cdot ℃ \times 8\,m \times 6.5℃$

∴ $T = 35.27℃$

39. 다음 중 액체 냉각용 증발기와 가장 거리가 먼 것은?

① 만액식 셸 앤드 튜브식
② 핀 코일식 증발기
③ 건식 셸 앤드 튜브식
④ 보데로 증발기

[해설] 핀 코일식 증발기(finned coil evaporator): 송풍기로 공기를 강제적으로 유동시키는 것으로 유닛 쿨러라고도 하며 공기조화기, 냉장고 등의 공기 냉각용으로 많이 사용한다.

40. 윤활유의 구비 조건으로 틀린 것은?

① 저온에서 왁스가 분리될 것
② 전기 절연내력이 클 것
③ 응고점이 낮을 것
④ 인화점이 높을 것

[해설] 냉동기 윤활유의 구비 조건
 (1) 응고점이 낮고 인화점이 높을 것
 (2) 점도가 적당하고 변질되지 말 것
 (3) 절연내력이 크고 수분 및 불순물을 포함하고 있지 않을 것
 (4) 저온에서 왁스가 분리되지 않으며 냉매 가스 흡수가 적을 것
 (5) 장기 휴지 중 방청능력이 있어야 하며 오일 포밍에 소포성이 있을 것
 (6) 항유화성이 있을 것

제3과목 시운전 및 안전관리

41. 다음의 제어기기에서 압력을 변위로 변환하는 변환요소가 아닌 것은?

① 스프링 ② 벨로스
③ 다이어프램 ④ 노즐 플래퍼

[해설] 노즐 플래퍼(nozzle flapper)는 공기압 자동제어 장치로서 검출 신호를 공기압 신호로 변환하기 위한 기구이며 압축공기의 공급원으로부터 관로에 일정압의 공기를 공급해 두고, 노즐과 플래퍼의 사이에 목표값의 신호와 합치하는 일정한 간극을 마련해 둔다. 제어 편차가 생기면 변위가 발생한다. 이 플래퍼의 변위에 의해 공기압이 변화되는 것을 이용하여 출력 신호(조작 신호)로서 조작부에 전달하여 조작단을 동작시키는 제어기구로서 신호의 증폭기로 이용된다.

42. 주파수 응답에 필요한 입력은?

① 계단 입력 ② 램프 입력
③ 임펄스 입력 ④ 정현파 입력

[해설] 주파수 응답(frequency response)은 입력 신호가 정현파로 변화하는 정상적인 상태일 때, 입력 신호에 대한 출력 신호의 진

폭비 및 위상차가 주파수에 의해 변화하는 상태이다.

43. 변압기 절연내력시험이 아닌 것은?
① 가압시험 ② 유도시험
③ 절연저항시험 ④ 충격전압시험

[해설] 절연내력시험(dielectric strength test) 은 절연물이 어느 정도의 전압에 견딜 수 있는지를 확인하는 시험으로 어떤 전압을 가해서 점차 승압하여 실제로 파괴되는 전압을 구하는 파괴시험과 어느 일정한 전압을 규정된 시간동안 가해서 이상 유무를 확인하는 내전압시험의 두 종류가 있다. 절연저항시험이란 모든 전기, 전자제품에서 누전 여부를 알아보기 위한 시험이다.

44. 자기장의 세기에 대한 설명으로 틀린 것은?
① 단위 길이당 기자력과 같다.
② 수직단면의 자력선 밀도와 같다.
③ 단위자극에 작용하는 힘과 같다.
④ 자속밀도에 투자율을 곱한 것과 같다.

[해설] 전기장 E의 세기는 단위 전하가 받는 힘으로 정의되고, 중력장의 세기 g는 단위 질량이 받는 힘으로 정의된다. 자기장의 세기 B는 단위 전류(1 A)가 흐르는 단위 길이 (1 m)의 도선이 자기장 속에 수직으로 놓일 때 받는 힘으로 정의된다.

$B = \dfrac{F}{lI}$ (단위 : $\dfrac{N}{Am}$ 또는 T = Wb/m^2)

45. 변압기유로 사용되는 절연유에 요구되는 특성으로 틀린 것은?
① 점도가 클 것
② 인화점이 높을 것
③ 응고점이 낮을 것
④ 절연내력이 클 것

[해설] 절연유는 점도가 작으며 냉각효과가 커야 한다.

46. 200 V, 2 kW 전열기에서 전열선의 길이를 $\dfrac{1}{2}$로 할 경우 소비전력은 몇 kW인가?
① 1 ② 2
③ 3 ④ 4

[해설] $R_1 = \dfrac{V^2}{P} = \dfrac{200^2}{2000} = 20\,\Omega$

길이가 $\dfrac{1}{2}$로 줄면 저항 $R_2 = 10\,\Omega$이 된다.

$P = \dfrac{V^2}{R_2} = \dfrac{200^2}{10} = 4000 ≒ 4\text{ kW}$

47. 다음 중 배율기(multiplier)의 설명으로 틀린 것은?
① 전압계와 병렬로 접속한다.
② 전압계의 측정범위가 확대된다.
③ 저항에 생기는 전압강하 원리를 이용한다.
④ 배율기의 저항은 전압계 내부 저항보다 크다.

48. 유도전동기를 유도발전기로 동작시켜 그 발생 전력을 전원으로 반환하여 제동하는 유도전동기 제동방식은?
① 발전제동 ② 역상제동
③ 단상제동 ④ 회생제동

49. 그림과 같은 논리회로의 출력 X_0에 해당하는 것은?

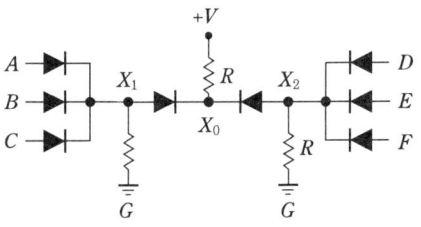

① $(ABC) + (DEF)$
② $(ABC) + (D+E+F)$

③ $(A+B+C)(D+E+F)$
④ $(A+B+C)+(D+E+F)$

50. 전압을 V, 전류를 I, 저항을 R, 그리고 도체의 비저항을 ρ라 할 때 옴의 법칙을 나타낸 식은?

① $V=\dfrac{R}{I}$ ② $V=\dfrac{I}{R}$
③ $V=IR$ ④ $V=IR\rho$

51. SCR에 관한 설명 중 틀린 것은?
① PNPN 소자이다.
② 스위칭 소자이다.
③ 양방향성 사이리스터이다.
④ 직류나 교류의 전력제어용으로 사용된다.
[해설] SCR은 사이리스터라고 하며 실리콘 제어 정류 소자로서 트랜지스터로는 할 수 없는 대전류 고전압의 단일 방향성 스위칭 소자이다.

52. 동작신호에 따라 제어 대상을 제어하기 위하여 조작량으로 변환하는 장치는 어느 것인가?
① 제어요소
② 외란요소
③ 피드백요소
④ 기준입력요소

53. 역률 0.85, 전류 50 A, 유효전력 28 kW 인 3상 평형부하의 전압은 약 몇 V인가?
① 300   ② 380
③ 476   ④ 660
[해설] $V=\dfrac{P}{\sqrt{3}\,I\cos\theta}=\dfrac{28000}{\sqrt{3}\times 50\times 0.85}$
$=380.37$ V

54. 제어기의 설명 중 틀린 것은?
① P 제어기 : 잔류편차 발생
② I 제어기 : 잔류편차 소멸
③ D 제어기 : 오차 예측 제어
④ PD 제어기 : 응답속도 지연
[해설] PD 제어기는 응답속도 시간이 단축된다.

55. $G(j\omega)=e^{-j\omega 0.4}$일 때 $\omega=2.5$ rad/s에서의 위상각은 약 몇 도인가?
① 28.6   ② 42.9
③ 57.3   ④ 71.5
[해설] $\theta=\omega t=2.5\times\dfrac{180}{\pi}\times 0.4=57.29°$

56. 그림의 블록 선도에서 $C(s)/R(s)$를 구하면?

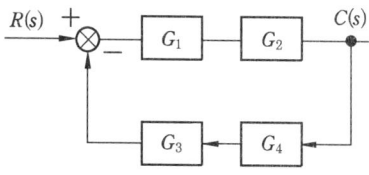

① $\dfrac{G_1 G_2}{1+G_1 G_2 G_3 G_4}$

② $\dfrac{G_3 G_4}{1+G_1 G_2 G_3 G_4}$

③ $\dfrac{G_1 + G_2}{1+G_1 G_2 + G_3 G_4}$

④ $\dfrac{G_1 G_2}{1+G_1 G_2 + G_3 G_4}$

[해설]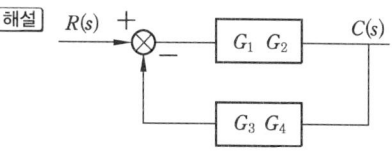

$RG_1 G_2 = C + CG_1 G_2 G_3 G_4$
$\dfrac{C}{R}=\dfrac{G_1 G_2}{1+G_1 G_2 G_3 G_4}$

정답 50. ③ 51. ③ 52. ① 53. ② 54. ④ 55. ③ 56. ①

57. 역률에 관한 다음 설명 중 틀린 것은?

① 역률은 $\sqrt{1-(무효율)^2}$ 로 계산할 수 있다.
② 역률을 이용하여 교류전력의 효율을 알 수 있다.
③ 역률이 클수록 유효전력보다 무효전력이 커진다.
④ 교류회로의 전압과 전류의 위상차에 코사인(cos)을 취한 값이다.

[해설]

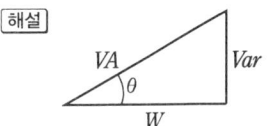

W : 유효전력
Var : 무효전력
$\cos\theta$: 역률
VA : 피상전력

역률이 클수록 θ가 작아지므로 유효전력이 증가한다.

58. PLC(Programmable Logic Controller)의 출력부에 설치하는 것이 아닌 것은?

① 전자개폐기
② 열동계전기
③ 시그널램프
④ 솔레노이드밸브

[해설] 열동계전기는 전류의 발열 작용을 이용한 시한 계전기로서 가열 코일에 전류를 흘림으로써 바이메탈이 동작하여 통전 후의 일정 시간에 접점을 닫는다. 긴 동작 시간이 얻어지지만 일단 동작하면 원상태로 복귀하는 데 시간이 걸린다.

59. 자동제어계의 출력 신호를 무엇이라 하는가?

① 조작량   ② 목표값
③ 제어량   ④ 동작신호

60. 다음 중 유도전동기의 속도 제어 방법이 아닌 것은?

① 극수 변환법
② 역률 제어법
③ 2차 여자 제어법
④ 전원전압 제어법

[해설] 유도전동기 속도 제어 방법
  (1) 농형 유도전동기
    ㉠ 극수 제어
    ㉡ 주파수 제어
    ㉢ 1차 전압(전원전압) 제어
  (2) 권선형 유도전동기
    ㉠ 2차 저항 속도제어
    ㉡ 2차 여자 속도제어

제4과목　유지보수공사관리

61. 배관에서 금속의 산화부식 방지법 중 칼로라이징(calorizing)법이란?

① 크롬(Cr)을 분말상태로 배관 외부에 침투시키는 방법
② 규소(Si)를 분말상태로 배관 외부에 침투시키는 방법
③ 알루미늄(Al)을 분말상태로 배관 외부에 침투시키는 방법
④ 구리(Cu)를 분말상태로 배관 외부에 침투시키는 방법

[해설] 칼로라이징은 금속 재료에 알루미늄을 침투시키는 조작이다.

62. 고압 배관용 탄소 강관에 대한 설명으로 틀린 것은?

① 9.8 MPa 이상에 사용하는 고압용 강관이다.
② KS 규격기호로 SPPH라고 표시한다.
③ 치수는 호칭지름×호칭두께(Sch No)×바

[정답] 57. ③　58. ②　59. ③　60. ②　61. ③　62. ③

깔지름으로 표시하며, 림드강을 사용하여 만든다.
④ 350℃ 이하에서 내연기관용 연료분사관, 화학공업의 고압배관용으로 사용된다.

[해설] 치수는 호칭지름×호칭두께 또는 바깥지름×두께로 표기하며, 관은 킬드강을 사용하여 이음매 없이 제조한다.

63. 강관의 용접 접합법으로 적합하지 않은 것은?

① 맞대기 용접 ② 슬리브 용접
③ 플랜지 용접 ④ 플라스턴 용접

[해설] 플라스턴 접합은 납＋주석의 용접봉을 사용하며 연관 접합에 사용한다.

64. 급수방식 중 압력탱크 방식의 특징으로 틀린 것은?

① 높은 곳에 탱크를 설치할 필요가 없으므로 건축물의 구조를 강화할 필요가 없다.
② 탱크의 설치위치에 제한을 받지 않는다.
③ 조작상 최고, 최저의 압력차가 없으므로 급수압이 일정하다.
④ 옥상탱크에 비해 펌프의 양정이 길어야 하므로 시설비가 많이 든다.

[해설] 압력탱크식은 탱크 안에 압축공기를 충전하여 공급하는 것으로 최고, 최저 압력차가 나타나며 자동식 공기 압축기를 사용하여 항상 일정한 공급압력을 유지하여야 한다.

65. 다음 중 급탕배관 시 주의사항으로 틀린 것은?

① 구배는 중력순환식인 경우 $\frac{1}{150}$, 강제순환식에서는 $\frac{1}{200}$로 한다.
② 배관의 굽힘 부분에는 스위블 이음으로 접합한다.
③ 상향배관인 경우 급탕관은 하향구배로

한다.
④ 플랜지에 사용되는 패킹은 내열성 재료를 사용한다.

[해설] 급탕관은 상향구배, 환수관은 하향구배를 한다.

66. 가스 사용시설의 배관설비 기준에 대한 설명으로 틀린 것은?

① 배관의 재료와 두께는 사용하는 도시가스의 종류, 온도, 압력에 적절한 것일 것
② 배관을 지하에 매설하는 경우에는 지면으로부터 0.6 m 이상의 거리를 유지할 것
③ 배관은 누출된 도시가스가 체류되지 않고 부식의 우려가 없도록 안전하게 설치할 것
④ 배관은 움직이지 않도록 고정하되 호칭지름이 13 mm 미만의 것에는 2 m마다, 33 mm 이상의 것에는 5 m마다 고정장치를 할 것

[해설] 배관 고정장치
- 관경 13 mm 미만 : 1 m마다 고정
- 관경 13 mm 이상 33 mm 미만 : 2 m마다 고정
- 관경 33 mm 이상 : 3 m마다 고정

67. 통기관의 종류에서 최상부의 배수 수평관이 배수 수직관에 접속된 위치보다도 더욱 위로 배수 수직관을 끌어 올려 대기 중에 개구하여 사용하는 통기관은?

① 각개 통기관 ② 루프 통기관
③ 신정 통기관 ④ 도피 통기관

[해설] 통기관 종류
(1) 각개 통기관 : 각 위생기구마다 통기관을 세우는 것으로 관경은 최소 32 mm 이상으로서 접속되는 배수관 구경의 1/2 이상으로 한다.
(2) 루프 통기관 : 2개 이상 8개 이내의 트랩

[정답] 63. ④ 64. ③ 65. ③ 66. ④ 67. ③

을 통기 보호하기 위하여 최상류에 있는 위생기구 기구배수관이 배수수평지관과 연결되는 바로 하류의 수평지관에 접속시켜 통기수직관 또는 신정통기관으로 연결하는 통기관이다. 관경 최소 10 mm 이상으로 한다.
(3) 신정 통기관 : 배수수직관 상부에서 관경을 축소하지 않고 연장형 대기 중에 개구한 통기관을 말한다.
(4) 도피 통기관 : 루프 통기식 배관에서 통기 능률을 촉진시키기 위해서 설치하는 관으로 관경은 배수관의 1/2 이상이 되어야 하며 최소 32 mm 이상이 되어야 한다.

68. 통기관의 설치 목적으로 가장 적절한 것은?
① 배수의 유속을 조절한다.
② 배수 트랩의 봉수를 보호한다.
③ 배수관 내의 진공을 완화한다.
④ 배수관 내의 청결도를 유지한다.
[해설] 통기관은 트랩의 봉수를 보호하기 위하여 설치한다.

69. 염화비닐관의 특징에 관한 설명으로 틀린 것은?
① 내식성이 우수하다.
② 열팽창률이 작다.
③ 가공성이 우수하다.
④ 가볍고 관의 마찰저항이 적다.
[해설] 염화비닐관은 강관에 비해 열팽창률이 6~7배로 열에 대하여 취약하다.

70. 밀폐 배관계에서는 압력계획이 필요하다. 압력계획을 하는 이유로 가장 거리가 먼 것은?
① 운전 중 배관계 내에 대기압보다 낮은 개소가 있으면 접속부에서 공기를 흡입할 우려가 있기 때문에

② 운전 중 수온에 알맞은 최소압력 이상으로 유지하지 않으면 순환수 비등이나 플래시 현상 발생 우려가 있기 때문에
③ 수온의 변화에 의한 체적의 팽창·수축으로 배관 각부에 악영향을 미치기 때문에
④ 펌프의 운전으로 배관계 각부의 압력이 감소하므로 수격작용, 공기 정체 등의 문제가 생기기 때문에
[해설] 펌프 운전을 하게 되면 배관 각부에서의 토출 압력 상승으로 공기 정체 등의 문제가 예방된다.

71. 온수난방설비의 온수배관 시공법에 관한 설명으로 틀린 것은?
① 공기가 고일 염려가 있는 곳에는 공기 배출을 고려한다.
② 수평배관에서 관의 지름을 바꿀 때에는 편심 리듀서를 사용한다.
③ 배관재료는 내열성을 고려한다.
④ 팽창관에는 슬루스 밸브를 설치한다.
[해설] 팽창관은 온수 보일러 저탕조 등의 안전장치로 사용되는 관으로 온수의 체적 팽창을 높은 곳의 팽창 탱크로 빠져 나가게 하는 작용을 하며 팽창관에는 밸브를 사용하지 않는다.

72. 강관작업에서 아래 그림처럼 15 A 나사용 90° 엘보 2개를 사용하여 길이가 200 mm가 되게 연결 작업을 하려고 한다. 이때 실제 15 A 강관의 길이는? (단, a : 나사가 물리는 최소길이는 11 mm, A : 이음쇠의 중심에서 단면까지의 길이는 27 mm로 한다.)

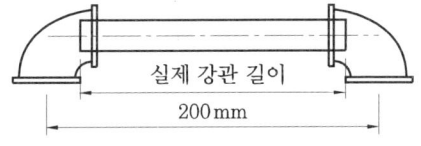

정답 68. ② 69. ② 70. ④ 71. ④ 72. ③

① 142 mm ② 158 mm
③ 168 mm ④ 176 mm

[해설] $L = 200 - 2 \times (27 - 11) = 168$ mm

73. 60℃의 물 200 L와 15℃의 물 100 L를 혼합하였을 때 최종온도는?

① 35℃ ② 40℃
③ 45℃ ④ 50℃

[해설] $t_m = \dfrac{60 \times 200 + 15 \times 100}{200 + 100} = 45$ ℃

74. 동관작업용 사이징 툴(sizing tool) 공구에 관한 설명으로 옳은 것은?

① 동관의 확관용 공구
② 동관의 끝부분을 원형으로 정형하는 공구
③ 동관의 끝을 나팔형으로 만드는 공구
④ 동관 절단 후 거스러미를 제거하는 공구

[해설] 동관 작업용 공구
　(1) 플레어링 툴 셋 : 관 끝을 나팔관 모양으로 만드는 공구
　(2) 익스팬더 : 확관용 공구
　(3) 사이징 툴 : 관 끝을 원형으로 정형
　(4) 튜브벤더 : 동관 구부림용

75. 일반적으로 배관계의 지지에 필요한 조건으로 틀린 것은?

① 관과 관내 유체 및 그 부속장치, 단열 피복 등의 합계중량을 지지하는 데 충분해야 한다.
② 온도 변화에 의한 관의 신축에 대하여 적응할 수 있어야 한다.
③ 수격현상 또는 외부에서의 진동, 동요에 대해서 견고하게 대응할 수 있어야 한다.
④ 배관계의 소음이나 진동에 의한 영향을 다른 배관계에 전달하여야 한다.

[해설] 배관에서 발생하는 소음이나 진동이 다른 배관으로 전달되는 것을 방지하기 위하여 진동이 심한 곳에 플렉시블 이음을 한다.

76. 동관의 외경 산출 공식으로 바르게 표시된 것은?

① 외경 = 호칭경(인치) + $\dfrac{1}{8}$ 인치

② 외경 = 호칭경(인치) × 25.4

③ 외경 = 호칭경(인치) + $\dfrac{1}{4}$ 인치

④ 외경 = 호칭경(인치) × $\dfrac{3}{4}$ + 1.8인치

77. 냉매배관 시 주의사항으로 틀린 것은?

① 굽힘부의 굽힘 반지름을 작게 한다.
② 배관 속에 기름이 고이지 않도록 한다.
③ 배관에 큰 응력 발생의 염려가 있는 곳에는 루프형 배관을 해준다.
④ 다른 배관과 달라서 벽 관통 시에는 슬리브를 사용하여 보온 피복한다.

[해설] 굽힘부의 굽힘 반지름을 크게 해야 압력 손실을 최소화할 수 있다.

78. 급탕배관 시공에 관한 설명으로 틀린 것은?

① 배관의 굽힘 부분에는 벨로스 이음을 한다.
② 하향식 급탕주관의 최상부에는 공기빼기 장치를 설치한다.
③ 팽창관의 관경은 겨울철 동결을 고려하여 25 A 이상으로 한다.
④ 단관식 급탕배관 방식에는 상향배관, 하향배관 방식이 있다.

[해설] 배관 굽힘 부분에는 스위블 이음을 해야 한다.

정답 73. ③　74. ②　75. ④　76. ①　77. ①　78. ①

79. 지역난방의 특징에 관한 설명으로 틀린 것은?

① 대기 오염물질이 증가한다.
② 도시의 방재수준 향상이 가능하다.
③ 사용자에게는 화재에 대한 우려가 적다.
④ 대규모 열원기기를 이용한 에너지의 효율적 이용이 가능하다.

[해설] 지역난방 : 전기와 열을 동시에 생산하는 열병합발전소, 쓰레기 소각장 등의 열 생산시설에서 120℃ 이상의 온수를 도로, 하천 등에 묻힌 이중보온관을 통해 아파트나 빌딩 등의 기계실로 공급하여 난방을 할 수 있도록 하는 방식으로 대기 오염물질은 감소한다.

80. 배수트랩의 봉수 파괴 원인 중 트랩 출구 수직배관부에 머리카락이나 실 등이 걸려서 봉수가 파괴되는 현상과 관련된 작용은 어느 것인가?

① 사이펀작용
② 모세관작용
③ 흡인작용
④ 토출작용

[해설] 머리카락이나 실 등은 모세관 현상으로 봉수를 파괴하는 원인이 된다.

정답 79. ① 80. ②

CBT 실전문제 (2)

제1과목 에너지관리

1. 다음 그림에 대한 설명으로 틀린 것은? (단, 하절기 공기조화 과정이다.)

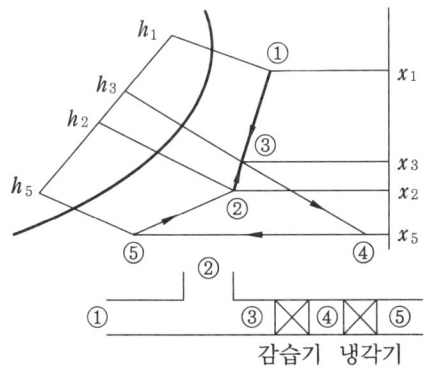

① ③을 감습기에 통과시키면 엔탈피 변화 없이 감습된다.
② ④는 냉각기를 통해 엔탈피가 감소되며 ⑤로 변화된다.
③ 냉각기 출구 공기 ⑤를 취출하면 실내에서 취득열량을 얻어 ②에 이른다.
④ 실내공기 ①과 외기 ②를 혼합하면 ③이 된다.
[해설] ① : 외기, ② : 실내공기

2. 다음은 어느 방식에 대한 설명인가?

- 각 실이나 존의 온도를 개별제어하기 쉽다.
- 일사량 변화가 심한 페리미터 존에 적합하다.
- 실내부하가 적어지면 송풍량이 적어지므로 실내 공기의 오염도가 높다.

① 정풍량 단일덕트방식
② 변풍량 단일덕트방식
③ 패키지방식
④ 유인유닛방식
[해설] 부하변동에 따라 풍량을 조절하는 것은 변풍량 방식이다.

3. 원형덕트에서 사각덕트로 환산시키는 식으로 옳은 것은? (단, a는 사각덕트의 장변길이, b는 단변길이, d는 원형덕트의 직경 또는 상당직경이다.)

① $d = 1.2 \cdot \left[\dfrac{(ab)^5}{(a+b)^2} \right]^8$
② $d = 1.2 \cdot \left[\dfrac{(ab)^2}{(a+b)^5} \right]^8$
③ $d = 1.3 \cdot \left[\dfrac{(ab)^2}{(a+b)^5} \right]^{1/8}$
④ $d = 1.3 \cdot \left[\dfrac{(ab)^5}{(a+b)^2} \right]^{1/8}$

4. 다음 중 흡수식 냉동기의 구성기기가 아닌 것은?
① 응축기   ② 흡수기
③ 발생기   ④ 압축기
[해설] 흡수식 냉동기에는 압축기를 사용하지 않는다.

5. 냉난방 공기조화 설비에 관한 설명으로 틀린 것은?
① 조명기구에 의한 영향은 현열로서 냉방부하 계산 시 고려되어야 한다.
② 패키지 유닛 방식을 이용하면 중앙공조 방식에 비해 공기조화용 기계실의 면적이 적게 요구된다.

[정답] 1. ④ 2. ② 3. ④ 4. ④ 5. ④

③ 이중 덕트 방식은 개별제어를 할 수 있는 이점은 있지만 일반적으로 설비비 및 운전비가 많아진다.
④ 지역냉난방은 개별냉난방에 비해 일반적으로 공사비는 현저하게 감소한다.

[해설] 지역난방의 단점은 개별난방에 비해 공사비가 크고 유지관리가 어렵다는 것이다.

6. 단일덕트 재열방식의 특징에 관한 설명으로 옳은 것은?
① 부하 패턴이 다른 다수의 실 또는 존의 공조에 적합하다.
② 식당과 같이 잠열부하가 많은 곳의 공조에는 부적합하다.
③ 전수방식으로서 부하변동이 큰 실이나 존에서 에너지 절약형으로 사용된다.
④ 시스템의 유지·보수 면에서는 일반 단일덕트에 비해 우수하다.

[해설] 부하가 다른 각 실의 부하변동에 대응하기 위하여 덕트에 재열방식을 채택한다.

7. 유효온도(effective temperature)에 대한 설명으로 옳은 것은?
① 온도, 습도를 하나로 조합한 상태의 측정온도이다.
② 각기 다른 실내온도에서 습도에 따라 실내 환경을 평가하는 척도로 사용된다.
③ 인체가 느끼는 쾌적 온도로서 바람이 없는 정지된 상태에서 상대습도가 100%인 포화상태의 공기 온도를 나타낸다.
④ 유효온도 선도는 복사 영향을 무시하여 건구온도 대신에 글로브 온도계의 온도를 사용한다.

[해설] 유효온도는 실효온도라고도 하며 상대습도가 100이고, 바람이 없는 상태의 온도와 같은 온도로 느껴지는 기온, 습도, 기류를 조합한 것이다.

8. 습공기 100 kg이 있다. 이때 혼합되어 있는 수증기의 질량이 2 kg이라면 공기의 절대습도는?
① 0.0002 kg/kg   ② 0.02 kg/kg
③ 0.2 kg/kg   ④ 0.98 kg/kg

[해설] 절대습도 = $\dfrac{2\,\text{kg}}{100\,\text{kg}} = 0.02\,\text{kg/kg}$

9. 크기 1000×500 mm의 직관 덕트에 35℃의 온풍 18000 m³/h이 흐르고 있다. 이 덕트가 −10℃의 실외 부분을 지날 때 길이 20 m당 덕트 표면으로부터의 열손실은? (단, 덕트는 암면 25 mm로 보온되어 있고, 이때 1000 m당 온도 차 1℃에 대한 온도 강하는 0.9℃이다. 공기의 밀도는 1.2 kg/m³, 정압비열은 1.01 kJ/kg·K이다.)
① 3.0 kW   ② 3.8 kW
③ 4.9 kW   ④ 6.0 kW

[해설] 18000 m³/h × 1.2 kg/m³ × 1.01 kJ/kg·K
× {35−(−10)}℃ × $\dfrac{20\,\text{m}}{1000\,\text{m}}$ × 0.9 ÷ 3600
= 4.9 kW

10. 습공기의 수증기 분압이 P_v, 동일 온도의 포화수증기압이 P_s일 때, 다음 설명 중 틀린 것은?
① $P_v < P_s$일 때 불포화습공기
② $P_v = P_s$일 때 포화습공기
③ $\dfrac{P_s}{P_v} \times 100$은 상대습도
④ $P_v = 0$일 때 건공기

[해설] 상대습도 = $\dfrac{P_v}{P_s} \times 100$

11. 덕트의 굴곡부 등에서 덕트 내에 흐르는 기류를 안정시키기 위한 목적으로 사용하는 기구는?
① 스플릿 댐퍼
② 가이드 베인
③ 릴리프 댐퍼
④ 버터플라이 댐퍼

[해설] 가이드 베인은 덕트의 직경 부분 통로에 곡률을 가진 날개를 부착하여 직각 부분의 속도 변화에 의한 난류의 발생을 방지하고, 유체의 저항 손실을 최소화한다.

12. 실리카겔, 활성알루미나 등을 사용하여 감습을 하는 방식은?
① 냉각 감습
② 압축 감습
③ 흡수식 감습
④ 흡착식 감습

[해설] 실리카겔, 알루미나겔은 흡착 분리하며 염화칼슘, 염화나트륨 등은 흡수 분리한다.

13. 난방설비에서 온수헤더 또는 증기헤더를 사용하는 주된 이유로 가장 적합한 것은?
① 미관을 좋게 하기 위해서
② 온수 및 증기의 온도 차가 커지는 것을 방지하기 위해서
③ 워터 해머(water hammer)를 방지하기 위해서
④ 온수 및 증기를 각 계통별로 공급하기 위해서

[해설] 헤더는 각 계통별로 유량을 동일하게 공급하는 역할을 한다.

14. 환기(ventilation)란 A에 있는 공기의 오염을 막기 위하여 B로부터 C를 공급하여, 실내의 D를 실외로 배출하고 실내의 오염 공기를 교환 또는 희석시키는 것을 말한다. 여기서 A, B, C, D로 적절한 것은?
① A-일정 공간, B-실외, C-청정한 공기, D-오염된 공기
② A-실외, B-일정 공간, C-청정한 공기, D-오염된 공기
③ A-일정 공간, B-실외, C-오염된 공기, D-청정한 공기
④ A-실외, B-일정 공간, C-오염된 공기, D-청정한 공기

15. 다음과 같이 단열된 덕트 내에 공기가 통하고 이것에 열량 Q [kcal/h]와 수분 L [kg/h]을 가하여 열평형이 이루어졌을 때, 공기에 가해진 열량은? (단, 공기의 유량은 G [kg/h], 가열코일 입·출구의 엔탈피, 절대습도를 각각 h_1, h_2 [kcal/kg], x_1, x_2 [kg/kg]로 하고, 수분의 엔탈피를 h_L [kcal/kg]로 한다.)

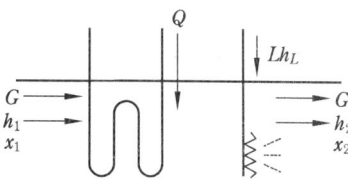

① $G(h_2 - h_1) + Lh_L$
② $G(x_2 - x_1) + Lh_L$
③ $G(h_2 - h_1) - Lh_L$
④ $G(x_2 - x_1) - Lh_L$

[해설] $G(h_2 - h_1)$: 가열량
$L \cdot h_L$: 가습량
공기에만 가해진 열량이므로 전체량에서 가습량은 제외시킨다.
∴ $G(h_2 - h_1) - L \cdot h_L$

16. 공기열원 열펌프를 냉동사이클 또는 난방사이클로 전환하기 위하여 사용하는 밸브는?

정답 11. ② 12. ④ 13. ④ 14. ① 15. ③ 16. ③

① 체크 밸브　　② 글로브 밸브
③ 4방 밸브　　　④ 릴리프 밸브

[해설] • 냉동사이클 : 증발기 → 압축기 → 응축기
　　　• 난방사이클 : 응축기 → 압축기 → 증발기
　　　　(4방밸브에 의하여)

17. 국부저항 상류의 풍속을 V_1, 하류의 풍속을 V_2라 하고 전압 기준 국부저항계수를 ζ_T, 정압 기준 국부저항계수를 ζ_S라 할 때 두 저항계수의 관계식은?

① $\zeta_T = \zeta_S + 1 - (V_1/V_2)^2$
② $\zeta_T = \zeta_S + 1 - (V_2/V_1)^2$
③ $\zeta_T = \zeta_S + 1 + (V_1/V_2)^2$
④ $\zeta_T = \zeta_S + 1 + (V_2/V_1)^2$

18. 냉동 창고의 벽체가 15 cm, 열전도율 1.4 kcal/m·h·℃인 콘크리트와 두께 5 cm, 열전도율이 1.2 kcal/m·h·℃인 모르타르로 구성되어 있다면, 벽체의 열통과율은? (단, 내벽측 표면 열전달률은 8 kcal/m²·h·℃, 외벽측 표면 열전달률은 20 kcal/m²·h·℃이다.)

① 0.026 kcal/m²·h·℃
② 0.323 kcal/m²·h·℃
③ 3.088 kcal/m²·h·℃
④ 38.175 kcal/m²·h·℃

[해설] $K = \dfrac{1}{\left(\dfrac{1}{8} + \dfrac{0.15}{1.4} + \dfrac{0.05}{1.2} + \dfrac{1}{2}\right)}$
　　　　$= 3.088 \text{ kcal/m}^2\cdot h\cdot ℃$

19. 공조설비를 구성하는 공기조화기는 공기여과기, 냉·온수코일, 가습기, 송풍기로 구성되어 있는데, 다음 중 이들 장치와 직접 연결되어 사용되는 설비가 아닌 것은?

① 공급덕트　　② 주증기관
③ 냉각수관　　④ 냉수관

[해설] 냉각수는 응축기에 사용되는 물이므로 냉각수관은 냉동기에 연결되어 있다.

20. 10℃의 냉풍을 급기하는 덕트가 건구온도 30℃, 상대습도 70 %인 실내에 설치되어 있다. 이때 덕트의 표면에 결로가 발생하지 않도록 하려면 보온재의 두께는 최소 몇 mm 이상이어야 하는가? (단, 30℃, 70 %의 노점온도 24℃, 보온재의 열전도율은 0.03 kcal/m·h·℃, 내표면의 열전달률은 40 kcal/m²·h·℃, 외표면의 열전달률은 8 kcal/m²·h·℃, 보온재 이외의 열저항은 무시한다.)

① 5 mm　　② 8 mm
③ 16 mm　　④ 20 mm

[해설] 덕트 표면에서의 열평형 상태가 되므로
$k \times F \times \Delta t = \alpha \times F \times \Delta t$
$k \times F \times (30-10) = 8 \times F \times (30-24)$
$k = 2.4 \text{ kcal/m}^2\cdot h\cdot ℃$
$\dfrac{1}{2.4} = \dfrac{1}{40} + \dfrac{l}{0.03} + \dfrac{1}{8}$
∴ $l = 0.008 \text{ m} ≒ 8 \text{ mm}$

제2과목　　**공조냉동설계**

21. 증발기에 관한 설명으로 틀린 것은?

① 냉매는 증발기 속에서 습증기가 건포화증기로 변한다.
② 건식 증발기는 유회수가 용이하다.
③ 만액식 증발기는 액백을 방지하기 위해 액분리기를 설치한다.
④ 액순환식 증발기는 액 펌프나 저압 수액기가 필요 없으므로 소형 냉동기에 유리하다.

[해설] 액순환식 증발기는 액 펌프와 저압 수액기를 필요로 하며 급속 동결을 요하는 곳에 사용된다.

[정답] 17. ②　18. ③　19. ③　20. ②　21. ④

22. 아래의 사이클이 적용된 냉동장치의 냉동 능력이 119 kW일 때, 다음 설명 중 틀린 것은? (단, 압축기의 단열효율 η_c는 0.7, 기계효율 η_m은 0.85이며, 기계적 마찰손실 일은 열이 되어 냉매에 더해지는 것으로 가정한다.)

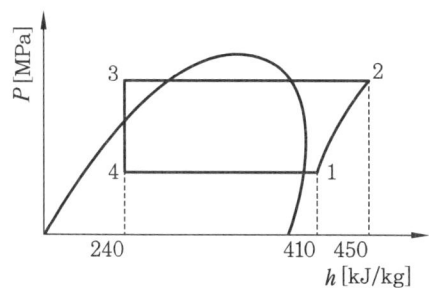

① 냉매순환량은 0.7 kg/s이다.
② 냉동장치의 실제 성능계수는 4.25이다.
③ 실제 압축기 토출 가스의 엔탈피는 약 467 kJ/kg이다.
④ 실제 압축기 축동력은 약 47.1 kW이다.

[해설] 1 kW = 1 kJ/s

냉매순환량 = 냉동능력 / 냉동효과
= $\dfrac{119\,\text{kJ/s}}{(410-240)\,\text{kJ/kg}}$ = 0.7 kg/s

실제 토출가스 엔탈피 = $410 + \dfrac{450-410}{0.7}$
= 467 kJ/kg

실제 축동력 = $0.7\,\text{kg/s} \times \dfrac{(450-410)}{0.7 \times 0.85}$
= 47.058 ≒ 47.1 kW

실제 성능계수 = $\dfrac{119\,\text{kW}}{47.1\,\text{kW}}$ = 2.53

23. 냉동장치의 고압부에 대한 안전장치가 아닌 것은?
① 안전밸브   ② 고압스위치
③ 가용전   ④ 방폭문

[해설] 방폭문은 가연성가스 용기 저장실에 설치해야 한다.

24. 냉동기에 사용되는 제어밸브에 관한 설명으로 옳은 것은?
① 온도 자동 팽창밸브는 응축기의 온도를 일정하게 유지·제어한다.
② 흡입압력 조정밸브는 압축기의 흡입압력이 설정치 이상이 되지 않도록 제어한다.
③ 전자밸브를 설치할 경우 흐름방향을 고려할 필요가 없다.
④ 고압측 플로트(float) 밸브는 냉매 액의 속도로 제어한다.

[해설] 온도 자동 팽창밸브는 흡입가스 과열도를 일정하게 유지하며, 전자밸브를 설치 시 화살표와 흐름방향을 일치시켜야 한다. 고압측 플로트 밸브는 냉매 액을 모두 저압측으로 보내는 역할을 한다.

25. 고온부의 절대온도를 T_1, 저온부의 절대온도를 T_2, 고온부로 방출하는 열량을 Q_1, 저온부로부터 흡수하는 열량을 Q_2라고 할 때, 이 냉동기의 이론 성적계수(COP)를 구하는 식은?

① $\dfrac{Q_1}{Q_1-Q_2}$ ② $\dfrac{Q_2}{Q_1-Q_2}$

③ $\dfrac{T_1}{T_1-T_2}$ ④ $\dfrac{T_1-T_2}{T_1}$

[해설] ①, ③ : 열펌프 성적계수를 구하는 식

26. 2단 압축 1단 팽창 냉동장치에서 각 점의 엔탈피는 다음의 $P-h$선도와 같다고 할 때, 중간냉각기 냉매순환량은? (단, 냉동능력은 20 RT이다.)

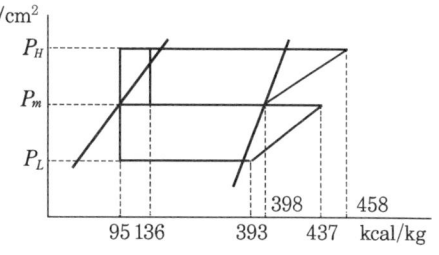

정답 22. ② 23. ④ 24. ② 25. ② 26. ①

① 68.04 kg/h　　② 85.89 kg/h
③ 222.82 kg/h　　④ 290.8 kg/h

[해설] 중간냉각기 냉매순환량(G_m)

$$G_m = 20 \times \frac{3320}{(393-95)}$$
$$\times \frac{(437-398)+(136-95)}{(398-136)} = 68.04 \text{ kg/h}$$

27. 증기 압축식 냉동기와 비교하여 흡수식 냉동기의 특징이 아닌 것은?
① 일반적으로 증기 압축식 냉동기보다 성능계수가 낮다.
② 압축기의 소비동력을 비교적 절감시킬 수 있다.
③ 초기 운전 시 정격성능을 발휘할 때까지 도달속도가 느리다.
④ 냉각수 배관, 펌프, 냉각탑의 용량이 커져 보조기기 설비비가 증가한다.

[해설] 흡수식 냉동기는 압축기를 사용하지 않는다.

28. 단위시간당 전도에 의한 열량에 대한 설명으로 틀린 것은?
① 전도열량은 물체의 두께에 반비례한다.
② 전도열량은 물체의 온도 차에 비례한다.
③ 전도열량은 전열면적에 반비례한다.
④ 전도열량은 열전도율에 비례한다.

[해설] 전도열량은 전열면적에 비례한다.

29. 냉동능력이 99600 kcal/h이고, 압축소요 동력이 35 kW인 냉동기에서 응축기의 냉각수 입구온도가 20℃, 냉각수량이 360 L/min이면 응축기 출구의 냉각수 온도는?
① 22℃　　② 24℃
③ 26℃　　④ 28℃

[해설] 99600 kcal/h + 35 × 860 kcal/h
= 360 × 60 kg/h × 1 kcal/kg · ℃ × (t_{w2} − 20)℃
∴ t_{w2} = 26℃

30. 냉동사이클에서 습압축으로 일어나는 현상과 가장 거리가 먼 것은?
① 응축잠열 감소
② 냉동능력 감소
③ 압축기의 체적 효율 감소
④ 성적계수 감소

[해설] 습압축은 습증기상태의 압축으로 응축잠열과는 무관하다.

31. 일반적인 냉매의 구비 조건으로 옳은 것은?
① 활성이며 부식성이 없을 것
② 전기저항이 작을 것
③ 점성이 크고 유동저항이 클 것
④ 열전달률이 양호할 것

[해설] 냉매의 구비 조건
(1) 증발압력이 낮아 진공으로 되지 않을 것
(2) 응축압력이 너무 높지 않을 것
(3) 증발잠열 및 증기의 비열은 크고, 액체의 비열은 작을 것
(4) 임계온도가 높고, 응고온도가 낮을 것
(5) 증기의 비체적이 작을 것
(6) 누설이 어렵고, 누설 시는 검지가 쉬울 것
(7) 부식성이 없을 것
(8) 전기저항이 크고, 열전도율이 높을 것
(9) 점성 및 유동저항이 작을 것
(10) 윤활유에 녹지 않을 것
(11) 무해·무독으로 인화, 폭발의 위험이 적을 것

32. 증기 압축식 냉동사이클에서 증발온도를 일정하게 유지시키고, 응축온도를 상승시킬 때 나타나는 현상이 아닌 것은?

[정답] 27. ②　28. ③　29. ③　30. ①　31. ④　32. ④

① 소요동력 증가
② 성적계수 감소
③ 토출가스 온도 상승
④ 플래시가스 발생량 감소

[해설] 증발온도를 일정하게 유지하고 응축온도를 상승시키면 플래시가스 발생량은 증가한다.

33. 다음 중 터보압축기의 용량(능력)제어 방법이 아닌 것은?
① 회전속도에 의한 제어
② 흡입 댐퍼(damper)에 의한 제어
③ 부스터(booster)에 의한 제어
④ 흡입 가이드 베인(guide vane)에 의한 제어

[해설] 부스터는 2단 압축에서 저단 압축기를 표현하는 것이다.

34. 나선상의 관에 냉매를 통과시키고, 그 나선관을 원형 또는 구형의 수조에 담그고, 물을 수조에 순환시켜서 냉각하는 방식의 응축기는?
① 대기식 응축기
② 이중관식 응축기
③ 지수식 응축기
④ 증발식 응축기

[해설] 지수식 응축기는 셸 앤드 코일식 응축기라고도 하며 셸에 냉매, 튜브에 냉각수가 흐르는 소용량의 프레온 냉동장치에 사용한다.

35. 0.08 m³의 물속에 700℃의 쇠뭉치 3 kg을 넣었더니 쇠뭉치의 평균 온도가 18℃로 변하였다. 이때 물의 온도 상승량은? (단, 물의 밀도는 1000 kg/m³이고, 쇠의 비열은 606 J/kg · ℃이며, 물과 공기와의 열교환은 없다.)
① 2.8℃   ② 3.7℃
③ 4.8℃   ④ 5.7℃

[해설] 쇠뭉치가 빼앗긴 열량 = 물이 받은 열량
3 kg×0.606 kJ/kg · ℃×(700−18)℃
= 1000 kg/m³×0.08 m³×4.186 kJ/kg · ℃
× Δt[℃]
∴ Δt = 3.17℃

36. 다음 중 팽창밸브의 역할로 가장 거리가 먼 것은?
① 압력 강하
② 온도 강하
③ 냉매량 제어
④ 증발기에 오일 흡입 방지

[해설] 팽창밸브의 역할 : 압력 및 온도 강하, 냉매량 제어

37. 증발식 응축기에 관한 설명으로 옳은 것은?
① 외기의 습구온도 영향을 많이 받는다.
② 외부공기가 깨끗한 곳에서는 일리미네이터(eliminator)를 설치할 필요가 없다.
③ 공급수의 양은 물의 증발량과 일리미네이터에서 배제하는 양을 가산한 양으로 충분하다.
④ 냉각작용은 물을 살포하는 것만으로 한다.

[해설] 증발식 응축기는 물의 증발에 의하여 응축이 되기 때문에 외기 습구온도의 영향을 받는다.

38. 냉동장치로 얼음 1 ton을 만드는 데 50 kWh의 동력이 소비된다. 이 장치에 20℃의 물이 들어가서 −10℃의 얼음으로 나온다고 할 때, 이 냉동장치의 성적계수는? (단, 얼음의 융해 잠열은 80 kcal/kg, 비열은 0.5 kcal/kg · ℃이다.)
① 1.12   ② 2.44   ③ 3.42   ④ 4.67

[정답] 33. ③ 34. ③ 35. ② 36. ④ 37. ① 38. ②

[해설] 20℃ 물→0℃ 물→0℃ 얼음→ -10℃ 얼음

$Q = 1000\,kg \times (1\,kcal/kg \cdot ℃ \times 20℃$
$\qquad + 80\,kcal/kg + 0.5\,kcal/kg \cdot ℃ \times 10℃)$
$\quad = 105000\,kcal/h$

성적계수 $= \dfrac{냉동능력}{축동력}$

$= \dfrac{105000\,kcal/h}{(50 \times 860)\,kcal/h} = 2.44$

39. 냉동능력이 1RT인 냉동장치가 1kW의 압축동력을 필요로 할 때, 응축기에서의 발열량은?

① 2 kcal/h   ② 3321 kcal/h
③ 4180 kcal/h ④ 2460 kcal/h

[해설] $Q_1 = Q_2 + AW$
$= 3320\,kcal/h + 860\,kcal/h = 4180\,kcal/h$

40. 안정적으로 작동되는 냉동 시스템에서 팽창밸브를 과도하게 닫았을 때 일어나는 현상이 아닌 것은?

① 흡입압력이 낮아지고 증발기 온도가 저하된다.
② 압축기의 흡입가스가 과열된다.
③ 냉동능력이 감소한다.
④ 압축기의 토출가스 온도가 낮아진다.

[해설] 팽창밸브를 과도하게 닫으면 냉매순환량이 감소하여 흡입가스 과열, 증발압력 저하로 토출가스 온도가 상승하게 된다.

제3과목 시운전 및 안전관리

41. 그림과 같은 블록선도에서 $\dfrac{X_3}{X_1}$를 구하면?

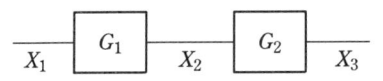

① $G_1 + G_2$ ② $G_1 - G_2$
③ $G_1 \cdot G_2$ ④ $\dfrac{G_1}{G_2}$

[해설] 직렬연결은 전달함수의 곱이다.

$\dfrac{X_3}{X_1} = G_1 G_2$

42. 내부저항 90 Ω, 최대지시값 100 μA의 직류전류계로 최대지시값 1 mA를 측정하기 위한 분류기 저항은 몇 Ω인가?

① 9   ② 10   ③ 90   ④ 100

[해설] 배율 $= \dfrac{1\,mA}{100\,\mu A} = 10$

분류기 저항 $= \dfrac{1}{배율 - 1} \times R$

$= \dfrac{1}{10 - 1} \times 90 = 10\,\Omega$

43. 100 V용 전구 30 W와 60 W 두 개를 직렬로 연결하고 직류 100 V 전원에 접속하였을 때 두 전구의 상태로 옳은 것은?

① 30 W 전구가 더 밝다.
② 60 W 전구가 더 밝다.
③ 두 전구의 밝기가 모두 같다.
④ 두 전구가 모두 켜지지 않는다.

[해설] $R_1 = \dfrac{V^2}{P_1} = \dfrac{100^2}{30} = 333.33\,\Omega$

$R_2 = \dfrac{V^2}{P_2} = \dfrac{100^2}{60} = 166.67\,\Omega$

30 W의 저항이 크므로 더 밝다.

44. 조절계의 조절요소에서 비례미분제어에 관한 기호는?

① P   ② PI
③ PD   ④ PID

[해설] P : 비례제어
 D : 미분제어
 I : 적분제어

정답 39. ③ 40. ④ 41. ③ 42. ② 43. ① 44. ③

45. $A = 6 + j8$, $B = 20\angle 60°$일 때 $A + B$를 직각좌표형식으로 표현하면?

① $16 + j18$
② $26 + j28$
③ $16 + j25.32$
④ $23.32 + j18$

[해설] $B = 20\angle 60° = 20\cos 60° + j20\sin 60°$
$= 10 + j17.32$
$A + B = 6 + j8 + 10 + j17.32$
$= 16 + j25.32$

46. 다음 중 보일러의 자동연소제어가 속하는 제어는?

① 비율제어
② 추치제어
③ 추종제어
④ 정치제어

[해설] 보일러의 자동연소제어는 2종 또는 그 이상의 프로세스 변화량 사이에 일정한 비율을 유지하도록 하는 제어방식으로 비율제어(ratio control)이다.

47. 서보기구에서 주로 사용하는 제어량은 어느 것인가?

① 전류
② 전압
③ 방향
④ 속도

[해설] 서보제어는 제어량이 목표값을 따라가도록 하는 제어(방향제어)이다.

48. 비례적분미분제어를 이용했을 때의 특징에 해당되지 않는 것은?

① 정정시간을 적게 한다.
② 응답의 안정성이 작다.
③ 잔류편차를 최소화시킨다.
④ 응답의 오버슈트를 감소시킨다.

[해설] 비례적분미분제어는 가장 정확한 제어로서 응답의 안정성이 크다.

49. 유도전동기에 인가되는 전압과 주파수를 동시에 변환시켜 직류전동기와 동등한 제어 성능을 얻을 수 있는 제어방식은?

① VVVF 방식
② 교류 궤환제어방식
③ 교류 1단 속도제어방식
④ 교류 2단 속도제어방식

[해설] VVVF 인버터(variable voltage variable frequency inverter)는 가변전압, 가변주파수의 교류 전압을 출력하는 것이 가능한 인버터의 약칭으로서 평균전압으로 목적의 진폭, 주파수를 가진 교류전압을 얻는다. 그러므로 유도전동기에 인가되는 전압과 주파수를 동시에 변환시켜 직류전동기와 동등한 제어성능을 얻을 수 있는 제어방식이다.

50. 단면적 S [m²]를 통과하는 자속을 Φ [Wb]라 하면 자속밀도 B [Wb/m²]를 나타낸 식으로 옳은 것은?

① $B = S\Phi$
② $B = \dfrac{\Phi}{S}$
③ $B = \dfrac{S}{\Phi}$
④ $B = \dfrac{\Phi}{\mu S}$

51. 어떤 저항에 전압 100V, 전류 50A를 5분간 흘렸을 때 발생하는 열량은 약 몇 kcal인가?

① 90
② 180
③ 360
④ 720

[해설] $R = \dfrac{V}{I} = \dfrac{100}{50} = 2\,\Omega$

$Q = \dfrac{0.24I^2Rt}{1000} = \dfrac{0.24 \times 50^2 \times 2 \times 5 \times 60}{1000}$
$= 360\,\text{kcal}$

52. 3상 유도전동기의 출력이 5 kW, 전압 200 V, 역률 80 %, 효율이 90 %일 때 유입되는 선전류는 약 몇 A인가?

① 14
② 17
③ 20
④ 25

[해설] $I = \dfrac{P}{\sqrt{3}\, V\eta\cos\theta}$

$= \dfrac{5000}{\sqrt{3} \times 200 \times 0.9 \times 0.8} = 20$ A

53. 탄성식 압력계에 해당되는 것은?
① 경사관식 ② 압전기식
③ 환상평형식 ④ 벨로스식

[해설] 압력계의 종류에는 액주식, 탄성식, 분동식, 스트레인게이지식, 압전식 압력 변환기, 전위차계 압력 변환기, 반도체형 압력계가 있으며, 탄성식에는 부르동관식, 멤브레인식, 벨로스식, 다이어프램식이 있다.

54. 정현파 전압 $v = 220\sqrt{2}\sin(\omega t + 30°)$ V 보다 위상이 90° 뒤지고 최댓값이 20 A 인 정현파 전류의 순싯값은 몇 A인가?
① $20\sin(\omega t - 30°)$
② $20\sin(\omega t - 60°)$
③ $20\sqrt{2}\sin(\omega t + 60°)$
④ $20\sqrt{2}\sin(\omega t - 60°)$

[해설] $I = 20\sin(\omega t + (30° - 90°))$
$= 20\sin(\omega t - 60°)$

55. 빛의 양(조도)에 의해서 동작되는 CdS를 이용한 센서에 해당하는 것은?
① 저항 변화형
② 용량 변화형
③ 전압 변화형
④ 인덕턴스 변화형

[해설] 빛의 세기에 따라 저항값이 변하는 소자는 CdS 센서이며 성분은 황(S), 카드뮴(Cd)이다.

56. 전원전압을 안정게 유지하기 위하여 사용되는 다이오드로 가장 옳은 것은?
① 제너 다이오드
② 터널 다이오드
③ 보드형 다이오드
④ 버랙터 다이오드

[해설] 일정한 전압을 얻을 목적으로 사용되는 소자는 제너 다이오드이며 정전압 다이오드라고도 한다. 정방향에서는 일반 다이오드와 동일한 특성을 보이지만 역방향으로 전압을 걸면 일반 다이오드보다 낮은 특정 전압(항복 전압 또는 제너 전압)에서 역방향 전류가 흐르는 소자이다.

57. 그림과 같은 펄스를 라플라스 변환하면 그 값은?

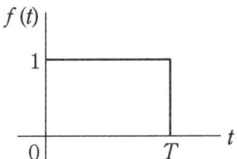

① $\dfrac{1}{T}\left(\dfrac{1 - e^{Ts}}{s}\right)$ ② $\dfrac{1}{T}\left(\dfrac{1 + e^{Ts}}{s}\right)$
③ $\dfrac{1}{s}(1 - e^{-Ts})$ ④ $\dfrac{1}{s}(1 + e^{Ts})$

[해설] 펄스를 식으로 표시하면
$f(t) = u(t) - u(t - T)$
라플라스 변환하면
$\mathcal{L}[f(t)] = \dfrac{1}{s}(1 - e^{-Ts})$

58. 피드백 제어계의 제어장치에 속하지 않는 것은?
① 설정부 ② 조절부
③ 검출부 ④ 제어대상

59. 평행한 두 도체에 같은 방향의 전류를 흘렸을 때 두 도체 사이에 작용하는 힘은?
① 흡인력
② 반발력

정답 53. ④ 54. ② 55. ① 56. ① 57. ③ 58. ④ 59. ①

③ $\dfrac{I}{2\pi r}$ 의 힘

④ 힘이 작용하지 않는다.

[해설] 전류가 흐르면 자기장이 형성된다는 앙페르법칙(오른손법칙)에 의해서 같은 방향으로 흐르고 있는 두 전류는 끌어당긴다.

60. 논리식 $\bar{x} \cdot y + \bar{x} \cdot \bar{y}$ 를 간단히 표시한 것은?

① $\bar{x}$ ② $\bar{y}$
③ 0   ④ $x+y$

[해설] $\bar{x} \cdot y + \bar{x} \cdot \bar{y} = \bar{x}(y+\bar{y}) = \bar{x}$

$\bar{x} \cdot y = $ ⊗
$\bar{x} \cdot \bar{y} = $ ⊗

제4과목 유지보수공사관리

---

61. 급수배관 시공 시 수격작용의 방지 대책으로 틀린 것은?

① 플래시 밸브 또는 급속 개폐식 수전을 사용한다.
② 관 지름은 유속이 2.0~2.5 m/s 이내가 되도록 설정한다.
③ 역류 방지를 위하여 체크 밸브를 설치하는 것이 좋다.
④ 급수관에서 분기할 때에는 T 이음을 사용한다.

[해설] 급속 개폐식 수전을 사용하면 오히려 수격작용이 발생한다.

62. 고무링과 가단 주철제의 칼라를 죄어서 이음하는 방법은?

① 플랜지 접합   ② 빅토릭 접합
③ 기계적 접합   ④ 동관 접합

[해설] 빅토릭 접합은 고무링과 금속제 칼라를 사용하여 접합하는 것으로 관내의 압력이 증가함에 따라 고무링이 관 벽에 밀착하여 기밀 유지가 양호해진다.

63. 공랭식 응축기 배관 시 틀린 것은?

① 소형 냉동기에 사용하며 핀이 있는 파이프 속에 냉매를 통하여 바람 이송 냉각설계로 되어 있다.
② 냉방기가 응축기 아래 설치되는 경우 배관 높이가 10 m 이상일 때는 5 m마다 오일 트랩을 설치해야 한다.
③ 냉방기가 응축기 위에 위치하고, 압축기가 냉방기에 내장되었을 경우에는 오일 트랩이 필요 없다.
④ 수랭식에 비해 능력은 낮지만, 냉각수를 사용하지 않아 동결의 염려가 없다.

[해설] 배관 높이가 10 m 이상일 경우 오일 트랩은 10 m 이내마다 설치해야 한다.

64. 증기난방 배관 시 단관 중력 환수식 배관에서 증기와 응축수의 흐름 방향이 다른 역류관의 구배는 얼마로 하는가?

① $\dfrac{1}{50} \sim \dfrac{1}{100}$ ② $\dfrac{1}{100} \sim \dfrac{1}{200}$
③ $\dfrac{1}{200} \sim \dfrac{1}{250}$ ④ $\dfrac{1}{250} \sim \dfrac{1}{300}$

[해설] (1) 증기배관에서 단관 중력 환수식은 모두 끝내림 구배로 한다.
  ㉠ 하향식 : $\dfrac{1}{100} \sim \dfrac{1}{200}$
  ㉡ 상향식 : $\dfrac{1}{50} \sim \dfrac{1}{100}$

(2) 복관 중력 환수식의 건식 환수관은 $\dfrac{1}{200}$ 의 끝내림 구배로 한다.

(3) 진공 환수식의 증기 주관은 $\dfrac{1}{200} \sim \dfrac{1}{300}$ 의 끝내림 구배로 한다.

정답 60. ① 61. ① 62. ② 63. ② 64. ①

65. 공동주택 등 외의 건축물 등에 도시가스를 공급하는 경우 정압기에서 가스 사용자가 점유하고 있는 토지의 경계까지 이르는 배관을 무엇이라고 하는가?

① 내관　　　② 공급관
③ 본관　　　④ 중압관

[해설] • 본관 : 도시가스 제조소 → 정압기
　　　• 공급관 : 정압기 → 토지 경계
　　　• 내관 : 토지 경계 → 연소기

66. 냉동장치에서 압축기의 진동이 배관에 전달되는 것을 흡수하기 위하여 압축기 토출, 흡입배관 등에 설치해 주는 것은?

① 팽창밸브　　　② 안전밸브
③ 사이트 글라스　④ 플렉시블 튜브

[해설] 플렉시블 튜브는 열팽창 등의 외력에 의한 변형을 흡수하고, 압축기, 펌프 등과 같이 진동이 심한 곳에 설치하여 방진, 방음 등의 작용을 한다.

67. 온수난방 배관 설치 시 주의 사항으로 틀린 것은?

① 온수 방열기마다 수동식 에어벤트를 설치한다.
② 수평 배관에서 관경을 바꿀 때는 편심 이음을 사용한다.
③ 팽창관에 스톱밸브를 부착하여 긴급상황 시 유체 흐름을 차단하도록 한다.
④ 수리나 난방 휴지 시 배수를 위한 드레인 밸브를 설치한다.

[해설] 팽창관에는 밸브를 설치하지 않는다.

68. 급수에 사용되는 물은 탄산칼슘의 함유량에 따라 연수와 경수로 구분된다. 경수 사용 시 발생될 수 있는 현상으로 틀린 것은?

① 보일러 용수로 사용 시 내면에 관석이 많이 발생한다.
② 전열효율이 저하하고 과열 원인이 된다.
③ 보일러의 수명이 단축된다.
④ 비누거품이 많이 발생한다.

[해설] 경수는 칼슘, 마그네슘 성분이 많아 비누거품이 잘 일어나지 않는다.

69. 관의 종류와 이음 방법의 연결로 틀린 것은?

① 강관 - 나사 이음
② 동관 - 압축 이음
③ 주철관 - 칼라 이음
④ 스테인리스강관 - 몰코 이음

[해설] 칼라이음은 원심력 철근콘크리트관인 흄관, 석면 시멘트관을 이을 때 관과 관을 맞대어 바깥쪽에서 약간 큰 지름의 고리를 이음 부분에 씌운 것이며, 주철관은 납, 개스킷을 사용한 플랜지 이음을 한다.

70. 냉동설비배관에서 액분리기와 압축기 사이에 냉매배관을 할 때 구배로 옳은 것은?

① $\frac{1}{100}$ 정도의 압축기측 상향구배로 한다.
② $\frac{1}{100}$ 정도의 압축기측 하향구배로 한다.
③ $\frac{1}{200}$ 정도의 압축기측 상향구배로 한다.
④ $\frac{1}{200}$ 정도의 압축기측 하향구배로 한다.

[해설] 냉매배관은 대부분 하향배관을 하며 액분리기와 압축기 사이의 배관은 $\frac{1}{200}$ 정도의 하향구배를 해야 한다.

정답 65. ②　66. ④　67. ③　68. ④　69. ③　70. ④

71. 밀폐식 온수난방 배관에 대한 설명으로 틀린 것은?
① 배관의 부식이 비교적 적어 수명이 길다.
② 배관경이 적어지고 방열기도 적게 할 수 있다.
③ 팽창탱크를 사용한다.
④ 배관 내의 온수 온도는 70℃ 이하이다.
[해설] 밀폐식은 고온수식으로 100~150℃로 유지하며 개방식(저온수식)은 온수온도를 100℃ 이하로 유지한다.

72. 강관의 나사이음 시 관을 절단한 후 관 단면의 안쪽에 생기는 거스러미를 제거할 때 사용하는 공구는?
① 파이프 바이스
② 파이프 리머
③ 파이프 렌치
④ 파이프 커터
[해설] 거스러미를 제거할 때 리머를 사용하며, 리머 작업 후 줄로 다듬질해야 한다.

73. 순동 이음쇠를 사용할 때에 비하여 동합금 주물 이음쇠를 사용할 때 고려할 사항으로 가장 거리가 먼 것은?
① 순동 이음쇠 사용에 비해 모세관 현상에 의한 용융 확산이 어렵다.
② 순동 이음쇠와 비교하여 용접재 부착력은 큰 차이가 없다.
③ 순동 이음쇠와 비교하여 냉벽 부분이 발생할 수 있다.
④ 순동 이음쇠 사용에 비해 열팽창의 불균일에 의한 부정적 틈새가 발생할 수 있다.
[해설] 순동 이음쇠의 경우 용접재의 부착력이 커서 은납을 사용한다. 동합금 주물의 경우 황동 용접을 사용하므로 용접재 부착력의 차이가 크다.

74. 급수 펌프에 대한 배관 시공법 중 옳은 것은?
① 수평관에서 관경을 바꿀 경우 동심 리듀서를 사용한다.
② 흡입관은 되도록 길게 하고 굴곡 부분이 되도록 많게 하여야 한다.
③ 풋 밸브는 동 수위면보다 흡입관경의 2배 이상 물속에 들어가야 한다.
④ 토출측은 진공계를, 흡입측은 압력계를 설치한다.
[해설] (1) 관경이 바뀔 때는 편심 리듀서를 사용한다.
(2) 흡입관 길이는 가급적 짧게 한다.
(3) 흡입측에 진공계, 토출측에 압력계를 부착한다.

75. 배관용 패킹재료 선정 시 고려해야 할 사항으로 가장 거리가 먼 것은?
① 유체의 압력
② 재료의 부식성
③ 진동의 유무
④ 시트면의 형상
[해설] 패킹재료는 사용압력과 온도에 적합해야 하고 배관에 밀착되어 누설이 없어야 하며 재료에 대한 부식성 유무, 진동에 대한 적응성을 고려한다.

76. 다음 중 난방배관에 대한 설명으로 옳은 것은?
① 환수주관의 위치가 보일러 표준수위보다 위쪽에 배관되어 있으면 습식환수라고 한다.
② 진공환수식 증기난방에서 하트포드 접속법을 활용하면 응축수를 1.5 m까지 흡상할 수 있다.
③ 온수난방의 경우 증기난방보다 운전

정답 71. ④ 72. ④ 73. ② 74. ③ 75. ④ 76. ④

중 침입 공기에 의한 배관의 부식 우려가 크다.
④ 증기배관 도중에 글로브 밸브를 설치하는 경우에는 밸브측이 옆을 향하도록 설치하여야 한다.

[해설] ① 건식 환수에 대한 설명이다.
② 하트포드 접속법은 보일러수의 역류 방지 및 보일러 내로 불순물 유입 방지, 환수주관을 보일러 기준수위보다 50 mm 이하로 설치함으로써 보일러의 악영향을 방지하기 위함이다.
③ 배관에 대한 부식은 증기난방이 더 크다.

77. 다음 중 배관의 이음에 관한 설명으로 틀린 것은?

① 동관의 압축 이음(flare joint)은 지름이 작은 관에서 분해·결합이 필요한 경우에 주로 적용하는 이음 방식이다.
② 주철관의 타이톤 이음은 고무링을 압륜으로 죄어 볼트로 체결하는 이음 방식이다.
③ 스테인리스 강관의 프레스 이음은 고무링이 들어 있는 이음쇠에 관을 넣고 압축공구로 눌러 이음하는 방식이다.
④ 경질염화비닐관의 TS이음은 접착제를 발라 이음관에 삽입하여 이음하는 방식이다.

[해설] ②항은 주철관에서 메커니컬 이음(기계적 접합)에 대한 설명이다.
※ 타이톤은 고무링 하나만으로 되어 있어 온도 변화에 따른 신축이 자유롭다. 소켓 내부의 홈은 고무링을 고정시키고, 돌기부는 고무링이 홈 속에 있으며 삽입구는 테이퍼로 되어 있다.

78. 급탕배관의 신축을 흡수하기 위한 시공 방법으로 틀린 것은?

① 건물의 벽 관통 부분 배관에는 슬리브를 끼운다.
② 배관의 굽힘 부분에는 벨로스 이음으로 접합한다.
③ 복식 신축관 이음쇠는 신축구간의 중간에 설치한다.
④ 동관을 지지할 때에는 석면, 고무 등의 보호재를 사용하여 고정시킨다.

[해설] 배관의 굴곡부는 엘보를 사용할 수 있는 스위블 이음으로 접합한다.

79. 배수의 성질에 의한 구분에서 수세식 변기의 대·소변에서 나오는 배수는?

① 오수
② 잡배수
③ 특수배수
④ 우수배수

[해설] • 잡배수: 세면기, 욕실, 부엌 등에서 배출되는 생활용수
• 특수배수: 공장, 병원, 연구소 등으로부터의 배수

80. 개방식 팽창탱크 장치 내 전수량이 20000 L이며 수온을 20℃에서 80℃로 상승시킬 경우, 물의 팽창수량은? (단, 비중량은 20℃일 때 0.99823 kg/L, 80℃일 때 0.97183 kg/L이다.)

① 54.3 L
② 400 L
③ 544 L
④ 5430 L

[해설] 20℃일 때 중량
= 20000 L × 0.99823 kg/L = 19964.6 kg
80℃일 때 중량 = 20000 L × 0.97183 kg/L
= 19436.6 kg
19964.6 kg − 19436.6 kg = 528 kg
528 kg ÷ 0.97183 kg/L = 543.3 ≒ 544 L

CBT 실전문제 (3)

제1과목　　**에너지관리**

1. 20명의 인원이 각각 1개비의 담배를 동시에 피울 경우 필요한 실내 환기량은? (단, 담배 1개비당 발생하는 배연량은 0.54 g/h, 1 m³/h의 환기 가능한 허용 담배 연소량은 0.017 g/h이다.)
① 235 m³/h　② 347 m³/h
③ 527 m³/h　④ 635 m³/h

[해설] $\dfrac{0.54\,\text{g/h}}{0.017\,\text{g/h}} \times 1\,\text{m}^3/\text{h} \times 20 = 635.29\,\text{m}^3/\text{h}$

2. 보일러 출력 표시에 대한 설명으로 틀린 것은?
① 정격출력 : 연속 운전이 가능한 보일러의 능력으로 난방부하, 급탕부하, 배관부하, 예열부하의 합이다.
② 정미출력 : 난방부하, 급탕부하, 예열부하의 합이다.
③ 상용출력 : 정격출력에서 예열부하를 뺀 값이다.
④ 과부하출력 : 운전 초기에 과부하가 발생했을 때는 정격출력의 10~20 % 정도 증가해서 운전할 때의 출력으로 한다.

[해설] 보일러 출력
- 정격출력 = 난방부하+급탕부하+예열부하+배관부하
- 상용출력 = 난방부하+급탕부하+배관부하
- 정미출력 = 난방부하+급탕부하

3. 다음 공조 방식 중 개별식에 속하는 것은 어느 것인가?
① 팬 코일 유닛 방식
② 단일 덕트 방식
③ 2중 덕트 방식
④ 패키지 유닛 방식

[해설] 패키지 유닛, 룸 쿨러 등은 개별 공조 방식이다.

4. 습공기의 가습 방법으로 가장 거리가 먼 것은?
① 순환수를 분무하는 방법
② 온수를 분무하는 방법
③ 수증기를 분무하는 방법
④ 외부 공기를 가열하는 방법

[해설] 외부 공기 가열법은 가습 방법에 없으며 순환 공기를 가열, 가습해야 한다.

5. 동일한 송풍기에서 회전수를 2배로 했을 경우 풍량, 정압, 소요동력의 변화에 대한 설명으로 옳은 것은?
① 풍량 1배, 정압 2배, 소요동력 2배
② 풍량 1배, 정압 2배, 소요동력 4배
③ 풍량 2배, 정압 4배, 소요동력 4배
④ 풍량 2배, 정압 4배, 소요동력 8배

[해설] 상사의 법칙에 의하여
- 풍량 : 2배
- 정압(양정) : $2^2 = 4$배
- 소요동력 : $2^3 = 8$배

6. 건물의 외벽 크기가 10 m×2.5 m이며, 벽 두께가 250 mm인 벽체의 양 표면온도가 각각 −15℃, 26℃일 때, 이 벽체를 통한 단위 시간당의 손실열량은? (단, 벽의 열전도율은 0.05 kcal/m · h · ℃이다.)
① 20.5 kcal/h　② 205 kcal/h

정답　1. ④　2. ②　3. ④　4. ④　5. ④　6. ②

③ 102.5 kcal/h ④ 240 kcal/h

해설 $\dfrac{0.05\,\text{kcal/m}\cdot\text{h}}{0.25\,\text{m}} \times 10\,\text{m} \times 2.5\,\text{m}$
$\times \{26-(-15)\}℃ = 205\,\text{kcal/h}$

7. 다음 중 흡수식 냉동기에 관한 설명으로 틀린 것은?
① 비교적 소용량보다는 대용량에 적합하다.
② 발생기에는 증기에 의한 가열이 이루어진다.
③ 냉매는 브롬화리튬(LiBr), 흡수제는 물(H_2O)의 조합으로 이루어진다.
④ 흡수기에서는 냉각수를 사용하여 냉각시킨다.

해설 냉매 : 물, 흡수제 : 브롬화리튬

8. 장방형 덕트(긴 변 a, 짧은 변 b)의 원형 덕트 지름 환산식으로 옳은 것은 어느 것인가?
① $d_e = 1.3\left[\dfrac{(ab)^2}{a+b}\right]^{1/8}$
② $d_e = 1.3\left[\dfrac{(ab)^5}{a+b}\right]^{1/6}$
③ $d_e = 1.3\left[\dfrac{(ab)^5}{(a+b)^2}\right]^{1/8}$
④ $d_e = 1.3\left[\dfrac{(ab)^2}{a+b}\right]^{1/6}$

9. 온수 난방 설계 시 다르시-바이스바하(Darcy-Weibach)의 수식을 적용한다. 이 식에서 마찰저항계수와 관련이 있는 인자는?
① 누셀수(Nu)와 상대조도
② 프란틀수(Pr)와 절대조도
③ 레이놀즈수(Re)와 상대조도
④ 그라스호프수(Gr)와 절대조도

해설 마찰저항계수 = $\dfrac{64}{레이놀즈수}$
상대조도 : 배관 거칠기

10. 공기 중의 수증기가 응축하기 시작할때의 온도, 즉 공기가 포화상태로 될 때의 온도를 무엇이라고 하는가?
① 건구온도 ② 노점온도
③ 습구온도 ④ 상당외기온도

해설 노점온도는 습공기가 어느 일정 압력에서 수분의 증감없이 냉각되었을 때 수증기가 응축하기 시작하여 이슬이 맺히는 온도이다.

11. 공기 중의 수분이 벽이나 천장, 바닥등에 닿았을 때 응축되어 이슬이 맺히는 경우가 있다. 이와 같은 수분의 응축 결로를 방지하는 방법으로 적절하지 않은 것은?
① 다습한 외기를 도입하지 않도록 한다.
② 벽체인 경우 단열재를 부착한다.
③ 유리창인 경우 2중유리를 사용한다.
④ 공기와 접촉하는 벽면의 온도를 노점온도 이하로 낮춘다.

해설 벽면의 온도를 노점온도 이상으로 유지해야 이슬이 맺히지 않는다.

12. 에너지 절약의 효과 및 사무자동화(OA)에 의한 건물에서 내부발생열의 증가와 부하변동에 대한 제어성이 우수하기 때문에 대규모 사무실 건물에 적합한 공기조화 방식은?
① 정풍량(CAV) 단일덕트 방식
② 유인유닛 방식
③ 룸 쿨러 방식
④ 가변풍량(VAV) 단일덕트 방식

해설 사무실의 부하변동이 심한 경우에는 가변풍량 방식으로 해야 한다.

정답 7. ③ 8. ③ 9. ③ 10. ② 11. ④ 12. ④

13. 바닥 취출 공조 방식의 특징으로 틀린 것은?

① 천장 덕트를 최소화하여 건축 층고를 줄일 수 있다.
② 개개인에 맞추어 풍량 및 풍속 조절이 어려워 쾌적성이 저해된다.
③ 가압식의 경우 급기거리가 18 m 이하로 제한된다.
④ 취출온도와 실내온도 차이가 10℃ 이상이면 드래프트 현상을 유발할 수 있다.

[해설] 바닥 취출 공조 방식
• 쾌적한 개별 공조 실현 가능
• 덕트 공사의 절감

14. 실내의 냉방 현열부하가 5000 kcal/h, 잠열부하가 800 kcal/h인 방을 실온 26℃로 냉각하는 경우 송풍량은 얼마인가? (단, 취출온도는 15℃이며, 건공기의 정압비열은 0.24 kcal/kg·℃, 공기의 비중량은 1.2 kg/m³이다.)

① 1578 m³/h ② 878 m³/h
③ 678 m³/h   ④ 578 m³/h

[해설] 5000 kcal/h
$= Q_o \times 1.2 \text{ kg/m}^3 \times 0.24 \text{ kcal/kg} \cdot ℃$
$\times (26-15)℃$
$Q_o = 1578.28 \text{ m}^3/\text{h}$

15. 실내를 항상 급기용 송풍기를 이용하여 정압(+)상태로 유지할 수 있어서 오염된 공기의 침입을 방지하고, 연소용 공기가 필요한 보일러실, 반도체 무균실, 소규모 변전실, 창고 등에 적합한 환기법은?

① 제1종 환기   ② 제2종 환기
③ 제3종 환기   ④ 제4종 환기

[해설] 공조 방식 환기장치
• 제1종 환기장치 : 강제 급기 + 강제 배기
• 제2종 환기장치 : 강제 급기 + 자연 배기
• 제3종 환기장치 : 자연 급기 + 강제 배기
• 제4종 환기장치 : 자연 급기 + 자연 배기

16. 다음 중 단일덕트 재열 방식의 특징으로 틀린 것은?

① 냉각기에 재열부하가 추가된다.
② 송풍 공기량이 증가한다.
③ 실별 제어가 가능하다.
④ 현열비가 큰 장소에 적합하다.

[해설] 말단 재열기를 설치하여 각 실의 온도를 제어할 수 있으며 현열비와는 관계가 없다.

17. 다음 중 가변풍량 공조 방식의 특징으로 틀린 것은?

① 다른 방식에 비하여 에너지 절약 효과가 높다.
② 실내공기의 청정화를 위하여 대풍량이 요구될 때 적합하다.
③ 각 실의 실온을 개별적으로 제어할 때 적합하다.
④ 동시사용률을 고려하여 기기용량을 결정할 수 있어 정풍량 방식에 비하여 기기의 용량을 적게 할 수 있다.

[해설] 가변풍량 공조 방식은 실내 부하가 변하는 경우, 취출 공기의 온도는 변화시키지 않고 취출 공기량을 부하에 맞게 조정하는 방식이다.

18. 습공기의 성질에 대한 설명으로 틀린 것은?

① 상대습도란 어떤 공기의 절대습도와 동일온도의 포화습공기의 절대습도의 비를 말한다.
② 절대습도는 습공기에 포함된 수증기의 중량을 건공기 1 kg에 대하여 나타낸 것이다.

정답 13. ② 14. ① 15. ② 16. ④ 17. ② 18. ①

③ 포화공기란 습공기 중의 절대습도, 건구온도 등이 변화하면서 수증기가 포화상태에 이른 공기를 말한다.

④ 무입공기란 포화수증기 이상의 수분을 함유하여 공기 중에 미세한 물방울을 함유하는 공기를 말한다.

[해설] 공기가 포함한 수증기량과 공기가 최대로 포함할 수 있는 수증기량(포화수증기량)의 비를 퍼센트(%)로 표현한 것을 상대습도라 한다.

19. 공기조화설비는 공기조화기, 열원장치 등 4대 주요장치로 구성되어 있다. 4대 주요장치의 하나인 공기조화기에 해당되는것이 아닌 것은?

① 에어필터　　　② 공기냉각기
③ 공기가열기　　④ 왕복동 압축기

[해설] 공기조화기에는 에어필터, 공기냉각기, 공기가열기, 가습기, 송풍기 등이 있다.

20. 다음 습공기 선도의 공기조화과정을 나타낸 장치도는? (단, ①= 외기, ②= 환기, HC=가열기, CC=냉각기이다.)

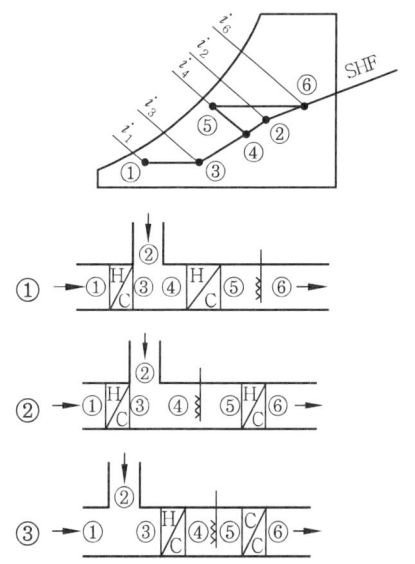

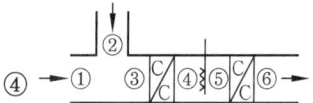

[해설] ①→③ : 예열기
④ : 외기와 환기의 혼합
④→⑤ : 가열기
⑤→⑥ : 가습기
⑥→② : 실내부하

| 제2과목 | 공조냉동설계 |

21. 증기 압축식 냉동장치에 관한 설명으로 옳은 것은?

① 증발식 응축기에서는 대기의 습구온도가 저하하면 고압압력은 통상의 운전압력보다 높게 된다.

② 압축기의 흡입압력이 낮게 되면 토출압력도 낮게 되어 냉동능력이 증대한다.

③ 언로더 부착 압축기를 사용하면 급격하게 부하가 증가하여도 액백(liquid back) 현상을 막을 수 있다.

④ 액배관에 플래시 가스가 발생하면 냉매순환량이 감소되어 증발기의 냉동능력이 저하된다.

[해설] 증발식 응축기는 외기 습구온도의 영향을 받고 압축기의 흡입압력이 낮아져도 토출압력은 변함이 없으며 언로더 부착 압축기에서 부하가 급격히 증가하면 액백의 우려가 있다.

22. 다음 중 열전달에 관한 설명으로 틀린 것은?

① 전도란 물체 사이의 온도차에 의한 열의 이동 현상이다.

② 대류란 유체의 순환에 의한 열의 이동 현상이다.

[정답] 19. ④　20. ②　21. ④　22. ④

③ 대류 열전달계수의 단위는 열통과율의 단위와 같다.
④ 열전도율의 단위는 W/m² · K이다.

[해설] 열전도율의 단위는 W/m · K이다.

23. 방열벽의 열통과율(K)이 0.2 kcal/m² · h · ℃이며, 외기와 벽면과의 열전달률($α_1$)은 20 kcal/m² · h · ℃, 실내공기와 벽면과의 열전달률($α_2$)이 5 kcal/m² · h · ℃, 방열층의 열전도율($λ$)이 0.03 kcal/m · h · ℃라 할 때, 방열벽의 두께는 얼마가 되는가?

① 142.5 mm ② 146.5 mm
③ 155.5 mm ④ 164.5 mm

[해설] $\dfrac{1}{0.2} = \dfrac{1}{20} + \dfrac{l}{0.03} + \dfrac{1}{5}$
∴ $l = 0.1425$ m $= 142.5$ mm

24. 프레온 냉매를 사용하는 냉동장치에 공기가 침입하면 어떤 현상이 일어나는가?
① 고압 압력이 높아지므로 냉매 순환량이 많아지고 냉동능력도 증가한다.
② 냉동톤당 소요동력이 증가한다.
③ 고압 압력은 공기의 분압만큼 낮아진다.
④ 배출가스의 온도가 상승하므로 응축기의 열통과율이 높아지고 냉동능력도 증가한다.

[해설] 공기가 침투하면 고압이 상승하고 동력이 증가하게 된다.

25. 2단 냉동사이클에서 응축압력을 P_c, 증발압력을 P_e라 할 때, 이론적인 최적의 중간압력으로 가장 적당한 것은?

① $P_c × P_e$ ② $(P_c × P_e)^{\frac{1}{2}}$
③ $(P_c × P_e)^{\frac{1}{3}}$ ④ $(P_c × P_e)^{\frac{1}{4}}$

[해설] 중간압력
= (증발 절대압력×응축 절대압력)$^{1/2}$

26. -15℃의 R134a 냉매 포화액의 엔탈피는 180.1 kJ/kg, 같은 온도에서 포화증기의 엔탈피는 389.6 kJ/kg이다. 증기압축식 냉동시스템에서 팽창밸브 직전의 액의 엔탈피가 237.5 kJ/kg이라면 팽창밸브를 통과한 후 냉매의 건도는?

① 0.27 ② 0.32
③ 0.56 ④ 0.72

[해설] 건조도 $= \dfrac{237.5 - 180.1}{389.6 - 180.1} = 0.273$

27. 밀도가 1200 kg/m³, 비열이 0.705 kcal/kg · ℃인 염화칼슘 브라인을 사용하는 냉각기의 브라인 입구온도가 -10℃, 출구온도가 -4℃ 되도록 냉각기를 설계하고자 한다. 냉동부하가 36000 kcal/h라면 브라인의 유량은 얼마이어야 하는가?

① 118 L/min ② 120 L/min
③ 136 L/min ④ 150 L/min

[해설] 36000 kcal/h $= G × 0.705$ kcal/kg · ℃
$× \{(-4) - (-10)\}$℃ $× 60$ min/h
$G = 141.8439$ kg/min
∴ $\dfrac{141.8439 \text{ kg/min}}{1200 \text{ kg/m}^3} × 1000 \text{ L/m}^3$
$= 118.2$ L/min

28. 냉매의 구비 조건에 대한 설명으로 틀린 것은?
① 증기의 비체적이 작을 것
② 임계온도가 충분히 높을 것
③ 점도와 표면장력이 크고 전열 성능이 좋을 것
④ 부식성이 적을 것

[정답] 23. ① 24. ② 25. ② 26. ① 27. ① 28. ③

[해설] 냉매의 구비 조건
(1) 증발압력이 낮아 진공으로 되지 않을 것
(2) 응축압력이 너무 높지 않을 것
(3) 증발잠열 및 증기의 비열은 크고, 액체의 비열은 작을 것
(4) 임계온도가 높고, 응고온도가 낮을 것
(5) 증기의 비체적이 작을 것
(6) 누설이 어렵고, 누설 시는 검지가 쉬울 것
(7) 부식성이 없을 것
(8) 전기저항이 크고, 열전도율이 높을 것
(9) 점성 및 유동저항이 작을 것
(10) 윤활유에 녹지 않을 것
(11) 무해·무독으로 인화, 폭발의 위험이 적을 것

29. 공랭식 냉동장치에서 응축압력이 과다하게 높은 경우가 아닌 것은?
① 순환공기 온도가 높을 때
② 응축기가 불결한 상태일 때
③ 장치 내 불응축가스가 존재할 때
④ 공기 순환량이 충분할 때

[해설] 공기 순환량이 충분하면 전열이 양호해지므로 응축압력은 정상을 유지하게 된다.

30. 냉동장치에서 디스트리뷰터(distributor)의 역할로서 옳은 것은?
① 냉매의 분배
② 흡입가스의 과열 방지
③ 증발온도의 저하 방지
④ 플래시 가스의 발생 방지

[해설] 디스트리뷰터는 냉매 분배기이다.

31. 암모니아 냉동기에서 압축기의 흡입포화온도가 −20℃, 응축온도가 30℃, 팽창밸브의 직전 온도가 25℃, 피스톤 압출량이 288 m³/h일 때, 냉동능력은? (단, 압축기의 체적효율 0.8, 흡입냉매의 엔탈피 396 kcal/kg, 냉매흡입 비체적 0.62 m³/kg, 팽창밸브 직전 냉매의 엔탈피 128 kcal/kg이다.)
① 25 RT
② 30 RT
③ 35 RT
④ 40 RT

[해설] $RT = 288 \times 0.8 \times \dfrac{396 - 128}{3320 \times 0.62}$
$= 29.9976 RT$

32. 냉매 액가스 열교환기의 사용에 대한 설명으로 틀린 것은?
① 액가스 열교환기는 보통 암모니아 장치에는 사용하지 않는다.
② 프레온 냉동장치에서 액압축 방지 및 액관 중의 플래시 가스 발생을 방지하는 데 도움이 된다.
③ 증발기로 들어가는 저온의 냉매 증기와 압축기에서 응축기에 이르는 고온의 냉매액을 열교환시키는 방법을 이용한다.
④ 습압축을 방지하여 냉동효과와 성적계수를 향상시킬 수 있다.

[해설] 증발기 출구 증기 냉매와 응축기 출구 냉매액을 열교환시키는 것이다.

33. 다음 압축기 중 압축 방식에 의한 분류에 속하지 않는 것은?
① 왕복동식 압축기
② 흡수식 압축기
③ 회전식 압축기
④ 스크루식 압축기

[해설] 흡수식 냉동기는 압축기를 사용하지 않는다.

34. 다음은 $h-x$(엔탈피-농도) 선도에 흡수식 냉동기의 사이클을 나타낸 것이다. 그림에서 흡수 사이클을 나타내는 것으로 옳은 것은?

[정답] 29. ④ 30. ① 31. ② 32. ③ 33. ② 34. ①

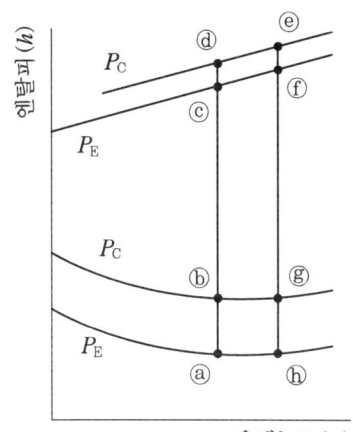

① a-b-g-h-a
② a-c-f-h-a
③ b-c-f-g-b
④ b-d-e-g-b

[해설] • h→a : 흡수기에서 흡수작용
• a→b : 재생기에서 가열
• b→g : 재생기에서 용액 농축
• g→h : 흡수기에서 온도강하

35. 다음 선도와 같이 응축온도만 변화하였을 때 각 사이클의 특성 비교로 틀린 것은?(단, 사이클 A : A-B-C-D-A, 사이클 B : A-B′-C′-D′-A, 사이클 C : A-B″-C″-D″-A이다.)

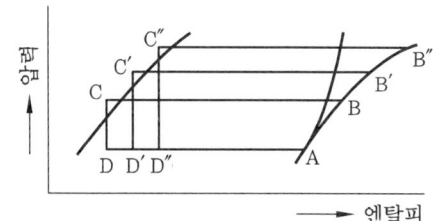

(응축온도만 변했을 경우)

① 압축비 : 사이클 C > 사이클 B > 사이클 A
② 압축일량 : 사이클 C > 사이클 B > 사이클 A
③ 냉동효과 : 사이클 C > 사이클 B > 사이클 A
④ 성적계수 : 사이클 C < 사이클 B < 사이클 A

[해설] 냉동효과가 크면 성적계수 또한 커지므로 ③항은 ④항과 같이 나열되어야 한다.

36. 냉동기의 압축기 윤활 목적으로 틀린 것은?
① 마찰을 감소시켜 마모를 적게 한다.
② 패킹재를 보호한다.
③ 열을 발생시킨다.
④ 피스톤, 스터핑박스 등에서 냉매 누출을 방지한다.

[해설] 윤활유 사용 목적 : 발열 제거, 마모 방지, 누설 방지, 패킹재료 보호

37. 증기 압축식 냉동장치의 운전 중에 액백(liquid back)이 발생되고 있을 때 나타나는 현상으로 옳은 것은?
① 소요동력이 감소한다.
② 토출관이 뜨거워진다.
③ 압축기에 서리가 생긴다.
④ 냉동능력이 증가한다.

[해설] 압축기로 액백이 발생하면 진동 및 소음이 발생하고 심할 경우 토출배관에 서리가 생긴다.

38. 다음 중 액분리기에 관한 설명으로 옳은 것은?
① 증발기 입구에 설치한다.
② 액압축을 방지하며 압축기를 보호한다.
③ 냉각할 때 침입한 공기와 냉매를 혼합시킨다.
④ 증발기에 공급되는 냉매액을 냉각시킨다.

[해설] 액분리기는 압축기로 액백을 방지하기 위하여 증발기와 압축기 사이에 설치한다.

39. 1단 압축 1단 팽창 이론 냉동사이클에서 압축기의 압축과정은?
① 등엔탈피 변화   ② 정적 변화
③ 등엔트로피 변화 ④ 등온 변화
[해설] 단열압축과정으로 엔트로피가 불변이다.

40. 실제 냉동사이클에서 냉매가 증발기에서 나온 후, 압축기의 흡입 전 흡입가스 변화는?
① 압력은 감소하고 엔탈피는 증가한다.
② 압력과 엔탈피는 감소한다.
③ 압력은 증가하고 엔탈피는 감소한다.
④ 압력과 엔탈피는 증가한다.
[해설] 마찰저항으로 압력은 감소하고 엔탈피는 증가한다.

제3과목 시운전 및 안전관리

41. 논리식 중 동일한 값을 나타내지 않는 것은?
① $X(X+Y)$
② $XY+X\overline{Y}$
③ $X(\overline{X}+Y)$
④ $(X+Y)(X+\overline{Y})$
[해설] ① $x \cdot (x+y) = x$
② $xy + x\overline{y} = \boxed{x\ y} + \boxed{x\ y} = x$
③ $x(\overline{x}+y) = x \cdot y$
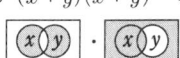
④ $(x+y)(x+\overline{y}) = x$
$\boxed{x\ y} \cdot \boxed{x\ y}$

42. 다음 중 광전형 센서에 대한 설명으로 틀린 것은?
① 전압 변화형 센서이다.
② 포토 다이오드, 포토 TR 등이 있다.
③ 반도체의 pn 접합 기전력을 이용한다.
④ 초전 효과(pyroelectric effect)를 이용한다.
[해설] 초전 효과(pyroelectric effect)는 온도 변화에 의해서 생기는 자발분극으로 결정의 일부를 가열했을 때 결정 표면에 전하가 나타나는 현상이다.

43. 3상 권선형 유도전동기 2차측에 외부 저항을 접속하여 2차 저항값을 증가시키면 나타나는 특성으로 옳은 것은?
① 슬립 감소   ② 속도 증가
③ 기동토크 증가   ④ 최대토크 증가

44. R, L, C가 서로 직렬로 연결되어 있는 회로에서 양단의 전압과 전류가 동상이 되는 조건은?
① $\omega = LC$
② $\omega = L^2C$
③ $\omega = \dfrac{1}{LC}$
④ $\omega = \dfrac{1}{\sqrt{LC}}$
[해설] $X_L = X_C$에서 $\omega L = \dfrac{1}{\omega C}$
$\omega = \dfrac{1}{\sqrt{LC}}$

45. 콘덴서의 정전용량을 높이는 방법으로 틀린 것은?
① 극판의 면적을 넓게 한다.
② 극판 간의 간격을 작게 한다.
③ 극판 간의 절연파괴 전압을 작게 한다.
④ 극판 사이의 유전체를 비유전율이 큰 것으로 사용한다.
[해설] 내전압(withstand voltage)은 전기장치 또는 가전기기 등에서 전압에 의한 손상이나 파괴를 버틸 수 있는 전압 크기로서 이 전압을 초과하면 절연파괴 전압이 된다. 그

[정답] 39. ③ 40. ① 41. ③ 42. ④ 43. ③ 44. ④ 45. ③

러므로 콘덴서에서는 판 간의 절연파괴 전압을 크게 해야 한다.

46. 그림과 같은 계전기 접점회로의 논리식은?

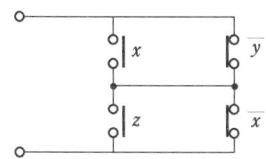

① $xz + \overline{y}\,\overline{x}$
② $xz + z\overline{x}$
③ $(x+\overline{y})(z+\overline{x})$
④ $(x+z)(\overline{y}+\overline{x})$

47. 다음 중 계측기 선정 시 고려사항이 아닌 것은?
① 신뢰도
② 정확도
③ 미려도
④ 신속도

48. $\dfrac{3}{2}\pi$[rad] 단위를 각도(°) 단위로 표시하면 얼마인가?
① 120°
② 240°
③ 270°
④ 360°

[해설] $\dfrac{3}{2}\pi \times \dfrac{180°}{\pi} = 270°$

49. 궤환제어계에 속하지 않는 신호로서 외부에서 제어량이 그 값에 맞도록 제어계에 주어지는 신호를 무엇이라 하는가?
① 목표값
② 기준 입력
③ 동작 신호
④ 궤환 신호

50. 타력 제어와 비교한 자력 제어의 특징 중 틀린 것은?
① 저비용
② 구조 간단
③ 확실한 동작
④ 빠른 조작 속도

[해설] 자력 제어란 조작부를 움직이기 위해 필요한 에너지가 제어 대상으로부터 검출부를 통해 직접 얻어지는 제어로서 타력 제어보다 빠른 조작 속도를 얻기 어렵다.

51. 그림 (a)의 직렬로 연결된 저항회로에서 입력전압 V_1과 출력전압 V_o의 관계를 그림 (b)의 신호 흐름 선도로 나타낼 때 A에 들어갈 전달함수는?

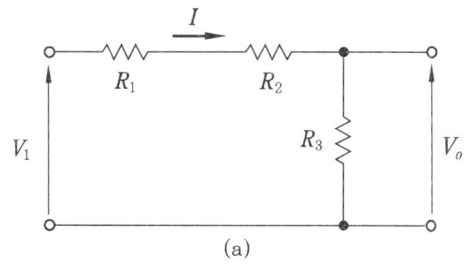

(a)

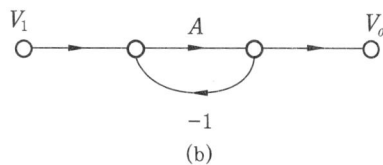

(b)

① $\dfrac{R_3}{R_1 + R_2}$
② $\dfrac{R_1}{R_2 + R_3}$
③ $\dfrac{R_2}{R_1 + R_3}$
④ $\dfrac{R_3}{R_1 + R_2 + R_3}$

[해설] 메이슨의 신호 흐름 선도

$G = \dfrac{\Sigma \Delta_1 G_1}{\Delta} = \dfrac{-A}{1+A}$

$A = \dfrac{R_3}{R_1 + R_2}$

52. 다음 (a), (b) 두 개의 블록 선도가 등가가 되기 위한 K는?

[정답] 46. ③ 47. ③ 48. ③ 49. ① 50. ④ 51. ① 52. ②

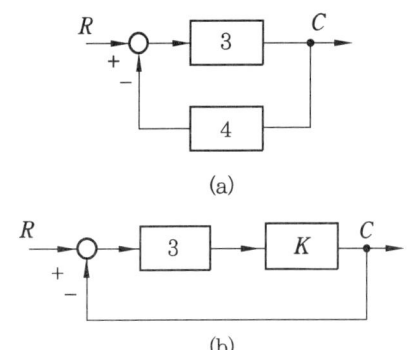

① 0 ② 0.1
③ 0.2 ④ 0.3

[해설] (1) 그림 (a)의 전달함수
$3R = C(1 + 3 \times 4)$
$\dfrac{C}{R} = \dfrac{3}{13}$

(2) 그림 (b)의 전달함수
$R \cdot 3K = C(1 + 3K)$
$\dfrac{C}{R} = \dfrac{3K}{1+3K}$
$\dfrac{3}{13} = \dfrac{3K}{1+3K}$ 에서
$13 \times 3K = 3(1 + 3K)$
$\therefore K = 0.1$

53. 무인 커피 판매기는 무슨 제어인가?
① 서보 기구 ② 자동 조정
③ 시퀀스 제어 ④ 프로세스 제어

[해설] 시퀀스 제어는 신호 전달면에서 회로가 열려 일방통행으로 되어 있는 개회로 제어이므로 무인 커피 판매기의 제어에 적합하다.

54. 공작기계를 이용한 제품 가공을 위해 프로그램을 이용하는 제어와 가장 관계 깊은 것은?
① 속도 제어 ② 수치 제어
③ 공정 제어 ④ 최적 제어

55. 전압, 전류, 주파수 등의 양을 주로 제어하는 것으로 응답속도가 빨라야 하는 것이 특징이며, 정전압장치나 발전기 및 조속기의 제어 등에 활용하는 제어 방법은?
① 서보 기구 ② 비율 제어
③ 자동 조정 ④ 프로세스 제어

56. 단상변압기 3대를 △결선하여 3상 전원을 공급하다가 1대의 고장으로 인하여 고장난 변압기를 제거하고 V결선으로 바꾸어 전력을 공급할 경우 출력은 당초 전력의 약 몇 %까지 가능하겠는가?
① 46.7 ② 57.7
③ 66.7 ④ 86.7

[해설] V결선이란 3상 △결선의 1변에 상당하는 변압기를 제외한 상태에서 3상 전력을 공급하고 있는 경우의 변압기 결선이다. △결선인 경우의 출력에 대하여 V결선으로 하면 출력 용량은 57.7%로 저하한다.

57. 도체를 늘려서 길이가 4배인 도선을 만들었다면 도체의 전기저항은 처음의 몇 배인가?
① $\dfrac{1}{4}$ ② $\dfrac{1}{16}$
③ 4 ④ 16

[해설] 체적이 같으므로
$\dfrac{\pi d^2}{4} l = \dfrac{\pi d_a^2}{4} \cdot 4l$ 에서 $d_a = \dfrac{d}{2}$
$R = \rho \dfrac{4l}{\dfrac{\pi}{4}\left(\dfrac{d}{2}\right)^2} = \rho \dfrac{16l}{\dfrac{\pi}{4}d^2} = 16\rho \dfrac{l}{A}$

58. $L = 4H$인 인덕턴스에 $i = -30e^{-3t}$ [A]의 전류가 흐를 때 인덕턴스에 발생하는 단자전압은 몇 V인가?
① $90e^{-3t}$ ② $120e^{-3t}$
③ $180e^{-3t}$ ④ $360e^{-3t}$

정답 53. ③ 54. ② 55. ③ 56. ② 57. ④ 58. ④

[해설] $V = L\dfrac{di}{dt} = 4 \times 90e^{-3t} = 360e^{-3t}$

59. 다음 중 출력의 변동을 조정하는 동시에 목표값에 정확히 추종하도록 설계한 제어계는?
① 타력 제어 ② 추치 제어
③ 안정 제어 ④ 프로세스 제어

60. 제어기기의 변환 요소에서 온도를 전압으로 변환시키는 요소는?
① 열전대 ② 광전지
③ 벨로스 ④ 가변 저항기
[해설] 열전대는 두 종류의 금속 A, B를 접합하고, 양 접점에 온도를 달리 해주면 온도차에 비례하여 열기전력이 생긴다는 제베크(Seebeck) 효과를 이용하여 두 종류의 금속으로 만든 장치로서 온도차를 전압으로 변화시키는 제어기기의 변환 요소에 사용한다.

제4과목 유지보수공사관리

61. 다음 중 관의 부식 방지 방법으로 틀린 것은?
① 전기 절연을 시킨다.
② 아연 도금을 한다.
③ 열처리를 한다.
④ 습기의 접촉을 없게 한다.
[해설] 열처리는 배관의 응력 제거를 위하여 사용한다.

62. 급탕 배관에서 설치되는 팽창관의 설치 위치로 적당한 것은?
① 순환펌프와 가열장치 사이
② 가열장치와 고가탱크 사이
③ 급탕관과 환수관 사이
④ 반탕관과 순환펌프 사이
[해설] 팽창관은 온수보일러에서 급수 온도의 상승으로 체적이 팽창하는 가열장치와 고가탱크 사이에 설치하여 팽창량을 흡수하는 장치이다.

63. 기수 혼합식 급탕설비에서 소음을 줄이기 위해 사용되는 기구는?
① 서모스탯 ② 사일런서
③ 순환펌프 ④ 감압밸브
[해설] 사일런서는 소음기이다.

64. 다음 중 소형, 경량으로 설치면적이 적고 효율이 좋으므로 가장 많이 사용되고 있는 냉각탑의 종류는?
① 대기식 냉각탑
② 대향류식 냉각탑
③ 직교류식 냉각탑
④ 밀폐식 냉각탑
[해설] 대향류식 냉각 방식은 소형, 경량화되어 있고 설치면적이 크지 않아 좁은 면적에도 설치 가능하며 동력 소비에 비하여 최대한의 냉각능력을 발휘할 수 있어 운전비가 적게 든다.

65. 도시가스 입상배관의 관 지름이 20 mm일 때 움직이지 않도록 몇 m마다 고정장치를 부착해야 하는가?
① 1 m ② 2 m
③ 3 m ④ 4 m
[해설] 관 지름이 13 mm 이상 33 mm 미만이기 때문에 2 m마다 고정장치를 부착한다.

66. 공장에서 제조 정제된 가스를 저장했다가 공급하기 위한 압력탱크로 가스압력을 균일하게 하며, 급격한 수요변화에도 제조량과 소비량을 조절하기 위한 장치는?

정답 59. ② 60. ① 61. ③ 62. ② 63. ② 64. ② 65. ② 66. ④

① 정압기　　② 압축기
③ 오리피스　　④ 가스홀더

[해설] 가스홀더는 가스 사용량이 적은 시간에 가스를 일시적으로 저장하였다가 피크 시 가스를 안정적으로 공급하는 역할을 하며 원통형의 저압식, 구형의 고압식으로 구분한다.

67. 배관 도시기호 치수기입법 중 높이 표시에 관한 설명으로 틀린 것은?
① EL : 배관의 높이를 관의 중심을 기준으로 표시
② GL : 포장된 지표면을 기준으로 하여 배관장치의 높이를 표시
③ FL : 1층의 바닥면을 기준으로 표시
④ TOP : 지름이 다른 관의 높이를 나타낼 때 관 바깥지름의 아랫면까지를 기준으로 표시

[해설] TOP는 동일 관경에서 관의 윗부분을 나타내는 표시이다.

68. 다음 중 급수배관에 관한 설명으로 옳은 것은?
① 수평배관은 필요할 경우 관내의 물을 배제하기 위하여 $\frac{1}{100} \sim \frac{1}{150}$의 구배를 준다.
② 상향식 급수배관의 경우 수평주관은 내림구배, 수평분기관은 올림구배로 한다.
③ 배관이 벽이나 바닥을 관통하는 곳에는 후일 수리 시 교체가 쉽도록 슬리브(sleeve)를 설치한다.
④ 급수관과 배수관을 수평으로 매설하는 경우 급수관을 배수관의 아래쪽이 되도록 매설한다.

[해설] 급수관의 수평배관은 $\frac{1}{50} \sim \frac{1}{100}$의 상향구배를 하며, 급수관을 배수관 위에 설치해야 한다.

69. 호칭지름 20 A인 강관을 2개의 45° 엘보를 사용해서 그림과 같이 연결하고자 한다. 밑면과 높이가 똑같이 150 mm라면 빗면 연결부분의 관의 실제 소요길이(l)는? (단, 45° 엘보 나사부의 길이는 15 mm, 이음쇠의 중심선에서 단면까지 거리는 25 mm로 한다.)

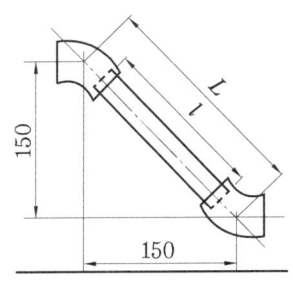

① 178 mm　　② 180 mm
③ 192 mm　　④ 212 mm

[해설] $l = 150 \times \sqrt{2} - 2 \times (25 - 15)$
$= 192$ mm

70. 저압 가스배관에서 관 안지름이 25 mm에서 압력손실이 320 mmAq이라면, 관 안지름이 50 mm로 2배로 되었을 때 압력손실은 얼마인가?
① 160 mmAq　　② 80 mmAq
③ 32 mmAq　　④ 10 mmAq

[해설] 저압배관 유량 구하는 공식을 응용하면
$\frac{320}{P} = \frac{50^5}{25^5}$
$P = 10$ mmAq

71. 증기배관의 트랩장치에 관한 설명이 옳은 것은?
① 저압증기에서는 보통 버킷형 트랩을 사용한다.
② 냉각레그(cooling leg)는 트랩의 입구 쪽에 설치한다.

③ 트랩의 출구 쪽에는 스트레이너를 설치한다.
④ 플로트형 트랩은 상·하 구분없이 수직으로 설치한다.

[해설] 버킷 트랩은 응축수의 유입으로 버킷이 작동하여 상부에 있는 밸브를 열어 응축수를 배출하는 것으로 증기관의 끝이나 기기의 주위 배관에 사용되며 0.1 kg/cm² 이상의 압력을 필요로 한다. 여과기는 트랩 전에 설치하며 플로트 트랩은 수평으로 설치한다.

72. 다음 중 냉동 배관 재료 구비 조건으로 틀린 것은?
① 가공성이 양호할 것
② 내식성이 좋을 것
③ 냉매와 윤활유가 혼합될 때, 화학적 작용으로 인한 냉매의 성질이 변하지 않을 것
④ 저온에서 기계적 강도 및 압력손실이 적을 것

[해설] 냉동 배관은 저온에서도 충분한 강도를 가지고 있어야 한다.

73. 다음 중 보온재의 구비 조건으로 틀린 것은?
① 열전도율이 작을 것
② 균열 신축이 작을 것
③ 내식성 및 내열성이 있을 것
④ 비중이 크고 흡습성이 클 것

[해설] 보온재는 가벼워야 하며 내습성이 커야 한다.

74. 급탕배관의 관 지름을 결정할 때 고려해야 할 요소로 가장 거리가 먼 것은?
① 1 m마다 마찰손실
② 순환수량
③ 관내유속

④ 펌프의 양정

[해설] 펌프의 양정은 펌프의 능력을 결정하는 데 필요하다.

75. 증기난방 배관설비의 응축수 환수 방법 중 증기의 순환이 가장 빠른 방법은 어느 것인가?
① 진공환수식
② 기계환수식
③ 자연환수식
④ 중력환수식

[해설] 진공환수식은 증기난방에서 환수관의 끝부분에 진공 급수 펌프를 설치하여 환수관 내를 100~250 mmHg 정도의 진공을 만들어 응축수나 공기를 흡입해서 증기의 흐름을 좋게 하는 방식으로 증기의 순환이 좋다.

76. 가스배관 경로 선정 시 고려하여야 할 내용으로 적당하지 않은 것은?
① 최단거리로 할 것
② 구부러지거나 오르내림을 적게 할 것
③ 가능한 은폐매설을 할 것
④ 가능한 옥외에 설치할 것

[해설] 가스배관은 최단거리, 직선 시공, 옥외 설치, 노출 시공을 원칙으로 한다.

77. 부력에 의해 밸브를 개폐하여 간헐적으로 응축수를 배출하는 구조를 가진 증기트랩은?
① 열동식 트랩
② 버킷 트랩
③ 플로트 트랩
④ 충격식 트랩

[해설] 문제 71번 해설 참조

78. 통기관에 관한 설명으로 틀린 것은?
① 각개통기관의 관지름은 그것이 접속되는 배수관 관지름의 1/2 이상으로 한다.
② 통기 방식에는 신정통기, 각개통기, 회로통기 방식이 있다.

③ 통기관은 트랩 내의 봉수를 보호하고 관내 청결을 유지한다.
④ 배수입관에서 통기입관의 접속은 90° T 이음으로 한다.

[해설] 통기입관의 접속은 45° 이내의 Y관 이음으로 한다.

79. 배관에 사용되는 강관은 1℃ 변화함에 따라 1 m당 몇 mm만큼 팽창하는가?(단, 관의 열팽창계수는 0.00012 m/m·℃이다.)

① 0.012
② 0.12
③ 0.022
④ 0.22

[해설] $\Delta l = 0.00012 \times 1℃ \times 1000$ mm
$= 0.12$ mm

80. 다음 신축이음 중 주로 증기 및 온수 난방용 배관에 사용되는 것은?

① 루프형 신축이음
② 슬리브형 신축이음
③ 스위블형 신축이음
④ 벨로스형 신축이음

[해설] 증기, 온수 난방용 배관 등에 주로 사용하는 신축이음은 엘보를 2개 이상 사용하며 비틀림을 이용하는 스위블 이음이다.

[정답] 79. ② 80. ③

CBT 실전문제 (4)

제1과목 에너지관리

1. 냉방부하 중 유리창을 통한 일사취득열량을 계산하기 위한 필요 사항으로 가장 거리가 먼 것은?
① 창의 열관류율 ② 창의 면적
③ 차폐계수 ④ 일사의 세기

[해설] 일사취득열량 = 일사량($kcal/m^2 \cdot h$)
× 유리창 면적(m^2) × 차폐계수 × 축열계수

2. 공기조화 방식 중에서 전공기 방식에 속하는 것은?
① 패키지 유닛 방식
② 복사 냉난방 방식
③ 유인 유닛 방식
④ 저온 공조 방식

[해설] ① : 개별 방식(냉매 방식)
② : 공기-수 방식
③ : 공기-수 방식
④ : 전공기 방식

3. 냉수 코일의 설계에 관한 설명으로 틀린 것은?
① 공기와 물의 유동방향은 가능한 대향류가 되도록 한다.
② 코일의 열수는 일반 공기 냉각용에는 4~8열이 주로 사용된다.
③ 수온의 상승은 일반적으로 20℃ 정도로 한다.
④ 수속은 일반적으로 1 m/s 정도로 한다.

[해설] 수온의 상승은 5℃ 정도이다.

4. 단면적 10 m^2, 두께 2.5 cm의 단열벽을 통하여 3 kW의 열량이 내부로부터 외부로 전도된다. 내부 표면온도가 415℃이고, 재료의 열전도율이 0.2 W/m·K일 때, 외부 표면온도는?
① 185℃ ② 218℃
③ 293℃ ④ 378℃

[해설] 3000 W
$= \left(\dfrac{0.2 \, W/m \cdot K}{0.025 \, m} \right) \times 10 \, m^2 \times (415 - t) \, ℃$
∴ $t = 377.5 \, ℃$

5. 습공기선도 상에서 ①의 공기가 온도가 높은 다량의 물과 접촉하여 가열, 가습되고 ③의 상태로 변화한 경우를 나타낸 것은 어느 것인가?

①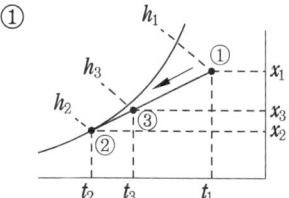

②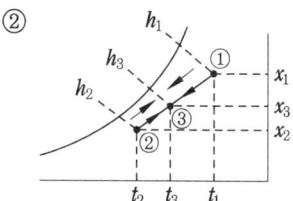

③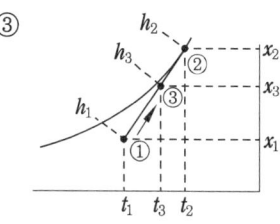

정답 1. ① 2. ④ 3. ③ 4. ④ 5. ③

④ $h_1 = h_2 = h_3$

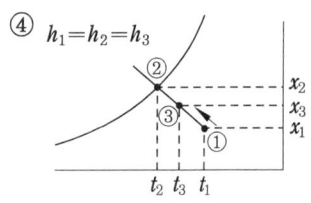

[해설] 다량의 물 상태는 상대습도 100%로 간주해야 하며 공기가 가열, 가습되는 상태이므로 ③항과 같이 이루어져야 한다.

6. 에어 필터의 종류 중 병원의 수술실, 반도체 공장의 청정구역(clean room) 등에 이용되는 고성능 에어 필터는?
① 백 필터   ② 롤 필터
③ HEPA 필터   ④ 전기 집진기

[해설] 고성능 에어 필터(HEPA)는 계수법(DOP법)에 의하여 99.79% 이상의 여과 효율을 보이며 글라스파이버, 아스베스토스파이버가 사용된다.

7. 냉각탑(cooling tower)에 대한 설명으로 틀린 것은?
① 일반적으로 쿨링 어프로치는 5℃ 정도로 한다.
② 냉각탑은 응축기에서 냉각수가 얻은 열을 공기 중에 방출하는 장치이다.
③ 쿨링 레인지란 냉각탑에서의 냉각수 입·출구 수온차이다.
④ 일반적으로 냉각탑으로의 보급수량은 순환수량의 15% 정도이다.

[해설] 냉각탑 순환수량 13 L/min, 냉각탑 입구수온 37℃, 냉각탑 출구수온 32℃, 외기 습구온도 27℃를 기준으로 1 CTRT가 형성된다.

8. 내부에 송풍기와 냉·온수 코일이 내장되어 있으며, 각 실내에 설치되어 기계실로부터 냉·온수를 공급받아 실내공기의 상태를 직접 조절하는 공조기는?
① 패키지형 공조기
② 인덕션 유닛
③ 팬코일 유닛
④ 에어핸들링 유닛

[해설] 팬코일 유닛은 수식 방식으로 공조기 내부에 송풍기와 코일이 내장되어 있다.

9. 각종 공조 방식 중 개별 방식에 관한 설명으로 틀린 것은?
① 개별 제어가 가능하다.
② 외기 냉방이 용이하다.
③ 국소적인 운전이 가능하여 에너지 절약적이다.
④ 대량 생산이 가능하여, 설비비와 운전비가 저렴해진다.

[해설] 개별 방식은 외기 냉방이 어렵다.

10. 건구온도 30℃, 절대습도 0.015 kg/kg′인 습공기의 엔탈피(kJ/kg)는? (단, 건공기 정압비열 1.01 kJ/kg·K, 수증기 정압비열 1.85 kJ/kg·K, 0℃에서 포화수의 증발잠열은 2500 kJ/kg이다.)
① 68.63   ② 91.12
③ 103.34   ④ 150.54

[해설] 습공기 엔탈피(i)
$= 1.01 \times 30 + 0.015 \times (2500 + 1.85 \times 30)$
$= 68.63 \text{ kJ/kg}$

11. 연도를 통과하는 배기가스의 분무수를 접촉시켜 공해물질을 흡수, 융해, 응축작용에 의해 불순물을 제거하는 집진장치는 무엇인가?
① 세정식 집진기
② 사이클론 집진기
③ 공기 주입식 집진기
④ 전기 집진기

[해설] 분무수를 이용하는 것은 세정식 집진기이고 사이클론(cyclone) 집진기는 원심력을 이용하며 가장 효율이 좋은 것은 전기식 집진기이다.

12. 송풍기의 법칙에서 회전속도가 일정하고, 지름이 d, 동력이 L인 송풍기를 지름이 d_1으로 크게 했을 때 동력(L_1)을 나타내는 식은?

① $L_1 = \left(\dfrac{d}{d_1}\right)^5 L$ ② $L_1 = \left(\dfrac{d}{d_1}\right)^4 L$

③ $L_1 = \left(\dfrac{d_1}{d}\right)^4 L$ ④ $L_1 = \left(\dfrac{d_1}{d}\right)^5 L$

[해설] 송풍기의 상사 법칙
- $Q_2 = Q_1 \times \left(\dfrac{N_2}{N_1}\right)^1 \times \left(\dfrac{D_2}{D_1}\right)^3$
- $H_2 = H_1 \times \left(\dfrac{N_2}{N_1}\right)^2 \times \left(\dfrac{D_2}{D_1}\right)^2$
- $L_2 = L_1 \times \left(\dfrac{N_2}{N_1}\right)^3 \times \left(\dfrac{D_2}{D_1}\right)^5$

13. 다음 중 직접 난방법이 아닌 것은 어느 것인가?

① 온풍 난방   ② 고온수 난방
③ 저압증기 난방   ④ 복사 난방

[해설] 간접 난방은 열교환시킨 온풍을 실내로 보내 난방하는 방법이며 직접 난방은 실내의 증기나 전기로 방열기를 가열하여 난방하는 방법이다.

14. 방열기에서 상당방열면적(EDR)은 보기의 식으로 나타낸다. 이 중 Q_o는 무엇을 뜻하는가? (단, 사용단위로 Q는 W, Q_o는 W/m²이다.)

〈보 기〉
$$EDR[\text{m}^2] = \dfrac{Q}{Q_o}$$

① 증발량
② 응축수량
③ 방열기의 전방열량
④ 방열기의 표준방열량

[해설] 방열기의 표준방열량
- 증기 : 650 kcal/h·m²
- 온수 : 450 kcal/h·m²

15. 9 m×6 m×3 m의 강의실에 10명의 학생이 있다. 1인당 CO_2 토출량이 15 L/h이면, 실내 CO_2량을 0.1%로 유지시키는 데 필요한 환기량(m³/h)은? (단, 외기의 CO_2량은 0.04%로 한다.)

① 80   ② 120   ③ 180   ④ 250

[해설] 환기량 $= 15 \times \dfrac{10}{(0.001 - 0.0004)}$
$= 250000$ L/h $≒ 250$ m³/h

16. 덕트의 크기를 결정하는 방법이 아닌 것은?

① 등속법   ② 등마찰법
③ 등중량법   ④ 정압재취득법

[해설] 등중량법이라는 종류는 없다.

17. 각층 유닛 방식에 관한 설명으로 틀린 것은?

① 외기용 공조기가 있는 경우에는 습도 제어가 곤란하다.
② 장치가 세분화되므로 설비비가 많이 들며, 기기 관리가 불편하다.
③ 각층마다 부하 및 운전시간이 다른 경우에 적합하다.
④ 송풍 덕트가 짧게 된다.

[해설] 외기용 공조기는 외기 냉방이 가능하므로 습도 제어가 용이하다.

18. 냉방부하의 종류 중 현열부하만 취득

정답 12. ④ 13. ① 14. ④ 15. ④ 16. ③ 17. ① 18. ①

하는 것은?
① 태양복사열
② 인체에서의 발생열
③ 침입외기에 의한 취득열
④ 틈새 바람에 의한 부하

[해설] ②, ③, ④항은 현열부하와 잠열부하 동시에 해당된다.

19. 화력발전설비에서 생산된 전력을 사용함과 동시에, 전력이 생산되는 과정에서 발생되는 열을 난방 등에 이용하는 방식은 어느 것인가?
① 히트펌프(heat pump) 방식
② 가스엔진 구동형 히트펌프 방식
③ 열병합발전(co-generation) 방식
④ 지열 방식

[해설] 열병합발전 방식은 화석 연료를 연소시켜 터빈을 통하여 전기를 생산하고 그 폐열을 유효하게 이용하는 종합적인 발전 시스템이다.

20. 온풍난방의 특징에 관한 설명으로 틀린 것은?
① 송풍 동력이 크며, 설계가 나쁘면 실내로 소음이 전달되기 쉽다.
② 실온과 함께 실내습도, 실내기류를 제어할 수 있다.
③ 실내 층고가 높을 경우에는 상하의 온도차가 크다.
④ 예열부하가 크므로 예열시간이 길다.

[해설] 온풍난방은 예열부하가 작으므로 예열시간이 짧다.

제2과목 **공조냉동설계**

21. 증발온도 -30℃, 응축온도 45℃에서 작동되는 이상적인 냉동기의 성적계수는?
① 2.2 ② 3.2 ③ 4.2 ④ 5.2

[해설] $COP = \dfrac{T_2}{(T_1 - T_2)} = \dfrac{243}{(318-243)}$
$= 3.24$

22. 흡수식 냉동장치에서의 흡수제 유동방향으로 틀린 것은?
① 흡수기 → 재생기 → 흡수기
② 흡수기 → 재생기 → 증발기 → 응축기 → 흡수기
③ 흡수기 → 용액 열교환기 → 재생기 → 용액 열교환기 → 흡수기
④ 흡수기 → 고온 재생기 → 저온 재생기 → 흡수기

[해설] 흡수제 유동방향 : 흡수기 → 재생기 → 응축기 → 증발기 → 흡수기

23. 열전달에 관한 설명으로 옳은 것은?
① 열관류율의 단위는 kW/m·℃이다.
② 열교환기에서 성능을 향상시키려면 병류형보다는 향류형으로 하는 것이 좋다.
③ 일반적으로 핀(fin)은 열전달계수가 높은 쪽에 부착한다.
④ 물때 및 유막의 형성은 전열작용을 증가시킨다.

[해설] 열관류율(열통과율) 단위는 $kW/m^2 \cdot ℃$이고 핀은 전열이 불량한 쪽에 부착하며 물때와 유막은 전열작용을 방해한다.

24. 브라인에 대한 설명으로 틀린 것은?
① 에틸렌글리콜은 무색, 무취이며, 물로 희석하여 농도를 조절할 수 있다.
② 염화칼슘은 무취로서 주로 식품 동결에 쓰이며, 직접적 동결방법을 이용한다.
③ 염화마그네슘 브라인은 염화나트륨 브라

정답 19. ③ 20. ④ 21. ② 22. ② 23. ② 24. ②

인보다 동결점이 낮으며 부식성도 작다.
④ 브라인에 대한 부식 방지를 위해서는 밀폐 순환식을 채택하여 공기에 접촉하지 않게 해야 한다.
[해설] 염화칼슘은 간접팽창식에 사용하는 무기질 브라인이다.

25. 다음 중 2원 냉동장치에 관한 설명으로 틀린 것은?
① 증발온도 -70℃ 이하의 초저온 냉동기에 적합하다.
② 저단압축기 토출냉매의 과냉각을 위해 압축기 출구에 중간냉각기를 설치한다.
③ 저온측 냉매는 고온측 냉매보다 비등점이 낮은 냉매를 사용한다.
④ 두 대의 압축기 소비동력을 고려하여 성능계수(COP)를 구한다.
[해설] ②항은 2단 압축 냉동장치에 대한 설명이다.

26. 냉각수 입구온도가 15℃이며 매분 40L로 순환되는 수랭식 응축기에서 시간당 18000 kcal의 열이 제거되고 있을 때 냉각수 출구온도(℃)는?
① 22.5   ② 23.5   ③ 25   ④ 30
[해설] 18000 kcal/h = 40 L/min
$\times$ 60 min/h $\times$ 1 kcal/kg·℃ $\times (t_{w_2} - 15)$℃
∴ t_{w_2} = 22.5℃

27. 여름철 공기열원 열펌프 장치로 냉방운전할 때, 외기의 건구온도 저하 시 나타나는 현상으로 옳은 것은?
① 응축압력이 상승하고, 장치의 소비전력이 증가한다.
② 응축압력이 상승하고, 장치의 소비전력이 감소한다.
③ 응축압력이 저하하고, 장치의 소비전력이 증가한다.
④ 응축압력이 저하하고, 장치의 소비전력이 감소한다.
[해설] 건구온도가 저하하면 열교환이 양호하게 이루어지므로 응축압력이 저하하게 되며 이로 인하여 소비전력은 감소한다.

28. 압력 2.5 kg/cm²에서 포화온도는 -20℃이고, 이 압력에서의 포화액 및 포화증기의 비체적 값이 각각 0.74 L/kg, 0.09254 m³/kg일 때, 압력 2.5 kg/cm²에서 건도(x)가 0.98인 습증기의 비체적(m³/kg)은 얼마인가?
① 0.08050   ② 0.00584
③ 0.06754   ④ 0.09070
[해설] 0.09254 m³/kg × 0.98
= 0.0906892 m³/kg

29. 냉동장치의 운전 준비 작업으로 가장 거리가 먼 것은?
① 윤활상태 및 전류계 확인
② 벨트의 장력상태 확인
③ 압축기 유면 및 냉매량 확인
④ 각종 밸브의 개폐 유·무 확인
[해설] 윤활상태 및 전류계는 운전상태에서 확인한다.

30. 다음 냉매 중 2원 냉동장치의 저온측 냉매로 가장 부적합한 것은?
① R-14   ② R-32
③ R-134a   ④ 에탄(C_2H_6)
[해설] R-134a는 원심식 냉동기에 사용한다.

31. 제빙에 필요한 시간을 구하는 공식이 보기와 같다. 이 공식에서 a와 b가 의미하는 것은?

정답 25. ② 26. ① 27. ④ 28. ④ 29. ① 30. ③ 31. ③

─〈보 기〉─
$$\tau = (0.53 \sim 0.6)\frac{a^2}{-b}$$

① a : 브라인온도, b : 결빙두께
② a : 결빙두께, b : 브라인유량
③ a : 결빙두께, b : 브라인온도
④ a : 브라인유량, b : 결빙두께

32. 흡수식 냉동기에 대한 설명으로 틀린 것은?
① 흡수식 냉동기는 열의 공급과 냉각으로 냉매와 흡수제가 함께 분리되고 섞이는 형태로 사이클을 이룬다.
② 냉매가 암모니아일 경우에는 흡수제로 리튬브로마이드(LiBr)를 사용한다.
③ 리튬브로마이드 수용액 사용 시 재료에 대한 부식성 문제로 용액에 미량의 부식억제제를 첨가한다.
④ 압축식에 비해 열효율이 나쁘며 설치면적을 많이 차지한다.

[해설] 흡수식 냉동기에서 냉매가 암모니아일 경우 흡수제로 물을 사용하고 냉매가 물일 경우 흡수제로 리튬브로마이드를 사용한다.

33. 다음 P-i 선도와 같은 2단 압축 2단 팽창 사이클로 운전되는 NH_3 냉동장치에서 고단측 냉매 순환량(kg/h)은 얼마인가? (단, 냉동능력은 55000 kcal/h이다.)

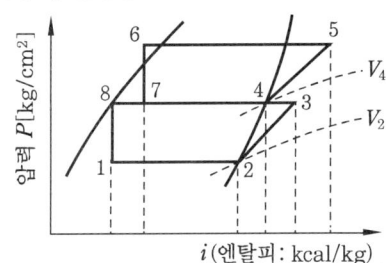

i_1=89.0, i_2=388, i_3=433, i_4=399,
i_5=447, i_6=128
V_2=1.55 m³/kg, V_4=0.42 m³/kg

① 210.8　　② 220.7
③ 233.5　　④ 242.9

[해설] $G_H = G_L \times \dfrac{(h_3 - h_1)}{(h_4 - h_6)}$

$= \dfrac{55000}{(388-89)} \times \dfrac{(433-89)}{(399-128)}$

$= 233.496$ kg/h

34. 다기통 콤파운드 압축기가 다음과 같이 2단 압축 1단 팽창 냉동사이클로 운전되고 있다. 냉동능력이 12 RT일 때 저단측 피스톤 토출량(m³/h)은? (단, 저·고단측의 체적효율은 모두 0.65이다.)

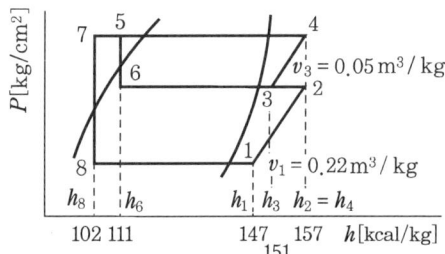

① 219.2　　② 249.2
③ 299.7　　④ 329.7

[해설] $V_L = RT \times 3320 \times \dfrac{v}{q \times \eta_v}$

$= 12 \times 3320 \times \dfrac{0.22}{(147-102) \times 0.65}$

$= 299.65$ m³/h

35. 다음 중 왕복동식 냉동기의 고압측 압력이 높아지는 원인에 해당되는 것은?
① 냉각수량이 많거나 수온이 낮음
② 압축기 토출밸브 누설
③ 불응축가스 혼입
④ 냉매량 부족

[해설] 고압 상승 원인
(1) 불응축가스 혼입
(2) 냉각수량 부족 및 수온 상승
(3) 응축기 유막 또는 물때 등으로 오염

36. 증발하기 쉬운 유체를 이용한 냉동 방법이 아닌 것은?
① 증기분사식 냉동법
② 열전냉동법
③ 흡수식 냉동법
④ 증기압축식 냉동법
[해설] 열전냉동법은 냉매를 이용하는 것이 아니라 반도체를 이용한 것이다.

37. 냉동능력 감소와 압축기 과열 등의 악영향을 미치는 냉동 배관 내의 불응축가스를 제거하기 위해 설치하는 장치는?
① 액-가스 열교환기
② 여과기
③ 어큐뮬레이터
④ 가스 퍼저
[해설] 가스 퍼저는 불응축가스 방출을 위한 장치이며 어큐뮬레이터는 액분리기이다.

38. 증발온도는 일정하고 응축온도가 상승할 경우 나타나는 현상으로 틀린 것은?
① 냉동능력 증대
② 체적효율 저하
③ 압축비 증대
④ 토출가스 온도 상승
[해설] 증발온도가 일정하고 응축온도가 상승하는 것은 결국 압축비 증대와 같은 현상이 되므로 냉동능력은 감소하게 된다.

39. 냉동장치에서 응축기에 관한 설명으로 옳은 것은?
① 응축기 내의 액회수가 원활하지 못하면 액면이 높아져 열교환의 면적이 적어지므로 응축압력이 낮아진다.
② 응축기에서 방출하는 냉매가스의 열량은 증발기에서 흡수하는 열량보다 크다.
③ 냉매가스의 응축온도는 압축기의 토출가스 온도보다 높다.
④ 응축기 냉각수 출구온도는 응축온도보다 높다.
[해설] 응축기 방열량 = 증발기 흡수열량 + 압축기 열량

40. 냉장실의 냉동부하가 크게 되었다. 이때 냉동기의 고압측 및 저압측의 압력의 변화는?
① 압력의 변화가 없음
② 저압측 및 고압측 압력이 모두 상승
③ 저압측은 압력 상승, 고압측은 압력 저하
④ 저압측은 압력 저하, 고압측은 압력 상승
[해설] 냉동부하가 증가하면 냉매 증발량 또한 증가하므로 증발압력, 응축압력 모두 상승하게 된다.

제3과목 시운전 및 안전관리

41. 최대 눈금이 100 V인 직류 전압계가 있다. 이 전압계를 사용하여 150 V의 전압을 측정하려면 배율기의 저항(Ω)은? (단, 전압계의 내부저항은 5000 Ω이다.)
① 1000
② 2500
③ 5000
④ 10000
[해설] $V = V_0\left(1 + \dfrac{R}{r_0}\right)$ 에서
$R = r_0\left(\dfrac{V - V_0}{V_0}\right) = 5000 \times \left(\dfrac{150 - 100}{100}\right)$
$= 2500\ \Omega$

42. 피드백 제어계의 특징으로 옳은 것은?
① 정확성이 감소된다.
② 감대폭이 증가된다.
③ 특성 변화에 대한 입력 대 출력비의 감

도가 증대된다.
④ 발진을 일으켜도 안정된 상태로 되어 가는 경향이 있다.
[해설] 피드백 제어계는 제어계의 요소 또는 요소 집합의 출력 신호를 그 제어계의 입력측으로 되돌림으로써 출력 신호와 목표값의 비교에 의해 제어를 하는 시스템으로 정확성과 감대폭이 증가된다.

43. 전동기의 회전방향을 알기 위한 법칙은?
① 렌츠의 법칙
② 암페어의 법칙
③ 플레밍의 왼손법칙
④ 플레밍의 오른손법칙

44. $i = I_{m1}\sin\omega t + I_{m2}\sin(2\omega t + \theta)$ 의 실횻값은?
① $\dfrac{I_{m1} + I_{m2}}{2}$
② $\sqrt{\dfrac{I_{m1}^2 + I_{m2}^2}{2}}$
③ $\dfrac{\sqrt{I_{m1} + I_{m2}}}{2}$
④ $\sqrt{\dfrac{I_{m1} + I_{m2}}{2}}$

[해설] $\sqrt{\left(\dfrac{I_{m1}}{\sqrt{2}}\right)^2 + \left(\dfrac{I_{m2}}{\sqrt{2}}\right)^2} = \sqrt{\dfrac{I_{m1}^2 + I_{m2}^2}{2}}$

45. 다음 중 서보기구에서 제어량은 어느 것인가?
① 유량
② 전압
③ 위치
④ 주파수
[해설] 서보기구는 물체의 위치·방위·자세 등의 변위를 제어량(출력)으로 하고, 목표값(입력)의 임의의 변화에 추종하도록 한 제어계이다.

46. 발열체의 구비 조건으로 틀린 것은?
① 내열성이 클 것
② 용융온도가 높을 것
③ 산화온도가 낮을 것
④ 고온에서 기계적 강도가 클 것
[해설] 발열체는 산화온도가 높아서 산화되지 않아야 한다.

47. 3상 농형 유도전동기 기동 방법이 아닌 것은?
① 2차 저항법
② 전전압 기동법
③ 기동 보상기법
④ 리액터 기동법
[해설] 유도전동기 기동 방법에는 직입 기동법(전전압 기동), 리액터 기동법, 기동 보상기법, 기동 보상기법과 리액터 기동법을 병행한 콘도르퍼 기동법이 있다.

48. 온도, 유량, 압력 등의 상태량을 제어량으로 하는 제어계는?
① 서보기구
② 정치제어
③ 샘플값제어
④ 프로세스제어

49. 다음 중 서보 전동기의 특징이 아닌 것은?
① 속응성이 높다.
② 전기자의 지름이 작다.
③ 시동, 정지 및 역전의 동작을 자주 반복한다.
④ 큰 회전력을 얻기 위해 축 방향으로 전기자의 길이가 짧다.

50. 스위치를 닫거나 열기만 하는 제어동작은?
① 비례 동작
② 미분 동작
③ 적분 동작
④ 2위치 동작

51. 정전용량이 같은 2개의 콘덴서를 병렬로 연결했을 때의 합성 정전용량은 직렬로 했을 때의 합성 정전용량의 몇 배인가?
① 1/2
② 2

정답 43. ③ 44. ② 45. ③ 46. ③ 47. ① 48. ④ 49. ④ 50. ④ 51. ③

③ 4   ④ 8

해설 (1) 직렬 : $\dfrac{1}{C_T} = \dfrac{1}{C_1} + \dfrac{1}{C_2} = \dfrac{C_1 + C_2}{C_1 C_2}$

에서 $C_T = \dfrac{C_1 C_2}{C_1 + C_2} = \dfrac{C \times C}{2C} = \dfrac{C}{2}$

(2) 병렬 : $C_T = C_1 + C_2 = 2C$에서

$\dfrac{2C}{\dfrac{C}{2}} = 4$

52. 저항체에 전류가 흐르면 줄열이 발생하는데 이때 전류 I와 전력 P의 관계는?

① $I = P$ ② $I = P^{0.5}$
③ $I = P^{1.5}$ ④ $I = P^2$

해설 $P = I^2 R$이므로 I는 $\sqrt{P} = P^{0.5}$에 비례한다.

53. 정격 10 kW의 3상 유도전동기가 기계손 200 W, 전부하 슬립 4 %로 운전될 때 2차 동손은 몇 W인가?

① 375   ② 392
③ 409   ④ 425

해설 $P = \dfrac{S(P + P_m)}{1 - S}$

$= \dfrac{0.04}{1 - 0.04}(10000 + 200) = 425 \text{W}$

54. 그림과 같은 논리회로가 나타내는 식은 어느 것인가?

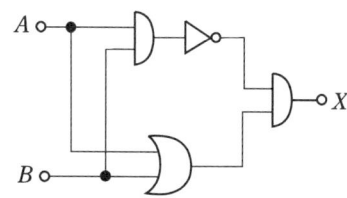

① $X = AB + BA$
② $X = \overline{(A + B)}AB$
③ $X = \overline{AB}(A + B)$
④ $X = AB(A + B)$

55. 입력으로 단위 계단함수 $u(t)$를 가했을 때, 출력이 그림과 같은 조절계의 기본 동작은?

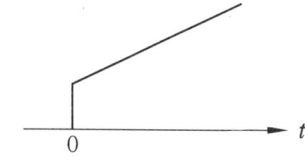

① 비례 동작
② 2위치 동작
③ 비례 적분 동작
④ 비례 미분 동작

56. 어떤 회로에 정현파 전압을 가하니 90° 위상이 뒤진 전류가 흘렀다면 이 회로의 부하는?

① 저항   ② 용량성
③ 무부하   ④ 유도성

57. 자동제어에서 미리 정해 놓은 순서에 따라 제어의 각 단계가 순차적으로 진행되는 제어 방식은?

① 서보제어
② 되먹임제어
③ 시퀀스제어
④ 프로세스제어

58. 다음 중 온도-전압의 변환장치는 어느 것인가?

① 열전대   ② 전자석
③ 벨로스   ④ 광전다이오드

해설 열전대는 두 종류의 금속 A, B를 접합하고, 양 접점에 온도를 달리 해주면 온도차에 비례하여 열기전력이 생긴다는 제베크(Seebeck) 효과를 이용하여 두 종류의 금속으로 만든 장치로서 온도차를 전압으로 변화시키는 제어기기의 변환 요소에 사용한다.

59. 그림과 같은 피드백 회로에서 종합전달함수는?

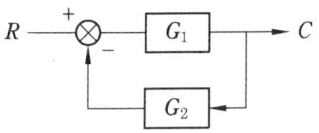

① $\dfrac{1}{G_1}+\dfrac{1}{G_2}$ ② $\dfrac{G_1}{1-G_1 \cdot G_2}$

③ $\dfrac{G_1}{1+G_1 \cdot G_2}$ ④ $\dfrac{G_1 \cdot G_2}{1+G_1 \cdot G_2}$

[해설] $RG_1 = C(1+G_1G_2)$

$\dfrac{C}{R} = \dfrac{G_1}{1+G_1G_2}$

60. 자동제어기기의 조작용 기기가 아닌 것은?
① 클러치 ② 전자밸브
③ 서보전동기 ④ 앰플리다인

제4과목 유지보수공사관리

---

61. 관지름 300 mm, 배관길이 500 m의 중압가스 수송관에서 A, B점의 게이지 압력이 각각 3 kgf/cm², 2 kgf/cm²인 경우 가스유량(m³/h)은? (단, 가스비중은 0.64, 유량계수는 52.31로 한다.)
① 10238 ② 20583
③ 38138 ④ 40153

[해설] $Q = 52.31 \times \sqrt{\dfrac{30^5 \times (4^2-3^2)}{0.64 \times 500}}$

$= 38138 \, m^3/h$

62. 증기난방 방식에서 응축수 환수 방법에 따른 분류가 아닌 것은?
① 기계 환수식 ② 응축 환수식
③ 진공 환수식 ④ 중력 환수식

[해설] 증기난방식은 응축수 환수 방법에 따라 기계 환수식, 중력 환수식, 진공 환수식 등으로 분류한다.

63. 냉동설비의 토출가스 배관 시공 시 압축기와 응축기가 동일선상에 있는 경우 수평관의 구배는 어떻게 해야 하는가?
① $\dfrac{1}{100}$의 올림구배로 한다.
② $\dfrac{1}{100}$의 내림구배로 한다.
③ $\dfrac{1}{50}$의 내림구배로 한다.
④ $\dfrac{1}{50}$의 올림구배로 한다.

[해설] 압축기와 응축기 사이에는 $\dfrac{1}{50}$의 하향 구배로 한다.

64. 증기난방 배관 시공에서 환수관에 수직 상향부가 필요할 때 리프트 피팅(lift fitting)을 써서 응축수가 위쪽으로 배출되게 하는 방식은?
① 단관 중력 환수식
② 복관 중력 환수식
③ 진공 환수식
④ 압력 환수식

[해설] 진공 환수식은 증기난방에서 환수관의 끝부분에 진공 급수 펌프를 설치하여 환수관 내를 진공으로 유지하여 응축수나 공기를 흡입해서 증기의 흐름을 좋게 하는 방식이다.

65. 급수관에서 수평관을 상향구배 주어 시공하려고 할 때, 행어로 고정한 지점에서구배를 자유롭게 조정할 수 있는 지지 금속은 어느 것인가?
① 고정 인서트 ② 앵커
③ 롤러 ④ 턴버클

[해설] 턴버클은 양 끝에 오른나사와 왼나사의 이음을 가지고 있으며 지지용 로프 등을 잡아당기거나 늦출 때 사용하는 연결 부품이다.

66. 급수배관 설계 및 시공상의 주의사항으로 틀린 것은?
① 수평배관에는 공기나 오물이 정체하지 않도록 한다.
② 주 배관에는 적당한 위치에 플랜지(유니언)를 달아 보수점검에 대비한다.
③ 수격작용이 우려되는 곳에는 진공브레이커를 설치한다.
④ 음료용 급수관과 다른 용도의 배관을 접속하지 않아야 한다.

[해설] 수격작용이 우려되는 곳에는 에어체임버를 설치해야 한다.

67. 냉매 배관용 팽창밸브 종류로 가장 거리가 먼 것은?
① 수동형 팽창밸브
② 정압 팽창밸브
③ 열동식 팽창밸브
④ 팩리스 팽창밸브

[해설] 팩리스 밸브는 벨로스 또는 다이어프램을 장착하여 밀봉한 밸브로서 외부와의 차단이 확실하기 때문에 냉동기용이나 진공환수식의 방열기용 등으로 사용된다.

68. 공조설비 구성 장치 중 공기 분배(운반) 장치에 해당하는 것은?
① 냉각코일 및 필터
② 냉동기 및 보일러
③ 제습기 및 가습기
④ 송풍기 및 덕트

[해설] ① : 공기조화기
② : 열원장치
③ : 공기조화기

④ : 열매체 이송장치

69. 스테인리스 강관의 특징에 대한 설명으로 틀린 것은?
① 내식성이 우수하여 안지름의 축소, 저항 증대 현상이 없다.
② 위생적이라서 적수, 백수, 청수의 염려가 없다.
③ 저온 충격성이 적고, 한랭지 배관이 가능하다.
④ 나사식, 용접식, 몰코식, 플랜지식 이음법이 있다.

[해설] 스테인리스 강관은 저온 충격성이 강하다.

70. 도시가스 제조사업소의 부지 경계에서 정압기지의 경계까지 이르는 배관을 무엇이라고 하는가?
① 본관   ② 내관
③ 공급관   ④ 사용관

[해설] • 본관 : 도시가스 제조소 → 정압기
• 공급관 : 정압기 → 토지 경계
• 내관 : 토지 경계 → 연소기

71. 다음 방열기 표시에서 "5"의 의미는 무엇인가?

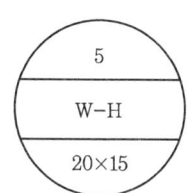

① 방열기의 섹션수
② 방열기의 사용 압력
③ 방열기의 종별과 형
④ 유입관의 관지름

[해설] W-H : 벽걸이 횡형
W-V : 벽걸이 종형

정답 66. ③ 67. ④ 68. ④ 69. ③ 70. ① 71. ①

72. 공조배관설비에서 수격작용의 방지책으로 틀린 것은?

① 관 내의 유속을 낮게 한다.
② 밸브는 펌프 흡입구 가까이 설치하고 제어한다.
③ 펌프에 플라이휠(fly wheel)을 설치한다.
④ 서지탱크를 설치한다.

[해설] 수격작용은 토출배관에서 발생하는 것이며 펌프 흡입측은 공동현상을 일으킨다.

73. 온수배관 시공 시 유의사항으로 틀린 것은?

① 일반적으로 팽창관에는 밸브를 달지 않는다.
② 배관의 최저부에는 배수밸브를 부착하는 것이 좋다.
③ 공기밸브는 순환펌프의 흡입측에 부착하는 것이 좋다.
④ 수평관은 팽창탱크를 향하여 올림구배가 되도록 한다.

[해설] 공기밸브는 에어벤트 상부에 설치해야 한다.

74. 급수관의 유속을 제한(1.5~2 m/s 이하)하는 이유로 가장 거리가 먼 것은?

① 유속이 빠르면 흐름방향이 변하는 개소의 원심력에 의한 부압(-)이 생겨 캐비테이션이 발생하기 때문에
② 관 지름을 작게 할 수 있어 재료비 및 시공비가 절약되기 때문에
③ 유속이 빠른 경우 배관의 마찰손실 및 관 내면의 침식이 커지기 때문에
④ 워터해머 발생 시 충격압에 의해 소음, 진동이 발생하기 때문에

[해설] 급수관에서 유속이 빠르게 되면 배관의 부식이 커지고 워터해머의 우려가 있다. 이를 방지하기 위해 유속은 2 m/s 이하로 유지하며, 재료비, 시공비와는 무관하다.

75. 신축 이음쇠의 종류에 해당되지 않는 것은?

① 벨로스형   ② 플랜지형
③ 루프형   ④ 슬리브형

[해설] 플랜지 이음은 축이나 관 등을 이을 때 끼워 넣는 둥근 테 모양의 연강제 이음쇠로 주로 분해, 수리가 필요로 하는 곳에 설치하며 신축 이음과는 무관하다.

76. 배관의 종류별 주요 접합 방법이 아닌 것은?

① MR 조인트 이음 - 스테인리스 강관
② 플레어 접합 이음 - 동관
③ TS식 이음 - PVC관
④ 콤포 이음 - 연관

[해설]
• 연관 : 플라스틴 이음
• 시멘트관 : 콤포 이음

77. 다음 중 도시가스배관 설치 기준으로 틀린 것은?

① 배관은 지반의 동결에 의해 손상을 받지않는 깊이로 한다.
② 배관접합은 용접을 원칙으로 한다.
③ 가스계량기의 설치 높이는 바닥으로부터 1.6 m 이상 2 m 이내의 높이에 수직, 수평으로 설치한다.
④ 폭 8 m 이상의 도로에 관을 매설할 경우에는 매설 깊이를 지면으로부터 0.6 m 이상으로 한다.

[해설] 폭 8 m 이상의 도로 매설 깊이는 지면으로부터 1.2 m 이상으로 한다.

78. 난방 배관 시공을 위해 벽, 바닥 등에

관통 배관 시공을 할 때, 슬리브(sleeve)를 사용하는 이유로 가장 거리가 먼 것은?
① 열팽창에 따른 배관 신축에 적응하기 위해
② 후일 관 교체 시 편리하게 하기 위해
③ 고장 시 수리를 편리하게 하기 위해
④ 유체의 압력을 증가시키기 위해
[해설] 슬리브 이음은 신축에 대비하여 설치하는 것으로 압력과는 무관하다.

79. 보온재 선정 시 고려해야 할 조건으로 틀린 것은?
① 부피 및 비중이 작아야 한다.
② 열전도율이 가능한 작아야 한다.
③ 물리적, 화학적 강도가 커야 한다.
④ 흡수성이 크고, 가공이 용이해야 한다.
[해설] 보온재는 내수성, 내습성이 강해야 한다.

80. 증기로 가열하는 간접가열식 급탕설비에서 저탕탱크 주위에 설치하는 장치와 가장 거리가 먼 것은?
① 증기트랩장치
② 자동온도조절장치
③ 개방형 팽창탱크
④ 안전장치와 온도계
[해설] 팽창탱크는 증기난방이 아니라 온수난방에 사용해야 한다.

CBT 실전문제 (5)

제1과목 에너지관리

1. 온도가 30℃이고, 절대습도가 0.02 kg/kg인 실외 공기와 온도가 20℃, 절대습도가 0.01 kg/kg인 실내 공기를 1 : 2의 비율로 혼합하였다. 혼합된 공기의 건구온도와 절대습도는?

① 23.3℃, 0.013 kg/kg
② 26.6℃, 0.025 kg/kg
③ 26.6℃, 0.013 kg/kg
④ 23.3℃, 0.025 kg/kg

해설 건구온도 = $\dfrac{1 \times 30 + 2 \times 20}{1+2}$ = 23.33℃

절대습도 = $\dfrac{1 \times 0.02 + 2 \times 0.01}{1+2}$
= 0.0133 kg/kg′

2. 냉수 코일 설계 시 유의사항으로 옳은 것은?

① 대향류로 하고 대수평균 온도차를 되도록 크게 한다.
② 병행류로 하고 대수평균 온도차를 되도록 작게 한다.
③ 코일 통과 풍속을 5 m/s 이상으로 취하는 것이 경제적이다.
④ 일반적으로 냉수 입·출구 온도차는 10℃보다 크게 취하여 통과유량을 적게 하는 것이 좋다.

해설 냉수 코일은 대향류로 하였을 때 전열이 양호하고 코일 통과 풍속은 2~3 m/s가 적당하다.

3. 건물의 지하실, 대규모 조리장 등에 적합한 기계환기법(강제급기+강제배기)은 어느 것인가?

① 제1종 환기   ② 제2종 환기
③ 제3종 환기   ④ 제4종 환기

해설 환기시설
 • 제1종 환기시설 : 강제급기 + 강제배기
 • 제2종 환기시설 : 강제급기 + 자연배기
 • 제3종 환기시설 : 자연급기 + 강제배기
 • 제4종 환기시설 : 자연급기 + 자연배기

4. 다음 중 난방 방식의 표준방열량에 대한 것으로 옳은 것은?

① 증기난방 : 0.523 kW
② 온수난방 : 0.756 kW
③ 복사난방 : 1.003 kW
④ 온풍난방 : 표준방열량이 없다.

해설 난방 방식의 표준방열량
 • 증기난방 : 650 kcal/h(0.756 kW)
 • 온수난방 : 450 kcal/h(0.523 kW)

5. 냉·난방 시의 실내 현열부하를 q_s[W], 실내와 말단장치의 온도를 각각 t_r, t_d라 할 때 송풍량 Q[L/s]를 구하는 식은?

① $Q = \dfrac{q_s}{0.24(t_r - t_d)}$

② $Q = \dfrac{q_s}{1.2(t_r - t_d)}$

③ $Q = \dfrac{q_s}{1.85(t_r - t_d)}$

④ $Q = \dfrac{q_s}{2501(t_r - t_d)}$

해설 공기 비중량 : 1.2 g/L

정답 1. ① 2. ① 3. ① 4. ④ 5. ②

6. 다음 중 에어와셔에 대한 내용으로 옳지 않은 것은?
① 세정실(spray chamber)은 일리미네이터 뒤에 있어 공기를 세정한다.
② 분무 노즐(spray nozzle)은 스탠드 파이프에 부착되어 스프레이 헤더에 연결된다.
③ 플러딩 노즐(flooding nozzle)은 먼지를 세정한다.
④ 다공판 또는 루버(louver)는 기류를 정류해서 세정실 내를 통과시키기 위한 것이다.

[해설] 에어와셔는 환기와 외기 혼합 공기를 세정한다.

7. 덕트 내 풍속을 이용하는 피토관을 이용하여 전압 23.8 mmAq, 정압 10 mmAq를 측정하였다. 이 경우 풍속은 약 얼마인가?
① 10 m/s   ② 15 m/s
③ 20 m/s   ④ 25 m/s

[해설] 동압 = 전압 - 정압
$= 23.8 - 10 = 13.8$ mmAq
$= 13.8 \times \dfrac{101.3 \times 10^3}{10.3 \times 10^3} = 135.72$ N/m²

$P = \dfrac{\rho V^2}{2}$ 에서

$V = \sqrt{\dfrac{2P}{\rho}} = \sqrt{\dfrac{2 \times 135.72}{1.225}}$
$= 14.88 ≒ 15$ m/s

8. 어떤 방의 취득 현열량이 8360 kJ/h로 되었다. 실내온도를 28℃로 유지하기 위하여 16℃의 공기를 취출하기로 계획한다면 실내로의 송풍량은 얼마인가? (단, 공기의 비중량은 1.2 kg/m³, 정압비열은 1.004 kJ/kg·℃이다.)
① 426.2 m³/h   ② 467.5 m³/h
③ 578.7 m³/h   ④ 612.3 m³/h

[해설] 8360 kJ/h $= Q \times 1.2$ kg/m³
$\times 1.004$ kJ/kg·℃ $\times (28-16)$℃
$Q = 578.24$ m³/h

9. 다음 조건의 외기와 재순환 공기를 혼합하려고 할 때 혼합공기의 건구온도는 약 얼마인가?

- 외기 34℃ DB, 1000 m³/h
- 재순환 공기 26℃ DB, 2000 m³/h

① 31.3℃   ② 28.6℃
③ 18.6℃   ④ 10.3℃

[해설] $t_m = \dfrac{34 \times 1000 + 26 \times 2000}{1000 + 2000} = 28.66$℃

10. 온풍난방의 특징에 관한 설명으로 틀린 것은?
① 예열부하가 거의 없으므로 기동시간이 짧다.
② 취급이 간단하고 취급자격자를 필요로 하지 않는다.
③ 방열기기나 배관 등의 시설이 필요 없어 설비비가 싸다.
④ 취출 온도의 차가 작아 온도 분포가 고르다.

[해설] ④항은 복사난방의 특징이다.

11. 간이계산법에 의한 건평 150 m²에 소요되는 보일러의 급탕부하는 얼마인가? (단, 건물의 열손실은 90 kJ/m²·h, 급탕량은 100 kg/h, 급수 및 급탕 온도는 각각 30℃, 70℃이다.)
① 3500 kJ/h   ② 4000 kJ/h
③ 13500 kJ/h ④ 16800 kJ/h

[해설] 건물의 열손실 열량
$= 90$ kJ/m²·h $\times 150$ m² $= 13500$ kJ/h
(보일러 급탕부하 열손실보다 커야 한다.)

정답 6. ① 7. ② 8. ③ 9. ② 10. ④ 11. ④

급탕부하
= 100 kg/h×4.186 kJ/kg·℃×(70-30)℃
= 16744 kJ/h
∴ 16800 kJ/h

12. 덕트 조립 방법 중 원형 덕트의 이음 방법이 아닌 것은?
① 드로 밴드 이음(draw band joint)
② 비드 크림프 이음(beaded crimp joint)
③ 더블 심(double seam)
④ 스파이럴 심(spiral seam)

[해설] 더블 심의 경우 이중 창호 이음에 주로 사용한다.

13. 공기 냉각·가열 코일에 대한 설명으로 틀린 것은?
① 코일의 관내에 물 또는 증기, 냉매 등의 열매를 통과시키고 외측에는 공기를 통과시켜서 열매와 공기 간의 열교환을 시킨다.
② 코일에 일반적으로 16 mm 정도의 동관 또는 강관의 외측에 동, 강 또는 알루미늄제의 판을 붙인 구조로 되어 있다.
③ 에로핀 중 감아 붙인 핀이 주름진 것을 스무드핀, 주름이 없는 평면상의 것을 링클핀이라고 한다.
④ 관의 외부에 얇게 리본 모양의 금속판을 일정한 간격으로 감아 붙인 핀의 형상을 에로핀 형이라 한다.

[해설] 에로핀 중 감아 붙인 핀이 주름진 것을 링클핀, 주름이 없는 평면상의 것을 스무드핀이라고 한다.

14. 유인유닛 공조 방식에 대한 설명으로 틀린 것은?
① 1차 공기를 고속덕트로 공급하므로 덕트 스페이스를 줄일 수 있다.
② 실내유닛에는 회전기기가 없으므로 시스템의 내용연수가 길다.
③ 실내부하를 주로 1차 공기로 처리하므로 중앙공조기는 커진다.
④ 송풍량이 적어 외기 냉방효과가 낮다.

[해설] 실내로 유인되는 공기는 2차 공기이며 제습, 가습, 공기 여과 등을 중앙공조기에서 행한다.

15. 온풍난방에서 중력식 순환 방식과 비교한 강제 순환 방식의 특징에 관한 설명으로 틀린 것은?
① 기기 설치장소가 비교적 자유롭다.
② 급기 덕트가 작아서 은폐가 용이하다.
③ 공급되는 공기는 필터 등에 의하여 깨끗하게 처리될 수 있다.
④ 공기 순환이 어렵고 쾌적성 확보가 곤란하다.

[해설] 강제 순환 방식은 공기 순환이 양호하고 집진 및 가습도 양호하다.

16. 공조 방식에서 가변풍량 덕트 방식에 관한 설명으로 틀린 것은?
① 운전비 및 에너지의 절약이 가능하다.
② 공조해야 할 공간의 열부하 증감에 따라 송풍량을 조절할 수 있다.
③ 다른 난방 방식과 동시에 이용할 수 없다.
④ 실내 칸막이 변경이나 부하의 증감에 대처하기 쉽다.

[해설] 가변풍량 덕트 방식은 다른 난방 방식과 동시에 이용이 가능하다.

17. 특정한 곳에 열원을 두고 열수송 및 분배망을 이용하여 한정된 지역으로 열매를 공급하는 난방법은?

[정답] 12. ③ 13. ③ 14. ③ 15. ④ 16. ③ 17. ②

① 간접난방법　　② 지역난방법
③ 단독난방법　　④ 개별난방법

[해설] 지역난방은 열병합시설과 함께 고온수 난방에 사용하는데 이때 순환펌프의 용량이 증가하며 예열시간 증가로 연료 소비량이 커진다.

18. 공조용 열원장치에서 히트펌프 방식에 대한 설명으로 틀린 것은?

① 히트펌프 방식은 냉방과 난방을 동시에 공급할 수 있다.
② 히트펌프 원리를 이용하여 지열 시스템 구성이 가능하다.
③ 히트펌프 방식 열원기기의 구동동력은 전기와 가스를 이용한다.
④ 히트펌프를 이용해 난방은 가능하나 급탕 공급은 불가능하다.

[해설] 히트펌프를 이용해 급탕 공급이 가능하다.

19. 겨울철에 어떤 방을 난방하는 데 있어서 이 방의 현열 손실이 12000 kJ/h이고 잠열 손실이 4000 kJ/h이며, 실온을 21℃, 습도를 50 %로 유지하려 할 때 취출구의 온도차를 10℃로 하면 취출구 공기상태점은?

① 21℃, 50 %인 상태점을 지나는 현열비 0.75에 평행한 선과 건구온도 31℃인 선이 교차하는 점
② 21℃, 50 %인 점을 지나고 현열비 0.33에 평행한 선과 건구온도 31℃인 선이 교차하는 점
③ 21℃, 50 %인 점을 지나고 현열비 0.75에 평행한 선과 건구온도 11℃인 선이 교차하는 점
④ 21℃, 50 %인 점과 31℃, 50 %인 점을 잇는 선분을 4 : 3으로 내분하는 점

[해설] $SHF = \dfrac{12000}{12000 + 4000} = 0.75$

취출구 온도 = 21 + 10 = 31℃

20. 다음 중 관류 보일러에 대한 설명으로 옳은 것은?

① 드럼과 여러 개의 수관으로 구성되어 있다.
② 관을 자유로이 배치할 수 있어 보일러 전체를 합리적인 구조로 할 수 있다.
③ 전열면적당 보유수량이 커 시동시간이 길다.
④ 고압 대용량에 부적합하다.

[해설] 관류 보일러는 드럼 없이 수관을 자유롭게 배치하고 물의 예열, 증발, 과열의 순서로 관류하며 가동시간이 짧다.

제2과목　공조냉동설계

21. 축열시스템 중 빙축열 방식이 수축열 방식에 비해 유리하다고 할 수 없는 것은 어느 것인가?

① 축열조를 소형화할 수 있다.
② 낮은 온도를 이용할 수 있다.
③ 난방 시의 축열 대응에 적합하다.
④ 축열조의 설치 장소가 자유롭다.

[해설] 축열시스템 중 심야 전기를 이용하여 물을 얼려 냉방에 응용하는 것을 빙축열, 물의 온도를 낮추어 냉방에 응용하는 것을 수축열이라 하며 난방과는 무관하다.

22. 유량이 1800 kg/h인 30℃ 물을 −10℃의 얼음으로 만드는 능력을 가진 냉동장치의 압축기 소요동력은 약 얼마인가? (단, 응축기의 냉각수 입구온도 30℃, 냉각수 출구온도 35℃, 냉각수 수량 50 m³/h이고, 열손실은 무시하는 것으로 한다.)

정답　18. ④　19. ①　20. ②　21. ③　22. ③

① 30 kW ② 40 kW
③ 50 kW ④ 60 kW

[해설] 응축기 방열량(Q_1)
= 50000 kg/h × 1 kcal/kg·℃
  × (35 − 30)℃ = 250000 kcal/h
냉동능력(Q_2) = 1800 kg/h × (1 × 30 + 79.68
  + 0.5 × 10) = 206424 kcal/h
소요동력(AW) = $Q_1 - Q_2$
= $\dfrac{(250000 - 206424)}{860}$ = 50.67 kW

23. 냉매의 구비 조건에 대한 설명으로 틀린 것은?
① 동일한 냉동능력에 대하여 냉매가스의 용적이 작을 것
② 저온에 있어서도 대기압 이상의 압력에서 증발하고 비교적 저압에서 액화할 것
③ 점도가 크고 열전도율이 좋을 것
④ 증발열이 크며 액체의 비열이 작을 것

[해설] 냉매의 구비 조건
 (1) 증발압력이 낮아 진공으로 되지 않을 것
 (2) 응축압력이 너무 높지 않을 것
 (3) 증발잠열 및 증기의 비열은 크고, 액체의 비열은 작을 것
 (4) 임계온도가 높고, 응고온도가 낮을 것
 (5) 증기의 비체적이 작을 것
 (6) 누설이 어렵고, 누설 시는 검지가 쉬울 것
 (7) 부식성이 없을 것
 (8) 전기저항이 크고, 열전도율이 높을 것
 (9) 점성 및 유동저항이 작을 것
 (10) 윤활유에 녹지 않을 것
 (11) 무해·무독으로 인화, 폭발의 위험이 적을 것

24. 냉매에 관한 설명으로 옳은 것은?
① 암모니아 냉매가스가 누설된 경우 비중이 공기보다 무거워 바닥에 정체한다.
② 암모니아의 증발잠열은 프레온계 냉매보다 작다.
③ 암모니아는 프레온계 냉매에 비하여 동일 운전 압력 조건에서는 토출가스 온도가 높다.
④ 프레온계 냉매는 화학적으로 안정한 냉매이므로 장치 내에 수분이 혼입되어도 운전상 지장이 없다.

[해설] 암모니아는 냉매 중에 증발잠열이 가장 크고 공기보다 가벼워 누설 시 위로 올라가며 수분 흡수 시에도 장치에 큰 영향을 미치지 않으나 비열비가 커서 토출가스 온도 상승이 심하다.

25. 흡수식 냉동기에서 냉매의 순환경로는 어느 것인가?
① 흡수기 → 증발기 → 재생기 → 열교환기
② 증발기 → 흡수기 → 열교환기 → 재생기
③ 증발기 → 재생기 → 흡수기 → 열교환기
④ 증발기 → 열교환기 → 재생기 → 흡수기

[해설] 흡수식 냉동기에서 냉매의 순환경로 : 증발기 → 흡수기 → 열교환기 → 재생기 → 응축기 → 증발기

26. 고온가스 제상(hot gas defrost) 방식에 대한 설명으로 틀린 것은?
① 압축기의 고온·고압가스를 이용한다.
② 소형 냉동장치에 사용하면 언제라도 정상운전을 할 수 있다.
③ 비교적 설비하기가 용이하다.
④ 제상 소요시간이 비교적 짧다.

[해설] 고온가스 제상(hot gas defrost)은 중대형 장치에서 사용한다.

27. 다음의 장치는 액-가스 열교환기가 설치되어 있는 1단 증기압축식 냉동장치를 나타낸 것이다. 이 냉동장치의 운전 시에

[정답] 23. ③ 24. ③ 25. ② 26. ② 27. ②

아래와 같은 현상이 발생하였다. 이 현상에 대한 원인으로 옳은 것은?

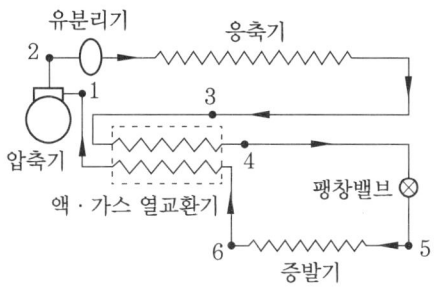

액-가스 열교환기에서 응축기 출구 냉매액과 증발기 출구 냉매증기가 서로 열교환할 때, 이 열교환기 내에서 증발기 출구 냉매 온도 변화($T_1 - T_6$)는 18℃이고, 응축기 출구 냉매액의 온도 변화($T_3 - T_4$)는 1℃이다.

① 증발기 출구(점 6)의 냉매상태는 습증기이다.
② 응축기 출구(점 3)의 냉매상태는 불응축상태이다.
③ 응축기 내에 불응축 가스가 혼입되어 있다.
④ 액-가스 열교환기의 열손실이 상당히 많다.

[해설] 열교환기에 의하여 증발기 출구 온도 변화가 18℃이면 응축기 출구 냉매액의 온도 변화 또한 18℃가 되어야 하나 1℃만 변화가 일어난 것은 응축기 출구 냉매상태가 불응축상태가 되어 열교환기로 들어온 상태이다.

28. 냉동장치의 냉매량이 부족할 때 일어나는 현상으로 옳은 것은?
① 흡입압력이 낮아진다.
② 토출압력이 높아진다.
③ 냉동능력이 증가한다.
④ 흡입압력이 높아진다.

[해설] 냉매량이 부족하면 압력은 대부분 저하되며 반면 온도는 상승하게 된다. 또한 냉매 순환량 부족으로 냉동능력은 감소한다.

29. 증기 압축식 냉동사이클에서 증발온도를 일정하게 유지하고 응축온도를 상승시킬 경우에 나타나는 현상으로 틀린 것은?
① 성적계수 감소
② 토출가스 온도 상승
③ 소요동력 증대
④ 플래시가스 발생량 감소

[해설] 결국 압축비가 증대하므로 플래시가스 발생량은 증가하게 된다.

30. 냉매액 강제순환식 증발기에 대한 설명으로 틀린 것은?
① 냉매액이 충분한 속도로 순환되므로 타 증발기에 비해 전열이 좋다.
② 일반적으로 설비가 복잡하며 대용량의 저온냉장실이나 급속 동결장치에 사용한다.
③ 강제순환식이므로 증발기에 오일이 고일 염려가 적고 배관 저항에 의한 압력 강하도 작다.
④ 냉매액에 의한 리퀴드백(liquid back)의 발생이 적으며 저압 수액기와 액펌프의 위치에 제한이 없다.

[해설] 강제순환식 증발기의 경우 저압 수액기가 액펌프보다 상부에 설치되어야 공동현상을 방지할 수 있다.

31. 그림과 같은 사이클을 난방용 히트펌프로 사용한다면 이론 성적계수를 구하는 식은 다음 중 어느 것인가?

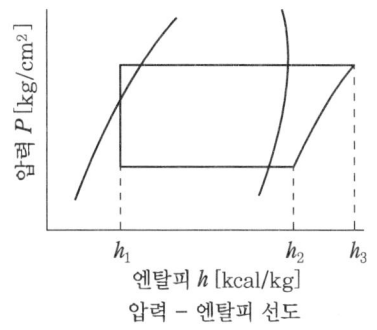

압력 - 엔탈피 선도

[정답] 28. ① 29. ④ 30. ④ 31. ④

① $COP = \dfrac{h_2 - h_1}{h_3 - h_2}$

② $COP = 1 + \dfrac{h_3 - h_1}{h_3 + h_2}$

③ $COP = \dfrac{h_2 + h_1}{h_3 + h_2}$

④ $COP = 1 + \dfrac{h_2 - h_1}{h_3 - h_2}$

[해설] ① : 냉동기 성적계수

32. 암모니아 냉매의 누설검지 방법으로 적절하지 않은 것은?
① 냄새로 알 수 있다.
② 리트머스 시험지를 사용한다.
③ 페놀프탈레인 시험지를 사용한다.
④ 할로겐 누설검지기를 사용한다.

[해설] 할로겐 누설검지기는 프레온 누설검사에 사용한다.

33. 다음 조건을 이용하여 응축기 설계 시 1 RT(3320 kcal/h)당 응축면적은? (단, 온도차는 산술평균온도차를 적용한다.)

〈조건〉
- 방열계수 : 1.3
- 응축온도 : 35℃
- 냉각수 입구온도 : 28℃
- 냉각수 출구온도 : 32℃
- 열통과율 : 900 kcal/m²·h·℃

① 1.25 m² ② 0.96 m²
③ 0.62 m² ④ 0.45 m²

[해설] $3320 \times 1.3 = 900 \times F \times \left(35 - \dfrac{28+32}{2}\right)$

∴ $F = 0.959 \, m^2$

34. 다음 중 빙축열 시스템의 분류에 대한 조합으로 적당하지 않은 것은?

① 정적제빙형 – 관내착빙형
② 정적제빙형 – 캡슐형
③ 동적제빙형 – 관외착빙형
④ 동적제빙형 – 과냉각아이스형

[해설] 빙축열 시스템의 분류
- 정적제빙형 : 관외착빙형, 관내착빙형, 용기형, 구형, 판형
- 동적제빙형 : 빙편형, 하베스트형, 슬러리형, 증발판형, 과냉각수형

35. 산업용 식품 동결 방법은 열을 빼앗는 방식에 따라 분류가 가능하다. 다음 중 위의 분류 방식에 따른 식품 동결 방법이 아닌 것은?
① 진공동결 ② 분사동결
③ 접촉동결 ④ 담금동결

[해설] 진공동결은 식품의 수분까지 제거되므로 식품 동결에서는 사용하지 않는다.

36. 2단 압축 1단 팽창 냉동 시스템에서 게이지 압력계로 증발압력이 100 kPa, 응축압력이 1100 kPa일 때, 중간냉각기의 절대압력은 약 얼마인가?
① 331 kPa ② 491 kPa
③ 732 kPa ④ 1010 kP

[해설] 증발절대압력 = 100 + 101.325
　　　　　　　　= 201.325 kPa
응축절대압력 = 1100 + 101.325
　　　　　　= 1201.325 kPa
중간압력 = $\sqrt{201.325 \times 1201.325}$
　　　　= 491.789 kPa

37. 방열벽 면적 1000 m², 방열벽 열통과율 0.232 W/m²·℃인 냉장실에 열통과율 29.03 W/m²·℃, 전달면적 20 m²인 증발기가 설치되어 있다. 이 냉장실에 열전달률 5.805 W/m²·℃, 전열면적 500 m², 온도 5℃인 식품을 보관한다면 실내온도는

[정답] 32. ④ 33. ② 34. ③ 35. ① 36. ② 37. ②

몇 ℃로 변화되는가? (단, 증발온도는 -10℃로 하며, 외기온도는 30℃로 한다.)

① 3.7℃ ② 4.2℃
③ 5.8℃ ④ 6.2℃

[해설] $0.232 \times 1000 \times (30-t) + 5.805 \times 500 \times (5-t) = 29.03 \times 20 \times \{t-(-10)\}$
∴ $t ≒ 4.2℃$

38. 다음 중 자연냉동법이 아닌 것은?
① 융해열을 이용하는 방법
② 승화열을 이용하는 방법
③ 기한제를 이용하는 방법
④ 증기분사를 하여 냉동하는 방법

[해설] 증기분사를 하여 냉동하는 방법은 보일러에서 나오는 증기를 이용하는 것으로 기계적인 냉동 방법에 해당된다.

39. 다음 중 암모니아 냉동 시스템에 사용되는 팽창장치로 적절하지 않은 것은?
① 수동식 팽창밸브
② 모세관식 팽창장치
③ 저압 플로트 팽창밸브
④ 고압 플로트 팽창밸브

[해설] 모세관을 팽창밸브로 사용하는 곳은 주로 프레온 소형 장치이며 암모니아는 주로 중·대형 장치에 사용한다.

40. 착상이 냉동장치에 미치는 영향으로 가장 거리가 먼 것은?
① 냉장실내 온도가 상승한다.
② 증발온도 및 증발압력이 저하한다.
③ 냉동능력당 전력소비량이 감소한다.
④ 냉동능력당 소요동력이 증대한다.

[해설] 배관에 착상이 되면 냉매와의 열교환이 이루어지지 않아 냉장실 내의 온도가 높아지며 동력소비가 증대하게 된다.

제3과목 시운전 및 안전관리

41. 회로에서 A와 B 간의 합성저항은 약 몇 Ω인가? (단, 각 저항의 단위는 모두 Ω이다.)

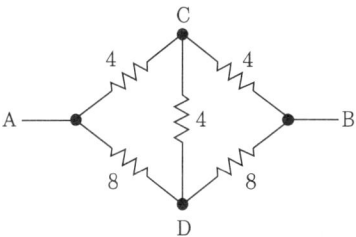

① 2.66 ② 3.2
③ 5.33 ④ 6.4

[해설] $\dfrac{1}{R_1} = \dfrac{1}{4} + \dfrac{1}{8} = \dfrac{3}{8}$ 에서 $R_1 = R_2 = \dfrac{8}{3}$

4 Ω에 전류가 흐르지 않으므로

$R_T = \dfrac{8}{3} + \dfrac{8}{3} = 5.33\ \Omega$

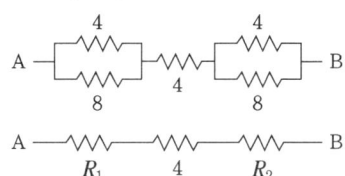

42. 기계장치, 프로세스 및 시스템 등에서 제어되는 전체 또는 부분으로서 제어량을 발생시키는 장치는?
① 제어장치 ② 제어대상
③ 조작장치 ④ 검출장치

[해설] 개회로 제어계의 블록 선도

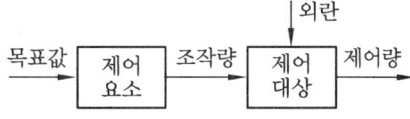

43. 목표값이 미리 정해진 시간적 변화를 하는 경우 제어량을 변화시키는 제어는?
① 정치 제어 ② 추종 제어

정답 38. ④ 39. ② 40. ③ 41. ③ 42. ② 43. ④

③ 비율 제어   ④ 프로그램 제어

[해설] (1) 정치 제어 : 목표치가 일정한 제어를 말한다. 예를 들면 온도를 일정하게 한다든가 속도를 일정하게 한다든가 하는 경우이다. 프로세스 제어나 자동조정에서는 이 방식이 특히 많다.
(2) 추치 제어 : 목표치가 임의의 변화를 하는 제어를 말한다. 서보 기구가 이것에 해당되며 이와 같이 구성된 제어계를 서보계라 부르기도 한다.
(3) 프로그램 제어 : 목표치가 처음에 정해진 변화를 하는 경우를 말한다. 열처리로의 온도제어, 공작기계에 있어서 자동공작 등이 이것에 해당된다.

44. 입력이 $011_{(2)}$일 때, 출력은 3 V인 컴퓨터 제어의 D/A 변환기에서 입력을 $101_{(2)}$로 하였을 때 출력은 몇 V인가? (단, 3 bit 디지털 입력이 $011_{(2)}$은 off, on, on을 뜻하고 입력과 출력은 비례한다.)
① 3   ② 4
③ 5   ④ 6

[해설] 011은 2진법이므로 10진법으로 3이며 101은 5이다.

45. 토크가 증가하면 속도가 낮아져 대체적으로 일정한 출력이 발생하는 것을 이용해서 전차, 기중기 등에 주로 사용하는 직류전동기는?
① 직권전동기
② 분권전동기
③ 가동 복권전동기
④ 차동 복권전동기

[해설] 직권전동기 : 주계자 권선이 전기자와 직렬로 접속되고 있는 직류전동기이다. 다른 전동기와 비교하여 기동 토크가 크고, 가벼운 부하에서는 고속으로 회전하여 철도 차량 구동용으로서 적합하므로 주 전동기에 많이 사용되고 있다.

46. 제어량을 원하는 상태로 하기 위한 입력신호는?
① 제어명령   ② 작업명령
③ 명령처리   ④ 신호처리

47. 평행하게 왕복되는 두 도선에 흐르는 전류 간의 전자력은? (단, 두 도선 간의 거리는 $r[m]$라 한다.)
① r에 비례하며 흡인력이다.
② r^2에 비례하며 흡인력이다.
③ $\dfrac{1}{r}$에 비례하며 반발력이다.
④ $\dfrac{1}{r^2}$에 비례하며 반발력이다.

[해설] (1) 2개의 도체에 동일한 방향의 전류가 흐르면 흡인력이 형성
(2) 2개의 도체에 반대 방향의 전류가 흐르면 반발력이 형성된다.
전선 B의 1 m당 작용하는 힘 : $F = BI_2 l$
$= 2 \times 10^{-7} \dfrac{I_1}{r} \times I_2 \times 1 = \dfrac{2I_1 I_2}{r} \times 10^{-7} \text{N}$

48. 피드백 제어계에서 제어장치가 제어대상에 가하는 제어신호로 제어장치의 출력인 동시에 제어대상의 입력인 신호는?
① 목표값   ② 조작량
③ 제어량   ④ 동작신호

[해설] 폐회로 제어계의 블록 선도

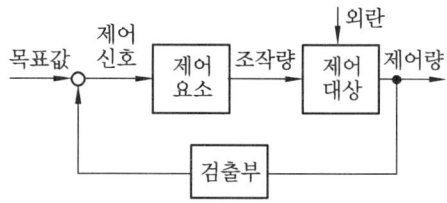

49. 다음 중 피드백 제어의 장점으로 틀린 것은?

[정답] 44. ③ 45. ① 46. ① 47. ③ 48. ② 49. ④

① 목표값에 정확히 도달할 수 있다.
② 제어계의 특성을 향상시킬 수 있다.
③ 외부 조건의 변화에 대한 영향을 줄일 수 있다.
④ 제어기 부품들의 성능이 나쁘면 큰 영향을 받는다.

[해설] 피드백 제어계는 정확하고 신뢰성이 있는 제어를 하기 위해 제어계의 출력이 목표값과 일치하는가를 비교하여 일치하지 않을 경우에는 그 차이에 비례하는 동작 신호를 제어계에 다시 보내어 오차를 수정하도록 하는 궤환 경로를 가지고 있는 되먹임 제어계이다. 그러므로 제어기 부품들의 성능이 나쁘면 영향을 받으나 보완이 가능한 제어이다.

② $\dfrac{G_1 G_2}{1+G_1+G_2 G_3}$

③ $\dfrac{G_1 G_2}{1+G_2+G_1 G_2 G_3}$

④ $\dfrac{G_1 G_2}{1+G_1 G_2+G_2 G_3}$

[해설] $R\dfrac{G_1 G_2}{1+G_2}=C\left(1+\dfrac{G_1 G_2 G_3}{1+G_2}\right)$

$\dfrac{C}{R}=\dfrac{\dfrac{G_1 G_2}{1+G_2}}{1+\dfrac{G_1 G_2 G_3}{1+G_2}}$

$=\dfrac{G_1 G_2}{1+G_1}\cdot\dfrac{1+G_2}{1+G_2+G_1 G_2 G_3}$

$=\dfrac{G_1 G_2}{1+G_2+G_1 G_2 G_3}$

50. 다음과 같은 두 개의 교류전압이 있다. 두 개의 전압은 서로 어느 정도의 시간차를 가지고 있는가?

$$v_1=10\cos 10t,\ v_2=10\cos 5t$$

① 약 0.25초 ② 약 0.46초
③ 약 0.63초 ④ 약 0.72초

[해설] $\omega_1=10,\ T_1=\dfrac{2\pi}{\omega_1}=\dfrac{2\pi}{10}=0.2\pi$

$\omega_2=5,\ T_2=\dfrac{2\pi}{\omega_2}=\dfrac{2\pi}{5}=0.4\pi$

$T_2-T_1=0.2\pi=0.628\fallingdotseq 0.63$초

51. 다음 그림과 같은 계통의 전달함수는 어느 것인가?

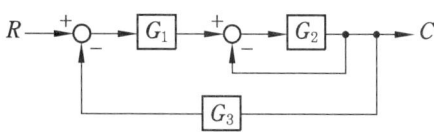

① $\dfrac{G_1 G_2}{1+G_1 G_2}$

52. 평행판 간격을 처음의 2배로 증가시킬 경우 정전용량 값은?

① $\dfrac{1}{2}$로 된다. ② 2배로 된다.
③ $\dfrac{1}{4}$로 된다. ④ 4배로 된다.

[해설] $C=\varepsilon\dfrac{S}{d}$

여기서, C : 정전용량
d : 전극판 간격
S : 전극판 단면적
ε : 유전율

53. 내부저항 r인 전류계의 측정범위를 n배로 확대하려면 전류계에 접속하는 분류기 저항(Ω)값은?

① nr ② $\dfrac{r}{n}$
③ $(n-1)r$ ④ $\dfrac{r}{(n-1)}$

[해설] 분류기는 큰 전류 측정을 위해 저항을 병렬연결하여 작은 전류를 측정하여 배수로

구한다. n은 저항값에 의해 결정되며 다음과 같다.

$$n = \frac{R_1 + R_2}{R_1}$$

이때 R_2가 고정되어 있을 때, 원하는 n값에 따라 필요한 R_1값은 다음과 같다.

$$R_1 = \frac{R_2}{n-1}$$

54. 그림과 같은 계전기 접점회로의 논리식은?

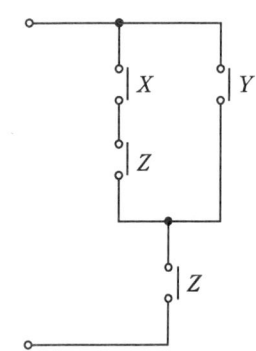

① $XZ + Y$ ② $(X+Y)Z$
③ $(X+Z)Y$ ④ $X + Y + Z$

[해설] $(XZ + Y)Z = (X + Y)Z$

55. 전달함수 $G(s) = \dfrac{s+b}{s+a}$를 갖는 회로가 진상 보상회로의 특성을 갖기 위한 조건으로 옳은 것은?

① $a > b$ ② $a < b$
③ $a > 1$ ④ $b > 1$

[해설] 진상 보상회로는 출력을 빠르게 하는 회로로서 분모의 상수값이 분자의 상수값보다 커야 한다.

56. 예비전원으로 사용되는 축전지의 내부 저항을 측정할 때 가장 적합한 브리지는 어느 것인가?

① 캠벨 브리지
② 맥스웰 브리지
③ 휘트스톤 브리지
④ 콜라우시 브리지

[해설] 콜라우시 브리지는 휘트스톤 브리지의 일종으로 비례변에 미끄럼 저항선을 사용하고, 전원에 가청 주파수의 교류를 사용하는 브리지이다. 전지의 내부 저항이나 전해액의 도전율 등의 측정에 사용된다.

57. 물 20 L를 15℃에서 60℃로 가열하려고 한다. 이때 필요한 열량은 몇 kcal인가? (단, 가열 시 손실은 없는 것으로 한다.)

① 700 ② 800
③ 900 ④ 1000

[해설] $Q = GC(T_2 - T_1) = 20 \times 1 \times (60 - 15)$
$= 900 \, \text{kcal}$

58. 다음 중 제어하려는 물리량을 무엇이라 하는가?

① 제어 ② 제어량
③ 물질량 ④ 제어대상

[해설] 제어량(controlled variable)은 제어를 받는 제어계의 출력량으로서 제어대상에 속하는 양이다.

59. 전동기에 일정 부하를 걸어 운전 시 전동기 온도 변화로 옳은 것은?

①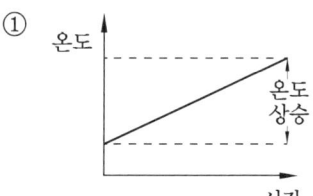

②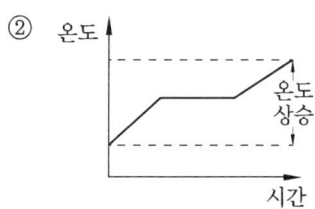

[정답] 54. ② 55. ① 56. ④ 57. ③ 58. ② 59. ④

③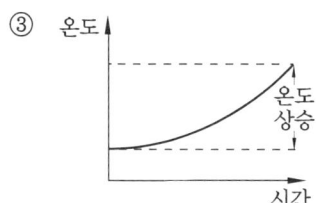

④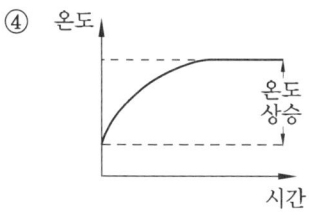

[해설] 전동기에 일정 부하를 걸어 운전 시 전동기 온도 변화는 상승 후 일정한 온도를 유지해야 한다.

60. 서보 드라이브에서 펄스로 지령하는 제어운전은?
① 위치제어운전   ② 속도제어운전
③ 토크제어운전   ④ 변위제어운전

제 4 과목　**유지보수공사관리**

61. 배관용 보온재의 구비 조건에 관한 설명으로 틀린 것은?
① 내열성이 높을수록 좋다.
② 열전도율이 작을수록 좋다.
③ 비중이 작을수록 좋다.
④ 흡수성이 클수록 좋다.
[해설] 보온재는 내습성, 내수성이 양호해야 한다.

62. 가열기에서 최고위 급탕 전까지 높이가 12 m이고, 급탕온도가 85℃, 복귀탕의 온도가 70℃일 때, 자연 순환수두(mmAq)는? (단, 85℃일 때 밀도는 0.96876 kg/L이고, 70℃일 때 밀도는 0.97781 kg/L이다.)

① 70.5　　② 80.5
③ 90.5　　④ 108.6
[해설] $P_1 - P_2 = h \times (\rho_1 - \rho_2)$
$= 12\,m \times (0.97781 - 0.96876) \times 1000\,L/m^3$
$= 108.6\,kg/m^2 = 108.6\,mmAq$

63. 관경 100 A인 강관을 수평주관으로 시공할 때 다음 중 지지 간격으로 가장 적절한 것은?
① 2 m 이내   ② 4 m 이내
③ 8 m 이내   ④ 12 m 이내

64. 상수 및 급탕배관에서 상수 이외의 배관 또는 장치가 접속되는 것을 무엇이라고 하는가?
① 크로스 커넥션   ② 역압 커넥션
③ 사이펀 커넥션   ④ 에어갭 커넥션
[해설] 크로스 커넥션이란 급탕배관과 배수배관 같이 서로 상이한 목적의 관들이 서로 연결되어 수질이 저하되는 것을 방지하는 나사 형성의 이음이다.

65. 보온재를 유기질과 무기질로 구분할 때, 다음 중 성질이 다른 하나는?
① 우모펠트   ② 규조토
③ 탄산마그네슘   ④ 슬래그 섬유
[해설] 우모펠트는 유기질 보온재이며 ②, ③, ④항은 무기질 보온재이다.

66. 도시가스의 공급설비 중 가스 홀더의 종류가 아닌 것은?
① 유수식   ② 중수식
③ 무수식   ④ 고압식
[해설] 가스홀더는 일시적으로 가스를 저장하였다가 피크 시 공급하는 것으로 유수식, 무수식, 고압식 등이 있다.

[정답]　60. ①　61. ④　62. ④　63. ②　64. ①　65. ①　66. ②

67. 다음 중 냉매 배관 시 주의사항으로 틀린 것은?
① 배관은 가능한 간단하게 한다.
② 배관의 굽힘을 적게 한다.
③ 배관에 큰 응력이 발생할 염려가 있는 곳에서 루프 배관을 한다.
④ 냉매의 열손실을 방지하기 위해 바닥에 매설한다.
[해설] 냉매 배관은 흐름에 방해를 받지 않게 주로 반자 속에 설치한다.

68. 냉각 레그(cooling leg) 시공에 대한 설명으로 틀린 것은?
① 관경은 증기 주관보다 한 치수 크게 한다.
② 냉각 레그와 환수관 사이에는 트랩을 설치하여야 한다.
③ 응축수를 냉각하여 재증발을 방지하기 위한 배관이다.
④ 보온피복을 할 필요가 없다.
[해설] 냉각 레그(cooling leg)는 건조 환수법에 있어 증기관 끝에서부터 트랩에 이르는 배관으로 관내의 증기를 냉각, 응축시키며 증기 주관보다 작은 치수를 선택한다.

69. 기체 수송 설비에서 압축공기 배관의 부속장치가 아닌 것은?
① 후부냉각기   ② 공기여과기
③ 안전밸브   ④ 공기빼기밸브
[해설] 공기빼기밸브는 온수난방에서 수격작용을 방지하기 위해 설치한다.

70. 다음 중 가스설비에 관한 설명으로 틀린 것은?
① 일반적으로 사용되고 있는 가스유량 중 1시간당 최댓값을 설계유량으로 한다.

② 가스미터는 설계유량을 통과시킬 수 있는 능력을 가진 것을 선정한다.
③ 배관 관경은 설계유량이 흐를 때 배관의 끝부분에서 필요한 압력이 확보될 수 있도록 한다.
④ 일반적으로 공급되고 있는 천연가스에는 일산화탄소가 많이 함유되어 있다.
[해설] 천연가스의 주성분은 메탄가스이며 일산화탄소는 독성, 가연성으로 가급적 사용하지 않는다.

71. 다음 중 증기트랩에 관한 설명으로 옳은 것은?
① 플로트 트랩은 응축수나 공기가 자동적으로 환수관에 배출되며, 저·고압에 쓰이고 형식에 따라 앵글형과 스트레이트형이 있다.
② 열동식 트랩은 고압, 중압의 증기관에 적합하며, 환수관을 트랩보다 위쪽에 배관할 수도 있고, 형식에 따라 상향식과 하향식이 있다.
③ 임펄스 증기 트랩은 실린더 속의 온도 변화에 따라 연속적으로 밸브가 개폐하며, 작동 시 구조상 증기가 약간 새는 결점이 있다.
④ 버킷 트랩은 구조상 공기를 함께 배출하지 못하지만 다량의 응축수를 처리하는데 적합하며, 다량 트랩이라고 한다.
[해설] ① 플로트 트랩은 연속적 배출이 가능하며 응축수 유입에 따라 플로트 작동으로 오리피스 개폐가 된다.
② 열동식 트랩은 열의 고저에 의한 팽창이나 수축 작용으로 벨로스 하부의 밸브를 개폐시키며 고온 증기에서는 팽창하여 밸브를 닫고, 저온 응축수나 공기에서는 수축하여 밸브를 열어 환수관에 보낸다.

[정답] 67. ④ 68. ① 69. ④ 70. ④ 71. ③

④ 버킷 트랩은 간헐적 배출이며 기체가 우선적으로 배출되어야 응축수 배출이 가능하다.

72. 다음 중 폴리에틸렌관의 이음 방법이 아닌 것은?
① 콤포 이음 ② 융착 이음
③ 플랜지 이음 ④ 테이퍼 이음
[해설] 콤포 이음은 콘크리트관 이음에 사용한다.

73. 동일 구경의 관을 직선 연결할 때 사용하는 관 이음 재료가 아닌 것은?
① 소켓 ② 플러그
③ 유니언 ④ 플랜지
[해설] 플러그는 배관의 끝부분을 막는 캡의 일종이다.

74. 열교환기 입구에 설치하여 탱크 내의 온도에 따라 밸브를 개폐하며, 열매의 유입량을 조절하여 탱크 내의 온도를 설정 범위로 유지시키는 밸브는?
① 감압 밸브 ② 플랩 밸브
③ 바이패스 밸브 ④ 온도 조절 밸브
[해설] 온도 조절 밸브 : 온수 탱크, 열교환기, 중유 가열기 등의 가열용 유체 공급관에 부착된 것으로, 조절부에 삽입하고 일정한 온도 이상이 되면 밸브를 작동시켜 가열용 유체의 유입을 조절하여 피가열체의 온도를 일정하게 유지시킨다.

75. 급수배관 내에 공기실을 설치하는 주된 목적은?
① 공기밸브를 작게 하기 위하여
② 수압시험을 원활하기 위하여
③ 수격작용을 방지하기 위하여
④ 관내 흐름을 원활하게 하기 위하여
[해설] 급수배관 내에 공기가 존재하면 흐름을 저해하고 수격작용을 일으킨다.

76. 다음 보기에서 설명하는 통기관 설비 방식과 특징으로 적합한 방식은?

─── 〈보 기〉 ───
㉠ 배수관의 청소구 위치로 인해서 수평관이 구부러지지 않게 시공한다.
㉡ 배수 수평 분기관이 수평주관의 수위에 잠기면 안 된다.
㉢ 배수관의 끝 부분은 항상 대기 중에 개방되도록 한다.
㉣ 이음쇠를 통해 배수에 선회력을 주어 관내 통기를 위한 공기 코어를 유지하도록 한다.

① 섹스티아(sextia) 방식
② 소벤트(sovent) 방식
③ 각개통기 방식
④ 신정통기 방식
[해설] 섹스티아(sextia) 방식은 한 개의 배수 입관에서 배수와 통풍을 하도록 한 배관 방식이다.

77. 25 mm 강관의 용접이음용 숏(short) 엘보의 곡률 반지름(mm)은 얼마 정도로 하면 되는가?
① 25 ② 37.5
③ 50 ④ 62.5
[해설] 숏(short) 엘보의 곡률 반지름은 관지름과 동일하게 한다.

78. 다음 중 배수설비와 관련된 용어는 어느 것인가?
① 공기실(air chamber)
② 봉수(seal water)
③ 볼탭(ball tap)
④ 드렌처(drencher)
[해설] 봉수는 세면기, 양변기 등에 물이 고여 악취나 벌레 등이 들어오는 것을 방지하는 역할을 한다.

정답 72. ① 73. ② 74. ④ 75. ③ 76. ① 77. ① 78. ②

79. 도시가스 계량기(30 m³/h 미만)의 설치 시 바닥으로부터 설치 높이로 가장 적합한 것은? (단, 설치 높이의 제한을 두지 않는 특정장소는 제외한다.)

① 0.5 m 이하
② 0.7 m 이상 1 m 이내
③ 1.6 m 이상 2 m 이내
④ 2 m 이상 2.5 m 이내

[해설] 가스 계량기는 사람의 눈높이에서 계측이 가능해야 하므로 바닥으로부터 1.6 m 이상 2 m 이내로 설치한다.

80. 진공환수식 증기난방 배관에 대한 설명으로 틀린 것은?

① 배관 도중에 공기빼기밸브를 설치한다.
② 배관 기울기를 작게 할 수 있다.
③ 리프트 피팅에 의해 응축수를 상부로 배출할 수 있다.
④ 응축수의 유속이 빠르게 되므로 환수관을 가늘게 할 수 있다.

정답 79. ③ 80. ①

CBT 실전문제 (6)

제1과목 에너지관리

1. 난방부하가 6500 kcal/h인 어떤 방에 대해 온수난방을 하고자 한다. 방열기의 상당방열면적(m²)은?
① 6.7 ② 8.4
③ 10   ④ 14.4

[해설] $EDR = \dfrac{6500 \text{ kcal/h}}{450 \text{ kcal/h} \cdot \text{m}^2} = 14.4 \text{ m}^2$

※ 온수난방 1 EDR = 450 kcal/h · m²

2. 다음 중 감습(제습)장치의 방식이 아닌 것은?
① 흡수식   ② 감압식
③ 냉각식   ④ 압축식

[해설] 감습(제습)장치의 방식에는 흡수식, 흡착식, 냉각식, 압축식 등이 있다.

3. 실내 설계온도 26℃인 사무실의 실내유효 현열부하는 20.42 kW, 실내유효 잠열부하는 4.27 kW이다. 냉각코일의 장치 노점온도는 13.5℃, 바이패스 팩터가 0.1일 때, 송풍량(L/s)은? (단, 공기의 밀도는 1.2 kg/m³, 정압비열은 1.006 kJ/kg · K 이다.)
① 1350   ② 1503
③ 12530 ④ 13532

[해설] $Q_s = Q \cdot \gamma \cdot C_p \cdot dt$
(1 kW = 1 kJ/s = 1 kN · m/s)
20.42 kJ/s = Q × 1.2 × 1.006
× (26 − 13.5) × 0.9
∴ $Q = 1.50357 \text{ m}^3/\text{s} ≒ 1503.57 \text{ L/s}$

4. 유효온도(effective temperature)의 3요소는?
① 밀도, 온도, 비열
② 온도, 기류, 밀도
③ 온도, 습도, 비열
④ 온도, 습도, 기류

[해설] 유효온도의 3요소 : 온도, 습도, 기류 + 복사열(4요소)

5. 배출가스 또는 배기가스 등의 열을 열원으로 하는 보일러는?
① 관류보일러   ② 폐열보일러
③ 입형보일러   ④ 수관보일러

[해설] 폐열보일러는 배출가스 또는 배기가스 등의 열로 급수, 급탕 배관을 가열한다.

6. 공기조화설비의 구성에서 각종 설비별 기기로 바르게 짝지어진 것은?
① 열원설비−냉동기, 보일러, 히트펌프
② 열교환설비−열교환기, 가열기
③ 열매 수송설비−덕트, 배관, 오일펌프
④ 실내유닛−토출구, 유인유닛, 자동제어기기

[해설] • 열교환기 : 공기냉각기, 공기가열기
• 열매 수송설비 : 덕트, 배관, 송풍기(fan)

7. 덕트의 분기점에서 풍량을 조절하기 위하여 설치하는 댐퍼는?
① 방화 댐퍼   ② 스플릿 댐퍼
③ 피벗 댐퍼   ④ 터닝 베인

8. 냉방부하 계산 결과 실내 취득열량은 q_R, 송풍기 및 덕트 취득열량은 q_F, 외기부하

정답 1. ④ 2. ② 3. ② 4. ④ 5. ② 6. ① 7. ② 8. ③

는 q_O, 펌프 및 배관 취득열량은 q_p 일때, 공조기 부하를 바르게 나타낸 것은?

① $q_R + q_O + q_p$ ② $q_F + q_O + q_p$
③ $q_R + q_O + q_F$ ④ $q_R + q_p + q_F$

[해설] 펌프는 냉각수 순환펌프, 보일러 환수펌프 등이 있으나 냉방부하에는 포함되지 않는다.

9. 다음 공조 방식 중에서 전공기 방식에 속하지 않는 것은?
① 단일 덕트 방식
② 이중 덕트 방식
③ 팬코일 유닛 방식
④ 각층 유닛 방식

[해설] 팬코일 유닛 방식은 수방식에 해당된다.

10. 다음 중 온수보일러의 수두압을 측정하는 계기는?
① 수고계   ② 수면계
③ 수량계   ④ 수위 조절기

[해설] 수두압은 물의 높이이기 때문에 수고계로 측정한다.

11. 공기조화방식을 결정할 때에 고려할 요소로 가장 거리가 먼 것은?
① 건물의 종류
② 건물의 안정성
③ 건물의 규모
④ 건물의 사용목적

[해설] 건물의 안정성은 건축에 해당되며 공기조화방식과는 무관하다.

12. 증기난방방식에서 환수주관을 보일러 수면보다 높은 위치에 배관하는 환수배관 방식은?
① 습식환수방법   ② 강제환수방식
③ 건식환수방식   ④ 중력환수방식

[해설]
• 환수주관이 보일러 수면보다 높은 위치 : 건식 환수방식
• 환수주관이 보일러 수면보다 낮은 위치 : 습식 환수방식

13. 온수난방설비에 사용되는 팽창탱크에 대한 설명으로 틀린 것은?
① 밀폐식 팽창탱크의 상부 공기층은 난방장치의 압력변동을 완화하는 역할을 할 수 있다.
② 밀폐식 팽창탱크는 일반적으로 개방식에 비해 탱크 용적을 크게 설계해야 한다.
③ 개방식 탱크를 사용하는 경우는 장치 내의 온수온도를 85℃ 이상으로 해야 한다.
④ 팽창탱크는 난방장치가 정지하여도 일정압 이상으로 유지하여 공기 침입 방지 역할을 한다.

[해설] 개방식 팽창탱크는 100℃ 이하 저온수를 사용하는 곳에 적합하다.

14. 냉수코일 설계상 유의사항으로 틀린 것은?
① 코일의 통과 풍속은 2~3 m/s로 한다.
② 코일의 설치는 관이 수평으로 놓이게 한다.
③ 코일 내 냉수속도는 2.5 m/s 이상으로 한다.
④ 코일의 출입구 수온 차이는 5~10℃ 전후로 한다.

[해설] 냉수 속도는 1 m/s 정도이다.

15. 가열로(加熱爐)의 벽 두께가 80 mm이다. 벽의 안쪽과 바깥쪽의 온도차는 32℃, 벽의 면적은 60 m², 벽의 열전도율은 40 kcal/m·h·℃일 때, 시간당 방열량(kcal/h)은 얼마인가?
① 7.6×10^5 ② 8.9×10^5

[정답] 9. ③ 10. ① 11. ② 12. ③ 13. ③ 14. ③ 15. ③

③ 9.6×10^5 ④ 10.2×10^5

해설 $Q = \dfrac{40}{0.08} \times 60 \times 32 = 9.6 \times 10^5$

16. 다음 중 온수난방과 가장 거리가 먼 것은?
① 팽창탱크 ② 공기빼기밸브
③ 관말트랩 ④ 순환펌프

해설 증기난방에서 응축수를 빼기 위해 관말 트랩을 사용한다.

17. 공기조화방식 중 혼합상자에서 적당한 비율로 냉풍과 온풍을 자동적으로 혼합하여 각 실에 공급하는 방식은?
① 중앙식
② 2중 덕트 방식
③ 유인 유닛 방식
④ 각층 유닛 방식

해설 냉풍덕트와 온풍덕트를 각각 사용하는 것을 2중 덕트 방식이라 한다.

18. 다음의 공기조화 장치에서 냉각코일부하를 올바르게 표현한 것은? (단, G_F는 외기량(kg/h)이며, G는 전풍량(kg/h)이다.)

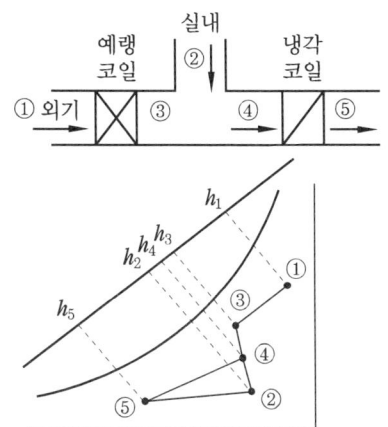

① $G_F(h_1 - h_3) + G_F(h_1 - h_2) + G(h_2 - h_5)$
② $G(h_1 - h_3) - G_F(h_1 - h_3) + G_F(h_2 - h_5)$
③ $G_F(h_1 - h_2) - G_F(h_1 - h_3) + G(h_2 - h_5)$
④ $G(h_1 - h_2) + G_F(h_1 - h_3) + G_F(h_2 - h_5)$

해설 냉각코일부하 = 외기부하 - 실내부하
= $G_F(h_3 - h_2) + G(h_2 - h_5)$

19. 온풍난방의 특징에 대한 설명으로 틀린 것은?
① 예열시간이 짧아 간헐운전이 가능하다.
② 실내 상하의 온도차가 커서 쾌적성이 떨어진다.
③ 소음 발생이 비교적 크다.
④ 방열기, 배관 설치로 인해 설비비가 비싸다.

해설 온풍난방은 방열기, 배관이 필요하지 않으며 설치면적이 작고 열효율이 높다.

20. 에어와셔를 통과하는 공기의 상태변화에 대한 설명으로 틀린 것은?
① 분무수의 온도가 입구공기의 노점온도보다 낮으면 냉각 감습된다.
② 순환수를 분무하면 공기는 냉각가습되어 엔탈피가 감소한다.
③ 증기분무를 하면 공기는 가열가습되고 엔탈피도 증가한다.
④ 분무수의 온도가 입구공기 노점온도보다 높고 습구온도보다 낮으면 냉각가습된다.

해설 순환수를 분무하면 공기는 냉각가습되며 엔탈피는 거의 변함이 없다.

| 제2과목 | 공조냉동설계 |

21. 1대 압축기로 증발온도를 -30℃ 이하의 저온도로 만들 경우 일어나는 현상이

정답 16. ③ 17. ② 18. ③ 19. ④ 20. ② 21. ③

아닌 것은?
① 압축기 체적효율의 감소
② 압축기 토출 증기의 온도 상승
③ 압축기의 단위흡입체적당 냉동효과 상승
④ 냉동능력당의 소요동력 증대

[해설] 온도가 낮아지면 흡입가스 비체적 증가로 냉동효과가 감소한다.

22. 제빙장치에서 135 kg용 빙관을 사용하는 냉동장치와 가장 거리가 먼 것은?
① 헤어 핀 코일
② 브라인 펌프
③ 공기교반장치
④ 브라인 아지테이터(agitator)

[해설] 브라인 교반기에 의해 브라인이 순환하며 브라인 펌프는 사용하지 않는다.

23. 모세관 팽창밸브의 특징에 대한 설명으로 옳은 것은?
① 가정용 냉장고 등 소용량 냉동장치에 사용된다.
② 베이퍼 로크 현상이 발생할 수 있다.
③ 내부균압관이 설치되어 있다.
④ 증발부하에 따라 유량 조절이 가능하다.

[해설] 모세관 팽창밸브는 유량 제어가 되지 않아 부하 변동이 작은 소형 냉동장치에 주로 사용한다.

24. 증발기에서의 착상이 냉동장치에 미치는 영향에 대한 설명으로 옳은 것은?
① 압축비 및 성적계수 감소
② 냉각능력 저하에 따른 냉장실내 온도 강하
③ 증발온도 및 증발압력 강하
④ 냉동능력에 대한 소요동력 감소

[해설] 착상은 증발기 코일에 서리가 부착되어 피냉각체와의 열교환을 방해하므로 증발압력이 저하되며 이로 인하여 증발온도 또한 저하된다.

25. 냉동능력이 7 kW인 냉동장치에서 수랭식 응축기의 냉각수 입·출구 온도차가 8℃인 경우, 냉각수의 유량(kg/h)은? (단, 압축기의 소요동력은 2 kW이다.)
① 630
② 750
③ 860
④ 964

[해설] $(7+2) \times 860$ kcal/h
$= G \times 1$ kcal/kg·℃ $\times 8$℃
∴ $G = 967.5$ kg/h

26. 다음 중 냉동에 관한 설명으로 옳은 것은?
① 팽창밸브에서 팽창 전후의 냉매 엔탈피 값은 변한다.
② 단열압축은 외부와의 열의 출입이 없기 때문에 단열압축 전후의 냉매 온도는 변한다.
③ 응축기 내에서 냉매가 버려야 하는 열은 현열이다.
④ 현열에는 응고열, 융해열, 응축열, 증발열, 승화열 등이 있다.

[해설] ① 팽창밸브에서의 변화는 단열변화이므로 팽창밸브 전후의 엔탈피 변화는 없다.
③ 응축기에서는 응축 잠열에 의해 냉매가 액화된다.
④ 응고열, 융해열, 응축열, 증발열, 승화열은 모두 잠열이다.

27. 암모니아를 사용하는 2단압축 냉동기에 대한 설명으로 틀린 것은?
① 증발온도가 −30℃ 이하가 되면 일반적으로 2단압축 방식을 사용한다.

[정답] 22. ② 23. ① 24. ③ 25. ④ 26. ② 27. ④

② 중간냉각기의 냉각방식에 따라 2단압축 1단팽창과 2단압축 2단팽창으로 구분한다.
③ 2단압축 1단팽창 냉동기에서 저단측 냉매와 고단측 냉매는 서로 같은 종류의 냉매를 사용한다.
④ 2단압축 2단팽창 냉동기에서 저단측 냉매와 고단측 냉매는 서로 다른 종류의 냉매를 사용한다.

[해설] 2단압축은 모두 동일한 냉매를 사용하며 2원 냉동기의 경우 고단과 저단의 냉매가 다르다.

28. $P-h$ 선도(압력-엔탈피)에서 나타내지 못하는 것은?
① 엔탈피
② 습구온도
③ 건조도
④ 비체적

[해설] 습구온도는 습공기 선도에서 나타난다.

29. 냉동장치가 정상적으로 운전되고 있을 때에 관한 설명으로 틀린 것은?
① 팽창밸브 직후의 온도는 직전의 온도보다 낮다.
② 크랭크 케이스 내의 유온은 증발온도보다 높다.
③ 응축기의 냉각수 출구온도는 응축온도보다 높다.
④ 응축온도는 증발온도보다 높다.

[해설] 냉각수 입구온도는 응축온도보다 10℃ 정도 낮은 온도를 채택하며 냉각수 입출구 온도는 4~5℃ 차이가 난다.

30. 만액식 증발기를 사용하는 R134a용 냉동장치가 아래와 같다. 이 장치에서 압축기의 냉매 순환량이 0.2 kg/s이며, 이론 냉동 사이클의 각 점에서의 엔탈피가 아래 표와 같을 때, 이론 성능계수(COP)는? (단, 배관의 열손실은 무시한다.)

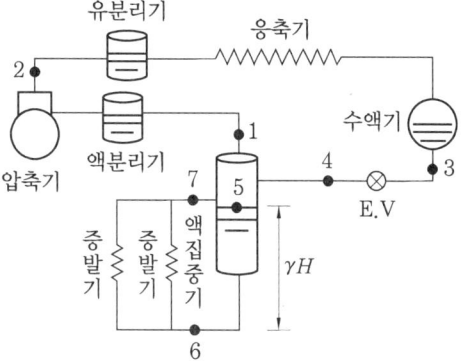

$h_1 = 393$ kJ/kg	$h_2 = 440$ kJ/kg
$h_3 = 230$ kJ/kg	$h_4 = 230$ kJ/kg
$h_5 = 185$ kJ/kg	$h_6 = 185$ kJ/kg
$h_7 = 385$ kJ/kg	

① 1.98
② 2.39
③ 2.87
④ 3.47

[해설] $COP = \dfrac{Q}{AW} = \dfrac{(393-230)}{(440-393)} = 3.468$

31. 냉동장치 내 공기가 혼입되었을 때, 나타나는 현상으로 옳은 것은?
① 응축기에서 소리가 난다.
② 응축온도가 떨어진다.
③ 토출온도가 높다.
④ 증발압력이 낮아진다.

[해설] 불응축가스(공기)가 침투하게 되면 공기의 분압만큼 응축압력이 증가하게 되고 압축기 소요동력이 증가하며 토출가스 온도가 상승하게 된다.

32. 빙축열 설비의 특징에 대한 설명으로 틀린 것은?
① 축열조의 크기를 소형화할 수 있다.
② 값싼 심야전력을 사용하므로 운전비용이 절감된다.

③ 자동화 설비에 의한 최적화 운전으로 시스템의 운전효율이 높다.
④ 제빙을 위한 냉동기 운전은 냉수취출을 위한 운전보다 증발온도가 높기 때문에 소비동력이 감소한다.
[해설] ④항은 수축열에 대한 설명이다.

33. 공비 혼합물(azeotrope) 냉매의 특성에 관한 설명으로 틀린 것은?
① 서로 다른 할로카본 냉매들을 혼합하여 서로의 결점이 보완되는 냉매를 얻을 수 있다.
② 응축압력과 압축비를 줄일 수 있다.
③ 대표적인 냉매로 R407C와 R410A가 있다.
④ 각각의 냉매를 적당한 비율로 혼합하면 혼합물의 비등점이 일치할 수 있다.
[해설] 공비혼합물(azeotrope) 냉매는 R-500~R-503까지 존재한다.

34. 암모니아 냉동장치에서 피스톤 압출량 120 m³/h의 압축기가 아래 선도와 같은 냉동사이클로 운전되고 있을 때 압축기의 소요동력(kW)은?

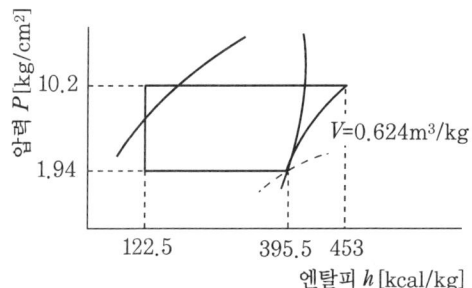

① 8.7 ② 10.9
③ 12.8 ④ 15.2

[해설] $H_{kW} = \dfrac{V_a}{V} \times \dfrac{AW}{860}$
$= \dfrac{120}{0.624} \times \dfrac{(453-395.5)}{860} = 12.85 \text{ kW}$

35. 다음 중 모세관의 압력강하가 가장 큰 경우는?
① 직경이 가늘고 길수록
② 직경이 가늘고 짧을수록
③ 직경이 굵고 짧을수록
④ 직경이 굵고 길수록
[해설] 모세관 팽창밸브는 관경이 가늘수록 길이가 길수록 압력강하가 심하게 일어난다.

36. 물을 냉매로 하고 LiBr을 흡수제로 하는 흡수식 냉동장치에서 장치의 성능을 향상시키기 위하여 열교환기를 설치하였다. 이 열교환기의 기능을 가장 잘 나타낸 것은?
① 발생기 출구 LiBr 수용액과 흡수기 출구 LiBr 수용액의 열교환
② 응축기 입구 수증기와 증발기 출구 수증기의 열교환
③ 발생기 출구 LiBr 수용액과 응축기 출구 물의 열교환
④ 흡수기 출구 LiBr 수용액과 증발기 출구 수증기의 열교환
[해설] 발생기 출구의 농도가 묽고 온도가 높은 LiBr 수용액과 흡수기 출구의 농도가 진하고 온도가 낮은 LiBr 수용액의 열교환이 이루어진다.

37. 다음 응축기 중 열통과율이 가장 작은 형식은? (단, 동일 조건 기준으로 한다.)
① 7통로식 응축기
② 입형 셸 튜브식 응축기
③ 공랭식 응축기
④ 2중관식 응축기
[해설] 공랭식 응축기의 열교환은 동절기에는 양호하나 하절기에는 많이 저하된다. 용량이 큰 냉동기의 경우 수랭식 응축기를 이용한다.

38. 흡수식 냉동기에서 재생기에 들어가는 희용액의 농도가 50 %, 나오는 농용액의 농도가 65 %일 때, 용액순환비는? (단, 흡수기의 냉각열량은 730 kcal/kg이다.)

① 2.5 ② 3.7
③ 4.3 ④ 5.2

[해설] 용액순환비 $= \dfrac{E_2}{(E_2 - E_1)} = \dfrac{65}{(65-50)}$
$= 4.33$

39. 다음 중 냉매에 관한 설명으로 옳은 것은?

① 냉매표기 R+xyz 형태에서 xyz는 공비 혼합 냉매 경우 400번대, 비공비 혼합 냉매 경우 500번대로 표시한다.
② R502는 R22와 R113과의 공비 혼합 냉매이다.
③ 흡수식 냉동기는 냉매로 NH_3와 R-11이 일반적으로 사용된다.
④ R1234yf는 HFO 계열의 냉매로서 지구온난화지수(GWP)가 매우 낮아 R134a의 대체 냉매로 활용 가능하다.

[해설] ① 공비 혼합 냉매는 500번대이다.
② R-502 = R-115 + R-22이다.
③ 흡수식 냉동기의 냉매는 물과 암모니아를 사용한다.

40. 냉동기 중 공급 에너지원이 동일한 것끼리 짝지어진 것은?

① 흡수 냉동기, 압축기체 냉동기
② 증기분사 냉동기, 증기압축 냉동기
③ 압축기체 냉동기, 증기분사 냉동기
④ 증기분사 냉동기, 흡수 냉동기

[해설] 증기분사 냉동기, 흡수 냉동기는 물을 냉매로 사용하며 증기압축 냉동기는 프레온과 암모니아를 냉매로 사용한다.

제3과목 시운전 및 안전관리

41. 그림과 같이 철심에 두 개의 코일 C_1, C_2를 감고 코일 C_1에 흐르는 전류 I에 ΔI만큼의 변화를 주었다. 이때 일어나는 현상에 대한 설명으로 옳지 않은 것은?

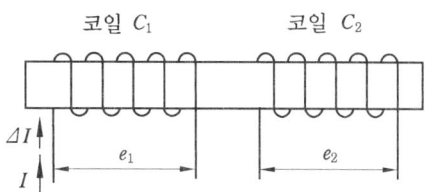

① 코일 C_2에서 발생하는 기전력 e_2는 렌츠의 법칙에 의하여 설명이 가능하다.
② 코일 C_1에서 발생하는 기전력 e_1은 자속의 시간 미분값과 코일의 감은 횟수의 곱에 비례한다.
③ 전류의 변화는 자속의 변화를 일으키며, 자속의 변화는 코일 C_1에 기전력 e_1을 발생시킨다.
④ 코일 C_2에서 발생하는 기전력 e_2와 전류 I의 시간 미분값의 관계를 설명해 주는 것이 자기 인덕턴스이다.

[해설] 자기 인덕턴스 $(L) = \dfrac{\phi}{I}$이다. 여기서, ϕ는 도선 주위에 생기는 자속이며 I는 전류이다. 자기 인덕턴스는 전류의 크기에 상관없는 도선의 형태에 의해서만 결정된다. 따라서 권수 n인 코일의 인덕턴스 L은 자속을 ϕ[Wb], 전류를 I[A]로 하면 $L = \dfrac{\phi n}{I}$ [H]이다.

42. 그림과 같은 제어에 해당하는 것은?

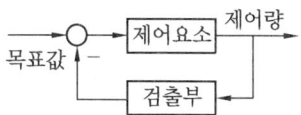

① 개방 제어   ② 시퀀스 제어
③ 개루프 제어   ④ 폐루프 제어

43. 물체의 위치, 방위, 자세 등의 기계적 변위를 제어량으로 하여 목표값의 임의의 변화에 항상 추종되도록 구성된 제어장치는?
① 서보 기구   ② 자동조정
③ 정치 제어   ④ 프로세스 제어

[해설] (1) 정치 제어: 목표치가 일정한 제어를 말한다. 예를 들면 온도를 일정하게 한다든가 속도를 일정하게 한다든가 하는 경우이다. 프로세스 제어나 자동조정에서는 이 방식이 특히 많다.
(2) 추치 제어: 목표치가 임의의 변화를 하는 제어를 말한다. 서보 기구가 이것에 해당된다.
(3) 프로그램 제어: 목표치가 처음에 정해진 변화를 하는 경우를 말한다. 열처리로의 온도제어, 무인 엘리베이터의 자동제어, 자동 공작기계 등이 해당된다.

44. 다음 중 무인 엘리베이터의 자동제어로 가장 적합한 것은?
① 추종 제어
② 정치 제어
③ 프로그램 제어
④ 프로세스 제어

[해설] 문제 43번 해설 참조

45. 다음의 논리식을 간단히 한 것은?

$$X = \overline{A}BC + \overline{AB}C + \overline{A}B\overline{C}$$

① $\overline{B}(A+C)$ ② $C(A+\overline{B})$
③ $\overline{C}(A+B)$ ④ $\overline{A}(B+C)$

[해설] $X = \overline{A}BC + \overline{AB}C + \overline{A}B\overline{C}$
$= \overline{B}(\overline{A}C + \overline{AC} + AC)$
$= \overline{B}(A+C)$

46. PLC 프로그래밍에서 여러 개의 입력 신호 중 하나 또는 그 이상의 신호가 ON 되었을 때 출력이 나오는 회로는?
① OR 회로
② AND 회로
③ NOT 회로
④ 자기 유지 회로

47. 단상변압기 2대를 사용하여 3상 전압을 얻고자 하는 결선 방법은?
① Y결선   ② V결선
③ Δ 결선   ④ Y-Δ결선

[해설] V결선은 단상변압기 2대를 직렬 접속해서 1조의 변압기 양단 및 2대의 접속점의 3점을 3상 회로에 접속하여 2대의 단상변압기로 3상 전력을 변성하는 방식의 하나이다.

48. 직류기에서 전압 정류의 역할을 하는 것은?
① 보극
② 보상권선
③ 탄소 브러시
④ 리액턴스 코일

[해설] 보극은 전기자의 반작용을 없애기 위해 주된 자기극인 N극과 S극의 사이에 설치한 소자극이며 소자극(보극)의 권선은 전기자 권선과 직렬로 연결한다. 보극을 설치하면 부하 시에 보극 바로 밑에 있는 전기자 권선이 만드는 자속을 상쇄할 수 있고, 스파크가 생기지 않는 정류를 할 수 있다. 대부분의 직류기에는 보극을 부착한다.

49. 전동기 2차측에 기동저항기를 접속하고 비례 추이를 이용하여 기동하는 전동기는?
① 단상 유도전동기

정답 43. ①   44. ③   45. ①   46. ①   47. ②   48. ①   49. ③

② 2상 유도전동기
③ 권선형 유도전동기
④ 2중 농형 유도전동기

[해설] (1) 단상 유도전동기는 단상 교류로 운전하는 유도전동기로서 소형으로 0.5 kW 이하에 사용하며 효율이 낮다.
(2) 권선형 유도전동기는 2차권선이 다상권선으로 되어 통상 슬립링 개재하여 그 단자가 외부로 인출되어 있는 유도전동기로서 구조가 복잡하고 고가이며, 효율은 약간 낮지만, 기동 저항 사용에 의해서 양호한 기동 특성이 얻어지고, 또 속도 제어도 가능하다. 2차측으로 흐르는 주파수의 전압을 가하고 여자하여 역률 개선으로 원활한 속도 제어를 할 수도 있다.
(3) 농형 유도전동기는 농형 회전자를 가진 유도전동기로 권선형 유도전동기에 비해서 기동 특성은 떨어지지만 운전 특성은 좋고 조작이 간단하며 가격이 싸다.

50. 100 V, 40 W의 전구에 0.4 A의 전류가 흐른다면 이 전구의 저항은?
① 100 Ω ② 150 Ω
③ 200 Ω ④ 250 Ω

[해설] $R = \dfrac{V}{I} = \dfrac{100}{0.4} = 250\ \Omega$

51. 공작기계의 물품 가공을 위하여 주로 펄스를 이용한 프로그램 제어를 하는 것은 어느 것인가?
① 수치 제어 ② 속도 제어
③ PLC 제어 ④ 계산기 제어

52. 다음 중 절연저항을 측정하는 데 사용되는 계측기는?
① 메거
② 저항계
③ 켈빈 브리지
④ 휘트스톤 브리지

53. 다음 중 검출용 스위치에 속하지 않는 것은?
① 광전 스위치
② 액면 스위치
③ 리밋 스위치
④ 누름버튼 스위치

[해설] 누름버튼 스위치는 신호용 스위치이다.

54. 다음과 같은 회로에서 i_2가 0이 되기 위한 C의 값은? (단, L은 합성 인덕턴스, M은 상호 인덕턴스이다.)

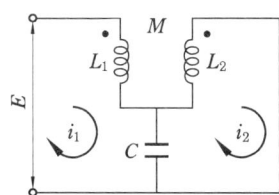

① $\dfrac{1}{\omega L}$ ② $\dfrac{1}{\omega^2 L}$
③ $\dfrac{1}{\omega M}$ ④ $\dfrac{1}{\omega^2 M}$

[해설] 2차 회로의 전압 방정식은
$$j\omega(L_2 - M)I_2 + j\omega M(I_2 - I_1) + \dfrac{1}{j\omega C}(I_2 - I_1) = 0$$
$$\left(-j\omega M + j\dfrac{1}{\omega C}\right)I_1 + \left(j\omega L_2 + J\dfrac{1}{\omega C}\right)I_2 = 0$$
I_2가 0이 되려면 I_1의 계수가 0이어야 하므로
$$-j\omega M + j\dfrac{1}{\omega C} = 0$$
$$\therefore C = \dfrac{1}{\omega^2 M}$$

55. 오차 발생시간과 오차의 크기로 둘러싸인 면적에 비례하여 동작하는 것은?
① P 동작 ② I 동작
③ D 동작 ④ PD 동작

[정답] 50. ④ 51. ① 52. ① 53. ④ 54. ④ 55. ②

56. 개루프 전달함수 $G(s) = \dfrac{1}{s^2+2s+3}$ 인 단위 궤환계에서 단위계단입력을 가하였을 때의 오프셋(off set)은?

① 0　　② 0.25
③ 0.5　　④ 0.75

[해설] $e_{ss} = \lim\limits_{s \to 0} \dfrac{1}{1+G(s)}$
$= \lim\limits_{s \to 0} \dfrac{1}{1+\dfrac{1}{s^2+2s+3}}$
$= \lim\limits_{s \to 0} \dfrac{s^2+2s+3}{s^2+2s+3+1}$
$= \dfrac{3}{4} = 0.75$

57. 저항 8Ω과 유도 리액턴스 6Ω이 직렬 접속된 회로의 역률은?

① 0.6　　② 0.8
③ 0.9　　④ 1

[해설] $\theta = \tan^{-1}\dfrac{6}{8} = 36.87$
$\cos 36.87 = 0.8$

58. 다음 중 온도 보상용으로 사용되는 소자는?

① 서미스터
② 배리스터
③ 제너 다이오드
④ 버랙터 다이오드

[해설] 서미스터는 전자부품으로 사용하기 쉬운 저항값과 온도 특성을 가진 반도체로서 온도가 오르면 저항값이 떨어지는 NTC(negative temperature coefficient thermistor), 온도가 올라가면 저항값이 올라가는 PTC(positive temperature coefficient thermistor), 그리고 어떤 온도에서 저항값이 급변하는 CRT(critical temperature resistor)로 분류된다.

59. 다음과 같은 회로에서 a, b 양단자 간의 합성저항은? (단, 그림에서의 저항의 단위는 Ω이다.)

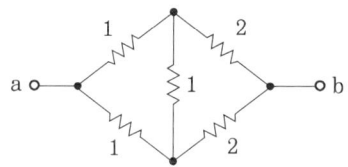

① 1.0Ω　　② 1.5Ω
③ 3.0Ω　　④ 6.0Ω

[해설] $\dfrac{1}{R_1} = \dfrac{1}{1} + \dfrac{1}{1} = 2$ 에서 $R_1 = \dfrac{1}{2}$Ω

$\dfrac{1}{R_2} = \dfrac{1}{2} + \dfrac{1}{2} = 1$ 에서 $R_2 = 1$Ω

∴ $R_T = 1 + \dfrac{1}{2} = 1.5$Ω

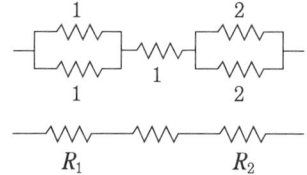

60. 온 오프(on-off) 동작에 관한 설명으로 옳은 것은?

① 응답속도는 빠르나 오프셋이 생긴다.
② 사이클링은 제거할 수 있으나 오프셋이 생긴다.
③ 간단한 단속적 제어동작이고 사이클링이 생긴다.
④ 오프셋은 없앨 수 있으나 응답시간이 늦어질 수 있다.

제4과목　**유지보수공사관리**

61. 도시가스 배관 시 배관이 움직이지 않도록 관지름 13~33 mm 미만의 경우 몇 m마다 고정 장치를 설치해야 하는가?

정답　56. ④　57. ②　58. ①　59. ②　60. ③　61. ②

① 1 m ② 2 m
③ 3 m ④ 4 m

[해설] • 관지름 13 mm 미만 : 1 m마다
• 관지름 13~33 mm 미만 : 2 m마다
• 관지름 33 mm 이상 : 3 m마다 고정장치 설치

62. 냉매배관에 사용되는 재료에 대한 설명으로 틀린 것은?

① 배관 선택 시 냉매의 종류에 따라 적절한 재료를 선택해야 한다.
② 동관은 가능한 이음매 있는 관을 사용한다.
③ 저압용 배관은 저온에서도 재료의 물리적 성질이 변하지 않는 것으로 사용한다.
④ 구부릴 수 있는 관은 내구성을 고려하여 충분한 강도가 있는 것을 사용한다.

[해설] 동관은 전열이 좋아 프레온 냉매에 사용하며 이음매 없는 관을 사용한다.

63. 동관의 호칭경이 20 A일 때 실제 외경은?

① 15.87 mm ② 22.22 mm
③ 28.57 mm ④ 34.93 mm

[해설] KS 표준 동관 규격

호칭경 A	호칭경 B	외경(mm)
8	1/4	9.52
10	3/8	12.70
15	1/2	15.88
20	3/4	22.22
25	1	28.58
32	$1\frac{1}{4}$	34.92
40	$1\frac{1}{2}$	41.92
50	2	53.98

64. 팬코일 유닛 방식의 배관 방식에서 공급관이 2개이고 환수관이 1개인 방식으로 옳은 것은?

① 1관식 ② 2관식
③ 3관식 ④ 4관식

[해설] 3관식은 공급관이 2개이고 환수관이 1개인 방식으로 난방에서 보일러부터 방열기까지의 급탕 배관과 환수 배관을 따로 설치하는 방식이다.

65. 방열기 전체의 수저항이 배관의 마찰손실에 비해 큰 경우 채용하는 환수 방식은 어느 것인가?

① 개방류 방식 ② 재순환 방식
③ 역귀환 방식 ④ 직접귀환 방식

[해설] 직접귀환 방식은 배관에 물을 가득 고이게 하여 흐르도록 하는 환수 방식으로 배관이 가늘어도 되나 압력손실이 크다.

66. 증기와 응축수의 온도 차이를 이용하여 응축수를 배출하는 트랩은?

① 버킷 트랩(bucket trap)
② 디스크 트랩(disk trap)
③ 벨로스 트랩(bellows trap)
④ 플로트 트랩(float trap)

[해설] 벨로스 트랩은 증기와 응축수를 분리하기 위한 트랩으로 방열기 트랩이다.

67. 배관의 분해, 수리 및 교체가 필요할 때 사용하는 관 이음재의 종류는?

① 부싱 ② 소켓
③ 엘보 ④ 유니언

[해설] 유니언 이음은 주로 소형, 보일러 배관에서 분해, 교체, 수리 등을 위해 설치한다.

68. 급수량 산정에 있어서 시간 평균 예상 급수량(Q_h)이 3000 L/h였다면, 순간 최대 예상 급수량(Q_p)은?

[정답] 62. ② 63. ② 64. ③ 65. ④ 66. ③ 67. ④ 68. ②

① 75~100 L/min
② 150~200 L/min
③ 225~250 L/min
④ 275~300 L/min

[해설] 순간 최대 예상 급수량(Q_p)
= (3~4) × 시간 평균 예상 급수량(Q_h)
= (3~4) × 3000 L/60 min
= 150~200 L/min
시간 최대 예상 급수량(Q_m)
= (1.5~2) × 시간 평균 예상 급수량(Q_h)

69. 다음 중 증기난방법에 관한 설명으로 틀린 것은?
① 저압 증기난방에 사용하는 증기의 압력은 0.15~0.35 kg/cm² 정도이다.
② 단관 중력 환수식의 경우 증기와 응축수가 역류하지 않도록 선단 하향 구배로 한다.
③ 환수주관을 보일러 수면보다 높은 위치에 배관한 것은 습식 환수관식이다.
④ 증기의 순환이 가장 빠르며 방열기, 보일러 등의 설치 위치에 제한을 받지 않고 대규모 난방용으로 주로 채택되는 방식은 진공 환수식이다.

[해설] 환수주관을 보일러 수면보다 높은 위치에 배관한 것은 건식 환수관식이다. 환수주관을 보일러 수면보다 낮은 위치에 배관한 것은 습식 환수관식이다.

70. 배관의 자중이나 열팽창에 의한 힘이 외에 기계의 진동, 수격작용, 지진 등 다른 하중에 의해 발생하는 변위 또는 진동을 억제시키기 위한 장치는?
① 스프링 행어   ② 브레이스
③ 앵커   ④ 가이드

[해설] • 브레이스 : 변위 또는 진동을 억제
• 플렉시블 : 배관에서의 진동 억제

71. 펌프를 운전할 때 공동현상(캐비테이션)의 발생 원인으로 가장 거리가 먼 것은?
① 토출양정이 높다.
② 유체의 온도가 높다.
③ 날개차의 원주속도가 크다.
④ 흡입관의 마찰저항이 크다.

[해설] 공동현상이 발생하면 유체가 송출되지 않고 펌프가 공회전을 한다.

72. 급수 방식 중 대규모의 급수 수요에 대응이 용이하고 단수 시에도 일정량의 급수를 계속할 수 있으며 거의 일정한 압력으로 항상 급수되는 방식은?
① 양수 펌프식   ② 수도 직결식
③ 고가 탱크식   ④ 압력 탱크식

[해설] 고가(옥상) 탱크식은 낙차에 의하여 공급하는 방식으로 일시적인 단수에도 사용이 가능하다.

73. 증기 트랩의 종류를 대분류한 것으로 가장 거리가 먼 것은?
① 박스 트랩   ② 기계적 트랩
③ 온도조절 트랩   ④ 열역학적 트랩

[해설] 증기 트랩은 증기 열교환기 등에서 나오는 응축수를 자동적으로 급속히 환수관측 등에 배출시키는 기구이다.
• 대분류 : 기계적 트랩, 온도조절 트랩, 열역학적 트랩
• 중분류 : 버킷식, 플로트식, 바이메탈식, 벨로스식, 오리피스식, 디스크식
• 소분류 : 상향 버킷식, 하향 버킷식, 레버 부착 플로트식, 자유 플로트식, 원판형, 직사각형

74. 다음 중 열팽창에 의한 배관의 이동을 구속 또는 제한하기 위해 사용되는 관 지지 장치는?
① 행어(hanger)

[정답] 69. ③   70. ②   71. ①   72. ③   73. ①   74. ④

② 서포트(support)
③ 브레이스(brace)
④ 리스트레인트(restraint)

[해설] 리스트레인트 : 열팽창에 의한 배관의 측면 이동을 제한하는 것으로 앵커, 가이드, 스톱 등 3종류가 있다.

75. 그림과 같은 입체도에 대한 설명으로 맞는 것은?

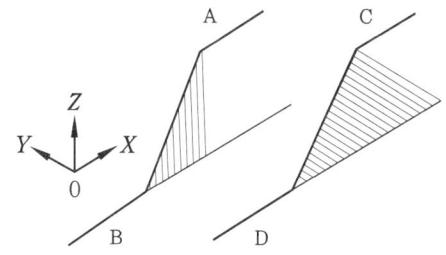

① 직선 A와 B, 직선 C와 D는 각각 동일한 수직평면에 있다.
② A와 B는 수직높이 차가 다르고, 직선 C와 D는 동일한 수평평면에 있다.
③ 직선 A와 B, 직선 C와 D는 각각 동일한 수평평면에 있다.
④ 직선 A와 B는 동일한 수평평면에, 직선 C와 D는 동일한 수직평면에 있다.

[해설] A와 B는 수직선으로 높이차를 나타내고, C와 D는 경사선으로 동일 평면상에 위치해 있다.

76. 급수배관 시공에 관한 설명으로 가장 거리가 먼 것은?

① 수리와 기타 필요시 관 속의 물을 완전히 뺄 수 있도록 기울기를 주어야 한다.
② 공기가 모여 있는 곳이 없도록 하여야 하며, 공기가 모일 경우 공기빼기밸브를 부착한다.
③ 급수관에서 상향 급수는 선단 하향 구배로 하고, 하향 급수에서는 선단 상향 구배로 한다.
④ 가능한 마찰손실이 작도록 배관하며 관의 축소는 편심 리듀서를 써서 공기의 고임을 피한다.

[해설] 급수관에서 상향 급수는 선단 상향 구배로 하고, 하향 급수에서는 선단 하향 구배로 한다.

77. 베이퍼 로크 현상을 방지하기 위한 방법으로 틀린 것은?

① 실린더 라이너의 외부를 가열한다.
② 흡입배관을 크게 하고 단열 처리한다.
③ 펌프의 설치위치를 낮춘다.
④ 흡입관로를 깨끗이 청소한다.

[해설] 실린더 라이너의 외부를 가열하면 액의 급격한 증발로 인하여 베이퍼 로크 현상이 심하게 유발된다.

78. 저압 증기난방 장치에서 적용되는 하트포드 접속법(Hartford connection)과 관련된 용어로 가장 거리가 먼 것은?

① 보일러 주변 배관
② 균형관
③ 보일러수의 역류 방지
④ 리프트 피팅

[해설] 하트포드 접속법 사용 목적
- 환수주관을 보일러 기준수위 이하로 설치함으로써 보일러의 악영향을 방지하기 위하여 증기관과 환수주관에 균형관을 설치한다.
- 보일러수의 역류 방지
- 보일러 내로 불순물 유입 방지
※ 리프트 피팅은 진공펌프를 사용하는 증기난방설비에서 응축수를 보일러로 환수할 때 낮은 곳에서 높은 곳으로 물을 올리는 장치이다.

[정답] 75. ② 76. ③ 77. ① 78. ④

79. 다음 중 온수난방 배관에서 에어 포켓(air pocket)이 발생될 우려가 있는 곳에 설치하는 공기빼기밸브의 설치위치로 가장 적절한 것은?

①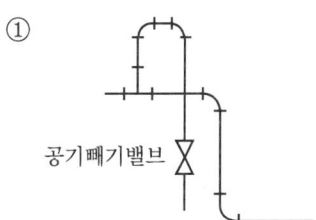

②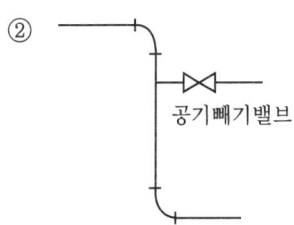

③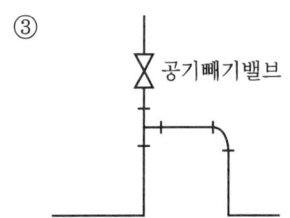

④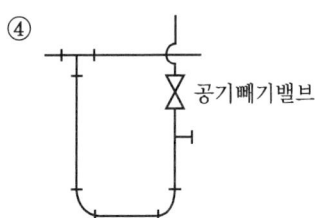

[해설] 공기빼기밸브는 입상관에 설치하는 것이 가장 좋다.

80. 배수 및 통기설비에서 배관시공법에 관한 주의사항으로 틀린 것은?
① 우수 수직관에 배수관을 연결해서는 안된다.
② 오버 플로관은 트랩의 유입구측에 연결해야 한다.
③ 바닥 아래에서 빼내는 각 통기관에는 횡주부를 형성시키지 않는다.
④ 통기 수직관은 최하위의 배수 수평지관보다 높은 위치에서 연결해야 한다.

[해설] 통기 수직관은 최하위의 배수 수평지관보다 밑의 위치에서 배수 수직관과 45° Y 이음쇠로 접속한다.

정답 79. ③ 80. ④

CBT 실전문제 (7)

제1과목 에너지관리

1. 장방형 덕트(장변 a, 단변 b)를 원형 덕트로 바꿀 때 사용하는 식은 아래와 같다. 이 식으로 환산된 장방형 덕트와 원형 덕트의 관계는?

$$D_e = 1.3\left[\frac{(a \cdot b)^5}{(a+b)^2}\right]^{1/8}$$

① 두 덕트의 풍량과 단위 길이당 마찰손실이 같다.
② 두 덕트의 풍량과 풍속이 같다.
③ 두 덕트의 풍속과 단위 길이당 마찰손실이 같다.
④ 두 덕트의 풍량과 풍속 및 단위 길이당 마찰손실이 모두 같다.

[해설] 상기 공식은 장방형 덕트의 풍량이 원형 덕트로 했을 때 풍량과 동일한 것으로 단위 길이에 대한 마찰손실도 동일하다.

2. 열회수방식 중 공조설비의 에너지 절약 기법으로 많이 이용되고 있으며, 외기도입량이 많고 운전시간이 긴 시설에서 효과가 큰 것은?

① 잠열교환기 방식
② 현열교환기 방식
③ 비열교환기 방식
④ 전열교환기 방식

[해설] 전열교환기 방식은 석면 등으로 만든 얇은 판에 염화리튬 같은 흡수제를 첨부하여 현열과 잠열을 동시에 교환할 수 있는 구조로 외기도입량이 많고 운전시간이 긴 공장 등에 효과가 크다.

3. 중앙식 공조 방식의 특징에 대한 설명으로 틀린 것은?

① 중앙집중식이므로 운전 및 유지관리가 용이하다.
② 리턴 팬을 설치하면 외기냉방이 가능하게 된다.
③ 대형 건물보다는 소형 건물에 적합한 방식이다.
④ 덕트가 대형이고, 개별식에 비해 설치 공간이 크다.

[해설] 중앙식 공조 방식은 대용량 부하를 요구하는 곳에 적합하다.

4. 어느 건물 서편의 유리 면적이 40 m²이다. 안쪽에 크림색의 베네시언 블라인드를 설치한 유리면으로부터 오후 4시에 침입하는 열량(kW)은? (단, 외기는 33℃, 실내는 27℃, 유리는 1중이며, 유리의 열통과율(K)은 5.9 W/m²·℃, 유리창의 복사량(I_{gr})은 608 W/m², 차폐계수(K_s)는 0.56이다.)

① 15   ② 13.6
③ 3.6   ④ 1.4

[해설] 복사열량과 전도열량 두 가지를 다 구해야 한다.
$Q_1 = 608 \text{ W/m}^2 \times 40 \text{ m}^2 \times 0.56$
    $= 13619.2 \text{ W}$
$Q_2 = 5.9 \text{ W/m}^2 \cdot ℃ \times 40 \text{ m}^2 \times (33-27)℃$
    $= 1416 \text{ W}$
∴ $13619.2 \text{ W} + 1416 \text{ W} = 15035.2 \text{ W}$
                                    $= 15.0352 \text{ kW}$

5. 다음 중 보일러의 스케일 방지 방법으로

[정답] 1. ①   2. ④   3. ③   4. ①   5. ②

틀린 것은?
① 슬러지는 적절한 분출로 제거한다.
② 스케일 방지 성분인 칼슘의 생성을 돕기 위해 경도가 높은 물을 보일러수로 활용한다.
③ 경수연화장치를 이용하여 스케일 생성을 방지한다.
④ 인산염을 일정 농도가 되도록 투입한다.

[해설] 경도가 높은 물을 보일러수로 사용하면 칼슘, 마그네슘 등의 스케일 형성이 촉진된다.

6. 외부의 신선한 공기를 공급하여 실내에서 발생한 열과 오염물질을 대류효과 또는 급배기 팬을 이용하여 외부로 배출시키는 환기 방식은?
① 자연환기 ② 전달환기
③ 치환환기 ④ 국소환기

[해설] 치환환기는 급배기 팬을 사용하는 기계제연방식이다.

7. 다음 중 사용되는 공기 선도가 아닌 것은? (단, h : 엔탈피, x : 절대습도, t : 온도, p : 압력이다.)
① $h-x$ 선도 ② $t-x$ 선도
③ $t-h$ 선도 ④ $p-h$ 선도

[해설] $p-h$ 선도는 몰리에르 선도이다.

8. 다음 중 일반 공기 냉각용 냉수코일에서 가장 많이 사용되는 코일의 열수로 가장 적정한 것은?
① 0.5~1 ② 1.5~2
③ 4~8   ④ 10~14

[해설] 가장 많이 사용되는 냉수코일의 열수는 4~8(주로 5~6)개이다.

9. 일사를 받는 외벽으로부터의 침입열량 (q)을 구하는 식으로 옳은 것은? (단, k는 열관류율, A는 면적, Δt는 상당외기온도차이다.)
① $q = k \times A \times \Delta t$
② $q = 0.86 \times A/\Delta t$
③ $q = 0.24 \times A \times \Delta t/k$
④ $q = 0.29 \times k/(A \times \Delta t)$

10. 공기의 감습장치에 관한 설명으로 틀린 것은?
① 화학적 감습법은 흡착과 흡수 기능을 이용하는 방법이다.
② 압축식 감습법은 감습만을 목적으로 사용하는 경우 재열이 필요하므로 비경제적이다.
③ 흡착식 감습법은 실리카겔 등을 사용하며, 흡습재의 재생이 가능하다.
④ 흡수식 감습법은 활성 알루미나를 이용하기 때문에 연속적이고 큰 용량의 것에는 적용하기 곤란하다.

[해설] 흡수식 감습법은 염화칼슘, 염화나트륨 등을 이용하며 활성 알루미나는 흡착식에 사용된다.

11. 간접난방과 직접난방 방식에 대한 설명으로 틀린 것은?
① 간접난방은 중앙 공조기에 의해 공기를 가열해 실내로 공급하는 방식이다.
② 직접난방은 방열기에 의해서 실내공기를 가열하는 방식이다.
③ 직접난방은 방열체의 방열 형식에 따라 대류난방과 복사난방으로 나눌 수 있다.
④ 온풍난방과 증기난방은 간접난방에 해당된다.

정답 6. ③ 7. ④ 8. ③ 9. ① 10. ④ 11. ④

[해설] 증기난방은 바로 실내로 공급되는 직접난방법에 해당된다.

12. 다음 중 온수난방용 기기가 아닌 것은 어느 것인가?
① 방열기 ② 공기방출기
③ 순환펌프 ④ 증발탱크
[해설] 증발탱크는 증기난방에 사용된다.

13. 다음 중 축류형 취출구에 해당되는 것은?
① 아네모스탯형 취출구
② 펑커루버형 취출구
③ 팬형 취출구
④ 다공판형 취출구
[해설] 펑커루버형 취출구는 댐퍼가 있어 풍량 조절이 가능하며 취출기류의 방향 조절이 가능한 축류형 취출구에 해당된다.

14. 냉수코일의 설계상 유의사항으로 옳은 것은?
① 일반적으로 통과 풍속은 2~3 m/s로 한다.
② 입구 냉수온도는 20℃ 이상으로 취급한다.
③ 관내의 물의 유속은 4 m/s 전후로 한다.
④ 병류형으로 하는 것이 보통이다.
[해설] 냉수코일은 대향류를 사용해야 하며 통과 풍속은 2~3 m/s, 수속은 1 m/s 정도이다.

15. 수증기 발생으로 인한 환기를 계획하고자 할 때, 필요 환기량 Q[m³/h]의 계산식으로 옳은 것은? (단, q_s : 발생 현열량(kJ/h), W : 수증기 발생량(kg/h), M : 먼지 발생량(m³/h), t_i[℃] : 허용 실내온도, x_i[kg/kg] : 허용 실내 절대습도, t_o[℃] : 도입 외기온도, x_o[kg/kg] : 도입 외기 절대습도, K, K_o : 허용 실내 및 도입 외기가스 농도, C, C_o : 허용 실내 및 도입 외기먼지 농도이다.)

① $Q = \dfrac{q_s}{0.29(t_i - t_o)}$

② $Q = \dfrac{W}{1.2(x_i - x_o)}$

③ $Q = \dfrac{100 \cdot M}{K - K_o}$

④ $Q = \dfrac{M}{C - C_o}$

[해설] 수증기 발생은 잠열이므로 0℃에서의 물의 증발잠열 597.3 kcal/kg을 제외하면 가습 또는 감습을 구하는 식이 된다.

16. 다음 그림에서 상태 ①인 공기를 ②로 변화시켰을 때의 현열비를 바르게 나타낸 것은?

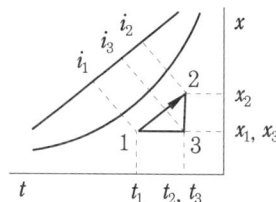

① $\dfrac{i_3 - i_1}{i_2 - i_1}$ ② $\dfrac{i_2 - i_3}{i_2 - i_1}$

③ $\dfrac{x_2 - x_1}{t_1 - t_2}$ ④ $\dfrac{t_1 - t_2}{i_3 - i_1}$

[해설] 현열비(SHF) = $\dfrac{현열}{(현열 + 잠열)}$

17. 보일러의 종류 중 수관 보일러 분류에 속하지 않는 것은?
① 자연순환식 보일러
② 강제순환식 보일러
③ 연관 보일러

정답 12. ④ 13. ② 14. ① 15. ② 16. ① 17. ③

④ 관류 보일러

[해설] 연관보일러는 원통형 보일러에 해당된다.

18. 제주 지방의 어느 한 건물에 대한 냉방 기간 동안의 취득열량(GJ/기간)은? (단, 냉방도일 $CD_{24-24} = 162.4\,\mathrm{deg\,C \cdot day}$, 건물 구조체 표면적 500 m², 열관류율은 $0.58\,\mathrm{W/m^2 \cdot ℃}$, 환기에 의한 취득열량은 168 W/℃이다.)

① 9.37 ② 6.43
③ 4.07 ④ 2.36

[해설] 취득열량
$= (500\,\mathrm{m^2} \times 0.58\,\mathrm{W/m^2 \cdot ℃} + 168\,\mathrm{W/℃})$
$\quad \times 24\,\mathrm{h/day} \times 162.4\,℃ \cdot \mathrm{day}$
$= 1785100.8\,\mathrm{Wh} \times 0.86\,\mathrm{kcal/Wh}$
$= 1535186.7\,\mathrm{kcal/기간} \times 4.186\,\mathrm{kJ/kcal}$
$= 6426291.5\,\mathrm{kJ/기간} ≒ 6.43\,\mathrm{GJ/기간}$

19. 송풍량 2000 m³/min을 송풍기 전후의 전압차 20 Pa로 송풍하기 위한 필요 전동기 출력(kW)은? (단, 송풍기의 전압효율은 80 %, 전동효율은 V벨트로 0.95이며, 여유율은 0.2이다.)

① 1.05 ② 10.35
③ 14.04 ④ 25.32

[해설] $20\,\mathrm{Pa} \times \dfrac{10332\,\mathrm{kg/m^2}}{101325\,\mathrm{Pa}} = 2.039\,\mathrm{kg/m^2}$

$H_{kW} = \dfrac{2.039\,\mathrm{kg/m^2} \times 2000\,\mathrm{m^3/min}}{102 \times 60 \times 0.8 \times 0.95} \times 1.2$
$\quad = 1.05\,\mathrm{kW}$

20. 에어와셔 단열 가습 시 포화효율은 어떻게 표시하는가? (단, 입구공기의 건구온도 t_1, 출구공기의 건구온도 t_2, 입구공기의 습구온도 t_{w1}, 출구공기의 습구온도 t_{w2}이다.)

① $\eta = \dfrac{(t_1 - t_2)}{(t_2 - t_{w2})}$ ② $\eta = \dfrac{(t_1 - t_2)}{(t_2 - t_{w1})}$

③ $\eta = \dfrac{(t_2 - t_1)}{(t_{w2} - t_1)}$ ④ $\eta = \dfrac{(t_1 - t_{w1})}{(t_2 - t_1)}$

제2과목 공조냉동설계

21. 흡수식 냉동기의 특징에 대한 설명으로 옳은 것은?

① 자동제어가 어렵고 운전경비가 많이 소요된다.
② 초기 운전 시 정격 성능을 발휘할 때까지의 도달 속도가 느리다.
③ 부분 부하에 대한 대응성이 어렵다.
④ 증기 압축식보다 소음 및 진동이 크다.

[해설] 흡수식 냉동기의 특징
 (1) 자동제어가 용이하고 경제적이다.
 (2) 용량 제어 범위가 넓고 비례제어가 가능하다.
 (3) 부분 부하 특성이 좋고 진동 및 소음이 작다.
 (4) 초기 운전 시 정격 성능을 발휘할 때까지 소요 시간은 10~30분 정도로 노달 속도가 느리다.

22. 내경이 20 mm인 관 안으로 포화상태의 냉매가 흐르고 있으며 관은 단열재로 싸여있다. 관의 두께는 1 mm이며, 관재질의 열전도도는 50 W/m·K이며, 단열재의 열전도도는 0.02 W/m·K이다. 단열재의 내경과 외경은 각각 22 mm와 42 mm일 때, 단위길이당 열손실(W)은? (단, 이때 냉매의 온도는 60℃, 주변 공기의 온도는 0℃이며, 냉매측과 공기측의 평균 대류열전달계수는 각각 2000 W/m²·K와 10 W/m²·K이다. 관과 단열재 접촉부의 열저항은 무시한다.)

① 9.87 ② 10.15

[정답] 18. ② 19. ① 20. ② 21. ② 22. ②

③ 11.10 ④ 13.37

[해설] $K = \dfrac{1}{\dfrac{1}{\alpha_1} + \dfrac{l_1}{\lambda_1} + \dfrac{l_2}{\lambda_2} + \cdots \dfrac{1}{\alpha_2}}$

$= \dfrac{1}{\dfrac{1}{2000} + \dfrac{0.001}{50} + \dfrac{0.02}{0.02} + \dfrac{1}{10}}$

$= 0.9 \text{ W/m}^2 \cdot \text{K}$

$F = \pi \cdot D \cdot L = 3.14 \times \left(\dfrac{20+40}{10^3}\right) \times 1$

$= 0.188 \text{ m}^2$

$Q = 0.9 \times 0.188 \times (60-0) = 10.15 \text{ W}$

23. 40냉동톤의 냉동부하를 가지는 제빙공장이 있다. 이 제빙공장 냉동기의 압축기 출구 엔탈피가 457 kcal/kg, 증발기 출구 엔탈피가 369 kcal/kg, 증발기 입구 엔탈피가 128 kcal/kg일 때, 냉매순환량(kg/h)은? (단, 1 RT는 3320 kcal/h이다.)

① 551 ② 403 ③ 290 ④ 25.9

[해설] $G = \dfrac{\text{냉동능력(kcal/h)}}{\text{냉동효과(kcal/kg)}}$

$= \dfrac{40 \times 3320}{(369-128)} = 551.04 \text{ kg/h}$

24. 증기압축식 냉동 시스템에서 냉매량 부족 시 나타나는 현상으로 틀린 것은?

① 토출압력의 감소
② 냉동능력의 감소
③ 흡입가스의 과열
④ 토출가스의 온도 감소

[해설] 냉매 부족 시 흡입가스가 과열되며 이로 인하여 토출가스 온도 또한 상승하게 된다.

25. 프레온 냉동장치에서 가용전에 관한 설명으로 틀린 것은?

① 가용전의 용융온도는 일반적으로 75℃ 이하로 되어 있다.
② 가용전은 Sn(주석), Cd(카드뮴), Bi (비스무트) 등의 합금이다.
③ 온도 상승에 따른 이상 고압으로부터 응축기 파손을 방지한다.
④ 가용전의 구경은 안전밸브 최소구경의 1/2 이하이어야 한다.

[해설] 가용전의 구경은 안전밸브 최소구경의 1/2 이상이 되어야 한다.

26. 암모니아 냉동장치에서 고압측 게이지 압력이 14 kg/cm²·g, 저압측 게이지 압력이 3 kg/cm²·g이고, 피스톤 압출량이 100 m³/h, 흡입증기의 비체적이 0.5 m³/kg이라 할 때, 이 장치에서의 압축비와 냉매순환량(kg/h)은 각각 얼마인가? (단, 압축기의 체적효율은 0.7로 한다.)

① 3.73, 70 ② 3.73, 140
③ 4.67, 70 ④ 4.67, 140

[해설] 압축비 = $\dfrac{\text{고압 절대압력}}{\text{저압 절대압력}}$

$= \dfrac{(14+1.0332) \text{kg/cm}^2 \cdot \text{a}}{(3+1.0332) \text{kg/cm}^2 \cdot \text{a}}$

$= 3.73$

냉매순환량(kg/h) $= \dfrac{100 \text{ m}^3/\text{h} \times 0.7}{0.5 \text{ m}^3/\text{kg}}$

$= 140 \text{ kg/h}$

27. 피스톤 압출량이 48 m³/h인 압축기를 사용하는 아래와 같은 냉동장치가 있다. 압축기 체적효율(η_V)이 0.75이고, 배관에서의 열손실을 무시하는 경우, 이 냉동장치의 냉동능력(RT)은 얼마인가? (단, 1 RT는 3320 kcal/h이다.)

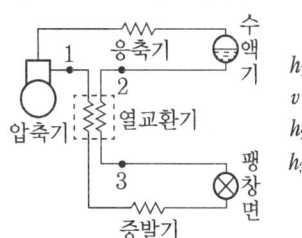

$h_1 = 135.5 \text{ kcal/kg}$
$v_1 = 0.12 \text{ m}^3/\text{kg}$
$h_2 = 105.5 \text{ kcal/kg}$
$h_3 = 104.0 \text{ kcal/kg}$

① 1.83　　　② 2.54
③ 2.71　　　④ 2.84

[해설] 증발기 출구 엔탈피
= 135.5 kcal/kg − (105.5 − 104.0) kcal/kg
= 134 kcal/kg

$$RT = \frac{V_a \times \eta_v \times q}{3320 \times v}$$

$$= \frac{48 \times 0.75 \times (134 - 104)}{(3320 \times 0.12)} = 2.71\,RT$$

28. 다음 중 독성이 거의 없고 금속에 대한 부식성이 적어 식품냉동에 사용되는 유기질 브라인은?

① 프로필렌글리콜　　② 식염수
③ 염화칼슘　　　　　④ 염화마그네슘

[해설] 유기질 브라인에는 프로필렌글리콜, 에틸렌글리콜이 있으며 에틸렌글리콜의 경우 마취성 및 환각성이 있어 주로 프로필렌글리콜을 사용한다.

29. 열통과율 900 kcal/m²·h·℃, 전열면적 5 m²인 아래 그림과 같은 대향류 열교환기에서의 열교환량(kcal/h)은? (단, t_1 : 27℃, t_2 : 13℃, t_{w1} : 5℃, t_{w2} : 10 ℃이다.)

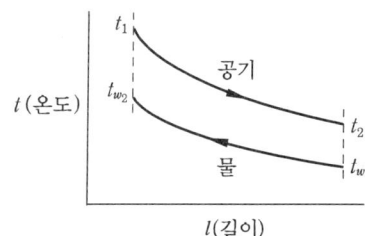

① 26865　　　② 53730
③ 45000　　　④ 90245

[해설] 대향류이므로
$\Delta_1 = 27 - 10 = 17$ ℃, $\Delta_2 = 13 - 5 = 8$ ℃
MTD(대수평균온도차)
$$= \frac{(17-8)}{\ln\left(\frac{17}{8}\right)} = 11.94\,℃$$

$Q = 900$ kcal/m²·h·℃ $\times 5$ m² $\times 11.94$ ℃
$= 53730$ kcal/h

30. 냉동장치에 사용하는 브라인 순환량이 200 L/min이고, 비열이 0.7 kcal/kg·℃이다. 브라인의 입·출구 온도는 각각 −6℃와 −10℃일 때, 브라인 쿨러의 냉동능력(kcal/h)은? (단, 브라인의 비중은 1.2이다.)

① 36880　　　② 38860
③ 40320　　　④ 43200

[해설] $Q = 200$ L/min $\times 1.2$ kg/L
$\times 0.7$ kcal/kg·℃
$\times \{(-6) - (-10)\}$℃ $\times 60$ min/h
$= 40320$ kcal/h

31. 프레온 냉매의 경우 흡입배관에 이중입상관을 설치하는 목적으로 가장 적합한 것은?

① 오일 회수를 용이하게 하기 위하여
② 흡입가스의 과열을 방지하기 위하여
③ 냉매액의 흡입을 방지하기 위하여
④ 흡입관에서의 압력강하를 줄이기 위하여

[해설] 이중입상관은 프레온 소형장치에서 유회수를 목적으로 사용한다.

32. 다음 중 흡수식 냉동기의 용량 제어 방법으로 적당하지 않은 것은?

① 흡수기 공급흡수제 조절
② 재생기 공급용액량 조절
③ 재생기 공급증기 조절
④ 응축수량 조절

[해설] 흡수식 냉동기의 용량 제어 방법
(1) 재생기 공급용액량 조절
(2) 재생기 공급증기 조절
(3) 응축수량 조절

정답 28. ①　29. ②　30. ③　31. ①　32. ①

33. 냉동장치 운전 중 팽창밸브의 열림이 적을 때, 발생하는 현상이 아닌 것은?
① 증발압력은 저하한다.
② 냉매순환량은 감소한다.
③ 액압축으로 압축기가 손상된다.
④ 체적효율은 저하한다.
[해설] 팽창밸브의 열림이 적을 때 냉매순환량이 감소하며 이로 인하여 증발압력 저하 및 효율 감소가 일어난다.

34. 폐열을 회수하기 위한 히트 파이프(heat pipe)의 구성 요소가 아닌 것은?
① 단열부　② 응축부
③ 증발부　④ 팽창부
[해설] 히트 파이프(heat pipe)는 파이프 속에 액체를 넣고, 파이프 한쪽 끝을 가열하면 관 속에서 증발이 일어나고 다른 끝에서는 이를 응축하여 방열하는 원리를 사용한 전열관으로 단열부, 증발부, 응축부로 이루어져 있다.

35. 냉동기유가 갖추어야 할 조건으로 틀린 것은?
① 응고점이 낮고, 인화점이 높아야 한다.
② 냉매와 잘 반응하지 않아야 한다.
③ 산화가 되기 쉬운 성질을 가져야 한다.
④ 수분, 산분을 포함하지 않아야 된다.
[해설] 가급적 산화, 변질이 되지 않아야 한다.

36. 냉동장치 내에 불응축 가스가 생성되는 원인으로 가장 거리가 먼 것은?
① 냉동장치의 압력이 대기압 이상으로 운전될 경우 저압측에서 공기가 침입한다.
② 장치를 분해, 조립하였을 경우에 공기가 잔류한다.
③ 압축기의 축봉장치 패킹 연결 부분에 누설 부분이 있으면 공기가 장치 내에 침입한다.
④ 냉매, 윤활유 등의 열분해로 인해 가스가 발생한다.
[해설] 냉동장치의 압력이 대기압 이하로 운전될 경우 저압측에서 공기가 침입한다.

37. 가역 카르노 사이클에서 고온부 40℃, 저온부 0℃로 운전될 때 열기관의 효율은 얼마인가?
① 7.825　② 6.825
③ 0.147　④ 0.128
[해설] 효율$(\eta) = 1 - \dfrac{T_2}{T_1} = 1 - \dfrac{273}{313} = 0.128$

38. 다음 냉동장치에서 물의 증발열을 이용하지 않는 것은?
① 흡수식 냉동장치
② 흡착식 냉동장치
③ 증기분사식 냉동장치
④ 열전식 냉동장치
[해설] 열전식 냉동장치는 반도체를 이용한 냉동기로 펠티어 효과로 작동한다.

39. 다음 중 밀착 포장된 식품을 냉각부동액 중에 집어넣어 동결시키는 방식은?
① 침지식 동결장치
② 접촉식 동결장치
③ 진공 동결장치
④ 유동층 동결장치

40. 압축기에 부착하는 안전밸브의 최소지름을 구하는 공식으로 옳은 것은?
① 냉매상수×(표준회전속도에서 1시간의 피스톤 압출량)$^{1/2}$
② 냉매상수×(표준회전속도에서 1시간의

피스톤 압출량)$^{1/3}$

③ 냉매상수×(표준회전속도에서 1시간의 피스톤 압출량)$^{1/4}$

④ 냉매상수×(표준회전속도에서 1시간의 피스톤 압출량)$^{1/5}$

제3과목 **시운전 및 안전관리**

41. 변압기의 부하손(동손)에 관한 설명으로 옳은 것은?

① 동손은 온도 변화와 관계없다.
② 동손은 주파수에 의해 변화한다.
③ 동손은 부하 전류에 의해 변화한다.
④ 동손은 자속 밀도에 의해 변화한다.

[해설] 동손은 전기 기기의 동선(권선), 동대 등에 생기는 저항손과 와전류손으로 구분하며 부하를 걸었을 때에 일어나기 때문에 부하손이라고도 한다. $P=I^2R$이며 부하 전류에 의해 변화한다.

42. 목표값이 다른 양과 일정한 비율 관계를 가지고 변화하는 경우의 제어는?

① 추종 제어   ② 비율 제어
③ 정치 제어   ④ 프로그램 제어

43. 프로세스 제어용 검출기기는?

① 유량계   ② 전위차계
③ 속도검출기   ④ 전압검출기

[해설] (1) 프로세스 제어(process control) : 온도, 유량, 압력, 농도, pH, 효율 등의 공업 프로세스의 상태량을 제어량으로 하는 제어이다.
(2) 서보 기구(servo mechanism) : 물체의 위치, 방위, 자세 등의 기계적 변위를 제어량으로 해서 목표치의 임의의 변화에 추종하도록 구성된 제어계이다.

(3) 자동조정(automatic regulation) : 위의 두 개의 어떤 것에도 속하지 않는 것으로서 전동기의 자동속도 제어와 같은 소위 전기기기의 제어, 전압 제어(AVC, AVR), 주파수 제어(AFC), 속도 제어(ASR), 장력 제어 등이 있다.

44. $R-L-C$ 직렬 회로에서 전압(E)과 전류(I) 사이의 위상 관계에 관한 설명으로 옳지 않은 것은?

① $X_L = X_C$인 경우 I는 E와 동상이다.
② $X_L > X_C$인 경우 I는 E보다 θ만큼 뒤진다.
③ $X_L < X_C$인 경우 I는 E보다 θ만큼 앞선다.
④ $X_L < (X_C - R)$인 경우 I는 E보다 θ만큼 뒤진다.

45. 그림과 같은 $R-L-C$ 회로의 전달함수는?

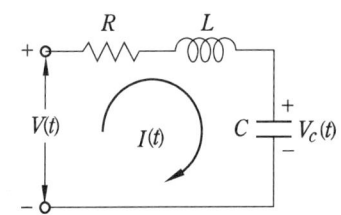

① $\dfrac{1}{LCs + RC + 1}$

② $\dfrac{1}{LC + RCs + 1}$

③ $\dfrac{1}{LCs^2 + RCs + 1}$

④ $\dfrac{1}{LCs + RCs^2 + 1}$

46. 디지털 제어에 관한 설명으로 옳지 않

정답 41. ③ 42. ② 43. ① 44. ④ 45. ③ 46. ④

은 것은?
① 디지털 제어의 연산속도는 샘플링계에서 결정된다.
② 디지털 제어를 채택하면 조정 개수 및 부품수가 아날로그 제어보다 줄어든다.
③ 디지털 제어는 아날로그 제어보다 부품 편차 및 경년변화의 영향을 덜 받는다.
④ 정밀한 속도 제어가 요구되는 경우 분해능이 떨어지더라도 디지털 제어를 채택하는 것이 바람직하다.

47. 그림과 같은 피드백 제어계에서의 폐루프 종합 전달함수는?

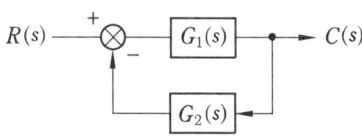

① $\dfrac{1}{G_1(s)} + \dfrac{1}{G_2(s)}$

② $\dfrac{1}{G_1(s) + G_2(s)}$

③ $\dfrac{G_1(s)}{1 + G_1(s)G_2(s)}$

④ $\dfrac{G_1(s)G_2(s)}{1 + G_1(s)G_2(s)}$

[해설] $RG_1(s) = C(1 + G_1(s)G_2(s))$ 에서
$\dfrac{C}{R} = \dfrac{G_1(s)}{1 + G_1(s)G_2(s)}$

48. 자성을 갖고 있지 않은 철편에 코일을 감아서 여기에 흐르는 전류의 크기와 방향을 바꾸면 히스테리시스 곡선이 발생되는데, 이 곡선 표현에서 X축과 Y축을 옳게 나타낸 것은?
① X축-자화력, Y축-자속밀도
② X축-자속밀도, Y축-자화력
③ X축-자화세기, Y축-잔류자속
④ X축-잔류자속, Y축-자화세기

49. 그림과 같은 회로에서 전력계 W와 직류전압계 V의 지시가 각각 60 W, 150 V 일 때 부하전력은 얼마인가? (단, 전력계의 전류코일의 저항은 무시하고 전압계의 저항은 1 kΩ이다.)

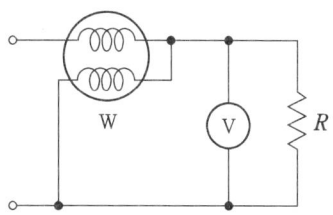

① 27.5 W ② 30.5 W
③ 34.5 W ④ 37.5 W

[해설] 직류전압계의 내부저항이 1 kΩ이고 전압이 150 V이므로 전압계로 전류가 흘러 소모되는 전력 $P_W = \dfrac{V^2}{R} = \dfrac{150^2}{1000} = 22.5$ W이다. 60 W 중에서 22.5 W가 전압계이므로 R에 소모되는 전력은 $60 - 22.5 = 37.5$ W이다.

50. 제어계의 동작상태를 교란하는 외란의 영향을 제거할 수 있는 제어는?
① 순서 제어 ② 피드백 제어
③ 시퀀스 제어 ④ 개루프 제어

51. $G(j\omega) = \dfrac{1}{1 + 3(j\omega) + 3(j\omega)^2}$ 일 때 이 요소의 인디셜 응답은?
① 진동 ② 비진동
③ 임계진동 ④ 선형진동

52. 다음의 논리식 중 다른 값을 나타내는 논리식은?
① $X(\overline{X} + Y)$

② $X(X+Y)$
③ $XY+X\overline{Y}$
④ $(X+Y)(X+\overline{Y})$

[해설] $X(\overline{X}+Y)=XY$
$X(X+Y)=XY+X\overline{Y}$
$=(X+Y)(X+\overline{Y})=X$

53. 다음 중 불연속 제어에 속하는 것은?
① 비율 제어 ② 비례 제어
③ 미분 제어 ④ ON-OFF 제어

54. 저항 $R[\Omega]$에 전류 $I[A]$를 일정 시간 동안 흘렸을 때 도선에 발생하는 열량의 크기로 옳은 것은?
① 전류의 세기에 비례
② 전류의 세기에 반비례
③ 전류의 세기의 제곱에 비례
④ 전류의 세기의 제곱에 반비례

[해설] $Q=I^2RT$이므로 열량은 전류의 세기의 제곱에 비례한다.

55. 어떤 코일에 흐르는 전류가 0.01초 사이에 일정하게 50 A에서 10 A로 변할 때 20 V의 기전력이 발생할 경우 자기 인덕턴스 (mH)는?
① 5 ② 10 ③ 20 ④ 40

[해설] $L=\dfrac{V\Delta T}{\Delta I}=\dfrac{20\times 0.01}{50-10}$
$=0.005\text{ H}=5\text{ mH}$

56. 유도전동기에서 슬립이 "0"이라고 하는 것은?
① 유도전동기가 정지 상태인 것을 나타낸다.
② 유도전동기가 전부하 상태인 것을 나타낸다.
③ 유도전동기가 동기속도로 회전한다는 것이다.
④ 유도전동기가 제동기의 역할을 한다는 것이다.

[해설] 유도전동기에서는 항상 동기속도(자석의 속도 N_S)와 회전자의 속도(N) 사이에 차이가 생기게 되며 이 차이와 동기속도와의 비를 슬립이라 한다.
$$S=\dfrac{N_S-N}{N_S}\times 100\%$$
유도전동기에서 슬립 "0"은 유도전동기가 동기속도로 회전한다는 의미이다.

57. 공기식 조작기기에 관한 설명으로 옳은 것은?
① 큰 출력을 얻을 수 있다.
② PID 동작을 만들기 쉽다.
③ 속응성이 장거리에서는 빠르다.
④ 신호를 먼 곳까지 보낼 수 있다.

58. 자기회로에서 퍼미언스(permeance)에 대응하는 전기회로의 요소는?
① 도전율   ② 컨덕턴스
③ 정전용량   ④ 엘라스턴스

[해설] 퍼미언스(P)는 자기저항의 역수 $\left(\dfrac{1}{R_m}\right)$로서 전기회로의 컨덕턴스에 대응하며, 컨덕턴스(G)는 전기저항의 역수 $\left(\dfrac{1}{R}\right)$이다. 그러므로 퍼미언스 단위는 헨리(H)이다.

59. 다음 설명에 알맞은 전기 관련 법칙은 어느 것인가?

> 회로 내의 임의의 폐회로에서 한쪽 방향으로 일주하면서 취할 때 공급된 기전력의 대수합은 각 회로 소자에서 발생한 전압강하의 대수합과 같다.

정답 53. ④ 54. ③ 55. ① 56. ③ 57. ② 58. ② 59. ④

① 옴의 법칙
② 가우스 법칙
③ 쿨롱의 법칙
④ 키르히호프의 법칙

60. 방사성 위험물을 원격으로 조작하는 인공수(人工手 : manipulator)에 사용되는 제어계는?
① 서보기구
② 자동조정
③ 시퀀스 제어
④ 프로세스 제어

[해설] 인공수(manipulator)는 인간의 팔과 유사한 동작을 제공하는 기계적인 장치로 팔 끝에서 공구가 원하는 작업을 할 수 있도록 특별한 로봇의 동작을 제공하는 기능을 한다.

제4과목 유지보수공사관리

61. 배관설비 공사에서 파이프 래크의 폭에 관한 설명으로 틀린 것은?
① 파이프 래크의 실제 폭은 신규 라인을 대비하여 계산된 폭보다 20 % 정도 크게 한다.
② 파이프 래크상의 배관 밀도가 작아지는 부분에 대해서는 파이프 래크의 폭을 좁게 한다.
③ 고온 배관에서는 열팽창에 의하여 과대한 구속을 받지 않도록 충분한 간격을 둔다.
④ 인접하는 파이프의 외측과 외측과의 최소 간격을 25 mm로 하여 래크의 폭을 결정한다.

[해설] 파이프 래크는 여러 가닥의 파이프를 지지하기 위한 지지대(선반)이다. 인접하는 파이프 외측과 외측의 간격을 75 mm 이상으로 한다.

62. 다음 중 방열기나 팬코일 유닛에 가장 적합한 관 이음은?
① 스위블 이음
② 루프 이음
③ 슬리브 이음
④ 벨로스 이음

[해설] 스위블 이음은 온수와 저압 증기를 통과하는 주관에서 지관의 굴곡부에 이용되는 배관법으로 팬코일 유닛의 냉난방 배관에 이용된다.

63. 원심력 철근 콘크리트관에 대한 설명으로 틀린 것은?
① 흄(hume)관이라고 한다.
② 보통관과 압력관으로 나뉜다.
③ A형 이음재 형상은 칼라이음쇠를 말한다.
④ B형 이음재 형상은 삽입이음쇠를 말한다.

[해설] 원심력 철근 콘크리트관(관 끝 모양에 따라)
(1) A형 : 칼라 이음(관경 75~180 mm)
(2) B형 : 소켓 이음(관경 75~900 mm)
(3) C형 : 끼움형(관경 900~1800 mm)

64. 냉매 배관 중 토출관 배관 시공에 관한 설명으로 틀린 것은?
① 응축기가 압축기보다 2.5 m 이상 높은 곳에 있을 때는 트랩을 설치한다.
② 수평관은 모두 끝내림 구배로 배관한다.
③ 수직관이 너무 높으면 3 m마다 트랩을 설치한다.
④ 유분리기는 응축기보다 온도가 낮지 않은 곳에 설치한다.

[해설] 입상관의 경우 통상 10 m마다 트랩을 설치한다.

65. 배관의 보온재를 선택할 때 고려해야 할 점이 아닌 것은?
① 불연성일 것

[정답] 60. ① 61. ④ 62. ① 63. ④ 64. ③ 65. ②

② 열전도율이 클 것
③ 물리적, 화학적 강도가 클 것
④ 흡수성이 적을 것
[해설] 보온재는 열을 차단해야 하므로 열전도율이 불량한 것이 좋다.

66. 다음 중 냉매액관 중에 플래시가스 발생 원인이 아닌 것은?
① 열교환기를 사용하여 과냉각도가 클 때
② 관경이 매우 작거나 현저히 입상할 경우
③ 여과망이나 드라이어가 막혔을 때
④ 온도가 높은 장소를 통과 시
[해설] 과냉각도가 크면 압력 저하 시 플래시 가스 발생량을 감소시킬 수 있다.

67. 고가 탱크식 급수 방법에 대한 설명으로 틀린 것은?
① 고층 건물이나 상수도 압력이 부족할 때 사용된다.
② 고가 탱크의 용량은 양수펌프의 양수량과 상호 관계가 있다.
③ 건물 내의 밸브나 각 기구에 일정한 압력으로 물을 공급한다.
④ 고가 탱크에 펌프로 물을 압송하여 탱크 내에 공기를 압축 가압하여 일정한 압력을 유지시킨다.
[해설] 고가 탱크는 옥상 탱크로 대부분 대기 압상태로 유지한다.

68. 지역난방 열공급 관로 중 지중 매설 방식과 비교한 공동구내 배관 시설의 장점이 아닌 것은?
① 부식 및 침수 우려가 적다.
② 유지 보수가 용이하다.
③ 누수 점검 및 확인이 쉽다.
④ 건설 비용이 적고 시공이 용이하다.
[해설] 지역난방은 초기 건설 비용이 많이 드는 것이 단점이다.

69. 스케줄 번호에 의해 관의 두께를 나타내는 강관은?
① 배관용 탄소강관
② 수도용 아연도금강관
③ 압력배관용 탄소강관
④ 내식성 급수용 강관

70. 배관을 지지장치에 완전하게 구속시켜 움직이지 못하도록 한 장치는?
① 리지드 행어
② 앵커
③ 스토퍼
④ 브레이스
[해설] 앵커는 배관 지지점에서의 이동 및 회전을 방지하기 위해 지지점 위치에 완전히 고정하는 장치이다.

71. 증기보일러 배관에서 환수관의 일부가 파손된 경우 보일러수의 유출로 안전수위 이하가 되어 보일러수가 빈 상태로 되는 것을 방지하기 위해 하는 접속법은?
① 하트포드 접속법
② 리프트 접속법
③ 스위블 접속법
④ 슬리브 접속법
[해설] 하트포드 접속법 : 보일러 물이 환수관으로 역류하여 보일러 수면이 저수위 이하로 내려가는 것을 방지하기 위한 접속법

72. 동력나사 절삭기의 종류 중 관의 절단, 나사 절삭, 거스러미 제거 등의 작업을 연속적으로 할 수 있는 유형은?

정답 66. ① 67. ④ 68. ④ 69. ③ 70. ② 71. ① 72. ④

① 리드형　　② 호브형
③ 오스터형　　④ 다이헤드형

[해설] 관의 절단, 나사 절삭, 거스러미 제거 등의 작업을 연속적으로 할 수 있는 것은 다이헤드형이다. 리드형은 관의 나사를 깎는 수동식 공구이고 호브형은 숫돌차 및 가공기어에 주어 연삭하는 것으로, 정밀기어 대량 생산에 적합하며 오스터형은 파이프에 나사를 절삭하는 공구이다.

73. 냉동배관 재료로서 갖추어야 할 조건으로 틀린 것은?
① 저온에서 강도가 커야 한다.
② 가공성이 좋아야 한다.
③ 내식성이 작아야 한다.
④ 관내마찰 저항이 작아야 한다.

[해설] 내식성, 내열성이 좋아야 한다.

74. 급탕배관의 신축 방지를 위한 시공 시 틀린 것은?
① 배관의 굽힘 부분에는 스위블 이음으로 접합한다.
② 건물의 벽 관통 부분 배관에는 슬리브를 끼운다.
③ 배관 직관부에는 팽창량을 흡수하기 위해 신축이음쇠를 사용한다.
④ 급탕밸브나 플랜지 등의 패킹은 고무, 가죽 등을 사용한다.

[해설] 급탕밸브나 플랜지 등의 패킹은 테플론을 사용하며 내열범위는 −260~260℃로 열에 강하다.

75. 5명 가족이 생활하는 아파트에서 급탕 가열기의 용량(kcal/h)은? (단, 1일 1인당 급탕량 90 L/d, 1일 사용량에 대한 가열능력 비율 1/7, 탕의 온도 70℃, 급수온도 20℃이다.)

① 459　　② 643
③ 2250　　④ 3214

[해설] $Q = 90\,\text{L/d}\cdot\text{인} \times 5\text{인} \times 1\,\text{kcal/kg}\cdot\text{℃}$
$\times (70-20)\text{℃} \times \dfrac{1}{7} = 3214\,\text{kcal/h}$

76. 온수난방에서 개방식 팽창탱크에 관한 설명으로 틀린 것은?
① 공기빼기 배기관을 설치한다.
② 4℃의 물을 100℃로 높였을 때 팽창체적 비율이 4.3% 정도이므로 이를 고려하여 팽창탱크를 설치한다.
③ 팽창탱크에는 오버플로관을 설치한다.
④ 팽창관에는 반드시 밸브를 설치한다.

[해설] 팽창관에는 밸브를 설치하지 않는다.

77. 도시가스의 공급 계통에 따른 공급 순서로 옳은 것은?
① 원료 → 압송 → 제조 → 저장 → 압력 조정
② 원료 → 제조 → 압송 → 저장 → 압력 조정
③ 원료 → 저장 → 압송 → 제조 → 압력 조정
④ 원료 → 저장 → 제조 → 압송 → 압력 조정

[해설] 도시가스의 공급 계통 : 원료 → 제조 → 압송(펌프, 압축기 등) → 저장(탱크, 홀더) → 압력 조정(거버너)

78. 증기 배관의 수평 환수관에서 관경을 축소할 때 사용하는 이음쇠로 가장 적합한 것은?
① 소켓　　② 부싱
③ 플랜지　　④ 리듀서

[해설] 리듀서는 양측이 암나사로 되어 있으며 부싱은 암나사와 수나사로 이루어져 있다. 압력 손실을 방지하기 위해 주로 사용하는 것은 편심 리듀서이다.

정답 73. ③　74. ④　75. ④　76. ④　77. ②　78. ④

79. 다음 중 안전밸브의 그림 기호로 옳은 것은?

해설 ① : 수동 팽창밸브
② : 글로브밸브
③ : 스프링식 안전밸브
④ : 다이어프램식 팽창밸브

80. 도시가스 배관 매설에 대한 설명으로 틀린 것은?

① 배관을 철도부지에 매설하는 경우 배관의 외면으로부터 궤도 중심까지 거리는 4 m 이상 유지할 것
② 배관을 철도부지에 매설하는 경우 배관의 외면으로부터 철도부지 경계까지 거리는 0.6 m 이상 유지할 것
③ 배관을 철도부지에 매설하는 경우 지표면으로부터 배관의 외면까지의 깊이는 1.2 m 이상 유지할 것
④ 배관의 외면으로부터 도로의 경계까지 수평거리 1 m 이상 유지할 것

해설 배관을 철도부지에 매설하는 경우 배관의 외면으로부터 철도부지 경계까지 거리는 1 m 이상 유지해야 한다.

정답 79. ③ 80. ②

CBT 실전문제 (8)

제1과목 에너지관리

1. 다음 중 난방설비의 난방부하를 계산하는 방법 중 현열만을 고려하는 경우는?
① 환기부하
② 외기부하
③ 전도에 의한 열 손실
④ 침입 외기에 의한 난방 손실

[해설] 환기부하, 외기부하 등은 현열부하, 잠열부하 모두를 고려해야 한다.

2. 증기난방에 대한 설명으로 틀린 것은?
① 건식 환수시스템에서 환수관에는 증기가 유입되지 않도록 증기관과 환수관 사이에 증기트랩을 설치한다.
② 중력식 환수시스템에서 환수관은 선하향구배를 취해야 한다.
③ 증기난방은 극장 같이 천장고가 높은 실내에 적합하다.
④ 진공식 환수시스템에서 관경을 가늘게 할 수 있고 리프트 피팅을 사용하여 환수관 도중에서 입상시킬 수 있다.

[해설] 증기난방은 상하의 온도차가 크므로 천장고가 낮은 실내에 적합하다.

3. 다음 중 냉방부하의 종류에 해당되지 않는 것은?
① 일사에 의해 실내로 들어오는 열
② 벽이나 지붕을 통해 실내로 들어오는 열
③ 조명이나 인체와 같이 실내에서 발생하는 열
④ 침입 외기를 가습하기 위한 열

[해설] 침입 외기를 가습하기 위한 열은 동절기 난방에 필요한 경우이다.

4. 정방실에 35 kW의 모터에 의해 구동되는 정방기가 12대 있을 때 전력에 의한 취득 열량(kW)은? (단, 전동기와 이것에 의해 구동되는 기계가 같은 방에 있으며, 전동기의 가동률은 0.74이고, 전동기 효율은 0.87, 전동기 부하율은 0.92이다.)
① 483
② 420
③ 357
④ 329

[해설] $\dfrac{35\,\text{kW}}{0.87} \times 12 \times 0.74 \times 0.92 = 328.66\,\text{kW}$

5. 축류 취출구의 종류가 아닌 것은?
① 펑커루버형 취출구
② 그릴형 취출구
③ 라인형 취출구
④ 팬형 취출구

[해설] 팬형 취출구는 복류 취출구에 해당된다.

6. 증기설비에 사용하는 증기 트랩 중 기계식 트랩의 종류로 바르게 조합한 것은?
① 버킷 트랩, 플로트 트랩
② 버킷 트랩, 벨로스 트랩
③ 바이메탈 트랩, 열동식 트랩
④ 플로트 트랩, 열동식 트랩

[해설] 기계식 트랩은 응축수와 증기의 비중차를 이용하는 것으로 버킷 트랩, 플로트 트랩이 있다. 바이메탈식, 다이어프램식, 벨로스식은 온도조절식 트랩에 해당되며 오리피스식, 디스크식은 열역학적 트랩에 해당된다.

정답 1. ③ 2. ③ 3. ④ 4. ④ 5. ④ 6. ①

7. 다음 중 공기조화설비의 계획 시 조닝을 하는 목적으로 가장 거리가 먼 것은?
① 효과적인 실내 환경의 유지
② 설비비의 경감
③ 운전 가동면에서의 에너지 절약
④ 부하 특성에 대한 대처

[해설] 조닝을 하는 목적은 실내부하에 대한 대처이며 설비비와는 무관하다.

8. 공기조화 방식 중 전공기 방식이 아닌 것은?
① 변풍량 단일 덕트 방식
② 이중 덕트 방식
③ 정풍량 단일 덕트 방식
④ 팬 코일 유닛 방식(덕트 병용)

[해설] 팬 코일 유닛 방식(덕트 병용)은 공기-수 방식이다.

9. 덕트의 소음 방지 대책에 해당되지 않는 것은?
① 덕트의 도중에 흡음재를 부착한다.
② 송풍기 출구 부근에 플레넘 체임버를 장치한다.
③ 댐퍼 입·출구에 흡음재를 부착한다.
④ 덕트를 여러 개로 분기시킨다.

[해설] 덕트 분기는 오히려 소음을 증대시킨다.

10. 건물의 콘크리트 벽체의 실내측에 단열재를 부착하여 실내측 표면에 결로가 생기지 않도록 하려 한다. 외기온도가 0℃, 실내온도가 20℃, 실내공기의 노점온도가 12℃, 콘크리트 두께가 100 mm일 때, 결로를 막기 위한 단열재의 최소 두께(mm)는? (단, 콘크리트와 단열재의 접촉부분의 열저항은 무시한다.)

열전도도	콘크리트	1.63 W/m·K
	단열재	0.17 W/m·K
대류 열전달계수	외기	23.3 W/m²·K
	실내공기	9.3 W/m²·K

① 11.7　　② 10.7
③ 9.7　　　④ 8.7

[해설] $Q = KA(20-0) = \alpha A(20-12)$
$K(20-0) = 9.3(20-12)$ 에서
열통과율 $K = \dfrac{9.3 \times (20-12)}{20} = 3.72$

$$K = \dfrac{1}{\dfrac{1}{\alpha_1} + \dfrac{1}{\alpha_2} + \dfrac{l_1}{K_1} + \dfrac{l_2}{K_2}}$$

$$= \dfrac{1}{\dfrac{1}{9.3} + \dfrac{1}{23.3} + \dfrac{0.1}{1.63} + \dfrac{l_2}{0.17}} = 3.72$$

∴ $l_2 = 0.00969$ m $= 9.69$ mm

11. 이중 덕트 방식에 설치하는 혼합상자의 구비 조건으로 틀린 것은?
① 냉풍·온풍 덕트 내에 정압 변동에 의해 송풍량이 예민하게 변화할 것
② 혼합 비율 변동에 따른 송풍량의 변동이 완만할 것
③ 냉풍·온풍 댐퍼의 공기 누설이 적을 것
④ 자동 제어 신뢰도가 높고 소음 발생이 적을 것

[해설] 혼합상자는 냉풍과 온풍이 혼합되는 곳으로 소음이 적어야 하며 송풍량 변화가 작아야 한다.

12. 저온공조 방식에 관한 내용으로 가장 거리가 먼 것은?
① 배관지름의 감소
② 팬 동력 감소로 인한 운전비 절감
③ 낮은 습도의 공기 공급으로 인한 쾌적성 향상

④ 저온공기 공급으로 인한 급기 풍량 증가

[해설] 저온공조 방식은 일반적인 급기 방식보다 낮은 온도(10~15℃)의 공기를 분배 공급함으로써 일반 공조 방식보다 적은 양의 급기를 제공하여 실내 온도를 만족시키는 방식으로 급기 풍량은 적어도 되는 장점이 있다.

13. 외기의 건구온도 32℃와 환기의 건구온도 24℃인 공기를 1 : 3(외기 : 환기)의 비율로 혼합하였다. 이 혼합공기의 온도는 얼마인가?

① 26℃ ② 28℃
③ 29℃ ④ 30℃

[해설] $t_m = \dfrac{32 \times 1 + 24 \times 3}{1+3} = 26$ ℃

14. 취출구에서 수평으로 취출된 공기가 일정 거리만큼 진행된 뒤 기류 중심선과 취출구 중심과의 수직거리를 무엇이라고 하는가?

① 강하도 ② 도달거리
③ 취출온도차 ④ 셔터

[해설] • 강하도 : 취출구에서 도달거리에 도달할 때까지 생긴 기류의 강하
• 도달거리 : 취출구에서 0.25 m/s의 풍속이 되는 위치까지의 거리
• 셔터 : 날개 뒷면에 부착하여 풍량을 조절할 수 있다.

15. 공조기 내에 일리미네이터를 설치하는 이유로 가장 적절한 것은?

① 풍량을 줄여 풍속을 낮추기 위해서
② 공조기 내의 기류의 분포를 고르게 하기 위해
③ 결로수가 비산되는 것을 방지하기 위해
④ 먼지 및 이물질을 효율적으로 제거하기 위해

[해설] 일리미네이터 : 냉각수의 비산을 방지하기 위하여 쿨링타워 상부에 설치한다.

16. 공기조화방식에서 변풍량 단일덕트 방식의 특징에 대한 설명으로 틀린 것은?

① 송풍기의 풍량 제어가 가능하므로 부분부하 시 반송에너지 소비량을 경감시킬 수 있다.
② 동시사용률을 고려하여 기기용량을 결정할 수 있으므로 설비용량이 커질 수 있다.
③ 변풍량 유닛을 실 별 또는 존 별로 배치함으로써 개별 제어 및 존 제어가 가능하다.
④ 부하 변동에 따라 실내온도를 유지할 수 있으므로 열원설비용 에너지 낭비가 적다.

[해설] ②항은 정풍량 단일덕트 방식에 대한 설명이다.

17. 송풍 덕트 내의 정압 제어가 필요 없고, 발생 소음이 적은 변풍량 유닛은?

① 유인형 ② 슬롯형
③ 바이패스형 ④ 노즐형

[해설] 변풍량 유닛의 경우 존별 개별제어가 가능하며 비사용 실에 대한 공조를 정지할 수 있고 가변 풍량에 따른 송풍 동력을 절감하여 에너지의 낭비를 방지할 수 있다. 바이패스형을 사용할 경우 소음 발생을 감소시킬 수 있다.

18. 다음 중 보온, 보랭, 방로의 목적으로 덕트 전체를 단열해야 하는 것은?

① 급기 덕트 ② 배기 덕트
③ 외기 덕트 ④ 배연 덕트

[해설] 배기, 외기, 배연 덕트의 경우 보온, 보랭의 목적으로 단열을 하지 않아도 무관하다.

정답 13. ① 14. ① 15. ③ 16. ② 17. ③ 18. ①

19. 부하계산 시 고려되는 지중온도에 대한 설명으로 틀린 것은?

① 지중온도는 지하실 또는 지중배관 등의 열손실을 구하기 위하여 주로 이용된다.
② 지중온도는 외기온도 및 일사의 영향에 의해 1일 또는 연간을 통하여 주기적으로 변한다.
③ 지중온도는 지표면의 상태변화, 지중의 수분에 따라 변화하나, 토질의 종류에 따라서는 큰 차이가 없다.
④ 연간변화에 있어 불역층 이하의 지중온도는 1 m 증가함에 따라 0.03~0.05 ℃씩 상승한다.

[해설] 지중온도는 외기온도나 일사 등의 영향으로 1일 또는 1년을 주기로 변화한다. 지하 깊이가 커질수록 영향을 덜 받으며 변동도 느리게 나타나지만 토질의 성분, 종류에 따라 차이가 심하게 나타난다. 난방부하를 계산하는 데 사용하는 지하 2층 이하의 지중온도는 10℃ 정도가 적합하다.

20. 보일러의 부속장치인 과열기가 하는 역할은?

① 연료 연소에 쓰이는 공기를 예열시킨다.
② 포화액을 습증기로 만든다.
③ 습증기를 건포화증기로 만든다.
④ 포화증기를 과열증기로 만든다.

[해설] 과열기: 보일러에서 발생된 포화증기를 다시 가열하여 과열증기로 만들기 위해 연도 내에 설치하는 것으로 관, 헤더로 구성된 열교환기이다.

제2과목 공조냉동설계

21. 단위에 대한 설명으로 틀린 것은?

① 토리첼리의 실험 결과 수은주의 높이가 68 cm일 때, 실험 장소에서의 대기압은 1.2 atm이다.
② 비체적이 0.5 m^3/kg인 암모니아 증기 1 m^3의 질량은 2.0 kg이다.
③ 압력 760 mmHg는 1.01 bar이다.
④ 작업대 위에 놓여진 밑면적이 2.4 m^2인 가공물의 무게가 24 kgf라면 작업에 가해지는 압력은 98 Pa이다.

[해설] $68\,\text{cmHg} \times \dfrac{1\,\text{atm}}{76\,\text{cmHg}} = 0.89\,\text{atm}$

22. 대기압에서 암모니아액 1 kg을 증발시킨 열량은 0℃ 얼음 몇 kg을 융해시킨 것과 유사한가?

① 2.1　② 3.1　③ 4.1　④ 5.1

[해설] 대기압상태에서 암모니아의 증발 잠열은 327.7 kcal/kg이며, 0℃ 얼음의 융해 잠열은 79.68 kcal/kg이다.

$\dfrac{327.7\,\text{kcal}}{79.68\,\text{kcal/kg}} = 4.11\,\text{kg}$

23. 제빙능력은 원료수 온도 및 브라인 온도 등 조건에 따라 다르다. 다음 중 제빙에 필요한 냉동능력을 구하는 데 필요한 항목으로 가장 거리가 먼 것은?

① 온도 t_w[℃]인 제빙용 원수를 0℃까지 냉각하는 데 필요한 열량
② 물의 동결 잠열에 대한 열량(79.68 kcal/kg)
③ 제빙장치 내의 발생열과 제빙용 원수의 수질 상태
④ 브라인 온도 t_1[℃] 부근까지 얼음을 냉각하는 데 필요한 열량

[해설] 제빙용 원수의 수질 상태는 얼음의 식용 또는 식품 저장용과 관계있고 냉동능력과는 무관하다.

정답 19. ③　20. ④　21. ①　22. ③　23. ③

24. 염화나트륨 브라인을 사용한 식품냉장용 냉동장치에서 브라인의 순환량이 220 L/min이며, 냉각관 입구의 브라인 온도가 −5℃, 출구의 브라인 온도가 −9℃라면 이 브라인 쿨러의 냉동능력(kcal/h)은? (단, 브라인의 비열은 0.75 kcal/kg·℃, 비중은 1.15이다.)

① 759 ② 45540
③ 60720 ④ 148005

해설 $Q = 220 \text{ L/min} \times 1.15 \text{ kg/L}$
$\times 60 \text{ min/h} \times 0.75 \text{ kcal/kg}\cdot℃ \times \{-5-(-9)\}℃$
$= 45540 \text{ kcal/h}$

25. 암모니아와 프레온 냉매의 비교 설명으로 틀린 것은? (단, 동일 조건을 기준으로 한다.)

① 암모니아가 R−13보다 비등점이 높다.
② R−22는 암모니아보다 냉동효과(kcal/kg)가 크고 안전하다.
③ R−13은 R−22에 비하여 저온용으로 적합하다.
④ 암모니아는 R−22에 비하여 유분리가 용이하다.

해설 기준 냉동사이클에서의 냉동효과
• 암모니아 : 269 kcal/kg
• R−22 : 40.2 kcal/kg

26. 25℃ 원수 1 ton을 1일 동안에 −9℃의 얼음으로 만드는 데 필요한 냉동능력(RT)은? (단, 열손실은 없으며, 동결 잠열 80 kcal/kg, 원수 비열 1 kcal/kg·℃, 얼음의 비열 0.5 kcal/kg·℃이며, 1 RT는 3320 kcal/h로 한다.)

① 1.37 ② 1.88
③ 2.38 ④ 2.88

해설 $RT = \dfrac{1000 \times (1 \times 25 + 80 + 0.5 \times 9)}{24 \times 3320}$
$= 1.37 \text{RT}$

27. 전열면적이 20 m²인 수랭식 응축기의 용량이 200 kW이다. 냉각수의 유량은 5 kg/s이고, 응축기 입구에서 냉각수 온도는 20℃이다. 열관류율이 800 W/m²·K일 때, 응축기 내부 냉매의 온도(℃)는 얼마인가? (단, 온도차는 산술평균온도차를 이용하고, 물의 비열은 4.18 kJ/kg·K이며, 응축기 내부 냉매의 온도는 일정하다고 가정한다.)

① 36.5 ② 37.3
③ 38.1 ④ 38.9

해설 $Q = KA\Delta T_m$에서
$\Delta T_m = \dfrac{Q}{KA} = \dfrac{200}{0.8 \times 20} = 12.5℃$
$t_{w2} = t_{w1} + \dfrac{Q}{GC} = 20 + \dfrac{200}{5 \times 4.18} = 29.6℃$
$\Delta T_m = t_c - \dfrac{t_{w1}+t_{w2}}{2}$에서
$t_c = \Delta T_m + \dfrac{t_{w1}+t_{w2}}{2} = 12.5 + \dfrac{20+29.6}{2}$
$= 37.3℃$

28. 다음 중 증발기 출구와 압축기 흡입관 사이에 설치하는 저압측 부속장치는?

① 액분리기 ② 수액기
③ 건조기 ④ 유분리기

해설 압축기로 액 흡입을 방지하기 위하여 액분리기를 설치해야 하며 압축기 토출측에 유분리기를 설치한다.

29. 다음 중 불응축가스를 제거하는 가스 퍼저(gas purger)의 설치 위치로 가장 적당한 곳은?

① 수액기 상부 ② 압축기 흡입부
③ 유분리기 상부 ④ 액분리기 상부

해설 불응축가스의 체류 장소는 응축기 상부와 수액기 상부가 되며 여기서 불응축가스를 인출해야 한다.

정답 24. ② 25. ② 26. ① 27. ② 28. ① 29. ①

30. 냉동장치에서 흡입압력 조정밸브는 어떤 경우를 방지하기 위해 설치하는가?
① 흡입압력이 설정 압력 이상으로 상승하는 경우
② 흡입압력이 일정한 경우
③ 고압측 압력이 높은 경우
④ 수액기의 액면이 높은 경우

[해설] 흡입압력 조정밸브(SPR)는 압축기 흡입관에 설치하며 흡입압력이 설정 압력 이상으로 상승하는 경우 밸브가 닫힌다.

31. 다음 응축기 중 동일 조건하에 열관류율이 가장 낮은 응축기는 무엇인가?
① 셸튜브식 응축기
② 증발식 응축기
③ 공랭식 응축기
④ 2중관식 응축기

[해설] 셸 튜브식 응축기, 증발식 응축기, 2중관식 응축기는 모두 수랭식 응축기이다.

32. 다음 중 압축기 토출압력 상승 원인이 아닌 것은?
① 응축온도가 낮을 때
② 냉각수 온도가 높을 때
③ 냉각수 양이 부족할 때
④ 공기가 장치 내에 혼입되었을 때

[해설] 응축온도가 낮으면 토출가스 온도가 낮아지며 냉동능력이 좋아진다.

33. 다음의 냉매 중 지구온난화지수(GWP)가 가장 낮은 것은?
① R1234yf
② R23
③ R12
④ R744

[해설] 지구온난화지수(GWP)
① R1234yf : 4
② R23 : 11700
③ R12 : 8100
④ R744 : 1
※ R-744는 이산화탄소(CO_2)이다.

34. 축열시스템 방식에 대한 설명으로 틀린 것은?
① 수축열 방식 : 열용량이 큰 물을 축열재료로 이용하는 방식
② 빙축열 방식 : 냉열을 얼음에 저장하여 작은 체적에 효율적으로 냉열을 저장하는 방식
③ 잠열축열 방식 : 물질의 융해 및 응고 시 상변화에 따른 잠열을 이용하는 방식
④ 토양축열 방식 : 심해의 해수온도 및 해양의 축열성을 이용하는 방식

[해설] 심해의 해수온도 및 해양의 축열성을 이용하는 방식은 수축열에 해당된다.

35. 냉동장치의 냉동부하가 3냉동톤이며, 압축기의 소요동력이 20 kW일 때 응축기에 사용되는 냉각수량(L/h)은? (단, 냉각수 입구온도는 15℃이고, 출구온도는 25℃이다.)
① 2716 ② 2547 ③ 1530 ④ 600

[해설] 응축기 방열량(Q) = $3 \times 3320 + 20 \times 860$
$= 27160$ kcal/h

냉각수량(G) = $\dfrac{Q}{C \Delta T} = \dfrac{27160}{1 \times (25-15)}$
$= 2716$ kg/h $= 2716$ L/h

36. 냉동기에서 동일한 냉동효과를 구현하기 위해 압축기가 작동하고 있다. 이 압축기의 클리어런스(극간)가 커질 때 나타나는 현상으로 틀린 것은?
① 윤활유가 열화된다.
② 체적효율이 저하한다.
③ 냉동능력이 감소한다.

[정답] 30. ① 31. ③ 32. ① 33. ④ 34. ④ 35. ① 36. ④

④ 압축기의 소요동력이 감소한다.

[해설] 클리어런스 증대는 압축비 또는 비열비가 커지는 현상과 동일하다. 그러므로 압축기 소요동력은 증가한다.

37. 냉동장치의 운전 시 유의사항으로 틀린 것은?

① 펌프다운 시 저압측 압력은 대기압 정도로 한다.
② 압축기 가동 전에 냉각수 펌프를 기동시킨다.
③ 장시간 정지시키는 경우에는 재가동을 위하여 배관 및 기기에 압력을 걸어둔 상태로 둔다.
④ 장시간 정지 후 시동 시에는 누설 여부를 점검한 후에 기동시킨다.

[해설] 장시간 정지 또는 휴지하는 경우 배관 및 기기의 압력은 대기압보다 조금 높게 유지하는 것이 좋다.

38. 냉동기, 열기관, 발전소, 화학플랜트 등에서의 뜨거운 배수를 주위의 공기와 직접 열교환시켜 냉각시키는 방식의 냉각탑은?

① 밀폐식 냉각탑 ② 증발식 냉각탑
③ 원심식 냉각탑 ④ 개방식 냉각탑

[해설] 개방식 냉각탑은 냉각수가 냉각용 공기와 직접 접촉하여 열을 교환한다.

39. 다음 중 제상 방식에 대한 설명으로 틀린 것은?

① 살수 방식은 저온의 냉장창고용 유닛 쿨러 등에서 많이 사용된다.
② 부동액 살포 방식은 공기 중의 수분이 부동액에 흡수되므로 일정한 농도 관리가 필요하다.
③ 핫가스 제상 방식은 응축기 출구의 고온의 액냉매를 이용한다.
④ 전기히터 방식은 냉각관 배열의 일부에 핀튜브 형태의 전기히터를 삽입하여 착상부를 가열한다.

[해설] 핫가스 제상 방식은 압축기 토출가스를 서리와 열교환하는 방식이다.

40. 다음과 같은 냉동 사이클 중 성적계수가 가장 큰 사이클은 어느 것인가?

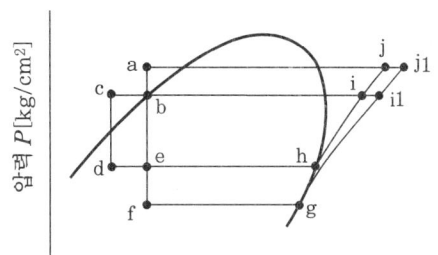

① b-e-h-i-b ② c-d-h-i-c
③ b-f-g-i1-b ④ a-e-h-j-a

[해설] 성적계수는 응축압력이 낮을수록 증발압력이 높을수록 양호해진다. 그러므로 c-d-h-i-c가 가장 좋다.

제3과목   **시운전 및 안전관리**

41. 세라믹 콘덴서 소자의 표면에 103^K라고 적혀 있을 때 이 콘덴서의 용량은 몇 μF인가?

① 0.01 ② 0.1
③ 103 ④ 10^3

[해설] 세 자리 숫자 중 첫째 자리, 둘째 자리는 값이고 셋째 자리 숫자는 승수를 의미하며 기본 단위는 pF이다. 100 pF 이하 콘덴서 용량은 그대로 표시한다.
$154 \to 15 \times 10^4$ pF = 150,000 pF = $0.15\mu F$
$102 \to 10 \times 10^2$ pF = 1,000 pF = $0.001\mu F$
$224 \to 22 \times 10^4$ pF = 220,000 pF = $0.22\mu F$

[정답] 37. ③   38. ④   39. ③   40. ②   41. ①

473 → 47×10^3 pF = 47,000 pF = $0.047\mu F$
세 자리 다음의 알파벳 문자는 콘덴서의 오차 등급을 말한다. 10 pF 이상의 콘덴서에서는 오차를 %로 나타내며, 10 pF 이하에서는 pF로 표시한다.

42. 온도를 전압으로 변환시키는 것은?
① 광전관   ② 열전대
③ 포토다이오드   ④ 광전다이오드

[해설] • 포토다이오드 : 광 → 전압
• 광전관 : 광 → 임피던스
• 광전다이오드 : 광 → 전압

43. 병렬 운전 시 균압모선을 설치해야 되는 직류발전기로만 구성된 것은?
① 직권발전기, 분권발전기
② 분권발전기, 복권발전기
③ 직권발전기, 복권발전기
④ 분권발전기, 동기발전기

[해설] 직류발전기 병렬 운전
(1) 운전 조건
  ㉠ 극성이 같을 것
  ㉡ 단자전압이 같을 것
  ㉢ 용량은 달라도 됨(부하 분담은 용량에 비례)
  ㉣ 외부 특성 곡선이 수하 특성일 것(특성 곡선이 비슷해야 함)
(2) 부하 분담 조절
  ㉠ 부하 분담 높이는 법 : R_f를 감소(계자전류 증가)
  ㉡ 부하 분담 낮추는 법 : R_f를 증가(계자전류 감소)
(3) 직권, 복권 균압모선 필요 : 직권 계자를 가지고 있으면, 균압모선이 필요하다.
※ 균압모선 : 각 발전기 부담이 달라질 때 직권 계자에 흐르는 전류가 달라 계자권선 전압강하가 달라지는 경우 단자전압 불균형을 방지한다.

44. 공기 중 자계의 세기가 100 A/m의 점에 놓아 둔 자극에 작용하는 힘은 8×10^{-3} N이다. 이 자극의 세기는 몇 Wb인가?
① 8×10 ② 8×10^5
③ 8×10^{-1} ④ 8×10^{-5}

[해설] $F = mH$에서
$$m = \frac{F}{H} = \frac{8 \times 10^{-3}}{100} = 8 \times 10^{-5} \text{ Wb}$$

45. 최대 눈금 100 mA, 내부저항 1.5 Ω인 전류계에 0.3Ω의 분류기를 접속하여 전류를 측정할 때 전류계의 지시가 50mA라면 실제 전류는 몇 mA인가?
① 200   ② 300   ③ 400   ④ 600

[해설] $m = \frac{I}{I_1} = 1 + \frac{R_1}{R_2}$에서
$$I = I_1 \left(1 + \frac{R_1}{R_2}\right) = 50 \times \left(1 + \frac{1.5}{0.3}\right) = 300 \text{ mA}$$

46. 목표값을 직접 사용하기 곤란할 때, 주 되먹임 요소와 비교하여 사용하는 것은?
① 제어요소   ② 비교장치
③ 되먹임요소   ④ 기준입력요소

[해설] (1) 제어요소(control element) : 동작신호를 조작량으로 변환시키는 요소이다. 조절부와 조작부로 이루어진다.
(2) 비교부(comparator) : 목표값과 제어량에서 인출한 신호를 서로 비교해서 제어 동작을 일으키는 데 필요한 정보를 가진 신호를 만들어 내는 부분이다.
(3) 되먹임요소(feedback element) : 제어량을 검출하여 주귀환신호를 만드는 요소로서 검출부(detecting means)라고도 한다.
(4) 기준 입력 요소(reference input element) : 목표값에 비례하는 기준입력신호를 발생하는 요소로서 설정부라고도 한다.

47. 비례 적분 제어 동작의 특징으로 옳은 것은?

① 간헐 현상이 있다.
② 잔류편차가 많이 생긴다.
③ 응답의 안정성이 낮은 편이다.
④ 응답의 진동시간이 매우 길다.

[해설] (1) 비례(P) 동작
  ㉠ 잔류편차(Off-set)가 생긴다.
  ㉡ 부하변동이 적은 제어에 이용한다.
  ㉢ 프로세스의 반응속도가 소 또는 중이다.
(2) 적분(I) 동작
  ㉠ 잔류편차(off-set)가 제거된다.
  ㉡ 진동하는 경향이 있다.
  ㉢ 제어의 안정성이 낮다.
※ 적분 동작이 좋은 결과를 얻는 경우
  • 전달지연과 불감시간이 작을 때
  • 제어대상의 속응도가 클 때
  • 제어대상이 평형성을 가질 때
  • 측정지연이 작고 조절지연이 작을 때
(3) 미분(D) 동작
  ㉠ 진동을 제거한다(안정이 빨라진다).
  ㉡ 출력이 제어편차의 시간변화에 비례한다.
  ㉢ 단독사용이 없고 P 동작이나 PI 동작과 결합하여 사용한다.
  ㉣ 응답초과량(over shoot) 감소
(4) 비례 적분(PI) 동작
  ㉠ P 동작에서 발생하는 잔류편차를 제거하기 위한 제어
  ㉡ 반응속도가 빠른 프로세스나 느린 프로세스에 사용된다.
  ㉢ 부하변화가 커도 잔류편차가 남지 않는다.
  ㉣ 급변 시에는 큰 진동이 생긴다.
  ㉤ 전달 느림이나 쓸모없는 시간이 크면 사이클링의 주기가 커진다.
(5) 비례 미분(PI) 동작
  ㉠ 제어의 안정성을 높인다.
  ㉡ 편차에 대한 직접적인 효과는 없다.
  ㉢ 변화속도가 큰 곳에서 크게 작용한다.
  ㉣ 속응성이 높아진다.
(6) 비례 적분 미분(PID)동작(가장 우수)
  ㉠ 제어량의 편차에 비례하는 P 동작
  ㉡ 편차의 크기와 지속시간에 비례하는

I 동작
  ㉢ 제어량의 변화속도에 비례하는 D 동작 등 3개를 합한 동작

48. 신호 흐름 선도와 등가인 블록 선도를 그리려고 한다. 이때 $G(s)$로 알맞은 것은?

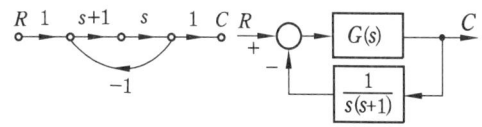

① s
② $\dfrac{1}{(s+1)}$
③ 1
④ $s(s+1)$

[해설] $G = \dfrac{C(s)}{R(s)} = \dfrac{\Sigma G_k \Delta_k}{\Delta}$

$= \dfrac{1 \times (s+1) \times s \times 1}{1 + (s+1) \times s} = \dfrac{(s+1)s}{1+(s+1)s}$

$G = \dfrac{C(s)}{R(s)} = \dfrac{G}{1 + \dfrac{G}{s(s+1)}} = \dfrac{Gs(s+1)}{s(s+1)+G}$

두 식을 비교하면 $G = 1$이다.

49. 다음은 직류 전동기의 토크 특성을 나타내는 그래프이다. (A), (B), (C), (D)에 알맞은 것은?

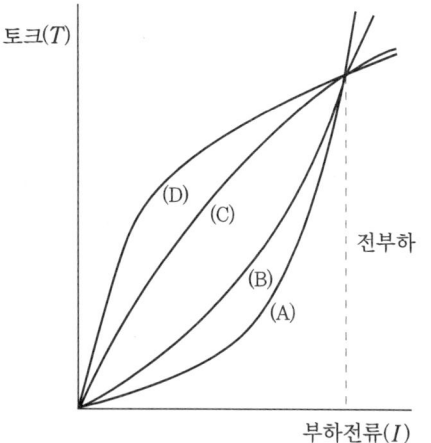

① (A) : 직권발전기, (B) : 가동복권발전기

정답 48. ③ 49. ①

(C) : 분권발전기, (D) : 차동복권발전기
② (A) : 분권발전기, (B) : 직권발전기
   (C) : 가동복권발전기, (D) : 차동복권발전기
③ (A) : 직권발전기, (B) : 분권발전기,
   (C) : 가동복권발전기, (D) : 차동복권발전기
④ (A) : 분권발전기, (B) : 가동복권발전기
   (C) : 직권발전기, (D) : 차동복권발전기

[해설] V, R_f 일정한 상태에서

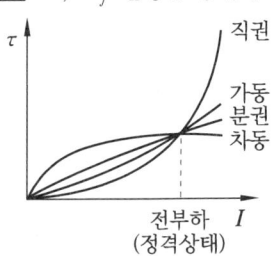

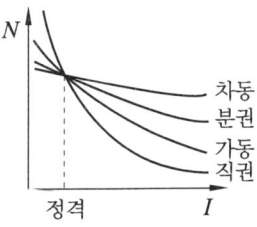

50. 서보 기구의 특징에 관한 설명으로 틀린 것은?
① 원격 제어의 경우가 많다.
② 제어량이 기계적 변위이다.
③ 추치 제어에 해당하는 제어장치가 많다.
④ 신호는 아날로그에 비해 디지털인 경우가 많다.

[해설] (1) 서보 기구(servo mechanism) : 물체의 위치, 방위, 자세 등의 기계적 변위를 제어량으로 해서 목표치의 임의의 변화에 추종하도록 구성된 제어계를 말한다(제어량의 성질).
(2) 추치 제어 : 목표치가 임의의 변화를 하는 제어를 말한다. 서보 기구가 이것에 해당된다. 이와 같이 구성된 제어계를 서보계라 부르기도 한다(목표치의 성질).

51. SCR에 관한 설명으로 틀린 것은?
① PNPN 소자이다.
② 스위칭 소자이다.
③ 양방향성 사이리스터이다.
④ 직류나 교류의 전력 제어용으로 사용된다.

[해설] SCR이라고 불리는 역저지 3단자 사이리스터이며 pnpn 접합의 4층구조 반도체 소자의 총칭으로 실리콘 제어 정류 소자를 말한다. 양방향성 SCR은 트라이액(TRIAC)이다.

52. 피드백 제어계에서 목표치를 기준입력 신호로 바꾸는 역할을 하는 요소는?
① 비교부   ② 조절부
③ 조작부   ④ 설정부

[해설] (1) 조절부 : 기준입력(input)과 검출부 출력(output)을 합하여 제어계가 소요의 작용을 하는 데 필요한 신호를 조작부로 보냄(동작신호를 만드는 부분)
(2) 조작부 : 조절부로부터의 신호를 조작량으로 변화하여 제어대상에 작용
(3) 검출부 : 압력, 온도, 유량 등의 제어량을 측정 신호로 나타냄

53. 정현파 교류의 실횻값(V)과 최댓값(V_m)의 관계식으로 옳은 것은?
① $V = \sqrt{2}\, V_m$ ② $V = \dfrac{1}{\sqrt{2}} V_m$
③ $V = \sqrt{3}\, V_m$ ④ $V = \dfrac{1}{\sqrt{3}} V_m$

[해설] 실횻값(V_{rms}) : 교류의 크기를 이것과 동일한 일을 행하는 직류의 크기로 환산한 값

정현파 : $V = \sqrt{\dfrac{1}{T}\int_\pi^0 V^2 dt}$

$= \sqrt{\dfrac{1}{\frac{\pi}{2}}\int_0^{\frac{\pi}{2}} V_m^2 \sin^2 \omega t\, d\omega t}$

$$= \sqrt{\frac{2V_m^2}{\pi}\left(\frac{1-\cos\omega t}{2}\right)\Big|_0^{\frac{\pi}{2}}}$$

$$I = \frac{1}{\sqrt{2}}, \quad V = \frac{V_{\max}}{\sqrt{2}}$$

54. 적분시간이 2초, 비례감도가 5 mA/ mV 인 PI 조절계의 전달함수는?

① $\dfrac{1+2s}{5s}$ ② $\dfrac{1+5s}{2s}$

③ $\dfrac{1+2s}{0.4s}$ ④ $\dfrac{1+0.4s}{2s}$

해설 각 요소의 전달함수 정리
- P 동작 $G(s) = K_p$
- PI 동작 $G(s) = K_p\left(1 + \dfrac{1}{Ts}\right)$
- PD 동작 $G(s) = K_p(1 + Ts)$
- PID 동작 $G(s) = K_p\left(1 + \dfrac{1}{Ts} + Ts\right)$

$G(s) = K_p\left(1 + \dfrac{1}{Ts}\right) = 5\left(1 + \dfrac{1}{2s}\right)$

$= 5 + \dfrac{5}{2s} = \dfrac{10s+5}{2s} = \dfrac{1+2s}{0.4s}$

55. 다음 중 PLC(programmable logic controller)의 출력부에 설치하는 것이 아닌 것은?

① 전자개폐기
② 열동계전기
③ 시그널램프
④ 솔레노이드밸브

해설 열동계전기는 열 효과에 의해 발생하는 과부하 계전기이다.

56. 4000 Ω의 저항기 양단에 100 V의 전압을 인가할 경우 흐르는 전류의 크기(mA)는?

① 4   ② 15
③ 25 ④ 40

해설 $I = \dfrac{V}{R} = \dfrac{100}{4000} = 0.025$ A $= 25$ mA

57. 다음 설명에 알맞은 전기 관련 법칙은?

> 도선에서 두 점 사이 전류의 크기는 그 두 점 사이의 전위차에 비례하고, 전기 저항에 반비례한다.

① 옴의 법칙
② 렌츠의 법칙
③ 플레밍의 법칙
④ 전압 분배의 법칙

해설 (1) 렌츠의 법칙 : 코일은 이것을 관통하는 자속이 변화하게 되면 자속의 변화를 방해하려는 방향으로 자속을 발생시키는 유도기전력이 생긴다. 자속의 증가를 방해하는 방향으로 자속이 생기도록 기전력이 유도된다.
(2) 플레밍의 왼손 법칙 : 자계 안에 둔 돈체에 전류가 흐를 때 도체에 작용하는 전자력의 방향에 관한 법칙
(3) 전압 분배의 법칙 : 여러 개의 전기 소자들이 있을 때 모든 소자에 동일한 전류가 흐르도록 연결된 회로를 직렬회로라 한다. 이 직렬회로에서 어떤 임의의 저항이나 결합된 직렬저항 양단에 나타난 전압은 그 저항과 회로 양단자간 전압의 곱을 회로의 등가합성 저항으로 나눈 값과 같다.

58. 그림과 같은 RLC 병렬 공진 회로에 관한 설명으로 틀린 것은?

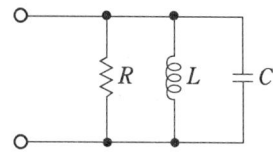

① 공진 조건은 $\omega C = \dfrac{1}{\omega L}$ 이다.
② 공진 시 공진전류는 최소가 된다.

정답 54. ③ 55. ② 56. ③ 57. ① 58. ③

③ R이 작을수록 선택도 Q가 높다.
④ 공진 시 입력 어드미턴스는 매우 작아진다.

[해설] RLC 병렬 공진 회로

$$I = \sqrt{I_R^2 + (I_L - I_C)^2}$$
$$= V\sqrt{\left(\frac{1}{R}\right)^2 + \left(\frac{1}{X_L} - \frac{1}{X_C}\right)^2} \text{ [A]}$$
$$Z = \frac{1}{\sqrt{\left(\frac{1}{R}\right)^2 + \left(\frac{1}{X}\right)^2}}$$

선택도 $Q = R\sqrt{\dfrac{L}{C}}$ (직렬)

$Q = R\sqrt{\dfrac{C}{L}}$ (병렬)

59. 정상 편차를 개선하고 응답속도를 빠르게 하며 오버슈트를 감소시키는 동작은?

① K
② $K(1 + sT)$
③ $K\left(1 + \dfrac{1}{sT}\right)$
④ $K\left(1 + sT + \dfrac{1}{sT}\right)$

[해설] (1) 비례동작(P) : 잔류편차가 있다.
$$G(s) = \frac{Y(s)}{X(s)} = K\text{(이득상수)}$$
(2) 미분요소(D)
$$G(s) = Ks$$
(3) 적분요소(I) : 편차 제거 시 적용
$$G(s) = \frac{K}{s}$$
(4) 비례 적분(PI) : 계단 변화에 대하여 잔류 편차가 없으며 간헐 현상이 있다.
(5) 비례 미분 적분(PID) : 뒤진 앞선 회로와 특성이 같으며 정상편차, 응답, 속응성이 최적이다.

60. 특성방정식이 $s^3 + 2s^2 + Ks + 5 = 0$인 제어계가 안정하기 위한 K값은?

① $K > 0$
② $K < 0$
③ $K > \dfrac{5}{2}$
④ $K < \dfrac{5}{2}$

[해설] $\dfrac{2K-5}{2}$의 부호가 $+$가 되어야 하므로 $2K - 5 > 0$이다.

$\therefore K > \dfrac{5}{2}$

S^3	1	K
S^2	2	5
S^1	$\dfrac{2K-5}{2}$	0
S^0	5	

제4과목 유지보수공사관리

61. 냉매 배관 재료 중 암모니아를 냉매로 사용하는 냉동설비에 가장 적합한 것은?

① 동, 동합금
② 아연, 주석
③ 철, 강
④ 크롬, 니켈 합금

[해설] 암모니아는 수분과 혼합 시 동 및 동합금을 부식시키므로 대부분 강관을 사용한다.

62. 배수관의 관지름 선정 방법에 관한 설명으로 틀린 것은?

① 기구 배수관의 관지름은 배수 트랩의 지름 이상으로 하고 최소 30 mm 정도로 한다.
② 수직, 수평관 모두 배수가 흐르는 방향으로 관지름이 축소되어서는 안 된다.
③ 배수 수직관은 어느 층에서나 최하부의 가장 큰 배수부하를 담당하는 부분과 동일한 관지름으로 한다.

④ 땅속에 매설되는 배수관 최소 구경은 30 mm 정도로 한다.

[해설] 매설되는 배수관의 최소 구경은 75 mm 이상으로 해야 한다.

63. 급탕설비의 설계 및 시공에 관한 설명으로 틀린 것은?
① 중앙식 급탕방식은 개별식 급탕방식보다 시공비가 많이 든다.
② 온수의 순환이 잘되고 공기가 고이는 것을 방지하기 위해 배관에 구배를 둔다.
③ 게이트 밸브는 공기고임을 만들기 때문에 글로브 밸브를 사용한다.
④ 순환 방식은 순환펌프에 의한 강제순환식과 온수의 비중량 차이에 의한 중력식이 있다.

[해설] 급탕설비에서는 압력손실을 최소화하기 위해 게이트 밸브를 사용한다.

64. 다음 중 온수 온도 90℃의 온수난방 배관의 보온재로 사용하기에 가장 부적합한 것은?
① 규산칼슘　② 펄라이트
③ 암면　　　④ 폴리스티렌

[해설] 폴리스티렌은 가공성은 우수하지만 70~90℃의 열에 변형이 되는 소재이다.

65. 증기난방 배관 시공법에 대한 설명으로 틀린 것은?
① 증기주관에서 지관을 분기하는 경우 관의 팽창을 고려하여 스위블 이음법으로 한다.
② 진공환수식 배관의 증기주관은 $\frac{1}{100}$~$\frac{1}{200}$ 선상향 구배로 한다.
③ 주형 방열기는 일반적으로 벽에서 50~60 mm 정도 떨어지게 설치한다.
④ 보일러 주변의 배관 방법에서는 증기관과 환수관 사이에 밸런스관을 달고, 하트포드(hartford) 접속법을 사용한다.

[해설] 진공환수식 배관의 증기주관은 증기의 흐름 방향으로 $\frac{1}{200}$~$\frac{1}{300}$ 정도 앞내림 기울기로 한다.

66. 간접 가열식 급탕법에 관한 설명으로 틀린 것은?
① 대규모 급탕설비에 부적당하다.
② 순환증기는 높이에 관계없이 저압으로 사용 가능하다.
③ 저탕탱크와 가열용 코일이 설치되어 있다.
④ 난방용 증기보일러가 있는 곳에 설치하면 설비비를 절약하고 관리가 편하다.

[해설] 간접 가열식 급탕법
(1) 보일러 내의 고온수나 증기를 저탕조의 가열코일을 통과시켜 물을 간접적으로 가열하여 공급하는 방식이다.
(2) 난방용 보일러로 급탕까지 가능하다.
(3) 보일러 내면에 스케일이 거의 끼지 않는다.
(4) 저압용 보일러가 필요하다.
(5) 가열코일이 필요하다.
(6) 대규모 설비에 적합하다.

67. 급탕배관의 단락현상(short circuit)을 방지할 수 있는 배관 방식은?
① 리버스 리턴 배관 방식
② 다이렉트 리턴 배관 방식
③ 단관식 배관 방식
④ 상향식 배관 방식

[해설] 급탕배관의 단락현상은 물의 흐름이 차단되는 현상으로 각 실의 유량 공급이 동일

[정답] 63. ③　64. ④　65. ②　66. ①　67. ①

하고 원활하게 흐르게 하기 위하여 리버스 리턴 배관 방식을 채택해야 한다. 리버스 리턴 방식이란 각 지관에서 온수의 순환을 균일하게 하기 위해(마찰저항을 균일하게 하여) 열원에서 각 지관의 공급개소까지 온수공급관과 반송관의 배관길이를 동일하게 하는 방식이다.

68. 도시가스배관 설비기준에서 배관을 시 가지의 도로 노면 밑에 매설하는 경우에는 노면으로부터 배관의 외면까지 얼마 이상을 유지해야 하는가? (단, 방호구조물 안에 설치하는 경우는 제외한다.)

① 0.8 m ② 1 m
③ 1.5 m ④ 2 m

[해설] 도시가스배관 설비기준에서 배관을 시 가지의 도로 노면 밑에 매설하는 경우에는 노면으로부터 배관의 외면까지 1.5 m 이상을 유지해야 한다.

69. 관의 두께별 분류에서 가장 두꺼워 고압 배관으로 사용할 수 있는 동관의 종류는 어느 것인가?

① K형 동관 ② S형 동관
③ L형 동관 ④ N형 동관

[해설] 동관의 두께 표시
- K형 : 가장 두껍다. 주로 고압 배관에 사용한다.
- L형 : 두껍다. 의료배관 또는 일반 배관용으로 사용한다.
- M형 : 보통 두께로 일반 배관용으로 사용한다.
- N형 : 가장 얇다. KS 규격에는 없으며 주로 배수용으로 제작한다.

70. 다음 중 동관 이음 방법에 해당하지 않는 것은?

① 타이톤 이음 ② 납땜 이음
③ 압축 이음 ④ 플랜지 이음

[해설] 타이톤 접합 : 관과 소켓관 사이에 고무링을 끼우고 서로 밀착시키는 방법으로 상수도용으로 주로 사용되는 덕타일 주철관의 이음부 접합 방법이다.

71. 벤더에 의한 관 굽힘 시 주름이 생겼다. 주된 원인은?

① 재료에 결함이 있다.
② 굽힘형의 홈이 관지름보다 작다.
③ 클램프 또는 관에 기름이 묻어 있다.
④ 압력형이 조정이 세고 저항이 크다.

[해설] 벤더에 의한 관 굽힘 시 주름은 굽힘형의 홈이 관지름보다 작거나 불규칙한 힘으로 너무 빠르게 회전할 경우 주로 생긴다.

72. 공조배관 설계 시 유속을 빠르게 했을 경우의 현상으로 틀린 것은?

① 관경이 작아진다.
② 운전비가 감소한다.
③ 소음이 발생된다.
④ 마찰손실이 증대한다.

[해설] 공조배관 설계 시 수속은 1 m/s, 공기의 풍속은 2~3 m/s 정도가 적당하며 수속이 빠를 경우 마찰손실로 관의 부식이 증가하게 된다.

73. 증기난방 설비의 특징에 대한 설명으로 틀린 것은?

① 증발열을 이용하므로 열의 운반능력이 크다.
② 예열시간이 온수난방에 비해 짧고 증기순환이 빠르다.
③ 방열면적을 온수난방보다 적게 할 수 있다.
④ 실내 상하 온도차가 작다.

[해설] 증기난방의 단점은 상하 온도차가 커지는 것이다.

정답 68. ③ 69. ① 70. ① 71. ② 72. ② 73. ④

74. 냉매 배관 시공 시 주의사항으로 틀린 것은?
① 배관 길이는 되도록 짧게 한다.
② 온도 변화에 의한 신축을 고려한다.
③ 곡률 반지름은 가능한 작게 한다.
④ 수평 배관은 냉매 흐름 방향으로 하향 구배 한다.
[해설] 곡률 반지름은 가급적 크게 하여 마찰 손실을 최소화해야 한다.

75. 다음 중 "접속해 있을 때"를 나타내는 관의 도시 기호는?

[해설] 관의 접속은 ②, 관의 교차는 ④로 표시한다.

76. 고가수조식 급수 방식의 장점이 아닌 것은?
① 급수압력이 일정하다.
② 단수 시에도 일정량의 급수가 가능하다.
③ 급수 공급계통에서 물의 오염 가능성이 없다.
④ 대규모 급수에 적합하다.
[해설] 고가수조식은 옥상수조식이라고도 하며 수조가 대기 중에 노출될 가능성이 많아 오염의 우려가 수도 직결식에 비해 매우 높다.

77. 증발량 5000 kg/h인 보일러의 증기 엔탈피가 640 kcal/kg이고, 급수 엔탈피가 15 kcal/kg일 때, 보일러의 상당 증발량(kg/h)은?
① 278
② 4800
③ 5797
④ 3125000

[해설] 상당 증발량(G_e)
$$= \frac{5000\,\text{kg/h} \times (640\,\text{kcal/kg} - 15\,\text{kcal/kg})}{539\,\text{kcal/kg}}$$
$$= 5797\,\text{kg/h}$$

78. 냉동장치의 배관 설치에 관한 내용으로 틀린 것은?
① 토출가스의 합류 부분 배관은 T 이음으로 한다.
② 압축기와 응축기의 수평배관은 하향 구배로 한다.
③ 토출가스 배관에는 역류 방지 밸브를 설치한다.
④ 토출관의 입상이 10 m 이상일 경우 10 m마다 중간 트랩을 설치한다.
[해설] 토출가스의 합류 부분 배관은 압력손실을 최소화하기 위해 Y이음으로 한다.

79. 증기 및 물 배관 등에서 찌꺼기를 제거하기 위하여 설치하는 부속품은?
① 유니언
② P 트랩
③ 부싱
④ 스트레이너
[해설] 스트레이너는 여과기이며 주로 Y형 여과기를 사용한다.

80. 가스 배관 재료 중 내약품성 및 전기 절연성이 우수하며 사용 온도가 80℃ 이하인 관은?
① 주철관
② 강관
③ 동관
④ 폴리에틸렌관
[해설] 폴리에틸렌관은 PE관이라 하며 사용온도 범위는 -18~80℃ 정도이다. 햇빛에 노화의 우려가 있고 80℃ 이상이 되면 연화의 위험이 있다.

정답 74. ③ 75. ② 76. ③ 77. ③ 78. ① 79. ④ 80. ④

CBT 실전문제 (9)

제1과목 에너지관리

1. 난방부하 계산 시 일반적으로 무시할 수 있는 부하의 종류가 아닌 것은?
① 틈새바람 부하
② 조명기구 발열 부하
③ 재실자 발생 부하
④ 일사 부하

[해설] 조명기구, 재실자, 일사 부하 등은 난방에 도움이 되므로 부하계산에서 제외된다.

2. 습공기의 상태변화를 나타내는 방법 중 하나인 열수분비의 정의로 옳은 것은?
① 절대습도 변화량에 대한 잠열량 변화량의 비율
② 절대습도 변화량에 대한 전열량 변화량의 비율
③ 상대습도 변화량에 대한 현열량 변화량의 비율
④ 상대습도 변화량에 대한 잠열량 변화량의 비율

[해설] 열수분비 = $\dfrac{\text{엔탈피 변화량}}{\text{절대습도 변화량}}$

3. 온수관의 온도가 80℃, 환수관의 온도가 60℃인 자연순환식 온수난방장치에서의 자연순환수두(mmAq)는? (단, 보일러에서 방열기까지의 높이는 5 m, 60℃에서의 온수 밀도는 983.24 kg/m³, 80℃에서의 온수 밀도는 971.84 kg/m³이다.)
① 55   ② 56
③ 57   ④ 58

[해설] $P = \gamma h = \rho g h$
$= (983.24 - 971.84) \times 9.8 \times 5 = 558.6 \text{ N/m}^2$
$\dfrac{558.6 \times 10^{-4}}{9.8} \times \dfrac{10.332 \times 10^3}{1.0332} = 57 \text{ mmAq}$

4. 온수난방 배관 방식에서 단관식과 비교한 복관식에 대한 설명으로 틀린 것은?
① 설비비가 많이 든다.
② 온도 변화가 많다.
③ 온수 순환이 좋다.
④ 안정성이 높다.

[해설] 복관식은 온도 변화가 적으며 순환이 양호하나 시설비가 많이 든다.

5. 극간풍이 비교적 많고 재실 인원이 적은 실의 중앙 공조 방식으로 가장 경제적인 방식은?
① 변풍량 2중 덕트 방식
② 팬코일 유닛 방식
③ 정풍량 2중 덕트 방식
④ 정풍량 단일 덕트 방식

[해설] 팬코일 유닛 방식
(1) 각 유닛마다 조절할 수 있어 개별 제어가 가능하므로 재실 인원이 적은 곳에 유용하다.
(2) 장래의 부하 증가에 대하여 팬코일 유닛의 증설만으로 용이하게 계획될 수 있다.

6. 다음 중 덕트 설계 시 주의사항으로 틀린 것은?
① 장방형 덕트 단면의 종횡비는 가능한 6:1 이상으로 해야 한다.
② 덕트의 풍속은 15 m/s 이하, 정압은

[정답] 1. ①   2. ②   3. ③   4. ②   5. ②   6. ①

50 mmAq 이하의 저속 덕트를 이용하여 소음을 줄인다.
③ 덕트의 분기점에는 댐퍼를 설치하여 압력 평행을 유지시킨다.
④ 재료는 아연도금강판, 알루미늄판 등을 이용하여 마찰저항 손실을 줄인다.

[해설] 장방형 덕트 단면의 종횡비는 3 : 2가 가장 좋으며 8 : 1 이상이면 사용을 금지해야 한다.

7. 공장에 12 kW의 전동기로 구동되는 기계장치 25대를 설치하려고 한다. 전동기는 실내에 설치하고 기계장치는 실외에 설치한다면 실내로 취득되는 열량(kW)은? (단, 전동기의 부하율은 0.78, 가동률은 0.9, 전동기 효율은 0.87이다.)
① 242.1 ② 210.6
③ 44.8   ④ 31.5

[해설] $Q = \dfrac{12}{0.87} \times 25 \times 0.78 \times 0.9 = 242.1$ kW

8. 공기세정기에서 순환수 분무에 대한 설명으로 틀린 것은? (단, 출구 수온은 입구 공기의 습구온도와 같다.)
① 단열변화
② 증발냉각
③ 습구온도 일정
④ 상대습도 일정

[해설] 순환수를 분무하면 상대습도는 증가하게 된다.

9. 전압기준 국부저항계수 ζ_T와 정압기준 국부저항계수 ζ_S와의 관계를 바르게 나타낸 것은? (단, 덕트 상류 풍속은 v_1, 하류 풍속은 v_2이다.)

① $\zeta_T = \zeta_S - 1 + \left(\dfrac{v_2}{v_1}\right)^2$

② $\zeta_T = \zeta_S + 1 - \left(\dfrac{v_2}{v_1}\right)^2$

③ $\zeta_T = \zeta_S - 1 - \left(\dfrac{v_2}{v_1}\right)^2$

④ $\zeta_T = \zeta_S + 1 + \left(\dfrac{v_2}{v_1}\right)^2$

10. 다음 중 공기세정기에 대한 설명으로 틀린 것은?
① 세정기 단면의 종횡비를 크게 하면 성능이 떨어진다.
② 공기세정기의 수·공기비는 성능에 영향을 미친다.
③ 세정기 출구에는 분무된 물방울의 비산을 방지하기 위해 루버를 설치한다.
④ 스프레이 헤더의 수를 뱅크(bank)라 하고 1본을 1뱅크, 2본을 2뱅크라 한다.

[해설] 루버는 폭이 좁은 판을 비스듬히 일정 간격을 두고 수평으로 배열하여 차광을 하며, 비산을 방지하는 것은 일리미네이터이다.

11. 실내의 CO_2 농도 기준이 1000 ppm이고, 1인당 CO_2 발생량이 18 L/h인 경우, 실내 1인당 필요한 환기량(m^3/h)은? (단, 외기 CO_2 농도는 300 ppm이다.)
① 22.7 ② 23.7
③ 25.7 ④ 26.7

[해설] $Q = \dfrac{0.018}{0.001 - 0.0003} = 25.71$ m^3/h

12. 타원형 덕트(flat oval duct)와 같은 저항을 갖는 상당직경 D_e를 바르게 나타낸 것은? (단, A는 타원형 덕트 단면적, P는 타원형 덕트 둘레길이이다.)

① $D_e = \dfrac{1.55 P^{0.25}}{A^{0.625}}$

정답 7. ① 8. ④ 9. ② 10. ③ 11. ③ 12. ④

② $D_e = \dfrac{1.55 A^{0.25}}{P^{0.625}}$

③ $D_e = \dfrac{1.55 P^{0.625}}{A^{0.25}}$

④ $D_e = \dfrac{1.55 A^{0.625}}{P^{0.25}}$

13. 압력 1 MPa, 건도 0.89인 습증기 100 kg을 일정 압력의 조건에서 엔탈피가 3052 kJ/kg인 300℃의 과열증기로 되는데 필요한 열량(kJ)은? (단, 1 MPa에서 포화액의 엔탈피는 759 kJ/kg, 증발잠열은 2018 kJ/kg이다.)

① 44208 ② 49698
③ 229311 ④ 103432

[해설] 습증기 엔탈피(i)
= 759 kJ/kg + 2018 kJ/kg × 0.89
= 2555.02 kJ/kg
열량(Q)
= (3052 kJ/kg − 2555.02 kJ/kg) × 100 kg
= 49698 kJ

14. EDR(Equivalent Direct Radiation)에 관한 설명으로 틀린 것은?

① 증기의 표준방열량은 650 kcal/m² · h 이다.
② 온수의 표준방열량은 450 kcal/m² · h 이다.
③ 상당방열면적을 의미한다.
④ 방열기의 표준방열량을 전방열량으로 나눈 값이다.

[해설] 상당방열면적은 방열기의 전방열량을 표준방열량으로 나눈 값이다.

15. 증기난방 방식에 대한 설명으로 틀린 것은?

① 환수 방식에 따라 중력환수식과 진공환수식, 기계환수식으로 구분한다.
② 배관 방법에 따라 단관식과 복관식이 있다.
③ 예열시간이 길지만 열량 조절이 용이하다.
④ 운전 시 증기 해머로 인한 소음을 일으키기 쉽다.

[해설] 증기난방 방식의 경우 예열시간이 온수난방에 비해 짧다.

16. 어떤 냉각기의 1열(列) 코일의 바이패스 팩터가 0.65라면 4열(列)의 바이패스 팩터는 약 얼마가 되는가?

① 0.18 ② 1.82
③ 2.83 ④ 4.84

[해설] $BF_2 = (BF_1)^{\frac{N_2}{N_1}} = 0.65^4 = 0.1785 ≒ 0.18$

17. 다음 냉방부하 요소 중 잠열을 고려하지 않아도 되는 것은?

① 인체에서의 발생열
② 커피포트에서의 발생열
③ 유리를 통과하는 복사열
④ 틈새바람에 의한 취득열

[해설] 잠열은 수분을 고려해야 하므로 유리를 통과하는 복사열은 현열만 해당된다.

18. 냉수 코일 설계 기준에 대한 설명으로 틀린 것은?

① 코일은 관이 수평으로 놓이게 설치한다.
② 관내 유속은 1 m/s 정도로 한다.
③ 공기 냉각용 코일의 열수는 일반적으로 4~8열이 주로 사용된다.
④ 냉수 입·출구 온도차는 10℃ 이상으로 한다.

[해설] 냉수 입·출구 온도차는 5℃ 정도 유지한다.

정답 13. ② 14. ④ 15. ③ 16. ① 17. ③ 18. ④

19. 용어에 대한 설명으로 틀린 것은?

① 자유면적 : 취출구 혹은 흡입구 구멍 면적의 합계
② 도달거리 : 기류의 중심속도가 0.25 m/s에 이르렀을 때, 취출구에서의 수평거리
③ 유인비 : 전공기량에 대한 취출공기량(1차 공기)의 비
④ 강하도 : 수평으로 취출된 기류가 일정거리만큼 진행한 뒤 기류중심선과 취출구 중심과의 수직거리

[해설] 유인비 = $\dfrac{1차\ 공기량 + 2차\ 공기량}{1차\ 공기량}$

여기서, 1차 공기량은 취출구로부터 취출된 공기량, 2차 공기량은 취출공기로부터 유인되어 운동하는 실내 공기량이다.

20. 덕트의 마찰저항을 증가시키는 요인 중 값이 커지면 마찰저항이 감소되는 것은?

① 덕트 재료의 마찰저항 계수
② 덕트 길이
③ 덕트 지름
④ 풍속

[해설] 덕트 길이가 짧을수록, 관경이 클수록 마찰저항은 감소한다.

제2과목 공조냉동설계

21. 냉각탑의 성능이 좋아지기 위한 조건으로 적절한 것은?

① 쿨링레인지가 작을수록, 쿨링어프로치가 작을수록
② 쿨링레인지가 작을수록, 쿨링어프로치가 클수록
③ 쿨링레인지가 클수록, 쿨링어프로치가 작을수록
④ 쿨링레인지가 클수록, 쿨링어프로치가 클수록

[해설] • 쿨링레인지 = 냉각탑 입구수온 - 냉각탑 출구수온
• 쿨링어프로치 = 냉각탑 출구수온 - 외기 습구온도
※ 쿨링레인지가 클수록, 쿨링어프로치가 작을수록 냉각탑 성능은 우수해진다.

22. 다음 중 절연내력이 크고 절연물질을 침식시키지 않기 때문에 밀폐형 압축기에 사용하기에 적합한 냉매는?

① 프레온계 냉매 ② H_2O
③ 공기 ④ NH_3

[해설] 암모니아는 절연물질을 침식시키므로 개방형 압축기를 사용하여 프레온은 절연물질을 침식시키지 않으므로 밀폐형 압축기에 사용한다.

23. 어떤 냉동기의 증발기 내 압력이 245 kPa이며, 이 압력에서의 포화온도, 포화액 엔탈피 및 건포화증기 엔탈피, 정압비열은 조건과 같다. 증발기 입구측 냉매의 엔탈피가 455 kJ/kg이고, 증발기 출구측 냉매온도가 -10℃의 과열증기일 경우 증발기에서 냉매가 취득한 열량(kJ/kg)은 얼마인가?

〈조 건〉
• 포화온도 : -20℃
• 포화액 엔탈피 : 396 kJ/kg
• 건포화증기 엔탈피 : 615.6 kJ/kg
• 정압비열 : 0.67 kJ/kg·K

① 167.3 ② 152.3
③ 148.3 ④ 112.3

[해설] 증발기 출구 엔탈피
= 615.6 kJ/kg + 0.67 kJ/kg·K × {(-10) - (-20)} K = 622.3 kJ/kg

냉동효과 = 622.3 kJ/kg − 455 kJ/kg
= 167.3 kJ/kg

24. 냉동능력이 1 RT인 냉동장치가 1 kW의 압축동력을 필요로 할 때, 응축기에서의 방열량(kW)은?
① 2　　② 3.3
③ 4.8　　④ 6

[해설] 1 RT = 3320 kcal/h
응축기 방열량 = $\frac{3320}{860} + 1 = 4.86$ kW

25. 냉동 사이클에서 응축온도 상승에 따른 시스템의 영향으로 가장 거리가 먼 것은? (단, 증발온도는 일정하다.)
① COP 감소
② 압축비 증가
③ 압축기 토출가스 온도 상승
④ 압축기 흡입가스 압력 상승

[해설] 증발온도가 일정하므로 흡입가스 압력 또한 일정하다.

26. 어떤 냉장고의 방열벽 면적이 500 m², 열통과율이 0.311 W/m²·℃일 때, 이 벽을 통하여 냉장고 내로 침입하는 열량(kW)은? (단, 이때의 외기온도는 32℃이며, 냉장고 내부온도는 −15℃이다.)
① 12.6　　② 10.4
③ 9.1　　④ 7.3

[해설] $Q = KF\Delta T = 0.311 \times 500 \times \{32-(-15)\}$
= 7308.5 W = 7.3 kW

27. 2차 유체로 사용되는 브라인의 구비 조건으로 틀린 것은?
① 비등점이 높고, 응고점이 낮을 것
② 점도가 낮을 것
③ 부식성이 없을 것
④ 열전달률이 작을 것

[해설] 브라인은 열용량이 크고 비열이 커야 하며 열전달률이 좋아야 한다.

28. 다음 중 냉매 배관 내에 플래시 가스(flash gas)가 발생했을 때 나타나는 현상으로 틀린 것은?
① 팽창밸브의 능력 부족 현상 발생
② 냉매 부족과 같은 현상 발생
③ 액관 중의 기포 발생
④ 팽창밸브에서의 냉매순환량 증가

[해설] 플래시 가스가 발생하면 체적 팽창으로 냉매순환량은 감소하게 된다.

29. 단면이 1 m²인 단열재를 통하여 0.3 kW의 열이 흐르고 있다. 이 단열재의 두께는 2.5 cm이고 열전도계수가 0.2 W/m·℃일 때 양면 사이의 온도차(℃)는?
① 54.5　　② 42.5
③ 37.5　　④ 32.5

[해설] $\Delta T = \frac{Q\Delta X}{KF} = \frac{300 \times 0.025}{0.2 \times 1} = 37.5$ ℃

30. 여러 대의 증발기를 사용할 경우 증발관 내의 압력이 가장 높은 증발기의 출구에 설치하여 압력을 일정 값 이하로 억제하는 장치를 무엇이라고 하는가?
① 전자밸브
② 압력개폐기
③ 증발압력조정밸브
④ 온도조절밸브

[해설] 압축기를 한 대 사용하고 증발온도가 다른 여러 대의 증발기를 사용할 경우 온도가 높은 쪽에는 증발압력조정밸브를 사용하며 증발온도가 가장 낮은 쪽에는 역지밸브를 사용한다.

정답　24. ③　25. ④　26. ④　27. ④　28. ④　29. ③　30. ③

31. 다음 그림은 2단 압축 암모니아 사이클을 나타낸 것이다. 냉동능력이 2 RT인 경우 저단압축기의 냉매순환량(kg/h)은? (단, 1 RT는 3.8 kW이다.)

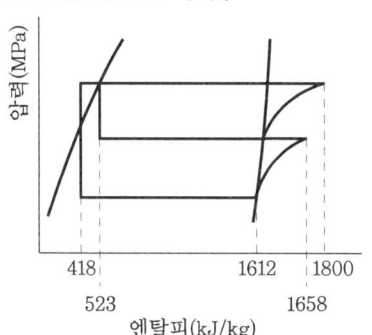

① 10.1   ② 22.9
③ 32.5   ④ 43.2

[해설] $G_L = \dfrac{Q_e}{q_e} = \dfrac{2 \times 3.8 \times 3600}{1612 - 418}$
= 22.914 kg/h

32. 다음 팽창밸브 중 인버터 구동 가변용량형 공기조화장치나 증발온도가 낮은 냉동장치에서 팽창밸브의 냉매유량 조절 특성 향상과 유량 제어 범위 확대 등을 목적으로 사용하는 것은?

① 전자식 팽창밸브
② 모세관
③ 플로트 팽창밸브
④ 정압식 팽창밸브

[해설] 인버터 구동의 경우 전자식 팽창밸브를 사용한다.

33. 식품의 평균 초온이 0℃일 때 이것을 동결하여 온도중심점을 -15℃까지 내리는 데 걸리는 시간을 나타내는 것은?

① 유효동결시간   ② 유효냉각시간
③ 공칭동결시간   ④ 시간상수

[해설] (1) 공칭동결속도 : 주어진 식품의 온도 중심점을 통과하는 절단면의 두께의 1/2을 공칭동결시간으로 나눈 값
(2) 유효냉각시간(t_e) : 시간(h)으로 나타내고, 식품의 크기와 평균 초온 A[℃]가 주어졌을 때 이것을 냉각하여 온도 중심점을 E[℃]로 할 때까지 소요되는 시간이다. $A = 37℃$, $E = 3℃$일 때는 $t_e(37℃, 3℃)$ = …시간(h)으로 나타낸다.
(3) 유효동결속도(effective freezing speed) : 크기가 주어진 식품의 유효동결속도(V)는 온도 중심점을 통과하는 면에서 양분하고, 그 두께 l[cm]를 유효동결시간(t_e)으로 나눈 것이다. 즉, $V = \dfrac{l}{l_e}$로 되고 V의 단위는 cm/h가 된다.
(4) 온도 중심점 : 식품을 동결할 때 식품 온도의 강하가 가장 늦어지는 점

34. 냉동장치를 운전할 때 다음 중 가장 먼저 실시하여야 하는 것은?

① 응축기 냉각수 펌프를 기동한다.
② 증발기 팬을 기동한다.
③ 압축기를 기동한다.
④ 압축기의 유압을 조정한다.

[해설] 냉동기 정지 시 가장 나중에 하는 작업이 응축기 냉각수 드레인이며 기동 시에는 냉각수 펌프를 기동하여 응축기에 냉각수를 충분히 공급해야 한다.

35. 다음 중 냉매를 사용하지 않는 냉동장치는?

① 열전 냉동장치
② 흡수식 냉동장치
③ 교축팽착식 냉동장치
④ 증기압축식 냉동장치

[해설] 펠티어 효과를 이용한 열전 냉동장치는 전자냉동기라고 하며 반도체를 이용한 냉동기로 냉매를 사용하지 않는다.

[정답] 31. ②   32. ①   33. ③   34. ①   35. ①

36. 축 동력 10 kW, 냉매순환량 33 kg/min 인 냉동기에서 증발기 입구 엔탈피가 406 kJ/kg, 증발기 출구 엔탈피가 615 kJ/kg, 응축기 입구 엔탈피가 632 kJ/kg이다. ㉠ 실제 성능계수와 ㉡ 이론 성능계수는 각각 얼마인가?

① ㉠ 8.5, ㉡ 12.3
② ㉠ 8.5, ㉡ 9.5
③ ㉠ 11.5, ㉡ 9.5
④ ㉠ 11.5, ㉡ 12.3

[해설] ㉠ 실제 성적계수 $= \dfrac{(615-406) \times 33}{10 \times 60}$
$= 11.495$

㉡ 이론 성적계수 $= \dfrac{615-406}{632-615} = 12.29$

37. 암모니아용 압축기의 실린더에 있는 워터재킷의 주된 설치 목적은?

① 밸브 및 스프링의 수명을 연장하기 위해서
② 압축 효율의 상승을 도모하기 위해서
③ 암모니아는 토출온도가 낮기 때문에 이를 방지하기 위해서
④ 암모니아의 응고를 방지하기 위해서

38. 스크루 압축기의 특징에 대한 설명으로 틀린 것은?

① 소형 경량으로 설치면적이 작다.
② 밸브와 피스톤이 없어 장시간의 연속운전이 불가능하다.
③ 암수 회전자의 회전에 의해 체적을 줄여 가면서 압축한다.
④ 왕복동식과 달리 흡입밸브와 토출밸브를 사용하지 않는다.

[해설] 스크루 압축기는 나사 압축기로서 소형 경량으로 설치면적이 작고, 흡입밸브와 토출밸브가 없으며 15000 rpm으로 연속운전이 가능하나 소음이 심한 것이 단점이다.

39. 고온부의 절대온도를 T_1, 저온부의 절대온도를 T_2, 고온부로 방출하는 열량을 Q_1, 저온부로부터 흡수하는 열량을 Q_2라고 할 때, 이 냉동기의 이론 성적계수(COP)를 구하는 식은?

① $\dfrac{Q_1}{Q_1 - Q_2}$
② $\dfrac{Q_2}{Q_1 - Q_2}$
③ $\dfrac{T_1}{T_1 - T_2}$
④ $\dfrac{T_1 - T_2}{T_1}$

[해설] 이론 성적계수(COP) $= \dfrac{냉동효과}{압축열량}$
$= \dfrac{Q_2}{Q_1 - Q_2} = \dfrac{T_2}{T_1 - T_2}$

40. 2단 압축 냉동장치 내 중간냉각기 설치에 대한 설명으로 옳은 것은?

① 냉동효과를 증대시킬 수 있다.
② 증발기에 공급되는 냉매액을 과열시킨다.
③ 저압 압축기 흡입가스 중의 액을 분리시킨다.
④ 압축비가 증가되어 압축 효율이 저하된다.

[해설] 중간냉각기 역할
(1) 부스터에서 토출된 중온, 중압 과열증기의 과열도를 제거하여 고단압축기 소요동력을 감소시킨다.
(2) 고온 고압의 냉매액에 과냉각도를 주어 팽창변 통과 시 플래시가스 발생을 감소시켜 냉동능력을 증대시킨다.
(3) 고단 압축기로 냉매액 흡입을 방지한다.

제3과목   **시운전 및 안전관리**

41. 정격주파수 60 Hz의 농형 유도전동기를 50 Hz의 정격전압에서 사용할 때, 감

[정답] 36. ④ 37. ② 38. ② 39. ② 40. ① 41. ③

소하는 것은?
① 토크 ② 온도
③ 역률 ④ 여자전류

[해설] 주파수가 감소하면 회전수 감소, 속도 감소, 자속 증가, 역률 저하, 온도 상승, 최대 토크 증가, 기동전류 약간 증가가 일어난다.

42. 그림과 같은 피드백 회로의 종합 전달함수는?

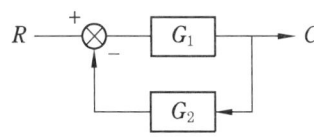

① $\dfrac{1}{G_1} + \dfrac{1}{G_2}$ ② $\dfrac{G_1}{1 - G_1 G_2}$

③ $\dfrac{G_1}{1 + G_1 G_2}$ ④ $\dfrac{G_1 G_2}{1 - G_1 G_2}$

[해설] $RG_1 - CG_1 G_2 = C$에서
$RG_1 = C + CG_1 G_2 = C(1 + G_1 G_2)$
∴ $\dfrac{C}{R} = \dfrac{G_1}{1 + G_1 G_2}$

43. 도체가 대전된 경우 도체의 성질과 전하 분포에 관한 설명으로 틀린 것은?
① 도체 내부의 전계는 ∞이다.
② 전하는 도체 표면에만 존재한다.
③ 도체는 등전위이고 표면은 등전위면이다.
④ 도체 표면상의 전계는 면에 대하여 수직이다.

44. 어떤 교류 전압의 실횻값이 100 V일 때 최댓값은 약 몇 V가 되는가?
① 100 ② 141
③ 173 ④ 200

[해설] $V_m = \sqrt{2}\, V = \sqrt{2} \times 100 = 141$ V

45. PLC(Programmable Logic Controller)에서 CPU부의 구성과 거리가 먼 것은?
① 연산부
② 전원부
③ 데이터 메모리부
④ 프로그램 메모리부

[해설] PLC의 기본 기술은 전력선에 흐르는 50 Hz 또는 60 Hz의 저주파 전력선 신호에 디지털 정보를 변조하여 전송하는 통신 방식이다.
(1) PLC 시스템 구성
  ㉠ PLC modem : PC, TV 등 가전기기의 전기신호를 통신신호로 변/복조하는 장치
  ㉡ PLC coupler : 옥내의 분전반 전력량계를 바이패스(by pass)하여 통신신호를 배분하는 장비
  ㉢ PLC router : 인터넷 백본망과 연결하기 위한 장비
(2) PLC(프로그램형 제어기)의 구성
  ㉠ CPU
  ㉡ 메모리(memory)
  ㉢ 입, 출력부(I/O unit)
  ㉣ 전원부
  ㉤ 주변기기
(3) CPU 구성요소
  ㉠ 제어장치
  ㉡ 연산장치
  ㉢ 주기억장치
(4) CPU 주변장치
  ㉠ 입력장치
  ㉡ 출력장치
  ㉢ 보조기억장치

46. 제어대상의 상태를 자동적으로 제어하며, 목표값이 제어 공정과 기타의 제한 조건에 순응하면서 가능한 가장 짧은 시간에 요구되는 최종상태까지 가도록 설계하는 제어는?
① 디지털 제어

[정답] 42. ③ 43. ① 44. ② 45. ② 46. ③

② 적응 제어
③ 최적 제어
④ 정치 제어

[해설] ① 디지털 제어 시스템(digital control system)은 신호가 펄스 신호(pulse signal)이거나 디지털 코드(digital code)라는 점에서 연속 시스템과는 차이가 있다. 이산값 제어 시스템(discrete-data control system) 또는 샘플값 제어 시스템(sampled-data control system)을 디지털 시스템 대신 사용하기도 한다.
② 적응 제어는 제어가 처해진 환경이 변화하여 제어계의 특성이 변화하는 경우, 이들 변화에 대응하여 제어 장치의 특성이 어떠한 요소 조건을 충족하도록 적응시키는 제어를 말한다.
④ 정치 제어는 목표치가 일정한 제어를 말한다. 예를 들면 온도를 일정하게 한다든가 속도를 일정하게 한다든가 하는 경우이다. 프로세스 제어나 자동조정에서는 이 방식이 특히 많다.

47. 90 Ω의 저항 3개가 Δ결선으로 되어 있을 때, 상당(단상) 해석을 위한 등가 Y 결선에 대한 각 상의 저항 크기는 몇 Ω 인가?

① 10
② 30
③ 90
④ 120

[해설] Δ결선으로 되어 있을 때, 상당(단상) 해석을 위한 등가 Y결선에 대한 각 상의 저항 크기는 $\frac{1}{3}$이 되므로 $\frac{90}{3} = 30\,\Omega$이다.

48. 다음과 같은 회로에 전압계 3대와 저항 10 Ω을 설치하여 $V_1 = 80$ V, $V_2 = 20$ V, $V_3 = 100$ V의 실효치 전압을 계측하였다. 이때 순저항 부하에서 소모하는 유효전력은 몇 W인가?

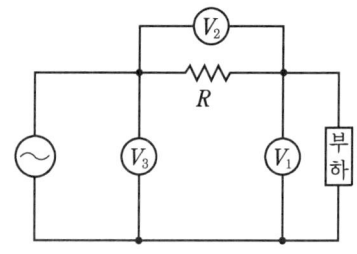

① 160
② 320
③ 460
④ 640

[해설] 3전압계법으로 3개의 전압계와 하나의 저항을 써서 단상 교류 전력을 측정하는 방법이다.

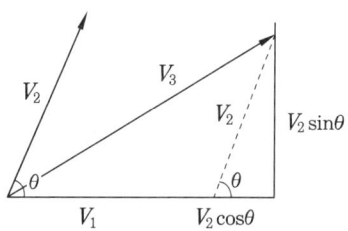

$P = V_1 \times I \times \cos\theta = V_1 \times \frac{V_2}{R} \times \cos\theta$

$= V_1 \times \frac{V_2}{R} \times \frac{V_3^2 - V_1^2 - V_2^2}{2V_1V_2}$

$= \frac{1}{2R}(V_3^2 - V_1^2 - V_2^2)$

$= \frac{1}{2 \times 10}(100^2 - 80^2 - 20^2) = 160\,\text{W}$

49. $G(j\omega) = e^{-j\omega 0.4}$일 때 $\omega = 2.5$에서의 위상각은 약 몇 도인가?

① -28.6
② -42.9
③ -57.3
④ -71.5

[해설] $G(j\omega) = e^{-j\omega 0.4}$
$= \cos\omega 0.4 - j\sin\omega 0.4$
$\theta = \angle G(j\omega) = -\tan^{-1}\frac{\sin\omega 0.4}{\cos\omega 0.4} = -\omega 0.4$
$= -2.5 \times 0.4 = -1\,\text{rad} = -1 \times \frac{180°}{\pi}$
$= -57.3°$

정답 47. ② 48. ① 49. ③

50. 여러 가지 전해액을 이용한 전기분해에서 동일량의 전기로 석출되는 물질의 양은 각각의 화학당량에 비례한다고 하는 법칙은?

① 줄의 법칙
② 렌츠의 법칙
③ 쿨롱의 법칙
④ 패러데이의 법칙

[해설] ① 줄의 법칙 : $H = 0.24I^2Rt$[cal]
② 렌츠의 법칙 : 코일은 이것을 관통하는 자속이 변화하게 되면 그의 자속의 변화를 방해하려는 방향으로 자속을 발생시키는 유도기전력이 생긴다. 자속의 증가를 방해하는 방향으로 자속이 생기도록 기전력이 유도된다.
③ 쿨롱의 법칙 : $F = k\dfrac{q_1 q_2}{r^2}$

51. 과도 응답의 소멸되는 정도를 나타내는 감쇠비(decay ratio)로 옳은 것은?

① $\dfrac{제2오버슈트}{최대오버슈트}$
② $\dfrac{제4오버슈트}{최대오버슈트}$
③ $\dfrac{최대오버슈트}{제2오버슈트}$
④ $\dfrac{최대오버슈트}{제4오버슈트}$

[해설] 감쇠비는 과도 응답의 소멸되는 정도를 나타내는 양으로서 제2오버슈트와 최대오버슈트와의 비로 정의한다.

감쇠비 $= \dfrac{제2오버슈트}{최대오버슈트}$

52. 유도전동기에서 슬립이 '0'이란 의미와 같은 것은?

① 유도제동기의 역할을 한다.
② 유도전동기가 정지상태이다.
③ 유도전동기가 전부하 운전상태이다.
④ 유도전동기가 동기속도로 회전한다.

[해설] 전동기의 회전속도는 동기의 속도보다 약간 늦다. 그 늦는 비율을 슬립(slip)이라고 한다.
$N = N_s(1 - S)$
$S = \dfrac{N_s - N}{N_s}$
여기서, N_s : 동기속도
  N : 전동기의 실제 속도
  S : 슬립

53. 제어장치가 제어대상에 가하는 제어신호로 제어장치의 출력인 동시에 제어대상의 입력인 신호는?

① 조작량   ② 제어량
③ 목표값   ④ 동작신호

[해설] ② 제어량 : 제어를 받는 제어계의 출력량으로서 제어대상에 속하는 양이다.
③ 목표값 : 제어에서 원하는 값
④ 동작신호 : 기준입력과 주귀환 신호와의 차로서 제어동작을 일으키는 신호이며, 편차라고도 한다(목표값과 제어량의 차).

54. 200 V, 1 kW 전열기에서 전열선의 길이를 $\dfrac{1}{2}$로 할 경우, 소비전력은 몇 kW인가?

① 1   ② 2
③ 3   ④ 4

[해설] $R = \dfrac{V^2}{P} = \dfrac{200^2}{1000} = 40\ \Omega$

길이가 $\dfrac{1}{2}$이므로 저항은 20 Ω이 된다.

$P = \dfrac{V^2}{R} = \dfrac{200^2}{20} = 2000\ \text{W} = 2\ \text{kW}$

55. 제어계의 분류에서 엘리베이터에 적용되는 제어 방법은?

[정답] 50. ④ 51. ① 52. ④ 53. ① 54. ② 55. ④

① 정치 제어   ② 추종 제어
③ 비율 제어   ④ 프로그램 제어

[해설] 프로그램 제어는 목표치가 처음에 정해진 변화를 하는 경우를 말한다.

56. 다음 설명은 어떤 자성체를 표현한 것인가?

> N극을 가까이 하면 N극으로, S극을 가까이 하면 S극으로 자화되는 물질로 구리, 금, 은 등이 있다.

① 강자성체
② 상자성체
③ 반자성체
④ 초강자성체

[해설] 반자성체는 반자성을 나타내는 물질로서 외부 자계에 의해서 자계와 반대 방향으로 자화되는 물질을 말한다.

57. 단위 피드백 제어계통에서 입력과 출력이 같다면 전향전달함수 $G(s)$의 값은?

① 0   ② 0.707
③ 1   ④ ∞

[해설] 단위 피드백 제어계통의 블록 선도

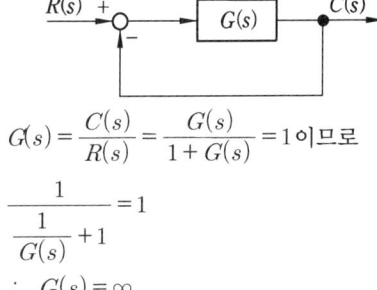

$G(s) = \dfrac{C(s)}{R(s)} = \dfrac{G(s)}{1+G(s)} = 1$ 이므로

$\dfrac{1}{\dfrac{1}{G(s)}+1} = 1$

∴ $G(s) = \infty$

58. 제어계의 과도 응답 특성을 해석하기 위해 사용하는 단위 계단 입력은?

① $\delta(t)$ ② $u(t)$
③ $-3tu(t)$ ④ $\sin(120\pi t)$

[해설] (1) 임펄스 함수 : $\delta(t)$
(2) 단위 계단함수 : $r(t) = u(t)$
  ㉠ 1, $t > 0$
  ㉡ 0, $t < 0$
(3) 램프함수 : $r(t) = tu(t)$
  ㉠ t, $t > 0$
  ㉡ 0, $t < 0$

59. 추종 제어에 속하지 않는 제어량은?

① 위치   ② 방위
③ 자세   ④ 유량

[해설] (1) 프로세스 제어 : 온도, 유량, 압력, 농도, pH, 효율 등의 공업 프로세스의 상태량을 제어량으로 하는 제어이다.
(2) 서보 기구 제어 : 물체의 위치, 방위, 자세 등의 기계적 변위를 제어량으로 해서 목표치의 임의의 변화에 추종하도록 구성된 제어계를 말한다.

60. PI 동작의 전달함수는? (단, K_P는 비례감도이고, T_I는 적분시간이다.)

① K_P
② $K_P s T_I$
③ $K_P(1 + sT_I)$
④ $K_P\left(1 + \dfrac{1}{sT_I}\right)$

[해설]
• 비례동작(P) : 잔류편차가 있다.
$$G(s) = \dfrac{Y(s)}{X(s)} = K(\text{이득상수})$$
• 미분요소(D)
$$G(s) = Ks$$
• 적분요소(I) : 편차 제거 시 작용
$$G(s) = \dfrac{K}{s}$$
• 비례 적분(PI) : 계단변화에 대하여 잔류편차가 없으며 간헐 현상이 있다.
• 비례 미분 적분(PID) : 뒤진 앞선 회로와 특성이 같으며 정상편차, 응답, 속응성이 최적이다.

정답 56. ③ 57. ④ 58. ② 59. ④ 60. ④

제4과목 유지보수공사관리

61. 냉동장치의 배관공사가 완료된 후 방열공사의 시공 및 냉매를 충전하기 전에 전 계통에 걸쳐 실시하며, 진공 시험으로 최종적인 기밀 유무를 확인하기 전에 하는 시험은?

① 내압 시험 ② 기밀 시험
③ 누설 시험 ④ 수압 시험

해설 배관공사 후 누설 시험을 하고 진공 시험을 한다.

62. 가스 미터를 구조상 직접식(실측식)과 간접식(추정식)으로 분류한다. 다음 중 직접식 가스 미터는?

① 습식 ② 터빈식
③ 벤투리식 ④ 오리피스식

해설 가스 미터 구조상 분류
 (1) 직접식(실측식) : 건식[막식형(독립내기식, 클로버식), 회전식(루츠형, 오벌식, 로터리피스톤식)], 습식
 (2) 간접식(추량식) : 델타식, 터빈식, 오리피스식, 벤투리식

63. 전기가 정전되어도 계속하여 급수를 할 수 있으며 급수 오염 가능성이 적은 급수 방식은?

① 압력탱크 방식 ② 수도직결 방식
③ 부스터 방식 ④ 고가탱크 방식

해설 수도직결식은 정전과는 관계없이 자체압력으로 공급이 가능하며 외부로 노출이 되지 않아 오염의 우려가 적은 편이다.

64. 다음 중 배관작업용 공구의 설명으로 틀린 것은?

① 파이프 리머(pipe reamer) : 관을 파이프 커터 등으로 절단한 후 관 단면의 안쪽에 생긴 거스러미(burr)를 제거
② 플레어링 툴(flaring tools) : 동관을 압축 이음하기 위하여 관 끝을 나팔 모양으로 가공
③ 파이프 바이스(pipe vice) : 관을 절단하거나 나사 이음을 할 때 관이 움직이지 않도록 고정
④ 사이징 툴(sizing tools) : 동일 지름의 관을 이음쇠 없이 납땜 이음을 할 때 한쪽 관 끝을 소켓 모양으로 가공

해설 사이징 툴(sizing tools) : 동관의 끝부분을 원형으로 교정하기 위해 사용한다.

65. LP가스 공급, 소비 설비의 압력손실 요인으로 틀린 것은?

① 배관의 입하에 의한 압력손실
② 엘보, 티 등에 의한 압력손실
③ 배관의 직관부에서 일어나는 압력손실
④ 가스 미터, 콕, 밸브 등에 의한 압력손실

해설 LP가스는 공기보다 무거우므로 입하관의 경우 오히려 압력 보강이 되며 입상관에서 압력 저하가 일어난다.

66. 통기관의 설치 목적으로 가장 거리가 먼 것은?

① 배수의 흐름을 원활하게 하여 배수관의 부식을 방지한다.
② 봉수가 사이펀 작용으로 파괴되는 것을 방지한다.
③ 배수계통 내에 신선한 공기를 유입하기 위해 환기시킨다.
④ 배수계통 내의 배수 및 공기의 흐름을 원활하게 한다.

해설 통기관은 악취 및 벌레의 침입을 방지하기 위하여 설치한다.

정답 61. ③ 62. ① 63. ② 64. ④ 65. ① 66. ①

67. 다음 중 배관의 끝을 막을 때 사용하는 이음쇠는?
① 유니언 ② 니플
③ 플러그 ④ 소켓

[해설] 배관 끝을 막기 위하여 플랜지, 캡, 플러그 등을 이용한다.

68. 아래 저압가스 배관의 직경(D)을 구하는 식에서 S가 의미하는 것은? (단, L은 관의 길이를 의미한다.)

$$D^5 = \frac{Q^2 \cdot S \cdot L}{K^2 \cdot H}$$

① 관의 내경 ② 공급 압력 차
③ 가스 유량 ④ 가스 비중

[해설] Q: 유량, L: 관 길이, K: 유량계수, H: 압력손실, S: 가스 비중

69. 다음 장치 중 일반적으로 보온, 보랭이 필요한 것은?
① 공조기용의 냉각수 배관
② 방열기 주변 배관
③ 환기용 덕트
④ 급탕배관

[해설] 급탕배관은 보일러에서 열을 받아 방열기로 가는 관으로 보온, 보랭이 필요한 관이다.

70. 순동 이음쇠를 사용할 때에 비하여 동합금 주물 이음쇠를 사용할 때 고려할 사항으로 가장 거리가 먼 것은?
① 순동 이음쇠 사용에 비해 모세관 현상에 의한 용융 확산이 어렵다.
② 순동 이음쇠와 비교하여 용접재 부착력은 큰 차이가 없다.
③ 순동 이음쇠와 비교하여 냉벽 부분이 발생할 수 있다.
④ 순동 이음쇠 사용에 비해 열팽창의 불균일에 의한 부정적 틈새가 발생할 수 있다.

[해설] 순동 이음쇠의 경우 용접재의 부착력이 커서 은납을 사용한다. 동합금 주물의 경우 황동 용접을 사용하므로 용접재 부착력의 차이가 크다.

71. 보온 시공 시 외피의 마무리재로서 옥외 노출부에 사용되는 재료로 사용하기에 가장 적당한 것은?
① 면포 ② 비닐 테이프
③ 방수 마포 ④ 아연 철판

[해설] 아연은 부식에 강하므로 보호 아연 또는 방식 아연을 사용하면 옥외 노출부 방식에 좋다.

72. 급수 방식 중 급수량의 변화에 따라 펌프의 회전수를 제어하여 급수압을 일정하게 유지할 수 있는 회전수 제어 시스템을 이용한 방식은?
① 고가수조 방식
② 수도직결 방식
③ 압력수조 방식
④ 펌프직송 방식

[해설] 급수량의 변화에 따라 펌프의 회전수를 제어하는 것은 펌프직송 방식이다.

73. 보일러 등 압력용기와 그 밖에 고압 유체를 취급하는 배관에 설치하여 관 또는 용기 내의 압력이 규정 한도에 달하면 내부 에너지를 자동적으로 외부에 방출하여 항상 안전한 수준으로 압력을 유지하는 밸브는 어느 것인가?
① 감압밸브
② 온도조절밸브

정답 67. ③ 68. ④ 69. ④ 70. ② 71. ④ 72. ④ 73. ③

③ 안전밸브
④ 전자밸브

해설 내부 압력이 규정 이상이 되면 자동적으로 외부로 방출하는 밸브는 안전밸브이다.

74. 밀폐 배관계에서는 압력계획이 필요하다. 압력계획을 하는 이유로 틀린 것은?
① 운전 중 배관계 내에 대기압보다 낮은 개소가 있으면 접속부에서 공기를 흡입할 우려가 있기 때문에
② 운전 중 수온에 알맞은 최소압력 이상으로 유지하지 않으면 순환수 비등이나 플래시 현상 발생 우려가 있기 때문에
③ 펌프의 운전으로 배관계 각부의 압력이 감소하므로 수격작용, 공기정체 등의 문제가 생기기 때문에
④ 수온의 변화에 의한 체적의 팽창·수축으로 배관 각부에 악영향을 미치기 때문에

해설 펌프의 운전으로 배관계 각부의 압력이 감소하면 공동현상이 일어난다.

75. 다음 중 난방 또는 급탕설비의 보온재료로 가장 부적합한 것은?
① 유리 섬유
② 발포폴리스티렌폼
③ 암면
④ 규산칼슘

해설 발포폴리스티렌폼은 통상 70℃ 이상이 되면 연소될 우려가 있으므로 급탕설비에는 사용하지 않는다.

76. 배수의 성질에 따른 구분에서 수세식 변기의 대·소변에서 나오는 배수는 어느 것인가?
① 오수 ② 잡배수
③ 특수배수 ④ 우수배수

해설 배수의 성질에 의한 종류
(1) 오수 : 대변기, 소변기, 비데 등에서의 배설물에 관련한 배수
(2) 잡배수 : 세면기, 욕조, 싱크대 등에서의 배수
(3) 우수 : 옥상, 마당 등에 떨어진 빗물
(4) 특수배수 : 공장 실험실 등에서의 폐수, 화학 물질 배수

77. 리버스 리턴 배관 방식에 대한 설명으로 틀린 것은?
① 각 기기 간의 배관회로 길이가 거의 같다.
② 저항의 밸런싱을 취하기 쉽다.
③ 개방회로 시스템(open loop system)에서 권장된다.
④ 환수관이 2중이므로 배관 설치 공간이 커지고 재료비가 많이 든다.

해설 리버스 리턴 배관 방식은 역환수 방식이며 급탕관+환수관 길이가 각 방열기마다 동일하여 공급되는 열량을 동일하게 해주는 것으로 밀폐 회로에 이용한다.

78. 패럴렐 슬라이드 밸브(parallel slide valve)에 대한 설명으로 틀린 것은?
① 평행한 두 개의 밸브 몸체 사이에 스프링이 삽입되어 있다.
② 밸브 몸체와 디스크 사이에 시트가 있어 밸브 측면의 마찰이 적다.
③ 쐐기 모양의 밸브로서 쐐기의 각도는 보통 6~8°이다.
④ 밸브 시트는 일반적으로 경질금속을 사용한다.

해설 패럴렐 슬라이드 밸브는 게이트 밸브의 일종으로 서로 평행인 2개의 밸브 디스크의 조합으로 구성되고, 유체의 압력에 의해 출구 쪽의 밸브 시트면에 면압을 주는 밸브이다.

정답 74. ③ 75. ② 76. ① 77. ③ 78. ③

79. 5세주형 700 mm의 주철제 방열기를 설치하여 증기온도가 110℃, 실내 공기온도가 20℃이며 난방부하가 29 kW일 때 방열기의 소요쪽수는? (단, 방열계수는 8 W/m² · ℃, 1쪽당 방열면적은 0.28 m² 이다.)

① 144쪽　　② 154쪽
③ 164쪽　　④ 174쪽

[해설] $29000 \text{ W} = 8 \text{ W/m}^2 \cdot ℃ \times 0.28 \text{ m}^2/쪽 \times A쪽 \times (110 - 20℃)$
∴ $A = 143.8쪽$

80. 다음 중 열팽창에 의한 관의 신축으로 배관의 이동을 구속 또는 제한하는 장치가 아닌 것은?

① 앵커(anchor)
② 스토퍼(stopper)
③ 가이드(guide)
④ 인서트(insert)

[해설] 인서트는 볼트 등을 부착하기 위해 미리 콘크리트에 매입된 철물이다.

정답　79. ①　80. ④

CBT 실전문제 (10)

제1과목 에너지관리

1. 다음 송풍기의 풍량 제어 방법 중 송풍량과 축동력의 관계를 고려하여 에너지 절감 효과가 가장 좋은 제어 방법은? (단, 모두 동일한 조건으로 운전된다.)
① 회전수 제어   ② 흡입베인 제어
③ 취출댐퍼 제어   ④ 흡입댐퍼 제어

[해설] 송풍량은 회전수에 비례하며 축동력은 회전수의 3제곱에 비례한다. 그러므로 에너지 절감에서는 회전수 제어가 가장 효과가 좋다.

2. 난방부하가 10 kW인 온수난방 설비에서 방열기의 출·입구 온도차가 12℃이고, 실내·외 온도차가 18℃일 때 온수순환량(kg/s)은 얼마인가? (단, 물의 비열은 4.2 kJ/kg·℃이다.)
① 1.3   ② 0.8
③ 0.5   ④ 0.2

[해설] $10 \text{ kJ/s} = m \times 4.2 \text{ kJ/kg·℃} \times 12℃$
∴ $m = 0.198 \text{ kg/s}$

3. 다음 중 고속 덕트와 저속 덕트를 구분하는 기준이 되는 풍속은?
① 15 m/s   ② 20 m/s
③ 25 m/s   ④ 30 m/s

[해설] • 저속 덕트 풍속 : 8~15 m/s
• 고속 덕트 풍속 : 20~30 m/s
• 고속 덕트와 저속 덕트를 구분하는 풍속 : 15 m/s

4. 다음 중 덕트의 부속품에 관한 설명으로 틀린 것은?

① 댐퍼는 통과 풍량의 조정 또는 개폐에 사용되는 기구이다.
② 분기 덕트 내의 풍량 제어용으로 주로 익형 댐퍼를 사용한다.
③ 방화구획 관통부에는 방화 댐퍼 또는 방연 댐퍼를 설치한다.
④ 가이드 베인은 곡부의 기류를 세분해서 와류의 크기를 적게 하는 것이 목적이다.

[해설] 분기 덕트 내의 풍량 제어용으로 주로 스플릿 댐퍼를 사용한다.

5. 어떤 단열된 공조기의 장치도가 다음 그림과 같을 때 수분비(U)를 구하는 식으로 옳은 것은? (단, h_1, h_2 : 입구 및 출구 엔탈피(kJ/kg), x_1, x_2 : 입구 및 출구 절대습도(kg/kg), q_s : 가열량(W), L : 가습량(kg/h), h_L : 가습수분(L)의 엔탈피(kJ/kg), G : 유량(kg/h)이다.)

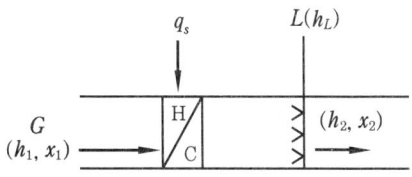

가열, 가습 과정의 장치도

① $U = \dfrac{q_s}{G} - h_L$ ② $U = \dfrac{q_s}{L} - h_L$

③ $U = \dfrac{q_s}{L} + h_L$ ④ $U = \dfrac{q_s}{G} + h_L$

[해설] 열수분비 = $\dfrac{\text{엔탈피 변화}}{\text{절대습도 변화}}$

6. 난방설비에 관한 설명으로 옳은 것은?
① 증기난방은 실내 상하 온도차가 작은

특징이 있다.
② 복사난방의 설비비는 온수나 증기난방에 비해 저렴하다.
③ 방열기의 트랩은 증기의 유량을 조절하는 역할을 한다.
④ 온풍난방은 신속한 난방 효과를 얻을 수 있는 특징이 있다.

[해설] ① 증기난방은 상하 온도차가 크다는 단점이 있다.
② 복사난방은 코일을 바닥, 벽 또는 천장에 설치해야 하므로 설비비가 비싸나 공기 오염 정도가 작다는 장점이 있다.
③ 방열기 트랩은 증기난방에서 응축수를 보일러 등에 환수시키는 장치이다.

7. 공조부하 중 재열부하에 관한 설명으로 틀린 것은?
① 냉방부하에 속한다.
② 냉각코일의 용량 산출 시 포함시킨다.
③ 부하 계산 시 현열, 잠열부하를 고려한다.
④ 냉각된 공기를 가열하는 데 소요되는 열량이다.

[해설] 재열부하는 현열부하만 고려한다.

8. 다음 중 덕트 설계 시 주의사항으로 틀린 것은?
① 덕트의 분기지점에 댐퍼를 설치하여 압력 평행을 유지시킨다.
② 압력손실이 적은 덕트를 이용하고 확대 시와 축소 시에는 일정 각도 이내가 되도록 한다.
③ 종횡비(aspect ratio)는 가능한 크게 하여 덕트 내 저항을 최소화한다.
④ 덕트 굴곡부의 곡률 반경은 가능한 크게 하며, 곡률이 매우 작을 경우 가이드 베인을 설치한다.

[해설] 종횡비는 가급적 작게 해야 압력손실을 최소화시킬 수 있다.

9. 아래의 특징에 해당하는 보일러는 무엇인가?

> 공조용으로 사용하기보다는 편리하게 고압의 증기를 발생하는 경우에 사용하며, 드럼이 없이 수관으로 되어 있다. 보유 수량이 적어 가열시간이 짧고 부하변동에 대한 추종성이 좋다.

① 주철제 보일러   ② 연관 보일러
③ 수관 보일러   ④ 관류 보일러

[해설] 관류 보일러는 강제 순환식 보일러이며 긴 관의 한쪽 끝에서 급수를 펌프로 압송하고 도중에 차례로 가열, 증발, 과열되어 관의 다른 한쪽 끝까지 과열증기로 송출되는 형식의 보일러로 수량이 적어도 되며 부하변동에 대응이 좋다.

10. 보일러의 능력을 나타내는 표시 방법 중 가장 적은 값을 나타내는 출력은?
① 성격 출력   ② 과부하 출력
③ 정미 출력   ④ 상용 출력

[해설] 보일러 출력
(1) 과부하 출력 : 정격출력의 10~20 % 정도 증가
(2) 정격 출력 = 난방부하 + 급탕부하 + 배관부하 + 예열부하
(3) 상용 출력 = 난방부하 + 급탕부하 + 배관부하
(4) 정미 출력 = 난방부하 + 급탕부하

11. 외기온도 5℃에서 실내온도 20℃로 유지되고 있는 방이 있다. 내벽 열전달계수 5.8 W/m²·K, 외벽 열전달계수 17.5 W/m²·K, 열전도율이 2.4 W/m·K이고, 벽 두께가 10 cm일 때, 이 벽체의 열저항(m²·K/W)은 얼마인가?
① 0.27   ② 0.55   ③ 1.37   ④ 2.35

해설 벽체의 열저항은 열관류율의 역수이다.

$$K = \frac{1}{\frac{1}{5.8} + \frac{0.1}{2.4} + \frac{1}{17.5}} = 3.687 \text{ W/m}^2 \cdot \text{K}$$

열저항 $= \frac{1}{5.8} + \frac{0.1}{2.4} + \frac{1}{17.5} = 0.27 \text{ m}^2 \cdot \text{K/W}$

12. 다음 가습 방법 중 물분무식이 아닌 것은?
① 원심식 ② 초음파식
③ 노즐분무식 ④ 적외선식

해설 적외선식은 가습기 종류에 존재하지 않는다.

13. 다음 공기 선도 상에서 난방풍량이 25000 m³/h인 경우 가열코일의 열량(kW)은? (단, 1은 외기, 2는 실내 상태점을 나타내며, 공기의 비중량은 1.2 kg/m³이다.)

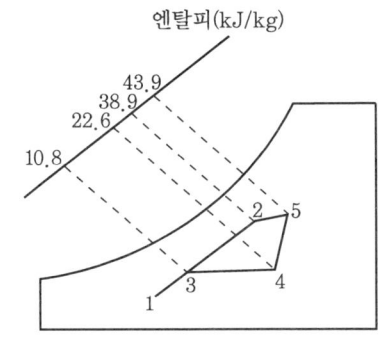

① 98.3 ② 87.1
③ 73.2 ④ 61.4

해설 $\frac{25000 \times 1.2 \times (22.6 - 10.8)}{3600}$
$= 98.33 \text{ kJ/s}$

14. 실내 난방을 온풍기로 하고 있다. 이때 실내 현열량 6.5 kW, 송풍 공기온도 30℃, 외기온도 −10℃, 실내온도 20℃일 때, 온풍기의 풍량(m³/h)은 얼마인가? (단, 공기 비열은 1.005 kJ/kg · K, 밀도는 1.2 kg/m³이다.)

① 1940.2 ② 1882.1
③ 1324.1 ④ 890.1

해설 $6.5 \text{ kJ/s} \times 3600 \text{ s/h}$
$= Q \times 1.2 \text{ kg/m}^3 \times 1.005 \text{ kJ/kg} \cdot \text{K}$
$\times (30 - 20)℃$
※ $Q = 1940.298 \text{ m}^3/\text{h}$

15. 공기조화 방식 중 중앙식의 수−공기 방식에 해당하는 것은?
① 유인 유닛 방식
② 패키지 유닛 방식
③ 단일 덕트 정풍량 방식
④ 이중 덕트 정풍량 방식

해설 패키지 유닛(FCU) 방식은 냉매 방식이며 덕트 병용 패키지 유닛 방식은 공기−수 방식이다.

16. 유인 유닛 방식에 관한 설명으로 틀린 것은?
① 각 실 제어를 쉽게 할 수 있다.
② 덕트 스페이스를 작게 할 수 있다.
③ 유닛에는 가동 부분이 없어 수명이 길다.
④ 송풍량이 비교적 커 외기 냉방 효과가 크다.

해설 유인 유닛 방식은 고속 덕트로 공기를 유인하므로 송풍량이 적어도 되며 이로 인하여 외기 냉방이 어렵다.

17. 가로 20 m, 세로 7 m, 높이 4.3 m인 방이 있다. 아래 표를 이용하여 용적 기준으로 한 전체 필요 환기량(m³/h)은?

실용적 (m³)	500 미만	500~ 1000	1000~ 1500	1500~ 2000	2000~ 2500
환기 횟수 n[회/h]	0.7	0.6	0.55	0.5	0.42

① 421 ② 361

정답 12. ④ 13. ① 14. ① 15. ① 16. ④ 17. ②

③ 331　　　　　　　④ 253

[해설] 실의 용적 = 20 m×7 m×4.3 m = 602 m³
필요 환기량 = 602 m³×0.6/h = 361.2 m³/h

18. 공조기용 코일은 관 내 유속에 따라 배열 방식을 구분하는데, 그 배열 방식에 해당하지 않는 것은?

① 풀 서킷
② 더블 서킷
③ 하프 서킷
④ 탑다운 서킷

[해설] 유속에 따른 코일 배열 방식
(1) 풀(full) 서킷 코일 : 일반적인 코일
(2) 더블(double) 서킷 코일 : 유량이 많아서 코일 내의 수속(water velocity)을 줄일 필요가 있을 때 사용하며 수속이 1 m/s를 초과하면 이 방식을 적용하여 수속을 줄인다.
(3) 하프(half) 서킷 코일 : 유량이 적을 때 사용한다.

19. 보일러에서 급수내관을 설치하는 목적으로 가장 적합한 것은?

① 보일러수 역류 방지
② 슬러지 생성 방지
③ 부동팽창 방지
④ 과열 방지

[해설] 급수내관 : 보일러 운전 중에 물이 증발하여 증기로 배출되면 수량이 감소하기 때문에 이를 보충하기 위하여 급수를 하는데 외부의 찬물을 펌프로 공급하면 수관식 보일러 등은 동의 크기가 작아서 증기 발생에 지장을 주기 때문에 동 내부로 파이프를 삽입한다. 여기에 구멍을 뚫고 물을 급수하면 찬물도 예열되고 증발도 원활하게 하며 뜨거운 보일러 물에 찬물을 한꺼번에 넣으면 온도차에 의해 부동팽창이 일어나는 것을 방지한다. 설치장소는 안전저수위보다 50 mm 지점 하부에 위치한다.

20. 다음 중 온수난방과 관계없는 장치는 무엇인가?

① 트랩
② 공기빼기밸브
③ 순환펌프
④ 팽창탱크

[해설] 트랩은 증기 보일러에서 응축수를 빼내는 곳이다.

제 2 과목　　공조냉동설계

21. 다음 중 일반적으로 냉방 시스템에서 물을 냉매로 사용하는 냉동 방식은?

① 터보식　　　　② 흡수식
③ 전자식　　　　④ 증기압축식

[해설] 물을 냉매로 사용하면 흡수제는 리튬브로마이드를 사용하는 냉동기는 흡수식 냉동기이다.

22. 전열면적 40 m², 냉각수량 300 L/min, 열통과율 3140 kJ/m²·h·℃인 수랭식 응축기를 사용하며, 응축부하가 439614 kJ/h일 때 냉각수 입구 온도가 23℃이라면 응축온도(℃)는 얼마인가? (단, 냉각수의 비열은 4.186 kJ/kg·K이다.)

① 29.42℃　　　② 25.92℃
③ 20.35℃　　　④ 18.28℃

[해설] 439614 kJ/h
= 300 L/min×60 min/h×4.186 kJ/kg·K×$(t_{w2}-23)$℃
∴ t_{w2}(냉각수 출구 온도) = 28.83℃
439614 kJ/h = 3140 kJ/m²·h·℃×40 m²
×$\left\{t-\dfrac{(23+28.83)}{2}\right\}$℃
∴ t(응축온도) = 29.42℃

[정답] 18. ④　19. ③　20. ①　21. ②　22. ①

23. 스테판-볼츠만(Stefan-Boltzmann)의 법칙과 관계있는 열 이동 현상은?

① 열 전도 ② 열 대류
③ 열 복사 ④ 열 통과

[해설] 스테판 볼츠만 법칙은 이상적인 흑체의 경우 단위면적당, 단위시간당 모든 파장에 의해 방사되는 총 에너지(E)는 절대 온도(K)의 4제곱에 비례하는 것으로 열 복사에 해당된다.

24. 냉동장치에서 일원 냉동 사이클과 이원 냉동 사이클을 구분짓는 가장 큰 차이점은 무엇인가?

① 증발기의 대수
② 압축기의 대수
③ 사용 냉매 개수
④ 중간냉각기의 유무

[해설] 일원 냉동 사이클은 1개의 냉매로 운전하고 이원 냉동 사이클은 저압측(R-13, R-14, 에틸렌, 메탄)과 고압측(R-12, R-22) 냉매로 운전한다.

25. 물속에 지름 10 cm, 길이 1 m인 배관이 있다. 이때 표면온도가 114℃로 가열되고 있고, 주위 온도가 30℃라면 열전달률(kW)은? (단, 대류 열전달계수는 1.6 kW/m²·K이며, 복사 열전달은 없는 것으로 가정한다.)

① 36.7 ② 42.2
③ 45.3 ④ 96.3

[해설] $Q = KF\Delta T$
$= 1.6 \text{ kW/m}^2 \cdot \text{K} \times \pi \times 0.1 \text{ m} \times 1 \text{ m}$
$\times (114-30) \text{K} = 42.22 \text{ kW}$

26. 다음 그림과 같은 2단 압축 1단 팽창식 냉동장치에서 고단측의 냉매 순환량(kg/h)은? (단, 저단측 냉매 순환량은 1000 kg/h이며, 각 지점에서의 엔탈피는 아래 표와 같다.)

지점	엔탈피(kJ/kg)	지점	엔탈피(kJ/kg)
1	1641.2	4	1838.0
2	1796.1	5	535.9
3	1674.7	7	420.8

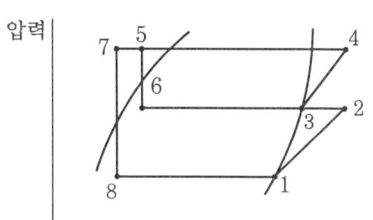

① 1058.2 ② 1207.7
③ 1488.5 ④ 1594.6

[해설] $G_H = G_L \times \dfrac{h_2 - h_7}{h_3 - h_5}$
$= 1000 \times \dfrac{1796.1 - 420.8}{1674.7 - 535.9}$
$= 1207.67 \text{ kg/h}$

27. 불응축가스가 냉동장치에 미치는 영향으로 틀린 것은?

① 체적효율 상승
② 응축압력 상승
③ 냉동능력 감소
④ 소요동력 증대

[해설] 불응축가스가 냉동장치 내에 존재하게 되면 응축압력(고압)이 높아지며 압축비 증대, 즉 비열비가 크면 일어나는 현상과 동일하다.

28. 다음 중 동일한 조건에서 열전도도가 가장 낮은 것은?

① 물 ② 얼음
③ 공기 ④ 콘크리트

정답 23. ③ 24. ③ 25. ② 26. ② 27. ① 28. ③

[해설] 열전도도(W/m·K)
(1) 금속류
- 알루미늄 : 238
- 구리 : 397
- 금 : 314
- 납 : 34.7
- 은 : 427

(2) 비금속류
- 석면 : 0.25
- 유리 : 0.84
- 얼음 : 1.6
- 물 : 0.6
- 나무 : 0.10
- 콘크리트 : 1.3
- 고무 : 0.2

(3) 기체류
- 공기 : 0.0234
- 헬륨 : 0.138
- 수소 : 0.172
- 질소 : 0.0234
- 산소 : 0.0238

29. 냉동기에서 유압이 낮아지는 원인으로 옳은 것은?
① 유온이 낮은 경우
② 오일이 과충전된 경우
③ 오일에 냉매가 혼입된 경우
④ 유압조정밸브의 개도가 적은 경우

[해설] 오일에 냉매가 혼입되면 윤활유의 점도가 묽어지므로 유압이 낮아지는 원인이 된다.

30. 2단 압축 냉동장치에 관한 설명으로 틀린 것은?
① 동일한 증발온도를 얻을 때 단단압축 냉동장치 대비 압축비를 감소시킬 수 있다.
② 일반적으로 두 개의 냉매를 사용하여 -30℃ 이하의 증발온도를 얻기 위해 사용된다.
③ 중간 냉각기는 증발기에 공급하는 액을 과냉각시키고 냉동 효과를 증대시킨다.
④ 중간 냉각기는 냉매증기와 냉매액을 분리시켜 고단측 압축기 액백 현상을 방지한다.

[해설] 두 개의 냉매를 사용하는 경우는 2원 냉동기이다.

31. 다음 그림은 단효용 흡수식 냉동기에서 일어나는 과정을 나타낸 것이다. 각 과정에 대한 설명으로 틀린 것은?

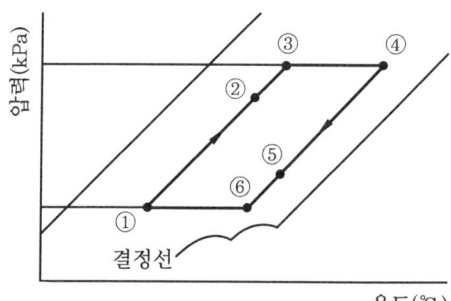

① ①→② 과정 : 재생기에서 돌아오는 고온 농용액과 열교환에 의한 희용액의 온도 증가
② ②→③ 과정 : 재생기 내에서 비등점에 이르기까지의 가열
③ ③→④ 과정 : 재생기 내에서 가열에 의한 냉매 응축
④ ④→⑤ 과정 : 흡수기에서의 저온 희용액과 열교환에 의한 농용액의 온도 감소

[해설] ③→④ 과정 : 발생기 내에서 가열에 의해 수증기가 이탈하여 LiBr 용액이 농축되어 다시 농용액이 되는 과정

32. 다음 중 냉동기유의 역할로 가장 거리가 먼 것은?
① 윤활 작용
② 냉각 작용

정답 29. ③ 30. ② 31. ③ 32. ③

③ 탄화 작용　　　④ 밀봉 작용

[해설] 냉동기유의 역할
(1) 발열 제거(냉각)
(2) 마모 방지(윤활)
(3) 누설 방지(밀봉)
(4) 패킹재료 보호

33. 냉동능력이 5 kW인 제빙장치에서 0℃의 물 20 kg을 모두 0℃ 얼음으로 만드는 데 걸리는 시간(min)은 얼마인가? (단, 0℃ 얼음의 융해열은 334 kJ/kg이다.)

① 22.2　　② 18.7
③ 13.4　　④ 11.2

[해설] $t = \dfrac{20\,\text{kg} \times 334\,\text{kJ/kg}}{5\,\text{kJ/s}} \times \dfrac{1\,\text{min}}{60\,\text{s}}$
$= 22.267\,\text{min}$

34. 냉장고 방열벽의 열통과율이 0.000117 kW/m²·K일 때 방열벽의 두께(cm)는? (단, 각 값은 아래 표와 같으며, 방열재 이외의 열전도 저항은 무시하는 것으로 한다.)

외기와 외벽면과의 열전달률	0.023 kW/m²·K
고내 공기와 내벽면과의 열전달률	0.0116 kW/m²·K
방열벽의 열전도율	0.000046 kW/m·K

① 35.6　　② 37.1
③ 38.7　　④ 41.8

[해설] $0.000117\,\text{kW/m}^2 \cdot \text{K}$

$= \dfrac{1}{\dfrac{1}{0.023} + \dfrac{l}{0.000046} + \dfrac{1}{0.0116}}$ 에서

$l = 0.387\,\text{m} = 38.7\,\text{cm}$

35. 다음 카르노 사이클의 $P-V$ 선도를 $T-S$ 선도로 바르게 나타낸 것은?

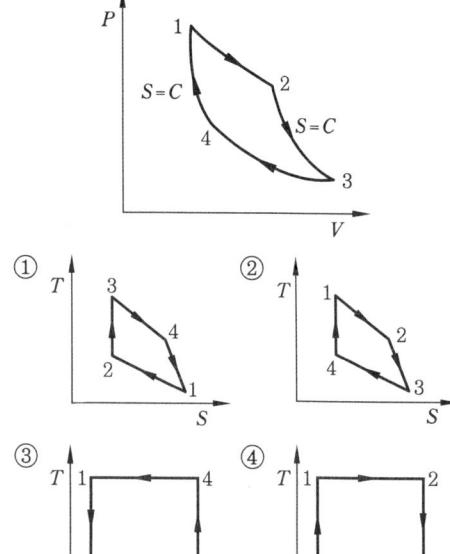

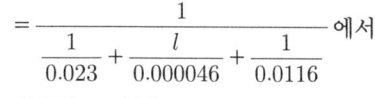

36. 다음 중 흡수식 냉동기의 냉매 흐름 순서로 옳은 것은?

① 발생기 → 흡수기 → 응축기 → 증발기
② 발생기 → 흡수기 → 증발기 → 응축기
③ 흡수기 → 발생기 → 응축기 → 증발기
④ 응축기 → 흡수기 → 발생기 → 증발기

[해설] 흡수식 냉동기의 경우 증발기 → 흡수기 → 열교환기 → 발생기(재생기) → 응축기 순으로 냉매가 흐른다.

37. 다음 중 이중 효용 흡수식 냉동기는 단효용 흡수식 냉동기와 비교하여 어떤 장치가 복수 개로 설치되는가?

① 흡수기　　② 증발기
③ 응축기　　④ 재생기

[해설] 이중 효용 냉동기는 고온의 열원을 두 번 이용하여 냉매의 발생을 극대화하는 방법을 이용한다. 재생기(발생기)를 2개 설치하여 고

[정답] 33. ①　34. ③　35. ④　36. ③　37. ④

온재생기(제1발생기)에서 발생한 고온 냉매 증기를 저온재생기(제2발생기)의 가열에 사용하는 방식이다.

38. 다음 중 스크루 압축기의 구성 요소가 아닌 것은?
① 스러스트 베어링
② 숫 로터
③ 암 로터
④ 크랭크축

[해설] 스크루 압축기는 암, 수 치형이 맞물려 압축하는 형태이므로 크랭크축이 없다.

39. 1대의 압축기로 −20℃, −10℃, 0℃, 5℃의 온도가 다른 저장실로 구성된 냉동장치에서 증발압력조정밸브(EPR)를 설치하지 않는 저장실은?
① −20℃의 저장실
② −10℃의 저장실
③ 0℃의 저장실
④ 5℃의 저장실

[해설] 증발압력 조정밸브는 EPR이라고도 하며 증발기의 압력이 일정 이하가 되지 않게 조절하는 밸브로 증발기 출구 밸브 입구측 압력에 의해 작동된다. 그러므로 온도가 가장 낮은 곳에는 역지밸브를 설치해야 한다.

40. 증발기의 착상이 냉동장치에 미치는 영향에 대한 설명으로 틀린 것은?
① 냉동능력 저하에 따른 냉장(동)실내 온도 상승
② 증발온도 및 증발압력의 상승
③ 냉동능력당 소요동력의 증대
④ 액압축 가능성의 증대

[해설] 증발기의 착상은 서리가 존재하는 것으로 냉매와 피냉각체의 열교환을 방해하여 증발압력 저하의 원인이 된다.

제3과목 시운전 및 안전관리

41. 60 Hz, 4극, 슬립 6%인 유도전동기를 어느 공장에서 운전하고자 할 때 예상되는 회전수는 약 몇 rpm인가?
① 240 ② 720 ③ 1690 ④ 1800

[해설] $N = \dfrac{120f}{p} = \dfrac{120 \times 60}{4} = 1800 \text{ rpm}$

$0.06 = \dfrac{N_0 - N}{N_0} = \dfrac{1800 - N}{1800}$

∴ $N = 1692 \text{ rpm}$

42. 변압기의 1차 및 2차의 전압, 권선수, 전류를 각각 E_1, N_1, I_1 및 E_2, N_2, I_2라고 할 때 성립하는 식으로 옳은 것은?

① $\dfrac{E_2}{E_1} = \dfrac{N_1}{N_2} = \dfrac{I_2}{I_1}$

② $\dfrac{E_1}{E_2} = \dfrac{N_2}{N_1} = \dfrac{I_1}{I_2}$

③ $\dfrac{E_2}{E_1} = \dfrac{N_2}{N_1} = \dfrac{I_1}{I_2}$

④ $\dfrac{E_1}{E_2} = \dfrac{N_1}{N_2} = \dfrac{I_1}{I_2}$

43. 다음 신호 흐름 선도와 등가인 블록 선도는?

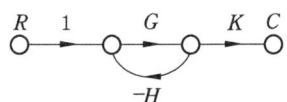

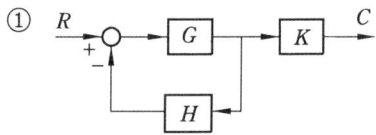

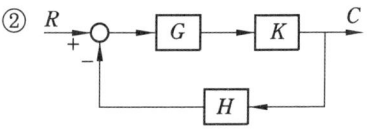

정답 38. ④ 39. ① 40. ② 41. ③ 42. ③ 43. ④

③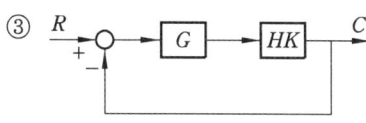

④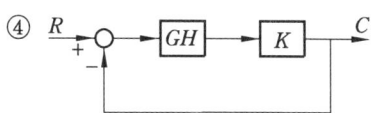

[해설] $G = \dfrac{\Sigma G_i \Delta_i}{\Delta} = \dfrac{GK}{1+GH}$

44. 교류에서 역률에 관한 설명으로 틀린 것은?

① 역률은 $\sqrt{1-(무효율)^2}$ 로 계산할 수 있다.
② 역률을 이용하여 교류전력의 효율을 알 수 있다.
③ 역률이 클수록 유효전력보다 무효전력이 커진다.
④ 교류회로의 전압과 전율의 위상차에 코사인(cos)을 취한 값이다.

[해설] $\cos\theta$가 크면 각도가 작아지므로 무효전력이 작아진다.

45. 어떤 전지에 5 A의 전류가 10분간 흘렀다면 이 전지에서 나온 전기량은 몇 C인가?

① 1000   ② 2000
③ 3000   ④ 4000

[해설] $Q = It = 5 \times 10 \times 60 = 3000$ C

46. 다음 블록 선도의 전달함수는?

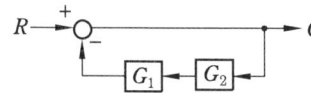

① $\dfrac{1}{G_2(G_1+1)}$

② $\dfrac{1}{G_1(G_2+1)}$

③ $\dfrac{1}{G_1G_2(1+G_1G_2)}$

④ $\dfrac{1}{1+G_1G_2}$

[해설] $R - CG_1G_2 = C$
$R = C + CG_1G_2 = C(1+G_1G_2)$
$\therefore \dfrac{C}{R} = \dfrac{1}{1+G_1G_2}$

47. 사이클링(cycling)을 일으키는 제어는?

① I 제어   ② PI 제어
③ PID 제어   ④ ON-OFF 제어

48. 그림과 같은 Δ결선회로를 등가 Y결선으로 변환할 때 R_c의 저항 값(Ω)은?

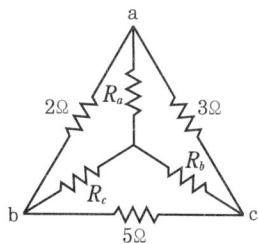

① 1   ② 3
③ 5   ④ 7

[해설] $R_c = \dfrac{2 \times 5}{2+3+5} = 1\ \Omega$

49. 그림과 같은 회로에서 부하전류 I_L은 몇 A인가?

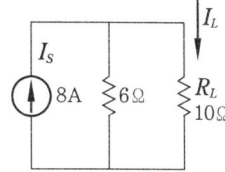

① 1   ② 2
③ 3   ④ 4

[해설] $I_L = 8 \times \dfrac{6}{6+10} = 3$ A

50. 다음 중 온도를 임피던스로 변환시키는 요소는?
① 측온 저항체　② 광전지
③ 광전 다이오드　④ 전자석

[해설]
- 광전지, 광전 다이오드 : 광을 전압으로 변환
- 전자석 : 전압을 변위로 변환

51. 전류의 측정 범위를 확대하기 위하여 사용되는 것은?
① 배율기　② 분류기
③ 전위차계　④ 계기용 변압기

[해설] 분류기는 전류의 측정기로 병렬로 연결하며 배율기는 전압의 측정기로 직렬로 연결한다.

52. 근궤적의 성질로 틀린 것은?
① 근궤적은 실수축을 기준으로 대칭이다.
② 근궤적은 개루프 전달함수의 극점으로부터 출발한다.
③ 근궤적의 가지 수는 특성방정식의 극점수와 영점 수 중 큰 수와 같다.
④ 점근선은 허수축에서 교차한다.

[해설] 점근선은 실수축에서만 교차하고 그 수는 $n = p - 2$ 이다.

53. 특성방정식의 근이 복소평면의 좌반면에 있으면 이 계는?
① 불안정하다.
② 조건부 안정이다.
③ 반안정이다.
④ 안정이다.

54. 100 mH의 인덕턴스를 갖는 코일에 10 A의 전류를 흘릴 때 축적되는 에너지(J)는 얼마인가?

① 0.5　② 1
③ 5　④ 10

[해설] $W = \dfrac{LI^2}{2} = \dfrac{100 \times 10^{-3} \times 10^2}{2} = 5 \text{ J}$

55. 제어 시스템의 구성에서 제어 요소는 무엇으로 구성되는가?
① 검출부
② 검출부와 조절부
③ 검출부와 조작부
④ 조작부와 조절부

56. 다음 중 제어 동작에 대한 설명으로 틀린 것은?
① 비례 동작 : 편차의 제곱에 비례한 조작신호를 출력한다.
② 적분 동작 : 편차의 적분 값에 비례한 조작신호를 출력한다.
③ 미분 동작 : 조작신호가 편차의 변화 속도에 비례하는 동작을 한다.
④ 2위치 동작 : ON-OFF 동작이라고도 하며, 편차의 정부(+, -)에 따라 조작부를 전폐 또는 전개하는 것이다.

[해설] 비례 동작은 편차에 비례한 조작신호를 출력한다.

57. 일정 전압의 직류 전원 V에 저항 R을 접속하니 정격전류 I가 흘렀다. 정격전류 I의 130 %를 흘리기 위해 필요한 저항은 약 얼마인가?
① $0.6R$　② $0.77R$
③ $1.3R$　④ $3R$

[해설] $R' = \dfrac{1}{1.3} R = 0.769 R$

58. 다음 중 제어계에서 미분 요소에 해당

정답　50. ①　51. ②　52. ④　53. ④　54. ③　55. ④　56. ①　57. ②　58. ④

하는 것은?
① 한 지점을 가진 지렛대에 의하여 변위를 변환한다.
② 전기로에 열을 가하여도 처음에는 열이 올라가지 않는다.
③ 직렬 RC 회로에 전압을 가하여 C에 충전 전압을 가한다.
④ 계단 전압에서 임펄스 전압을 얻는다.

59. 피드백(feedback) 제어 시스템의 피드백 효과로 틀린 것은?
① 정상상태 오차 개선
② 정확도 개선
③ 시스템 복잡화
④ 외부 조건의 변화에 대한 영향 증가

60. 그림에서 3개의 입력단자에 모두 1을 입력하면 출력단자 A와 B의 출력은?

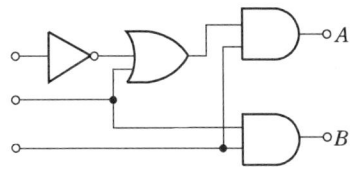

① $A=0$, $B=0$ ② $A=0$, $B=1$
③ $A=1$, $B=0$ ④ $A=1$, $B=1$

제4과목 유지보수공사관리

---

61. 지역난방의 특징에 관한 설명으로 틀린 것은?
① 대기 오염물질이 증가한다.
② 도시의 방재수준 향상이 가능하다.
③ 사용자에게는 화재에 대한 우려가 적다.
④ 대규모 열원기기를 이용한 에너지의 효율적 이용이 가능하다.

해설 지역난방은 광범위한 지역을 1개 또는 몇 개의 열원으로 공급하는 방식으로 고온수 난방(80~100℃)에 쓰이며 대기 오염물질은 적으나 높은 건물에는 공급이 곤란하다.

62. 배수 통기 배관의 시공 시 유의사항으로 옳은 것은?
① 배수 입관의 최하단에는 트랩을 설치한다.
② 배수 트랩은 반드시 이중으로 한다.
③ 통기관은 기구의 오버플로선 이하에서 통기 입관에 연결한다.
④ 냉장고의 배수는 간접 배수로 한다.

해설 통기 배관 시공 시 유의사항
(1) 2중 트랩이 되지 않도록 연결한다.
(2) 통기관은 기구의 오버플로 면 150 mm 위에서 입상 통기관에 연결한다.
(3) 통기수직관과 빗물 수직관의 연결을 금지한다.
(4) 통기관과 실내 환기용 덕트의 연결을 금지한다.
(5) 바닥 아래 통기 배관을 금지한다.

63. 냉매 배관 시 흡입관 시공에 대한 설명으로 틀린 것은?
① 압축기 가까이에 트랩을 설치하면 액이나 오일이 고여 액백 발생의 우려가 있으므로 피해야 한다.
② 흡입관의 입상이 매우 길 경우에는 중간에 트랩을 설치한다.
③ 각각의 증발기에서 흡입주관으로 들어가는 관은 주관의 하부에 접속한다.
④ 2대 이상의 증발기가 다른 위치에 있고 압축기가 그보다 밑에 있는 경우 증발기 출구의 관은 트랩을 만든 후 증발기 상부 이상으로 올리고 나서 압축기로 향하게 한다.

[해설] 각각의 증발기에서 흡입주관으로 들어가는 관은 주관의 상부에 접속해야 액 흡입을 방지할 수 있다.

64. 지름 20 mm 이하의 동관을 이음할 때, 기계의 점검 보수, 기타 관을 분해하기 쉽게 하기 위해 이용하는 동관 이음 방법은?
① 슬리브 이음 ② 플레어 이음
③ 사이징 이음 ④ 플랜지 이음

[해설] 플레어 이음(flare joint, 압축접합)은 관의 선단부를 나팔형으로 넓혀서 이음 본체의 원뿔면에 슬리브와 너트에 의해 체결하는 이음이다.

65. 배수 및 통기 배관에 대한 설명으로 틀린 것은?
① 루프 통기식은 여러 개의 기구군에 1개의 통기지관을 빼내어 통기주관에 연결하는 방식이다.
② 도피 통기관의 관경은 배수관의 $\frac{1}{4}$ 이상이 되어야 하며 최소 40 mm 이하가 되어서는 안된다.
③ 루프 통기식 배관에 의해 통기할 수 있는 기구의 수는 8개 이내이다.
④ 한랭지의 배수관은 동결되지 않도록 피복을 한다.

[해설] 도피 통기관의 관경은 배수수평지관 관경의 $\frac{1}{2}$ 이상, 최소 32 mm 이상으로 한다.

66. 배관 용접 작업 중 다음과 같은 결함을 무엇이라고 하는가?

① 용입불량 ② 언더컷
③ 오버랩 ④ 피트

[해설] 언더컷은 용접 불량으로 발생하며, 일반적으로 용접봉의 유지 각도나 운봉 속도가 부적당하거나 용접 전류가 너무 높을 때 생긴다.

67. 다이헤드형 동력 나사 절삭기에서 할 수 없는 작업은?
① 리밍 ② 나사 절삭
③ 절단 ④ 벤딩

[해설] 벤더는 동관이나 강관을 구부릴 때 사용하는 공구이다.

68. 부력에 의해 밸브를 개폐하여 간헐적으로 응축수를 배출하는 구조를 가진 증기 트랩은?
① 버킷 트랩 ② 열동식 트랩
③ 벨 트랩 ④ 충격식 트랩

[해설] 응축수의 유입으로 버킷이 작동하여 상부에 있는 밸브를 열어 응축수 배출을 하며, 하향형일 경우에는 공기도 함께 배출한다.

69. 방열량이 3000 kW인 방열기에 공급하여야 하는 온수량(m^3/s)은 얼마인가? (단, 방열기 입구 온도 80℃, 출구 온도 70℃, 온수 평균온도에서 물의 비열은 4.2 kJ/kg·K, 물의 밀도는 977.5 kg/m^3이다.)
① 0.002 ② 0.025
③ 0.073 ④ 0.098

[해설] 3000 kJ/s = Q × 977.5 kg/m^3
× 4.2 kJ/kg·K × (80 − 70)K
∴ Q = 0.073 m^3/s

70. 주철관의 이음 방법 중 고무링(고무개스킷 포함)을 사용하지 않는 방법은 어느 것인가?
① 기계식 이음 ② 타이톤 이음

정답 64. ② 65. ② 66. ② 67. ④ 68. ① 69. ③ 70. ③

③ 소켓 이음　　　④ 빅토릭 이음

[해설] 빅토릭 이음은 정제 고무로 접합부를 에 워싸고 위로부터 금속제의 링으로 죈 이음 으로 내진성이 있으며 시공도 간단하다. 소 켓 이음은 주로 주철관의 경우 사용하며 마 닐라 삼을 접합부의 간극 사이에 넣거나 납 을 녹여 넣어 접합하는 방식이다.

71. 온수난방 배관에서 에어 포켓(air pocket)이 발생될 우려가 있는 곳에 설 치하는 공기빼기밸브(◇)의 설치 위치로 가장 적절한 것은?

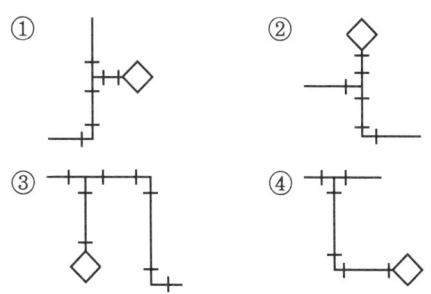

[해설] 공기빼기밸브는 공기가 기체이므로 입상 관에서 빼는 것이 효율적이다.

72. 배관 계통 중 펌프에서의 공동 현상 (cavitation)을 방지하기 위한 대책으로 틀 린 것은?
① 펌프의 설치 위치를 낮춘다.
② 회전수를 줄인다.
③ 양 흡입을 단 흡입으로 바꾼다.
④ 굴곡부를 적게 하여 흡입관의 마찰손 실수두를 작게 한다.

[해설] 공동 현상(cavitation) 방지 대책
(1) 유효흡입양정(NPSH)을 고려하여 선정 할 것
(2) 충분한 굵기의 흡입관경을 선정할 것
(3) 여과기, 풋밸브 등은 주기적으로 청소 할 것
(4) 펌프의 회전수를 재조정할 것
(5) 양 흡입 펌프를 사용하거나 펌프를 액중

에 잠기게 할 것
(6) 순환밸브(릴리프밸브)를 내장시킬 것

73. 저장 탱크 내부에 가열 코일을 설치하 고 코일 속에 증기를 공급하여 물을 가열 하는 급탕법은?
① 간접 가열식
② 기수 혼합식
③ 직접 가열식
④ 가스 순간 탕비식

[해설] 간접 가열식 : 열교환기를 사용하여 증기 또는 보일러수에 의해 급탕용의 물을 간접 가열하고 저장 탱크 내부로 공급하는 급탕법

74. 냉동장치의 액분리기에서 분리된 액이 압축기로 흡입되지 않도록 하기 위한 액 회수 방법으로 틀린 것은?
① 고압 액관으로 보내는 방법
② 응축기로 재순환시키는 방법
③ 고압 수액기로 보내는 방법
④ 열교환기를 이용하여 증발시키는 방법

[해설] 액분리기의 액 회수 방법
(1) 중력 급액식 : 분리된 액은 다시 증발기 로 공급된다.
(2) 압력 급액식 : 팽창밸브로 공급되는 고압 액과 열교환하여 과냉각도를 주며 자신은 기화되어 압축기로 흡입되는 방식이다.
(3) 고압 수액기로 보내는 방법 : 액류를 이 용하여 수액기로 회수하는 방식이다.

75. 저압 증기의 분기점을 2개 이상의 엘 보로 연결하여 한쪽이 팽창하면 비틀림이 일어나 팽창을 흡수하는 특징의 이음 방 법은 어느 것인가?
① 슬리브형　　　② 벨로스형
③ 스위블형　　　④ 루프형

[해설] 신축이음 종류
(1) 슬리브 이음 : 이음 본체의 한쪽 또는 양

[정답] 71. ② 72. ③ 73. ① 74. ② 75. ③

쪽에 슬리브관을 삽입해, 축방향으로 자유스럽게 이동할 수 있도록 만든 이음으로 물, 온수, 저압 증기, 기름 등의 배관용으로 사용된다.
(2) 벨로스 이음 : 팩리스 이음이라고도 하며, 재료로는 황동과 스테인리스가 있고 벨로스가 신축할 때 슬리브가 함께 움직이며 기밀을 유지한다.
(3) 스위블 이음 : 온수 또는 저압증기의 분기점을 2개 이상의 엘보로 연결하여 한쪽이 팽창하면 비틀림이 일어나 팽창을 흡수하여 온수급탕배관에 주로 사용한다.
(4) 루프 이음 : 곡관식으로 관을 구부리고 또는 이음으로 루프를 만들어 그 위 부분에서 신축을 흡수하는 것으로, 고압용으로 사용한다.

76. 유체 흐름의 방향을 바꾸어 주는 관 이음쇠는?
① 리턴벤드 ② 리듀서
③ 니플 ④ 유니언

[해설] 리듀서는 관경이 다른 관을 이을 때 사용하는 것으로 암나사로 되어 있다.

77. 고가(옥상) 탱크 급수 방식의 특징에 대한 설명으로 틀린 것은?
① 저수시간이 길어지면 수질이 나빠지기 쉽다.
② 대규모의 급수 수요에 쉽게 대응할 수 있다.
③ 단수 시에도 일정량의 급수를 계속할 수 있다.
④ 급수 공급 압력의 변화가 심하다.

[해설] 항상 낙차에 의해 공급하는 방식으로 급수 공급 압력이 일정한 편이다.

78. 다음 중 가스배관에 관한 설명으로 틀린 것은?
① 특별한 경우를 제외한 옥내배관은 매설배관을 원칙으로 한다.
② 부득이하게 콘크리트 주요 구조부를 통과할 경우에는 슬리브를 사용한다.
③ 가스배관에는 적당한 구배를 두어야 한다.
④ 열에 의한 신축, 진동 등의 영향을 고려하여 적절한 간격으로 지지하여야 한다.

[해설] 가스배관은 원칙적으로 최단거리, 직선 시공, 노출 시공, 옥외 시공을 해야 한다.

79. 급수관의 수리 시 물을 배제하기 위한 관의 최소 구배 기준은?
① $\frac{1}{120}$ 이상 ② $\frac{1}{150}$ 이상
③ $\frac{1}{200}$ 이상 ④ $\frac{1}{250}$ 이상

[해설] 물을 배제하기 위해 $\frac{1}{250}$ 이상 하향구배를 해야 한다.

80. 공장에서 제조 정제된 가스를 저장했다가 공급하기 위한 압력탱크로서 가스압력을 균일하게 하며, 급격한 수요 변화에도 제조량과 소비량을 조절하기 위한 장치는?
① 정압기
② 압축기
③ 오리피스
④ 가스홀더

[해설] 가스홀더는 가스의 조성을 균일하게 하며, 공급하는 가스에 일정한 압력을 가하기 위해 사용된다.

제1과목 에너지관리

1. 유효 온도차(상당 외기온도차)에 대한 설명 중 틀린 것은?
① 태양 일사량을 고려한 온도차이다.
② 계절, 시각 및 방위에 따라 변화한다.
③ 실내온도와는 무관하다.
④ 냉방 부하 시에 적용된다.

[해설] 상당 외기온도는 외기온도뿐만 아니라, 일사의 영향, 벽체의 구조에 따른 전열의 시간적 지연, 즉 흡수율을 고려한 것으로 상당 외기온도와 실내온도와의 차를 상당 외기온도차(Equivalent Temperature Difference : ETD)라 하며, 일반적으로 표로 만들어져 있다.

2. 습공기 선도상에서 ①의 공기가 온도가 높은 다량의 물과 접촉하여 가열, 가습되고 ③의 상태로 변화한 경우의 공기 선도로 다음 중 옳은 것은?

①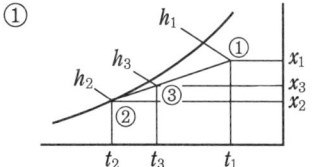

②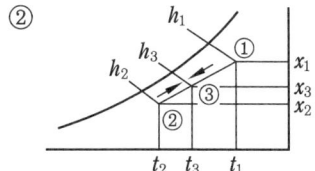

③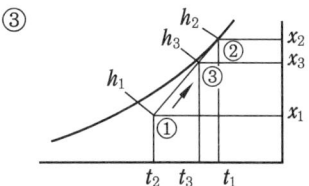

④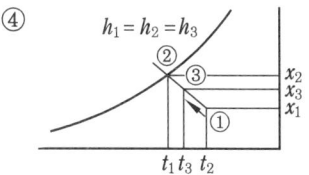

[해설] ①항은 냉각, 감습
②항은 외기와 환기의 혼합 과정
④항은 냉각, 가습 과정

3. 다음 습공기 선도는 어느 장치에 대응하는 것인가? (단, ①은 외기, ②는 환기, HC = 가열기, CC = 냉각기)

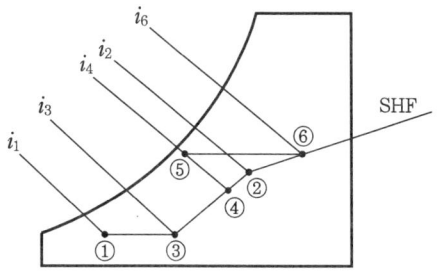

①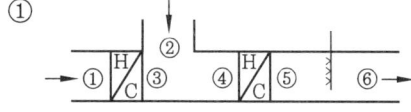

②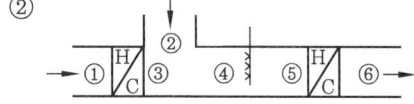

③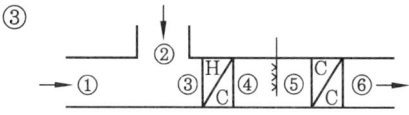

④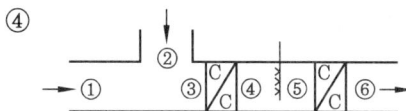

[해설] ① : 외기, ② : 환기, ③ : 예열, ④ : 혼합, ⑤ : 가습, ⑥ : 가열

정답 1. ③ 2. ③ 3. ②

4. 다음 조건의 외기와 재순환공기를 혼합하려고 할 때 혼합공기의 건구온도는 약 얼마인가?

- 외기 34℃ DB, 1000 m³/h
- 재순환공기 26℃ DB, 2000 m³/h

① 31.3℃ ② 28.6℃
③ 18.6℃ ④ 10.3℃

[해설] 혼합온도 $= \dfrac{34 \times 1000 + 26 \times 2000}{1000 + 2000}$
$= 28.67℃$

5. 중앙식 공조 방식의 특징이 아닌 것은?
① 송풍량이 많으므로 실내공기의 오염이 적다.
② 리턴 팬을 설치하면 외기냉방이 가능하게 된다.
③ 소형 건물에 적합하며 유리하다.
④ 덕트가 대형이고 개별식에 비해 설치 공간이 크다.

[해설] 중앙식 공조 방식은 빌딩 또는 대형 건물에 적합하다.

6. 공기조화 설비에서 공기의 경로로 옳은 것은?
① 환기덕트 → 공조기 → 급기덕트 → 취출구
② 공조기 → 환기덕트 → 급기덕트 → 취출구
③ 냉각탑 → 공조기 → 냉동기 → 취출구
④ 공조기 → 냉동기 → 환기덕트 → 취출구

[해설] 공조기에는 에어필터, 냉수코일, 온수코일, 가습기, 송풍기 등이 포함되어 있으므로 환기덕트 → 공조기 → 급기덕트 → 취출구 → 실내로 순환이 된다.

7. 공기조화 방식 중 유인 유닛 방식에 대한 설명으로 부적당한 것은?
① 다른 방식에 비해 덕트 스페이스가 적게 소요된다.
② 비교적 높은 운전비로서 개별실 제어가 불가능하다.
③ 각 유닛마다 수배관을 해야 하므로 누수의 염려가 있다.
④ 송풍량이 적어서 외기냉방 효과가 낮다.

[해설] 유인 유닛 방식(IDU)의 특징
(가) 공기-물 방식이다.
(나) 송풍기가 없다(압력차에 의한 유인작용 : 고속덕트).
(다) 겨울철에는 잠열부하 처리가 가능하다.
(라) 건코일을 사용하므로 드레인 배관이 필요 없다.
(마) 팬코일 유닛 방식(FCU)에 비해 가격이 싸고 소음이 적으며 수명이 길다.

8. 흡수식 냉온수기에 대한 설명이다. ( ) 안에 들어갈 명칭으로 가장 알맞은 용어는?

"흡수식 냉온수기는 여름철에는 (ⓐ)에서 나오는 냉수를 이용하여 냉방을 행하며 겨울철에는 (ⓑ)에서 나오는 열을 이용하여 온수를 생산하여 냉방과 난방을 동시에 해결할 수 있는 기기로서 현재 일반 건축물에서 많이 사용되고 있다."

① ⓐ 증발기, ⓑ 응축기
② ⓐ 재생기, ⓑ 증발기
③ ⓐ 증발기, ⓑ 재생기
④ ⓐ 발생기, ⓑ 방열기

[해설] 흡수식 냉온수기의 경우 여름에는 증발기를 이용한 냉방을 하며, 겨울에는 난방을 목적으로 재생기(발생기)에서 방출되는 열을 사용한다.

9. 다음 중에서 공기조화기에 내장된 냉각 코일의 통과 풍속으로 가장 적당한 것은?
① 0.5∼1 m/s ② 2∼3 m/s

정답 4. ② 5. ③ 6. ① 7. ② 8. ③ 9. ②

③ 4~5 m/s   ④ 7~9 m/s

[해설] 코일 통과 풍속은 2~3 m/s가 경제적이며 코일 내의 수속은 1 m/s 전후로 사용된다.

10. 일반적으로 고속 덕트와 저속 덕트는 주덕트 내에서 최대 풍속 몇 m/s를 경계로 하여 구별되는가?

① 5 m/s   ② 10 m/s
③ 15 m/s   ④ 30 m/s

[해설]
- 고속 덕트 : 풍속 15 m/s 이상(20~30 m/s), 전압력은 150~200 mmAq 정도이며, 덕트 스페이스는 작으나 송풍력, 전동기 출력이 증대하므로 설비비가 비싸다. 소음이 크며, 취출구에는 소음상자를 부착하고 고층건물에 이용된다.
- 저속 덕트 : 풍속 15 m/s 이하(8~15 m/s), 전압력은 50~75 mmAq 정도이며 다층건축물, 극장관람석 등에 이용된다.

11. 덕트의 소음 방지 대책에 해당되지 않는 것은?

① 덕트의 도중에 흡음재를 부착한다.
② 송풍기 출구 부근에 플리넘 체임버를 장치한다.
③ 댐퍼 흡출구에 흡음재를 부착한다.
④ 덕트를 여러 개로 분기시킨다.

[해설] 덕트를 여러 개로 분산하면 압력손실이 크므로 이를 보충하려면 공급압력이 높아져 소음이 오히려 가중될 우려가 있다.

12. 냉방부하 중 현열만 발생하는 것은?

① 외기부하   ② 조명부하
③ 인체발생부하   ④ 틈새바람부하

[해설] 극간풍(틈새바람), 인체, 외기부하는 현열과 잠열 모두 포함시켜야 한다.

13. 다음 중 냉방부하에서 잠열을 고려해야 하는 부하는 어느 것인가?

① 인체 발열량
② 벽체 등의 구조체를 통한 전열량
③ 형광등의 발열량
④ 유리의 온도차에 의한 전열량

[해설] 냉방부하에서의 현열 및 잠열 모두 이용하는 것은 인체부하, 극간풍 부하, 외기부하 등 3종류가 있으며 이외의 모든 부하는 현열을 이용한다.

14. 실내의 용적이 20 m³인 사무실에 창문의 틈새로 인한 자연 환기횟수가 4회/h인 것으로 볼 때, 이 자연환기에 의하여 실내에 들어오는 열량(kJ/h)은 약 얼마인가? (단, 외기온도 30℃, 실온 25℃, 또한 외기 및 실온의 절대습도는 0.02 kg/kg, 0.015 kg/kg이다.)

① 1135.27   ② 1478.21
③ 1683.55   ④ 1824.66

[해설] 틈새바람(극간풍)은 현열과 잠열 모두를 계산하여야 한다.

Q_s(현열) $= 20 \text{ m}^3 \times 1.2 \text{ kg/m}^3 \times 4\text{회/h}$
$\qquad \times 1 \text{ kJ/kg} \cdot ℃ \times (30-25)℃$
$\qquad = 480 \text{ kJ/h}$

Q_l(잠열) $= 20 \text{ m}^3 \times 1.2 \text{ kg/m}^3 \times 4\text{회/h}$
$\qquad \times 2507.4 \text{ kJ/kg} \times (0.02-0.015)\text{kg/kg}$
$\qquad = 1203.55 \text{ kJ/h}$

$\therefore Q_s + Q_l = 480 \text{ kJ/h} + 1203.55 \text{ kJ/h}$
$\qquad\qquad = 1683.55 \text{ kJ/h}$

15. 어떤 방의 냉방 시 q_S = 50000 kJ/h, q_L = 20000 kJ/h이고 노출온도와 실내 온도 차가 10℃일 때 취출풍량을 구하면 얼마인가? (단, 공기의 비열은 1 kJ/kg · ℃, 비중량은 1.2 kg/m³이다.)

① 5000 kg/h   ② 6000 kg/h
③ 7000 kg/h   ④ 8000 kg/h

[해설] $q_S = G \times C_p \times \Delta t$에서

[정답] 10. ③   11. ④   12. ②   13. ①   14. ③   15. ①

$$G = \frac{50000 \text{ kJ/h}}{1 \text{ kJ/kg} \cdot \text{°C} \times 10\text{°C}}$$
$$= 5000 \text{ kg/h}$$

16. 난방부하가 13000 kJ/h인 사무실을 증기난방하고자 할 때 방열기의 소요방열면적은 약 몇 m²인가? (단, 방열기의 방열량은 표준방열량으로 한다.)
① 4.76　　② 5.28
③ 6.19　　④ 7.40

해설 • 증기 방열기의 표준 방열량
: 2730 kJ/m² · h = 650 kcal/m² · h
• 온수 방열기의 표준 방열량
: 1890 kJ/m² · h = 450 kcal/m² · h
∴ 증기 소요 방열면적
$$= \frac{13000 \text{ kJ/h}}{2730 \text{ kJ/m}^2 \cdot \text{h}} = 4.76 \text{ m}^2$$

17. 온수난방에 대한 설명으로 틀린 것은?
① 온수의 체적팽창을 고려하여 팽창탱크를 설치한다.
② 보일러가 정지하여도 실내온도의 급격한 강하가 적다.
③ 밀폐식일 경우 배관의 부식이 많아 수명이 짧다.
④ 방열기에 공급되는 온수 온도와 유량 조절이 용이하다.

해설 밀폐식의 경우 공기와의 접촉이 차단되어 있으므로 배관 부식이 개방형에 비해 적어 수명이 길어진다.

18. 증기 난방배관에서 증기트랩을 사용하는 이유로서 가장 적당한 것은?
① 관내의 공기를 배출하기 위하여
② 배관의 신축을 흡수하기 위하여
③ 관내의 압력을 조절하기 위하여
④ 증기관에 발생된 응축수를 제거하기 위하여

해설 증기 난방배관에서 생성된 응축수가 계속 순환하면 수격작용을 일으키므로 증기 트랩에서 응축수를 제거하는 역할을 한다.

19. 다음 중 증기난방에 사용되는 기기가 아닌 것은?
① 팽창탱크
② 응축수 저장탱크
③ 공기 배출 밸브
④ 증기 트랩

해설 팽창탱크는 온수난방에 필요한 기기이다.

20. 보일러의 출력 표시로서 정격출력을 나타내는 것은?
① 난방부하 + 급탕부하 + 예열부하
② 난방부하 + 급탕부하 + 배관 열손실부하
③ 난방부하 + 배관 열손실부하 + 예열부하
④ 난방부하 + 급탕부하 + 배관 열손실부하 + 예열부하

해설 • 정격출력 = 난방부하 + 급탕 · 급기부하 + 배관부하 + 예열부하
• 상용출력 = 난방부하 + 급탕 · 급기부하 + 배관부하
• 방열기 출력 = 난방부하 + 급탕 · 급기부하

제2과목　**공조냉동설계**

21. 열의 이동에 대한 설명으로 옳지 않은 것은?
① 고체 표면과 이에 접하는 유동 유체 간의 열이동을 열전달이라 한다.
② 자연계의 열이동은 비가역 현상이다.
③ 열역학 제1법칙에 따라 고온체에서 저온체로 이동한다.
④ 자연계의 열이동은 엔트로피가 증가하

는 방향으로 흐른다.

[해설] "열은 높은 곳에서 낮은 곳으로 흐른다." 는 것은 열역학 제2법칙에 해당한다.

22. 이상적 냉동 사이클의 상태변화 순서를 표현한 것 중 옳은 것은?

① 단열팽창 → 단열압축 → 단열팽창 → 단열압축
② 단열압축 → 등온팽창 → 단열압축 → 등온압축
③ 단열팽창 → 등온팽창 → 단열압축 → 등온압축
④ 단열압축 → 등온팽창 → 등온압축 → 단열팽창

[해설] 냉동 사이클은 역카르노 사이클이므로 단열압축(압축기) → 등온압축(응축기) → 단열팽창(팽창밸브) → 등온팽창(증발기) 순으로 이루어진다.

23. 15℃의 물로부터 0℃의 얼음을 매시 50 kg을 만드는 냉동기의 냉동능력은 약 몇 kW인가?

① 5.54   ② 6.78
③ 7.72   ④ 8.36

[해설] 15℃ 물 → 0℃ 물 → 0℃ 얼음
$$Q = \frac{50\,\text{kg/h} \times (4.2\,\text{kJ/kg} \times 15℃ + 336\,\text{kJ/kg})}{3600\,\text{s/h}}$$
$= 5.54\,\text{kJ/s} = 5.54\,\text{kW}$

24. 다음 그림은 이상적인 냉동 사이클을 나타낸 것이다. 설명이 맞지 않는 것은?

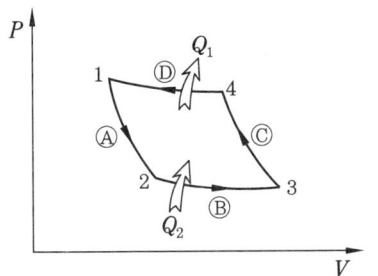

① Ⓐ 과정은 단열팽창이다.
② Ⓑ 과정은 등온압축이다.
③ Ⓒ 과정은 단열압축이다.
④ Ⓓ 과정은 등온압축이다.

[해설] Ⓑ 과정은 등온팽창으로 증발기에 해당된다.

25. 그림과 같은 운전상태에서 운전되는 암모니아 냉동장치에서 피스톤의 배제량이 400 m³/h이고, 체적 효율이 0.80일 때 냉동능력은 얼마가 되는가?

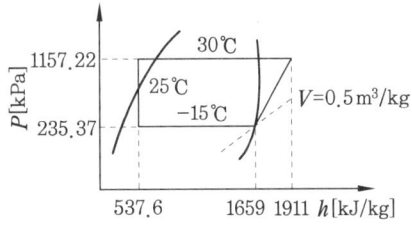

① 157.22 kW   ② 199.36 kW
③ 212.78 kW   ④ 229.53 kW

[해설] $Q = \dfrac{400\,\text{m}^3/\text{h} \times 0.8}{0.5\,\text{m}^3/\text{kg}} \times (1659 - 537.6)\,\text{kJ/kg} \times \dfrac{1\,\text{h}}{3600\,\text{s}}$
$= 199.36\,\text{kW}$

26. 다음 이원 냉동장치에 대한 설명 중 틀린 것은?

① -70℃ 이하의 초저온을 얻기 위하여 사용한다.
② 팽창탱크는 고온측 증발기 출구에 부착한다.
③ 고온측 냉매로는 비등점이 높고 응축압력이 낮은 냉매를 사용한다.
④ 저온 응축기와 고온측 증발기를 조합한 것을 캐스케이드 콘덴서라고 한다.

[해설] 이원 냉동장치는 고온측 냉동기와 저온측 냉동기 두 대를 조합하여 사용하는 것으로 냉동실의 온도는 -70℃ 이하의 저온이

며 냉동기 정지 또는 외기 침투로 인하여 초저온 냉매의 급격한 증발로 압력이 상승하면 배관 파열 등 피해의 우려가 있으므로 저온측 증발기에 팽창탱크를 연결하여 압력 상승을 방지한다.

27. 그림에서와 같이 어떤 사이클에서 응축온도만 변화하였을 때, 다음 중 틀린 것은? (단, 사이클 A : (A-B-C-D-A), 사이클 B : (A-B′-C′-D′-A), 사이클 C : (A-B″-C″-D″-A)

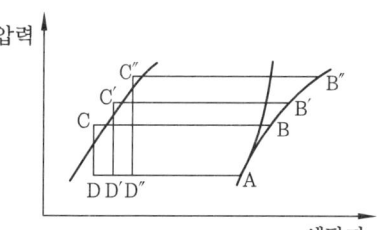

응축온도만 변했을 경우의
압력-엔탈피선도

① 압축비 : 사이클 C>사이클 B>사이클 A
② 압축일량 : 사이클 C>사이클 B>사이클 A
③ 냉동효과 : 사이클 C>사이클 B>사이클 A
④ 성적계수 : 사이클 C<사이클 B<사이클 A

[해설] 냉동효과 : 사이클 A>사이클 B>사이클 C

28. 냉매의 구비 조건 중 맞는 것은?
① 활성이며 부식성이 없을 것
② 전기저항이 작을 것
③ 점성이 크고 유동저항이 클 것
④ 열전달률이 양호할 것

[해설] 냉매의 구비 조건
 ㈎ 증발잠열이 크고 액체의 비열이 작을 것
 ㈏ 점도가 작고 전열이 양호할 것

 ㈐ 절연내력이 크고 전기 절연물을 침식시키지 않을 것
 ㈑ 수분이 침입하여도 냉매의 작용에 지장이 적을 것
 ㈒ 누설이 곤란하고 누설 시 발견이 용이할 것

29. 중간 냉각기의 역할을 설명한 것이다. 틀린 것은?
① 저압 압축 토출가스의 과열도를 낮춘다.
② 증발기에 공급되는 액을 냉각시켜 엔탈피를 적게 하여 냉동효과를 증대시킨다.
③ 고압 압축기 흡입가스 중의 액을 분리시켜 리퀴드백을 방지한다.
④ 저·고압 압축기가 작용함으로써 동력을 증대시킨다.

[해설] 중간 냉각기는 2단 압축기에서 사용하는 것으로 역할은 다음과 같다.
 ㈎ 부스터에서 토출된 가스의 과열도를 제거하여 고단 압축기 소요 동력을 감소시킨다.
 ㈏ 고온 고압의 냉매에 과냉각도를 주어 팽창변 통과 시 플래시가스 발생량을 감소시켜 냉동능력을 증대시킨다.
 ㈐ 고단 압축기로 액 흡입을 방지한다.

30. 암모니아 냉매의 누설검지에 대한 설명으로 잘못된 것은?
① 냄새로써 알 수 있다.
② 리트머스 시험지가 청색으로 변한다.
③ 페놀프탈레인 시험지가 적색으로 변한다.
④ 할로겐 누설검지기를 사용한다.

[해설] 암모니아 냉매 누설검지법
 ㈎ 냄새로 알 수 있다(악취).
 ㈏ 유황초, 유황 걸레 등과 접촉 시 흰 연기가 발생한다.
 ㈐ 리트머스 시험지를 사용한다(적색→청색).

[정답] 27. ③ 28. ④ 29. ④ 30. ④

(라) 페놀프탈레인지를 사용한다(백색 → 홍색).
(마) 브라인에 누설 시 네슬러 시약을 사용한다(미색(정상) → 황색(약간) → 갈색(다량)).
※ 할라이드 토치와 할로겐 원소 누설검지기는 프레온 누설에 사용한다.

31. 유량 100 L/min의 물을 15℃에서 5℃로 냉각하는 수 냉각기가 있다. 이 냉동장치의 냉동효과(냉매단위 질량당)가 168 kJ/kg일 경우 냉매 순환량은 얼마인가?
① 25 kg/h ② 1000 kg/h
③ 1500 kg/h ④ 500 kg/h

[해설] 냉동능력
= 100 L/min × 60 min/h × 4.2 kJ/kg·℃
  × (15 − 5)℃
= 252000 kJ/h
냉동능력 = 냉동효과 × 냉매 순환량
252000 kJ/h = 168 kJ/kg × G
∴ G = 1500 kg/h

32. 왕복동식 압축기의 회전수를 n[rpm], 피스톤의 행정을 S[m]라 하면 피스톤의 평균속도 V_s[m/s]를 나타내는 식은?

① $\dfrac{\pi \cdot S \cdot n}{60}$ ② $\dfrac{S \cdot n}{60}$

③ $\dfrac{S \cdot n}{30}$ ④ $\dfrac{S \cdot n}{120}$

[해설] 실린더의 상사점과 하사점 사이의 거리를 행정(S)이라 하며 1회전하면 $2S$가 된다.
피스톤의 평균속도 $= \dfrac{2S \times n}{60} = \dfrac{S \times n}{30}$

33. 냉동기유가 갖추어야 할 조건으로 알맞지 않은 것은?
① 응고점이 낮고, 인화점이 높아야 한다.
② 냉매와 잘 반응하지 않아야 한다.
③ 산화되기 쉬운 성질을 가져야 된다.
④ 수분, 산분을 포함하지 않아야 된다.

[해설] 냉동기유의 조건
(가) 응고점이 낮고 인화점이 높을 것
(나) 점도가 적당하고 변질되지 말 것
(다) 수분이 포함되지 않아야 하며 불순물이 없고 절연내력이 클 것
(라) 저온에서 왁스가 분리되지 않고 냉매가스 흡수가 적어야 한다.
(마) 항유화성이 있을 것
(바) 오일 포밍에 대한 소포성이 있을 것

34. 불응축 가스가 냉동기에 미치는 영향에 대한 설명으로 틀린 것은?
① 토출가스 온도의 상승
② 응축압력의 상승
③ 체적 효율의 증대
④ 소요동력의 증대

[해설] 불응축 가스가 존재하게 되면 응축압력이 상승하게 되며 압축기의 토출압력 또한 높아지게 된다. 즉, 압축비의 증대로 체적 효율은 감소하게 되고 동력 소비는 증대된다.

35. 제빙장치에서 두께가 29 cm인 얼음을 만드는 데 48시간이 걸렸다. 이때의 브라인 온도는 약 몇 ℃인가?
① 0℃ ② −10℃
③ −20℃ ④ −30℃

[해설] $T = \dfrac{0.56 \times t^2}{-t_b}$

여기서, T : 결빙시간
 t : 얼음의 두께
 t_b : 브라인 온도

$48 = \dfrac{0.56 \times 29^2}{-t_b}$

∴ $t_b = -9.8℃ ≒ -10℃$

36. 증발기 내의 압력에 의해 작동하는 팽창밸브는?

[정답] 31. ③ 32. ③ 33. ③ 34. ③ 35. ② 36. ①

① 정압식 자동 팽창밸브
② 열전식 팽창밸브
③ 모세관
④ 수동식 팽창밸브

[해설] 정압식 자동 팽창밸브 : 증발기 내에서의 증발압력을 일정하게 유지시켜 증발온도를 일정하게 유지하는 방식

37. 응축기와 팽창밸브 사이에 설치되는 기기 순서는?

① 응축기→사이트 글라스→제습기→전자밸브→팽창밸브
② 응축기→제습기→사이트 글라스→전자밸브→팽창밸브
③ 응축기→전자밸브→제습기→사이트 글라스→팽창밸브
④ 응축기→제습기→전자밸브→사이트 글라스→팽창밸브

[해설] 냉매 봉입량의 과충전을 방지하기 위해 냉매 액관 중 사이트 글라스를 설치한다.

38. 냉동장치 설치 후 제일 먼저 행하여야 하는 시험은?

① 내압시험 ② 기밀시험
③ 진공방치시험 ④ 냉각시험

[해설] 냉동장치 시험 순서 : 내압→기밀→누설→진공방치→충전→냉각→방열→해방 순이나 설치 후 제일 먼저 행하는 시험은 누설시험이다. 누설시험이 없으면 진공시험으로 한다.

39. 암모니아 장치에 유분리기를 설치하려 한다. 유분리기를 어느 위치에 설치하면 작용이 양호한가?

① 증발기와 압축기 사이에서 증발기 가까운 쪽
② 증발기와 압축기 사이에서 압축기 가까운 쪽
③ 압축기와 응축기 사이에서 응축기 가까운 쪽
④ 압축기와 응축기 사이에서 압축기 가까운 쪽

[해설] 암모니아는 윤활유와 분리되는 성질이 있기 때문에 가급적 점도가 강한 응축기 가까운 쪽에 유분리기를 설치하여야 한다.

40. 프레온 냉동장치에서 가용전에 관한 설명 중 옳지 않은 것은?

① 가용전의 용융온도는 75℃ 이하로 되어 있다.
② 가용전은 Sn(주석), Cd(카드뮴), Bi(비스무트) 등의 합금이다.
③ 온도 상승에 따른 이상 고압으로부터 응축기 파손을 방지한다.
④ 가용전의 구경은 안전밸브 최소구경의 1/2 이하이어야 한다.

[해설] 가용전의 구경은 안전밸브 최소구경의 1/2 이상이어야 한다.

제3과목 시운전 및 안전관리

41. 그림에서 a, b 간의 합성저항 정전용량으로 바른 것은?

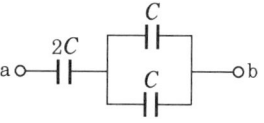

① $4C$ ② $3C$ ③ $2C$ ④ C

[해설] 콘덴서의 직·병렬연결로서
$$\frac{1}{\frac{1}{2C}+\frac{1}{2C}} = \frac{2C \times 2C}{2C+2C} = C$$

정답 37. ① 38. ③ 39. ③ 40. ④ 41. ④

콘덴서의 직렬연결은 저항의 병렬연결과 같고, 콘덴서의 병렬연결은 직렬연결과 같다.

42. 다음 회로에서 2Ω에 흐르는 전류 I_1은 몇 A인가?

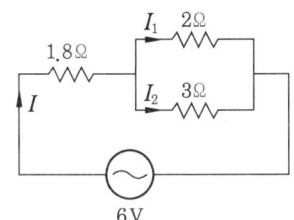

① 0.8   ② 1.2   ③ 1.8   ④ 2

[해설] 합성저항 $= 1.8 + \dfrac{2 \times 3}{2+3} = 3\,\Omega$

전전류 $I = \dfrac{V}{R} = \dfrac{6}{3} = 2\,\text{A}$

$I_1 = \dfrac{R_2}{R_1 + R_2} \cdot I = \dfrac{3}{2+3} \cdot 2 = 1.2\,\text{A}$

43. J/s와 같은 단위는 어느 것인가?

① V   ② W·s
③ cal   ④ W

[해설] 1 W = 1 J/s

44. 다음 그림과 같은 회로망에서 전류를 계산하는 데 옳게 표시한 식은?

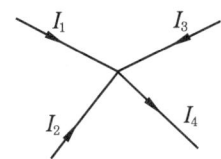

① $I_1 + I_2 + I_3 + I_4 = 0$
② $I_1 + I_2 + I_3 - I_4 = 0$
③ $I_1 + I_2 = I_3 + I_4$
④ $I_1 + I_3 = I_2 + I_4$

[해설] 키르히호프의 제1법칙 $\sum I = 0$
∴ $I_1 + I_2 + I_3 = I_4$, $I_1 + I_2 + I_3 - I_4 = 0$

45. 출력이 3 kW인 전동기의 효율이 80 %이다. 이 전동기의 손실은 몇 W인가?

① 375   ② 750
③ 1200   ④ 2400

[해설] 효율 $= \dfrac{\text{출력}}{\text{출력} + \text{손실}}$

$0.8 = \dfrac{3}{3+x}$

∴ $x = 0.75\,\text{kW} = 750\,\text{W}$

46. 단상 유도 전동기의 기동 방법 중 기동 토크가 가장 큰 것은?

① 분상 기동형
② 반발 기동형
③ 콘덴서 기동형
④ 셰이딩 코일형

[해설] 단상 유도 전동기의 기동 토크
(가) 분상 기동형 : 125~150 %
(나) 반발 기동형 : 400~500 %
(다) 콘덴서 기동형 : 300 % 이상
(라) 셰이딩 코일형 : 40~90 %

47. 다음 그림과 같은 접점회로의 논리식은 어느 것인가?

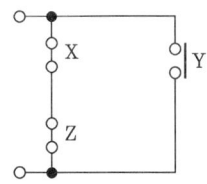

① X·Y·Z   ② X+Y+Z
③ X·Z+Y   ④ (X+Z)·Y

[해설] X와 Z는 직렬이므로 AND 회로이고 X, Z와 Y는 병렬이므로 OR 회로이다. 그러므로 X·Z+Y가 된다.

48. 논리식 $A \cdot (A+B)$를 간단히 하면?

① A ② B
③ $A \cdot B$ ④ $A+B$

해설 $A \cdot (A+B) = A \cdot A + A \cdot B$
$= A + A \cdot B$
$= A \cdot (1+B) = A$

49. 다음의 전자 릴레이 회로는?

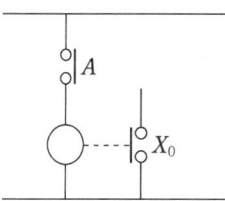

① AND 회로   ② NOR 회로
③ OR 회로   ④ NOT 회로

해설 NOT 회로(논리부정 회로)
논리식 : $X = \overline{A}$

50. 다음 회로 중 AND 논리 회로를 나타낸 것은?

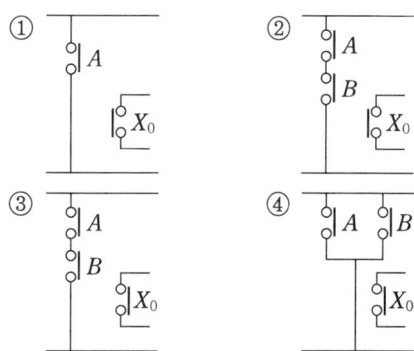

해설 ① NOT 회로
② NAND 회로
③ AND 회로
④ OR 회로

51. 입력신호가 '0'이면 출력은 '1', 입력신호가 '1'이면 출력이 '0'이 되는 논리 회로는?

① AND 회로   ② NOT 회로
③ OR 회로   ④ NAND 회로

해설 입력신호가 '0'일 때 출력은 '1', 입력신호가 '1'일 때 출력은 '0'이면 논리 부정이므로 NOT 회로가 된다.

52. 6극에서 60 Hz의 주파수를 얻으려면 동기 발전기의 회전수는 몇 rpm인가?

① 800   ② 1000
③ 1200   ④ 1500

해설 $N_s = \dfrac{120f}{P} = \dfrac{120 \times 60}{6} = 1200 \, \text{rpm}$

53. 냉동제조시설에 설치된 밸브 등을 조작하는 장소의 조도는 몇 lx 이상인가?

① 10   ② 50
③ 150   ④ 200

해설 • 기타 작업 : 75 lx
• 보통 작업 : 150 lx
• 정밀 작업 : 300 lx
• 초정밀 작업 : 750 lx

54. 암모니아 가스의 제독제로 올바른 것은 어느 것인가?

① 물   ② 가성소다
③ 탄산소다   ④ 소석회

해설 암모니아는 물에 체적으로 약 800~900배 정도 용해한다.

55. 냉동장치 내압시험의 설명으로 적당한 것은?

① 물을 사용한다.
② 공기를 사용한다.
③ 질소를 사용한다.
④ 산소를 사용한다.

해설 냉동장치의 내압시험은 물 또는 오일 등 액체의 압력으로 기기 또는 보조기기의 강도를 시험한다.

56. 다음 중 프레온 누설 검사용으로 사용되는 할라이드 토치의 연료로 적합하지 않은 것은?

① 부탄   ② 알코올

③ 프로판 ④ 휘발유

[해설] 부탄, 프로판, 알코올 등이 연료로 사용된다.

57. 독성가스를 냉매로 사용하는 냉동기에 수액기 내용적이 몇 L 이상이면 방류둑을 설치하여야 하는가?

① 4000 ② 6000
③ 8000 ④ 10000

[해설] 방류둑 설치기준
  독성 : 10000 L 이상 또는 5000 kg 이상

58. 고압가스 안전관리법령에 따라 충전용기는 충전질량 또는 충전압력의 (　)이 충전되어 있는 상태이다. (　) 안에 적합한 용어는?

① 1/2 이상 ② 1/2 초과
③ 1/2 이하 ④ 1/2 미만

[해설] 충전용기는 1/2 이상이며 잔가스용기는 1/2 미만에 해당된다.

59. 고압가스 안전관리법령에 의하여 공업용 산소와 아세틸렌 용기 색으로 올바른 것은?

① 산소 : 녹색, 아세틸렌 : 황색
② 산소 : 황색, 아세틸렌 : 적색
③ 산소 : 적색, 아세틸렌 : 녹색
④ 산소 : 백색, 아세틸렌 : 청색

[해설] 산소의 용기 및 호스는 녹색이며, 아세틸렌의 용기는 황색, 호스는 적색이다.

60. 다음 중 LPG의 주성분에 해당되는 것은 어느 것인가?

① 프로판, 부탄
② 메탄, 아세틸렌
③ 메탄, 에틸렌
④ 프로판, 수소

[해설] • LPG : 프로판, 부탄
 • LNG : 메탄

| 제4과목 | 유지보수공사관리 |

61. 스케줄 번호(Sch No)에 의해 관의 살 두께를 나타내는 강관이 아닌 것은?

① 배관용 탄소 강관(SPP)
② 압력배관용 탄소 강관(SPPS)
③ 고압배관용 탄소 강관(SPPH)
④ 고온배관용 탄소 강관(SPHT)

[해설] 스케줄 번호 $= 10 \times \dfrac{P}{S}$

 여기서, P : 사용압력(kg/cm^2)
   S : 허용응력(kg/mm^2)
 ※ 배관용 탄소 강관은 스케줄 번호 표시를 하지 않는다.

62. 다음 동관 중 가장 높은 압력에서 사용되는 관은?

① K형 ② L형
③ M형 ④ N형

[해설] 동관의 높은 압력에 사용하는 순서
  K > L > M > N

63. 같은 지름의 관을 직선으로 연결할 때 사용하는 배관 이음쇠가 아닌 것은?

① 소켓(socket) ② 유니언(union)
③ 벤드(bend) ④ 플랜지(flange)

[해설] 벤드는 유체의 흐름이 완만한 곡선을 이루는 곳에 사용한다.

64. 무기질 보온 재료가 아닌 것은?

① 규조토 ② 글라스울
③ 코르크 ④ 탄산 마그네슘

정답 57. ④ 58. ① 59. ① 60. ① 61. ① 62. ① 63. ③ 64. ③

[해설] 코르크는 유기질 보온재이다.

65. 탄산 마그네슘 보온재에 관한 설명 중 틀린 것은?
① 열전도율이 극히 작다.
② 300~320℃에서 열분해한다.
③ 습기가 많은 옥외 배관에 적합하다.
④ 석면 85 %, 염기성 탄산 마그네슘 15 %를 섞은 보온재이다.
[해설] 매우 가볍고 250℃ 이하의 관, 탱크 등의 보랭용에 적합하며 염기성 탄산 마그네슘 85 %, 석면 15 %를 배합시킨 것이다.

66. 아래 그림과 같이 호칭직경 20 A인 강관을 2개의 45° 엘보를 사용하여 연결하였다면 강관의 실제 소요길이는 얼마인가? (단, 엘보에 삽입되는 나사부의 길이는 10 mm이고, 엘보의 중심에서 끝단면까지의 길이는 25 mm이다.)

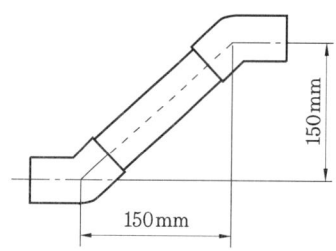

① 212.1 mm ② 200.3 mm
③ 170.3 mm ④ 182.1 mm
[해설] $L = l - 2(A-a)$ 에서
$l = \sqrt{150^2 + 150^2} = 212.13$ mm
$A = 25$ mm, $a = 10$ mm
$L = 212.13 - 2(25-10) = 182.1$ mm

67. 동관의 이음에서 기계의 분해, 점검, 보수를 고려하여 사용하는 이음법은?
① 납땜 이음   ② 플라스턴 이음
③ 플레어 이음 ④ 소켓 이음
[해설] 플레어 이음은 플레어 너트를 사용하여 관을 연결하기 때문에 분해·점검·보수가 용이하다.

68. 강관의 나사 이음 시 관을 절단한 후 관 단면의 안쪽에 생기는 거스러미를 제거할 때 사용하는 공구는?
① 파이프 바이스   ② 파이프 리머
③ 파이프 렌치   ④ 파이프 커터
[해설] ① 파이프 바이스 : 작업 시 파이프를 고정 지지하는 공구이다.
② 파이프 리머 : 관의 절단면 거스러미를 제거해 주는 공구이다.
③ 파이프 렌치 : 관을 설치할 때 관의 나사를 돌리는 공구이며 지름 100 mm 이하의 관을 연결할 때 사용한다.
④ 파이프 커터 : 강관을 자를 때 사용하는 공구이다.

69. 도시가스 입상배관의 관지름이 20 mm일 때 움직이지 않도록 몇 m마다 고정장치를 부착해야 하는가?
① 1 m ② 2 m ③ 3 m ④ 4 m
[해설] 도시가스 배관 고정장치
㈎ 관경 13 mm 미만 : 1 m
㈏ 관경 13 mm 이상, 33 mm 미만 : 2 m
㈐ 관경 33 mm 이상 : 3 m

70. 유체의 입구와 출구 방향이 직각으로 되어 있어 유체의 흐름 방향을 90° 변환시키는 밸브는?
① 앵글 밸브 ② 게이트 밸브
③ 체크 밸브 ④ 볼 밸브
[해설] 90° 변환에는 앵글 밸브를 사용한다.

71. 배수트랩의 구비 조건으로서 옳지 않은 것은?

정답 65. ④ 66. ④ 67. ③ 68. ② 69. ② 70. ① 71. ①

① 트랩 내면이 거칠고 오물 부착으로 유해 가스 유입이 어려울 것
② 배수 자체의 유수에 의하여 배수로를 세정할 것
③ 봉수가 항상 유지될 수 있는 구조일 것
④ 재질은 내식 및 내구성이 있을 것

[해설] 배수트랩의 구비 조건
  (가) 봉수가 확실하게 유지될 수 있을 것
  (나) 구조가 간단하며 평활한 내면을 이루고 오물이 체류하지 않을 것
  (다) 유수에 의해 배수로 내면을 세정할 수 있는 자기 세정을 할 것
  (라) 청소를 할 수 있는 구조일 것
  (마) 재질은 내식 및 내구성이 있을 것

72. 배관의 보온재를 선택할 때 고려해야 할 점이 아닌 것은?
① 불연성일 것
② 열전도율이 클 것
③ 물리적, 화학적 강도가 클 것
④ 흡수성이 작을 것

[해설] 보온재 구비 조건
  (가) 열전도율이 작아야 하며 경량일 것
  (나) 내습·내열성이 있을 것
  (다) 사용온도 범위가 클 것
  (라) 내압성이 있어야 하며 시공이 쉬울 것
  (마) 구입이 용이할 것
  (바) 경제적일 것

73. 기계급기와 자연배기에 의한 환기방식으로 주로 클린룸과 수술실 등에서 주로 적용하는 환기법은?
① 1종 환기법   ② 2종 환기법
③ 3종 환기법   ④ 4종 환기법

[해설] 환기법의 종류
  (가) 제1종 환기법 : 급기 팬에 의하여 강제 급기와 배기 팬에 의하여 강제 배기가 된다.
  (나) 제2종 환기법 : 급기 팬에 의하여 강제 급기가 되며 자연 배기에 의한다.
  (다) 제3종 환기법 : 자연 급기에 의하며 배기 팬에 의하여 강제 배기가 된다.

74. 합성수지류 패킹 중 테플론(teflon)의 내열범위로 옳은 것은?
① -30~140℃   ② -100~260℃
③ -260~260℃ ④ -40~120℃

[해설] 테플론은 불소와 탄소의 강력한 화학적 결합으로 인해 매우 안정된 화합물을 형성함으로써 화학적 비활성 및 내열성, 비점착성, 우수한 절연 안정성, 안정 사용온도 (-260~260℃), 낮은 마찰계수 등의 특성이 있다.

75. 다음 그림과 같은 방열기 표시 중 "5"의 의미는?

① 방열기의 섹션 수
② 방열기 사용 압력
③ 방열기의 종별과 형
④ 유입관의 관경

[해설] 방열기 표시
  5 : 방열기 절수(섹션 수)
  W : 방열기 종류
  H : 방열기 형태
  20 : 유입관의 직경
  15 : 유출관의 직경

76. 급탕 배관 시 주의사항으로 옳지 않은 것은?
① 구배는 중력순환식인 경우 $\frac{1}{150}$, 강제순환식에서는 $\frac{1}{200}$로 한다.
② 배관의 굽힘 부분에는 스위블 이음으

로 접합한다.
③ 상향 배관인 경우 급탕관은 하향구배로 한다.
④ 플랜지에 사용되는 패킹은 내열성 재료를 사용한다.

[해설] 급탕관의 경우 상향구배로 해야 한다.

77. 급탕설비에 관한 설명으로 틀린 것은?
① 중앙식 급탕설비에서의 급탕온도는 일반적으로 60℃를 기준으로 한다.
② 증기취입식 기수혼합 가열장치에는 소음을 줄이기 위하여 사이렌서를 설치한다.
③ 배관과 보일러 또는 저장탱크와의 접속에는 역류방지기를 설치한다.
④ 리버스리턴 배관은 배관내 마찰손실 수두를 줄이기 위한 방식이다.

[해설] 리버스리턴 배관은 역귀환 방식으로 각 방열기의 급탕배관+환수배관의 길이를 동등하게 하여 공급유량을 동일하게 하기 위함이다.

78. 급탕의 온도는 사용온도에 따라 각각 다르나 계산을 위하여 기준온도로 환산하여 급탕의 양을 표시하고 있다. 이때 환산의 온도로 맞는 것은?
① 40℃ ② 50℃
③ 60℃ ④ 70℃

[해설] 보일러에서 열을 받아 온도가 높아져 공급되는 배관을 급탕배관이라 하며 환산온도는 60℃를 기준으로 한다.

79. 급탕 속도가 1 m/s이고 순환량이 8 m³/h일 때 급탕 주관의 관경은 약 얼마인가?
① 36.3 mm ② 40.5 mm
③ 53.2 mm ④ 75.7 mm

[해설] $D = \sqrt{\dfrac{4 \times 8}{\pi \times 3600}}$
$= 0.05319\,\text{m} = 53.19\,\text{mm}$

80. 배수설비의 종류에서 요리실, 욕조, 세척 싱크와 세면기 등에서 배출되는 물을 배수하는 설비의 명칭으로 맞는 것은?
① 오수 설비
② 잡배수 설비
③ 빗물배수 설비
④ 특수배수 설비

[해설] 배수의 종류
㈎ 오수 : 수세식 화장실에서 배수되는 물 중 오물을 포함하고 있는 대·소변기, 비데, 변기 소독기 등에서의 배수를 말한다.
㈏ 잡배수 : 세면기, 싱크대, 욕조 등에서 나오는 일반 배수를 말한다.
㈐ 우수배수 : 옥상이나 마당에 떨어지는 빗물의 배수를 말한다.
㈑ 특수배수 : 공장폐수 등과 같이 유해한 물질이나 병원균, 방사능 물질 등을 포함한 물의 배수를 말한다.

정답 77. ④ 78. ③ 79. ③ 80. ②

CBT 실전문제 (12)

제1과목   **에너지관리**

1. 불쾌지수는 일반적인 열환경 평가지수가 아닌 불쾌감지수라고 할 수 있다. 기후에 따른 불쾌감을 표시하는 불쾌지수는 무엇만을 고려한 지수인가?
① 기온과 기류　　② 기온과 노점
③ 기온과 복사열　④ 기온과 습도

[해설] 불쾌지수 = 0.72 × (건구온도 + 습구온도) + 40.6이므로 불쾌지수는 온도와 습도를 고려하여 만든 것이다.

2. 표준대기압(101.325 kPa)에서 25℃인 포화공기의 절대습도 X_s [kg/kg(DA)]는 약 얼마인가? (단, 25℃의 포화 수증기 분압 P_{ws} = 3.1660 kPa이다.)
① 0.0188　　② 0.0201
③ 0.6522　　④ 0.6543

[해설] 절대습도$(x) = \dfrac{0.622 \times 3.166}{(101.325 - 3.166)}$
$= 0.0201 \, \text{kg/kg}$

3. 인위적으로 실내 또는 일정한 공간의 공기를 사용 목적에 적합하도록 공기조화하는 데 있어서 고려하지 않아도 되는 것은?
① 온도　　② 습도
③ 색도　　④ 기류

[해설] 공기조화의 3대 요소
 (가) 온도
 (나) 습도
 (다) 기류
 (라) 공기 청결도(4요소)

4. 선도에서 습공기를 상태 1에서 2로 변화시킬 때 감열비(SHF)를 올바르게 나타낸 것은?

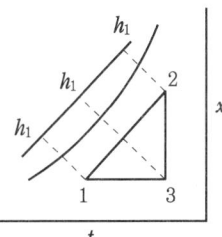

① $\dfrac{(h_2 - h_3)}{(h_2 - h_1)}$　　② $\dfrac{(h_3 - h_1)}{(h_2 - h_1)}$

③ $\dfrac{(h_3 - h_1)}{(h_2 - h_3)}$　　④ $\dfrac{(h_2 - h_1)}{(h_2 - h_3)}$

[해설] 감열비(현열비) = $\dfrac{\text{감열}}{(\text{감열} + \text{잠열})}$

5. 다음 공기 선도상에서 난방 풍량이 25000 CMH일 경우 가열 코일의 열량(kJ/h)은? (단, ①은 외기, ②는 실내 상태점을 나타내며, 공기의 비중량은 1.2 kg/m³이다.)

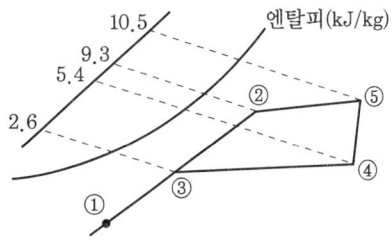

① 84000　　② 20160
③ 75000　　④ 30500

[해설] Q = 25000 m³/h × 1.2 kg/m³
 × (5.4 − 2.6) kJ/kg = 84000 kJ/h

정답   1. ④   2. ②   3. ③   4. ②   5. ①

6. 습공기의 상태변화에 관한 설명 중 옳지 않은 것은?

① 습공기를 가열하면 엔탈피가 증가한다.
② 습공기를 가열하면 상대습도는 감소한다.
③ 습공기를 냉각하면 비체적은 감소한다.
④ 습공기를 냉각하면 절대습도는 증가한다.

[해설] 습공기를 냉각하면 절대습도는 불변이며 상대습도는 증가하게 된다.

7. 습공기선도($t-x$ 선도)상에서 알 수 없는 것은?

① 엔탈피 ② 습구온도
③ 풍속   ④ 상대습도

[해설] 습공기 선도를 이용하여 엔탈피, 건구온도, 습구온도, 상대습도, 노점온도, 절대습도 등을 알 수 있다.

8. 공기조화 방식 중에서 덕트 방식이 아닌 것은?

① 팬코일 유닛 방식
② 멀티존 방식
③ 각층 유닛 방식
④ 유인 유닛 방식

[해설] 팬코일 유닛 방식은 수 방식으로 덕트를 사용하지 않는다.

9. 공조 방식 중 각층 유닛 방식의 특징에 속하지 않는 것은?

① 송풍 덕트의 길이가 짧게 되고 설치가 용이하다.
② 사무실과 병원 등의 각층에 대하여 시간차 운전에 유리하다.
③ 각 층 슬래브의 관통 덕트가 없게 되므로 방재상 유리하다.
④ 각 층에 수배관을 하지 않으므로 누수의 염려가 없다.

[해설] 각층 유닛 방식은 각 층별로 수배관을 하여야 하며 이로 인하여 누수의 우려가 있다.

10. 2중 덕트 방식의 특징 중 옳지 않은 것은?

① 실내부하에 따라 개별제어가 가능하다.
② 2중 덕트이므로 덕트 스페이스는 적게 된다.
③ 실내습도의 완전한 제어가 어렵다.
④ 냉풍 및 온풍이 열매체이므로 실내온도 변화에 대한 응답이 빠르다.

[해설] 2중 덕트이므로 덕트 스페이스는 크게 되며 열 손실이 많다.

11. HEPA 필터에 적합한 효율 측정법은?

① weight법   ② NBS법
③ dust spot법 ④ DOP법

[해설] 계수법(DOP법) : 고성능 필터를 측정하는 방법으로 일정한 크기의 시험입자(0.3 μ)를 사용하여 먼지 계측기로 측정한다.

12. 공기냉각용 냉수 코일의 설계 시 주의사항 중 옳지 않은 것은?

① 코일을 통과하는 공기의 풍속은 2~3 m/s로 한다.
② 코일 내 물의 속도는 3 m/s 이상으로 한다.
③ 물과 공기의 흐름 방향은 역류가 되게 한다.
④ 코일의 설치는 관이 수평으로 놓이게 한다.

[해설] 코일 내의 물의 속도는 1 m/s 전후가 적당하다.

정답 6. ④ 7. ③ 8. ① 9. ④ 10. ② 11. ④ 12. ②

13. 원심송풍기 번호가 No2일 때 회전날개(깃)의 지름(mm)은 얼마인가?
① 150 ② 200 ③ 250 ④ 300

[해설] 원심송풍기 번호
$= \dfrac{\text{임펠러 날개 지름(mm)}}{150}$ 이므로
임펠러 날개 지름 $= 2 \times 150 = 300$ mm

14. 덕트 시공도 작성 시의 유의사항으로 옳지 않은 것은?
① 덕트의 경로는 될 수 있는 한 최장거리로 한다.
② 소음과 진동을 고려한다.
③ 댐퍼의 조작 및 점검이 가능한 위치에 있도록 한다.
④ 설치 시 작업공간을 확보한다.

[해설] 덕트 설계상의 주의점
 (개) 곡관부는 가능한 크게 구부린다.
 (내) 덕트의 치수는 가능한 작게 한다(아스펙트 비는 6 이하로 한다).
 (대) 덕트의 확대부는 20° 이하로 하고 축소부는 45° 이하로 한다.
 (래) 덕트의 경로는 최단거리로 한다.

15. 취출에 관한 용어 설명 중 옳은 것은?
① 내부유인이랑 취출구의 내부에 실내공기를 흡입해서 이것을 취출 1차 공기를 혼합해서 취출하는 작용이다.
② 강하도란 수평으로 취출된 공기가 어느 거리만큼 진행했을 때의 기류 중심선과 취출구 중심과의 수평거리이다.
③ 2차 공기란 취출구로부터 취출되는 공기를 말한다.
④ 도달거리란 수평으로 취출된 공기가 어느 거리만큼 진행했을 때의 기류 중심선과 취출구와의 수직거리이다.

[해설] • 강하도 : 취출구에서 도달거리에 도달할 때까지 생긴 기류의 강하
• 도달거리 : 취출구에서 0.25 m/s의 풍속이 되는 위치까지의 거리
• 2차 공기 : 취출구에서 분출되는 1차 공기에 의해 유인되는 공기

16. 다음 중 냉방 시 열의 종류와 설명이 틀린 것은?
① 인체의 발생열-현열, 잠열
② 틈새바람에 의한 열량-현열, 잠열
③ 외기 도입량-현열 잠열
④ 조명의 발생열-현열, 잠열

[해설] 틈새바람(극간풍), 인체, 외기 부하에는 현열과 잠열 모두가 해당되며 나머지 벽체, 유리창, 조명부하 등은 현열만 계산한다.

17. 냉수코일의 냉각부하 147000 kJ/h이고, 통과풍량은 10000 m³/h, 정면풍속 2 m/s이다. 코일입구공기온도 38℃, 출구공기온도 15℃이며, 코일의 입구냉수온도 7℃, 출구냉수온도 12℃, 열관류율은 2346 kJ/m²·h·℃일 때 코일열수는 얼마인가? (단, 습면 보정계수는 1.33, 공기와 냉수의 열교환은 대향류 형식이다.)
① 2열 ② 3열 ③ 5열 ④ 6열

[해설] 전열면적$(F) = \dfrac{10000 \text{ m}^3/\text{h}}{(2\text{ m/s} \times 3600 \text{ s/h})}$
$= 1.388 \text{ m}^2$
$\Delta_1 = 38 - 12 = 26$℃
$\Delta_2 = 15 - 7 = 8$℃
$MTD = \dfrac{(26-8)}{\ln\left(\dfrac{26}{8}\right)} = 15.27$℃
$Q = K \times F \times MTD \times N \times C_{ws}$
여기서, N : 열수
 C_{ws} : 습면 보정계수
$147000 = 2346 \times 1388 \times 15.27 \times 1.33 \times N$
∴ $N = 2.22 = 3$ 열

정답 13. ④ 14. ① 15. ① 16. ④ 17. ②

18. 외기온도 −5℃, 실내온도 20℃, 벽면적 20 m²인 실내의 열손실량은 얼마인가? (단, 벽체의 열관류율 8 kJ/m²·h·℃, 벽체 두께 20 cm, 방위계수는 1.2이다.)

① 4800 kJ/h ② 4000 kJ/h
③ 3200 kJ/h ④ 2400 kJ/h

[해설] $Q = K \times F \times \Delta t_m$
$= 8 \text{ kJ/m}^2 \cdot \text{h} \cdot ℃ \times 20 \text{ m}^2 \times \{20-(-5)\}℃ \times 1.2$
$= 4800 \text{ kJ/h}$

19. 다음은 온수난방 배관상의 주의사항을 나타낸 것이다. 틀린 것은?

① 보일러로부터 팽창수조 사이의 팽창관에는 필히 밸브를 부착한다.
② 방열기에는 반드시 공기빼기 밸브를 둔다.
③ 배관은 1/200~1/250 정도의 구배로 하고 가장 높은 곳에 배관 중의 공기가 모이게끔 한다.
④ 배관 도중의 구경이 다른 관과의 연결은 되도록 편심형을 사용하여 공기가 고이지 않도록 한다.

[해설] 팽창관에는 밸브를 부착하지 않는다.

20. 증기 보일러에서 환산증발량에 관한 설명으로 옳은 것은?

① 대기압상태에서 100℃의 포화수를 100℃의 건포화증기로 증발시켜 상태변화시키는 경우의 증발량
② 대기압상태에서 37.8℃의 포화수를 100℃의 건포화증기로 증발시켜 상태변화시키는 경우의 증발량
③ 대기압상태에서 100℃의 포화수를 소요 증기로 증발시켜 상태변화시키는 경우의 증발량
④ 대기압상태에서 37.8℃의 포화수를 소요 증기로 증발시켜 상태변화시키는 경우의 증발량

[해설] 보일러의 증발 능력을 나타내는 방법으로 보일러에 있어서 실제의 증기증발량을 대기압에서 100℃의 물을 100℃의 건포화증기로 만드는 경우의 증발량으로 환산한 것으로 환산증발량 또는 상당증발량이라 한다.

제2과목 공조냉동설계

21. 냉동용 압축기를 냉동법의 원리에 의해 분류할 때, 저온에서 증발한 가스를 압축하여 고온으로 이동시키는 냉동법은 어느 것인가?

① 화학식 냉동법
② 기계식 냉동법
③ 흡착식 냉동법
④ 전자식 냉동법

[해설] 압축기를 이용하는 냉동기를 증기압축식 냉동기 또는 기계식 냉동법이라 한다. 이 방법은 냉동, 제빙, 냉방 등 다양하게 사용할 수 있는 것으로 가장 널리 이용되지만 전력 소비가 많은 것이 단점이다.

22. 냉동 사이클의 냉매 상태 변화와 관계가 없는 것은?

① 등엔트로피 변화
② 등압 변화
③ 등엔탈피 변화
④ 등적 변화

[해설] 냉동 사이클에서 상태 변화
- 등압 변화 : 증발과정, 응축과정
- 등엔탈피 변화 : 팽창과정
- 등엔트로피 변화 : 압축과정

[정답] 18. ① 19. ① 20. ① 21. ② 22. ④

23. 다음 냉매 중 가연성이 있는 냉매는?
① R-717   ② R-744
③ R-718   ④ R-502

[해설] R-700 단위는 무기질 냉매 표시이며 뒤의 두 자리수는 냉매의 분자량 표시이다.
R-717 : 암모니아
R-744 : 이산화탄소
R-718 : 물
R-502 : 공비혼합냉매
암모니아는 가연성(폭발범위 : 15~28%), 독성(25 ppm) 가스이다.

24. 염화칼슘 브라인에 대한 설명 중 옳은 것은?
① 냉동 작용은 브라인의 잠열을 이용하는 것이다.
② 강관에 대한 부식도는 염화나트륨 브라인보다 일반적으로 부식성이 크다.
③ 공기 중에 장시간 방치하여 두어도 금속에 대한 부식성이 없다.
④ 가장 일반적인 브라인으로 제빙, 냉장 및 공업용으로 이용된다.

[해설] 염화칼슘 브라인은 공정점 -55℃(비중 1.2~1.24)로서 주로 제빙용, 냉동용으로 많이 사용하며 감열(현열) 상태로 열을 운반한다.

25. 다음 중 2원 냉동 사이클에 대한 설명으로 옳은 것은?
① 팽창탱크는 저압측에 설치하는 안전장치이다.
② 고압측과 저압측에 사용하는 윤활유는 동일하다.
③ 일반적으로 저온측에 사용하는 냉매는 R-12, R-22, 프로판 등이다.
④ 일반적으로 고온측에 사용하는 냉매는 R-13, R-14 등이다.

[해설] 저압측에는 90번 오일을 사용하며 고압측에는 300번 오일을 사용한다. 저압측에는 R-13, 에틸렌, 프로필렌 등이 냉매로 사용되며 고압측에는 R-12, R-22 등이 사용된다.

26. 다음 그림과 같은 몰리에르(Mollier) 선도상에서 압축냉동 사이클의 각 상태점에 있는 냉매의 상태 설명 중 틀린 것은?

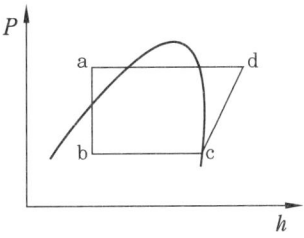

① a점의 냉매는 팽창밸브 직전의 과냉각된 냉매액
② b점은 감압되어 증발기에 들어가는 포화액
③ c점은 압축기에 흡입되는 건포화 증기
④ d점은 압축기에서 토출되는 과열 증기

[해설] b점은 교축(감압)되어 습증기상태로 증발기로 유입된다.

27. 열의 이동에 대한 설명으로 옳지 않은 것은?
① 고체 표면과 이에 접하는 유동 유체 간의 열이동을 열전달이라 한다.
② 자연계의 열이동은 비가역 현상이다.
③ 열역학 제1법칙에 따라 고온체에서 저온체로 이동한다.
④ 자연계의 열이동은 엔트로피가 증가하는 방향으로 흐른다.

[해설] "열은 높은 곳에서 낮은 곳으로 흐른다."는 것은 열역학 제2법칙에 해당한다.

28. 가용전의 구성요소가 아닌 것은?
① Sn(주석) ② Cd(카드뮴)
③ Bi(비스무트) ④ Cu(구리)

[해설] 가용전은 냉매액과 증기가 공존하고 있는 부분에 설치하여 불의사고 시 일정한 온도에서 녹아 고압가스를 외기로 방출함으로써 이상 고압에 의한 장치 폭발을 방지한다. 카드뮴(Cd), 비스무트(Bi), 안티몬(Sb), 주석(Sn), 납(Pb) 등이 주성분이다.

29. 다음은 전자밸브의 응용에 대한 설명이다. 틀린 것은?
① 냉동기의 용량 조절 장치에 사용한다.
② 리퀴드 백 및 액관 조정 장치용으로 사용된다.
③ 냉동기의 온도 조절용으로 사용된다.
④ 프레온 만액식 유회수 장치에 사용된다.

[해설] 온도 조절은 T.C에 의해 작동된다.

30. 고압 차단 스위치가 하는 역할은?
① 이상 고압이 되었을 때 주회로를 차단하여 압축기를 정지시킨다.
② 증발기 내의 이상 고압을 방지하기 위한 것이다.
③ 응축기의 고압 상승을 방지하여 냉각수 펌프의 모터를 차단, 정지시킨다.
④ 수액기 내부의 이상 고압 상승을 방지하기 위하여 설치된 안전장치이다.

[해설] ③ 단수 릴레이에 대한 설명이다.

31. 냉동장치에서 디스트리뷰터의 역할로서 옳은 것은?
① 냉매의 분배
② 흡입가스의 과열 방지
③ 증발온도의 저하 방지
④ 플래시가스의 발생 방지

[해설] 디스트리뷰터는 냉매 분배기라 하며, 여러 대의 증발기로 냉매 공급을 균등하게 하는 역할을 한다.

32. 프레온 냉동장치의 배관공사 중에 수분이 장치 내에 잔류했을 경우 이 수분에 의한 문제점으로 옳지 않은 것은?
① 프레온 냉매와 수분은 거의 융합되지 않으므로 냉동장치 내가 0℃ 이하가 되면 수분은 빙결한다.
② 수분은 냉동장치 내에서 철재 재료 등을 부식시킨다.
③ 증발기 전열 기능을 저하시키고, 흡입관 내 냉매 흐름을 방해한다.
④ 프레온 냉매와 수분은 화합 반응하여 알칼리를 생성시킨다.

[해설] 장치에 수분이 침투하면 미치는 영향
㈎ 프레온
 • 팽창변 동결·폐쇄
 • 산(HF, HCl)을 생성하여 장치 부식 촉진
 • 동부착현상 유발
㈏ 암모니아 : 수분 1% 함유함에 따라 증발온도 0.5℃ 상승
※ 프레온장치에서는 응축기나 수액기 출구에 건조기(dryer)를 설치하여야 하며 암모니아 장치는 배관상의 압력손실을 이유로 사용하지 않는다.

33. 다음 냉동기기에 관한 설명 중 옳은 것은?
① 온도 자동 팽창밸브는 증발기의 온도를 일정하게 유지 제어한다.
② 흡입압력 조정밸브는 압축기의 흡입압력이 설정값 이상이 되지 않도록 제어한다.
③ 전자밸브를 설치할 경우 흐름 방향을

정답 28. ④ 29. ③ 30. ① 31. ① 32. ④ 33. ②

생각할 필요는 없다.
④ 고압측 플로트(float) 밸브는 냉매액의 속도로써 제어한다.

[해설] 온도 자동 팽창밸브는 흡입가스 과열도를 일정하게 유지하여 작동하는 프레온 소형장치에 주로 이용한다. 전자밸브는 흐름방향(화살표)에 유의하여 설치하며 고압측 플로트 밸브는 고압측 액면의 양에 따라 작동한다.

34. 제빙장치에서 두께가 29 cm인 얼음을 만드는 데 48시간이 걸렸다. 이때의 브라인 온도는 약 몇 ℃인가?
① 0℃
② -10℃
③ -20℃
④ -30℃

[해설] $T = \dfrac{0.56 \times t^2}{-t_b}$

여기서, T : 결빙시간
t : 얼음의 두께
t_b : 브라인 온도

$48 = \dfrac{0.56 \times 29^2}{-t_b}$

∴ $t_b = -9.8℃ ≒ -10℃$

35. 빙축열 방식이 수축열 방식에 비해 유리하다고 할 수 없는 것은?
① 축열조를 소형화할 수 있다.
② 낮은 온도를 이용할 수 있다.
③ 난방 시의 축열대응에도 적합하다.
④ 축열조의 설치장소가 자유롭다.

[해설] 빙축열은 공기와 얼음을 열교환시켜 냉방하는 것으로 난방과는 관계가 없다.

36. 암모니아를 냉매로 사용하는 냉동설비에서 시운전에 사용하면 안되는 기체는 어느 것인가?
① 이산화탄소
② 산소
③ 질소
④ 일반공기

[해설] 암모니아가스는 가연성가스(폭발범위 : 15~28 %)로 지연성가스인 산소와 반응하면 폭발범위가 15~79 %로 급격히 증가하여 폭발의 우려가 커지므로 반드시 질소 등 불연성가스로 시운전을 하여야 한다.

37. 응축기에서 냉매가스의 열이 제거되는 방법은?
① 대류와 전도
② 증발과 복사
③ 승화와 휘발
④ 복사와 액화

[해설] 응축기에서는 전도와 대류에 의하여 열을 제거한다.

38. 냉각탑(cooling tower)에 관한 설명 중 맞는 것은?
① 오염된 공기를 깨끗하게 하며 동시에 공기를 냉각하는 장치이다.
② 냉매를 통과시켜 공기를 냉각시키는 장치이다.
③ 찬 우물물을 냉각시켜 공기를 냉각하는 장치이다.
④ 냉동기의 냉각수가 흡수한 열을 외기에 방사하고 온도가 내려간 물을 재순환시키는 장치이다.

[해설] 냉각탑은 냉각수가 응축기에서 냉매로부터 흡수한 열량을 방출하는 역할을 한다.

39. 냉동기에서 성적계수가 6.84일 때 증발온도가 -15℃이다. 이때 응축온도는 몇 ℃인가?
① 17.5
② 20.7
③ 22.7
④ 25.5

[해설] $COP = \dfrac{T_2}{T_1 - T_2}$

$T_2 = 273 + (-15) = 258 \text{ K}$

정답 34. ② 35. ③ 36. ② 37. ① 38. ④ 39. ③

$$6.84 = \frac{258}{T_1 - 258}$$
$$\therefore T_1 = 295.71\,\text{K} = 22.7\,°\text{C}$$

40. 일반적으로 사용되고 있는 제상 방법 이라고 할 수 없는 것은?
① 핫 가스에 의한 방법
② 전기가열기에 의한 방법
③ 운전 정지에 의한 방법
④ 액 냉매 분사에 의한 방법
[해설] ①, ②, ③항 이외에 온수 살포에 의한 방법, 브라인 분무에 의한 제상 등이 있다.

제3과목 시운전 및 안전관리

41. 어떤 부하에 흐르는 전류와 전압강하를 측정하려고 한다. 이때 전류계와 전압계의 접속방법은?
① Ⓐ, Ⓥ에 모두 부하에 직렬접속한다.
② Ⓐ, Ⓥ를 모두 부하에 병렬접속한다.
③ Ⓐ는 부하에 직렬, Ⓥ는 부하에 병렬로 접속한다.
④ Ⓐ는 부하에 병렬, Ⓥ는 부하에 직렬로 접속한다.
[해설]
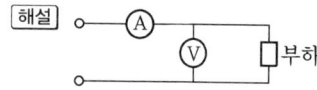

42. 1개의 저항값이 100 Ω인 저항 4개를 접속하여 얻을 수 있는 가장 작은 저항값은 얼마인가?
① 20 Ω ② 25 Ω ③ 30 Ω ④ 35 Ω
[해설] 병렬접속일 때 저항값은 가장 작다.
$$R_0 = \frac{R}{n} = \frac{100}{4} = 25\,\Omega$$
직렬접속일 때 $R_0 = nR$

43. 3상 유도 전동기의 출력이 5 HP, 전압이 200 V, 효율 90 %, 역률 85 %일 때 이 전동기에 유입되는 전류(A)는?
① 6 ② 8 ③ 10 ④ 14
[해설] $\text{FLA} = \dfrac{5 \times \dfrac{75}{102} \times 10^3}{\sqrt{3} \times 200 \times 0.9 \times 0.85} \fallingdotseq 14\,\text{A}$

44. 회전자 바깥지름이 2 m, 50 Hz, 12극 인 동기발전기의 주변 속도를 구하면?
① 20 m/s ② 30 m/s
③ 50 m/s ④ 100 m/s
[해설] $N_s = \dfrac{120f}{P} = \dfrac{120 \times 50}{12} = 500\,\text{rpm}$
$V = \pi D \dfrac{N_s}{60} = 3 \times 2 \times \dfrac{500}{60} = 50\,\text{m/s}$

45. 다음 그림과 같은 제어계에서 입력을 R, 출력을 C라 할 때 전달함수의 값은?

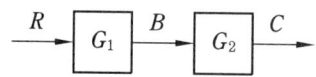

① $G_1 - G_2$ ② $G_1 + G_2$
③ G_1/G_2 ④ $G_1 \cdot G_2$
[해설] $B = RG_1 \cdots ①, \quad C = BG_2 \cdots ②$
식 ②를 식 ①에 대입하면,
$C = RG_1 \cdot G_2$
$\therefore C/R = G_1 \cdot G_2$

46. 다음 그림에서 논리기호로 표시된 것을 식으로 표시한 것으로 옳은 것은?

$\begin{array}{c} X_1 \\ X_2 \end{array}$ —[AND]— F

① $F = \overline{X_1} + \overline{X_2}$
② $F = X_1 \cdot X_2$
③ $F = X_1 \cdot X_2 + X_1 \cdot X_2$
④ $F = X_1 \cdot X_2$

정답 40. ④ 41. ③ 42. ② 43. ④ 44. ③ 45. ④ 46. ④

해설 2개의 입력 X_1과 X_2가 모두 1일 때만 출력 F가 1이 되는 회로이다.

47. 다음 중 논리회로의 불 대수식을 간략화하는 데 사용되는 규칙으로 옳지 않은 것은?
① $A+1=1$
② $A \cdot A = A$
③ $A+A=A$
④ $\overline{A}=A$

해설 $\overline{A}$는 부정, A는 긍정이므로 반대의 뜻이 된다.

48. 보일러 온도를 80℃로 유지시키기 위하여 기름의 공급량을 변화시킬 때 조작량에 속하는 것은?
① 80℃
② 온도
③ 기름 공급량
④ 보일러

해설 조작량 → 기름 공급량, 조절부 → 온도

49. 그림에서 a, b 간의 합성저항 정전용량으로 바른 것은?

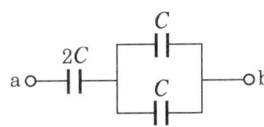

① $4C$
② $3C$
③ $2C$
④ C

해설 콘덴서의 직·병렬연결로서
$$\frac{1}{\frac{1}{2C}+\frac{1}{2C}} = \frac{2C \times 2C}{2C+2C} = C$$
콘덴서의 직렬연결은 저항의 병렬연결과 같고, 콘덴서의 병렬연결은 직렬연결과 같다.

50. 저항 20 Ω과 용량 리액턴스 15 Ω이 병렬로 된 회로의 위상각은 대략 얼마인가?
① 37°
② 53°
③ 60°
④ 90°

해설 $\theta = \tan^{-1}\frac{R}{X_C} = \tan^{-1}\frac{20}{15}$
$= \tan^{-1} 1.333 ≒ 53°$

51. 60 Hz의 전원에 접속된 4극 3상 유도전동기에서 슬립이 0.004일 때의 회전속도(rpm)는 얼마인가?
① 1800
② 1728
③ 1700
④ 1642

해설 $N_s = \frac{120f}{P} = \frac{120 \times 60}{4} = 1800$ rpm
$N = N_s(1-s) = 1800(1-0.04) ≒ 1728$ rpm

52. 다음 시퀀스 회로를 논리식으로 나타낸 것은?

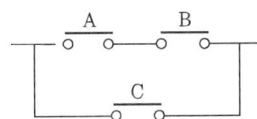

① $A \cdot B \cdot C$
② $(A \cdot B)+C$
③ $A \cdot (B+C)$
④ $(A+B)+C$

해설 A와 B는 직렬연결이며 C와는 병렬연결이므로 (A·B)+C로 표기된다.

53. 안전대용 로프의 구비조건으로 잘못된 것은?
① 몸무게를 지탱할 수 있을 만큼 충분한 강도를 가질 것
② 내마모성이 클 것
③ 부드러우며 미끄러지지 않을 것
④ 완충성이 작을 것

해설 안전 로프는 완충성이 커야 한다.

54. 동절기에는 공기가 건조해 상대습도를 높여야 한다. 적절한 습도는?
① 50 % 이하
② 50 % 이상
③ 60 % 이하
④ 60 % 이상

정답 47. ④ 48. ③ 49. ④ 50. ② 51. ② 52. ② 53. ④ 54. ④

[해설] 동절기에는 정전기 발생을 방지하기 위하여 상대습도를 60 % 이상으로 한다.

55. 고압가스가 충전되어 있는 용기는 몇 ℃ 이하에서 보관하여야 하는가?

① 40　② 60　③ 80　④ 100

[해설] 고압가스 용기 및 LPG 용기, 도시가스 배관 등은 모두 40℃ 이하로 유지하여야 한다.

56. 압축기 최종단에 부착된 안전밸브의 검사주기는?

① 3개월에 1회 이상
② 6개월에 1회 이상
③ 1년에 1회 이상
④ 2년에 1회 이상

[해설] 안전밸브 검사주기
- 압축기 최종단에 부착된 안전밸브 : 1년에 1회 이상
- 압축기 최종단에 부착된 안전밸브 이외의 안전밸브 : 2년에 1회 이상

57. 감각온도(ET)를 결정하는 요소가 아닌 것은?

① 온도　② 습도
③ 압력　④ 기류

[해설] 감각온도는 유효온도라고도 하며 온도, 습도, 기류에 의해 결정된다.

58. 안전모를 쓸 때 모자와 머리 끝 부분과의 간격은 몇 mm 이상 되도록 조절해야 하는가?

① 20　② 25
③ 30　④ 40

[해설] 충격 전달을 예방하기 위하여 안전모와 머리 끝 부분의 간격은 25 mm 이상이 되어야 안전하다.

59. 색을 식별하는 작업장의 조명색으로 가장 적합한 것은?

① 황색　② 황적색
③ 황녹색　④ 주광색

[해설] 물건을 구분하기 위해서는 ①, ②, ③의 광원색이 유용하나 색을 식별하기 위해서는 주광색이 적정하다.

60. 직경이 다른 두 대의 수액기를 동일 기초 위에 설치하려고 한다. 안정성을 고려하여 가장 이상적인 설치 방법은?

① 상단을 일치시킨다.
② 하단을 일치시킨다.
③ 중간 단을 일치시킨다.
④ 특별한 설치를 하지 않는다.

[해설] 안전공간 확보를 위하여 상단을 일치시켜야 한다.

제4과목　**유지보수공사관리**

61. 사용 압력이 40 kg/cm²인 관의 허용응력이 5 kg/mm²일 때의 스케줄 번호는?

① 120　② 60
③ 160　④ 80

[해설] 스케줄 번호 $= 10 \times \dfrac{40}{5} = 80$

62. 고온고압용 관 재료의 구비 조건 중 틀린 것은?

① 유체에 대한 내식성이 클 것
② 고온에서 기계적 강도를 유지할 것
③ 가공이 용이하고 값이 쌀 것
④ 크리프 강도가 작을 것

[해설] 장시간의 하중으로 재료가 계속적으로

서서히 소성변형을 일으키는 것을 크리프라고 하며, 파단되는 순간의 최대 하중을 크리프 강도라고 한다. 배관에서는 크리프 강도가 커야 소성변형을 막을 수가 있다.

63. 다음 동관 중 가장 높은 압력에서 사용되는 관은?
① K형　　② L형
③ M형　　④ N형

[해설] 동관의 높은 압력에 사용하는 순서
K > L > M > N

64. 다음 중 유기질 보온재는?
① 탄산 마그네슘　② 석면
③ 규조토　　　　④ 펠트

[해설] • 무기질 : 석면, 암면, 규조토, 탄산 마그네슘, 글라스울, 다포유리 보온재, 슬래그울, 펄라이트, 규산칼슘, 세라믹 파이버
• 유기질 : 펠트, 코르크, 기포성 수지

65. 급수 배관에 이슬이 발생하는 것을 방지하는 방로 피복이 불필요한 곳은?
① 콘크리트 바닥 속의 배관
② 옥외 노출 배관
③ 욕조벽중 배관
④ 옥내 노출 배관

[해설] 배관의 표면 온도가 대기 중의 노점 온도 이하 시 공기 중의 수분이 응축 결로하여 보온 효과 저하, 보온재 파손, 배관의 부식, 강도 저하를 초래한다.

66. 다음은 테플론에 대한 설명이다. 잘못된 것은?
① 내열 범위는 −260 ~ +260℃이며, 내열 범위가 넓다.
② 약품이나 기름에 침해된다.
③ 합성수지 제품의 패킹재이다.
④ 탄성이 부족하다.

[해설] 테플론은 합성수지 중 가장 우수하며 기름에도 침해되지 않는다. 탄성이 부족하므로 석면, 고무, 웨이브형 금속판과 함께 사용한다.

67. 열팽창에 의한 배관의 신축이 방열기에 영향을 주지 않도록 방열기 주변에 설치하는 신축 이음쇠는?
① 신축곡관
② 스위블 조인트
③ 슬리브형 신축 이음
④ 벨로스형 신축 이음

[해설] 스위블형 신축 이음
㈎ 이음부의 나사 회전을 이용하므로 큰 신축의 흡수 시 누설 우려가 있다.
㈏ 배관 곡부에서 유체의 압력 손실이 있다.
㈐ 비틀림에 의하여 신축을 흡수하므로 엘보가 2개 이상 필요하며 주로 방열기 주변에 설치한다.

68. 호칭지름 20 A의 강관을 곡률 반지름 200 mm로 120°의 각도로 구부릴 때 강관의 곡선길이는 약 몇 mm인가?
① 390　　② 405
③ 419　　④ 487

[해설] $L = 2 \times \pi \times r \times \dfrac{\theta}{360}$
$= 2 \times \pi \times 200 \times \dfrac{120}{360} = 418.67 \, mm$

69. 두 개의 90° 엘보의 직관길이가 l = 262 mm인 관이 그림처럼 연결되어 있다. L = 300 mm이고 관 규격이 20 A이며 엘보의

중심에서 단면까지의 길이 $A = 32$ mm일 때 물린 부분 B의 길이는 몇 mm인가?

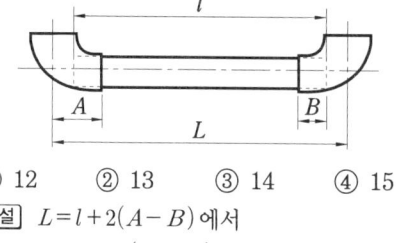

① 12 ② 13 ③ 14 ④ 15

[해설] $L = l + 2(A - B)$ 에서
$300 = 262 + 2(32 - B)$
$B = 13$ mm

70. 지름 20 mm 이하의 동관을 이음할 때나 기계의 점검, 보수 등으로 관을 떼어내기 쉽게 하기 위한 동관의 이음 방법은?

① 슬리브 이음 ② 플레어 이음
③ 사이징 이음 ④ 플라스턴 이음

[해설] 지름 20 mm 이하의 동관에는 플레어 이음을 한다.

71. 보온재의 선정 조건으로 적당하지 않은 것은?

① 열전도율이 작아야 한다.
② 안전 사용 온도에 적합해야 한다.
③ 물리적·화학적 강도가 커야 한다.
④ 흡수성이 작고, 부피와 비중이 커야 한다.

[해설] 보온재는 내습성이 좋아야 하며 부피와 비중은 작아야 시공이 용이하다.

72. 냉동장치의 액순환 펌프의 토출측 배관에 설치되는 밸브는?

① 게이트 밸브 ② 콕
③ 글로브 밸브 ④ 체크 밸브

[해설] 액순환 펌프식 증발기의 경우 저압 수액기에서 송출된 냉매 액을 펌프에 의하여 증발기로 강제 순환시키는 방식으로 펌프 토출측에서 역류되는 것을 방지하기 위하여 역류 방지 밸브를 설치해야 한다.

73. 베이퍼로크 현상은 액의 끓음에 의한 동요를 말한다. 이를 방지하는 방지법이 아닌 것은?

① 실린더 라이너의 외부를 가열한다.
② 흡입배관을 크게 하고 단열 처리한다.
③ 펌프의 설치위치를 낮춘다.
④ 흡입관로를 깨끗이 청소한다.

[해설] 유압이나 연료 회로 내에서 과도한 사용이나 과열 또는 부품과 오일의 불량으로, 해당 기구의 회로 내에 부분적인 증발로 기포가 발생하여 압력의 전달, 연료의 공급이 중단되거나 불량인 상태를 말한다.

74. 열을 잘 반사하고 내열성이 있고 난방용 방열기 등의 외면에 도장하는 도료로 맞는 것은?

① 산화철 도료 ② 광명단 도료
③ 알루미늄 도료 ④ 합성수지 도료

[해설] 알루미늄 도료 : 열의 반사와 내기후성이 우수하며 옥외 도장이나 녹 방지용으로 쓰이는 페인트로 도장 후에는 은색으로 마무리한다.

75. 급수관의 길이가 15 m, 내경이 40 mm일 때 관내 유수속도가 2 m/s라면 이때의 마찰손실수두는? (단, 마찰손실계수 $\lambda = 0.04$이다.)

① 1.5 m ② 3.06 m
③ 6.08 m ④ 6.12 m

[해설] 마찰손실수두(H)
$= \lambda \times \dfrac{l}{d} \times \dfrac{V^2}{2g}$
$= 0.04 \times \dfrac{15\,\mathrm{m}}{0.04\,\mathrm{m}} \times \dfrac{(2\,\mathrm{m/s})^2}{2 \times 9.8\,\mathrm{m/s^2}} = 3.06$ m

[정답] 70. ② 71. ④ 72. ④ 73. ① 74. ③ 75. ②

76. 급수배관에서 공기실의 설치 목적으로 가장 적당한 것은?
① 유량 조절
② 유속 조절
③ 부식 방지
④ 수격작용 방지

[해설] 급수배관에 공기가 존재하게 되면 유체의 흐름을 방해하고 소음 및 진동을 유발하므로 에어벤트를 설치하여 공기를 제거함으로써 수격작용을 방지할 수 있다.

77. 급탕배관과 온수난방배관에 사용하는 팽창탱크에 관한 설명이다. 적합하지 않은 것은?
① 고온수난방에는 밀폐형 팽창탱크를 사용한다.
② 물의 체적 변화에 대응하기 위한 것이다.
③ 팽창탱크를 통한 열손실은 고려하지 않아도 좋다.
④ 안전밸브의 역할을 겸한다.

[해설] 팽창탱크 설치 목적
(가) 운전 중 장치 내의 온도 상승으로 생기는 물의 체적 팽창과 그의 압력을 흡수한다.
(나) 운전 중 장치 내를 소정의 압력으로 유지하여 온수온도를 일정하게 유지한다.
(다) 팽창된 물의 배출을 방지하여 장치의 열손실을 방지한다.
(라) 장치 휴지 중에도 배관계를 일정 압력 이상으로 유지하여 물의 누수 등으로 발생하는 공기의 침입을 방지한다.
(마) 개방식 팽창탱크에 있어서는 장치 내의 공기를 배출하는 공기배출구로 이용되고, 온수 보일러의 도피관으로도 이용된다.
(바) 팽창탱크에는 팽창관 외 오버플로관, 안전밸브, 물 보급장치 등을 갖추고 있다.

78. 배수관에서 자정 작용을 위해 필요한 최소 유속으로 적당한 것은?
① 0.1 m/s
② 0.2 m/s
③ 0.4 m/s
④ 0.6 m/s

[해설] 배수관은 배수의 흐름에 의하여 자정 작용이 일어나도록 설계해야 하며 일반 배수에서 자정 작용을 위해 필요한 최소 유속은 0.6 m/s로 권장하고 있다.

79. 통기관을 접속하여도 장시간 위생기구를 사용하지 않을 때 봉수 파괴가 될 수 있는 원인으로 가장 적당한 것은?
① 자기 사이펀 작용
② 흡인작용
③ 분출작용
④ 증발작용

[해설] 장시간 사용하지 않았을 때 봉수가 파괴되는 것은 봉수 액의 지속적인 증발로 봉수 액의 공급이 이루어지지 않기 때문이다.

80. 냉·온수 배관법 중 역환수(reverse return) 방식에 대한 특징이 아닌 것은?
① 유량 밸런스를 잡기 어렵다.
② 배관 스페이스가 많이 필요하다.
③ 배관계의 마찰저항이 거의 균등해진다.
④ 공급관과 환수관의 길이를 거의 같게 하는 배관 방식이다.

[해설] 역환수방식은 공기 조화 유닛을 여러 대 배열하여 설치하는 경우에 온수 또는 냉수를 공급하는 배관 방식의 반환관의 한 형식으로 배관 원근 거리의 차에 의한 유량의 극단적인 치우침을 적게 하는 배관 방식이다.

정답 76. ④ 77. ③ 78. ④ 79. ④ 80. ①

공조냉동기계기사

CBT 실전문제 (13)

※ 2022년 3월 5일에 실제 출제되었던 문제입니다.

제1과목 에너지관리

1. 다음 온열 환경 지표 중 복사의 영향을 고려하지 않는 것은?
① 유효온도(ET)
② 수정유효온도(CET)
③ 예상온열감(PMV)
④ 작용온도(OT)

[해설] 온열 환경 지표 : 온도 변화에 의해 인체가 느끼는 스트레스 등을 평가 또는 표현하기 위해, 온열 환경에 의한 인체 영향을 척도로 표현한 지표
① 유효온도 : 사람이 느끼는 감각을 온도, 습도, 풍속의 세 요소와의 조합으로 나타낸 것
② 수정유효온도 : 유효온도는 복사열을 고려하지 않은 상태이므로 복사열에 대한 영향을 고려한 지표를 수정유효온도라 한다.
③ 예상온열감 : 인체의 환경에 대한 감각을 정량화한 수치
④ 작용온도 : 건구온도, 기류, 주위 벽의 복사온도의 종합적인 효과를 나타낸 것

2. 주간 피크(peak) 전력을 줄이기 위한 냉방 시스템 방식으로 가장 거리가 먼 것은 어느 것인가?
① 터보 냉동기 방식
② 수축열 방식
③ 흡수식 냉동기 방식
④ 빙축열 방식

[해설] 터보 냉동기는 임펠러의 고속 회전에 의한 원심력으로 냉매 가스를 압축하는 냉동 방식으로 주로 대용량의 공기 조화용으로 많이 사용하며, 고속 회전(10000~12000 rpm)에 의한 동력 소비가 크므로 주간 피크 전력에는 사용하지 않는다.

3. 다음 중 실내 공기 상태에 대한 설명으로 옳은 것은?
① 유리면 등의 표면에 결로가 생기는 것은 그 표면온도가 실내의 노점온도보다 높게 될 때이다.
② 실내 공기 온도가 높으면 절대습도도 높다.
③ 실내 공기의 건구온도와 그 공기의 노점온도와의 차는 상대습도가 높을수록 작아진다.
④ 건구온도가 낮은 공기일수록 많은 수증기를 함유할 수 있다.

[해설] ① 표면온도가 실내 노점온도보다 낮아야 유리면에 결로가 발생한다.
② 실내 공기 온도가 높으면 상대습도는 감소하고 절대습도는 불변이다(습공기 선도 참조).
④ 건구온도가 높아야 수증기 함유량이 증가한다.

4. 열교환기에서 냉수코일 입구측의 공기와 물의 온도차가 16℃, 냉수코일 출구측의 공기와 물의 온도차가 6℃이면 대수평균온도차(℃)는 얼마인가?
① 10.2   ② 9.25
③ 8.37   ④ 8.00

[해설] $MTD = \dfrac{\Delta_1 - \Delta_2}{\ln\left(\dfrac{\Delta_1}{\Delta_2}\right)} = \dfrac{16-6}{\ln\left(\dfrac{16}{6}\right)} = 10.195$

정답 1. ①   2. ①   3. ③   4. ①

5. 습공기를 단열 가습하는 경우 열수분비 (u)는 얼마인가?

① 0 ② 0.5 ③ 1 ④ ∞

[해설] 열수분비 = $\dfrac{\text{엔탈피 변화}}{\text{절대습도 변화}}$ 에서 단열이면 엔탈피는 불변이 되며 가습은 절대습도의 증가이므로 분모가 계속 커지게 되어 "0"에 가까워지게 된다.

6. 습공기 선도($t-x$ 선도)상에서 알 수 없는 것은?

① 엔탈피 ② 습구온도
③ 풍속   ④ 상대습도

[해설] $t-x$ 선도에서는 건구온도, 습구온도, 상대습도, 절대습도, 엔탈피 등을 구할 수 있으며, 풍속은 덕트 선도 또는 풍량과 단면적에 의해서 구해야 한다.

7. 다음 중 풍량 조절 댐퍼의 설치 위치로 가장 적절하지 않은 곳은?

① 송풍기, 공조기의 토출측 및 흡입측
② 연소의 우려가 있는 부분의 외벽 개구부
③ 분기 덕트에서 풍량 조정을 필요로 하는 곳
④ 덕트계에서 분기하여 사용하는 곳

[해설] 풍량 조절 댐퍼는 덕트 속을 통과하는 풍량을 조절하기 위한 것으로 연소의 우려가 있는 개구부에는 설치를 금하고 있으며 주로 송풍기의 흡입측 및 토출측에 사용하고 있다.

8. 수랭식 응축기에서 냉각수 입·출구 온도차가 5℃, 냉각수량이 300 LPM인 경우 이 냉각수에서 1시간에 흡수하는 열량은 1시간당 LNG 몇 Nm³을 연소한 열량과 같은가? (단, 냉각수의 비열은 4.2 kJ/kg·℃, LNG 발열량은 43961.4 kJ/Nm³, 열손실은 무시한다.)

① 4.6   ② 6.3
③ 8.6   ④ 10.8

[해설] 냉각수 흡수열량 = LNG 발열량
300 kg/min × 60 min/h × 4.2 kJ/kg·℃
× 5℃ = 43961.4 kJ/Nm³ × A[Nm³/h]
∴ A = 8.598

9. 다음 중 덕트의 분기점에서 풍량을 조절하기 위하여 설치하는 댐퍼로 가장 적절한 것은?

① 방화 댐퍼   ② 스플릿 댐퍼
③ 피벗 댐퍼   ④ 터닝 베인

[해설] 댐퍼의 종류
- 루버 댐퍼 : 취출구·취입구에서 풍량 조절
- 볼륨 댐퍼 : 덕트 중간에서 풍량 조절
- 방화 댐퍼 : 화재 시 화염이 덕트 내로 침입하는 것을 방지
- 스플릿 댐퍼 : 분기점에서 풍량 조절

10. 증기난방 방식에 대한 설명으로 틀린 것은?

① 환수 방식에 따라 중력환수식과 진공환수식, 기계환수식으로 구분한다.
② 배관 방법에 따라 단관식과 복관식이 있다.
③ 예열시간이 길지만 열량 조절이 용이하다.
④ 운전 시 증기 해머로 인한 소음을 일으키기 쉽다.

[해설] 증기난방의 특징
(1) 잠열을 이용하기 때문에 증기 순환이 빠르고 열의 운반능력이 크다.
(2) 예열시간이 온수난방에 비해 짧다.
(3) 방열면적과 관경을 온수난방보다 작게 할 수 있다.
(4) 설비비 및 유지비가 저렴하다.
(5) 한랭지에서 동결의 우려가 적다.

[정답] 5. ① 6. ③ 7. ② 8. ③ 9. ② 10. ③

(6) 외기온도 변화에 따른 방열량 조절 및 제어가 곤란하다.
(7) 방열기 표면온도가 높아 화상의 우려가 있다.
(8) 상부와 하부 온도 차이로 쾌적성이 낮다.
(9) 응축수 환수관 내의 부식으로 장치의 수명이 짧다.
(10) 열용량이 작아서 지속난방보다는 간헐 난방에 사용한다.

11. 공기 중의 수증기가 응축하기 시작할 때의 온도, 즉 공기가 포화상태로 될 때의 온도를 무엇이라고 하는가?
① 건구온도 ② 노점온도
③ 습구온도 ④ 상당외기온도

[해설] 상당외기온도는 냉난방 부하를 계산할 때에 단순히 실내외 온도 차이뿐만 아니라 일사(복사)의 영향을 고려한 외기온도 차를 표현한 것이며 수증기의 응축은 노점온도 이하로 낮아졌기 때문이다.

12. 다음 중 일반 사무용 건물의 난방 부하 계산 결과에 가장 작은 영향을 미치는 것은?
① 외기온도
② 벽체로부터의 손실열량
③ 인체 부하
④ 틈새바람 부하

[해설] 인체 부하는 인체에서 발생하는 현열과 잠열을 나타내는 것으로 난방 부하에는 오히려 열을 가하는 것이므로 제외하며 냉방 부하에는 제거해야 할 열량이다.

13. 에어와셔 단열 가습 시 포화 효율(η)은 어떻게 표시하는가? (단, 입구공기의 건구온도 t_1, 출구공기의 건구온도 t_2, 입구공기의 습구온도 t_{w1}, 출구공기의 습구온도 t_{w2}이다.)

① $\eta = \dfrac{(t_1 - t_2)}{(t_2 - t_{w2})}$ ② $\eta = \dfrac{(t_1 - t_2)}{(t_1 - t_{w1})}$
③ $\eta = \dfrac{(t_2 - t_1)}{(t_{w2} - t_1)}$ ④ $\eta = \dfrac{(t_1 - t_{w1})}{(t_2 - t_1)}$

[해설] 에어와셔는 공기 조화기의 일부를 구성하는 것으로 냉수와 온수를 분무 상태로 해서 공기 세정을 하는 장치이다. 케이싱 속에 여러 개의 스프레이 노즐을 설치해서 물을 분무하고 대부분 분무수와 반대 방향으로 공기를 흐르게 하여 공기의 냉각·감습·가열·가습을 하는 동시에 공기 속의 이물질 일부를 제거할 수 있다. 단열 가습 시 포화 효율은 (입구공기의 건구온도-출구공기의 건구온도)/(입구공기의 건구온도-입구공기의 습구온도)로 나타낸다.

14. 정방실에 35 kW의 모터에 의해 구동되는 정방기가 12대 있을 때 전력에 의한 취득열량(kW)은 얼마인가? (단, 전동기와 이것에 의해 구동되는 기계가 같은 방에 있으며, 전동기의 가동률은 0.74이고, 전동기 효율은 0.87, 전동기 부하율은 0.92이다.)
① 483 ② 420
③ 357 ④ 329

[해설] 취득열량
$= \dfrac{35\,\text{kW/대} \times 12\text{대} \times 0.74 \times 0.92}{0.87}$
$= 328.66\,\text{kW}$

15. 보일러의 시운전 보고서에 관한 내용으로 가장 관련이 없는 것은?
① 제어기 세팅 값과 입/출수 조건 기록
② 입/출구 공기의 습구온도
③ 연도 가스의 분석
④ 성능과 효율 측정 값을 기록, 설계 값과 비교

[해설] 보일러 시운전은 보일러를 설치한 후

정답 11. ② 12. ③ 13. ② 14. ④ 15. ②

처음으로 점화하여 증기의 발생 상태를 점검하는 것으로 입/출구 공기의 습구온도와는 무관하다.

16. 다음 중 용어에 대한 설명으로 틀린 것은?

① 자유면적 : 취출구 혹은 흡입구 구멍 면적의 합계
② 도달거리 : 기류의 중심속도가 0.25 m/s에 이르렀을 때, 취출구에서의 수평거리
③ 유인비 : 전공기량에 대한 취출공기량(1차 공기)의 비
④ 강하도 : 수평으로 취출된 기류가 일정 거리만큼 진행한 뒤 기류중심선과 취출구 중심과의 수직거리

[해설] 유인비 = $\frac{1차\ 공기량 + 2차\ 공기량}{1차\ 공기량}$

여기서, 1차 공기량은 취출구로부터 취출된 공기량, 2차 공기량은 취출공기(1차 공기)로부터 유인되어 운동하는 실내 공기량이다.

17. 증기난방과 온수난방의 비교 설명으로 틀린 것은?

① 주 이용열로 증기난방은 잠열이고, 온수난방은 현열이다.
② 증기난방에 비하여 온수난방은 방열량을 쉽게 조절할 수 있다.
③ 장거리 수송으로 증기난방은 발생증기압에 의하여, 온수난방은 자연순환력 또는 펌프 등의 기계력에 의한다.
④ 온수난방에 비하여 증기난방은 예열부하와 시간이 많이 소요된다.

[해설] 문제 10번 해설 참조

18. 공기조화 시스템에 사용되는 댐퍼의 특성에 대한 설명으로 틀린 것은?

① 일반 댐퍼(volume control damper) : 공기 유량 조절이나 차단용이며, 아연 도금 철판이나 알루미늄 재료로 제작된다.
② 방화 댐퍼(fire damper) : 방화벽을 관통하는 덕트에 설치되며, 화재 발생 시 자동으로 폐쇄되어 화염의 전파를 방지한다.
③ 밸런싱 댐퍼(balancing damper) : 덕트의 여러 분기관에 설치되어 분기관의 풍량을 조절하며, 주로 T.A.B 시 사용된다.
④ 정풍량 댐퍼(linear volume control damper) : 에너지 절약을 위해 결정된 유량을 선형적으로 조절하며, 역류 방지 기능이 있어 비싸다.

[해설] 정풍량 댐퍼는 역류 방지 기능이 없으며, 역류 방지 기능이 있는 댐퍼는 역풍방지 댐퍼이다.

19. 공기조화기의 T.A.B 측정 절차 중 측정 요건으로 틀린 것은?

① 시스템의 검토 공정이 완료되고 시스템 검토보고서가 완료되어야 한다.
② 설계도면 및 관련 자료를 검토한 내용을 토대로 하여 보고서 양식에 장비 규격 등의 기준이 완료되어야 한다.
③ 댐퍼, 말단 유닛, 터미널의 개도는 완전 밀폐되어야 한다.
④ 제작사의 공기조화기 시운전이 완료되어야 한다.

[해설] T.A.B는 공기조화설비에 대한 종합 시험 조정으로 시험, 조정 및 균형(Testing, Adjusting & Balancing)이라는 뜻이며 측정 요건으로는 소음 측정, 계통 검토, 공기분배계통의 성능 측정 및 조정, 자동제

20. 강제순환식 온수난방에서 개방형 팽창탱크를 설치하려고 할 때, 적당한 온수의 온도는?

① 100℃ 미만   ② 130℃ 미만
③ 150℃ 미만   ④ 170℃ 미만

[해설] 팽창탱크는 운전 중 장치 내의 온도 상승으로 생기는 물의 체적 팽창과 그의 압력을 흡수하는 것으로 온수난방의 경우 물의 온도는 100℃ 미만이 되어야 한다.

제 2 과목 공조냉동설계

21. 부피가 0.4 m³인 밀폐된 용기에 압력 3 MPa, 온도 100℃의 이상기체가 들어 있다. 기체의 정압비열 5 kJ/kg·K, 정적비열 3 kJ/kg·K일 때 기체의 질량(kg)은 얼마인가?

① 1.2   ② 1.6
③ 2.4   ④ 2.7

[해설] $R(기체상수) = C_p - C_v = 5 - 3 = 2$
$PV = GRT$에서
$G = \dfrac{PV}{RT} = \dfrac{3000 \text{kN/m}^2 \times 0.4 \text{m}^3}{2 \text{kJ/kg·K} \times 373 \text{K}}$
$= 1.6 \text{kg}$

22. 온도 100℃, 압력 200 kPa의 이상기체 0.4 kg이 가역단열과정으로 압력이 100 kPa로 변화하였다면, 기체가 한 일(kJ)은 얼마인가? (단, 기체 비열비 1.4, 정적비열 0.7 kJ/kg·K이다.)

① 13.7   ② 18.8
③ 23.6   ④ 29.4

[해설] $W = \dfrac{RT_1}{k-1}\left\{1 - \left(\dfrac{P_2}{P_1}\right)^{\frac{k-1}{k}}\right\}G$

$= \dfrac{0.28 \times 373}{1.4 - 1}\left\{1 - \left(\dfrac{100}{200}\right)^{\frac{1.4-1}{1.4}}\right\} \times 0.4$

$= 18.76 \text{kJ}$

※ $k = \dfrac{C_p}{C_v}$ 에서 $C_p = kC_v = 1.4 \times 0.7 = 0.98$
$R = C_p - C_v = 0.98 - 0.7 = 0.28$

23. 70 kPa에서 어떤 기체의 체적이 12 m³이었다. 이 기체를 800 kPa까지 폴리트로픽 과정으로 압축했을 때 체적이 2 m³으로 변화했다면, 이 기체의 폴리트로픽 지수는 약 얼마인가?

① 1.21   ② 1.28
③ 1.36   ④ 1.43

[해설] $n = \dfrac{\ln \dfrac{P_2}{P_1}}{\ln \dfrac{V_1}{V_2}} = \dfrac{\ln \dfrac{800}{70}}{\ln \dfrac{12}{2}} = 1.36$

24. 공기 정압비열(C_p, kJ/kg·℃)이 다음과 같을 때 공기 5 kg을 0℃에서 100℃까지 일정한 압력하에서 가열하는 데 필요한 열량(kJ)은 약 얼마인가? (단, 다음 식에서 t는 섭씨온도를 나타낸다.)

$C_p = 1.0053 + 0.000079 \times t \text{[kJ/kg·℃]}$

① 85.5   ② 100.9
③ 312.7   ④ 504.6

[해설] $C_p = 1.0053 + 0.000079 \times t$
$= 1.0053 + 0.000079 \times \dfrac{0 + 100}{2} = 1.00925$
$Q = 5 \text{kg} \times 1.00925 \text{kJ/kg·℃} \times (100 - 0)℃$
$= 504.6 \text{kJ}$

25. 흡수식 냉동기의 냉매의 순환 과정으로 옳은 것은?

[정답] 20. ①   21. ②   22. ②   23. ③   24. ④   25. ①

① 증발기(냉각기) → 흡수기 → 재생기 → 응축기
② 증발기(냉각기) → 재생기 → 흡수기 → 응축기
③ 흡수기 → 증발기(냉각기) → 재생기 → → 응축기
④ 흡수기 → 재생기 → 증발기(냉각기) → 응축기

[해설] 흡수식 냉동기의 냉매 순환 과정 : 증발기 → 순환펌프 → 열교환기 → 재생기(발생기) → 응축기 → 증발기

26. 증기터빈에서 질량유량이 1.5 kg/s이고, 열손실률이 8.5 kW이다. 터빈으로 출입하는 수증기에 대하여 그림에 표시한 바와 같은 데이터가 주어진다면 터빈의 출력(kW)은 약 얼마인가?

$\dot{m}_i = 1.5 \text{ kg/s}$
$z_i = 6 \text{ m}$
$v_i = 50 \text{ m/s}$
$h_i = 3137.0 \text{ kJ/kg}$

control surface
터빈

$\dot{m}_e = 1.5 \text{ kg/s}$
$z_e = 3 \text{ m}$
$v_e = 200 \text{ m/s}$
$h_e = 2675.5 \text{ kJ/kg}$

① 273.3　② 655.7
③ 1357.2　④ 2616.8

[해설] $Q_L = w_t + \dot{m}(h_e - h_i) + \dfrac{\dot{m}}{2}(v_e^2 - v_i^2)$
$\times 10^{-3} + \dot{m}g(z_e - z_i) \times 10^{-3}$
$-8.5 = w_t + 1.5(2675.5 - 3137)$
$\quad + \dfrac{1.5}{2} \times (200^2 - 50^2) \times 10^{-3}$

$\quad + 1.5 \times 9.8 \times (3-6) \times 10^{-3}$
$-8.5 = w_t - 692.25 + 28.125 - 0.0441$
$\therefore w_t = -8.5 + 692.25 - 28.125 + 0.0441$
$\quad = 655.67 \text{ kW}$

27. 이상기체 1 kg이 초기에 압력 2 kPa, 부피 0.1 m³를 차지하고 있다. 가역등온과정에 따라 부피가 0.3 m³로 변화했을 때 기체가 한 일(J)은 얼마인가?
① 9540　② 2200
③ 954　④ 220

[해설] 일정한 온도를 유지하면서 부피와 압력을 변화시키는 과정을 등온과정이라 하며 온도가 일정하기 때문에 기체나 물질의 내부에너지는 변하지 않으므로 계에 흡수된 열은 계가 한 일과 같다.

$W = P_1 V_1 \ln \dfrac{V_2}{V_1}$
$= 2000 \text{ N/m}^2 \times 0.1 \text{ m}^3 \times \ln \dfrac{0.3}{0.1} = 219.7 \text{ J}$

28. 냉동사이클에서 응축온도 47℃, 증발온도 -10℃이면 이론적인 최대 성적계수는 얼마인가?
① 0.21　② 3.45
③ 4.61　④ 5.36

[해설] $COP = \dfrac{T_2}{T_1 - T_2} = \dfrac{263}{320 - 263} = 4.61$
※ $T_1 = 273 + 47 = 320 \text{ K}$
$T_2 = 273 + (-10) = 263 \text{ K}$

29. 압축기의 체적 효율에 대한 설명으로 옳은 것은?
① 간극 체적(top clearance)이 작을수록 체적 효율은 작다.
② 같은 흡입압력, 같은 증기 과열도에서 압축비가 클수록 체적 효율은 작다.
③ 피스톤 링 및 흡입 밸브의 시트에서

[정답] 26. ② 27. ④ 28. ③ 29. ②

누설이 작을수록 체적 효율이 작다.
④ 이론적 요구 압축동력과 실제 소요 압축동력의 비이다.

[해설] 체적 효율 = $\dfrac{\text{실제적인 피스톤 압출량}}{\text{이론적인 피스톤 압출량}}$
간극 체적(통극 체적)이 작을수록, 시트 등에서 누설이 작을수록, 압축비가 작을수록 체적 효율은 증가한다.

30. 냉동장치에서 플래시가스의 발생 원인으로 틀린 것은?
① 액관이 직사광선에 노출되었다.
② 응축기의 냉각수 유량이 갑자기 많아졌다.
③ 액관이 현저하게 입상하거나 지나치게 길다.
④ 관의 지름이 작거나 관내 스케일에 의해 관경이 작아졌다.

[해설] 응축기에 냉각수량이 증가하게 되면 냉매와 열 교환이 잘되어 플래시가스의 발생을 줄일 수 있다.

31. 프레온 냉동장치에서 가용전에 대한 설명으로 틀린 것은?
① 가용전의 용융온도는 일반적으로 75℃ 이하로 되어 있다.
② 가용전은 Sn, Cd, Bi 등의 합금이다.
③ 온도 상승에 따른 이상 고압으로부터 응축기 파손을 방지한다.
④ 가용전의 구경은 안전밸브 최소구경의 1/2 이하이어야 한다.

[해설] 가용전은 토출가스의 영향을 직접적으로 받지 않는 응축기 또는 수액기 상부에 설치하며 68~75℃ 정도에서 용융된다. Cd, Bi, Sb, Sn, Pb 등으로 이루어져 있으며 안전밸브 구경의 1/2 이상의 크기로 되어 있어야 한다.

32. 흡수식 냉동기에 사용되는 흡수제의 구비 조건으로 틀린 것은?
① 냉매와 비등온도 차이가 작을 것
② 화학적으로 안정하고 부식성이 없을 것
③ 재생에 필요한 열량이 크지 않을 것
④ 점성이 작을 것

[해설] 흡수제와 냉매의 비등점 차이가 커야 흡수제 증발을 막을 수 있다.

33. 클리어런스 포켓이 설치된 압축기에서 클리어런스가 커질 경우에 대한 설명으로 틀린 것은?
① 냉동능력이 감소한다.
② 피스톤의 체적 배출량이 감소한다.
③ 체적 효율이 저하한다.
④ 실제 냉매 흡입량이 감소한다.

[해설] 클리어런스 포켓은 주로 프레온 냉동장치에서 용량 제어 목적으로 사용하며 클리어런스가 커지면 압축하는 냉매량이 감소하게 되어 냉매 흡입량도 감소하게 된다.

34. 이상기체 1kg을 일정 체적하에 20℃로부터 100℃로 가열하는 데 836 kJ의 열량이 소요되었다면 정압비열(kJ/kg·K)은 약 얼마인가? (단, 해당 가스의 분자량은 2이다.)
① 2.09   ② 6.27
③ 10.5   ④ 14.6

[해설] $\delta q = du + Pdv = dh - vdP$에서
정적과정이므로 $\delta q = du = C_v dT$
$\Delta Q = m C_v (T_2 - T_1)$가 되어
$C_v = \dfrac{\Delta Q}{m(T_2 - T_1)} = \dfrac{836}{1 \times (100-20)}$
$= 10.45 \text{ kJ/kg·K}$
$\therefore C_p = C_v + R = C_v + \dfrac{\overline{R}}{M}$
$= 10.45 + \dfrac{8.3145}{2} = 14.6 \text{ kJ/kg·K}$

정답 30. ② 31. ④ 32. ① 33. ② 34. ④

35. 20℃의 물로부터 0℃의 얼음을 매 시간당 90 kg을 만드는 냉동기의 냉동능력(kW)은 얼마인가? (단, 물의 비열은 4.2 kJ/kg·K, 물의 응고 잠열은 335 kJ/kg이다.)

① 7.8 ② 8.0
③ 9.2 ④ 10.5

[해설] 냉동능력
$= \dfrac{90\,kg/h \times (4.2\,kJ/kg\cdot K \times 20K + 335\,kJ/kg)}{3600\,s/h}$
$= 10.475\,kJ/s(kW)$

36. 2차 유체로 사용되는 브라인의 구비 조건으로 틀린 것은?

① 비등점이 높고, 응고점이 낮을 것
② 점도가 낮을 것
③ 부식성이 없을 것
④ 열전달률이 작을 것

[해설] 브라인은 현열(감열) 상태로 열을 운반하므로 열전달률이 좋아야 하며 2차 냉매로 냉동장치 밖을 순환한다.

37. 카르노 사이클로 작동되는 기관의 실린더 내에서 1 kg의 공기가 온도 120℃에서 열량 40 kJ를 받아 등온팽창한다면 엔트로피의 변화(kJ/kg·K)는 약 얼마인가?

① 0.102 ② 0.132
③ 0.162 ④ 0.192

[해설] $\Delta S = \dfrac{\Delta Q}{T} = \dfrac{40\,kJ/kg}{(273+120)K}$
$= 0.1017\,kJ/kg\cdot K$

38. 표준 냉동사이클의 단열 교축 과정에서 입구 상태와 출구 상태의 엔탈피는 어떻게 되는가?

① 입구 상태가 크다.
② 출구 상태가 크다.
③ 같다.
④ 경우에 따라 다르다.

[해설] 단열 교축 작용은 팽창밸브에서 일어나는 현상으로 압력과 온도는 낮아지나 엔탈피는 불변인 상태가 되며, 온도가 낮아지는 만큼 플래시가스가 발생하게 된다.

39. 온도식 자동팽창밸브에 대한 설명으로 틀린 것은?

① 형식에는 일반적으로 벨로스식과 다이어프램식이 있다.
② 구조는 크게 감온부와 작동부로 구성된다.
③ 만액식 증발기나 건식 증발기에 모두 사용이 가능하다.
④ 증발기 내 압력을 일정하게 유지하도록 냉매유량을 조절한다.

[해설] 온도식 자동팽창밸브는 흡입가스의 과열도를 일정하게 유지하는 역할을 한다.

40. 다음 중 검사질량의 가역 열전달 과정에 관한 설명으로 옳은 것은?

① 열전달량은 $\int PdV$와 같다.
② 열전달량은 $\int PdV$보다 크다.
③ 열전달량은 $\int TdS$와 같다.
④ 열전달량은 $\int TdS$보다 크다.

제 3 과목   시운전 및 안전관리

41. 기계설비법령에 따라 기계설비 발전 기본계획은 몇 년마다 수립·시행하여야 하는가?

① 1 ② 2 ③ 3 ④ 5

[정답] 35. ④ 36. ④ 37. ① 38. ③ 39. ④ 40. ③ 41. ④

[해설] 기계설비법은 기계설비산업의 발전을 위한 기반을 조성하고 기계설비의 안전하고 효율적인 유지관리를 위하여 필요한 사항을 정함으로써 국가경제의 발전과 국민의 안전 및 공공복리 증진에 이바지함을 목적으로 한다. 국토교통부장관은 기계설비산업의 육성과 기계설비의 효율적인 유지관리 및 성능확보를 위하여 기계설비 발전 기본계획을 5년마다 수립·시행하여야 한다.

42. 고압가스 안전관리법령에 따라 ( ) 안의 내용으로 옳은 것은?

> "충전용기"란 고압가스의 충전질량 또는 충전압력의 (㉠)이 충전되어 있는 상태의 용기를 말한다.
> "잔가스용기"란 고압가스의 충전질량 또는 충전압력의 (㉡)이 충전되어 있는 상태의 용기를 말한다.

① ㉠ 2분의 1 이상, ㉡ 2분의 1 미만
② ㉠ 2분의 1 초과, ㉡ 2분의 1 이하
③ ㉠ 5분의 2 이상, ㉡ 5분의 2 미만
④ ㉠ 5분의 2 초과, ㉡ 5분의 2 이하

[해설] 고압가스 안전관리법 시행규칙 제2조
(1) "충전용기"란 고압가스의 충전질량 또는 충전압력의 2분의 1 이상이 충전되어 있는 상태의 용기를 말한다.
(2) "잔가스용기"란 고압가스의 충전질량 또는 충전압력의 2분의 1 미만이 충전되어 있는 상태의 용기를 말한다.

43. 기계설비법령에 따라 기계설비 유지관리교육에 관한 업무를 위탁받아 시행하는 기관은?

① 한국기계설비건설협회
② 대한기계설비건설협회
③ 한국공작기계산업협회
④ 한국건설기계산업협회

[해설] 대한기계설비건설협회의 주된 업무는 다음과 같다.
• 시공능력평가업무
• 성능점검능력평가
• 건설업종 표준하도급
• 건설공사통보
• 해외건설업종 표준하도급
• 기재사항 변경신고
• 기계설비 유지관리교육

44. 고압가스 안전관리법령에서 규정하는 냉동기 제조 등록을 해야 하는 냉동기의 기준은 얼마인가?

① 냉동능력 3톤 이상인 냉동기
② 냉동능력 5톤 이상인 냉동기
③ 냉동능력 8톤 이상인 냉동기
④ 냉동능력 10톤 이상인 냉동기

[해설] 고압가스 안전관리시행령 제5조 : 냉동기 제조는 냉동능력이 3톤 이상인 냉동기를 제조하는 것을 말한다.

45. 다음 중 고압가스 안전관리법령에 따라 500만원 이하의 벌금 기준에 해당되는 경우는?

> ㉠ 고압가스를 제조하려는 자가 신고를 하지 아니하고 고압가스를 제조한 경우
> ㉡ 특정고압가스 사용신고자가 특정고압가스의 사용 전에 안전관리자를 선임하지 않은 경우
> ㉢ 고압가스의 수입을 업(業)으로 하려는 자가 등록을 하지 아니하고 고압가스 수입업을 한 경우
> ㉣ 고압가스를 운반하려는 자가 등록을 하지 아니하고 고압가스를 운반한 경우

① ㉠
② ㉠, ㉡
③ ㉠, ㉡, ㉢
④ ㉠, ㉡, ㉢, ㉣

[해설] ㉢, ㉣항은 2년 이하의 징역 또는 2천만원 이하의 벌금에 해당된다.

46. 전류의 측정 범위를 확대하기 위하여

사용되는 것은?

① 배율기   ② 분류기
③ 저항기   ④ 계기용 변압기

해설 ① 배율기 : 전압계의 측정 범위를 확대하기 위해서 계기의 내부 회로에 직렬로 접속하는 저항기
② 분류기 : 전류계에 병렬 접속시켜 전류 측정 범위를 넓히기 위한 저항기
③ 저항기 : 금속, 비금속의 저항체에 단자를 붙여 고정저항 또는 가변저항을 얻는 장치
④ 계기용 변압기 : 교류 전압계의 측정 범위를 확대하고, 또는 고압 회로와 계기와의 절연을 위해 사용하는 변압기

47. 다음 중 절연저항 측정 시 가장 적당한 방법은?

① 메거에 의한 방법
② 전압, 전류계에 의한 방법
③ 전위차계에 의한 방법
④ 더블 브리지에 의한 방법

해설 메거는 전선로나 전동기 등의 절연저항을 측정하는 기구이다.

48. 저항 100Ω의 전열기에 5A의 전류를 흘렸을 때 소비되는 전력은 몇 W인가?

① 500   ② 1000
③ 1500   ④ 2500

해설 $P = IV = I^2 R = 5^2 \times 100 = 2500$ W

49. 유도전동기에서 슬립이 "0"이라고 하는 것은?

① 유도전동기가 정지 상태인 것을 나타낸다.
② 유도전동기가 전부하 상태인 것을 나타낸다.
③ 유도전동기가 동기속도로 회전한다는 것이다.
④ 유도전동기가 제동기의 역할을 한다는 것이다.

해설 (1) 동기속도는 전원의 주파수에 비례하고 자극의 수에 반비례한다.

동기속도(rpm) = $\dfrac{120 \times \text{주파수}}{\text{자극의 수}}$

(2) 슬립 "0"은 유도전동기가 동기속도로 회전한다는 의미이다.

50. 다음 논리식 중 동일한 값을 나타내지 않는 것은?

① $X(X+Y)$
② $XY + X\overline{Y}$
③ $X(\overline{X}+Y)$
④ $(X+Y)(X+\overline{Y})$

해설 ① $X(X+Y)$
$= X + XY = X(1+Y) = X$
② $XY + X\overline{Y} = X(Y+\overline{Y}) = X$
③ $X(\overline{X}+Y) = X\overline{X} + XY = XY$
④ $(X+Y)(X+\overline{Y}) = X \cdot X + X\overline{Y}$
$+ XY + Y\overline{Y} = X(1+Y) = X$

51. $i_t = I_m \sin \omega t$인 정현파 교류가 있다. 이 전류보다 90° 앞선 전류를 표시하는 식은?

① $I_m \cos \omega t$
② $I_m \sin \omega t$
③ $I_m \cos(\omega t + 90°)$
④ $I_m \sin(\omega t - 90°)$

52. $i = I_{m1}\sin \omega t + I_{m2}\sin(2\omega t + \theta)$의 실횻값은?

① $\dfrac{I_{m1} + I_{m2}}{2}$ ② $\sqrt{\dfrac{I_{m1}^2 + I_{m2}^2}{2}}$

정답 47. ① 48. ④ 49. ③ 50. ③ 51. ① 52. ②

③ $\sqrt{\dfrac{I_{m1}^2 + I_{m2}^2}{2}}$ ④ $\sqrt{\dfrac{I_{m1} + I_{m2}}{2}}$

53. 그림과 같은 브리지 정류회로는 어느 점에 교류 입력을 연결하여야 하는가?

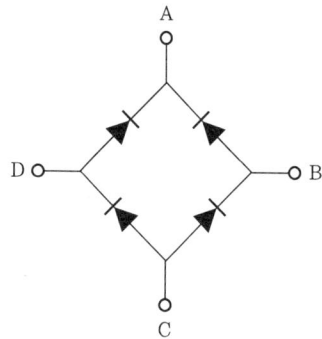

① A-B점   ② A-C점
③ B-C점   ④ B-D점

[해설] 전류는 항상 +에서 -로 흐르며 위쪽이 +일 때는 왼쪽 위 다이오드를 통해 +가 나와서 부하를 통해 -로 들어가 오른쪽 아래 다이오드를 통해 왼쪽 -로 들어가게 된다. 반대로 아래가 +일 때는 오른쪽 위 다이오드→부하→왼쪽 아래 다이오드→입력으로 흐르게 된다. 즉, 입력 극성이 어떻게 되든 출력은 항상 위쪽이 +, 아래쪽이 -로 되어 흐르므로 결국 교류는 직류가 된다. 이때 교류 입력은 B-D가 된다.

54. 추종제어에 속하지 않는 제어량은?

① 위치   ② 방위
③ 자세   ④ 유량

[해설] 추종제어는 목표값이 임의의 시간적 변화를 하는 경우, 제어량을 그것에 추종시키기 위한 제어로 위치, 방위, 자세 등이 포함된다.

55. 직류·교류 양용에 만능으로 사용할 수 있는 전동기는?

① 직권 정류자 전동기
② 직류 복권 전동기
③ 유도 전동기
④ 동기 전동기

[해설] 단상 직권 정류자 전동기는 직류·교류 양용에 사용 가능하며 회전속도에 비례하는 기전력이 전류와 동상으로 유기되어 회전속도를 증가시킬수록 역률이 개선된다.

56. 배율기의 저항이 50 kΩ, 전압계의 내부 저항이 25 kΩ이다. 전압계가 100 V를 지시하였을 때, 측정한 전압(V)은?

① 10   ② 50
③ 100   ④ 300

[해설] $V_o = \dfrac{V}{R}(R_m + R) = \dfrac{100}{25}(50+25)$
$= 300\,V$

여기서, R_m : 배율기 저항
        R : 전압계 내부 저항
        V : 전압계 지시 전압

57. 아래 그림의 논리회로와 같은 진리값을 NAND 소자만으로 구성하여 나타내려면 NAND 소자는 최소 몇 개가 필요한가?

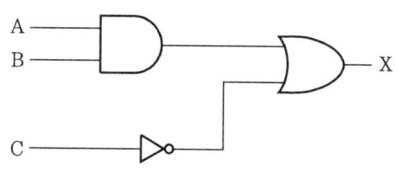

① 1   ② 2
③ 3   ④ 5

[해설] NAND 회로는 AND 회로의 부정으로 A 또는 B가 부정이 되어야 하므로 소자는 2개가 되어야 한다.

58. 궤환제어계에 속하지 않는 신호로서 외부에서 제어량이 그 값에 맞도록 제어계에 주어지는 신호를 무엇이라 하는가?

① 목표값　　② 기준 입력
③ 동작 신호　　④ 궤환 신호

[해설] 시퀀스 제어계의 구성요소
(1) 제어대상 : 기계, 프로세스, 시스템의 대상이 되는 전체 또는 일부분
(2) 제어장치 : 제어하기 위하여 제어대상에 부가되는 장치
(3) 제어요소 : 동작 신호를 조작량으로 변환하는 요소이며 조절부와 조작부로 구성된다.
(4) 목표값 : 입력 신호이며 보통 기준 입력과 같은 경우가 많다.
(5) 제어량 : 제어되어야 할 제어대상의 양으로 보통 출력이라 한다(회전수, 온도 등).
(6) 기준 입력 : 제어계를 동작시키는 기준으로서 직접 폐회로에 가해지는 입력 신호이며 목표값에 대해 일정한 관계를 가진다.
(7) 되먹임 신호 : 제어량을 목표값과 비교하기 위하여 궤환되는 신호
(8) 조작량 : 제어장치로부터 제어대상에 가해지는 양
(9) 동작 신호 : 기준 입력과 주 피드백 신호와의 차로 제어동작을 일으키는 신호
(10) 외란 : 설정값 이외의 제어량을 변화시키는 모든 외적 인자

59. 그림과 같은 전자 릴레이 회로는 어떤 게이트 회로인가?

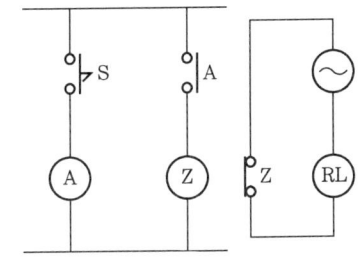

① OR　　② AND
③ NOR　　④ NOT

[해설] S와 A는 정상적 흐름이나 Z가 부정을 나타내고 있으므로 이는 논리 부정을 표시하는 것으로 NOT 회로에 해당된다.

60. 제어량에 따른 분류 중 프로세스 제어에 속하지 않는 것은?

① 압력　　② 유량
③ 온도　　④ 속도

[해설] 프로세스 제어는 온도, 유량, 압력, 액면 레벨, 조성, pH 등의 공업량인 경우의 자동 제어를 말한다.

제4과목　유지보수공사관리

61. 급수배관 시공 시 수격작용의 방지 대책으로 틀린 것은?

① 플래시 밸브 또는 급속 개폐식 수전을 사용한다.
② 관 지름은 유속이 2.0~2.5 m/s 이내가 되도록 설정한다.
③ 역류 방지를 위하여 체크 밸브를 설치하는 것이 좋다.
④ 급수관에서 분기할 때에는 T 이음을 사용한다.

[해설] 수격작용은 급격한 밸브 개폐 또는 액체 배관의 경우에는 기체의 혼입, 기체 배관의 경우에는 액체의 혼입 등에 의하여 관내의 유속이 급변하는 경우에 발생하는 이상 압력으로 진동과 높은 충격음을 일으킨다. 그러므로 수격작용을 방지하기 위하여 밸브의 급격한 개폐는 삼가야 한다.

62. 다음 중 사용압력이 가장 높은 동관은 어느 것인가?

① L관　　② M관
③ K관　　④ N관

[해설] 동관의 사용압력 순서 : K>L>M>N

63. 공조 설비 중 덕트 설계 시 주의사항으로 틀린 것은?

[정답] 59. ④　60. ④　61. ①　62. ③　63. ②

① 덕트 내 정압손실을 적게 설계할 것
② 덕트의 경로는 가능한 최장거리로 할 것
③ 소음 및 진동이 적게 설계할 것
④ 건물의 구조에 맞도록 설계할 것

[해설] 덕트 및 공조 배관은 가급적 최단거리, 직선 시공을 원칙으로 한다.

64. 가스배관 시공에 대한 설명으로 틀린 것은?
① 건물 내 배관은 안전을 고려, 벽, 바닥 등에 매설하여 시공한다.
② 건축물의 벽을 관통하는 부분의 배관에는 보호관 및 부식 방지 피복을 한다.
③ 배관의 경로와 위치는 장래의 계획, 다른 설비와의 조화 등을 고려하여 정한다.
④ 부식의 우려가 있는 장소에 배관하는 경우에는 방식, 절연조치를 한다.

[해설] 가스배관 시공의 원칙
(1) 최단거리 시공
(2) 직선 시공
(3) 노출 시공
(4) 옥외 설치

65. 증기배관 중 냉각 레그(cooling leg)에 관한 내용으로 옳은 것은?
① 완전한 응축수를 회수하기 위함이다.
② 고온 증기의 동파 방지 설비이다.
③ 열전도 차단을 위한 보온 단열 구간이다.
④ 익스팬션 조인트이다.

[해설] 증기 공급관의 관말부의 최종 분기 이후에서 트랩에 이르는 배관은 여분의 증기가 충분히 냉각되어 응축수가 될 수 있도록 보온 피복을 하지 않은 나관 상태로 1.5 m 이상의 냉각 레그를 설치해야 한다. 즉, 냉각 레그는 응축수를 회수하기 위하여 설치한다.

66. 보온재의 구비 조건으로 틀린 것은?
① 표면시공이 좋아야 한다.
② 재질 자체의 모세관 현상이 커야 한다.
③ 보랭 효율이 좋아야 한다.
④ 난연성이나 불연성이어야 한다.

[해설] 보온재가 모세관 현상이 크면 흡수한 수분에 의하여 보온 효과가 떨어지게 된다.

67. 신축 이음쇠의 종류에 해당하지 않는 것은?
① 벨로스형 ② 플랜지형
③ 루프형   ④ 슬리브형

[해설] 신축 이음의 종류에는 루프 이음, 슬리브 이음, 벨로스 이음, 스위블 이음, 상온 스프링 등이 있으며 플랜지 이음은 동일 관경을 이을 때 사용한다.

68. 고압 증기관에서 권장하는 유속 기준으로 가장 적합한 것은?
① 5~10 m/s   ② 15~20 m/s
③ 30~50 m/s   ④ 60~70 m/s

[해설] 고압 증기 배관의 유속은 40~60 m/s 정도이고 최대 유속은 75 m/s이며 일반적인 권장 유속은 30~50 m/s이다.

69. 증기난방의 환수 방법 중 증기의 순환이 가장 빠르며 방열기의 설치 위치에 제한을 받지 않고 대규모 난방에 주로 채택되는 방식은?
① 단관식 상향 증기 난방법
② 단관식 하향 증기 난방법
③ 진공환수식 증기 난방법
④ 기계환수식 증기 난방법

[해설] 진공환수식은 환수관 내를 진공펌프에 의해 진공 상태로 만들고, 난방기로부터 배출되는 응축수를 효율적으로 급수펌프의 리시버 내로 되돌려 보일러로 급수하는 방

정답 64. ① 65. ① 66. ② 67. ② 68. ③ 69. ③

식의 증기 난방법으로 보일러, 방열기의 설치 위치에 제한을 받지 않으며 대규모 건축물에 적합한 방식이다.

70. 온수난방 배관 시 유의사항으로 틀린 것은?

① 온수 방열기마다 반드시 수동식 에어 벤트를 부착한다.
② 배관 중 공기가 고일 우려가 있는 곳에는 에어벤트를 설치한다.
③ 수리나 난방 휴지 시의 배수를 위한 드레인 밸브를 설치한다.
④ 보일러에서 팽창탱크에 이르는 팽창관에는 밸브를 2개 이상 부착한다.

[해설] 보일러에서 팽창탱크에 이르는 팽창관에는 밸브 등 기기를 설치하지 않는다.

71. 강관에서 호칭관경의 연결로 틀린 것은 어느 것인가?

① 25A : $1\frac{1}{2}$B ② 20A : $\frac{3}{4}$B
③ 32A : $1\frac{1}{4}$B ④ 50A : 2B

[해설] 강관 호칭경에서 A는 mm, B는 inch로 표기되며 25A = 1B이다.

72. 펌프 주위 배관에 관한 설명으로 옳은 것은?

① 펌프의 흡입측에는 압력계를, 토출측에는 진공계(연성계)를 설치한다.
② 흡입관이나 토출관에는 펌프의 진동이나 관의 열팽창을 흡수하기 위하여 신축 이음을 한다.
③ 흡입관의 수평 배관은 펌프를 향해 $\frac{1}{50} \sim \frac{1}{100}$의 올림구배를 준다.
④ 토출관의 게이트 밸브 설치 높이는 1.3 m 이상으로 하고 바로 위에 체크 밸브를 설치한다.

[해설] 펌프 흡입측에는 연성계 또는 진공계를 토출측에는 압력계를 설치해야 하며 펌프의 운전 중 진동을 흡수하기 위하여 흡입 및 토출측에 플렉시블 이음을 한다.

73. 중·고압 가스배관의 유량(Q)을 구하는 계산식으로 옳은 것은? (단, P_1 : 처음 압력, P_2 : 최종 압력, d : 관 내경, l : 관 길이, s : 가스 비중, K : 유량계수 이다.)

① $Q = K\sqrt{\dfrac{(P_1-P_2)^2 d^5}{s \cdot l}}$

② $Q = K\sqrt{\dfrac{(P_2-P_1)^2 d^4}{s \cdot l}}$

③ $Q = K\sqrt{\dfrac{(P_1^2-P_2^2) d^5}{s \cdot l}}$

④ $Q = K\sqrt{\dfrac{(P_2^2-P_1^2) d^4}{s \cdot l}}$

[해설] 중·고압 배관 유량을 구하는 식은 ③항이 되며 저압 배관 유량을 구하는 식은 $(P_1^2-P_2^2)$ 대신 H(허용압력손실 : mmAq)가 들어간다.

74. 보온재의 열전도율이 작아지는 조건으로 틀린 것은?

① 재료의 두께가 두꺼울수록
② 재질 내 수분이 작을수록
③ 재료의 밀도가 클수록
④ 재료의 온도가 낮을수록

[해설] 보온재의 열전도율은 보온재의 밀도 (kg/L)와 무관하며 두께와 연관성이 있다.

75. 다음 중 증기 사용 간접 가열식 온수 공급 탱크의 가열관으로 가장 적절한 관

은 어느 것인가?
① 납관 ② 주철관
③ 동관 ④ 도관

[해설] 주철관은 수도·가스·배수 등의 매설용 관으로 많이 사용하고 납관과 도관은 증기 사용에 부적당하며 증기 배관에는 전열이 좋은 동관을 사용한다.

76. 펌프의 양수량이 60 m³/min이고 전양정이 20 m일 때, 벌류트 펌프로 구동할 경우 필요한 동력(kW)은 얼마인가? (단, 물의 비중량은 9800 N/m³이고, 펌프의 효율은 60%로 한다.)
① 196.1 ② 200.2
③ 326.7 ④ 405.8

[해설] 소요동력
$$= \frac{9.8\,\text{kN/m}^3 \times 60\,\text{m}^3/\text{min} \times 20\,\text{m}}{60\,\text{s/min} \times 0.6}$$
$$= 326.66\,\text{kN} \cdot \text{m/s} = 326.66\,\text{kW}$$
※ $1\,\text{J} = 1\,\text{N} \cdot \text{m}$, $1\,\text{kW} = 1\,\text{kJ/s}$

77. 다음 중 주철관 이음에 해당되는 것은?
① 납땜 이음 ② 열간 이음
③ 타이톤 이음 ④ 플라스틴 이음

[해설] 타이톤 이음은 관과 소켓관 사이에 고무링을 끼우고 서로 밀착시키는 방법으로 주로 주철관 이음에 사용한다. 플라스틴 이음은 동관이나 납관의 접합 방법의 하나로 납과 주석을 합금하고 이것에 중성 용제를 혼합한 플라스틴을 이음 부분에 삽입한 다음 가열하여 접합하는 이음이다.

78. 전기가 정전되어도 계속하여 급수를 할 수 있으며 급수 오염 가능성이 적은 급수 방식은?
① 압력탱크 방식
② 수도직결 방식
③ 부스터 방식
④ 고가탱크 방식

[해설] 수도직결 급수방식은 수도 본관에서 양수기, 급수전으로 바로 공급하는 방식으로 설비비가 가장 저렴하고, 물의 오염 가능성도 가장 낮다. 정전 시에도 급수할 수 있는 등의 장점이 있으며 2층 건물 정도의 주택, 소규모 건물에 많이 이용되고 있다.

79. 도시가스의 공급설비 중 가스 홀더의 종류가 아닌 것은?
① 유수식 ② 중수식
③ 무수식 ④ 고압식

[해설] 가스 홀더의 종류에는 저압식으로 유수식, 무수식이 있으며, 중·고압식으로 원통형, 구형이 있다.

80. 강관의 두께를 선정할 때 기준이 되는 것은?
① 곡률 반경 ② 내경
③ 외경 ④ 스케줄 번호

[해설] 스케줄 번호는 강관의 두께를 나타내는 번호로서 외경은 같더라도 두께에는 각각 차이가 있을 수 있는데, 이 관계를 나타내는 것이 스케줄 번호이다.

스케줄 번호(SCH) $= 10 \times \dfrac{P}{S}$

여기서, P : 사용압력(kg/cm²)
S : 허용응력(kg/mm²)

| 공조냉동기계기사

CBT 실전문제 (14)

※ 2022년 4월 24일에 실제 출제되었던 문제입니다.

제1과목 에너지관리

1. 습공기의 상대습도(ϕ)와 절대습도(w)와의 관계식으로 옳은 것은? (단, P_a는 건공기 분압, P_s는 습공기와 같은 온도의 포화수증기압력이다.)

① $\phi = \dfrac{w}{0.622} \dfrac{P_a}{P_s}$

② $\phi = \dfrac{w}{0.622} \dfrac{P_s}{P_a}$

③ $\phi = \dfrac{0.622}{w} \dfrac{P_s}{P_a}$

④ $\phi = \dfrac{0.622}{w} \dfrac{P_a}{P_s}$

2. 난방방식 종류별 특징에 대한 설명으로 틀린 것은?

① 저온 복사난방 중 바닥 복사난방은 특히 실내기온의 온도분포가 균일하다.
② 온풍난방은 공장과 같은 난방에 많이 쓰이고 설비비가 싸며 예열시간이 짧다.
③ 온수난방은 배관부식이 크고 워밍업 시간이 증기난방보다 짧으며 관의 동파 우려가 있다.
④ 증기난방은 부하변동에 대응한 조절이 곤란하고 실온분포가 온수난방보다 나쁘다.

[해설] 온수난방의 특징
(1) 난방부하의 변동에 대한 온도조절이 용이하다.
(2) 열용량이 크므로 보일러를 정지 시에도 급격한 실내온도 변화가 적다.
(3) 실내공기의 상하 온도차가 작아 증기난방보다 쾌감도가 양호하다.
(4) 온수의 순환시간과 예열에 장시간이 필요하고, 연료소비량도 많아진다.
(5) 증기난방에 비해 방열면적과 관경이 커지며 설비비가 높아진다.
(6) 한랭지에서는 난방 정지 시 동결의 우려가 있다.
(7) 저온수용 보일러는 사용압력에 제한이 있으므로 고층건물에는 부적당하다.

3. 덕트의 경로 중 단면적이 확대되었을 경우 압력 변화에 대한 설명으로 틀린 것은 어느 것인가?

① 전압이 증가한다.
② 동압이 감소한다.
③ 정압이 증가한다.
④ 풍속은 감소한다.

[해설] 풍량이 일정한 가운데 단면적이 증가하면 풍속은 감소하게 된다. 또한 운동에너지는 감소하게 되므로 정압은 상승하며 전압은 일정하게 된다(베르누이의 정리).

4. 건축의 평면도를 일정한 크기의 격자로 나누어서 이 격자의 구획 내에 취출구, 흡입구, 조명, 스프링클러 등 모든 필요한 설비요소를 배치하는 방식은?

① 모듈 방식   ② 셔터 방식
③ 펑커루버 방식   ④ 클래스 방식

[해설] 모듈 방식 : 하나의 시스템을 위하여 여러 개의 독자적인 모듈을 나뉘도록 설계하는 방법으로, 각 모듈은 다시 하나의 시스템으로 간주되어 이러한 작업을 반복적으로 계속 수행할 수도 있으며 이와 같은 경우

정답 1. ①   2. ③   3. ①   4. ①

시스템에 고장이나 오류가 생길 때 발견하기 쉽고 교정하기도 쉬운 장점이 있다.

5. 습공기의 가습 방법으로 가장 거리가 먼 것은?

① 순환수를 분무하는 방법
② 온수를 분무하는 방법
③ 수증기를 분무하는 방법
④ 외부공기를 가열하는 방법

[해설] 습공기의 가습 방법
 (1) 수증기를 공기류 속에 분무하는 방법
 (2) 에어 와셔에 단열 가습하는 방법
 (3) 에어 와셔에 온수를 분무하는 방법
 (4) 소량의 물 또는 온수를 분무하는 방법
 (5) 가습 팬을 사용하여 증발하는 수증기를 이용하는 방법

6. 공기조화설비를 구성하는 열운반장치로서 공조기에 직접 연결되어 사용하는 펌프로 가장 거리가 먼 것은?

① 냉각수 펌프
② 냉수 순환펌프
③ 온수 순환펌프
④ 응축수(진공) 펌프

[해설] 냉각수 펌프는 냉동장치의 응축기에서 냉매의 응축잠열을 이용하는 데 사용하는 냉각수를 공급하는 펌프로 공기조화설비의 열운반장치에는 해당되지 않는다.

7. 저압 증기난방 배관에 대한 설명으로 옳은 것은?

① 하향공급식의 경우에는 상향공급식의 경우보다 배관경이 커야 한다.
② 상향공급식의 경우에는 하향공급식의 경우보다 배관경이 커야 한다.
③ 상향공급식이나 하향공급식은 배관경과 무관하다.
④ 하향공급식의 경우 상향공급식보다 워터해머를 일으키기 쉬운 배관법이다.

[해설] 증기 공급 방식에 따른 분류
 (1) 상향식 : 증기주관을 건물의 하부에 설치하고 수직관에 의해 증기를 방열기에 공급하며, 입상관의 관경을 크게 하고 증기의 유속을 느리게 한다.
 (2) 하향식 : 증기주관을 건물의 상부에 설치하고 수직관에 의해 방열기에 증기를 공급하며, 상향공급식보다 관경을 작게 할 수 있다.
 (3) 상하 혼용식 : 온도 차이를 줄이기 위해 혼용하는 방식으로 대규모 건축물에 사용한다.

8. 현열만을 가하는 경우로 500 m³/h의 건구온도(t_1) 5℃, 상대습도(Ψ_1) 80 %인 습공기를 공기 가열기로 가열하여 건구온도(t_2) 43℃, 상대습도(Ψ_2) 8 %인 가열공기를 만들고자 한다. 이때 필요한 열량(kW)은 얼마인가? (단, 공기의 비열은 1.01 kJ/kg·℃, 공기의 밀도는 1.2 kg/m³이다.)

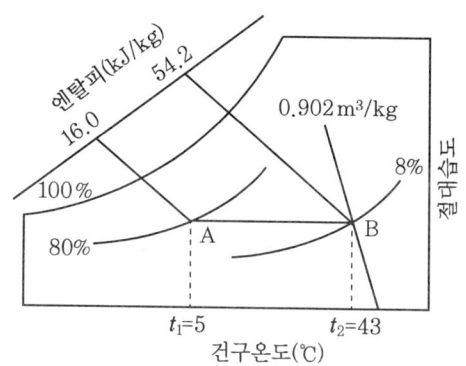

① 3.2
② 5.8
③ 6.4
④ 8.7

[해설] $Q = Q_o \times \gamma \times C_p \times \Delta t$

$= \dfrac{500\,\text{m}^3/\text{h} \times 1.2\,\text{kg/m}^3 \times 1.01\,\text{kJ/kg}\cdot℃ \times (43-5)℃}{3600\,\text{s/h}}$

$= 6.39\,\text{kJ/s} ≒ 6.4\,\text{kW}$

정답 5. ④ 6. ① 7. ② 8. ③

9. 다음 중 열전도율(W/m·℃)이 가장 작은 것은?

① 납   ② 유리
③ 얼음   ④ 물

[해설] 열전도율이란 어떤 물질이 단위 시간 동안 이동시킬 수 있는 열의 양을 나타낸 것으로 W/m·K로 표시되며, 1 m 두께의 물질이 1 K의 온도로 몇 와트의 열을 한쪽 끝에서 다른 쪽 끝으로 이동시킬 수 있는지를 표현한 것이다.
물 : 0.6, 납 : 34.3, 유리 : 0.8, 얼음 : 1.6, 공기 : 0.026

10. 아래 표는 암모니아 냉매설비 운전을 위한 안전관리 절차서에 대한 설명이다. 이 중 틀린 내용은?

> ㉠ 노출확인 절차서 : 반드시 호흡용 보호구를 착용한 후 감지기를 이용하여 공기 중 암모니아 농도를 측정한다.
> ㉡ 노출로 인한 위험관리 절차서 : 암모니아가 노출되었을 때 호흡기를 보호할 수 있는 호흡보호프로그램을 수립하여 운영하는 것이 바람직하다.
> ㉢ 근로자 작업 확인 및 교육 절차서 : 암모니아 설비가 밀폐된 곳이나 외진 곳에 설치된 경우, 해당 지역에 근로자 작업을 할 때에는 다음 중 어느 하나에 의해 근로자의 안전을 확인할 수 있어야 한다.
> ㉮ CCTV 등을 통한 육안 확인
> ㉯ 무전기나 전화를 통한 음성 확인
> ㉣ 암모니아 설비 및 안전설비의 유지관리 절차서 : 암모니아 설비 주변에 설치된 안전대책의 작동 및 사용 가능 여부를 최소한 매년 1회 확인하고 점검하여야 한다.

① ㉠   ② ㉡
③ ㉢   ④ ㉣

[해설] 암모니아 설비 주변에 설치된 안전대책의 작동 및 사용 가능 여부를 최소한 분기별로 확인하고 점검하여야 한다.

11. 외기에 접하고 있는 벽이나 지붕으로부터의 취득 열량은 건물 내외의 온도차에 의해 전도의 형식으로 전달된다. 그러나 외벽의 온도는 일사에 의한 복사열의 흡수로 외기온도보다 높게 되는데 이 온도를 무엇이라고 하는가?

① 건구온도   ② 노점온도
③ 상당외기온도   ④ 습구온도

[해설] 상당외기온도는 일사가 가지는 효과를 외부공기온도에 가산한 값으로 다음과 같이 나타낸다.
상당외기온도
$= 외기온도 + \dfrac{수열\ 면의\ 흡수율}{열전달률} \times 일사량$

12. 보일러의 스케일 방지 방법으로 틀린 것은?

① 슬러지는 적절한 분출로 제거한다.
② 스케일 방지 성분인 칼슘의 생성을 돕기 위해 경도가 높은 물을 보일러수로 활용한다.
③ 경수연화장치를 이용하여 스케일 생성을 방지한다.
④ 인산염을 일정 농도가 되도록 투입한다.

[해설] 보일러 스케일의 원인은 물의 경도가 높은 Ca^{2+}, Mg^{2+} 이온이므로 이를 제거하여 사용하는 것이 방지법이 된다.

13. 습공기 선도상의 상태 변화에 대한 설명으로 틀린 것은?

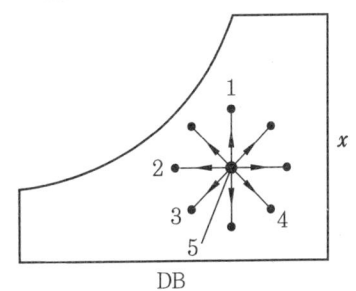

① 5 → 1 : 가습
② 5 → 2 : 현열냉각
③ 5 → 3 : 냉각가습
④ 5 → 4 : 가열감습

[해설] 5 → 3의 경우 온도와 습도가 모두 낮아졌으므로 냉각감습이 된다.

14. 다음 중 보온, 보랭, 방로의 목적으로 덕트 전체를 단열해야 하는 것은?

① 급기 덕트　② 배기 덕트
③ 외기 덕트　④ 배연 덕트

[해설] 급기 덕트는 냉각기 또는 가열기, 가습기에서 열 교환하여 실내로 공급되는 상태이므로 보온, 보랭, 방로를 위하여 덕트 전체를 단열조치를 하여야 한다.

15. 어느 건물 서편의 유리 면적이 40 m² 이다. 안쪽에 크림색의 베네시언 블라인드를 설치한 유리면으로부터 침입하는 열량(kW)은 얼마인가? (단, 외기 33℃, 실내공기 27℃, 유리는 1중이며, 유리의 열통과율은 5.9 W/m²·℃, 유리창의 복사량(l_{gr})은 608 W/m², 차폐계수는 0.56이다.)

① 15.0　② 13.6
③ 3.6　④ 1.4

[해설] 유리창으로부터 침입하는 열량

(1) 복사열량 = $\dfrac{608 \text{ W/m}^2 \times 40 \text{ m}^2 \times 0.56}{1000}$

　　　　　= 13.6192 kW

(2) 전도열량
= $\dfrac{5.9 \text{ W/m}^2 \cdot ℃ \times 40 \text{ m}^2 \times (33-27)℃}{1000}$
= 1.416 kW

∴ 13.6192 kW + 1.416 kW = 15.035 kW

16. T.A.B 수행을 위한 계측기기의 측정 위치로 가장 적절하지 않은 것은?

① 온도 측정 위치는 증발기 및 응축기의 입·출구에서 최대한 가까운 곳으로 한다.
② 유량 측정 위치는 펌프의 출구에서 가장 가까운 곳으로 한다.
③ 압력 측정 위치는 입·출구에 설치된 압력계용 탭에서 한다.
④ 배기가스 온도 측정 위치는 연소기의 온도계 설치 위치 또는 시료 채취 출구를 이용한다.

[해설] 유량계는 액체 또는 기체의 선형, 비선형, 질량 또는 체적 유량을 측정하는 데 사용되는 계측기기이며 유체 흐름이 일정하게 흐르는 곳 또는 배관의 교축, 팽창되는 곳에 설치하여 유량을 측정하게 된다.

17. 난방부하가 7559.5 W인 어떤 방에 대해 온수난방을 하고자 한다. 방열기의 상당방열면적(m²)은 얼마인가? (단, 방열량은 표준방열량으로 한다.)

① 6.7　② 8.4
③ 10.2　④ 14.4

[해설] 상당방열면적 1 m²당 온수 : 450 kcal/h, 증기 : 650 kcl/h이다.
온수난방이므로
$450 \times \dfrac{4.2 \text{ kJ}}{3600 \text{ s}}$ (1 kcal = 4.2 kJ)
= 0.525 kW = 525 W

상당방열면적 = $\dfrac{7559.5 \text{ W}}{525 \text{ W/m}^2}$ = 14.399 m²

18. 에어 와셔 내에서 물을 가열하지도 냉각하지도 않고 연속적으로 순환 분무시키면서 공기를 통과시켰을 때 공기의 상태 변화는 어떻게 되는가?

① 건구온도는 높아지고, 습구온도는 낮아진다.
② 절대온도는 높아지고, 습구온도는 높아진다.

정답　14. ①　15. ①　16. ②　17. ④　18. ③

③ 상대습도는 높아지고, 건구온도는 낮아진다.
④ 건구온도는 높아지고, 상대습도는 낮아진다.

[해설] 물을 가열, 냉각 없이 순환 분무를 할 경우 가습 효과가 있으므로 상대습도는 높아지며 건구온도는 낮아지게 된다. 고온의 수증기를 분무하면 건구온도는 증가하게 된다.

19. 크기에 비해 전열면적이 크므로 증기 발생이 빠르고, 열효율도 좋지만 내부 청소가 곤란하므로 양질의 보일러수를 사용할 필요가 있는 보일러는?

① 입형 보일러
② 주철제 보일러
③ 노통 보일러
④ 연관 보일러

[해설] 연관 보일러는 여러 개의 연관이 배치된 보일러이며 그 속으로 열 가스를 통해 바깥쪽의 보일러 몸체 안의 물을 가열하는 형식으로 전열면적이 크고 취급하기 쉽다. 크기가 작아도 되며 증기의 발생도 빠르고 열효율도 좋으므로 공장에서 널리 사용되지만 내부 청소 곤란으로 지하수를 사용하기가 어려운 단점이 있다.

20. 온수난방과 비교하여 증기난방에 대한 설명으로 옳은 것은?

① 예열시간이 짧다.
② 실내온도의 조절이 용이하다.
③ 방열기 표면의 온도가 낮아 쾌적한 느낌을 준다.
④ 실내에서 상하온도차가 작으며, 방열량의 제어가 다른 난방에 비해 쉽다.

[해설] 증기난방의 특징
(1) 잠열을 이용하기 때문에 증기 순환이 빠르고 열의 운반능력이 크다.
(2) 예열시간이 온수난방에 비해 짧다.
(3) 방열면적과 관경을 온수난방보다 작게 할 수 있다.
(4) 설비비 및 유지비가 저렴하다.
(5) 한랭지에서 동결의 우려가 적다.
(6) 외기온도 변화에 따른 방열량 조절 및 제어가 곤란하다.
(7) 방열기 표면온도가 높아 화상의 우려가 있다.
(8) 상부와 하부 온도 차이로 쾌적성이 낮다.
(9) 응축수 환수관 내의 부식으로 장치의 수명이 짧다.
(10) 열용량이 작아서 지속난방보다는 간헐난방에 사용한다.

제2과목 공조냉동설계

21. 공기 압축기에서 입구 공기의 온도와 압력은 각각 27℃, 100 kPa이고, 체적유량은 0.01 m³/s이다. 출구에서 압력이 400 kPa이고, 이 압축기의 등엔트로피 효율이 0.8일 때, 압축기의 소요 동력(kW)은 얼마인가? (단, 공기의 정압비열과 기체상수는 각각 1 kJ/kg·K, 0.287 kJ/kg·K이고, 비열비는 1.4이다.)

① 0.9
② 1.7
③ 2.1
④ 3.8

[해설] 소요 동력(kW)

$$= \frac{k}{k-1} \frac{P_1 V_1}{\eta_{ad}} \left[\left(\frac{P_2}{P_1}\right)^{\frac{k-1}{k}} - 1 \right]$$

$$= \frac{1.4}{1.4-1} \times \frac{100 \times 0.01}{0.8} \left[\left(\frac{400}{100}\right)^{\frac{1.4-1}{1.4}} - 1 \right]$$

$$= 2.13 \text{ kW}$$

22. 다음은 2단 압축 1단 팽창 냉동장치의 중간냉각기를 나타낸 것이다. 각 부에 대한 설명으로 틀린 것은?

[정답] 19. ④ 20. ① 21. ③ 22. ④

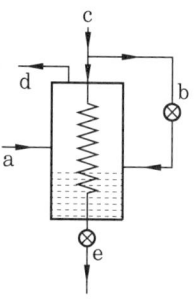

① a의 냉매관은 저단압축기에서 중간냉각기로 냉매가 유입되는 배관이다.
② b는 제1(중간냉각기 앞)팽창밸브이다.
③ d 부분의 냉매 증기온도는 a 부분의 냉매 증기온도보다 낮다.
④ a와 c의 냉매순환량은 같다.

[해설] • a : 증발기에서 증발한 저단 냉매순환량이 부스터에서 압축되어 중온, 중압의 과열증기 상태로 중간냉각기에 유입되는 형태이다.
• b : 응축기에서 응축된 고온, 고압의 포화액이 제1팽창밸브로 유입되는 상태이다.
• d : a에서 유입된 중온, 중압의 과열도를 중간냉각기에서 제거하여 고단 압축기로 흡입되는 과정이다.
• a : 저단 냉매순환량, c : 고단 냉매순환량 (저단 냉매순환량+중간단 냉매순환량)

23. 흡수식 냉동기의 냉매와 흡수제 조합으로 가장 적절한 것은?
① 물(냉매)-프레온(흡수제)
② 암모니아(냉매)-물(흡수제)
③ 메틸아민(냉매)-황산(흡수제)
④ 물(냉매)-디메틸에테르(흡수제)

[해설] 흡수식 냉동기
냉매와 흡수제 : 암모니아 → 물, 물 → 리튬브로마이드(취화리튬)

24. 견고한 밀폐 용기 안에 공기가 압력 100 kPa, 체적 1 m³, 온도 20℃ 상태로 있다. 이 용기를 가열하여 압력이 150 kPa이 되었다. 최종상태의 온도와 가열량은 각각 얼마인가? (단, 공기는 이상기체이며, 공기의 정적비열은 0.717 kJ/kg · K, 기체상수는 0.287 kJ/kg · K이다.)
① 303.2 K, 117.8 kJ
② 303.2 K, 124.9 kJ
③ 439.7 K, 117.8 kJ
④ 439.7 K, 124.9 kJ

[해설] 샤를의 법칙에 의하여
$$\frac{100\,kPa}{293\,K} = \frac{150\,kPa}{T}$$
$T = 439.5\,K$
이상기체 상태방정식에 의하여
$PV = GRT$에서
$$G = \frac{PV}{RT} = \frac{100\,kN/m^2 \times 1\,m^3}{0.287\,kJ/kg \cdot K \times 293\,K}$$
$= 1.189\,kg$
$Q = GC\Delta t$
$= 1.189\,kg \times 0.717\,kJ/kg \cdot K \times (439.5 - 293)\,K$
$= 124.89\,kJ$

25. 밀폐계에서 기체의 압력이 500 kPa로 일정하게 유지되면서 체적이 0.2 m³에서 0.7 m³로 팽창하였다. 이 과정 동안에 내부에너지의 증가가 60 kJ이라면 계가 한 일(kJ)은 얼마인가?
① 450   ② 310
③ 250   ④ 150

[해설] $W = 500\,kN/m^2 \times (0.7 - 0.2)\,m^3$
$= 250\,kN \cdot m = 250\,kJ$

26. 이상기체가 등온과정으로 부피가 2배로 팽창할 때 한 일이 W_1이다. 이 이상기체가 같은 초기조건하에서 폴리트로픽 과정($n=2$)으로 부피가 2배로 팽창할 때 W_1 대비 한 일은 얼마인가?
① $\frac{1}{2\ln 2} \times W_1$ ② $\frac{1}{\ln 2} \times W_1$

③ $\dfrac{\ln 2}{2} \times W_1$ ④ $2\ln 2 \times W_1$

[해설] $n = \dfrac{W_1}{W} \times \dfrac{1}{\ln\left(\dfrac{V_2}{V_1}\right)} \rightarrow 2 = \dfrac{W_1}{W} \times \dfrac{1}{\ln 2}$

$W = \dfrac{1}{2\ln 2} \times W_1$

27. 증발기에 대한 설명으로 틀린 것은?
① 냉각실 온도가 일정한 경우, 냉각실 온도와 증발기내 냉매 증발온도의 차이가 작을수록 압축기 효율은 좋다.
② 동일 조건에서 건식 증발기는 만액식 증발기에 비해 충전 냉매량이 적다.
③ 일반적으로 건식 증발기 입구에서의 냉매의 증기가 액냉매에 섞여 있고, 출구에서 냉매는 과열도를 갖는다.
④ 만액식 증발기에서는 증발기 내부에 윤활유가 고일 염려가 없어 윤활유를 압축기로 보내는 장치가 필요하지 않다.

[해설] 만액식 증발기는 증발기에 항상 액이 있는 상태(액 : 가스=75 : 25)이며 오일이 증발기로 들어오게 되면 오일을 따로 회수하는 장치가 필요하다. 액순환식 증발기의 경우 액 펌프에 의해 순환되므로 증발기에 오일이 고일 우려가 없다.

28. 다음 중 압력 값이 다른 것은?
① 1 mAq
② 73.56 mmHg
③ 980.665 Pa
④ 0.98 N/cm²

[해설] 대기압=1.0332 kg/cm²
=76 cmHg(760 mmHg)
=10.332 mAq=10.332 H₂O
=101325 Pa
=101325 N/m²(10.1325 N/cm²)

동일한 단위로 환산하면
② $73.56 \text{ mmHg} \times \dfrac{10.332 \text{ mAq}}{760 \text{ mmHg}} = 1 \text{ mAq}$
③ $980.665 \text{ Pa} \times \dfrac{10.332 \text{ mAq}}{101325 \text{ Pa}} = 0.099 \text{ mAq}$
④ $0.98 \text{ N/cm}^2 \times \dfrac{10.332 \text{ mAq}}{10.1325 \text{ N/cm}^2}$
$= 0.999 \text{ mAq}$

29. 냉동기에서 고압의 액체 냉매와 저압의 흡입증기를 서로 열 교환시키는 열교환기의 주된 설치 목적은?
① 압축기 흡입증기 과열도를 낮추어 압축 효율을 높이기 위함
② 일종의 재생 사이클을 만들기 위함
③ 냉매액을 과랭시켜 플래시가스 발생을 억제하기 위함
④ 이원 냉동 사이클에서의 캐스케이드 응축기를 만들기 위함

[해설] 열교환기의 설치 목적
• 저온·저압의 흡입가스에 과열도를 주어 성적계수를 증대시킨다.
• 고온·고압의 냉매액에 과냉각도를 주어 팽창밸브 통과 시 플래시가스 발생량을 감소시켜 냉동능력을 증대시킨다.
• 압축기로 액 흡입을 방지시킨다.

30. 피스톤-실린더 시스템에 100 kPa의 압력을 갖는 1 kg의 공기가 들어 있다. 초기 체적은 0.5 m³이고, 이 시스템에 온도가 일정한 상태에서 열을 가하여 부피가 1.0 m³이 되었다. 이 과정 중 시스템에 가해진 열량(kJ)은 얼마인가?
① 30.7   ② 34.7
③ 44.8   ④ 50.0

[해설] $\delta q = du + Pdv$ 에서 등온과정이므로
$\delta q = Pdv$
$Q = mC\ln\dfrac{V_2}{V_1} = mP_1 V_1 \ln\dfrac{V_2}{V_1}$

[정답] 27. ④ 28. ③ 29. ③ 30. ②

$$= 1 \times 100 \times 0.5 \times \ln\left(\frac{1.0}{0.5}\right) = 34.657 \text{ kJ}$$

31. 다음 조건을 이용하여 응축기 설계 시 1 RT(3.86 kW)당 응축면적(m^2)은 얼마인가? (단, 온도차는 산술평균온도차를 적용한다.)

- 방열계수 : 1.3
- 응축온도 : 35℃
- 냉각수 입구온도 : 28℃
- 냉각수 출구온도 : 32℃
- 열통과율 : 1.05 kW/m^2 · ℃

① 1.25　② 0.96
③ 0.74　④ 0.45

[해설] $3.86 \text{ kW} \times 1.3$
$$= 1.05 \text{ kW}/m^2 \cdot \text{℃} \times F \times \left(35 - \frac{28+32}{2}\right) \text{℃}$$
$$\therefore F = 0.9558 \text{ m}^2$$

32. 역카르노 사이클로 300 K와 240 K 사이에서 작동하고 있는 냉동기가 있다. 이 냉동기의 성능계수는 얼마인가?

① 3　② 4
③ 5　④ 6

[해설] 성능계수 $= \dfrac{T_2}{T_1 - T_2} = \dfrac{240}{(300-240)} = 4$

33. 체적 2500 L인 탱크에 압력 294 kPa, 온도 10℃의 공기가 들어 있다. 이 공기를 80℃까지 가열하는 데 필요한 열량(kJ)은 얼마인가? (단, 공기의 기체상수는 0.287 kJ/kg·K, 정적비열은 0.717 kJ/kg·K이다.)

① 408　② 432
③ 454　④ 469

[해설] $PV = GRT$에서
$$G = \frac{PV}{RT} = \frac{294 \text{ kN}/m^2 \times 2.5 \text{ m}^3}{0.287 \text{ kJ}/\text{kg} \cdot \text{K} \times 283 \text{ K}}$$
$$= 9.05 \text{ kg}$$
$Q = GC\Delta t$
$$= 9.05 \text{ kg} \times 0.717 \text{ kJ}/\text{kg} \cdot \text{K} \times (80-10) \text{ K}$$
$$= 454.22 \text{ kJ}$$

34. 다음 그림은 냉동 사이클을 압력-엔탈피($P-h$) 선도에서 나타낸 것이다. 다음 설명 중 옳은 것은?

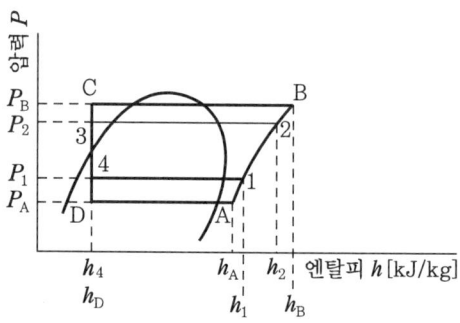

① 냉동 사이클이 1-2-3-4-1에서 1-B-C-4-1로 변하는 경우 냉매 1 kg당 압축일의 증가는 ($h_B - h_1$)이다.
② 냉동 사이클이 1-2-3-4-1에서 1-B-C-4-1로 변하는 경우 성적계수는 [(h_1-h_4)/(h_2-h_1)]에서 [(h_1-h_4)/(h_B-h_1)]로 된다.
③ 냉동 사이클이 1-2-3-4-1에서 A-2-3-D-A로 변하는 경우 증발압력이 P_1에서 P_A로 낮아져 압축비는 (P_2/P_1)에서 (P_1/P_A)로 된다.
④ 냉동 사이클이 1-2-3-4-1에서 A-2-3-D-A로 변하는 경우 냉동효과는 (h_1-h_4)에서 (h_A-h_4)로 감소하지만, 압축기 흡입증기의 비체적은 변하지 않는다.

[해설] 냉동 사이클에서 증발압력은 높을수록, 응축압력은 낮을수록 성적계수가 양호하다.
① 압축일의 증가는 (h_B-h_2)이다.

③ 압축비= P_2/P_A (고압절대압력/저압절대압력)
④ 흡입증기의 비체적과 증발잠열은 온도가 낮아질수록 증가한다.

35. 다음 중 증발기 내 압력을 일정하게 유지하기 위해 설치하는 팽창장치는?
① 모세관
② 정압식 자동 팽창밸브
③ 플로트식 팽창밸브
④ 수동식 팽창밸브

[해설] 정압식 자동 팽창밸브의 특징
(1) 증발압력이 높아지면 밸브가 닫히고 낮아지면 밸브가 열려 증발압력을 항상 일정하게 유지하며 개폐된다.
(2) 냉동부하의 변동에 관계없이 증발압력에 의해서만 작동되므로 부하변동이 적은 소용량에 적합하다.
(3) 냉동부하의 변동이 심한 곳에 사용되면 과열압축 및 액압축이 발생되기 쉽다.
(4) 냉동기가 정지하면 증발압력이 상승하여 자동적으로 밸브가 닫힌다.
(5) 주로 냉수 또는 브라인의 동결방지용으로도 사용된다.

36. 외기온도 -5℃, 실내온도 18℃, 실내습도 70%일 때, 벽 내면에서 결로가 생기지 않도록 하기 위해서는 내·외기 대류와 벽의 전도를 포함하여 전체 벽의 열통과율(W/m²·K)은 얼마 이하이어야 하는가? (단, 실내공기 18℃, 70%일 때 노점온도는 12.5℃이며, 벽의 내면 열전달률은 7 W/m²·K이다.)
① 1.91   ② 1.83
③ 1.76   ④ 1.67

[해설] $7 W/m^2 \cdot K \times F \times (18-12.5)K$
$= K \times F \times \{18-(-5)\}K$
$\therefore K = 1.67 W/m^2 \cdot K$

37. 다음 중 이상기체에 대한 설명으로 옳은 것은?
① 이상기체의 내부에너지는 압력이 높아지면 증가한다.
② 이상기체의 내부에너지는 온도만의 함수이다.
③ 이상기체의 내부에너지는 항상 일정하다.
④ 이상기체의 내부에너지는 온도와 무관하다.

[해설] 이상기체의 내부에너지와 엔탈피는 온도만의 함수이며 온도가 변하지 않는 공정에서는 내부에너지와 엔탈피도 변하지 않는다. 즉, 등온과정에서는 내부에너지 변화도 0, 엔탈피 변화도 0이 된다.

38. 다음 중 냉매를 사용하지 않는 냉동장치는?
① 열전 냉동장치
② 흡수식 냉동장치
③ 교축팽창식 냉동장치
④ 증기압축식 냉동장치

[해설] 열전 냉동장치는 반도체를 이용한 냉동장치이며 펠티어효과로 작동한다.

39. 냉동장치의 냉동능력이 38.8 kW, 소요동력이 10 kW이었다. 이때 응축기 냉각수의 입·출구 온도차가 6℃, 응축온도와 냉각수 온도와의 평균온도차가 8℃일 때, 수랭식 응축기의 냉각수량(L/min)은 얼마인가? (단, 물의 정압비열은 4.2 kJ/kg·℃이다.)
① 126.1   ② 116.2
③ 97.1   ④ 87.1

[해설] 응축기 방열량=38.8+10=48.8 kW
= 48.8 kJ/s = 48.8×60 kJ/min
48.8×60 kJ/min = G×4.2 kJ/kg·℃×6℃
$\therefore G = 116.19$ kg/min(L/min)

정답 35. ② 36. ④ 37. ② 38. ① 39. ②

40. 열과 일에 대한 설명으로 옳은 것은?
① 열역학적 과정에서 열과 일은 모두 경로에 무관한 상태 함수로 나타낸다.
② 일과 열의 단위는 대표적으로 Watt(W)를 사용한다.
③ 열역학 제1법칙은 열과 일의 방향성을 제시한다.
④ 한 사이클 과정을 지나 원래 상태로 돌아왔을 때 시스템에 가해진 전체 열량은 시스템이 수행한 전체 일의 양과 같다.

[해설] 열역학적 과정
- 상태 함수는 함숫값이 경로와 무관한 물리량으로 내부에너지, 엔트로피, 온도, 압력 등이 있다.
- 경로 함수는 경로에 따라 그 값이 달라지는 물리량으로 일과 열이 해당된다.
- 일의 단위 : J(joule), 열의 단위 : cal, 일률의 단위 : W
- 열역학 제1법칙 : 기계적 일은 열로 변하고, 열은 기계적 일로 변하는 비율은 일정하다. 방향성은 열역학 제2법칙에 해당된다.

제3과목 시운전 및 안전관리

41. 산업안전보건법령상 냉동·냉장 창고시설 건설공사에 대한 유해위험방지계획서를 제출해야 하는 대상시설의 연면적 기준은 얼마인가?
① 3천제곱미터 이상
② 4천제곱미터 이상
③ 5천제곱미터 이상
④ 6천제곱미터 이상

[해설] 제출 대상
- 지상높이가 31 m 이상인 건축물 또는 인공구조물, 연면적 30000 m² 이상인 건축물 또는 연면적 5000 m² 이상의 문화 및 집회시설(전시장 및 동물원·식물원은 제외한다)·판매시설
- 운수시설(고속철도의 역사 및 집배송시설은 제외한다)·종교시설·의료시설 중 종합병원
- 숙박시설 중 관광숙박시설·지하도상가 또는 냉동·냉장 창고시설의 건설·개조 또는 해체
- 연면적 5000 m² 이상 냉동·냉장 창고시설의 설비공사 및 단열공사
- 최대 지간길이가 50 m 이상인 교량 건설 등 공사
- 터널 건설 등의 공사
- 다목적댐, 발전용댐 및 저수용량 2천만톤 이상의 용수 전용 댐·지방상수도 전용 댐 건설 등의 공사
- 깊이 10 m 이상인 굴착공사

42. 기계설비법령에 따른 기계설비의 착공 전 확인과 사용 전 검사의 대상 건축물 또는 시설물에 해당하지 않는 것은?
① 연면적 1만 제곱미터 이상인 건축물
② 목욕장으로 사용되는 바닥면적 합계가 500제곱미터 이상인 건축물
③ 기숙사로 사용되는 바닥면적 합계가 1천제곱미터 이상인 건축물
④ 판매시설로 사용되는 바닥면적 합계가 3천제곱미터 이상인 건축물

[해설] ③항의 경우 2000 m² 이상(기숙사, 의료시설, 유스호스텔, 숙박시설 등)

43. 고압가스안전관리법령에 따라 "냉매로 사용되는 가스 등 대통령령으로 정하는 종류의 고압가스"는 품질기준으로 고시하여야 하는데, 목적 또는 용량에 따라 고압가스에서 제외될 수 있다. 이러한 제외 기준에 해당되는 경우로 모두 고른 것은?

[정답] 40. ④ 41. ③ 42. ③ 43. ①

```
가. 수출용으로 판매 또는 인도되거나 판매
    또는 인도될 목적으로 저장·운송 또는 보
    관되는 고압가스
나. 시험용 또는 연구개발용으로 판매 또는
    인도되거나 판매 또는 인도될 목적으로 저
    장·운송 또는 보관되는 고압가스(해당 고
    압가스를 직접 시험하거나 연구개발하는
    경우만 해당한다)
다. 1회 수입되는 양이 400킬로그램 이하인
    고압가스
```

① 가, 나 ② 가, 다
③ 나, 다 ④ 가, 나, 다

[해설] 품질유지 대상인 고압가스의 종류에서 제외 기준
- 수출용으로 판매 또는 인도되거나 판매 또는 인도될 목적으로 저장·운송 또는 보관되는 고압가스
- 시험용 또는 연구개발용으로 판매 또는 인도되거나 판매 또는 인도될 목적으로 저장·운송 또는 보관되는 고압가스(해당 고압가스를 직접 시험하거나 연구 개발하는 경우만 해당한다)
- 1회 수입되는 양이 40킬로그램 이하인 고압가스

44. 고압가스안전관리법령에 따라 일체형 냉동기의 조건으로 틀린 것은?

① 냉매설비 및 압축기용 원동기가 하나의 프레임 위에 일체로 조립된 것
② 냉동설비를 사용할 때 스톱밸브 조작이 필요한 것
③ 응축기 유닛 및 증발 유닛이 냉매배관으로 연결된 것으로 하루 냉동능력이 20톤 미만인 공조용 패키지에어컨
④ 사용장소에 분할 반입하는 경우에는 냉매설비에 용접 또는 절단을 수반하는 공사를 하지 않고 재조립하여 냉동제조용으로 사용할 수 있는 것

[해설] 일체형 냉동기란 (1)부터 (4)까지 또는 (5)에 적합한 것과 응축기 유닛과 증발기 유닛이 냉매배관으로 연결된 것으로 1일의 냉동능력이 20톤 미만인 공조용 패키지에어컨 등을 말한다. (고압가스용 냉동기 제조의 시설·기술·검사기준)
(1) 냉매설비 및 압축기용 원동기가 하나의 프레임 위에 일체로 조립된 것
(2) 냉동설비를 사용할 때 스톱밸브 조작이 필요 없는 것
(3) 사용장소에 분할·반입하는 경우에는 냉매설비에 용접 또는 절단을 수반하는 공사를 하지 아니하고 재조립하여 냉동제조용으로 사용할 수 있는 것
(4) 냉동설비의 수리 등을 하는 경우에 냉매설비 부품의 종류·설치개수·부착위치 및 외형치수와 압축기용 원동기의 정격출력 등이 제조 시와 동일하도록 설계·수리될 수 있는 것
(5) (1)부터 (4) 이외에 한국가스안전공사가 일체형 냉동기로 인정하는 것

45. 기계설비법령에 따라 기계설비성능점검업자는 기계설비성능점검업의 등록한 사항 중 대통령령으로 정하는 사항이 변경된 경우에는 변경등록을 하여야 한다. 만약 변경등록을 정해진 기간 내 못한 경우 1차 위반 시 받게 되는 행정처분 기준은 어느 것인가?

① 등록취소
② 업무정지 2개월
③ 업무정지 1개월
④ 시정명령

[해설] 기계설비성능점검업의 등록사항을 변경해야 할 경우 변경등록을 하지 않을 때 행정처분은 다음과 같다.
- 1차 : 시정명령
- 2차 : 업무정지 1개월
- 3차 : 업무정지 2개월

46. 엘리베이터용 전동기의 필요 특성으로 틀린 것은?

① 소음이 작아야 한다.
② 기동 토크가 작아야 한다.
③ 회전부분의 관성모멘트가 작아야 한다.
④ 가속도의 변화비율이 일정 값이 되어야 한다.

[해설] 엘리베이터 전동기의 경우 기동 토크가 커야 하며 반면 기동 전류는 작아야 한다. 또한 기동 횟수가 많으므로 열적으로 견딜 수 있어야 한다.

47. 다음은 직류 전동기의 토크 특성을 나타내는 그래프이다. (A), (B), (C), (D)에 알맞은 것은?

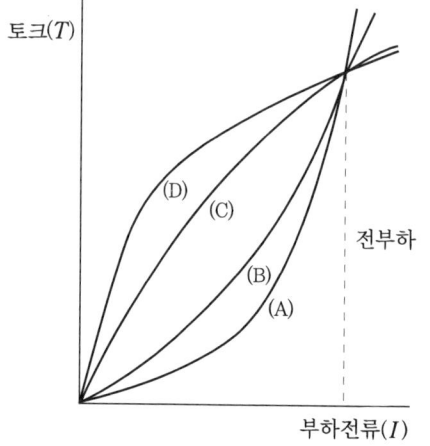

① (A) : 직권발전기, (B) : 가동복권발전기
  (C) : 분권발전기, (D) : 차동복권발전기
② (A) : 분권발전기, (B) : 직권발전기
  (C) : 가동복권발전기, (D) : 차동복권발전기
③ (A) : 직권발전기, (B) : 분권발전기,
  (C) : 가동복권발전기, (D) : 차동복권발전기
④ (A) : 분권발전기, (B) : 가동복권발전기
  (C) : 직권발전기, (D) : 차동복권발전기

[해설] 직류 전동기의 종류
- 직권발전기 : 전기자 권선과 계자 코일이 직렬로 연결된 발전기
- 분권발전기 : 전기자 권선과 계자 코일이 병렬로 연결된 발전기
- 복권발전기 : 전기자 권선과 계자 코일이 직렬과 병렬로 연결된 발전기
- 가동복권발전기 : 복권발전기에서 직권 계자 기자력이 분권 계자 기자력에 합쳐지는 것
- 차동복권발전기 : 복권발전기에서 직권 계자 기자력이 분권 계자 기자력에 상반되는 방향으로 작용하는 것

48. 서보전동기는 서보기구의 제어계 중 어떤 기능을 담당하는가?

① 조작부   ② 검출부
③ 제어부   ④ 비교부

[해설] 제어요소 : 조절부 + 조작부
- 조절부 : 제어요소 동작에 필요한 신호를 조작부에 보내는 부분
- 조작부 : 받은 신호를 조작량으로 바꾸어 제어대상에 보내는 부분

49. 그림과 같은 유접점 논리 회로를 간단히 하면?

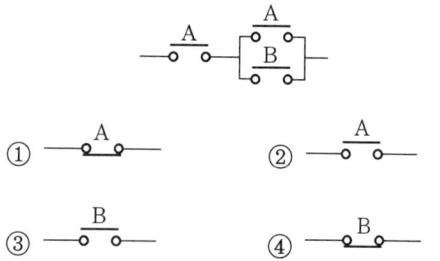

① —○ A ○—   ② —○ A ○—
③ —○ B ○—   ④ —○ B ○—

[해설] AND, OR 회로 모두 논리 회로 표시이다.

50. 10 kVA의 단상 변압기 2대로 V 결선하여 공급할 수 있는 최대 3상 전력은 약 몇 kVA인가?

정답 46. ② 47. ① 48. ① 49. ② 50. ②

① 20　　　　　② 17.3
③ 10　　　　　④ 8.7

[해설] 2대로써 V결선으로 공급하는 경우
$10 \times \sqrt{3} = 17.32\,\text{kVA}$

51. 교류에서 역률에 관한 설명으로 틀린 것은?

① 역률은 $\sqrt{1-(무효율)^2}$ 로 계산할 수 있다.
② 역률을 이용하여 교류전력의 효율을 알 수 있다.
③ 역률이 클수록 유효전력보다 무효전력이 커진다.
④ 교류회로의 전압과 전류의 위상차에 코사인(cos)을 취한 값이다.

[해설] 역률 값은 0부터 1 사이의 값을 갖고 역률이 클수록 효율이 좋아진다. 따라서 역률이 클수록 무효전력보다 유효전력이 커지게 된다.

52. 아날로그 신호로 이루어지는 정량적 제어로서 일정한 목표값과 출력값을 비교·검토하여 자동적으로 행하는 제어는?

① 피드백 제어　　② 시퀀스 제어
③ 오픈루프 제어　④ 프로그램 제어

[해설] 자동제어
① 피드백 제어: 제어 대상의 시스템에서 그 장치의 출력을 확인하면서 목표치에 접근하도록 조절기의 입력을 조절하는 제어 방법
② 시퀀스 제어: 미리 정한 조건에 따라서 그 제어 목표 상태가 달성되도록 정해진 순서대로 조작부가 동작하는 제어
③ 오픈루프 제어: 출력을 제어할 때 입력만 고려하고 출력은 전혀 고려하지 않는 개회로 제어 방식
④ 프로그램 제어: 목표값이 미리 정해진 시간적 변화를 하는 경우, 제어량을 그것에 추종시키기 위한 제어

53. $G(s) = \dfrac{2(s+2)}{(s^2+5s+6)}$ 의 특성 방정식의 근은?

① 2, 3　　　　② -2, -3
③ 2, -3　　　④ -2, 3

[해설] 전달함수의 분모가 특성 방정식이므로
$s^2+5s+6 = (s+2)(s+3)$
$\therefore s = -2, -3$

54. $R=8\,\Omega$, $XL=2\,\Omega$, $XC=8\,\Omega$의 직렬회로에 100V의 교류전압을 가할 때, 전압과 전류의 위상 관계로 옳은 것은?

① 전류가 전압보다 약 37° 뒤진다.
② 전류가 전압보다 약 37° 앞선다.
③ 전류가 전압보다 약 43° 뒤진다.
④ 전류가 전압보다 약 43° 앞선다.

[해설] $\theta = \tan^{-1}\left(\dfrac{XC-XL}{R}\right)$
$= \tan^{-1}\left(\dfrac{8-2}{8}\right) = \tan^{-1}\left(\dfrac{3}{4}\right) = 36.87°$

55. 역률이 80%이고, 유효전력이 80kW일 때, 피상전력(kVA)은?

① 100　　　　② 120
③ 160　　　　④ 200

[해설] 역률 = $\dfrac{유효전력}{피상전력}$

$\therefore 피상전력 = \dfrac{유효전력}{역률}$

$= \dfrac{80}{0.8} = 100\,\text{kVA}$

56. 직류 전압, 직류 전류, 교류 전압 및 저항 등을 측정할 수 있는 계측기는?

① 검전기　　　② 검상기
③ 메거　　　　④ 회로시험기

정답 51. ③　52. ①　53. ②　54. ②　55. ①　56. ④

[해설] 계측기기
① 검전기 : 물체나 전기 회로에 전기가 있나 없나를 검사하기 위하여 사용하는 계기나 장치
② 검상기 : 3상 회로의 상회전이 바른지의 여부를 눈으로 확인하는 기기
③ 메거 : 절연저항을 측정하는 기기
④ 회로시험기 : 저항, 직류·교류 전압, 직류 전류 등을 측정할 수 있는 기기

57. 자장 안에 놓여 있는 도선에 전류가 흐를 때 도선이 받는 힘은 $F=BIL\sin\theta$ [N]이다. 이것을 설명하는 법칙과 응용기기가 알맞게 짝지어진 것은?
① 플레밍의 오른손 법칙-발전기
② 플레밍의 왼손 법칙-전동기
③ 플레밍의 왼손 법칙-발전기
④ 플레밍의 오른손 법칙-전동기

[해설] 플레밍의 법칙
- 왼손 법칙 : 도선에 대하여 자기장이 미치는 힘의 작용 방향을 정하는 법칙(전동기 원리)
- 오른손 법칙 : 자기장 속을 움직이는 도체 내에 흐르는 유도 전류의 방향과 자기장의 방향(N극에서 S극으로 향한다), 도체의 운동 방향과의 관계를 나타내는 법칙(발전기 원리)

58. 다음의 논리식을 간단히 한 것은?

$$X = \overline{AB}C + A\overline{BC} + \overline{ABC}$$

① $\overline{B}(A+C)$ ② $C(A+\overline{B})$
③ $\overline{C}(A+B)$ ④ $\overline{A}(B+C)$

[해설] $X = \overline{AB}C + A\overline{BC} + \overline{ABC}$
$= \overline{B}(\overline{A}C + A\overline{C} + AC)$
$= \overline{B}(A+C)$

59. 전압을 인가하여 전동기가 동작하고 있는 동안에 교류 전류를 측정할 수 있는 계기는?
① 후크 미터(클램프 미터)
② 회로시험기
③ 절연저항계
④ 어스 테스터

[해설] 계측기기
① 후크 미터 : 도선에 흐르는 교류는 도선의 주위에 자장을 형성하는데, 이 자장을 이용하여 전류를 측정한다.
② 회로시험기 : 저항, 직류·교류 전압, 직류 전류 등을 측정할 수 있는 기기
③ 절연저항계 : 절연저항을 측정하는 기기로 메거라고도 한다.
④ 어스 테스터 : 접지저항을 측정하는 기기

60. 그림과 같은 단자 1, 2 사이의 계전기 접점회로 논리식은?

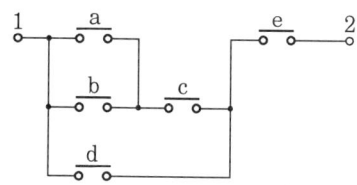

① {(a+b)d+c}e ② {(ab+c)d}+e
③ {(a+b)c+d}e ④ (ab+d)c+e

[해설] a와 b는 병렬연결이며 (a+b)와 c는 직렬연결이다. {(a+b)c}와 d는 병렬연결이므로 {(a+b)c+d}가 된다. e와는 직렬연결이므로 최종적으로 ③이 된다.

제4과목   유지보수공사관리

61. 배수 배관이 막혔을 때 이것을 점검, 수리하기 위해 청소구를 설치하는데, 다음 중 설치 필요 장소로 적절하지 않은 곳은?

정답 57. ② 58. ① 59. ① 60. ③ 61. ③

① 배수 수평 주관과 배수 수평 분기관의 분기점에 설치
② 배수관이 45° 이상의 각도로 방향을 전환하는 곳에 설치
③ 길이가 긴 수평 배수관인 경우 관경이 100 A 이하일 때 5 m마다 설치
④ 배수 수직관의 제일 밑 부분에 설치

[해설] 길이가 긴 수평 배수관에서 청소구를 설치할 때 100 A 이하인 경우 15 m, 100A 이상인 경우 30 m마다 설치하여야 한다.

62. 증기와 응축수의 온도 차이를 이용하여 응축수를 배출하는 트랩은?

① 버킷 트랩 ② 디스크 트랩
③ 벨로스 트랩 ④ 플로트 트랩

[해설] 트랩의 종류와 역할
① 버킷 트랩 : 응축수의 유입으로 버킷이 작동하여 상부에 있는 밸브를 열어 응축수를 배출하며, 하향형일 경우 공기도 함께 배출한다.
② 디스크 트랩 : 드레인이 스팀 트랩 내에 고이면 트랩 내의 온도가 낮아져서 변압실 내의 압력이 저하되기 때문에 디스크를 들어 올리므로 드레인이 배출된다.
③ 벨로스 트랩 : 열동식 증기 트랩이라고도 하며 방열기에 생긴 응축수를 증기와 분리하여 보일러에 환수시킨다.
④ 플로트 트랩 : 플로트의 부력으로 드레인 수위에 따라 상하 변동하며, 이것이 레버에 직결된 밸브를 개폐하여 드레인을 배출하는 플로트식 증기 트랩이다.

63. 정압기의 종류 중 구조에 따라 분류할 때 아닌 것은?

① 피셔식 정압기
② 액시얼 플로식 정압기
③ 가스미터식 정압기
④ 레이놀드식 정압기

[해설] 정압기 기능 및 종류
• 정압기(governor) : 도시가스 압력을 사용처에 알맞게 낮추는 감압 기능
• 직동식 정압기 : 구조가 간단하고 유지관리가 용이하나 출구 측 압력을 일정하게 유지하기 어렵다.
• 피셔식 정압기 : 정특성, 동특성 모두 양호하다.
• 액시얼 플로식 정압기 : 정특성, 동특성 모두 양호하다.
• 레이놀드식 정압기 : 정특성은 좋으나 안정성이 나쁘며 외형이 크다.

64. 슬리브 신축 이음쇠에 대한 설명으로 틀린 것은?

① 신축량이 크고 신축으로 인한 응력이 생기지 않는다.
② 직선으로 이음하므로 설치 공간이 루프형에 비하여 작다.
③ 배관에 곡선부가 있어도 파손이 되지 않는다.
④ 장시간 사용 시 패킹의 마모로 누수의 원인이 된다.

[해설] 신축 이음
• 슬리브 이음 : 신축량이 크고 설치 공간이 작아도 가능하며 활동부 패킹의 파손 우려가 있고 급탕, 난방용으로 많이 사용된다.
• 벨로스 이음 : 주름관 모양으로 신축을 잘 흡수하고 급탕 및 스팀 배관에 주로 사용되며, 설치 공간이 작다. 주로 저압용으로 사용한다.
• 신축곡관 : 파이프를 ㄷ자형으로 설치하여 신축을 흡수하며 고압용 스팀 배관용으로 많이 사용한다.
※ 보일러 배관이 보통 강관의 경우 약 30 m마다, 동관은 20 m마다 신축 이음 배관을 설치하며 곡관부 이음에는 스위블 이음(엘보 2개 이상 사용)을 하여야 한다.

정답 62. ③ 63. ③ 64. ③

65. 간접 가열 급탕법과 가장 거리가 먼 장치는?
① 증기 사일런서
② 저탕조
③ 보일러
④ 고가수조

[해설] 중앙식 급탕법의 종류
(1) 직접 가열식 : 온수 보일러로 가열한 온수를 저탕탱크에 모아두고 저탕탱크 위에 세운 급탕주관에서 각 지관을 거쳐 각 층 기구에 급탕한다. 팽창관은 장치 안에서 생긴 증기나 공기를 배출함과 동시에 물의 팽창에 따른 위험을 방지하며 안전밸브의 역할을 한다. 온수 보일러에는 주철제 또는 강판제 보일러가 사용되며, 배관 방법에는 단관식과 복관식이 있다.
  • 단관식 : 급탕관이 하나이므로 온수가 순환하지 않아 급탕전을 열었을 때 처음에는 식은 물이 나와 불편하지만 설비비가 절약되기 때문에 소규모 급탕설비에 많이 쓰인다.
  • 복관식 : 자연순환식은 온수의 온도차에 의하여 온수를 자연순환시키고, 강제순환식은 순환펌프로 온수를 순환시키며 대규모 급탕설비에 많이 쓰인다.
(2) 간접가열식 : 고온수나 증기를 이용하며 저탕탱크 내에 가열코일을 설치하고, 이 코일에 증기 또는 열탕을 통해서 저탕탱크의 물을 간접적으로 가열하는 방식으로 고압용 보일러가 불필요하다.
※ 증기 사일런서는 증기(스팀)를 가지고 유체(물, 가열체)를 가열하는 장치로서 증기를 직접 살포함으로써 증기의 현열과 잠열을 모두 흡수할 수 있으므로 가열 효과가 크나 커다란 소음을 동반하는 문제가 발생한다.

66. 강관의 종류와 KS 규격 기호가 바르게 짝지어진 것은?

① 배관용 탄소 강관 : SPA
② 저온 배관용 탄소 강관 : SPPT
③ 고압 배관용 탄소 강관 : SPTH
④ 압력 배관용 탄소 강관 : SPPS

[해설] 강관의 종류와 기호
• 배관용 탄소강 강관 : SPP
• 압력 배관용 탄소강 강관 : SPPS
• 고압 배관용 탄소강 강관 : SPPH
• 고온 배관용 탄소강 강관 : SPHT
• 저온 배관용 탄소강 강관 : SPLT
• 배관용 스테인리스강 강관 : STS

67. 폴리에틸렌 배관의 접합 방법이 아닌 것은?
① 기볼트 접합
② 용착 슬리브 접합
③ 인서트 접합
④ 테이퍼 접합

[해설] 기볼트 접합은 석면 시멘트관을 접합하는 데 사용하며, 접합 부분에서 10° 이내로 굴곡이 가능하기 때문에 진동이 있는 장소에 적합하다.

68. 배관 접속 상태 표시 중 배관 A가 앞쪽으로 수직하게 구부러져 있음을 나타낸 것은?

① ─A─⊙
② ─A─○
③ ─A─○─
④ ─A─✕─

[해설] ① : 배관 A가 앞쪽으로 수직하게 구부러져 오는 밸브
② : 배관 A가 뒤쪽으로 수직하게 구부러져 가는 밸브
③ : 뒤쪽으로 가는 티(가운데 까만 원이

정답 65. ① 66. ④ 67. ① 68. ①

있는 경우 : 앞쪽으로 오는 티)
④ : 용접 이음

69. 증기보일러 배관에서 환수관의 일부가 파손된 경우 보일러 수의 유출로 안전수위 이하기 되어 보일러 수가 빈 상태로 되는 것을 방지하기 위해 하는 접속법은?
① 하트포드 접속법
② 리프트 접속법
③ 스위블 접속법
④ 슬리브 접속법

[해설] 보일러 접속법
• 하트포드 접속법 : 저압 증기난방의 습식 환수방식에 있어 보일러의 수위가 환수관의 접속부 누설로 인한 저수위사고가 일어나는 것을 방지하기 위해 증기관과 환수관 사이 표준수면에서 50 mm 아래로 균형관을 설치하는 방법
• 리프트 접속법 : 증기난방설비에서 고압 증기를 이용하여 응축수를 높은 곳으로 올리는 방법이다.
※ 슬리브와 스위블 이음은 신축 이음의 종류이다.

70. 도시가스 입상배관의 관 지름이 20 mm일 때 움직이지 않도록 몇 m마다 고정 장치를 부착해야 하는가?
① 1 m   ② 2 m
③ 3 m   ④ 4 m

[해설] 도시가스 입상배관의 고정 장치
• 관 지름 13 mm 미만 : 1 m
• 관 지름 13 mm 이상~33 mm 미만 : 2 m
• 관 지름 33 mm 이상 : 3 m

71. 증기난방 배관 시공법에 대한 설명으로 틀린 것은?
① 증기주관에서 지관을 분기하는 경우 관의 팽창을 고려하여 스위블 이음법으로 한다.
② 진공환수식 배관의 증기주관은 $\frac{1}{100}$~$\frac{1}{200}$ 선상향 구배로 한다.
③ 주형방열기는 일반적으로 벽에서 50~60 mm 정도 떨어지게 설치한다.
④ 보일러 주변의 배관 방법에서는 증기관과 환수관 사이에 밸런스관을 달고, 하트포드 접속법을 사용한다.

[해설] 증기 공급관의 경우 순기울기(하향기울기)일 때에는 $\frac{1}{250}$ 이상, 역기울기(상향기울기)일 때에는 $\frac{1}{50}$ 이상으로 하며 환수관의 경우는 순기울기 $\frac{1}{200}$~$\frac{1}{300}$로 한다.

72. 급수배관에서 수격현상을 방지하는 방법으로 가장 적절한 것은?
① 도피관을 설치하여 옥상탱크에 연결한다.
② 수압관을 갑자기 높인다.
③ 밸브나 수도꼭지를 갑자기 열고 닫는다.
④ 급폐쇄형 밸브 근처에 공기실을 설치한다.

[해설] 수격작용은 관로 내의 물의 운동 상태를 갑자기 변화시킴에 따라 생기는 물의 급격한 압력 변화의 현상으로 이로 인하여 관로 내에 진동과 충격음이 발생하고 심할 때는 고장의 원인이 된다. 그러므로 급수배관에서는 공기실을 설치하여 이를 방지한다.

73. 홈이 만들어진 관 또는 이음쇠에 고무링을 삽입하고 그 위에 하우징(housing)을 덮어 볼트와 너트로 죄는 이음 방식은?
① 그루브 이음   ② 그립 이음
③ 플레어 이음   ④ 플랜지 이음

[정답] 69. ① 70. ② 71. ② 72. ④ 73. ①

[해설] 그루브 이음은 접합하는 모재에 홈(그루브)을 둔 이음이다.

74. 90℃의 온수 2000 kg/h을 필요로 하는 간접가열식 급탕탱크에서 가열관의 표면적(m^2)은 얼마인가? (단, 급수의 온도는 10℃, 급수의 비열은 4.2 kJ/kg·K, 가열관으로 사용할 동관의 전열량은 1.28 kW/m^2·℃, 증기의 온도는 110℃이며 전열효율은 80 %이다.)

① 2.92　　② 3.03
③ 3.72　　④ 4.07

[해설] 온수와 동관의 열 교환이 이루어지므로
$2000\,kg/h \times 4.2\,kJ/kg \cdot K$
$\times (90-10)℃ \times \dfrac{1\,h}{3600\,s}$
$= 1.28\,kW/m^2 \cdot ℃ \times F \times \left(110 - \dfrac{10+90}{2}\right)℃$
$\times 0.8$
$\therefore F = 3.03\,m^2$

75. 급수배관에서 크로스 커넥션을 방지하기 위하여 설치하는 기구는?

① 체크 밸브
② 워터해머 어레스터
③ 신축 이음
④ 버큠 브레이커

[해설] 크로스 커넥션이란 교차 연결을 의미하는 것으로 급수배관에 오수가 역류하는 현상이다. 물이 역사이펀 작용에 의해 상수계통으로 역류하는 것을 방지하기 위해 급수관 안에 생긴 차압에 대해 자동적으로 공기를 보충하는 장치가 버큠 브레이커이다.

76. 아래 강관 표시 방법 중 "S-H"의 의미로 옳은 것은?

SPPS – S – H – 1965, 11 – 100A×SCH40×6

① 강관의 종류　　② 제조 회사명
③ 제조 방법　　　④ 제품 표시

[해설] S-H는 열간가공 이음매 없는 관으로 제조 방법에 해당된다.
- S-C : 냉간가공 이음매 없는 관
- E-C : 냉간가공 전기저항 용접 관
- S-A : 열간가공 아크 용접 관
- A-C : 냉간가공 아크 용접 관

77. 냉풍 또는 온풍을 만들어 각 실로 송풍하는 공기조화 장치의 구성 순서로 옳은 것은?

① 공기 여과기 → 공기 가열기 → 공기 가습기 → 공기 냉각기
② 공기 가열기 → 공기 여과기 → 공기 냉각기 → 공기 가습기
③ 공기 여과기 → 공기 가습기 → 공기 가열기 → 공기 냉각기
④ 공기 여과기 → 공기 냉각기 → 공기 가열기 → 공기 가습기

[해설] 공기조화기 장치 구성 : 공기 여과기 → 공기 냉각기 → 공기 가열기 → 공기 가습기 → 송풍기

78. 롤러 서포트를 사용하여 배관을 지지하는 주된 이유는?

① 신축 허용　　② 부식 방지
③ 진동 방지　　④ 해체 용이

[해설] 서포트는 배관의 중량을 밑에서 위로 지지하는 장치이다.
- 롤러 서포트 : 축 방향 이동을 허용하면서 중량을 지지하는 신축 허용이다.
- 리지드 서포트 : 빔 위에 배관을 올려서 지지한다.
- 스프링 서포트 : 스프링 탄성 성질을 이용하여 지지한다.
- 파이프 슈 : 파이프에 직접 접속하여 수평부, 곡관부를 지지한다.

정답 74. ②　75. ④　76. ③　77. ④　78. ①

79. 다음 중 배관의 끝을 막을 때 사용하는 이음쇠는?

① 유니언 ② 니플
③ 플러그 ④ 소켓

[해설] 배관 끝을 막을 때는 맹캡, 맹플랜지, 플러그 등을 사용한다.

80. 다음 보온재 중 안전사용온도가 가장 낮은 것은?

① 규조토
② 암면
③ 펄라이트
④ 발포 폴리스티렌

[해설] 안전사용온도
① 규조토 : 500℃ 이하
② 암면 : 400℃ 이하
③ 펄라이트 : 650℃ 이하
④ 발포 폴리스티렌 : 70℃ 이하

공조냉동기계기사 필기

2022년 1월 10일 1판 1쇄
2026년 1월 10일 3판 1쇄

저자 : 마용화
펴낸이 : 이정일

펴낸곳 : 도서출판 **일진사**
www.iljinsa.com

(우) 04317 서울시 용산구 효창원로 64길 6
대표전화 : 704-1616, 팩스 : 715-3536
이메일 : webmaster@iljinsa.com
등록번호 : 제1979-000009호(1979.4.2)

값 36,000원

ISBN : 978-89-429-2042-6

* 이 책에 실린 글이나 사진은 문서에 의한 출판사의
동의 없이 무단 전재 · 복제를 금합니다.